U0252348

分子筛与多孔材料化学

（第二版）

徐如人　庞文琴　霍启升 等 著

科学出版社

北京

内 容 简 介

本书是在第一版的基础上,保持以分子筛与多孔材料的合成化学与结构化学为主线,兼顾基础与发展前沿并重的体系,总结本领域十年(2004~2013)来的进步与发展,在大幅更新与删改原有章节内容的基础上,再新增加"等级孔材料"与"金属有机与有机骨架多孔材料"两章。整体反映本领域的最新进展,新增十年(2004~2013)来的参考文献近千篇。

本书有助于化学、化工、石油与煤加工科学以及其他相关材料科技领域从事产、学、研工作的科技工作者与工程技术人员以及广大高校师生对本领域科学与应用上的新发展、研究前沿与重要方向有一个更为全面与系统的了解。

图书在版编目(CIP)数据

分子筛与多孔材料化学 / 徐如人,庞文琴,霍启升等著. —2 版. —北京:科学出版社,2014

ISBN 978-7-03-041836-4

Ⅰ.①分… Ⅱ.①徐… ②庞… ③霍… Ⅲ.①分子筛-研究②多孔性材料-应用化学-研究 Ⅳ.①TQ424.25②TB39

中国版本图书馆 CIP 数据核字(2014)第 207895 号

责任编辑:杨 震 周巧龙 / 责任校对:张凤琴 刘亚琦
责任印制:吴兆东 / 封面设计:铭轩堂

科 学 出 版 社 出版

北京东黄城根北街 16 号
邮政编码:100717
http://www.sciencep.com

北京凌奇印刷有限责任公司 印刷
科学出版社发行 各地新华书店经销

*

2004 年 3 月第 一 版 开本:720×1000 1/16
2015 年 1 月第 二 版 印张:46 3/4
2023 年 10 月第十次印刷 字数:950 000

定价:198.00 元
(如有印装质量问题,我社负责调换)

作 者 名 单

徐如人　庞文琴　霍启升
于吉红　陈接胜　苏宝连
裘式纶　闫文付

第二版前言

自 2004 年本书的第一版出版以来,到目前已有十年了。在这十年中分子筛与多孔材料化学无论从研究对象、领域中的科学问题以及应用范畴都有了很大的进步与发展。以微孔分子筛为例,十年来新型骨架结构的类型从 2003 年的 145 种到 2014 年的 218 种,新增加了近 73 种。而微孔与介孔化合物则无论从组成、结构与类型来讲,都有了新的发展与开拓。至于十年前还刚处于发展阶段的金属有机骨架(MOFs)孔道与共价有机骨架(COFs)孔道材料以及多(等)级孔道材料的研究则更是得到了长足的进步,目前已成为现代多孔材料研究中的热点领域,且在很多方面表现出诱人的应用前景。十年来,在多孔材料学科与研究领域急剧发展的同时,我国在国际上的学术活动与地位也得到了大幅度的提升,最具代表性的是 2007 年在北京召开了来自 56 个国家的 1000 多位科学工作者参加的第十五届国际沸石分子筛大会(15th IZC)与 2006 年在上海召开了第五届国际介观结构材料会议(IMMS2006),同时由中国科学家编著的 *Chemistry of Zeolites and Related Porous Materials*(R. R. Xu, W. Q. Pang, J. H. Yu, Q. S. Huo, J. S. Chen, Wiley, 2007),*From Zeolites to Porous MOF Materials*(R. R. Xu, Z. Gao, J. S. Chen, W. F. Yan, *Studies in Surface Science and Catalysis*, Vol 170A and 170B, Elsevier, 2007)与 *Ordered Mesoporous Materials*(D. Y. Zhao, Y. Win, Z. Zhou, Wiley-VCH, 2010)又相继由国际著名出版机构出版。这些重要的学术活动,全面推动了中国的分子筛与多孔材料研究进一步融入国际多孔材料化学领域,加强了学者间的国际交流,发展并扩大了学术队伍,提高了我国产、学、研界的同行们对分子筛与多孔材料化学领域的研究前沿、科学生长点、重要研究方向与领域的认识与重视。面对这种情势,我与庞文琴教授、霍启升教授在与有关同仁们研讨的基础上,经过一年左右的酝酿,且在科学出版社杨震分社长等有关领导的支持下,决定撰写本书的第二版。

第二版修订撰写的主要思想是在保留原有以合成与结构为主线,兼顾基础与发展前沿并重的体系,大幅更新、补充与删改原有章节内容的基础上新增加"等级孔材料"(第 10 章)与"金属有机与有机骨架多孔材料"(第 11 章)两章,并分别邀请比利时皇家科学院院士、武汉理工大学苏宝连教授及其研究组(阳晓宇、陈丽华、金俊、胡洁、孙明慧、卢毅、王立)和吉林大学裘式纶教授及其研究组(贲腾、薛铭)来承担这两章的撰写。其他章节仍分别由原来的撰写人进行增删与修改:第 1、3、4 章(徐如人教授),第 2、7 章(于吉红教授),第 5 章(闫文付、徐如人教授),第 6 章(庞文琴教授),第8章(霍启升教授),第9章(陈接胜教授),最终由我与庞文琴教授在霍启升与闫文付教授的协助下完成本书第二版的整个统稿与定稿工作。第二版的修订与撰写工作得以在较短的时间内顺利完成,作为主编,我们特别感谢参与本书第二版工作的所有作者,是在他们的努力下,总结本领域十年来的进步与发展,推陈出新(单新增十年来的参考文献就多达近千篇),经精雕细刻完成的。我们感谢美国特拉华大学(University of Delaware)的严玉山教授,他对"分子筛膜"一节的精心改写为第二版增色。我们还要再次感谢我室的徐娓工程师。还值得提出的是,出版社的周巧龙高级编辑与我室的闫文付教授以严谨的科学态度,精益求精,为本书出版前的最后定稿作出了贡献。我们是十分感谢他们的。

最后,我们衷心希望第二版的问世,能有助于广大读者对本领域十年来的新发展、研究前沿与重要方向有一个更全面、更系统的了解,从而有益于推动我国分子筛与多孔材料产、学、研界的同仁们工作上的进步与取得更大成绩。

近十年来,本领域有很大的发展,由于作者水平及其他多方面的局限,本书难免会存在遗漏和不妥之处,热情地希望广大读者批评与指正。

吉林大学无机合成与制备化学国家重点实验室

2014 年 9 月

第一版前言

1987 年我们曾写过《沸石分子筛的结构与合成》一书,至今已经 16 年了。在这 16 年中不仅以具有微孔结构(microporous structure,孔径<2nm)为特征的分子筛如沸石(zeolite)和磷酸铝分子筛等类型得到扩充与发展,且在结构类型与特征以及骨架组分元素多元化的基础上,大量新型分子筛与微孔化合物得到开拓。至 2003 年,具有独特骨架结构的分子筛已达 145 种,而微孔骨架组成元素已超过 30 种。1992 年,Mobil 公司的科学家报道了以有序介孔结构(ordered mesoporous structure,孔径 2~50nm)为特征的介孔材料 M41S 系列,引起了人们的广泛重视。这一发现对于分子筛与多孔材料领域来说是一个具有里程碑性质的进展。1998 年,J. Wijnhoven 与 W. L. Vos 报道了大孔 TiO_2 的合成,近年来 SiO_2、TiO_2、ZrO_2 等大孔材料(macroporous materials,孔径 50~2000nm)又陆续被报道。另一个近期兴起且值得人们关注的研究领域是配位聚合物与金属有机骨架(metal-organic frameworks,MOFs)多孔材料。这类简称为 MOFs 多孔物质的出现,不仅将传统多孔材料的组成由纯无机物拓宽至 MOFs 型,且在其结构与性能特征上显示出本身的独特性,为多孔材料的多元化又增添了新的内容。由于微孔分子筛的不断发展,介孔材料以及近期大孔材料与 MOFs 的出现,使原来就非常丰富且复杂的分子筛化学问题,进一步得到补充与发展,从而形成了多孔材料化学这一新的学科领域。其次,由于这十多年来相关科学的理论、研究方法与技术的长足进步,以及分子筛与多孔材料的应用由吸附分离、催化与离子交换等传统领域向高新技术先进材料领域的拓展,使人们对分子筛与多孔材料化学中的诸多规律与现象有了进一步的认识,特别对结构-功能-合成的关系规律上有了更进一步的系统与深入的研究。本书就是我们在这种背景下开始酝酿、讨论,并形成纲目而撰写的,且冠以新名为《分子筛与多孔材料化学》。

本书共分十章,整个内容以分子筛与多孔材料的合成化学与结构化学为核心来展开。在合成化学方面,本书安排了五章(第 4、5、6、7 与 9 章),其中第 4 章介绍以微孔硅铝酸盐(沸石)与磷酸铝分子筛为代表的主要类型微孔化合物的合成与合成化学中的基本规律、基础理论与合成策略、途径与技术。我们将该章作为微孔化合物合成化学的上篇。

十多年来,具有特种结构的分子筛,如超大微孔分子筛、二维或三维交叉孔道分子筛、手性孔道以及大量笼腔结构分子筛等,特种类型分子筛,如 M(Ⅲ)X(Ⅴ)

O4 型、氧化物型、硫化物型、硼铝酸盐型分子筛等,以及分子筛的特殊聚集形态,诸如超微粒、纳米态、完整晶体与单晶、特种形貌的晶体、纤维、微球与膜(包括 coating,film,membrane)等的大量出现,以及它们在合成上独特的规律与在新应用领域上日益增加的作用与重要性,促使我们在本书中专辟一章(第 5 章)来讨论具有特殊结构、类型与特殊聚集形态微孔化合物的合成化学问题,并将该章作为微孔化合物合成化学的下篇。

从目前情况来看,大量分子筛与多孔材料的合成主要是通过水热(hydrothermal process)或溶剂热(solvothermal process)晶化途径,因而阐述与讨论晶化过程以及其中的化学问题,使读者加深认识与理解微孔化合物的生成、成孔规律与晶化理论,并以此指导开拓新的合成路线、方法与技术都是很有利的。故在本书中,设第 6 章——微孔化合物的晶化,并以较大的篇幅来介绍晶化中的四个主要化学问题,其中包括诸如硅、铝、磷等主要原料在晶化前液相中的聚合状态及其相互间的聚合反应规律、成核前期的液相与胶相结构、微孔化合物的晶化机理以及成核与晶化中的模板效应或结构导向作用、晶化动力学与晶体生长规律等。虽然从某些角度来说,由于上述这些过程的复杂性,以及研究方法与技术尚满足不了对上述科学问题的认识,因而对晶化过程中的部分规律与现象目前尚无确切的定论,或认识得不够完整,或存在着争议,然而我们还是如实介绍给读者,让从事分子筛和微孔化合物研究或开发工作的同行们能更多地注意晶化中诸多化学问题的复杂性与可研究性。分子筛的制备、二次合成(secondary synthesis)、修饰与改性问题不同于微孔化合物于水热(溶剂热)合成条件下的晶化问题,它是根据功能与性质的要求将微孔晶化产物进行再加工,有其独特的途径与规律,因而专辟一章(第 7 章)进行介绍。关于介孔材料,无论从结构特点,还是从合成化学规律等方面来看,均不完全相同于微孔分子筛,然而从多孔材料角度来看又存在着共同的规律与特征,是一个新的且极其丰富的研究领域,并在新的应用领域上越来越显示出重要的地位与广阔的前景,故辟第 9 章专题介绍。作为本书第二个主要内容的结构化学,在本书中除了专设第 2 章比较系统地介绍目前一些主要类型的分子筛结构及其结构化学规律以外,还另设第 3 章,并用较大的篇幅来向读者介绍目前国际上常用的一些关于结构分析与性能表征的近代研究方法,其中主要有 X 射线单晶测定与多晶衍射法、固体 NMR 法、高分辨透射电子显微镜(HRTEM)、电子衍射法、各种近代的光学与光谱、波谱与能谱技术和计算机分子模拟技术以及众多性能表征方法,并附录有相当数量的结构数据与文献供读者参考。分子筛的种类日益繁多,而结构又相当复杂,加之合成条件对分子筛生成异常敏感,甚至所用原料的存在状态,如同为硅源的水玻璃、硅溶胶、硅凝胶等,由于结构的差异即使在相同的水热晶化条件下都将对合成结果有明显的影响,因此要想比较深入地研究此类问题,就必须搞清这些物种的结构与晶化过程中很多中间状态的结构,以及进一步研究对晶化与其产物结构的影响。这个问题,目前甚至在国际上也由于缺乏有效的研究手段而处于一个探索的阶段。正是基于此因,我们想多向读者介绍一些有关结构的近代研究方法及相关的文献,以供读者应用时参考。

本书除了系统深入地介绍上列主要内容外,还另辟两章(第8章与第10章)来介绍分子筛与多孔材料化学领域的两个前沿问题,它代表着本领域中两个重要的发展方向。第8章的内容是结合我们多年来在以微孔分子筛晶体为对象系统研究分子工程学所获得的一些基本规律与实验成果,并在此基础上结合国际上目前的研究成果与发展前沿来介绍微孔分子筛的分子设计与定向合成,这是目前国际上微孔分子筛与分子工程学研究的一个重要前沿方向,也是固体化学家、材料化学家与合成化学家孜孜以求、日夜盼望得到解决的一个重要科学问题。微孔分子筛由于其结构的规整性和人们对其结构规律与特点以及合成化学规律的认识比较系统与深入,因此是目前国际上分子工程研究的一个重要对象,基于上述这个原因,我们尝试性地将这一重要的发展前沿问题,作为本书的一章(第8章)介绍给读者。第10章多孔主客体先进材料是近十年来在分子筛与多孔材料领域的另一个发展前沿,并且是多孔材料进入高新技术领域的另一个具有远大前景的基础科学问题。分子筛与多孔材料化学,由于其内涵的基础科学问题与广阔的应用前景,随着研究水平的提高越来越吸引着广大读者的兴趣,并且由于涉及多个研究领域的交叉,使它已从传统的化学问题发展成为新的交叉学科与研究领域。

本书的出版可以说是吉林大学无机合成与制备化学国家重点实验室有关同仁们共同努力的结晶。二十余年研究工作的积累,对本领域的基本科学问题与发展前沿、方向的理解,以此作为撰写的基础,同时,我们认为在本书中应十分注意反映有关领域的国际研究前沿与发展方向,介绍国际上新的研究成果与引用最近的国际文献与资料,目的是希望读者能了解新的研究动态与学术水平。另一方面,我们十分重视我国科学家与研究工作者在分子筛与多孔材料领域取得的研究与应用成果,使其尽可能在本书中能得到反映。在上述思想的指导下,我和庞文琴教授在征求有关同仁意见的基础上确立了本书撰写的方针与思路且拟定了本书的撰写提纲,有关章节由庞文琴教授(第7章)、于吉红教授(第2章与第8章)、陈接胜教授(第10章)与我本人(第1、4~6章)分别撰写。介孔材料及其合成最早的开拓研究工作者之一、旅美学者霍启升博士为本书精心撰写第9章"介孔材料"与第3章。还值得提出的是,我们邀请复旦大学高滋教授为本书撰写"沸石分子筛的孔道与表面修饰"一节,为本书的出版作出了贡献。在整个撰写过程与成稿中,我们不断得到有关专家与本室同仁们的帮助与讨论。本室李乙博士研究生为本书的出版作了大量整理和编辑工作,徐娓工程师在文字加工方面作了许多工作,在此我们一并向上述有关同仁们致以衷心的谢意。由于本书所涉及的方面较广,涉及的内容又关联到不少复杂的科学问题,限于学识水平与能力,必然会存在一些不当与疏漏之处,恳切地希望广大读者批评与指正。

徐如人
吉林大学无机合成与制备化学国家重点实验室
2003 年 9 月于长春

目　　录

第1章 绪 论

人们最早发现天然沸石(natural zeolite)是在1756年。19世纪中,人们对天然沸石的微孔性质及其在吸附、离子交换等方面的性能有了进一步的认识。然而直到20世纪40年代,以R. M. Barrer为首的沸石化学家,模仿天然沸石的生成环境,成功地在水热条件下合成出首批低硅铝比(即SiO_2与Al_2O_3摩尔比)的沸石分子筛,为20世纪直至21世纪分子筛工业与多孔材料科学的大踏步发展奠定了重要的科学基础。微孔化合物及以多孔化合物为主体的多孔材料,它们的共同特征是具有规则的孔道结构,其中包括孔道与窗口的大小尺寸和形状、孔道的维数、孔道的走向、孔壁的组成与性质。孔道的大小尺寸是多孔结构中最重要的特征,直至目前,人们[1]把孔道的尺寸范围在2nm以下的称为微孔(micropore),具有规则微孔孔道结构的物质称为微孔化合物(microporous compound)或可进一步加工成分子筛(molecule sieve),孔道尺寸范围在2~50nm的称为介孔(mesopore),具有有序介孔孔道结构的物质称为介孔材料(mesoporous materials),孔道的尺寸大于50nm的属于大孔(macropore)范围。下面先以微孔化合物为例,粗略地介绍微孔化合物的发展简况:据国际分子筛协会(IZA)历届结构专业委员会的统计,1970年微孔分子筛的独立结构共有27种,1978年上升为38种,1988年上升至64种,1996年又上升到98种,至2001年已达133种[2],据2007年的报道,分子筛的结构总数已达176种[2],而至2013年结构总数已达213种。事实上在半个多世纪来,由于微孔化合物合成化学与合成技术的进步,骨架组成元素的大量扩张(从沸石的组成元素Si与Al扩展到包括大量过渡元素与B、C、N、P、As、S、Se等非金属元素在内的几十种元素已可作为微孔骨架的组成元素)与相关基本结构单元的多样化,骨架的调变与二次合成方法的进步,被合成与开发出来的各类微孔化合物不计其数,而以此为主体的各类微孔材料的发展则更是日新月异。自1992年Mobil公司的科学家报道成功地合成了M41S系列介孔材料后,二十多年来,介孔材料及其相关的科学也得到了飞速发展,至今方兴未艾。有序大孔材料的研究与开发也已在一些方面显示其结构与性能的特殊性。从微孔到介孔直到大孔,所有的分子筛与多孔材料,其规整孔道骨架的组成全是纯无机化合物,直至近十年来以配位聚合物、无机-有机杂化物质、金属氧合簇化合物,以及纯有机骨架为主体的有序多孔骨架(porous frameworks,诸如MOFs、COFs等)的大量兴起,且在结构与功能上显示出很多特色,这为多孔物质的化学增添了新的科学领域,且为相关多孔材料的多样化与应用范畴开拓了新的方向,更为进一步发展拓宽了视野。

1.1　多孔物质的演变与发展

1.1.1　从天然沸石到人工合成沸石[3,4]

人们最早发现微孔的天然硅铝酸盐(natural aluminosilicate)即天然沸石(natural zeolite)是在 1756 年,在长期的实践活动中人们对天然沸石的一些性质有了一定的认识,其中包括沸石矿物具有可逆的脱水作用,即沸石脱水后又能重新吸附水。19 世纪末,人们在研究某些土壤的离子交换性质时,发现天然沸石也具有同样的作用,其中的阳离子可以被其他金属阳离子取代。同时发现天然菱沸石能迅速地吸附水、甲醇、乙醇和甲酸蒸气,然而几乎不吸附丙酮、乙醚和苯。不久以后,人们认识到这些结果的重要性,开始把它们当作吸附剂与干燥剂使用,并利用它们来分离某些不同的气体分子,后来在空气的分离与纯制过程中,使用天然沸石也获得了良好的结果。

从地质学上讲,天然沸石最早被发现存在于玄武岩的孔洞中。到 19 世纪末,发现在沉积岩中也存在沸石。根据 R. A. Munsen 与 R. A. Sheppard 等在研究沸石成因的过程中指出,在玄武岩熔岩流和含有多种成分的地下热水或温泉的作用下可生成沸石(陆成沉积物);含有火山玻璃质的沉积物与富钠的海水反应,也可以生成沸石(海成沉积物);还有由于火山沉积物与碱性的湖水作用而生成沸石(碱性盐湖沉积物),这种成因的沸石,储量比较大,分布也比较广。

根据上述沸石矿床的地质生成情况,可以推断,有火山岩和盐湖分布的地区,可能会有沸石矿床的蕴藏。

随着地质勘探工作和矿物研究工作的逐步展开,人们发现的天然沸石的品种越来越多,据统计天然沸石已发现有 40 余种,然而经结构测定的还不及 30 种。表 1-1 列出了若干主要的天然沸石品种及其孔结构与化学组成。

近年来,世界各地又发现了大量的天然沸石资源,因此,天然沸石的利用问题已引起人们的广泛重视,人们进行了相当多的研究,并且有了较大的进展。到目前为止,天然沸石已用于一些气体和液体的干燥及分离、硬水的软化、污水的处理以及土壤的改良等方面,工业上也已有用精选过的或者经过某种处理的天然沸石作为催化剂和催化剂载体。

自中华人民共和国成立以来,我国对沸石资源进行了一系列的勘探工作,据不完全统计,我国已发现有大量的丝光沸石和斜发沸石矿床,另外还有方沸石、片沸石、钠沸石、杆沸石、辉沸石以及浊沸石等许多品种。随着我国地质勘探工作的进一步开展,今后必将会有更多的发现。随着人们对天然沸石的认识不断深入,其应用范围越来越广,使用天然沸石也取得良好的结果。由于天然沸石不能满足工业

表 1-1 主要的天然沸石及其化学组成、孔结构与同晶结构的人工合成沸石[4]

沸石晶体	化学组成	孔道结构	同构的人工合成沸石例
方沸石 Analcime (ANA)	$\|Na_{16}^{+}(H_2O)\|[Al_{16}Si_{32}O_{96}]\|$	由扭曲的 8 元环 (4.2Å×1.6Å) 组成孔道	$AlPO_4$-24,Ca-D 型,Na-B 型
硅铝锂石 Bikitaite (BIK)	$\|Li_2^{+}(H_2O)_2\|[Al_2Si_4O_{12}]\|$	[010] 8 2.8Å×3.7Å	Cs-[Al-Si-O]-BIK
锶沸石 Brewsterite(BRE)	$\|(Ba^{2+},Sr^{2+})_2(H_2O)_{10}[Al_4Si_{12}O_{32}]\|$	[100] 8 2.3Å×5.0Å↔[001] 8 2.8Å×4.1Å	CIT-4
钙霞石 Cancrinite (CAN)	$\|Na_6Ca^{2+}CO_3^{2-}(H_2O)_2\|[Al_6Si_6O_{24}]\|$	[001] 12 5.9Å×5.9Å	合成钙霞石,ECR-5
菱沸石 Chabazite (CHA)	$\|Ca_{0.5}^{2+}(H_2O)_{40}\|[Al_{12}Si_{24}O_{72}]\|$	⊥[001] 8 3.8Å×3.8Å	合成菱沸石,$AlPO_4$-34,SAPO$_4$-47
环晶石 Dachiardite (DAC)	$\|Ca_{0.5}^{2+},K^{+},Na^{+})_5(H_2O)_{12}\|[Al_5Si_{19}O_{48}]\|$	[001] 10 3.4Å×5.3Å↔[001] 8 3.7Å×4.8Å	合成环晶石
锶沸石 Edingtonite (EDI)	$\|Ba_2^{2+}(H_2O)_8\|[Al_6Si_6O_{20}]\|$	[110] 8 2.8Å×3.8Å[001] 8 2.0Å×3.1Å	CoGaPO$_4$-EDI,K-F 型
柱沸石 Epistilbite (EPI)	$\|Ca_3^{2+}(H_2O)_{16}\|[Al_6Si_{18}O_{48}]\|$	[100] 8 3.6Å×3.6Å↔[001] 8 3.7Å×4.5Å	合成柱沸石
毛沸石 Erionite(ERI)	$\|(Ca^{2+},Na^{+})_{3.5}K_2^{+}(H_2O)_{27}\|[Al_9Si_{27}O_{72}]\|$	⊥[001] 8 3.6Å×5.1Å	合成毛沸石,$AlPO_4$-17
八面沸石 Faujasite (FAU)	$\|(Ca^{2+},Mg^{2+},N_2^{+})_{29}(H_2O)_{240}\|[Al_{58}Si_{134}O_{384}]\|$	⟨111⟩12 7.4Å×7.4Å	X 型沸石,Y 型沸石,SAPO-37
镁碱沸石 Ferrierite (FER)	$\|Mg_2^{2+}Na_2^{+}(H_2O)_{18}\|[Al_6Si_{30}O_{72}]\|$	[001] 10 4.2Å×5.4Å↔[010] 8 3.5Å×4.8Å	合成镁碱沸石,FU-9,ZSM-35
十字沸石 Garronite 水钙沸石 Gismondine (GIS)	$\|Ca_4^{2+}(H_2O)_{16}\|[Al_8Si_8O_{32}]\|$	[100] 8 3.1Å×4.5Å↔[010] 8 2.8Å×4.8Å	合成水钙沸石,合成十字沸石,Na-P 型,SAPO-43
钠菱沸石 Gmelinite (GME)	$\|(Ca^{2+},Na_2^{+})_4(H_2O)_{24}\|[Al_8Si_{16}O_{48}]\|$	[001] 12 7.0Å×7.0Å↔⊥[001] 8 3.6Å×3.9Å	合成钠菱沸石
片沸石 Heulandite (HEU) 斜发沸石 Clinoptilolite (HEU)	$\|Ca_4^{2+}(H_2O)_{24}\|[Al_8Si_{28}O_{72}]\|$	[001] 10 3.1Å×7.5Å+8 3.6Å×4.6Å↔[100] 8 2.8Å×4.7Å	合成片沸石,合成斜发沸石

续表

沸石晶体	化学组成	孔道结构	同构的人工合成沸石例
浊沸石 Laumontite (LAU)	$\|Ca_4^{2+}(H_2O)_{16}\|[Al_8Si_{16}O_{48}]$	[001] **10** 4.0Å×5.3Å	合成浊沸石
插晶菱沸石 Levyne (LEV)	$\|Ca_9^{2+}(H_2O)_{50}\|[Al_{18}Si_{36}O_{108}]$	⊥[001] **8** 3.6Å×4.8Å	AlPO₄-35,NU-3
丝光沸石 Mordenite (MOR)	$\|Na_8^+(H_2O)_{24}\|[Al_8Si_{40}O_{96}]$	[001] **12** 6.5Å×7.0Å↔[001] **8** 2.6Å×5.7Å	合成丝光沸石,Na-D 型
钠沸石 Natrolite (NAT)	$\|Na_{16}^+(H_2O)_{16}\|[Al_{16}Si_{24}O_{80}]$	⟨100⟩ **8** 2.6Å×3.9Å↔[001] **9** 2.5Å×4.1Å	合成钠沸石,合成中沸石
菱钾沸石 Offretite (OFF)	$\|(Ca^{2+},Mg^{2+})_{1.5}K^+(H_2O)_{14}\|[Al_4Si_{14}O_{36}]$	[001] **12** 6.7Å×6.8Å⊥[001] **8** 3.6Å×4.9Å	合成菱钾沸石,Linda-T,LZ-217
方碱沸石 Paulingite (PAU)	$\|(Ca^{2+},K_2^+,Na_2^+)_{76}(H_2O)_{700}\|[Al_{152}Si_{520}O_{1344}]$	⟨100⟩ **8** 3.6Å×3.6Å|⟨100⟩ **8** 3.6Å×3.6Å	ECR-18
钙十字沸石 Phillipsite (PHI)	$\|K_2^+(Ca^{2+},Na_2^+)_2(H_2O)_{12}\|[Al_6Si_{10}O_{30}]$	[100] **8** 3.8Å×3.8Å↔[010] **8** 3.0Å×4.3Å↔[001] **8** 3.2Å×3.3Å	CoAlPO-PHI,ZK-19
方钠石 Sodalite (SOD)	$\|Na_8^+Cl_2^-\|[Al_6Si_6O_{24}]$	6元环	SOD,AlPO₄-20
辉沸石 Stilbite (STI)	$\|Na_4^+Ca_8^{2+}(H_2O)_{56}\|[Al_{20}Si_{52}O_{144}]$	[100] **10** 4.7Å×5.0Å↔[001] **8** 2.7Å×5.6Å	合成辉沸石
杆沸石 Thomsonite (THO)	$\|Na_4^+Ca_8^{2+}(H_2O)_{24}\|[Al_{20}Si_{20}O_{80}]$	[100] **8** 2.3Å×3.9Å↔[010] **8** 2.2Å×4.0Å↔[001] **8** 2.2Å×3.0Å	合成杆沸石,Na-V 型
汤河原沸石 Yugawaralite (YUG)	$\|Ca_2^{2+}(H_2O)_8\|[Al_4Si_{12}O_{32}]$	[100] **8** 2.8Å×3.6Å↔[001] **8** 3.1Å×5.0Å	Sr-Q 型

上的大规模需要,因此,用合成的沸石代替天然沸石已成为生产实践中的迫切要求,到 20 世纪 40 年代末,以 R. M. Barrer 为首的一批科学家就开始了沸石的"仿地"合成研究。其实沸石的合成工作,最早在 19 世纪末就有人进行过。由于最初发现天然沸石存在于地下深部的火山岩孔洞中,从而推断沸石是在高温高压条件下形成的。因此,初期的合成沸石工作都是模仿地质上生成沸石的环境下进行的,即采取的是高温水热合成技术。

后来,在沉积岩中又发现有大量的天然沸石存在,由于这些沸石矿床多是处于地表附近,所以又认为它们可以在不太高的温度和压力下生成。特别是在研究三叠纪地层中沸石的成岩作用时,发现沸石在生成时呈现某种程度的化学平衡状态,因此可以把它们看作是一种矿物的相,称为沸石相。这种沸石相是一种介稳态。沸石相的平衡过程非常近似于低温水热合成过程。因此,人们就进行了大胆的试探,采用低温水热合成技术(反应温度为 25~150℃,通常为 100℃)进行沸石的合成研究,从 20 世纪 40 年代开始,几年中就合成出首批低硅沸石。低温水热合成技术的应用,为大规模的工业生产提供了有利的条件,到 1954 年末,A 型分子筛和 X 型分子筛开始工业性生产。接着美国的多家公司诸如 Linde 公司、联合碳化物公司(Union Carbide Corporation,U. C. C)、Mobil 公司与 Exxon 公司等模拟天然沸石的类型与生成条件,连续研究与开发出一系列的低硅铝比与中硅铝比(硅铝比=2.5)的人工合成沸石分子筛,诸如 Na-Y 型沸石、大孔丝光沸石、L 型沸石、毛沸石、菱沸石、斜发沸石等。且在气体的吸附分离与净化,石油炼制与石油化工中众多的催化过程以及在离子交换等领域得到了广泛的应用。

我国于 1959 年成功地合成出 A 型分子筛和 X 型分子筛。随后又合成出 Y 型分子筛和丝光沸石,并迅速投入工业生产。随着生产的不断发展,沸石分子筛的应用范围越来越广。20 世纪 50 年代,沸石分子筛主要是用于气体的干燥、分离及纯制,60 年代开始,又作为石油加工的催化剂和催化剂的载体,获得日益广泛的应用。目前沸石分子筛已成为石油炼制和石油化学工业、煤化工以及大量精细化工中最重要的吸附分离与催化材料。

虽然合成沸石比天然沸石有许多优点(如纯度高,孔径的均一性、离子交换性能等都较好)且应用范围很广,但是由于不少天然沸石的矿床处于地表附近,容易开采,经过粉碎筛选等简单的工序后即可使用,故其价格远比合成沸石低。因而,在需求量大、质量要求不高的情况下,天然沸石比较适用,特别是在农业、轻工业、环境保护等方面,天然沸石的应用还有很大的发展前途。

1.1.2　从低硅沸石到高硅沸石[5]

从 1954 年至 20 世纪 80 年代初,可以说是沸石分子筛发展的全盛时期,特点是低硅与中等硅铝比以至高硅与全硅沸石的全面开发,且大大地推动了分子筛的应用与产业的发展。从模仿天然沸石的生成条件到首批低硅沸石分子筛(硅铝比=1~1.5)的成功合成开始,由于实践需要的推动,围绕沸石分子筛的稳定性(热和水热稳定性以及它们的化学性能)与酸性的提高,1964 年 D. W. Breck 成功地合成与开发出了 Y 型分子筛(硅铝比=1.5~3.0),且在烷烃的催化转化(裂解,加氢裂解与异构化)中发挥出了极为重要的作用,从而推动了中等硅铝比分子筛的发展,随之而来的是,科学家又开发出了一大批硅铝比=2~5 的分子筛,其中主要的诸如大孔丝光沸石(Norton 公司以 Zeolon 命名)、L 型沸石、毛沸石、菱沸石、斜发沸石、Ω 型沸石等。里程碑性质的发展是从 20 世纪 60 年代初起,美国 Mobil 公司的科学家开始将有机胺及季铵盐作为模板剂引入沸石分子筛的水热合成体系,合成出了一批高硅分子筛。最重要的一个进步是 1972 年,R. J. Argauer 与 G. R. Landelt 用 Pr_4NCl 或 Pr_4NOH 作模板剂在 $Na_2O:Al_2O_3:24.2SiO_2:14.4Pr_4NOH:410H_2O$ 体系 120℃下晶化得到"pentasil family"的第一个重要成员 ZSM-5,接着 1973 年 P. Chu 用 Bu_4N^+ 作模板剂成功地合成了 ZSM-11,1974 年 E. J. Rosinski 与 M. K. Rubin 用 Et_4N^+ 等作模板剂成功合成了 ZSM-12,1977~1978 年又成功合成了 ZSM-21 与 ZSM-34。继之 R. L. Wadlinger 与 G. T. Kerr 又成功合成出了高硅 BEA。"pentasil family"高硅沸石具有亲油憎水的表面与二维交叉 10 元环孔道,从其一出现直至目前一直在择形催化材料领域占有重要地位。在此基础上 1978 年 U. C. C. 公司的 E. M. Flanigen 等又成功合成出了"pentasil family"最后的成员全硅 ZSM-5——Silicalite-1 与全硅 ZSM-11——Silicalite-2。由于高硅沸石合成领域的快速发展,同时也推动了沸石分子筛二次合成高硅化的研究,某些中等硅铝比的沸石通过水蒸气超稳化、脱铝补硅等二次合成途径制备出一些无法直接合成得到的高硅沸石,诸如超稳 Y 型沸石、高硅丝光沸石、毛沸石、BEA、斜发沸石的制备获得成功。分子筛领域涌现了一批高硅与全硅的沸石。在这 25 年中沸石领域中从低硅(硅铝比=1.0~1.5),中等硅铝比(硅铝比=2.0~5.0)直至高硅(硅铝比=10~100)与全硅等一大批沸石分子筛的出现,促进了分子筛与微孔化合物结构与性质的研究,且大大推动了应用方面的进步。

由于类型的增多,结构[次级结构单元(SBU)与孔道结构]的多样化以及对分子筛结构与重要性能如热与水热稳定性(700~1300℃)、酸性(强度与浓度)、表面的亲水与亲油性、扩散与吸附性能、离子交换性能等影响规律认识的提高,促使一批分子筛进入工业应用领域,其中重要的人工合成分子筛有 A 型(Na、Ca、K 型)、X 型(Na、K、Ba 型)、Y 型(Na、Ca、NH₄ 型)、L 型(K、NH₄ 型)、Ω 型(Na、H型)、"Zeolon"大孔丝光沸石(H、Na 型)、ZSM-5 型、F 型(K 型)与 W 型(K 型)等,天然沸石如丝光沸石、菱沸石、毛沸石与斜发沸石等。这些分子筛已广泛应用于下列三个领域:①吸附与分离,诸如气体的干燥、净化以及众多分离过程如正异构烷烃,二甲苯异构体,空气中 O_2、N_2 与惰性气体的分离等;②催化领域,是石油炼制与石油化工、煤化工与精细化工中最重要的催化材料；③离子交换，是分子筛（A 型与 X 型）最重要的用途之一，主要应用于洗涤剂工业中作为主要助剂、放射性废料的处理与储藏以及厂矿废液的处理等环境保护治理方面。

1.1.3　从沸石分子筛到磷酸铝分子筛与微孔磷酸盐

1982 年，U.C.C. 公司的科学家 S. T. Wilson 与 E. M. Flanigen 等[6]成功地合成与开发出了一个全新的分子筛家族——磷酸铝分子筛 $AlPO_4$-n(n 为编号)，这在多孔物质的发展史上是一个重要的里程碑。当时在这个全新的微孔化合物或分子筛家族中不仅包括具有大孔、中孔与小孔的 $AlPO_4$-n 分子筛，而且可以将 13 种元素 Li、Be、B、Mg、Si、Ga、Ge、As、Ti、Mn、Fe、Co、Zn，包括主族金属与过渡金属以及非金属元素，引入微孔骨架，生成具有 24 种独立开放骨架的六大类微孔化合物：$AlPO_4$-n、SAPO-n、MeAPO-n(Me＝Fe、Mg、Mn、Zn、Co 等)、MeASO-n(S＝Si)、ElAPO-n(El＝Be、Ga、Ge、Li、As、Ti 等)与 ElAPSO-n。在后四类中尚可生成多个元素的衍生物。因此这个大家族的微孔化合物成员总数已达数百种。其合成途径，是借水热或溶剂热条件下将铝源、磷源与杂原子原料共同水热晶化。与硅铝沸石分子筛不同的是所有合成体系中必须有模板剂或结构导向剂的参与。现将其主要类型的结构与组成特点列于表 1-2[7]。

表 1-2　某些代表性的磷酸铝分子筛成员及其衍生物的存在情况

结构类型	$AlPO_4$-n	SAPO-n	MeAPO-n	MeASO-n	ElAPO-n	ElAPSO-n
大孔型(0.7～0.8nm)						
-5,新结构型	√	√	√	√	√	√(Be、Ga、Ti)
-36,新结构型	—	—	√	√	√(Be、Ga)	—
-37,FAU 同晶结构	—	√	—	—	—	—
-40,新结构型	—	√	—	—	—	—
-46,新结构型	—	√	—	—	—	—
中孔型(0.6～0.65nm)						
-11,新结构型	√	√	√	√	√(As、Be、Ti)	√(As、Ge、Ti)
-31,新结构型	√	√	—	—	—	—
-41,新结构型	—	√	—	—	—	√(B)
小孔型(0.4～0.43nm)						
-14,新结构型	√	—	√(Mg、Zn)	—	—	—
-17,毛沸石同晶结构	√	√	√(Co、Fe、Mg)	√(Co)	√(Ga 、Ge)	—
-34,菱沸石同晶结构	√	√	√	√	√(Be、Li)	√

结构类型	AlPO$_4$-n	SAPO-n	MeAPO-n	MeASO-n	ElAPO-n	ElAPSO-n
-44，类菱沸石的同晶结构	—	√	√	√	—	—
-47，类菱沸石的同晶结构	—	—	√	√	—	—
6 元环孔(0.3nm)						
-20，方钠石同晶结构	√	√	√(Mg)	√	√	√(Be、Ga)

注：Me 指 Co、Fe、Mg、Mn、Zn；El 指 Be、Ga、Ge、Li、As、Ti(除上述括号中的注明外)。

从整个磷酸铝分子筛及其衍生物的结构与组成特点上来看，除少量具有与沸石同晶结构外，其他都是新型的开放骨架结构。至于其骨架元素的组成，显然大有异于仅由硅铝两种元素组成的沸石骨架。至 1986 年已证实由 16 种元素可以作为构成这类磷酸铝型分子筛家族的骨架组成元素。这对于推进微孔化合物与分子筛材料的组成与结构的多元化发展起了重要的作用。

自 1982 年起至今，30 余年来在磷酸铝分子筛家族开发的基础上又有两大进展。其一，发展了众多铝磷比(摩尔比)<1 的具有阴离子骨架的磷酸铝微孔化合物[8]，如目前为止国际上具有最大微孔结构(20 元环，14.5Å×6.2Å)的磷酸铝 JDF-20——(Et$_3$N)$_2$[Al$_5$P$_6$O$_{24}$H]·2H$_2$O，第一个具有 Brönsted 酸结构的 AlPO-CJB1——[(CH$_2$)$_6$N$_4$H$_3$][Al$_2$P$_{13}$O$_{52}$]等，上述具有阴离子骨架结构的三维微孔磷酸铝，其结构不同于完全由[AlO$_4$]与[PO$_4$]严格交替相连而成的三维中性骨架 AlPO$_4$-n。前者之所以形成阴离子微孔骨架且有很丰富的结构化学，其主要原因是由于铝氧多面体与磷氧多面体基本结构单元的多样化，在阴离子骨架磷酸铝中可以分别由[AlO$_4$]、[AlO$_5$]、[AlO$_6$]与 P(O$_b$)$_n$(O$_t$)$_{4-n}$(b=桥氧，t=端氧，n=1、2、3、4)严格交替相连而形成三维微孔骨架，这类微孔化合物由于骨架中存在[AlO$_6$]与[AlO$_5$]以及 P(O$_b$)$_n$(O$_t$)$_{4-n}$ 中存在 O$_t$，易与模板剂借氢键等作用相连，因而不易脱去模板剂分子("脱模")而形成分子筛。其二，发展了大量具有微孔结构的过渡元素与主族元素的磷酸盐，其中重要的如微孔磷酸锌家族、磷酸镓家族、磷酸钛家族、磷酸铁、磷酸钴与镍、磷酸钒与钼等系列都具有非常丰富与复杂的结构化学[9]。磷酸铝及其衍生物的分子筛和微孔金属磷酸盐具有骨架元素种类与孔道结构的多样化，使其在吸附分离、催化与先进材料等多方面得到应用，且在氧化还原催化、手性催化与大分子催化反应等方面显示出重要的应用前景。

1.1.4 从 12 元环微孔到超大微孔

自 1988 年 M. E. Davis 等[10]成功合成出第一个具有 18 元环圆形孔口(12.7Å×12.7Å)的磷酸铝 VPI-5——(H$_2$O)$_{42}$[Al$_{18}$P$_{18}$O$_{72}$]以来，接着 1991 年 Estermann

等成功合成了具有 20 元环三维结构的 Cloverite（CLO）磷酸镓，1992 年我国徐如人、霍启升等又成功合成出了具有 20 元环的超大微孔磷酸铝 JDF-20。这一阶段的突破，开启了超大微孔合成化学的新纪元。半个世纪来，经过多少分子筛化学家的努力始终无法合成出一个超越 12 元环孔道结构的分子筛。12 元环孔道好似是一条红线，无法超越。VPI-5、Cloverite 与 JDF-20 的出现在多孔物质的发展过程中又是一个里程碑，且从此出现了超大微孔（extra-large-micropore，一般指超过 12 元环）的名称。自 1988 年至今，又陆续成功合成了主要包括金属磷酸盐、亚磷酸盐与锗酸盐三大系列的超大微孔化合物（包括 14 元环，16 元环，18 元环，20 元环，24 元环以及 30 元环）数十种，然而值得提出的，其中仅有 CIT-5 与 UTD-1 两个 14 元环的超大微孔化合物属全硅沸石型。ECR-34（ETR）为[001] **18** 10.1Å↔⊥[001] **8** 2.5Å×6.0Å 孔道结构的硅镓酸盐，其余均为微孔金属磷酸盐、亚磷酸盐与锗酸盐体系，且大多为一维孔道结构。在本书的第 4 章 4.1.4 节将详细介绍超大微孔骨架的形成与相应模板剂的结构导向作用规律。

超大微孔结构的出现，使分子筛结构中大分子催化与吸附分离的研究得到了发展，也使以具有超大微孔结构化合物为主体的主客体化学及相应先进材料的研究与开发得到了推动。

1.1.5　从超大微孔到介孔

在分子筛与多孔物质的发展史上这又是一次飞跃，介孔材料一般指具有孔径大小在 2～50nm 范围内有序孔道结构的材料。

事实上有序介孔材料合成早在 1971 年就已开始，日本科学家 T. Yanagisawa 与 K. Kuroda 等在 1990 年之前也已开始介孔材料的合成。只是 1992 年 Mobil 公司的 C. T. Kresge 的报道[11,12]才引起人们的注意，并被认为是介孔材料合成的真正开始。Mobil 公司的科学家使用表面活性剂作为模板剂合成的 M41S 系列介孔材料包括 MCM-41（六方相）、MCM-48（立方相）和 MCM-50（层状结构）。这可以和 Mobil 公司的科学家在 20 世纪 70 年代的另一重大成果 ZSM-5 的成功合成相提并论。沸石的微孔将反应物的尺寸与相关功能的开拓限制在约 10Å 以下，即使通过孔道修饰与改性也会受到原来孔径尺寸的限制而难以特殊改变。孔径大小在 2～50nm 范围内的介孔材料的出现为这些努力提供了广阔的机会。

介孔材料具有规则的介孔（2～50nm）孔道，很大的比表面积和孔容以及组分多样化的骨架，这是介孔材料的特点与结构优势。另外，介孔孔道由无定形孔壁构筑而成，从原子水平上来看，介孔骨架结构通常是长程无序的，这与长程有序的微孔化合物不同，因此，与微孔分子筛相比，介孔材料具有较低的热稳定性与水热稳定性。近年来，SBA-15、MAS-7 与 MAS-9 的出现在一定程度上改善了这方面的弱点。然而有序介孔材料有其特殊的优点，这就是其骨架原子与物种类型的限制比沸石小得多，以非氧化硅介孔材料为例来说，目前开发出来的就有介孔金属氧化物、介孔含氧酸盐、介孔金属、介孔硅基高温陶瓷、介孔非金属氮化物以及介孔金属硫化物、氮化物、碳化物、氟化物等。总体来说，目前具有周期性结构的介孔材料按它们的组成、结构与功能，一般可划分成以下类型。

（1）介孔氧化硅材料：①具有不同孔道网络结构与孔尺寸以及孔容；②可以进行表面改性；③含有有机成分；④孔壁中含有其他金属（杂原子）的介孔氧化硅材料等。

（2）非氧化硅介孔材料。

（3）手性介孔材料。

（4）介孔碳材料。

（5）大孔径介孔材料等。

至于具有特殊形体的介孔材料更是种类繁多，介孔材料的迅速发展和不断改进已为它的应用提供了广阔的天地，而相关领域的研究也还正在不断的深入与扩展。

近十多年来又兴起了一个崭新的多级孔材料领域。

1.1.6　从无机多孔骨架到多孔金属有机骨架

从天然沸石开始直至近二十多年来兴起的介孔与大孔材料，以至多（等）级孔材料，其有序的多孔骨架的组成主要是无机化合物。直至近十多年来，以配位聚合物与金属有机杂化骨架材料为主体构筑的多孔骨架[一般通称为多孔金属有机骨架（metal-organic frameworks，MOFs）]的大量兴起。这是多孔骨架物质及其材料化学研究领域发生的又一次大飞跃。

这里以 MOF-5[图 1-1(a)]为例，它对 N_2 和 Ar 的吸附等温线是 I 型[图 1-1(b)]。其他诸如对 CO、CH_4、CH_2Cl_2、CCl_4、C_6H_6、C_6H_{12} 与间二甲苯的吸附性能

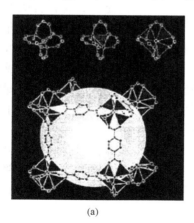

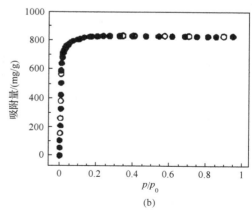

(a)　　　　　　　　　　　　　　(b)

图 1-1　（a）$Zn_4(O)(R_1-BDC)_3$(MOF-5)结构[13]；（b）MOF-5 78K 下 N_2 吸附/脱附曲线（I 型）

均与沸石相似,也呈可逆性等微孔特征。孔容约为 0.53cm³/g,比表面积为 1502cm²/g,还优于无机骨架的微孔化合物。

总而言之,MOFs 是一种由金属离子或金属氧合簇与有机配体通过配位-桥连作用形成的新型多孔物质[图 1-1(a),图 1-2],它们与分子筛等传统的无机多孔材料相似。MOFs 材料同样具有特殊的拓扑结构、内部排列的规则性以及特定尺寸和形状的孔道。其中孔道尺寸最大的甚至可以达到近 10nm(IRMOF-14-XL,9.8nm),具有很大的比表面积(Nu-110E,7140m²/g),是催化、吸附分离与气体储存等领域的理想材料之一。其次,MOFs 材料表现出很大的结构可变、可调特性,因而具有更为丰富的物理化学性质。在 MOFs 材料的组装过程中,通过不同金属离子或金属氧合簇与有机配体的选择与设计,便可组装得到大量的新颖结构。

此外,MOFs 材料也还能够通过"二次合成"等方法进行结构和功能修饰,从而达到设计、剪裁和调控骨架材料孔与表面结构以及物理化学性质的目的[4-7]。因此,MOFs 材料已成为现代多孔材料研究的热点领域之一,并已在气体储存、分离、二氧化碳捕获、催化、光、电、热和磁性材料等领域获得广泛应用。

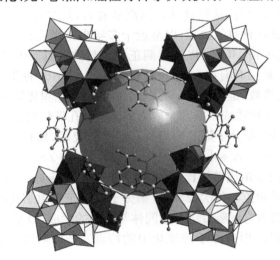

图 1-2 金属氧合簇与有机配体构筑的立方纳米笼结构图[14, 15]

1.1.7 多孔有机材料的兴起

多孔金属有机骨架(MOFs)化合物已是近十几年来学术界与材料界广泛重视的一类新型多孔材料,且已在广泛的领域显示出应用前景。然而,MOFs 材料也有其弱点,由于它的构筑是通过较弱的配位键组成,热稳定性相对较差,同时对酸、碱、空气、水汽等相对敏感。这就促使人们去寻求新的构筑更稳定更具特色的多孔材料的策略,共价键结合的、纯粹由有机物构筑而成的多孔有机材料应运而生,并以其大的比表面积、低的骨架密度、可控的物理化学性质、易功能化及合成策略多样化,在短短的 10 年中得到了蓬勃的发展[16]。直至目前,多孔有机材料按照骨架的构筑大致可分为四种类型:①超高交联聚合物(HCPs);②固有微孔聚合物(PIMs);③共轭微孔聚合物(CMPs);④共价有机骨架(COFs)材料。

与常规的微孔材料,如沸石、硅胶和 MOFs 相比,多孔有机材料具有质量轻、比表面积更高、孔道与表面的易调变和修饰等优点。由于具有有机固体的特点以及合成的多样性,组成与官能团易调变的特点以及孔径的可控性,因而有可能将其应用于非均相催化、分离和气体储存等领域。这是一类继 MOFs 之后成为又一种新型的具有发展前景的多孔材料。

1.2　主要应用领域与发展前景

正如在多孔物质与材料的演变历史与发展过程中所介绍的那样,是人类实践活动的需要,是应用领域的发展,不断地推动了多孔物质与其相关材料的进步。从天然沸石到人工合成沸石,从低硅沸石到高硅沸石,从硅铝分子筛到磷酸铝分子筛,从超大微孔到介孔材料的出现,以至近十多年来多级孔材料的兴起,进一步又从无机多孔骨架发展到 MOFs,以及近期正在兴起的有机固体多孔材料等所有多孔物质的共同特征是具有有序(ordered)而均匀(uniform)的孔道结构,其中包括孔道的大小、形状、维数、走向与孔壁的组成与性质,在这里先以孔径大小与一般分子尺寸相近似的微孔物质或以微孔物质为主体的微孔催化材料来进行说明。一个好的例子就是 ZSM-5 型分子筛的结构及其性能与应用,具有二维 10 元环孔道结构{[100] 10 5.1Å ×5.5Å ↔[010] 10 5.3Å ×5.6Å}的 ZSM-5。

首先,ZSM-5 由于组成硅铝比可由 10 直至全硅 Silicalite-1,因而其固体酸的类型、强度与分布可调控。其次,ZSM-5 型分子筛由于孔道结构的特点,使分子在其孔道中的扩散、吸附与解吸、反应,中间体与产物的生成,以及产物的扩散逸出等性能必然会产生差异,形成分子筛催化中的特点——择形性(shape selectivity)。如图 1-3 所示。

这就是分子筛能作为一种良好的择形催化剂大量应用于石油炼制与石油化工、煤化工与大量精细化工中的主要原因。再加上分子筛孔道结构、颗粒的聚集状态、外表面的结构与性质、组成元素,以及活性中心类型的多样性与可调变性造就了分子筛与多孔材料半个多世纪以来成为三大传统应用领域的最重要的材料:① 吸附材料,用于工业与环境上的分离、提纯、干燥与有害物质的净化等领域;② 催化材料,用于石油加工、石油化工、煤化工与精细化工等领域中大量的工业催化过程的需要;③ 离子交换材料,大量应用于洗涤剂工业,大量的环境污染治理中的离子交换与放射性废料和废液的处理等,这是分子筛与多孔物质久用不衰且至

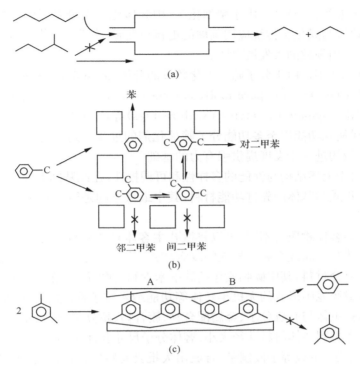

图 1-3　分子筛孔道中催化反应的择形性[17]：（a）反应物选择性（reactant selectivity）：
正、异己烷混合物的裂解；（b）产物选择性（product selectivity）：HZSM-5 孔道中甲苯歧
化成对二甲苯；（c）中间体的空间选择性（spatio selectivity）：HMOR 孔道中间二甲苯歧
化中间体 A 由于体积大难于形成，结果产物只能是

今尚在继续发展的原因。随着材料与科学领域上交叉的日益广泛与深入，微孔物
质在高新技术先进材料领域，以至医药领域上的应用与发展也正逐步展现，前景
无限。

1.2.1　微孔分子筛的应用领域与发展前景

　　半个世纪以来，分子筛作为主要的催化材料、吸附分离材料与离子交换材料三
大主要应用领域在石油加工、石油化工与精细化工和环境化工中起着越来越重要
的作用。虽然如此，分子筛在上述三大传统领域中的作用尚有很大的发展前景，首
先，至今（2013 年）已知结构的分子筛已达 213 种[18]，且从组分元素与骨架结构的
多样性来看，尚有很大的发展空间。然而至今为止真正已用于工业规模的仅 A 型、
X 型与 Y 型八面沸石、丝光沸石、ZSM-5、ZSM-11、MCM-22、L 型、β 型、毛沸石、
RHO、CHA、AEL 型与 TS，以及 SAPO-34、SAPO-11、SAPO-31 等不到二十种。

据推测,在未来的二十年中,由于精细化工、中间体化工大量发展的需要以及石油加工、石油化工与煤化工传统应用领域的更新与发展,将进一步推动分子筛在催化与吸附分离应用领域的大发展[19-23]。

其次,近20年来由于分子筛新催化领域的开拓,诸如分子筛的碱催化、超大微孔分子筛催化(extra-large-pore molecular sieve catalysis)、氧化还原催化与分子筛的手性催化(asymmetric catalysis with zeolites)等,以及含微孔多级孔复合材料的兴起,更促使双功能以至多功能分子筛催化剂的进步。这将为分子筛在催化与吸附分离领域的进一步发展提供强有力的基础[23]。

再次,由于上述结构与性能的多样性和可调控性,在此基础上发展且开拓出了大批以微孔物质为基体的先进功能材料,其中最重要的是微孔基主客体先进功能材料的开拓。

根据组装客体物质的不同,可以将微孔主客体复合材料分为以下四类。第一类是多孔主体与金属或金属簇构成的复合体系;第二类是多孔主体与聚合物及碳物质形成的复合材料,其中碳物质包括碳纳米管和富勒烯等;第三类主要是由多孔主体的孔道或腔笼中形成的无机半导体等功能纳米粒子构成的主客体复合材料;第四类是多孔主体与有机分子、金属配合物、簇合物、超分子、药物分子等形成的主客体材料。考虑到主体材料孔径大小、客体分子尺寸和性质,人们开发出了不同的组装、嫁接、锚装、负载等手段制备、合成出大批具有特定性能的复合主客体材料,与其特定的聚集态诸如各种功能与类型的膜、纳米态,特殊形貌与完美的晶体。这些材料借高分散客体物种的功能,或主客体物种的协同功能效应,发展与开拓出大批特定功能,且形成了一个具有重要发展前景的新科学领域,为此本书将特辟第9章对此领域作专门系统的介绍。

1.2.2 介孔材料的主要应用领域与发展前景

自从1992年Mobil公司的科学家合成出MCM-41有序介孔材料以来,人们对它们的潜在应用进行了大量研究。在这些研究中,人们主要集中于它们在催化、吸附和制备新的高新技术先进功能材料等方面,其中尤以具有介孔结构的催化材料的应用更被人们所关注。

有序介孔材料的结构与物理化学性能独特[24-26],表现在其比表面积大,一般大于$1000m^2/g$;介孔孔径均匀,其孔径变化在2~50nm之间。

由于介孔材料具有高的比表面积,有利于足够多表面活性位的构筑,尺寸均一的孔道提供了良好的纳米限域空间,介观尺度上可调的孔径(2~50nm)与组成元素的多样性扩展了介孔材料在多种类型催化反应尤其是大分子催化反应中的应用[25,26]。

依据介孔材料骨架是否具有催化活性,往往将介孔材料分为两种类型。对于骨架不具有催化活性的介孔材料,可以通过在介孔材料孔道内客体负载、表面接枝、表面涂覆或骨架掺杂的方法引入催化活性组分,从而赋予介孔材料催化活性,与微孔孔道中客体的组装相比具有更高的比表面积与更大的孔道空间,可以组装更大、更复杂、类型更多的客体分子,且具有反应物与中间体分子更畅通的扩散传输孔道。

因此往往将介孔催化材料具体分为下列三种:①介孔材料作为具有高比表面积和有序孔道结构的主体材料,负载具有高分散度催化活性的客体,得到主客体催化材料;②介孔材料骨架本身没有催化活性,经过骨架掺杂(取代)或表面官能化后实现催化活性,简称为官能化介孔催化材料;③介孔骨架材料本身有催化活性,同时具有有序的介观结构,简称为功能型介孔催化材料。

关于第一类以介孔氧化硅(多样的介观结构,可调的介观尺寸与丰富的形貌:球形、纤维、空心球、薄膜等)、介孔碳(独特的表面性质与热稳定性,良好的导电导热性质)、介孔氧化铝与氧化锆等为主的主客体介孔催化材料,第二类以杂原子取代硅或碳原子掺杂在介孔骨架,从而改变了骨架的酸碱性或氧化还原性质。催化活性组分以纳米粒子存在于骨架中,有效地阻止了催化活性的团聚,同时为反应物接触活性中心提供了可能。上述两类介孔主客体催化材料已广泛地应用在大分子与生物分子的催化反应,且在氧化还原催化中表现出优异的电催化活性。

当然,有序介孔材料的热稳定性、水热稳定性和经典的固体酸催化活性与常规的微孔分子筛晶体相比,仍然较低。为了解决这些问题,近年来,很多科学家都大量致力于此领域的研究,以克服与补救这方面的弱点。

介孔材料在高新技术领域的应用,由于上述结构特性(高比表面积与大孔径)因而可形成大量类型与领域更广泛、功能更丰富的主客体复合先进功能材料[24, 27]。

作为微反应器制备与组装具有特殊光、电、磁等性能的新型纳米材料或应用于医学和生物科学领域如蛋白质的固定和分离、生物芯片,应用于开拓特种类型的仿生智能纳米通道[27]且应用于生物传感器、离子整流与能源转换等,至于在某些类型的介孔纳米颗粒中的可控药物释放与治疗,介孔纳米医学诊治,靶向药物输送[27]等方面更具有广阔的应用前景,以满足更高更广泛的需要。完全有理由相信,随着研究工作的进一步深入,介孔材料将在 21 世纪材料科学的发展中发挥更重要的作用。

1.2.3 多(等)级孔材料的兴起与其发展前景

近十多年来,多孔材料领域在微孔、介孔的基础上又蓬勃兴起了多(等)级孔(更确切地在本书第 10 章中称之为"等级孔材料")材料领域,等级孔材料即在同一主体中同时存在相互连通的不同级别的孔道诸如微孔-介孔、微孔-大孔、介孔-大孔和微孔-介孔-大孔等,以目前已得到广泛应用的多级孔催化材料为例,这类多级孔催化材料即具有每一级别孔道原有结构的特点与优势,而且还具有多级孔道结构的耦合产生功能的协同效应,促成这类多级孔材料在功能与性质上显示出较单一孔道结构更为优异且多功能协同效应的特点,更具体地以微孔-介孔-大孔组成的多级孔催化材料为例,微孔结构保持了酸中心与择形的特点,其中的介孔与大孔的存在,不仅提供了非常高的比表面积与超大的孔容,更重要的是提高了客体分子在催化材料孔道中扩散与传输性能,给有机大分子如重油分子、重芳烃等甚至复杂的生物分子提供催化反应的场所和提高催化转化能力,以及抑制与降低结焦失活等,并且为有可能在一种多级孔催化材料中进行两种或几种连续的催化反应提供了可能与发展前景。因而近十年来以多级孔为主体的催化材料的可控合成与应用范畴的开拓研究蓬勃开展,且在多级孔道的设计与可控合成构筑领域开拓了多条路线[28, 29]。

　　目前,在催化应用方面诸如多级孔催化材料在炼油或重油裂解催化剂、甲苯歧化与烷基转移催化剂、异丙苯催化剂、环己酮胺氧化制环己酮肟催化剂、汽车尾气处理催化剂和一些大分子精细化学品催化制备等方面已经开始得到了实际应用。随着多级孔材料研究的不断深入和拓展,其应用面也将不断拓展。总之,与单一的微孔或介孔催化剂相比,多级孔催化剂集合了它们各自的优点,同时克服了一些缺点。正因为如此,多级孔催化材料的催化性能往往优于现有常规的分子筛催化材料,在炼油、石油化工、精细化工以及环保催化等方面有着广阔的应用前景,不仅可能超越和取代现有同样用途的工业催化剂,而且可能开发出用于大分子催化转化等新反应类型的新型催化剂和工艺。我们期待其科学内涵的不断拓展和更广泛的实际应用[29, 30]。

1.2.4　多孔金属有机骨架材料的特点与主要应用领域

　　作为一类非常重要的多孔性晶态材料,金属有机骨架(metal-organic frameworks,MOFs)材料的特征在于这类材料孔道与窗口的尺寸、形状、维数和化学环境可以通过选择节点金属离子和桥连有机配体在适当反应条件下调控。MOFs材料结合了高分子材料及无机材料的特点,不同于传统意义上的有机聚合物及沸石类无机多孔材料。MOFs的设计合成、性能研究以及应用是近二十多年来十分热门的研究领域之一。与无机沸石类材料相比较,MOFs有大孔径、高比表面积,同时伴随着多种多样的孔道拓扑结构。尽管MOFs的研究历史较短,但MOFs凭借其自身丰富的拓扑结构,独特的吸附、催化、声、光、磁和电等性质,引起了国内外研究人员的广泛关注,MOFs已经成为材料化学中一类非常重要的杂化材料,在很多领域扮演着重要角色[31]。目前该材料的主要用途是气体存储[32-35]、二氧化碳捕获和诸多催化[36-40]领域如用于固体酸、碱催化,氧化与还原催化,光催化与诸多手性催化反应等。此外,MOFs在光、电、磁等先进功能材料以至生物医学影像和药物传输等领域也显示了诱人的应用前景,成为 20 世纪 90 年代后期化学和材料学很活跃的前沿研究领域之一[41,42]。本书专列第 11 章以全面介绍本多孔领域的基本内容与发展前沿。下面简单地介绍两个方向的进展。

其一,发光已成为 MOFs 材料中的一个重要研究方向。在过去的 10 年中,已有近千篇关于发光骨架材料的文章获得发表,约占整个 MOFs 材料领域发表论文总数的 15%。在发光 MOFs 材料中,不仅金属离子和有机配体能够提供发光性能,而且骨架材料孔道内组装的客体分子或离子也能够产生发光,此外,骨架材料的发光性能与化学环境、配位构型、晶体结构及其与孔道内客体分子的相互作用都密切相关,这就使得发光 MOFs 材料不仅能够涵盖传统配合物所具有的发光性能,还具有产生新的发光性能和发光行为的潜力,因而在荧光探测、发光与显示和生物医学成像等领域都具有大的应用价值。

其二,MOFs 多孔化合物具有比表面积高、孔道大小可调以及多方面的可修饰性等特点,因此被广泛应用于吸附和分离。特别在气体存储与二氧化碳捕获等方面,经过化学家的努力,MOFs 材料在气体储存应用领域的研究已经取得重大进展,而且也推动了吸附理论的进步,诸如建立了气体吸附理论模型和计算模型,确定了气体吸附位点等,这不仅可从理论上来指导提高气体存储能力,而且发展了MOFs 材料储气的理论模型和理论计算。MOFs 作为一类可望获得广泛应用的新型储气多孔材料,已显示出非常值得期待的应用前景。

1.3 分子筛与多孔材料化学的发展

半个多世纪以来,随着多孔物质类型与品种的不断扩充与发展,应用领域的拓宽与需求的增加,研究领域和学科间交叉与渗透的日益加强与深化,研究方法与现代实验技术的进步与精化,大大推动了分子筛与多孔材料化学内涵的深入与学科面的拓宽。下面以分子筛与多孔材料化学中的两个重要分支领域:造孔合成与孔道中的催化为例来看其发展中存在的若干科学问题与其发展前景。

1.3.1 从造孔合成化学向多孔材料的分子工程学的发展

1968 年在伦敦举行第一届国际沸石分子筛会议(International Zeolite Conference, IZC)是国际上首次以沸石——微孔硅铝酸盐为对象的关于多孔物质的大型学术会议。由于当时仅发现了一批天然沸石与成功合成了二十余种人工沸石,因而有关沸石合成的科学问题主要集中在以硅、铝为组成元素的微孔物质的生成规律上,主要是合成条件对合成反应与合成产物生成的影响规律(如晶化区域相图、晶化动力学曲线等)。三十多年来,由于微孔物质类型、组成与结构的大幅增长,诸如成孔的组成元素已由 Si、Al 两个增加到超过三十个,分子筛的独立结构已达

213 种(2013 年),而形形色色的微孔化合物的类型大幅扩展,其数量更是成千上万。就是在这种背景下,总结造孔合成化学规律,深入研究与探索相关的科学问题,诸如反应物中间态与产物的结构;反应物间的聚合反应,溶胶与凝胶结构和其间的相变;成核与晶化;模板效应与结构导向理论,介稳态与转晶,晶体生长与聚集形态等。在下列相关学科:无机合成与制备化学,水热与溶剂热化学,溶胶-凝胶化学,晶化理论和晶体生长科学与技术,主客体化学与近期发展起来的无机组装化学等支撑的基础上逐步形成多孔物质的合成化学或我们称之为"造孔合成化学"这一新兴的学科与研究领域。

另外,化学最重要的任务之一是创造新物质。合成包括制备、组装等是化学学科的核心。它总是处于发展的前沿。在变革分子的过程中,化学形成了"合成-结构-性能"的研究模式,随着科学技术不断增长的需求,探索减少筛选新物质盲目性的途径,发展定向的、高效的、环境友好和原子经济的合成方法已成为 21 世纪化学发展的关键问题之一。随着化学与相邻学科对分子的掌握日益得心应手,分子(晶体)设计和分子(晶体构筑)工程应运而生。近年来,国内外在化学、材料科学和生命科学中都已越来越重视分子设计和分子工程,并已不乏成功事例,标志着化学正步入人们向往已久的分子工程学阶段。

分子工程学有别于传统化学的特点在于创造具有特殊功能的新物质上是运用"逆向而行"思维与工作方式,即以功能为导向,进行理想结构的设计,重视基本结构单元和构件的形成与组装规律,借助计算机模拟技术,逐步实现对特定功能与结构的化合物及材料进行定向合成。科学的逆向问题往往是从新的视角和思路提出新的科学问题。分子工程学对化学最有益的冲击在于开阔了它对功能、结构和合成三方面的视野。化学会更多注意功能-结构-合成的关系,它会更好地认识到与功能或性能密切相联系的是分子结构以上层次的结构类型,以多孔物质为例与功能紧密相关的是其凝聚态结构,因此它也不会把制备工作过多地局限在单个化合物的合成上。

以微孔化合物为代表的多孔物质由于孔道结构极其规整,且已在大量结构分析的基础上对其骨架结构特征,构筑骨架的次级结构单元(SBU),SBU 间的联结与其中结构导向剂的存在与键合等的规律有相当深入的认识。其次,在半个多世纪实践经验的基础上对造孔合成规律与晶化过程等认识也已比较系统。再加上在广泛应用研究的基础上,人们对相关应用的功能规律以及分子在不同结构特点的孔道内的运动与进行催化反应的规律认识也已有相当的深度。因此与其他任何类型的材料来比较,以分子筛材料为代表的多孔物质,人们对其功能-结构-合成关系的认识是最系统与深入的。在计算机的辅助下,根据特定的功能要求出发,进行理想孔道结构模型的设计,然后再借助结构数据库的帮助在计算机辅助下来选择基本结构单元(或基块)与构筑理想模型,研究其稳定存在的条件,最后再通过对其晶化机理认识的基础上或者借助合成反应数据库进行数据挖掘与规律总结或其他理论规律的指导,选择合成方案和合成条件借助组合合成方法进行定向合成。目前国际上已有一些研究组(包括作者实验室)在进行这方面的研究,且在某些环节上已获得不少可喜的成果。当然这方面还有相当长的路要走。真正要实现具有特定功能微孔材料的定向合成(更确切地讲应该是定向构筑,即包括合成、制备与组装的组合),还有下列一些重要的科学问题值得大家去深入研究,其中包括:功能的化学性问题、微孔化合物凝聚态结构以及与功能的关系、多孔物质结构设计的理论与方法、合成反应机理(包括模板剂的结构导向与结构单元的组装)、绿色构筑路线策略与设计等。然而从科学发展的角度来讲,这将绿色定向设计造孔合成化学的发展方向与研究内容推向一个新的高度,且能带动与推进其他材料的发展。

1.3.2 多孔催化研究领域的发展

首次在工业上将分子筛应用于催化领域是 1959 年美国联合碳化物公司将 Y 型沸石基催化剂应用于异构化反应,接着 1962 年美国 Mobil 公司将 X 型沸石应用于催化裂化,1969 年 Grace 公司开发出了超稳 Y 型沸石(USY)催化剂。当时分子筛催化除主要应用于裂解与加氢裂解以外,已在正烷烃的异构化、C_8 芳烃的低温异构化、甲苯的歧化等方面实现了工业化。随着分子筛催化工业的进步,促进了沸石分子筛固体酸催化理论,Brönsted 酸与 Lewis 酸活性中心的观念以及碳鎓离子反应机理(carbonium ion reaction mechanism)在分子筛催化领域中的系统建立。分子筛催化的另一个特征,即关于分子筛的择形催化(shape-selective catalysis)的研究,几乎在同一时期开展,始于 P. B. Weisz 与 V. J. Frilette(*J Phy Chem*,1960,64:380)至 20 世纪 80 年代初,经小孔与中孔沸石诸如毛沸石、ZSM-5 与小孔丝光沸石等众多择形催化反应的研究。C. Naccache 等总结了在沸石催化反应不同过程中的形状选择问题,如反应物的扩散与吸附,活性中间态的生成,反应与最终产物的脱附与扩散,认为分子筛的择形机理主要取决于分子筛的"筛"(sieving)效应、反应物与产物分子尺寸选择性(product molecular size selectivity),以及中间态尺寸选择性。择形催化是分子筛催化的主要特征,自 80 年代初以来,由于众多择形催化反应的工业化与大量理论研究结果使其形成比较系统的择形催化反应理论。近几十年来,随着①工业实践活动的需要,诸如从石油加工中碳氢化合物转化的多样化到精细化工与制药工业中间体催化合成以至环境污染中的分子筛催化治理(如脱 NO_x,脱有机硫,CO 转化等)等;②沸石分子筛二次合成与修饰改性技术的不断进步,诸如分子筛的离子交换、骨架脱铝、同晶置换、分子筛孔腔中组装技术的发展等;③分子筛与多孔物质新物种的出现,诸如超大微孔分子筛、手性分子筛与介孔材料等大量问世的不断推动,分子筛与多孔催化材料的催化领域不断得到开拓,在固体酸与择形催化理论的基础上又发展了金属-分子筛双功能催化,杂原子分子筛的氧化还原催化,分子筛的碱催化,超大微孔与介孔材料孔腔中的催化反应,分子筛的手性催化与众多均相催化的分子筛复相化等新的分子筛与多孔物质的催化领域,且提出了一批新的科学问题与总结出了若干新的科学规律。关于分子筛催化科学研究的另一个特点是由于大量经验的积累与理论的深入使人们对分子筛的催化性能与结构关系认识越来越深化,这在整个复相催化领域来讲,也是相当突出的。这对分子筛的催化功能-结构-合成关系规律的认识与掌握,且为将分子筛与多孔催化材料领先进入分子工程的研究领域提供了强有力的基础。上述种种使分子筛与多孔催化研究在整个催化科学领域的发展中占有突出地位。据近年来国际上从事催化研究与开发领域的一些权威专家指出:"The Grand Challenge for Catalysis Science in the 21st Century is to Understand How to Design Catalyst Structure to Control Catalytic Activity and Selectivity" 这对分子筛与多孔催化科学与材料的发展来讲预示着一个更光辉的前景。

几十年来与多孔物质的合成与催化领域一样,其他重要分支诸如分子筛与多孔物质的结构化学,吸附与扩散,表征科学与技术,多孔复合材料化学等,无论从学科内容的深度还是从学科面的拓宽等方面均有长足的进步。特别是由于与其他邻近学科诸如物理、数学、计算机科学、材料科学与生命科学等的相互渗透与交叉更促进了分子筛与多孔材料化学向纵深的发展与开拓。

1.4　分子筛与多孔材料化学有关的专著,国际会议论文集和期刊

1.4.1　国际上的重要专著(2000~2013 年)

(1) Breck D W. Zeolite Molecular Sieves: Structure, Chemistry and Use. New York: John Wiley & Sons, 1974.

(2) Barrer R M. Hydrothermal Chemistry of Zeolites. London, New York: Academic Press, 1982.

(3) Bekkum H V, Flanigen E M, Jacobs P A, et al. Introduction to Zeolite Science and Techology. Studies in Surface Sciences and Catalysis. Vol 137. Amsterdam: Elsevier, 2001.

(4) Guisnet M, Gilson J P. Zeolites for Cleaner Technologies. London: ICP, 2002.

(5) Lu G Q, Zhao X S. Nanoporous Materials—Science and Engineering. London: Imperial College Press, 2004.

(6) Robert S M. Microporous and Mesoporous Solid Catalysts. Catalysts for Fine Chemical Synthesis. Vol 4. New York: John Wiley & Sons, 2006.

(7) Xu R, Pang W, Yu J, et al. Chemistry of Zeolites and Related Porous Materials. Singapore: John-Wiley, 2007.

(8) Čejka J, van Bekkum H, Corma A, et al. Introduction to Zeolite Science and Practice. Studies in Surface Sciences and Catalysis. Vol 168. 3rd Ed. Amsterdam: Elsevier, 2007.

(9) Wright P A. Microporous Framework Solids. London: RSC, 2008.

(10) ChesterA W, Derouane E G. Zeolite Characterization and Catalysis—A Tutorial. New York: Springer, 2009.

(11) Čejka J, Corma A, Zones S I. Zeolites and Catalysis—Synthesis, Reactions and Applications. Weinheim: Wiley-VCH Verlag & Co. KGaA, 2010.

(12) Kulprathipanja S. Zeolites in Industrial Separation and Catalysis. Weinheim: Wiley-VCH Verlag & Co. KGaA, 2010.

(13) Bruce D W, O'Hare D, Walton R I. Porous Materials. Weinheim: Wiley-VCH, 2010.

(14) Kulprathipanja S. Zeolites in Industrial Separation and Catalysis. Weinheim: Wiley-VCH, 2010.

(15) Čejka J, Corma A, Zones S. Zeolites and Catalysis Ⅰ and Ⅱ. Weinheim: Wiley-VCH, 2010.

(16) Su B L, Sanchez C, Yang X Y. Hierachically Structured Porous Materials: From Nanoscience to Catalysis, Separation, Optics, Energy, and Life Science. Singapore: Wiley-VCH Verlag & Co. KGaA, 2012.

(17) Kuznicki S M. Zeolite Molecular Sieves: Structure Chemistry and Use. 2nd Ed. New York: Wiley-Blackwell, 2012.

(18) Xu Q. Nanoporous Materials—Synthesis and Applications. New York: CRC Press Taylor & Francis Group, 2013.

(19) Zhao D Y, Wan Y, Zhou W Z. Ordered Mesoporous Materials. Singapore: Wiley-VCH Verlag & Co. KGaA, 2013.

1.4.2 我国专著

(1) 中国科学院大连化学物理研究所分子筛组. 沸石分子筛. 北京: 科学出版社, 1978.

(2) 徐如人, 庞文琴, 屠昆岗. 沸石分子筛的结构与合成. 长春: 吉林大学出版社, 1987.

(3) 徐如人, 庞文琴, 霍启升. 分子筛与多孔材料化学. 1版. 北京: 科学出版社, 2004.

(4) 赵东元, 万颖, 周午纵. 有序介孔分子筛材料. 1版. 北京: 高等教育出版社, 2013.

(5) 于吉红, 闫文付. 纳米孔材料化学 (共四册). 北京: 科学出版社, 2013.

1.4.3 手册类图表集

(1) Robson H. Verified Synthesis of Zeolitic Materials. Synthesis Commission of the International Zeolite Association. 2nd Ed. Amsterdam: Elsevier, 2001.

(2) Baerlocher Ch, Meier W M, Olson D H. Atlas of Zeolite Framework Types. Structure Commission of the International Zeolite Association. 6th Ed. Amsterdam: Elsevier, 2007.

(3) Schüth F, Sing K S W, Weitkamp J. Handbook of Porous Solids. Vol 5. Weinheim: Wiley

VCH，2002.

(4) Treacy M M J，Higgins J B. Collection of Simulated XRD Powder Patterns for Zeolites. Structure Commission of the International Zeolite Association. 5th Ed. Amsterdam-London-New York-Tokyo：Elsevier，2007.

(5) IZA 官方网址：http://www. iza-online. org/iza-main. htm.

1.4.4　国际沸石分子筛会议(IZC)论文集

主要的国际沸石分子筛会议(IZC)总结如表 1-3 所示。

表 1-3　主要的国际沸石分子筛会议

会议年份	会议地点	会议论文集或摘要集
1967	London，UK	Molecular Sieves，Soc. Chem. Ind.，London，1968 Proceedings of the 1st IZC，London，UK，1967
1970	Worcester，USA	Molecular Sieves Ⅰ and Ⅱ，Adv. Chem. Ser. **101** and **102**，ACS，Washington，D. C.，1971 Proceedings of the 2nd IZC，Worcester，Mass.，USA，1970
1973	Zurich，Switzerland	Molecular Sieves，Adv. Chem. Ser. **121**，ACS，Washington，D. C.，1973，Meier W M，Uytterhoeven J B. eds. Proceedings of the 3rd IZC，Zurich，Switzerland，1973
1977	Chicago，USA	Molecular Sieves Ⅱ，ACS Symp. Ser. **40**，ACS，Washington，D. C.，1977，Katzer J R. ed. Proceedings of the 4th IZC，Chicago，IL.，USA，1977
1980	Naples，Italy	Proceedings of the 5th International Conference on Zeolites，Heyden，London，Philadelphia，Rheine，1980，Rees L V C. ed.
1983	Reno，USA	Proceedings of the 6th International Conference on Zeolites，Butterworths，Guildford，1984，Olson D，Bisio A. eds.
1986	Tokyo，Japan	New Developments in Zeolite Science and Technology，Proceedings of the 7th IZC，Tokyo，Japan，1986，Studies in Surface Science and Catalysis **28**，Murakami Y，Iijima A，Ward J W. eds.
1989	Amsterdam，The Netherlands	Zeolites：Facts，Figures，Future，Proceedings of the 8th IZC，Amsterdam，The Netherlands，1989，Studies in Surface Science and Catalysis **49A,B**，Jacobs P A，van Santen R. eds.
1992	Montreal，Canada	Proceedings from the 9th International Zeolite Conference Ⅰ and Ⅱ，Butterworth-Heinemann，Boston，MA，1993，von Ballmoos R，Higgins J B，Treacy M M J. eds.

续表

会议年份	会议地点	会议论文集或摘要集
1994	Garmisch-Parten-kirchen, Germany	Zeolites and Related Microporous Materials: State of the Art 1994, Proceedings of the 10 th IZC, Garmisch-Partenkirchen, Germany, 1994, Studies in Surface Science and Catalysis **84A,B,C**, Weitkamp J, Karge H G, Pfeifer H, et al. eds.
1996	Seoul, Korea	Progress in Zeolite and Microporous Materials, Proceedings of the 11th IZC, Seoul, Korea, 1996, Studies in Surface Science and Catalysis **105A, B,C**, Chon H, Ihm S-K, Uh Y S. eds.
1998	Baltimore, USA	Proceedings of the 12th International Zeolite Conference, Materials Research Society, Warrendale, PA, 1999, Treacy M M J, Marcus B K, Bisher M E, et al. eds.
2001	Montpellier, France	Zeolites and Mesoporous Materials at the Dawn of the 21st Century, Proceedings of the 13th IZC, Montpellier, France, 2001, Studies in Surface Science and Catalysis **135**, Galarneau A, Di Renzo F, Fajula F, et al. eds.
2004	Cape Town, South Africa	Abstracts and Full Papers of Plenary and Keynote Lectures of the 14th International Zeolite Conference, Document Transformation Technologies, Cape Town, South Africa, 2004, van Steen E, Callanan L H, Claeys M. eds.
		Recent Advances in the Science and Technology of Zeolites and Related Materials, Proceedings of the 14th IZC, Cape Town, South Africa, 2004, Studies in Surface Science and Catalysis **154**, van Steen E, Callanan L H, Claeys M. eds.
2007	Beijing, China	From Zeolites to Porous MOF Materials, Proceedings of the 15th International Zeolite Conference, Beijing, China, 2007, Studies in Surface Science and Catalysis **170**, Xu R, Gao Z, Chen J, et al. eds.
2010	Sorrento, Italy	16th International Zeolite Conference joint with the 7th Internatonal Mesostructured Materials Symposium Abstracts, A De Frede: Naples, 2010, Colella C, Aprea P, de Gennaro B, et al. eds.
2013	Moscow, Russia	Zeolites and Ordered Porous Materials: Bridging the Gap Between Nanoscience and Technology Book of Abstracts of the 17th IZC. Moscow, Russia, 2013

1.4.5　主要的国际性期刊

(1) Zeolites. Amsterdam：Elsevier，1981-1993.

(2) Microporous Materials. Amsterdam：Elsevier，1993-1997.

(3) Microporous and Mesoporous Materials. Amsterdam：Elsevier，1998-.

(4) Journal of Porous Materials. Sridhar Komarneni：Springer，1995-.

　　上述四种国际期刊是由国际分子筛协会（International Zeolite Association，IZA）主办的机关刊物（official journal），此外分子筛与多孔材料的文章还经常刊出于无机化学（*Inorg Chem*，*J Chem Soc*，*Dalton Trans*，*Inorg Chem Commun*等），物理化学（*J Phy Chem*，*Langmuir* 等），材料化学（*Chem Mater*，*J Mater Chem* 等），固体化学（*J Solid State Chem*，*Solid State Sciences* 等），催化化学（*J Catalysis*，*Applied Catalysis A：General* 等）以及 *Chem Commun*，*Angew Chem Int Ed* 等著名通讯类杂志中。特殊创新性通讯与综述性文章也刊出于 *Nature* 与 *Science*，以及 *Chem Rev*，*Chem Soc Rev* 与 *Acc Chem Res* 中。

参 考 文 献*

[1] Davis M E. Nature，2002，417：813-821.

[2] a. Baerlocher Ch，Meier W M，Olson D H. Atlas of Zeolite Framework Types. 5th Ed. Amsterdam：Elsevier，2001.

　　 b. Baerlocher Ch，Meier W M，Olson D H. Atlas of Zeolite Framework Types. 6th Ed. Amsterdam：Elsevier，2007.

[3] Barrer R M. Hydrothermal Chemistry of Zeolites. London：Academic Press，1982.

[4] 中国科学院大连化学物理研究所分子筛组. 沸石分子筛. 北京：科学出版社，1978.

[5] Rees L V C. Proceedings of the Fifth International Conference on Zeolites. London：Heyden & Son，1980：760-780.

[6] Wilson S T，Lok B M，Flanigen E M. US Patent No. 4310440. 1982.

[7] Murakami Y，Iijima A，Ward J W. New Developments in Zeolite Science and Technology，Proceedings of the 7th International Zeolite Conference. Amsterdam：Elsevier，1986：103-112.

[8] Yu J H，Xu R R. Acc Chem Res，2003，36：481-490.

[9] Cheetham A K，Férey G，Loiseau T. Angew Chem Int Ed，1999，38：3268-3292.

[10] Davis M E，Saldarriaga C，Montes C，et al. Nature，1988，331：698-699.

[11] Kresge C T，Leonowicz M E，Roth W J，et al. Nature，1992，359：710-712.

[12] Beck J S，Vartuli J C，Roth W J. J Amer Chem Soc，1992，114：10834-10843.

[13] Eddaoudi M，Kim J，Rosi N，et al. Science，2002，295：469-472.

[14] Zheng S，Zhang J，Li X，et al. J Amer Chem Soc，2010，132：15102.

---

　　* 本书的参考文献数量超过 2300 篇，为了尽量节省篇幅，本书所有文献体例均采取极简形式，如期刊类文献均省略了篇名等。另外，少数只给出网址的网页类文献，只是想告诉读者这个网址，而不涉及具体内容。——作者注

[15] Zheng S，Zhang J，Yang G，et al. Angew Chem Int Ed，2008，47：3909-3913.

[16] Dawson R，Cooper A I，Adams D. J Prog Polym Sci，2012，37：530-563.

[17] Guisnet M，Gilson J P. Zeolites for Cleaner Technologies. London：ICP，2002：19.

[18] http://www. iza-online. org.

[19] Marcilly C. Stud Surf Sci Catal，2001，135：37-60.

[20] Guisnet M，Gilson J P. Zeolites for Cleaner Technologies. London：ICP，2002：261-301.

[21] Wu C G，Bein T. Science，1994，264：17.

[22] Sahner K，Hagen G，Schönauer D，et al. Solid State Ionics，2008，179：2416-2423.

[23] Čejka J，Corma A，Zones S. Zeolites and Catalysis. Weinheim：Wiley-VCH，2010：775-826.

[24] 赵东元，万颖，周午纵. 有序介孔分子筛材料. 北京：高等教育出版社，2013.

[25] Corma A. Chem Rev，1997，97：2373.

[26] 孙予罕，孟岩. 催化与功能化//于吉红，闫文付. 纳米孔材料化学——催化与功能化. 北京：科学出版社，2013：125-155.

[27] 何前军，陈雨，施剑林. 催化与功能化//于吉红，闫文付. 纳米孔材料化学——催化与功能化. 北京：科学出版社，2013：324-355；285-323.

[28] 陈丽华，李小云，苏宝连. 合成与制备（Ⅱ）//于吉红，闫文付. 纳米孔材料化学——催化与功能化. 北京：科学出版社，2013：107-143.

[29] 谢在库，刘志成，王仰东. 催化与功能化//于吉红，闫文付. 纳米孔材料化学——催化与功能化. 北京：科学出版社，2013：69-123.

[30] Su B L，Sanchez C，Yang X Y. Hierachically Structured Porous Materials：From Nanoscience to Catalysis，Separation，Optics，Energy，and Life Science. Singapore：Wiley-VCH Verlag，GmbH&Co. KGaA，2012.

[31] Zhou H C，Long J R，Yaghi O M. Chem Rev，2012，112：673-674.

[32] Rosi N L，Eckert J，Eddaoudi M，et al. Science，2003，300：1127-1129.

[33] Li J R，Kuppler R J，Zhou H C. Chem Soc Rev，2009，38：1477-1504.

[34] Sumida K，Rogow D L，Mason J A，et al. Chem Rev，2012，112：724-781.

[35] Suh M P，Park H J，Prasad T K，et al. Chem Rev，2012，112：782-835.

[36] Fujita M，Kwon Y J，Washizu S，et al. J Am Chem Soc，1994，116：1151-1152.

[37] Seo J S，Whang D，Lee H，et al. Nature，2000，404：982-986.

[38] Wu C D，Hu A，Zhang L，et al. J Am Chem Soc，2005，127：8940-8941.

[39] Lee J Y，Farha O K，Roberc J，et al. Chem Soc Rev，2009，38：1450-1459.

[40] Yoon M，Srirambalaji R，Kim K. Chem Rev，2012，112：1196-1231.

[41] Janiak C，Vieth J K. New J Chem，2010，34：2366-2388.

[42] Meek S T，Greatlouse J A，Allendof M D. Adv Mater，2011，23：249-267.

第 2 章　分子筛微孔晶体的结构化学

2.1　引　　言

　　结构化学是分子筛微孔晶体材料科学中的一个根本问题[1-4]。微孔晶体材料极其诱人的性能,诸如离子交换性、扩散与吸附性、形状选择性与催化活性以及它们在主客体组装化学中所发挥的作用均取决于它们独特的微孔结构特征。例如,离子交换性取决于孔道或笼中阳离子的数目、位置及其可通行性;吸附性能取决于孔口的大小和孔道的体积;催化的形状选择性能与孔口的尺寸、孔道的走向和维数、阳离子的位置以及反应中间物的可容纳空间密切相关,而催化活性中心及吸附位置则与孔壁的组成有关;客体化学个体在微孔晶体中的主客体组装则取决于孔道或笼的大小与空间,且与孔壁组成有关。

　　分子筛是无机微孔晶体材料中最重要的家族。分子筛的严格定义是指由 TO_4 四面体通过共顶点连接而形成的具有规则孔道结构的无机晶体材料。2001 年国际分子筛协会 (IZA) 结构委员会出版的第五版 *Atlas of Zeolite Framework Types*(《分子筛骨架类型图集》)中,收集的分子筛的骨架结构类型共有 133 种[5];2007 年第六版《分子筛骨架类型图集》[6]中收录的分子筛的骨架结构类型共有 176 种。截至 2013 年 11 月,国际分子筛协会结构数据库(Database of Zeolite Structures)共有 213 种分子筛结构类型被收录(表 2-1)[7]。表 2-2 中详细地总结了这些分子筛的结构类型及骨架组成,它们主要包括硅(锗)酸盐(S)、磷(砷)酸盐(P)、两者同构(S/P)的骨架类型及其他类型。按照 IUPAC 的命名规则,每一种结构类型以三个大写字母并按字母排列顺序而成的编码来表示。编码通常是根据典型材料的名字衍生而来,它们只是描述和定义共享顶点的四面体(T)原子所形成的骨架,骨架的类型不取决于组成、T(T=Si,Al,P,Ga,Ge,Be 等)原子的分布、晶胞尺寸或对称性。表中还列举了与典型材料同构的一些材料。

表 2-1　213 种分子筛结构类型代码(截至 2013 年 11 月)[7]

ABW	ACO	AEI	AEL	AEN	AET	AFG	AFI	AFN	AFO	AFR	AFS
AFT	AFX	AFY	AHT	ANA	APC	APD	AST	ASV	ATN	ATO	ATS
ATT	ATV	AWO	AWW	BCT	*BEA	BEC	BIK	BOF	BOG	BOZ	BPH
BRE	BSV	CAN	CAS	CDO	CFI	CGF	CGS	CHA	-CHI	-CLO	CON

续表

CZP	DAC	DDR	DFO	DFT	DOH	DON	EAB	EDI	EMT	EON	EPI
ERI	ESV	ETR	EUO	EZT	FAR	FAU	FER	FRA	GIS	GIU	GME
GON	GOO	HEU	IFO	IFR	IHW	IMF	IRR	ISV	ITE	ITH	ITR
ITT	-ITV	ITW	IWR	IWS	IWV	IWW	JBW	JOZ	JRY	JSN	JSR
JST	JSW	KFI	LAU	LEV	LIO	-LIT	LOS	LOV	LTA	LTF	LTJ
LTL	LTN	MAR	MAZ	MEI	MEL	MEP	MER	MFI	MFS	MON	MOR
MOZ	* MRE	MSE	MSO	MTF	MTN	MTT	MTW	MVY	MWW	NAB	NAT
NES	NON	NPO	NPT	NSI	OBW	OFF	OKO	OSI	OSO	OWE	-PAR
PAU	PCR	PHI	PON	PUN	RHO	-RON	RRO	RSN	RTE	RTH	RUT
RWR	RWY	SAF	SAO	SAS	SAT	SAV	SBE	SBN	SBS	SBT	SEW
SFE	SFF	SFG	SFH	SFN	SFO	SFS	* SFV	SFW	SGT	SIV	SOD
SOF	SOS	SSF	SSY	STF	STI	* STO	STT	STW	-SVR	SVV	SZR
TER	THO	TOL	TON	TSC	TUN	UEI	UFI	UOS	UOZ	USI	UTL
UWY	VET	VFI	VNI	VSV	WEI	-WEN	YUG	ZON			

* 指共生；- 指间断结构。

表 2-2　分子筛的结构类型及其典型材料和同构材料的类型

结构类型代码	典型材料	代表性的同构体	S/P[a]
ABW	Li-A(BW)	BePO-ABW，ZnASO-ABW	S/P
ACO	ACP-1		P
AEI	AlPO-18	CoAlPO-AEI，SAPO-18，SIZ-8，SSZ-39	P
AEL	AlPO-11	MnAPO-11	P
AEN	AlPO-EN3	AlPO-53，CFSAPO-1A，JDF-2，MSC-1	P
AET	AlPO-8	MCM-37	P
AFG	Afghanite(阿富汗石)		S
AFI	AlPO-5	SSZ-24，CoAPO-5，SAPO-5	S/P
AFN	AlPO-14	GaPO-14	P
AFO	AlPO-41	MnAPO-41，MnAPSO-41，SAPO-41	P
AFR	SAPO-40	CoAPSO-40，ZnAPSO-40	P
AFS	MAPSO-46	MAPO-46	P
AFT	AlPO-52		P
AFX	SAPO-56	SSZ-16	P
AFY	CoAPO-50	MgAPO-50	P
AHT	AlPO-H2		P

结构类型代码	典型材料	代表性的同构体	S/P[a]
ANA	方沸石	白榴石,斜钙沸石,AlPO-24,GaGeO-ANA	S/P
APC	AlPO-C	AlPO-H3	P
APD	AlPO-D	APO-CJ3	P
AST	AlPO-16	Octadecasil	S/P
ASV	ASU-7		S
ATN	MAPO-39	MgSiAlPO-ATN, SAPO-39, ZnAPO-39	P
ATO	AlPO-31	SAPO-31	P
ATS	MAPO-36	AlPO-36, FAPO-36, SSZ-55, ZnAPO-36	P
ATT	AlPO-12-TAMU	AlPO-33	P
ATV	AlPO-25	GaPO-ATV	P
AWO	AlPO-21	GaPO-AWO	P
AWW	AlPO-22	AlPO-CJB1	P
BCT	Mg-BCTT	Fe(III)-BCTT, Metavariscite(准磷铝石), Svyatoslavite(直钙长石), Zn-BCTT	S
*BEA	β	BSiO-BEA, GaSiO-BEA, CIT-6	S
BEC	FOS-5	ITQ-17, ITQ-14 overgrowth(共生)	S
BIK	Bikitaite(硅锂铝石)	CsAlSiO-BIK	S
BOF	UCSB-15GaGe		S
BOG	Boggsite(钠钙沸石)	Dehyd. Boggsite(钠钙沸石)	S
BOZ	Be-10		P
BPH	磷酸铍-H	Q, STA-5	S/P
BRE	Brewsterite(锶沸石)	CIT-4	S
BSV	UCSB-7		S
CAN	钙霞石	ECR-5, AlGeO-CAN, GaSiO-CAN, ZnPO-CAN	S
CAS	Cs 硅铝酸盐	EU-20b	S
CDO	CDS-1	MCM-65, UZM-25	S
CFI	CIT-5		S
CGF	Co-Ga 磷酸盐	ZnGaPO-CGF	P
CGS	Co-Ga-磷酸盐-6	ZnGaPO-CGS, TNU-1, GaSiO-CSG, TsG-1	S/P
CHA	菱沸石	AlPO-34, GaPO-34, MeAPO-47, CoAPO-44, CoAPO-47	S/P
-CHI	Chiavennite(水硅锰钙铍石)		S

结构类型代码	典型材料	代表性的同构体	S/Pa
-CLO	Cloverite	MnGaPO-CLO，ZnGaPO-CLO	P
CON	CIT-1	SSZ-26/SSZ-33	S
CZP	手性磷酸锌	ZnBPO-CZP，|Na-|[Co-Zn-P-O]-CZP， |(H₃DETA)₂(H₂O)₁₂|[Mn₆Ga₆P₁₂O₄₈]-CZP	P
DAC	环晶石	Svetlozarite(双晶环沸石)	S
DDR	Decadodecasil-3R	σ，ZSM-58	S
DFO	DAF-1		P
DFT	DAF-2	ACP-3，UCSB-3GaGe，UCSB-3ZnAs，UiO-20	S/P
DOH	Dodecasil-1H	[B-Si-O]-DOH	S
DON	UTD-1	UTD-1F	S
EAB	TMA-E(AB)	Bellbergite(贝尔伯格石)	S
EDI	钡沸石	K-F，CoAPO-EDI，CoGaPO-EDI	S/P
EMT	EMC-2	CSZ-1，ECR-30，ZSM-20	S
EON	ECR-1	Direnzoite，TNU-7	S
EPI	柱沸石	人工合成柱沸石	S
ERI	毛沸石	AlPO-17，LZ220	S/P
ESV	ERS-7		S
ETR	ECR-34		S
EUO	EU-1	TPZ-3，ZSM-50	S
EZT	EMM-3		P
FAR	Farneseite		S
FAU	八面沸石	X，Y，SAPO-37，ZnPO-X，AlGeO-FAU，CoAlPO-FAU， GaBeO-FAU	S/P
FER	镁碱沸石	Sr-D，FU-9，NU-23，ZSM-35	S
FRA	Franzinite(弗钙霞石)		S
GIS	水钙沸石	Na-P，MAPO-43，ZnGaPO-GIS，(NH₄)₄[Zn₄B₄P₈O₃₂]-GIS	S/P
GIU	Giuseppettite(久霞石)		S
GME	钠菱沸石	BePO-GME，K-rich gmelinite，(富钾钠菱沸石)，人工合 成无缺陷钠菱沸石(synthetic fault-free gmelinite)	S
GON	GUS-1		S
GOO	Goosecreekite(古柱 沸石)		S

续表

结构类型代码	典型材料	代表性的同构体	S/P[a]
HEU	片沸石	斜发沸石，LZ219	S
IFO	ITQ-51		S
IFR	ITQ-4	SSZ-42，MCM-58	S
IHW	ITQ-32		S
IMF	IM-5		S
IRR	ITQ-44		S
ISV	ITQ-7	$[Ge-Si-O]$-ISV，$\|BCHP\|[Si_xAl_yGe_zO_{128}]$-ISV，$\|(C_{15}H_{29}N)_4F_4\|[Si_{64}O_{128}]$-ISV	S
ITE	ITQ-3	Mu-14，SSZ-36	S
ITH	ITQ-13	Al-ITQ-13，IM-7	S
ITR	ITQ-34		S
ITT	ITQ-33		S
-ITV	ITQ-37		S
ITW	ITQ-12		
IWR	ITQ-24		S
IWS	ITQ-26		S
IWV	ITQ-27		S
IWW	ITQ-22		S
JBW	Na-J(BW)	$\|Na-\|[Al-Si-O]$-JBW，Nepheline hydrate(霞石水合物)，$\|Na_2RbH_2O\|[Al_3Ge_3O_{12}]$-JBW，$\|Na_3(H_2O)_2\|[Al_3Ge_3O_{12}]$-JBW	S
JOZ	LSJ-10		S
JRY	CoAPO-CJ40		P
JSN	CoAPO-CJ69		P
JSR	JU-64		S
JST	GaGeO-CJ63		S
JSW	CoAPO-CJ62		P
KFI	ZK-5	P，Q	S
LAU	浊沸石	黄浊沸石，CoGaPO-LAU	S/P
LEV	插晶菱沸石	LZ-132，NU-3，SAPO-35，CoDAF-4	S/P
LIO	Liottite(硫碳钙霞石)		S
-LIT	Lithosite(硅铝铀石)		S

结构类型代码	典型材料	代表性的同构体	S/P[a]
LOS	Losod	LiBePO-LOS, AlGeO-LOS	S/P
LOV	Lovdarite（铍硅钠石）	人工合成铍硅钠石（synthetic lovdarite）	S
LTA	A	SAPO-42, ZK-4, GaPO-LTA	S/P
LTF	LZ-135		S
LTJ	J		S
LTL	L	(K, Ba)-G, L, 硅镓酸盐 L	S
LTN	N	NaZ-21	S
MAR	Marinellite		S
MAZ	Mazzite（针沸石）	Ω, ZSM-4	S
MEI	ZSM-18	ECR-40, UZM-22	S
MEL	ZSM-11	Silicalite-2, SSZ-46, TS-2	S
MEP	硫方英石	人工合成硫方英石（synthetic melanophlogite），低硅硫方英石（low melanophlogite）	S
MER	Merlinoite（钡十字沸石）	K-M, W, AlCoPO-MER	S/P
MFI	ZSM-5	Silicalite-1, TS-1	S
MFS	ZSM-57	COK-5	S
MON	Montesommaite（蒙特索马石）	AlGeO-MON	S
MOR	丝光沸石	丝光沸石, [Ga-Si-O]-MOR, Ca-Q, LZ-211, Na-D	
MOZ	ZSM-10		S
* MRE	ZSM-48		S
MSE	MCM-68	YNU-2	S
MSO	MCM-61	Mu-13	S
MTF	MCM-35	UTM-1	S
MTN	ZSM-39	Dodecasil 3C, CF-4	S
MTT	ZSM-23	EU-13, KZ-1	S
MTW	ZSM-12	CZH-5, VS-12	S
MVY	MCM-70		S
MWW	MCM-22	ERB-1, ITQ-1, PSH-3, SSZ-25	S
NAB	Nabesite		S
NAT	钠沸石	钙沸石, AlGeO-NAT, GaSiO-NAT	S

续表

结构类型代码	典型材料	代表性的同构体	S/Pa
NES	NU-87	Gottardiite(格塔蒂沸石)	S
NON	Nonasil	ZSM-51,硼硅酸盐 NON	S
NPO	Oxonitridophosphate-1	$\lvert Ba_6 Cl_2 \rvert \lbrack Si_6 N_{10} O_2 \rbrack$-NPO, $\lvert Ba_6 Cl_2 \rvert \lbrack Ta_6 N_{12} \rbrack$-NPO, $\lvert Ba_6 Cl_{8/5} N_{6/5} \rvert_5 \lbrack Ta_6 N_{12} \rbrack_5$-NPO	S/P
NPT	Oxonitridophosphate-2		P
NSI	Nu-6(2)	EU-20	S
OBW	OSB-2		S
OFF	Offretite(钾沸石)	TMA-O, LZ-217	S
OKO	COK-14		S
OSI	UiO-6		S
OSO	OSB-1		S
OWE	UiO-28	ACP-2	P
-PAR	Partheite(帕水钙石)		S
PAU	Paulingite(方碱沸石)	ECR-18	S
PCR	IPC-4		S
PHI	钙十字沸石	重十字沸石,ZK-19, AlCoPO-PHI	S/P
PON	IST-1		P
PUN	PKU-9		P
RHO	ρ	LZ-214, CoAlPO-RHO, BeAsO-RHO	S/P
-RON	Roggianite(水硅铝碱石)		S
RRO	RUB-41		S
RSN	RUB-17		S
RTE	RUB-3		S
RTH	RUB-13	SSZ-36, SSZ-50	S
RUT	RUB-10	NU-1, TMA-硅酸盐-RUT	S
RWR	RUB-24		S
RWY	UCR-20		Sb
SAF	STA-15		P
SAO	STA-1		P
SAS	STA-6	SSZ-73	P
SAT	STA-2		P

续表

结构类型代码	典型材料	代表性的同构体	S/P[a]
SAV	MgSTA-7	CoSTA-7，ZnSTA-7	P
SBE	UCSB-8Co	UCSB-8Mg，UCSB-8Mn，UCSB-8Zn	P
SBN	UCSB-9	SU-46	P
SBS	UCSB-6GaCo	UCSB-6Co，UCSB-6GaMg，UCSB-6Mn	P
SBT	UCSB-10GaZn	UCSB-10Co，UCSB-10Mg，UCSB-10Zn	P
SEW	SSZ-82		S
SFE	SSZ-48		S
SFF	SSZ-44	STF-SFF	S
SFG	SSZ-58		S
SFH	SSZ-53		S
SFN	SSZ-59		S
SFO	SSZ-51	EMM-8	P
SFS	SSZ-56		S
* SFV	SSZ-57		S
SFW	SSZ-52		S
SGT	σ	BSiO-SGT	S
SIV	SIV-7		P
SOD	方钠石	AlPO-20，AlCoPO-SOD，AlGeO-SOD，GaCoPO-SOD，ZnPO-SOD	S/P
SOF	SU-15		S
SOS	SU-16	FJ-17	S
SSF	SSZ-65		S
SSY	SSZ-60		S
STF	SSZ-35	ITQ-9	S
STI	辉沸石	淡红沸石	S
* STO	SSZ-31（多型体Ⅰ）		S
STT	SSZ-23		S
STW	SU-32		S
-SVR	SSZ-74		S
SVV	SSZ-77		S
SZR	SUZ-4		S
TER	Terranovaite		S

结构类型代码	典型材料	代表性的同构体	S/P[a]
THO	杆沸石	AlCoPO-THO, GaCoPO-THO	S/P
TOL	Tounkite-like mineral		S
TON	θ-1	ISI-1, KZ-2, NU-10, ZSM-22	S
TSC	Tschörtnerite		S
TUN	TNU-9		S
UEI	Mu-18		P
UFI	UZM-5		S
UOS	IM-16		S
UOZ	IM-10		S
USI	IM-6		P
UTL	IM-12	ITQ-15	S
UWY	IM-20		S
VET	VPI-8		S
VFI	VPI-5	AlPO-54, MCM-9, H1	P
VNI	VPI-9		S
VSV	VPI-7	Gaultite(锌硅钠石)	S
WEI	针磷钇铒矿		S
-WEN	Wenkite(钡钙霞石)		S
YUG	汤河原沸石	Sr-Q	S
ZON	ZAPO-M1	GaPO-DAB, UiO-7	P

a. S=硅(锗)酸盐，P=磷(砷)酸盐。

　　无机微孔晶体化合物中还包括类分子筛开放骨架材料，如硅(锗)酸盐、磷酸盐以及亚磷酸盐开放骨架化合物。不同于分子筛的骨架结构，它们的骨架中含有 TO_n(n=3、4、5、6)多面体基本结构单元。这些类分子筛开放骨架微孔晶体表现出十分丰富的结构多样性，如超大孔、手性等结构特征。

　　目前，无机微孔晶体化合物的组成已涉及元素周期表中的大部分元素，包括主族元素、过渡金属元素和稀土元素等。越来越多的元素被引入分子筛骨架中，不仅丰富了分子筛微孔晶体的骨架结构类型和骨架组成，也拓展了它们在磁学、光致发光、化学传感、药物缓释等领域的应用前景[8]。

　　本章将主要介绍分子筛和一些类分子筛微孔晶体的结构化学规律与特点。

2.2　分子筛多孔晶体的结构构筑

2.2.1　基本结构单元

2.2.1.1　初级结构单元

分子筛是由 TO_4 四面体之间通过共享顶点而形成的三维四连接骨架。骨架 T 原子通常是指 Si、Al 或 P 原子,在少数情况下是指其他杂原子,如 B、Ga、Be 等,这些[SiO_4]、[AlO_4]或[PO_4]等四面体是构成分子筛骨架的最基本结构单元,即初级结构单元。在这些四面体中,Si、Al 和 P 等都以高价氧化态的形式出现,采取 sp^3 杂化轨道与氧原子成键,Si—O 平均键长为 1.61Å,Al—O 平均键长为 1.75Å,P—O 平均键长为 1.54Å。

在分子筛结构中,每个 T 原子都与四个氧原子配位[图 2-1(a)],每个氧原子桥连两个 T 原子[图 2-1(b)],因此,分子筛的结构类型可以用(4;2)-连接来表示。但在某些分子筛结构中,如在 $AlPO_4$-21[9, 10] 和 VPI-5[11-13] 中,存在着五配位或六配位的 Al 原子,它们除了与四个桥氧配位外,还与额外物种 OH^- 或 H_2O 配位。忽略这些额外物种,这些分子筛的骨架具有理想的(4;2)-拓扑连接。

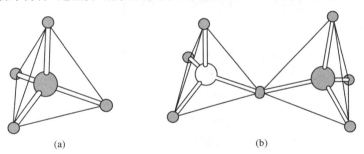

图 2-1　(a) TO_4 四面体;(b) TO_4 四面体间共用桥氧原子[9]

分子筛骨架中[SiO_4]四面体为电中性,[AlO_4]带有一个负电荷,[PO_4]带有一个正电荷。因此,由 [SiO_4]^0 和 [AlO_4]$^-$ 四面体构成的硅铝酸盐分子筛具有阴离子骨架结构。骨架负电荷由额外的阳离子平衡。硅铝酸盐分子筛的化学通式为:$A_{x/n}(SiO_2)(AlO_2)_x \cdot mH_2O$[1](A:阳离子,价态为 n),阳离子和吸附水位于孔道中。由[AlO_4]$^-$ 和 [PO_4]$^+$ 四面体严格交替构成的磷酸铝分子筛 $AlPO_4$-n[14]骨架具有电中性,不需要额外的阳离子来平衡骨架电荷,只有吸附水或模板剂分子存在于孔道中。

在通常情况下,分子筛的结构遵循 Lowenstein[15] 规则,即四面体位置上的两个铝原子不能相邻。与此类似的是,在磷酸盐及取代的磷酸盐(4;2)-连接的骨架结构中,铝不能与二价或三价金属原子相邻,磷不能与硅或磷原子相邻。

2.2.1.2 次级结构单元

分子筛的骨架可以看作是由有限的结构单元或无限的结构单元(如链或层)构成。其中有限的结构单元被称为次级结构单元(secondary building units,SBU),这个概念是由 Meier 等[16, 17]和 Smith[18]提出的。目前,被国际分子筛协会收录的 SBU 有 23 种(图 2-2)[7]。这些 SBU 是由初级结构单元通过共享氧原子,按照不同的连接方式组成的多元环。每种 SBU 下的符号代表该 SBU 的类型。例如,3 代表由三个 T 原子组成的 3 元环,4-4 代表两个 4 元环,即双四元环,5-1 代表一个 5 元环和一个 T 原子。

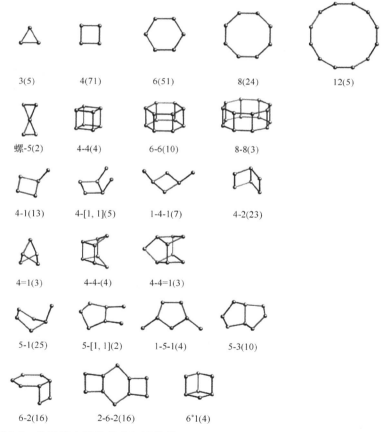

图 2-2 分子筛中常见的次级结构单元(SBU)及其符号。括号中的数字是 SBU 在已知结构中出现的概率[7]

SBU 的衍生是假定整个骨架由一种类型的 SBU 单元构成[19]。SBU 中的 T 原子最多可达 16 个。应该注意的是，SBU 总是非手性的，也就是说被分离出的具有最高对称性的 SBU 既不是左手性的，也不是右手性的。一个晶胞内总是含有整数个 SBU。

表 2-3 中列出了部分分子筛骨架中的 SBU。一种骨架可能含有多种 SBU，例如在 LTA 中，它含有 4、8、4-2、4-4 和 6-2 五种 SBU，用其中任何一种 SBU，都可以描述 LTA 的骨架结构。在少数情况下，一种骨架可能是由几种不同的 SBU 组合而成。例如，在 LOV、MEP 和其他包合物类型骨架中就存在着几种 SBU 的组合。

表 2-3　Atlas 中部分分子筛中的次级结构单元（SBU）[7]

结构类型代码	SBU	结构类型代码	SBU
ABW	4, 8	AWO	6, 4-2, 4
ACO	4, 4-4, 8	AWW	4, 6
AEI	4, 6, 4-2, 6-6	BCT	4, 8
AEL	10, 4-1	* BEA	组合
AEN	4, 6	BEC	6-2
AET	6	BIK	5-1
AFG	4, 6	BOG	4, 6, 5-1
AFI	4, 6, 12	BPH	6 * 1
AFN	4, 8	BRE	4
AFO	4-1, 2-6-2	CAN	4, 6, 12
AFR	4, 6-2, 4-4	CAS	5-1
AFS	6 * 1	CDO	5-1
AFT	4, 6, 6-6, 4-2	CFI	5-[1,1,1]
AFX	4, 6, 6-6, 4-2	CGF	4-1-1
AFY	4, 4-4	CGS	4
AHT	4-2, 6	CHA	4, 6, 6-6, 4-2
ANA	4, 6, 6-2, 4-[1,1], 1-4-1	-CHI	5-[1,1]
APC	4, 8	-CLO	4, 4-4
APD	4, 8, 6-2	CON	5-2
AST	4-1	CZP	4, 4-[1,1]
ASV	4-1	DAC	5-1
ATN	4, 8	DDR	组合
ATO	4,6, 12	DFO	1-4-1, 4-1
ATS	4, 6, 12	DFT	4
ATT	4-2, 6	DOH	组合
ATV	4-[1,1], 6	DON	5-3

结构类型代码	SBU	结构类型代码	SBU
EAB	4, 6	-LIT	6, 4-[1,1], 4-2
EDI	4=1	LOS	4, 6, 6-2
EMT	4, 6, 6-6, 6-2, 4-2, 1-4-1	LOV	组合
EON	5-1	LTA	4, 6, 8, 1-4-1, 4-4, 6-2
EPI	5-1	LTL	6, 4-2
ERI	4, 6	LTN	6, 4-2
ESV	5-1	MAR	6, 4
ETR	4	MAZ	4, 4-2, 5-1
EUO	1-5-1	MEI	6*1, 3
EZT	4, 6, 6*1	MEL	5-1
FAR	6	MEP	组合
FAU	4, 6, 6-6, 6-2, 4-2, 1-4-1	MER	4, 8, 8-8
FER	5-1	MFI	5-1
FRA	6, 4	MFS	6, 5-1
GIS	4, 8	MON	4
GIU	4, 6	MOR	5-1
GME	4, 6, 8, 12, 4-2, 6-6	MOZ	组合
GON	5-3	MSE	1-5-1, 5-[1,1]
GOO	-4-4-	MSO	2-6-2, 4-1
HEU	4-4=1	MTF	5-5=1
IFR	6-2	MTN	组合
IHW	组合	MTT	5-1
IMF	5-1	MTW	5-[1,1]
ISV	6-2	MWW	1-6-1, 6-1
ITE	4	NAB	4-1, 1-3-1
ITH	组合	NAT	4=1
ITW	1-4-1, 4-[1,1]	NES	5-1, 5
IWR	1-5-1	NON	6, 5
IWV	5-1, 5-[1,1]	NPO	3
IWW	1-5-1	NSI	5-1
JBW	6	OBW	3-1, 3
KFI	4, 6, 8, 6-6, 6-2, 4-2	OFF	6, 4-2
LAU	6, 1-4-1	OSI	6-2
LEV	6	OSO	螺-5, 3-1
LIO	6, 4	OWE	4, 4-4-

续表

结构类型代码	SBU	结构类型代码	SBU
-PAR	4	SIV	4，8
PAU	4，8	SOD	6
PHI	4，8	SOS	4-2
PON	4-2	SSY	5-3，5-1
RHO	4，6，8，8-8	STF	5-3
-RON	6-[1,1]，3	STI	4-4＝1
RRO	4-4＝1	STT	5-3
RSN	4-1，4	SZR	6
RTE	6，5-1	TER	2-6-2，4-1
RTH	4	THO	4＝1
RUT	6	TOL	4，6
RWR	6-2	TON	5-1
RWY	8，3*1	TSC	4，6，8，4-2，6-6，8-8
SAO	4	TUN	5-1
SAS	4，6-2	UEI	4，6，4-2
SAT	6，4	UFI	8
SAV	4，6，4-2，6-6	UOZ	4-1
SBE	4，8	USI	4-1
SBS	4，8	UTL	组合
SBT	4	VET	5-1，5
SFE	5-3，5-1	VFI	18，6，4-2
SFF	5-3	VNI	4，3
SFG	组合	VSV	4，4-1
SFH	5-3	WEI	螺-5
SFN	5-3	-WEN	6-1，6
SFO	6-2，4-4-，4	YUG	4，8
SGT	5-3	ZON	4，6-2，4-4-

　　值得注意的是，SBU 只是理论意义上的拓扑构筑单元，用它们可以很好地描述骨架的结构，但不能认为它们就是或等同于分子筛晶化过程中在溶液或凝胶中真实存在的物种。

2.2.1.3　组成构筑单元

　　分子筛骨架中存在着一些特征的组成构筑单元（composite building units，CBU），通常它们在不同的骨架结构中都会出现。J. V. Smith 曾总结了一些分子筛和假想三维四连接结构的构筑单元[20]，同时 van Koningsveld 在此基础上又对构筑单元的数量进行了扩展[21]。自 2007 年以后，国际分子筛协会(IZA)结构委员会将其命名为组成构筑单元，并用 CBU 对分子筛的骨架结构进行描述。现在国际分子筛协会结构数据库共列举了其中的 49 种，如表 2-4 所示[7]。与次级结构单元(SBU)不同之处在于，CBU 可以是手性的，并且不要求其唯一用来构筑整个骨架结构。

表 2-4　国际分子筛协会结构数据库所列举的组成构筑单元[7]

lov 5T	nat 6T	vsv 6T	mei 7T	d4r 8T	mor 8T	sti 8T
bea 10T	bre 10T	jbw 10T	mtt 11T	afi 12T	afs 12T	ats 12T
bog 12T	cas 12T	d6r 12T	lau 12T	rth 12T	stf 12T	bik 13T
fer 13T	abw 14T	bph 14T	mel 14T	mfi 14T	mtw 14T	non 15T
ton 15T	aww 16T	d8r 16T	rte 16T	can 18T	mso 18T	gis 20T
mtn 20T	atn 24T	gme 24T	sod 24T	rut 28T	los 30T	clo 32T
pau 32T	ast 32T	cha 36T	lio 42T	aft 48T	lta 48T	ltl 48T

　　不同的分子筛骨架会含有相同的 CBU,也就是说,同一 CBU 通过不同的连接方式会形成不同的骨架结构类型。例如,从 *sod* 笼出发,*sod* 笼间通过共面连接,会形成方钠石(SOD)结构;*sod* 笼间通过双四元环连接,会形成 A 型沸石(LTA)结构;*sod* 笼间通过双六元环连接,会形成八面沸石(FAU)和 EMT 结构 (图 2-3)[22]。

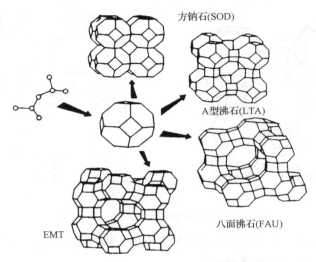

图 2-3　由方钠石笼构成的分子筛结构[22]

2.2.1.4　特征的链和层状结构单元

　　在分子筛骨架结构中,常会发现一些特征的链状结构单元。图 2-4 给出了六种链状结构,它们分别是双之字形链(*dzc*),双机轴链(*dcc*),双锯齿形链(*dsc*),短柱石链(*nsc*),双短柱石链(*dnc*)和 Pentasil 链[7]。其中 *dzc*、*dcc* 和 *dsc* 三条双链都是由边共享的 4 元环组成,它们的不同之处在于四面体上第四个连接点的上(U)和下(D)的取向不同。短柱石链和双短柱石链通常存在于磷酸铝 AlPO$_4$-*n* 结构中,而不存在于硅酸盐结构中。此外,高硅分子筛家族还存在一个特征链,即 Pentasil 链,如 MFI 的骨架结构就是由 Pentasil 链所构成[23]。

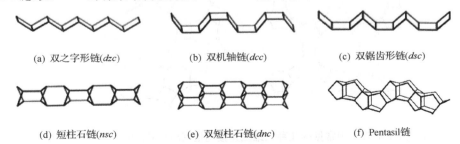

(a) 双之字形链(*dzc*)　　　　(b) 双机轴链(*dcc*)　　　　(c) 双锯齿形链(*dsc*)

(d) 短柱石链(*nsc*)　　　　(e) 双短柱石链(*dnc*)　　　　(f) Pentasil 链

图 2-4　分子筛中常见的几种链状结构[7]

　　分子筛的结构也可以用一些二维三连接的网层来描述[18]。三维四连接的骨架结构可以看作是由平行堆积的二维三连接网层通过上下取向的三连接顶点间相互连接而形成。图 2-5 中给出了 GIS[5] 类型骨架结构中存在的 4.8^2 二维网层。8元环中的一半顶点指向层上(U),另一半指向层下(D)。

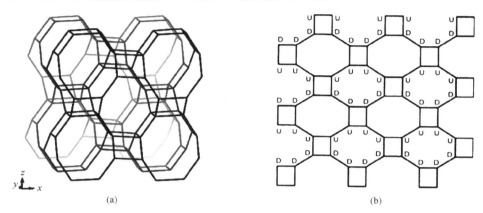

(a)　　　　　　　　　　　　　　　　(b)

图 2-5　(a) GIS 骨架结构;(b) 4.8^2 网层[5]

　　图 2-6 中给出了分子筛骨架中几种常见的二维三连接网层。每一种层用与一个顶点相关的三个 n 元环来描述。

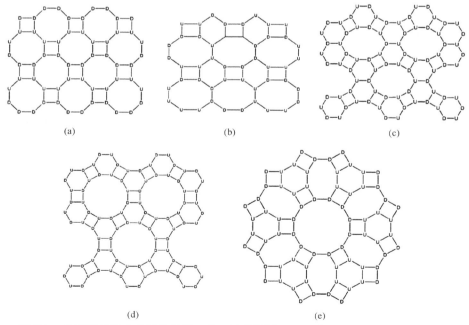

(a)　　　　　　　　(b)　　　　　　　　(c)

(d)　　　　　　　　　　　　(e)

图 2-6　分子筛骨架中常见的几种二维三连接网层:(a)4.8^2;(b) $(4.6.8)_1(6.8.8)_1$;
(c)$4.6.10$;(d) $4.6.12$;(e) $(4.6.8)_1(4.8.12)_1$ [5]

许多三维骨架结构都可以用同一种二维三连接网层来描述。如 4.8^2 网层除了存在于 GIS 结构中外，还存在于 ABW、BRE、MER、PHI、ATT 和 APC 等结构中[5]。在每一种骨架结构中，围绕 4.8^2 层中 8 元环的四面体的取向是不同的。如在 ABW 型结构中，围绕 8 元环中四面体的取向为 UUDUDDUD。4.6.12 网层是二维三连接网层中最常见之一，它存在于 AFG、CAN、CHA、ERI、GME、LEV、LIO、OFF、EAB、LOS、AFI、AFS 和 AFY 等多种分子筛骨架结构中[5]。

2.2.2　骨架拓扑结构

2.2.2.1　配位序和顶点符号

配位序（CSQ）的概念最初是由 G. O. Brunner 等[24]提出，W. M. Meier 和 H. J. Moeck[25]首次将其引入分子筛骨架中。在一个典型的分子筛骨架中，每个 T 原子与 $N_1 = 4$ 个邻近的 T 原子通过氧桥连接。这些邻近的 T 原子又以同样的方式连接到下一壳层的 N_2 个 T 原子，后者又连接到下一个壳层的 N_3 个 T 原子，依此类推，每个 T 原子的配位序可以被确定。它遵循：

$$N_0 = 1, N_1 \leqslant 4, N_2 \leqslant 12, N_3 \leqslant 36, \cdots, N_k \leqslant 4 \cdot 3^{k-1}$$

《分子筛骨架类型图集》[5]中列举了每个骨架类型中拓扑学独立的 T 原子从 N_1 到 N_{10} 的配位序。如 FAU 中，配位序为

T1 $(192, l)$　4　9　16　25　37　53　73　96　120　145

括号内给出 T 原子的等效原子数目及位置对称性。

M. O'Keeffe 和 S. T. Hyde[26]首次在分子筛骨架中运用了顶点符号。顶点符号表示与一个 TO_4 四面体 6 个夹角中每一对相对角相关的最小环数。例如，在 FAU 中，顶点符号是 $4 \cdot 4 \cdot 4 \cdot 6 \cdot 6 \cdot 12$，它表明第一对相对角含有两个 4 元环，第二对含有一个 4 元环和一个 6 元环，最后一对含有一个 6 元环和一个 12 元环。顶点符号对于测定骨架中最小的环非常有用。有时，一个顶点上存在不止一种同样大小的环，这种情况下用下角标标记，如 6_2 或 8_2。

对于一个特定的骨架拓扑结构，配位序和顶点符号是唯一确定的。也就是说，它们可以被用来明确地区分不同的骨架类型。用这种方法，同构的骨架类型可以很容易被识别。目前，根据结晶学数据，用计算机程序可以快速计算出原子的配位序和顶点符号。

2.2.2.2　分子筛孔口的环数与孔道的维数

分子筛的孔道由 n 个 T 原子所围成的环，即窗口所限定。除 6 元环等小的孔道体系外，分子筛孔道的窗口包括 8 元环、9 元环、10 元环、11 元环、12 元环、14 元环、16 元环、18 元环、20 元环和 30 元环。图 2-7 总结了各种类型分子筛结构中最

大孔道的环数,每种环数下给出了一个代表性的骨架结构。

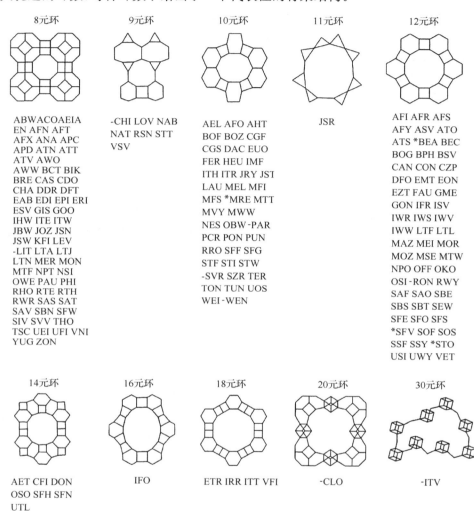

8元环	9元环	10元环	11元环	12元环
ABWACOAEIA EN AFN AFT AFX ANA APC APD ATN ATT ATV AWO AWW BCT BIK BRE CAS CDO CHA DDR DFT EAB EDI EPI ERI ESV GIS GOO IHW ITE ITW JBW JOZ JSN JSW KFI LEV -LIT LTA LTJ LTN MER MON MTF NPT NSI OWE PAU PHI RHO RTE RTH RWR SAS SAT SAV SBN SFW SIV SVV THO TSC UEI UFI VNI YUG ZON	-CHI LOV NAB NAT RSN STT VSV	AEL AFO AHT BOF BOZ CGF CGS DAC EUO FER HEU IMF ITH ITR JRY JST LAU MEL MFI MFS *MRE MTT MVY MWW NES OBW -PAR PCR PON PUN RRO SFF SFG STF STI STW -SVR SZR TER TON TUN UOS WEI -WEN	JSR	AFI AFR AFS AFY ASV ATO ATS *BEA BEC BOG BPH BSV CAN CON CZP DFO EMT EON EZT FAU GME GON IFR ISV IWR IWS IWV IWW LTF LTL MAZ MEI MOR MOZ MSE MTW NPO OFF OKO OSI -RON RWY SAF SAO SBE SBS SBT SEW SFE SFO SFS *SFV SOF SOS SSF SSY *STO USI UWY VET

14元环	16元环	18元环	20元环	30元环
AET CFI DON OSO SFH SFN UTL	IFO	ETR IRR ITT VFI	-CLO	-ITV

图 2-7 各种类型分子筛结构中最大孔道的环数。每种环数下给出一个典型分子筛结构的简单投影图(基于文献[7]增补了新的骨架类型)

通常,根据孔道环数的大小可以将分子筛分为小孔、中孔、大孔以及超大孔分子筛。小孔分子筛,如 LTA、SOD 和 GIS[5] 类型分子筛,其孔道窗口由 8 个 TO_4 四面体围成,孔径大约为 4.0Å;中孔分子筛,如 MFI,其孔道窗口由 10 个 TO_4 四面体围成,孔径大约为 5.5Å;大孔分子筛,如 FAU,MOR 和 *BEA[5],其孔道窗口由 12 个 TO_4 四面体围成,孔径大约为 7.5Å;围成孔道窗口的 T 原子数超过 12 的分子筛,则被称为超大孔分子筛。分子筛中孔道的环数以 8 元环、10 元环和 12 元环居多。目前,已有一些关于超大孔分子筛的报道,分子筛孔道的最大环数可以达到 30。在被国际分子筛协会确认的 213 种骨架结构中,有 14 种结构属于超大孔分子筛。

孔道的体系可以是一维、二维或三维的,即孔道向一维、二维或三维方向延伸。相互连接的孔道用双箭头"↔"分开。"|"线表示孔道间没有直接的连接。"⊥"表示垂直某一结晶学方向。星号"*"的个数表示孔道体系的维数。下面选择几个例子来说明这些符号的具体含义[6]。

例　CAN　[001] **12**　5.9Å×5.9Å*

　　OFF　[001] **12**　6.7Å×6.8Å* ↔⊥[001] **8**　3.6Å×4.9Å**

　　RHO　⟨100⟩　**8**　3.6Å×3.6Å*** |⟨100⟩ **8**　3.6Å×3.6Å***

　　GIS　{[100]　**8**　3.1Å×4.5Å ↔[010] **8**　2.8Å×4.8Å}***

CAN 具有平行于[001]方向的一维 12 元环孔道。在 OFF 中,平行于[001]方向有一维 12 元环主孔道,它们与垂直于[001]方向的二维 8 元环孔道相交叉,从而形成三维孔道体系。RHO 含有两种非交叉的三维 8 元环孔道体系,⟨100⟩表示孔道平行于立方结构中的所有结晶学等价轴,即沿着 x、y 和 z 方向。在 GIS 中,平行于[100]和[010]方向相互交叉的 8 元环孔道产生出一个三维的孔道体系,它可以看作是部分重叠孔道的一个排列。

2.2.2.3　骨架密度

区别分子筛微孔晶体与硅酸盐致密晶体的一个简单标准是基于骨架密度(FD),即每 1000Å³ 体积内四面体配位的 T 原子的数目。显然,FD 值与孔容相关,但它并不能反映出孔口的尺寸。图 2-8 显示了微孔和致密骨架结构中的 FD 值对应于环形结构中最小环数的关系[6]。对于分子筛型和致密型四面体骨架结构,FD 值存在一个明显的界线(图中由阴影线表示)。对于致密型骨架结构,FD 值是 20～21T/1000Å³,而对于完全连接的分子筛骨架,FD 值从具有最大孔容结构的 12.1～20.6T/1000Å³ 变化。通常情况下,FD 值指的是典型材料,在一定程度上取决于化学组成。截至目前,FD 值低于 12T/1000Å³ 的结构只有以下几种,包括阻断骨架结构 Cloverite[27,28](-CLO,11.1T/1000Å³)、硫化物 UCR-20[29](RWY,5.2T/1000Å³)、ITQ-44[30](IRR,11.9T/1000Å³)、间断结构 ITQ-40[31](11.1T/1000Å³)、GaGeO-CJ63[32](JST,10.5T/1000Å³)、JU64[33](JSR,9.8T/1000Å³)。

2.2.2.4　自然拼贴模式

近年来,科研工作者将数学理论中的拼贴模式(tiling)方法引入晶体结构的描述中,它可以简明直观地对复杂的结构进行准确有效的描述和表达。拼贴模式是一种将周期性的空间分割为若干多面体的方法,对应的多面体称为拼贴块(tile)。

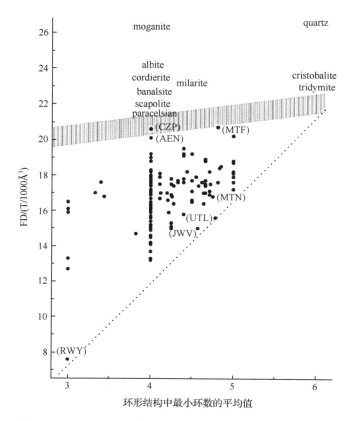

图 2-8　骨架密度（FD）值与环形结构中最小环数的关系[6]。骨架密度数值取自
Atlas of Zeolite Framework Types（《分子筛骨架类型图集》）[7]

拼贴块的外表面可以是平面的，也可以是曲面的。一个空间可以有多种拼贴模式的分割方式，每种拼贴模式也可能包含多种拼贴块。

2007 年，M. O'Keeffe 等提出了自然拼贴模式（natural tiling）的概念，他们认为采用这种概念来理解周期性网络将有助于对网络结构进行描述和分类[34]。基于拼贴方式分析晶体结构的程序为 N. Anurova 和 V. A. Blatov 开发的 TOPOS 软件，软件网址为 http://www.topos.ssu.samara.ru/。2010 年，V. A. Blatov 等在前人的基础上总结了如何用自然拼贴的方式分析分子筛骨架结构[35]，主要遵循以下几条原则：

（1）空间的分割方法必须与骨架的最高对称性一致。

（2）所有多面体的面必须是"强环"。

（3）构筑结构的多面体要尽可能小。

下面以 LTA 为例，用自然拼贴模式简单描述其结构[7]。如图 2-9（a）所示，

LTA 由三种不同的自然拼贴块组成,分别为[4⁶]、[4⁶6⁸]和[4¹²6⁸8⁶][图 2-9(b)],对应的对称性分别为 4/mmm、m$\bar{3}$m 和 m$\bar{3}$m。[4⁶]、[4⁶6⁸]和[4¹²6⁸8⁶]对应于分子筛结构的 d4r 笼、sod 笼以及 lta 笼。这种自然拼贴分割方法的对称性为 Pm$\bar{3}$m,与 LTA 分子筛的最高对称性相一致。三种拼贴块分别占据不同的位置,其中[4⁶]占据 Pm$\bar{3}$m 空间群的 d 位置,[4⁶6⁸]占据 a 位置,[4¹²6⁸8⁶]占据 b 位置。

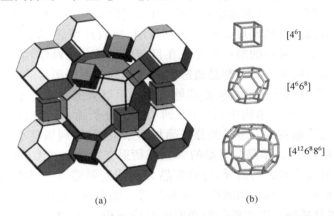

图 2-9 (a) LTA 分子筛的自然拼贴模式示意图;(b) 构成 LTA 结构的三种自然拼贴块[7]

2.2.3 分子筛结构的基本解析方法

与其他无机晶体材料一样,目前分子筛晶体结构的解析主要依赖于 X 射线衍射方法。X 射线衍射方法是将一定波长的 X 射线照射到晶体上,X 射线遇到晶体内周期性排列的原子时发生散射,散射的 X 射线经过相互叠加,在某些方向上的强度得到加强,而另外一些方向上的强度则被减弱,最终在探测器上形成明暗相间的有序的衍射点。这些衍射点与晶体内部的原子分布是密切相关的。理论上每个衍射点对应一个结构因子(structure factor),每个结构因子又包含强度(intensity)与相角(phase angle)两部分。如果每个结构因子的强度与相角都可以测定,那么通过对所有结构因子的傅里叶变换(Fourier transform),可以得到晶体内部电子密度的分布情况,由此就获得了晶体内部各原子的位置。

结构因子的强度与衍射点的强度成正比,在实验中可以直接观测,而相角部分则无法直接观测,因此晶体结构解析的过程实际上就是确定相角的过程。在所有计算相角的方法中,“直接法”无疑是目前最成功的。直接法的前提是可以收集到过量且准确的衍射强度数据,在此基础上运用统计学方法,逐步推算出每个结构因子的相角。直接法只依赖于衍射强度,并不需要初始结构模型,特别是在大量采用直接法的计算机程序问世后,直接法已成为目前最便捷最高效的结构解析方法,而两位直接法的先驱 J. Karle 和 H. Hauptman 也由此获得了 1985 年的诺贝尔化学奖。

　　直接法的前提条件是可以收集到大量准确的衍射数据。如果一个分子筛材料可以制备成为具有足够尺寸的大单晶,人们就可以使用单晶 X 射线衍射仪完成大量衍射数据的收集,然后采用直接法就可以顺利得到分子筛晶体的内部结构。随着包括电荷耦合器件(charge-coupled device,CCD)与成像板(imaging plate,IP)等二维探测器的发明与普及,单晶 X 射线衍射仪的数据收集速度已经得到了质的提升,一个分子筛单晶从数据收集到结构解析,通常在几小时内就可以完成,所得到的结果也具有极高的精确度。正因为其易用、高效且精确,单晶 X 射线衍射一直是分子筛材料结构解析的第一选择。在目前已知的分子筛结构中,许多磷酸盐分子筛与天然沸石的晶体结构都是通过单晶 X 射线衍射法测定的。

　　然而,并非所有的分子筛材料都能够培养出足够大的单晶。事实上在近五年内报道的约 50 种分子筛结构中,仅有不到 1/3 的分子筛材料可以制备成为大单晶。对于那些无法制备成大单晶的分子筛材料来说,只能利用其小尺寸的多晶样品进行结构测定[36, 37]。单晶与多晶的 X 射线衍射在原理上并无本质区别,但由于样品尺寸和数据收集方式的差异,导致多晶 X 射线衍射谱图中经常出现严重的峰位重叠。峰位重叠是多晶结构解析所面临的最大的难题,它直接导致衍射强度无法准确测定,因此那些高度依赖衍射强度的结构解析方法(如直接法)通常无法直接用于多晶衍射数据[38]。尽管采用同步辐射光源能够在一定程度上减小峰位重叠的问题,但对于像沸石分子筛这类具有复杂结构的多晶材料来说是不足以解决根本问题的,因此人们需要开发出专门针对分子筛材料的多晶结构解析方法。

　　1997 年,L. B. McCusker 等开发了一套专门利用多晶数据解析分子筛结构的计算机方法——FOCUS[39]。FOCUS 从多晶衍射数据出发,利用蒙特卡罗方法随机产生初始相角,将初始相角与观测到的衍射强度结合反复进行正反傅里叶变换,从而获得分子筛结构的初始模型。FOCUS 在运算时考虑了分子筛的结构特点,在计算产生的电子密度图中专门搜索具有分子筛骨架特征的结构片段,一旦找到符合要求的结构片段,则以此为基础产生新的相角并进行迭代计算,直至找到完整的分子筛骨架结构。FOCUS 是目前针对分子筛材料最成功的结构解析方法。在目前已经报道的 213 种沸石分子筛结构中,有大约 30 种是使用 FOCUS 程序最终完成结构测定的。

　　2004 年,G. Oszlányi 和 A. Sütö 提出了一种全新的结构解析方法,称为"电荷翻转"法(charge-flipping)[40]。与 FOCUS 类似,电荷翻转法为观测到的每个衍射随机分配相角,然后利用此相角通过傅里叶变换产生初始的电子密度图。在这个初始电子密度图中,有的像素点具有正的电子密度,有的则具有负的电子密度。电荷翻转法的关键步骤是"翻转"所有电子密度小于某个特定值的电子密度符号,使所有原本电子密度为负值的像素点具有正的电子密度,由此产生了一个新的电子密度图。从新的电子密度图出发能够计算出每个衍射所对应的新的强度与相角,利用新得到的相角与观测到的衍射强度相结合,又产生出新的电子密度图。这个过程反复循环,直到计算出的衍射强度与观测到的衍射强度相一致,这时所得到的电子密度图就对应于晶体内真实的原子分布。实践表明,电荷翻转法特别适用于电子密度分配不均匀的结构,如沸石分子筛类孔材料。尽管这种新方法用于解析分子筛材料的时间还很短,但它具备许多其他方法所无法比拟的优势,如计算速度快、不需要事先确定空间群、可以计算高维结构等,这些优势使电荷翻转法有可能在不远的未来成为分子筛领域最重要的结构解析方法。

　　除了传统的 X 射线衍射法以外,近年来电子晶体学方法的广泛应用为分子筛材料的结构解析注入了新的活力[41]。与 X 射线衍射相比,电子衍射数据的收集更困难,衍射强度的观测也很不精确,因此很难单独用电子衍射数据来进行晶体结构解析,但同时电子衍射具有 X 射线衍射所无法比拟的优势,如对样品尺寸要求小、不存在衍射重叠等,更为重要的是,以高分辨透射电子显微镜(high resolution transmission electron microscopy, HRTEM)为代表的电子晶体学技术能够观测到在 X 射线衍射中无法观测的衍射相角。如果将这两种方法的优势相结合,即将 X 射线衍射观测到的衍射强度与 HRTEM 观测到的相角相结合,分子筛材料的结构解析就会变得更容易。事实上,对于目前已经报道的最复杂的几个沸石分子筛结构来说,单独使用任何一种方法都无法测定其结构,这些高度复杂的沸石结构都是采用 X 射线衍射与电子晶体学相结合的方式测定的[42]。

2.3　分子筛结构的组成

2.3.1　骨架的组成

　　硅铝酸盐分子筛的骨架由 SiO_4 四面体和 AlO_4 四面体组成。由于 Si 原子和 Al 原子半径相近,离子的电子层结构相同,四面体骨架中 Si、Al 的排列或分布很难由常规的结构测定方法加以确定。但规则之一是四面体位置上的 2 个 Al 原子不能相邻(Lowenstein 规则[15]),也就是说,Al—O—Al 连接是禁止的。由于 Lowenstein 规则的限制,分子筛骨架结构中,1 个 Al 原子只能与 4 个 Si 原子相邻,即 Al(4Si),Si 原子可以与 Al 原子或 Si 原子相邻。Si 的配位状态可以是 Si(0Al, 4Si)、Si(1Al,3Si)、Si(2Al,2Si)、Si(3Al,1Si)和 Si(4Al,0Si)。因此,分子筛骨架的硅铝比可以在 1~∞ 之间变化。在 LTA 骨架结构中,SiO_4 和 AlO_4 的排列是有序的,且严格交替,硅铝比=1,全硅分子筛骨架完全由 SiO_4 构成。然而对于多数分子筛骨架结构,Si 原子和 Al 原子的排布是无序的,即 Si 原子和 Al 原子任意地分布在 T 原子位置上。在分子筛的骨架结构中,通常只给出 T 原子的位置(T=Al 或 Si)。

　　在磷酸铝分子筛中,AlO_4 四面体和 PO_4 四面体严格交替。骨架上的 Al 原子和 P 原子可以被其他主族和过渡金属元素,如 Li、B、Si、Mg、Cr、Mn、Fe、Co 等所取代,即同晶取代[43-45]。同晶取代的机制分为三种:取代 Al(SM Ⅰ 机制);取代 P(SM Ⅱ 机制),取代 Al+P(SM Ⅲ 机制)。取代机制的类型取决于元素的价态,而不是其离子半径。单价元素遵循 SM Ⅰ a 取代,二价元素遵循 SM Ⅰ b 取代,三价元素遵循 SM Ⅰ c 取代,四价元素遵循 SM Ⅱ a 取代,五价元素遵循 SM Ⅱ b 取代。对于 SM Ⅲ 类型的取代,只发现于 Si 元素。图 2-10 总结了上述各种取代类型。图中没有显示的其他类型的取代是不可能发生的,它们将导致骨架具有正电荷或太高的负电荷密度。

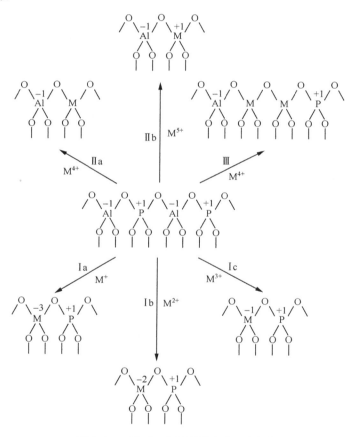

图 2-10　AlPO$_4$ 中的同晶取代机制[43]

　　如前所述,Si 是唯一体现 SM Ⅲ 取代机制的元素。图 2-11 中总结了含硅磷酸铝(SAPO)中 Si 取代 P 原子和 Al 原子的各种可能性[46]。这些取代可以用体现 T 原子构型的二维格子来解释。

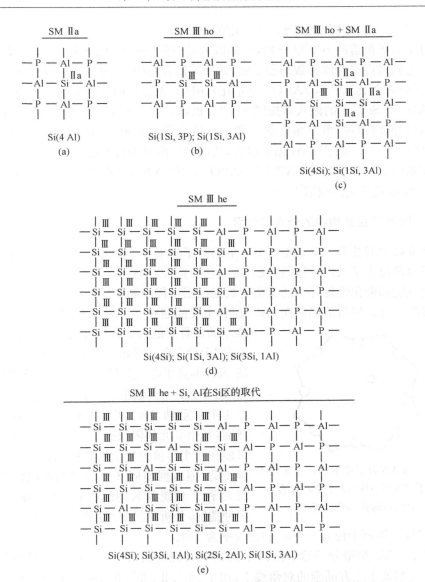

图 2-11　Si 取代 AlPO₄ 骨架 T 原子后的各种可能构型，指数项（Ⅱa，Ⅲ）
代表 Si 原子的取代机制[46]

　　在 SAPO 中，形成 Si—O—P 键是不可能的。像图中 SMⅢho 取代所示，当用两个 Si 原子取代孤立的一对 P 原子和 Al 原子时，Si—O—P 连接将会产生，而这种连接方式是不可能存在的。为了避免这种连接，一种方式是运用杂相 SMⅢ取代方式（SMⅢhe）来代替均相 SMⅢ取代方式（SMⅢho）。如图 2-11（d）所示，这种取代将产生电中性的骨架结构，它由 AlPO₄ 层和 SiO₂ 层组成，在二相区域的边界,存在 Si(3Si,1Al) 和 Si(1Si,3Al) 配位环境。

对于多数报道的 SAPO 材料,Si 的嵌入是按照一种 SMⅡa 和 SMⅢ 联合取代机制。它们对许多合成参数都很敏感,如反应混合物中 Si 的含量、模板剂的性质、胺/Al₂O₃(摩尔比)、P₂O₅/Al₂O₃(摩尔比)、pH 以及晶化时间和晶化温度等。一般来说,第一个 Si 原子的嵌入是按照 SMⅡa 机制,当 Si 超过一定浓度后,SMⅡa 和 SMⅢ 取代同时出现,单个晶体的一部分区域变得富积硅。有时还会发生这种情况,硅区中一些 Si 原子被 Al 原子取代,从而产生出负的骨架电荷[图 2-11(e)]。

文献中已有很多关于 SAPO-5、SAPO-11、SAPO-31、SAPO-34 和 SAPO-37 等材料中 Si 取代机制的报道[47-51]。

2.3.2　阳离子在结构中的分布与位置

平衡硅铝酸盐分子筛骨架负电荷的阳离子位于分子筛的孔道和笼中。阳离子的数目以及位置是人们关注的问题,因为它们直接影响到分子筛的各种性能,如离子交换性能和催化性能等。通过衍射数据根据现代结晶学技术可以获得有关阳离子位置的信息。但目前仍存在一些限制,主要问题在于额外骨架物种的对称性通常不满足骨架的高对称性,因此它们通常被认为是"无序"的。例如,LTA 分子筛 8 元环内的 Na⁺ 偏离中心,它可以与 3 个骨架氧原子接近(图 2-12)[52]。但由于通过 8 元环的中心存在 1 个 4 重轴,Na⁺ 实际上有 4 个等效位置。然而,每个 8 元环内只有 1 个 Na⁺,因此,Na⁺ 可能在 4 个等价位置上跳跃(动态无序),或是静止的,但占据不同 8 元环中的不同位置(静态无序)。传统的 X 射线衍射分析不能区别这两种情况,分析结果将给出每个等价位置上有

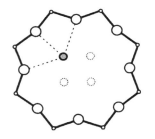

图 2-12　LTA 分子筛中 Na⁺ 在 8 元环中的位置(实心球),3 个空心球表示它的对称性等价位置[52]

1/4 个 Na⁺,即每个位置上 Na⁺ 的占有率为 1/4。

关于 FAU 类型分子筛中阳离子位置的研究有很多[53-60]。FAU 中的阳离子位置一般都处于立方晶胞的对角线上,用 Ⅰ、Ⅰ′、Ⅱ、Ⅱ′、Ⅱ″、Ⅲ、Ⅲ′、U 等符号表示[60]。如图 2-13 所示,Ⅰ 位于六方柱笼中心;Ⅰ′位于 β 笼中,距六方柱笼的 6 元环中心约 1Å;Ⅱ 和 Ⅱ″位于八面沸石笼中;Ⅱ′位于 β 笼内,距八面沸石的 6 元环中心约 1Å;Ⅲ 和 Ⅲ′位于八面沸石笼壁附近的位置,Ⅲ 位于 β 笼上的 4 元环上,经过一个非常小的非对称扰动,Ⅲ 上的阳离子很容易移到 Ⅲ′上;U 位于 β 笼中心。

D. H. Olson 用单晶 X 射线衍射方法测定了脱水 NaX 的晶体结构［NaX:Na₈₈Al₈₈Si₁₀₄O₃₈₄,$Fd3$,$a_0 = 25.099(5)$Å］[59]。结构中所有 Na⁺ 的位置都可以被确定。表 2-5 中总结了 Na⁺ 的分布,在每个晶胞中,位置 Ⅰ 上有 2.9 个 Na⁺;位置

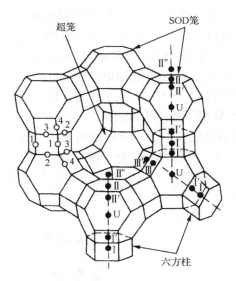

图 2-13　FAU 中阳离子的位置

（图中阿拉伯数字指代氧原子位置）[60]

Ⅰ′上有 21.1 个 Na⁺；位置Ⅱ上有 31.0 个 Na⁺；位置Ⅲ上有 29.8 个 Na⁺；Na⁺在 Ⅰ′上劈裂为 2 个紧密相关的位置，在Ⅲ′上劈裂为 3 个紧密相关的位置。

表 2-5　NaX 中各种位置上 Na⁺ 的分布[60]

Na⁺	实验		理论		位置说明
	位置	No./u.c.	位置	No./u.c.	
Na1	Ⅰ	2.9(0.5)	Ⅰ	2.7	
Na2	Ⅰ′	21.1(1.9)	$Ⅰ_1'$	10.4	正常位置
			$Ⅰ_3'$	8.1	正常位置
Na3	Ⅰ″	8.0(1.9)	$Ⅰ_2'$	8.1	接近 U
Na4	Ⅱ	31.0(0.3)	Ⅱ	29.3	
					从位置Ⅲ的转移
Na5	Ⅲ′	10.6(1.0)	$Ⅲ_1'$	10.4	小
Na6	Ⅲ′	10.6(1.0)	$Ⅲ_3'$	8.1	中
			$Ⅲ'$	2.7	中
Na6′	Ⅲ′	8.6(1.0)	$Ⅲ_2''$	8.1	大
总和		92.9(3.9)		87.9	

注：No./u.c. 为每个单胞内的个数。

　　T. Takaishi 根据所建立的有序的 Si-Al 分布模型解释了上述结构中阳离子的分布[60]。理论计算的位置与实验结构是完全吻合的。在 T. Takaishi 模型中,双六元环(D6R)含有 6 个或 3 个 Al 原子,简称为 D6R-6 和 D6R-3,它们都具有三重轴对称性。4 个 D6R 组成 1 个三级结构单元(TBU)。1 个 FAU 晶胞含有 4 个 TBU,即 16 个 D6R,192(16×12)个 T 原子位置。图 2-14 中给出了 TBU 中含有 24 个 Al 原子和 21 个 Al 原子的结构示意图。当 4 个 TBU 连接起来时,1 个含有 24 个 T 原子的新 β 笼就会形成(图 2-15 中虚线表示),这就意味着 1 个晶胞可以由 8 个 β 笼组成(192＝8×24)。在 X$_{88}$ 分子筛中,存在笼 1、笼 2 和笼 3 三种类型的笼,它含有 2.6(1.3×2)个笼 1,2.7 个笼 2 和 2.7 个笼 3。图 2-16 中给出了 SOD 笼中 Na$^+$ 的构型。

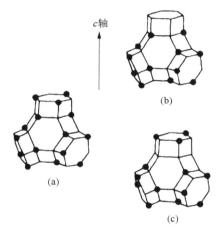

图 2-14　含有 24 个或 21 个 Al 原子的 TBU 和处于中心的含有 24 个 T 原子的
SOD 笼:(a) TBU (24 Al);(b) TBU (21 Al);(c) TBU (21 Al)。● 为 Al[60]

　　每个笼 1 中含有 12 个 Al 原子和 12 个 Na$^+$。例如,4Na/Ⅰ$_1'$,4Na/Ⅱ,4Na/Ⅲ$_1'$。6 个 Ⅲ$_1'$ 位置被 Na$^+$ 随机占有,占有率为 4/6。每个笼 2 中含有 12 个 Al 原子和 12 个 Na$^+$,分布为 Na/Ⅰ,3Na/Ⅰ$_2'$,4Na/Ⅱ$_2$,3Na/Ⅲ$_2'$,Na/Ⅲ$_2''$(占有率为 1/3)。由于 D6R-3 中 Al$_3$-Na/Ⅰ 的偶极作用,Na/Ⅰ$_2'$ 被吸引到笼的中心(U 位置)。因此,Ⅰ$_2'$ 接近位置 U 而不是通常的 Ⅰ$'$ 位置,Ⅲ$_2'$ 置于一个强的非对称环境中,很大强度地从位置Ⅲ上转移到Ⅲ$_2'$上的 Na$^+$ 经历了由 Na/Ⅲ$_2''$ 引起的一个弱的非对称电场,从而产生了从Ⅲ到Ⅲ$_2'$的中等强度的转移。每个笼 3 中含有 9 个 Al 原子,3Na/Ⅰ$_3'$,3Na/Ⅱ,3Na/Ⅲ$_3'$,4 个Ⅱ位置只含 3 个 Na$^+$。在笼底部的Ⅱ位置是空位,从而满足对称性的要求。位置Ⅲ$_3'$有两个邻近的位置Ⅱ,其中之一是底部的空位。这个非对称场产生了 1 个从Ⅲ$_3'$到Ⅲ中等强度的转移。

　　从表 2-5 中可以看出,理论模型与实验结果是一致的。

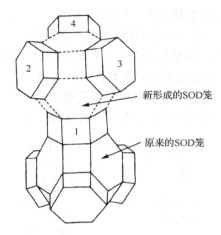

图 2-15 四个 TBU 的连接与一个新形成的 SOD 笼(虚线表示)[60]

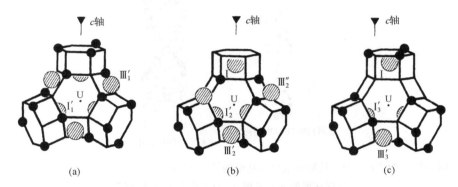

图 2-16 SOD 笼中阳离子位置上的 Na^+ 构型。为避免复杂性,位置 II 没有显示。
(a) 笼 1;(b) 笼 2;(c) 笼 3[60]

从结构化学角度来看,金属离子的排列还受许多条件的限制,如孔穴的大小、静电场的分布、阳离子的半径大小、分子筛的水合与脱水状态等。

2.3.3 结构导向剂的种类

在分子筛的合成中,模板剂或称结构导向剂位于分子筛的孔道或笼中,对特定孔道结构分子筛的形成起着至关重要的作用。近年来,用于合成分子筛的结构导向剂的种类越来越丰富,诸如各类有机胺、季铵盐阳离子、金属配合物、季鏻盐、磷腈以及质子海绵等。结构导向剂对特定孔道或笼结构的生成主要起着:①空间填充作用;②结构导向作用;③模板作用[61]。下面以 $AlPO_4$-5、EMT 和 ZSM-18 三种分子筛为例,说明这三种作用。

在 $AlPO_4$-5 的合成中,至少有 85 种有机胺可以作为模板剂,其中大部分有机胺对 AlPO$_4$-5 结构的生成主要起着空间填充作用。图 2-17 显示了四丙基氢氧化铵(TPAOH)在 AlPO$_4$-5 的 12 元环孔道内的堆积情况[62]。TPAOH 以三角架的形式堆积在孔道内,它的一头悬挂于邻近 TPAOH 的三个角之间。虽然 TPAOH 与圆柱形孔壁间有着很好的几何匹配关系,但 TPAOH 并不是真正意义上的模板剂。原因之一是 TPAOH 的三重轴对称性与孔道的六重轴对称性不匹配。因此,TPAOH 与 AlPO$_4$-5 骨架间将存在着不完全的结构控制。

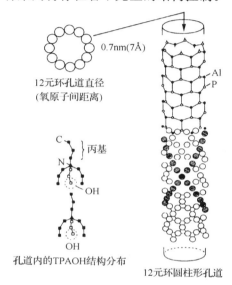

图 2-17　AlPO$_4$-5 的圆柱形孔道以及孔道内的 TPAOH 物种。Al 原子和 P 原子位于一个圆柱形的 6.6.6 层,O 原子位于 6.3.6.3 层[62]

有机胺的结构导向作用意味着一种特定的结构是由单一的有机物种导向。18-冠醚-6 在 EMT(六方 FAU)的生成中起着结构导向作用。图 2-18 给出了 18-冠醚-6 在 EMT 中超笼的一个假想模型。在 EMT 的晶化过程中,[(冠醚,Na)$^+$,OH$^-$]被结合到孔道中[63]。

在 ZSM-18(MEI)[64]中,三季铵阳离子 C$_{18}$H$_{36}$N$_3^{3+}$ 对其生成起着模板作用。有机胺的几何特征与分子筛的笼结构完全匹配。图 2-19 是模板剂在 MEI 笼中的示意图[65]。MEI 的笼具有 C$_{3h}$ 对称性,笼和模板剂分子都具有三重旋转轴对称性,刚性模板剂分子的尺寸与笼的尺寸相匹配,在笼内不能自动旋转。因此,C$_{18}$H$_{36}$N$_3^{3+}$ 是真正意义上的模板剂。

有关有机胺物种的模板或结构导向作用,将在第 5 章作更详细的介绍。

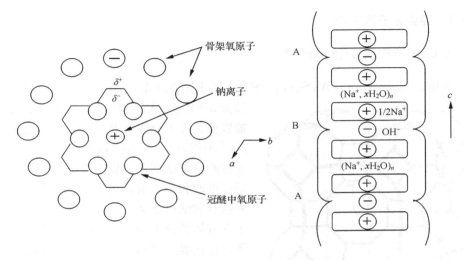

图 2-18　18-冠醚-6 在 EMT 中超笼的结构模型[63]

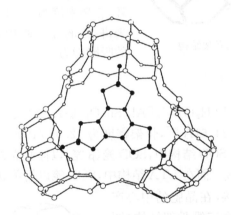

图 2-19　$C_{18}H_{36}N_3^{3+}$ 在 ZSM-18 的 MEI 笼中的示意图[65]

2.4　典型的分子筛结构

目前,已有 213 种分子筛骨架结构类型被确定。本节将主要介绍一些经典以及新型分子筛的结构特点,包括硅铝酸盐分子筛(SOD、LTA、FAU、EMT、LTL、CAN、CHA、MOR、MFI、MEL、CFI、STT、IMF),磷酸盐分子筛(AFI、VFI、AET、CZP、JRY),锗硅酸盐分子筛(STW、OSO、-ITV、JSR)。此外,还将介绍一些具有共生(无序)结构的分子筛(*BEA、ITQ-39、ABC-6、DON、FAU/EMT)。

2.4.1　经典分子筛结构

2.4.1.1　方钠石(SOD)[66-79]

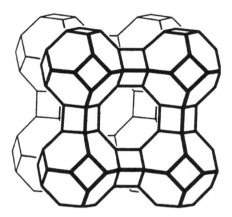

方钠石($|Na_8^+ Cl_2^-| [Al_6 Si_6 O_{24}]$-SOD)属于立方晶系,空间群为$P\bar{4}3n$,晶胞参数为$a=8.870\text{Å}$,其中的$Na^+$、$Cl^-$都可以被置换。人工合成的方钠石晶体的组成为$Na_6[Al_6 Si_6 O_{24}]$。方钠石的结构可以描述为体心立方排列的方钠石笼($sod$ 或 β 笼)通过单四和单六元环连接而成(图2-20)。方钠石的结构也可以看作是将八个 β 笼置于立方体的顶点位置上,相互间共用 4 元环而连接起来,这样在 8 个 β 笼之间又形成一个 β 笼。方钠石的孔道窗口仅为 6 元环,骨架密度为 $17.2T/1000\text{Å}^3$。严格意义来讲,方钠石不属于分子筛,它只具有有限的吸附能力。

图 2-20　SOD 的骨架结构

2.4.1.2　LTA[80-85]

LTA 分子筛($|Na_{12}^+ (H_2O)_{27}|_8 [Al_{12} Si_{12} O_{48}]_8$-LTA)属于立方晶系,空间群为$Fm\bar{3}c$,晶胞参数为$a=24.61\text{Å}$[80],骨架密度为 $12.9T/1000\text{Å}^3$。LTA 的骨架结构与 SOD 结构相关。在 SOD 结构中,SOD 笼(β 笼)以体心立方形式排列,相互之间由单四和单六元环连接。而在 LTA 结构中,SOD 笼以简单立方形式排列,彼此间由双四元环(D4R)连接,在晶胞的中心产生出一个 α 笼以及一个三维骨架结构(图2-21)。从另一角度来看,LTA 的骨架结构也可以看作是 α 笼的简单立方排列,α 笼之间通过单八元环连接,在中心产生出一个 β 笼。LTA 具有沿[100]、[010]和[001]方向的三维 8 元环孔道体系。孔道自由直径为 $4.1\text{Å} \times 4.1\text{Å}$。LTA 常被用于干燥剂以及洗涤剂中的离子交换剂。

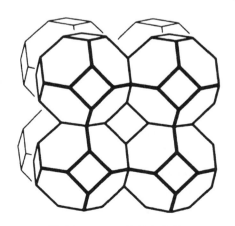

2.4.1.3　八面沸石(FAU)[59,86-89]

X 型和 Y 型分子筛都具有天然矿物

图 2-21　LTA 的骨架结构

八面沸石的骨架结构。习惯上把硅铝比为 2.2～3.0 的称为 X 型分子筛,硅铝比大于 3.0 的称为 Y 型分子筛。NaX（13X）型分子筛典型的晶胞组成为 $Na_{56}[Al_{56}Si_{136}O_{384}] \cdot 264H_2O$。

X 型和 Y 型分子筛的骨架结构都属于六方晶系,空间群为 $Fd\bar{3}m$。NaX 的晶胞参数为 $a=24.86～25.02Å$,Y 型分子筛的晶胞参数为 $a=24.60～24.85Å$[59]。

八面沸石的结构单元与 LTA 分子筛一样,均是 β 笼。β 笼像金刚石中的碳原子一样排列,相邻的 β 笼之间通过六方柱（D6R）连接,从而形成一个超笼结构和三维孔道体系。如图 2-22 所示,超笼中含有 4 个按四面体取向的 12 元环孔口,其直径为 7.4Å×7.4Å。八面沸石的骨架密度为 $12.7T/1000Å^3$。在八面沸石中,每个 D6R 由于对称中心,所以扭曲的 sod 笼层（图中阴影所示）彼此间以对称中心相关。八面沸石的骨架类型可以描述为 sod 笼层的 ABCABC 堆积。由于八面沸石具有较大的空体积（约占 50%）和三维 12 元环孔道体系,它在催化方面有着极其重要的应用。

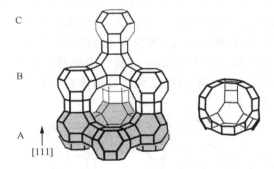

图 2-22 FAU 的骨架结构。右侧为 FAU 中的大笼。由 sod 笼组成的
不同层用 A、B 和 C 表示

2.4.1.4　EMC2(EMT)[90, 91]

EMC2（$|Na_{21}^+(C_{12}H_{24}O_6)_4|[Al_{21}Si_{75}O_{192}]$-EMT）属于六方晶系,空间群为 $P6_3/mmc$,晶胞参数为 $a=17.374Å$,$c=28.365Å$[90],骨架密度为 $12.9T/1000Å^3$。

EMT 的骨架类型是八面沸石（FAU）的一个最简单的六方类似物。如图 2-23 所示,在 EMT 中,扭曲的 sod 笼层按 ABAB 顺序堆积。层层之间是镜像的关系。sod 笼的此种排列产生出一个具有 3 个 12 元环开口中等尺寸的笼和一个具有 5 个 12 元环开口的大笼。同 FAU 一样,EMT 具有三维 12 元环孔道体系。由于 EMT 和 FAU 都是由同一 sod 笼层构成,它们很容易出现混晶[75,76]。

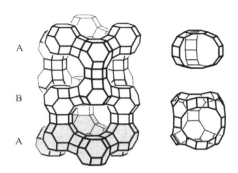

图 2-23　EMT 的骨架结构。右侧为 EMT 中的中笼和大笼。由 *sod* 笼组成的
不同层用 A 和 B 表示

2.4.1.5　LTL[92-97]

　　LTL 分子筛($|K_6^+ Na_3^+ (H_2O)_{21}|$ $[Al_9Si_{27}O_{72}]$-LTL)属于六方晶系,空间群为
$P6/mmm$,晶胞参数为 $a=18.40$Å,$c=7.52$Å[92],骨架密度为 16.3T/1000Å^3。

　　LTL 的骨架由钙霞石笼(*can* 笼)和双六元环(D6R)组成。*can* 笼和 D6R 笼沿
[001]方向交替连接,形成-*can*-D6R-*can*-笼柱。围绕着沿 c 轴方向的六重轴,六个
这样的笼柱互相连接,形成具有一维 12 元环孔道体系的 LTL 三维骨架结构(图 2-
24)。孔径为 7.1Å×7.1Å。

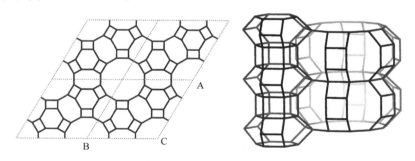

图 2-24　LTL 沿[001]方向的投影图(左)及其骨架结构(右)

2.4.1.6　钙霞石(CAN)[98-104]

　　钙霞石($|Na_6^+ Ca^{2+} CO_3^{2-} (H_2O)_2|$ $[Al_6Si_6O_{24}]$-CAN)属于六方晶系,空间群
为 $P6_3$,晶胞参数为 $a=12.75$Å,$c=5.14$Å[98],骨架密度为 16.6T/1000Å^3。

　　钙霞石的结构可以看作是由 *can* 笼按 c 轴方向叠加而成(图 2-25)。*can* 笼之
间共用 6 元环面,沿 c 轴方向形成 *can* 笼柱。围绕着沿 c 轴方向的六重轴,6 个 *can*
笼柱之间通过共用 4 元环而围成 12 元环孔道,孔径为 5.9Å×5.9Å。

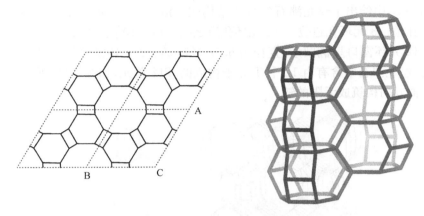

图 2-25　CAN 沿 [001] 方向的投影图(左)及其骨架结构(右)

2.4.1.7　菱沸石（CHA）[105-117]

菱沸石（$|Ca_6^{2+}(H_2O)_{40}|[Al_{12}Si_{24}O_{72}]$-CHA）属于菱方晶系,空间群为 $R\bar{3}m$,晶胞参数为 $a=9.42$Å,$\alpha=94.47°$[105],骨架密度为 14.5T/1000Å³。

菱沸石骨架具有沿结晶学 a 轴、b 轴和 c 轴的三维 8 元环孔道体系。8 元环孔口的直径为 3.8Å×3.8Å。其结构中含有由 D6R 和 CHA 笼交替组成的笼柱(平行于 c 轴方向)。如图 2-26 所示,菱沸石中的 D6R 具有 ABC 堆积方式。若只考虑单六元环 S6R,则具有 AABBCC 堆积顺序。这种堆积产生出一个具有 8 元环孔口的 $[4^{12}6^28^6]$-CHA 笼。

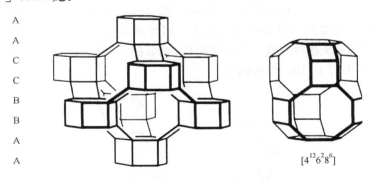

图 2-26　CHA 的骨架结构(左)及其 $[4^{12}6^28^6]$ 笼(右)

2.4.1.8　丝光沸石（MOR）[118-120]

丝光沸石（$|Na_8^+(H_2O)_{24}|[Al_8Si_{40}O_{96}]$-MOR）属于正交晶系,空间群为 $Cmcm$,晶胞参数为 $a=18.1$Å,$b=20.5$Å,$c=7.5$Å[118],骨架密度为 17.2T/1000Å³。

图 2-27 中给出了丝光沸石的骨架结构图。沿[001]方向存在着 12 元环和 8 元环直孔道。8 元环孔道位于 12 元环孔道之间。沿[010]方向也存在着 8 元环直孔道。12 元环窗口呈椭圆形,直径为 6.5Å×7.0Å。8 元环窗口的直径为 2.6Å×5.7Å。丝光沸石中含有由 12 个 T 原子构成的 T12 单元,如图 2-27 所示,T12 单元沿 c 轴方向构筑成无限的链。

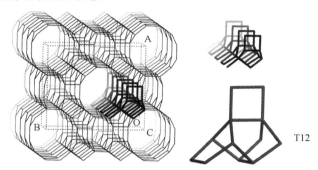

图 2-27 MOR 的骨架结构(左)及其由 T12 单元构成的链(右)

2.4.1.9 ZSM-5 (MFI)[121-128]

ZSM-5($|Na_n^+ (H_2O)_{16}|[Al_n Si_{96-n} O_{192}]$-MFI)属于正交晶系,空间群为 $Pnma$,晶胞参数为 $a=20.07Å, b=19.92Å, c=13.42Å$[122],骨架密度为 17.9T/1000A³。晶胞中 Al 原子数可以从 0 到 27 变化,硅铝比可以在较大范围内改变。

ZSM-5 中的特征结构单元是由 8 个 5 元环组成的单元,称为[5^8]单元,具有 D_{2d} 对称性。这些[5^8]单元通过边共享形成平行于 c 轴的五硅链(Pentasil 链,图 2-28),具有镜像关系的五硅链连接在一起形成带有 10 元环孔呈波状的网层。网层之间又进一步连接形成三维骨架结构,相邻的网层以对称中心相关。图 2-29(a)中给出了平行于(100)面的网层。

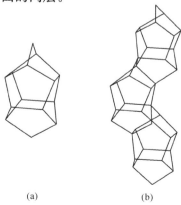

(a)   (b)

图 2-28 ZSM-5 中的特征单元:(a)[5^8]单元;(b)五硅链

　　ZSM-5 骨架中含有两种相互交叉的孔道体系。如图 2-29(b)所示,平行于 a 轴方向的 10 元环孔道呈 S 形弯曲,其拐角为 150°左右,孔径为 5.5Å×5.1Å,平行于 b 轴方向的 10 元环孔道呈直线形,椭圆形孔道的孔径为 5.3Å×5.6Å。

ZSM-5

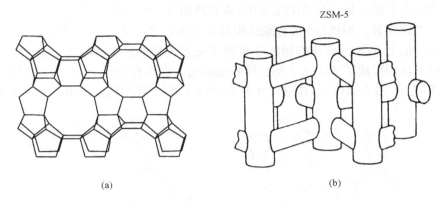

(a) 　　　　　　　　　　　　　(b)

图 2-29 　(a) ZSM-5 中平行于(100)面的网层;(b) ZSM-5 的孔道结构

2.4.1.10　ZSM-11(MEL)[129-132]

　　ZSM-11 ($|Na_n^+(H_2O)_{16}|[Al_nSi_{96-n}O_{192}]$-MEL,$n<16$)属于四方晶系,空间群为 $I\bar{4}m2$,晶胞参数为 $a=20.12$Å,$c=13.44$Å[129],骨架密度为 17.67T/1000Å³。在 ZSM-11 中,也存在像 MFI 中由五硅链构成的平行于 ac 面呈波状的网层[图 2-30(a)]。与 MFI 不同的是,相邻的层之间不是以对称中心相关,而是以镜面相关,由此而产生出平行于 a 轴方向和 b 轴方向的 10 元环直孔道。孔道尺寸为 5.4Å×5.3Å[图 2-30(b)]。

ZSM-11

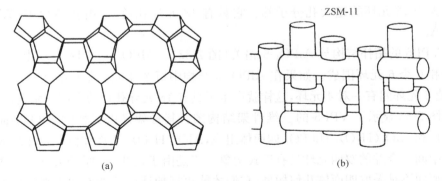

(a) 　　　　　　　　　　　　　(b)

图 2-30 　(a) ZSM-11 中由五硅链构成的网层;(b) ZSM-11 的孔道结构

　　由于 ZSM-5 和 ZSM-11 具有同一形式的网层结构,因此它们很容易产生混晶现象。

2.4.1.11　AlPO₄-5（AFI）[133-139]

AlPO₄-5（|C₁₂H₂₈N⁺)(OH⁻)(H₂O)ₓ|[Al₁₂P₁₂O₄₈]-AFI）是磷酸铝分子筛家族中最著名的一员。在 AlPO₄-5 中,磷氧四面体(PO₄)和铝氧四面体(AlO₄)在骨架上严格交替。AlPO₄-5 的骨架结构是基于图 2-31(a)所示的 4.6.12 二维三连接网层。层上 TO₄ 四面体的第四个氧原子交替地指向层上和层下。这些层在 c 轴方向的堆积形成了 AlPO₄-5 的三维骨架结构。它具有平行于[001]方向的一维 12 元环孔道[图 2-31(b)],孔道尺寸为 7.3Å×7.3Å,孔道壁完全由 6 元环组成。

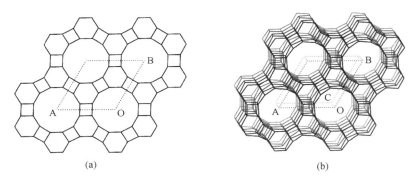

(a)　　　　　　　　　　　　　　　(b)

图 2-31　(a) AlPO₄-5 的 4.6.12 网层;(b) AlPO₄-5 沿[001]方向的骨架结构

2.4.1.12　VPI-5（VFI）[140-145]

VPI-5(|(H₂O)₄₂|[Al₁₈P₁₈O₇₂]-VFI),属于六方晶系,空间群为 $P6_3$,晶胞参数为 $a=18.975$Å,$c=8.104$Å[140],骨架密度为 14.2T/1000Å³。VPI-5 是第一个孔径大于 12 元环的超大孔分子筛。它具有 18 元环孔道,自由孔径为 12.7Å×12.7Å。

VPI-5 的拓扑结构与 AlPO₄-5 相关(图 2-32)。AlPO₄-5 的 12 元环由 6 个 4 元环和 6 个 6 元环围成。如果在 AlPO₄-5 结构中每个 4 元环附近插入一个 4 元环,使 6 元环间有一对 4 元环,这样就产生了具有 18 元环孔径的 VPI-5 结构。

图 2-33 显示了 VPI-5 的三维骨架结构图。其骨架是由交替的 AlOₙ 多面体 [AlO₄ 和 AlO₄(H₂O)₂]和 PO₄ 四面体组成,AlO₄(H₂O)₂ 八面体位于合并的双四元环中间。合并的双四元环具有反式构象。正是由于这些 Al 原子采取八面体几何构型而不是采取四面体几何构型,它们才能更好地适应这种不同寻常的反式合并的双四元环构象。

如图 2-34 所示,VPI-5 的 18 元环孔道内存在着沿 6₃ 螺旋轴以氢键键合的水分子链,它们将六配位 Al 连接起来,形成了一个水分子的三重螺旋链[134]。与大

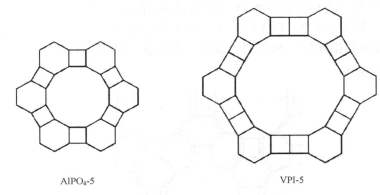

AlPO$_4$-5　　　　　　　　　　　　　VPI-5

图 2-32　AlPO$_4$-5 与 VPI-5 的拓扑结构

多数水合分子筛结构不同,在 VPI-5 中,水分子的对称性与骨架对称性相同。

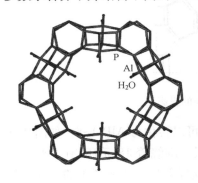

图 2-33　VPI-5 的骨架结构
（桥氧原子被省略）

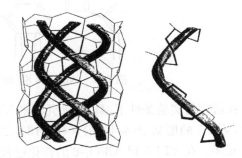

图 2-34　VPI-5 18 元环孔道中水分子的三重螺旋线。
右图中的虚线表示与骨架 Al 原子键连[140]

VPI-5 脱水后所有的 Al 原子都是四配位,骨架仍能保持稳定。为了适应合并 4 元环中 Al 位置上的四面体角,一部分 P—O—Al 被迫采取极小的角,即 P—O—Al 键角<130°。所有这些具有张力的连接都位于 18 元环内,并与合并的 4 元环相关。这一扭曲引起了结构的对称性从水合的 $P6_3$ 降低至脱水的 Cm[140]。VPI-5 经灼烧后可以转化为具有 14 元环孔道的 AlPO$_4$-8。

2.4.1.13　AlPO$_4$-8 (AET)[146-148]

AlPO$_4$-8 （[Al$_{36}$P$_{36}$O$_{144}$]-AET）是第一个含 14 元环的分子筛,它属于正交晶系,空间群为 $Cmc2_1$,晶胞参数为 $a=33.29$Å,$b=14.76$Å,$c=8.257$Å[146],骨架密度为 17.7T/1000Å^3。

图 2-35 中给出了 AET 的骨架结构。AlO$_4$ 四面体和 PO$_4$ 四面体在骨架上严

格交替。沿[001]方向存在一维 14 元环孔道,孔径为 7.9Å×8.7Å。AET 的骨架结构基于二维网层$(4.6.14)_2(4.4.14)_1(4.6.14)_2(4.6.6)_2(6.6.14)_2$。层上的四面体顶点交替地指向层上和层下。这些二维层在[001]方向的堆积形成了 AET 的三维骨架结构。

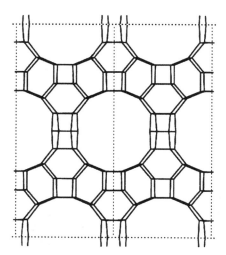

图 2-35　AlPO₄-8 沿[001]方向的投影图

在适宜的实验条件下,具有 18 元环的 VPI-5 可以转化为 $AlPO_4$-8。如图 2-36 所示,VPI-5 的层基于$(4.4.18)(4.6.18)_2$ 二维层。围绕着 18 元环,有 6 对邻接的 4 元环。在 VPI-5 到 $AlPO_4$-8 的转化过程中,这样邻接的 4 元环中的 2/3 通过断裂 P—O—Al 键转化为 6 元环。"悬挂"的 Al 原子和 P 原子重新连接形成新的 4 元环。于是,孔道的最大开口由 18 元环转化为 14 元环。需要说明的是,图中只

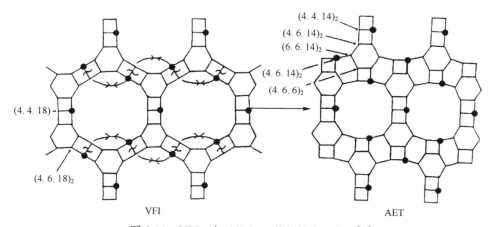

图 2-36　VPI-5 与 AlPO₄-8 的相转变示意图[43]

是显示了 VPI-5 和 AlPO$_4$-8 的（4；2）-连接拓扑结构。实际上，在相转变过程中，AlO$_4$（H$_2$O）$_2$ 配位状态始终被保持。

2.4.1.14　Cloverite (-CLO)[27,28]

Cloverite（|（C$_7$H$_{14}$N$^+$）$_{24}$|$_8$[F$_{24}$Ga$_{96}$P$_{96}$O$_{372}$（OH）$_{24}$]$_8$-CLO）属于立方晶系，空间群为 $Fm\bar{3}c$，晶胞参数为 $a=52.712$Å[28]，骨架密度为 11.1 T/1000Å^3。

Cloverite 是一个具有 20 元环孔道结构的磷酸镓分子筛。带有端-OH 基团的 GaO$_4$ 四面体和 PO$_4$ 四面体严格交替，从而构成了一个三维间断式骨架结构。图 2-37 是 Cloverite 沿[100]方向的投影图。它显示出四叶苜蓿形的 20 元环窗口，伸向孔口的为端-OH，孔口的自由尺寸为 6.0Å×13.2Å 。

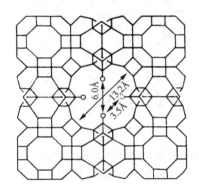

图 2-37　Cloverite 沿[100]方向的投影图，它显示了四叶苜蓿形的 20 元环窗口。
每一结点代表 Ga 或 P 原子，圆圈代表端-OH[28]

图 2-38 是 Cloverite 的骨架拓扑结构。其骨架结构可以被描述为将 8 个 α 笼置于立方体的顶点，沿着立方体的边，α 笼之间通过 2 个 *rpa* 笼连接起来。值得注意的是，这些笼中的所有 4 元环都涉及双四元环(D4R)。事实上，整个结构可以由

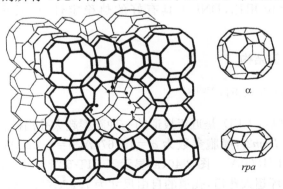

图 2-38　Cloverite 的骨架拓扑结构，它显示了 α 笼和 *rpa* 笼的立方排列[28]

D4R 构筑。这些 D4R 中的一半是不完全连接的,一个 Ga 原子和一个邻近的 P 原子的配位层由端基氧原子来完成。因此,Cloverite 具有间断骨架结构。

Cloverite 的骨架具有两种非交叉的三维孔道体系。一个体系经由 α 笼和 rpa 笼,具有 8 元环孔口,而另一个经由立方体的面,具有由 20 个 T 原子(Ga 和 P)和 24 个氧原子围成的四叶苜蓿形的窗口。这些孔道的交叉部分是一个大的带有口袋的立方超笼。如图 2-39 所示,口袋位于立方顶角上,从口袋到口袋的体对角线的尺寸为 29~30Å。Cloverite 具有非常开放的骨架结构,其骨架密度是已知分子筛结构中骨架密度最低的一个。

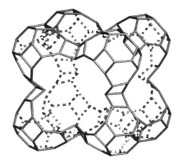

$$[4^{24}4^{24}6^86^{24}20^6]$$

图 2-39 Cloverite 骨架结构中的超笼,它显示了四叶苜蓿形的窗口
以及位于笼顶角上的口袋

结构中所有 D4R 的中心都坐落着一个 F⁻。这些 D4R 是扭曲的,中心的 F⁻ 可以接近所有 4 个 Ga 原子(Ga—F 距离为 2.30~2.66Å),从而使 Ga 原子变成五配位,具有扭曲的三角双锥构型。P—F 距离大于 2.78Å,P 原子仍保持其四配位。

2010 年,具有-CLO 拓扑结构的 20 元环超大孔道磷酸铝分子筛 DNL-1 $[(C_6N_2H_{18})_{104}(C_6N_2H_{11})_{80}(H_2O)_{910}][Al_{768}P_{768}O_{2976}(OH)_{192}F_{288}]$ 被成功合成出来[149]。与 Cloverite 相比,DNL-1 具有好的热稳定性,以及更高的 BET 比表面积。

2.4.2 新型分子筛结构

2.4.2.1 CIT-5 (CFI)[150-152]

CIT-5 ($|Si_{32}O_{64}|$-CFI)是近年报道的一种新型超大孔高硅分子筛。它属于正交晶系,空间群为 $Pmn2_1$,晶胞参数为 $a=13.674$Å,$b=5.022$Å,$c=25.488$Å[151],骨架密度为 18.3T/1000Å³。图 2-40(a)显示了 CIT-5 沿 b 轴方向观看的结构图,它含有一维 14 元环超大孔道,孔道的自由尺寸为 7.2Å×7.5Å。

图 2-40(b)显示了 CIT-5 中沿 b 轴方向的笼柱单元。每个笼由 2 个 4 元环、2

个 5 元环和 4 个 6 元环组成,三维骨架结构由这些笼柱状结构单元间通过 5 元环和 6 元环连接而成。CIT-5 的基本结构单元也可以看作是之字形边共享的 4 元环构成的之字形梯状链,链上悬挂 5 元环单元。这些结构单元通过之字形链连接形成三维骨架结构。

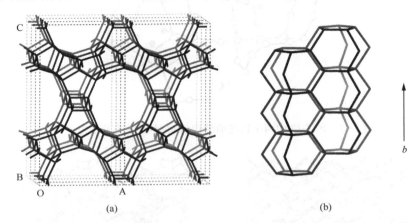

图 2-40　(a) CIT-5 沿 *b* 轴方向的骨架结构;(b) CIT-5 中沿 *b* 轴方向的笼柱状结构单元

2.4.2.2　SSZ-23 (STT)[153]

SSZ-23 ($|(C_{13}H_{24}N^+)_{4.1}F_{3.3}^-(OH)_{0.8}^-|[Si_{64}O_{128}]$-STT) 属于单斜晶系,空间群为 $P2_1/n$,晶胞参数为 $a=12.959Å$, $b=21.792Å$, $c=13.598Å$, $\beta=101.85°$[153],骨架密度为 $17.0T/1000Å^3$。SSZ-23 是一个非常奇特的分子筛,它含有 7 元环和 9 元环孔道,是第一个报道的含 9 元环孔道的硅铝酸盐分子筛。

SSZ-23 骨架结构中的最小特征单元是由 3 个 4 元环和 4 个 5 元环组成的小笼。图 2-41 中显示了 2 个特征结构单元。从图中可以看到,每个小笼内有 3 个 F^-,一些 Si 原子除了与氧原子配位外,还与 F^- 配位,从而具有五配位状态。笼与笼之间通过 4 元环和 6 元环连接起来,从而形成一个平行于(010)面略微扭曲的网层。这些网层通过 4 元环进一步连接起来,形成三维骨架结构。层间的"交联"产生出平行于[001]方向的 7 元环孔道[图 2-42(a)],孔径为 $2.4Å×3.5Å$。平行于[101]方向具有 9 元环孔道[图 2-42(b)],孔径为 $3.7Å×5.3Å$。在 7 元环和 9 元环孔道交界处产生出笼状结构。有机胺模板剂 $TMAda^+$ 阳离子位于这些笼中间。

在已知的硅铝酸盐分子筛结构中,偶数元环,如 4 元环、6 元环、10 元环、12 元环是普遍存在的,而除了常见的 5 元环外,奇数元环则较少见。在少数情况下,存在 3 元环、7 元环或 9 元环,它们的存在与四面体结构单元上 Zn^{2+} 或 Be^{2+} 相关。LOV、VSV 和 RSN[5]结构类型是含 3 元环和 9 元环的分子筛,结构中都有四面体

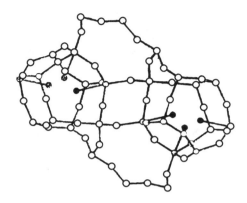

图 2-41　SSZ-23 中两个特征的结构单元,小笼中的原子为 F[153]

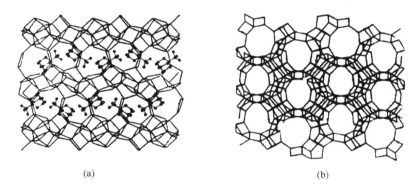

(a)　　　　　　　　　　　　　　　(b)

图 2-42　(a) SSZ-23 沿 [001] 方向的结构,它显示了 7 元环窗口及 TMAda+ 阳离子的位置;
(b) 沿[101]方向的结构,显示 9 元环窗口[153]

Zn^{2+} 或 Be^{2+}。ZSM-18 是含 7 元环的分子筛,SSZ-23 是第一个含 9 元环和 7 元环的分子筛。

2.4.2.3　CZP[154-157]

CZP ($|Na_{12}^{+}(H_2O)_{12}|[Zn_{12}P_{12}O_{48}]$-CZP)是一个手性磷酸锌分子筛。它属于六方晶系,空间群为 $P6_122$,晶胞参数为 $a=10.480\text{Å},c=15.089\text{Å}$[154],骨架密度为 $16.7T/1000\text{Å}^3$。

图 2-43(a)中给出了 CZP 沿[001]方向的骨架结构图。三维骨架是由交替的 ZnO_4 和 PO_4 四面体形成的沿[001]方向绕着 6_1 螺旋轴的无限 4 元环螺旋链构筑而成[图 2-43(b)]。邻近的螺旋链是通过共享氧原子形成了具有高度扭曲的一维 12 元环孔道的三维手性骨架结构。孔道由正方形“4 元环”所组成的螺旋链围成[图 2-43(c)]。

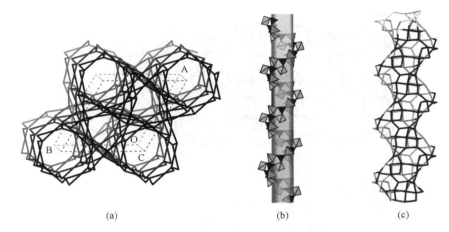

(a)　　　　　　　　　　(b)　　　　　　　　　(c)

图 2-43　(a) CZP 沿 [001] 方向的骨架结构；(b) 无限的 ZnO_4 和 PO_4 四面体形成 4 元环
螺旋链；(c) 扭曲的一维 12 元环孔道[154]

2.4.2.4　IM-5（IMF）[158]

IM-5（$[Si_{288}O_{576}]$-IMF）属于正交晶系，空间群为 $Cmcm$，晶胞参数为 $a=14.2088\text{Å}$，$b=57.2368\text{Å}$，$c=19.9940\text{Å}$[158]，骨架密度为 17.7T/1000Å³。

IM-5 分子筛拥有复杂的骨架结构[158]，图 2-44 显示了其沿 [100] 和 [001] 方向的骨架拓扑结构，可以看出 IM-5 含有二维 10 元环交叉孔道。图 2-45(a) 给出了 IM-5 沿 [100] 方向的孔道结构图，其中两个箭头中间的部分可以看作一个厚度为 2.5nm 的纳米层，层中包含三套交叉的 10 元环孔道体系，图 2-45(b) 中给出了这三套交叉 10 元孔道体系之间的连接方式。从图中可以看出，这三套垂直于 [010] 方向的二维交叉体系之间存在着不完全连接，这种独特的结构使 IM-5 既具备了有利于催化反应进行的三维孔道交叉点，又体现出具有二维孔道特征的长程扩散效应。

2.4.2.5　SU-32（STW）[159]

SU-32（$|H_3N[CH(CH_3)_2]|[Ge_{5.28}Si_{4.72}O_{20}]$F-STW）结晶于六方晶系，空间群为 $P6_122$，晶胞参数为 $a=12.2635\text{Å}$，$c=30.2527\text{Å}$[159]，骨架密度为 16.4T/1000Å³。

锗硅酸盐 SU-32 是新型的手性分子筛。它的结构是基于四面体单元构筑，并通过包含 4 元环、5 元环、12 元环的网层堆积而成。图 2-46(a) 是 SU-32 沿 [00$\bar{1}$] 方向的骨架示意图。SU-32 包含两个相邻的基于相同结构单元但取向不同的层，其中一个二维层是通过与其紧密相连的另一二维层旋转 60°得到的，这两个二维

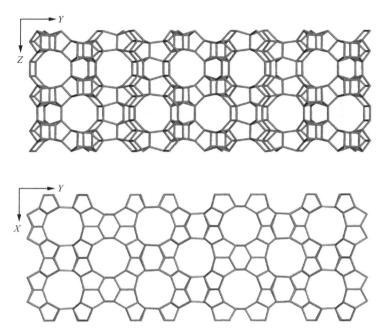

图 2-44　上图和下图分别显示了 IM-5 分子筛沿[100]和[001]方向的骨架结构示意图

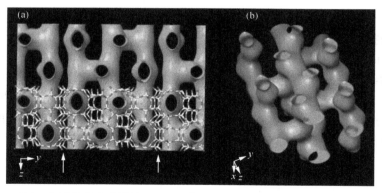

图 2-45　IM-5 分子筛的孔道结构图:(a)沿[100]方向观测的二维 10 元环交叉孔道图;
(b) 给出了(a)中两箭头之间的三套 10 元环交叉孔道之间的连接方式[158]

层相互连接形成三维骨架结构。邻近层之间的 12 元环彼此旋转平移,因此 12 元环孔道被 10 元环的开口所限定。沿着 c 轴方向的螺旋孔道是由[$4^6 5^8 8^2 10^2$]的笼通过共享 10 元环堆积形成[图 2-46(b)]。

　　值得注意的是,SU-32 中相同的层若沿 c 轴方向按 AA^{i}AA^i 顺序堆积则形成非手性的分子筛 SU-15,空间群为 $C2/m$。层 A 和层 A^i 之间是倒置对称关系。

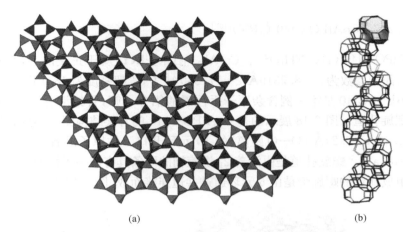

(a) 　　　　　　　　　　　　　(b)

图 2-46　(a) SU-32 沿 $[00\overline{1}]$ 方向的骨架结构；(b) $[4^6 5^8 8^2 10^2]$ 笼堆积成的螺旋孔道[159]

2.4.2.6　OSB-1 (OSO)[160]

OSB-1($K_6[Be_3 Si_6 O_{18}]$ · $12H_2 O$-OSO)属于三方晶系,空间群为 $P6_2 22$,晶胞参数为 $a=10.093$Å,$c=7.626$Å[160],骨架密度为 13.4T/1000Å^3。

OSB-1 是第一个仅由 3 元环构筑而成的分子筛,以螺-5 为次级结构单元。结构具有沿着 c 轴方向的由 3 元环螺旋链围成的 14 元环孔道(图 2-47)。值得注意的是,在硅酸盐体系中,145° 的 Si—O—Si 键角不利于 3 元环的稳定,而在此结构中低的 T—O—T 键角 127° 利于 3 元环的存在。每个 3 元环中包含一个铍原子和两个硅原子。沿着 c 轴方向的 14 元环孔道与平行 $[010]$ 方向的 8 元环孔道相互交叉,形成了整个骨架的三维孔道体系。

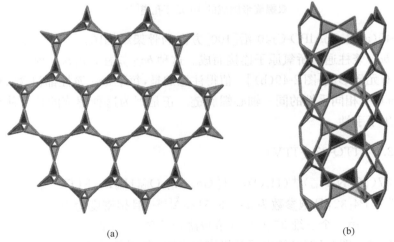

(a) 　　　　　　　　　　　　　(b)

图 2-47　(a) OSB-1 沿 c 轴方向的骨架结构；(b) 由 3 元环螺旋链围成的 14 元环孔道[160]

2.4.2.7　CoAlPO-CJ40 (JRY)[161]

CoAlPO-CJ40 ($|(C_4NH_{12})^{2+}|[Co_2Al_{10}P_{12}O_{48}]$-JRY) 属于正交晶系,空间群为 $P2_12_12_1$,晶胞参数为 $a=8.2319$Å,$c=17.580$Å[161],骨架密度为 18.1T/1000Å^3。

CoAlPO-CJ40 是第一例含杂原子手性磷酸铝分子筛,骨架沿着[010]方向具有一维螺旋孔道。图 2-48 展示的是 CoAlPO-CJ40 的骨架结构图。螺旋孔道具有尺寸为 4.41Å×2.24Å (O—O 距离) 的 10 元环开口。钴原子沿着孔道呈螺旋排布[图 2-48(a)]。螺旋孔道是由沿着 2_1 螺旋轴的两条具有同一手性的螺旋带围绕而成。组成孔壁的螺旋带是由 6 元环通过共边连接而成[图 2-48(b)]。

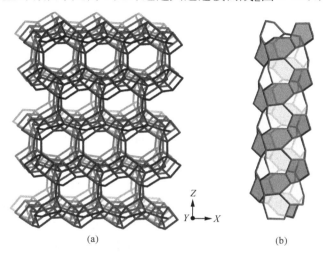

图 2-48　(a) CoAlPO-CJ40 沿[010]方向的骨架结构示意图;(b) 由共边 6 元环形成的双螺旋带围成的 10 元环孔道[161]

图 2-49(a)是 CoAlPO-CJ40 沿[100]方向的骨架结构图。整个骨架可以看作是由一种 *bog* 笼柱通过桥氧原子连接而成。这种 *bog* 笼柱是由 *bog* 结构构筑单元通过共享 6 元环形成[图 2-49(b)]。值得注意的是,每个 *bog* 笼柱都包含着两种沿[100]方向具有相同手性的同一轴心螺旋链。正是因为这种螺旋的特点使整个骨架结构产生了手性。

2.4.2.8　ITQ-37 (-ITV)[162]

ITQ-37($|(CN_2H_{40})^{2+}(H_2O)_{10.5}|[Ge_{80}Si_{112}O_{400}H_{32}F_{80}]$-ITV) 结晶于立方晶系,空间群为 $P4_132$,晶胞参数为 $a=26.5126$Å[162],骨架密度为 10.3T/1000Å^3。

ITQ-37 是第一个三维 30 元环硅锗酸盐分子筛,具有非常开放的骨架,孔径达到了介孔尺寸。图 2-50(a)给出了其沿[001]方向的骨架结构示意图。ITQ-37 的

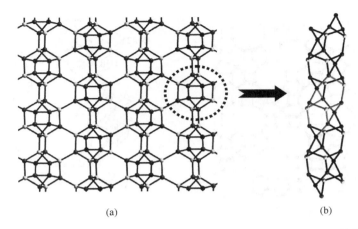

图 2-49　(a) CoAlPO-CJ40 沿[100]方向的骨架结构图；(b) *bog* 笼柱
(其中一个 *bog* 结构构筑单元用浅灰色标记)[161]

构筑单元包含一个独特的 *lau* 笼[$4^2 6^4$]和两个双四元环(D4R1 含有一个端羟基，D4R2 含有两个端羟基)[图 2-50(b)]，每 10 个这样的构筑单元组成了 ITQ-37 的 30 元环孔，将每个构筑单元的中心简化为一个节点，30 元环可以简化为 *srs* 网格拓扑结构。图 2-50(c)给出了 ITQ-37 结构中 *srs* 超笼的拼贴模式图，该笼包含 3 个 30 元环，每个 30 元环由 10 个 $T_{44}O_{145}(OH)_7$ 结构单元组成。

2.4.2.9　JU-64 (JSR)[33]

JU-64(|(Ni(C_3H_{10}N_2)_{36}Ni_{4.7}|[Ga_{81.4}Ge_{206.6}O_{576}]-JSR)结晶于六方晶系，空间群为 $R\bar{3}$，晶胞参数为 $a=30.0117Å$，$c=37.301Å$[163]，骨架密度为 9.9T/1000Å³。

JU-64 的骨架结构基于 TO_4(T 为 Ga、Ge 共同占有)四面体严格交替连接，形成阴离子[$T_{288}O_{576}$]$_n^{81.4n-}$ 开放骨架结构。主体骨架的负电荷由[Ni(1,2-PDA)_3]$^{2+}$ 配合物阳离子来平衡。JU-64 的结构可以描述为单六元环、双六元环通过螺-5 单元连接构成的三维骨架结构。如图 2-51(a)，单六元环与双六元环通过螺-5 单元连接形成一个具有 11 元环窗口的二维层。如图 2-51(b)，这些层与层之间进一步通过螺-5 单元连接形成三维 11 元环孔道骨架结构。JU-64 是第一例具有三维 11 元环交叉孔道的分子筛结构。图 2-52 为 JU-64 的 11 元环窗口示意图，孔径为 5.1Å×7.0Å，5.2Å×7.0Å，5.2Å×7.2Å 以及 5.3Å×6.8Å。JU-64 的骨架密度为 9.9T/1000Å³，在当前所有已知氧化物分子筛中骨架密度最低。有趣的是，JU-64 的骨架结构中含有两对[$3^{12}4^3 6^2 11^6$]手性空穴，分别具有 C1 和 C3 对称性，手性空穴与手性金属配合物之间存在氢键相互作用。

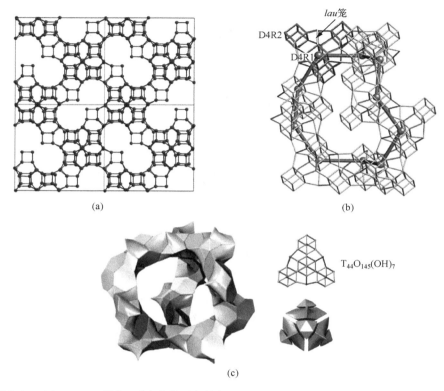

图 2-50　(a) ITQ-37 沿[001]方向的骨架结构示意图;(b) 结构构筑单元,包含 2 个 D4R,
1 个 *lau* 笼;(c) 结构中 *srs* 超笼的拼贴模式图[162]

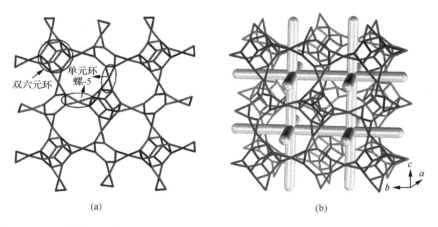

图 2-51　(a) 单六元环与双六元环构成的单层;(b) JU-64 在最高拓扑对称性 $P a\overline{3}$ 下的
结构,以三个方向上的柱表示其三维 11 元环交叉孔道[33]

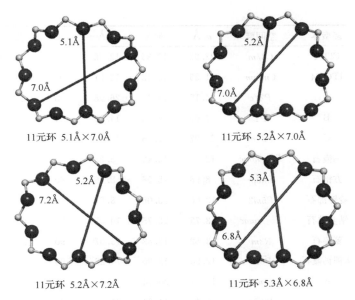

11元环　5.1Å×7.0Å　　　　　　　11元环　5.2Å×7.0Å

11元环　5.2Å×7.2Å　　　　　　　11元环　5.3Å×6.8Å

图 2-52　JU-64 的 11 元环窗口大小示意图

2.4.3　共生(无序)结构分子筛

　　实际晶体不具有非常完美的点阵结构,而往往具有各式各样的缺陷。晶体的缺陷对于固体催化剂的性能及催化能力也有很大影响。堆垛层错是指晶体内部部分无序,在分子筛结构中经常发生。共生,又称交互生长,是两种或多种不同类型结构通过孪晶交互生长,也是分子筛生长中一种常发生的现象。多型体共生结构的分子筛很常见,如 β 分子筛、EMT/FAU 共生的分子筛、ZSM-5/ZSM-11 共生的Pentasil 家族、SSZ-26 与 SSZ-33、ITQ-39 等[163,164]。表 2-6 列举了这类具有代表性的分子筛,对这类材料的结构表征及分析通常存在很大的困难。

表 2-6　一些典型的结构共生及无序的分子筛[164]

分子筛	多型体	空间群	a/Å	b/Å	c/Å	α/(°)	β/(°)	γ/(°)
β	A	$P4_122/P4_322$	12.63	12.63	26.19	90	90	90
	B	$C2/c$	17.90	17.90	14.32	90	114.8	90
	C	$P4_2/mmc$	12.76	12.76	12.98	90	90	90
SSZ-26/33	SSZ-33A	$Pmna$	13.26	12.33	21.08	68.7	90	90
	SSZ-33B	$B2/m$	13.26	12.33	22.62	90	90	90
	SSZ-26A	$Pmna$	13.43	12.40	21.23	90	90	90
	SSZ-26B	$B2/m$	13.43	12.40	22.78	68.8	90	90

分子筛	多型体	空间群	$a/\text{Å}$	$b/\text{Å}$	$c/\text{Å}$	$\alpha/(°)$	$\beta/(°)$	$\gamma/(°)$
	CIT-1	$C2/m$	22.62	13.35	12.36	90	68.91	90
	ITQ-24	$Cmmm$	21.25	13.52	12.61	90	90	90
ITQ-39	A	$P2/c$	24.15	12.48	26.98	90	125.14	90
	B	$P\bar{1}$	24.09	12.46	14.19	72.6	123.21	90
	C	$P2/m$	23.97	12.56	13.63	90	124.91	90
ABC-6	钙霞石	$P6_3/mmc$	12.49	12.49	5.25	90	90	120
	方钠石	$Im\bar{3}m$	8.96	8.96	8.96	90	90	90
	菱钾沸石	$P\bar{6}m2$	13.06	13.06	8.57	90	90	120
	钠菱沸石	$P6_3/mmc$	13.75	13.75	10.05	90	90	120
	菱沸石	$R\bar{3}m$	13.82	13.82	15.07	90	90	120
	水钾钙霞石	$P\bar{6}2c$	12.90	12.90	74.28	90	90	120
ZSM-48	A	$Cmcm$	14.24	20.14	8.4	90	90	90
	B	$Imma$	8.4	14.24	20.14	90	90	90
SSZ-31	A	$P2/m$	12.35	8.38	14.97	90	106.0	90
	B	$Pmna$	8.40	12.35	28.78	90	90	90
UTD-1	C	$Bmmb$	18.98	8.41	23.04	90	90	90
	D	$Immm$	18.98	8.41	23.04	90	90	90
	UTD-1F	Cc	14.97	8.48	30.03	90	102.65	90
Faujasite 家族	FAU	$Fd\bar{3}m$	24.35	24.35	24.35	90	90	90
	EMT	$P6_3/mmc$	17.22	17.22	28.08	90	90	120
Pentasil	ZSM-5	$Pnma$	20.09	19.74	13.14	90	90	90
	ZSM-11	$I\bar{4}m2$	20.27	20.27	13.50	90	90	90
ITQ-13/34	ITQ-13	$Amm2$	12.57	11.66	21.93	90	90	90
	ITQ-34	$Cmcm$	11.67	21.97	25.17	90	90	90
ITQ-38/22	ITQ-22	$Pbam$	42.13	12.99	12.68	90	90	90
	ITQ-38	$P2/m$	12.92	12.94	21.35	90	96.80	90
Decasil	RUB-3	$C2/m$	14.04	13.60	7.43	90	102.2	90
SSZ-36	ITQ-3	$Cmcm$	20.62	9.72	19.61	90	90	90
	RUB-13	$C2/m$	9.66	20.46	9.83	90	96.6	90
SSZ-54	SSZ-32	$Pmn2_1$	21.5	11.1	5.0	90	90	90
	ZSM-22	$Cmc2_1$	13.86	17.42	5.04	90	90	90
SSZ-35/44	SSZ-35	$P\bar{1}$	11.41	11.53	7.38	94.7	96.2	104.9

续表

分子筛	多型体	空间群	a/Å	b/Å	c/Å	α/(°)	β/(°)	γ/(°)
	SSZ-44	$P2_1/m$	11.49	21.95	7.39	90	94.7	90
ERS-10	NU-87	$P2_1/c$	14.32	22.38	25.09	90	151.5	90
	EU-1	$Cmme$	13.70	22.33	20.18	90	90	90
	NON	$Fmmm$	22.23	15.06	13.63	90	90	90
ETS-10	A	$P4_3$	14.58	14.58	27.08	90	90	90
	B	$C2/c$	21.00	21.00	14.51	90	111.12	90
ETS-4	1	$P112/m$	12.16	14.37	13.92	90	90	107.19
	2	$Pmnm$	23.23	14.37	13.92	90	90	90
	3	$A112$	12.16	14.37	13.92	90	90	107.19
	4	$Pmnm$	23.23	14.37	13.92	90	90	90
	Sr-ETS-4	$Cmmm$	23.22	7.18	6.96	90	90	90
SU-JU-14	SU-JU-14	$C2/c$	35.63	28.58	10.40	90	98.30	90

下面对一些具有典型结构共生及无序的分子筛的结构特点进行介绍。

2.4.3.1　β沸石（*BEA）[165-168]

β沸石是沸石分子筛家族中结构最复杂的材料之一。1967 年 β 沸石由 Mobil 公司首次报道,该沸石结晶于含有四乙基铵离子和钠离子的硅铝凝胶。受表征技术的限制,当时并未能精确确定其结构。直到 1988 年,Newsam 和 Higgins 各自联合运用电子衍射、高分辨率透射电子显微镜和计算机模拟等技术确定了 β 沸石的晶体结构。

β沸石由两种结构非常相近的多型体 A 和 B 的层错共生形成(简称 A 型体和 B 型体),两种多型体的比例是 A∶B=44∶56。多型体 A 和 B 由同一中心对称的层状结构单元堆积而成。在多型体 A 中,该层状结构单元沿 c 轴以右手的 4_1 螺旋方式或左手的 4_3 螺旋方式堆积。如果这些层状结构单元以 4_1 螺旋方式(RRR…)堆积,得到的骨架结构具有 $P4_122$ 空间群,以 4_3 螺旋方式(LLL…)堆积,得到的骨架结构具有 $P4_322$ 空间群。这两种骨架结构都具有手性,为多型体 A 的一对对映体,在 c 轴方向分别存在 12 元环的左手和右手螺旋孔道。当层状结构单元以左右交替方式(RLRL…)进行堆积时,得到的骨架结构具有 $C2/c$ 空间群,即为非手性的多型体 B。多型体 A 和多型体 B 几乎以相等的概率出现,使 β 沸石具有高度的层错缺陷,从而导致 β 沸石手性特征不明显。这一相同的层状结构单元还可以形成 β 沸石家族的其他四种假想结构,包括 Newsam 提出的多型体 C 和 Higgins 提出的多型体 C_H。多型体 C 含有多型体 A 和多型体 B 都不具有的双四元环结构单元。

　　β沸石是典型的层错共生结构,其层是由 16 个 T 原子构成的次级结构单元在平面上沿着两个方向拓展形成的,该二维层具有中心对称性。β沸石的一个层状结构单元以垂直于其平面方向的轴(即 c 轴)旋转 90°得到其相邻层。由于该层具有四方结构,其沿着 a 轴、b 轴方向的视图非常类似[图 2-53(a)]。

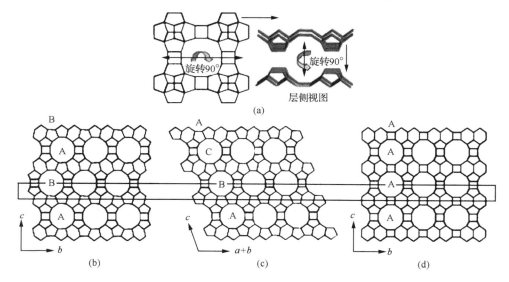

图 2-53　(a) β沸石二维层状结构的构筑图、相邻层状结构单元关联示意图;
(b)~(d) 二维平面(ac 或 bc 平面)上三种简单的周期性连接[165]

　　因为相邻层交替地只在 a 轴或 b 轴方向上平移,因此只从二维平面(如 ac 平面)上看,有的相邻层间的平移发生在垂直平面的 b 轴方向,从平面视图看不出平移。但是任何两个相间层都可以看出平移,因此在二维平面上可以考虑相间层的平移周期性。在二维平面(ac 或 bc 平面)上有下列三种简单的周期性连接。

　　(1) 如图 2-53(b)所示,相间结构单元层以+1/3、-1/3、+1/3、-1/3、…交替平移的周期性方式连接,此时 ac (或者 bc)平面上的 12 元环孔道层以图中的 ABAB…方式排列。

　　(2) 如图 2-53(c)所示,相间结构单元层以+1/3、+1/3、…(或-1/3、-1/3、…)平移的周期性方式连接,此时 ac (或者 bc)平面上的 12 元环孔道层以图中的 ABCABC…方式排列。

　　(3) 如图 2-53(d)所示,相间结构单元层一直以不平移的周期性方式连接,此时 ac (或者 bc)平面上的 12 元环孔道层以图中的 AA…方式排列。

　　2.4.3.2　ITQ-39

　　ITQ-39 是迄今已知内部结构最复杂的硅锗酸盐分子筛之一,具有高度缺陷。

如图 2-54(a)所示,它是三个结构不同但却由一个相同的层构筑而成的多型体 A、B、C 的混晶,该层包含 4 元环、5 元环、6 元环和 12 元环孔道[图 2-54(c)][169]。三种结构都是由同一中心对称的三级结构单元(TBU)组成。这些 TBU 排列成层状,然后以不同的堆积顺序相互连接。多型体 A 具有交替的 ABAB…堆积顺序,多型体 B 具有交替的 ABCABC…堆积顺序,而多型体 C 具有非间断的 AAAA…堆积顺序[图 2-54(b)],图 2-54(d)给出了多型体 B 的三维结构图。ITQ-39 具有 10 元环和 12 元环的交叉孔道体系,在芳烃和烯烃的烷基化反应中展现出非常显著和有趣的催化性质[169, 170]。

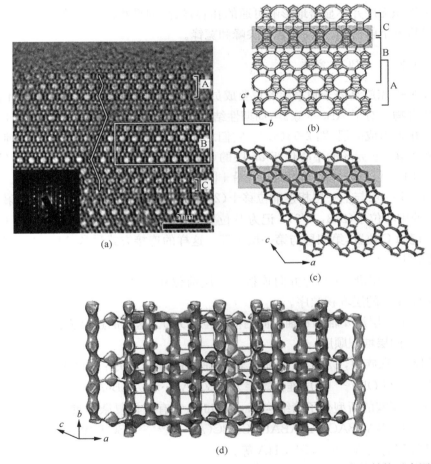

图 2-54　(a) ITQ-39 的 HRTEM 图;(b)、(c) 分别沿 a 轴和 b 轴方向的结构示意图;
(d) 多型体 B 的三维结构图[169]

ITQ-39 的多型体 A、B、C 混晶分别包含 28 个、28 个、16 个结晶学不等价的 T 原子(T＝Si 或 Al)。此外,ITQ-39 结构内部还出现另两种不同的断层现象,这使得 ITQ-39 成为现今已知具有高度缺陷内部结构的最复杂分子筛之一。ITQ-39 的结构解析用到两种新的晶体学方法,分别是旋转电子衍射(RED)断层成像技术以及离焦结构投影重建[171, 172]。这两种方法对于解析缺陷结构具有非常重要的作用[169]。

图 2-54(a)给出了 ITQ-39 沿 a 轴方向的 HRTEM 图,内视图为选区电子衍射谱图。如图所示,可以看出在 c^* 轴方向结构单元层的 10 元环孔道,并且可以看到 A、B、C 三种多型体片段不同的堆积方式:ABAB…多型体 A,ABCABC…多型体 B,AAAA…多型体 C。相间结构单元层以±1/3b 平移的周期性方式连接。这种共生和堆积无序并不显著地影响可通的孔容,较高的堆积缺陷密度导致了反常的 X 射线粉末衍射谱图,它同时含有尖峰和宽锋。

2.4.3.3　ABC-6 家族

ABC-6 家族是分子筛家族的重要成员,共有 19 种拓扑结构,以及多种不同组成的化合物。对于 ABC-6 家族,周期性结构单元(PBU)相当于由非连接的 6 元环按六方排列组成的层[图 2-55(a)]。它们之间以沿 a 轴方向和 b 轴方向的纯平移操作相关联。6 元环的中心位于 ab 层的(0,0)位置,记为 A 位置[图 2-55(b)]。相邻的 PBU 可以按三种不同的方式沿+[001]方式连接。

(1) 下一层与上一层相连前位移+(2/3a+1/3b)。如图 2-55(b)所示,第二层 6 元环的中心位于(2/3,1/3),记为 B 位置,第三层 6 元环中心的位置位于(1/3,2/3),记为 C 位置,第四层与第一层重复。这样的连接方式导致 AB,BC,CA 的层堆积顺序。

(2) 下一层沿+[001]方向连接上一层前位移-(2/3a+1/3b),从而产生了 AC,CB,BA 的层堆积顺序。

(3) 下一层沿 a 轴和 b 轴方向的横向位移为 0。这样的连接方式导致了 AA,BB 或 CC 的层堆积顺序。

ABC-6 家族中,CAN 分子筛有着最简单的堆积顺序:AB(A)…[173, 174],而 SOD[175, 176]与 OFF[177-180]层堆积顺序为 ABC(A)…和 AAB(A)…。最近报道的一例 ABC-6 家族的新型分子筛结构 Sacrofanite,它有着很复杂的堆积顺序,为 AB-CABACACABACBACBACABABACABC(A)…[181]。ABC-6 家族还有一些以双六元环堆积的结构,如 GME、CHA 等。

ABC-6 家族拥有相同的周期性结构单元,因此在合成过程中很容易发生共生现象。最典型的一个例子就是 CHA/GME 的共生,如图 2-55(c),这两个结构均由双六元环构筑,在同一个方向上呈现两种不同的堆积顺序[182-184]。另一个例子是 OFF/ERI 的共生,该结构由单六元环和双六元环共同构筑而成[图 2-55(d)][185]。

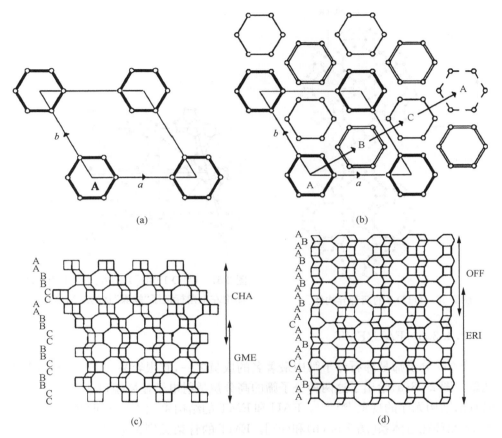

图 2-55　(a) ABC-6 家族 PBU；(b) 6 元环的位置；(c) CHA/GME 的共生；
(d) OFF/ERI 的共生[177]

2.4.3.4　UTD-1(DON)

UTD-1 是具有平行于[010]方向的一维 14 元环孔道的无序高硅分子筛，有两种多形异构体，通过相邻的层上(U)下(D)交替产生(图 2-56)[185]。UTD-1 的结构中含有一种"蝴蝶"状的结构单元，它以 1 个 6 元环为中心，两边各有 2 个 5 元环翅膀。这些"蝴蝶"状单元上的 5 元环之间通过氧桥连接形成含有 4 元环和椭圆形的 14 元环的网层。相邻的层具有镜像关系。已报道的一种异构体被命名为 UTD-1F，其结构中构成 14 元环的 SiO_4 四面体严格上下(UD)交替产生出只含有 6 元环的孔壁。4 元环上的 SiO_4 四面体具有 UUDD 排列，在平行的 14 元环孔道间形成一个双机轴链(图 2-57)[186]。

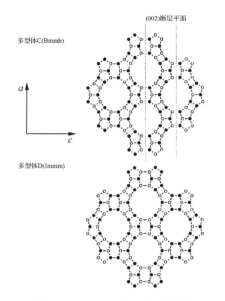

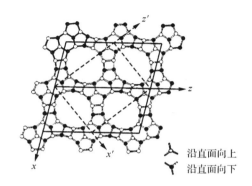

图 2-57　UTD-1F 沿［010］方向的骨架结构。
图中左上角标记了"蝴蝶"状的结构单元[187]

图 2-56　UTD-1 的两种异构体

2.4.3.5　FAU/EMT

　　FAU 分子筛是沸石分子筛中最著名的成员之一,它很容易和 EMT 出现共生现象。图 2-58(a)给出了这两种分子筛的高分辨透射电子显微镜(HRTEM)图,可以看出结构无序的现象[188, 189]。FAU 和 EMT 的结构单元均是 SOD 笼,都具有三维 12 元环孔道体系[图 2-58(b)和(c)]。EMT 的骨架类型是 FAU 的一个最简单的六方类似物。如图 2-58(b)所示,在 EMT 中,扭曲的 SOD 笼层按 ABAB 顺序堆积。层层之间是镜像的关系。SOD 笼的此种排列产生出一个具有 3 个 12 元环开口中等尺寸的笼和一个具有 5 个 12 元环开口的大笼。FAU 结构中 SOD 笼像金刚石中的碳原子一样排列,相邻的 SOD 笼之间通过六方柱(D6R)连接,从而形成一个超笼结构和三维孔道体系。如图 2-58(c)所示,超笼中含有 4 个按四面体取向的 12 元环孔口,其直径为 7.4Å×7.4Å[185]。在 FAU 中,每个 D6R 由于对称中心,所以扭曲的 SOD 笼层彼此间以对称中心相关。FAU 的骨架类型可以描述为 SOD 层的 ABCABC 堆积。由于 FAU 具有较大的孔容(约占 50%)和三维 12 元环孔道体系,它在催化方面有着极其重要的应用。图 2-58(d)给出了 FAU 与 EMT 共生的结构片段图。

　　其他共生分子筛还有 ZSM-5(MFI)/ZSM-11(MEL)[190, 191]、ITQ-13(ITH)/ITQ-34(ITR)[192]、ITQ-22(IWW)/ITQ-38[193, 194]等。

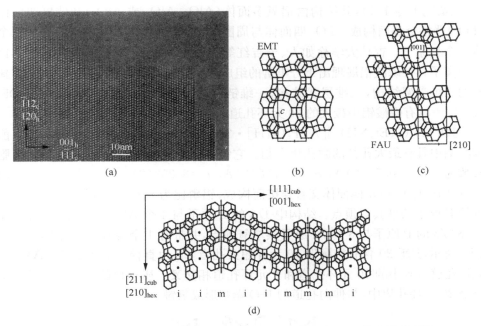

图 2-58　(a) FAU/EMT 的 HRTEM 图；(b)、(c) FAU、EMT 的结构示意图；
(d) FAU/EMT 的共生[169]

2.5　类分子筛无机开放骨架化合物的结构

前面主要讨论了四面体连接的分子筛骨架结构。继 1982 年磷酸铝分子筛发现之后，经过近半个世纪的发展，科研工作者又相继开发了磷酸盐、砷酸盐、锗酸盐、亚磷酸盐、硫酸盐、亚硒酸盐以及金属硫化物等类分子筛无机开放骨架化合物[195]，极大地丰富了无机晶体材料的组成化学和结构化学。同时，随着这些化合物结构类型的急剧增长，骨架元素的种类目前已涉及元素周期表中大部分主族元素和过渡金属元素。不同于传统的硅铝酸盐和磷酸铝分子筛，这些无机开放骨架化合物的结构由含有端基的 TO_4 四面体或 TO_n（$n=3$、4、5、6 等）多面体构成，这类化合物具有更为丰富的骨架组成和多样的拓扑结构，以及独特的物理和化学性质。在本节中，我们将重点讨论一些结构上比较有特点的类分子筛无机开放骨架化合物。

2.5.1　超大孔与手性开放骨架磷酸盐化合物

2.5.1.1　超大孔开放骨架磷酸铝

与传统磷酸铝分子筛 $AlPO_4$-n 不同，阴离子骨架结构磷酸铝的铝磷比小于 1

（少数情况下等于 1），其结构由铝氧多面体（AlO_4、AlO_5 或 AlO_6）和磷氧四面体（PO_4）严格交替而构成。PO_4 四面体与周围的 Al 原子可以共享四个、三个、两个或一个氧原子。吉林大学徐如人、于吉红等在该方面作了系统的研究[196-198]。这类阴离子骨架磷酸铝展现出十分丰富的组成计量比和结构的多样性。它们具有新颖的三维骨架结构，二维层状结构，一维链状结构和零维团簇结构。其中，JDF-20[199, 200]具有磷酸铝中最大的 20 元环孔道。

　　JDF-20（$[(Et_3NH)_2][Al_5P_6O_{24}H] \cdot 2H_2O$）[202, 203]具有 20 元环孔道，是目前磷酸铝中具有最大孔径的微孔化合物。它结晶在单斜晶系，空间群为 $C2/c$，晶胞参数为 $a=32.035(12)$Å，$b=14.308(3)$Å，$c=8.852(2)$Å[202]。其骨架结构由 AlO_4 四面体和 PO_4 四面体交替连接而构成，铝磷比为 5/6。所有的 Al 原子与邻近的 P 原子共享其氧顶点。结构中 1/3 的 P 原子与 4 个 Al 原子共享氧顶点，而另外 2/3 的 P 原子与 3 个 Al 原子共享氧顶点，并带有 1 个端基 P-O 基团。如图 2-59 所示，JDF-20 含有椭圆形 20 元环超大孔道（自由直径为 6.2Å×7.9Å）。20 元环孔道与较小的 10 元环孔道和 8 元环孔道相交叉。质子化的三乙胺分子位于每个 20 元环孔道中，与伸向孔道的 P-O 端基形成氢键。

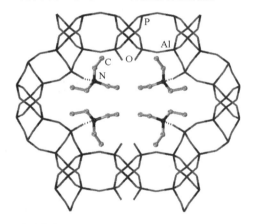

图 2-59　JDF-20 的骨架结构。质子化的三乙胺分子位于每个 20 元环孔道中，
与伸向孔道的 P-O 端基形成氢键[201]

2.5.1.2　超大孔开放骨架磷酸镓

　　继具有 20 元环孔径的磷酸镓 Cloverite 发现后，目前，一系列超大孔开放骨架结构磷酸镓化合物相继被合成出来，例如，ULM-5[204]和 ULM-16[205]具有 16 元孔道，MIL-31[206]、MIL-46[207]和 MIL-50[208]具有 18 元环孔道，ICL-1[209]和 $[H_3N(CH_2)_3NH_3][Ga_4(HPO_4)_2(PO_4)_3(OH)_3] \cdot 5.4H_2O$[210]具有 20 元环孔道，NTHU-1[211]具有 24 元环孔道。

　　ULM-5（$[H_3N(CH_2)_6NH_3]_4[Ga_{16}(PO_4)_{14}(HPO_4)_2(OH)_2F_7]\cdot 6H_2O$）[204]
具有 16 元环孔道。它属于正交晶系，空间群为 $P22_12_1$，晶胞参数 $a=10.252(2)$Å，
$b=18.409(4)$Å，$c=24.639$Å。它的三维骨架结构由 3 种基本结构单元构成，如图
2-60(a) 所示，Ⅰ 是由 2 个 PO_4 四面体，1 个 HPO_4 四面体，2 个 GaO_4F 三角双锥和
1 个 GaO_4F_2 八面体组成的六合体单元，F 原子被 2 个 Ga 原子共享；Ⅱ 与 Ⅰ 很相
似，只是 Ⅰ 中的 1 个三角双锥被 1 个 $GaO_3(OH)$ 四面体取代；Ⅲ 是 1 个八合体
$Ga_4(PO_4)_4$，它可以被近似地看作是由 GaO_4 和 PO_4 四面体共顶点连接构成的立
方体，F 与立方体中 4 个 Ga 原子中的 2 个成键。这些结构单元通过桥氧连接构成
了 ULM-5 的三维骨架结构。ULM-5 骨架结构中含有沿[100]方向的 16 元环和
6 元环孔道[图 2-60(b)]，以及沿[010]方向的 8 元环孔道。双质子化的 1,6-已二
胺模板剂分子位于 16 元环孔道中（自由直径为 12.20Å×8.34Å），水分子处于 6 元
环孔道中。

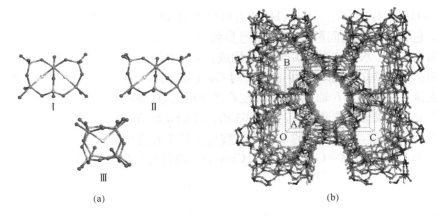

图 2-60　(a) ULM-5 骨架中的三种基本结构单元；(b) ULM-5 沿[100]方向的骨架结构[204]

　　MIL-31（$[C_{20}H_{52}N_4][Ga_9(PO_4)_9F_3(OH)_2(H_2O)]\cdot 2H_2O$）[206]具有 18 元环
孔道。它属于正交晶系，空间群为 $Pca2_1$，晶胞参数为 $a=17.4941(1)$Å，$b=$
32.3930(4)Å，$c=10.0749(2)$Å。如图 2-61(a) 所示，MIL-31 结构中含有 2 种类
型的六合体结构单元（BU），它们都是由 3 个磷酸根基团和 3 个 GaO 多面体组成。
Ⅰ 型 BU 中，3 个 PO_4 四面体与 1 个 $GaO_4(OH,F)_2$ 八面体和 2 个 $GaO_4(OH,F)$
三角双锥共顶点。$GaO_4(OH,F)_2$ 八面体处于中心位置上，通过 F 或 OH 基团连
接到 2 个 $GaO_4(OH,F)$ 三角双锥。Ⅱ 型 BU 中 3 个 PO_4 四面体和 3 个 GaO 多面体
共顶点，3 个 GaO 多面体为 GaO_4 四面体，$GaO_4(OH)$ 三角双锥和 $GaO_4(OH)(H_2O)$
八面体。$GaO_4(OH)$ 三角双锥位于中心，与 $GaO_4(OH)(H_2O)$ 八面体共享 1 个
OH 基团。这些不同结构单元的连接构成 MIL-31 的三维骨架结构。图 2-61(b)
中给出了 MIL-31 在[001]方向的骨架结构图。沿着 c 轴方向存在一维 18 元环孔

道,双质子化的模板剂分子 1,10-癸二胺嵌在 18 元环主孔道内。水分子处于 6 元环孔道中。

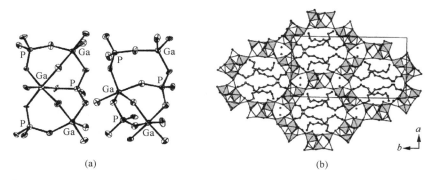

图 2-61　(a) MIL-31 的结构单元;(b) MIL-31 沿[001]方向的骨架结构[206]

[NH$_3$(CH$_2$)$_4$NH$_3$]$_2$[Ga$_4$(HPO$_4$)$_2$(PO$_4$)$_3$(OH)$_3$]·5.4H$_2$O[210]具有 20 元环孔道。它属于四方空间群 $I4_1/a$,晶胞参数为 $a=15.261(1)$Å, $c=28.898(2)$Å。其骨架由 GaO$_6$ 八面体和 PO$_4$ 四面体构成,结构中的一个基本结构单元是 Ga$_4$O$_{20}$四聚物。如图 2-62(a)所示,中心的一对 GaO$_6$ 八面体共边连接,其他多面体间共顶点连接。沿 a 轴和 b 轴,结构中存在着之字形孔道,如图 2-62(b)所示,之字形孔道相互交叉形成三维孔道体系。图 2-63 给出了沿 a 轴方向的骨架结构。沿此方向含有 20 元环孔道,双质子化的 1,4-丁二胺离子位于孔道中。该化合物的骨架密度为 10.7M/1000Å^3(M=Ga,P),它与 Cloverite 的骨架密度(11.1T/1000Å^3)接近。

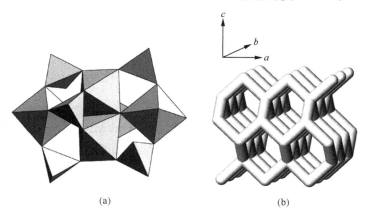

图 2-62　(a) [NH$_3$(CH$_2$)$_4$NH$_3$]$_2$[Ga$_4$(HPO$_4$)$_2$(PO$_4$)$_3$(OH)$_3$]·5.4H$_2$O 中的 Ga$_4$O$_{20}$结构单元;(b) 孔道体系示意图,平行于 a 轴和 b 轴的之字形孔道相互交叉形成三维孔道体系[210]

NTHU-1 ([Ga$_2$(DETA)(PO$_4$)$_2$])·2H$_2$O,DETA:二乙烯三胺)[211]具有 24 元环孔道。它属于三方晶系,空间群为 $R\bar{3}$,晶胞参数为 $a=23.781(1)$Å, $c=$

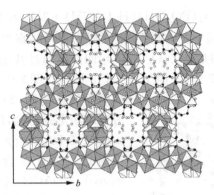

图 2-63　$[NH_3(CH_2)_4NH_3]_2[Ga_4(HPO_4)_2(PO_4)_3(OH)_3] \cdot 5.4H_2O$
沿 a 轴方向的骨架结构图

$13.466(1)$ Å。如图 2-64 所示，NTHU-1 是由 GaO_4 四面体、GaO_3N_3 八面体和 PO_4 四面体共顶点连接构成的三维开放骨架结构。该晶体沿 c 轴方向含有一维 24 元环孔道，孔道呈六角形，并以蜂窝状形式紧密排列。该一维孔道由 12 个 GaO_4 四面体和 12 个 PO_4 四面体交替连接围成，孔道最短半径为 10.4Å（O—O 距离）。DETA 分子作为模板剂以三齿配体的形式与 Ga 原子配位。相邻的 24 元环之间通过 $Ga(2)O_3N_3$ 八面体和 $P(2)O_4$ 四面体形成的通道相连。每个通道都包含 6 个横向的具有 12 元环椭圆形窗口的通道，这些通道由 2 个 GaO_3N_3 八面体、4 个 GaO_4 四面体和 6 个 PO_4 四面体构成。NTHU-1 具有较低的骨架密度，为 $10.9M/1000$Å^3（M=Ga，P），BET 测试确定其孔道尺寸约为 11.0Å。

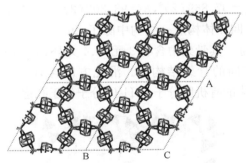

图 2-64　NTHU-1 沿 c 轴方向的骨架结构图

2.5.1.3　超大孔与手性开放骨架磷酸锌

在开放骨架金属磷酸盐微孔化合物中，磷酸锌展示了丰富的组成化学和结构的多样性[212]。一系列含有 16 元环、20 元环、24 元环孔道的超大孔以及含螺旋孔道结构的磷酸锌微孔化合物引起了人们的关注。

ND-1[213]$[Zn_3(PO_4)_2(PO_3OH)(H_2DACH) \cdot 2H_2O$，DACH：1,2-环己二胺] 具有 24 元环孔道。它属于三方晶系,空间群为 $R\bar{3}$,晶胞参数为 $a=33.401(7)$Å, $c=9.241(4)$Å。其骨架是由 ZnO_4 和 PO_4 四面体通过共用氧顶点构成,结构中存在三桥氧原子,它键连 2 个 Zn 原子和 1 个 P 原子。图 2-65 给出了 ND-1 沿 c 轴方

向观看的结构图,24 元环孔道以蜂窝状六方密积形式排列,P—OH 基团指向孔道。 trans-1,2-DACH 分子和 H_2O 分子位于孔壁附近。尽管在合成中使用的是 cis-和 trans-1,2-DACH 的混合物,在 ND-1 中只有 trans-1,2-DACH 存在于结构中。由于结构具有对称中心,因此孔道中存在着 trans-1,2-DACH 的（1S，2S）和（1R，2R）一对对映体。在沿 c 轴的 24 元环孔道内, 以三角形排列并处于同一 z 坐标平面内的 3

图 2-65   ND-1 沿 c 轴方向的骨架结构

个有机胺分子具有同一手性,它们与邻近一层交错排列的三角形位置上的 3 个有机胺分子具有相反的手性。ND-1 孔道中模板剂之间的空间是空穴,空穴的尺寸为 8.6Å。ND-1 具有较低的骨架密度,FD= 12.1M/1000Å³(M=Zn,P)。

$[H_3N(CH_2)_6NH_3][Zn_4(PO_4)_2(HPO_4)_2] \cdot 3H_2O$[214]具有 20 元环孔道。它属于三斜晶系,空间群为 $P\bar{1}$,晶胞参数为 $a=5.2016(4)$Å, $b=13.6024(11)$Å, $c=17.2394(13)$Å,$\alpha=97.869(2)°$,$\beta=93.302(2)°$,$\gamma=91.828(2)°$。其骨架由 ZnO_4、PO_4 和 HPO_4 四面体构成。结构中除了 Zn—O—P 键外,还存在由三桥氧连接的 Zn—O—Zn 键。其骨架中含有 3 元环、4 元环、5 元环和 20 元环。图 2-66 给出了它沿 [100] 方向的骨架结构图。沿此方向含有 20 元环孔道,其直径为 8.0Å×16.0Å,质子化的有机胺分子和 H_2O 分子位于孔道中。

图 2-66 $[H_3N(CH_2)_6NH_3][Zn_4(PO_4)_2(HPO_4)_2] \cdot 3H_2O$ 沿[100]方向的骨架结构

$[NH_3(CH_2)_2NH_2(CH_2)_2NH_3][Zn_4(PO_4)_3(HPO_4)] \cdot H_2O^{[215]}$ 具有螺旋孔道。它属于手性空间群 $P2_1$,晶胞参数为 $a=10.021(4)$ Å,$b=8.286(3)$ Å,$c=11.856(7)$ Å,$\beta=103.13(1)°$。其骨架是由 ZnO_4 和 PO_4 四面体共顶点连接构成,结构中存在 Zn—O—P 键和 Zn—O—Zn 键。整个骨架结构可看作是由 3 元环、4 元环、6 元环和 8 元环构成。3 元环和 4 元环通过共边连接形成沿[010]方向的一维螺旋柱。图 2-67(a)显示了这些螺旋柱如何通过 HPO_4 基团连接形成沿[100]方向的 8 元环孔道。沿[100]方向的 8 元环孔道与沿[010]方向的 8 元环孔道相互连接,从而形成了交叉的螺旋孔道体系。图 2-67(b)中给出了该化合物沿[010]方向的骨架结构图。

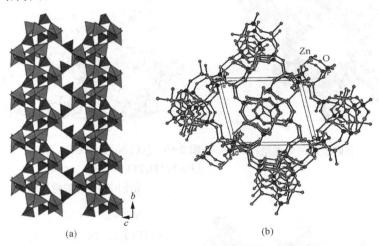

(a)　　　　　　　　　　(b)

图 2-67　$[NH_3(CH_2)_2NH_2(CH_2)_2NH_3][Zn_4(PO_4)_3(HPO_4)] \cdot H_2O$:(a) 螺旋柱通过 HPO_4 基团连接形成沿[100]方向的 8 元环孔道及螺旋孔道;(b) 沿[010]方向的 8 元环孔道

2.5.1.4　超大孔开放骨架磷酸铁和磷酸镍

1983 年,超大孔类分子筛矿物黄磷铁矿[216]结构的报道激发了人们对超大孔分子筛的追求。黄磷铁矿,即磷酸铁 $[AlFe_{24}(OH)_{12}(PO_4)_{17}(H_2O)_{24}] \cdot 51H_2O$,属于六方晶系,空间群为 $P6_3/m$,晶胞参数为 $a=27.559$ Å,$c=10.550$ Å。其骨架结构是由 FeO_6、AlO_5、AlO_6 多面体和 PO_4 四面体构成。该结构中最显著的特征是平行于 c 轴的孔道具有极大的自由孔径 (14.2Å)。图 2-68 中给出了其骨架结构图。目前,人工合成的黄磷铁矿还未见报道,但人工合成的类分子筛微孔晶体化合物的孔道尺寸已超过了黄磷铁矿。

磷酸铁中另一超大孔道开放骨架化合物是 $[(C_4N_3H_{16})(C_4N_3H_{15})]^{5+} \cdot [Fe_5F_4(H_2PO_4)(HPO_4)_3(PO_4)_3]^{5-} \cdot H_2O^{[217]}$。它属于单斜空间群 $P2_1/n$,晶胞

参数为 $a=9.670(1)$Å, $b=15.618(1)$Å, $c=22.563(1)$Å, $\beta=90.82(1)°$。其骨架是由 FeO_6、FeO_5F、FeO_6F_2 八面体和 PO_4 四面体构成。如图 2-69 所示,沿[100]方向它具有由 16 个 M 原子(M=Fe,P)围成的椭圆形一维孔道。孔道的宽度为 15.3Å×4.5Å。沿着[010]方向,具有由 10 个 M 原子围成的孔道。由于有 H_2PO_4 和 HPO_4 基团占据孔道,这些孔道比较狭窄。模板剂 DETA 和 H_2O 分子位于 16 元孔环道中。

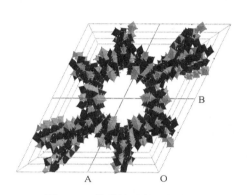

图 2-68　黄磷铁矿的骨架结构

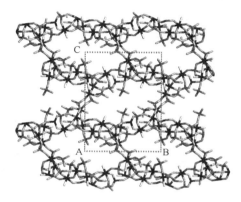

图 2-69　$[(C_4N_3H_{16})(C_4N_3H_{15})]^{5+}$ · $[Fe_5F_4(H_2PO_4)(HPO_4)_3(PO_4)_3]^{5-}$ · H_2O 沿[100]方向的骨架结构

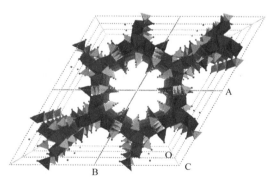

图 2-70　VSB-5 沿[001]方向的骨架结构

VSB-5[218] $(Ni_{20}[(OH)_{12}(H_2O)_6][(HPO_4)_8(PO_4)_4]$ · $12H_2O)$ 是一个含 24 元环超大孔的磷酸镍开放骨架结构化合物。不同于其他超大孔开放骨架微孔化合物,VSB-5 具有良好的热稳定性以及磁性和催化性能等。VSB-5 属六方空间群 $P6_3/m$,晶胞参数 $a=18.209(1)$Å, $c=6.3898(7)$Å。图 2-70 中给出了 VSB-5 的骨架结构图。沿着[001]方向,它具有一维的 24 元环孔道体系。这些孔道是由 24 个 NiO_6 通过共面、共边和共顶点围成,孔径为 10.2Å。

2.5.1.5　超大孔与手性开放骨架磷酸钒

由于钒具有多种的价态(Ⅴ、Ⅳ、Ⅲ)和多样的配位状态(四面体、四方锥、扭曲和规则的八面体),磷酸钒展示出丰富的结构化学。磷酸钒开放骨架结构微孔化合物中最引人注目的两个例子是含有无机双螺旋链的 $[(CH_3)_2NH_2]K_4[V_{10}O_{10}(H_2O)_2(OH)_4(PO_4)_7]\cdot4H_2O^{[219]}$ 和含有巨大孔穴的 $[HN(CH_2CH_2)_3NH]K_{1.35}[V_5O_9(PO_4)_2]\cdot xH_2O^{[220]}$。

$[(CH_3)_2NH_2]K_4[V_{10}O_{10}(H_2O)_2(OH)_4(PO_4)_7]\cdot4H_2O^{[219]}$ 是一个含无机双螺旋链的手性磷酸钒化合物。它属于手性空间群 $P4_3$，晶胞参数为 $a=12.130\text{Å}$，$c=30.555\text{Å}$。其骨架结构由 VO_6 八面体、VO_5 四方锥和 PO_4 四面体构成。其基本结构单元为 VO 五聚合体。如图 2-71(a) 所示，它含有 4 个 V—O—V 键和 2 个 V—OH—V 键。沿着 V—O 主干，长的 V—O 键（～2.4Å）和短的 V═O 键（～1.7Å）相互交替。五聚合体沿 [001] 方向按螺旋方式排列。螺旋线相互缠绕在一起，产生出一个两股的双螺旋线，如图 2-71(b) 所示，一部分 P 原子连接五聚合体，一部分连接双螺旋线内的股，而一部分则将双螺旋线间连接起来。这些螺旋线的股以及双螺旋线间以极其复杂的形式通过共价键连接相互交织在一起，构成了一个三维开放骨架结构（图 2-72）。K^+ 和质子化的二甲胺分子位于孔洞中。

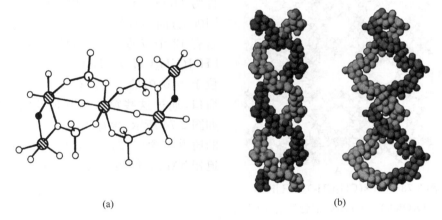

(a) 　　　　　　　　　　　　　　 (b)

图 2-71　(a) VO 五聚合体结构单元，五聚合体由 4 个 V—O—V 键，2 个 V—OH—V 键以及磷酸根桥构成。由于沿着骨干存在着交替的 V—O 长键和 V═O 短键，五聚合体不具有对称性。这些五聚合体通过额外的 P^{5+} 中心键连成三维骨架结构；(b) 2 个结晶学独立的 VO 螺旋链相互穿插在一起形成双螺旋链：(左)沿着 $[1\bar{1}0]$ 方向观看，(右)沿着 [100] 方向观看。不同颜色的螺旋链通过 P^{5+} 连接起来，相互缠绕的螺旋线与另外的螺旋线形成了三维骨架结构[219]

$[HN(CH_2CH_2)_3NH]K_{1.35}[V_5O_9(PO_4)_2]\cdot xH_2O^{[220]}$ 属于立方空间群 $I\bar{4}3m$，晶胞参数为 $a=26.247\text{Å}$，骨架密度为 $9.3M/1000\text{Å}^3(M=V,P)$。它是一个含巨大孔穴的开放骨架结构磷酸钒化合物，孔穴的最大孔径为 32 元环。其骨架结构是由 VO_5 四方锥和 PO_4 四面体构成，所有 V 原子都有 V═O 基团，以十字形的 V_5 五聚合体形式存在。该结构最显著的特征是存在巨大的孔穴，其中心位于

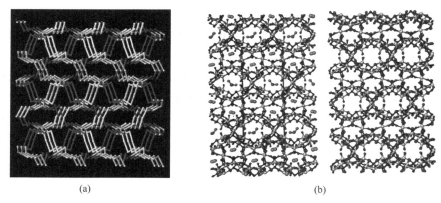

(a)　　　　　　　　　　(b)

图 2-72　（a）螺旋链相互缠绕的简单示意图；（b）晶胞内容的投影图：（左）沿[100]方向观看，孔道中填有$(CH_3)_2NH^{2+}$，（右）沿[010]方向观看，孔道中所有的阳离子被忽略[219]

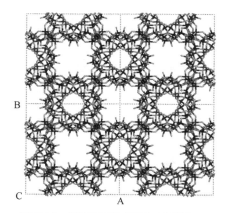

图 2-73　$[HN(CH_2CH_2)_3NH]K_{1.35}$ $[V_5O_9(PO_4)_2]\cdot xH_2O$ 的骨架结构[220]

$(0,0,0)$ 和 $(1/2,1/2,1/2)$ 位置。其对称性为 $I\bar{4}3m$。图 2-73 给出了该化合物沿 [100] 方向的骨架结构图。每个孔穴中含有 12 个双质子化的 DABCO 阳离子 $[HN(CH_2CH_2)_3]NH^{2+}$ 和 32 个 K^+。位于 $(0,0,0)$ 的大孔穴有 6 个 16 元环的窗口，通过这些窗口与其他孔穴连接。如图 2-74 所示，含有 $(0,0,0)$ 中心孔穴的通道与含 $(1/2,1/2,1/2)$ 中心的通道相互穿插，但相互独立，并不交叉。

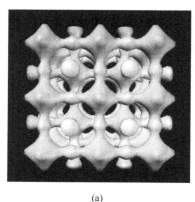

(a)

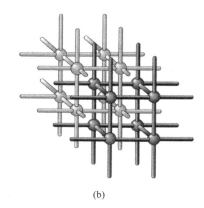

(b)

图 2-74　（a）沿着[100]方向看到的孔道的等值面和（b）孔道的示意图[220]

2.5.2　超大孔与手性开放骨架亚磷酸盐化合物

微孔化合物的结构可以看成是由骨架金属阳离子、含氧阴离子基团以及客体结构导向剂三部分组成。骨架中的含氧阴离子基团通常为四面体构型的 SiO_4^{4-} 和 PO_4^{3-}，过去人们的研究兴趣多集中于有机胺的模板效应和具有不同配位环境的骨架阳离子的结构效应上，对含氧阴离子基团的关注比较少。20 世纪 90 年代，A. Clearfield 等首次将亚磷酸基团引入无机开放骨架中[221]，1995 年，J. Zubieta 等将 HPO_3^{2-} 基团引入微孔化合物合成体系中，报道了首例以有机胺为模板的开放骨架亚磷酸钒微孔化合物[222]。但直到 2000 年，开放骨架亚磷酸盐的合成才开始引起人们的广泛重视[223, 224]。与 PO_4^{3-} 四面体相比，金字塔构型的 HPO_3^{2-} 基团只有三个潜在的配位点，使得骨架中阴离子部分的对称性和电荷都降低，从而使其结构发生较大的变化，产生众多结构新颖的微孔亚磷酸盐。

$(C_5H_6N_2)Zn(HPO_3)$[225] 是一个包含螺旋链的层状亚磷酸盐化合物。它属于单斜晶系，空间群为 $P2_1/c$，晶胞参数为 $a=11.3477(4)$ Å，$b=7.1079(3)$ Å，$c=10.4259(4)$ Å。如图 2-75(a) 所示，化合物中的 HPO_3 不规则三角锥和 ZnO_3N 四面体通过桥氧连接形成无限的螺旋链。在螺旋链的中心具有一个 2_1 螺旋轴。左手螺旋链和右手螺旋链同时存在，并严格交替。左手螺旋链和右手螺旋链通过桥氧原子连接成一个沿 bc 平面的二维无机层状结构[图 2-75(b)]。2-氨基吡啶作为结构导向剂和配体与锌原子之间形成 $Zn—N$ 配位键。值得注意的是，锌原子只与吡啶环上的氮原子配位，而不与 2-氨基吡啶氨基上的氮原子配位。正是这种 $Zn—N$ 配位键对 $Zn—O—P$ 双螺旋链的外在拉力，稳定了 $Zn—O—P$ 双螺旋链，对其形成产生了重要作用。

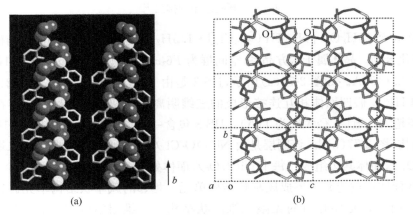

(a)　　　　　　　　　　　　　　　　(b)

图 2-75　(a) $(C_5H_6N_2)Zn(HPO_3)$ 的左手螺旋链和右手螺旋链；(b) 沿 bc 面的 4.8 网层[225]

ZnHPO-CJ1[226]（[(C$_4$H$_{12}$N)$_2$][Zn$_3$(HPO$_3$)$_4$]）具有 24 元环孔道。它属于四方晶系，空间群为 $P4cc$，晶胞参数为 a＝16.4797(8)Å，b＝16.4797(8)Å，c＝8.8635(6)Å。ZnHPO-CJ1 是由 ZnO$_4$ 和 HPO$_3$ 假四面体通过共用氧顶点严格交替连接构成三维开放骨架结构。该化合物的晶体沿 c 轴方向具有平行的 24 元环和 8 元环孔道，其 24 元环窗口尺寸为 11.0Å×11.0Å。图 2-76(a)给出 ZnHPO-CJ1 沿[001]方向的结构图，图 2-76(b)显示 8 个 CH$_3$(CH$_2$)$_3$NH$_3^+$ 阳离子分布于每个 24 元环孔道中。这些阳离子的每个烷基基团伸向 24 元环的开放孔道中间，而 NH$_3^+$ 基团和骨架上的 O 原子形成氢键。和 ND-1 类似，孔道中模板剂之间的空间是空穴，且具有较低的骨架密度，FD＝11.6M/1000Å^3（M＝Zn,P）。无机骨架中的 8 元环孔道没有被正丁胺客体分子占据，是中空的。ZnHPO-CJ1 是第一个具有 24 元环超大孔开放骨架结构的金属亚磷酸盐化合物。

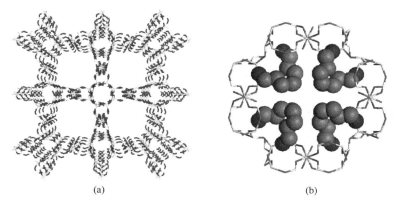

(a)　　　　　　　　　　　　　　(b)

图 2-76　(a) ZnHPO-CJ1 沿[001]方向的骨架结构；(b) 8 个质子化的正丁胺阳离子
在 24 元环孔道中的排列[226]

JIS-3[227]（5H$_3$O · [Ni$_8$(HPO$_3$)$_9$Cl$_3$] · 1.5H$_2$O）是具有 18 元环网层结构的亚磷酸镍化合物。晶体属于六方晶系，空间群为 $P6_3cm$，晶胞参数为 a＝14.871(2)Å，c＝9.2822(19)Å。如图 2-77(a)所示，JIS-3 是由 Ni(1)O$_5$Cl 八面体、Ni(2)O$_6$ 八面体和 HPO$_3$ 假四面体相互连接形成的三维阴离子骨架，在[001]方向存在一维 18 元环超大孔道（孔径大约为 11Å）。JIS-3 包含一个二维镍-氧/氯构成的 18 元环网层结构[图 2-77(b)]。该网层是由 Ni(1)O$_5$Cl 八面体通过共面形成的二聚体和 Ni(2)O$_6$ 八面体共边组成。每个 Ni(2)O$_6$ 八面体处于三重对称轴上，与 3 个 Ni(1)O$_5$Cl 八面体通过边共享形成风车状结构单元。相邻的风车状结构单元通过面共享形成具有 18 元环开口的无限二维层状结构。二维层沿[001]方向进一步以 ABAB 的方式堆积，相邻的层沿 6$_3$ 螺旋轴排列。这些沿 c 轴排列的层通过层间的 HPO$_3$ 假四面体连接而形成三维开放骨架结构。

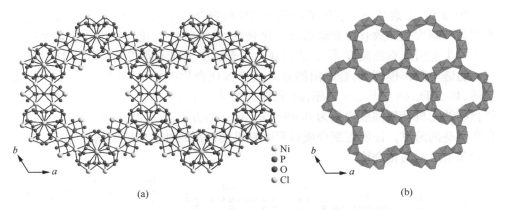

Ni
P
O
Cl

(a)　　　　　　　　　　　　　　(b)

图 2-77　(a) JIS-3 结构沿[001]方向俯视图,展示了一维 18 元环超大微孔孔道;
(b) JIS-3 结构中的二维镍-氧/氯构成的 18 元环网层[227]

NTHU-5[228]([C$_4$H$_9$NH$_3$]$_2$[AlFZn$_2$(HPO$_3$)$_4$])具有 26 元环超大孔道。它属于四方晶系,空间群为 I4$_1$/acd,晶胞参数 a = 31.013 (1)Å, c = 9.8348(8)Å。NTHU-5 的三维无机骨架由 AlF$_2$O$_4$ 八面体、ZnO$_4$ 四面体和两个 HPO$_3$ 假四面体连接而成。如图 2-78(a)所示,沿 c 轴方向有两种类型的螺旋链。其中一个是中性的∞[Zn(HPO$_3$)]4 元环链,HP(1)O$_3$ 假四面体位于链中心,ZnO$_4$ 四面体位于两边。另外一个是阴离子螺旋链∞[AlF(HPO$_3$)$_2$]$^{2-}$,∞[AlFO$_4$]螺旋链作为链轴,HP(2)O$_3$ 围绕该轴并和∞[Zn(HPO$_3$)]相连。每条∞[Zn(HPO$_3$)]链和两条∞[AlF(HPO$_3$)$_2$]$^{2-}$ 螺旋链相连,而每条∞[AlF(HPO$_3$)$_2$]$^{2-}$ 螺旋链周围连接有四条∞[Zn(HPO$_3$)]链。最终构成了如图 2-78(b)所示的沿 c 轴方向的 26 元环孔道。

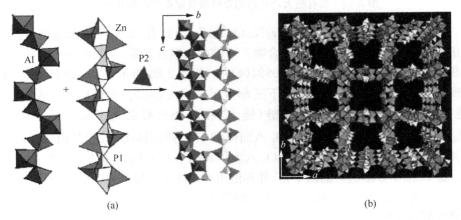

Zn
Al
P2
P1

(a)　　　　　　　　　　　　　　(b)

图 2-78　(a) NTHU-5 结构中的两种螺旋链;(b) NTHU-5 沿[001]
方向的 26 元环超大孔道[228]

　　2013 年,王素兰小组利用不同的有机模板剂合成了从 24 元环到 72 元环的一系列具有超大孔开放骨架亚磷酸锌镓化合物,将开放骨架化合物的孔道环数扩展到了一个前所未有的高度[229]。通过在单一合成中选取不同长度(4C 到 18C)的一维脂肪链单胺作模板剂,合成出的亚磷酸锌镓化合物的孔道可以从 24 元环向 28 元环、40 元环、48 元环、56 元环、64 元环乃至 72 元环变化。如图 2-79 所示,这类化合物的无机骨架围成边长为 0.69~3.50nm 的方形超大孔道,实现了从微孔向介孔范畴的跨越。证明控制合成过程中有机模板剂的种类能够定向设计开发具有一定孔道尺寸的化合物。

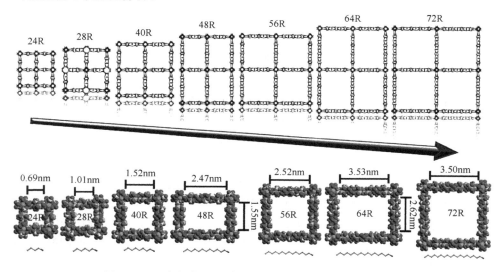

图 2-79　具有超大环孔道的亚磷酸锌镓系列结构拓展[229]

　　72R-NTHU-13($C_{180}H_{450}F_2Ga_2N_{10}O_{90}P_{26}Zn_{19}$)具有 72 元环超大孔道,是目前为止具有最大环数的开放骨架化合物。它结晶在四方晶系,空间群为 $I4_1/amd$,晶胞参数 $a=84.115(2)$Å,$c=10.0694(4)$Å。如图 2-80 所示,72R-NTHU-13 骨架呈现巨大的方形通道,孔壁由以下三部分组成:$\infty[Ga_2F_2(HPO_3)_4]^{4-}$ 阴离子链(链 A),$\infty[Zn_4(HPO_3)_4]$中性链(链 B)和两个三聚阴离子簇 $[Zn(HPO_3)_2(H_2O)_4]^{2-}$(簇 C)。链 A 由 GaO_6 八面体和 PO_4 四面体构成,链 B 由 ZnO_4 四面体和 PO_4 构成,簇 C 是由一个 ZnO_8 八面体和两个 PO_4 四面体共顶点形成的三聚簇。链 A 位于方形通道的四个角,并和链 B 并列相连,每个边由四个链 B 通过簇 C 并列连成,孔道尺寸为 35.0Å。该结构是由含 18 个碳原子的一维脂肪链单胺作为模板剂合成的。

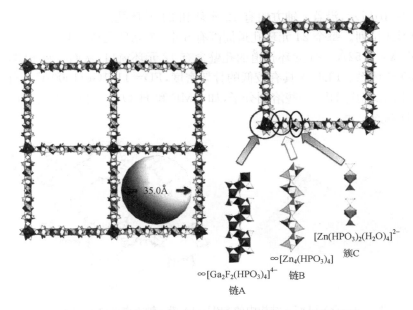

35.0Å

$[Zn(HPO_3)_2(H_2O)_4]^{2-}$ 簇C

$\infty[Zn_4(HPO_3)_4]$ 链B

$\infty[Ga_2F_2(HPO_3)_4]^{4-}$ 链A

图 2-80　72R-NTHU-13 的骨架结构及其三个组成单元[229]

2.5.3　超大孔与手性开放骨架锗酸盐化合物

20 世纪 90 年代,锗元素在微孔材料的合成中引起了人们的兴趣[230, 231]。由于锗的离子半径(53pm)大于硅原子半径(41pm),Ge 更容易与多个氧原子形成化学键,因此锗原子除了 GeO_4 四面体的配位方式以外,还可以形成 GeO_5 三角双锥/四方锥和 GeO_6 八面体等多种配位方式[232]。灵活多变的配位方式和更大的自由度使得锗酸盐体系可以得到多种多样的结构类型,同时也可以形成传统硅酸盐无法得到的团簇次级结构单元,为构筑超大孔道和低骨架密度的锗酸盐结构提供了可能[233]。现今已有许多研究小组在锗酸盐合成领域作出了杰出贡献,其中最具代表性的工作有 A. Corma 小组所报道的 ITQ-n 系列、邹晓东小组所合成的 SU-n 系列以及于吉红小组报道的 JLG-n 系列。下面将分别介绍其中一些具有超大孔或手性结构的锗酸盐开放骨架化合物。

FDU-4[234]($[N(CH_2CH_2NH_3)_3]_{2/3}[Ge_9O_{17}(OH)_4][HCON(CH_3)_2]_{1/6}(H_2O)_{11/3}$)是一个具有 24 元环超大孔道的氧化锗类分子筛开放骨架结构化合物。它属于六方空间群 $P6_3cm$,晶胞参数 $a=23.941(3)$Å,$c=9.798(2)$Å。FDU-4 的次级结构单元(SBU)为由 9 个 Ge 原子组成的团簇:1 个 Ge 原子采取扭曲的四方锥几何配位,4 个 Ge 原子采取三角双锥几何配位,4 个 Ge 原子采取扭曲的四面体几何配位[图 2-81(a)]。相邻的 SBU 之间通过桥氧连接产生出一个交叉的三维孔道体系。

如图 2-81(b)所示,沿着 c 轴方向有 12 元环和 24 元环孔道,它们都以蜂窝状六方密堆积形式排列。每个 24 元环孔道周围有 6 个 12 元环孔道,24 元环孔道的直径为 $12.65Å \times 9.52Å$。24 元环孔道的孔壁含有 12 元环窗口,从而导致 FDU-4 具有交叉的孔道体系。FDU-4 具有较低的骨架密度,FD=11.1Ge/1000Å^3。有机胺分子位于 12 元环孔道内,一些溶剂分子,如 DMF 和 H_2O 分子位于 24 元环孔道中,并呈无序状态。

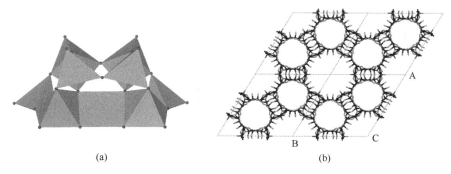

图 2-81 (a) FDU-4 结构中的 SBU;(b) 沿 c 轴方向的骨架结构图[234]

ASU-16[235]($[H_2DAB]_3[Ge_{14}O_{29}F_4][DAB]_{0.5} \cdot 16H_2O$, DAB:1,4-丁二胺)具有 24 元环孔道,它属于正交空间群 $I222$,晶胞参数 $a=16.9109(8)Å$, $b=24.267(2)Å$, $c=30.210(3)Å$,其结构是由 2 个组成相同结晶学上独立的团簇构成。如图 2-82(a)所示,每个团簇包括 7 个 GeO 多面体:4 个 GeO_4 四面体,2 个 GeO_4F 三角双锥和一个 GeO_5F 八面体。这些团簇通过共享 4 个四面体和 1 个 GeO_4 单元的氧顶点由 5 个键相互连接起来,从而 ASU-16 在 a 轴方向存在一维 24 元环孔道,如图 2-82(b)所示,孔道呈椭圆形,自由直径为 $8.5Å \times 15Å$。ASU-16 具有非常低的骨架密度,FD=8.6Ge/1000Å^3。在垂直于 24 元环孔道方向有

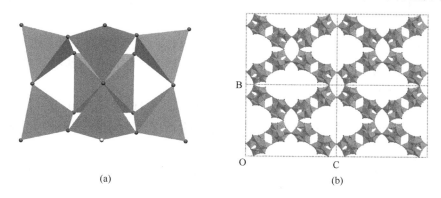

图 2-82 (a) ASU-16 的结构单元;(b) 沿 a 轴的骨架结构图[235]

8 元环、10 元环和 12 元环窗口,2 个有机胺分子位于 10 元环和 12 元环窗口内,其余的位于 24 元环孔道内。在 ASU-16 中,团簇内 Ge—O—Ge 的键角处于很窄的范围,约为 119.2°,而连接团簇间的 5 个 Ge—O—Ge 键角在 133.5°~146.5°范围内,因而 ASU-16 的骨架结构可被描述为刚性的团簇通过柔性的 Ge—O—Ge 连接起来的一个组装体。

JLG-12[236]($|C_6N_2H_{18}|_{30}[Ge_9O_{18}X_4]_6[Ge_7O_{14}X_3]_4[Ge_7O_{14.42}X_{2.58}]_8[GeX_2]_{1.73}$(X=OH,F))具有 30 元环超大孔道。它结晶在单斜晶系,空间群为 $C2/m$(no. 12),晶胞参数 $a=46.377(9)$Å,$b=26.689(5)$Å,$c=12.107(2)$Å,具有非常低的骨架密度,仅为 9.3 Ge/1000Å³。

如图 2-83(a)所示,JLG-12 的三维骨架结构由 Ge₇ 簇和 Ge₉ 簇严格交替连接形成,每一个 Ge₇ 簇均为 T⁴连接,即通过 4 个 GeO₄ 四面体的 4 个端点连接 4 个 Ge₉ 簇,每一个 Ge₉ 簇为八连接,即通过 4 个 GeO₅ 三角双锥和 4 个 GeO₄ 四面体的 8 个端点连接 8 个 Ge₇ 簇。如此的连接方式形成了 JLG-12 的三维骨架结构,它在[001]方向具有平行的 30 元环和 12 元环孔道。30 元环孔道由 6 个 Ge₇ 簇和 6 个 Ge₉ 簇相互交替连接所构成,自由孔径为 13.0Å× 21.4Å(氧原子的范德华半径为 1.35Å),并且孔径已经处于介孔范围内(>20Å)。12 元环孔道是由 3 个 Ge₇ 簇和 3 个 Ge₉ 簇交替连接构成,其中 Ge₇ 簇与 Ge₉ 簇的比例为 2:1,Ge₇ 簇的端基都指向 12 元孔道的内部。

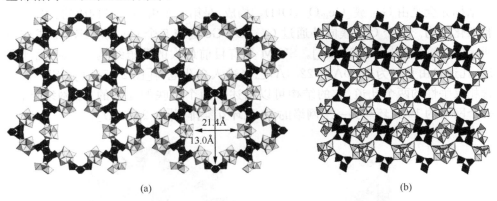

(a)　　　　　　　　　　　　　　　　(b)

图 2-83　(a) JLG-12 沿[001]方向的骨架结构及孔道尺寸示意图;(b) 在[010]方向的结构示意图[236]

JLG-12 在[010]方向具有 8×12 元环孔道。如图 2-83(b)所示,12 元环孔道由 6 个 GeO₄ 四面体、4 个 GeO₅ 三角双锥和 2 个 GeO₆ 八面体所构成,8 元环孔道由 6 个 GeO₄ 四面体和 2 个 GeO₅ 三角双锥构成。双质子化的 MPMD(2-甲基-1,5-戊二胺)分子位于孔道中,用来平衡无机骨架的负电荷。JLG-12 的结构可以被看作是把 Ge₇ 簇和 Ge₉ 簇填充进入三维的 csq-a 或 csq 网格中。如图 2-84(a)所示，如果把 Ge_7 簇的四面体和 Ge_9 簇的四面体和三角双锥简化为单点，那么 JLG-12 的结构可以被简化为具有 3，4 配位的 *csq-a* 拓扑结构；如果把 Ge_7 簇简化为四配位的点，把 Ge_9 簇简化为八配位的点，那么 JLG-12 的结构可以被简化为 4，8 配位的 *csq* 拓扑结构［图 2-84(b)］。

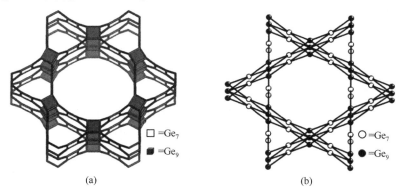

(a)　　　　　　　　　　　　　　(b)

图 2-84　JLG-12 的骨架简化为拓扑结构：(a) *csq-a* 网格；(b) *csq* 网格[236]

SU-M[237]（｜$(H_2MPMD)_2$ • $(H_2O)_x$｜$[Ge_{10}O_{20.5}(OH)_3]$，MPMD：2-甲基-1，5-戊二胺）是一个具有 30 元环超大孔道的锗酸盐类开放骨架结构化合物。它结晶在立方晶系，空间群为 $Ia\bar{3}d$，晶胞参数 $a=51.335(3)$Å。如图 2-85(a)所示，SU-M 的结构完全是由 Ge_{10} 簇$[Ge_{10}O_{24}(OH)_3]$构成，是第一个由 Ge_{10} 簇构成的三维开放骨架化合物。每个 Ge_{10} 簇向外通过 Ge—O—Ge 键与 5 个 Ge_{10} 簇相连，形成如图所示的三维结构［图 2-85(b)］。SU-M 具有目前最大的孔道结构——30 元环孔道，孔道自由直径为 10.0Å× 22.4Å，已经进入介孔范畴［图 2-85(c)］。SU-M 包含相反手性的两个孔道，它的结构可以描述成两个对映的互穿的 *srs* 网络结构。一个网络的 10 元环与另一个网络的 10 元环互穿排列［图 2-86(d)］。

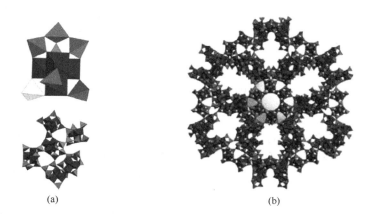

(a)　　　　　　　　　　　　　　(b)

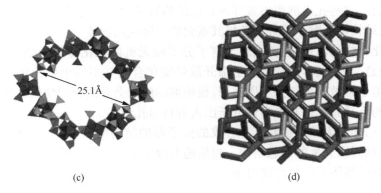

(c)   (d)

图 2-85　(a) 构成 SU-M 的最小组成单元 Ge_{10} 簇；(b) SU-M 中 Ge_{10} 簇的连接，中心的椭球体表示空穴；(c) 10 个 Ge_{10} 簇连成的 30 元环窗口，孔道自由直径为 $10.0Å × 22.4Å$；(d) 互穿排列的两个 *srs* 网层[237]

SU-MB[237]（|$(H_2MPMD)_{5.5}$ · $(H_2O)_x$|{$[Ge_{10}O_{21} · (OH)_2]_2[Ge_7O_{14}F_3]$}，MPMD：2-甲基-1,5-戊二胺）是 SU-M 的手性衍生物，在其结构中一半的大笼被另外的 $Ge_7O_{16}F_3$ 簇占据，因此它的对称性降低为 $I4_132$。SU-MB 的拓扑结构与手性网络 *srs* 相同。图 2-86(a) 展现的是 SU-MB 的笼结构，中心部位为 $Ge_7O_{16}F_3$ 簇[图 2-86(b)]。SU-M 手性形成的重要原因是 SU-M 孔道系统中的其中一部分被堵塞。

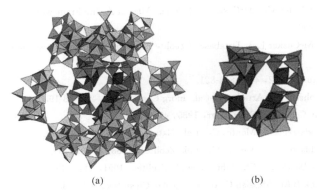

(a)   (b)

图 2-86　(a) SU-MB 的笼结构；(b) $Ge_7O_{16}F_3$ 簇[237]

2.6　结　束　语

本章介绍了分子筛无机微孔晶体的结构化学特点。分子筛的骨架结构是指由四面体骨架原子构成的孔道结构，它们的孔道按孔径尺寸可以划分为小孔、中孔、大孔、超大孔,这些孔道展现出多样的孔道结构特征,如手性孔道、交叉孔道和多级孔道,这些结构特征赋予了分子筛极其重要的实际应用价值。目前,各类新型开放骨架结构化合物的出现,也极大地丰富了分子筛无机微孔化合物的结构化学。然而,从严格意义上来说,多数类分子筛开放骨架化合物并不属于微孔化合物,因为它们的孔道通常被模板剂分子所占据,模板剂的除去会导致骨架结构的破坏,从而这类化合物不具有允许其他客体分子出入的自由孔道。

目前,已知的天然矿物和人工合成的分子筛的结构类型有 200 余种。然而理论上,已经预测出大量的假想结构。相信随着分子筛合成化学的发展,具有新颖骨架结构的分子筛将不断被合成出来。

参 考 文 献

[1] Breck D W. Zeolite Molecular Sieves: Structure, Chemistry and Use. London: Wiley & Sons, 1974.

[2] Smith J V. Structural and Geometrical Crystallography. New York: Wiley, 1982.

[3] Mertens M, Martens J A, Grobet P J, et al. Guidelines for Mastering the Properties of Molecularsieves: Relationship between the Physicochemical Properties of Zeolite Systems and Their Low Dimensionality. New York, London: Plenum Press , 1990.

[4] van Bekkum H, Flanigen E M, Jacobs P A, et al. Introduction to Zeolite Science and Practice, Studies in Surface and Catalysis. Amsterdam: Elsevier, 2001.

[5] Baerlocher Ch, Meier W M, Olson D H. Atlas of Zeolite Framework Types. 5th Ed. Amsterdam: Elsevier, 2001.

[6] Meier W M, Baerlocher Ch, McCusker L B, et al. Atlas of Zeolite Framework Types. 6th Ed. Amsterdam: Elsevier, 2007.

[7] Baerlocher Ch, McCusker L B. Database of Zeolite Structure. http: // www. iza-structure. org / databases.

[8] Davis M E. Nature, 2002, 417: 813-821.

[9] Bennett J M, Cohen J M, Artioli G, et al. Inorg Chem, 1985, 24:188-193.

[10] Parise J B, Day C S. Acta Crystallogr, 1985, 41: 515-520.

[11] Davis M E, Saldarriaga C, Montes C, et al. Nature, 1988, 331: 698-699.

[12] Davis M E, Saldarriaga C, Montes C, et al. Zeolites, 1988, 8: 362-439.

[13] McCusker L B, Baerlocher Ch, Jahn E, et al. Zeolites, 1991, 11: 308-313.

[14] Wilson S T, Lok B M, Messian C A, et al. J Am Chem Soc, 1982, 104: 1146-1147.

[15] Lowenstein W. Am Mineral, 1954, 39: 92.

[16] Meier W M. Monograph on "Molecular Sieves". London: Society of Chemical Industry, 1968: 10-27.

[17] Meier W M, Olson D H. Atlas of Zeolites and Related Materials. London: Butterworths, 1987: 5.

[18] Smith J V. Chem Rev, 1988, 88:149-182.

[19] Meier W M, Baerlocher Ch. Molecular Sieves, 1999, 2: 141-161.

[20] Smith J V. Tetrahedral Frameworks of Zeolites, Clathrates and Related Materials. Vol 14A. Berlin: Springer, 2000.

[21] van Koningsveld H. Compendium of Zeolite Framework Types. Building Schemes and Type Character-

istics. Amsterdam: Elsevier, 2007.

[22] Newsam J M. Science, 1989, 231: 1093-1099.

[23] Kokotailo G T, Lawton S L, Olson D H, et al. Nature, 1978, 272: 437-438.

[24] Brunner G O, Laves F. Zum Problem der Koordinazionszahl. Dresden: Wiss Z. Tech. Univ. , 1971, 20: 387-390.

[25] Meier W M, Moeck H J. J Solid State Chem,1979, 27: 349-355.

[26] O'Keeffe M, Hyde S T. Zeolites, 1997, 19: 370-374.

[27] Estermann M, McCusker L B, Baerlocher Ch, et al. Nature, 1991, 352: 320-323.

[28] Yoshino M, Matsuda M, Miyake M. Solid State Ionics, 2002, 151: 269-274.

[29] Zheng N F, Bu X H, Wang B, et al. Science, 2002, 298: 2366-2369.

[30] Jiang J X, Jorda J L, Diaz-Cabanas M J, et al. Angew Chem Int Ed, 2010, 49: 4986-4988.

[31] Corma A, Diaz-Cabanas M J, Jiang J, et al. Natl Acad Sci USA, 2010, 107: 13997.

[32] Han Y, Li Y, Yu J, et al. Angew Chem Int Ed, 2011, 50: 3003-3005.

[33] Xu Y, Li Y, Han Y, et al. Angew Chem Int Ed, 2013, 52: 5501.

[34] Blatov V A, Delgado-Friedrichs O, O'Keeffe M, et al. Acta Crystallogr A, 2007, 63: 418-425.

[35] Anurova N, Blatov V A, Ilyushin G D, et al. J Phys Chem C, 2010, 114: 10160-10170.

[36] McCusker L B. Acta Crystal Section A, 1991: 297-313.

[37] David W, Kenneth S, Lynne B, et al. IUCr Monographs on Crystallography 13. New York: Oxford University Press, 2002.

[38] McCusker L B, Christian B. Stud Sur Sci Catal, 1994, 85: 391-428.

[39] Kunstleve G, McCusker L B, Baerlocher Ch. J Applied Crystallography, 1997, 30: 985-995.

[40] Oszlányi G, Sütö A. Acta Crystallographica, 2004, 60: 134-141.

[41] McCusker L B, Baerlocher Ch. Chem Commun, 2009, 12: 1439-1451.

[42] McCusker L B, Baerlocher Ch. Zeitschrift Für Kristallographie -Crystalline Materials, 2013, 228: 1-10.

[43] Martens J A, Jacobs P A. Elsevier Science B, 1994, 85: 653-685.

[44] Flanigen E M, Lok B M, Patton R L, et al. New developments zeolite science and technology//Lijima M A, Ward J W. Proceedings of the 9th International Zeolite Conference. Kodansha, Amsterdam, Oxford, New York, Tokyo: Elsevier, 1986: 103.

[45] Flanigen E M, Patton R L, Wilson S T. Stud Surf Sci Catal, 1988, 37: 13-27

[46] Mertens M, Martens J A, Grobet P J, et al. Guidelines for Mastering the Properties of Molecular Sieves: Relationship between the Physicochemical Properties of Zeolite Systems and Their Low Dimensionality. New York, London: Plenum Press, 1990: 1.

[47] Martens J A, Mertens M, Grobet P J,et al. Stud Surf Sci Catal, 1988, 37: 97-105.

[48] Yang L, Aizhen Y, Qinhua X. Appl Catal, 1991, 67: 169-177.

[49] Zubowa H L, Alsdorf E, Fricke R, et al. J Chem Soc Faraday Trans, 1990, 86(12): 2307-2312.

[50] Xu Y, Maddox P, Couves J W. J Chem Soc Faraday Trans, 1990, 86(2): 425-429.

[51] Maistriau L, Dumont N, Nagy J B, et al. Zeolites, 1990,10(4): 243-250.

[52] a. McCusker L B, Baerlocher Ch. Stud Surf Sci Catal, 2001, 137: 37-57.

　　　b. van Bekkum H, Flanigen E M, Jacobs P A, et al. Zeolites and Molecular Sieves: An Historical Perspective. Amsterdam: Elsevier, 2001.

[53] Feuerstein M, Lobo R F. Chem Mater, 1998, 10: 2197-2204.

[54] Costenoble M L, Mortier W J. J Chem Soc, Faraday Trans I, 1976, 72: 1877-1883.

[55] Vitale G, Mellot C F, Bull L M, et al. J Phys Chem B, 1997, 101: 4559.

[56] Kim Y, Han Y W, Seff K. Zeolites, 1997, 18: 325-333.

[57] Shibata W, Seff K. J Phys Chem B, 1997, 101: 9022.

[58] Porcher F, Souhassou M, Dusausoy Y, et al. Eur J Mineral, 1999, 11: 333-343.

[59] Olson D H. Zeolites, 1995, 15: 439-443.

[60] Takaishi T. Zeolites, 1996, 17: 389-392.

[61] Davis M E, Lobo R F. Chem Mater, 1992, 4: 756-768.

[62] Bennett J M, Dytrych W J, Pluth J J, et al. Zeolites, 1986, 6: 349-361.

[63] Delprato F, Delmotte L, Guth J L, et al. Zeolites, 1990, 10: 546-552.

[64] Lawton S L, Rohrbaugh W J. Science, 1990, 247: 1319.

[65] Lobo R F, Zones S I, Davis M E. J Inclusion Phenom Recogniti Chem, 1995, 21: 47-78.

[66] Glass J J, Jahns R H, Stevens R E. Am Mineral, 1994, 29: 163-191.

[67] Pauling L. Z Kristallogr, 1930, 74: 213-225.

[68] Hassan I, Grundy H D. Acta Crystallogr, 1983, 39: 3-5.

[69] Felsche J, Luger S, Baerlocher Ch. Zeolites, 1986, 6: 367-372.

[70] McCusker L B, Meier W M, Suzuki K, et al. Zeolites, 1986, 6:388-391.

[71] Nenoff T M, Harrison W T A, Gier T E, et al. J Am Chem Soc, 1991, 113: 378-379.

[72] Gier T E, Harrison W T A, Stucky G D. Angew Chem Int Ed, 1991, 30: 1169-1171.

[73] Wiebcke M, Sieger P, Felsche J, et al. Z Anorg Allg Chemie, 1993, 619: 1321-1329.

[74] Camblor M A, Lobo R F, Koller H, et al. Chem Mater, 1994, 6: 2193-2199.

[75] Dann S E, Weller M T. Inorg Chem, 1996, 35:555-558.

[76] Feng P Y, Bu X H, Stucky G D. Nature, 1997, 388: 735-741.

[77] Dann S E, Weller M T, Rainford B D, et al. Inorg Chem, 1997, 36: 5278-5283.

[78] Bu X, Feng P, Gier T E, et al. J Am Chem Soc, 1998, 120: 13389-13397.

[79] Bu X, Gier T E, Feng P, et al. Microporous Mesoporous Mater, 1998, 20: 371-379.

[80] Gramlich V, Meier W M. Z Kristallogr, 1971, 133:134-149.

[81] Reed T B, Breck D W. J Am Chem Soc, 1956, 78: 5972-5977.

[82] Kerr G T. Inorg Chem, 1966, 5: 1537-1539.

[83] Kuehl G H. Inorg Chem, 1971, 10:2488-2495.

[84] Lok B M, Messina C A, Patton R L, et al. J Am Chem Soc, 1984, 106: 6092-6093.

[85] Simmen A, Patarin J, Baerlocher Ch. Proceedings of the 9th International Zeolite Conference. Oxford: Butterworth-Heinemann, 1993: 433-440.

[86] Baur W H. Am Mineral, 1964, 49: 697-704.

[87] Occelli M L, Schweizer A E, Fild C, et al. J Catal, 2000, 192: 119-127.

[88] Harrison W T A, Gier T E, Moran K L, et al. Chem Mater, 1991, 3:27-29.

[89] Gier T E, Stucky G D. Zeolites, 1992, 12: 770-775.

[90] Baerlocher Ch, McCusker L B, Chiappetta R. Microporous Mater, 1994, 2: 269-280.

[91] Delprato F, Delmotte L, Guth J L, et al. Zeolites, 1990, 10:546-552.

[92] Kokotailo G T, Ciric J. Adv Chem Ser, 1971, 101: 109-121.

［93］ Newsam J M, Treacy M M J, Vaughan D E W, et al. Chem Commun, 1989: 493-495.

［94］ Barrer R M, Villiger H. Z Kristallogr, 1969, 128: 352-370.

［95］ Baerlocher Ch, Barrer R M. Z Kristallogr, 1972, 136: 245-254.

［96］ Newsam J M. Mater Res Bull, 1986, 21: 661-672.

［97］ Venkatathri N. Indian J Chem Sect A, 2002, 41: 2223-2230.

［98］ Jarchow O. Z Kristallogr, 1965, 122: 407-422.

［99］ Bresciana Pahor N, Calligaris M, Nardin G, et al. Acta Crystallogr, 1982, 38: 893-895.

［100］ Belokoneva E L, Uvarova T G, Dem'yanets L N. Sov Phys Crystallogr, 1986, 31: 516-519.

［101］ Newsam J M, Jorgensen J D. Zeolites, 1987, 7: 569-573.

［102］ Peacor D R, Rouse R C, Ahn J H. Am Mineral, 1987, 72: 816-820.

［103］ Yakubovich O V, Karimova O V, Mel'nikov O K. Crystallogr Reports,1994, 39: 564-568.

［104］ Lee Y, Parise J B, Tripathi A, et al. Microporous Mesoporous Mater, 2000, 39: 445-455.

［105］ Smith J V, Rinaldi R, Dent Glasser L S. Acta Crystallogr, 1963, 16: 45-53.

［106］ Dent L S, Smith J V. Nature, 1958, 181: 1794-1796.

［107］ Garcia R, Shannon I J, Slawin A M Z, et al. Microporous Mesoporous Mater, 2003, 58: 91-104.

［108］ Ito M, Shimoyama Y, Saito Y, et al. Acta Crystallogr, 1985, C41: 1698-1700.

［109］ Bennett J M, Marcus B K. Stud Surf Sci Catal, 1988, 37: 269-279.

［110］ Pluth J J, Smith J V. J Phys Chem, 1989, 93: 6516-6520.

［111］ Harding M M, Kariuki B M. Acta Crystallogr, 1994, C50: 852-854.

［112］ Schott-Darie C, Kessler H, Soulard M, et al. Stud Surf Sci Catal,1994, 84: 101-108.

［113］ Smith L J, Eckert H, Cheetham A K. J Am Chem Soc, 2000, 122:1700-1708.

［114］ Feng P, Bu X, Gier T E ,et al. Microporous Mesoporous Mater, 1998, 23: 221-229.

［115］ Díaz-Cabanas M J, Barrett P A, Camblor M A. Chem Commun, 1998, 17: 1881-1882.

［116］ Koneshaug K O, Fjellvag H, Lillerud K F. Microporous Mesoporous Mater, 2000, 39: 341-350.

［117］ Zhang H Y, Weng L H, Zhou Y M, et al. J Mater Chem, 2002, 12: 658-662.

［118］ Meier W M. Z Kristallogr, 1961, 115:439-450.

［119］ Sand L B. Molecular Sieves, 1968: 71-77.

［120］ Eapen M J, Reddy K S N, Joshi P N, et al. J Incl Phenom, 1992, 14: 119-129.

［121］ Olson D H, Kokotailo G T, Lawton S L, et al. J Phys Chem, 1981, 85: 2238-2243.

［122］ Flanigen E M, Bennett J M, Grose R W, et al. Nature, 1978, 271: 512-516.

［123］ Kokotailo G T, Lawton S L, Olson D H, et al. Nature,1978, 272: 437-438.

［124］ Rees L V C. Proceedings of the 5th International Conference on Zeolites. London: Heyden & Sons, 1980: 40-48.

［125］ van Koningsveld H, van Bekkum H , Jansen J C. Acta Crystallogr, 1987, B43: 127-132.

［126］ Patarin J, Kessler H, Guth J L. Zeolites, 1990, 10: 674-679.

［127］ van Koningsveld H, Jansen J C, van Bekkum H. Zeolites, 1990, 10: 235-242.

［128］ Awate S V, Joshi P N, Shiralkar V P, et al. J Incl Phenom, 1992, 13: 207-218.

［129］ Kokotailo G T, Chu P, Lawton S L, et al. Nature, 1978, 275: 119-120.

［130］ Bibby D M, Milestone N B, Aldridge L P. Nature, 1979, 280: 664-665.

［131］ Fyfe C A, Gies H, Kokotailo G T, et al. J Am Chem Soc, 1989, 111: 2470-2474.

［132］ Treacy M M J, Marcus B K, Bisher M E et al. Proceedings of the 12th International Zeolite Conference . Warrendale: Materials Research Society, 1999, Vol IV: 2419-2424.

[133] Bennett J M, Cohen J P, Flanigen E M, et al. ACS Sym Ser, 1983, 218:109-118.

[134] Flanigen E M, Lok B M, Patton R L, et al. Pure Appl Chem, 1986, 58: 1351-1358.

[135] Murakami Y, Iijima A, Ward J W. Proceedings of the 7th International Zeolite Conference. Tokyo: Kodanshan-Elsevier, 1986:103-112.

[136] Qiu S, Pang W, Kessler H, et al. Zeolites,1989, 9: 440-444.

[137] Bialek R, Meier W M, Davis M, et al. Zeolites, 1991, 11: 438-442.

[138] Chao K J, Sheu S P, Sheu H S. J Chem Soc, Faraday Trans, 1992, 88: 2949-2954.

[139] Adaev S, Joswig W, Baur W H. J Mater Chem, 1996, 6: 1413-1418.

[140] McCusker L B, Baerlocher Ch, Jahn E, et al. Zeolites, 1991, 11: 308-313.

[141] d'Yvoire F. Bull Soc Chim France, 1961:1762-1776.

[142] Davis M E, Saldarriaga C, Montes C, et al. Nature, 1988, 331: 698-699.

[143] Derouane E G, Maistreiau L, Gabelica Z, et al. Appl Catal, 1989, 51:13-20.

[144] Singh P S, Shaikh R A, Bandyopadhyay R, et al. Chem Commun, 1995, 22: 2255-2256.

[145] Martínez J de O, McCusker L B, Baerlocher Ch. Microporous Mesoporous Mater, 2000, 34: 99-113.

[146] Dessau R M, Schlenker J L, Higgins J B. Zeolites, 1990, 10: 522-524.

[147] Richardson Jr J W, Vogt E T C. Zeolites, 1992, 12: 13-19.

[148] Chang C D, Chu C T W, Ralph M, et al. US Patent No. 5091073. 1992.

[149] Wei Y, Tian Z, Gies H, et al. Angew Chem Int Ed, 2010, 49: 5367-5370.

[150] Martineau C, Bouchevreau B, Tian Z J, et al. Chem Mater, 2011, 23: 4799-4809.

[151] Yoshikawa M, Wagner P, Lovallo M, et al. J Phys Chem B, 1998, 102: 7139-7147.

[152] Wagner P, Yoshikawa M, Lovallo M, et al. Chem Commun, 1997, 22: 2179-2180.

[153] Camblor M A, Diaz-Cabanas M J, Perez-Pariente J, et al. Angew Chem Int Ed, 1998, 37: 2122-2126.

[154] Harrison W T A, Gier T E, Stucky G D, et al. Chem Mater, 1996, 8: 145-151.

[155] Rajic N, Logar N Z, Kaucic V. Zeolites, 1995, 15: 672-678.

[156] Helliwell M, Helliwell J R, Kaucic V, et al. Acta Crystallogr, 1999, B55: 327-332.

[157] Lin C H, Wang S L. Chem Mater, 2002, 14: 96-102.

[158] Baerlocher Ch, Gramm F, Massüger L, et al. Science, 2007, 315:1113-1116.

[159] Tang L, Shi L, Bonneau C, et al. Nature Mater,2008, 7: 381-385.

[160] Cheetham A K, Fjellvåg H, Gier T E, et al. Stud Surf Sci Catal, 2001, 135: 158.

[161] Song X, Li Y, Gan L, et al. Angew Chem Int Ed, 2009, 48: 314-317.

[162] Sun J, Bonneau C, Cantin A, et al. Nature, 2009, 458: 1154-1157.

[163] Treacy M M J, Newsam J M, Deem M W. Proc R Soc London Ser A, 1991, 433: 499-520.

[164] Willhammar T, Zou X. Z Kristallogr, 2013, 228: 11-27.

[165] Newsam J M, Treacy M M J, Koetsier W T, et al. Proc R Soc Lond on Ser A, 1988, 420: 375-405.

[166] Higgins J B, LaPierre R B, Schlenker J L, et al. Zeolites, 1988, 8: 446-452.

[167] Ballmoos R V, Higgins J B, Treacy M M J. Proceedings from the 9th International Zeolite Conference. Boston: Butterworth-Heinemann, 1992: 425-432.

[168] Takewaki T, Beck L W, Davis M E. Top Catal, 1999, 9: 35-42.

[169] Willhammar T, Sun J L, Wan W, et al. Nature Chem, 2012, 4: 188-194.

[170] Moliner M, González J, Portilla M T, et al. J Am Chem Soc, 2011, 133: 9497-9505.

[171] Zhang D L, Oleynikov P, Hovmöller S, et al. Z Kristallogr, 2010, 225: 94-102.

[172] Wan W, Hovmöller S, Zou X D. Ultramicroscopy, 2012, 115: 50-60.

[173] Pauling L. PNAS, 1930, 16: 453-459.

[174] Bieniok A, Brendel U, Paulus E F, et al. Eur J Mineral, 2005, 17: 813-818.

[175] Pauling L. Z Kristallogr, 1930, 74: 213-225.

[176] Loens J, Schulz H. Acta Crystallogr, 1967, 23: 434-436.

[177] Bennett J M, Gard J A. Nature, 1967, 214: 1005-1006.

[178] Gard J A, Tait J M. Acta Crystallogr, 1972, B28: 825-834.

[179] Alberti A, Cruciani G, Galli E, et al. Zeolites, 1996, 17: 457-461.

[180] Mortier W J, Pluth J J, Smith J V. Z Kristallogr, 1976, 143: 319-332.

[181] Bonaccorsi E, Ballirano P, Ca'mara F. Microporous Mesoporous Mater, 2012, 147: 318-326.

[182] Fischer K. N Jb Miner Mh, 1966, 1: 1-13.

[183] McGuire N K, Bateman C A, Blackwell C S, et al. Zeolites, 1995, 15: 460-469.

[184] Smith J V, Rinaldi F, Dent Glasser L S. Acta Crystallogr, 1963, 16: 45-53.

[185] Gies H, van Koningsveld H. Catalog of Disorder in Zeolite Frameworks. http://www. iza-struc-ture. org/databases/. 2014-05-04.

[186] Lobo R F, Tsapatsis M, Freyhardt C C, et al. J Am Chem Soc, 1997, 119: 8474-8484.

[187] Wessels T, Baerlocher Ch, McCusker L B, et al. J Am Chem Soc, 1999, 121: 6242-6247.

[188] Treacy M M J, Vaughan D E W, Strohmaier K G, et al. Proc R Soc London Ser A, 1996, 452: 813-840.

[189] Terasaki O, Ohsuna T, Alfredsson V, et al. Chem Mater, 1993, 5: 452-458.

[190] Patarin J, Kessler H, Guth J L. Zeolites, 1990, 10: 674-679.

[191] Fyfe C A, Gies H, Kokotailo G T, et al. J Am Chem Soc, 1989, 111: 2470-2474.

[192] Corma A, Diaz-Cabanas M J, Jorda J L, et al. J Phys Chem C, 2009, 113: 9305-9308.

[193] Corma A, Rey F, Valencia S, et al. Nature Mater, 2003, 2: 493-497.

[194] Moliner M, Willhammar T, Wan W, et al. J Am Chem Soc, 2012, 134: 6473-6478.

[195] Xu R, Pang W, Yu J, et al. Chemistry of Zeolites and Related Porous Materials Synthesis and Structure. Hobboken: Wiley, 2007.

[196] Yu J, Xu R. Acc Chem Res, 2003, 36: 481-490.

[197] Yu J, Li J, Xu R. Solid State Sci, 2000, 2: 181-192.

[198] Chen J, Pang W, Xu R. Top Catal, 1999, 9: 93-103.

[199] Huo Q, Xu R, Li S, et al. J Chem Soc Chem Commun, 1992, 12: 875-876.

[200] Jones R H, Thomas J M, Chen J, et al. J Solid State Chem, 1993, 102: 204-208.

[201] Yu J, Xu R. Chem Soc Rev, 2006, 35: 593-604.

[202] Zhou Y, Zhu H, Chen Z, et al. Angew Chem Int Ed, 2001, 113: 2224-2226.

[203] Cooper E R, Andrews C D, Wheatley P S, et al. Nature, 2004, 430: 1012-1016.

[204] Loiseau T, Ferey G. J Solid State Chem, 1994, 111: 403-415.

[205] Loiseau T, Ferey G. J Mater Chem, 1996, 6: 1073-1074.

[206] Sassoye C, Loiseau T, Taulelle F, et al. Chem Commun, 2000, 11: 943-944.

[207] Sassoye C, Marrot J, Loiseau T, et al. Chem Mater, 2002, 14: 1340-1347.

[208] Beitone L, Marrot J, Loiseau T, et al. J Am Chem Soc, 2003, 125: 1912-1922.

[209] Walton R I, Millange F, Loiseau T, et al. Angew Chem Int Ed, 2000, 39: 4552-4555.

[210] Chippindale A M, Peacock K J, Cowley A R. J Solid State Chem, 1999, 145: 379-386.

[211] Lin C H, Wang S N, Lii K H. J Am Chem Soc, 2001,123: 4649-4650.

[212] Rao C N R, Natarajan S, Choudhury A, et al. Acc Chem Res, 2001, 34: 80-87.

[213] Yang G Y, Sevov S C. J Am Chem Soc, 1999, 121: 8389-8390.

[214] Rodgers J A, Harrison W T A. J Mater Chem, 2000, 10: 2853-2856.

[215] Neeraj S, Natarajan S, Rao C N R. Chem Commun, 1999, 2: 165-166.

[216] Moore P B, Shen J. Nature, 1983, 306: 356-358.

[217] Choudhury A, Natarajan S, Rao C N R. Chem Commun, 1999, 14: 1305-1306.

[218] Guillou N, Gao Q, Forster P M, et al. Angew Chem Int Ed, 2001, 40: 2831-2834.

[219] Soghomonian V, Chen Q, Haushalter R C, et al. Science, 1993, 259: 1596-1599.

[220] Khan M I, Meyer L M, Haushalter R C, et al. Chem Mater, 1996, 8: 43-53.

[221] Shieh M, Martin K J, Squattrito P J, et al. Inorg Chem, 1990, 29: 958.

[222] Bonavia G, Debord J, Haushalter R C, et al. Chem Mater, 1995, 7: 1995-1998.

[223] Teofilo R, Jose L M, Jorge L, et al. J Mater Chem, 2009, 19: 3793-3818.

[224] Sergio F A, José L M, José L P, et al. Angew Chem Int Ed, 2004, 43: 977-977.

[225] Liang J, Wang Y, Yu J, et al. Chem Commun, 2003,7: 882-883.

[226] Liang J, Li J, Yu J, et al. Angew Chem Int Ed, 2006, 45(16): 2546-2548.

[227] Xing H, Yang W, Su T, et al. Angew Chem Int Ed. 2010, 49: 2328 -2331.

[228] Lai Y, Lii K, Wang S. J Am Chem Soc, 2007, 129(17): 5350-5351.

[229] Lin H, Chin C, Huang H, et al. Science, 2013, 339(6121): 811-813.

[230] a. Cheng J, Xu R, Yang G. Dalton Trans, 1991, 1537-1540.

　　　 b. Cheng J, Xu R. J Chem Soc Chem Commun, 1991: 483-485.

[231] Jones R H, Chen J, Thomas J M, et al. Chem Mater, 1992, 4: 808-812.

[232] Lin Z, Yang G. Euro J Inorg Chem, 2010: 2895-2902.

[233] Chrisrensen K E. Crystal Rev, 2010, 16: 91-104.

[234] Zhou Y, Zhu H, Chen Z, et al. Angew Chem Int Ed, 2001, 40: 2166-2168.

[235] Plévert J, Gentz T M, Laine A, et al. J Am Chem Soc, 2001, 123: 12706-12707.

[236] Ren X, Li Y, Pan Q, et al. J Am Chem Soc, 2009, 131: 14128-14129.

[237] Zou X, Conradsson T, Klingstedt M, et al. Nature, 2005, 437: 716-719.

第 3 章　微孔化合物的合成化学(上篇)
——基本规律与合成路线

　　分子筛是从具有微孔骨架结构的化合物通过灼烧或化学方法处理、萃取、微波"脱模"等途径,脱去模板剂,或经骨架修饰、离子交换、同晶置换与表面和孔道修饰等二次合成方法获得具有特定孔道结构与性能的多孔材料。微孔化合物的晶化合成是分子筛合成化学的核心。绝大多数微孔化合物,诸如沸石(zeolite)、微孔磷酸铝、微孔金属磷酸盐、微孔氧化物与硫化物型等,都是经不同条件下的水热合成反应(hydrothermal synthetic reactions)制得的,20 世纪 80 年代初,D. M. Bibby 首次将乙二醇作溶剂合成方钠石获得成功[1]。80 年代中期,徐如人等开始系统地研究以数十种结构与性能不同的醇类以至胺类代替水为溶剂合成沸石、微孔 AlPO₄ 与微孔 GaPO₄,发展了微孔化合物的溶剂热合成 (solvothermal synthesis) 路线[2]。因此可以说,水热与溶剂热合成反应是微孔晶体合成化学的基础与核心,且在多孔材料的制备与修饰上得到广泛应用。本章的第一部分将简单地介绍水(溶剂)热化学与相关实验技术的基础。

3.1　水(溶剂)热合成基础

3.1.1　水(溶剂)热合成反应的特点

　　水热与溶剂热合成是指在一定温度(100~1000℃)和压强(1~100MPa)条件下利用溶剂中的反应物借特定化学反应所进行的合成。合成反应一般在特定类型的密闭容器或高压釜中进行。反应处于亚临界和超临界条件下,因而其合成化学具有明显的特点。水(溶剂)热合成化学主要研究水(溶剂)热合成条件下,物质的反应性、合成反应的规律以及合成产物的结构与性能。

　　由于研究体系往往处于非理想、非平衡状态,因此应用非平衡热力学研究合成化学问题[3]已成为水热与溶剂热合成研究特点之一。在高温高压条件下,水或其他溶剂处于亚临界或超临界状态,反应物活性提高。物质在溶剂中的物理性质和化学反应性能均有很大改变,因此水(溶剂)热化学反应异于常态。一系列中温、高温以及高压水热反应的开拓及在其基础上开发出来的水热合成,已成为目前包括微孔与多孔物质等多数无机功能材料、特种组成与结构的无机化合物以及特种聚集态材料,如纳米态和超微粒、溶胶与凝胶、非晶态、无机膜、单晶、特定形貌与价态的晶态物质等合成的越来越重要的途径。

　　水热与溶剂热合成研究的另一个特点是由于水热与溶剂热化学的可操作性和可调变性,因此将成为衔接合成化学和合成材料物理性质之间的桥梁。随着水热与溶剂热合成化学研究的深入,开发的水热与溶剂热合成反应已有多种类型。基于这些反应而发展的水热与溶剂热合成方法与技术具有其他合成方法无法替代的特点。应用水热与溶剂热合成方法可以制备大多数技术领域的材料和晶体,而且制备的材料和晶体的物理与化学性质也具有其本身的特异性和优良性,因此已显示出广阔的发展前景。

　　水热与溶剂热合成与固相合成研究的差别在于"反应性"不同。这种"反应性"不同主要反映在反应机理上:固相反应的机理主要以界面扩散为其特点,而水热与溶剂热反应主要以液相中化学个体间的反应为其特点。显然,不同的反应机理与反应条件首先可能导致不同结构(相与介稳态)的生成,此外即使生成相同的结构,也有可能由于最初生成机理的差异而为合成材料引入不同的形貌与性能,如液相条件中往往能生成完美晶体等。

　　水热与溶剂热合成化学侧重于水和其他溶剂热条件下特定化合物与材料的制备、合成和组装。重要的是,通过水热与溶剂热合成反应可以制得固相反应无法制得的物相或物种,制得结构与性能更完美的物种或材料,或者使反应在相对温和的溶剂热条件下进行。

　　水热与溶剂热合成化学可总结有如下特点:

　　(1)由于在水热与溶剂热条件下反应物反应性能的改变、活性的提高以及对产物生成的影响,水热与溶剂热合成方法有可能代替固相反应等难于在一般合成条件下进行的化学反应,也可能根据反应的特点开拓出一系列新的合成方法。

　　(2)由于在水热与溶剂热条件下某些特殊的氧化还原中间态、介稳相以及某些特殊物相易于生成,因此能合成与开发一系列特种价态、特种介稳结构、特种聚集态的新物相与物种。

　　(3)能够使低熔点、高蒸气压且不能在熔体中生成的物质,以及高温分解相在水热与溶剂热低温条件下晶化生成。

　　(4)水热与溶剂热的低温、等压与液相反应等条件,有利于生长缺陷少、控制取向与完美的晶体,且易于控制产物晶体的粒度与形貌。

　　(5)由于易于调节水热与溶剂热条件下的环境气氛和相关物料的氧化还原电位,因此有利于某些特定低价态、中间价态与特殊价态化合物的生成,并能均匀地进行掺杂。

　　水热与溶剂热反应按反应温度进行分类,一般可分为亚临界和超临界合成反应。如多数沸石分子筛晶体的水热合成即为典型的亚临界合成反应,这类亚临界反应中水的温度范围是100~250℃,适于工业或实验室操作。高温高压水热合成实验温度可高达 1000℃,压强高达 0.3GPa。据最新进展报道,水热反应温度可高达 4000℃,利用作为反应介质的水在超临界状态下的性质和反应物质在高温高压水热条件下的特殊性能可进行多种各具特色的合成反应。

3.1.2　反应介质的性质

3.1.2.1　作为反应介质的水的有关性质

在水热条件下,原料物质在水中的溶解度、扩散速率、反应性[4],以及反应过程和机理(包括某些条件下水参与反应)与常温条件相比较均会发生较大的变化,因此在了解合成沸石的水热路线之前,先了解一些水热条件(温度、压力)对作为反应介质的水的主要性质,诸如相对介电常数(ε_r)、密度(ρ)与黏度(η)的影响是有必要的(表 3-1)。

表 3-1　水热条件对作为反应介质的水的主要性质的影响[5]

p/MPa	参数	$t/℃$					
		200	250	300	350	400	450
10	ε_r	35.1	27.4	20.4	1.2	1.2	1.1
	ρ	0.871	0.806	0.715	0.045	0.038	0.034
	η	0.136	0.108	0.087	0.022	0.025	0.027
20	ε_r	35.3	28.0	21.2	14.1	1.6	1.4
	ρ	0.878	0.816	0.733	0.600	0.101	0.079
	η	0.139	0.110	0.091	0.070	0.026	0.028
30	ε_r	35.9	28.4	22.0	15.7	5.9	2.1
	ρ	0.886	0.826	0.751	0.646	0.357	0.148
	η	0.141	0.113	0.094	0.076	0.044	0.031
40	ε_r	36.3	28.9	22.6	16.7	10.5	3.8
	ρ	0.691	0.835	0.765	0.672	0.523	0.271
	η	0.114	0.115	0.097	0.080	0.062	0.039
50	ε_r	36.6	29.3	23.1	17.6	12.2	6.6
	ρ	0.897	0.843	0.777	0.693	0.278	0.402
	η	0.146	0.118	0.099	0.083	0.068	0.051
60	ε_r	37.0	29.7	23.6	18.2	13.3	8.5
	ρ	0.903	0.850	0.788	0.711	0.612	0.480
	η	0.148	0.120	0.101	0.086	0.073	0.059
70	ε_r	37.3	30.0	24.0	18.8	14.2	9.9
	ρ	0.909	0.857	0.798	0.726	0.638	0.528
	η	0.150	0.122	0.104	0.089	0.077	0.065

注:室温下 $\varepsilon_r=78.3$,$\rho=0.997\text{g/cm}^3$,$\eta=0.890\text{mPa·s}$。

3.1.2.2　有机溶剂的性质标度

在有机溶剂热中进行合成反应,可选择的溶剂种类繁多,性质差异又很大,为合成提供了更多的选择机会。如与水性质最接近的醇类,可作为合成溶剂的就有几十种,可供选择的余地也是很大的。因此,我们首先必须考虑溶剂的作用,然后进行溶剂的选择。溶剂不仅为反应提供一个场所,而且会使反应物溶解或部分溶解,生成溶剂合物,溶剂化过程对化学反应速率甚至反应过程都会产生影响。在合成体系中会影响反应物活性物种在液相中的浓度、存在状态以及聚合态分布,更重要的是会影响反应物的反应性与反应规律,甚至改变反应过程。根据溶剂性质对溶剂进行分类有许多方式,主要是根据宏观和微观分子的相关常数以及经验溶剂极性参数如相对分子质量(对化学反应速率有影响)。在表 3-2 中列出了一些常用溶剂的主要物理常数,诸如相对分子质量(M_r)、密度(ρ)、熔点（mp）、沸点（bp）、介电常数(ε)、偶极矩(μ)、溶剂极性(E_N^T)等。以供进一步深入研究溶剂热合成反应时参考。

表 3-2　溶剂的主要物理常数

溶　剂	M_r	ρ /(g/cm³)	mp/℃	bp/℃	ε	μ/deb*	E_N^T
十四醇 (tetradecanol)	214.39	0.823	39	289			
2-甲基-2-己醇 (2-methyl-2-hexanol)	116.20	0.000					
2-甲基-2-丁醇 (2-methyl-2-butanol)	88.15	0.805	−12	102	7.0	1.70	0.321
2-丁醇 (2-butanol)	74.12	0.786	25	83			0.389
2-戊醇 (2-pentanol)	88.15	0.809		120	13.8	1.66	
环己醇 (cyclohexanol)	100.16	0.963	21	160	15.0	1.90	0.500
2-丁醇 (2-butanol)	74.12	0.807	−115	98	15.8		0.506
2-丙醇 (2-propanol)	60.10	0.785	−90	82	18.3	1.66	0.546
1-庚醇 (1-heptanol)	116.20	0.822	−36	176	12.1		0.549
2-甲基-1-丙醇 (2-methyl-1-propanol)	74.12	0.802	−10	108	17.7	1.64	0.552
己醇 (hexyl alcohol)	102.18	0.814	−52	157	13.3		0.559
3-甲基-1-丁醇 (3-methyl-1-butanol)	88.15	0.809	−11	130	14.7	1.82	0.565
戊醇 (pentanol)	88.15	0.811	−78	137	13.9	1.80	0.568
丁醇 (butanol)	74.12	0.810	−90	118	17.1	1.66	0.602
苯甲醇 (benzyl alcohol)	108.14	1.045	−15	205	13.1	1.70	0.608
丙醇 (propanol)	60.10	0.804	−127	97	20.1	1.66	0.602
乙醇 (ethyl alcohol)	46.07	0.785	−130	78	24.3	1.69	0.654
四乙二醇 (tetraethylene glycol)	194.23	1.125	−6	314			0.664

续表

溶　　剂	M_r	ρ /(g/cm³)	mp/℃	bp/℃	ε	μ/deb*	E_N^T
1,3-丁二醇（1,3-butanediol）	90.12	1.004	−50	207			0.682
三乙二醇（triethylene glycol）	150.18	1.123	−7	287	23.7	5.58	0.704
1,4-丁二醇（1,4-butanediol）	90.12	1.017	16	230	31.1	2.40	0.704
二乙二醇（diethylene glycol）	106.12	1.118	−10	245			0.713
1,2-丙二醇（1,2-propanediol）	76.10	1.036	−60	187	32.0	2.25	0.722
1,3-丙二醇（1,3-propanediol）	76.10	1.053	−27	214	35.0	2.50	0.747
甲醇（methyl alcohol）	32.04	0.791	−98	65	32.6	1.70	0.762
二甘油（diglycerol）	166.18	1.300					
乙二醇（ethylene glycol）	62.07	1.109	−11	199	37.7	2.28	0.790
丙三醇（glycerol）	92.09	1.261	20	180	42.5		0.812
水（water）	18.01	1.000	0	100	80.4	1.94	1.000

＊ 1deb＝10^{-18}Fr・cm＝3.33564×10^{-30}C・m。

3.1.3　水（溶剂）热合成技术

　　水（溶剂）热合成技术包括反应釜等反应容器、反应控制系统、水与溶剂热合成程序以及合成与原位表征技术等。限于篇幅在此仅对一些常用反应釜的主要类型进行介绍，图 3-1 列出实验室常用来合成微孔化合物的两种类型反应釜：第一种是具有特氟龙（Teflon）衬里的不锈钢反应釜，特殊合成反应时还可用碳纤维或玻璃纤维增强 Arlon PEEK 高压反应釜；第二种是装有石英衬里的高压反应釜。水（溶剂）热合成反应时，反应釜中反应物料的填充度也将影响反应的压强与温度，特别在合成反应温度高时，需考察这一因素（图 3-2）。

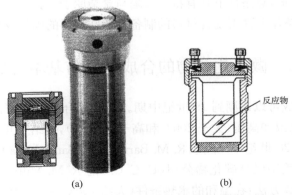

(a)　　　　　　　　　　(b)

图 3-1　水热高压反应釜：（a）具有 Teflon 衬里的不锈钢反应釜；（b）装有石英衬里的高压反应釜

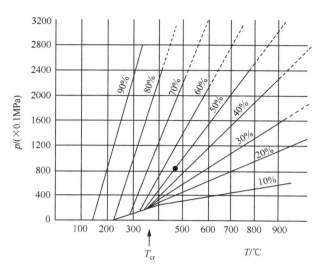

图 3-2　不同填充度下水的温度-压强图

3.1.4　水(溶剂)热路线在微孔晶体合成与多孔材料制备中的应用概况

它已在以下方面得到广泛应用。

(1) 微孔、介孔与大孔化合物及材料的水热晶化合成。

(2) 微孔、介孔与大孔化合物及材料在醇、胺等有机溶剂中的晶化合成。

(3) 水(溶剂)热条件下微孔与多孔材料的离子交换,骨架修饰与二次合成。

(4) 水(溶剂)热条件下的主客体组装及复合多孔材料的制备与修饰。

(5) 水(溶剂)热条件下特殊聚集态微孔或多孔材料的制备,诸如纳米和超微粒、大单晶和完美晶体,分子筛膜或不同特色晶形与晶貌等材料的制备。

(6) 水(溶剂)热条件下具有特定缺陷与含杂原子多孔材料的制备。

(7) 水热热压条件下复合材料的制备与特殊材料的固化成型。

3.2　微孔化合物的合成路线与基本合成规律

沸石的合成可以追溯到 19 世纪中期。最早的合成是模仿天然沸石的地质生成条件,采用高温和高压(大于 200℃和高于 10MPa),但结果并不理想。真正成功的合成大约在 20 世纪 40 年代,R. M. Barrer 和 J. Sameshima 就开始了沸石的合成研究,之后,美国联合碳化物公司(U. C. C.)的 R. M. Milton 和 D. W. Breck 等发展了沸石合成方法:在温和的水热条件(大约 100℃和自生压力)下进行,并成功地合成出了自然界不存在的沸石——A 型沸石与 X 型沸石以及继之而来的 Y 型沸石。另一个大的飞跃是 1961 年 R. M. Barrer 和 P. J. Denny 首次将有机季铵盐阳离子引入合成体系,有机阳离子的引入允许合成高硅铝比沸石甚至全硅分子筛,此后在有机物存在下的合成体系中得到了许多新沸石和新型微孔晶体。

微孔材料合成的另一重大进展是 S. T. Wilson 和 E. M. Flanigen 等[6]在 1982 年成功合成的磷酸铝系列分子筛(包括 AlPO-n、SAPO-n、MeAPO-n 和 MeAPSO-n)。

磷酸铝骨架可塑性较大,引入各种元素进入磷酸铝结构并不太困难。不同的金属引入骨架将改变磷酸铝的物化和催化剂性质。两个或多个金属同时引入骨架也是可能的。与传统的沸石合成在较强碱性条件不同的是,这些材料是在微酸性或近中性的条件下合成的。它们也可以作为吸附剂和催化剂材料。诸如 AlPO-5(AFI)、AlPO-11(AEL)、MeAlPO-5(AFI)、MeAlPO-11(AEL)、SAPO-31(ATO)、SAPO-34(CHA)、SAPO-37(FAU)等。

微孔磷酸铝合成的另一特点是在水(溶剂)热合成体系中广泛使用多种结构的有机胺类作为模板剂或结构导向剂。在此基础上进一步开拓了大量新类型与新结构的微孔化合物。

3.2.1　沸石的水热合成路线

水热方法是沸石分子筛与大量微孔化合物最好的合成途径,水热合成条件提高了水的有效溶剂化能力及反应物的溶解度和反应活性,使最初生成的初级凝胶发生重排和溶解,从而使晶化速率提高。以沸石为例,水热合成沸石有两个基本过程:硅铝酸盐水合凝胶(或溶胶)的生成和水合凝胶(或溶胶)的晶化。晶化是一个很复杂的过程,对这个复杂晶化过程的认识虽然至今尚无非常明确的定论。然而不论是液相还是固相转变机理,整个晶化过程一般包括以下几个基本步骤:①多硅酸盐与铝酸盐的缩聚;②沸石的成核;③沸石晶体的生长;④介稳态的相变。深入理解沸石生成机理和详细过程至今尚存在着很多困难,因为整个晶化涉及复杂的化学反应与过程,且多在非均相体系中进行,整个过程又随时间而变化。另一个困难是人们对凝胶与溶液结构的认识与变化过程的原理表征至今尚缺乏有效的实验检测工具。在第 5 章将比较详细地讨论晶化机理及其中的化学问题。

下面以钠型沸石在 Na_2O-Al_2O_3-SiO_2-H_2O 水热体系中的合成为例来比较详细地讨论它们的合成及相关规律。

一般来说,含钠沸石的合成,往往是应用硅酸钠($Na_2O \cdot xSiO_2$),铝酸钠[$NaAl(OH)_4$]为起始原料,在强碱性介质中经混合,搅拌均匀成胶,通过一定条件下的陈化,然后在密闭反应釜中于一定温度下进行晶化,最后生成晶体结构的沸石,再经洗涤、干燥、灼烧成分子筛产品。其主要反应可用下式简单表示:

$$Na_2O \cdot xSiO_2(aq) + NaAl(OH)_4(aq) + NaOH(aq) \xrightarrow{T_1}$$

$$\text{硅铝酸盐水合凝胶} \xrightarrow{T_2} \text{Na 型沸石分子筛} \tag{3-1}$$

式中,T_1 为陈化温度;T_2 为晶化温度。

这个看起来似乎很简单的合成反应,实际上是一个很复杂的过程。下面将以钠型沸石的晶化生成为例介绍一些它们的一般合成规律。

深入研究沸石水热合成的主要困难是,直至目前对沸石的生成机理不够清楚。因而为了控制与调变沸石的合成反应,当前最重要的是研究反应条件对合成反应的影响,并尽量总结规律以加深对合成反应与化学的认识。虽然沸石水热合成反应影响因素多,对其影响规律也不十分清楚,然而根据多年的实践经验,下列因素在合成反应中占有很重要的地位,其中主要包括:反应物组成、反应物源的类型和性质、陈化条件、晶化温度与时间、pH、晶化过程中存在的无机或有机阳离子、反应容器等。有时常常是一个因素能影响其他因素,因此单独地研究一个因素对合成的影响通常是很困难的。尽管如此,人们还是从实验中得到了一些合成规律。下面列出的是一些最一般性规律,由于具体情况是很复杂的,因此有时往往会出现不少例外。

3.2.1.1　反应物料组成与反应物

合成沸石的基本起始物料有:硅源、铝源、碱与碱土金属的氢氧化物和其他矿化剂(氟化物、HF 等)以及作为溶剂的水。有时某些添加剂,诸如有机模板剂和无机盐类对晶化会产生非常重要的影响。下面列出经常在沸石合成中用作硅源或铝源的物种。

硅源:水玻璃($Na_2O \cdot xSiO_2$,x 称为模数);硅酸钠($Na_2SiO_3 \cdot 9H_2O$);硅溶胶(Ludox-AS-40 溶胶,含 SiO_2 40%);白炭黑(超细 SiO_2 粉);正硅酸乙酯[TEOS,$Si(OC_2H_5)_4$];正硅酸甲酯[TMOS,$Si(OCH_3)_4$]。

铝源:偏铝酸钠($NaAlO_2$);拟薄水铝石(pseudo-boehmite,AlOOH,含 Al_2O_3 70%、H_2O 30%);三水铝石[gibbsite,$Al(OH)_3$];异丙醇铝[$Al(O^iPr)_3$];$Al(NO_3)_3 \cdot 9H_2O$;金属铝。

黏土可以作为硅源与铝源,被直接使用或经过处理后使用。

原始反应物料组成即"batch composition"是决定最终的生成相的重要因素,图 3-3 为一组典型的晶化区域图[7],从图 3-3(a)、(c)、(e)中可以看出不同的反应物料组成在相同的晶化条件下得到不同的产物,如从图 3-3(a)中可以看出,在 Na_2O-Al_2O_3-SiO_2-H_2O 体系中特定的原始反应物料组成可晶化出 X 型与 Y 型(FAU),B 型(ANA)与 A 型沸石。从图 3-3(e)中可以看出在 K_2O-Al_2O_3-SiO_2-H_2O 体系中特定的原始反应物料组成可晶化出完全不同的含钾沸石 W 型与 H 型。同时从上述两个体系中可以看出特定的沸石能够在一定的晶化区域内得到。

值得提出的是，反应物料组成中水的含量也会影响该体系中晶相的形成。

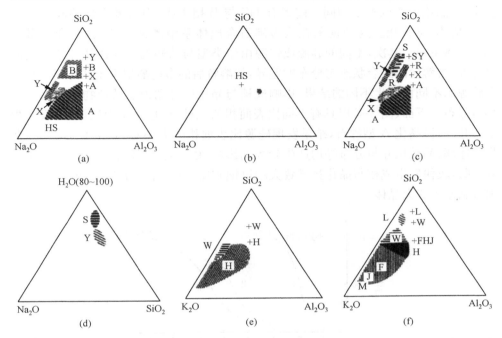

图 3-3　一组典型的晶化区域图：(a) Na_2O-Al_2O_3-SiO_2-H_2O 100℃，H_2O 含量 90%～98%（摩尔分数），硅源为硅酸钠；(b) 其他条件均如(a)，H_2O 含量 60%～85%（摩尔分数）；(c) 其他条件均如(a)，硅源为硅溶胶；(d) 水含量对 S 型与 Y 型沸石晶化区域的影响，硅源与(c)一样同用硅溶胶；(e) K_2O-Al_2O_3-SiO_2-H_2O 100℃，H_2O 含量 90%～98%（摩尔分数），硅源为胶态二氧化硅；(f) K_2O-Al_2O_3-SiO_2-H_2O 100℃，H_2O 含量 80%～90%（摩尔分数），硅源与(e)相同

　　比较图 3-3 中(a)、(b)与(c)、(d)，由于在 Na_2O-Al_2O_3-SiO_2-H_2O(100℃)晶化体系中，原始反应物料组成中水含量的差别导致晶化区域完全不同。

　　再看图 3-3（e）与（f）表示 K_2O-Al_2O_3-SiO_2-H_2O(100℃)晶化体系中仅含水量的差别，结果导致生成晶相的变化。当含水量为 90%～98%（摩尔分数）时，该体系中仅生成两种 K 型沸石（W 型与 H 型）。然而当体系反应物料组成中含水量降低为 80%～90%（摩尔分数）时，该体系中又有三种新相（K-L 型、F 型与 M 型）会晶化生成，这种特点是其他合成体系中很难遇到的现象。进一步还会发现另一个很奇怪的特点，即在沸石合成体系中反应物原料的类型与性质会影响沸石相的生成与其晶化区域，这是沸石水热合成中另一个明显的特点。具体见图 3-3(c)。

　　图 3-3(a)～(d)中标记"＋"的点表示沸石 A 型(LTA)，X 型(低硅 FAU)，Y 型(高硅 FAU)，B 型(方沸石 ANA)，HS 型(SOD)与 S 型(GME)，R 型(CHA)的典型化学组成。图 3-3(a)和(c)说明不同的硅源(硅酸钠与硅溶胶)在其他条件相

同的情况下对晶化产物的影响。当硅源不同时,不仅晶化区域(X,Y,A 型沸石)有
变化,且晶化产物也不尽相同。前者有 HS 与 B 相生成,而后者当硅溶胶作硅源
时,生成 R 与 S 相。这种现象在众多沸石合成体系中屡见不鲜,且出现在微孔
AlPO₄ 体系中。其次,不同的硅源或铝源由于类型与结构的不同往往导致不同的
溶解度,溶解后的聚合状态与分布的差异,如溶解后的多硅酸根离子状态与分布会
由硅源的不同而产生不同的结果,影响成核与晶化反应动力学及产物晶体尺寸大
小与分布。下面(图 3-4)以具有不同比表面积的三种 SiO₂ 微粉为硅源(比表面积
Ⅰ＞Ⅱ＞Ⅲ)晶化 A 型沸石,结果发现硅源比表面积的大小对 A 型沸石的诱导期
晶化速率、晶粒尺寸与分布等均产生较大的影响,由于比表面积大的 SiO₂ 微粉易
溶于碱,较快发生成核与晶化且导致大的过饱和度,有利于生成较小的晶体,反之
则有利于生成大晶体。

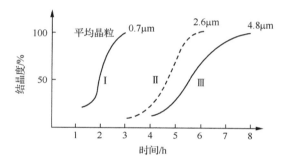

图 3-4　不同比表面积 SiO₂ 微粉对 A 型沸石的晶化速率与晶化产物平均晶粒尺寸的影响

3.2.1.2　硅铝比

反应物料中的硅铝比对最终产物的结构和组成起着重要作用。多数情况下低
硅铝比的沸石,如 A 型(LTA)、羟基方钠石(SOD)、K-H 型、K-J 型等是从碱性大、
硅铝比低的原始物料体系中晶化得到的。反之,高硅沸石,如丝光沸石(MOR,硅
铝比＝5～9),β 型沸石(BEA,硅铝比＞8)等都是从碱性低、硅铝比高的原始物料
中晶化得到的。其次,一般情况下原料中硅铝比总是高于晶化产物组成硅铝比,多
余的硅往往留在溶液中。沸石组成硅铝比的另一个特点是,并不是所有结构沸石
其低硅和高硅形式都能被合成出来。一般只能在一个特定的晶化区域与硅铝比范
围内合成出具有较窄硅铝比范围的某种沸石的晶化产物,诸如低硅 FAU(X 型,硅
铝比＝1～1.5),高硅 FAU(Y 型,硅铝比＝1.5～3),GME 型(硅铝比＝2.3～
2.95),Pt 型沸石(硅铝比＝1.6～2.65),ANA 型(硅铝比＝1.4～4.1),MOR 型
(硅铝比＝4.5～9.75)等。超出正常硅铝比范围的沸石比较难合成,例如硅铝比大
于 3 的 FAU 型沸石,高铝的 ZSM-5、ZSM-11、BEA 以及其他高硅的众多钠型沸石

等。它们的合成无法以提高原料硅铝比促其生成,或者只能借特殊条件下特种结构导向剂的作用或者靠二次合成来实现。为了探讨与说明这一现象的原因,还是以八面沸石(FAU)的合成与原料硅铝比的关系为例来讨论。X 型属低硅八面沸石,典型硅铝比组成为 1～1.5,Y 型属高硅八面沸石,典型硅铝比组成为 1.5～3,奇怪的是如想在 Na_2O-SiO_2-Al_2O_3-H_2O 体系中合成硅铝比>3 的 Y 型沸石,几乎没有成功的例子。H. Lechert 曾详细地研究过这一问题[8],结论是上述高硅 Y 型沸石之所以难于合成是因为此晶化过程由反应动力学控制,高硅 Y 型沸石生成时相关多硅酸根与铝酸根缩聚反应由于反应活化能高、缩聚反应速率常数 k 小,以致难于聚合晶化。图 3-5 表示八面沸石硅铝比值与缩聚反应速率常数 k 间的关系。原料中硅铝比对晶化产物组成硅铝比的关系是很复杂的,除去上述的动力学因素外,尚有热力学、晶体结构等方面多种因素的影响。

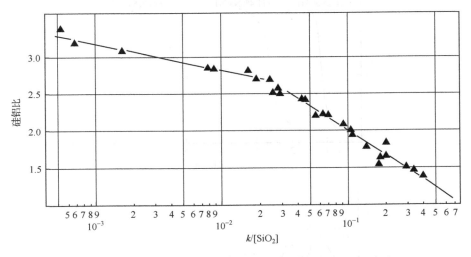

图 3-5　八面沸石硅铝比值与缩聚反应速率常数 k 间的关系

3.2.1.3　碱度

沸石合成是在碱性或强碱性条件下进行,仍以 Na_2O-Al_2O_3-SiO_2-H_2O 体系中钠型沸石的合成为例,合成中的碱度问题一般有两个含义:一是指合成体系中的 OH^-/Si(摩尔比,下同)值,二是指体系中的碱浓度 H_2O/Na_2O。一般来讲,OH^-/Si 升高会增加硅与铝原料的溶解度,以及改变原料物种在合成体系中的聚合态及其分布。如多硅酸根在碱度大的体系中,聚合度降低,且能加快溶液中多硅酸根与铝酸根离子间的聚合成胶与胶溶速率,总的结果是造成碱度增高,诱导期和成核时间缩短,晶化速率加快。下面以合成体系 pH 对 MOR 在 300℃下晶化速率的影响为例[9]加以说明:从图 3-6 中可以看出,随体系 pH 的增高(pH=10.2～12.85),

MOR 的晶化速率加快，诱导期缩短。

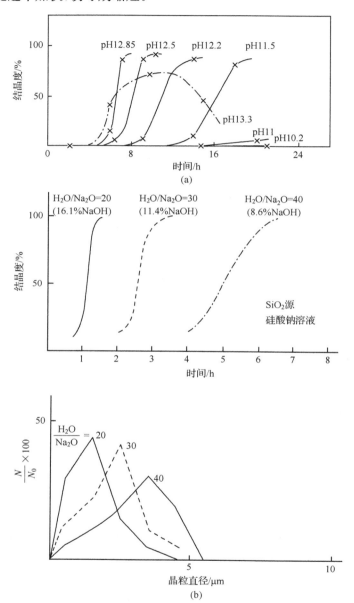

图 3-6　(a) 300℃ MOR 晶化时，体系 pH 对晶化速率的影响；(b) 合成体系
5Na₂O · Al₂O₃ · 2SiO₂ · (100～200)H₂O 在 70℃时，碱浓度对 A 型沸石晶
化速率的影响(上)及碱浓度对 A 型沸石晶化产物粒度分布的影响(下)

其次,提高合成体系中的碱度,有利于富铝沸石的生成。一个最典型的例子是高硅八面沸石,Y 型沸石是在低碱度 OH^-/Si 的条件下合成。典型的合成物料组成为 $8Na_2O \cdot Al_2O_3 \cdot 20SiO_2 \cdot 320H_2O$,$OH^-/Si=0.8$,其产物 Y 型沸石的组成为 $Na_2O \cdot Al_2O_3 \cdot (3.6 \sim 6.0)SiO_2 \cdot 9H_2O$。当合成体系碱度提高时,典型的合成物料组成为 $3.6Na_2O \cdot Al_2O_3 \cdot 3SiO_2 \cdot 144H_2O$,$OH^-/Si=2.4$,其产物为富铝的 X 型沸石,组成为 $Na_2O \cdot Al_2O_3 \cdot (2 \sim 3)SiO_2 \cdot 6H_2O$。

碱性对沸石合成的影响的另一个内容是碱浓度对晶化的影响,下面的例子是很典型的[10]。从原始物料比为 $5Na_2O \cdot Al_2O_3 \cdot 2SiO_2 \cdot (100 \sim 200)H_2O$ 的合成体系中晶化 A 型沸石(LTA),碱浓度(H_2O/Na_2O)为 20、30、40 时,研究合成体系碱浓度对晶化速率(包括诱导期与晶化速率)及产物粒度的影响,从图 3-6(b)中可以看到,当碱浓度增大时晶化加快,而产物粒度变小且粒度分布变窄。这是碱浓度增高造成硅、铝缩聚反应速率增大,成核速率加大所致。

3.2.1.4 陈化

将原料混合均匀直至在一定温度下开始进行晶化,这一阶段往往称为"陈化(ageing)"阶段。此时沸石合成体系中存在的主要是硅铝凝胶及相应的凝胶间液相。20 世纪 60 年代中期至 20 世纪 70 年代后期有不少沸石科学家比较细致地研究过这一期间硅铝凝胶的组成、结构与性能,发现此阶段的凝胶组成、结构是随陈化时间而有所变化的,是介稳态的,且有初级凝胶与次级凝胶的生成与转化。凝胶的组成与结构,对于晶化过程有着重要的关系。调控条件如温度、时间等以有利于凝胶的转化与晶化,是陈化的目的。1977 年,C. L. Angell 等[11]曾对原料组成为 $1.98Na_2O \cdot Al_2O_3 \cdot 1.96SiO_2 \cdot 33H_2O$ 的 A 型沸石(LTA)晶化陈化过程中体系液、固相组成,固相粒度与初步结构的变化作过比较细致的研究。

S. P. Zhdanov[12]对 Na_2O-Al_2O_3-SiO_2-H_2O 体系的硅铝凝胶的介稳相图的细致研究,同样说明晶化前期凝胶生成与变化的一些规律。这些规律的认识对于进一步了解陈化的作用以及设想调控陈化条件的方向是有利的。

S. P. Zhdanov[12]还对钠型硅铝酸盐凝胶及其液相组成进行了研究。图 3-7 示出了凝胶生成相区以及液相和硅铝酸盐凝胶固相组成的关系。它是 Na_2O-Al_2O_3-SiO_2-H_2O 四元体系,其中水含量是 85%(摩尔分数),在三角形 Na_2O-Al_2O_3-SiO_2 上的投影图。图中 Na_2O、SiO_2 和 Al_2O_3 含量均以无水凝胶中摩尔分数表示。在室温下,凝胶生成平衡所需时间取决于原始混合物的组成比。当硅铝比近于 1 时,所需时间最少,当硅铝比增大或减小时,所需时间都增加。硅铝凝胶具有典型的胶体结构。刚析出完全的硅铝凝胶中含有大量过剩的碱,通过水洗,大部分可以除去,仅有少量的碱难以除去。可以认为,这少量的 Na^+ 和 OH^- 是存在于凝胶骨架端基或表面的。

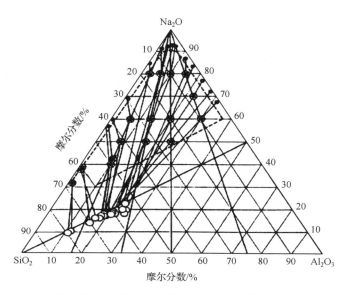

图 3-7　Na_2O-Al_2O_3-SiO_2-H_2O 体系凝胶相图

图 3-7 表明,硅铝凝胶生成仅发生在一个有限的组成区域内(图中用虚线表示)。当硅铝比相当小或相当大,以及碱含量比较低的情况下,都不能生成凝胶。图中五条线意义为:在 SiO_2-Al_2O_3 底线与顶点 Na_2O 的四条连线,分别表示硅铝比(n)等于 $1/3$、1、2、5。通过顶点 SiO_2 与 Na_2O-Al_2O_3 组成轴上 Na_2O/Al_2O_3 的摩尔比等于 1 的点的连线上的 Na_2O/Al_2O_3 的摩尔比都等于 1。原料组成相区范围较广,而生成的凝胶骨架固相经洗净后的组成范围却很窄(以 O 表示),都在 Na_2O/Al_2O_3 等于 1 的直线上。只有 Na_2O/Al_2O_3 等于 1 的凝胶骨架相在一定温度下晶化才能形成沸石分子筛。

显然,不同的原始组成溶液,其凝胶间液相组分浓度也不相同。具体总结分析可得到如下规律:

(1)虽然生成硅铝凝胶的原始物料硅铝比(n)具有很大差别($0.333 \sim 36.8$),然而凝胶骨架(将凝胶内所含液相除去)的 n 值总是大于 2,在一个狭小的范围内变化($2.2 \sim 6.6$)。

(2)不论原始物料组成如何,所生成的硅铝凝胶骨架 Na_2O/Al_2O_3 值一般等于 1。

(3)不同组成的凝胶间液相的 $Na_2O/Al_2O_3/SiO_2$ 摩尔比在任何情况下都位于凝胶形成相区之外。

3.2.1.5　晶化与陈化温度

温度是沸石合成中重要的影响因素。温度的变化会影响水(溶剂)在釜中自生压力的改变,从另一角度影响沸石的晶化与晶化产物的结构。水热晶化反应温度的变化可使凝胶与凝胶间液相中多硅酸根离子与铝酸根离子的聚合状态及聚合反应,凝胶的生成和溶解与转变,成核和晶体生长以及介稳态间的相变发生变化。结果是可以在同一体系中得到不同孔结构类型的微孔晶体。下面以不同温度下 $Na_2O-Al_2O_3-SiO_2-H_2O$ 体系中不同孔结构分子筛的生成为例加以说明。

自 20 世纪 50 年代初期,许多沸石化学家研究的结果表明,当温度处于 $100\sim150℃$,在密闭容器中有水的自生水蒸气压强存在的情况下,$Na_2O-Al_2O_3-SiO_2-H_2O$ 体系中主要可生成 A 型、P_C 型、X 型和 Y 型、菱沸石(CHA)和钠菱沸石(GME)等分子筛型微孔晶体。当晶化温度提高到 $200\sim300℃$,主要生成的沸石相为方钠石(SOD)和小孔丝光沸石。当晶化温度上升到高于 $300℃$ 时,主要晶化产物为方沸石(ANA)、钠沸石(NAT)等小孔分子筛型微孔晶体以及无孔结构的钠长石(A_B)和黝黑石水合物(N_H)。图 3-8 示出了在 $300℃$ 以下部分晶相存在的情况。为了进一步研究晶化温度与晶化所得分子筛型晶体与孔结构间的关系,在表 3-3 中列出有关微孔晶体的孔径、孔容、密度以及骨架的基本次级结构单元(SBU)。

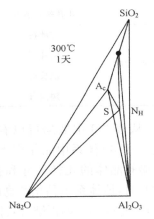

图 3-8　$Na_2O-Al_2O_3-SiO_2-H_2O$ 体系相图中晶化产物区域图[13]

表 3-3　在 $Na_2O-Al_2O_3-SiO_2-H_2O$ 体系中不同晶化温度下所生成的主要沸石分子筛类型, 孔结构性能和次级结构单元(SBU)

$t/℃$	分子筛类型	孔径/Å	孔容/(cm^3/g)	密度/(g/cm^3)	SBU
25	X 型或 Y 型	8.4	$0.48\sim0.50$	1.37	D6R
	A 型	4.1	0.47	1.27	D4R
90~100	A 型	4.1	0.74	1.27	D4R
	P_C型	4.0	0.41	1.57	S4R
	菱沸石	4.3	0.47	1.45	D6R
	钠菱沸石	4.3	0.44	1.46	D6R
	X 型 或 Y 型	8.4	$0.48\sim0.50$	1.37	D6R

$t/℃$	分子筛类型	孔径/Å	孔容/(cm³/g)	密度/(g/cm³)	SBU
	Pc型	4.0	0.41	1.57	S4R
	菱沸石	4.3	0.47	1.45	D6R
120~200	钠菱沸石	4.3	0.47	1.46	D6R
	HS	2.6	0.35	1.72	S6R
	钠长石型	无孔	—	—	—
	方沸石	2.6	0.18	1.85	S4R
200~300	方钠石	2.6	0.35	1.72	D6R
	小孔丝光沸石	4.0	0.28	1.70	5-1
	方沸石	2.6	0.18	1.88	S4R
300~460	钠沸石	2.6	0.23	1.76	4-1
	钠长石	无孔	—	—	—
	黝黑石	无孔	—	—	—

从表 3-3 中数据可以看出,随水热晶化温度和压强的升高,从 Na_2O-SiO_2-Al_2O_3-H_2O 体系中晶化产生的分子筛的孔结构有明显变化,即随晶化温度的升高,微孔晶体的孔径尺寸和孔容明显缩小,晶体的密度相应增大。当温度高于 300℃时,该体系中晶化产物已变成无孔结构的钠长石、黝黑石。另外,从 SBU 来看也越趋简单。如再结合其他阳离子的体系来看,当温度<150℃时,结构往往由 Si 和 Al 组成的 4 元环或 6 元环构成,而当温度在 150~200℃之间,则结构容易由 5 元环构成。例如,丝光沸石、ZSM 系列型分子筛等。由此可以看出,在高温水热条件下,无机物(主要是硅铝酸盐)的造孔规律和晶化温度与水蒸气压之间存在着密切的关系。

低温(如室温)陈化能提高晶化速率,这相当于低温反应,而室温下晶体生长速率一般可以被忽略。陈化不但可以应用于低硅沸石(如 A 型与 X 型),也可用于高硅分子筛(如 TS-1)的合成上。

通常升高温度引起的晶体生长速率变化要比成核速率的变化大得多。因此高温下易在较短时间内得到大晶体 (如 Na-X 型, Silicalite-1)。温度不但影响晶体的尺寸也影响晶体的形貌,因为不同的生长面有不同的活化能,温度对其影响不一样。

除了上述这些基本规律之外,研究一特定沸石的合成时,更应重视该沸石在某温度范围内温度的变化对诱导期间成核速率与晶体生长速率的影响,即温度对沸石晶化速率的影响。下面两个实例展示了温度的变化对诱导期成核与晶化中晶体生长影响的基本规律。

例一、4.12Na₂O-Al₂O₃-3.5SiO₂-593H₂O 体系中不同晶化温度下 Na-X 型沸石的晶体生长速率曲线(图 3-9)。

从图 3-9 中的晶化曲线可测得 Na-X 型沸石晶体生长的线性速率为 $0.5l/\Delta t$，强烈地随晶化温度的升高而明显加快。70℃、80℃、90℃、100℃ 时分别为 $0.0175\mu m/h$、$0.0375\mu m/h$、$0.0625\mu m/h$ 与 $0.1071\mu m/h$。

例二、8.5Na₂O-Al₂O₃-35SiO₂-182H₂O 体系中温度对丝光沸石(MOR)晶化的影响(图 3-10)。

从图 3-10 晶化曲线上可清楚地看出,不仅晶体生长速率均随温度的升高(自 200℃→250℃→300℃→320℃→340℃)而明显地加快,陈化诱导期也随温度的升高而明显缩短。上述这种规律普遍反映在高温 MOR 的晶化[9]及 A 型沸石(LTA)[10]、八面沸石(FAU)[8, 15]、方钠石(SOD)、钙十字沸石(PHI)、ZK-5 型(KFI)、Ω 型(MAZ)、K-F 型(EDI)、镁碱沸石(FER)等类型的沸石晶化中。

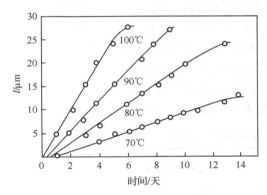

图 3-9　不同晶化温度下 Na-X 型沸石晶体
生长速率曲线[14]

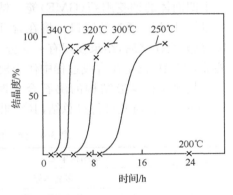

图 3-10　温度对 MOR 晶化的影响

3.2.1.6　无机阳离子

人们从大量的沸石合成实验中发现,阳离子对于沸石的形成有着重要的影响。例如,在含钠的硅铝酸盐晶化体系中通常能合成的沸石有方沸石(ANA)、钙霞石(CAN)、菱沸石(CHA)、钠菱沸石(GME)、八面沸石(FAU)、A 型沸石(LTA)和 P 型沸石(PHI)等,在含钾的硅铝酸盐晶化体系中通常合成的沸石有 K-E 型、K-F 型、K-Z 型、K-G 型、K-H 型、K-J 型、K-L 型、K-M 型、K-Q 型、K-W 型等[7]。而从含钾钠混合阳离子的硅铝酸盐晶化体系中,通常合成的沸石有 L 型沸石(LTL)、菱钾沸石(OFF)和毛沸石(ERI)等。

硅铝酸盐沸石分子筛一般在碱性条件下合成。向反应体系中引入矿化剂 OH⁻ 的同时必然要引入相应的阳离子。阳离子在硅铝酸根的缩聚反应中起到重要的作用。阳离子对硅酸根的聚合态和其分布,以及硅铝酸盐的胶体化学性质有着重要的影响。此外,阳离子对沸石骨架结构的形成也有着十分重要的影响。从大量实验规律来看,沸石的次级结构单元笼的生成与阳离子的电荷、尺寸有着一定的关联。在 R. M. Barrer 等[16]提出"模板(template)"概念的基础上,E. M. Flanigen 等当时把此现象称为阳离子的模板作用。

作为含笼结构沸石的模板作用可用方钠石和 Ω 型沸石来说明。方钠石结构由十四面体的方钠石(β)笼组成。每个方钠石笼通过共用 6 元环与其他 8 个方钠石笼相连。方钠石笼可容纳四甲基铵阳离子(TMA$^+$),但是最大窗口为 6 元环(3.6Å),不能允许 TMA$^+$(6.9Å)出入。有人[16-18]在含 TMA$^+$体系中合成了方钠石,并且测定了所合成的方钠石含 TMA$^+$的极限值,每个方钠石笼含有一个TMA$^+$。显然,这些 TMA$^+$是在沸石形成过程中硅铝酸根围绕 TMA$^+$聚合而将TMA$^+$包入笼中的。Ω 型沸石也可以在含 TMA$^+$的体系中合成[19]。Ω 型沸石含有十四面体的钠菱沸石(GME)笼。钠菱沸石笼可以容纳 TMA$^+$,但是也不具有可以使 TMA$^+$通过的窗口。将在含 TMA$^+$的体系中合成的 Ω 型沸石经 Na$^+$或K$^+$充分交换之后,结果发现有一部分 TMA$^+$不能被交换。这些 TMA$^+$存在于钠菱沸石笼中,也是在合成过程中作为模板剂包入钠菱沸石笼中的。

其他含有笼形结构的沸石合成时,阳离子模板作用的例子也很多。E. M. Flanigen[20]曾对此进行过总结,其结果如表 3-4 和表 3-5 所示。

表 3-4　沸石的合成和阳离子关系

沸石类型	次级结构单元		合成阳离子体系	特征阳离子
	双环	多面体笼		
LTA	D-4	方钠石笼,α 笼	Na, Na-TMA, Na-K, Na-Li	Na
八面沸石	D-6	方钠石笼	Na, Na-TMA, Na-K, Na-Li	Na
ZK-5	D-6	α 笼	Na-DDO,(Ba 盐)	Na-DDO
ZSM-3	D-6	方钠石笼	Na-Li	Na, Li
钠菱沸石	D-6	钠菱沸石笼	Na, Na, TMA	Na
Ω	—	钠菱沸石笼	Na-Li-TMA, Na-TMA, Na-K-TMA	Na, TMA
菱钾沸石	D-6	钠菱沸石笼	K-TMA	K, TMA
—	—	钙霞石(CAN)笼	Na-K-TMA	—
毛沸石	D-6	钙霞石笼	Na-K, Ba-TMA	Na, K
(菱钾沸石)	—	(钠菱沸石笼)	Na-Rb, Na-TMA	Na, Rb
—	—	—	Na-K-TMA	Na, TMA
—	—	—	Na-Li-TMA	Ba, TMA
—	—	—	Na-K-Ba-TMA	

续表

沸石类型	次级结构单元		合成阳离子体系	特征阳离子
	双环	多面体笼		
L 沸石	D-6	钙霞石笼	K,K-Na,K-DDO	K 或 Ba
—	—	—	K-Na-TMA,Ba,Ba-TMA	—
菱沸石	D-6	—	Na,K,Na-K,Ba-K	Na,K 或 Sr
—	—	—	Sr,(K-TMA),(K-Na-TMA)	—

表 3-5　沸石中特征阳离子的结构单元

结构单元	自由尺寸/Å	特征阳离子		
		阳离子	直径/Å	
			无　水	水　合
D-4	2.3	Na	2.0	7.2
α笼	11.4	Na	2.0	7.2
方钠石笼	6.6	Na, TMA	2.0, 6.9	7.2, 7.3
钠菱沸石笼	6.0×7.4	Na, TMA	2.0, 6.9	7.2, 7.3
钙霞石笼	3.5~5.0	K, Ba, Rb	2.8, 2.7, 3.0	6.6, 8.1, 6.6
D-6	3.6	Na, K, Sr, Ba	2.0~2.8	7.2~8.1

从表 3-4 和表 3-5 可以看到,特征阳离子基本上和骨架次级结构单元尺寸相匹配。在某些情况下是水合阳离子起模板作用。

具有第二阳离子的沸石晶化区域图,如 $Na_2O-K_2O-Al_2O_3-SiO_2-H_2O$ 体系,应该属于五元水盐体系。为了使用方便,往往将一些组分关系固定,使它简化成三元体系来讨论。经简化后的这类晶化区域图形式与具有相同阳离子的三元体系相似。以 $Na_2O-K_2O-Al_2O_3-SiO_2-H_2O$ 体系为例,经初步总结,当有第二阳离子存在时沸石相能发生下列三种相转变。

(1) 当 K^+ 存在时,Na-X 型沸石发生组成变化或完全相变。在 K_2O/R_2O ($R_2O=K_2O+Na_2O$)(摩尔比,下同)较小时,原 Na-X 型沸石相保持不变,而其中的组成,如硅铝比等往往发生一定程度的变化。如原始物料中硅铝比=3~4,$H_2O/R_2O=30~45$,当 K_2O/R_2O 小于 0.15 时,Na-X 型沸石组成发生的变化如表 3-6 所示。这可能是由于 K^+ 不能进入 β 笼而使骨架电荷改变所造成的。当 K_2O/R_2O 大于 0.15(Na_2O/R_2O 小于 0.85)时,Na-X 型沸石相变为 Na-P 型沸石,如图 3-11 所示[13]。

表 3-6 K-Na 原始凝胶中晶化得到的 Na-X 型沸石化学组成

K₂O/R₂O(原料中)	K₂O/R₂O(沸石中)	硅铝比(沸石中)
0.02	0.04	2.65
0.05	0.09	2.58
0.10	0.14	2.44
0.15	0.17	2.39

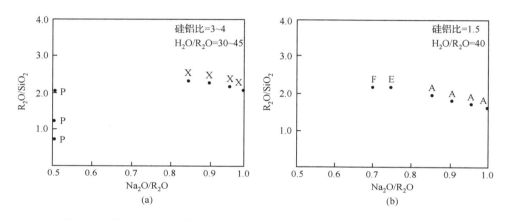

图 3-11 K⁺ 对 Na-X 型沸石相变(a)与 Na-A 型沸石相变(b)的影响(100℃)

在制取 Y 型沸石的原始凝胶中存在 K⁺，即使量很少，Na-Y 型沸石很快相变成 Na-P 型沸石和 W 型沸石。利用高岭土或江浮石为原料制备 Na-X 或 Na-Y 型沸石时，往往易生成 Na-P 型沸石，这是一个主要原因。图 3-12 示出了 K⁺ 对 Na-Y 型沸石相变的影响。

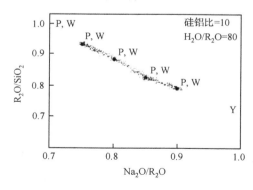

图 3-12 K⁺ 对 Na-Y 型沸石相变的影响

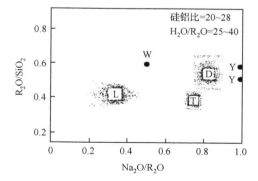

图 3-13 K⁺ 对 Na-Y 型沸石相变的影响
(100℃)

(2) 在 K⁺ 存在下，易于生成含有混合阳离子型的新沸石相。如图 3-13 所示，在硅铝比＝20～28，H_2O/R_2O＝25～40 的原始物料中，随着 Na_2O/R_2O 的降低或 K_2O/R_2O 的增高，会发生 Na-Y→D 型→L 型相变。在 Na-Y 型和 K-L 型沸石之间，能生成 Na、K 混合型的 D 型（$0.5Na_2O \cdot 0.5K_2O \cdot Al_2O_3 \cdot 4.8SiO_2 \cdot 6.7H_2O$）与 T 型沸石（$0.3Na_2O \cdot 0.7K_2O \cdot Al_2O_3 \cdot 6.9SiO_2 \cdot 7.2H_2O$）。D 型、T 型和 L 型沸石都属于中硅沸石，结构与 Na-Y 型完全不一样。

在图 3-11(b) 中，Na-A 型沸石和 E 型沸石（$0.4Na_2O \cdot 0.5K_2O \cdot Al_2O_3 \cdot 2.0SiO_2 \cdot 3.3H_2O$)有相同的硅铝比和结构。然而当 E 型向 K-F 型相变时，硅铝比虽保持不变，但其晶体结构发生了变化。K-F 型沸石组成为 $K_2O \cdot Al_2O_3 \cdot 2SiO_2 \cdot 2.9H_2O$，属四方晶系。

（3）在 K^+ 存在下，直接生成钾型沸石的相变发生得较少。如硅铝比＝10，H_2O/R_2O＝80，R_2O/SiO_2＝0.8～1.0 时，若其中 Na_2O/R_2O 从 1.0 降低到 0.7～0.9，则 Na-Y 型沸石可直接变化成 K-W 型(其中杂有 Na-P 型沸石)，如图 3-12 所示。图 3-14 列出了 100℃下，总干凝胶中 SiO_2 占 68.72%（摩尔分数），总物料中 H_2O 为 87%～90%（摩尔分数）时 T 型、D 型、L 型与 P 型沸石的晶化区域。

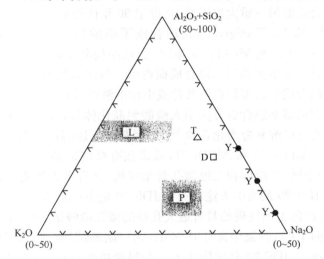

图 3-14　K_2O-Na_2O-Al_2O_3-SiO_2-H_2O 体系中 T 型、D 型、L 型与 P 型沸石的晶化区域
[100℃，SiO_2 68.72%（摩尔分数），H_2O 87%～90%（摩尔分数）]

在 K_2O-Na_2O-Al_2O_3-SiO_2-H_2O 体系中，由于第二阳离子的存在使体系中的沸石发生类型变化，可能与不同阳离子对生成沸石及其中的次级结构单元的模板作用有关。

3.2.1.7　有机胺在微孔硅铝酸盐造孔中的作用

将有机胺引入微孔硅铝酸盐的合成体系，丰富了沸石的造孔反应与化学，且开

拓了一批新型组成与结构的生成。由于有机胺的加入,①合成出了一批高硅铝比的沸石,诸如具有 LTA 拓扑结构的 ZK-4(1.67)、ZK-22(2.85)、LTA-α(3.0),具有 FAU 结构的 EMT[Na_{21}·(18-冠醚-6)$_4$][$Al_{21}Si_{75}O_{192}$],具有 MEL 拓扑结构的 Silicalite-2(N,N'-二乙基-3,5 二甲基哌啶);②开拓出两种具有 14 元环的[$Si_{32}O_{64}$]-CFI[21]与{|[$(CH_3)_5CP$]$_2$Co|$_2F_{1.5}$(OH)$_{0.5}$}[$Si_{64}O_{128}$]-DON(UTD-1)[22],这对微孔硅酸盐来讲是一个突破;③开发出一批具有新型交叉孔道的沸石与杂原子分子筛,诸如硅酸盐分子筛 ITQ-32(IHW)[23]、SSZ-74(-SVR)[24]、IM-5(IMF)[25],硅铝酸盐分子筛 ECR-1(EON)和 TNU-9(TUN)[26],铍硅酸盐分子筛 OSB-1(OSO)[27]和 OSB-2(OBW)[27],硼硅酸盐分子筛 SSZ-53(SFH)[28]、SSZ-59(SFN)[28]、SSZ-60(SSY)[29]和 SSZ-65(SSF)[30],镓硅酸盐分子筛 ECR-34(ETR)[31]和 TNU-7(EON)[32],以及由吉林大学于吉红等开发出来的系列微孔稀土硅酸盐等[33-37]。

3.2.2　磷酸铝的溶剂热合成路线

微孔材料合成的另一重大进展是 20 世纪 80 年代初期美国联合碳化物公司的 S. T. Wilson 与 E. M. Flanigen 等成功合成了磷酸铝分子筛及其衍生物系列($AlPO_4$-n,$SAPO_4$-n 以及 MeAPO-n 等)[38]。经结构测定的 $AlPO_4$-n 及其衍生物已达 60 余种,其中大多数都经水热合成而得到。与沸石的水热合成有所不同,微孔 $AlPO_4$ 的水热合成绝大多数在微酸性或中性溶液中进行。20 世纪 90 年代初徐如人等首次将有机溶剂热合成方法引入磷酸铝晶化体系,获得了很大成功。他们使用的溶剂主要有二醇和醇类化合物[39,40],最初在上述溶剂中成功合成了已知结构,如 $AlPO_4$-5、$AlPO_4$-11 和 $AlPO_4$-21,后来在有机溶剂热体系中得到了一系列新结构,包括一维链、二维层和三维微孔骨架结构,并且多数都能得到大单晶。在这些新结构中 JDF-20 最为引人注目[41]。JDF-20 是主孔道为 20 元环的三维磷酸铝骨架,是目前国际上已发现的具有最大孔径的微孔磷酸铝晶体,其磷铝比是 6:5,而不是通常的 1:1,骨架中含有 P—OH,为一阻断结构(部分磷连有 OH,因此只与 3 个铝相连)。JDF-20 合成使用了一个很简单的模板剂:三乙胺,但是 JDF-20 合成需要较小极性的溶剂,如二甘醇、三甘醇、四甘醇或 1,4-丁二醇。用高极性的溶剂(如乙二醇或乙醇),在相同的合成条件下,使用同样的反应组成,得到的却是 $AlPO_4$-5。

在 JDF-20 合成的基础上,徐如人及其研究组[40,42,43]又在以醇类为主体的有机溶剂热条件下以几十种不同类型的有机胺作为结构导向剂合成出了一大批具有阴离子骨架的三维微孔磷酸铝以及为数众多的二维网孔结构与一维链状磷酸铝。这些二维网孔结构与一维链状的磷酸铝,有望通过立柱(pillaring)、配位聚合[44]等途径,增维而得到各种新型的三维微孔磷酸盐,为微孔化合物的合成开拓了一条新的合成路线。下面以醇热体系为例,就这条合成路线相关的合成规律作比较详细的讨论。

在醇热体系下合成的磷酸铝中,除若干种在水热体系中得到的如 $AlPO_4$-5、$AlPO_4$-11、$AlPO_4$-21 等以外,还得到了大量的开放骨架结构磷酸铝,它们通常都具有阴离子骨架,骨架组成有 $AlPO_4(OH)^-$、$AlP_2O_8^{3-}$ [45-51]、$Al_2P_3O_{12}^{3-}$ [52-59]、$Al_3P_4O_{16}^{3-}$ [46,59-69]、$Al_3P_5O_{20}^{6-}$ [55]、$Al_4P_5O_{20}^{3-}$ [70-72]、$Al_5P_6O_{24}^{3-}$ [41]、$Al_6P_7O_{28}^{3-}$ [73]、$Al_{11}P_{12}O_{48}^{3-}$ [74,75]、$Al_{12}P_{13}O_{52}^{3-}$ [76] 和 $Al_{13}P_{18}O_{72}^{3-}$ 等[77]。同由铝氧四面体(AlO_4)和磷氧四面体(PO_4)严格交替而构成的中性微孔磷酸铝 $AlPO_4$-n 相比,这些磷酸铝是包括 AlO_4、AlO_5 和 AlO_6 在内的铝氧多面体和包括 PO_4、$PO_3(=O)$、$PO_3(OH)$、$PO_2(=O)(OH)$、$PO_2(OH)_2$ 和 $PO(=O)(OH)_2$ 在内的磷氧多面体严格交替构筑而成,因此,它们的骨架通常带有负电荷。正是由于在结构中出现了 Al 原子的高配位状态和 P 原子与相邻的 Al 原子连接数小于 4 的情况才导致了这些骨架的铝磷比小于 1。下面介绍一些在醇热体系中晶化磷酸铝的主要合成规律。

3.2.2.1　凝胶的组成对磷酸铝结构的影响

与水热合成体系的规律相似,在溶剂热(主要是醇热)体系中,一个结构通常是在一个特定的凝胶组成范围内生成,并且还需要合适的温度和反应时间,把这个合适的晶化范围找出来就绘成了一个晶化区域。当一个体系可以生成几个不同的结构时,生成这些结构的凝胶组成在晶化区域图上通常就表现为封闭的区域,有时这些区域会有部分重叠,在重叠的区域表示可以生成不止一种产物。在异丙醇铝-磷酸-六次甲基四胺-乙二醇(EG)体系中,当固定异丙醇铝和乙二醇的摩尔比,而只是改变磷酸和六次甲基四胺的摩尔比时,在配比为 $Al(O^iPr)_3$：$2.4H_3PO_4$：$3.0(CH_2)_6N_4$：$30EG$ 和 $Al(O^iPr)_3$：$3.2H_3PO_4$：$3.6(CH_2)_6N_4$：$30EG$ 的凝胶中(反应时间和反应温度均相同)分别得到了两种计量比和结构类型完全不同的阴离子微孔骨架磷酸铝 AlPO-CJB1 和 AlPO-CJB2[78]。在异丙醇铝-磷酸-2-氨基吡啶-仲丁醇体系中,在配比为 $Al(O^iPr)_3$：$2.4H_3PO_4$：2.0 2-氨基吡啶：20 仲丁醇和 $Al(O^iPr)_3$：$2.4H_3PO_4$：4.0 2-氨基吡啶：20 仲丁醇的凝胶中(反应温度相同但反应时间不同)分别得到了两种计量比和结构类型完全不同的具有阴离子骨架结构的微孔磷酸铝 AlPO-CJ4 和 AlPO-CJ5,再如在 $Al(O^iPr)_3$-H_3PO_4-en-EG 体系中,当凝胶组成分别为 $Al(O^iPr)_3$：$1.8H_3PO_4$：$6.0en$：$20EG$,$Al(O^iPr)_3$：$3.0H_3PO_4$：$2.5en$：$45EG$ 和 $Al(O^iPr)_3$：$12.5H_3PO_4$：$5.0en$：$80EG$ 时,产物分别为 $Al_3P_4O_{20}C_6N_2H_{23}$[61](一种二维层),$AlP_2O_8[NH_3(CH_2)_2NH_3]$·$[NH_4]$[79](一种顶点共享的链)和 $AlP_2O_8H[NH_3(CH_2)_2NH_3]$[49](一种边共享的链)。

对醇热体系而言,除去上述的凝胶组成之外,醇的类型和性质将影响产物的生成,虽然一般而言影响不是十分明显,且对规律性的认识也还缺乏更深入的理解。然而在某些体系中醇对产物结构与类型的影响还是明显存在的。下面介绍一个在不同醇(ROH)体系中 $5Et_3N：Al_2O_3：1.8P_2O_5：XROH$ 在 180℃晶化下产物与醇性质的关联。我们研究了 20 余种极性不同的醇为溶剂时的产物生成,发现了如下规律[40],见表 3-7。

表 3-7　不同极性 E_N^T 醇溶剂的晶化产物

醇	E_N^T	晶化产物	醇	E_N^T	晶化产物
水	1.000	AlPO$_4$-5	1,4-丁二醇	0.704	JDF-20
丙三醇	0.812	AlPO$_4$-5	1,3-丁二醇	0.682	JDF-20
乙二醇	0.790	AlPO$_4$-5	四甘醇(tEG)	0.664	JDF-20
甲醇	0.762	AlPO$_4$-5	丁醇	0.602	AlPO-Cl
1,3-丙二醇	0.747	AlPO$_4$-5	s-丁醇	0.506	AlPO-Cl
二甘醇(DEG)	0.713	JDF-20	c-己醇	0.500	AlPO-Cl
三甘醇(TEG)	0.704	JDF-20	t-戊醇	0.321	无定形

在讨论凝胶组成对产物结构影响的同时,必须提到在醇热体系中少量水的存在以及水对醇热体系晶化及晶化产物的重要影响。醇热体系中一般铝源通常用薄水铝石(Al 为六配位)和异丙醇铝(Al 配位态为 AlO$_6$：AlO$_4$=1：3),磷源为 85%的磷酸水溶液,因此在起始凝胶中往往就含有少量从磷酸中引入的水。如果合成体系采用醇热-氟离子体系,则氟源中也能引入少量水。

同有机溶剂相比,水的量很少。但是,这些少量水却起到了重要的作用。实验表明[80,81],如果没有这些少量水的引入,则合成反应很难发生。体系中少量水起到重要作用的另一个例子就是在异丙醇铝-磷酸-三乙胺-四甘醇-水(额外加入)的合成体系中,其他条件不变,逐渐增加体系中水的量,产物的结构类型随体系中额外加入水的量不同而变化。产物开始由一种一维磷酸铝链变为一种二维磷酸铝层,然后变为三维开放骨架磷酸铝 JDF-20,最后生成热力学上比较稳定的 AlPO$_4$-5 和方石英致密相。这说明在醇热体系中,水在晶化过程中起到了重要的作用。由于在起始凝胶中加入的是 Al 原子和 P 原子互不相连的原料,而产物却是 Al、O、P 等原子相互连接形成的无限骨架网络,这说明在反应过程中发生了 Al—O—P 键的形成反应。考虑到在合成过程中有机胺的引入又是十分必要的,因此,在晶化过程中将发生下列反应:

(1) 异丙醇铝的水解(提供 Al 源)。

(2) 磷酸与异丙醇铝或者水解后的 Al 源的缩聚反应(Al 原子和 P 原子从原料中进入骨架,形成骨架结构)。

(3) 有机胺同磷酸发生的反应(酸碱反应)。

在上述反应中都需要进行质子的传递,而质子的传递需要水分子的参与(形成质子化的水分子)。在进行合成实验时通常都是将磷酸分散到醇溶剂中,磷酸中的水分子携带着磷酸上的部分质子也将被分散到醇溶剂中。在凝胶中,加入的有机胺作为有机碱将同醇溶剂中分散的质子结合,并和磷酸中的 P—OH 基团或 P=O 基团发生反应形成氢键。而异丙醇铝中的异丙醇基也要得到质子变成异丙醇进入凝胶中,在异丙醇离开 Al 原子后就需要一个带负电性的基团去填补它的空位,失去质子后的磷酸就可能填补异丙醇基离去形成的空位,形成异丙醇铝的水解产物。因此,体系中磷酸量的多少就决定了在体系中最多能存在多少质子,体系中水的量的多少就决定了有多少水分子能用于携带质子,而有机胺结合质子的能力以及有机胺的量也将影响溶剂中质子数量的多少,溶剂中的质子数对于异丙醇铝的水解和与磷酸缩聚的快慢有着重要的影响,而异丙醇铝的水解和与磷酸缩聚的快慢将对最后产物的结构产生重要的影响。此外,加入的有机胺还可以同磷酸中的 P—OH 键通过给予 P—OH 质子或接受 P—OH 的质子与之形成强度不同的氢键,从而影响磷酸中 P—OH 键进入骨架的状态。

3.2.2.2　温度与时间对磷酸铝结构的影响

与水热体系一样,一种产物可以从某反应体系在一定温度范围内晶化一定时间后得到。若是超出这个特定的时间和温度范围,则会得到另一种产物。在特定的温度范围内,温度的升高会缩短反应时间。在某些情况下,不同的晶化温度会得到不同的晶化产物,有时甚至在同一温度下随晶化时间不同,产物结构也不同。这是因为某些结构生成后,在晶化条件下并不稳定,它将向在此条件下热力学稳定相转变。如在合成 AlPO-CJB1 时,当将温度设定为 180℃时,放置 5 天而未晶化,当延长反应时间到 8 天时仍然未晶化,当将温度设定为 195℃时,5 天后得到大单晶,当将温度设定为 200℃时,4 天后得到大单晶。另一个例子是 Al_2O_3：$1.8P_2O_5$：$4.7Et_3N$：18TEG 180℃晶化 5 天可得具有 20 元环主孔道的 JDF-20,然而当温度升至 200℃晶化时,则晶化产物为具有 12 元环的 $AlPO_4$-5 分子筛。

3.2.2.3　结构导向剂的类型对磷酸铝结构的影响

近二十年来,人们已经使用百余种有机胺作为模板剂(或结构导向剂),合成了几十种磷酸铝分子筛及微孔化合物。为了研究模板剂有机胺对晶化产物结构的影响,我们按照不同的分类标准将这些有机胺分为:单胺、多胺,直链胺、带支链的胺、环胺,芳香胺、脂肪胺,伯胺、仲胺、叔胺、季铵盐等,来研究它们的结构导向作用。由于不同的胺有着不同的质子化能力(碱度,与胺的电子效应和空间效应有关)和不同的与体系中的 P—OH 形成氢键的能力,从而影响原始物料中异丙醇铝的水解速率和水解后与磷酸的缩聚速率,进而影响原料中 Al 原子和 P 原子进入骨架的配位状态,导致不同结构的生成。

根据已经报道的在醇体系下的合成研究以及近期我们的合成研究结果总结了下列一些合成规律。

(1) 提供 H 原子与磷酸成氢键能力较弱的环状单胺、单仲胺或单芳香胺,容易导致磷酸铝结构中出现端连的 P—OH 键,而提供 H 原子与磷酸成氢键能力较强的链状伯胺或链状多胺,则容易导致磷酸铝结构中出现端连的 P═O 键。表 3-8 和表 3-9 分别给出了在醇热体系下合成的铝磷比为 3/4 和 2/3 的层状磷酸铝的模板剂及溶剂。

表 3-8　醇热体系下合成铝磷比为 3/4 的层状磷酸铝所用的模板剂及溶剂

序号	Al 的配位情况	P 的配位情况	模板剂	溶剂
1	$3AlO_4$	$4PO_3(═O)$	乙胺	乙二醇,仲丁醇
2	$3AlO_4$	$4PO_3(═O)$	丙胺	仲丁醇
3	$3AlO_4$	$4PO_3(═O)$	丁胺	丁醇
4	$3AlO_4$	$4PO_3(═O)$	1,2-丙二胺	乙二醇
5	$3AlO_4$	$4PO_3(═O)$	环丁胺,哌啶	三缩四乙二醇
6	$3AlO_4$	$4PO_3(═O)$	三乙胺	聚乙烯醇
7	$3AlO_4$	$4PO_3(═O)$	异丙醇胺	异丙醇胺
8	$3AlO_4$	$4PO_3(═O)$	1,2-二甲基咪唑	二缩三乙二醇
9	$2AlO_4,AlO_5$	$2PO_4,PO_3(═O),PO_2(═O)(OH)$	咪唑	仲丁醇
10	$3AlO_4$	$4PO_3(═O)$	乙二胺	乙二醇
11	$3AlO_4$	$4PO_3(═O)$	二乙烯三胺	乙二醇
12	$3AlO_4$	$4PO_3(═O)$	三乙烯四胺	乙二醇
13	$3AlO_4$	$4PO_3(═O)$	1,5-戊二胺	二缩三乙二醇
14	$3AlO_4$	$4PO_3(═O)$	2-甲基-1,5-戊二胺	二缩三乙二醇
15	$3AlO_4$	$4PO_3(═O)$	1,2-环己二胺	仲丁醇
16	$3AlO_4$	$4PO_3(═O)$	四甲基乙二胺	二缩三乙二醇

注:16 种层状磷酸铝的结构式分别为:1. $[Al_3P_4O_{16}][CH_3CH_2NH_3]_3$;2. $[Al_3P_4O_{16}][CH_3NH_3]_2$; 3. $[Al_2P_3O_{12}H][C_6H_{11}NH_3]_2$;4. $[Al_2P_3O_{12}H][2\text{-}BuNH_3]_2$;5. $[Al_2P_3O_{12}H_2][PyH]$;6. $[Al_2P_3O_{12}H_2]$ $[C_6NH_8]$;7. $[Al_2P_3O_{12}H_2][C_9H_{20}N]$;8. $[Al_3P_4O_{16}][C_5H_9N_2][NH_4]$;9. $[Al_3P_4O_{16}H][C_3N_2H_5]_2$; 10. $[Al_3P_4O_{20}][C_6N_2H_{23}]$;11. $[Al_3P_4O_{16}][H_3N(CH_2)_2NH_3]_{1.5}$;12. $[Al_2P_3O_{16}][C_6N_4H_{21}]$; 13. $[Al_3P_4O_{16}][NH_3(CH_2)_5NH_3][C_5H_{10}NH_2]$;14. $[Al_3P_4O_{16}][H_3NCH_2CH_2CH_2CHCH_3NH_3]$; 15. $[Al_3P_4O_{16}][C_6H_{16}N_2]_{1.5}$;16. $[Al_3P_4O_{16}][(CH_3)_2NHCH_2CH_2NH(CH_3)_2][H_3O]$。

表 3-9　醇热体系下合成铝磷比为 2/3 的层状磷酸铝所用的模板剂及溶剂

序号	Al 的配位情况	P 的配位情况	模板剂	溶剂
1	$2AlO_4$	$2PO_3(=O)$，$PO_2(=O)(OH)$	环戊胺	四甘醇
2	$2AlO_4$	$2PO_3(=O)$，$PO_2(=O)(OH)$	环己胺	四甘醇
3	$2AlO_4$	$2PO_3(=O)$，$PO_2(=O)(OH)$	环己胺	四甘醇
4	$2AlO_4$	$2PO_3(=O)$，$PO_2(=O)(OH)$	2-仲丁胺	仲丁醇
5	AlO_4，AlO_5	PO_4，$PO_3(OH)$，$PO_2(=O)(OH)$	吡啶	仲丁醇
6	AlO_4，AlO_5	PO_4，$PO_3(OH)$，$PO_2(=O)(OH)$	4-甲基吡啶	仲丁醇
7	$2AlO_4$	$PO_3(=O)$，$PO_3(OH)$，$PO_2(=O)(OH)$	2,2,6,6-四甲基哌啶	仲丁醇

注：7 种层状磷酸铝的结构式分别为：1. $[Al_2P_3O_{12}H][C_5H_9NH_3]_2$；2. $[Al_2P_3O_{12}H][C_6H_{11}NH_3]_2$；3. $[Al_2P_3O_{12}H][C_6H_{11}NH_3]_2$；4. $[Al_2P_3O_{12}H][2\text{-BuNH}_3]_2$；5. $[Al_2P_3O_{12}H_2][PyH]$；6. $[Al_2P_3O_{12}H_2]$ $[C_6NH_8]$；7. $[Al_2P_3O_{12}H_2][C_9H_{20}N]$。

在铝磷比为 2/3 的磷酸铝结构中无一例外地都存在 P—OH 键，而合成这些磷酸铝所用的模板剂分别为环己胺、环戊胺、吡啶、2,2,6,6-四甲基哌啶、2-仲丁胺、4-甲基吡啶。在铝磷比为 3/4 的磷酸铝结构中，除了 $[Al_3P_4O_{16}H][N_2C_3H_5]_2$ 之外，不但所有的 P 原子都是 3 桥连（共享 3 个 O 原子与相邻的 Al 原子），并且每一个 P 原子的第四个端连键都是 P=O 键。合成铝磷比为 3/4 的磷酸铝所用的模板剂有乙胺、丙胺、丁胺、1,2-丙二胺、环丁胺和哌啶、三乙胺、异丙醇胺、1,2-二甲基咪唑、咪唑、乙二胺、二乙烯三胺、三乙烯四胺、1,5-戊二胺、2-甲基-1,5-戊二胺、1,2-环己二胺、四甲基乙二胺等。上述现象产生的原因可能是，如果有机胺提供 H 原子与磷酸成氢键的能力较弱，则它们在反应中就可能成为 H 的受体，与磷酸形成 P—OH…NR 型氢键，从而稳定 P—OH 键上的 H 原子，保护该 H 原子不与异丙醇铝发生缩聚反应，最后使 P—OH 键进入骨架，而如果有机胺提供 H 原子与磷酸成氢键的能力较强，则它们在反应中就可能成为 H 的给体，与磷酸形成 P—HO…HNR 型氢键，从而使 P—OH 键上的 H 原子活化，使之容易离去。一个很典型的例子就是 S. I. Zones 等[28]用环己胺在四甘醇中合成出了铝磷比为 2/3 的含有 P—OH 键的层状磷酸铝，而使用仅比环己胺多一个氨基的 1,2-环己二胺在相同的溶剂四甘醇中进行合成时，则得到了铝磷比为 3/4 的含有 P=O 键的层状磷酸铝。

（2）当使用提供 H 原子能力较弱而碱性较强的芳香性、环形或笼形有机胺作模板剂时，容易使原料中的 Al 原子以高配位的形式进入骨架。表 3-10 给出了在醇热体系下已经合成出的结构中含有 5 和（或）6 配位 Al 原子的磷酸铝所使用的模板剂和溶剂。

表 3-10　溶剂热体系下合成磷酸铝结构中含有 5 和(或)6 配位 Al 原子的磷酸铝
所用的模板剂和溶剂

序号	Al 的配位情况	P 的配位情况	模板剂	溶剂
1	$2AlO_4$, AlO_5	$2PO_4$, PO_3 (=O) , PO_2 (=O) (OH)	咪唑	仲丁醇
2	AlO_4 , AlO_5	PO_4 , PO_3 (OH) , PO_2 (=O) (OH)	吡啶	仲丁醇
3	AlO_4 , AlO_5	PO_4 , PO_3 (OH) , PO_2 (=O) (OH)	4-甲基吡啶	仲丁醇
4	$2AlO_4$, $2AlO_5$	$4PO_4$, PO_2 (=O) (OH)	1,6-己二胺	乙二醇
5	$2AlO_5$	$2PO_4$, PO_2 (=O) (OH)	2-氨基吡啶	仲丁醇
6	AlO_6	$2PO_3$ (OH)	2-氨基吡啶	仲丁醇
7	$9AlO_4$, $2AlO_6$	$12PO_4$	六次甲基四胺	乙二醇
8	$8AlO_4$, $4AlO_5$	$13PO_4$	六次甲基四胺	乙二醇

注：8 种磷酸铝的结构式分别为：1. $[Al_3P_4O_{16}H][C_3N_2H_5]_2$；2. $[Al_2P_3O_{12}H_2][PyH]$；3. $[Al_2P_3O_{12}H_2]$ $[C_6NH_8]$；4. $[Al_4P_5O_{20}H][C_6H_{18}N_2]$；5. $[Al_2P_3O_{12}H_2][H_3O]$；6. $[AlP_2O_6(OH)_2][H_3O]$；7. $|(CH_2)_6N_4H_3 \cdot H_2O|[Al_{11}P_{12}O_{48}]$；8. $[Al_{12}P_{13}O_{52}][(CH_2)_6N_4H_3]$。

　　在已经报道的由醇体系结晶出的磷酸铝结构中,合成含有 6 配位 Al 原子使用的模板剂有咪唑,合成含有 5 配位 Al 原子使用的模板剂有咪唑、吡啶、4-甲基吡啶和 1,6-己二胺。可以看出,除 1,6-己二胺外,其他有机胺的碱性都比较强(如吡啶 $pK_a=5.25$,4-甲基吡啶 $pK_a=6.02$,咪唑 $pK_a=6.95$)。事实上,当使用碱性较强的 2-氨基吡啶进行溶剂热合成时,我们合成出了骨架中 Al 原子全是 6 配位的 AlPO-CJ4,当我们使用碱性较强的六次甲基四胺时,分别合成出了含有 5 配位 Al 原子的 AlPO-CJB1 和含有 6 配位 Al 原子的 AlPO-CJB2。最近确定的一个磷酸铝单晶结构 $[Al_2P_3O_{12}H_2][H_3O]$(AlPO-CJ5),为具有 Al/P 值为 2/3 的三维骨架结构[78],其中所有的 Al 原子均为与氧原子 5 配位,三个结晶学独立的 P 原子中有两个是 4 连接,第三个是 2 连接,合成该结构的有机添加物是 2-氨基吡啶,而在最终的结构中却没有出现 2-氨基吡啶。AlPO-CJ4 和 AlPO-CJ5 都是在异丙醇铝-磷酸-2-氨基吡啶-仲丁醇体系中合成的。

　　(3) 体积较大的有机胺适合在强极溶剂中作模板剂,在弱极性溶剂中得不到包含有机胺的磷酸铝晶体,只得到无定形或致密相。如当我们用多乙烯多胺 $[H_2N(C_2H_4N)_nH, n \geqslant 5]$ 作模板剂进行合成反应,当使用极性较小的仲丁醇或三缩四乙二醇时,只能得到未晶化的凝胶,而当使用极性较强的乙二醇为溶剂时,可以得到开放骨架磷酸铝晶体粉末,但是很难得到大单晶。

　　(4) 链状多胺在乙二醇体系中容易合成出铝磷比为 3/4 的层状磷酸铝。如乙二胺、二乙烯三胺和三乙烯四胺在乙二醇中都可以合成出铝磷比为 3/4 的层状磷酸铝(表 3-10),可以预期使用四乙烯五胺在乙二醇中也可合成出铝磷比为 3/4 的层状磷酸铝。事实上,使用四乙烯五胺在乙二醇中的确成功地合成出了铝磷比为

3/4 的层状磷酸铝,并对其进行了单晶结构解析。

(5) 如果使用芳香胺作模板剂,并使用仲丁醇作溶剂,则较容易使原料中的 Al 原子以高配位的形式进入骨架。如在仲丁醇体系中,共使用了 2,2,6,6-四甲基哌啶、三乙胺、丙胺、1,2-环己二胺、仲丁胺、咪唑、4-甲基吡啶、吡啶等 8 种有机胺作模板剂(表 3-11),结果合成骨架中出现 5 或 6 配位的 Al 原子的有机胺为咪唑、4-甲基吡啶、吡啶等三种芳香胺。而使用碱性较强的 2-氨基吡啶作模板剂时,合成出了骨架中 Al 原子全是 6 配位的三维微孔磷酸铝骨架 AlPO-CJ4 和骨架中 Al 原子全是 5 配位的三维微孔磷酸铝骨架 AlPO-CJ5。AlPO-CJ4 是第一个结构中 Al 原子全是 6 配位的三维磷酸铝骨架结构,AlPO-CJ5 是第一个结构中 Al 原子全是 5 配位的三维磷酸铝骨架结构。

表 3-11　仲丁醇体系下磷酸铝的合成

序号	Al 的配位情况	P 的配位情况	模板剂
1	$2AlO_4$, AlO_5	$2PO_4(=O)$, $PO_3(=O)$, $PO_2(=O)(OH)$	咪唑
2	AlO_4, AlO_5	PO_4, $PO_3(OH)$, $PO_2(=O)(OH)$	吡啶
3	AlO_4, AlO_5	PO_4, $PO_3(OH)$, $PO_2(=O)(OH)$	4-甲基吡啶
4	$2AlO_4$	$2PO_4$, $PO_2(OH)_2$	2-氨基吡啶
5	AlO_6	$2PO_3(OH)$	2-氨基吡啶
6	$2AlO_4$	$2PO_3(=O)$, $PO_2(=O)(OH)$	仲丁胺
7	$2AlO_4$	$PO_3(=O)$, $PO_3(OH)$, $PO_2(=O)(OH)$	2,2,6,6-四甲基哌啶
8	$3AlO_4$	$4PO_3(=O)$	丙胺
9	$2AlO_4$, AlO_5	$2PO_4$, $PO_3(=O)$, $PO_2(=O)(OH)$	咪唑
10	$3AlO_4$	$4PO_3(=O)$	1,2-环己二胺
11	AlO_4	$2PO_2(=O)(OH)$	三乙胺

注: 11 种磷酸铝的结构式分别为:1.$[Al_3P_4O_{16}][C_2N_3H_5]_2$;2.$[Al_2P_3O_{12}H_2]$ $[PyH]$;3.$[Al_2P_3O_{12}H_2]$ $[C_{61}NH_8]$;4.$[Al_2P_3O_{12}H_2][H_3O]$;5.$[AlP_2O_6(OH)_2][H_3O]$;6.$[Al_2P_3O_{12}H]$ $[2-BuNH_3]_2$;7.$[Al_2P_3O_{12}H_2]$ $[C_9H_{20}N]$;8.$[Al_3P_4O_{16}][CH_3(CH_2)_2NH_3]_3$;9.$[Al_3P_4O_{16}H][C_3N_2H_5]_2$;10.$[Al_3P_4O_{16}][C_6N_{16}N_2]_{1.5}$;11.$[AlP_2O_8H_3][Et_3NH]$。

(6) 在合成具有铝磷比为 3/4 的层状磷酸铝时,当使用成氢键能力较弱的大尺寸叔胺时,通常在最终结构中都要引入质子化的水分子或者铵离子。这些额外物种的引入一方面可以增强客体物种同主体无机层的非键相互作用以稳定无机层,另一方面也起到了电荷平衡的作用。如已经报道的使用 1,2-二甲基咪唑作模板剂时,在最终结构中引入了额外的铵离子,当使用尺寸较大的四甲基乙二胺时,在最终结构中也出现了质子化的水分子。

根据大量的实验事实,人们认为有机胺阳离子在合成中起着一定的模板作用,这主要是因为在许多情况下模板剂分子的大小和形状与生成结构的孔道或笼的大小和形状有一定的关系。例如,ZSM-5 的合成,模板剂四丙基铵(TPA)被发现位于 ZSM-5 的两个走向不同孔道的交叉处,四个丙基链伸向两个不同的孔道。许多研究结果表明这些沸石生成是通过硅、铝酸盐与物种围绕有机阳离子聚合并生成三维结构。然而,事实并不是这样简单,例如,使用其他的有机化合物也可以合成 ZSM-5,甚至在纯无机体系中也可以合成 ZSM-5。相反,通过改变条件和反应组成,一种有机物能导致几种骨架结构的生成。并且,模板剂的尺寸和形状与孔道或笼的尺寸和形状的关系有时并不密切。例如,可以合成 $AlPO_4$-5(AFI)的有机胺至少有 85 种,能合成 $AlPO_4$-11(AEL)的有机胺超过 20 种等。然而它们的分子大小和形状各有不同。一种有机胺又能生成多种结构,例如,二丙胺(DPA)可以生成 $AlPO_4$-8(AET)、$AlPO_4$-11(AEL)、$AlPO_4$-31(ATO)、$AlPO_4$-39(ATN)、$AlPO_4$-41(AFO)、MgAlPO-46(AFS)、CoAlPO-50(AFY)等结构。而那些大孔磷酸盐结构诸如 VPI-5、JDF-20、$AlPO_4$-8、Cloverite、ULM-5 和 ULM-16 所含的客体分子都是些小的有机胺或水,并不是用大尺寸模板剂来填充大孔道或笼。关于有机或无机模板剂的结构导向作用是一个非常复杂的科学问题。我们将在第 5 章中作比较详细的阐述与讨论。

3.2.2.4　金属掺杂的磷酸铝微孔化合物(MAPO)的溶剂热合成

最早合成微孔磷酸铝的体系为水热体系,因此,在水热条件下,也能合成出多数由金属掺杂的磷酸铝微孔化合物。但对于一些特殊的金属,如 Cr,在水热条件下就不太容易合成出 Cr 掺杂的微孔磷酸铝化合物,这是由于六配位 Cr(Ⅲ)的晶体场稳定能(224.5kJ/mol)比四配位 Cr(Ⅲ)的晶体场稳定能(66.9kJ/mol)强得多[82],Cr^{3+} 更喜欢以六配位的形式存在,而在以沸石为代表的微孔化合物中,骨架原子均以四配位的形式存在。在向合成初始混合物中额外引入了"共模板"后,人们才合成出 Cr(Ⅲ)掺杂的微孔磷酸铝 $AlPO_4$-5[83,84]。X 射线吸收光谱数据表明 Cr^{3+} 在 $AlPO_4$-5 的骨架中以六配位的形式存在,除了同相邻的四个 P 原子通过桥氧原子相连外,还额外有两个客体分子同 Cr^{3+} 配位[85]。而在醇热条件下,Guo 等用咪唑一种有机胺为结构导向剂就合成出了 Cr 和 Fe 掺杂的微孔磷酸铝 $(C_3H_4N_2)_2CrAl_3P_4O_{16}$ 和 $(C_3H_4N_2)_2FeAl_3P_4O_{16}$[86],该化合物具有交叉的 8 元环和 10 元环交叉孔道。尽管在合成的原粉产物中 Cr 和 Fe 也处于六配位状态,但当在高温灼烧后,Fe^{3+} 和 Cr^{3+} 均变成了四配位状态,该结构就变成具有吸附能力的微孔化合物。

3.2.2.5　磷酸铝微孔化合物的酚热合成

苯酚是一种弱酸,在室温下为一种无色或白色的晶体,熔点为 40.5℃。由于多数无机微孔化合物的晶化温度都在 100～200℃ 之间,因此苯酚也可被用作合成微孔磷酸铝的溶剂。吉林大学魏波(B. Wei)等[53]首次将苯酚加热到其熔点以上(50℃),然后逐渐加入磷源、铝源和二乙烯三胺,将混合均匀的原料装入含有聚四氟乙烯内衬的反应釜中,在一定温度下晶化一定时间,就得到了首例具有铝磷比为 2/3 的三维开放骨架磷酸铝$[Al_2P_3O_{12}][C_4N_3H_{16}]$。该三维开放骨架磷酸铝在 [001] 方向上具有平行的 8 元环和 12 元环孔道,三质子化的有机胺位于 12 元环孔道中。除了该化合物以外,魏波等还在酚热体系下合成出了 JBW 类型沸石[87],并以三乙烯四胺为结构导向剂合成出了一例具有二维层状结构的磷酸铝 $[Al_2P_4O_{16}][C_6H_{22}N_4][C_2H_{10}N_2]$,该化合物的无机层具有 4×12 元环的网格结构[88],到目前为止,这两种开放骨架结构磷酸铝的水热或溶剂热合成尚未见报道。

3.2.2.6　Si 掺杂的磷酸铝微孔化合物(SAPO)的胺热合成

除醇热合成外,以某些胺类作溶剂也可合成磷酸铝微孔化合物。这种合成方法又称为胺热合成[81]。D. Fan 等以三乙胺、二乙胺或三乙胺和二乙胺的混合物为溶剂和模板剂,在 160℃ 晶化出了 Si 掺杂的磷酸铝微孔化合物 SAPO-34 分子筛,当将晶化温度提高到 200℃ 时,首次以三乙胺为模板剂合成出了 SAPO-18 分子筛。在 SAPO-34 的合成中,反应后的液相产物在回收后还可以用于下一轮 SAPO-34 的合成,从而可以减少废液的产生。用回收的液相晶化出的 SAPO-34 的结晶度和产率同之前的 SAPO-34 的结晶度和产率几乎相同。

3.2.3　微孔化合物的离子热合成路线

离子液体(ionic liquid,IL)一般是由有机阳离子的盐类(或 OH^- 化合物)或相关的低共熔体组成(类似于高温下的熔融盐)。由于此类离子液体的熔点与蒸汽压低,又具有高的极性与对无机盐类的高溶解性能,因而自 21 世纪初开始就被人用来作为溶剂[由于其结构的特点,又兼具作为结构导向剂(structure directing agent,SDA)的可能]探索与研究在离子液体体系中无机微孔化合物或 MOFs 的造孔合成。由于离子液体完全不同于水或有机溶剂,又具有上述性能与结构上的特点,因而预期是一条具有特色的且绿色的造孔合成路线,近年来已在微孔 $AlPO_4$-n、沸石与 MOFs 的合成与新结构的开拓中得到了一些很有意义的结果。

3.2.3.1　微孔 $AlPO_4$-n 的离子热合成

作为本领域的第一个研究成果,2004 年 R. E. Morris 等[89]报道了在[Emim]Br(1-乙基-3 甲基咪唑溴化物)与尿素-胆碱氯化物体系中微孔 $AlPO_4$ 的成功合成。接着又报道了在同样的[Emim]Br 离子液体中 SIZ-n 系列开放骨架磷酸铝的成功合成[90-94](图 3-15)。其中 SIZ-3、SIZ-4、SIZ-5、SIZ-8 与 SIZ-9 为具有已知的 AEL、

CHA、AFO、AEI 与 SOD 结构。其他诸如 SIZ-1、SIZ-6、SIZ-7 均为具新型结构的开放骨架磷酸铝。

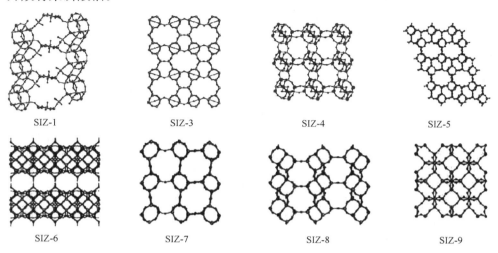

|SIZ-1|SIZ-3|SIZ-4|SIZ-5|
|SIZ-6|SIZ-7|SIZ-8|SIZ-9|

图 3-15　离子液体中晶化的 SIZ-n 系列开放骨架磷酸铝

　　2006 年,中国科学院大连化学物理研究所徐云鹏等[95]在微波辅助下[Emim]Br 体系中以 Al(O^{i}Pr)$_3$ 为铝源,合成出了 AlPO$_4$-11,并成功地把硅掺杂到骨架中得到了具有催化功能的 SAPO-11,并发现由于微波的辅助,明显缩短了晶化时间,提高了产物的选择性。2010 年,中国科学院大连化学物理研究所田志坚又以上述离子液体与 1,6-己二胺为共模板剂首次合成了具有 20 元环超大孔道的磷酸铝分子筛[96],命名为 DNL-1。DNL-1 具有分子筛-CLO 拓扑结构,其结构含有两种非交叉的 20 元环和 8 元环三维孔道体系。与 Cloverite 相比,DNL-1 具有好的热稳定性,以及更高的 BET 比表面积(631m^2/g)和孔容(0.20cm^3/g)。此外,他们采用离子热(ionothermal)合成方法,在[Emim]Br 离子液体中成功地合成出镁掺杂磷酸铝分子筛 MgAPO-11[97],并考察了不同 Mg 含量的有机胺 MgAPO-11 在正十二烷加氢异构化反应中的性能。2009 年,董晋湘等[98]在季铵盐和季戊四醇形成的低共熔盐体系的离子液体中合成了几种磷酸铝分子筛,如 UiO-7(ZON)、AlPO$_4$-17(ERI)、AlPO$_4$-22(AWW)、AlPO$_4$-5(AFI)和 SIZ-10(CHA)。研究结果表明,季戊醇/季铵盐形成的低共熔离子液体稳定,具有更合适的酸-碱性质,易形成磷酸铝分子筛。2008 年,于吉红等[73]在[Emim]Br 离子液体中以 N-甲基咪唑为协同结构导向剂,成功合成出具有新型类分子筛结构的磷酸铝化合物 JIS-1。JIS-1 是第一个具有铝磷比为 6/7 的磷酸铝化合物,其无机骨架由 AlO$_4$/AlO$_5$ 和 PO$_{4b}$/PO$_{3b}$O$_t$ 多面体连接构成,具有沿[100]、[010]和[001]方向的 10 元环、10 元环和 8 元环三维孔道体系。离子液体阳离子和质子化的 N-甲基咪唑共同存在于三维孔道体系的交叉处,起了协同导向的模板作用。值得说明的是,离子液体的种类对 JIS-1 的合成起了重要作用。选取与[Emim]Br 相类似的含有不同阳离子的离子液体,如溴化 1-丙基-3-甲基咪唑[Pmim]Br,溴化 1-丁基-3-甲基咪唑[Bmim]Br 和溴化 1-甲基-2,2-二甲基咪唑[Edmim]Br 等,合成产物均为 AlPO$_4$-34(CHA)。进一步研究表明这是因为添加的 N-甲基咪唑分子并没有进入产物结构起到共模板剂的作用,因此不能生成 JIS-1。

3.2.3.2　金属磷酸盐与亚磷酸盐微孔晶体的离子热合成

2013 年,Liu 等从质子型离子液体中合成出了两例磷酸锌化合物[99]。2010 年,苏忠民等[100]在离子热体系中,以[Emim]Br 离子液体为反应溶剂和模板剂合成出两个结构新颖的亚磷酸锌化合物 NIS-3[Zn$_3$(HPO$_3$)$_4$ · 2C$_6$H$_{11}$N$_2$]和 NIS-4[Zn(HPO$_4$)(H$_2$PO$_4$) · C$_6$H$_{11}$N$_2$][101]。NIS-3 是在离子热体系中合成的首例超大孔亚磷酸锌化合物,具有沿[001]和[110]方向的两种 16 元环孔道与沿[100]方向的螺旋 8 元环孔道。NIS-4 化合物无机骨架为非中心对称,具有沿[001]方向的 12 元环孔道和沿[010]与[101]方向的左手和右手螺旋孔道。孔道中离子液体的不对称结构和特殊排列是导致其无机骨架为非中心对称的原因。

2011 年,于吉红等[102]在离子热条件下(凝胶组成:10.0[Pmim][PF$_6$](1-戊基-3-甲基咪唑六氟磷酸盐):1.0NiCl$_2$ · 6H$_2$O:2.0H$_3$PO$_3$,130℃ 8 天)合成出超大 18 元环孔道结构的亚磷酸镍化合物 JIS-3(5H$_3$O · [Ni$_8$(HPO$_3$)$_9$Cl$_3$] · 1.5H$_2$O),突破了之前人们在亚磷酸盐的合成中经常使用水热和溶剂热条件的限制。该化合物的晶体结构是由 NiO$_5$Cl 八面体、NiO$_6$ 八面体和 HPO$_3$ 假四面体联结而成的三维阴离子骨架,在[001]方向存在一维 18 元环超大孔道。

3.2.3.3　微孔硅铝酸盐的离子热合成[92 (a),(b)]

用这条路线来合成沸石型微孔晶体,远不及在离子液体体系中晶化微孔磷酸铝,主要原因可能是合成沸石的硅源诸如 SiO$_2$、硅酸钠等在一般离子液体中难于溶解与进一步反应,因而直至 2006 年才有我国马莫冲等在室温离子液体中成功合成 SOD 的结果且发现了在 100℃ 以上并保持常压下晶化合成的特点,在此基础上 R. E. Morris 研究组[92]改进了离子液体组成以 1-丁基-3-甲基咪唑的溴化物[Bmim]Br 与其氢氧化物([Bmim]OH)的混合物作离子液体,利用[Bmim]OH 的强碱性溶解硅源与加速硅铝间的聚合反应,晶化出了 TON 与 MFI,从对产物的结构分析可看出,离子液体不仅起了溶剂作用,[Bmim]$^+$ 还对 MFI 晶体的形成起到了模板的作用(图 3-16)。

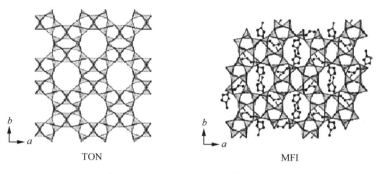

图 3-16　TON 与 MFI 结构示意图

3.2.4　微波辐射下的分子筛晶化合成

微波作为一种能源正以非常迅速的步伐进入化学反应,且应用面越来越广。微波作用下分子筛的合成与改性是其中重要的一个方面。从原理上讲,微波介电加热效应、微波离子传导损耗及局部过热效应等是加速化学反应的主要因素。微波这种原位(*in situ*)能量转换加热模式具有许多独特之处,微波与分子的耦合能力依赖于分子的性质,这就有可能控制材料的性质和产生反应的选择性,也就是说一种反应物或达到决定反应速率的过渡态配合物或中间体能有选择地吸收微波能,从而引起大的速率增加。除了加热效应之外,微波可能还使一些分子的空间结构发生变化,使一些化学键断裂或使分子活化,而促进多种类型的化学反应。目前对于微波的非热效应从理论上和实验上解释都还不完善,且有相左的观点,如与耗散结构理论有关的观点是其中的一个。关于微波促进化学反应以及分子筛晶化等的理论问题,尚有待于进一步深入的研究。

微孔化合物的微波辐射晶化法是 20 世纪 70 年代才发展起来的新的合成路线。此法具有条件温和、能耗低、反应速率快、粒度均一且小的特点。例如 Na-A 型沸石,在常压微波作用下很短时间,甚至 1min 即可合成出结晶度较高的晶体。因此,这种新的合成路线预计能实现快速、节能和连续生产分子筛的目标。本节主要介绍微波法合成 Na-A 型沸石与微孔 AlPO$_4$-5 以及 Ce-β 型沸石的离子交换反应。其他成功的例子如 FeAPO$_4$-5、CoAPO-5、CoAPO-44 等杂原子微孔化合物的微波合成,Na-X 与 Na-Y 型沸石、ZSM-5、TS-1、VPI-5 等微孔化合物的微波法合成,应用于制备分子筛膜[103],将盐类或氧化物分散到分子筛孔道中,以及修饰、改性孔道组分与结构[104]等也已见报道。

3.2.4.1　Na-A 型沸石的合成

A 型沸石是目前应用很广泛的分子筛。基于微波辐射晶化法有其独特的优点,我们课题组开展了微波辐射法合成 Na-A 型沸石的研究,主要结果如下。

如用微波频率为 2450MHz,100%的微波功率为 650W,在 10%~50%微波挡下辐射 5~20min。实验表明:①当原料配比范围为 $(1.5\sim5.0)Na_2O:1.0Al_2O_3:(0.5\sim1.7)SiO_2:(40\sim120)H_2O$ 时能很好地得到 Na-A 型沸石晶体,扫描电镜照片表明样品粒度很小($\sim0.3\mu m$)。如 $H_2O/Al_2O_3\geqslant150$,出现无定形;$Na_2O/Al_2O_3\geqslant8.0$ 则全部生成羟基方钠石,硅铝比=2.0 时,无 Na-A 晶体生成。②当微波功率较大时,微波作用时间就短一些,反之亦然。综合看,20%微波功率下作用 15~20min 容易控制,能得到较高结晶度的 Na-A 型沸石。功率较大(如 50%)易在 Na-A 中出现羟基方钠石杂晶。③陈化和搅拌是合成 Na-A 型沸石的关键步骤。

关于"陈化"对 Na-A 型沸石微波晶化的影响,1997 年 P. M. Slangen 等[105] 曾作过专门的讨论,以 $1.5Na_2O:1Al_2O_3:1SiO_2:96.5H_2O$ 晶化体系为对象,经过不同时间的室温陈化后,在 100℃下微波辐射晶化 5min。其结果如表 3-12 所示。

表 3-12　陈化对微波辐射下晶化产物的影响

陈化时间/min	产物
5	100%无定形相
60	<10%HS+>90%无定形相
120	<10%HS+>90%无定形相
180	>80%Na-A+<10%HS+<1%无定形相
240	>90%Na-A(0.4~2μm)+<10%HS
1200	100%Na-A(0.1~0.4μm)

从上列结果可明显地看到晶化前的"陈化"对晶化产物的影响。

为了验证陈化期对晶化的作用,P. M. Slangen 等曾取少量经陈化 20h 的无定形凝胶以 10%(质量分数)的量加入上述未经陈化的晶化体系中,在 100℃下经微波晶化 5min,结果产物全部为 Na-A 型沸石。这说明了经 20h 陈化的凝胶中已有适量的晶核存在,短时间的微波辐射大大加速了非自发成核的晶化过程。这种现象在众多微孔晶体的微波辐射晶化合成过程中会时常发现。同时也说明微波辐射在沸石内的能量转换,其机制与一般加热不同。B. J. Whittingtom 认为是离子传导特别是沸石存在的 Na^+ 与水分子的偶极转动导致,他的这种观点还被用来解释下列实验结果[106]:将 Na-A 型沸石直接加热至 800℃,经研究 Na-A 晶格崩塌成无定形最后成致密相黝黑石(Nepheline)。然而,如果将 Na-A 型沸石在 300W 家用微波(2.45GHz)下辐照若干小时,Na-A 型沸石却通过内部晶格的重排直接转晶成同样具有 6 元环与 8 元环结构的 Carnegiete。这个过程中 Na^+ 起着重要的离子传导作用。

3.2.4.2　AlPO₄-5 的微波合成

AlPO₄-5 分子筛的合成一般采用水热晶化法，以 H_3PO_4 作磷源，氢氧化铝作铝源，以四乙基氢氧化铵（TEAOH）或三乙胺作模板剂，并以盐酸或氨水调节反应混合物的酸碱度。将一定计量反应物料搅拌均匀后，装在封闭聚四氟乙烯反应罐中，在 10%～40% 的微波功率下作用 7～25min，得 AlPO₄-5 原粉，其 X 射线粉末衍射图与文献完全一致。电镜照片表明样品粒度很小（50nm～0.3μm）且均匀，而用传统水热晶化法，粒度常大于 5μm。一般在 10%～40% 微波功率下，微波辐射时间为 7～25min 就能合成出 AlPO₄-5 分子筛，而传统方法至少需要 5h。实验还表明用微波法进行 AlPO₄-5 合成，反应混合物配比的范围比传统水热法要拓宽一些，特别是比较昂贵的模板剂用量可较常规水热法少。近期 S. Yamanaka 还报道了在微波辐射条件下甚至不用模板剂即可合成 AlPO₄-H₁，AlPO₄-H₂（AHT）与 AlPO₄-H₃（APC）的有趣结果[107]。

与上述两个例子相仿，近十年来已用微波辐射法合成出了众多不同类型的微孔晶体，并发现这条合成路线具有许多优点，如产物粒度均匀，能较易选择性地控制晶貌，合成的反应混合物配比范围较宽，反应时间很短等。预期这种合成方法能在快速、节能和连续生产微孔化合物方面取得新的结果。

1998 年，I. Braun 等[108]已根据上述合成路线的特点，在微波辐射条件下应用加压管式反应器（图 3-17），在其中进行连续流动的 AlPO₄-5 晶化反应：将反应物料 $1.0Al_2O_3$：$1.0P_2O_5$：$1.5Pr_3N$：$150H_2O$，充分搅拌混合打浆，用泵从反应器进口打入浆料（管式反应器的最优反应参数，流速：900cm³/h，居留时间：8min，温度：180～190℃），经连续反应若干循环后，反应凝胶浆料全部晶化，产物尺寸为 1～10μm。S. E. Park 等[109]又报道了用管式微波反应装置中连续快速晶化 ZSM-5 与 Na-Y 型沸石获得很好结果，为大规模工业生产提供了技术基础。

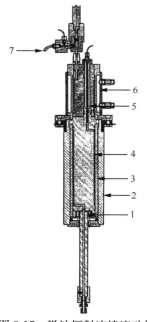

图 3-17　微波辐射连续流动加压晶化反应器。

1. 反应物进口；2. 压力护封（pressure jacket）；3. 绝热套（isolation jacket）；4. 微波加热腔中的反应管线圈（reactor tube coil in the microwave cavity）；

5. 热电偶；6. 冷却套；7. 产物出口

3.2.4.3　沸石分子筛的离子交换

将沸石分子筛与 0.05mol/L 的稀土离子溶液按液固比＝25 配成浆液,盛于反应容器中,置于微波炉(功率为 650W,微波频率为 2.45GHz)内的旋转托盘上,以微波炉 20％功率挡加热一定时间,产物经洗涤、抽滤、烘干后用于测试。

用微波辐射法进行了 Ce^{3+}、Eu^{3+}、Sm^{3+} 与 β 沸石 (BEA) 的离子交换反应,制得了 Ce-β、Eu-β、Sm-β 稀土沸石样品。

微波法制得的 Ce-β 沸石的激发和发射光谱与常规法相比,Ce^{3+} 的激发光谱变化不大,但发射光谱至少由三个谱带构成,最强峰位于 400nm。在微波作用下水分子和稀土离子运动速率比一般加热要快得多,动能也大,稀土离子可进入到较难交换的 c 轴方向孔道中,使发射光谱能量分布发生较大变化,这是微波加热离子交换法的优点之一。

实验考察了微波加热时间和交换液中稀土离子浓度对沸石中稀土离子发光强度的影响,结果表明微波加热法中铈离子浓度大一些,进入的稀土离子量就多些,交换度大些,这是微波法的又一优点。

固定交换液中稀土离子浓度和微波加热功率,不同交换时间对样品发光强度的影响也与常规法不同,达到 Ce^{3+} 发光浓度猝灭的时间,微波法为 8min,而常规法则需 8h,由此可见微波法进行离子交换的速率要快得多,这是第三个优点。

总之,在微波辅助下进行沸石离子交换是可行的。它具有方便、快速、交换度高,可交换常规方法不易进入位置的离子,尤其适用于实验室制备小批量离子交换型沸石分子筛样品。仅就目前的结果看,微波法应用在微孔晶体的合成、修饰改性与二次合成,微孔材料如超微粒、纳米态与膜等的制备等方面均已表现出一定的成功与特点。目前已引起分子筛化学界的广泛研究兴趣。

3.2.5　氟离子存在下的水热合成路线

氟离子水热合成是指当氟离子存在下硅铝沸石与以 $AlPO_4$-n 为主的微孔磷酸盐的水热(或溶剂热)晶化合成。这条合成路线有其本身的特色,且为微孔化合物的水热晶化合成中引入其他络离子或螯合剂创造了一个良好的开端。

3.2.5.1　沸石的合成

最早将 F^- 引入沸石晶化过程的是 E. M. Flanigen,她首次使用 F^- 代替 OH^- 作为矿化剂,在水热条件下晶化合成沸石分子筛。其后,法国 Mulhouse 的 J. L. Guth 与 H. Kesser 等在此领域作了大量系统工作,发展了这一合成路线[110]。关于在氟离子体系中合成沸石分子筛,其特点是允许合成在近中性或酸性条件下完成。在氟离子合成体系中已经得到一系列已知结构与某些新型结构的分子筛,特别是那些高硅或全硅分子筛,如 MFI、FER、MTT、MTN、GIS、BEA、UTD-1、ITQ-3、ITQ-4 和 TON 等。氟离子体系也适于合成杂原子(B、Al、Fe、Ga、Ti、Zr 等)取代的高硅沸石。通常过渡金属元素在高 pH 下不稳定,易水解生成氢氧化物或氧化物沉淀,难于生成较高过渡金属元素含量的杂原子沸石。然而,在氟离子体系中,由于氟离子具有几乎能与很多元素配合形成相应配氟离子的特性,所以在弱酸性介质中当氟离子存在时,MF_6^{3-}(M=Fe、Ga)、MF_6^{2-}(M=Ti、Zr)等可溶性配氟离子可以形成,在水热过程中,配氟离子如 $FeOF_4^{3-}$、$TiOF_4^{2-}$ 等经水解可以与 $SiOF_4^{2-}$ 缩合成 M-ZSM-5,从而克服了一般在碱性介质中过渡元素杂原子由于水解聚合而成氢氧化物,导致不易形成杂原子沸石的弊病,吉林大学庞文琴等[111],首次在国际上最为系统地研究了在氟离子体系中 M-ZSM-5 的晶化合成问题[M=Ti(四价)、B、Ga、Fe(三价)、Ni、Mn、Co、Zn、Be(二价)]。

在氟离子体系可以得到几乎完美或很少缺陷的全硅分子筛,高质量的晶体有利于结构的研究,而在常规强碱体系中得到的全硅分子筛往往缺陷较多,这是因为氟离子可以平衡模板剂的正电荷,而无氟离子时,模板剂的正电荷多由骨架缺陷造成的负电荷来平衡。一个很好的例子是完美晶体 UTD-1(DON) 的成功合成[112]。

沸石合成体系中氟离子的原料一般常用的是 NH_4F、NH_4HF_2 或者 HF,有时也可用骨架元素的含氟化合物作为氟源如 $(NH_4)SiF_6$、$AlF_3 \cdot H_2O$、NH_4BF_4 等直接合成沸石或杂原子沸石。

Silicalite-1 分子筛大单晶的合成采用在反应物组分比为:$1SiO_2$:$0.08TPABr$:$0.04NH_4F$:$20H_2O$,200℃下以 NH_4F 为氟源晶化 15 天,产物为 $95\mu m \times 80\mu m$ 的完美晶体,组成比为 $Si_{96}O_{192}F_4(TPA)_4$。在反应物料中如增加 NH_4F 用量,如 $NH_4F/SiO_2=1$,则可缩短晶化期为 2 天。

关于含杂原子 M-ZSM-5 分子筛的合成一般采用:

合成所用的原料:硅源为白炭黑(Aerosil),模板剂为 TPABr,氟源为 NH_4F,杂原子原料为 $(NH_4)_2TiF_6$、H_3BO_3、$Ga(NO_3)_3$、$Fe_2(SO_4)_3$,以及 Ni^{2+}、Mn^{2+}、Co^{2+}、Zn^{2+} 与 Be^{2+} 的可溶性盐类,物料组分比一般为

$1SiO_2$:$(0 \sim X)M_pO_q$:$(0.2 \sim 10)NH_4F$:$(0.1 \sim 0.8)TPABr$:$(30 \sim 300)H_2O$

M_pO_q 为过渡元素氧化物(M 为四价元素 $X=2$,三价元素 $X=1$,二价元素 $X=2$),pH 一般选用 $6 \sim 6.5$。晶化温度为 $170 \sim 190$℃。晶化时间为 $1 \sim 14$ 天。

用上述路线合成得到的 M-ZSM-5 不仅能将更多量的杂原子(M) 引入骨架且与碱性介质中的合成相比,在氟离子-弱酸性介质中晶化 M-ZSM-5 还有许多明显的优点:首先,得到的 M-ZSM-5 产物,晶体生长完美,结晶度高,晶体尺寸相对较大,一般为 $10 \sim 80\mu m$,若改变与选择晶化条件可控制合成出 $1 \sim 100\mu m$ 范围内的晶体,以适应不同功能应用的需求。其次,由于反应体系中没有 NaOH 等强碱参与,所以晶化产物为铵型原粉,经灼烧直接可得氢型沸石。进一步摸索条件,庞文琴、裴式纶等

又创造了一条在氟化物体系中合成大单晶的路线。在大量积累经验的基础上,J. L. Guth 研究组与我国的庞文琴研究组又将氟离子水热合成路线系统推广到了微孔 $AlPO_4$-n 与微孔金属磷酸盐完美单晶合成领域,得到了一系列很好的成果。

3.2.5.2　微孔磷酸铝与其他金属磷酸盐的合成

在氟离子存在下微孔 $AlPO_4$-n 和其他金属磷酸盐的晶化与沸石分子筛的晶化有共同之处,即 F^- 作为矿化剂与络合剂影响晶化的过程与速率。徐雁等[113]曾详细研究过 F^- 对 CHA 型 SAPO-34 与 CoAPO-34 晶化的影响,发现当 F^- 存在时少量晶核快速形成使诱导期几乎缩短至 1/3,然而晶体生长速率却变慢了,结果生成了完美的较大单晶。然而另一方面 F^- 的引入对微孔 $AlPO_4$-n 及其同晶置换衍生物的晶化,产生沸石所没有的特点。即①能晶化生成新型结构,最重要的一个实例是具有最大孔径微孔磷酸镓 Cloverite 的合成。Cloverite 为一具有 20 元环孔道结构的微孔磷酸镓,其晶体组成式为 $[Ga_{96}P_{96}O_{372}(OH)_{24}]_8(QF)_{24}(H_2O)_n$($Q$=奎宁环 $C_7H_{13}N$,孔道结构为〈100〉**20** $4.0\text{Å}×13.2\text{Å}$|〈100〉**8** $3.8\text{Å}×3.8\text{Å}$)。其代表性的合成条件为以磷酸(85%)、硫酸镓、氢氟酸(40%)、奎宁环(Q)为原料,按摩尔比 Ga_2O_3:P_2O_5:HF:$80H_2O$:6Q 在 150℃晶化 24h 而制得。与 Cloverite 相似,近年来又有相当数量的具有新型结构微孔磷酸铝与磷酸镓在 F^- 存在体系中被合成出来。②F^- 进入微孔磷酸盐骨架,即 F^- 在晶化过程中除去矿化剂作用外,尚能起一定的结构导向以及骨架元素的作用,如 F^- 进入 D4R 中与在骨架的 4 元环中代替 O 桥连两个骨架 Al 原子,下面选择了几个例子列于表 3-13 中。

表 3-13　某些分子筛结构中氟的位置[117]

IZA 编码	微孔化合物类型	组成	模板剂(R)	F 的位置
LTA	AlPO	$[AlPO_4]_{72} \cdot 6K_{222} \cdot 6TMA \cdot F_{18}(HO)_{12}$	TMAOH	D4R 笼中心[114]
	AlPO	$[AlPO_4]_{96} \cdot 8RF_2 \cdot 64H_2O$	Kryptofix 222	D4R 笼中心[115]
	ITQ-7	—		D4R 笼中心[116]
CLO	GaPO4	$Ga_{768}P_{768}O_{2976}(OH)_{24}F_{24} \cdot (Q_{24})$	奎宁环(Q)	D4R 笼中心[114]
CHA	AlPO	$[Al_6P_6O_{24}F][C_4H_{10}NO]$	吗啉	4 元环中桥连
GIS	AlPO	$[Al_2P_2O_8F][NHMe_2]$	Me2NH	4 元环中桥连
GIS	GaPO4	$[Ga_{32}(PO_4)_{32}F_{16}][C_6H_{14}N]_{12}$	环己胺	桥连 2Ga 原子

2005 年,M. Arranz 等对晶化体系中 F^--SDA 的协同模板效应作过详细报道[118]。在 F^- 体系中晶化合成 SAPO 型的分子筛,一般有利于控制改善 Si 在 SAPO 晶格中的分布,从而有可能根据催化反应的要求,调控酸性的强度与浓度[119, 120]。

3.2.5.3　浓溶液中氟离子合成路线

1999 年,M. A. Camblor 等[121]发现在很浓的晶化反应体系中如 SiO_2:0.5HF:

0.5DMABOOH：wH$_2$O，150℃下晶化，当 w 为 3.75、7.5 与 15 时均可能获得高纯的纯 Si 沸石，且发现 H$_2$O/SiO$_2$ 的变化将影响 DMABO$^+$ 的模板作用而生成不同结构的开放骨架 ITQ-9、ITQ-3 与 SSZ-31（图 3-18）。

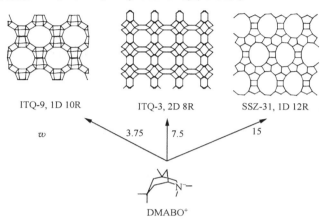

ITQ-9, 1D 10R　　　　ITQ-3, 2D 8R　　　　SSZ-31, 1D 12R

w　　　　　　　3.75　　7.5　　　　15

DMABO$^+$

图 3-18　有 F$^-$ 存在的浓晶化体系中以 DMABO$^+$ 为模板剂，不同水含量对产物结构形成的影响[121]

在上述路线的基础上，近十年来诸如 S. I. Zones 等又借浓溶液中 F$^-$ 存在下的合成路线开发出了不少具有开放骨架的纯硅或高硅沸石，如 SSZ 系列（表 3-14）。

表 3-14　浓溶液中 F$^-$ 存在下合成出来的若干微孔化合物[122]

分子筛	代码	孔道体系	骨架密度(T/1000Å^3)
ITQ-1	MWW	2D, 10R** |10R**	15.9
ITQ-7	ISV	3D, 12R**↔12R*	15
ITQ-12	ITW	2D, 8R**↔8R*	17.7
ITQ-13	ITH	3D, 10R**↔10R*↔9R*	17.4
ITQ-29	LTA	3D, 8R***	14.2
ITQ-32	IHW	2D, 18R**	18.5
SSZ-33	CON	3D, 12R*↔12R*↔10R*	15.7
SSZ-50	RTH	2D, 8R*↔8R*	16.1
SSZ-55	ATS	1D, 12R*	16.1
EU-1	EUO	1D, 10R*	17.1
SSZ-37	NES	2D, 10R**	16.4

3.2.6　二维层状的增维合成

自然界与人工合成出的大量二维层状的硅酸盐、硅铝酸盐以及磷酸铝，这类二维层状化合物的结构特点是层间 Si、Al、P 等通过 O 共价成键形成延伸的层状结构或网孔结构。然而层间却往往靠弱的库仑力或氢键甚至非键作用相联。这一个结构特点,为以层(或网孔)作为基本结构单元进行各种形式的增维形成微孔或微孔-介孔结构提供了很有利的基础与条件:诸如通过层间键合(interlayer bonding),通过层间离子交换,层间溶胀(swelling)后进行立柱(pillaring)以及通过分层(delamination)后重排等途径即可增维生成三维微孔结构并为设计具有特定组成与结构的构筑(organization)提供了基础,是一条很好的合成路线。

例一、层状 MCM-22(p)的增维合成[123]

MCM-22(p)为一具有 10 元环正弦孔道的层状硅铝酸盐,它的纯相是在硅铝比为 26~31、两种模板剂——有机模板剂[R_{org},如六次甲基亚胺(HMI)、[图]NH·H$^+$等]与无机模板剂(R_{ing},如碱金属离子 Na$^+$、K$^+$、Rb$^+$ 等的氢氧化物)存在下水热合成的。保证 MCM-22(p)纯相获得的重要条件是 $R_{org}/R_{ing} > 2.0$。如硅铝比为 17~19,$R_{org}/R_{ing} < 2.0$,在同样水热条件下得到的却为三维微孔化合物的 MCM-49。

以 MCM-22(p)作为前驱体(precursor)通过以下途径,可增维形成三维微孔沸石 MCM-22[123-125]、MCM-56[123, 126]与不同柱结构的沸石如 MCM-36[123, 127-131]。

(1) 不同比模板剂(R_{org}/R_{ing})存在下的水热合成

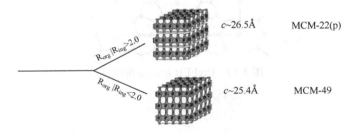

(2) 层间缩聚成键

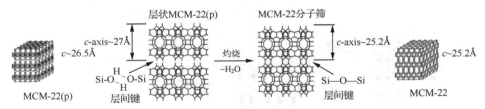

(3) 分层沸石(delaminate zeolite)的形成

（4）溶胀立柱

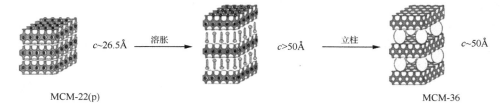

例二、层状镁碱沸石(PreFER)的增维合成[123]

$1.0SiO_2 : xAl_2O_3 : 1R : yNH_4F : 0.5HF : zH_2O, x = 0$ 或 $0.1, y = 0.25$ 或 $1.5, z = 10$ 或 30，模板剂 R 为 4-氨基-2,2,6,6-四甲基哌啶，晶化温度 $170℃$，15 天可获得纯相 PreFER(图 3-19)[132]。经灼烧，Si—OH 间缩聚成键(图 3-20)形成 [001]10R↔[010]8R 结构的镁碱沸石(FER)。PreFER 如经溶胀后可借立柱(pillaring)与分层(delamination)途经分别获得 ITQ-36 与 ITQ-6 型三维微孔开放骨架[123, 133, 134]。

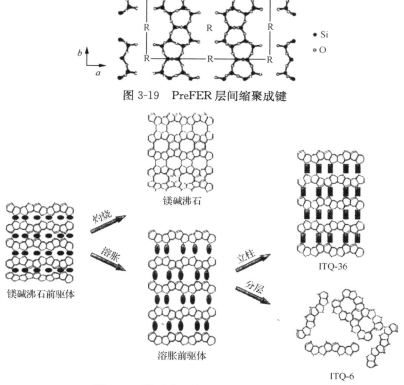

图 3-19　PreFER 层间缩聚成键

图 3-20　镁碱沸石族-PreFER 的增维合成

有关层的人工合成与立柱增维成层柱型微孔材料的具体实例将在第 4 章 4.1.6 节中作进一步讨论。

3.2.7 沸石合成的绿色路线

沸石催化材料合成通常需要在有机模板剂存在条件下通过水热路线来完成,该路线在工业应用时有两个方面的不利因素[135-138]。首先,有机模板剂的使用会带来废水的排放、增加沸石催化材料的成本以及有机模板的焙烧所带来的浪费与废气。其次,在沸石水热合成的碱性条件下会带来大量的含碱废水,大量水的使用还会造成固体产率降低,导致生产容器的效率低下。因此,如果能不使用有机模板剂和不应用溶剂来合成沸石催化材料可以同时解决环境、安全以及效率的问题,是人们梦寐以求的绿色路线。

3.2.7.1 无有机模板剂合成沸石路线

我国沸石研究人员在无有机模板剂合成沸石方面的研究一直处于国际先进水平[139]。早在 20 世纪 80 年代初,南开大学的李赫恒等就成功地在无有机模板剂的条件下合成了 ZSM-5 沸石,并将这一路线实现工业化[140]。几乎在同一时间,王福生等也报道了在氨水存在的条件下以无定形硅酸铝为原料合成 ZSM-5[141]。这也是国际上最早关于无有机模板剂合成 ZSM-5 沸石的报道之一。最近一段时间,浙江大学肖丰收研究组连续报道了在无有机模板剂条件下合成一系列沸石,主要包括 ECR-1、ZSM-34、β 和高硅 FER 沸石等,开拓了无有机模板剂合成沸石新路线[139, 142-147]。

目前,无有机模板剂合成沸石主要集中于以下路线:

(1) 调节起始凝胶配比。由于是在无有机模板剂条件下合成沸石晶体,因此合成相区不同于常规,相区可能会很窄,甚至会出现一些比较特殊的区域,如较低的硅铝比、碱硅比或者较低的晶化温度等[140-142, 148]。

(2) 加入沸石晶种溶液。加入沸石晶种溶液的作用是让起始凝胶中含有一定的沸石结构单元,并在合适的条件下进一步晶化成目标产物。例如,在合成 ZSM-34 沸石的凝胶中加入与 ZSM-34 具有同一 CAN 特征结构的 L 型沸石晶种溶液,可以有效地导向晶化出 ZSM-34 沸石[143,144]。

(3) 加入沸石晶种。在传统的沸石工业生产中,加入少量的沸石晶种可以提高晶化速率并且抑制杂相的生成,而肖丰收研究组在 2008 年首次报道了使用晶种可以在无有机模板剂的条件下合成 β 沸石[145]。最近的研究已证明晶种无模板路线合成沸石具有广泛的普遍性,如采用该路线合成的 β、RUB-13、ZSM-12、RUB-50、ZSM-34、ZSM-23、SUZ-4 和 HEU 等[145-147, 149-155]。其中晶种无模板路线合成 β 沸石的研究比较深入,并提出了核-壳(core-shell)结构的晶体生长机理[146]。

值得指出的是,采用该方法所制备的 β 沸石与常规方法制备的样品相比显示出更高的表面积,这可能与无有机模板剂条件下不需要高温焙烧,从而避免了焙烧过程中产生缺陷位有关。

3.2.7.2　无溶剂合成沸石

为了降低水热合成沸石过程中产生的自生压力与母液的处理,R. E. Morris 等设计了离子热合成沸石路线,并且取得了成功[138, 156-161]。但是离子热合成沸石的研究主要集中在磷酸铝沸石,而应用更加广泛的硅铝沸石的报道却很少。

最近,肖丰收研究组成功地报道了使用固体原料(包括固体硅源、铝源、碱与模板剂)为起始物种,经过简单研磨,在 150～220℃条件下可以合成出具有高结晶度的系列 MFI 沸石,该路线具有如下优点:高收率,由于没有溶剂,也就没有含大量原料的废液,沸石的产率可以接近 100%;由于没有溶剂占据反应釜的空间,可以大大提高釜的利用率;低排放,不添加溶剂最大限度地降低了废水和废液的排放;低压力,没有溶剂大大降低了反应釜的压力,这也降低了生产过程中的安全隐患[162]。

为了更好地研究无溶剂合成沸石的过程,他们使用了 XRD、UV-Raman 和 ^{29}Si NMR 等技术研究了无溶剂合成 ZSM-5 沸石的晶化过程,证明该路线的沸石晶化为固相转化。值得指出的是,这种无溶剂合成沸石的方法具有一定的普遍性,典型的实例有 ZSM-39、SOD、MOR、β 和 FAU 等沸石[162]。更重要的是,如果将无溶剂和无有机模板剂合成沸石的两种方法有效结合,则可以真正实现沸石合成的绿色路线,这一探索已经在 β 沸石合成方面取得了初步成功[162, 163]。

3.2.8　一些特殊合成路线

3.2.8.1　微孔材料的二次合成

几乎所有的沸石与微孔磷酸盐的合成,对反应物组成和条件都有一定的限制,诸如高硅 Y 型沸石,低硅 ZSM-5 型沸石等都不能直接合成,需要进行二次合成对骨架进行修饰调变,如 Y 型沸石的脱铝补硅与脱钠超稳化,以及某些难于直接合成的硅铝沸石可以先合成硅硼结构,然后用铝置换硼得到硅铝沸石如 Al-SSZ-24 (AFI)和 Al-CIT-1 等,这些方法都属于二次合成的领域,关于二次合成的详细内容将在第 6 章作专门介绍。转晶也属于二次合成的范畴。

沸石和微孔磷酸铝的转晶是微孔晶体化学中一个比较常见的现象,很多开放微孔结构属介稳态,因而往往可以利用这种特点作为一种特殊的合成方法。一种沸石作为另一种沸石的合成原料,如含硼 β 型沸石作为原料转晶合成含硼SSZ-24,Li-Losod(LOS)在 0.1mol/L NaOH 中 353K 下转晶成 Li-钙霞石(CAN)等。

3.2.8.2　干凝胶合成方法

干凝胶转化法(dry gel conversion，DGC 法)可用于合成高硅沸石或全硅分子筛。我国徐文旸是此法最早的创始人之一[164]。DGC 法首先是把氧化硅凝胶(或硅铝凝胶)和结构导向剂很好地混合，混合物含有少量水(足够于活化聚合过程)。或在干凝胶下放置少量水，在特定装置的反应釜中进行反应，温度 150~200℃。这个方法是利用硅羟基的高反应活性(氧化硅凝胶含有的大量硅羟基)。此法可以应用于碱性体系也可应用于酸性氟离子体系。如果使用高浓度的结构导向剂，有时能得到高孔隙度材料(因为含有一些介孔)。DGC 法可以减少结构导向剂(模板剂)的用量，并且便于沸石的直接形体合成，如薄膜、片、管、球等。

下面以 M. Matsukata 等[165, 166]近年来用 DGC 法成功地晶化合成具有不同硅铝比(30~730)的 β 型沸石(BEA)为例来进行说明。他认为 DGC 法实际上可以区分为两种类型。其一，如结构导向剂(SDA)为乙二胺等易挥发性物质，则硅铝干凝胶是在水与乙二醇的蒸气作用下进行晶化，称之为蒸气传输法(vapor-phase transport method)；其二，如 SDA 为难挥发性物质如 TEA，则干凝胶制备时，应同时加入 TEA，且与硅源、铝源充分混匀，蒸发，加热至干凝胶，然后在水蒸气作用下晶化，称之为蒸气辅助晶化法[steam assisted crystallization (SAC) method]。他用这两种方法成功地合成了硅铝比=30~730 的 BEA，甚至用 SAC 法还合成出用一般方法难于合成的高铝 β 型沸石(硅铝比=7)且比较深入地研究了 DGC 法的机理。

DGC 的高温快速晶化，这种合成的例子极少，其中之一为将三甘醇溶剂中三乙胺为模板剂的磷酸铝凝胶直接加热到高温(如 600℃，注意安全)，有机物分解之后留下的固体产物是 $AlPO_4$-5[167]，整个过程只需要几分钟，这种方法直接得到不含模板剂的分子筛，省去了一般合成所需要的焙烧除去有机模板剂的步骤。其晶化过程目前还不够清楚，是一条值得进一步研究的合成路线。

3.2.8.3　熔融盐法

李光华等曾应用 KF/KVO_3 熔融盐体系中加入 UO_3 与 SiO_2 在 700℃下恒温 16h，获得由 UO_6 双四角锥及 SiO_4 四面体构成的[Si_8O_{22}]构筑成的三维孔道结构 $K_6(UO_2)_3Si_8O_{22}$[168]，用类似方法还曾成功地合成出了[Na_3F][$SnSi_3O_9$]、[K_3Cs_4F]·[$(UO_2)_3(Si_2O_7)_2$]与(Rb_6NaF)[$(UO_2)_3(Si_2O_7)_2$]等具有 12 元环孔道结构的微孔铀酰多硅酸盐[169]。

3.2.8.4　太空合成分子筛

为寻找更大更纯净更完美的晶体，人们试验在太空中晶化沸石分子筛[170]。

在微重力条件下最大的差异是：①在太空中因为减小对流而减小传质速率，因此在太空中沸石晶化很慢；②在太空中能避免晶体黏结与沉积在反应器底部的现象。

3.2.9　组合合成方法与技术在微孔化合物合成中的应用

组合化学是近年来科学上取得的重要成就之一[171]。组合合成（combinatorial synthesis）摒弃了传统的合成规则，而用可靠的反应及简便高效的分离方法，在一特定的反应器内使用相同的条件同时制备出多种产物，然后进行高效检测，筛选物种。

传统合成（conventional synthesis）：

$$R + S \longrightarrow RS（一种产物）\tag{3-2}$$

组合合成（combinatorial synthesis）：

$$\{R_i\}_{i=l,n} + (S_j)_{j=l,m} \longrightarrow \{R_iS_j\}_{i=l,n;j=l,m}　（共 n \times m 种产物）\tag{3-3}$$

组合合成法在沸石与其他微孔化合物的水热合成中的应用是组合化学的又一进展。组合化学具有自动、快速、平行、连续、微量等特点，可以迅速高效对大量样品进行合成与筛选。利用高通量组合合成分子筛无机开放骨架材料始于 1998 年，D. E. Akporiaye 等[172]首次报道了利用组合（10×10）反应釜，研究了 Na_2O-Al_2O_3-SiO_2-H_2O 体系的水热组合合成，并系统研究了 100℃下的晶化区域图。W. F. Maier 等[173,174]随后改进了多孔微量反应釜，使其能够在 Si 的单晶片上实现微量水热合成 TS-1。T. Bein 等[175]继续延伸了这种方法，使产物能单个表征。近年来，西班牙 A. Corma 等利用自行设计的 15 孔组合釜合成了系列硅锗酸盐分子筛[176-180]。

2001 年在我国，吉林大学徐如人和于吉红等建立了包括自动进料机械手、组合反应釜和 Bruker D8 型自动 X 射线衍射仪的组合合成装置，开展了分子筛无机微孔晶体材料的组合合成。2002 年，于吉红等利用自己设计的 64 釜（800μL）式组合反应器，研究了 ZnO-P_2O_5-N,N'-二甲基哌嗪-H_2O/EG 体系的水热和溶剂热组合合成[181,182]。通过调变晶化温度（140～200℃），以及 H_2O 和 EG 用量合成了四种具有开放骨架磷酸锌化合物以及一种在[100]、[010]和[001]方向上具有 16 元环、10 元环和 8 元环交叉孔道的超大孔磷酸锌$[C_6H_{16}N_2]_{0.5}$ · $[C_5H_{14}N_2]$ · $[Zn_6(PO_4)_5(H_2O)]$ · $3H_2O$，该工作表明水热/溶剂热组合合成为高效系统研究分子筛和微孔化合物新结构的生成提供了一条有效的途径。

2004 年，于吉红等又利用自己设计的 64 釜（800μL）式组合反应器，系统研究了 $1.0Al(O^iPr)_3$-$1.0～7.0H_3PO_4$-$1.0～7.0$ 三正丙胺（Pr_3N)-60 二甲基甲酰胺（DMF）体系中，在 180℃下晶化反应，发现一种含有奇特氢键螺旋线，铝磷比为 2/3 的二维层状磷酸铝化合物$[C_4H_{16}N_2][Al_2P_3O_{12}H]$（AlPO-DMF）[183]。AlPO-DMF 具有独特的 ABCD 堆积方式，层间质子化二甲胺阳离子与无机层形成氢键螺旋线,这在磷酸盐化合物中非常少见。

　　2011 年,于吉红等[184]利用高通量组合方法研究了超大孔硅锗酸盐分子筛的合成。采用设计合成系列基于异吲哚基的有机模板剂(SDAOH),使用高通量水热组合化学的方法,在 GeO_2-Al_2O_3-SDAOH-NH_4F-NH_4Cl 体系中,系统研究了组分比例,以及模板剂的尺寸对产物结构的关系(图 3-21),发现当有机模板剂的尺寸增加时,将会得到 ITQ-44、ITQ-15 以及 ITQ-37 等超大孔道分子筛。特别是,首次使用廉价的非手性有机模板剂成功合成了手性介孔分子筛材料 ITQ-37。

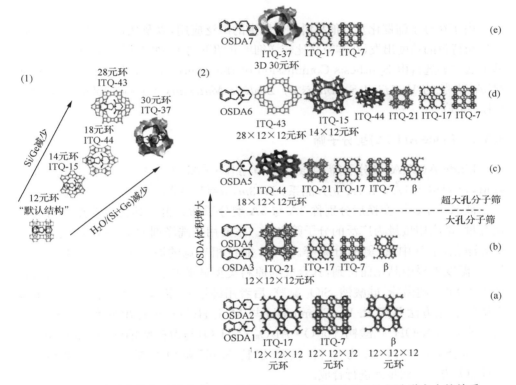

图 3-21　硅锗酸盐的高通量合成:(1) Si/Ge 比和 H_2O/(Si+Ge)比与孔道大小的关系;
(2) 模板剂几何尺寸与产物的关系[184]

　　此外,在与西班牙巴伦西亚大学合作研究中,利用 15 孔组合反应釜,采用了一个基于异吲哚啉基的单季铵盐的结构导向剂,在 $0.67SiO_2$: $0.33GeO_2$: $0.25SDAOH$: $0.25NH_4F$: $3H_2O$ 的凝胶组成中在 175℃下晶化 7 天,合成了第一例具有多级微孔-介孔的硅锗酸盐分子筛 ITQ-43[180]。ITQ-43 具有三维 28×12×12 元环的超大孔结构,由于具有开放与多级孔结构,有可能在大分子催化与吸附分离方面具有潜在应用前景。

　　组合化学方法是一项新型的合成技术,它利用一系列合成和测试技术,在短时间内合成数目庞大的化合物,并且可以做到最大限度的平行,解决了传统方法难以解决的问题,为新型分子筛微孔材料的快速合成和筛选、研究和总结合成规律,以及深入认识其生成机制提供了一个非常有效的途径。在未来的发展中,通过不断改进组合装置,开发新的、有效的组合测试技术,组合合成技术将在分子筛无机微孔晶体材料的合成中发挥更大的作用。

3.3　若干重要分子筛的合成实例

由于在分子筛催化及其他高科技领域中的广泛应用,以及从合成化学中更具代表性与特色的角度出发,在本节将比较详细地介绍下列 11 种分子筛的合成方法。这些方法主要选自由 Synthesis Commission of the International Zeolite Association (IZA)出版的 *Verified Synthesis of Zeolitic Materials*（主编:Robson H, 2nd Ed, 2001）。

3.3.1　Linde-A(LTA)型分子筛

Linde-A(LTA)型分子筛 $|Na_{12}(H_2O)_{27}|_8$ · $[Al_{12}Si_{12}O_{48}]_8$ 三维 8 元环垂直孔道,⟨100⟩8 4.1Å×4.1Å 立方晶系, $Pm\bar{3}m$, a=11.9Å。

被 K^+ 与 Ca^{2+} 交换后分别称 3A 与 5A 型分子筛。由于其孔道特点与高的交换容量,是应用量最为广泛的分子筛之一。主要用于洗涤剂的主要成分,气体的干燥与净化,空气中氧、氮的分离等。LTA 能在相当宽的原料组成范围内于 60～110℃温度界限中晶化而得到,其合成的原料类型硅源与铝源要求不严格,如前者即可用 SiO_2 超微粉、硅酸钠、SiO_2 凝胶,后者用纯铝粉、铝丝或铝酸钠均可。本节介绍的晶化方法是用 R. W. Thompsom 与 M. J. Huber[185] 提出的实验室合成方法。他们用 NaOH、铝酸钠（Na_2O · Al_2O_3 · $3H_2O$）与偏硅酸钠（sodium metasilicate,Na_2SiO_3 · $5H_2O$）为原料,按摩尔比 $3.165Na_2O$ ∶ Al_2O_3 ∶ $1.926SiO_2$ ∶ $128H_2O$,遵循下列步骤进行合成。

(1) 将 0.723g NaOH 溶于 80mL 去离子水中,搅拌 10～20min,均匀混合直至全溶,将溶液均分,分别放置于两个聚丙烯瓶中。

(2) 将一瓶中的 NaOH 溶液加 8.258g 铝酸钠,搅拌 10～20min,均匀混合,置盖封的瓶中直到澄清。

(3) 将另一瓶中的 NaOH 溶液加 15.48g 偏硅酸钠,搅拌 10～20min,均匀混合,置盖封的瓶中直到澄清。

(4) 将(3)中的溶液快速倒入(2)中,直到稠状凝胶生成。在盖封下用电磁搅拌搅匀。

将密封于聚丙烯瓶中的硅铝凝胶(100～150mL)置烘箱中,在(99±1)℃下晶化 3～4h,冷却,过滤时用去离子水洗到 pH＜9,将产物置于表玻璃上,放置在80～110℃烘箱内干燥过夜,产物约 28.1g(干产物 10.4g)。

产物为 2～3μm 均匀的立方晶粒,经 XRD 表征最强峰 d＝4.107Å、3.714Å、3.293Å 与 2.987Å。产物组成分析为 $Na_2O \cdot Al_2O_3 \cdot 2SiO_2$,其 XRD 图谱见图 3-22。

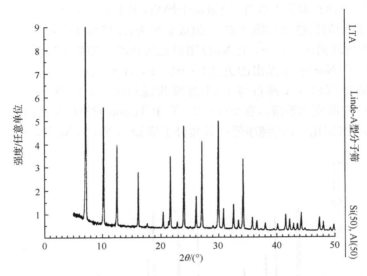

图 3-22　LTA 型分子筛的 XRD 图谱

3.3.2　八面沸石(FAU)型分子筛

八面沸石型(FAU)分子筛,三维 12 元环孔道体系〈111〉**12** 7.4Å×7.4Å 立方晶系,$Fd\bar{3}m$,a＝24.74Å。

无论是低硅型的 X 型分子筛还是高硅型的 Y 型分子筛,都是目前使用最广泛的石油加工催化剂的主要组分。低硅 X 型分子筛又是重要的吸附剂,用于气体的吸附分离与净化。

下面分别介绍 X 型与 Y 型分子筛的合成方法。

3.3.2.1　低硅 X 型(LSX)分子筛:$Na_{73}K_{22}Al_{95}Si_{97}O_{384}$

X 型分子筛的硅铝比一般为 1～1.5。本节介绍的实验室合成方法是由 G. Kühl[186] 提出的,他用铝酸钠、KOH、NaOH 与硅酸钠溶液(Na_2O 8.9%,SiO_2 28.7%)为原料,按摩尔比 5.5Na_2O:1.65K_2O:Al_2O_3:2.2SiO_2:122H_2O 组成起始物料,遵循下列步骤(按干产物 29g 计),进行合成晶化:

(1) 将 22.37g 铝酸钠溶于 30g 水中搅拌直到全溶。

(2) 将 21.53g KOH 与 31.09g NaOH 溶于 70g 水中搅拌直至全溶。

（3）将上述两种溶液混匀。

（4）将上述溶液与 71.8g 水和 46.0g 硅酸钠溶液在搅拌下充分混合均匀。

将所制得的物料封置于聚丙烯或 Teflon 瓶中在 70℃下陈化 3h 后，于 93～100℃间晶化，一般 2h 即完成。将最后的体系加水稀释过滤，并用 0.01mol/L NaOH 洗涤，产物在室温下放置，经初步干燥后，于 110～125℃烘箱中干燥。产物为 2～6μm 的均匀颗粒，经 XRD 表征，组成分析为：$0.77Na_2O \cdot 0.23K_2O \cdot Al_2O_3 \cdot 2.04SiO_2$，产物硅铝比＝1.02，其 XRD 图谱见图 3-23。如欲再降低 LSX 型分子筛中的硅铝比，P. Norby 等提出的方法（Norby P, et al. *Acta Chem Scand*, 1986, A40:500）是将 Na-LTA 沸石与 LiCl 溶液共混（10g Na-LTA 与 10g LiCl 溶于 150mL H_2O 中所成的溶液），在 200～250℃于 Teflon 衬里的不锈钢反应釜中晶化 72h，即可得到硅铝比＝1 的纯净低硅 X 型分子筛 $Li_{1.02}Na_{0.004}AlSiO_4 \cdot 1.1H_2O$。

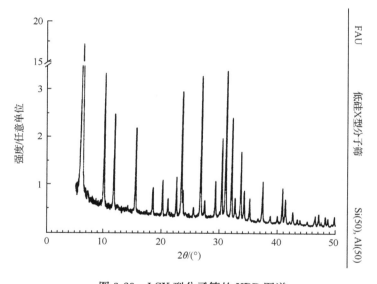

图 3-23　LSX 型分子筛的 XRD 图谱

3.3.2.2　Linde-Y 型分子筛：$Na_{56}[Al_{56}Si_{136}O_{384}] \cdot 250H_2O$

Y 型分子筛硅铝比一般为 1.5～3。本节介绍的实验室合成方法是由 D. M. Ginter，A. T. Bell 与 C. J. Radke 等[187] 提出的。以铝酸钠固体（Na/Al 摩尔比＝1.27，6.1％H_2O）、片状 NaOH 与硅酸钠溶液（28.7％ SiO_2，8.9％ Na_2O）为原料按摩尔比 $4.62Na_2O : Al_2O_3 : 10SiO_2 : 180H_2O$，遵循下列步骤进行合成。

胶态导向剂（5％Al）：$10.67Na_2O : Al_2O_3 : 10SiO_2 : 180H_2O$ 的配制：

（1）将 4.07g NaOH，2.09g 铝酸钠与 19.95g 水相混置于一 50mL 的塑料瓶中搅拌直至全溶。

(2) 将上述溶液与 22.72g 硅酸钠溶液混合,搅拌至少 10min,盖封后在室温下陈化一昼夜。

母料液(95% Al):$4.30Na_2O:Al_2O_3:10SiO_2:180H_2O$ 的制备:

(3) 将 0.14g NaOH,13.09g 铝酸钠与 130.97g 水混合在 500mL 塑料烧杯中,搅拌至全溶。

(4) 将上述溶液与 142.43g 硅酸钠溶液混合,剧烈搅拌至凝胶均匀生成,加表面皿。

(5) 将 (2) 所得的导向剂在猛烈搅拌下缓缓加入 (4) 所得母液中继续猛烈搅拌 20min。

将物料置于 300mL 聚丙烯密盖瓶中在室温下陈化一昼夜,然后于 100℃下晶化直至晶化瓶中的固-液相清晰分开,表示晶化完成(晶化时间延长将产生 GIS 等杂晶相)。离心或过滤后用去离子水清洗至 pH<9,置 110℃烘箱中干燥,产物约 32g,为均匀,直径少于 1μm 的八面体晶粒,经 XRD 表征最强峰 $d=14.28$Å、8.75Å、7.46Å,$a_0=24.72$Å,其 XRD 图谱见图 3-24。产物组成分析为 $NaAlO_2 \cdot 2.43SiO_2$,硅铝比>3 的 Y 型沸石很难用一般方法制得,只能在模板剂 15-冠醚-5 存在下由 T. Chatelain 等[188]提出的方法在 $2.1Na_2O:10SiO_2:Al_2O_3:0.5(15-$ 冠醚-5)$:100H_2O$ 体系中 110℃下晶化 8 天制得。用这种方法制得的 Y 型分子筛硅铝比可高达 3.8 甚至更高。

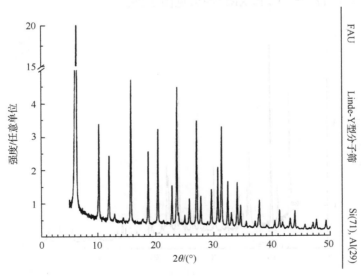

图 3-24　Linde-Y 型分子筛的 XRD 图谱

3.3.3　丝光沸石(MOR)型分子筛

孔道结构为 $[001]$ **12** $6.5\text{Å}\times 7.0\text{Å}\leftrightarrow [001]$**8** $2.6\text{Å}\times 5.7\text{Å}$,正交晶系,$Cmcm$,$a=18.3\text{Å}$,$b=20.5\text{Å}$,$c=7.5\text{Å}$。

丝光沸石型分子筛($|Na_8(H_2O)_{24}|[Al_8Si_{40}O_{96}]$)是一重要的催化与吸附分离材料,广泛应用于石油加工与精细化工工业。本节介绍的实验室合成方法主要根据 G. J. Kim 与 W. S. Ahn[189] 提出的以 NaOH、铝酸钠(32.6% Na_2O,35.7% Al_2O_3)、SiO_2 粉末(如果以硅酸钠代替 SiO_2 作为硅源也可以,只是晶化速率稍慢一些)与去离子水为原料,按摩尔比 $6Na_2O:Al_2O_3:30SiO_2:780H_2O$,遵循下列步骤进行合成。

(1) 将 19g NaOH 在搅拌下溶入 40g H_2O 中。

(2) 将 14.3g 铝酸钠与上述 NaOH 溶液混合,搅拌直至全溶。

(3) 将上述溶液再加 645g H_2O 稀释。

(4) 将 98.2g 粉末 SiO_2 加入 (3) 中搅拌 30min。

将上述物料置于 Teflon 衬里的不锈钢反应釜中在 170℃下晶化 24h,产物经水洗至 pH<10,在 100℃下干燥。产物为粒度 $5\mu m$ 的不规则球形或棱柱体,经 XRD 表征,主要强峰为 $d=3.45\text{Å}$、3.97Å、9.02Å、3.27Å 与 3.21Å,产物组成为 $Na_2O\cdot Al_2O_3\cdot 17.2SiO_2$,其 XRD 图谱见图 3-25。

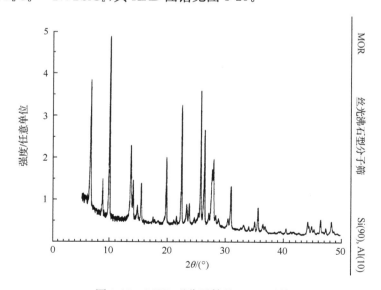

图 3-25　MOR 型分子筛的 XRD 图谱

3.3.4 ZSM-5 型分子筛

ZSM-5 具有二维 10 元环孔道,其一为 10 元环直孔道,另一为具有 Zigzag 形状的 10 元环孔道:孔道结构为[100]**10** 5.1Å×5.5Å ↔[010]**10** 5.3Å×5.6Å,正交晶系,$Pnma$,$a=20.1$Å,$b=19.7$Å,$c=13.1$Å。

具有 MFI 型孔道结构的分子筛($|Na_n(H_2O)_{16}|[Al_nSi_{96-n}O_{192}]$,$n<27$),其硅铝比可自高硅直至全硅型(Silicalite-1 型)。以 HZSM-5 为例,其酸催化性能与骨架中 Al 含量关系很大,ZSM-5 型分子筛是目前最重要的分子筛催化材料之一,广泛应用于石油加工、煤化工与精细化工等催化领域。与上述的 LTA、FAU、MOR 等重要分子筛一样,它的生产早就工业化。据近期统计直至近十年来,每年平均有 100 篇以上的合成专利与合成方法有关的论文发表。本节介绍的实验室合成方法主要根据 H. Lechert 和 R. Kleinwort[190] 提出的以 NaOH,TPAOH(20%溶液),硅酸(Merck,$SiO_2 \cdot 0.5H_2O$),铝酸钠(Al_2O_3:$1.24Na_2O$:$0.57H_2O$)为原料,按摩尔比 $3.25Na_2O$:Al_2O_3:$30SiO_2$:$958H_2O$,遵循下列步骤进行合成。

胶态晶种的制备:

(1) 将 710.3g H_2O,13.8g NaOH 与 117.0g TPAOH 溶液充分溶解混合至均匀。

(2) 在搅拌下将 158.9g 硅酸逐步分批地加入上述溶液中,在室温下充分振荡 1h 后,在 100℃下陈化 16h。

ZSM-5 的合成:

(3) 将 867.8g H_2O,8.8g NaOH 与 10.3g 铝酸钠充分混合相溶。

(4) 将 113.1g 硅酸在充分搅拌下逐步分批地加入溶液(3)中并在室温下猛烈振荡 1h。

(5) 将步骤(2)中制得的胶态晶种 50g 加入(4)中再振荡 1h。

然后将物料置于 50mL 用 PTFE 衬里的不锈钢反应釜中,在 180℃下晶化 40h 后过滤,用去离子水充分洗涤,在 105℃下干燥 24h,产物约为 $6\mu m$ 均匀颗粒。经 XRD 表征,组成分析硅铝比=12~13.5,其 XRD 图谱见图 3-26。合成产物中硅铝比可由原料物料比来调控。如合成体系中无 Al,或分别向无 Al 体系中加入 B_2O_3、$Fe_2(SO_4)_3$、$Ti(OC_2H_5)_4$ 等,同时以 TPA$^+$ 作模板剂分别在 200℃、180℃、175℃下晶化数日,可分别合成出高质量的全硅沸石 Silicalite-1、[B]ZSM-5、[Fe]ZSM-5 与 [Ti]ZSM-5 型分子筛。

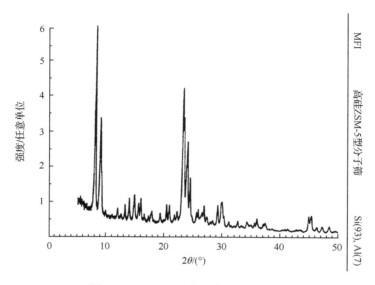

图 3-26　ZSM-5 型分子筛的 XRD 图谱

3.3.5　β 型分子筛

β 型分子筛(|Na$_7$|[Al$_7$Si$_{57}$O$_{128}$])孔道结构为〈100〉**12** 6.6Å×6.7Å↔[001]**12** 5.6Å×5.6Å。四方晶系,$P4_1 22$,a=12.6Å,c=26.2Å。

β 型分子筛为 12 元环孔道,热稳定性高,酸性强的一种重要分子筛,已广泛应用于石油加工与化学工业催化领域。它的生产也早已工业化。本节介绍的实验室合成方法是 M. A. Camblor 与 J. Pérez-Pariente[191] 提出的以 TEAOH(Alfa 40%)、NaCl、KCl、SiO$_2$、NaOH、铝酸钠为原料,按摩尔比 1.97Na$_2$O:1.00K$_2$O:12.5TEA$_2$O:Al$_2$O$_3$:50SiO$_2$:750H$_2$O:2.9HCl,遵循下列步骤进行合成。

(1) 将 89.6g TEAOH(40%),0.53g NaCl,1.44g KCl 加入 59.4g H$_2$O 中搅拌至全溶。

(2) 在搅拌下将 29.54g SiO$_2$ 逐渐加入溶液(1)中,搅拌均匀。

(3) 将 0.33g NaOH,1.79g 铝酸钠加入 20g H$_2$O 中搅拌到全溶。

(4) 将溶液(2)与溶液(3)混合,搅拌 10min 到稠状。

将此凝胶置于 60mL 配有 Teflon 衬里的不锈钢釜中并在(135±1)℃下晶化 15～20h,将釜置于冷水中退火,将产物在高速离心机(10 000r/min)中离心分离,并用水洗到 pH～9,在 77℃下干燥过夜。产物粒度均匀 0.10～0.30μm,经 XRD 表征为 BEA 沸石,其组成为 Na$_{0.90}$K$_{0.62}$(TEA)$_{7.6}$[Al$_{4.53}$Si$_{59.47}$O$_{128}$],其 XRD 图谱见图 3-27。

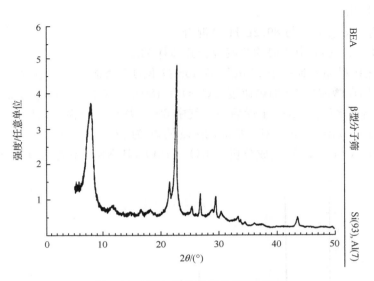

图 3-27　BEA 型分子筛的 XRD 图谱

3.3.6　AlPO₄-5 分子筛

AlPO₄-5 分子筛($[Al_{12}P_{12}O_{48}]$)孔道结构为[001]**12** 7.3Å×7.3Å,六方晶系,$P6/mcc$,$a=13.8$Å,$c=8.6$Å。

与上述硅铝沸石分子筛不同,微孔磷酸铝或其衍生物的合成一般都在微酸或中性条件下且需要在有机胺或季铵盐的存在下晶化而得,它们在合成中的作用大致可分为三种情况:其一是起模板剂作用;其二起结构导向剂(structure directing agent,SDA)作用;其三在孔道中起填充物作用。这三种作用的本质及其相互间的关系问题至今还是分子筛化学界一个尚未很好解决的问题。众多的分子筛化学家都在认真探讨与追索。在本书的第 5 章中将比较详细地讨论此问题。AlPO₄-5 合成中有机胺的作用问题,也是尚未有统一看法的问题。因为至今为止它可以在多达 85 种不同的有机胺类的作用下合成而得,然而在这些有机胺类彼此之间又尚未认识到有更本质的联系。目前实验室中合成的主要方法之一是由 J. Caro 等[192]提出的以 H_3PO_4(85%)、三乙胺(TriEA)、异丙醇铝$[Al(O^iPr)_3]$与 HF(40% 水溶液)和少量 C_3H_7OH 为原料,按摩尔比 Al_2O_3：$1.3P_2O_5$：$1.6TriEA$：$1.3HF$：$425H_2O$：$6C_3H_7OH$,遵循下列步骤进行合成[如用拟薄水铝石(pseudo-boehmite)或 $Al(OH)_3$ 作铝源也可以得到很好的 AlPO₄-5 晶体]。

(1) 将 7g H_2O 与 3.84g H_3PO_4 混合。

(2) 将 2.07g 三乙胺逐滴加入上述 H_3PO_4 溶液中。

(3) 在 0℃下搅拌并将 5.23g 异丙醇铝一点点地加入上述溶液中,加完后在室温下再搅拌 2h。

（4）将 0.82g HF 与 89.2g H_2O 混合。

（5）将（3）、（4）中所得的溶液混合并搅拌 2h。

将上述物料加入到一个 150mL Teflon 衬里的不锈钢反应釜中,在 180℃下晶化 6h 后［如在微波炉中（加热速度 4℃/s）在 180℃下晶化 15min］过滤分离且用 100mL 去离子水清洗四次,干燥后在空气中 600℃灼烧至产物呈无色,产物一般是六方柱形约 50μm。经 XRD 表征,最强的峰为 $d=11.90$Å、5.93Å、4.48Å、4.24Å、3.96Å 与 3.42Å,组成分析:$Al_2O_3 \cdot P_2O_5$,其 XRD 图谱见图 3-28。

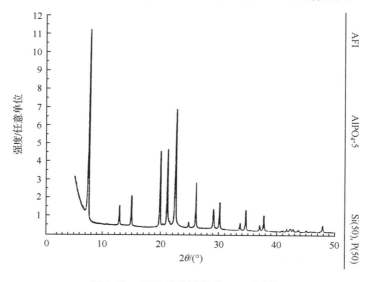

图 3-28　AFI 型分子筛的 XRD 图谱

3.3.7　AlPO₄-11 分子筛

AlPO₄-11 分子筛（$[Al_{20}P_{20}O_{80}]$）为 10 元环孔道结构:[001] **10** 4.0Å× 6.5Å,正交晶系,$Imma$,$a=8.3$Å,$b=18.7$Å,$c=13.4$Å。

本节介绍的实验室合成方法是由 R. Szostak 等[193] 提出的方法以 $Al(OH)_3$（Aldrich 50%～57.5% Al_2O_3）,H_3PO_4（85%）,二丙胺（DPA）,HF 为原料按摩尔比 1.0Al_2O_3∶1.25P_2O_5∶2.37DPA∶1.80HF∶156H_2O,遵循下列实验合成。

（1）在搅拌下将 7.8g $Al(OH)_3$ 均匀分散于 20.0g H_2O 中。

（2）将 14.4g H_3PO_4 在搅拌下逐滴加入上述溶液中直到完成。

（3）在搅拌下向其中加 100g H_2O 稀释后充分搅拌。

（4）在搅拌下再逐滴加入 12g DPA。

（5）在搅拌下再加入 10.0g H_2O 与 3.75g HF,搅拌 2h,最后 pH=6.0。

将物料置于 Teflon 衬里的不锈钢反应釜中在 145℃下晶化 18h,完成后将釜急速冷却,并立即过滤,洗涤后,在室温下干燥过夜,产率约为 70%(针状晶体产物)。经 XRD 表征,组成分析为 Al$_2$O$_3$·1.1P$_2$O$_5$,其 XRD 图谱见图 3-29。

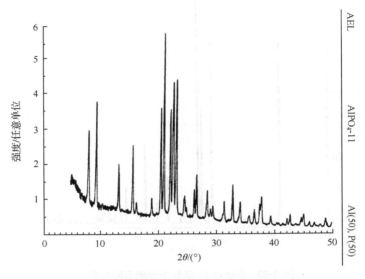

图 3-29　AEL 型分子筛的 XRD 图谱

3.3.8　SAPO-31 型分子筛

SAPO-31 随合成条件的不同硅铝比可有一定范围的变化,SAPO-31 分子筛在烷基化、胺化(amination)与异构化等催化领域的应用上具有相当的前景。它的合成一般用提出的以二丙胺作模板剂的方法。然而此法所得产物中常伴有 AlPO$_4$-11 与 AlPO$_4$-41 杂晶,因而在此介绍的是 O. V. Kikhtyanin 等[194]提出的合成方法,以 H$_3$PO$_4$(85%),异丙醇铝(98%),无定形 SiO$_2$(Cab-O-Sil M-5),二戊胺(di-n-pentylamine)与 HCl 溶液为原料,按摩尔比 1.0Al$_2$O$_3$：1.0P$_2$O$_5$：(0~1.0)SiO$_2$：1.2R：60H$_2$O,遵循下列实验步骤进行合成。

(1) 在搅拌下将 H$_3$PO$_4$ 与 H$_2$O 相互混合。

(2) 将异丙醇铝加入上述酸溶液中。

(3) 按要求硅量的 Cab-O-Sil 在搅拌下加入上述溶液。

(4) 在搅拌下加入二戊胺并继续搅拌 30min。

(5) 在 5~10min 内将 HCl 溶液在搅拌下逐步加入后再继续搅拌 15~30min。

将上述物料置于 Teflon 衬里的不锈钢反应釜中在 75r/min 搅拌下于 175℃下晶化 10h,然后再在 175℃下静止晶化 4.5 天,冷却,过滤,用去离子水洗涤,经干燥后在充足空气中 600℃下灼烧 2~5h。产物经 XRD 表征无杂晶(其 XRD 图谱见

图 3-30),特别是经吸附实验测定具有很高的微孔体积($82\mu L/g$),大大超过用二丙胺法合成的样品。

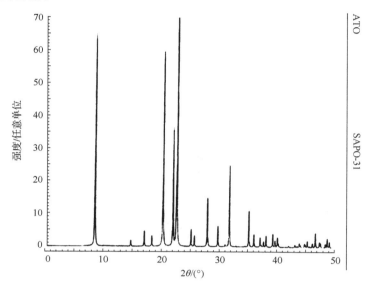

图 3-30　SAPO-31 型分子筛的 XRD 图谱

3.3.9　SAPO-34 型分子筛

SAPO-34 具有菱沸石型(CHA)8 元环孔道结构,SAPO-34 $[mR[Al_{17}P_{12}Si_7O_{72}]$,R=吗啉(morpholine)]具有良好的催化性能,特别应用在甲醇制烯烃过程(MTO process)中对乙烯、丙烯有很高的选择性,而得到工业上的应用。它在实验室中的合成在此介绍的是由 A. M. Prakash 与 S. Unnikrishnan[195] 提出的合成方法,以 H_3PO_4(85%),拟薄水铝石(70% Al_2O_3),SiO_2(fumed silica, Degussa Aerosil-200, 99% SiO_2)与吗啉(Aldrich 99%)为原料,按摩尔比 Al_2O_3:$1.06P_2O_5$:$1.08SiO_2$:2.09 吗啉:$66H_2O$,遵循下列步骤进行合成。

(1) 将 18.0g H_2O 与 15.37g H_3PO_4 相互混合。

(2) 在搅拌下将 9.20g 拟薄水铝石逐渐地在 2h 内缓慢加入上述磷酸溶液中。

(3) 将上述物料与 10g 水相互混合并充分搅拌 7h。

(4) 将 4.09g SiO_2,11.62g 吗啉与 15g 水充分均匀混合。

(5) 在搅拌下将溶液(4)逐滴加入溶液(3)中。

(6) 将上述物料加 24g 水充分搅拌 7h,所合成的凝胶 pH=6.4~7.5。

将物料置于 150mL Teflon 衬里的不锈钢反应釜中,在 38℃下静止陈化 24h,然后在 200℃下晶化 24h。冷却后用水稀释并过滤分离产物,用去离子水洗 3~4

次,在 100℃ 下干燥 6h,产率为 98%。上述过程中如能将物料在晶化前再增时陈化,将提高其结晶度。物料中如 $SiO_2/Al_2O_3 \leqslant 0.3$,或吗啉$/Al_2O_3 \leqslant 1.5$,则易生成致密相 $AlPO_4$-白硅石,产物为 $5\sim20\mu m$ 立方菱形晶柱,组成分析为 $1.0Al_2O_3$:$0.68P_2O_5$:$0.87SiO_2$:$0.59R$:$1.07H_2O$,其 XRD 谱图见图 3-31。

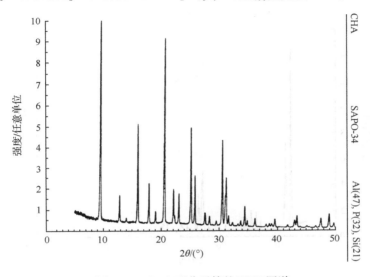

图 3-31　CHA 型分子筛的 XRD 图谱

3.3.10　TS-1 型分子筛

　　TS-1 型分子筛是一类应用广泛且很重要的氧化催化剂,其生产早已工业化,本节介绍的实验室合成方法是由 M. Taramesso,G. Perego,B. Notari 早在 1998 年提出且经多次完善的方法[196]。以 $Si(OC_2H_5)_4$,$Ti(OC_2H_5)_4$,TPAOH 为原料,按摩尔比 TiO_2:$70SiO_2$:$1980H_2O$:$30TPAOH$,遵循下列步骤进行合成。

　　(1) 将 163.3g $Si(OC_2H_5)_4$ 与 2.56g $Ti(OC_2H_5)_4$ 在 35℃ 下混合。

　　(2) 将 170g TPAOH (40%溶液) 与上述物料在 0℃ 且防水解的条件下缓慢混合。

　　(3) 将上述物料置于 80℃ 下以蒸发乙醇。

　　(4) 加水稀释使其维持在未蒸发乙醇前的容积,最终 pH=12.2。

　　将物料置于 500mL 带搅拌(120r/min)的反应釜中于 175℃ 下晶化 2 天,冷却后离心分离,产物用水洗涤 3 次后于 120℃ 下干燥,在空气中于 550℃ 下灼烧约 3h,产物为约 $0.3\mu m$ 的立方晶粒。经 XRD 表征属正交晶系 MFI 相,组成分析为 TS-1 中含 1.37% Ti [摩尔分数,SiO_2/TiO_2(摩尔比)=72],其 XRD 图谱见图 3-32。1998 年,M. A. Ugnina 等[197]用类似于 Taramasso 的原料与配比,只是在微波辐射（MLS-1200-MEGA,2450MHz）条件下晶化 20～30min 即可获结晶度高且颗粒均匀（0.33～0.42μm）的 TS-1,经多种方法表征不仅 TS-1 中进入骨架 Ti 的含量高于常规合成,且所有 Ti 均处于骨架中 TiO$_4$ 四配位状态,没有非骨架 TiO$_2$ 相存在。

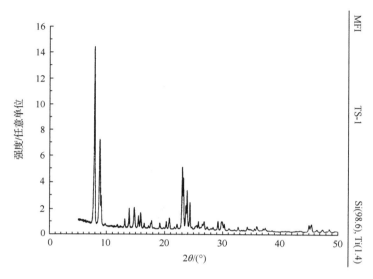

图 3-32　TS-1 型分子筛的 XRD 图谱

参 考 文 献

[1] Bibby D M, Dale M P. Nature, 1985, 317: 157-158.

[2] Morris R E, Weigel S J. Chem Soc Rev, 1997, 26: 309-317.

[3] Barrer R M. Hydrothermal Chemistry of Zeolite. London: Academic Press, 1982.

[4] Rabenau A. Angew Chem Int Ed, 1985, (24): 1026-1040.

[5] Byrappa K, Yoshimura M. Handbook of Hydrothermal Technology. USA: Noyes Publications, 2001.

[6] Flanigen E M, Lok B M, Patton R L, et al. Pure Appl Chem, 1986, 58:1351-1358.

[7] Breck D W. Zeolites Molecular Sieves. New York: Wiley, 1974: 270-271.

[8] a. Kacirek H, Lechert H. J Phys Chem, 1975, 79: 1589-1593.
　　b. Kacirek H, Lechert H. J Phys Chem, 1976, 80: 1291-1296.

[9] Domine D, Quobex J. Molecular Sieves, 1968: 78.

[10] a. Meise W, Schwochow F E. Kinetic Studies on the Formation of Zeolite A//Meier W M, Uytterhoeven J B. Molecular Sieves. Washington D C: ACS Series 121,1973:169.
　　b. Ciric J. J Colloid Interface Sci, 1968,28: 315-324.

[11] Angell C L, Flank W H. ACS Symposium Series, 1977, 40: 194.

[12] Zhdanov S P. Molecular Sieves. London: Blackie Academic, 1968: 70.

[13] Breck D W. Zeolite Molecular Sieves: Structure, Chemistry and Use. New York: John Wiley

Sons, 1974.

[14] Zhdanov S P, Samuelevich N N. Rees L V C. Proceedings of the 5th International Conference on Zeolites/ London: Hyden, 1980: 75.

[15] Freund E F. J Cryst Growth, 1976, 34: 11-23.

[16] Barrer R M, Denny P J J. Chem Soc, 1961: 971-982.

[17] Baerlocher E, Meier W M. Helv Chim Acta, 1969, 52: 1853-1860.

[18] Baerlocher Ch, Meier W M. Helv Chim Acta, 1970, 53: 1285-1293.

[19] Rollemann L D. ACS Adv Chem Ser, 1979, 173: 387.

[20] Flanigen E M. Adv Chem Ser, 1973, 121: 119-139.

[21] Wagner P, Yoshikawa M, Lovallo M, et al. Chem Commun, 1997: 2179-2180.

[22] Freyhardt C C, Tsapatsis M, Lobo R F, et al. Nature, 1996, 381:295-298.

[23] Cantín A, Corma A, Leiva S, et al. J Am Chem Soc, 2005, 127: 11560-11561.

[24] Baeriocher Ch, Xie D, McCusker L B, et al. Nature Mater, 2008, 7: 631-635.

[25] Baeriocher Ch, Gramm F, Massüger L, et al. Science, 2007, 315: 1113-1116.

[26] GrarDrn F, Baerlocher Ch, McCusket L B, et al. Nature, 2006, 444: 79-81.

[27] Cheetham A K, Fjellvåg H, Gier T E, et al. Stud Surf Sci Catal, 2001, 135: 158-165.

[28] Burton A, Elornari S, Chen C Y, et al. Chem Eur J, 2003, 9: 5737-5748.

[29] Burton A, Elormari S. Chem Commun, 2004: 2618-2619.

[30] Elomari S, Burton A W, Ong K, et al. Chem Mater, 2007, 19: 5485-5492.

[31] Strohmaier K G, Vaughan D E W. J Am Chem Soc, 2003, 125: 16035-16039.

[32] Warrender S J, Wright P A, Zhou W Z, et al. Chem Mater, 2005, 17: 1272-1274.

[33] Wang G, Li J, Yu J, et al. Chem Mater, 2006, 18: 5637-5639.

[34] Wang G, Yan W, Chen P, et al. Microporous Mesoporous Mater, 2007, 105: 58-64.

[35] Wang X, Li J, Wang G, et al. Solid State Sci, 2010, 12: 422-427.

[36] Wang X, Li J, Han Y, et al. Chem Mater, 2011, 23: 2842-2847.

[37] Zhao X, Li J, Chen P, et al. Inorg Chem, 2010, 49: 9833-9838.

[38] Flanigen E M, Lok B M, Patton R L,et al. Stud Surf Sci Catal, 1986, 28: 103-112.

[39] Huo Q S, Xu R R. J Chem Soc, Chem Commum, 1987: 783.

[40] Xu R R, Huo Q S, Pang W Q. The crystallization of aluminophosphate microporous compounds in alcoholic system//Ballmoos R V, Higgins J B, Treacy M M J. Proceedings from the Ninth International Zeolite Conference. Boston: Butterworth-Heinemann, 1992: 271-278.

[41] Huo Q S, Xu R R, Li S, et al. J Chem Soc, Chem Commun, 1992: 875-876.

[42] Yu J H, Xu R R, Li J. Solid State Sci, 2000, 2:181-192.

[43] Yu J H, Xu R R. Acc Chem Res, 2003, 36: 481-490.

[44] Wang K, Yu J, Song Y, et al. Dalton Trans, 2003: 99-103.

[45] Yan W, Yu J H, Shi Z, et al. Chem Commun, 2000: 1431-1432.

[46] Yu J H, Williams I D. J Solid State Chem, 1998, 136: 141-144.

[47] Morgan K R, Gainsford G J, Milestone N B. Chem Commun, 1997: 61-62.

[48] Leech M A, Cowley A R, Prout K, et al. Chem Mater, 1998, 10: 451-456.

[49] Jones R H, Thomas J M, Xu R R, et al. J Chem Soc, Chem Commun, 1990: 1170 -1172.

[50] Williams I D, Yu J H, Gao Q, et al. Chem Commun, 1997: 1273-1274.

[51] Ayi A A, Choudhuy A, Natarajan S. J Solid State Chem, 2001, 156: 185-193.

[52] Yu J H, Sugiyama K, Hiraga K, et al. Chem. Mater, 1998, 10: 3636-3642.

[53] Wei B, Zhu G, Yu J H, et al. Chem Mater, 1999, 11: 3417-3419.

[54] Chippindale A M, Powell A V, Bull M L, et al. J Solid State Chem, 1992, 96: 199-210.

[55] Oliver S, Kuperman A, Lough A, et al. Chem Mater, 1996, 8: 2391-2398.

[56] Oliver S, Kuperman A, Lough A, et al. Chem Commun, 1996: 1761-1762.

[57] Lightfoot P, Lethbridge Z A D, Morris R E, et al. J Solid State Chem, 1999, 143: 74-76.

[58] Chippindale A M, Walton R I. J Solids State Chem, 1999, 145: 731-738.

[59] Williams D J, Kruger J S, McLeroy A F, et al. Chem Mater, 1999, 11: 2241-2249.

[60] Xu Y H, Zhang B G, Chen X F, et al. J Solid State Chem, 1999, 145: 220-226.

[61] Jones R H, Thomas J M, Xu R R, et al. J Chem Soc, Chem Commun, 1991: 1266 -1268.

[62] Gao Q, Li B, Chen J, et al. J Solid State Chem, 1997, 129: 37-44.

[63] Thomas J M, Jones R H, Xu R R, et al. J Chem Soc, Chem Commun, 1992: 929-931.

[64] Chippindale A M, Cowley A R, Huo Q S, et al. J Chem Soc, Dalton Trans, 1997: 2639-2644.

[65] Williams I D, Gao Q, Chen J S, et al. Chem Commun, 1996: 1781-1782.

[66] Yu J H, Li J Y, Sugiyama K, et al. Chem Mater, 1999, 11: 1727 -1732.

[67] Jones R H, Chippindale A M, Natarajan S, et al. J Chem Soc, Chem Commun, 1994: 565-566.

[68] Morgan K, Gainsford G, Milestone N. J Chem Soc, Chem Commun, 1995: 425-426.

[69] Barrett P A, Jones R H. J Chem Soc, Chem Commun, 1995: 1979-1981.

[70] Yu J H, Sugiyama K, Zheng S, et al. Chem Mater, 1998, 10: 1208-1211.

[71] Vidal L, Gramlich V, Patarin J, et al. Eur J Solid State Inorg Chem, 1998, 35: 545-563.

[72] Shi L, Li J Y, Yu J H, et al. Microporous Mesoporous Mater, 2006, 93: 325-330.

[73] Xing H, Li J Y, Yan W F, et al. Chem Mater, 2008, 20: 4179-4181.

[74] Yan W F, Yu J H, Shi Z, et al. Microporous Mesoporous Mater, 2001, 50: 151-158.

[75] Wang K, Yu J H, Shi Z, et al. J Chem Soc, Dalton Trans, 2001: 1809-1812.

[76] Yan W F, Yu J H, Xu R R, et al. Chem Mater, 2000, 12: 2517-2519.

[77] Feng P, Bu X, Stuck G D. Inorg Chem, 1999, 39: 2-3.

[78] Yan W F. Syntheses, Structrues, and Design of Aluminophosphates with Anionic Frameworks. Changchun: Jilin University Ph D Thesis, 2002.

[79] Gao Q, Chen J S, Li S, et al. J Solid State Chem, 1996, 127: 145-150.

[80] Oliver S, Kuperman A, Lough A, et al. Stud Surf Sci Catal, 1994, 84: 219-225.

[81] Fan D, Tian P, Xu S, et al. J Mater Chem, 2012, 22: 6568-6574.

[82] Escalante D, Giraldo L, Pinto M, et al. J Catal, 1997, 169: 176-187.

[83] Padlyak B V, Kornatowski J, Zadrozna G, et al. J Phys Chem A, 2000, 104: 11837-11843.

[84] Kornatowski J, Zadrozna G, Rozwadowski M, et al. Chem Mater, 2001, 13: 4447- 4456.

[85] Beale A M, Grandjean D, Kornatowski J, et al. J Phys Chem B, 2005, 110: 716-722.

[86] Guo Y N, Song X, Li J Y, et al. Dalton Trans, 2011, 40: 9289-9294.

[87] Wei B, Wang Y, Xin M H, et al. Chem Res Chin Univ, 2007, 23: 511-513.

[88] Wei B, Yu J H, Shi Z, et al. Dalton Trans, 2000: 1979-1980.

[89] Cooper E R, Andrews C D, Wheatley P S, et al. Nature, 2004, 430: 1012-1016.

[90] Parnham E R, Morris R E. Acc Chem Res, 2007, 40: 1005-1013.

[91] Ma Z, Yu J, Dai S. Adv Mater, 2010, 22: 261-285.

[92] a. Wheatley P S, Allan P K, Teat S J,et al. Chem Sci, 2010, 1: 483-487.

　　　b. Morris R E. Chem Commun, 2009:2990-2998.

[93] Parnham E R, Drylie E A, Wheatley P S, et al. Angew Chem Int Ed, 2006, 45: 4962-4966.

[94] Parnham E R, Morris R E, J Mater Chem, 2006, 16: 3682-3684.

[95] Xu Y, Tian Z, Wang S, et al. Angew Chem Int Ed, 2006, 45: 3965-3970.

[96] Wei Y, Tian Z, Gies H, et al. Angew Chem Int Ed, 2010, 49: 5367-5370.

[97] Wang L, Xu Y, Wang B, et al. Chem Eur J, 2008, 14: 10551-10555.

[98] Liu L, Li X, Xu H, et al. Dalton Trans, 2009: 10418-10421.

[99] Li S Y, Wang W, Lin L, et al. CrystEngComm, 2013,15:6424-6429.

[100] Feng J, Shao K, Tang S, et al. CrystEngComm, 2010, 12: 1401-1403.

[101] Feng J,Tang S, Shao K, et al. CrystEngComm, 2010, 12: 3448-3451.

[102] Xing H, Yang W, Su T, et al. Angew Chem Int Ed, 2010, 49: 2328-2331.

[103] Han Y, Ma H, Qiu S L, et al. Microporous Mesoporous Mater, 1998 23: 321-326.

[104] Xiao F S, Zheng S, Sun J M, et al. J Catal, 1998, 176: 474-487.

[105] Slangen P M, Jansen J C, van Bekkum H. Microporous Mater, 1997, 9:259-265.

[106] Piter Z, Szabó S, Haszuos-Nezdei M, et al. Microporous Mesoporous Mater, 2000, 40: 257-262.

[107] Kunii K, Narahara K, Yamanaka S. Microporous Mesoporous Mater, 2002, 52: 159-167.

[108] Braun I, Schulz-Ekloff G, Wöhrle D, et al. Microporous Mesoporous Mater, 1998, 23: 79-81.

[109] Kim D S, Kim S M, Chang J S, et al. Stud Surf Sci Catal, 2001, 135: 333.

[110] a. Jansen J C, Stöcker M, Karge H G, et al. Advanced Zeolite Science and Applications. Amsterdam:
　　　Elsevier, 1994, 75-113.

　　　b. Robson H. Verified Syntheses of Zeolitic Materials. 2nd Ed. Amsterdam: Elsevier, 2001, 25-27.

[111] 庞文琴,裘式纶,周凤歧. 吉林大学自然科学学报,1992,特刊(化学): 78-84.

[112] Wessels T, Baerlocher Ch, McCusker L B, et al. J Am Chem Soc, 1999, 121: 6242-6247.

[113] Xu Y, Maddox P J, Couves J W, et al. J Chem Soc Faraday Trans, 1990, 86: 425-429.

[114] Huang A, Caro J. Microporous Mesoporous Mater, 2010, 129: 90-99.

[115] Schreyeck L, Stumbe J, Caullet P, et al. Microporous Mesoporous Mater, 1998, 22: 87-106.

[116] Villaescusa L A, Barrett P A, Camblor M A, et al. Angew Chem Int Ed, 1999, 38: 1997.

[117] van Bekkum H, Flanigen E M, Jacobs P A, et al. Stud Surf Sci Catal, 2001, 135: 247.

[118] Arranz M, Pérez-paviente J, Wright P A, et al. Chem Mater, 2005, 17: 4374-4385.

[119] Bathomenf D. Zeolite, 1994, 14: 394-401.

[120] Reutl G H. US Patent No. 4786 487. 1988.

[121] Camblor M A, Villaesusa L A, Diaz-cabanas M J. Top Catal, 1999, 9: 59.

[122] Zones S I, Lee H, Davis M E, et al. Stud Surf Sci Catal, 2005, 158: 110.

[123] Roth W J. Stud Surf Sci Catal, 2007, 168: 221-229.

[124] Du H, Olson D H. J Phys Chem B, 2002, 106: 395.

[125] Wang Y X, Gics H, Marler B, et al. Chem Mater, 2005, 17: 43.

[126] Fung A S, Lawton S L, Roth W J. US Patent No. 5362697. 1994.

[127] Rennie A R, Lee E M, Simister E A, et al. Langmuir, 1990, 6: 1031.

[128] Beyer H K, Karge H G, Kiricsi I, et al. Catalysis by Microporous Materials, Proceedings of ZEOCAT'95.

Amsterdam: Elsevier, 1995: 301-308.

[129] Kornatowski J, Barth J-O, Erdinan K, et al. Microporous Mesoporous Mater, 2006, 90: 251.

[130] Barth J-O, Kornatowski J, Lercher J A. J Mater Chem, 2002, 12: 369.

[131] Barth J-O, Jentys A, Kornatowski J, et al. Chem Mater, 2004, 16: 724.

[132] a. Schreyeck L, Caullet P, Mougenel J C, et al. J Chem Soc, Chem Commun, 1995: 2187.
　　　 b. Schreyeck L, Caullet P, Mougenel J C, et al. Microporous Mater, 1996: 6259.

[133] Corma A, Diaz U, Domine M E, et al. Angew Chem Int Ed, 2000, 39: 1499.

[134] Kresge C T, Roth W J. US Patent No. 5266541. 1993.

[135] 徐如人, 庞文琴. 分子筛与多孔材料化学. 北京: 科学出版社, 2004: 1-20.

[136] Lee H, Zone S I, Davis M E. Nature, 2003, 425: 385-388.

[137] Martinez C, Corma A. Coord Chem Rev, 2011, 255: 1558-1580.

[138] Drylie E A, Wragg D S, Parnham E R, et al. Angew Chem Int Ed, 2007, 46: 7839-7843.

[139] 孟祥举, 谢彬, 肖丰收. 催化学报, 2009, 30: 965-971.

[140] 李赫恒, 项寿鹤, 吴德明, 等. 高等学校化学学报, 1981, 2: 517-519.

[141] 王福生, 程文才, 张式. 无催化学报, 1981, 2: 282-278.

[142] Song J W, Dai L, Ji Y Y, et al. Chem Mater, 2006, 18: 2775-2777.

[143] Wu Z F, Song J W, Ji Y Y, et al. Chem Mater, 2008, 20: 357-359.

[144] Zhang L, Yang C, Meng X, et al. Chem Mater, 2010, 22: 3099-3107.

[145] Xie B, Song J W, Ren L M, et al. Chem Mater, 2008, 20: 4533-4535.

[146] Xie B, Zhang H, Yang C, et al. Chem Commun, 2011, 47: 3945-3947.

[147] Zhang H, Guo Q, Ren L, et al. J Mater Chem, 2011, 21: 9494-9497.

[148] Ng E P, Chateigner D, Bein T, et al. Science, 2012, 335: 70-73.

[149] Yokoi T, Yoshioka M, Imai H, et al. Angew Chem Int Ed, 2009, 48: 9884-9887.

[150] Iyoki K, Kamimura Y, Itabashi K, et al. Chem Lett, 2010, 39: 730-731.

[151] Kamimura Y, Chaikittisilp W, Itabashi K, et al. Chem Asian J, 2010, 5: 2182-2191.

[152] Kamimura Y, Tanahashi S, Itabashi K, et al. J Phys Chem C, 2011, 115: 744-750.

[153] Kamimura Y, Itabashi K, Okubo T. Microporous Mesoporous Mater, 2012, 147: 149-156.

[154] Zhang H, Yang C, Zhu L, et al. Microporous Mesoporous Mater, 2012, 155: 1-7.

[155] Zhang W, Wu Y, Gu J, et al. Mater Res Bull, 2011, 46: 1451-1454.

[156] Parnham E R, Morris R E. J Am Chem Soc, 2006, 128: 2204-2205.

[157] Wragg D S, Fullerton G M, Byrne P J, et al. Dalton Trans, 2011, 40: 4926-4932.

[158] Morris R E. Angew Chem Int Ed, 2008, 47: 442-444.

[159] Morris R E. Chem Commun, 2009, 2990-2998.

[160] Ma H, Tian Z, Xu R, et al. J Am Chem Soc, 2008, 130: 8120-8121.

[161] Xu Y P, Tian Z J, Wang S J, et al. Angew Chem Int Ed, 2006, 45: 3965-3970.

[162] Ren L, Wu Q, Yang C, et al. J Am Chem Soc, 2012, 134: 15173-15176.

[163] Morris R E, James S L. Angew Chem Int Ed, 2013, 52: 2163-2165.

[164] Xu W, Dong J, Li J, et al. J Chem Soc Chem Commun, 1990: 755-756.

[165] Hari Prasad Rao P R, Leon y Leon C A, Ueyam K, et al. Microporous Mesoporous Mater, 1998, 21: 305-313.

[166] Matsukata M, Osaki T, Ogura M, et al. Microporous Mesoporous Mater, 2002, 56: 1-10.

[167] Huo Q S, Xu R R. J Chem Soc Chem Commun, 1992：168-169.

[168] 李承轩,王素兰,李光华. 高等学校化学学报，2011，32(3)：605-608.

[169] Lee C S, Wang S L, Chen Y H, et al. Inorg Chem, 2009, 48：8357-8361.

[170] Coker E N, Jansen J C, Marten J A, et al. Microporous Mesoporous Mater, 1998, 23：119-136.

[171] Jandeleit B, Schaefer D, Powers T S J, et al. Angew Chem Int Ed, 1999, 38(17)：2494-2532.

[172] Akporiaye D E, Dahl I M, Karlsson A, et al. Angew Chem Int Ed,1998, 37：609-611.

[173] Klein J, Lehmann C W, Schrnidt H W, et al. Angew Chem Int Ed, 1998, 37：3369-3372.

[174] Newsam J M, Bein T, Klein J, et al. Microporous Mesoporous Mater, 2001,48：355- 365.

[175] Choi K, Gardner D, Hilbrandt N, et al. Angew Chem Int Ed, 1999, 38：2891-2894.

[176] Jiang J,Jorda J L,Diaz-Cabanas M J,et al. Angew Chem Int Ed, 2010, 49：4986-4988.

[177] Corma A, Puche M, Rey F, et al. Angew Chem Int Ed, 2003, 42：1156-1159.

[178] Sun J, Bonneau C, Cantin A, et al. Nature, 2009, 458：1154-1157.

[179] Corma A, Rey F, Valencia S, et al. Nature Mater, 2003, 2：493-497.

[180] Jiang J, Jorda J L, Yu J, et al. Science, 2011, 333：1131-1134.

[181] Song Y, Yu J, Li G, et al. Chem Commun, 2002：1720-1721.

[182] Song Y, Yu J, Li Y, et al. Eur J Inorg Chem, 2004：3718-3723.

[183] Song Y, Yu J, Li Y, et al. Angew Chem Int Ed, 2004, 43：2399-2402.

[184] Jiang J, Xu Y, Cheng P, et al. Chem Mater, 2011, 23：4709-4715.

[185] Thompsom R W,Huber M J. J Cryst Gr, 1982, 56：711.

[186] Kühl G. Zeolite, 1987, 7：451.

[187] Ginter D M,Bell A T, Radke C J. // Occelli M L, Robson H E. Synthesis of Microporous Materials. Vol I. Molecular Sieves. New York：Van Nostrand Reinhold, 1992：6.

[188] Chatelain T, Patarin J Soulard M, et al. Zeolites, 1995, 15：90.

[189] Kim G J, Ahn W S. Zeolites, 1991, 11：745.

[190] Robson H. Verified Syntheses of Zeolitic Materials. 2nd Ed. Amsterdam：Elsevier, 2001：199.

[191] Camblor M A, Pérez-Pariente J. Zeolites, 1991, 11：202.

[192] Girnus I, Jancke K, Vetter R, et al. Zeolites, 1995, 15：33.

[193] Szostak R,Duncan B,Aiello R, et al. // Occelli M, Robson H. Synthesis of Microporous Materials. Vol I. Molecular Sieves. New York：Van Nostrand Reinhold, 1992：240-247.

[194] Kikhtyanin O V,Vogel R F,Kibby C L, et al. // Treacy M M J, Marcus B K,Bishor M E, et al. Proceedings of the 12th IZC. Warrendale：Materials Research Society, 1999,Vol III：1743.

[195] Prakash A M,Unnikrishnan S. J Chem Soc, Faraday Trans, 1994, 90：2291.

[196] Robson H. Verified Synthesis of Zeolitic Materials, 2nd Ed. Amsterdam：Elsevier,2001：207.

[197] Treacy M M J, Marcus B K, Bisher M E, et al. Proceedings of the 12th International Zeolite Conference. (Bactimore USA)Warrendale：Materials Research Society, 1999,Vol III：1917-1924.

第4章　微孔化合物的合成化学(下篇)
——特殊类型、结构与聚集形态微孔化合物

在第 3 章以最重要的沸石分子筛与微孔磷酸铝为例,比较详细地阐述了微孔晶体合成化学中的基本合成路线与方法以及主要的合成化学规律,并且作为实例比较具体地介绍了若干种重要分子筛的合成问题,使读者们对分子筛与微孔化合物的合成化学有了一个比较基本的认识,以此作为介绍其合成化学的上篇。作为合成化学的下篇,本章将以具有特殊组成与类型、特殊结构以及特殊聚集形态的微孔化合物为对象,在上篇的基础上更深入与广泛地介绍它们的合成化学问题。特殊组成与类型是指异于沸石与磷酸铝型微孔化合物而言,诸如硼铝酸盐型[1-4]、M(Ⅲ)X(Ⅴ)O$_4$ 型[5](主要包括微孔 GaPO$_4$ 家族[6-8]、AlAsO$_4$ 家族[9, 10]、GaAsO$_4$ 家族[11]、InPO$_4$ 家族[12-15]等)、过渡金属元素磷酸盐与亚磷酸盐型、硅锗酸盐与锗酸盐型、微孔氧化物型、硫化物型、硒化物与含卤素化合物型,以及含碳、氮微孔骨架的分子筛等,限于篇幅在本章中仅能择其主要者作适当介绍。具有特殊结构的微孔化合物,主要是指不同于一般(4;2)-连接三维开放骨架的分子筛与微孔晶体。在本章中将介绍具有超大微孔(extra-large-micropore)结构、交叉孔道结构、层柱型微孔结构与微孔手性结构等四类微孔化合物与材料的合成化学问题。最后在本章中将比较详细地介绍下列几类具有特殊聚集形态的微孔化合物与其相关材料的合成化学问题。其中主要有微孔化合物的单晶与完美晶体(perfect crystal),纳米晶与超细微粒,分子筛膜以及具有特种晶貌的微孔化合物。上述内容的介绍与讨论不仅能使读者更深入广泛地了解微孔化合物的合成化学问题,且能使广大读者跟上本学科的发展前沿,更好地理解多孔物质合成化学的诸多最前沿的研究与发展方向。

4.1　特殊类型与结构微孔化合物的合成化学

4.1.1　微孔过渡金属磷酸盐

继过渡金属作为杂原子进入沸石或微孔磷酸铝等作为具有重要应用价值的杂原子分子筛后,近十年来微孔过渡金属磷酸盐的合成与结构性能研究正蓬勃发展,特别是由于过渡金属具有氧化还原与配位性能,是一类具有应用前景的催化材料,且有可能在高新技术与生命科学领域得到应用。为此合成与研究以过渡金属元素

为骨架组分的多孔材料将具有重要的意义。直至目前,具有微孔骨架结构的过渡元素磷酸盐包括第一长周期中除 Cu 外几乎所有元素以及部分第二长周期中的过渡元素如 Mo、Zr 等的微孔磷酸盐都已用水热(或醇热)法在不同有机胺类的存在下,甚至在无机离子存在下被合成出来。本节中将以微孔磷酸锌为代表来进行介绍。自 20 世纪 90 年代初 T. E. Gier 与 G. D. Stucky 开始,大量具有开放骨架结构的磷酸锌晶体被合成和表征出来,这使得在金属磷酸盐这个大家庭中,除了广泛被人们所关注的磷酸铝外,磷酸锌晶体的数量是最多的。在这些磷酸锌晶体中,除了极少数晶体具有与已知分子筛相同的拓扑结构外,其余大都具有新的拓扑结构。下面以磷酸锌为例来讨论过渡金属微孔磷酸盐的合成化学问题。例如,不含有机模板剂的开放骨架结构的磷酸锌已合成出其 Zn/P(摩尔比,余同)=1 的,如 $MZnPO_4 \cdot H_2O$(M=Li、Na、K)等;其 Zn/P=4/3 的,如 $M[Zn_4(PO_4)_3] \cdot xH_2O$ (M=H、Na、Rb 等)等。而含有机胺的开放骨架磷酸锌则更多,除大部分 Zn/P 为 1 外,还有相当数量非等比的诸如 3/4、2/3 等微孔结构磷酸锌被合成出来。根据结构分析发现,PO_4、HPO_4、H_2PO_4 和 ZnO_4 等四面体是构成磷酸锌晶体中最基本的结构单元。此外,ZnO_6 八面体、ZnO_5 四方锥及 $ZnO_3(H_2O)_2$ 三角双锥作为结构单元也出现在磷酸锌结构中。最近一些研究报道表明,有机胺上的 N 也可与 Zn 配位形成多种形式的结构单元,如 ZnO_3N、ZnO_2N_2、ZnO_3N_2 等。这些结构单元与 PO_4 四面体相连接形成了有趣的新颖的具有开放骨架结构的磷酸锌微孔化合物。在微孔磷酸锌化合物中还出现了 Zn_2O_2 二聚体、Zn_2O_3 三聚体、OZn_4 四面体簇、Zn_7O_6 簇等。有趣的是在一些磷酸锌化合物中部分氧原子是以三桥氧的形式存在的,这导致了 3 元环的出现和 Zn—O—Zn 键及无限的—Zn—O—Zn—链的出现,这是微孔磷酸锌结构中的一个特色,而这种结构特色在磷酸铝中没有出现。另外,在磷酸锌结构中有多种环的出现如 4 元环、5 元环、6 元环、8 元环、10 元环、12 元环、16 元环、18 元环、20 元环以及 24 元环,导致了微孔磷酸锌孔道结构的多样性与复杂性。尽管多数微孔磷酸锌为三维结构,但是低维结构的磷酸锌也屡有报道。这些低维结构包括由共角的 4 元环构成的一维直链化合物如 $[C_4N_2H_{10}][Zn(HPO_4)_2]$,由共边的 4 元环构成的一维梯形化合物如 $[C_6N_4H_{22}]_{0.5}[Zn(HPO_4)_2]$ 和 $[C_3N_2H_{12}][Zn(HPO_4)_2]$ 及二维层状结构。在二维层状磷酸锌晶体中,C. N. R. Rao 分别报道了具有阶梯孔道的皱褶层状化合物和具有一维管状孔道的层状磷酸锌晶体。近年来,由 4 元环组成的零维单聚体 $[C_6N_2H_{18}][Zn(HPO_4)(H_2PO_4)_2]$、$[C_6N_4H_{21}][Zn(HPO_4)_2(H_2PO_4)]$ 也被合成出来,由于三维开放骨架基本结构单元的多样性,以及大量低维磷酸锌结构的存在,具有特征孔道结构的开放骨架磷酸锌大量被合成与报道出来。如 C. N. R. Rao 等报道的含有螺旋孔道的手性磷酸锌[16],W. T. A. Harrison 等报道了具有手性四面体结构的孔道结构 $NaZnPO_4 \cdot H_2O$[17],以及 2003 年于吉红等成功[18]应用手性

[Co(dien)$_2$]Cl$_3$ 络合物消旋体作结构导向剂(SDA)合成了具有 12 元环交叉手性孔道结构的{[Zn$_2$(HPO$_4$)$_4$]·[Co(dien)$_2$]}·H$_2$O。

W. T. A. Harrison 等以 1,6-己二胺为 SDA 合成的具有 20 元环孔道的磷酸锌晶体[19],杨国昱用 1,2-环己二胺合成出具有 24 元环孔道的微孔磷酸锌 ND-1,J. Zhu 等利用 1,3,5-间苯三甲酸和乙二胺作为 SDA 合成了另一个具有 24 元环孔道的微孔磷酸锌[20]。2001 年吉林大学于吉红等用组合合成技术又开发出了另一个具有 16 元环主孔道的微孔磷酸锌。

从大量的实验总结来看,具有开放骨架的磷酸锌结构的生成强烈地依赖于合成体系中有机胺的类型、磷酸的浓度与配比,也就是说反应体系的 pH 和有机胺的 pK$_a$ 是影响生成晶体骨架结构的重要参数,因为质子化的有机胺一般通过氢键作用来稳定骨架结构。各种有机胺,包括单胺、二胺、多胺(二乙烯三胺、三乙烯四胺、四乙烯五胺)都被用来作 SDA 进行磷酸锌的合成,但二胺、三胺比单胺更易产生三维开放骨架结构。尽管如此,我们还是很难控制和总结更详细的合成条件与微孔磷酸锌结构特征间的关系。

与微孔磷酸铝相仿,同一种 SDA 在同一体系中,如果调节其他合成条件,如变化反应物的配比,调变体系的 pH 等,都可以晶化而生成结构迥异的产物,这一点在磷酸锌的合成中体现得特别明显。如 A. Choudhury 等利用三乙烯四胺在同一体系中合成了五种不同的晶体[21],包括一维梯形、二维层状与三种三维结构的磷酸锌。当磷酸浓度较高时,晶体结构趋于低维,当有机胺与磷酸配比和浓度相当时,易产生三维开放骨架结构。当有机胺的配比较大时,该分子会和锌离子产生配位键的作用。

利用不同 SDA 在不同的晶化条件下也可以合成出具有相同骨架结构的磷酸锌晶体。如 K. Shaug 报道的以 1-(2-乙胺)哌嗪为 SDA 合成的层状(C$_6$H$_{17}$N$_3$)[Zn$_3$(HPO$_4$)(PO$_4$)]·H$_2$O 和李光华报道的以 1,4-二(3-丙胺)哌嗪为 SDA 合成的层状化合物(C$_{10}$N$_4$H$_{28}$)[Zn$_6$(HPO$_4$)$_2$(PO$_4$)$_4$]·2H$_2$O 具有相同的无机层结构。

4.1.1.1　磷酸锌合成方法及新合成路线的开发

一般微孔磷酸锌晶体的合成大多数是将锌源(往往用氯化锌、硝酸锌、氧化锌)溶于水中,然后逐渐滴加磷酸和 SDA,在水热体系下晶化数日,反应温度在室温到 180℃之间,也有少数磷酸锌晶体是在溶剂热条件下合成出来的,如 W. T. A. Harrison 等以碳酸胍(CN$_3$H$_6$)$_2$CO$_3$ 为模板剂合成出了具有 18 元环孔道的磷酸锌晶体[19]。最近 C. N. R. Rao 等[22]又提出一种合成磷酸盐的新方法,先将磷酸和有机胺反应合成出磷酸铵,然后再用合成出来的磷酸铵与 Zn^{2+} 反应。这种方法不仅可以得到一些用一般水热晶化方法能够合成出来的磷酸锌(但合成温度低),还可以合成出一些具有新颖结构,以前未被合成出来的磷酸锌晶体。该方法的最大优点在于大多数反应是在室温下进行的,这就可以避免采用传统的水热方法,传统的水热反应在密封容器中(像是一个黑匣子)进行,我们很难从中获取有关反应机理的信息。利用磷酸铵与金属盐反应这一合成路径,有助于我们了解不同结构磷酸锌的形成过程。

4.1.1.2 磷酸锌合成及增维机理探讨

20 世纪末,C. N. R. Rao 等曾合成出两个零维的 4 元环磷酸锌的单聚体 $[C_{10}N_2H_{18}][Zn(HPO_4)(H_2PO_4)_2]$ 和 $[C_6N_4H_{21}][Zn(HPO_4)_2(H_2PO_4)]$,并成功地将这两种零维单聚体向一维梯形、二维层状和三维开放骨架结构进行了转化[23]。此外,他们还实现了具有一维梯形结构的 $[C_6N_4H_{22}]_{0.5}[Zn(HPO_4)_2]$ 和 $[C_3N_2H_{12}][Zn(HPO_4)_2]$ 向二维、三维结构的转化,以及二维层状向三维结构的转化[24]。2001 年,C. N. R. Rao 等在 *Account of Chemical Research*[25] 上发表了一篇文章详细讨论了构建具有开放骨架结构的磷酸锌基本单元以及在适当条件下不同结构的磷酸锌之间的相互转化。转化反应一般是通过将得到的磷酸锌单聚体或低维的磷酸锌晶体在水热条件下来实现。

4.1.2 锗硅(铝、镓)酸盐分子筛与微孔化合物

早在 20 世纪 90 年代初我国徐如人及其研究组就开始展开了 Ge-O 微孔体系的合成与结构研究,他们以乙二胺(en)、1,3-丙二胺(1,3-PDA)与四甲基铵阳离子(TMA^+)为模板剂成功合成出了具有 8 元环、10 元环结构的微孔 GeO_2 与锗酸盐[26-28]。近年来锗酸盐,特别是锗硅酸盐微孔化合物的合成、结构与催化功能的研究得到蓬勃发展,几乎已成为无机多孔催化材料中的一个重要族系。主要原因是由于与 Si 相比,Ge 具有更长 Ge—O 键长(1.76Å)和更易弯曲的 Ge—O—Ge 键角(~130°),因而在骨架中易于形成小环结构单元(三元环、双三元环、双四元环等),从而易于导致低骨架密度分子筛的生成。除 GeO_4 外还可生成 GeO_5 三角双锥/四方锥和 GeO_6 八面体等多种配位方式。A. Corma 研究组是最早系统研究以 Ge 部分置换骨架中的 Si 合成开发出了具有特定结构的系列锗硅酸盐分子筛 ITQ-n[29],Ge 的引入,使骨架结构中易于生成 D4R 笼,导致具有特殊结构与功能的 ITQ-n 系列分子筛的开拓,如在 $0.33GeO_2$:$0.67SiO_2$:$0.5MSPTOH$:$0.5HF$:$20H_2O$(MSPTOH 为 N-甲基鹰爪豆碱氢氧化物)中,175℃下晶化 5 天就能得到 ITQ-21[30](如上述晶化体系中不引入 Ge,则晶化产物为纯 Si 大孔 CIT-5)。在这种思想指导下 A. Corma 等利用不同结构的模板剂合成出了一系列具有新型结构与不同 Si/Ge 比值的锗硅酸盐分子筛[29-35](一些典型的例子见表 4-1)。

表 4-1　不同 SDA 导向下 ITQ-n 的生成

名称	代码	孔体系	Si/Ge 比		SDA
ITQ-15	UTL	2D 14×12R*	Si/Ge=10		**39**
ITQ-17	BEC	3D 12×12×12R	Si/Ge=2	不含 Ge(ITQ-14)	**44** (R′, R = H)
ITQ-21	—	3D 12×12×12R	Si/Ge=20	Si/Ge = 40	**35**
ITQ-22	IWW	3D 12×10×8R	Si/Ge=20		**40, 47**
ITQ-24	IWR	3D 12×10×10R	Si/Ge=5	不含 Ge(晶种)	**40, 47**
ITQ-26	IWS	3D 12×12×12R	Si/Ge=4		**48**
ITQ-33	—	3D 18×10×10R	Si/Ge=2		**40**
ITQ-34	ITR	3D 10×10×9R	Si/Ge=10		**52**
ITQ-37	—	3D 30R	Si/Ge=1		**41**

* R 为 ring 的缩写,表示"环"的意思。

　　由于 Ge 易形成簇聚集体,如 Ge_5X_{18}(Ge_5 簇)、Ge_7X_{19}(Ge_7 簇)、Ge_8X_{20}(Ge_8 簇)、Ge_9X_{26-m}(Ge_9 簇)和 $Ge_{10}X_{28-m}$(Ge_{10} 簇)(X = O、OH、F,$m = 0\sim1$)等[36],基于"尺度化学(scale chemistry)"的概念[37],以大的锗簇为结构单元,可合成一些具有新颖结构的大孔和超大孔道的锗酸盐开放骨架化合物,如 O. M. Yaghi 研究组报道的 ASU-12(16 元环)[38]和 ASU-16(24 元环)[39],以及邹晓东研究组合成的具有 30 元环孔道的 SU-M 和其手性衍生物 SU-MB[40]等。在国内也还有一些研究组曾较早地开展锗酸盐分子筛微孔晶体化合物的合成研究[41-52]。

　　2008 年,北京大学林建华研究组在 GeO_2-Al(OH)$_3$-三甲基乙基氢氧化铵-水体系下,合成了第一例包含螺-5 结构单元的锗铝酸分子筛 PKU-9[$Ge_7Al_2O_{18}$($C_5H_{14}N$)$_2$][41]。它具有较低的骨架密度(12.6T/1000Å^3)和新颖的拓扑结构,被国际分子筛协会命名为 PUN。如图 4-1 所示,PKU-9 的结构是由褶皱的 CGS 层通过螺-5 单元连接而构成,包含多维交叉孔道,沿[010]方向的 10 元环孔道(孔道大小 6.2Å×4.3Å),沿[110]和[1̄ 1 0]方向的 10 元环孔道(7.0Å×4.6Å),以及沿[001]方向的 8 元环孔道。

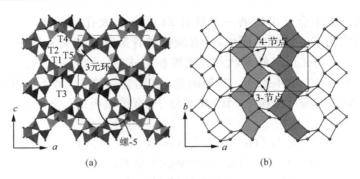

图 4-1 (a) PKU-9 沿[010]方向的结构(圆圈内标记的是螺-5 结构单元);

(b) 由 4 元环 zigzag 链连接构成的 CGS 层[41]

2011 年,吉林大学于吉红研究组以镍胺配合物阳离子为结构导向剂,在
$1.0GeO_2:0.86GaOOH:0.37[Ni(en)_3]Cl_2:1.85HF:10.00$ 乙二胺:44.47
乙醇胺:$74.07H_2O$ 的混合溶剂热体系中 180℃晶化 8 天合成了锗镓酸盐分子筛
GaGeO-CJ63($[Ni(en)_3][Ga_2Ge_4O_{12}]$,en=乙二胺)[42]。GaGeO-CJ63 展现出一
种新型分子筛拓扑结构,被国际分子筛协会收录命名为 JST。如图 4-2 所示,它的
结构以螺-5 为次级结构单元,完全由 3 元环构成,含有沿[100]、[010]和[001]方
向三维交叉的 10 元环孔道,孔道尺寸为 6.7Å×5.6Å。其骨架密度为 10.5T/
1000Å^3,是当前所有已知分子筛骨架结构中第三低的。该化合物具有$[3^46^110^3]$和
$[3^810^6]$两种笼结构,每个手性的$[3^46^110^3]$笼中含有一个与之对称性相匹配的 Δ-
或 Λ-$[Ni(en)_3]^{2+}$手性金属配合物阳离子,展示了金属配合物到手性笼的手性传
递作用。

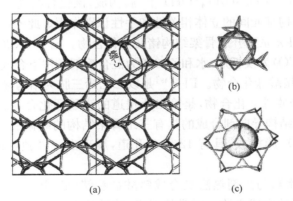

图 4-2 (a)GaGeO-CJ63 沿[100]方向的骨架结构示意图;

(b)$[3^46^110^3]$笼;(c)$[3^810^6]$笼[40]

FDU-4[43]是赵东元等利用具有高电荷密度的有机胺为结构导向剂,在较高

极性的有机溶剂中合成出的第一个具有 24 元环超大孔道的锗酸盐开放骨架化合物。其结构由 Ge_9 簇构筑而成,具有较低的骨架密度和交叉的三维孔道体系。12 元环和 24 元环孔道以蜂窝状六方密堆积形式沿 c 轴方向排列,每个 24 元环孔道周围有 6 个 12 元环孔道。有趣的是,该化合物的 24 元环孔道容纳的是有机溶剂 N,N-二甲基甲酰胺(DMF)和水分子,有机模板剂处于相对较小的 12 元环中。

JLG-12 ($|C_6N_2H_{18}|_{30}[Ge_9O_{18}X_4]_6[Ge_7O_{14}X_3]_4[Ge_7O_{14.42}X_{2.58}]_8[GeX_2]_{1.73}$, $X = OH,F$)[44] 是在 $1GeO_2$:18.22MPMD(2-甲基-1,5-戊二胺):5.85 1,2-PDA (1,2-丙二胺):$27.67H_2O$:1.35HF 的溶剂热体系中 170℃ 晶化 12 天合成的。其三维骨架结构是由 Ge_7 簇和 Ge_9 簇严格交替而连接形成的,在 [001] 方向具有平行的 30 元环和 12 元环,超大孔道 30 元环孔道的自由孔径为 $13.0\text{Å} \times 21.4\text{Å}$。JLG-12 具有非常低的骨架密度,仅为 $9.3Ge/1000\text{Å}^3$。JLG-5[45] 是利用 2-甲基哌嗪和独特的 $(H_2O)_{16}$ 水簇的共模板作用,在 F^- 和混合溶剂体系中合成的一个具有一维 12 元环管状结构的锗酸盐化合物。在其结构中,12 个 Ge_7 簇相互连接形成高对称性的罕见 $[6^8 12^6]$ 大笼,每个 $[6^8 12^6]$ 笼中容纳了一个氢键构筑的 $(H_2O)_{16}$ 水簇。PKU-10$\{[(CH_3)_4N]_3Ge_{11}O_{19}(OH)_9\}$[46] 是在 GeO_2-TMAOH-H_2O 水热体系下合成的一个纯锗酸盐开放骨架化合物。其结构由 Ge_7 簇构成,具有 pcu 拓扑连接和三维交叉的 13 元环孔道。

FJ-1a/FJ-1b $[Ni@G_{14}O_{24}(OH)_3 \cdot 2Ni(L)_3$, L=乙二胺(en)或 1,2-PDA][47] 是杨国昱研究组利用外消旋的金属配合物 $[NiCl_2(L)_3]$ 为结构导向剂合成的两个同构的超大 24 元环孔道(孔径为 $8.3\text{Å} \times 13.6\text{Å}$)锗酸盐化合物,其结构由含 Ge—Ni—Ge 键的手性 $[Ni@Ge_{14}O_{24}(OH)_3]^{4-}$ 簇构成,该化合物展现出客体手性金属配合物与手性结构基元间的立体相关性和手性识别作用。此外,利用溶剂热方法,他们还合成了 FJ-n 系列开放骨架结构锗酸盐化合物。FJ-9 ($KBGe_2O_6$)[48] 是以三乙烯二胺(DABCO)为模板剂,水和乙二醇为混合溶剂条件下合成的一例具有罕见 7 元环孔道的硼锗酸盐化合物。FJ-3[49] 是以二乙烯三胺为结构导向剂合成的具有 12 元环孔道的开放骨架化合物,是第二个报道的锗酸铟化合物。FJ-17[50] 是第一个利用有机胺为结构导向剂合成的具有三维骨架结构的硼锗酸盐化合物,其结构由 Ge_8O_{24} 和 B_2O_7 簇构成,具有 12 元环孔道,展现出一种独特的类分子筛拓扑结构。

综上所述,水热与溶剂热法是合成锗酸盐和锗(硅、铝、镓)酸盐微孔化合物最常用和最简便的合成方法。通常情况下,锗酸盐的合成体系比较简单,基本的原始物料有 GeO_2、有机溶剂、水、有机胺和矿化剂(F^- 或 OH^-)等。溶剂和有机结构导向剂是影响锗酸盐合成的两个重要因素。除水外,常用的有机溶剂还包括吡啶、乙二醇、乙醇胺、丙醇胺、正丁醇、DMF 和乙醇等。有时也可使用多种有机溶剂的混合溶剂。在水热条件下,向水中加入少量的吡啶、乙二醇或丁醇,有利于形成均一的溶胶,加快晶体的生长。在溶剂热条件下,通常也存在少量水,如反应原料(40%的 HF 水溶液或无机盐的结晶水)中引入的水,为晶化过程提供了必需的水分子,对最终产物的生成起了重要的作用。此外,在合成中一些有机胺,如乙二胺、1,2-丙二胺、2-甲基-1,5-戊二胺和 1,4-丁二胺等既可以作为结构导向剂,也可以作为溶剂,导致一些特殊结构的生成。锗酸盐合成中使用的有机结构导向剂不仅包括简单的伯胺、叔胺类有机胺,而且包括复杂的金属配合物和刚性多支链的季铵盐或季鏻盐等。不同的有机胺有不同的质子化能力,与有机胺的碱度、电子效应和空间效应有关。有机胺与体系中 Ge—OH 基团形成氢键的能力不同,这会影响原始物料中 GeO_2 的水解速率以及水解后的缩聚反应类型,从而导致不同骨架结构的生成。特别是特殊结构如刚性、多支链和大尺寸的季铵盐或季鏻盐的使用为形成多维孔道和超大孔道锗酸盐的合成带来了成功。值得注意的是,在锗酸盐的合成中 F^- 也起了非常重要的作用,主要体现在:① F^- 会增加 GeO_2 的溶解度,但是过多的 F^- 会与 Ge 原子发生络合形成 $[GeF_6]^{2-}$ 络合物;② F^- 作为矿化剂,有利于晶体的成核和大单晶的生成;③ F^- 作为结构导向剂,能稳定一些特殊结构单元的生成,如 D4R;④ 平衡结构导向剂的正电荷,减少由于结构导向剂正电荷过多而引起的骨架缺陷。此外,OH^- 也能发挥与 F^- 相似的作用。例如,在无 F^- 体系,OH^- 存在时依然可以得到含有 D4R 的硅锗酸盐化合物。与硅酸盐分子筛相类似,锗酸盐中的杂原子,如 Al、Ga、Si、B、In 等的引入,更加丰富了锗酸盐的结构化学。

4.1.3　含氮/碳原子微孔骨架分子筛

含骨架杂原子分子筛的研究一直都是分子筛研究领域的重要方向之一。然而,与分子筛骨架中金属杂原子取代的广泛研究相对比,分子筛骨架中的 O 原子被 N、C 等原子取代的研究则相对较少。由于 N、C 原子的电负性比 O 原子的低,因此,N、C 原子取代后的分子筛(即含骨架氮/碳杂原子分子筛,简称含氮/碳分子筛)的骨架碱性会增强,同时,N、C 原子的引入往往会在分子筛表面形成—CH_2—、—NH—等基团,从而改变分子筛的表面性质,如其表面的亲水/疏水性、酸碱性等,引起其催化性能的变化。近年来,含氮/碳分子筛作为一种新型的含骨架杂原子分子筛,引起了研究人员广泛的研究兴趣[53]。

4.1.3.1　含氮分子筛

含氮分子筛的研究源于人们对固体碱催化剂的渴求。N 原子取代 O 原子进入分子筛骨架后,会增强分子筛的骨架碱性,新生成的—NH—或—NH_2 基团又是碱性基团,可作为碱催化反应的活性中心。与传统的碱催化剂相比,含氮分子筛具有大的比表面积、优异的孔道择形性、高的热稳定性及水热稳定性,同时还不易被空气中的 CO_2 等所中毒,因此,含氮分子筛有望成为新型的择形固体碱催化剂[54]。

1) 合成

含氮分子筛主要通过高温氮化的方法制备,即将分子筛(氮化前驱体)置于 NH_3 或 N_2 气氛中进行高温氮化反应,使 N 原子取代 O 原子进入分子筛骨架。氮化温度是氮取代反应发生的充分必要条件,一般认为,高的氮化温度、长的氮化时间和较高的 NH_3 流速有利于促进氮取代反应的进行。氮化后分子筛骨架中 N 原子的含量称为氮含量。研究发现,氮含量与含氮分子筛的表面碱性成正相关[55, 56],因此,氮含量是衡量含氮分子筛制备方法的重要参数。由于分子筛具有很高的稳定性,N 原子难以置换 O 进入分子筛骨架,因此,提高其氮含量和降低氮化温度一直都是含氮分子筛制备研究中的热点和难点[57]。

由于 H_2O 是氮化反应的产物之一,因此,尽量除去前驱体和氮化反应过程中生成的水分,可促进氮化反应的进行。具体氮化过程如下[58, 59]:首先将 Na-Y 型沸石在 400℃下 N_2 吹扫中进行脱水预处理,然后引入 NH_3 气流,升温至 750℃进行氮化,NH_3 流速不小于 600mL/min,氮化 8h 后可制得氮含量高达 13.9% 的含氮 Y 型分子筛。这是迄今为止已有文献报道的、在保持分子筛骨架结构和孔道结构完整的条件下含氮分子筛的最高氮含量。同时,硅铝比和骨架阳离子均会影响氮化反应:硅铝比越高,稳定性则越高;骨架阳离子为 H^+ 时,有利于氮化反应,为 Na^+ 时则不利于氮化反应,Na 型分子筛需提高氮化温度或延长氮化时间才能达到与 H 型相同的氮化程度,但 Na 型分子筛具有更高的的稳定性。

此外,如以富含缺陷位或含 B 等杂原子的分子筛为氮化前驱体进行氮化研究[60, 61],或在分子筛表面负载铵金属[62]等,往往有利于氮化反应的进行。

以 ZSM-5 为例经 700~900℃下高温氮化,其 XRD、SEM、N_2 吸附等表征表明,基本仍可保持与原分子筛基本相同的骨架孔道结构、形貌和高的比表面积[63]。

2) 氮取代机理

分子筛氮取代机理的研究,可以使人们更好地理解氮化过程,从而指导优化含氮分子筛的制备,以降低氮化温度,提高氮化程度,并更好地调变含氮分子筛的表面酸碱性。按理论上的研究[54],分子筛的氮化需经两个过程,即氨解和脱水缩合,如式(4-1)和式(4-2)所示。

氨解过程:

$$\equiv Si—O—Si \equiv + NH_3 \longrightarrow \equiv Si—OH + H_2N—Si \equiv \tag{4-1}$$

脱水缩合:

$$\equiv Si—OH + H_2N—Si \equiv \longrightarrow \equiv Si—NH—Si \equiv + H_2O \tag{4-2}$$

并提出了下列反应机理,如图 4-3 所示。

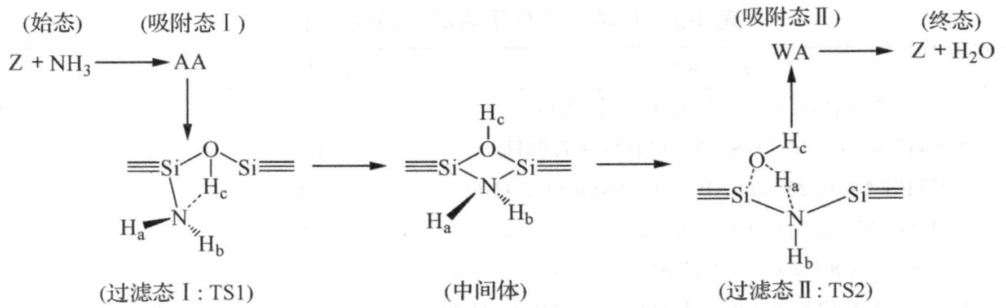

(始态)　　　(吸附态 I)　　　　　　　　　　　　　　　(吸附态 II)　　　(终态)

$Z + NH_3 \longrightarrow AA$　　　　　　　　　　　　　　　$WA \longrightarrow Z + H_2O$

(过滤态 I : TS1)　　　　　　(中间体)　　　　　　(过滤态 II : TS2)

Z为分子筛, I 为NH$_3$在分子筛上的吸附, II 为H$_2$O在分子筛上的吸附

图 4-3　Silicalite 分子筛的氮取代反应过程,此反应能垒为 343kJ/mol,氮取代能为 132kJ/mol

　　N 原子取代 O 原子进入分子筛骨架后会在分子筛表面生成两种可能的基团:
取代硅/铝羟基生成的端氨基(—NH$_2$)和取代桥氧基生成的桥氨基(—NH—)。R.
Astala 等[64]从理论计算的角度证明了 N 原子取代 O 原子进入分子筛骨架的可行
性。但是,由于 Si—N—Si 键角比 Si—O—Si 键角小,因此 N 原子取代 O 原子进
入分子筛骨架后其骨架张力会变大,需要 Si—O—Si 键角增大以平衡这种张力的
变化,从而稳定分子筛的骨架。也就是说,在含氮分子筛中,N 原子只能部分取代
骨架中的 O 原子,取代的结果必然影响含氮分子筛的表面酸碱性以及催化性能。
经研究含氮 Na-Y 型分子筛的碱性介于 MgO 与 Mg(OH)$_2$ 之间[65],含氮 ZSM-5
的碱性则与 MgO 相当[66]。

4.1.3.2　含碳分子筛

　　与含氮分子筛类似,含碳分子筛的骨架碳物种以亚甲基—CH$_2$—的形式存在。
结晶态的含碳分子筛材料的相关研究比较少。目前,仅有 MFI 、BEA 、LTA、AFI
及 FAU 构型的微孔含碳分子筛[67-73]被成功合成出来。本节中,我们将简单介绍
微孔含碳分子筛的制备、表征及应用情况。

1) 合成

　　与含氮分子筛采取氮化后处理的制备方法不同,含碳分子筛可以通过与传统分
子筛类似的合成路线与方法,直接通过水热法合成。如 ZOL-1 分子筛(MFI 结构),
其典型的合成步骤为:将一定量的 BTESM[双(三乙氧基硅基)甲烷,图 4-4]加入
TPAOH 中,搅拌 1h 后,在 80℃水浴除去 BTESM 水解产生的乙醇,然后装入带有聚
四氟乙烯内衬的不锈钢反应釜中,170℃下转动晶化 5 天。以 BTESM 等为硅源,选
用不同的导向剂(部分需加入晶种),可成功合成出具有 MFI、LTA 、BEA、AFI、FAU
等结构的含碳分子筛[53, 67-73],其典型的合成条件如表 4-2 所示。从表中可以看出,含
碳分子筛均需以 BTESM 作全部或部分硅源,即需在原料中存在≡Si—CH$_2$—Si≡结
构。此外,含碳分子筛的晶化时间也较普通分子筛要长得多。

表 4-2　几种含碳分子筛的典型合成条件

母液配比（摩尔比）	温度/℃	时间/天	拓扑结构
0.5BTESM：0.47TPAOH：21H$_2$O	170	5	MFI
0.1BTESM：0.8TEOS：0.54TPAF：7.63H$_2$O	140	14	MFI
0.5BTESM：0.25TEMABr：0.13Na$_2$O：20H$_2$O	140	20	MFI
0.5BTESM：0.018Al$_2$O$_3$：0.042Na$_2$O：58H$_2$O	190	7	MFI
0.2BTESM：0.8TEOS：0.5TPAOH：0.5HF：7H$_2$O	150	7	MFI
0.5BTESM：0.5TEOS：0.5TPAOH：0.5HF：7H$_2$O	150	26	MFI
0.5BTESM：0.52Al$_2$O$_3$：1.64Na$_2$O：66.5H$_2$O	100	14	LTA
SiO$_{1.5}$(CH$_2$)$_{0.5}$：0.25～0.26Al$_2$O$_3$：1.29～1.33Na$_2$O：0.12K$_2$O：26.38H$_2$O	93	13	FAU
0.2BTESM：0.8TEOS：0.5TEAOH：0.5HF：7H$_2$O	140	31	BEA
0.5BTESM：0.5TEOS：0.5TEAOH：0.5HF：7H$_2$O	140	60	BEA
0.1BTESM：0.8TEOS：0.54TEAF：7.63H$_2$O	140	14	BEA

注：TPA 为四丙基铵；TEMA 为三乙基甲基铵；TEA 为四乙基铵。

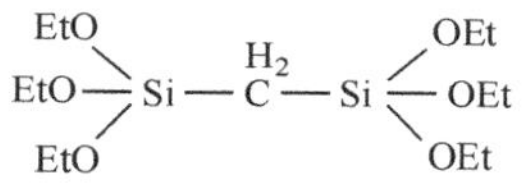

图 4-4　BTESM 的分子结构式

2）结构与性质

经 XRD、SEM、N$_2$ 吸附等表征结果表明[69]，含碳分子筛不仅具有较高的结晶度，其孔道结构、外观形貌与吸附性能等也与相同拓扑结构的普通分子筛相似。ZOL-1、ZOL-2 和 ZOL-5 分子筛是典型的 MFI 结构，具有较高的结晶度，其六方形貌结构也与普通 MFI 结构的硅铝分子筛基本相同。理论计算研究的结果表明含氮分子筛表面的端氨基—NH$_2$ 和桥氨基—NH—均为强碱中心[74]。而对于 C 或 N 部分取代的分子筛（以 CHA 为例）其表面碱性的增强顺序则为 C 小于 O 与 N[75]。此外含碳分子筛具有特征的亲油疏水性能。

4.1.4　超大微孔化合物

合成超大微孔（大于 12 元环孔）沸石分子筛和微孔化合物一直是多孔材料合成领域的一个重要目标与令人感兴趣的科学问题。经过几十年的长期努力，直到 1988 年 M. E. Davis 等[76]才成功地合成出了具有 18 元环的磷酸铝（VPI-5）。随后 1991 年 M. Estermann 等[77]又成功合成了具有 20 元环三维结构的 Cloverite（CLO）磷酸镓分子筛，1992 年吉林大学霍启升、徐如人等[78a]合成出了具有 20 元环的超大微孔磷酸铝 JDF-20。这些突破开启了超大微孔合成化学的新纪元。其后的 20 多年间，又陆续合成了几十种具有超大微孔的分子筛、金属磷酸盐、金属亚磷酸盐以及锗(硅)酸盐化合物,孔道更是涉及 14 元环、16 元环、18 元环、20 元环、24 元环以及 30 元环(表 4-3～表 4-6)[78b]。

表 4-3　超大微孔磷酸盐

代码	分子式	最大孔环数	SDA
	$[DIPYR]_{0.87}[PYR]_{0.28}[Ga_7(PO_4)_6F_3(OH)_2] \cdot 2H_2O$	14	1
	$[NH_3(CH_2)_3NH_3]_4[H_3O]_3[In_9(PO_4)_6(HPO_4)_2F_{16}] \cdot 3H_2O$	14	5
VBPO-CJ 27	$Na_2[VB_3P_2O_{12}(OH)] \cdot 2.92H_2O$	16	Na^+
	$[HN(CH_2CH_2)_3NH]K_{1.35}[V_5O_9(PO_4)_2] \cdot xH_2O$	16	2
	$Cs_3[V_5O_9(PO_4)_2] \cdot xH_2O$	16	Cs^+
	$[C_4N_3H_{16}]_3[Co_6(PO_4)_5(HPO_4)_3] \cdot H_2O$	16	3
ULM-5	$[H_3N(CH_2)_6NH_3]_4[Ga_{16}(PO_4)_{14}(HPO_4)_2(OH)_2F_7] \cdot 6H_2O$	16	4
ULM-15	$[H_3N(CH_2)_3NH_3][Fe_4F_3(PO_4)(HPO_4)_4(H_2O)_4]$	16	5
ULM-16	$[NC_5H_{12}]_{1.5}[H_3O]_{0.5}[Ga_4(PO_4)_4F_{1.33}(OH)_{0.67}] \cdot 0.5H_2O$	16	6
	$[NH_3(CH_2)_2NH_2(CH_2)_2NH_3]_2[N_2H_2(CH_2)_2NH_2(CH_2)_2NH_2]$	16	3
MIL-31	$[N_2C_{10}H_{26}]_2[Ga_9(PO_4)_9F_3(OH)_2(H_2O)] \cdot 2H_2O$	18	7*
MIL-46	$[NC_5H_{12}]_4[H_3O]_{0.5}[Ga_9(PO_4)_8F_{7.3}(OH)_{0.2}] \cdot 3.5H_2O$	18	6
MIL-50	$[N_2C_6H_{18}]_2[Rb]_2[Ga_9(PO_4)_8(HPO_4)(OH)F_6] \cdot 7H_2O$	18	4
Cloverite	$[RF]_{192}[Ga_{768}P_{768}O_{2976}(OH)_{192}]$	20	8
JDF-20	$[2Et_3NH][Al_5P_6O_{24}H] \cdot 2H_2O$	20	9
	$[NH_3(CH_2)_6NH_3][Zn_4(PO_4)_2(HPO_4)_2] \cdot 3H_2O$	20	4
ICL-1	$[NH_3(CH_2)_4NH_3]_2[Ga_4(HPO_4)_2(PO_4)_3(OH)_2F] \cdot 6H_2O$	20	10
	$[NH_3(CH_2)_3NH_3]_2[Fe_4(OH)_3(HPO_4)_2(PO_4)_3] \cdot xH_2O$	20	5
	$[NH_3(CH_2)_4NH_3]_2[Ga_4(HPO_4)_2(PO_4)_3(OH)_3] \cdot yH_2O$	20	10
ND-1	$[H_2DACH][Zn_3(PO_4)_2(PO_3OH)] \cdot 2H_2O$	24	11
	$[(C_4N_3H_{16})(C_4N_3H_{15})][Fe_5F_4(H_2PO_4)(HPO_4)_3(PO_4)_3] \cdot H_2O$	24	3
NTHU-1	$[Ga_2(DETA)(PO_4)_2]_2 \cdot H_2O$	24	3
VSB-1	$[(H_3O,NH_4)_4][Ni_{18}(HPO_4)_4(OH)_3F_9] \cdot 12H_2O$	24	无模板
VSB-5	$[(OH)_{12}(H_2O)_6][Ni_{20}(HPO_4)_8(PO_4)_4] \cdot 12H_2O$	24	5*

注:DIPYR =4,4′-联吡啶,PYP = 联吡啶,Rb = 铷离子,RF = 奎宁氟化物,DACH = 1,2-环己二胺,DETA=二乙烯三胺。

* 只有一例。

1　2　3　4　5

6　7　8　9　10　11

表 4-4　超大微孔亚磷酸盐

代码	分子式	最大孔环数	SDA
	$(C_5N_2H_{14})[(VO \cdot H_2O)_3(HPO_3)_4] \cdot H_2O$	14	**12**
	$(NC_5H_{12})_2[Zn_3(HPO_3)_4]$	16	**13**
	$[CN_4H_7]_2[Zn_3(HPO_3)_4]$	16	**14**
FJ-14	$Ni(DETA)Zn_2(HPO_3)_3(H_2O)$	16	**3**
	$[Zn(H_2O)_6][Zn_3(HPO_3)_4]$	16	**15**
CoHPO-CJ2	$(H_3O)_2[Co_8(HPO_3)_9(CH_3OH)_3] \cdot 2H_2O$	18	**3**
ZnHPO-CJ1	$(C_4H_{12}N)_2[Zn_3(HPO_3)_4]$	24	**16**
	$[(NH_3CH_2CH_2NH_3)(btc)][Zn_3(O_3PCH_2COO)_2(O_3PCH_2COOH)]$	24	**17**
NTHU-5	$(C_4H_9NH_3)_2[AlFZn_2(HPO_3)_4]$	26	**16**

注：btc = 1,3,5-苯三甲酸。

$$\begin{array}{ccccccc} \textbf{12} & \textbf{13} & \textbf{14} & \textbf{3} & \textbf{15} & \textbf{16} & \textbf{17} \end{array}$$

表 4-5　超大微孔锗酸盐

代码	分子式	最大孔环数	SDA
ICMM7	$(C_6N_2H_{16})_2[Ge_{13}O_{26}(OH)_4](H_2O)_{1.5}$	14	**18**
SU-8	$(C_6H_{16}N_2H_2)_5[Ge_9O_{18}(OH)_4][Ge_7O_{15}(OH)]_2[GeO(OH)_2]_2$	16	**19**
SU-44	$(C_6H_{16}N_2H_2)_{10}[Ge_9O_{18}X_4][Ge_7O_{15}X_2]_6[GeOX_2]_{2.85}$	18	**19**
ASU-16	$(H_2dab)_3(dab)_{0.5}[Ge_{14}O_{29}F_4] \cdot 16H_2O$	24	**20**
FDU-4	$[N(CH_2CH_2NH_3)_3]_{2/3}[HCON(CH_3)_2]_{1/6} \cdot [Ge_9O_{17}(OH)_4](H_2O)_{11/3}$	24	**21**
FJ-1a	$[2Ni(en)_3]_1[Ni@Ge_{14}O_{24}(QH)_3]$	24	**22**
FJ-1b	$[Ni(1,2-PDA)_3]_2[Ni@Ge_{14}O_{24}(OH)_3]$	24	**23**
Su-61	$[C_6H_{16}N_2H_2]_2[Ge_{8.7}Si_{1.3}O_{16}O_{11/2}OH][Ge_{0.71}Si_{0.29}O_{4/2}] \cdot [Ge_{0.22}Si_{0.78}O_{3/2}OH]_2$	26	**19**
SU-M	$[(H_2MPMD)_2(H_2O)_x][Ge_{10}O_{20.5}(OH)_3]$	30	**19**
SU-MB	$[(H_2MPMD)_{5.5}(H_2O)_x][Ge_{10}O_{21}(OH)_2]_2[Ge_7O_{14}F_3]$	30	**19**
JLG-12	$[C_6N_2H_{18}]_{30}[Ce_9O_{18}X_4]_6[Ge_7O_{14}X_3]_4[Ge_7O_{14.42}X_{2.58}]_8[CeX_2]_{1.73}$ $(X=OH, F)$	30	**19**

注：dab=二氨基丁烷；en=乙二胺；1,2-PDA=1,2-丙二胺；MPMD=2-甲基-1,5-戊二胺。

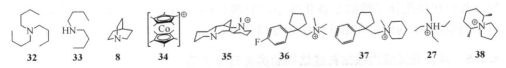

|　18　|　19　|　20　|　21　|　22　|　23　|

値得提出的是在上述超大微孔化合物的基础上,成功地开拓了 10 种具有新型结构的超大微孔分子筛(表 4-6),这为进一步开发大分子与生物分子的催化与吸附分离应用提供了基础。

表 4-6　10 种具有超大微孔结构的分子筛

结构代码	材料名称	SDA	20,18 & 14 环结构	分子式
-CLO	Cloverite	8	$\langle 100\rangle$ **20** 4.0Å×13.2Å |$\langle 100\rangle$ **8** 3.8Å×3.8Å|	$\lvert (C_7H_{14}N)_{24}\rvert_8[F_{24}Ga_{96}P_{96}O_{372}(OH)_{24}]_8$[77]
ETR	ECR-34	27, Na$^+$, K$^+$	[001]**18** 10.1Å* ↔⊥[001] **8** 2.5Å×6.0Å	$\lvert H_{1.2}K_{6.3}Na_{4.4}\rvert[Ga_{11.6}Al_{0.3}Si_{36.1}O_{96}]$[84]
VFI	VPI-5	32, 33	[001] **18** 12.7Å×12.7Å	$[Al_{18}P_{18}O_{72}][H_2O]_{42}$[76]
AET	AlPO-8	33	[001]**14** 7.9Å×8.7Å	$[Al_{36}P_{36}O_{144}]$[79]
CFI	CIT-5	35	[010] **14** 7.2Å×7.5Å	$[Si_{32}O_{64}]$[81]
DON	UTD-1F	34	[010]**14** 8.1Å×8.2Å	$[C_5H_{11}N(N_2)_5]$ $[Si_{34}O_{68}]$[80]
OSO	OSB-1	K$^+$	[001]**14** 5.4Å×7.3Å ↔⊥[001] **8** 2.8Å×3.3Å	$[K_6(H_2O)_9]$ $[Be_3Si_6O_{18}]$[82]
SFH	SSZ-53	36	[001]**14** 6.4Å×8.7Å	$[B_{1.6}Si_{62.4}O_{128}]$[83]
SFN	SSZ-59	37	[001]**14** 6.2Å×8.5Å	$[B_{0.35}Si_{15.65}O_{32}]$[83]
UTL	IM-12	38	[001]**14** 7.1Å×9.5Å ⊥[010] **12** 5.5Å×8.5Å	$[Ge_{13.8}Si_{62.2}O_{152}]$[85-87]

|　32　|　33　|　8　|　34　|　35　|　36　|　37　|　27　|　38　|

三大系列的超大微孔化合物与 10 种新型结构超大微孔结构分子筛的成功合成与规律总结,使人们对超大微孔化合物的合成规律与合成化学有了较清楚的认识,其中最值得关注的是结构导向剂(SDA)在超大微孔形成中的作用与其相关的规律,A. Corma 与于吉红等曾就此作过比较详细的总结。于吉红与 A. Corma

等[29]在 H. Gies 等[88, 89]研究的基础上对 SDA 在超大微孔形成中的作用提出了下列看法：

　　（1）在合成过程中 SDA 有良好的化学稳定性。

　　（2）SDA 与主体孔道、腔、笼等结构单元间有良好的匹配。

　　（3）SDA 分子应尽可能与孔道、腔、笼的内表面间有大的"范德华接触"（van der Waals contacts），然而又不至于造成任何形变（deformation）。

　　（4）SDA 分子与溶剂分子间尽可能减少相互作用。

　　（5）尽可能选择刚性的 SDA 分子，有利于腔、笼（clathrasil）的形成。

　　（6）增大 SDA 分子的碱性（basicity）或极化能力（polarizability）有利于特定结构腔、笼的形成。

　　对于设计出来的结构，根据上述一些经验规律，可选择特定的 SDA 分子与合成反应的条件，诸如 SDA 分子的极性、尺寸与构象，以及分子电荷密度、分子的刚性与柔性（flexibility）、与溶剂分子间的作用倾向、疏水/亲水性以及造孔路线与反应条件的选择等来开展定向合成。此外，于吉红和 A. Corma 还提出了超大微孔化合物合成策略的几个基本策略：

　　（1）选择大、刚性且具一定极性的三维结构 SDA 分子易于合成大微孔体积且高维孔道结构的晶化产物。

　　（2）浓的反应体系与 F⁻ 存在下的合成路线易于制得低骨架密度的开放结构。

　　（3）易于合成结构中含有 3 元环、4 元环特别是双四元环（D4R）的合成路线与反应条件（包括杂原子的适度置换等）适合制取低骨架密度的开放结构。

　　（4）充分利用高通量组合合成技术选择最佳合成路线与反应条件。

　　然而需要特别提出的是，包括超大微孔在内的金属磷酸盐、亚磷酸盐、锗（硅）酸盐等绝大多数也都是在有机胺模板 SDA 存在下合成的，无机骨架均带有较多的负电荷，需要质子化的有机阳离子来平衡骨架电荷，再加上 SDA 分子通过诸多化学作用（chemical interaction），诸如库仑相互作用、氢键与非键合作用，来稳定超大微孔骨架，因而有机胺 SDA 的脱出往往会导致骨架塌陷，无法形成分子筛孔道骨架，这就是为什么只有表 4-6 中所列 10 种骨架为真正的超大微孔分子筛。另外也提醒我们在微孔分子筛的制备化学中，"脱模（detemplate）"也是其中一个重要的科学问题，这个问题将在第 6 章中作专门介绍。

4.1.5　具有交叉或内联结孔道结构的类沸石分子筛

　　从催化反应的要求来看，具有交叉（intersecting）孔道结构的分子筛特别是具有 10 元环（中孔）与 12 元环（大孔）交叉（即内联结）孔道结构的分子筛，以及几十年来应用广泛的 10 元环（中孔）与 10 元环交叉的 ZSM-5、ZSM-11、ZMS-12 与 MCM-22 分子筛，无论是从择形催化反应还是扩散的角度来讲，其合成与开发都具有重要意义。至今为止,具有前者孔道结构的分子筛主要有天然沸石钠钙沸石(Boggsite,BOG),其结构为 10 元环与 12 元环交叉三维孔道结构;Nu-87 虽具有相联的 10 元环与 12 元环孔道结构,然而只有 10 元环孔口是向外开放的;MCM-22 以及与其同类结构的 SSZ-25、ERB-1 与 PSH-3,虽然其结构中具有 10 元环孔道与 10 元环孔道(⊥[001]$\mathbf{10}$ 4.5Å×5.5Å⊥[001] $\mathbf{10}$ 4.1Å×5.1Å),然而彼此间被大腔所隔,分子无法在不同孔道间扩散。此外,SSZ-26、SSZ-33 与 CIT-1([001] $\mathbf{12}$ 6.4Å×7.0Å⊥[100] $\mathbf{12}$ 7.0Å×5.9Å, ⊥[010] $\mathbf{10}$ 5.1Å×4.5Å)等为 10 元环与 12 元环孔道交叉,然而遗憾的是它们都是由三种多型体 A、B 与 C 组成的孔道,是具有缺陷的内生长材料(intergrow materials)。近三年来 A. Corma 等[90]采用以 1,5-双(甲基吡咯烷)戊烷为结构导向剂,且以一部分 Ge 代替 Si 作为原料,首次成功合成了具有 8 元环(4.52Å×3.32Å)、10 元环(5.86Å×4.98Å)与 12 元环(6.66Å×6.66Å)交叉孔道结构的类沸石型含锗分子筛 ITQ-22(IWW),该结构为[$4^4 5^8 6^{12}$]笼形基本结构单元[图 4-5(a)],通过 D4R 笼组成圆柱而构筑成 8 元环、10 元环与 12 元环交叉孔道结构[图 4-5(b)]。

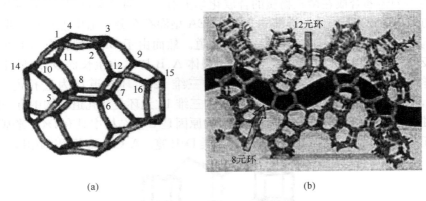

(a)   (b)

图 4-5 ITQ-22 结构:(a) [$4^4 5^8 6^{12}$]笼形基本结构单元;
(b) 8 元环、10 元环与 12 元环交叉孔道结构

2003 年,A. Corma 等[91]又报道了以六甲双季铵氢氧化物(hexamethonium dihydroxide)R(OH)$_2$ 为结构导向剂,在 5.0SiO$_2$: 1.0GeO$_2$: 0.15Al$_2$O$_3$: 1.5R(OH)$_2$: 20H$_2$O 体系中,于 150℃下晶化 15 天得到了具有三维孔道结构的含锗类沸石 ITQ-24(图 4-6):垂直于 ab 面的 12 元环直孔道(7.7Å×5.6Å),沿 a 轴方向的 12 元环正弦曲线孔道(7.7Å×6.2Å),以及与之垂直交叉的 10 元环孔道(5.7Å×4.8Å)。用同种合成路线也可制得含钛的 ITQ-24。它们的结构特点与 ITQ-22 相似,在 ITQ-24 结构中沿 ab 面的 12 元环正弦曲线孔道是由 D4R 笼围成的,而此结构与 SSZ-33、SSZ-26、CIT-1 中多型体 C 的结构相似。实际上 A. Corma 等正是在了解上述多型体结构特点的基础上,通过利用锗在组成开放孔道结构时的特点[91]

（即与 Si—O 键比较，Ge—O 键较长且易于弯曲成较窄的 T—O—T 键角，而易于生成 D4R 小笼结构[92]），在其他大孔结构导向剂的存在下，以锗与硅同为起始物料与铝聚合而成既具 12 元环与 10 元环又具 D4R 结构的类沸石材料。

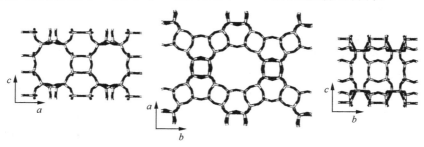

图 4-6　ITQ-24 孔道结构透视图

利用同样的思路 A. Corma 等[93]曾在 2001 年合成了以含 D4R 笼为基本结构单元的具有三维 12 元环交叉孔道结构的含锗 BEA 型沸石的多型体 C(ITQ-4)。由于纯多型体的合成在微孔物质的合成化学上有一定的意义，且是一个新开展的研究方向，因此以下作比较详细的介绍。BEA 型沸石在分子筛中占有相当重要的地位，其原因之一是具三维 12 元环交叉孔道。然而由于 BEA 型沸石与上面介绍的 SSZ-33、SSZ-26、CIT-1 类似，也是由多型体 A、B 与 C 内生长而成，结果往往造成缺陷的存在。从理论结构来看，C 型的三维 12 元环孔道均为直孔道（$P4_2/mnc$），不同于 A 型（$P4_122$）与 B 型，后者的三维 12 元环交叉孔道结构中有一维呈正弦曲线的 12 元环孔道。造成这种结果的原因是 C 型结构中具有 D4R 笼基本结构单元（图 4-7），而 A 型与 B 型中却不含此类 D4R 笼。A. Corma 等[93]利用以往合成

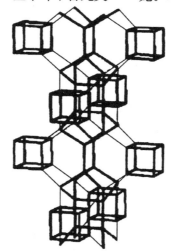

图 4-7　多型体 C 沿 4_2 螺旋轴的两种基本结构单元[5^4]笼与 D4R 笼排列组成

具有 D4R 笼结构的经验,在用多种以往合成 BEA 型沸石的结构导向剂(图 4-8)的同时应用锗与硅同为起始物料按下列原始物料摩尔组成比:$(1-x)SiO_2$：$xGeO_2$：$(0.5\sim0.25)SDAOH$：$0.5HF$：wH_2O,在 135～175℃下晶化 15～120h,晶化结果如表 4-7 所列。

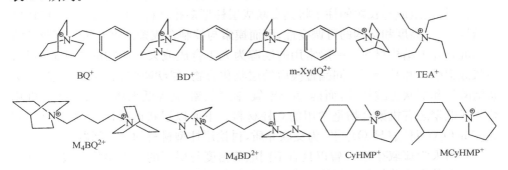

图 4-8　含锗 BEA 型沸石 C 型多型体晶化用的结构导向剂

表 4-7　BEA 型沸石的合成条件与在不同结构导向剂存在时有锗或无锗条件下的晶化产物

结构导向剂	w	Si/Ge	T/℃	时间/h	Ge 沸石	SiO_2 沸石
BQ^+	8	1～10	150	15～120	多型体 C	ITQ-4
BD^+	8～24	0.5～30	135～175	15～120	多型体 C	ITQ-4
$m\text{-}XydQ^{2+}$	8	5	150	16～96	多型体 C	β
M_4BQ^{2+}	7.5～15	2～10	175	24～96	多型体 C	β, ZSM-12
M_4BD^{2+}	15	2～20	175	24～96	多型体 C	ZSM-12
$CyHMP^+$	7.25	5	135～175	15～96	多型体 C	ZSM-12
$MCyHMP^+$	7.25	5	135～175	15～96	多型体 C	β
TEA^+	7.5	2	140	96	多型体 C	β

注：A. Corma 采用下列三种晶化体系,①$0.666SiO_2$：$0.333GeO_2$：$0.5BDOH$：$0.5HF$：$8H_2O$;②$0.833SiO_2$：$0.166GeO_2$：$0.5BDOH$：$0.5HF$：$8H_2O$;③$0.937SiO_2$：$0.062GeO_2$：$0.5BDOH$：$0.5HF$：$8H_2O$。

在 150℃下晶化 15h,可得 Si/Ge 比分别为 1.8：1,5.0：1 与 11.6：1 的具有 BEA 型沸石多型体 C 结构的含锗沸石 ITQ-4。

2004 年,J. L. Paillaud 和 J. Patarin 等报道了第一例具有超大微孔 14 元环 (9.5Å×7.1Å)与 12 元环(8.5Å×5.5Å)交叉孔道分子筛 IM-12(UTL)的成功合成[94]。IM-12 是在 $0.8SiO_2$：$0.4GeO_2$：$0.3ROH$：$30H_2O$[R 为 (6R, 10S)-6, 10-二甲基-5-氮鎓螺癸烷],170℃晶化 6 天而获得的,与 IM-12 同样结构的 ITQ-15 可在 $0.91SiO_2$：$0.09GeO_2$：$0.01Al_2O_3$：$0.5[C_{14}H_{26}N]OH$：$10H_2O$ 体系中 175℃下晶化 18 天而获得[95]。

4.1.6　层柱型微孔材料

另一制备超大微孔或混合孔道结构材料的方法是借二维层状化合物的增维合成(见 3.2.6 节)多孔三维骨架:一条好的途径是将具有一定组成与结构的层(或网层)通过特定组成与长短的柱子将其交联成层柱型多孔材料。由于层结构(包括层孔结构)与柱高度和结构的可调变性,因而摸索与控制合成条件可开拓具有新型结构的混合孔道结构材料。一般常用的层源为人工合成或天然矿物的层状硅酸盐、层状硅铝酸盐和其杂原子同晶置换后的层状化合物、层状磷酸铝、层状钛酸盐、层状锰酸盐和层状铌酸盐等,而硅-氧、铝-氧、钛-氧、铬-氧等低聚体以及某些有机化合物或低聚态有机聚合物是常用的立柱材料。下面以层状硅酸盐为例,以 TEOS 或 $[Al_{13}O_4(OH)_{24}(H_2O)_{12}]^{7+}$ 为交联介质,讨论层柱型材料的合成问题。

台湾大学郑淑芬等[96]曾以具有不同电荷密度与层厚的四种层状硅酸盐为例,讨论了在其层间硅氧与铝氧的立柱及相关合成问题,因为有一定代表性,因而作为例子向读者介绍。一般而言,其合成大约可分三步。

1) 层状硅酸盐的合成

选取了四种具有不同层厚度的硅酸盐:$NaHSi_2O_5 \cdot 3H_2O$ (4.5Å)、$Na_2Si_8O_{17} \cdot xH_2O$ (6.5Å)、$Na_2Si_{14}O_{29} \cdot 11H_2O$ (9.6Å) 与 $K_2Si_{20}O_{41} \cdot 10H_2O$ (15.1Å)。后三种层状化合物均是通过在 NaOH (或 KOH)-SiO_2-H_2O 体系中 100℃水热晶化数天而得。$NaHSi_2O_5 \cdot 3H_2O$ 按下法制得:将水玻璃(硅酸钠)注入甲醇溶液中即产生沉淀,过滤后的沉淀经 100℃下干燥,然后在 700℃的马弗炉中灼烧 5～6h,经再水合(rehydration)后即获得成品。

2) 层状硅酸盐的嵌胀

一般是采用己胺嵌胀法:将上述四种层状硅酸盐经酸交换处理后(一般用 1mol/L HNO_3 在 70℃搅拌几小时)成 H^+ 型,经空气下干燥后,将其分别分散于过量的己胺液体中并于室温下搅拌约 28 天,立即过滤即得己胺嵌胀产物,为了避免己胺蒸发而损失,宜立即进行立柱反应。

3) 硅氧与铝氧柱硅酸盐的制得

(1) 将以上所得嵌胀产物与过量 TEOS 在室温下搅拌 1～3 天,经过滤,并用乙醇洗涤后,产品于 360℃下灼烧 2h 即得主产物。

(2) 将以上所得嵌胀产物在过量 $0.6N^{①}[Al_{13}O_4(OH)_{24}(H_2O)_{12}]^{7+}$ 的水溶液进行交换反应,一般在 50℃下搅拌约 1 天,经过滤、洗涤后于 300℃下灼烧即得铝柱产物。

产物经 XRD 表征,测得相关自由层间距,列表 4-8 中。

---

① 　N 为非法定单位。为尊重学科及读者阅读习惯,本书仍沿用这一用法。

表 4-8　层柱型硅酸盐的自由层间距

层状硅酸盐	自由层间距/Å		
	己胺嵌胀产物	硅氧立柱后 360℃灼烧	铝氧立柱后 300℃灼烧
$NaHSi_2O_5 \cdot 3H_2O$	21	15	5.1
$Na_2Si_8O_{17} \cdot xH_2O$	23	10	1.6
$Na_2Si_{14}O_{29} \cdot 11H_2O$	23	10	—
$K_2Si_{20}O_{41} \cdot 10H_2O$	26	9	4.4

硅柱与铝柱产物的比表面积一般分别在 $300\sim550m^2/g$ 与 $180\sim280m^2/g$ 间,
吸附等温线符合微孔特点。从表 4-8 中所列数据可以看出,铝柱硅酸盐的自由层
间距均小于硅柱,且小于 $[Al_{13}O_4(OH)_{24}(H_2O)_{12}]^{7+}$ $(8.4Å)$,因而可以推想 Al_{13}^{7+}
在嵌插-交换过程中发生降解,硅酸盐层由羟基铝低聚物交联而成层柱化合物。与
上述层柱型硅酸盐相似,其他众多层柱微孔材料的合成主要也必须注意上例中提
到的几个问题:首先是关于层的合成,一般来说人工合成云母蒙脱石(SMM)[97]、
皂石(saponite)等[98]合成黏土,以及它们的 Fe、Ni、Co、Ga 等杂原子取代物[98],均
是在 300℃左右的水热条件下合成制得的,而结构繁多的网孔状磷酸铝也是在
200℃左右的水热或醇热条件下合成的[99]。高纯度层状化合物的合成及结构表征
是合成层柱型材料的基础。其次是关于层的溶胀(swelling)剥离或预溶胀(pres-
welling)问题,这是让"柱子"(指柱体化学个体如分子、离子、配合物等)进入层间
的一个重要步骤,部分层状化合物易于溶胀、剥离,因而往往只需将"柱子"加入层
状物的水浆中。然而必须详细研究其加入条件,有利于使其进入层间,且利于立柱
的实现。而部分层状化合物如上述的层状硅酸盐,以及为数众多的过渡金属氧化
物层诸如钛酸盐、锰酸盐、铌酸盐等层,它们不易溶胀,则需进行"预溶胀",如首先
加入长链的胺类嵌入层间,使层间距由于嵌插而撑开,使"柱子"有可能进入。其次
由于胺的嵌入,使层间造成"亲有机相"的环境,促使如 TEOS 等更易于进入层间,
在此基础上使"柱子""嵌插定位"或进行"离子交换"进入层间。在"柱子"进入层间
后,"立柱"(pillaring)的问题会复杂一些。以 TEOS 在硅酸盐层中的"立柱"为例,
简单地说明其复杂性。这其中包括 TEOS——$Si(OC_2H_5)_4$ 的水解如 $Si(OC_2H_5)_4+$
$nH_2O \longrightarrow Si(OC_2H_5)_{4-n}(OH)_n+nC_2H_5OH$,与水解产物 $Si(OC_2H_5)_{4-n}(OH)_n$间
的缩聚反应,这两个反应随反应条件的不同,产物硅-氧低聚体的生成与分布不同,
进一步随己胺嵌胀硅酸盐层层间结构与空间的差别,某些硅-氧低聚体有选择地进
入层空间,与硅酸盐表面基团如 Si—OH 发生定向作用,最后在一定温度下灼烧,
层柱间发生成键而交联。无论是"层"与"柱"相关基间的缩聚,还是键合或氢键

等非键合作用,均与层的结构和柱子的组成与结构密切相关。根据孔道功能的要求以及层、柱结构的特点进行选择与"配对",从而选择"立柱"条件与"成孔"条件是至关重要的。下面提出几个实例供读者们参考,可看出一些"立柱"的初步规律:除郑淑芬等[96]研究了硅酸盐层间立硅与铝柱,J. L. Valverde 等[100]详细研究了膨润土、皂土层间以 $Ti(OC_2H_5)_4$ 为交联剂立钛柱,G. Alberti 等[101] 研究了在 α-$Zr(HPO_4)_2 \cdot H_2O$ 层间立有机磷柱外,郑淑芬等又研究了层状氧化锰[102]与层状钛酸盐[103]间以$[Al_{13}B_4(OH)_{24}(H_2O)_{12}]^{7+}$为交联剂立铝柱等。

　　21 世纪初,南京大学侯文华等[104]比较全面地总结了层柱(以过渡金属氧化物层为主)材料的合成化学问题,在前人工作的基础上将合成途径分为下面两种模式:

　　(1)分步离子交换模式(stepwise ion-exchange process),如图 4-9 所示。

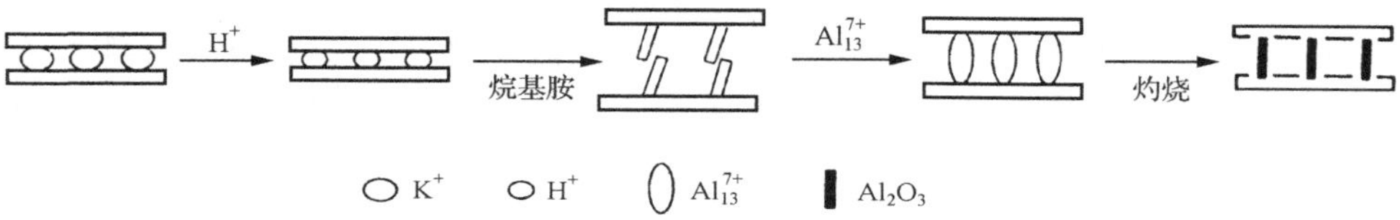

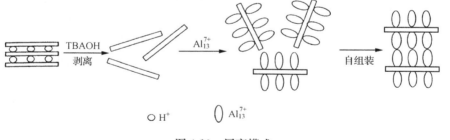

图 4-9　分步离子交换模式

　　(2)层离模式(delamination procedure),如图 4-10 所示。

图 4-10　层离模式

4.1.7　微孔手性催化材料

　　在微孔(或介孔)孔道中锚装(anchored)或嫁接(grafted)具有手性催化性能的化学个体如配合物、有机金属化合物、配体或有机分子等,具有手性孔道结构或其孔道结构由某些具有手性特征(chiral motif)的结构单元构成的微孔化合物或材料,均具有微孔手性(不对称)催化与分离材料的开发与应用前景,这对目前的催化领域来讲是很重要的一个前沿方向。因此有关微孔手性化合物与材料的合成与组装问题就显得非常重要,吸引着从事多孔材料的专家们。这是一个正在迅速发展的科学领域,下面将分别作些讨论。

4.1.7.1　分子筛(微孔或介孔)孔腔中手性催化中心的组装

例一、USY 上手性 Rh$^+$ 配合物的锚装[105],其产物对 N-酰基苯基苯胺(N-acylphenyl-aniline)的不对称加氢催化反应不仅有高的转化率与 ee%(>95%),而且有较长的寿命。这种微孔组装 Rh$^+$ 配合物的催化剂是通过下列步骤来锚装的。

$$(4-3)$$

cod=1, 5-环辛二烯
R=(CH$_2$)$_3$Si(OEt)$_3$

脯氨酸

第一步:以 L-脯氨酸 为原料,制成 Rh$^+$ 配合物。

第二步:具有表面硅羟基(Si—OH)的超稳 Y 型沸石 USY 的制备。

以 NH$_4$-Y 型沸石为起始原料于 1000℃灼烧 2h 后,于 130℃下用柠檬酸处理表面脱铝羟化生成具有表面硅羟基的 USY(孔径>15Å)。

第三步:Rh$^+$ 手性配合物在 USY 表面上锚装。

$$(4-4)$$

例二、介孔分子筛 MCM-41 孔道中 Sharpless 催化剂的嫁接[106]。

由 Sharpless 等创建的由 Ti(O^{i}Pr)$_4$ 与手性二烷基酒石酸[如 L-(+)-二乙基酒石酸]组成的催化剂对于烯丙醇的环氧化是一种高效的催化材料。然而此均相催化体系有一弱点,即需进行产物与催化剂的分离。为解决这问题,大连化学物理研究所李灿等设法将此催化剂嫁接于介孔分子筛 MCM-41 的孔道中[106],使此催化体系成为均相复相化,用于烯丙醇的不对称环氧化反应,取得了很好的反应效果。嫁接反应基本上按图 4-11 中的反应进行。

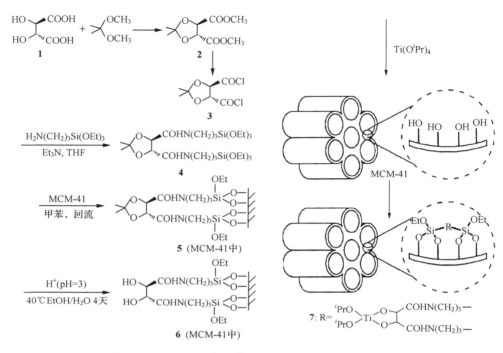

图 4-11　Sharpless 催化体系在 MCM-41 孔道中的嫁接

　　除上述介绍的微孔手性组装材料之外,具有手性结构特征的分子筛如螺旋孔道结构,以及孔道结构由某些具有手性特征的结构单元构成的材料等,也是人们孜孜以求的、希望开拓的微孔手性催化材料。

4.1.7.2　手性孔道与含手性结构特征的微孔金属磷酸盐的合成

　　从理论上讲,在 230 种空间群中有 66 种为手性空间群,对于一些空间群,如 $P4_1$、$P4_3$、$P6_1$、$P6_2$、$P3_1$、$P3_2$、$P6_5$、$P6_4$ 等,由于结晶于其的骨架结构中无任何对称元素,其孔道一般被视为具有手性结构,然而实际上已合成出来的却为数极少。以沸石为例,J. M. Newsam 等在 1988 年提出 β 沸石(BEA)从结构上讲是由三种不同多型体 A、B 与 C 内生长共生而成,其中"多型体 A"具有手性孔道结构[107],然而至今尚未有人报道成功合成具有高纯多型体 A 的 BEA 型沸石。2006 年,于吉红等[108]报道了 TbSiO-CJ1 ($Na_3TbSi_3O_9 \cdot 3H_2O$) 的成功合成,它的结构中含有独特的类似 $\Lambda\text{-}[Co(en)_3]^{3+}$ 螺旋桨构型的手性结构单元,$[TbSi_6O_9] \cdot SiO_4$ 四面体相互联结成沿[100]方向两螺旋轴无限延伸的左手螺旋链,相邻的螺旋单链通过$[TbO_6]$八面体联结成三维骨架结构。

　　关于微孔磷酸盐,直至目前也只有少数手性微孔磷酸盐化合物被报道,如

$[(CH_3)NH_2]K_4[V_{10}O_{10}(H_2O)_2(OH)_4(PO_4)_7] \cdot 4H_2O^{[109]}$,具有 ABW 和相关骨架结构的磷酸钴[110]、$[CN_3H_6][Sn_4P_3O_{12}]^{[111]}$、$[\{Zn_2(HPO_4)_4\}\{Co(dien)_2\}] \cdot H_3O^{[112]}$ 及某些磷酸镓和磷酸铟等,其结构特点是具有螺旋孔道。然而可惜的是除 CZP($[Zn_{12}P_{12}O_{48}] \cdot |Na_{12}^+(H_2O)_{12}|$)[113] 与 MCoPO₄(M = Na、K、NH₄ 等)外[110],其他具有螺旋孔道的微孔化合物的热稳定性都差,难于制备成具有手性孔道结构的分子筛。因而从这类结构的微孔磷酸盐的合成化学问题来说,可能主要有两方面:其一是探索合成手性孔道结构的微孔磷酸盐,详细地研究合成规律,特别应重视了解结构导向剂对手性孔道形成的关系;其二是研究手性孔道分子筛的制备化学。然而直到目前为止,尚未发现有价值的合成规律。另外,近年来某些合成工作者大量试探用手性结构导向剂,结果发现采用手性金属配合物作结构导向剂可成功地合成出几种磷酸盐,令人感兴趣的是,实验结果表明,手性配合物的手性可以传递到无机层结构中。因此,以手性配合物作结构导向剂,提供了定向制备含手性结构特征的无机骨架化合物的一条有效途径。M. E. Davis 总结了用手性有机胺作结构导向剂合成高硅分子筛的研究工作[114],然而却遗憾地发现,所生成的骨架结构如 SSZ-24、CIT-5、CIT-1 和 ZSM-12 等并不具有手性特征。这说明这些客体分子的手性没有被有效地传递到无机主体骨架中,其原因主要在于主客体间缺乏足够强的非共价键相互作用。于吉红等提出,为了使模板剂的手性传递作用发生,模板剂与主体骨架间强于范德华作用的多点、协同的非共价键作用可能是十分必要的[115,116]。众所周知,多重的氢键在化学和生物体系的超分子自组装方面起着作用。因此,氢键在手性传递中也可能会发挥重要的作用。

　　于吉红等以主客体间富含氢键的金属磷酸盐为研究对象,系统地研究了手性配合物模板剂对金属磷酸盐骨架结构的手性传递作用。下面仅以组成为$[Zn_2(HPO_4)_4][Co(dien)_2][H_3O]$的 JLU-10 为例阐明主客体间的手性传递现象及其手性传递的原因。

　　JLU-10 是在下列水热条件下获得的:将 $Zn(OAc)_2$(0.5g)溶于 10mL H_2O 与 0.46mL H_3PO_4(85%)中,加入 0.58g $[Co(dien)_2]Cl_3$,搅拌均匀后加入 6.0mL Me_4NOH(10%),搅拌 1h(pH≈7)后置于釜中在 130℃下晶化 6 天。其结构分析如图 4-12~图 4-14 所示。

　　JLU-10 的骨架还可以看作是由一个简单的以 Zn(1)为中心的四面体单元构成,它含有 4 个悬挂的 PO₄ 基团,这些单元通过 Zn(2)原子连接成三维结构。值得注意的是,这些结构单元是手性的,它们同手性配合物阳离子$[Co(dien)_2]^{3+}$ 一样都具有 C2 对称性。每一个手性 $[Co(dien)_2]^{3+}$ 模板剂只与同一手性的无机手性结构单元形成氢键。它们之间以二重轴对称性相关。这说明是主客体间的氢键作用将客体分子的对称性信息施加于无机手性结构单元。

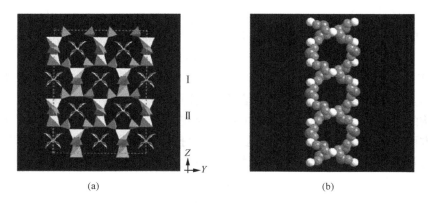

图 4-12　(a)JLU-10 沿[100]方向的骨架结构，[Co(dien)₂]³⁺阳离子位于 12 元孔道中；
(b)两条相互缭绕的同一手性的螺旋线围成的 12 元环孔道

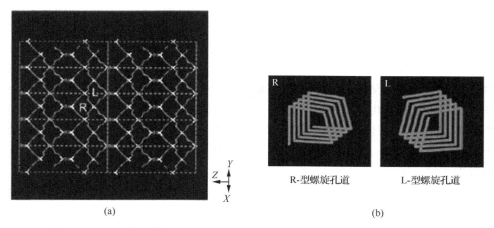

图 4-13　(a)沿[110]方向骨架 12 元环孔道；(b)两种类型的螺旋孔道(R 与 L)

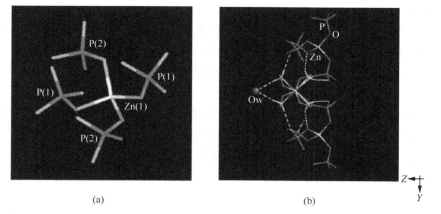

图 4-14　(a)Zn(PO₄)₄基本结构单元；(b)Zn(PO₄)₄与[Co(dien)₂]³⁺的多重氢键键合

通过对大量手性金属配合物模板的无机骨架结构的分析,可得出如下结论:

(1) 由于手性金属配合物的手性传递作用,在主体无机骨架总是可以诱导出一个不对称的手性微环境,即无机手性结构单元。

(2) 主体无机骨架同客体手性模板剂之间存在着分子识别,它允许客体模板剂的对称性信息和构象信息传递到无机结构单元上。

(3) 手性配合物和无机主体间显著的特定立体相关性归因于主客体间的氢键作用。

上述研究工作表明,主客体间强的氢键作用对于手性传递是十分重要的。这一工作对于手性微孔晶体的合成也具有重要的指导意义。

4.1.7.3　手性结构单元的配位聚合——具光学活性开放骨架的生成

以具有手性结构的化学个体为基本结构单元,通过与金属的配位聚合或其他组装方式生成具有光学活性的三维或二维开放骨架,是开发新型手性开放骨架化合物的途径之一。下面以 2001 年 B. Bugoli 等[117]报道的以膦酸-氧化膦混合手性结构单元(mixed phosphonic acid-phosphine oxide chiral building block)为配位基,在控制合成条件下与 Zn^{2+} 配位聚合成具有光学活性的二维磷酸锌为例作简单说明,其主要步骤如下。

1) 手性配体的合成

合成路线如式(4-5)所示。

$$R = CH_3 \quad (产率:70\%)$$
$$R = C_2H_5 \quad (产率:60\%)$$

$$(4\text{-}5)$$

2) 手性配体的拆分与 Zn^{2+} 的配位聚合

以手性碱奎宁和奎尼定为拆分剂[117]按步骤进行拆分,由奎宁拆分出(R)-配体(产率~84%),而由奎尼定拆分出(S)-配体(产率 76%)。然后分别将 0.2mmol (R)-及(S)-配体与 $Zn(Ac)_2$(0.3mmol)溶液及 20mL 1mol/L NaOH 溶液混合均匀,置于具有 PTEF 衬里的反应釜中于 110℃下晶化三天,产物均为白色晶体,组成式分别为(R)-与(S)-α-Zn[(O₃PCH₂P(O)R(C₆H₅)]·H₂O(R=甲基或乙基),均具光学活性。(R)-α-Zn[(O₃PCH₂P(O)R(C₆H₅)]及(R)-α-Zn[(O₃PCH₂P(O)R(C₆H₅)]·H₂O 的结构如图 4-15 所示。配位聚合的条件控制十分重要,如果与

Zn^{2+} 配位在微酸性条件下进行,则氧磷基团不与 Zn^{2+} 配位,而是晶化成二维开放骨架结构的 (R)-β-$Zn[O_3PCH_2P(O)(CH_3)(C_6H_5)]\cdot H_2O$,其结构如图 4-16 所示。

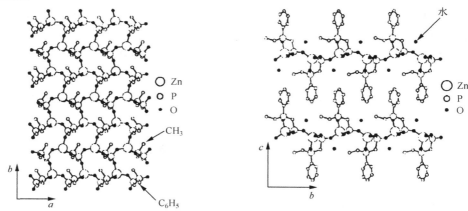

图 4-15　　(R)-α-$Zn[O_3PCH_2P(O)R(C_6H_5)](R=CH_3,左)及(R)$-$\alpha$-$Zn[O_3PCH_2P(O)R$ $(C_6H_5)]\cdot H_2O(右)$的结构

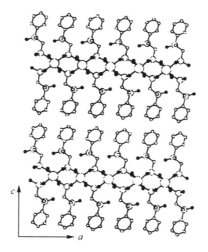

图 4-16　　(R)-β-$Zn[O_3PCH_2P(O)(CH_3)(C_6H_5)]\cdot H_2O$ 结构

这是首次报道的由手性基元配位聚合成光学活性的二维磷酸锌开放骨架,且为这一方法的进一步扩展提供了基础。

4.1.8　微孔共生复合结构

分子筛合成时,有时在同一晶化合成体系的产物中存在一种以上的多型体。

很重要的一个例子是 β 型分子筛往往由 A、B 或 A、B、C 两种以上的多型体(poly-
morph)构成[118]，一般称为共生现象(intergrowth)。共生结构往往具有相同结构
单元，排列方式的差异造成了多型体的出现与共生现象。如 ZSM-5 合成时，在某
些晶化条件下会生成 ZSM-5/ZSM-11 的多型体共生结构[119-121]，共生结构的生成
往往会导致晶体内多种类型层错和缺陷的产生[119]，造成不同程度上的功能变化
与影响。如上述 ZSM-5/ZSM-11 共生结构分子筛应用于甲醇制汽油(MTG)催化
反应即可大范围调节汽油组分[122]，再如应用 Ti-β 型分子筛进行催化氧化反应，调
节 A 与 β 多型体比例会影响手性氧化产物的生成。不同多型体共生结构的生成，实
质上造成不同的孔道结构、层错与缺陷的生成以及随之而来的酸性等性能的变化，是
调变催化等性能的一种途径。因而从研究不同组合多型体分子筛的生成规律开始，
研究微孔共生结构的合成，将是开拓具有特种结构与功能分子筛的一条途径。根据
目前国际上对此领域的研究，具有微孔共生结构的分子筛可分为下列三种形态：多型
共生、外延共生和蔓生。多型共生(polytypical intergrowth)即结构均一的不同沸石规
整交错层叠在独立的沸石晶粒中，外延共生(epitaxial intergrowth)则为结构或组成不
同的一种沸石结构附着生长在另一种沸石结构上[123]，而蔓生(overgrowth)是指两种
晶体无序地生长成聚晶形态。

　　微孔共生结构分子筛的合成方法与一般沸石分子筛的水热晶化合成方法类
似，只是需要加入特殊的结构导向剂或需要寻找合适的晶化条件，其合成方法按谢
在库等人的总结大致可分为共同晶化法(co-crystallization method)、外延生长法
(epitaxial overgrowth method)和二次生长法(secondary overgrowth method)。

4.1.8.1　共同晶化法

　　共同晶化法是在水热晶化体系中两种微孔结构同时并复合生长的方法，ZSM-
5/ ZSM-11 是最早研究的微孔共生结构分子筛之一[124]，通过在合成体系中加入两
种有机胺阳离子(TPA$^+$ 和 TBA$^+$)的结构导向剂合成而得。其中 TPA$^+$ 诱导
ZSM-5，而 TBA$^+$ 诱导 ZSM-11，TPA$^+$ 和四丁基铵阳离子(TBA$^+$)组合则导向晶
化出 ZSM-5/ZSM-11 共生结构，结构上属于交错共生。

　　类似地，一些新结构分子筛，如 ECR-1 、ZSM-23 和 SSZ-47 等，它们同样属于
共生复合分子筛。ECR-1 实际上是 MAZ 与 MOR 结构共生[图 4-17(a)]；ZSM-
23 是 θ-1 结构孪晶共生[图 4-17(b)]；SSZ-47 分子筛是 EUO、NES 和 NON 三种结
构的共生结构，其中 NON 结构的存在可大大降低分子筛吸附容量和分子扩散速
率。Zones 等[125]用双有机胺法合成了 SSZ-47B，与采用单有机胺含成的 SSZ-47
相比，SSZ-47B 的 NON 结构含量大大降低，因此其吸附容量和分子扩散速率也大
大提高。

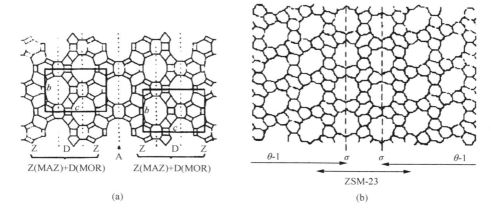

图 4-17　微孔-微孔共生复合分子筛。(a)ECR-1:MAZ 与 MOR 结构共生复合；
(b)ZSM-23:θ-1 结构孪晶共生复合[123]

近年来，大连化学物理研究所徐龙伢研究组对 FER/MWW 微孔-微孔共生结构分子筛进行了大量细致的研究。他们发现[126]，在六亚甲亚胺-环己胺(CHA)双有机胺体系，更容易获得 MCM-49/ASM-35 共生复合分子筛，通过控制反应条件，可以获得从纯 MCM-19 到组成不同的 MCM-49/ZSM-35 共生结构直至纯 ZSM-35 的一系列分子筛。

最近，谢素娟等考察了 MCM-49 转晶法和双有机胺结构导向剂体系中 MCM-49/ZSM-35 共生结构分子筛的合成与催化性能，发现共生结构分子筛高于纯 MCM-49 分子筛的芳构化性能[127]。在 1-丁烯的芳构化反应中，MCM-49/ZSM-35 共生分子筛中的 MCM-49 与 ZSM-35 同样存在显著的协同效应，即使含少量 MCM-49 的 MCM-49/ZSM-35 分子筛也可显示较高的芳构化性能[128]。

上海石油化工研究院祁晓岚等[129]采用氟化物-TEA 复合模板剂体系，以硅溶胶为硅源，合成了不同硅铝比及不同组成的 β 沸石/丝光沸石共生结构分子筛(BEA/MOR)。实验发现对于 BEA/MOR 共生分子筛，其酸性和催化活性均具特色。鉴于 BEA/MOR 共生结构分子筛特殊的孔结构以及特异的酸性，上海石油化工研究院谢在库研究组[130]以此新型共生结构分子筛为催化剂活性组分，进一步优化了催化剂的制备技术，成功开发了适合 S-TDT 工艺的新一代甲苯歧化与烷基转移催化剂 MXT-01。它具有产物 X/B(X 指二甲苯、B 指苯)高、产物中乙苯含量低、重芳烃转化率高的优点[130]。

4.1.8.2　外延生长法

外延生长法是在一种微孔晶体材料的表面上外延生长另一种结构或组成不同的微孔材料，形成核-壳复合结构的方法。其中，对 ZSM-5/Silicalite-1 核壳复合分

子筛的研究比较多。因为 ZSM-5 与 Silicalite-1 晶体拓扑结构相同,而仅铝含量不
同,所以,Silicalite-1 壳层比较容易从核晶 ZSM-5 晶粒表面直接外延生长而成。
最早,Exxon Mobil 公司的 L. D. Rollmann 等[131] 在专利中报道了 ZSM-5/Sili-
calite-1 的合成,他们在 ZSM-5 晶化完成后,直接在母液中补充添加硅酸钠、有机
铵盐等原料,再让它继续晶化生长壳层。Exxon Mobil 公司的 P. Chu 等[132] 合成
了壳层含氟的 ZSM-5/Silicalite-1 和 ZSM-23/Silicalite-l 复合分子筛,他们声称,在
壳层晶化体系中加入 NH_4F 等含氟化合物有利于外延生长出无酸性位的壳层。
此外,他们考察了复合沸石分子筛在烯烃制汽油反应中的催化性能,认为无酸性位
的壳层对降低副反应(非择形的裂化或异构化反应)和提高择形性是有利的。

利用外延共生方法也可以合成一些结构类型相似的微孔-微孔复合分子筛。
A. M. Goossens 等[133, 134] 报道 EMT 沸石晶体外表面外延生长 FAU 沸石外壳的
合成与结构,其中 EMT 与 FAU 结构单元相同,但晶系不同,EMT 为六方晶系
($P6_3/mmc$),FAU 为立方晶系($Fd\bar{3}m$)。此外,T. Okubo 等报道了 SOD 晶体上
外延定向生长 CAN 沸石[135],H. K. Jeong 等报道了 ETS-4 晶体上外延生长 ETS-
10 分子筛[136]。

4.1.8.3　二次生长法

二次生长法是在一种分子筛晶粒的外表面黏附另一种分子筛晶种后再二次晶
化生长的方法。Y. Bouizi 等[137] 报道了用二次生长法合成 β/Silicalite-1 复合沸石分
子筛。他们首先在 β 大晶粒表面吸附一层带正电的聚电解质,然后在其表面通过静
电作用吸附一层带负电荷的 Silicalite-1 纳米晶种,最后将其在母液中水热晶化一段
时间,即可得到 β/Silicalite-1 复合沸石分子筛。这种先吸附沸石纳米晶种再二次生
长的方法是借鉴分子筛膜的合成方法。此外,他们用类似的二次生长法合成 MOR/
MFI、SOD/LTA、BEA/LTA、FAU/MFI、MFI/BEA 等核-壳复合沸石分子筛[138]。

采用二次生长法,童伟益等合成了 ZSM-5/Silicalite-1[139]、ZSM-5/Nano-
β[140]、MFI/MFI[141] 等核-壳复合分子筛。其中,ZSM-5/Nano-β 核-壳复合分子筛
对 1,3,5-三甲苯裂化性能比其各自及混合的催化活性都高,尤其是在低温下核-壳
复合分子筛的优势更加明显。这些结果预示着核-壳复合分子筛有可能在重芳烃
催化转化方面有一定的应用前景。

4.2　特殊聚集形态微孔化合物的合成化学

4.2.1　单晶与完美晶体

结构分析、研究晶体生长机理、吸附和扩散的研究、光电性质的测定以及作为功
能材料的应用等都需要大的单晶体。微孔晶体往往是介稳相,在水热体系中得到的

通常是微细粉末和小晶体的聚集体。由于晶化机理相当复杂,现在还不是完全清楚,影响晶化动力学的因素又很多,所以至今远没有一个万能的合成方法来获得完美晶体或尺寸大的单晶。但是我们已经从实践中学到一些策略来控制合成完美晶体或大单晶的生成。吉林大学的庞文琴、裘式纶等在这方面作了系统研究,取得了一些重要成果[142, 143],下面结合国际上其他学者的研究成果作比较全面的介绍。

大单晶的合成需要严格控制影响晶化过程的各种因素。一般来说,水热或溶剂热晶化经由以下几个过程:①原料混合后,反应活性物种达到过饱和;②成核;③晶体生长。为获得大单晶,注意力应集中在控制晶化过程。首先,过饱和度对成核和晶体生长(包括生长速率和最终晶体大小)有很大的影响,但是在多数合成中,过饱和度不是一个独立变量。无定形凝胶先驱物的组成与结构及其溶解度控制着溶液中特定活性组分的过饱和度,并且该过饱和度还由其他诸多反应条件决定。其次,成核对整个晶化过程也有重要的影响。下面比较详细地介绍其主要合成路线。

4.2.1.1　成核抑制剂(nucleation suppressor)存在下的合成路线

1993 年,M. Morris 等 [144] 曾报道过当三乙醇胺等易于与 Al 发生螯合作用的物质存在于 $Na_2O-SiO_2-Al_2O_3-TEA-H_2O$ 体系中,晶化 LTA 型与 FAU(X 型)沸石时,会抑制成核速率使最后的晶化产物晶粒增大而均匀。裘式纶等也曾详细研究了此体系[142]。

从以下所列出的 LTA 与 FAU(X 型)单晶的照片(图 4-18 与图 4-19)可以看出,加入 TEA 后从上述体系中均能晶化得到均匀而完整的单晶,一般尺寸大于 $50\mu m$。这是一般在没有 TEA 存在下,无法晶化而得不到的结果。再进一步仔细摸索合成条件,如以活性较低的 $Si(OEt)_4$ 代替无定形 SiO_2 粉末以降低硅-铝间的缩聚反应速率,从而进一步降低成核速率等,则可得到更大尺寸的 FAU(X 型)单晶($\sim150\mu m$)。

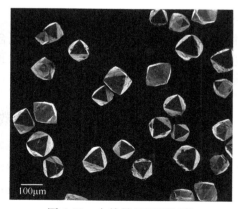

　　图 4-18　大单晶 LTA　　　　　　图 4-19　大单晶 FAU(X 型)

　　裘式纶等研究的另一个成核抑制剂存在下的晶化体系,是在邻苯二酚(R)存在的 $7.0SiO_2$：$2.5NaOH$：$65EG$：$(0.5\sim3.0)R$ 体系下,180℃下晶化 $9\sim20$ 天[145],和 SiO_2：$0.2TPABr$：$0.5NaOH$：$30H_2O$：$(0.2\sim1.0)R$ 体系,180℃下晶化 7 天[146],可分别获得均匀完美与较大尺寸的纯硅方钠石单晶($60\sim70\mu m$)和可控制不同粒度的纯硅 Silicalite-1($26\mu m\times24\mu m\times5\mu m\sim165\mu m\times30\mu m\times30\mu m$)。究其原因是由于邻苯二酚易与 Si 发生螯合作用,而减缓了低聚硅酸根离子间的缩聚反应,从而降低了成核(诱导期)与晶化速率,起了晶化抑制剂的作用。这从图 4-20 所列晶化曲线可明显地看到。

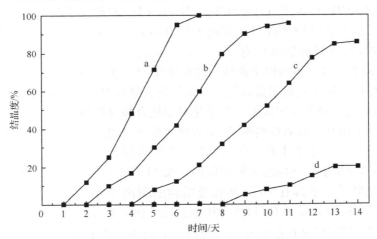

图 4-20　不同量的邻苯二酚(R)存在下,$7.0SiO_2$：$2.5NaOH$：yR：$65EG$ 180℃晶化体系的晶化曲线。
a. $y=0$；b. $y=1.0$；c. $y=2.0$；d. $y=3.5$

4.2.1.2　有机溶剂热条件下的合成路线

　　以方钠石为代表的沸石分子筛在乙二醇中成功合成始于 1985 年 D. M. Bibby 和 M. P. Dale 的工作。自 1986 年起吉林大学徐如人等将此合成路线扩展到多种结构的微孔磷酸铝和过渡金属磷酸盐的合成领域,并发现有机溶剂热合成路线的另一种优势是能在该体系中合成出为数众多的大单晶和完美晶体。以吉林大学研究组的工作为例,至今已成功地合成出上百种三维微孔或二维开放骨架结构的大单晶,再加上国际上其他学者的工作,使有机溶剂热成为目前最重要的大单晶与完美晶体的合成路线之一。其中代表性的成果(在沸石分子筛方面)有:醇热条件下方钠石(EG)[142]、Si-ZSM-39(BuOH)[147]、Si-ZSM-48、Silicalite-1[148]等单晶的合成,有机胺热体系下庞文琴与郭阳红合成出的镁碱沸石(FER)单晶,以及 1993 年 A. Kuperman 等从吡啶和烷基胺体系中晶化得到的特大 ZSM-35 晶体[149]。还值得提出的是,同年徐如人等又以 1,3-丁二醇为溶剂合成出了完美的钙霞石(CAN)

晶体。它与水溶液中晶化出来的 CAN 不同。从多种吸附分子的吸附性能研究来看,其 12 元环主孔道无堵塞、无缺陷[150],这正是由于其晶体的完美性。醇热体系中合成微孔磷酸铝的单晶更突出地显示了该合成路线的优势。由于这种优势,使人们在合成较大尺寸的单晶,进而测定晶体结构的基础上开发出了为数众多的三维微孔与二维层孔骨架的磷酸铝新化合物,诸如第一个具有 Brönsted 酸中心的磷酸铝分子筛 AlPO-CJB1 $[Al_{12}P_{13}O_{52}][(CH_2)_6N_4H_3]$[151];第一个具有手性结构单元,铝磷比为 1/2 的三维阴离子骨架磷酸铝 AlPO-CJ4 $[AlP_2O_6(OH)_2]$ $[H_3O]$[152];结构由 AlO_4 和 AlO_6 与 PO_4 四面体严格交替构成的三维阴离子骨架磷酸铝 AlPO-CJB2$[Al_{11}P_{12}O_{48}][(CH_2)_6N_4H_3 \cdot H_2O]$[153];具有 12 元环与 8 元环交叉孔道结构的 APO-HDA 以及其他为数众多的三维阴离子骨架与二维网孔骨架的磷酸铝,其骨架的铝磷比有 1/1、1/2、2/3、3/4、4/5、5/6 以及 11/12、12/13、13/18 等,极大丰富了磷酸铝家族结构的多样性[154]。近年来又将这条有机溶剂热合成路线推广应用于其他元素,诸如镓、铟等与大量过渡金属元素微孔磷酸盐的单晶合成,且获得了众多研究成果。特别是对新化合物与新相的开拓作出了贡献。

下面列举出几个代表性的例子,如吉林大学于吉红等在乙二醇体系中晶化出约 $100\mu m$ 的 Co-GaPO$_4$-LTA[155],同时在单晶结构分析的基础上,增加了对于 GaPO$_4$-LTA 骨架中 Co^{II} 同晶置换的认识。A. M. Chippindale 等[156]从丁醇溶剂热体系中晶化出了一个具有 16 元环孔道结构的阴离子骨架三维磷酸镓$[Me_2NH(CH_2)_2NHMe_2]^{2+}[Ga_4P_5O_{20}H]^{2-}$,其单晶尺寸达 0.85mm×0.45mm×0.2mm。2001 年李光华等[157]又在乙二醇与水的混合溶剂热条件下获得了具有 24 元环超大孔的$[Ga_2(DETA)(PO_4)_2] \cdot 2H_2O$ 大单晶等。1997 年吉林大学庞文琴、杜红滨等[158]曾系统研究过醇热与胺热体系中微孔与二维开放骨架 InPO$_4$-n 的合成与单晶生成,其中如 InPO$_4$-C11、InPO-C12。近年来,关于用此合成路线合成微孔过渡金属元素磷酸盐单晶,更是屡见报道。有代表性的诸如四配位铁中心的$[FePO_4][H_3NCH_2CH_2NH_3]_{0.5}$(乙二醇体系)[159],第一个具有沸石结构的 CoPO-GIS,$(H_3NCH_2CH_2NH_3)_{0.5}CoPO_4$(乙二醇体系)[160],正丁醇溶剂热条件下一种新型磷酸钛大单晶的合成[161],2000 年 W. T. A. Harrison 等报道的在乙二醇溶剂热体系中晶化而得的具有 20 元环超大微孔的磷酸锌$[H_3N(CH_2)_6NH_3] \cdot Zn_4(PO_4)_2(HPO_4)_2$[162]单晶(0.5mm×0.05mm×0.05mm)等。在以醇或胺为主的溶剂热路线中易于合成大单晶或完美的晶体,其主要原因是与水作为溶剂相比,有机溶剂具有较低的极性(介电常数较小)和较大的黏度。有机溶剂如醇、胺与反应物和有机模板剂之间往往又会产生某些相互作用,如氢键、配位作用等,然而促进 T—O—T 键的离解和重组能力又不及水。所有上述这些特点均不利于反应物的溶解、扩散以及彼此间的聚合而晶化,总的结果是降低了成核速率,以及在一定程度上减缓晶体生长速率,在体系中少量成核且减缓晶化过程,易造成大单晶与完

美晶体的生成。从上述分析可使读者感到,与水相比,上述有机溶剂存在诸多可能
影响晶体成核和生长的因素。

4.2.1.3　氟离子存在下的合成路线

作为分子筛与微孔晶体的合成路线之一,氟离子水热合成路线已在第 3 章
3.2.5 节中作过专门介绍,下面我们在此基础上进一步介绍此路线对合成大单晶
与完美微孔晶体的优势与特点。当水热合成体系中存在一定量的氟离子后,它作
为矿化剂可以使沸石在接近中性的体系中晶化,从而避免在强碱性体系中晶化所
带来的不易生成完美晶体的缺点。一般来讲,沸石在强碱性条件下晶化所得产物
往往带有缺陷,造成这种现象原因之一是模板剂的正电荷往往由骨架缺陷产生的
负电荷来平衡。假如换成氟离子体系,则可由氟离子来平衡模板剂正电荷以减少
缺陷的产生。与强碱性条件下相比较,在氟离子体系中晶化时氟离子易与原料中
的硅、铝、磷、钛、硼等原子络合。晶化活性物种需从含氟络离子的水合物中解析出
来,使得反应活性物种的过饱和度降低,且由于缓慢释出,逐步地供应活性物种的
"营养",使产物易于生长成大而完美的晶体。由于上述这些特点,氟离子存在下的
晶化体系已成为目前合成大单晶和完美晶体的重要技术路线之一。这条合成路线
是由法国 Mulhouse, Univ de Haute Alsace 的 J. L. Guth 与 H. Kessler 等最早提
出的,然后吉林大学裘式纶、庞文琴等在大单晶生长方面作了大量工作,特别在沸
石与含杂原子分子筛大单晶的合成上作出了很好的工作。其代表性的工作是
1989 年首次报道了[163]从 $1SiO_2 : 0.2B_2O_3 : 0.25TPABr : 0.5NH_4F : 70H_2O$ 体
系(pH=6.8, T=180℃,晶化 9 天)和 $1SiO_2 : 0.2TiO_2 : 0.25TPABr : 1NH_4F :$
$70H_2O$ 体系(pH=6.5, T=170℃,晶化 10 天)分别晶化出了 B-ZSM-5 单晶
($120\mu m \times 30\mu m \times 30\mu m$)和 Ti-ZSM-5 单晶($150\mu m \times 45\mu m \times 45\mu m$),Ti-ZSM-5 单
晶的 SEM 照片见图 4-21。其后又从类似体系中分别晶化得到了含 Ni^{2+}、Fe^{2+}、

图 4-21　Ti-ZSM-5 单晶的 SEM 照片

Fe³⁺与Ga³⁺的ZSM-5单晶[164]。1992年庞文琴等又应用此路线以七种不同类型的有机胺作结构导向剂分别获得了完美的ZSM-5大单晶[165]，还在MO_x-Al_2O_3-P_2O_5-R-NH_4F-H_2O体系中，用不同的有机胺(R)作为晶化结构导向剂分别制得了完美的MAlPO₄-5大单晶(表4-9)[164, 166]。应用此路线能合成众多杂原子分子筛的大单晶，主要原因是由于众多杂原子易生成含氟络离子，借水解而缓慢释放，供应晶化活性"营养"导致完美大单晶的生成，这是其他合成路线不易与其比拟的特点。

表 4-9 四丙基氢氧化铵(TPAOH)，三丙胺(Pr₃N)，托品碱(tropine)与三乙胺(Et₃N)
存在下 MAlPO₄-5 大单晶的生成

MAlPO₄-5	结构导向剂	晶粒尺寸
AlPO₄-5	TPAOH	740μm×120μm
AlPO₄-5	Pr₃N	310μm×85μm
SAPO₄-5	托品碱	110μm×50μm
LiAlPO₄-5	托品碱	320μm×60μm
BAlPO₄-5	托品碱	260μm×50μm
ZnAlPO₄-5	Et₃N	130μm×25μm
MnAlPO₄-5	Et₃N	120μm×30μm
CoAlPO₄-5	Pr₃N	120μm×30μm
TiAlPO₄-5	Pr₃N	350μm×50μm

近十年来G. Férey研究组也通过氟离子水热路线合成了一系列微孔磷酸镓。由于此路线易于合成大单晶，在此基础上他们开拓了若干个颇具结构特色的磷酸镓，如具有18元环的$Rb_2Ga_9(PO_4)_8(HPO_4)(OH)F_6 \cdot 2N_2C_6H_{18} \cdot 7H_2O$[167]、MIL-31、MIL-46，具有16元环的ULM-5与ULM-16等[168]。

值得提出的是有的科学家将氟离子引入有机溶剂热晶化体系，有时可得到令人惊奇的结果，1993年A. Kuperman等在 *Nature*[149]上报道了在氟离子存在下于吡啶与烷基胺体系中得到了厘米级尺寸的ZSM-35大单晶。

4.2.1.4 水热晶化中的"双硅源"合成路线

庞文琴等于1995年首次报道了在水热合成沸石时，如混合使用两种硅源如水玻璃溶液与SiO_2微粉(如Aerosil)则晶化时间延长且能得到完美的产物单晶。第一个成功的例子是庞文琴等[169]混合使用两种不同的硅源(水玻璃与SiO_2微粉)作为原料，在Al_2O_3-SiO_2-Na_2O-NaCl-H_2O体系于150℃下晶化丝光沸石(MOR)，得到了如表4-10所列的结果。

表 4-10　Al_2O_3-SiO_2-Na_2O-NaCl-H_2O 体系的晶体条件与晶化产物 MOR

实验号	原始物料摩尔配比					晶化温度 /℃	晶化时间 /天	反应物料状态	晶状尺寸	晶化产物
	Al_2O_3	SiO_2	Na_2O	NaCl	H_2O					
A	1	60^a+15^b	15	4	550	150	15	清液	$185\mu m \times 125\mu m$	MOR
B	1	60^a+15^b	15	4	550	150	15	清液	$85\mu m \times 50\mu m$	MOR
C	1	75^a+0^b	15	4	550	150	5	清液	$8\mu m \times 3\mu m$	MOR
D	1	0^a+75^b	15	4	550	150	5	清液	$2\mu m \times 1\mu m$	MOR
E	1	60^a+50^b	15	4	550	145	25	凝胶	$110\mu m \times 55\mu m$	MOR

a. SiO_2 微粉；b. 水玻璃。

庞文琴等又应用了双硅源技术路线在分别用 TEA 与正丁胺作结构导向剂晶化 MFI 与 BEA 型沸石时，得到了完美的单晶[170]。这种技术路线之所以产生好的效果，可能与不同硅源造成不同的反应活性，减缓成核与晶化速率有关。

4.2.1.5　清液均相晶化体系水热合成路线

早在 20 世纪 70 年代末与 20 世纪 80 年代初，S. Ueda 与 M. Koigums 等系统研究了直接从 Na_2O-Al_2O_3-SiO_2-H_2O 体系清液物料相区中晶化 ANA、SOD、B 型沸石、MOR、FAU（Y 型）型沸石的研究。1986 年庞文琴等又系统研究了 $10Na_2O$:（$0.1\sim0.5$）Al_2O_3 :（$1.0\sim9.0$）SiO_2 :（$100\sim300$）H_2O 清液体系于室温，$60\sim100℃$ 下晶化 LTA 型沸石的研究[171]，发现从清液体系中晶化出来的产物往往具有很完美的晶形。1988 年裘式纶等[172]又将清液晶化应用到 $AlPO_4$-5 体系，以及众多含杂原子的 MAPO-5 体系，在 $1.0P_2O_5$: $0.77Al_2O_3$:（$0.03\sim0.10$）M_2O_3（$M'O$）:（$1.8\sim2.2$）Et_3N :（$0.1\sim1.0$）HF :（$40\sim100$）H_2O（M＝B, Fe; M'＝Co, Ni）体系中获得了完美的单晶产物。清液均相晶化体系的制备，可以采取不同的方法：对硅铝沸石是在过量 NaOH 的条件下，对 $AlPO_4$-5 及其杂原子 $MAlPO_4$-5 则是在稍过量结构导向剂并且加入一定量 HF 条件下形成。从清液晶化体系中易于合成完美单晶的重要原因之一是由于清液体系黏度较大，不利于反应物种的扩散与匀相成核。另外，溶胶的解聚可能难于急速缩聚形成无定形凝胶，不利于具有规整结构特征核的生成。成核难、晶化速率慢可能是造成易于生成完美单晶的原因。

除了上述五条技术路线以外，还特别值得提出的是，在微酸性溶液中合成 M（Ⅲ）X（Ⅴ）O_4 型微孔晶体时往往易于得到完美大单晶产物，在此不再赘述。

4.2.1.6　应用 BMD 技术合成特大沸石晶体

2001 年 S. Shimizu 等[173]在前人工作基础上提出了用"BMD"（bulk material

dissolution)(块状原料溶解)技术以玻璃管、陶瓷管、陶瓷舟等块状材质为 Si 源(或 Si,Al 源)以套筒形式置于高压反应釜中在其他液相原料,诸如结构导向剂 (SDA)、HF 或 NaOH 等存在下进行水热晶化(反应装置如图 4-22 所示)。由于原料缓慢溶解且不断充分供应,在详细研究物料配比的基础上,经过长期的晶化 (10~45 天)后可以得到特大的沸石单晶,结果列于表 4-11 中。

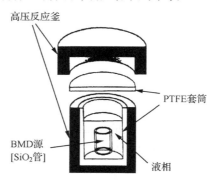

图 4-22 高压反应釜中 BMD 技术合成大单晶的装置图

表 4-11 应用 BMD 技术合成沸石大单晶

沸石型号	块体材料	液相组成	晶化		最大单粒尺寸
			温度/℃	时间/天	
MFI	石英管 SiO₂(25.2)	TPAOH (8.9) HF (9.7) H₂O (870)	200	25	2000μm×1000μm×1000μm
MFI	石英管 SiO₂(18.4)	TPAOH (8.9) HF (14.6) H₂O (885)	200	46	3200μm×2800μm×2600μm
MFI	石英管 SiO₂(680)	TPAOH (88.4) HF (137.9) H₂O (3616)	200	34	3900μm×2600μm×2000μm
ANA	陶瓷舟 SiO₂(12.1) Al₂O₃(3.0)	NaOH (20.3) H₂O (847)	200	31	3000μm×2800μm×2500μm
JBW 与 CAN	陶瓷舟 SiO₂(12.6) Al₂O₃(9.6)	NaOH (51.2) H₂O (683)	200	7	JBW 640μm×320μm×1000μm CAN 300μm×5μm×5μm

续表

沸石型号	块体材料	液相组成	晶化		最大单粒尺寸
			温度/℃	时间/天	
CAN	陶瓷舟 SiO_2 (11.4) Al_2O_3 (2.8)	NaOH (99.0) H_2O (832)	200	13	$100\mu m \times 20\mu m \times 20\mu m$
SOD	陶瓷舟 SiO_2 (11.0) Al_2O_3 (2.7)	NaOH (51.0) H_2O (833)	100	19	$60\mu m \times 60\mu m \times 60\mu m$
SOD	陶瓷舟 SiO_2 (21.7) Al_2O_3 (11.7)	NaOH (98.7) H_2O (697)	200	12	$120\mu m \times 120\mu m \times 120\mu m$

注：括号中数值的单位均为 mmol。

这是合成沸石大晶体的一种令人很感兴趣的技术,然而目前尚未解决的一个
问题是当灼烧除去 SDA 时晶体发生破损,这对投入应用是必须解决的问题。

4.2.2　纳米晶与超细微粒

一般用于催化与吸附材料的分子筛,尺寸在 $0.5 \sim 10\mu m$ 间,更大一些的晶体,
由于孔道的完整性与内表面大,有利于分子筛的择形。而超微粉甚至纳米尺寸级
的分子筛晶体,如应用于催化材料,则有利于传质与传热,且由于外表面增大使活
性中心得到暴露,提高了催化剂效率。另外由于更多孔口暴露于外不易被沉积物
堵塞,失活(deactivation)现象可能会减缓些。此外,纳米晶分子筛已在沸石传感
材料膜,及超低介电常数值材料的发展中,作为新一代电子材料,显示出一定的应
用开发前景。根据 M. A. Camblor 等[174] 的研究,随着晶粒的减小,特别是纳米化
后其物化性质与结构随之而变化,因而在讨论具有特种聚集形态的分子筛和微孔
材料的合成化学时,分子筛纳米晶与超细微粒的合成应该是一个重要方面。

合成纳米尺寸的分子筛与其超细粉末(>200nm),目前一般采用下列几种途
径:溶胶的控制晶化;控制条件下的水热晶化;微反应器(诸如炭黑介孔空间,微乳
等)模板内的控制晶化。

4.2.2.1　溶胶的控制晶化

在特定条件下分子筛原始物料相互混合后,可生成纳米级颗粒均匀分散的溶
胶状态。沸石分子筛和部分微孔 $AlPO_4$ 的纳米晶粒(其尺寸一般在 $50 \sim 100nm$
间)易于通过溶胶清液合成体系在较低温度下控制晶化制得,如龙英才等[175] 将
0.35TBAOH：1.0TEOS：$12H_2O$ 相互混合后形成匀相溶胶,将其在 114℃ 下晶

化7天后可得粒度在 60～90nm 的 TBA-Silicalite-2 型纳米沸石,再如 R. van Grie-kan 等[176]详细研究了以 $1Al_2O_3$：$60SiO_2$：$21.4TPAOH$：$650H_2O$ 过饱和匀相溶胶体系为起点在 170℃ 下晶化,可得到粒度在 10～100nm 间的 ZSM-5 型纳米晶,并且研究了纳米晶化的过程。他们根据多种实验表征结果认为纳米晶化过程分下列三个阶段进行:第一阶段,由反应物相互混合,在 18h 内逐渐生成尺寸为 8～10nm 的无定形胶粒;第二阶段,胶粒聚集生成次级粒子,且逐渐有序化;第三阶段,次级粒子全部有序化而转化成纳米 ZSM-5 晶粒。应用清亮均匀的溶胶物料出发在控制晶化条件下进行分子筛纳米晶的合成,已见报道的有 TPA-Silicalite-1[177]、TBA-Silicalite-2[175]、ZSM-5[176]、ZSM-12、SOD、LTA、FAU、BEA、LTL、TS-1、$AlPO_4$-5[175]等多种纳米分子筛的成功合成。

　　从溶胶态的物料出发进行晶化而成分子筛的纳米晶,是在严格控制晶化条件下才能实现的,众多晶化条件均影响产物纳米晶粒的尺寸与分布。因而进一步研究晶化条件对粒度的影响,不仅有利于控制合成分子筛的纳米晶,且为合成具有较大尺寸的超微粒分子筛提供了指导方向。下面还以 ZSM-5 为例[178],A. E. Persson 等以 xTPABr：yTPAOH：$0.1Na_2O$：$25SiO_2$：$480H_2O$：$100EtOH$ 晶化体系为对象对 ZSM-5 的晶化作过详细研究,不仅原始物料组分中 x 与 y 的数值严重影响纳米的平均尺寸,还发现在晶化前期纳米晶颗粒几乎随晶化时间的增加而呈线性增大,然后至一定时间后粒度尺寸几乎恒定(表 4-12)。

表 4-12　xTPABr：y TPAOH：$0.1Na_2O$：$25SiO_2$：$480H_2O$：$100EtOH$ 体系中纳米 ZSM-5 的生成

实验号次	x	y	平均粒度/nm	转化率/%
S1	0.0	9.0	95	64
S2	3.0	6.0	110	81
S3	0.0	5.0	155	82
S4	4.5	4.5	188	86
S5	0.0	3.0	307	88

　　上述这些规律与 R. V. Grieken 等提出的纳米晶化过程的设想是基本相符的,且对于以后纳米态分子筛或超细微粒的合成条件有一定的参考指导意义。

4.2.2.2　控制合成条件下的水热晶化

　　从某些原始物料为凝胶的体系控制水热晶化也可合成高质量的分子筛纳米晶,关键是严格控制合成条件。2003 年严玉山等在详细研究[179][TMA^+]与阴离子[Br^-]、[OH^-]浓度对 $1.00Al_2O_3$：$4.35SiO_2$：$2.4(TMA)_2O(2OH^-)$：$(1～1.2)(TMA)_2O(2Br^-)$：$0.048Na_2O$：$249.0H_2O$ 体系中 Y 型纳米晶在 100℃ 下生成与产率影响规律的基础上发现当 TMABr 作为第二导向剂加入上述晶化体系中后,由于成核速率加大导致 Y 型沸石纳米晶尺寸减少(一般稳定保持在 40nm 以下),同时使纳米 Y 型沸石的产率提高。在此基础上他们详细研究了该晶化体系中 TMABr/TMAOH 摩尔比对晶化生成的纳米 Y 型沸石产物的纳米尺寸与产率的影响规律,并以此指导控制合成尺寸在 32~120nm 间纳米态的 Y 型沸石。

2007 年 Y. Y. Hu 等[180]合成了一系列从全硅到低硅的纳米沸石分子筛,包括 Silicalite-1、ZSM-5、BEA、LTL 和 LTA 等。通过有效调变反应条件(反应时间和反应温度)以及凝胶的配比(碱度、水量、投料硅铝比)合成了具有不同骨架结构、尺寸和硅铝比的纳米沸石分子筛。研究发现,各影响参数对于沸石分子筛尺寸和形状的调变作用与合成体系有关。一般来说,提高合成反应温度、延长合成反应时间将会增大纳米沸石分子筛的尺寸,其中反应温度的影响更显著。

水热晶化时微波辐射有利于沸石分子筛的纳米化,2005 年 J. Motuzas 等[181]在微波辅助下快速合成了 Silicalite-1 纳米沸石分子筛,并研究了初始溶胶的化学组成、陈化时间以及水热合成条件对纳米沸石分子筛特性的影响。T. Brar 等[182]的研究表明,微波辐照有利于控制水热合成尺寸更小、粒径分布更窄的纳米沸石分子筛。另外,微波辅助合成方法拓展了纳米沸石分子筛材料的制备,一些具有新形貌的纳米沸石分子筛在微波辅助水热条件下被合成出来。

某些原始物料凝胶体系的水热晶化也可得到一定粒度的分子筛超细微粒(0.2~0.5μm),关键同样是很好地研究晶化过程与控制晶化条件。一般产物晶粒的大小与分布取决于成核速率与晶体生长速率,而此两者均与反应活性物料在晶化过程中的过饱和度紧密相关。提高活性反应物料过饱和度,以加快成核速率也是合成超细微粒分子筛的重要方向。遵循上述路线合成分子筛纳米晶和超细微粒的另一个重要问题,是如何从晶化母液中将产物分离出来,目前一般是采取高速离心(>20 000r/min)将纳米晶从母液中分离出来,然后将其分散于水中用超声波等方法将黏附的母液洗去,再次离心分离,最后进行干燥。干燥的途径有低温干燥、冷冻干燥与超临界或亚临界条件下干燥以避免黏结,保持纳米分子筛颗粒的完整。然而总地来讲,遵循这条路线合成分子筛纳米晶或超细微粒,由于步骤较多,一般产率较低。

4.2.2.3　微反应器模板内的控制晶化

其实质是将纳米态分子筛的合成在限制空间的模板内进行。如果空间大小尺寸与均匀性好,且易于在其中晶化并易将产物从模板中分离出来,则是一条比较理想的纳米晶合成路线。目前已应用作为模板基体的有均匀介孔结构的介孔分子筛如 MCM-41 等。2000 年 I. Schmidt 等[183]提出的将纳米晶化溶液置于炭黑介孔基体中,经水蒸气在 150℃ 处理晶化后将炭黑基体烧去而得分子筛纳米晶的方法等。这类方法优点是与上列方法比较易于分离回收纳米产物且产率较高,然而也有其本身弱点:首先作为模板基体的炭黑对其制备要求很高,即要求在炭黑基体中介孔大小尺寸应是均匀的;其次要求纳米晶化溶液必须只在介孔中,而避免在炭黑基体外表面上晶化;再次按 I. Schmidt 等的研究结果,认为作为晶化基体的炭黑耗量大(约为纳米晶分子筛产物量的四倍)。上述种种原因在相当程度上影响了这条路线的进一步发展。在这些工作的基础上,2002 年 A. S. T. Chiang 等[184]提出了一种在限制空间内晶化制备 TPA-Silicalite 纳米晶的新模式:将表面活性剂十六烷基三甲基溴化铵(CTAB)乙醇溶液加入 TPA-Silicalite 的溶胶前驱体中,且在一定pH 下使它们絮凝以充分收集前驱体中的纳米胶粒,再经充分干燥后,将它们压成小丸置于特制的反应釜中在 110～150℃下水蒸气处理 7～36h,最后经热处理以除去表面活性剂与 TPA,用此方法制得的纳米 Silicalite-1 粒度一般在 30nm 左右。经详细研究,他们认为用表面活性剂富集到的纳米胶粒已显示 MFI 结构特征,经110～150℃下水蒸气处理,絮凝物内胶粒全部晶化成纳米晶 Silicalite-1,这种新的纳米晶化模式在纳米晶的分离与回收,以及避免特种介孔型基体制备技术要求高与耗损方面显然优于以前的方法。2003 年严玉山等[185]又非常成功地开发出了一条在一种可溶性热聚合物甲基纤维素(methyl-cellulose,MC)存在下,从 Na_2O-Al_2O_3-SiO_2-H_2O-MC 体系中制备纳米态 NaA 型与 NaX 型沸石的路线,且显示出下列优点:首先水溶性的 MC 在 50℃下即能胶凝而生成三维结构的水合凝胶,凝胶骨架间液相可以作为微反应器,生成均匀的晶化纳米态沸石,在 80℃下晶化得到 NaA(结晶度:95%,平均粒度:98nm)和 NaX(结晶度 90%,平均粒度 70nm)。由于 MC 为水溶性,因而将产物洗涤即可将 MC 全部分离,显示出这一合成路线的重要优点,可避免为去除外模板微反应器如炭黑、介孔材料与表面活性剂等必须高温处理而使纳米晶聚结;其次这条路线可在不用模板剂的条件下制得 NaA 与NaX 纳米晶,使产物省去高温"脱模"过程,同时避免了模板剂的耗损与成本。由于上述优点,人们已开始注意这条路线的发展。总之,在限制空间内晶化纳米粒子,这一合成路线尚有很大发展空间,还有很多值得改进与创新的地方。

4.2.2.4 纳米分子筛催化材料的制备

作为催化材料应用时,纯纳米分子筛易聚结,热、水热稳定性差,再生较困难以及过滤和回收都是难题。因此,如何利用纳米分子筛,使之成为有工业应用价值的新催化材料是我们非常关心的问题。下面以 β 型(*BEA)纳米分子筛催化材料为例来进行一些介绍。

目前主要采取两种方法解决以上问题:

(1)原位晶化法。用水热晶化法使纳米分子筛直接生长于载体孔道和外表面。但此法中的分子筛于载体外表面易于生成大晶粒,破坏了载体的连续性,阻碍了反应物分子与活性中心的接触。

　　(2)浆液涂层法。将分子筛与载体浆液机械混合,使分子筛分散于载体浆液中,焙烧。但此法中部分载体阻塞了分子筛孔口,使催化剂效率下降。

　　溶胶-凝胶(sol-gel)法是通过低温化学手段在相当小的尺寸范围内控制材料的显微结构,使均匀性达到亚微米、纳米级甚至分子级水平的技术。采用溶胶-凝胶途径制备的催化剂具有纯度高、均一性好、孔径可控等优点,并可在低温生成具有大表面积的物质。王永睿等[186]采用两步溶胶-凝胶法制备了β/Al$_2$O$_3$复合物。首先在酸性条件下制备Al$_2$O$_3$溶胶,然后加入分子筛浆液,使载体溶胶迅速形成凝胶,从而将分子筛组装到载体的网络孔道中。结果得到高度均匀分散的β/Al$_2$O$_3$复合纳米催化材料,且有较高的稳定性。

　　关于其中的孔结构,溶胶-凝胶复合物的微孔结构可通过改变溶胶的pH控制。随着pH增大,复合物的孔容越小。这是由于高碱度溶胶导致分子筛聚结造成的。

　　从这个实例的效果来看,两步溶胶-凝胶法具有以下特点:①在载体凝胶形成前加入分子筛碱液,使高度分散的分子筛纳米粒组装到载体网络骨架中,从而抑制了纳米分子筛的聚结;②溶胶-凝胶复合物容易过滤,在洗涤、干燥时均不易将分子筛冲洗掉;③改变分子筛浆液的组装量,可制得分子筛含量不同的系列复合物催化剂,分子筛上限量为84%;④溶胶-凝胶复合物中载体的孔道像一个小反应器,降低了外界气液相反应物分子与分子筛活性中心接触的扩散阻力,提高了催化剂效率。因此,两步溶胶-凝胶法进一步推进了纳米分子筛在工业上的应用。

4.2.3　分子筛膜的制备[187]

　　由于分子筛在催化、吸附与分离以及近期兴起的光电、传感等高新技术材料方面的应用,其地位越来越重要。近十余年来分子筛膜及其复合材料的合成与制备研究越来越得到人们的关心,且已有相当的进步。分子筛膜一般分为支撑膜(zeolitic film on stable supports)与无支撑膜(zeolitic crystalline membrance-self-supported films)两大类。在本节介绍的主要是前者,因为实际应用中的分子筛膜,通常总是将分子筛生长在载体和基质上,从载体或基质来讲一般又可粗略地分为多孔性载体(诸如多孔Al$_2$O$_3$、多孔陶瓷、多孔不锈钢等)与光滑表面基质(诸如单晶硅片、石英片、特种玻璃、LiTO$_3$单晶片等)。直至目前已有十多种分子筛用作膜的主体材料,诸如用于气体渗透(gas permeation)的Silicalite-1、Silicalite-2、ZSM-5、TS-1、LTA、LTL、X型与Y型沸石等膜,用于全蒸发(pervaporation)的ZSM-5、LTA、Silicalite-1等膜,用于传感材料等的LTA、FAU、Silicalite-1膜等,用于微量热(microcalorimetry)的Silicalite-1膜,用于光学材料的TS-1膜以及其他MOR、GME、ZSM-35与AlPO$_4$-5等分子筛膜。从膜的性能要求来说,理想的结构特点是薄(一般小于1μm)、密(无颗粒间孔道)、均匀且有序排列,因此合成连续膜、降低膜的厚度、增加膜的有序性与均匀性以及提高膜中晶体的方向性等已成为分子筛膜合成中的焦点问题。

　　总体来讲,分子筛支撑膜的制备有下列四个主要环节:①支撑物载体的预处理,从化学角度来说最主要的是表面的化学处理,如表面的硅氧烷化(siloxation)以利于锚接分子筛微晶;②分子筛膜前驱体的合成;③载体表面上的成膜;④膜中少量缺陷的修补,常用的如硅氧烷或其他硅烷化试剂进行硅料的化学气相沉积(CVD)以修补缺陷。在本节中将以上述②、③两个环节为主要核心,结合实际来讨论它们的合成化学问题。为了制备一个亚微米厚、连续、有序且高度晶体取向的分子筛膜,目前比较成熟的步骤为:在一经预处理后的载体表面上长一层纳米尺寸级微晶粒作为分子筛的晶种,接着在一定的晶化条件下在溶液中进一步使其晶化成连续膜,一般称为二步法。然而无论是前者或后者均应视分子筛膜功能的要求以及该分子筛的晶化特点而采取不同特点的步骤与条件。

　　例一、用于气体分离的 LTA 型沸石膜的制备

　　2001 年大连化学物理研究所林励吾等[188]以一多孔性的 α-Al_2O_3 圆盘(直径:30mm,厚:3mm,孔径与多孔度:0.1～0.3μm,50%)作为载体,经表面处理后,将其浸渍在均匀分散的 0.5%(质量分数)NaA 微粒晶种的水溶液中 30min,经干燥与微波处理后在表面均匀生成 1μm 微粒的晶种层后,将其通过固定架直接置于一不锈钢水热高压反应釜中,加入组成配比为 5SiO_2：Al_2O_3：50Na_2O：1000H_2O 的澄清均匀溶胶并在 90℃下晶化两次,每次晶化 2h,即得高质量的 LTA 膜,对 H_2/n-C_4H_{10} 与 O_2/N_2 的选择渗透性分别为 19.1 与 0.96。如晶化时间过长或两次以上晶化则膜变厚,其均匀性与晶体有序排列性反而降低。其成膜过程示意图如图 4-23 所示。

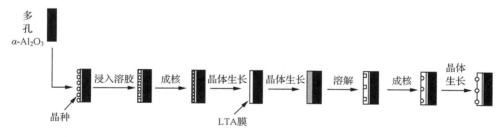

图 4-23　沸石 LTA 的成膜过程

　　最近,A. Huang 等发展了一种共价键合水热合成分子筛膜的方法[189]。首先通过对基体表面进行化学修饰引入有机功能团 APTES(3-氨丙基三乙氧基硅烷),随后引入的氨基和分子筛表面的硅醇基发生共价反应,这样就在氧化铝基体和分子筛膜之间通过共价键连接架起一座"桥梁",从而促进分子筛膜的成核和生长,制备得到均匀致密的分子筛膜,如图 4-24 所示。研究表明,当氧化铝基体表面没有进行有机功能化修饰时,水热合成后无法制备得到均匀致密的分子筛膜。而在

APTES 修饰后,氧化铝表面可以形成非常均匀致密的 LTA 分子筛膜。共价键合水热合成的分子筛膜晶粒大小为 $1.5\mu m$,分子筛膜厚度仅为 $3.5\mu m$,远小于传统水热法合成的分子筛膜的晶粒大小和厚度,表明 APTES 功能化修饰有助于在基体表面为分子筛膜合成提供更多的成核中心。

图 4-24　分别采用原位水热合成法(a, b)和共价键合法(c, d)制备的 LTA 分子筛电镜照片[189]。
(a),(c)表面,(b),(d)侧面

通过多次 APTES 功能化修饰和水热合成,A. Huang 等制备了具有多层结构的 LTA 分子筛膜[190]。采用 APTES 修饰氧化铝基体,可以非常容易地制备得到均匀致密的 LTA 分子筛膜。单层 LTA 分子筛膜清洗干燥和再次 APTES 修饰后,通过水热合成可以制备得到均匀致密的双层 LTA 分了筛膜和三层 LTA 分子筛膜。从侧面电镜照片可以看出,双层和三层 LTA 分子筛膜的厚度分别为单层 LTA 分子筛膜厚度的 2 倍和 3 倍,表明 APTES 可以防止前面形成的 LTA 分子筛膜在后面的水热合成中溶解。而在没有采用 APTES 修饰时,多次合成容易导致 LTA 分子筛膜溶解和转晶,无法制备多层 LTA 分子筛膜。气体分离结果表明,相比单层 LTA 分子筛膜,多层 LTA 分子筛膜具有更高的气体分离选择性。

除了 APTES 可以用作共价联结体外,其他含有双功能团的分子都可以用来作为水热合成中基体和分子筛膜之间的"桥梁",以促进分子筛膜的成核和生长。A. Huang 等通过异氰酸酯基官能团与羟基反应形成聚氨酯共价键,使用二异氰酸酯(DIC)作为分子联结体在氧化铝基体和分子筛膜之间搭起一座"桥梁"以促进分子筛膜的成核和生长[191],制备得到非常均匀致密的 LTA 分子筛膜。由于异氰酸酯官能团与羟基反应可以形成很强的聚氨酯共价键,所制备得到的 LTA 分子筛膜比 APTES 修饰的氧化铝上制备的 LTA 分子筛膜具有更高的气体分离选择性。通过共价键合反应对载体表面进行功能化修饰有利于消除分子筛膜合成中的不利影响,促进分子筛膜的成核和生长,制备得到均匀致密的分子筛膜,提高分子筛膜制备的重复性,将为分子筛膜的大规模制备和应用提供一条切实可行的途径。

例二、中空纤维 A 型分子筛膜的制备

至今为止,分子筛膜大多在管状载体表面。管状载体不仅管带厚、浪费原料、成本高、扩散阻力大,而且表面/体积比低,造成膜组件庞大、成本高。2009 年 Z. B. Wang 等[192]在氧化铝中空纤维表面采用浸涂刮擦法(dipcoating-wiping)涂晶,100℃下经过一次水热合成 3～4h 后,高重复性地制备了致密的 NaA 分子筛膜。该膜对于 90% 乙醇水溶液在 75℃ 时的渗透汽化脱水分离,其分离因子大于 10 000,其膜通量高达 9kg/(m² · h),是日本三井造船公司[193]报道的膜通量的 4 倍以上。由此说明采用外径小于 3mm 的中空纤维作为分子筛膜的载体,不仅能提高表面/体积比(＞1000),还能极大地提高分子筛膜的通量。由于陶瓷中空纤维需要 1500℃的高温煅烧,成本高,又由于分子筛膜的质量通常受涂晶方法的影响,Z. B. Wang 等[194, 195]又设计并制备了一种含有分子筛晶体的聚合物复合中空纤维,可通过湿法纺丝简单成型,成本低。聚合物中空纤维中的分子筛粉末质量含量达到 70% 以上时,只要一次水热合成就可以获得具有高分离性能的 NaA 分子筛膜,其分离性能可达到与氧化铝中空纤维上 NaA 分子筛膜一样的水平。而且制膜重复性高,这是因为制膜过程不受涂晶过程的影响,且复合中空纤维表面具有均匀的分子筛颗粒可作晶种,示意图如图 4-25 所示。其他分子筛膜,如 MFI 型等也有开始使用中空纤维为载体的报道,中空纤维分子筛膜有着广阔的发展前景。

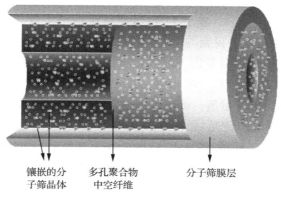

镶嵌的分   多孔聚合物   分子筛膜层
子筛晶体   中空纤维

图 4-25　分子筛/聚合物复合中空纤维分子筛膜示意图

　　在例三中我们将介绍一种不同于上述的制膜方法,这种方法最早是由 Iler 在 1979 年提出的,是利用带电纳米粒子(或胶粒)在电性的作用下一层层地均匀铺设成多层膜(multilayer film),所以称为层层(layer by layer)自组装制膜技术路线。

　　例三、分子筛膜合成中层层自组装技术的应用[196]

　　在这个实例中是以聚苯乙烯微球(带负电荷的 4～8μm 的微球)为载体通过层层自组装技术制备 LTA、FAU、BEA 与 MFI 型沸石空心球无支撑膜。其主要制备过程如下:出于微球上组装分子筛膜的要求,首先应将带负电荷的聚苯乙烯微球用阳离子高聚物 Redifloc 4150(Akzo Nobel,Sweden)改性,然后将微粒反复在均匀高分散的纳米分子筛体系中一层层地自组装成膜,最后在空气中经 550℃灼烧,烧去微球成为无支撑空心球。其中关键问题是纳米尺寸分子筛溶胶的合成与在带电微球表面上的吸着自组装,下面作分别介绍。

　　1) 纳米分子筛的合成

　　在表 4-13 中列出了 LTA、FAU、BEA 与 MFI 型沸石纳米溶胶体系的合成条件。

表 4-13　LTA、FAU、BEA 与 MFI 型沸石纳米溶胶体系的合成条件

分子筛型号	原始物料摩尔配比	晶化温度/℃	晶化时间/h	纳米晶粒度/nm
LTA	$0.3Na_2O : 5SiO_2 : 0.6Al_2O_3 : 9TMA_2O : 400H_2O$	80	4	150
FAU	$0.08Na_2O : 5SiO_2 : 1.15Al_2O_3 : 2.7TMA_2O : 285H_2O$	100	76	50
BEA	$0.35Na_2O : 2.5SiO_2 : 0.5Al_2O_3 : 4.5TMA_2O : 295H_2O$	100	196	40
MFI	$4.5TPA_2O : 2.5SiO_2 : 480Al_2O_3 : 100EtOH$	60	300	50

　　2) 纳米分子筛颗粒在微球表面的层层自组装

　　首先用高速离心法将上述四种纳米分子筛与母液分离,并按下列步骤调制成纳米分子筛分散液:将分离出来的纳米分子筛重新分散在水溶液中[2%～3%(质量分数)]并用 0.1mol/L 氨水将分散液的 pH 调到 9.5,然后按图 4-26 所示用层层技术制成纳米分子筛的空心球。

　　如用其他惰性基质如金和碳等代替聚苯乙烯微球,同样也可使用层层自组装方法制成一定性能要求的分子筛膜。这种制膜路线可能具有下列一些特点:首先,这种方法开拓了在很温和条件下,以不同形貌、大小与三维表面的物质为载体制备高度均匀的分子筛膜的先例,特别可用来制备无支撑膜;其次,由于不同于其他任何在水热条件制备分子筛膜的合成路线,因而对载体和基质的热和化学稳定性几乎没有特别的要求;最后,这种方法为制备不同类型分子筛的混合膜技术提供了基础。

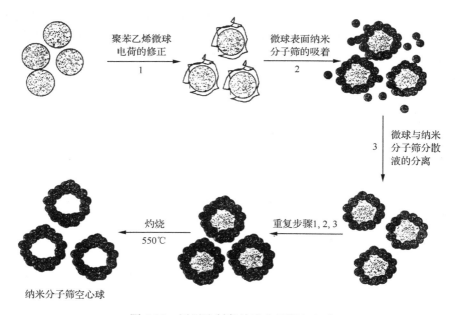

纳米分子筛空心球

图 4-26　层层法制备纳米分子筛空心球

例四、b 轴定向 MFI 分子筛单层膜的制备

过去的十多年来,人们在合成高性能有序的沸石分子筛膜领域已经取得了重大的进展[197-201]。由于在气体分子[202]、有机蒸气[198,200]和醇水体系[203]分离上的广泛应用,MFI 膜已经被大量地研究。通过使用 TPAOH 作为有机结构导向剂,b 轴取向的 MFI 膜已经被报道[198]。不同于传统的加热方法,在微波体系下二次生长能够制备出单一取向的 MFI 膜[204]。最近,一种高性能 b 轴取向的 MFI 膜也被报道,它是通过使用凝胶而不是澄清溶液来控制成核实现二次生长[201]。

尽管已经取得了这些进展,分子筛膜的制备仅限于中小规模的工厂,这主要是由于成本相对较高的沸石膜组件造成的。如果想要大规模地发展这种膜材料,即使对于最先进的分子筛膜来说,它的性能再提高 10 倍仍然是需要的[205]。实现这一目标的一种策略是通过使用纳米尺寸的构筑基块作为种子层,从而降低膜的厚度到 50nm,这个概念已经被 M. Tsapatsis 及其同事通过剥离层状 MFI 合成出高度结晶的 MFI-纳米片所证实[206]。通过过滤包含沸石纳米片的悬浮液,3.2nm 厚具有宽高比 50～100 的分子筛片被涂在多孔载体上。对这些亚 100nm 厚的沸石薄膜进行温和的水热处理,以减少粒子间的缺陷。在这之后,这些膜呈现出分子筛分的能力[207]。

另一个例子是,沸石薄膜已经被应用于低介电常数(low-k)薄膜、耐腐蚀和耐磨涂层、亲水性和抗菌涂层以及生物相容性涂层等领域[208]。在这里,低介电常数薄膜被作为一个例子来说明各种膜沉积技术。被首次研究的低介电常数薄膜是使用原位沉积法制备的纯硅 MFI 沸石膜[图 4-27(a)][209]。在该制备方法中,单晶硅基片被浸入沸石前驱体溶液,随后生长出单一的 b 轴取向的多晶膜(沸石晶体的 b 轴垂直于基片)。透射电子显微镜(TEM)的研究表明,晶体的形成是在溶液中通过一个独特的均匀成膜过程,随后通过自组装沉积到基片上[210]。为了更方便手工操作,一种旋涂的技术被发展。在这个过程中,首先通过水热合成纯硅 MFI 型沸石纳米颗粒悬浮液,紧接着被旋涂到单晶硅片上 [图 4-27(b)和(c)][211],这个悬浮液包含了沸石的纳米颗粒和老化的无定形二氧化硅前体。所得到沸石膜具有双峰型孔径分布,这些孔径包括了粒子内部沸石微孔和颗粒间的介孔空隙。通过加入 γ-环糊精到合成沸石的悬浮液中,沸石膜将获得额外的介孔空隙[图 4-27(d)][212]。对于一步法合成而言,合成溶液在一个固定的温度下加热一段时间,获得更高的结晶度的典型方式是增加合成时间。不幸的是,合成时间增长将导致制备出较大的颗粒,这会带来不可接受的高的膜表面粗糙度和条痕。为了限制晶体生长,空间限制的合成策略被发展。这种策略是通过利用热可逆聚合物溶胶[213]和反相微乳液同时伴随着微波加热[214]。添加亚甲基蓝到合成溶液中也被发现能有效地控制晶体的生长[215]。一个更实际通过从晶体生长中控制成核的双阶段的合成技术被发展,这种技术能够保持小的颗粒尺寸,同时增加产率和结晶度[图 4-27(b)][216]。首先,低温的第一阶段集中在晶核的产生,并允许反应数天以达到晶核数目的最大化;其次,第二阶段将合成溶液突然放置于高温中并保持几个小时,

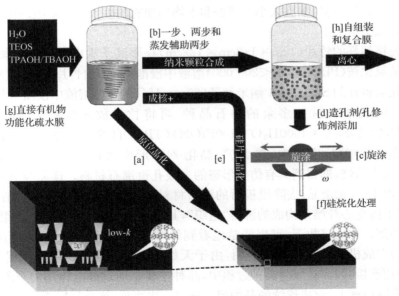

图 4-27　用于制备纯硅分子筛低介电常数(low-k)薄膜以及其他膜的合成路线示意图

以促进晶体继续生长。通过这种方法,产率为 76% 和粒径小于 80nm 的沸石悬浮液能够被获得。与此相反,通过一步法合成具有 80nm 的沸石悬浮液只有约 15% 的产率[217]。最近,一个新的蒸发辅助的双阶段合成过程被开发[218]。在这个过程中,蒸发步骤被加入在第一和第二阶段合成过程之间。沸石颗粒的双峰粒度分布表明 98% 为直径 14nm 的颗粒,其余为直径 60nm 的颗粒,其产率达到 60%。既然蒸发辅助的膜结合了粒径小,产量高的优点,因此对于一个更理想的过程将会完全解决这两个特性之间存在的矛盾。一个在基片上结晶的方法被开发用来制备低介电常数的沸石薄膜,这种方法是将第一阶段生成的晶核悬浮液(即在晶体生长之前)旋涂在单晶硅片上[图 4-27(e)][219]。通过在基片上结晶成膜,晶体尺寸被控制在最小范围,因此具有几十纳米晶体尺寸的沸石薄膜被期望能够更容易获得。

4.2.4　外模板作用下具有特定聚集形态微孔材料的合成

如 4.2.3 节所述可用聚苯乙烯微球作为“模板”用层层自组装技术制备 LTA、FAU、BEA、MFI 等沸石的空心球无支撑多层膜。近年来,已有一些研究组利用类似思路即设法在不同构架、性质与结构的外模板表面上通过自组装或原位晶化的途径,使其形成沸石-模板复合物,然后去除外模板以形成与原模板构架相似的沸石材料。目前已见报道的外模板材料,包括聚合物微球、碳纤维、泡沫塑料、超细菌结构[220, 221],以及最近我国复旦大学唐颐等报道的利用天然木组织为模板合成出具有细胞结构的多级孔道沸石材料[222]。下面以他们的工作为例来介绍这一方法的进展,选用具有均匀细胞大小的雪松和不均匀细胞的竹子两种木组织作为模板。具体的合成方法如下。

首先将切好的竹片(1cm×1/2cm×1/2cm)在阳离子聚电解质——聚二甲基二烯丙基氯化铵(PDDA,M_w<200 000)溶液中浸泡 2h,取出竹片,用蒸馏水洗涤,再在预先制备好的 Silicalite-1 纳米粒子(80nm,1%)的胶体溶液中浸渍 12h。然后用 pH = 10 的水冲洗掉多余的沸石晶种,再将竹片放入盛有 10mL 反应液(3TPAOH：25SiO$_2$：1500H$_2$O：100EtOH)(TPAOH 指四丙基氢氧化铵,正硅酸乙酯作硅源)的反应釜中,在 110℃ 晶化 24h,形成沸石/竹片的复合物,再在 600℃ 空气中焙烧,即得到具有仿生形态的多级孔道沸石材料。样品经 XRD 鉴定为高纯 MFI 相,无杂晶,去除模板后的沸石材料较好地继承了原木组织的细胞结构,形成了由空心纤维束构成的沸石“组织”,其大孔孔径和形状与原有木组织的细胞十分相似。在高倍数下,可以清楚地看到纤维内壁交织生长的沸石孪晶形貌。对材料的形成机制的初步研究表明,由于天然木细胞间通常是由胞间层(middle lamella)相连接,因而在吸附晶种过程中,晶种主要是通过静电作用力吸附在孔径较大的细胞内壁上,形成连续的晶种层。通过二次生长,该晶种层逐渐增厚成为致密沸石膜,形成沸石复合材料。焙烧去除木组织后,就形成了类木组织结构的多级

孔沸石材料。对该沸石材料进行氮吸附实验发现,该材料除了沸石的微孔外,其吸
附等温线在 $p/p_0=0.35$ 表现为倾斜的吸附曲线,表示该多孔沸石含有相当量的
介孔,这些介孔可能是由于沸石颗粒间的晶间孔造成的。该材料的总比表面积和
微孔比表面积分别是 $315m^2/g$ 和 $233m^2/g$,与文献报道的纳米沸石数据接近。

　　以上实验结果表明,以树木为模板并通过二次生长的方法可以合成出多级孔
沸石材料。由于所用的树木是易得的,而合成出的多级孔道沸石材料克服了沸石
本身单一微孔对传质带来的限制,从而在吸附、催化等领域有潜在的应用价值,且
为这类材料的进一步开拓提供了先例。

　　2000 年 J. Sterte 等[223]应用了 Dowex 型阴离子交换树脂作为形状导向大孔
外模板剂(shape-directing macro-template),成功制备了均匀的 Silicalite-1 微球。
具体方法是以尺寸为 0.3~1.2mm 的珠型(bead),交换容量为 1.0meq/mL,其中
孔径为 20~100nm 的强碱性阴离子交换树脂(MSA-1)作为外模板,将其浸入
9TPAOH：25SiO₂：480H₂O：100EtOH 晶化体系于 100℃下,在 MSA-1 型珠型
交换树脂的大孔内晶化成 Silicalite-1。经分离、洗涤、干燥后将交换树脂在 600℃
下灼烧 5h 以除去外模板即可得到非常均匀的 Silicalite-1 型分子筛微球。其制备
过程如图 4-28 所示。

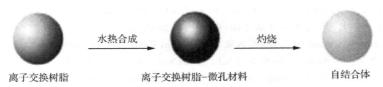

离子交换树脂　　　　　水热合成　　离子交换树脂-微孔材料　　灼烧　　　自结合体

图 4-28　用阴离子交换树脂作外模板剂制备微球 Silicalite-1 过程

　　2003 年 M. Z. Yates 等[224]又开辟了一条制备微孔磷酸铝(AlPO₄-5)纤维的方
法,其制备的方法思路是在特定的晶化条件下,以微乳液滴为外模板剂制备具有纤
维晶貌的 AlPO₄-5。他们选择了十六烷基氯化吡啶+丁醇(2:1)体系为表面活性
剂,在以甲苯为溶剂的 AlPO₄-5 晶化体系[H₂O：Al(O^{i}Pr)₃：H₃PO₄：
(C₂H₅)₃N：HF =50：0.8：1.0：0.6：0.5]中充分搅拌成微乳体系,并作出了
它们在室温下的相图,作为合成的指导。选择微乳区域中的某些组分点进行
180℃下的晶化(6h),晶化产物均为纤维晶貌的 AlPO₄-5。

　　从上述结果可以看出以微乳液为模板易生成晶貌为纤维状的 AlPO₄-5。再结合
本节中的其他例子,可见在外模板的存在下制备具有特定晶貌的微孔化合物是一条
已有一定成功基础的路线。然而如何进一步认识其机制,尚有很多工作要去做。

参 考 文 献

[1] Wang J H, Fang S H, Xu R R. J Chem Soc Chem Commun, 1989, 5：265-266.

[2] Yu J H, Xu R R, Kan Q B, et al. J Mater Chem, 1993, 3 (1)：77-82.

[3] Yu J H, Xu R R, Chen J S, et al. J Mater Chem, 1996, 6 (3)：465-468.

[4] Yu J H, Xu R R, Xu Y H, et al. J Solid State Chem, 1996,122：200-205.

[5] Xu R R, Chen J S, Feng S H. New Families of M(Ⅲ)X(Ⅴ)O₄-Type Microporous Crystals and Inclusion Compounds//lnui T, Namba S, Tatsumi T. Chemistry of Microporous Crystals, Proceedings of the International Symposium on Chemistry of Microporous Crystals. Amsterdam：Elsevier, 1991：63-72.

[6] Parise J B. J Chem Soc Chem Commun, 1985, (24)：4312.

[7] 冯守华. 新型分子筛的成孔. 长春：吉林大学博士论文, 1986.

[8] Feng S H, Xu R R. Chem J Chinese Univ, 1987, 8 (10)：867.

[9] Yang G D, Li L, Chen J S, et al. J Chem Soc Chem Commun, 1989：810.

[10] Li L, Wu L, Chen J C, et al. Acta Cryst, 1991, C (47)：246-249.

[11] Li L, Yang G D, Chen J, et al. J Chem Soc Chem Commun, 1989, 12：17.

[12] Du H B, Chen J S, Pang W Q. Stud Surf Sci Catal, 1997, 105：397-404.

[13] Koh L L, Xu Y, Du H B, et al. Stud Surf Sci Catal, 1997, 105：373-380.

[14] Xu Y, Koh L L, An L H, et al. Stud Surf Sci Catal, 1994, 84：2253-2260.

[15] Cheetham A K, Férey G, Loiseau T. Angew Chem Int Ed, 1999, 38：3268-3292.

[16] Neeraj S, Natarajan S, Rao C N R. J Chem Soc Chem Commun, 1999：165-166.

[17] Harrison W T A. Chem Mater, 1996, 8：145-151.

[18] Wany Y, Yu J H, Guo M, et al. Angew Chem Int Ed, 2003：2319-2327.

[19] William T A, Harrison W T A, Mark L F, et al. Chem Commun, 1996：2771-2772.

[20] Zhu J, Bu X H, Feng P Y, et al. J Am Chem Soc, 2000, 122：11563-11564.

[21] Choudhury A, Natarajan S, Rao C N R. Inorg Chem, 2000, 39：4295-4304.

[22] Rao C N R, Natatajan S, Neeraj S. J Solid State Chem, 2000, 152：302-321.

[23] Ayi A, Choudhury A, Natarajan S, et al. J Mater Chem, 2001, 11：1181-1191.

[24] Choudhury A, Natarajan S, Neeraj S, et al. J Mater Chem, 2001, 11：1537-1546.

[25] Rao C N R, Natarajan S, Choudhury A, et al. Acc Chem Res, 2001, 34(1)：80-87.

[26] Cheng J, Xu R R. J Chem Soc Chem Commun, 1991, 7：483-485.

[27] Cheng J, Xu R R, Yang G D. J C S Dalton Trans, 1991, 6：1537-1540.

[28] Jones R H, Thomas J M, Xu R R, et al. Chem Mater, 1992, 4(4)：808-812.

[29] Jiang J, Yu J, Corma A. Angew Chem Int Ed, 2010, 49：3120-3145.

[30] Corma A, Diaz-Cabanas M, Martinez-Trignero J, et al. Nature, 2002, 418：514.

[31] Corma A. Stud Surf Sci Catal, 2004, 154：25.

[32] Liu Z, Ohsuna T, Terasaki O, et al. J Am Chem Soc, 2001, 123：5370-5371.

[33] Sastre G, Vidal-Moya J A, Blasc T, et al, Angew Chem Int Ed, 2002,41：4722.

[34] Burton A. Nature Mater, 2003, 2：438.

[35] Blasco T, Corma A, Diaz-Cabanas M J, et al. J Phys Chem B, 2002, 106：2634.

[36] Li H L, Eddaoudi M, Yaghi O M, et al. Angew Chem Int Ed, 1999, 38：653-655.

[37] Férey G, Mellot-Draznieks C, Loiseu T. Solid State Sci, 2003, 5：79-94.

[38] Li H L, Eddaoudi M, Richardon D A, et al. J Am Chem Soc, 1998, 120：8567-8568.

[39] Plévert J, Gentz T M, Laine A, et al. J Am Chem Soc, 2001, 123：12706-12707.

[40] Zou X D, Conradsson T, Klingstedt M, et al. Nature, 2005, 437：716-719.

[41] Su J, Wang Y, Wang Z, et al. J Am Chem Soc, 2009, 131：6080-6081.

[42] Han Y, Li Y, Yu J, et al. Angew Chem Int Ed, 2011, 50: 3003-3005.

[43] Zhou Y, Zhu H, Chen Z, et al. Angew Chem Int Ed, 2001, 40: 2166-2168.

[44] Ren X, Li Y, Pan Q, et al. J Am Chem Soc, 2009, 131: 14128- 14129.

[45] PanQ, Li J, Christensen K E, et al. Angew Chem Int Ed, 2008, 47: 7868-7871.

[46] Su J, Wang Y, Wang Z, et al. Inorg Chem, 2010, 49: 9765-9769.

[47] Lin Z, Zhang J, ZhaoJ, et al. Angew Chem Int Ed, 2005, 44: 6881-6884.

[48] Lin Z, Zhang J, Yang G, et al. Inorg Chem, 2003, 42: 1797-1799.

[49] Liu G, Zheng S, Yang G, et al. Angew Chem Int Ed, 2007, 46: 2827-2830.

[50] Zhang H, Zhang J, Zheng S,et al. Inorg Chem, 2005, 44:1166-1168.

[51] Xiong D, Chen H, Li M, et al. Inorg Chem, 2006, 45: 9301-9305.

[52] Kong F, Jiang H, Hu T, et al. Inorg Chem, 2008, 47: 10611-10617.

[53] Yamamoto K, Tatsumi T. Chem Mater, 2008, 20: 972-980.

[54] Agarwal V, Huber G W, Conner W C, et al. J Catal, 2010, 269: 53-63.

[55] Guan X, Zhang F, Wu G, et al. Mater Lett, 2006, 60: 3141-3144.

[56] Xia Y, Mokaya R. J Mater Chem, 2004, 14: 2507-2515.

[57] Agarwal V, Huber G W, Conner W C, et al. J Catal, 2010, 270: 249-255.

[58] Hammond K D, Dogan F, Tompsett G A, et al. J Am Chem Soc, 2008, 130: 14912-14913.

[59] Hammond K D, Gharibeh M, Tompsett G A, et al. Chem Mater, 2010, 22: 130-142.

[60] Narasimharao K, Hartmann M, Thiel H H, et al. Microporous Mesoporous Mater, 2006, 90: 377-383.

[61] Regli L, Bordiga S, Busco C, et al. J Am Chem Soc, 2007, 129: 12131-12140.

[62] Xiong J, Ding Y, Zhu H, et al. J Phys Chem B, 2003, 107: 1366-1369.

[63] Wu G, Wang X, Yang Y, et al. Microporous Mesoporous Mater, 2010, 127: 25-31.

[64] Astala R, Auerbach S M. J Am Chem Soc, 2004, 126: 1843-1848.

[65] Shen W, Tompsett G A, Hammond K D, et al. J Appl Catal A: Gen, 2011, 392:57-68.

[66] Zhang C, Liu Q, Xu Z. J Non-Cryst Solids, 2005, 351: 1377-1382.

[67] Yamamoto K, Takahashi Y, Tatsumi T. Stud Surf Sci Catal, 2001, 135: 299.

[68] Yamamoto K, Sakata Y, Nohara Y, et al. Science, 2003, 300: 470-472.

[69] Yamamoto Y, Nohara Y, Domon Y, et al. Chem Mater, 2005, 17: 3913-3920.

[70] Yamamoto Y, Sakata Y, Tatsumi T. J Phys Chem B, 2007, 111: 12119-12123.

[71] Maeda K, Mito Y, Yanagase T, et al. Chem Commun, 2007: 283-285.

[72] Su B L, Roussel M, Vause K, et al. Microporous Mesoporous Mater, 2007, 105: 49-57.

[73] Díaz U, Vidal-Moya J A, Corma A. Microporous Mesoporous Mater, 2006, 93: 183-189.

[74] Corma A, Viruela P, Fernández L. J Mol Catal A: Chem, 1998, 133: 241-250.

[75] Elanany M, Su B-L, Vercauteren P D. J Mol Catal A: Chem, 2007, 263: 195-199.

[76] Davis M E, Saldarriaga C, Montes C,et al. Nature, 1988, 331: 698.

[77] Estermann M, Mccusker L B, Baerlocher Ch, et al. Nature, 1991, 352: 320-323.

[78] a. Huo Q S, Xu R R, Li S G, et al. J Chem Soc Chem Commun , 1992: 875-876.

   b. Jiang J X, Yu J H, Corma A. Angew Chem Int Ed, 2010, 49: 3120-3145.

[79] Esterrmann M, McCusker L B, Baerlocher Ch, et al. Nature, 1991, 352: 320-323.

[80] a. Freyhardt C C, Tsapatsis M, Lobo R F, et al. Nature, 1996, 381: 295.

   b. Lobo R F, Tsapatsis M, Freyhardt C C, et al. J Am Chem Soc, 1997, 119: 8474-8484.

　　　　c. Wessels T, Baerlocher Ch, McCusker L B, et al. J Am Chem Soc, 1999, 121: 6242-6247.

[81] Wagner P, Yoshikawa M, Lovallo M, et al. Chem Commun, 1997: 2179-2180.

[82] Cheetham A K, Fjellvåg H, Gier T E, et al. Stud Surf Sci Catal, 2001, 135: 158.

[83] Burton A, Elomar S I, Chen C Y, et al. J Chem Eur, 2003, 9: 5737-5748.

[84] Strohmaier K G, Vaughan D E W. J Am Chem Soc, 2003, 125: 16035-16039.

[85] Corma A, Díaz-Cabañas M J, Rey F, et al. Chem Commun, 2004: 1356-1357.

[86] Kang L H, Deng W Q, Zhang, T, et al. Microporous Mesoporous Mater, 2008, 115: 261-266.

[87] Corma A, Díaz-Cabañas M J, Jordá J L, et al. Nature, 2006, 443, 842-845.

[88] Gies H. Clathrasils and Zeosils: Inclusion Compounds with Silica Host Frameworks//Mandelcorn L. Non-Stoichiometric Compounds. Vol 5. London: Academic Press, 1991: 1-35.

[89] Gies H, Mavler B. Zeolites, 1992, 12:42.

[90] Corma A, Rey F, Valencia S, et al. Nature Mater, 2003, 2: 493-497.

[91] Castaneda R, Corma A, Fornés V, et al. J Amer Chem Soc, 2003, 125: 7820-7821.

[92] Burton A. Nature Mater, 2003, 2: 438-440.

[93] Corma A, Navarro M T, Rey F, et al. Angew Chem Int Ed, 2001, 40: 2277-2280.

[94] Paillaud J L, Harbuzaru B, Patarin J. Science, 2004, 304: 990-992.

[95] Corma A, Díaz-Cabañas M J, Rey F, et al. Chem Commun, 2004: 1356-1357.

[96] Wong S T, Wong S H, Liu J B, et al. Stud Surf Sci Catal, 1994, 84: 45-52.

[97] Granquist W T. US Patent No. 3252757. 1996.

[98] Liu Z Y, Jiang D Z, Cai H, et al. Chem J Chinese Univ, 1991, 12: 397-399.

[99] Yu J H, Xu R R, Li J Y. Solid State Sci, 2000, 2: 181-192.

[100] Valverde J L, Sánchez P, Dorado F, et al. Microporous Mesoporous Mater, 2002, 54: 155-165.

[101] Alberti G, Costantiono U, Marmottoni F, et al. Microporous Mesoporous Mater, 1998, 21: 297-304.

[102] Wong S T, Cheng S. Inorg Chem, 1992, 31: 1165-1172.

[103] Cheng S F, Wang T C. Inorg Chem, 1989, 28: 1283-1289.

[104] Guo X J, Hou W H, Yan Q J, et al. Chin Sci Bull, 2003, 48(2): 101-110.

[105] Corma A, Iglesias M, Pino D, et al. J Chem Soc Chem Commun, 1991:1253.

[106] Xiang S, Zhang Y L, Xin Q, et al. Angew Chem Int Ed, 2002, 41 (5): 821-824.

[107] a. Newsam J M, Treacy M M J, Koetsier W T, et al. Proc R Soc London Ser A, 1988, 420:375-405.
　　　　b. Davis M E, Lobo R F. Chem Mater, 1992, 4: 756-768.

[108] Wang G M, Li J Y, Yu J H, et al. Chem Mater, 2006, 18: 5637-5639.

[109] Sghomonian V, Chen Q, Haushalter R C, et al. Science, 1993, 259: 1596.

[110] Feng P, Bu X, Tolbert S H, et al. J Am Chem Soc, 1997, 119: 2497.

[111] Ayyappan S, Bu X, Cheetham A K, et al. Chem Mater, 1998, 10:3308.

[112] Wang Y, Yu J H, Guo M, et al. Angew Chem Int Ed, 2003, 42: 4089-4092.

[113] Rajic N, Logar N Z, Kancic V. Zeolites, 1995, 15: 672-678.

[114] Davis M E. Top Catal, 2003, 25: 3-7.

[115] Yu J H, Wang Y, Shi Z, et al. Chem Mater, 2001, 13: 2972-2978.

[116] Wang Y, Yu J H, Li Y, et al. Chem Eur J, 2003, 9: 5048-5055.

[117] Fredoueil F, Evain M, Massiot D, et al. J Mater Chem, 2001, 11: 1106-1110.

[118] Corma A, Moliner M, Catin A, et al. Chem Mater, 2008, 20: 3218-3223.

[119] Szoctak R. Molecular Sieves Principles of Synthesis and Identification. 2nd Ed. London: Blackie Aca-

demic & Professional, 1998：62.

[120] Gregory A J, Sand L B. Zeolites, 1986, 6：396.

[121] WangQ X, Zhang S R, Cai G Y, et al. US Patent No. 5869021. 1999.

[122] Thomas J, Ramda S, Millward B. New Scientist, 1982：435.

[123] a. Goossens A M, Wouters B H, Grobet P J, et al. Eur J Inorg Chem, 2001：1167.

　　　b. Thomas J M, Tarasaki O, Gai P L, et al. Acc Chem Res, 2001, 34：583-594.

[124] Illwards G R, Mdas U, Thomas J M. J Chem Soc Faraday Trans, 1983, 79：1075-1082.

[125] Lee G S, Nakagawa Y, Zones S I. US Patent No. 6156290. 2000.

[126] Xie S, Liu S, Liu Y, et al. Microporous Mesoporous Mater, 2009, 121：166.

[127] Niu X L, Song Y Q, Xie S J, et al. Catal Lett, 2005, 103：211.

[128] 谢素娟, 刘盛林, 张玲, 等. 石油学报(石油加工), 2009, 25：37.

[129] 祁晓岚, 李斌, 李士杰, 等. 催化学报, 2006, 27：228.

[130] 王晓芳, 张彩娟. 石油化学技术与经济, 2001, 27：48-51.

[131] Rollmann L D, Princeton N J. US Patent No. 4088605. 1978.

[132] a. Chu P, Garwood W E, Schwartz A B. US Patent No. 4788374. 1988.

　　　b. Chu P, Schwartz A B. US Paten No. 4868146. 1989.

[133] Goossens A M, Wouters B H, Buschmann V, et al. Adv Mater, 1999, 11：561.

[134] Gooscns A M, Wouters B H, MartensJ A. Eur J Inorg Chem, 2001：1167-1181.

[135] Okubo T, Tsapatsis M, Davis M E. Angew Chem Int Ed, 2001, 40：1069-1071.

[136] JeongH K, Krohn J, Sujaoti K, et al. J Am Chem Soc, 2002, 124：12966-12968.

[137] Bouizi Y, Rouleau L, Valtchev V P. Adv Func Mater, 2005, 15：1955-1960.

[138] Bouizi Y, Rouleau L, Valtchev V P. Chem Mater, 2006, 18：4959-4966.

[139] 童伟益, 孔德金, 刘志成, 等. 催化学报, 2008, 29：1248-1252.

[140] 童伟益, 刘志成, 孔德金, 等. 高等学校化学学报, 2009, 30：959-964.

[141] a. 孔德金, 邹薇, 童伟益, 等. 化学学报, 2009, 67：1765-1770.

　　　b. 孔德金, 邹薇, 童伟益, 等. 物理化学学报, 2009, 25：1921-1927.

[142] Qiu S L, Yu J H, Zhu G S, et al. Microporous Mesoporous Mater, 1998, 21：245-451.

[143] Qiu S L, Pang W Q, Xu R R. Stud Surf Sci Catal, 1997, 105：301-308.

[144] Morris M, Dixon A G, Sacco A, et al. Zeolites, 1993, 13：113.

[145] Shao C G, Li X T, Qiu S L, et al. Microporous Mesoporous Mater, 1999, 33：215-222.

[146] Shao C G, Li X T, Qiu S L, et al. Microporous Mesoporous Mater, 2000, 39：117-123.

[147] Huo Q S, Feng S H, Xu R R. Stud Surf Sci Catal, 1989, 49：291-298.

[148] Huo Q S, Xu R R, Feng S H. J Chem Soc Chem Commun, 1988：1486-1487.

[149] Kuperman A, Nadimi S, Oliver S. Nature, 1993, 365：239-242.

[150] Liu C H, Li S G, Tu K G, et al. J Chem Soc Chem Commun, 1993：1645-1646.

[151] Yan W F, Yu J H, Xu R R, et al. Chem Mater, 2000, 12：2517-2519.

[152] Yan W F, Yu J H, Shi Z, et al. J Chem Soc Chem Commun, 2000：1431-1432.

[153] Yan W F, Yu J H, Shi Z, et al. Microporous Mesoporous Mater, 2001, 50：151-158.

[154] Yu J H, Xu R R. Acc Chem Res, 2003, 36：481-490.

[155] Yu J H, Chen J S, Xu R R. Microporous Mater, 1996, 5：333-336.

[156] Chippindale A M, Walton R I, Turner C. J Chem Soc Chem Commun, 1995：1261.

[157] Lin C H, Wang S L, Lii K H. J Amer Chem Soc, 2001, 123：4649-4650.

[158] 杜红宾. 新型无机微孔晶体的合成与表征. 长春:吉林大学博士论文，1997.

[159] 那立艳,刘云凌,庞文琴,等. 无机化学学报,2000,16 (2): 287-292.

[160] Yuan H M, Chen J S, Zhu G S, et al. Inorg Chem, 2000, 39: 1476-1479.

[161] 郭阳红,施展,庞文琴. 高等学校化学学报,2000,21 (7): 1010-1012.

[162] Rodgers J A, Harrison W T A. J Mater Chem, 2000, 10: 2853-2856.

[163] Qiu S L, Pang W Q, Yao S Q. Stud Surf Sci Catal, 1989, 49: 133-142.

[164] Xu R R, Gao Z, Xu Y, et al. Progress in Zeolite Science— A China Perspective. Singapore: World Scientific, 1995.

[165] Zhao D Q, Qiu S L, Pang W Q. Zeolites Synthesized from Nonalkaline Media// Ballmoos R V, Higgins J B, Treacy M M J. Proceedings from the Ninth International Zeolite Conference. Boston: Butterworth-Heinemann, 1992: 337-344.

[166] Qiu S L, Tian W T, Pang W Q, et al. Zeolites, 1991, 11: 371-375.

[167] Beitone L, Marrot J, Loiseau T, et al. J Amer Chem Soc, 2003, 125: 1912-1922.

[168] Sassoye C, Marrot J, Loiseau T, et al. Chem Mater,2002, 14: 1340-1347.

[169] Sun Y, Song T Y, Qiu S L, et al. Zeolites, 1995, 15: 745-753.

[170] Sun Y, Song T Y, Qiu S L, et al. Chem Res Chin Univ, 1994, 10: 141.

[171] Pang W Q, Ueda S, Koizumi M. The Synthesis of Zeolite NaA from Homogeneous Solutions and Studies of its Properties//Murakami Y, Iijima A, Ward J W. New Developments in Zeolite Science and Technology, Proceedings of the 7th International Zeolite Conference. Amsterdam: Elsevier, 1986: 177-184.

[172] Pang W Q, Qiu S L, Kan Q B, et al. Stud Surf Sci Catal,1989, 49: 281-289.

[173] Shimizu S, Hamada H. Microporous Mesoporous Mater, 2001, 48: 39-46.

[174] Camblor M A, Corma A, Valencia S. Microporous Mesoporous Mater, 1998, 25: 59-74.

[175] Dong T P, Zou J, Long Y C. Microporous Mesoporous Mater, 2003, 57: 9-19.

[176] van Grieken R, Sotels J L, Menéndoz J U, et al. Microporous Mesoporous Mater, 2000, 39: 135-147.

[177] Reding G, Mäurer T, Kraushaar-Czarnetzki B. Microporous Mesoporous Mater, 2003, 57:83-92.

[178] Persson A E, Schoeman B J, Sterte J, et al. Zeolites, 1994, 14: 110.

[179] Halmberg B A, Wang H, Norbeck J M, et al. Microporous Mesoporous Mater,2003, 59: 13-28.

[180] Hu Y Y, Liu C. Microporous Mesoporous Mater,2009, 119: 306-319.

[181] Motuzas J, Julbe A, Noble R D, et al. Microporous Mesoporous Mater, 2005, 80: 73-83.

[182] Brar T, France P, Smirniotis P G. Ind Eng Chem Res, 2001, 40: 1133-1139.

[183] Schmidt I, Madsen C, Jacobsen C J H. Inorg Chem, 2000, 39: 2279.

[184] Naik S P, Chen J C, Chiang A S T. Microporous Mesoporous Mater,2002, 54: 293-303.

[185] Wang H T, Halmberg B A, Yan Y S. J Amer Chem Soc, 2003, 125: 9928-9929.

[186] 王永睿. 第十届全国催化学术会议论文集. 杭州:浙江大学出版社，2002:979.

[187] Tavolaro A, Drioli E. Adv Mater, 1999, 11(2): 975-996.

[188] Xu X C, Yang W S, Liu J, et al. Microporous Mesoporous Mater,2001, 43: 299-311.

[189] Huang A, Liang F, Steinbach F, et al. J Membr Sci, 2010, 350: 5-9.

[190] Huang A, Wang N, Caro J. Microporous Mesoporous Mater, 2012, 164: 294-301.

[191] Huang A, Caro J. J Mater Chem, 2011, 21: 11424-11429.

[192] Wang Z B, Ge Q Q, Shao J, et al. J Am Chem Soc, 2009, 131: 6910-6911.

[193] Morigami Y, Kondo M, Abe J, et al. Sep Purif Technol, 2001, 25: 251-260.

[194] Ge Q Q, Wang Z B, Yan Y S. J Am Chem Soc, 2009, 131: 17056-17057.

[195] Li J G, Shao J, Ge Q Q, et al. Microporous Mesoporous Mater, 2012, 160: 10-17.

[196] Valtchev V, Mintova S. Microporous Mesoporous Mater, 2001, 43: 41-49.

[197] Daramola M O, Burger A J, Pera-Titus M, et al. J Chem Eng, 2010, 5(6): 815-837.

[198] Lai Z P, Bonilla G, Diaz I, et al. Science, 2003, 300 (5618): 456-460.

[199] Hedlund J, Sterte J, Anthonis M, et al. Microporous Mesoporous Mater, 2002, 52(3): 179-189.

[200] Choi J, Jeong H K, Snyder M A, et al. Science, 2009, 325 (5940): 590-59.

[201] Pham T C T, Kim H S, Yoon K B. Science, 2011, 334 (6062): 1533-1538.

[202] Kim W G, Zhang X Y, Lee J S, et al. Acs Nano, 2012, 6 (11): 9978-9988.

[203] Bowen T C, Noble R D, Falconer J L. J Membr Sci, 2004, 245 (1-2):1-33.

[204] Liu Y, Li Y S, Cai R, et al. Chem Commun, 2012, 48 (54):6782-6784.

[205] Tsapatsis M. Science, 2011, 334(6057): 767-768.

[206] Varoon K, Zhang X, Elyassi B, et al. Science, 2011, 334 (6052):72-75.

[207] Agrawal K V, Topuz B, Jiang Z, et al. AIChE J, 2013, 59: 9.

[208] Lew C M, Cai R, Yan Y S. Acc Chem Res, 2010, 43: 210-219.

[209] Wang Z B, Wang H T, Mitra A, et al. Adv Mater, 2001, 13: 746-749.

[210] Li S, Li Z J, Bozhilov K N, et al. J Am Chem Soc, 2004, 126: 10732-10737.

[211] Wang Z B, Mitra A P, Wang H T, et al. Adv Mater, 2001, 13: 1463-1466.

[212] Li S, Li Z J, Yan Y S. Adv Mater, 2003, 15: 1528-1531.

[213] Wang H T, Holmberg B A, Yan Y S. J Am Chem Soc, 2003, 125: 9928-9929.

[214] Chem Z W, Li S, Yan Y S. Chem Mater, 2005, 17: 2262-2266.

[215] Lew C M, Li Z J, Zones S I, et al. Microporous Mesoporous Mater, 2007,105: 10-14.

[216] Li Z J, Li S, Luo H M, et al. Adv Funct Mater, 2004, 14: 1019-1024.

[217]Li Z J, Lew C M, Li S, et al. J Phys Chem B, 2005,109: 8652-8658.

[218]Liu Y, Sun M W, Lew C M, et al. Adv Funct Mater, 2008, 18: 1732-1738.

[219]Liu Y, Lew C M, Sun M W, et al. Angew Chem Int Ed, 2009, 48: 4777-4780.

[220] Davis S A, Breulmann M, Rhodes K H, et al. Chem Mater, 2001, 13: 3218.

[221] Wang X D, Yang W L, Tang Y, et al. Chem Commun, 2001: 2161.

[222] 董安钢,王亚军,唐颐, 等. 第十届全国催化学术会议论文集. 杭州:浙江大学出版社, 2002:991.

[223] Tosheva L, Valtchev V, Sterte J. Microporous Mesoporous Mater, 2000, 35-36: 621-629.

[224] Lin J C, Dipre J T, Yates M Z. Chem Mater, 2003, 15: 2764-2773.

第5章　微孔化合物的晶化

本章主要介绍微孔化合物的晶化,包括沸石的生成过程、微孔化合物晶化过程与机理研究中的表征、微孔化合物的生成——成核与晶体生长机理以及微孔化合物生成机理认识的进步与展望等。目前微孔化合物的主要合成途径依然是水热(hydrothermal)或溶剂热(solvothermal)晶化途径(crystallization process),因而比较深入地讨论这些过程的晶化机理以及其中复杂的化学问题,可使读者进一步加深对微孔化合物的合成,成孔规律与晶化理论的认识,从而有利于进一步开拓新的合成途径与技术。虽然目前对晶化机理中的部分规律与现象尚无确切的定论,或认识得不够完整、不够深入且存在着争议,然而我们还是如实地介绍给读者,让从事微孔化合物和分子筛材料研究工作的同行们,更多地了解晶化过程中诸多化学问题的复杂性与可研究性。

5.1　沸石晶化原料的结构与制备

5.1.1　常用硅源

沸石合成中的主要硅源有水玻璃、硅溶胶、硅凝胶、无定形 SiO_2 粉末、$Si(OCH_3)_4$ 以及 $Si(OC_2H_5)_4$ 等,铝源有偏铝酸钠($NaAlO_2$,Na_2O 含量为 54%)、拟薄水铝石(pseudo-boehmite)、无定形氢氧化铝粉末以及微孔磷酸铝合成中最常用的异丙醇铝[$Al(O^iPr)_3$]等。在沸石合成中,用作硅源的试剂通常都需要溶解到碱性溶液(如碱金属、碱土金属的氢氧化物以及有机碱的溶液)中,形成碱性硅酸盐溶液。沸石合成的一个重要特点是即使晶化的其他条件都相同,如果所使用的硅源不同,则也可能晶化出不同的沸石结构。出现这种现象的原因是不同的硅源具有不同的结构,在碱的作用下生成不同类型与分布的多硅酸根离子,与铝酸根发生缩合反应时往往表现为不同的反应性,导致不同介稳态晶化产物的出现。因而在讨论沸石的合成之前,有必要先对硅源——水玻璃、硅溶胶、硅凝胶、无定形 SiO_2 粉末等的结构与制法,以及在碱性溶液中的行为进行讨论。

5.1.1.1　碱性介质中可溶性硅酸盐的液相结构

在沸石的合成中,介质的碱浓度一般在 0.5~5.5mol/L 之间。在这个范围内,硅源在合成体系中溶解得很好,体系中存在着聚合度不同的硅酸根离子。这些

硅酸根离子的存在状态及分布受多种因素的影响,当温度及 SiO_2 浓度一定时,溶液中的酸碱及缩聚-解聚平衡可表示为

$$\equiv Si—OH \rightleftharpoons \equiv SiO^- + H^+ \tag{5-1}$$

$$\equiv Si—OH + HO—Si \equiv \rightleftharpoons \equiv Si—O—Si \equiv + H_2O \tag{5-2}$$

式(5-1)和式(5-2)说明酸碱度及 SiO_2 的浓度对溶液中硅酸根离子的结构及存在状态有着重要的影响。此外,研究表明溶液中阳离子的影响也不能忽略,下面将分别讨论这些影响因素对溶液中硅酸根离子的结构及存在状态的影响。

1) 钠盐溶液中硅酸根离子的聚合态及结构

硅酸钠溶液是沸石分子筛合成中最常用的一种试剂。水玻璃($Na_2O \cdot RSiO_2$)是其中重要的一种,它是由石英砂(SiO_2)与碱在高温熔融状态下反应,然后将其溶解于水中而得,它不仅提供了合成沸石分子筛所需的硅源,也提供了所需的 Na^+ 和 OH^-,因此水玻璃的模数(R)与其水溶液中 SiO_2 的浓度是描述其作为沸石硅源的两个最重要的参数,因为它们决定着硅酸钠溶液中硅酸根离子的结构、聚合状态及分布以及进一步与铝酸根的缩合反应和晶化产物。

自 20 世纪 50 年代开始,以 L. S. Dent Glasser 等为代表的化学工作者开始了这一领域的研究[1]。他们应用了三甲基硅烷化反应(trimethylsilylation,TMS)处理硅酸钠溶液,然后再用气液色谱(gas liquid chromatography,GLC),凝胶渗透色谱(gel permeation chromatography,GPC)分离与表征液相中多硅酸根离子的存在状态与分布情况。

20 世纪 80 年代初,人们又采用^{29}Si NMR 技术测定硅酸钠溶液中硅酸根离子的结构聚合态分布,并得到了一系列结果。1986 年,A. V. McCormick 等用该技术详细地研究了氧化硅浓度([SiO_2])为 1mol%~3mol%,模数为 1~3 的硅酸钠溶液中不同聚合态多硅酸根离子的结构与其分布[2]。

表 5-1 列出了溶液中低聚态硅酸根离子的可能结构。此外,在硅酸钠溶液中还存在着更复杂的部分高聚态硅酸根离子(一般用 TMS-GPC 方法分离),其相对分子质量可以达到 10 000~50 000。由于当时将 GPC 方法应用于硅酸根离子的分离在技术上尚有很多困难,因而很难确定高聚态硅酸根离子的存在情况。

表 5-1　具有不同模数(R)硅酸钠溶液中多硅酸根离子的存在状态与分布[2]

序号	多硅酸根离子结构	模数(R)				
		1.0	1.5	2.0	2.5	3.0
1	·A	18.0	6.0	5.0	6.0	5.0
2	•—A	5.2	1.5	1.2	0.9	1.1
3	⋀^B_A	2.4	1.0	1.2	0.7	0.7

续表

序号	多硅酸根离子结构	模数(R)				
		1.0	1.5	2.0	2.5	3.0
4	 ▷A	2.8	1.6	0.6	0.3	~0
5	 A B	1.0	1.1	0.5	~0	~0
6	 □A	~0	0.3	1.2	0.6	n.o.
7	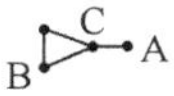 C B A	2.0	1.0	0.9	0.2	~0
8	 C B A D	2.0	2.1	3.3	1.8	1.7
9	 A B	0.5	0.5	0.5	~0	~0
10	 B C A	1.0	1.7	~0	~0	~0
11	 D A B C	~0	0.8	1.8	0.8	0.6
12	 B A	~0	0.4	0.3	~0	~0.
13	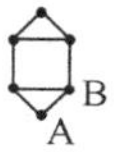 B A	~0	0.4	0.3	~0	~0
14	 B A	0.3	0.5	0.7	~0	~0
15	 A	0.4	0.6	1.4	0.3	0.3
16	 C A B	0.4	~0	~0	~0	~0
17	 A	0	0	0.1	n.o.	n.o.
18	 A B C	0.2	0.3	0.2	n.o.	n.o.
19	 A	0	0.1	0.2	0.2	0.3

注：n.o. 表示观测不到(not observable)，表中的数值为摩尔分数。

2）硅酸钾溶液中硅酸根离子的存在状态

1981 年，R. K. Harris 等用 ^{29} Si NMR 表征技术研究了硅酸钾溶液中多硅酸根离子的存在状态与其分布,发现同硅酸钠溶液中多硅酸根离子的存在状态与分布相似[3]。2007 年,S. D. Kinrade 等用[29]Si-^{29}Si COSY NMR 技术研究了硅酸钾溶液中多聚硅酸根离子的存在状态和分布,共发现了 48 种低聚态硅酸根物种,如图 5-1 所示[4]。

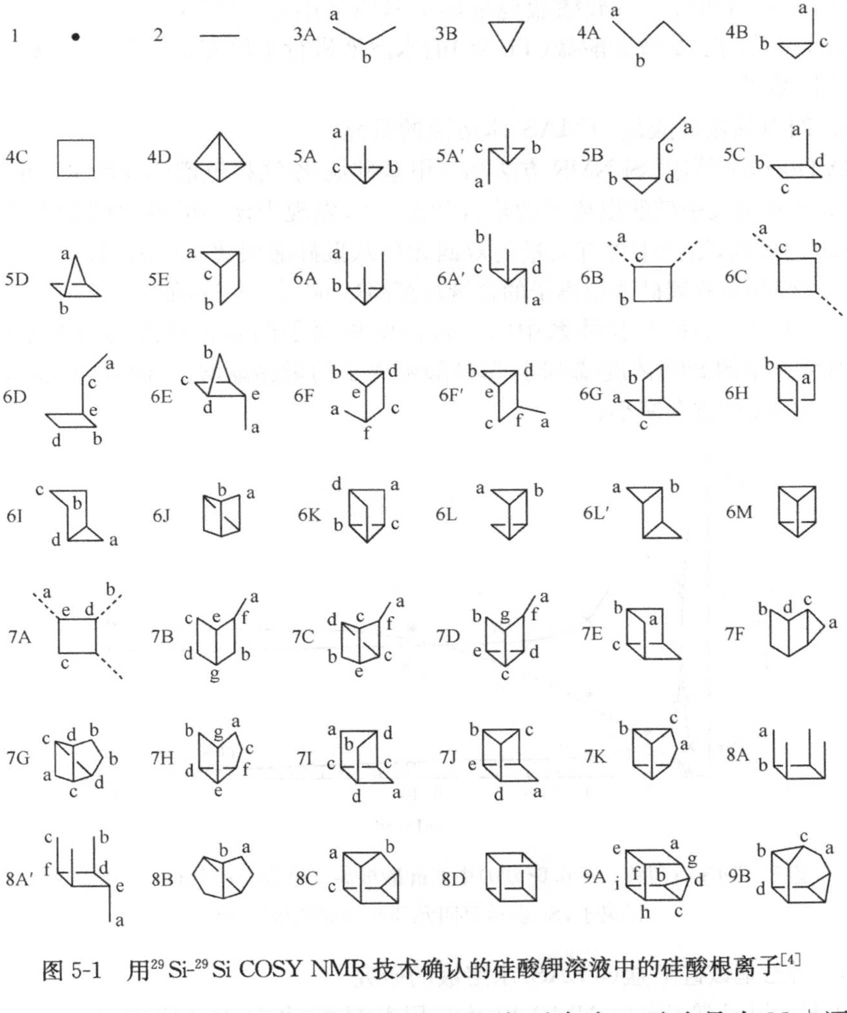

图 5-1　用[29]Si-^{29}Si COSY NMR 技术确认的硅酸钾溶液中的硅酸根离子[4]

　　另外,在溶液中也有一部分高聚态硅酸根离子存在。无论是在 Na^+ 还是在 K^+ 碱性体系中,虽然多硅酸根离子的结构非常复杂,并且物种的分布会随着模数 (R) 与氧化硅浓度([SiO_2])的变化而改变,但一般来讲,当体系的 pH 越高,或氧化硅浓度越低时,硅物种越倾向于以单硅酸根离子状态存在。

　　上述结果表明,硅酸钾溶液中多聚硅酸根离子的存在状态与同浓度的硅酸钠溶液中多聚硅酸根离子的存在状态相差不大,只是在数量方面有些差别。

3）有机碱硅酸盐的液相结构

在沸石合成中，当体系中存在有机碱时，可以晶化出多种高硅甚至全硅沸石。为什么在有机胺的存在下就能合成出高硅铝比的沸石，有机胺对体系中硅酸根离子的存在状态又有什么样的影响？这些问题激起了人们的广泛兴趣。为了回答这些问题，人们对四烷基铵硅酸盐包括四甲基铵硅酸盐（TMAS）、四乙基铵硅酸盐（TEAS）以及四丁基铵硅酸盐（TBAS）的水溶液进行了研究，获得了一些很有意义的规律性结果。

a. 四甲基铵硅酸盐（TMAS）水溶液的研究

D. Hoebbel 等用^{29}Si NMR 方法和三甲基硅烷化-气相色谱（TMS-GC）方法研究了 TMAS 水溶液中硅酸根离子的聚合状态[5, 6]，发现当体系的模数（TMA/SiO$_2$）在 0.6～20 之间时，溶液中含有大量的双四元环八聚硅酸根离子（[Si$_8$O$_{20}$]$^{8-}$），当模数在 1～3 之间时，八聚硅酸根离子的含量甚至高达 60%～80%，如图 5-2 所示，这显然与含 Na$^+$ 和 K$^+$ 的硅酸盐体系中的多聚硅酸根离子的存在状态与分布不同。当 TMAS 体系中的 SiO$_2$ 浓度减小时，单硅酸根离子的量逐渐增多，而双四元环八聚硅酸根离子的浓度逐渐减小。

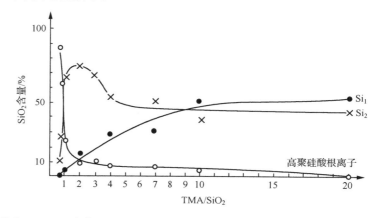

图 5-2　饱和 TMA$_x$S 溶液（$x=0.6\sim20$）中的硅酸根离子聚合态的分布，其中 Si$_1$ 表示单硅酸根离子，Si$_2$ 表示双四元环八聚硅酸根离子[6]

b. 四乙基铵硅酸盐（TEAS）水溶液的研究

D. Hoebbel 等用^{29}Si NMR 以及三甲基硅烷化方法又研究了 TEAS 水溶液[7]，发现在较浓的 TEAS 溶液中，当 TEA/SiO$_2$ 的值为 2.8～1 时，液相中主要存在着大量的双三元环六聚硅酸根离子（[Si$_6$O$_{15}$]$^{6-}$）。当 TEA/SiO$_2$ 的值为 0.6～0.8 时，溶液中的主要硅酸根物种为双三元环、双四元环以及双五元环硅酸根阴离子，有时也存在双六元环的硅酸根阴离子，如表 5-2 所示。

表 5-2　不同的 TEAS 溶液中硅酸根离子的分布[7]

TEAS 溶液	双三元环	双四元环	双五元环	双六元环	其他
1.37 TEA$_{2.8}$S	77	5	—	—	18
1.68 TEA$_{1.93}$S	76	5	—	—	19
1.98 TEA$_{1.55}$S	84	3	—	—	13
2.45 TEA$_{1.0}$S	67	8	5	—	20
3.07 TEA$_{0.81}$S	44	20	11	6	19
3.95 TEA$_{0.62}$S	20	26	20	19	15

* 结果均以 SiO_2 质量分数表示(%)。

几乎同时,R. K. Harris 等也用 ^{29}Si NMR 研究了 TEAS 水溶液中硅酸根离子的聚合态[8],也得到了一些类似的结果。

c. 四丁基铵硅酸盐(TBAS)水溶液的研究

接着,D. Hoebbel 等又用三甲基硅烷化方法以及 ^{29}Si NMR 表征技术研究了 TBAS 水溶液[9],发现在其溶液中主要存在着单硅、二聚、三聚、四聚、五聚、七聚以及双三元环、双四元环和双五元环等硅酸根离子,与 TMAS、TEAS 水溶液中多聚硅酸根离子的分布相似。

一般来说,较高的溶液浓度有利于双环笼状硅酸根离子的形成,而较低的溶液浓度则有利于较低聚合态诸如 Si_1、Si_2 等的非笼状硅酸根离子形成,且在三种四烷基铵硅酸盐溶液中的分布相似(表 5-3),但却同具有相同浓度的硅酸钠溶液中的多聚硅酸根物种分布不同。在四烷基铵阳离子的硅酸盐浓溶液中,易生成特征的双环硅酸根离子,如在饱和的 TMAS 溶液中,有利于生成双四元环($[Si_8O_{20}]^{8-}$)硅酸根离子,在饱和的 TEAS 溶液中,易生成双三元环($[Si_6O_{16}]^{3-}$)、双四元环以及双五元环多聚硅酸根离子,而在 TBAS 溶液中,则易生成只在某些晶体结构中存在的双五元环多聚硅酸根离子。

表 5-3　TMAS、TEAS、TBAS 与 NaSi 稀溶液(0.1mol/L)中硅酸根离子的存在状态与分布[9]

硅酸根离子	TMAS	TEAS	TBAS	NaSi
$[SiO_4]^{4-}$	58	56	59	18
$[Si_2O_7]^{6-}$	14	14	16	14
$[Si_3O_{10}]^{8-}$	4	7	6	7
$[Si_4O_{13}]^{10-}$	1	3	1	2
$[Si_3O_9]^{6-}$	3	3	4	3
$[Si_4O_{12}]^{8-}$	2	4	2	3
环状离子	2	2	2	6
多聚离子	16	11	10	17

* 结果均以 SiO_2 质量分数表示(%)。

几十年来,利用不断进步的表征手段,人们一直进行着在 TAA$^+$ 阳离子存在下,多聚硅酸根离子在水溶液中的存在状态及分布情况研究。1998 年,S. D. Kinrade 等又用 ^{29}Si NMR 技术系统研究了这一体系[10],发现在 TMA$^+$ 存在下多聚硅酸根离子的存在状态和其所处的条件(平衡态与非平衡态)有密切的关系,这与之前的研究结果不尽相同。他们发现当[OH$^-$]∶[Si]≥1∶1 时,处于平衡态溶液中的 TMA$^+$ 与[Si$_8$O$_{20}$]$^{8-}$ 的比为 8∶1。他们的研究表明 TMA$^+$ 与[Si$_8$O$_{20}$]$^{8-}$ 有直接的联系,因此在具有双四元环结构的[Si$_8$O$_{20}$]$^{8-}$ 外往往会形成了一层疏水水合层(hydrophobic hydration),从而阻止了位于中心的多聚硅酸根阴离子的水解。S. D. Kinrade 等还进一步研究了[Si$_8$O$_{20}$]$^{8-}$ 在一定条件下的生成动力学及相应的平衡常数 K_f,进一步明确证实了 TMA$^+$ 阳离子对笼形多聚硅酸根离子(如[Si$_8$O$_{20}$]$^{8-}$)等的形成促进作用和稳定化作用[11]。此外,在 TAAS 体系中,多聚硅酸根离子的存在状态及分布还受温度的影响。图 5-3 给出了 TMAS 溶液中八聚硅酸根离子的摩尔分数随温度的变化情况,表明随着温度的升高,多聚硅酸根离子的聚合度会下降,之后的许多研究结果都证实了这一趋势。

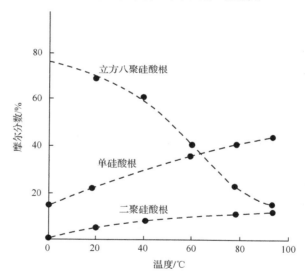

图 5-3　TMAS 溶液中部分多聚硅酸根离子的摩尔分数随温度的变化情况

5.1.1.2　硅溶胶的结构与制备

1) 硅溶胶的结构[12]

硅酸最重要的性质是很容易聚合,从单硅酸分子到低聚合度硅酸根离子以及高聚合度硅酸根离子(单硅酸→低聚硅酸→高聚硅酸)。在一定条件下,硅酸单体可以聚合成硅溶胶,而当有盐存在时,则进一步发生胶凝反应生成硅凝胶。

　　硅溶胶实际上是水化 SiO_2 胶粒的分散体系,由于在分散介质间存在着极大的界面,硅溶胶的最大特征是具有巨大的表面自由能,因此,硅溶胶是一个热力学不稳定体系,胶粒会自动聚结为大颗粒。

　　图 5-4 为碱性硅溶胶的胶团结构及双电层示意图。硅溶胶胶团的中心是胶核,为由 SiO_2 分子组成的紧密聚合体。胶核一般不溶于水(有时也可能吸附一些水),可以从周围水溶液中有选择性地吸附某种离子,而反向离子则分布在扩散层内。紧密层的反向离子由于受到胶核的静电吸引,当胶核运动时,紧密层内的水分子会一起运动。胶核和紧密层所组成的粒子称为胶粒,带有电荷。胶粒和其周围的扩散层所组成的整体为胶团,为电中性。胶粒和溶液间的电位差即为硅溶胶的电动电位(ζ)。硅溶胶有碱性和酸性两类,碱性硅溶胶的 ζ 为负,酸性硅溶胶的 ζ 为正。由于同类硅溶胶胶粒表面具有电性相同的电位,因此彼此间因静电斥力而保持稳定。ζ 越高,硅溶胶的稳定性越好。酸性硅溶胶的稳定性比碱性硅溶胶的稳定性好。

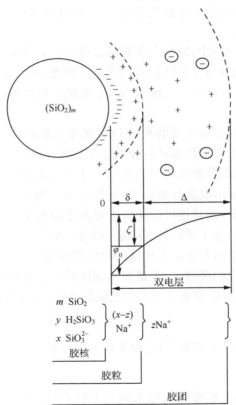

图 5-4　碱性硅溶胶的胶团结构及双电层示意图。δ:紧密层;Δ:扩散层;φ_0:总电位;ζ:电动电位;
　　—:表面 Si-O;+:Na^+ 等阳离子;⊖:OH^- 等阴离子;m, n, x, y, z 均为某个整数

2）硅溶胶的制备及提纯方法

早在 1915 年，B. Schiwerin 等就开始用电渗析方法生产商业化的硅溶胶，特别是在近几十年中，硅溶胶的生产技术更是获得了长足的进步，已能制备系列硅溶胶产品。据报道硅溶胶中 SiO_2 的最高浓度已可达 60%。一般用于沸石合成的硅溶胶如 Ludox-AS-40 以及 Ludox-HS-40，其 SiO_2 浓度约为 40%。

硅溶胶的制备方法很多，总体上可归纳为两大类：一类是可溶性的硅酸经过聚合，聚集成大的胶粒，总称为聚合法；另一类是将大颗粒的 SiO_2 分散为胶粒，总称为解聚法。

关于聚合法，往往通过下列途径：① 酸化法；②电解-电渗析法；③离子交换法；④含硅化合物的水解法等。

关于解聚法，一般常用的是凝胶胶溶法。

用上述方法制得的硅溶胶颗粒一般在 10～200nm 之间。

用上述几种方法制得的硅溶胶浓度一般较低，需经过净化、提纯、浓缩等处理后，才能获得理想硅溶胶。下面就简要介绍一下硅溶胶的提纯和浓缩。

3）硅溶胶的提纯

在硅溶胶制备的过程中，原料中含有的盐或其他杂质仍然会保留在生成的稀溶胶中，而这些杂质很容易导致硅溶胶的胶凝。因此，必须减少或除去这些杂质，才能得到稳定、纯净的硅溶胶。一般常用离子交换法和渗析法进行提纯。

4）硅溶胶的浓缩

初制的硅溶胶往往含有大量的水，SiO_2 的浓度比较低，必须进行浓缩才能得到适当浓度的硅溶胶。工业上浓缩硅溶胶的方法是蒸发浓缩，这种方法适用于稳定性较好的硅溶胶，通过调节蒸发水分的速率还可以控制溶胶颗粒的大小。

超滤法也可以对硅溶胶进行浓缩，且比较有效。用这种方法浓缩硅溶胶不仅可以除去溶胶中的水分，而且还可以除去少量离子或易溶物。超滤技术可以用于硅溶胶的浓缩和提纯。为了更好地利用这种方法，人们正在不断改进超滤膜。

第三种浓缩硅溶胶的方法是电泳法。当电流通过含有少量盐的稀溶胶时，带有负电荷的溶胶粒子向阳极移动，于是大量的溶胶粒子便集中在薄膜附近。这些被浓缩了的溶胶不断下沉，顺着底部的管道陆续流出。因此，电泳法也是一种浓缩溶胶的好方法。

5.1.1.3 硅凝胶及无定形 SiO_2 粉末的结构与制备

1）硅凝胶

硅溶胶、硅凝胶和无定形 SiO_2 粉末的基本粒子都是球形的 SiO_2 胶粒，但各自的聚集方式不同。硅溶胶呈分散态，硅凝胶是一种紧密结合的三维网状的连续体，无定形 SiO_2 粉末是一种基本结构不变的硅凝胶的碎片，如图 5-5 所示。

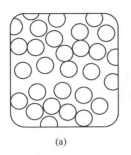 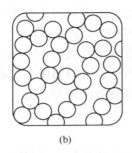 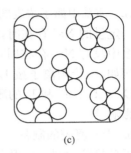

(a)　　　　　　　　　(b)　　　　　　　　　(c)

图 5-5　几种 SiO_2 基本胶粒结合方式示意图：(a) 硅溶胶；(b) 硅凝胶；(c) 无定形 SiO_2 粉末

硅凝胶是硅酸溶液在一定条件下形成的一种介于固态及液态间的冻状物，由 SiO_2 胶粒聚集而成的三维网状结构，网络了全部或部分介质。如果溶剂是水，则称之为水凝胶，孔中充满了水或稀溶液。

2）硅溶胶的胶凝

人们常用硅溶胶的胶凝制备硅凝胶。含有球形胶粒的溶胶转变成含有溶胶间液相的三维凝胶的过程非常迅速，其转变过程如下所述。

由于硅溶胶球形粒子的表面存在≡Si—OH 基团，当这些胶粒互相碰撞时，尤其在 OH^- 的催化下，这些胶粒便克服了邻近胶粒的排斥力而相互靠近，一个胶粒表面的—OH 基团便与邻近胶粒表面的≡Si—OH 基团发生缩聚反应，在界面间形成≡Si—O—Si≡化学键，把胶粒连在一起。

由于胶粒呈球形，在两个胶粒"黏合"到一起之后，其他胶粒可在任何能接触的位置进行下一次"黏合"，因此不断"黏合"的胶粒可以构成链状、棒状或纤维状结构，这些结构再进一步交联形成三维网状结构，成为在胶粒间含有大量溶液的 SiO_2 凝胶。

3）水合硅凝胶的制备

a. SiO_2 凝胶的制备

硅凝胶的制备看来很简单，只要用适量的酸与一定量的硅酸盐，或在一定条件下使 SiO_2 溶胶胶凝即可。但要制取具有不同性能的硅凝胶，还需要采取一些特别的处理。研究表明，胶凝的速率可以影响凝胶的颗粒大小、孔隙和硬度，而多种因素又对胶凝的速率有影响。

（1）pH 对胶凝速率及 SiO_2 凝胶生成的影响。胶凝速率与体系的 pH 关系很大。一般在 pH＝2.0 时，胶凝速率最慢；pH 为 3～5 时，胶凝速率随着 H^+ 浓度的减少而增加；在 pH 为 5～9 的近乎中性体系中，胶凝速率最快。而胶凝速率将会影响凝胶的结构，如颗粒大小、孔径、胶团的紧密度、凝胶的孔容和表面积等。当然，胶凝时的温度、胶凝时间、体系中离子浓度、老化温度、干燥时的压力及气体种类等，也都会在某种程度上影响所生成凝胶的这些性质。

（2）体系中离子浓度的影响。体系中 Na^+ 浓度对胶凝速率影响很大。例如，在有一定量的 Na^+ 存在时，一个溶胶体系在 pH 为 7～8 时胶凝速率最快，而当溶胶体系中没有 Na^+ 存在时，胶凝速率最快的 pH 却为 5～6。盐也会加快胶凝速率。例如，一价阳离子按 Li^+、Na^+、K^+ 的顺序加快胶凝速率，而一价的阴离子则按 NO_3^-、Cl^-、Br^- 和 I^- 的顺序加快胶凝速率。此外，SiO_2 浓度对胶凝速率也有一定的影响[12]。

b. 干硅凝胶的制备

干硅凝胶的制备过程实际包括几个步骤，包括溶液中硅酸根离子的聚合形成初级胶粒，初级胶粒的胶凝形成水合凝胶，水合凝胶的陈化，水合凝胶的改性、调变、干燥与热处理等步骤。因此，最终硅凝胶的结构与性能与进行上述各步骤时的物理与化学条件紧密相关，特别是在凝胶的干燥与调变改性步骤。凝胶的有关处理步骤与条件对干凝胶的结构性质与功能起到很重要的作用。

4）无定形 SiO_2 粉末的制备方法

以可溶性硅酸盐或 $Si(OR)_4$、$SiCl_4$ 等为原料，在一定的条件下进行水解，可按功能要求制得具有不同尺寸、形貌与纯度的无定形 SiO_2 粉末。

5.1.1.4　硅的有机螯合物[13]

硅可以与有机物生成四配位、五配位及六配位的内轨螯合物。这些化合物大部分在中性或弱碱性介质中生成。有机硅配离子可以带正电荷，也可以带负电荷，这完全取决于有机物的性质。温和碱性条件下，在氨、吡啶或烷基胺存在下的硅酸盐溶液中，如果隔绝空气，硅可与 $C_6H_4(OH)_2$ 生成六配位的螯合物，其分子式为

$$\left[Si \left(\begin{array}{c} O \\ O \end{array} \!\!-\!\! \bigcirc \right)_3 \right]^{3-} 2RH_3^+$$

这种反应的存在，有时会影响沸石的晶化。

硅可以与有机物生成五配位的螯合物：

人们已经测定了一些硅的螯合物结构，如 I 中的 R 可以是 C_6H_5—，II 中的 R 可以是 CH_3—，而 III 中的 R 可以是 C_6H_5—。

与硅的五配位螯合物相比,硅的六配位螯合物较多一些,如硅与邻苯二酚或 2,3-萘二烯生成的对称八面体的六配位螯合物。这种螯合物的稳定性受溶液中 pH 的影响很大,在 pH＝8.25 时,硅与邻苯二酚生成的六配位螯合物的稳定常数为 2.1×10^{-11}。

5.1.2　常用铝源

在沸石合成中常用的铝源[13]有偏铝酸钠($NaAlO_2$,Na_2O 含量为 54%)、薄水铝石(boehmite)、拟薄水铝石(pseudo-boehmite)、无定形氢氧化铝粉末以及最常用于微孔磷酸铝合成中的异丙醇铝[$Al(O^iPr)_3$]。由于铝源的结构也会对微孔晶化产物的生成产生影响,因而将其中最重要的两个铝源结构分别标出,如图 5-6 和图 5-7 所示[13]。

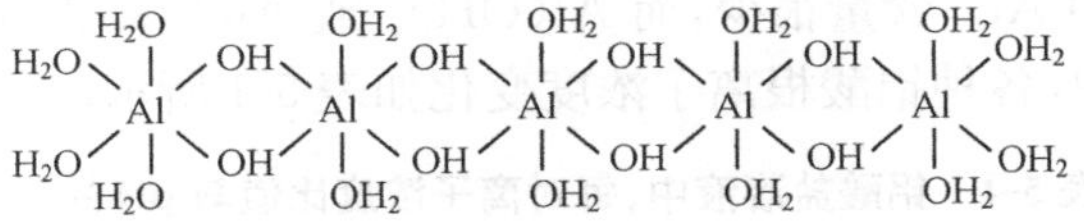

图 5-6　拟薄水铝石中 Al 的配位状态(Al 为 6 配位)[13]

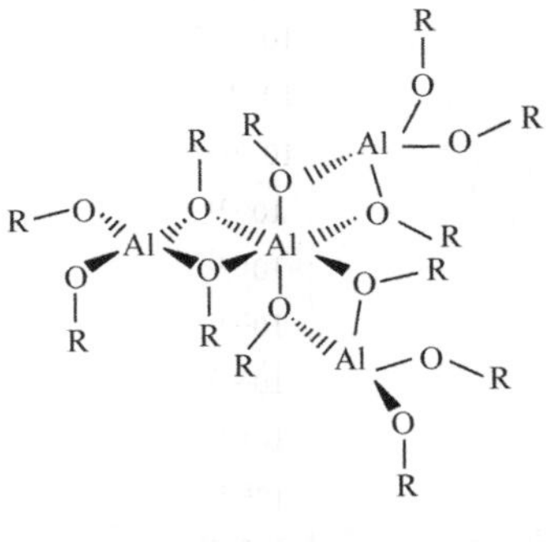

图 5-7　异丙醇铝中 Al 的配位状态(AlO_6：AlO_4＝1：3)[13]

人们很早就开始对溶液中铝酸根离子的存在状态进行研究,认为溶液的 pH 直接影响铝酸根离子的存在状态。

在碱性溶液中,铝酸根离子的主要存在形式为 $Al(OH)_4^-$。当碱浓度增加到一定程度时(溶液中 Na_2O 的浓度大于 25%),$Al(OH)_4^-$ 便以如下两种方式脱水而转变成铝氧酸根阴离子(AlO_2^-)。

第一种脱水方式:

$$Al(OH)_4^- \longrightarrow AlO(OH_2)^- + H_2O$$

$$AlO(OH_2)^- \longrightarrow AlO_2^- + H_2O$$

所生成的 AlO_2^- 的键角为 132°。

第二种脱水方式

$$2Al(OH)_4^- \longrightarrow [(OH)_3Al—O—Al(OH)_3]^{2-} + H_2O$$

在酸性溶液中，铝以 Al^{3+} 水合离子的形式存在。酸度越大，这种水合离子越稳定。当 pH 稍增大时，水合铝离子很容易发生水解、聚合而形成高聚物。最重要的聚合物为 $[Al_{13}O_4(OH)_{24-y} \cdot (H_2O)_{12-y}]^{(7-y)+}$，$y \geqslant 0$。研究发现该聚合物的聚合度依赖于 OH^-/Al^{3+} 的值，OH^- 浓度越大聚合度越大。有人曾计算过铝酸盐溶液中各种铝酸根离子与 pH 的关系：

$$Al(OH)^{2+}/Al^{3+} = 1 \qquad pH = 4.89$$
$$Al(OH)_2^+/Al^{3+} = 1 \qquad pH = 5.28$$
$$Al(OH)_4^-/Al^{3+} = 1 \qquad pH = 5.87$$

在酸性溶液中，Al^{3+} 占优势，而 $Al(OH)^{2+}$、$Al(OH)_2^+$、$Al(OH)_4^-$ 却很少。当 pH > 6 时，溶液中 Al^{3+} 含量很少，而 $Al(OH)_4^-$ 或 AlO_2^- 却占优势。总地来说，在不同 pH 的溶液中，各种铝酸根离子浓度变化如表 5-4 所示。

表 5-4　铝酸盐溶液中，每对离子浓度比值与 pH 的关系

pH	$Al(OH)_4^-/Al^{3+}$	$Al(OH)^{2+}/Al^{3+}$	$Al(OH)_2^+/Al^{3+}$
1	$10^{-19.5}$	$10^{-3.89}$	$10^{-6.56}$
2	$10^{-15.5}$	$10^{-2.89}$	$10^{-4.56}$
3	$10^{-11.5}$	$10^{-1.89}$	$10^{-2.56}$
4	$10^{-7.5}$	$10^{-0.39}$	$10^{-0.56}$
5	$10^{-3.5}$	$10^{0.11}$	$10^{1.44}$
6	$10^{0.5}$	$10^{1.11}$	$10^{3.44}$
7	$10^{4.5}$	$10^{2.11}$	$10^{5.44}$
8	$10^{8.5}$	$10^{3.11}$	$10^{7.44}$
9	$10^{12.5}$	$10^{4.11}$	$10^{9.44}$
10	$10^{16.5}$	$10^{5.11}$	$10^{11.44}$
11	$10^{20.5}$	$10^{6.11}$	$10^{13.44}$
12	$10^{24.5}$	$10^{7.11}$	$10^{15.44}$
13	$10^{29.5}$	$10^{8.11}$	$10^{17.44}$
14	$10^{32.5}$	$10^{9.11}$	$10^{19.44}$

5.2　沸石的晶化过程

沸石生成过程与晶化机理的研究是一个既有理论意义又对实际有重大指导价值的科学问题。从长远观点来看，尽管目前已有大量的沸石被合成出来，但是要更广泛地开发新型沸石分子筛，直至对有特定结构、性能的新型分子筛能做到设计合成，必须展开对沸石生成过程与晶化机理的深入研究。沸石的生成涉及硅酸根离

子的聚合态和结构;硅酸根离子与铝酸根离子间的聚合反应;溶胶的形成、结构和相变,硅铝凝胶的生成和结构;模板结构导向剂与沸石的成核;沸石的晶体生长;介稳相的性质和转变等。只有对上述科学问题的深入研究与了解才能从根本上认识沸石的生成过程与机理。

　　包括上述科学问题的沸石晶化机理的研究还处于发展中,尽管人们尽可能地应用了各种现代化的测试和表征手段,但至今对其生成过程的基本理解仍没有得到统一的认识。目前主要有两种观点:一种为液相转变机理(solution-mediated transport mechanism),另一种为固相转变机理(solid hydrogel transformation mechanism)。前者认为在晶化条件下,硅铝水凝胶经溶解,溶液中的硅酸根离子与铝酸根离子重新晶化成沸石晶体。后者认为硅酸根离子与铝酸根离子聚合成硅铝水凝胶后,在晶化条件下,凝胶固相中的硅铝酸根离子骨架重排晶化成沸石晶体骨架。几十年来,始终存在着固相转变机理和液相转变机理的争论。20 世纪 80年代之后,有人又提出了双相转变机理,以及不同晶化条件下遵循不同生成机理的观点。

　　为什么会造成这种局面呢? 这是因为沸石的晶化是一个复杂的体系,其中有固相和液相,固相又包括无定形凝胶相和沸石晶体相,液相含有硅酸根离子(有不同的聚合态)、铝酸根离子和硅铝酸根离子(有不同的结构和状态)。合成沸石的操作步骤并不繁琐,但是涉及的反应机理却很复杂,且合成沸石多数是介稳相。介稳相不稳定,容易相变,这又给沸石生成过程与机理的研究带来了困难。

　　由于对沸石晶化机理的研究,在实验方法上还存在着相当多的困难。例如,液相中硅酸根离子和铝酸根离子结构及状态的测定,硅、铝间的聚合反应,结构导向、模板作用与沸石晶核的生成,以及凝胶结构的表征与定量研究方法等。这些都有待于取得突破。实验技术与方法上的不够完善有碍于对这种复杂体系晶化机理的深入研究与全面的认识。

5.2.1　液相机理

　　20 世纪 60 年代中期,G. T. Kerr[14]和 J. Ciric[15]等研究了 A 型沸石的晶化过程,提出了液相机理。他们认为沸石晶体是从凝胶液相中成核并生长的,晶化条件下形成的凝胶逐步地溶解到液相中,溶解的硅酸根离子和铝酸根离子又进一步发生聚合反应逐步生成沸石晶体。

　　稍后,S. P. Zhdanov 等进一步阐述了液相机理,并用实验加以证明[16],提出了如图 5-8 所示的基本过程。

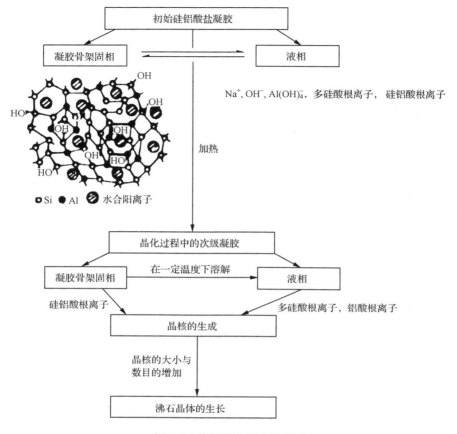

图 5-8　液相转化机理示意图

　　在原料混合后,首先生成初始硅铝酸盐凝胶。这种凝胶是高浓度条件下快速形成的,因此无序度很高。但是这种凝胶中可能含有某些简单的初级结构单元,如4元环、6元环等。凝胶和液相之间逐渐建立了溶解平衡。硅铝酸根离子的溶度积依赖于凝胶的结构和温度,当温度升高后,就会在凝胶和液相之间建立新的溶解平衡。液相中多聚硅酸根离子与铝酸根离子浓度的增加导致了晶核的形成。成核和晶体生长消耗了液相中的多聚硅酸根离子与铝酸根离子,导致硅铝凝胶的继续溶解。由于沸石晶体的溶解度小于无定形凝胶的溶解度,最后会导致凝胶的完全溶解,沸石晶体形成。

　　比 S. P. Zhdanov 稍晚一些,1977 年 C. L. Angell 等对 A 型沸石的晶化机理又进行了更详细的实验研究[17]。他们使用了 Raman 光谱分析、固相和液相化学组成分析、X 射线衍射分析、粒度测定以及吸附性能分析等多种研究方法,综合研究了 A 型沸石的生成过程,并从中得出了 A 型沸石的生成属于液相转化机理的结论。他认为这种液相转化分以下三步。

（1）初级硅铝酸盐凝胶的生成。

合成 A 型沸石的原料组成为 $1.98Na_2O：Al_2O_3：196SiO_2：33H_2O$，当原料混合后硅酸根离子与铝酸根离子间发生聚合立即生成初始初级凝胶。在初始的 1h 内，体系组成基本稳定。

（2）次级硅铝酸盐凝胶的生成。

将初级凝胶加热到 96℃后，初级凝胶的组成与结构发生了变化，而生成了结构比较紧密的次级凝胶。此时混合物中固相含量增加，平均粒度变小。虽然由于加热使凝胶的组成与结构发生变化，但是并没有发生由凝胶固相直接转化为晶态沸石的事实。在凝胶结构变化的同时，液相组成的变化说明了从初级凝胶到次级凝胶的转化是通过局部的重新溶解-沉淀过程来实现的。

（3）次级凝胶的晶化。

随着晶化的进行，固相的结晶度升高，固相的硅铝比下降，粒度的变化，液相中硅铝比上升，说明晶化过程是通过次级凝胶的溶解实现的。同时，固相和液相 Raman 光谱的显著变化也是液相转变的有力说明。更值得注意的是硅酸根离子 Raman 谱图形状发生的变化。Angell 等认为，这是由于溶液中硅酸根离子的聚合态和结构发生了变化，即在晶化过程中不仅液相的组成发生了变化，而且液相中的硅酸根离子的状态也有所改变。这些事实说明，次级凝胶的晶化是通过溶解-再聚合的过程进行的。

20 世纪 80 年代，徐如人等研究了 K-L 型沸石的晶化过程[18]，巧妙地设计了 Ga 与 Al 的中途取代实验，选择了 $7K_2O：Al_2O_3：15SiO_2：360H_2O$ 和 $7K_2O：Ga_2O_3：15SiO_2：360H_2O$ 两个合成体系（含水量适中）。这两个合成体系在相同的晶化条件下都可以生成纯 L 型沸石。前者为含 Al 的 L 型沸石，后者为含 Ga 的 L 型沸石，而且晶化曲线类似。在晶化 13h 后（两种体系都还处于诱导期阶段），将两个体系的固相和液相分离，然后交换两者的液相，结果得到了固相含 Al_2O_3 而液相含 Ga_2O_3 和固相含 Ga_2O_3 而液相含 Al_2O_3 的两个新晶化体系。将这两个新体系继续晶化。如果 L 型沸石的形成遵循固相机理，两个新体系的液相组分将不会发生变化。图 5-9 和图 5-10 显示在两个新体系中，随着晶化过程的进行，液相中 Ga 与 Al 的浓度明显下降，表明 L 型沸石是通过液相中组分的结合而晶化，强烈地支持了液相机理。

他们又进一步用电子衍射的方法证明了在液相中存在着具有 L 型沸石结构的超微晶体，说明 L 型沸石的成核是在液相中发生的。同时又用三甲基硅烷化方法对晶化不同阶段的液相中硅酸根离子的聚合态进行分析，发现液相中的多聚硅酸根离子在不同的晶化阶段有不同的分布，进一步说明在 L 型沸石的成核和晶化

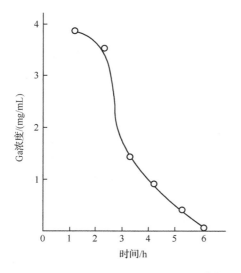

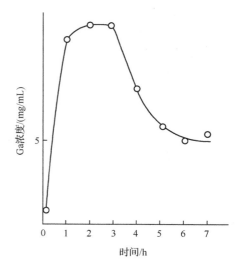

图 5-9　Al(Ga)体系中 Ga 浓度变化[18]　　　　图 5-10　Ga(Al)体系中 Ga 浓度变化[18]

生长过程中有选择地需要不同聚合态的硅酸根离子。其后,他们用类似的方法又研究了 A 型沸石的晶化过程,得到了相似的结论[19]。除此之外,他们还用高能电子衍射研究了 Na-Y 型沸石生成的液相机理与其组成硅铝比的非均一性[20],硅源对 Na-Y 型沸石晶化的影响[21],以及 A 型沸石转晶为 Na-HS 型沸石的生成机理[22],从不同体系的实验结果证实了晶化的液相机理。

　　20 世纪 80 年代初,M. Koizumi 等先后从均匀液相晶化体系中直接合成出了方沸石、羟基方钠石、B 型沸石、丝光沸石、P 型沸石、八面沸石、毛沸石、菱钾沸石等[23]。1986 年,庞文琴等也从 $10Na_2O \cdot (0.1 \sim 0.5)Al_2O_3 \cdot (1.0 \sim 9.0)SiO_2 \cdot (100 \sim 300)H_2O$ 均匀清液晶化体系中在 $60 \sim 100℃$ 晶化出了完美的 A 型沸石[24],在 $1.0P_2O_5 \cdot 0.77Al_2O_3 \cdot (0.03 \sim 0.10)Fe_2O_3 \cdot (1.8 \sim 2.2)Et_3N \cdot (0.1 \sim 1.0)HF \cdot (40 \sim 100)H_2O$ 的均匀清液晶化体系中在 $180 \sim 200℃$ 下晶化出了完美的 $FAlPO_4$-5 晶体[25]。这些实验结果都是对液相晶化机理的强有力的证明与支持。

　　M. Koizumi 等和 S. Kasahara 等在众多实验的基础上,探索了从均匀液相晶化 Na-Y 型沸石的晶化区域[23, 26],发现这个晶化区域的特点是高碱含量和高硅铝比。此外,他们强调用新制的硅凝胶。当将原料混合后,立刻生成凝胶。此凝胶在 100℃晶化时,在 2h 内又完全溶解,变为清澈的溶液。继续晶化则最终生成沸石晶体。上述晶化过程无疑又是液相机理的有力证明,且对均匀液相晶化的条件作了有益的探索,有了一些规律性的认识。

　　随着表征技术的进步,人们开始运用多种表征技术来原位(in situ)研究均匀清液中沸石的生成机理。例如 C. J. Y. Houssin 等应用小角 X 射线散射技术研究了四丙基氢氧化铵(TPAOH)-Silicalite-1 清液合成体系的晶化过程[27]。他们发现，如果假定在溶液中存在着大小在 4nm×2nm×1.3nm 和 8nm×8nm×1.3nm 之间(同具体的合成条件有关)的片状物，则可很好地解释所获得的小角 X 射线散射数据。因此，他们认为在该体系下 TPAOH-Silicalite-1 的形成遵循液相机理：首先在液相中形成纳米尺寸的片状物，然后片状物再聚集生成 Silicalite-1 的晶体。除了明显遵循液相晶化机理的清液合成体系，更多的合成体系的含水量比较适中，体系中既有明显的凝胶固体，也有明显的液体。针对这种情况，M. Tsapatsis 等认为在沸石晶化前驱体的水合硅铝凝胶结构中，孔的分布是不均匀的，有微孔、介孔以至大孔，介孔和大孔中也含有液相，称为凝胶间液相[28]。这些液相的性质和一般液相的性质并没有什么不同，因此从微观角度来讲，这些凝胶间液相也是液相，晶体的生成与生长也可发生在这些液相中。此外，K. A. Carlsson 等模拟了从清液直接晶化 Silicalite-1 的过程[29]。M. Smaihi 等用原位 ^{27}Al、^{29}Si、^{13}C NMR 技术研究了 A 型沸石的生成机理[30]。J. Bronic 等用 XRD、SEM、LLS 与 NMR 等多种表征方法及群体平衡模拟(population balance simulation)对澄清液相晶化 A 型沸石的过程进行了研究[31]。R. Grizzetti 等用原位 X 射线粉末衍射方法研究了 A 型沸石的液相成核与晶体生长动力学[32]，肖丰收等用 UV-Raman 光谱研究了 X 型沸石的液相晶化过程[33]。在 20 世纪 80 年代 M. Koizumi 等的工作基础上[23]，肖丰收等应用不同的现代表征手段，原位跟踪了 X 型沸石的晶化过程，无论从实验上，还是从理论上均有力地支持某些沸石的生成过程遵循液相机理。下面介绍一下液相机理中几个重要阶段的一些研究结果。

5.2.2　液相晶化过程中两个重要阶段的认识

5.2.2.1　硅酸根离子与铝酸根离子的聚合

随着对沸石生成过程及晶化机理研究的深入，人们感到非常有必要研究液相中硅铝酸根离子的存在状态和分布以及硅酸根离子和铝酸根离子的聚合反应。如本章前面介绍的那样，人们已经对液相中的硅酸物种单体和铝酸根单体的结构状态进行了大量的研究，但对于液相及凝胶固相中的硅铝酸根离子的存在状态及聚合生成反应由于实验条件的限制还研究得不够。

下面就一些研究报道作一些简单的介绍。其中有代表性的是 20 世纪 80 年代初，英国阿伯丁大学的 L. S. Dent Glasser 等曾应用 ^{27}Al NMR 和 ^{29}Si NMR、光散射以及电导等表征手段研究不同阳离子的硅铝酸盐体系[34]。

根据 ^{27}Al 与 ^{29}Si 的 NMR 研究结果，L. S. Dent Glasser 等提出硅氧四面体和铝氧四面体存在两种结合方式，第一种是共价型结合，由 $[Si(OH)_2O]^-$ 与

$Al(OH)_4^-$ 经缩聚反应而生成四配位共价键合的硅铝酸盐,这是常见的硅铝酸盐生成途径。第二种结合方式为以五配位中间体为基础的聚合反应,如式(5-3)所示。

$$\text{HO}-\underset{\underset{\text{OH}}{|}}{\overset{\overset{\text{OH}}{|}}{\text{Al}}}-\text{OH} \; + \; \text{O}^- -\underset{\underset{\text{O}^-}{|}}{\overset{\overset{\text{OH}}{|}}{\text{Si}}}-\text{OH} \rightleftharpoons \underset{\text{HO}}{\overset{\text{HO}}{}}\underset{\text{Al}}{\overset{\text{OH}}{}}\overset{\text{OH}}{} -\text{O}-\underset{\underset{\text{OH}}{|}}{\overset{\overset{\text{OH}}{|}}{\text{Si}}}-\text{OH} \qquad (5\text{-}3)$$

当硅铝比较低时,除了有 $Al(OH)_4^-$ 的强峰外,在 $72\sim80$ppm[①] 之间还有宽化的弱峰,表明存在五配位中间体。五配位中间体结构的不对称性引起了 NMR 谱峰的变化。这种结构在液相中不稳定,容易变化,但在固相中却可以稳定存在。在自然界中存在着五配位的铝酸盐,如在红柱石和紫硅铝镁石中均可发现五配位的铝。因此在解释硅铝酸盐溶液的聚合反应时,人们就假设有五配位硅铝酸盐的存在。L. S. Dent Glasser 等在五配位铝中间体的基础上提出了另一种硅铝酸盐聚合反应机理——五配位中间体机理,如下所示:

$$\text{HO}-\underset{\underset{\text{OH}}{|}}{\overset{\overset{\text{OH}}{|}}{\text{Al}}}-\text{OH} \; + \; {}^- \text{O}-\underset{\underset{\text{O}^-}{|}}{\overset{\overset{\text{OH}}{|}}{\text{Si}}}-\text{OH} \underset{}{\overset{①}{\rightleftharpoons}} \left(\underset{\text{HO}}{\overset{\text{HO}}{}}\underset{\text{Al}}{\overset{\text{OH}}{}}\overset{\text{OH}}{} -\text{O}-\underset{\underset{\text{O}^-}{|}}{\overset{\overset{\text{OH}}{|}}{\text{Si}}}-\text{OH} \right)^{\star}$$

开始,$Al(OH)_4^-$ 和带少数负电荷的单态硅氧四面体反应,生成五配位中间体 $(Al)^{\star}$,这步反应速率较慢,并且可逆。随后,带负电荷的五配位中间体 $(Al)^{\star}$ 被阳离子吸附并且围绕 M^+ 进行缩聚反应,生成共价型的复杂硅铝酸盐离子,之后继续反应生成凝胶骨架。上述反应主要发生在低硅铝比条件下,因为在这种条件下存在着大量的 $Al(OH)_4^-$。$Al(OH)_4^-$ 只能和带少数负电荷的单态硅氧四面体反应。若体系的碱性和其他条件发生变化,硅氧聚合物的负电荷数目增加,则不利于生成五配位中间体 $(Al)^{\star}$ 的反应。因而当体系的碱浓度增加时,观察到凝胶时间变长,

---

① ppm 量纲为一,ppm$=10^{-6}$。

与这个反应机理的推论相一致。另外,由于五配位中间体(Al)★带负电荷,当(Al)★围绕 M⁺ 进行缩聚反应时,就要求 M⁺ 具有合适的体积。在碱金属离子中,K⁺ 的体积最合适,因而含钾硅酸盐体系的胶凝速率最快。

按上述机理反应的体系,主要含有 $Al(OH)_4^-$ 和单态硅氧四面体,相对分子质量都较小,随着反应进行,生成了相当数量的五配位中间体(Al)★,(Al)★之间可以很快反应生成共价型的复杂硅铝酸盐离子,其相对分子质量将会剧增,同时进行的光散射研究与这种看法吻合。

按上述反应机理,硅酸根离子和铝酸根离子也可通过某些金属或有机阳离子"桥连"而发生胶凝。在水溶液中,碱金属阳离子与水分子形成水合阳离子。由于这种水合作用不十分强,水分子往往可以被带负电荷的复杂硅铝酸根离子或硅酸根离子所取代,然后这些硅铝酸根离子或硅酸根离子围绕着阳离子进一步缩聚,此时阳离子起到了"桥连"作用。"桥连"机理主要发生在高硅铝比的条件下,并且要求有适当聚合度的硅铝酸根离子或硅酸根离子存在。聚合度太高的硅铝酸根离子或硅酸根离子难于取代阳离子周围的水分子,必须解离成较低聚合态的硅铝酸根离子或硅酸根离子。因而对高硅铝比的凝胶而言,随着碱浓度的降低,胶凝时间增加。按 Na⁺、K⁺ 和 Cs⁺ 的顺序,有效正电场强度依次降低,其"桥连"胶凝作用也依次减弱,因而胶凝时间依次增加。

此外,L. S. Dent Glasser 等还发现胶凝速率和合成沸石之间存在一定的关系。在胶凝速率较慢的情况下,所合成的沸石往往具有较大的骨架密度。

5.2.2.2　硅铝凝胶的陈化与结构

前面介绍了 C. L. Angell 等关于晶化前期由于升温对初级硅铝凝胶组成与结构的影响的研究。事实上,一般在合成沸石时,往往需将硅酸根离子与铝酸根离子快速聚合而成的初级水合硅铝凝胶进行室温陈化(ageing)。陈化会缩短晶化时间并改变晶化产物的形貌。几十年来人们对"陈化"进行了仔细的研究,总结了很多规律。总的看法是陈化会导致硅铝凝胶的组成和结构发生变化,从而会影响沸石的成核与晶体生长。2003 年,T. Okubo 等用 ²⁹Si NMR 技术较细致地研究了陈化对从 $50Na_2O : 10SiO_2 : 1.0Al_2O_3 : 400H_2O$ 体系在 90℃ 晶化 FAU 型沸石的影响,发现当此体系不经室温陈化而直接晶化时,则晶化产物为 SOD 型、ANA 型或 CHA 型沸石而不是 FAU 型沸石[35]。如果先将此体系先在室温陈化 1 天(24h)或更长时间,然后再加热晶化,则会得到 FAU 型沸石的纯相。延长陈化时间,将会提高混合物中硅铝凝胶的比例,促进形成成核的硅铝酸根,缩短晶化时间,降低结晶性产物的尺寸,窄化晶粒尺寸分布(陈化 7 天,晶粒平均大小约为 0.6μm,而陈化 2 天晶粒平均大小约为 3μm)。

为了深入了解陈化对该合成体系晶化的影响，T. Okubo 用 ^{29}Si NMR 技术表征了陈化不同时间的硅铝凝胶以及相应的晶化产物。他们的研究结果表明，随着陈化时间的增加，硅铝凝胶的结构发生了显著的变化。未经陈化的硅铝凝胶的 ^{29}Si NMR谱图在约 $-110ppm$ 处有一明显的谱峰，而在约 $-100ppm$ 处有一肩峰。可将前者归属为未溶解的 SiO_2[即 $Q^4(0Al)$]，后者归属为硅铝酸盐 $Q^4(1Al)$。当将原始混合物在室温下陈化 2 天后，位于 $-100ppm$ 左右与 $-110ppm$ 左右处峰强度显著降低，而在约 $-84ppm$ 处出现可归属为 $Q^4(4Al)$ 的谱峰，进一步增加陈化时间至 7 天，位于 $-100ppm$ 左右和 $-110ppm$ 左右处的谱峰完全消失，而位于约 $-84ppm$ 处的谱峰则显著增强，说明凝胶中生成了大量有利于晶化的硅铝酸根结构单元，从而促进晶化的进行。陈化 2 天的硅铝凝胶在 90℃ 下加热 6h 可得到纯 FAU 型沸石产物，而当陈化时间增加到 7 天后，晶化时间可缩短至 3h。

以上述实验结果为基础，T. Okubo 等提出了陈化对沸石晶化的促进效应（promotion effect）以及 FAU 型沸石的晶化过程模型，如图 5-11 所示。

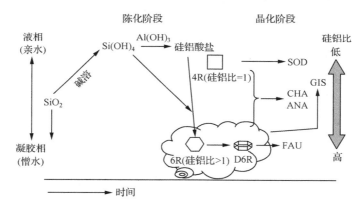

图 5-11　陈化对 FAU 型沸石晶化的影响[35]

5.2.3　固相机理

固相转变机理简称为固相机理，液相转变机理简称为液相机理。两种机理的主要分歧在于液相组分是否参与了沸石的成核与晶化。这两种观点互相对立，且各有各自的实验（宣称）依据。

1968 年，D. W. Breck 和 E. M. Flanigen 在对硅铝酸盐晶化实验研究的基础上首次提出了固相机理[36]。他们发现，沸石晶化过程总是伴随着无定形硅铝凝胶的形成与转化，且凝胶的组成往往和最终沸石产物的组成相似。因此，他们认为，在晶化过程中既没有凝胶固相的溶解，也没有液相直接参与沸石的成核与晶体生长。沸石的生成与晶化只是凝胶固相本身在晶化条件下，发生了硅铝酸盐骨架的结构重排,导致了沸石的成核和晶体生长。

　　20 世纪 70 年代初,荷兰的 B. D. McNicol 及其合作者用分子光谱技术跟踪了 A 型沸石的晶化过程,为固相机理提供了许多实验依据[37]。B. D. McNicol 根据 Raman 光谱与相关磷光的实验结果,认为在晶化过程中,液相的组成没有变化,在液相中也不存在硅铝酸根离子或次级结构单元,而固态凝胶相却转变为具有笼形结构的沸石骨架,因而认为 A 型沸石的晶化属于固相转变。

　　20 世纪 70 年代后期,E. M. Flanigen[①] 曾经提出一个从不含液相的固相直接晶化出沸石的例子[38]。在合成 X 型沸石时,将处于诱导期结束阶段的合成混合物过滤,除去滤液,将凝胶相产物在适当温度下干燥。此固体凝胶相为无定形,组成为 $1.1Na_2O：Al_2O_3：2.7SiO_2：4.6H_2O$,将此无定形凝胶在室温下放置,发现 10 天后生成了约 2% 的 X 型沸石,47 天后生成了约 20% 的 X 型沸石。

　　1989 年,我国太原理工大学的徐文旸等报道了一个支持固相机理的实验[39]。在该实验中,可从下述的凝胶中直接晶化出 ZSM-35 和 ZSM-5。首先,他们将 ZSM-35 与 ZSM-5 的晶化前水合硅铝凝胶在干燥后于 550℃ 下灼烧,将焙烧后的产物在 N_2 气氛保护下置于含有三乙胺(Et_3N)和乙二胺(en)的液相中(三乙胺和乙二胺中的水分经 5A 分子筛处理去除),最后混合物的组成为(20～45) en：(1～8) Na_2O：(15～50) SiO_2：Al_2O_3：(40～420) Et_3N,在 N_2 气氛保护下,将该混合物转移到不锈钢反应釜中,在 160℃ 下晶化。根据混合物的组成,可分别晶化出 ZSM-35 和 ZSM-5。在该实验中,他们发现在晶化过程中,固相的硅铝比没有发生变化,在液相中又未检测到硅酸根离子与铝酸根离子,因而认为 ZSM-5 和 ZSM-35 的晶化发生在固相中,遵循了固相机理。

　　更重要的是近二十年来,人们又陆续地报道了一些对固相转变机理有强烈支持性的研究结果,诸如 1992 年,徐如人与霍启升等发现将按一定比例混合的异丙醇铝-磷酸-三乙胺-三缩四乙二醇混合物在 600℃ 空气气氛下加热 5～10min 就可得到高度结晶的磷酸铝分子筛 $AlPO_4$-5[40]。2012 年,肖丰收等提出了一种不额外使用溶剂合成全硅和杂原子掺杂 ZSM-5 的方法[41]。在该方法中,只需将提供骨架原子的原料、结构导向剂以及提供杂原子的原料按照一定的比例混合,在研钵中研磨 10～20min,然后将混合物装入反应釜中,在 180℃ 加热 24～48h 即可得到高度结晶的产物。在该混合物中除了原料试剂引入的很少量水外,并没有其他额外加入的水或其他溶剂,此外,肖丰收等又用类似的固相合成方法获得了 SAPO-34、SAPO-11、SAPO-20、SAPO-43、APO_4-11 以及金属杂原子掺杂的 $M-APO_4$-11 和 $M-SAPO-46$(M=Co 或 Mg)等分子筛[42]。因此,上述几个实例的晶化过程中基本

---

　　① 　Flanigen E M, Personal Communication,1978.

上无水介入,可被认为是比较典型的固相晶化机理的例子。同时,另外有一些科学家又进一步研究了固相晶化的具体机理,诸如 1996 年 M. Tsapatsis 等用 HRTEM 等方法研究了 L 型沸石的晶化过程[43],同年 D. P. Serrano 等用多种光谱技术研究了 TS-1 的晶化[44],1997 年,M. A. Uguina 等应用多种技术研究了 TS-2 晶化[45]以及 D. P. Serrano 等对 F⁻ 体系中全硅 BEA 沸石的晶化研究[46]。此外,使用较多的干凝胶合成法[包括蒸气传输法(VPT)和蒸气辅助晶化法(SAC)]也在一定程度上证实了固相转变机理的合理性。

　　对沸石晶化究竟遵循何种过程存在上述两种不同的观点,即固相机理和液相机理。自 20 世纪 80 年代初起,Z. Gabelica 等在研究 ZSM-5 的晶化时又提出过双相转变机理的观点[47],认为沸石在晶化过程中,既发生了固相转变,也发生了液相转变。这些转变可以分别发生在两种合成体系中,也可以同时在同一个合成体系中。

　　L. E. Iton 等也提出过类似的观点,认为即便是同一种沸石,在不同的晶化条件下,有时也会遵循不同的途径与机理[48]。2000 年 R. van Grieken 等研究了纳米态 ZSM-5 的晶化,也提出在此合成体系中既存在固相转变又存在液相转变机理[49]。

　　2005 年,C. S. Cundy 等曾对沸石晶化机理研究工作进行全面评述[50],他们在平衡机理(equilibration mechanism)的基础上提出了一个新的晶化过程来取代"液相机理"以及"固相机理"。

　　综上所述,关于沸石或其他微孔化合物的晶化机理研究已经取得了一定的进展,但是目前仍处于发展中,远没有达到认识清楚以至可以得到结论的程度。主要的困难与急待解决的关键问题是:完善对水热合成条件下晶化过程细微以至原位的检测方法与技术,特别是对晶化过程中原始物料的液相结构的检测;弄清楚反应组分间的聚合反应和聚合产物存在状态与分布,分子态物种,溶胶与凝胶间的转变过程,凝胶结构,结构导向剂在液相和凝胶相中的作用与核的生成,晶体生长与转晶等过程中原位检测技术的提高与完善。除此之外,晶化过程的理论模拟、数据挖掘与规律的详细总结也是亟须提高与十分重视的工作。

5.3　微孔骨架结构晶化中的模板作用

　　1756 年,瑞典矿物学家 A. F. Cronstedt 发现了一类具有独特物理吸附性质的天然矿物,并将其命名为沸石(zeolite),此后,人们就尝试通过模拟地质条件来人工合成沸石。在 20 世纪 40 年代以前,人们广泛研究了硅酸盐的水热合成,但并未获得新型沸石结构。直到 20 世纪 40 年代,R. M. Barrer 发现了沸石生成的合适条件并开始用 X 射线粉末衍射来指认沸石的结构，人们才真正开始在实验室合成沸石。当时主要的研究体系为含有硅源、铝源、碱金属和碱土金属氢氧化物以及水的混合物。通过改变各种组分的比例，人们在较低的温度（一般不高于 100℃）从上述混合物中晶化出了低硅铝比的沸石（硅铝比≤10），合成体系的 pH 通常不低于 13[51]。人们在这期间合成出的比较重要的沸石有 A 型、X 型、Y 型、L 型（天然沸石中没有这些沸石结构类型）以及人工合成的丝光沸石。

在 1961 年，R. M. Barrer 等首次将四甲基铵阳离子引入沸石合成体系中，来全部或部分取代无机碱，合成出了许多含有方钠石笼以及钠菱沸石笼等小笼结构单元的沸石以及系列高硅铝比和全硅沸石。由于有机阳离子通常位于笼中，好像是生成沸石的模子，R. M. Barrer 据此首次提出了模板的概念，将有机碱称为模板剂[52, 53]。

沸石合成领域的另一个主要突破是磷酸铝（AlPO）及与之相关的磷酸硅铝（SAPO）分子筛的合成。在 20 世纪 80 年代早期，美国联合碳化物公司的 S. T. Wilson 等首先发现，使用合适的试剂（拟薄水铝石、磷酸以及有机胺）在合适的条件下（通常不含有无机阳离子）可以很容易合成出具有开放骨架结构的磷酸铝晶体，并将所合成的微孔磷酸铝晶体命名为 $AlPO_4$-n，n 代表结构类型[54, 55]。因为沸石被定义为具有微孔结构的硅铝酸盐晶体，因此严格来讲微孔磷酸铝并不是沸石，但它们具有同沸石类似或完全相同的骨架结构。由于这些微孔磷酸铝通常具有一维直孔道，且一种结构可以在多种有机胺单独存在下生成，模板的作用并不明显，但如果不在合成混合物中添加有机胺就不能生成微孔磷酸铝，因此 S. T. Wilson 等就将这些有机胺在晶化过程中所起的作用称为结构导向作用，将有机胺称为结构导向剂。随后，开放骨架的元素种类以及额外用作结构导向剂的化合物种类都被大大扩展，合成出了大量具有开放骨架结构的化合物。

传统沸石合成中的一个重要特点就是使用高浓度的氢氧化物来促进硅源和铝源的溶解以及凝胶中硅酸盐和铝酸盐的聚合矿化，因此将 OH^- 称为矿化剂。F^- 也是一个常见的矿化剂。

在具有开放骨架结构的晶体合成中，除了需要使用提供骨架元素的原料、矿化剂和溶剂外（溶剂的量可多可少），通常还需要额外添加一种或多种有机或无机添加物。如果不额外添加这些有机或无机物，通常不会生成具有开放骨架结构的晶体，因此，这些额外添加物在晶化过程中起到了结构导向作用。由于历史原因，这种结构导向作用也常被称为模板作用。下面将对开放骨架结构的晶体合成中的模板（结构）导向作用进行比较详细的介绍，希望有利于读者对特定结构无机开放骨架结构材料生成时的结构导向作用有更全面与深入的认识。

5.3.1 模板剂(结构导向剂)的种类

在传统沸石的合成中,人们通常为了引入矿化剂而不得不引入一些金属阳离子,这些阳离子通常是碱金属或碱土金属阳离子。后来发现这些阳离子在晶化过程中均被包裹到了所形成的沸石结构中,用以平衡骨架的负电荷。因此,也可将这些金属阳离子称为结构导向剂。后来,有机胺类与季铵碱或盐也被引入合成体系中,促进了一批新沸石结构的生成。随着骨架元素的扩展,氟离子、金属配合物以及一大批性质各异的有机分子都被引入合成体系中,导致大量具有开放骨架结构的晶体材料被开拓出来。下面我们就分别介绍用作模板剂(结构导向剂)的物种。

5.3.1.1 金属阳离子

沸石分子筛一般是在碱性条件下合成的,向合成体系中引入 OH^- 的同时不可避免地要引入相应的阳离子。合成硅铝分子筛常用的阳离子是碱金属离子 Li^+、Na^+、K^+ 及碱土金属离子 Ca^{2+} 和 Ba^{2+} 等。在硅铝酸盐体系,不同的阳离子生成的产物不同。如含 Na^+ 的体系易晶化出 A 型沸石(LTA)、钙霞石(CAN)、方沸石(ANA)、钠菱沸石(GME)、八面沸石(FAU)和 P 型沸石(GIS)等;含 Li^+ 的体系易晶化出 ABW 型沸石;含 K^+ 的体系易晶化出 ANA、EDI、CHA、LTL 和 BPH 型沸石,却不能得到 FAU 和 LTA 型沸石;而含 Na^+ 和 K^+ 的混合阳离子体系易晶化出 L 型沸石(LTL)、菱沸石(CHA)和毛沸石(ERI)。20 世纪 60 年代初,R. Roy 和 R. M. Barrer 用 Ca^{2+}、Sr^{2+} 和 Ba^{2+} 分别合成了天然产物片沸石(HEU)、汤河原沸石(YUG)和钙十字沸石(PHI)。

可以看出,在传统硅铝酸盐沸石的合成中,当改变合成体系中的阳离子种类时会导致不同结构类型沸石的生成,因此可以说阳离子在传统沸石的生成过程中起到了结构导向作用。在对传统沸石合成结果分析的基础上,人们认为碱金属阳离子对一些结构单元,如双四元环(D4R)、双六元环(D6R)、钙霞石笼、钠菱沸石笼以及方钠石笼等具有稳定作用[56-58]。例如,Na^+ 和水合 Na^+ 会导致 D4R、D6R、钠菱沸石笼以及方钠石笼的生成,而 K^+、Ba^{2+} 及 Rb^+ 会导致钙霞石笼的形成。但许多传统的硅铝酸盐沸石,如方沸石、斜发沸石、钙十字沸石、方钠石等,也可在这些金属离子的存在下生成,而在这些沸石骨架中只包含 4(S4R)、5(S5R)、6(S6R)以及 8(S8R)元单环。因此,总体而言,金属阳离子对一些结构单元的生成并没有特定的结构导向关系[58]。

E. M. Flanigen 认为水合碱金属离子的结构导向作用来源于硅氧四面体或铝氧四面体将在碱金属离子周围有序排列的水分子取代,这些硅氧四面体或铝氧四面体发生缩聚反应,形成小的基本结构单元,并最终生成长程有序结构[58]。而

Dutta 等认为水合阳离子通过静电和空间作用来稳定小的硅铝酸盐阴离子,从而形成特有的分子筛结构[59]。总之,关于金属阳离子对传统硅铝沸石的结构导向作用的了解尚不全面,但碱金属或碱土金属阳离子在硅铝分子筛的合成中的确起到了结构导向、平衡骨架电荷的作用,而作为碱源也起到了调节合成体系 pH 的作用。

5.3.1.2 季铵阳离子

传统硅铝沸石的合成体系中包含硅源、铝源以及碱金属和碱土金属的氢氧化物。R. M. Barrer 创造性地将四甲基铵阳离子引入到上述体系,来部分或全部取代碱金属或碱土金属阳离子,从而开辟了沸石合成领域的一片新天地。此后,大量的季铵阳离子被引入沸石的合成体系中,合成出了许多结构新颖的沸石分子筛。这些季铵阳离子都是比较容易获得的已经商业化的试剂。

后来,人们开始用诸如六甲铵(hexamethonium,HM,N,N,N,N',N',N'-六甲基-1,6-己二铵)等简单线形二季铵阳离子为结构导向剂,也合成出了许多新的沸石结构。为了设计和合成更加复杂的结构导向剂,人们开始利用比较容易得到的伯胺、仲胺和叔胺,通过简单的烷基化反应来自制所需的季铵阳离子。例如,Y. Nakagawa 等通过烷基化在季铵分子中引入了哌啶或金刚烷,并以新合成的有机分子为结构导向剂合成了大量新沸石结构,包括 SSZ-23、SSZ-35 以及 SSZ-44[60]。为了获得更复杂的线形双季铵分子,人们开始在线形二铵的末端用吡咯烷和哌啶来替代甲基、乙基等基团。以这些更复杂的有机分子为结构导向剂,人们发现了一些具有新骨架类型和新组成的沸石,如 IM-5、TNU-9 以及 TNU-10[61]。除了吡咯烷以及哌啶外,A. Jackowski 等还用了 N-甲基同哌啶(N-methylhomopip-eridine)、N-甲基莨菪烷(N-methyltropane)以及奎宁环作为线形二铵的端基[62]。在氟离子的存在下,以六亚甲基-1,6-双(N-甲基-N-吡咯烷镓)阳离子为结构导向剂,他们合成出了一例具有二维 10 元环孔道的新沸石 SSZ-74。为了开发新沸石结构,人们设计了越来越复杂的有机分子,合成这些分子的步骤也比简单烷基化获得有机胺复杂得多。例如,利用 Diels-Alder 反应,S. I. Zones 等合成了一系列三环癸烷衍生物,并以这些有机分子为结构导向剂,合成了 MOR、MTW、CON、SSZ-31 以及 SSZ-37 等沸石[63]。D. C. Calabro 等[64]利用 Diels-Alder 反应合成了 N,N,N',N'-四烷基-外(exo),外(exo)-双环[2.2.2]辛-7-烯-2,3:5,6-双吡咯烷镓阳离子,并用该有机分子为结构导向剂合成了第一例具有交叉 $12 \times 10 \times 10$ 元环孔道的沸石 MCM-68(MSE)[65]。用 Beckmann 重排反应,G. S. Lee 等合成了一系列多环有机分子,以这些多环有机分子为结构导向剂,合成了一些沸石结构,包括具有 RTH 骨架类型的 SSZ-50[66]。后来人们开始利用多步有机合成来获得新的季铵结构导向剂,例如,用还原烷基腈所得的有机分子合成出了 SSZ-53(SFH)和 SSZ-59[67],用催化氢化取代的喹啉所得的双环有机分子合成出了 SSZ-56(SFS)[68],用酮类还原胺化所得的有机分子合成出了 SSZ-57[69]和 SSZ-58(SFG)[70],以及用胺化酰基卤化物的产物合成出了沸石 SSZ(SFN)[67]和 SSZ-65(SSF)[71]微孔化合物。

尽管以这些复杂的有机分子为结构导向剂可以合成出新的和人们感兴趣的沸石骨架,但是成本太高。

5.3.1.3 有机胺

处于平衡骨架负电荷的需要,传统沸石的结构导向剂通常是金属阳离子或有机季铵阳离子。1982 年,以拟薄水铝石和磷酸为原料,在中性有机胺的存在下,美国联合碳化物公司的研究人员 S. T. Wilson 等在水热条件下合成出了一批具有中性骨架的磷酸铝分子筛 $AlPO_4$-n(n 代表结构类型)[54, 55]。然而,有机胺的结构与其导向生成的微孔磷酸铝晶体结构之间并不存在严格的对应关系。也就是说,一种有机胺可以作多种磷酸铝分子筛的结构导向剂,而一种磷酸铝分子筛也往往可以用多种有机胺导向剂合成。B. M. Lok 等对 $AlPO_4$-n 与合成用有机胺的关系作了总结[72]。

此后,人们又在非水体系中以有机胺为模板剂合成出一系列铝磷比小于 1 的磷酸铝开放骨架化合物,包括三维(3D)间断结构、二维(2D)层孔和一维(1D)链状结构等,极大地丰富了磷酸铝家族的结构化学。这类化合物具有阴离子骨架,其骨架负电荷由质子化的有机胺平衡,骨架上通常存在端基氧 P=O 或 P—OH 基团,它们与有机胺形成氢键,有机胺的脱出会导致骨架的塌陷。此外,以有机胺为结构导向剂,人们还合成出了大量微孔金属磷酸盐、锗酸盐以及砷酸盐、硼铝酸盐和钛酸盐等。

5.3.1.4 氟离子

E. M. Flanigen 等首次使用 F^- 取代 OH^- 作为矿化剂,在中性或酸性条件下合成出了硅铝沸石[73],之后 J. L. Guth 和 H. Kessler 等又进一步发展了这一方法[74],并将其广泛应用于沸石的合成。人们利用氟离子路线合成出了许多高硅或全硅分子筛,如 ZSM-5、ZSM-23、θ-1、镁碱沸石、β、MTN、AST、UTD-1、ITQ-3 和 ITQ-4 等,以及一些杂原子(B、Al、Fe、Ga、Ti)取代的高硅沸石。另外,大多数开放骨架结构的磷酸镓都是从氟离子体系在水热条件下合成的。

一般认为,氟离子在微孔化合物的合成中主要起了以下几种作用:①使合成体系可在较低 pH 的条件下进行晶化,通常合成体系的 pH 都在 3～10 之间,而在碱金属和碱土金属氢氧化物存在下传统硅铝沸石合成体系的 pH 都在 13 以上。

②通过与过渡金属形成氟的配合物,易将过渡金属引入微孔化合物骨架中,生成杂原子含量较高的金属掺杂分子筛。③平衡结构导向剂的正电荷,减少因结构导向剂正电荷过多而造成的骨架缺陷。④改变体系的凝胶化学性质,从而改变晶化产物,这实际上是有机模板剂和氟离子的协同结构导向作用,将在后面的相关节中进一步讨论。例如,在磷酸铝体系中,以四甲基氢氧化铵(TMAOH)为结构导向剂合成 $AlPO_4$-20(SOD)时,如果在合成体系中加入 HF,则晶化产物则为 UiO-7[75]。⑤结构导向作用。氟离子可以稳定一些小笼形的结构单元,在氟离子的存在下,有可能生成一些含有这些小结构单元的沸石分子筛。研究发现在 AST[76]、NON[77]、ITQ-4(IFR)[78]、SSZ-23(STT)[79] 和 MFI[80] 型沸石结构中,氟离子分别位于 $[4^6]$、$[4^15^46^2]$、$[4^35^26^1]$、$[4^35^4]$ 和 $[4^15^26^2]$ 笼中。有趣的是,这五种笼都含有 4 元环,结构分析表明氟离子都位于靠近 4 元环的位置。因此,有人就提出在氟离子的存在下有利于生成含有小笼或含有 4 元环的高密度骨架结构[81]。此外,在具有开放骨架的磷酸镓结构中,氟离子也常位于双四元环中,起到了稳定双四元环的作用,如在含有 20 元环窗口的-CLO 微孔结构,组成为磷酸镓的 LTA 型沸石结构,微孔化合物 MU-1、MU-7、MU-2 和 MU-15 等都发现了含有氟离子的双四元环结构单元。

5.3.1.5　金属有机配合物

金属有机配合物由金属阳离子和有机配体两部分构成,因此具有许多独特的性质,也许能导致一些具有特殊骨架结构化合物的生成。1992 年,K. J. Balkus 等用大环配体酞氰染料的金属有机配合物为额外添加剂合成了具有八面沸石结构的沸石分子筛[82],之后,他们又用茂合金属及其衍生物合成了多种分子筛结构[83, 84],如他们在 $Cp_2 Co^+$ 的存在下合成出了 AFI 和 AST 型沸石结构,在 $[Co(NMe_3)_2sar]^{5+}$ 的存在下合成出了 Cloverite 和 UTD-10 微孔化合物。其中,最引人注目的是以二茂钴为结构导向剂,合成出了具有 14 元环大孔 UTD-1 沸石分子筛结构[85]。另外,人们也尝试将一些其他稳定的钴胺配合物用作结构导向剂,合成出了一些具有开放骨架结构的层状磷酸盐[86-89],特别是具有手性结构单元的微孔磷酸盐[88, 89]。然而,由于多数金属有机配合物的稳定性都不太好,目前只有少数几种金属有机配合物,如 $Cp_2^* Co^+$、$Cp_2 Co^+$、$Co(en)_3^{3+}$、$Co(NH_3)_6^{3+}$、$Co(tn)_3^{3+}$ 等,可用作合成微孔化合物的结构导向剂。

尽管人们还不清楚金属有机配合物如何导致这些具有开放骨架化合物的生成,但这些金属有机配合物最终通常都被包裹在最终的结构中,并且在不添加这些金属有机配合物时,并不能导致开放骨架化合物的生成。因此,金属有机配合物的确起到了结构导向作用。在分析了相关数据后,人们认为在这些开放骨架化合物的晶化过程中金属有机配合物主要起了以下几种作用:①平衡骨架电荷,在金属有机配合物存在下生成的开放骨架化合物多数具有阴离子骨架,需要阳离子平衡骨架负电荷;②填充和支撑作用;③结构导向作用;④手性配合物对无机骨架有手性传递的作用。在金属有机配合物中,有一些具有手性。在这些手性金属有机配合物存在下,会生成一些具有手性结构单元的层状磷酸盐,如 $trans$-Co(dien)$_2^{3+}$ 和 d-Co(en)$_3^{3+}$ 存在下分别生成了具有手性结构单元的层状磷酸铝 $trans$-Co(dien)$_2$ · Al$_3$P$_4$O$_{16}$ · xH$_2$O[88] 和 d-Co(en)$_3$ · Al$_3$P$_3$O$_{16}$ · 3H$_2$O[89]。手性传递作用将会在后面进一步讨论。

5.3.1.6 水、冠醚、季鏻阳离子、阴离子或盐

由于最早沸石是在水热条件下生成的,因此,水很少能对沸石的生成产生影响,在绝大多数沸石的晶化过程中,水都不会产生结构导向作用。随着合成方法从水热合成扩展到溶剂热合成、离子热合成以及水含量极少的干凝胶合成,在某些情况下,合成体系中水的多少就会对最终产物的结构类型产生影响。此外,在一些开放骨架化合物的合成中,添加了某种模板剂,但是最终该模板剂并没有被包裹到开放骨架中,存在于开放骨架的物种为水分子,因此,在晶化过程中,水分子或多个水分子聚集在一起形成的高级结构,如"水簇"以及"水链"等就有可能扮演了重要的角色。在这两种情况下水可能也具有结构导向作用。例如,合成具有 18 元环一维直孔道的磷酸铝分子筛 VPI-5(结构代码:VFI)的结构导向剂为二丙胺,但化学分析结果显示有机胺在 VPI-5 骨架中含量很少(大约每 2.5 个晶胞含有 1 个二丙胺),孔道中存在着大量的水分子[90, 91]。在 VPI-5 的晶胞中共含有 7 个独立的水分子,其中 2 个水分子(Ⅰ,Ⅱ)与 1 个骨架 Al 配位,形成了八面体配位的 Al 原子,4 个水分子(Ⅲ,Ⅳ,Ⅴ,Ⅵ)靠分子间氢键在 VPI-5 的 18 元环孔道中形成了 3 条螺旋水链,螺旋水链通过氢键同八面体配位的 Al 原子形成作用,第 7 个水分子(Ⅶ)位于孔道中心,也位于 3 条螺旋水链的旋转中心。基于这种特殊的结构属性,有人就提出水分子在 VPI-5 的生成过程中起到了主要的结构导向作用。但值得我们考虑的是,至今未见可以在没有有机胺存在的条件下合成 VPI-5 的报道。另外,由于 VPI-5 中有机胺的含量很少,至今仍无法准确定出它们的位置,这为研究 VPI-5 晶化过程中的结构导向作用带来困难。除了这种观点外,当然也可能是在氢键作用下,有机胺和水分子共同导向了 VPI-5 的生成,这还需要进一步的实验证实。在磷酸铝的溶剂热合成体系,水的引入会影响铝源的溶解度和无机物种的水解,因此水用量的多少有时可影响最终产物的生成。当以三缩四乙二醇为溶剂,以三乙胺为结构导向剂时,随着合成体系中水量的增加,最终产物依次为:链状磷酸铝[AlP$_2$O$_8$H$_2$]$^-$、JDF-20、层状磷酸铝和磷酸铝分子筛 AlPO$_4$-5。

在水量很少的干凝胶转化(dry-gel conversion)合成中,水含量也会对最终生成的微孔化合物结构产生影响。例如,当以 N,N,N-三甲基金刚烷铵氢氧化物为

结构导向剂时,水/硅(H_2O/SiO_2)比会对产物的结构类型产生重大影响[92]。当水/硅比为 3.0 时,晶化产物为 CHA 沸石结构类型,当水/硅比为 7.5 时,晶化产物为 STT 沸石结构类型,当水/硅比为 15 时,产物为 *STO 沸石结构类型(SSZ-31)。

另外一种用于开放骨架晶体合成的含氧化合物为环状醚类(cyclic ether)。B. De Witte 等[93]和 J. J. Keijsper 等[94]分别以二氧杂环己烷(dioxane)和三氧杂环己烷(trioxane)为结构导向剂合成出了结构类型分别为 MAZ 和 ECR-1(EON)的沸石。尺寸更大的环状冠醚也被尝试用作结构导向剂合成沸石,如能同碱金属有效配位的 15-冠醚-5 和 18-冠醚-6,结果分别合成出了高硅 FAU 和 EMC-2(EMT)沸石[95]。

与季铵阳离子相似的季磷阳离子也被尝试用作合成沸石的结构导向剂,如以季磷阳离子为结构导向剂,人们合成出了新型多维大孔沸石 ITQ-28(IWS)[96]和 ITQ-27(IWV)[97],但以季磷阳离子为结构导向剂合成沸石的研究并不多。

一般而言,阴离子对硅铝分子筛的晶化过程影响不大,但在某些特殊体系中,少量的含氧酸阴离子也能促进沸石的晶化,如特定的无机盐会对 ZSM-5 和 TS-1 的晶化速率产生影响[98]。在极个别合成体系中,盐也可起到结构导向作用,尤其是对于方钠石(SOD)沸石和钙霞石(CAN)沸石的生成,阳离子和阴离子会同时进入 SOD 和 CAN 笼中,从而起到模板的作用。

5.3.2 模板(结构导向)效应的分类

在将有机阳离子引入硅铝沸石的合成中后,人们合成出了一系列在有机阳离子存在下生成的沸石以及新型沸石。在这些沸石的孔道或笼中,通常都包裹着有机阳离子。据此,人们就提出了"模板"的概念,认为在晶化过程中,有机分子将氧化物四面体围绕其自身组装成特定的几何构型,形成构筑特定沸石结构类型的初始结构单元。如果在晶化的过程中没有这些有机阳离子的存在,则不能生成相应的沸石结构。因此,人们将这种重要的作用称为"模板效应",现也称之为"结构导向效应",所加入的有机阳离子也被称为"模板剂",现也称之为"结构导向剂"。在沸石合成的研究中,最初人们只向合成体系引入了一种结构导向剂。为了进一步开发新型的微孔化合物,人们向合成体系引入了更多能起到结构导向作用的物种,生成了许多新的微孔化合物结构。下面就结合具有特定孔道结构微孔晶体的生成、模板剂的结构导向作用问题作详细的介绍。

5.3.2.1 特定结构分子在一维孔道形成中的模板导向作用

在微孔化合物的合成中,有时多种模板剂会在不同的条件下导致同一种微孔结构类型的生成,但也有某些微孔化合物只能在极为有限的且具有特定结构的有机分子,甚至是唯一与之相匹配的模板剂的存在下才能成功合成。

在这种情况下,有机分子与无机骨架之间的匹配通常相当紧凑,并且它们在孔道或笼中只有一种取向,而不能自由运动。这样的例子很少,一个典型的例子是ZSM-18(MEI)的合成[99, 100]。在 ZSM-18（MEI）骨架结构中,有机客体三季铵 $C_{18}H_{36}N_3^{3+}$ 阳离子和 ZSM-18 骨架中的一维孔道在结构上完全匹配,如图 5-12 所示。由图 5-12 可以看出,有机客体的尺寸与孔道的大小正好匹配,并且 $C_{18}H_{36}N_3^{3+}$ 的三重旋转轴正好与 ZSM-18 的一维孔道完全匹配。根据这种匹配原则,K. D. Schmith 等设计出了与 $C_{18}H_{36}N_3^{3+}$ 构象极相似的两个有机分子 A：$(Me_3N^+CH_2CH_2)_3N$ 和 B：$(Me_3N^+CH_2CH_2)_3CH$,如图 5-13 所示。在 125℃搅拌条件下晶化 21 天,他们从 A（或 B）-NaAlO_2-Si(OCH_3)_4-H_2O 合成体系成功晶化出了 ZSM-18[101]。但如果用 B 阳离子为模板剂,则需要使用晶种才能导致 ZSM-18 的成功晶化。

图 5-12　ZSM-18 沿[001]方向一维孔道和模板剂分子视图(a)以及模板剂分子结构图(b)[99]

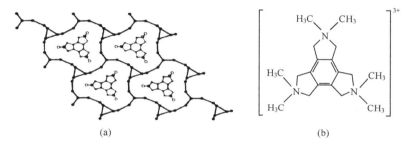

图 5-13　与 $C_{18}H_{36}N_3^{3+}$ 构象极相似的有机分子。A：$(Me_3N^+CH_2CH_2)_3N$；B：$(Me_3N^+CH_2CH_2)_3CH$[101]

在 ZSM-18 的晶化过程中,模板剂和孔道的紧密匹配显然扮演了重要的角色。也有许多具有一维孔道的微孔化合物,其中模板剂对孔道的形成有影响,但和孔道的匹配程度不那么紧密。例如,K. J. Balkus 等以金属茂合物为模板剂合成了三种分别具有一维 10 元环、12 元环和 14 元环孔道的沸石结构 UTD-12、UTD-8 和 UTD-1,三者拥有相同的子结构单元,如图 5-14 所示[83]。当以二-环戊二烯基-钴氢氧化物(Cp_2CoOH)为结构导向剂时,生成了具有 10 元环孔道的 UTD-12,而当环戊烯上连一个甲基时,即结构导向剂为二-甲基环戊二烯基-钴氢氧化物[$(CH_3Cp)_2CoOH$],生成了具有 12 元环孔道的 UTD-8,当环戊烯上连五个甲基时,即结构导向剂为二-五甲基环戊二烯基-钴氢氧化物($[(CH_3)_5Cp]_2CoOH$),生成了具有 14 元环孔道的 UTD-1,说明结构导向剂的尺寸对其所导向的微孔结构中的孔道尺寸有明显的影响。

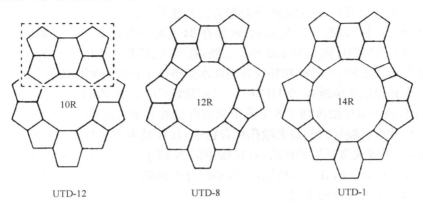

图 5-14　UTD-12、UTD-8 和 UTD-1 沿孔道方向的视图

5.3.2.2　有机小分子协同导向一维超大孔道的模板作用

之所以提出"模板"的概念,就是因为在微孔化合物的孔道或笼腔中存在着结构导向剂物种,看起来好像是在晶化过程中,构成无机骨架的小结构单元围绕着结构导向剂进行组装,从而生成微孔结构。因此,依据此设想,一个很自然的想法就是如果使用体积较大的结构导向剂分子,就可以获得孔径比较大的微孔化合物。按照这种设想,人们开展了大量的合成研究,确实取得了一些进展。例如,含 14 元环的 UTD-1[85] 和 CIT-5[102, 103] 的成功合成就是典型的例子。UTD-1 是人工合成的具有一维 14 元环超大孔道的新型沸石分子筛,合成 UTD-1 的结构导向剂为二-五甲基环戊二烯基-钴氢氧化物($[(CH_3)_5Cp]_2CoOH$)[85],而当结构导向剂为尺寸较小的二-甲基环戊二烯基-钴氢氧化物 $[(CH_3Cp)_2CoOH]$ 以及更小的二-环戊二烯基-钴氢氧化物(Cp_2CoOH)时,产物分别为具有 12 元环一维孔道的 UTD-8 和具有 10 元环一维孔道的 UTD-12[83]。而合成 CIT-5 的结构导向剂则为尺寸较大的 N(16)-甲基-鹰爪豆碱氢氧化物。然而,当使用尺寸更大的有机结构导向剂时,却往往导致小孔径微孔化合物的生成,大尺寸的有机结构导向剂要么分解成小尺寸的有机结构导向剂而被包裹到最终产物中,要么根本没有被包裹到最终产物中。

通过分析已经报道的具有一维超大微孔化合物的合成条件,我们发现多数超大微孔化合物的结构导向剂往往是有机小分子,垂直于孔道的界面上往往分布着几个有机小分子以及其他小分子,体现了晶化过程中的某种协同导向作用。例如,合成具有 18 元环一维超大孔道的磷酸铝分子筛 VPI-5 的结构导向剂为二丙胺,但化学分析结果显示有机胺在 VPI-5 骨架中含量很少(大约每 2.5 个晶胞含有 1 个二丙胺),孔道中存在着大量的水分子[90,91];合成具有 20 元环—维超大孔道的磷酸铝微孔化合物 JDF-20 的结构导向剂为三乙胺[104],20 元环孔道由 4 个质子化的三乙胺分子占据,如图 5-15 所示;合成具有 24 元环—维超大孔道的磷酸锌微孔化合物 ND-1 的结构导向剂为 1,2-环己二胺,在 24 元环孔道中包含了 6 个结构导向剂分子[105];而丁胺、环己胺和环戊胺则在水热条件下可以分别导致具有 24 元环的—维超大孔道的亚磷酸锌 ZnHPO-CJ1、ZnHPO-CJ2 以及 ZnHPO-CJ3 的生成,在 24 元环孔道中有序地排列了 8 个质子化的有机胺分子,如图 5-16 所示[106]。在这些由小尺寸有机胺导致的超大微孔化合物中,往往是多个有机胺规则地排列在超大孔中,有机胺通常是质子化的,有机胺中的 N 原子往往同无机骨架形成较强的氢键相互作用,因此,在晶化初期,这些小尺寸有机胺有可能是在协同效应控制下导致了这些超大孔道的生成。

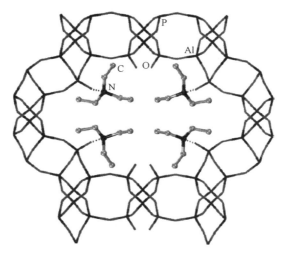

图 5-15 四个质子化的三乙胺分子存在于 JDF-20 的 20 元环孔道中

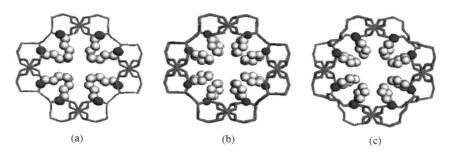

(a) (b) (c)

图 5-16 有机胺分子在 ZnHPO-CJ1(a)、ZnHPO-CJ2(b)以及 ZnHPO-CJ3(c)超大孔中的分布[106]

5.3.2.3　有机分子在二维交叉孔道形成中的模板作用

微孔化合物具有多种孔道类型,除了前面讨论的一维孔道外,还具有二维交叉孔道。一维孔道往往不与别的孔道连通,因此小客体分子在孔道中扩散时,需要经历较长的输运距离才能穿过微孔晶体。而二维交叉孔道是指两个走向不同的孔道在某一个点交叉,在微孔晶体内部形成交叉的孔道系统,将会大大有利于小客体分子的扩散。不同于一维孔道,在二维交叉孔道系统中所交叉的两种孔道可能相似,也可能完全不同。因此,在二维交叉孔道形成过程中的模板作用可能与一维孔道形成过程中的模板作用并不相同。

在已经发现的沸石结构类型中,有许多具有二维交叉孔道体系,其中最著名具有重大工业应用以及最具代表性的为 ZSM-5[107]以及相应全硅形式的 Silicalite-1[108],二者所对应的沸石结构类型均为 MFI。由于这种沸石具有重要的工业应用,人们就对其合成及结构进行了详细研究,通过多种表征技术确定了其结构[109-112]。MFI 结构中含有两种相互交叉的孔道体系,如图 5-17 所示。

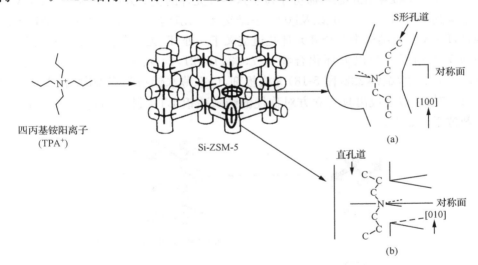

四丙基铵阳离子
(TPA+)

Si-ZSM-5

S形孔道

对称面

[100]

(a)

直孔道

对称面

[010]

(b)

图 5-17　MFI 结构示意图及沿[100]方向观察(a)和沿[010]方向观察(b)模板剂在孔道中的位置

平行于[100]方向的 10 元环孔道呈 S 形,平行于[010]方向的 10 元环孔道呈直线形,二者垂直交叉,结构导向剂四丙基铵阳离子(TPA+)位于孔道交叉处,其四个丙基分别伸向 S 形孔道和直孔道的两侧(图 5-17)。在垂直于[001]方向上存在一个通过结构导向剂中 N 原子的一个对称面,伸向直孔道两侧的 TPA+的两个丙基对称地分布在 N 原子的两侧,如图 5-17(b)所示,而在该对称面内,伸向 S 形孔道两侧的两个丙基则不存在该对称性,如图 5-17(a)所示。对于硅铝组成的 MFI

结构即 ZSM-5 而言骨架本身带负电荷,可以用于平衡 TPA$^+$ 的正电荷;而对于组成为纯硅的 MFI 结构即 Silicalite-1 而言,或者在骨架中引入 F$^-$ 来平衡 TPA$^+$ 的正电荷[109],或者 OH$^-$ 同 TPA$^+$ 一起进入孔道[108]。这种结构导向剂的四个丙基伸向交叉孔道的四个方向的事实表明,MFI 结构形成的过程可能是从小的结构单元围绕四个丙基进行组装开始的。

5.3.2.4 有机分子在三维孔道形成中的模板作用

在已经发现的沸石结构类型中,有不少具有三维孔道结构,但以一种有机物为结构导向剂的情况并不多。具有 DFT 结构类型的微孔磷酸钴[113]以及具有 LTA 结构类型的微孔磷酸铝[114]均是以单一有机物为结构导向剂合成的。微孔磷酸钴的有机结构导向剂为乙二胺,结构式为 $|(C_2H_{10}N_2^{2+})_2||Co_4P_4O_{16}|$,具有沿[100]、[010]以及[001]方向的 8 元环孔道,其中沿[100]和[010]方向的 8 元环相互不连通,但它们均同沿[001]方向的 8 元环孔道交叉,形成三维通连的孔道体系,如图 5-18 所示。双质子化的乙二胺分子位于这些 8 元环的交叉处(junction)。LTA 沸石结构具有沿[100]、[010]以及[001]三维交叉 8 元环孔道,同 DFT 沸石结构不同的是,LTA 沸石结构中三个 8 元环孔道交叉于一处,形成一个名为 α 笼的大空腔,如图 5-18 所示。当以大环化合物 4,7,13,16,21,24-六氧杂-1,10-二氮杂双环[8.8.8]二十六烷(K222,图 5-18)为模板剂,以拟薄水铝石为铝源时,在水热条件下(170℃)可以合成出具有立方对称性的纯磷酸铝 LTA 沸石结构。有机结构导向剂位于 α 笼中。

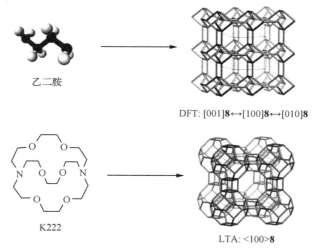

乙二胺

DFT: [001]**8**↔[100]**8**↔[010]**8**

K222

LTA: <100>**8**

图 5-18　由乙二胺和 K222 导致的具有 DFT 沸石结构的微孔磷酸钴和具有 LTA 沸石
结构的微孔磷酸铝

5.3.2.5 有机分子与矿化剂(F⁻或 OH⁻)协同模板导向一维大孔结构

对于一些具有一维大孔和中性骨架的微孔化合物而言,如果在晶化过程中结构导向剂携带了正电荷,且在没有 F⁻ 和低价态金属原子存在的情况下,有机结构导向剂的正电荷就需要由骨架缺陷产生的负电荷来平衡。但在某些情况下,作为矿化剂的 F⁻ 和 OH⁻ 也可能作为电荷平衡物种与带正电荷的结构导向剂一起,以中性的 SDA⁺···OH⁻ 加合物形式被包入孔道[115]。例如,当以双(邻-氟代苯甲基)-二甲基铵离子为模板剂合成 AFI 结构时,由于在有机分子中存在活性基团(此处为 F 原子),有机分子会和凝胶中的带负电荷物种(此处为 OH⁻)形成较强的相互作用,生成超分子有机-无机复合物,OH⁻ 和结构导向剂中氮原子周围的正电荷之间存在着较强的静电相互作用,特别是邻位的 F 原子和 OH⁻ 之间形成了氢键,从而起到了稳定该有机-无机复合物的作用。最终这个稳定存在的超分子有机-无机复合物被包入 AFI 结构中的 12 元环一维孔道,其中 OH⁻ 同骨架的 Al 原子配位,为有机分子和无机骨架之间的相互作用起到了传递作用(图 5-19)。因此,该超分子有机-无机复合物应该被视为 AFI 结构的实际结构导向剂。有机分子除了通过非键相互作用来稳定微孔结构外,还是微孔结构形成的模板,而 OH⁻ 则起到了平衡有机阳离子正电荷的作用。

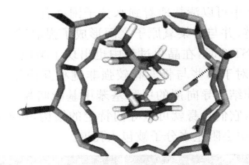

图 5-19 OH⁻ 在 12 元环孔道中取向的模型,该 OH⁻ 在邻位-氟化的有机结构导向剂和骨架之间架起了一座桥[115]

5.3.2.6 有机分子与水分子协同模板导向一维大孔结构

近期的一项研究表明,在一维大孔磷酸铝分子筛 $AlPO_4$-5(AFI 结构类型)的晶化过程中,三乙胺分子会与水分子产生明确的协同效应,共同导致 $AlPO_4$-5 一维孔道的生成[116]。由于水分子之间的氢键强度还不足以在晶化温度下保持住大孔的结构,因此水分子本身一般不能作为大孔模板剂(前面讨论的 VPI-5 的情况除外),如 12 元环孔道。但水分子可以作为 AFI 结构中 6 元环孔道的模板,如图 5-20(a)所示。从图中可以看出,水分子和 6 元环孔道的形状及对称性匹配得非常好。为了形成大孔,就需要用较大的有机分子作为结构导向剂。因此,在亲水性的微孔磷酸铝合成中,水分子有时会扮演一个协同结构导向的角色,但是否出现这种情况则取决于有机分子的结构导向效率和亲水性。当结构导向剂分子与微孔骨架的相互作用不太强时,水分子通常也会被包入结构中,与孔壁上的氧原子形成氢键来稳定所得到的微孔结构。在这种情况下,水分子与有机分子之间就存在协同结构导向效应,有机分子或水分子都不是真正的结构导向剂,真正的结构导向剂应是水-有机分子的聚集体。这种结构导向效果涉及了有机分子和水分子之间的协作:有机结构导向剂分子通过与骨架形成非键相互作用而起到模板作用,而水分子则通过与骨架氧原子形成氢键,从而可以进一步稳定所形成的结构。出现这种协同作用的核心在于:尽管水分子与骨架之间可以存在较强的相互作用,但该相互作用并不能保持住微孔结构中的大孔空间,而有机结构导向剂分子与骨架的相互作用又太弱,不足以稳定所形成的结构。因此,当用与骨架相互作用比较弱的有机分子为结构导向剂时,在晶化过程中易发生水-有机结构导向协同效应。在晶化过程中,较强的水-无机骨架之间的相互作用可以补偿较弱的有机结构导向剂-无机骨架之间的相互作用。当以三乙胺为结构导向剂合成磷酸铝分子筛 AlPO$_4$-5 时(图 5-20),在晶化过程中就出现了这种协同效应[116]。从图 5-20 中可以清楚地看到水分子围绕着三乙胺分子分布,水分子自身就形成了氢键链,并与骨架氧原子之间形成了强氢键。当以甲胺为结构导向剂合成 IST-1 和 IST-2 时,在晶化过程中也出现了类似的水-有机分子结构导向协同效应[117]。但对于那些与骨架有较强非键相互作用的有机分子,如在微孔化合物合成中用作结构导向剂的甲醇基苯甲基吡咯烷衍生物以及(S)-N-苯甲基-吡咯烷-2-甲醇,它们自身就可以导向特定的结构,从而不需要水分子的协同,因此在晶化过程中会阻止水分子被包入孔道。

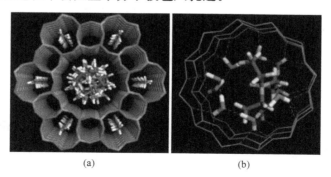

(a)   (b)

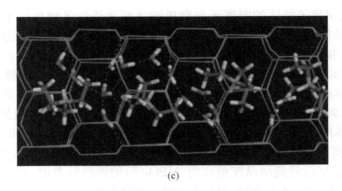

(c)

图 5-20　在 AFI 结构合成中的三乙胺和水分子的协同结构导向效应：(a)进入 AFI 骨架的客体物种；(b)，(c)从两个方向上看在 AFI 孔道内围绕三乙胺分子的水的氢键链[116]

5.3.2.7　有机分子与离子液体协同模板导向一维大孔结构

离子液体是指在室温或接近室温下呈现液态的、完全由阴阳离子所组成的盐，也称为低温熔融盐。在离子化合物中，阴阳离子之间的作用力为库仑力，其大小与阴阳离子的电荷数量及半径有关，离子半径越大，它们之间的作用力越小，这种离子化合物的熔点就越低。某些离子化合物的阴阳离子体积很大，结构松散，导致它们之间的作用力较低，以至于熔点接近室温。2004 年，R. E. Morris 等以室温离子液体为溶剂和结构导向剂合成出了不同结构的微孔磷酸铝分子筛，首次提出了"离子热(ionothermal)"合成途径[118]。在合成中离子液体既可以起溶剂的作用，也可以起模板剂的作用。另外，也可以向合成体系额外加入其他添加剂，用作结构导向剂，或同离子液体一起，共同起到结构导向剂的作用。

近来，R. S. Xu 等结合密度泛函理论计算、原位和非原位 NMR(in situ ^{1}H-^{1}H NMR ROESY、^{1}H → ^{13}C CP-MAS NMR)、XRD 以及差示热重(differential ther-mogravimetric, DTG)分析表征，研究了具有一维大孔磷酸铝分子筛离子热合成中模板剂与离子液体之间的协同模板导向作用[119]。在该项研究中，铝源为异丙醇铝，磷源为质量分数为 85% 的磷酸水溶液，有机胺为吗啉，氟源为质量分数为 40% 的氢氟酸，离子液体为 1-丁基-3-甲基咪唑的溴化物(1-butyl-3-methylimidazolium bromide，[Bmim]Br)，产物为具有一维 12 元环孔道的磷酸铝分子筛 AlPO$_4$-5。在 80℃，作者首先将有机物吗啉加入离子液体中，依据在旋转坐标系(rotating frame)中的单核 Overhauser 效应(homonuclear Overhauser effect，NOE)，发现除了离子液体阳离子之间存在相互作用外，离子液体的阳离子[Bmim]$^+$ 与有机胺分子吗啉通过分子间的氢键形成了稳定的复合体。随后加入所需的磷酸，离子液体阳离子与吗啉分子间的氢键还继续存在。当将温度升高到 140℃时，离子液体阳离子与吗啉分子间的氢键消失。然后加入所需量的异丙醇铝，合成体系的晶化开始。

NMR 数据表明离子液体的阳离子与有机胺之间又通过氢键形成了稳定的复合体。作者将晶化不同时间的产物从离子液体中分离,用去离子水充分洗涤,干燥,进行了 XRD 和 DTG 分析。XRD 分析表明当晶化时间达到 3h 时,产物还是无定形,当晶化时间达到 4h 时,产物是已经晶化得很好的 AlPO$_4$-5 分子筛。DTG 分析表明离子液体和吗啉分子都存在于 AlPO$_4$-5 的 12 元环孔道中,只是随着晶化的进行,吗啉与离子液体的质量比在逐渐下降。有趣的是,在纯离子液体以及不同晶化阶段的固体产物的 ^{1}H → ^{13}C CP-MAS NMR 谱图中,在晶化 1h 和 3h 的样品中既没有发现离子液体阳离子的谱峰,也没有发现吗啉分子的谱峰,而晶化 4h 和 12h 的固体样品(已经是结晶度很高的 AlPO$_4$-5)的谱图很类似,且只有离子液体的谱峰而没有吗啉分子的谱峰,只是与纯离子液体的谱图相比,相应谱峰的位置向高场发生了位移,且分辨率更高。作者认为可能是吗啉分子在孔道中的数量非常少,因而离子液体的信号淹没了吗啉分子的信号。为了检验最后吗啉分子是否被包入 AlPO$_4$-5 的 12 元环孔道中,作者用浓 HCl 溶解这些固体样品,然后对这些溶液进行了液相 ^{13}C NMR 表征,结果显示,在晶化 1h 和 3h 的样品中仍然没有发现离子液体和吗啉分子,而在晶化 4h 和 12h 的样品中发现了离子液体和吗啉分子的信号,并且随着晶化时间的延长,吗啉分子与离子液体的比例在下降。DTG 和 ^{13}C NMR 表征结果表明随着晶化的进行,体积较大的[Bmim]$^+$ 阳离子以及少量的有机胺分子被包入 AlPO$_4$-5 的 12 元环孔道中。

尽管 NMR 数据表明在晶化过程中,离子液体的阳离子和吗啉之间通过氢键相互作用形成了一个复合体,但这个复合体的具体结构及构象尚不清楚。因此,作者又进行了基于密度泛函理论的理论计算。作者对[Bmim]$^+$-Morp 复合体、AFI 的空旷骨架以及含有[Bmim]$^+$-Morp 复合体的 AFI 骨架进行了几何优化,而结构的稳定能由含有复合体的 AFI 骨架的能量减去 AFI 空骨架的能量和单独复合体的能量。研究发现,离子液体阳离子[Bmim]$^+$ 的确与吗啉分子形成了强氢键相互作用,当吗啉分子中的 O 原子为给体时,氢键键长为 2.036Å,当吗啉分子中的 N 原子为给体时,氢键键长为 2.038Å。当该复合体被包入 AlPO$_4$-5 的 12 元环孔道中后,这种氢键相互作用得以保持,只是氢键键长分别增加到 2.360Å 和 2.607Å。如果离子液体阳离子与吗啉分子上的 O 原子成氢键,则这种复合体对 AFI 骨架的稳定能为 —69.2kcal[①]/mol,而当离子液体阳离子与吗啉分子上的 N 原子成氢键,则稳定能变为 —57.3kcal/mol。这些结果表明复合体确实能够有效稳定 AFI 的骨架结构。当不加入吗啉时,晶化 4h 后的产物为具有一维 10 元环孔道的磷酸铝分子筛 AlPO$_4$-11[120],表明当体系中含有吗啉分子时,确实是离子液体阳离子和吗啉分子形成的复合体对 AlPO$_4$-5 而言起到了有效的结构导向作用,吗啉分子与离子液体协同导向了 AlPO$_4$-5 的骨架结构。而在最后的晶化产物中,吗啉分子的含量又非常少,说明在晶

---

① kcal 为非法定计量单位,1kcal=4.184kJ。

化刚刚开始的阶段，需要这种复合体来明确导向 AlPO₄-5，而一旦 AlPO₄-5 的骨架已经成型，后续的晶体生长就不一定需要这种复合体进行进一步导向。

5.3.2.8　有机分子与金属阳离子协同模板导向一维大孔结构

在传统硅铝沸石的合成中，R. M. Barrer 等首次将四甲基铵有机阳离子引入到沸石的合成体系[52]。尽管在合成过程中没有故意添加 Na^+，但由于玻璃反应器的溶解，产物中还是包含了大量的 Na^+。后来的研究表明 N-A（含有四甲基铵阳离子的 A 型沸石）在纯四甲基铵阳离子合成体系中并不能生成，而要生成 N-A 沸石，合成体系中必须存在 $Na^{+[72]}$，说明 Na^+ 在晶化过程中与四甲基铵阳离子起到了协同模板导向作用。在具有一维超大 14 元环孔道的高硅分子筛 CIT-5 的晶化过程中，模板剂与金属阳离子也起到了协同模板导向作用。CIT-5 是具有一维 14 元环超大孔道的高硅沸石分子筛，合成 CIT-5 的结构导向剂为 N(16)-甲基鹰爪豆碱氢氧化物[N(16)-methylsparteinium hydroxide，MSPTOH]，如图 5-21 所示[102, 103]。

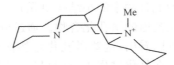

图 5-21　合成 CIT-5 的结构导向剂 N(16)-甲基-鹰爪豆碱氢氧化物的结构（OH⁻ 未画出）

将摩尔配比为 $1.0SiO_2 : 0.02Al_2O_3 : 0.2ROH : 0.1LiOH : 40H_2O$ 的初始混合物在 175℃加热 12 天可以合成出 CIT-5 的纯相。当初始混合物中不含 Al 时，在该温度加热 5 天可以得到纯硅形式的 CIT-5，而如果初始混合物中不含 Li^+ 时，则会晶化出纯硅或硼硅的 SSZ-24[102]。因此，可以说在 CIT-5 的晶化过程中，模板剂和 Li^+ 起到了协同模板导向作用。后来，M. Yoshikawa 等对 CIT-5 的晶化条件进行了详细的研究，研究结果见表 5-5[103]。M. Yoshikawa 等研究体系初始混合物的摩尔组成为 $1SiO_2 : 0.1MOH : 0.2MSPTOH : 40H_2O$，MOH 为单一或混合金属氢氧化物，MSPTOH 为有机结构导向剂，晶化温度为 175℃。

表 5-5　CIT-5 的合成条件[a]

SiO₂	MOH	MSPTOH	时间/天	物相[b]
1	0	0.2	5	AFI
1	0.1 LiOH	0.2	5	CIT-5
1	0.05 KOH	0.25	60	CIT-5 ＋ AFI
1	0.05 NaOH	0.25	18	CIT-5
1	0.1 NaOH	0.2	7	AFI

　　a. 表中原料的比例为摩尔比，第一行数据来自文献[102]，其余数据来自文献[103]；b. AFI 结构所对应的化合物为 SSZ-24。

　　M. Yoshikawa 等对 CIT-5 合成的详细研究结果表明,纯硅形式的 CIT-5 可以通过在 175℃加热 5 天含 LiOH 但不含铝源的初始混合物得到,优化后的 $LiOH/SiO_2$ 的比为 0.1,但当初始混合物中含有其他金属阳离子 M^+(此处 M^+ 为 Na^+ 或 K^+),且 Li^+/M^+ 的比值低至 3 时,仍然能生成 CIT-5(表 5-5),但当 Li^+/M^+ 的比值低至 1 时,晶化产物就为具有 AFI 结构类型的高硅 SSZ-24[121, 122]。当合成体系中不含 Li^+ 时,也可晶化出高硅的 CIT-5,但合成体系中必须含有 Na^+ 或 K^+,NaOH 或 KOH 与 SiO_2 的比不能低于 0.05,OH^-/SiO_2 必须保持在 0.3,且晶化时间大大延长,详细的合成条件见表 5-5。当 OH^-/SiO_2 仍保持 0.3,但将 $NaOH/SiO_2$ 从 0.05 增加到 0.1,结果晶化出了 SSZ-24 纯相。这些结果表明在 CIT-5 的生成过程中,有机物 N(16)-甲基-鹰爪豆碱氢氧化物和金属阳离子起到了协同结构导向作用。

5.3.2.9　双有机分子协同结构模板导向二维交叉孔道

　　二维交叉孔道可由小结构单元围绕四丙基铵阳离子(TPA^+)的四个丙基组装生成,而在多数情况下,初始混合物中的小结构单元并不总能围绕季铵阳离子的四个烷基链生成具有二维交叉孔道的微孔化合物。通过分析已发现的具有二维交叉孔道的微孔化合物的结构可以看出,这些微孔化合物往往可由容纳不同客体物种的结构单元组装而成,因此,在晶化过程中,通过导向这些结构单元也许可以生成结构新颖的具有二维交叉孔道的微孔化合物。而要生成容纳不同客体物种的结构单元,就需要在合成体系中加入两种甚至多种结构导向剂。在晶化过程中,由于多种结构导向剂会同时起作用,因此这种合成策略也被称为共模板合成。

　　镁碱沸石(ferrierite)具有二维交叉孔道,平行于 c 轴的 10 元环孔道和平行于 b 轴的 8 元环孔道垂直交叉。除了 10 元环孔道外,平行于 c 轴还有一个尺寸更小的 6 元环孔道(6 元环孔道一般不计入可容纳客体物种的孔道)。8 元环孔道与该 6 元环孔道也发生了交叉,并因而形成了镁碱沸石空腔,客体物种可通过 8 元环窗口进入该空腔。1981 年,人们将四甲基铵阳离子(TMA^+)分别和三乙醇胺、三丁胺以及三甲胺进行组合,均合成出了镁碱沸石(FU-9)[123]。在用 TMA^+ 和三甲胺混合(硅铝比=10.5)时,产物的碳氮比为 3.6,处于 TMA^+ 和三甲胺自由分子的碳氮比中间,因此表明这两种有机分子都进入了镁碱沸石骨架。

　　在 HF/吡啶溶剂中,以吡啶和丙胺为共同模板剂合成出了全连接的(fully connected)镁碱沸石[124]。单晶 XRD 结构分析表明有的吡啶分子位于镁碱沸石空腔中(8 元环孔道中),有的位于 10 元环孔道中,而少量的丙胺分子则全部位于 10 元环孔道中。最终产物中丙胺分子数量较少,当增加初始混合物中的丙胺量时,产物晶体尺寸减小。当在初始混合物中不添加丙胺时,产物为单一的 ZSM-39(MTN),说明在这种合成条件下,吡啶分子和丙胺分子对镁碱沸石的形成起到了协同结构导向作用。

　　此外,当联合使用体积较大的 1-苯甲基-1-甲基吡咯烷鎓(bmp,图 5-22)和体积较小的 TMA^+ 为共同模板剂时,也得到了镁碱沸石[125]。XRD 结构分析表明

TMA⁺位于镁碱沸石笼中(8 元环孔道中),而 bmp 则位于 10 元环孔道中。分子力学计算结果表明体积较大的 bmp 位于 10 元环孔道中,体积较小的共结构导向剂位于镁碱沸石笼中,与实验结果一致。因此,在晶化过程中,有可能在 bmp 的周围,含有 TMA⁺的镁碱沸石笼小结构单元进行组装就生成了镁碱沸石的 10 元环孔道,如图 5-23 所示。

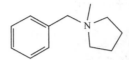

图 5-22 1-苯甲基-1-甲基吡咯烷鎓(bmp)的结构式

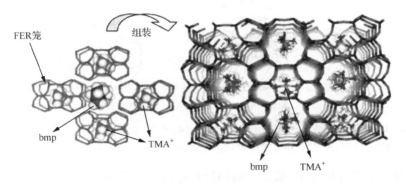

图 5-23 TMA⁺填充的空腔围绕 1-苯甲基-1-甲基吡咯烷鎓(bmp)进行自组装形成最终的镁碱沸石结构的路线图[125]

5.3.2.10 多有机分子(或 F⁻)协同模板导向三维孔道

有的结构导向剂会促使某种特定的结构单元生成,当向合成体系中引入多种结构导向剂时,可能会生成具有三维孔道的微孔化合物。由于每一种有机物中均有结构导向能力,因此,多种有机物的相对用量必须保持微妙的平衡,才能生成含有多种模板剂的结构。

LTA 沸石具有沿[100]、[010]和[001]方向的三维 8 元环孔道体系,三个 8 元环孔道交叉于一处,形成体积较大的 α 笼和体积较小的方钠石笼(Sodalite,SOD),如图 5-24 所示。LTA 结构也可看作由 SOD 笼以简单的立方形式排列,彼此间由双四元环(D4R)连接,从而生成一个体积较大的 α 笼。当向合成体系中引入有机环化合物 4,7,13,16,21,24-六氧杂-1,10-二氮杂双环[8.8.8]二十六烷(K222),F⁻以及四甲基铵阳离子(TMA⁺)时,在水热条件下可晶化出磷酸铝组成的 LTA 沸石结构[114]。双质子化的 K222²⁺位于 α 笼中,F⁻位于双四元环中,而 TMA⁺位于 SOD 笼中,如图 5-24 所示。当合成体系中只含有 K222 时,在水热条件下也可晶化出磷酸铝组成的 LTA 沸石结构,该结构拥有立方(cubic)对称性。以往的研究表明 TMA$^+$ 往往位于 SOD 笼中,因此推测 TMA$^+$ 可促进 SOD 笼的生成。但当将 TMA$^+$ 引入到合成体系时,反而减缓了 LTA 的晶化,必须同时向合成体系中引入 F$^-$ 才能晶化出结晶度很好的 LTA 结构,此时结构的对称性降低为斜方(rhombohedral)[114],表明在这种合成条件下,K222、F$^-$ 以及 TMA$^+$ 对 LTA 结构的生成的确起到了协同结构导向作用。

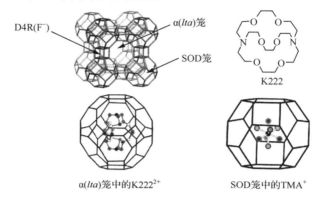

α(lta)笼中的K222^{2+} SOD笼中的TMA$^+$

图 5-24   LTA 沸石的结构、大环化合物 4,7,13,16,21,24-六氧杂-1,10-二氮杂双环[8.8.8]
二十六烷(K222)、K222^{2+} 在 α 笼中可能的位置以及 TMA$^+$ 在 SOD 笼中可能的位置[114]

　　另外一个多有机分子(或 F$^-$)协同模板导向三维孔道的例子是从含有二乙醇胺、F$^-$ 以及 TMA$^+$ 的凝胶中可以晶化出磷酸铝组成的 LTA 结构,其中 F$^-$ 位于双四元环中,TMA$^+$ 位于方钠石笼中,二乙醇胺位于 α 笼中[126]。二乙醇胺中的 N 原子位于笼壁上 8 元环的中间,两个乙醇基指向相邻的 α 笼(注:在文献[126]中,作者说两个乙醇基指向相邻的 β 笼,即 SOD 笼,但在来自相同作者随后的一篇文献中[127],作者又说两个乙醇基指向相邻的 α 笼。通过分析 LTA 的结构,可以认为后者的描述正确,前者可能是一个笔误)。除了乙醇胺分子外,在 α 笼中还有 8 个位置靠近笼壁上 6 元环的水分子,同乙醇胺的端连羟基形成氢键,因此也可将这些水分子考虑为模板剂。在这个合成体系中,用二乙醇胺、TMA$^+$ 以及 F$^-$ 中的任何一种或两种物种为结构导向剂,均得不到 LTA 型结构。如果要得到 LTA 型结构,三者必须同时存在[126]。而如果用尺寸稍大的四丙基铵阳离子(TPA$^+$)替换尺寸较小的二乙醇胺分子,则从该合成体系晶化出的是具有更大空腔的 FAU 和 AFR 型沸石结构[127]。说明 K222 或二乙醇胺分子、TMA$^+$ 以及 F$^-$ 在具有三维孔道的 LTA 型结构的生成过程中的确起到了协同模板结构导向作用。

5.3.2.11   一种特殊的模板结构导向——手性传递

　　手性微孔固体材料由于具有手性催化活性中心,在材料中均匀分布、规则的孔径分布和较大比表面积,以及较高的热稳定性等优点,它们在手性合成、对映体拆分及手性催化领域具有广泛的应用前景。手性微孔固体材料通常分为手性沸石和手性开放骨架材料[128]。手性沸石是指具有手性结构特征的沸石结构,手性结构特征包括螺旋链、螺旋带以及螺旋孔道,在手性沸石中,构成骨架的基本结构单元为 T-O 四面体(TO_4,T 为骨架原子)。而在手性开放骨架材料中,构成骨架的基本结构单元为 T-O 多面体(TO_n,$n=3、4、5、6$ 等)。手性沸石的数目并不多,包括 BEA、BSV、GOO、CZP、OSO、JRY 以及 STW 等,而手性开放骨架材料的数目也不多,有 10 多种[128]。

　　微孔结构的手性来源于其中的手性结构单元或非手性结构单元的手性组织。尽管导致手性微孔固体的模板剂有的具有手性,有的不具有手性,手性模板剂可能导致手性的微孔固体,也可能导致非手性的微孔固体,从而使手性模板剂与手性微孔固体的对应关系变得异常复杂,但当在晶化过程中,如果无机物种与有机物种之间存在较强的相互作用,则有机物种的手性就有可能被传递到将其包围的无机环境,从而形成手性微孔固体。下面就结合一个实例介绍无机微孔固体材料合成中的一种特殊模板结构导向作用——手性传递。

　　JST 沸石结构(GaGeO-CJ63)含有 3 元环,具有在已知沸石结构中第二低的骨架密度[129]。合成 JST 结构的模板剂为混旋的 $[Ni(en)_3]^{2+}$ 阳离子(en 为乙二胺),在 JST 的结构中,明确观察到了从手性模板剂到结构中手性笼的手性传递作用。

　　GaGeO-CJ63 结晶于立方 $Pa\bar{3}$(No. 205)空间群,含有两种类型的 3 元环。一种 3 元环具有 $C1$ 对称性,另外一种 3 元环具有 $C3$ 对称性。每一个具有 $C3$ 对称性的 3 元环被 3 个具有 $C1$ 对称性的 3 元环包围,而每一个具有 $C1$ 对称性的 3 元环被 2 个具有 $C1$ 对称性的 3 元环和一个具有 $C3$ 对称性的 3 元环包围。两个 3 元环相互连接形成一个螺-5(spiro-5)次级结构单元,而该螺-5 结构单元可进一步构筑成 GaGeO-CJ63 的整个骨架。GaGeO-CJ63 含有沿[100]、[010]以及[001]方向的三维交叉 10 元环孔道。GaGeO-CJ63 含有两种笼,即$[3^4 6^1 10^3]$笼和$[3^8 10^6]$笼。需要注意的是每一个$[3^4 6^1 10^3]$笼只包裹了一个$[Ni(en)_3]^{2+}$,如图 5-25(a)和图 5-25(b)所示,而$[3^8 10^6]$笼中则没有任何客体物种。金属配合物中的 N 原子与骨架的 O 原子形成了 3 个氢键。有趣的是,$[3^8 10^6]$笼的对称性与$[Ni(en)_3]^{2+}$的对称性相同,均是 $C3$,这意味着$[3^8 10^6]$笼也具有手性,而其手性可能就来自于包裹于其中的金属配合物$[Ni(en)_3]^{2+}$阳离子。为了检验这一设想,Han 等进行了分子动力学模拟计算研究。为了表述方便,他们将包裹具有 Δ 构型的$[Ni(en)_3]^{2+}$的笼称为 Δ-$[3^8 10^6]$笼,如图 5-25(c)所示,而将包裹具有 Λ 构型的$[Ni(en)_3]^{2+}$的笼称为 Λ-$[3^8 10^6]$笼,如图 5-25(d)所示。在根据单晶 X 射线衍射数据解析的结构中,Δ-$[Ni(en)_3]^{2+}$ 位于 Δ-$[3^8 10^6]$笼中,而 Λ-$[Ni(en)_3]^{2+}$ 位于 Λ-$[3^8 10^6]$笼中。首先,Han 等对真实的结构进行了能量优化,在进行能量优化后,计算了包括氢键键能、范德华力以及静电相互作用在内的非键相互作用。为了对比,他们将位于 Λ-$[3^8 10^6]$和 Δ-$[3^8 10^6]$笼中的金属配合物进行了对换,构建了一个"相反"的结构模型。在进行相同的能量优化过程后,计算了相应的非键相互作用能。结果表明真正结构中的非键相互作用能大大强于"相反"结构中的非键相互作用能。这表明在晶化过程中，$\Lambda\text{-}[3^8 10^6]$笼来自于 $\Lambda\text{-}[Ni(en)_3]^{2+}$，而 $\Delta\text{-}[3^8 10^6]$笼来自于 $\Delta\text{-}[Ni(en)_3]^{2+}$，在模板剂和微孔结构之间发生了手性传递。除了这个例子外，还有许多手性微孔固体中发现了手性传递现象。尽管在手性微孔固体中发现了手性传递现象，但使用手性模板剂并不能保证手性传递作用一定会出现，如在 SSZ-24、CIT-5、CIT-1 以及 ZSM-12 的合成中都使用了手性模板剂，但是最终的结构却不具有手性结构特征[130]，说明在手性模板剂和无机结构之间必须存在较强的非键相互作用，特别是具有方向性的氢键相互作用，才能发生手性传递作用。

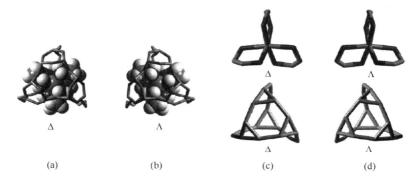

$$(a) \qquad\qquad (b) \qquad\qquad (c) \qquad\qquad (d)$$

图 5-25　(a) 位于具有 Δ 构型的$[3^4 6^1 10^3]$笼中的 $\Delta\text{-}[Ni(en)_3]^{2+}$；(b) 位于具有 Λ 构型的$[3^4 6^1 10^3]$笼中的 $\Lambda\text{-}[Ni(en)_3]^{2+}$；(c)具有 Δ 构型的$[3^4 6^1 10^3]$笼以及具有 Δ 构型的$[Ni(en)_3]^{2+}$；(d) 具有 Λ 构型的$[3^4 6^1 10^3]$笼以及具有 Λ 构型的$[Ni(en)_3]^{2+[129]}$

5.4　微孔晶体成核与晶体生长

在沸石晶体被发现之前，人们就已经开始对晶体的晶化行为进行研究，并发展了一套成核和晶体生长理论，认为晶体的形成过程可分为成核过程和晶体生长过程。

5.4.1　经典成核理论

从热力学角度来看，晶体的形成是一个一级相变。一级相变的一个重要特征就是在相边界存在浓度的不连续性，由于这种不连续性，溶液-晶体边界就具有了非零表面自由能。如果一个凝聚相部分碎片在一个过饱和溶液中形成，那么形成相的边界表面自由能就不利于这个形成过程。因此，借助于少数能够克服自由能位垒的能量涨落，最终只有极少数凝聚相的初级碎片能够生成。新相形成过程中的第一步（位垒决定相生成的动力学阶段）被称作成核（nucleation）。经典成核理论将成核分为初级成核和次级成核，次级成核由晶体诱导，初级成核又分为均相成核以及非均相成核，均相成核为自发产生，而非均相成核由外来粒子诱导产生，它们之间的关系如图 5-26 所示。在此只介绍均相成核。

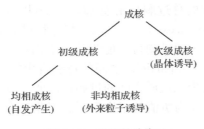

图 5-26　成核的分类

经典成核理论的热力学基础最早由 J. W. Gibbs 在 19 世纪末提出[131, 132]。尽管经过长时间的研究，人们仍然不清楚一个稳定的晶核是如何在一个均相溶液中形成的[133]。举个简单的例子，对于过饱和的蒸气而言，只有在出现一个微观液滴（称为凝聚核）之后，过饱和的蒸气才可能凝聚成液体。然而，由于在这些瞬间液滴的表面蒸气压极其高，即使周围的蒸气是过饱和的，它们也会快速蒸发。当旧核蒸发时，新核同时生成，直到通过凝结或在非常高的过饱和情况下生成稳定的液滴。

经典成核理论认为晶核的形成过程是一个更加复杂和更难想象的过程，在这个过程中不但有用于抵抗溶解趋势的持续分子凝聚过程，还有分子或离子排列成有序固定点阵的过程。一个稳定晶核中的分子数目会在数十到数千之间变化。例如，水核（冰）可能含有 100 个分子，但是一个稳定的核不会是所需数目的分子同时碰撞的结果，因为这是极其罕见的事件。更可能是按照如下方案进行的双分子连续添加的结果：

$$A+A \Longleftrightarrow A_2$$
$$A_2 + A \Longleftrightarrow A_3$$
$$A_{n-1} + A \Longleftrightarrow A_n（临界团簇，critical cluster）$$

更多的分子添加到临界团簇上就会导致成核的发生以及后续核的生长。另外，离子或分子在溶液中可以相互作用形成一些短暂存在的团簇。核的构建过程发生得很快，只能在具有非常高过饱和度溶液的局部进行，并且许多"晶胚（embryos）"或"亚晶核（sub-nuclei）"都不能长大成真正的晶核，这些晶胚或亚晶核由于极不稳定而在晶化过程中又溶解了。但是，如果晶核通过生长达到了一定的临界尺寸，就会在具有高过饱和度的液相中稳定存在。

分子或离子的组装体（即临界核）的结构并不知道，并且由于其太小而不能被直接观察到。它可能是一个微晶，在形式上几乎完美。当然，它也可能是状态上与液相没有显著不同的分子或溶剂化离子的弥散体。Hoare 等对非常小的原子尺度团簇的形貌进行了研究[134]。

起源于 J. W. Gibbs[135]，M. Volmer[136]，R. Becker 等[137]研究工作的经典成核理论的基础是蒸气相到液相的凝聚，并且在研究蒸气相到液相凝聚过程中所采用的处理方法可以被扩展到熔融态液体及溶液中的晶化研究。均相成核过程中的自由能变化可这样计算:溶质的小固体粒子(为了简单起见,在此假定为半径是 r 的球)和溶液中溶质之间的总过剩自由能 ΔG (overall excess free energy)是表面过剩自由能 ΔG_S(surface excess free energy)与体积过剩自由能 ΔG_V(volume excess free energy)之和。表面过剩自由能为粒子表面(the surface of the particle)和粒子体相(the bulk of the particle)之间的过剩自由能,体积过剩自由能为非常大的粒子($r=\infty$)和溶液中的溶质之间的过剩自由能。ΔG_S为正值,数值同 r^2 成正比。在过饱和溶液中,ΔG_V 为负值且正比于 r^3。因此有式(5-4):

$$\Delta G = \Delta G_S + \Delta G_V = 4\pi r^2 \gamma + \frac{4}{3}\pi r^3 \Delta G_v \tag{5-4}$$

这里 ΔG_v 是每单位体积转变自由能的改变(free energy change of the transformation),γ 是界面张力(interfacial tension),也就是正在形成的结晶性表面和将其包围的过饱和溶液之间的界面张力。人们也经常用"表面能"来替代界面张力。方程式(5-4)的右侧两项符号相反,并对粒子半径 r 的变化依赖程度不同,因此生成自由能 ΔG 将会经历一个最大值(图 5-27)。这个最大值 ΔG_{crit} 对应于临界核 r_c。对于一个球形团簇,可通过对方程式(5-4)求极值($\mathrm{d}\Delta G/\mathrm{d}r=0$)解出临界半径 r_c:

$$\frac{\mathrm{d}\Delta G}{\mathrm{d}r} = 8\pi r\gamma + 4\pi r^2 \Delta G_v = 0 \tag{5-5}$$

因此可解得

$$r_c = \frac{-2\gamma}{\Delta G_v} \tag{5-6}$$

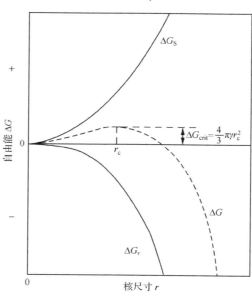

图 5-27　解释"临界核"存在的成核自由能图[133]

这里 ΔG_v 为负值。

从方程式(5-4)和式(5-5)可以得出

$$\Delta G_{crit} = \frac{16\pi\gamma^3}{3(\Delta G_v)^2} = \frac{4\pi\gamma r_c^2}{3} \tag{5-7}$$

在过饱和溶液中新生成的结晶性点阵结构的行为依赖于其大小,或者其长大,或者重新溶解掉,无论是哪种过程均能降低粒子的自由能。因此,临界尺寸 r_c 代表了一个稳定核的最小尺寸。尺寸小于 r_c 的粒子将会溶解,如果该粒子是位于过饱和蒸气中的液体,则该粒子会蒸发,因为只有这样粒子才能降低它的自由能。同样,尺寸大于 r_c 的粒子将会继续生长。这是经典成核理论的主要观点。但是在经典成核理论中有一个没有明确说明,甚至没有提及的问题:那些尺寸超过临界核且存活下来的核为什么在其长到临界核尺寸前没有溶解?到目前为止,晶核的结构、来源及定义不清楚,晶核的生成机理不清楚,虽然从理论上可以推导出临界核的尺寸,但至今未见有具体临界核尺寸的报道,核也从来没有被分离出来过,因此,经典成核理论基本上还是一个未经实验验证的理论。

5.4.2　无机微孔晶体晶化过程中的成核

微孔晶体的晶化过程比离子型或分子型非微孔晶体的晶化过程还要复杂,除了有无机成分间的成键相互作用,还涉及无机物种和用作模板剂或结构导向剂的客体物种(通常是有机物种)之间的非键相互作用。在研究其晶化过程时,人们采用的主要理论依据仍然是经典成核和晶体生长理论,认为在微孔和开放骨架结构形成过程中会发生"成核"和"核生长"两个事件,并认为在微孔化合物的晶化过程中,"成核"步骤是关键步骤。生成什么样的"核",就会晶化出什么类型的微孔晶体。人们最早提出"成核"与"晶体生长"理论是为了解释简单致密晶体的晶化行为。该理论可以很好地描述简单致密晶体的晶化行为,但对于结构非常复杂且受多种因素影响的沸石晶体而言,应用该理论则面临着许多严峻的挑战,存在许多问题,如沸石晶体中"交互生长(intergrowth)"问题。尽管如此,我们还是先介绍一下人们在该理论的指导下开展的沸石晶化机理的研究工作,然后在本章合适的位置再详细介绍对这一问题的新认识(new insight)。

几十年来人们一直在研究微孔晶体的成核过程。在开始研究之前,首要的问题就是要弄清楚"核"的定义。在沸石与微孔化学界,人们往往将一个沸石结构的晶胞视为"核"。1981 年,我国徐如人等曾用电子衍射法研究了液相中 Na-X 型沸石晶核的形成,提出 Na-X 型沸石的晶胞是其"核"的概念[20]。1998 年,C. G. Pope 以 A 型和 X 型沸石为例[138],提出可将 LTA 与 FAU 型的最小完整单元(the smallest complete unit),即晶胞,视为 A 型沸石与 X 型沸石的"核",如图 5-28 所示。对于前者[图 5-28(a)],可通过该晶胞外表面上阴影标志的 24 个 4 元环(⬖)进一步增长成 LTA 型沸石晶体。而 X 型沸石的晶体则可以图 5-28(b)所列的

"核"通过外表上的 6 元环(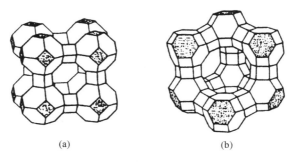)晶化而成。

(a)　　　　　　　　　　　　(b)

图 5-28　LTA 型(a)与 FAU 型(b)沸石的核[138]

　　对于"核"的定义,当然也有不同的观点。例如,有人就提出沸石和其他微孔晶体的"核"可以是晶体骨架的某些初级结构单元,如环、最基本的笼等,还有人将"核"定义为晶化条件下,可稳定存在的具有临界尺寸且包含晶体骨架结构的微粒。不管怎样,C. G. Pope 提出"与其他无孔晶体在均相体系中所成的核相比较,由于沸石和其他微孔晶体的'核'具有孔,因而其'成核'自由能势垒将大为降低"[138],这对微孔晶体的生成至关重要。1998 年,M. Tsapatsis 等形象地提出了一个在硅铝凝胶微孔结构中成核与晶体生长的模型[28]。由于硅铝凝胶是一个具有微孔、介孔与大孔结构的多孔复合体,微孔晶体只可能在凝胶骨架间液相内选择性地成核,如图 5-29 所示。除此之外,徐如人等还用高能电子衍射研究了 Na-Y 型沸石生成的液相机理与其组成硅铝比的非均一性[20],证明了晶胞的存在,并在此基础上描写出了晶化动力学曲线。

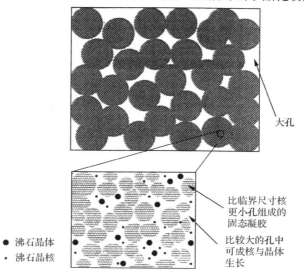

大孔

比临界尺寸核
更小孔组成的
固态凝胶

比较大的孔中
可成核与晶体
生长

● 沸石晶体
· 沸石晶核

图 5-29　硅铝沸石凝胶微结构中成核与晶体生长模型[28]

下面将讨论"成核"中最重要的一个问题,以沸石为例,即硅、铝等组分如何在晶化条件下借结构导向作用生成具有特定孔道结构的晶核。这是至今尚未完全解决的一个重要科学问题,主要原因是原位检测方法与技术尚不能满足要求,不能使人们更好地认识整个晶化过程(包括成核、晶体生长以及转晶等)中的有关化学个体的化学行为与反应。因此,目前更多的报道是只能从某些特定的体系出发来研究与证明晶化中的成核规律。下面将对 M. E. Davis 等对四丙基铵阳离子(TPA$^+$)以及 HDA [H$_2$N(CH$_2$)$_6$NH$_2$]存在下 Si-ZSM-5 与 Si-ZSM-48 型沸石成核机理的研究结果作一个介绍[139],以使读者加强这方面的认识,以及对某些一家之见的了解。

1995 年,S. L. Burkett 与 M. E. Davis 对于含硅 ZSM-5 与 ZSM-48 在 TPA$^+$ 与 HDA 结构导向下的成核机理提出了比较独到的看法[139]。首先他们将合成体系 0.5 TPA$_2$O：10 SiO$_2$：380 H$_2$O 在 110℃晶化 15 天,制得高纯度 Si-ZSM-5,将合成体系 5.0 HDA：2.0 SiO$_2$：10 H$_2$O 在 120℃与 150℃分别晶化 40 天与 10 天,可以制得高纯度 Si-ZSM-5 与 Si-ZSM-48,其产物的晶体结构以及结构导向剂在结构中的位置如图 5-30 所示。

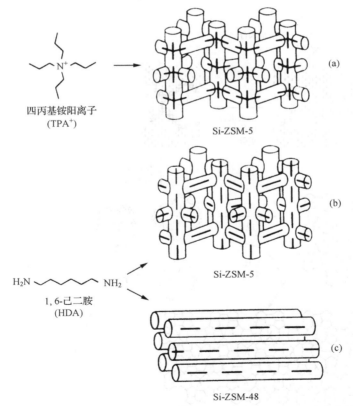

图 5-30　结构导向剂 TPA$^+$ 与 HDA 在 Si-ZSM-5 与 Si-ZSM-48 孔道中的结构[139]

在 Si-ZSM-5 与 Si-ZSM-48 孔道中,结构导向剂 TPA⁺ 与 HDA 分别位于 Si-ZSM-5 的二维孔道交叉处与 Si-ZSM-48 的直孔道中。根据上述结构特点,M. E. Davis 等提出了在结构导向剂作用下的成核机理。首先 M. E. Davis 等用 XRD、IR、^{29}Si NMR,特别是 ^{1}H 与 ^{29}Si CP-MAS NMR(交叉极化魔角旋转固体核磁技术)证实了在成核液相中 TPA⁺憎水水合球(hydrophobic hydration sphere)与可溶性硅酸根物种疏水性水合区域 (hydrophobically hydrated domains of soluble silicate species)的存在,在凝胶间液相的有限空间中,这两类水合化学个体会发生碰撞,导致水合层相互重叠(overlap),在水合层重叠后,在 TPA⁺ 与硅酸根间存在的氢键与范德华力作用下,将水层中的水分子逐渐驱除,从而生成包含 TPA⁺ 与硅酸根的有机-无机复合物种(organic-inorganic composite species),这些化学个体聚集在一起就形成了核,如图 5-31 所示。

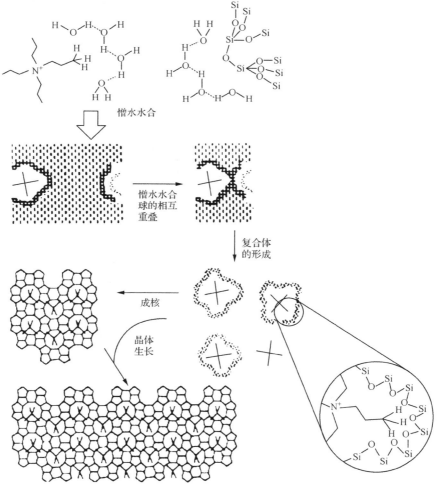

图 5-31　Si-ZSM-5 的成核机理[139]

　　随着微孔磷酸铝与其他微孔磷酸盐的大量出现,在沸石"成核"观念的基础上,人们又提出了在结构导向剂存在下由晶化前期液相中存在的次级结构单元(SBU)聚合自组装成核的看法。例如 1998 年,G. A. Ozin 等从 Al_2O_3-H_3PO_4-TEG-Et_3N 体系的研究结果出发,提出在该体系晶化前期液相中存在着由 4 元环构成的初始链状结构[$AlP_2O_8H_2$]$^-$,[$AlP_2O_8H_2$]$^-$ 链对体系中存在的水量很敏感,随着水量的增多,[$AlP_2O_8H_2$]$^-$ 发生水解,生成各种新的结构单元[140]。当体系含水量不多时,该初始链会通过部分水解和 Al—O—P 键的重新生成形成一个梯形的链,该梯形链再同初始链[$AlP_2O_8H_2$]$^-$ 一起构成具有 20 元环窗口的三维阴离子开放骨架 JDF-20。当体系含水量很大时,该初始链通过部分水解和 Al—O—P 链的重新生成,主要形成曲轴状的链状结构,该曲轴状链可以构成具有一维 12 元环直孔道的磷酸铝分子筛 $AlPO_4$-5。当体系的含水量比较适当时,初始链[$AlP_2O_8H_2$]$^-$ 会水解成其他类型的两种链,这两种链又分别可以构成 $AlPO_4$-C 和 $AlPO_4$-21。

　　G. Férey 等在不同类型的结构导向剂 RNH_2 存在下从 Ga_2O_3-P_2O_5-RNH_2-HF-H_2O 中晶化出了一系列微孔磷酸镓[141, 142],这些微孔磷酸镓可看作全是由一种六聚 SBU 在不同的 RNH_2 存在下自组装构筑而成。

　　P. P. E. A. de Moor 等[143]用广角、小角以及极小角 X 射线散射技术(WAXS、SAXS 以及 USAXS)研究了以四丙基铵阳离子(TPA^+)为结构导向剂的纯硅 ZSM-5(MFI)沸石的晶化过程,发现在晶化过程中生成了包含 TPA^+ 和硅酸盐且尺寸在 2.8nm 以及 10nm 左右的物种,认为尺寸较小的物种作为初级结构单元(primary building unit),相互聚集就构筑成了尺寸在 10nm 左右的物种,而这些稍大一点的物种就进一步形成了启动沸石晶体生长晶核。根据这些数据,他们认为以 TPA^+ 为结构导向剂的纯硅 ZSM-5 沸石的成核机理首先是在纳米尺度的有序化,然后是初级结构单元在更大尺度上的有序化,并给出了一个晶化过程示意图,如图 5-32 所示。然而,到目前为止,即使在像这样联合应用多种表征技术的晶化机理研究中,也没有人给出"核"的精确概念以及"核"的精确结构和大小,更没有人宣称在晶化过程中分离出了"核"。

5.4.3　晶体生长

5.4.3.1　经典晶体生长理论

　　经典晶体生长理论主要研究常见致密晶体的生长。晶体生长理论认为,在过饱和或超冷体系中,一旦大小超过临界尺寸的粒子生成就马上开始生长成大小不一的晶体。在晶体生长研究的过程中,出现了几种理论,包括表面能理论(surface energy theories)、吸附层理论(adsorption layer theories)、运动学理论(kinematic theories)、扩散反应理论(diffusion-reaction theories)以及成核和侧向扩展模型(birth and spread models)等。表面能理论认为正在生长的晶体具有最小的表面

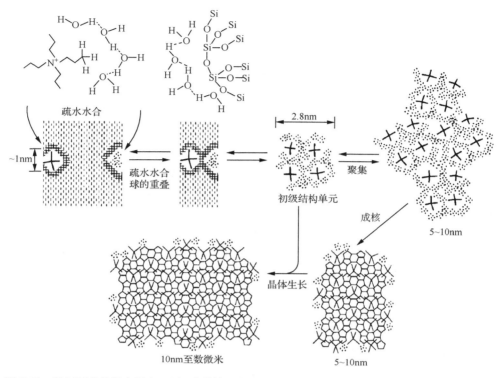

图 5-32　以四丙基铵阳离子(TPA⁺)为结构导向剂的纯硅 ZSM-5(MFI)沸石的晶化机理示意图[143]

能。尽管还没有完全被抛弃,这种观点现在已经基本上被废弃。吸附层理论最早由 M. Volmer 提出,他认为晶体生长是一个不连续的过程,以在晶体表面的吸附和逐层(layer by layer)进行的方式发生[136]。近年来这个理论又有了几次显著的修正。扩散理论假定物质以一定的速率连续地沉积到一个晶面,而这个速率正比于沉积点和体相溶液的浓度差。对这个过程进行定量分析的数学方法与在其他扩散或质量传输过程中的分析方法类似。

5.4.3.2　无机微孔晶体生长

上面所介绍的晶体生长研究都是针对致密晶体。自从以沸石为代表的无机微孔晶体被发现以来,人们也开始研究这类晶体的生长过程。与致密晶体相比,无机微孔晶体的生长过程更复杂。这类晶体不但在分子层次具有孔道,在孔道中存在着客体物种,而且组成晶体的结构单元还特别丰富,这都为晶化过程研究增加了难度。

得益于新的高分辨表面敏感技术如原子力显微镜(AFM)、高分辨扫描电子显微技术(HRSEM)和高分辨透射电子显微技术(HRTEM)的发展,以及理论模拟研究的进步,人们对无机微孔晶体的生长过程有了比较深入的认识。

最早人们用 AFM 观察天然沸石的表面,希望能观察到终止于表面的孔道结构[144-146]。在 1998 年,S. Yamamoto 等发现天然片沸石(heulandite)的晶体表面存在台阶,表明该天然沸石的晶体生长可能遵循成核和侧向扩展机理(birth and spread)[147]。而 M. W. Anderson 等则首先用 AFM 研究了人工合成沸石 Y 的晶体表面,在晶体表面也发现了台阶和梯田结构[148]。后来,人们用 AFM 又研究了 A 型、X/Y 型、Silicalite-1 以及其他组成的无机微孔晶体的表面,并推测了这些晶体的生长和溶解模式以及可能的生长单元。由于多数 AFM 研究都表明在晶体的表面存在台阶和梯田结构,因而一些作者就认为成核和侧向扩展生长方式可能是无机微孔晶体的主要生长方式[50]。人们在研究 A 型沸石[149]以及辉沸石(stibite)[150]的晶体表面时,发现了螺旋结构,表明在无机微孔晶体生长过程中,也可能采用螺旋生长模式。下面就以 STA-7 为例介绍一下无机微孔晶体的晶体生长研究。

STA-7 是具有 SAV 结构类型的 SAPO 分子筛[151]。STA-7 结晶于 $P4/n$ 空间群,由双六元环(D6R)构成,含有两种类型的笼。这两种笼通过 8 元环窗口在三维方向相连。在较大的笼中存在着 1,4,8,11-四氮杂环四癸烷(1,4,8,11-tetraazacyclotetradecane)分子,而在较小的笼中存在着四乙基铵阳离子。

图 5-33 为晶化产物的 SEM 照片。从图中可以看出晶体具有清晰可辨的四棱柱外形,大小在 30~35mm 之间。因此,STA-7 晶体共有两个结晶学独立的晶面,即(100)和(001)晶面[分别为图 5-33 的(b)和(c)],这两个晶面都用非原位的 AFM 进行了研究。

图 5-33　(a)STA-7 晶体的扫描电子显微镜照片;(b)STA-7 晶体的(100)晶面;
(c)STA-7 晶体的(001)晶面[116]

1）（001）晶面

图 5-34 是 STA-7 晶体（001）晶面的代表性 AFM 照片，可以看出表面覆盖了多个差不多各向同性的螺旋结构。在所扫描的表面中，位错密度也非常接近，每 $10\mu m^2$ 有 1～2 个位错。没有观察到二维成核的证据，表明在将晶体从母液中取出时整个体系很接近平衡态。螺旋呈各向同性表明在低过饱和条件下并没有优先的生长方向。高度分析显示在位错核心的台阶高度（伯格斯矢量，Burgers vector）总是（0.9±0.1）nm［图 5-34 中的（b）和（c）］，而这个高度正好对应于 d_{001} 间距，也就是双六元环沿［001］方向的高度。

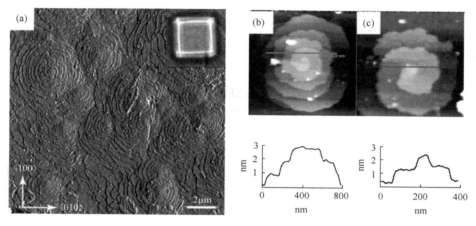

图 5-34　(a)STA-7 晶体(001)晶面的 AFM 照片，插图为相应的光学照片；(b)下螺旋结构和截面的 AFM 高度图；(c)上螺旋结构和截面的 AFM 高度图[116]

2）（100）晶面

用 AFM 对（100）晶面的观察结果揭示了两种不同类型的螺旋结构。第一种数量较多，具有拉长的外形。长轴平行于［001］方向，因此是生长较快的方向。高度分析表明这种螺旋结构由伯格斯矢量≈ 0.9nm 的位错生成，见图 5-35（a）。第二种为交错的螺旋结构，见图 5-35（b）和图 5-35（c）。在交错螺旋结构中裂开的台阶就形成了延伸自位错的"锯齿"状图案，在这里该图案平行于［100］方向［图 5-35（c）方框中的图案］。沿着这个图案进行高度分析发现台阶的高度为半个晶胞，即（0.9±0.1）nm［图 5-35（b）中横线］。而经过位错中心但平行于［001］方向的横截面［图 5-35（c）中横线］则表明绝大多数台阶高度是一个晶胞，即（1.8±0.1）nm（即两个单层）。图 5-35（b）是螺旋中心的高分辨照片，从中可以看到两个起源于位错的单个台阶［（0.9±0.1）nm］，因此位错的伯格斯矢量同晶胞的大小相同，即（1.8±0.1）nm。如前所述，当起源于位错的不同单层具有不同速率各向异性时就会生成交错螺旋结构。在 STA-7 的晶体中，由于存在垂直于（100）晶面的 n-滑移面，对称地导致了这种各向异性生长。最近 W. J. P. van Enckevort 等指出当一个螺旋轴和/或滑移面垂直于正在生长的表面时就会产生交错的情况[152]。由于存在 n-滑移面,导致螺旋结构在[100]方向两侧呈对称分布,n-滑移面同(100)晶面交叉。此外,由于对称轴的存在,这些螺旋结构沿[001]方向也是对称的。把这些对称性限制考虑在内,就有可能解构(deconstruct)个别子台阶(substep)的各向异性生长。在 STA-7 的晶体中,两个子台阶沿着[001]和[00$\bar{1}$]方向的生长速率就不相同。一个子台阶沿着[001]方向的生长速率就比沿[00$\bar{1}$]方向的生长速率快,而另一个子台阶的情况刚好相反。图 5-36 汇总了这种情况。图 5-36(a)和图 5-36(b)给出了这两个子台阶在没有干扰发生时将会采取的生长模式的简化示意图。很显而易见,每一个子台阶沿着[001]方向是各向异性生长。从图 5-36(c)可以看出,两个螺旋的轨迹是重叠的,这很清楚地演示了它们是如何形成在图 5-35(c)中所观察到的交错图案。

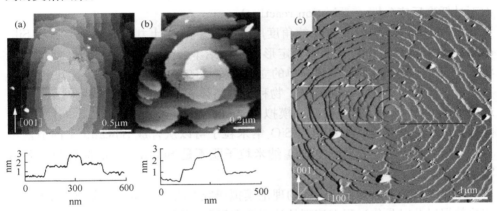

图 5-35　(a)一个椭圆螺旋横截面的 AFM 高度图;(b)显示(c)中交织螺旋中心区域详细信息的高度图,可清楚地看到两个起源于位错的子台阶,截面图进一步确认这些台阶均为单层(即0.9nm 高);(c)交织型螺旋的放大图,方框显示的是在这些螺旋中观察到的典型"锯齿"图案[116]

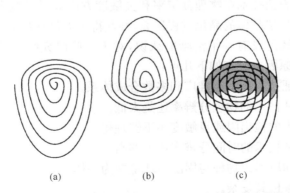

图 5-36　显示交织螺旋形成过程的简化示意图:(a)和(b)为每一个子台阶在自由生长的情况下生成的图形;(c)为这两种子台阶重叠的情况,这里交织的图案为真实观察到的图案[116]

5.4.4　理论计算与模拟

除了从实验上研究无机微孔晶体的晶化过程外,人们还从理论上开展了研究,特别是对晶化的早期阶段[153-162]。

早些时候,C. R. A. Catlow 等用"从头算"(*ab initio*)结合分子力学以及分子动力学方法计算了 Silicalite-1 水热合成过程中成核阶段的基本反应过程[155, 159]。他们的研究表明长程库仑相互作用对保持有机-无机物种的相互靠近起到了至关重要的作用;有机模板剂与分子性溶剂水起到了相反的作用:水的溶剂化效应使具有开放结构(open structure)的硅酸根片段(fragment)倾向于塌陷形成致密的结构,而模板剂的作用是将这些硅酸根片段与溶剂分子分开,保持结构的开放性,并降低了体系的能量;在成核阶段,硅酸根更倾向于发生环化反应(cyclization reaction)而不是低聚反应(oligomerization reaction)。

而 M. Jorge 等则从更宏观的角度用一个简单的统计力学模型模拟了从 Silicalite-1 的合成清液中自发形成无定形硅酸盐纳米粒子的过程[160, 161]。他们首先将一个事先限定的空间分割成简单的立方点阵,将单个独立的物种放置到点阵上,在不考虑溶剂分子的情况下定义了物种间的整体相互作用,用规范蒙特卡罗(canonical Monte Carlo)和平行回火模拟(parallel tempering simulations)计算体系能量。他们的研究表明无定形的 SiO_2 纳米粒子可以从合成 Silicalite-1 的清液中自发形成,然而这些无定形的 SiO_2 纳米粒子既不是 Silicalite-1 的晶核也不包含 Silicalite-1 的结构单元。

尽管无机微孔晶体晶化过程的理论模拟研究取得了一定的结果,但用于解释实验数据以及对晶化过程有清晰的认识还有很远的距离。

5.4.5　微孔化合物生成机理研究新进展

尽管近年来表征技术在物理分辨率和灵敏度方面取得了较大的进步,大大促进了微孔和开放骨架晶体的晶化过程研究,并获得了大量新数据,但是人们对这类材料的晶化过程还是没有一个清晰的认识,对于一些研究结论还存在很多争议。造成这种情况的原因主要有如下几点:

(1) 原位表征技术还不能推广到多数合成体系。

(2) 现有表征技术的物理分辨率还是太低。

(3) 表征技术的检出限或灵敏度还不够理想。

(4) 多数表征技术的时间分辨率还不够高。

(5) 晶化初期所形成物种与周围的环境融为一体。

(6) 合成体系极其复杂。

(7) 目前研究策略的局限。

　　目前的研究策略是从反应原料混合时起,用各种合适的原位和非原位表征手段监测整个晶化过程,根据在不同阶段获取的表征数据,拼凑出可能的晶化过程。

　　由于目前表征技术的局限,在不同阶段所获取的信息有可能不准确、不完全,甚至不正确。根据这些数据所建议的晶化过程可能会与真实的晶化过程相差甚远。在可预见的将来,表征技术的改进、灵敏度与分辨率的提升,以及原位表征技术的提高还不会达到能清楚表征这些晶化过程的要求,因此,要开展微孔和开放骨架晶体晶化过程的研究并获取正确的信息,就必须借助于新的研究策略,即实验与理论的结合,同时提高与改进目前的原位表征技术以便获得更正确的信息。

　　现有的表征技术和手段还不能达到获取晶化过程中的准确信息的要求,并在可预见的将来也不太可能会有突破性的进展。为了有效研究这类材料的晶化过程,我们必须要采用新的研究策略。下面就简要介绍一下近期对晶化过程的新认识以及在此基础上取得的一些新结果。

5.4.5.1　晶化过程的“反向进化(演化)”

　　在合成无机微孔晶体时,总是先将包括提供骨架原子的试剂、提供结构导向的试剂以及溶剂(如果需要)均匀混合到一起,然后在一定温度下加热一段时间。如果原料之间的比例(凝胶配比)以及晶化温度和时间合适,最后就能得到含有微孔的晶化产物。因此,无机微孔晶体的晶化过程本质上是一个随时间进化(也称为演化,evolution)的单向过程,原料中的骨架原子从进化(演化)初期的彼此分离到进化(演化)中后期的彼此相连成有序结构。进化(演化)过程的一个基本属性就是原则上可以进行“反向进化(演化)”来探究进化(演化)过程。在此认识的基础上,W. F. Yan 和R. R. Xu 等提出了一个以“反向进化(演化)”为基础的无机微孔晶体晶化机理研究新策略,如图 5-37 所示[163]。

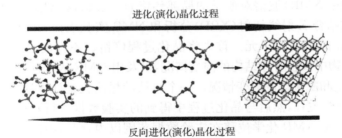

进化(演化)晶化过程

反向进化(演化)晶化过程

图 5-37　无机微孔晶体的“进化(演化)”及“反向进化(演化)”晶化示意图[163]

　　在原料混合前,骨架原子之间彼此远离不连接,与结构导向剂物种也彼此远离。将原料混合后,随着晶化的进行,骨架原子相互连接,并和结构导向剂物种先后靠近并发生相互作用,围绕结构导向剂开始进行组装。因此,骨架原子与结构导向剂之间的距离远近实际上对应着进化(演化)过程的先后顺序。由于最后的产物是具有长程有序的晶体,因此晶体中结构导向剂物种(客体分子)和骨架之间的距离可以用来度量在晶化过程中物种聚合组装过程发生的先后顺序。

5.4.5.2　晶化过程中生成的结构单元的确认

在原料混合之前,骨架原子之间彼此不连接,而最后的产物为骨架原子彼此连接的无限网络(实际上有限,只是对于原子而言可近似认为是无限大)。当将晶化不同时间的合成体系中的固液分离后,发现随着晶化时间的延长,观察到晶体的尺寸在逐渐变大,因此,在晶化过程中,晶体应是逐渐变大,而不是立刻就达到了最终产物的尺寸。因而,在晶化过程中就不可避免地生成一些由数个甚至几十个骨架原子组成的小的结构单元。由于这些结构单元太小,且很不稳定,目前的表征手段还不足以明确无误地确认它们的存在,因此只能通过一些间接的方法来研究在晶化过程中生成了哪些结构单元。

W. F. Yan 和 R. R. Xu 等以"反向进化(演化)"方法为基础,结合理论计算和核磁共振(NMR)表征,提出了一种确认在无机微孔晶体晶化过程中可能生成的小结构单元的方法,并以磷酸铝分子筛 $AlPO_4$-11 的晶化为例,确认了在 $AlPO_4$-11 晶化过程中可能生成的小结构单元,提出了 $AlPO_4$-11 的可能晶化过程[164]。

由于磷酸铝分子筛 $AlPO_4$-11 中的模板剂位置没有确定,他们首先用元素分析和热分析,并结合文献数据确定了一个晶胞中模板剂的个数,然后利用蒙特卡罗和模拟退火相结合的理论模拟方法,确定了客体物种在孔道中的位置,接着应用"反向进化(演化)"分析,从距离模板剂中 N 原子最近的 Al 和 P 原子出发,提取了 34 种在晶化过程中可能存在的小结构单元。问题是如何确定这 34 种小结构单元中哪些是在晶化过程中可能存在的。

核磁共振(NMR)波谱对原子的局部环境非常敏感,特别是骨架原子的配位态,因此尝试结合 X 射线衍射(XRD)分析和 NMR 实验表征,并结合理论计算来确认可能存在的小结构单元。首先将晶化过程停留在不同的晶化阶段,然后用 XRD 分析产物中长程有序结构的演变情况,以及用 NMR 表征晶化过程中骨架原子的局部环境和配位态的演变情况。一个自然的想法就是计算这 34 种小结构单元的 NMR 化学位移,然后与晶化过程中得到的实验数据进行对比。如果一个小结构单元的模拟 NMR 化学位移在实验数据范围以内,则表明该小结构单元在晶化过程中可能生成了,反之则没有生成。不过,由于在计算物种的 NMR 化学位移时,实际上计算出的是物种的屏蔽张量,需要同时计算一个标准参照物才能确定所计算物种的 NMR 化学位移。这一点同实验上确定物种的 NMR 化学位移相同,首先需要选定一个标准参照物,如在实验上测 P 的化学位移时,一般都选用浓度为85%的磷酸溶液为标准参照物。对于无机微孔晶体(此处为 $AlPO_4$-11),最好是将晶体结构作为标准参照物,计算晶体结构的屏蔽张量,并将该屏蔽张量与高度结晶晶体的实验 NMR 化学位移关联起来,作为理论计算 NMR 化学位移的标准参照物。但现在的计算能力还达不到计算整个晶体结构骨架原子的 NMR 化学位移的要求,因此,他们就以结晶学独立的骨架原子为中心,从最终的晶体结构中切取了 6 个包含两个完整配位层的大碎片为标准参照物(Al 中心 3 个,P 中心 3 个),认为大碎片中心的骨架原子的配位环境与晶体结构中相同独立原子的配位环境相同。在计算时需要将边界的 O 原子用 H 原子饱和。

以这些标准参照物为基础,他们计算了 34 种小结构单元的 NMR 化学位移,发现只有 16 种小结构单元的 NMR 化学位移在实验数据范围以内。因此,这 16 种小结构单元在晶化过程中是可能存在的,而另外 18 种小结构单元在晶化过程中存在的可能性不大。以这些可能存在的小结构单元为基础,他们提出了一种最为可能的磷酸铝分子筛 $AlPO_4$-11 的详细晶化过程。

5.4.5.3 模板剂结构导向效应的条件依赖性

在无机微孔晶体的合成过程中,除了含有骨架元素原料和溶剂外,往往还需要额外添加一些无机或有机试剂,当不额外添加这些试剂时,在同样的晶化条件下往往得不到相应的无机微孔晶体。在这些额外添加的无机或有机试剂的存在下得到的无机微孔晶体中,往往存在着这些额外添加试剂的分子或离子。一般情况下这些分子或离子都存在于无机微孔晶体的孔道或笼形空腔中,同其周围的无机骨架发生非键相互作用。因此,无机微孔晶体的骨架通常被称为主体,孔道中的分子或离子被称为客体。由于无机微孔晶体中的孔道或笼形空腔被这些客体物种占据,无机微孔晶体的骨架围绕着客体物种生成,客体物种好像是生成无机微孔晶体的模子,因此这些客体物种最早被称为模板剂。后来越来越多的微孔晶体被合成出来,客体物种也不总是被紧紧包裹在孔道或笼形空腔中,但是如果在合成混合物中不添加这些客体物种就不会生成相应的微孔晶体,因此后来这些客体物种多被称为结构导向剂,它们在无机微孔晶化过程中起的作用被称为结构导向作用。为了解释客体物种的结构导向作用,人们提出了一种"模板理论",认为模板剂上的电荷分布以及尺寸和几何形状是结构导向作用的成因,同时,已报道的无机微孔晶体的合成数据显示凝胶化学,即氢氧根离子的浓度(pH)、凝胶组成(硅铝比)、凝胶化过程、不同物种的溶解度、陈化、晶化温度和时间以及加热速率等因素也非常重要[72],而客体物种必须在正确的"凝胶化学"环境中才能起到结构导向的作用。"模板理论"需要回答的问题有:①一种模板剂怎么能导致多种结构?②尺寸和形状差异很大的多种模板剂怎么能导致相同的结构?③为什么一些结构必须在特定模板剂分子的存在下才能生成?

尽管经过多年的研究,但在寻找上述问题的答案方面尚没有什么进展。要回答上述问题,实质上是要从本质上理解结构导向作用,理解客体物种的结构导向作用的条件依赖性。而要理解这些内容,就不能静态地研究单个合成体系的晶化情况,而要保持绝大多数晶化条件不变,只改变一种晶化条件,研究改变这种晶化条件所引起的产物以及晶化过程的改变,理解所改变的晶化条件如何改变客体物种的结构导向能力。

　　W. F. Yan 和 R. R. Xu 等就系统研究了哌嗪等客体物种对初始混合物配比、晶化温度以及溶剂类型等晶化条件的依赖性[165-167]。

　　1) 结构导向效应的配比及 pH 依赖性

　　W. F. Yan 和 R. R. Xu 等研究了 Al_2O_3-P_2O_5-哌嗪-水体系的晶化情况。首先他们研究了配比为 $1.0\ Al_2O_3 : 1.0\ P_2O_5 : x\ (x = 0.5 \sim 4.0)$ 哌嗪 $: 277\ H_2O$ 的晶化情况[165, 166]。在这些初始混合物中,磷源和铝源的比例固定为 1:1,水与铝源的比例固定为 227:1,结构导向剂哌嗪与铝源的比在 0.5~4.0 之间变动,随着哌嗪/Al_2O_3 的比例从 0.5 增加到 4.0,产物依次为方英石致密相,方英石(cristobalite)和铝磷比为 11/12 的三维阴离子骨架磷酸铝 AlPO-CJ11/AlPO-CJB2[168, 169],方英石、AlPO-CJB2 以及层状磷酸铝 AP2pip[170],AP2pip 纯相,AP2pip 和层状磷酸铝 AlPO-CJ9[171] 以及 AlPO-CJ9 的纯相。

　　在该研究中,由于除了哌嗪/Al_2O_3 比之外的其他合成参数都没有改变,因此,一定是哌嗪/Al_2O_3 比影响了哌嗪的结构导向效应,随着哌嗪/Al_2O_3 比的变大,导致了致密相方英石、三维阴离子骨架磷酸铝 AlPO-CJB2、层状磷酸铝 AP2pip 以及层状磷酸铝 AlPO-CJ9 的形成。因此,要理解哌嗪在这些结构晶化中的结构导向作用或结构导向作用的本质,就要首先理解哌嗪/Al_2O_3 比的改变到底改变了什么?而追踪这些结构的晶化过程则是回答该问题的第一步。由于只得到了 AP2pip 和 AlPO-CJ9 的纯相,因此他们就用包括 X 射线粉末衍射、固体 NMR、pH 测量以及元素分析等表征手段追踪了两相的晶化过程。

　　AP2pip 和 AlPO-CJ9 晶化过程的 XRD、NMR、pH 以及 ICP 分析表明二者的晶化过程完全不同,在晶化过程中生成的物种也不相同,pH 以及液相中的 Al 和 P 的浓度和演化也不相同。由于生成 AP2pip 和 AlPO-CJ9 合成体系的唯一不同之处在于哌嗪/Al_2O_3 的比值,而该比值会显然影响体系的 pH 以及哌嗪分子的浓度。由于在 Al_2O_3-P_2O_5-哌嗪-水体系中必然要发生的反应为铝源和磷酸之间缩聚生成 Al—O—P 键的反应以及磷酸和哌嗪之间的酸碱质子转移反应,因此,哌嗪/Al_2O_3 的比会显然改变体系的 pH 以及这两种反应的平衡,从而影响磷酸铝小结构单元的种类和分布,以及围绕双质子化哌嗪分子的组装。为了考察 pH 对哌嗪结构导向效应的影响,他们在哌嗪/Al_2O_3 比较低时用其他类型的胺类来调节合成体系的 pH,以及当哌嗪/Al_2O_3 比较高时用盐酸来调节合成体系的 pH,并将所得的混合物在 180℃继续晶化,结果如表 5-6 和表 5-7 所示。

表 5-6　配比为 Al_2O_3 ： P_2O_5 ：1.1 哌嗪：277 H_2O ：x 碱的初始混合物在 180℃ 晶化 3 天的产物，此处的碱用于调节生成 AP2pip 的 pH 到生成 AlPO-CJ9 的 pH[a]

额外加入的碱	x	产物
乙胺	2.7	10%AlPO-CJ9[b]＋ AlPO₄-21 ＋少量未知相
二正丙胺	2.48	86%AlPO-CJ9 ＋少量未知相
三正丙胺	2.96	20%AlPO-CJ9 ＋未知相
环己胺	3.36	90%AlPO-CJ9 ＋少量未知相

a. 加入额外的碱后，最终混合物的 pH 约为 9；b. AlPO-CJ9 的含量按如下方法确定，积分几个 AlPO-CJ9 特征峰的面积，然后与 AlPO-CJ9 纯相中相应衍射峰的积分面积进行对比。

表 5-7　配比为 Al_2O_3：P_2O_5：4.0 哌嗪：277 H_2O：x HCl 的初始混合物在 180℃ 晶化 3 天的产物，此处的 HCl 用于调节生成 AlPO-CJ9 的 pH 到生成 AP2pip 的 pH

pH	x	产物
5.2	4.8	方英石
5.5	6.0	AlPO-CJB2 ＋少量 AP2pip

　　表 5-6 中的结果显示当用其他类型的有机碱而不是哌嗪来调节合成体系的 pH 到生成 AlPO-CJ9 的 pH 时，产物并不完全是 AlPO-CJ9，而是或多或少有其他物相的存在。说明哌嗪的结构导向效应/能力并不完全由体系的 pH 决定，体系中的其他类型的阳离子也会对哌嗪的结构导向效应产生显著的影响。表 5-7 中的结果显示当用 HCl 调节合成体系的 pH 到生成 AP2pip 的 pH 时，AP2pip 要么不生成，要么生成的量很少，再一次说明哌嗪的结构导向效应/能力并不完全由体系的 pH 决定，体系中的其他类型的阴离子也会对哌嗪的结构导向效应产生显著的影响。

　　以上的讨论都着眼于哌嗪/Al_2O_3 值的变化对合成体系的反应平衡、生成的物种以及组装造成的影响，而没有考虑哌嗪/Al_2O_3 比的变化对哌嗪本身的影响。回顾以往关于无机微孔晶体晶化机理以及结构导向效应的研究，发现没有人提及在晶化过程中结构导向剂本身的性质是否发生变化，基本上都假定如果结构导向剂在晶化过程中没有发生分解，则其物理和化学性质就没有发生变化。W. F. Yan 和 R. R. Xu 等认为结构导向剂本身的结构和性质也可能和晶化条件密切相关。因此，利用可靠的单晶结构数据，他们检验了在 AP2pip 和 AlPO-CJ9 结构中哌嗪的结构，并与自由状态下的哌嗪以及处于环境相对宽松的磷酸哌嗪盐中哌嗪的结构对比，发现在 AP2pip 和 AlPO-CJ9 的结构中，哌嗪分子中的 C—C 和 C—N 键的键长发生了不同程度的改变，结晶学不等价的哌嗪分子在不同环境下的 C—C 和 C—N 键的键长数据见表 5-8。

表 5-8　处于不同环境中结晶学不等价哌嗪分子中的键长数据

结构	结晶学不等价哌嗪个数	键长/Å					
		N—C	N—C	N—C	N—C	C—C	C—C
AP2pip	1	1.479	1.489	1.479	1.489	1.480	1.480
	2	1.450	1.461	1.476	1.490	1.504	1.518
	3	1.458	1.489	1.465	1.485	1.503	1.512
	4	1.464	1.475	1.480	1.487	1.509	1.523
	5	1.271	1.485	1.337	1.430	1.384	1.521
AlPO-CJ9	1	1.479	1.489	1.479	1.489	1.504	1.504
$C_4H_{12}N_2 \cdot HPO_4 \cdot H_2O$[a]	1	1.471	1.479	1.471	1.479	1.501	1.501
	2	1.479	1.487	1.479	1.487	1.489	1.489
$C_4H_{12}N_2(H_2PO_4)_2$[b]	1	1.496	1.508	1.496	1.508	1.522	1.522
	2	1.497	1.502	1.497	1.502	1.525	1.525
无水哌嗪	1	1.452	1.457	1.452	1.457	1.514	1.514
六水合哌嗪	1	1.458	1.459	1.458	1.459	1.491	1.491

a. 一水一氢磷酸哌嗪；b. 二氢磷酸哌嗪。

表 5-8 中的数据表明,哌嗪/Al_2O_3 比的改变不但改变了合成体系的反应平衡、生成的物种以及组装方式和途径,还改变了哌嗪分子本身的物理和化学性质,从而反过来进一步影响合成体系的反应平衡、生成的物种以及组装方式。

2) 结构导向效应的晶化温度依赖性

除了初始混合物的配比会显著影响模板剂的结构导向效应外,W. F. Yan 和 R. R. Xu 等发现晶化温度也会对某些模板剂的结构导向效应产生显著的影响。如当在 150℃加热配比为 Al_2O_3：1.0 P_2O_5：1.5 2-甲基哌嗪：125 H_2O 的初始混合物时,晶化产物为一种层状磷酸铝,而在 200℃加热相同的初始混合物时,晶化产物为另外一种层状磷酸铝。在 150℃加热得到的层状磷酸铝命名为 APMeP150,而在 200℃加热得到的层状磷酸铝命名为 APMeP200[172]。

W. F. Yan 和 R. R. Xu 等首先研究了具有上述配比的初始混合物分别在 150℃ 和 200℃下的晶化过程,并用 ^{27}Al 和 ^{31}P MAS NMR 表征技术研究了固体产物中 Al 和 P 的配位环境的演化过程,发现当相同的初始混合物在不同的温度加热时,初始混合物将会演化出种类和分布完全不同的小结构单元,这些小结构单元围绕结构导向剂进行组装,就生成了不同的结构。

前面关于初始混合物的组成改变将会影响结构导向剂本身物理和化学性质的研究表明,晶化温度的改变也可能会影响结构导向剂本身的物理和化学性质,因此,W. F. Yan 和 R. R. Xu 等考察了在 APMeP150 和 APMeP200 结构中结构导向剂分子的键长。APMeP150 和 APMeP200 结构中结晶学独立的 2-甲基哌嗪的 C—C 和 C—N 键的键长数据见表 5-9。表 5-9 中的数据表明晶化温度的改变的确影响了结构导向剂的结构,从而间接影响了结构导向剂与小结构单元的相互作用强度和方式,从而对 2-甲基哌嗪的结构导向效应产生了影响。

表 5-9　APMeP150 和 APMeP200 结构中 2-甲基哌嗪的 C—C 和 C—N 键的键长数据

结构	结晶学独立的 2-甲基哌嗪分子个数	键长/Å						
		N—C	N—C	N—C	N—C	C—C	C—C	C—C甲基
APMeP150	1	1.419	1.505	1.512	1.430	1.539	1.479	1.514
APMeP200	1	1.467	1.478	1.470	1.460	1.534	1.480	1.405
	2	1.505	1.488	1.502	1.452	1.521	1.486	1.576
	3	1.443	1.451	1.474	1.425	1.501	1.528	1.325
	4	1.491	1.439	1.456	1.494	1.532	1.541	1.448
	5	1.463	1.474	1.463	1.474	1.512	1.512	1.127

3)结构导向效应的溶剂依赖性

除了初始混合物的配比、晶化温度外,W. F. Yan 和 R. R. Xu 等发现溶剂的类型有时也会对模板剂的结构导向效应产生影响。例如,他们发现当以正丙胺为模板剂,以水为溶剂时,在 180℃晶化配比为 Al_2O_3：2.4 P_2O_5：5.0 正丙胺：100 H_2O 的初始混合物可得到三维开放骨架磷酸铝 $AlPO_4$-21,而当以仲丁醇为溶剂时,在 180℃晶化配比为 Al_2O_3：2.4 P_2O_5：5.0 正丙胺：100 仲丁醇的初始混合物则得到了一种铝磷比为 3/4 的二维层状磷酸铝[173],这表明在晶化过程中,溶剂分子的确以某种方式参与了组装过程。

前面提到"模板理论"需要回答的第一个问题是"一种模板剂怎么能导致多种结构?"。W. F. Yan 和 R. R. Xu 等的研究结果表明"一种模板剂能够导致多种结构"是因为模板剂的结构导向效应是晶化条件依赖的,在不同的晶化条件下,模板剂的结构导向效应会不同,从而导致不同的结构。晶化条件包括初始混合物的成分、配比、晶化温度、晶化时间以及溶剂类型等。当晶化条件改变时,在晶化过程中生成的小结构单元的类型和分布也将发生改变,同时模板剂本身的物理和化学性质也会发生改变,从而影响小结构单元围绕模板剂进行组装的方式,稳定存在的"核心单元"的结构,导致不同结构的生成。

5.4.5.4　"多种模板剂——一种结构"现象的本质初探

在无机微孔晶体合成中,一个很有趣的现象就是"多种模板剂——一种结构",即多种模板剂可以导致同一种结构的生成,如磷酸铝分子筛 $AlPO_4$-5 可以在约 85 种有机模板剂的存在下生成[174]。理解这种现象的本质将有助于揭示结构导向效应的本质,因而人们将其列为"模板理论"需要回答的问题之一:尺寸和形状差异很大的多种模板剂怎么能导致相同的结构?

W. F. Yan 和 R. R. Xu 等研究几个在多种模板剂存在下生成的结构,这些结构中的原子位置均由单晶 X 射线结构分析确定,结晶学数据见表 5-10。导致这些结构的模板剂并没有明显的共性。例如,吗啉、吡啶、哌啶、异丙胺和二乙胺均可导致具有菱沸石(chabazite,沸石结构代码为 CHA)拓扑结构的三维含氟磷酸铝化合物的生成,四甲基乙二胺、环丁胺及哌啶、乙胺、1,5-戊二胺及正丙胺均可作为具有 $4×6×8$ 元环网格结构的层状磷酸铝的结构导向剂,1,3-丙二胺、1,4-丁二胺以及 1,5-戊二胺均可导致具有 ULM-3 拓扑结构的微孔磷酸镓化合物的生成,而 3-甲氨基丙胺和 N,N'-二甲基乙二胺均可作为具有相同拓扑结构的层状磷酸锌化合物的结构导向剂。这些化合物的对称性(即空间群)可以相同,如具有 CHA 拓扑结构的微孔磷酸铝和具有 ULM-3 拓扑结构的微孔磷酸镓,但有时相差也很大,如层状磷酸铝和层状磷酸锌化合物。晶胞参数有的很相似,但有的差别也很大。具有相同无机骨架拓扑结构,但模板剂不同的化合物的键长和键角相互之间有时相差很大。因此,与其说这些模板剂起到了"结构导向作用",倒不如说它们起到了"拓扑结构导向作用"更合适。所谓的"结构导向效应",应该是"拓扑结构导向效应"。

5.4.5.5 晶化途径对晶化产物结构的影响

在无机微孔晶体合成中,对于某个特定的结构,其合成条件比较宽泛,在相当大的范围内都可以合成出该结构(指这些晶化产物的 XRD 谱图相同)。但当合成体系中不添加相应的模板剂时,并不能晶化出微孔结构,说明模板剂还是起了结构导向作用,只是该结构的生成对初始混合物的配比变化不敏感,或者说该模板剂的结构导向效应对初始混合物的配比变化不敏感。根据前面的讨论可知,当合成体系的配比变化时,体系中小结构单元的种类和分布往往要发生变化,而这种变化往往会影响小结构单元围绕模板剂进行组装的方式和走向,从而导致不同结构的生成。当模板剂的结构导向效应对合成体系的配比不敏感时,说明该结构可由不同类型的小结构单元用不同的组装方式生成。而不同的组装方式可能会造成最终生成的结构有细微的差别,特别是对于含有杂原子的无机微孔晶体,不同的组装方式可能会影响杂原子在晶体中的分布。

W. F. Yan 和 R. R. Xu 等研究了在 Al_2O_3-P_2O_5-哌嗪-H_2O 合成体系中从不同配比晶化出相同结构的化合物的晶化过程,发现晶化途径的确会对所生成的结构产生影响[175]。通过系统改变该合成体系的配比,他们探索了该合成体系的晶化区域(crystallization field),发现从该合成体系共可晶化出四种开放骨架磷酸铝化合物,分别是三维阴离子骨架磷酸铝 AlPO-CJB2/AlPO-CJ11[168, 169] 和 AlPO-JU88[176] 以及层状开放骨架磷酸铝 AP2pip[170] 和 AlPO-CJ9[171],并且这些化合物

表 5-10　"多种模板剂——种结构"现象研究中涉及结构的结晶学数据

分子式	结构导向剂	空间群	a/Å	b/Å	c/Å	α/(°)	β/(°)	γ/(°)
具有菱沸石(CHA)拓扑结构的磷酸铝微孔化合物								
$Al_3P_3O_{12} \cdot F \cdot C_4H_{10}NO$	吗啉[177]		9.333	9.183	9.162	88.45	102.57	93.76
$Al_3P_3O_{12} \cdot F \cdot C_5H_5NH \cdot 0.15H_2O$	吡啶[178]		9.118	9.161	9.335	85.98	77.45	89.01
$Al_3P_3O_{12} \cdot F \cdot C_5H_{10}NH_2 \cdot 0.25H_2O$	哌啶[179]		9.1800	9.1957	9.3606	85.532	78.192	87.739
$Al_3P_3O_{12} \cdot F \cdot C_3H_7NH_3 \cdot H_2O$	异丙胺[179]		9.1231	9.2411	9.3426	86.769	79.946	87.846
$Al_3P_3O_{12} \cdot F \cdot (C_2H_5)_2NH_2 \cdot 0.5H_2O$	二乙胺[179]		9.199	9.202	9.295	87.525	79.027	87.884
具有 4×6×8 元环格网拓扑结构的层状磷酸铝化合物								
$Al_3P_4O_{16} \cdot (CH_3)_2NH(CH_2)_2NH(CH_3)_2 \cdot H_2O$	四甲基乙二胺[180]		8.9907	9.8359	14.5566	75.872	88.616	63.404
$Al_3P_4O_{16} \cdot (C_4H_7NH_3)_2 \cdot C_5H_{10}NH_2$	环丁胺,哌啶[181]	$P2_1$	8.993	14.884	9.799	90	103.52	90
$Al_3P_4O_{16} \cdot (CH_3CH_2NH_3)_3$	乙胺[182]	$P2_1/m$	8.920	14.896	9.363	90	106.07	90
$Al_3P_4O_{16} \cdot H_3N(CH_2)_5NH_3 \cdot C_5H_{10}NH_2$	1,5-戊二胺[183]	$P2_1/c$	9.801	14.837	17.815	90	105.65	90
$Al_3P_4O_{16} \cdot (CH_3CH_2CH_2NH_3)_3$	正丙胺[173]	$P2_1/n$	11.310	14.854	14.796	90	93.64	90
具有 ULM-3 拓扑结构的微孔磷酸镓化合物								
$Ga_3P_3O_{12} \cdot F \cdot H_3N(CH_2)_3NH_3 \cdot H_2O$	1,3-丙二胺[184]	$Pbca$	10.154	18.393	15.773	90	90	90
$Ga_3P_3O_{12} \cdot F_2 \cdot H_3N(CH_2)_4NH_3$	1,4-丁二胺[185]	$Pbca$	10.075	18.506	16.060	90	90	90
$Ga_3P_3O_{12} \cdot F_2 \cdot H_3N(CH_2)_5NH_3$	1,5-戊二胺[185]	$Pbca$	10.156	18.672	16.367	90	90	90
层状磷酸锌								
$Zn_2(PO_4)(HPO_4)(H_2PO_4) \cdot C_4H_{14}N_2$	3-甲氨基丙胺[186]	Pn	11.8920	5.1318	12.3063	90	98.125	90
$Zn_2(H_{0.5}PO_4)_2(H_2PO_4) \cdot C_4N_2H_{14}$	N,N'-二甲基乙二胺[187]	$P2/n$	11.7877	5.2093	12.2031	90	98.198	90

均可从具有不同配比的合成体系生成,如配比为 Al_2O_3:1.0 P_2O_5:1.1 哌嗪:277 H_2O、Al_2O_3:3.0 P_2O_5:3.4 哌嗪:277 H_2O 以及 Al_2O_3:5.5 P_2O_5:6.4 哌嗪:277 H_2O 的合成体系均可在180℃晶化出 AP2pip(分别命名为 AP2pip-Ⅰ、AP2pip-Ⅱ以及 AP2pip-Ⅲ)。他们用 XRD 和 NMR 等表征技术跟踪了这三个化合物的晶化过程,发现在三个合成体系中,小结构单元的种类、结构和分布并不相同,其围绕模板剂进行组装的方式也不完全一样(Al 和 P 的配位状态演化不同),简而言之,生成一个宏观可见晶体的晶化途径并不唯一。

5.4.6 晶化过程及反应机理研究中的关键科学问题——结构导向与组装晶化

在无机微孔晶体的生成过程中,最主要的化学反应就是提供骨架元素的原料之间的聚合反应,正是发生了聚合反应(这里应该主要为缩聚反应,以磷酸铝为例,在生成一个 Al—O—P 键之后,同时脱掉一分子水),才会生成近乎于无限延展的骨架结构,而控制聚合的关键因素为体系的 pH。当然我们不可能在不引入其他离子的情况下单独控制体系的 pH,如在前面研究的 Al_2O_3-P_2O_5-哌嗪-H_2O 合成体系,当哌嗪的用量较少时,晶化出了一种晶相,当增加哌嗪的用量时,又晶化出了另一种晶相。在这里哌嗪用量的改变起到了两个作用,一个是调变了体系的 pH,另一个作用是改变了体系中哌嗪的浓度。我们试图在保持哌嗪浓度的情况下通过单独调变体系的 pH 来研究哌嗪的结构导向效应,如用额外的碱或盐酸来调节体系的 pH,但实际上我们并没有实现在保持哌嗪浓度的情况下只改变体系的 pH 这一初衷,因为用其他碱调 pH 就会引入其他类型的阳离子,如果用盐酸调 pH 又会引入氯离子,而小结构单元在围绕模板剂进行组装时,与模板剂的主要相互作用就是以电磁相互作用为基础的库仑相互作用、氢键相互作用、范德华相互作用等,而其他离子的引入必然干扰哌嗪与这些小结构单元的相互作用,从而干扰小结构单元围绕模板剂进行组装的方式以及影响所生成的无机-有机复合物的稳定性,导致不同结构的生成。当我们试图调控体系的 pH 时,不但调控了合成体系中缩聚反应的平衡(实际上是调控了小结构单元的种类和分布),还同时干扰了随之发生的组装过程。

因此,在无机微孔晶体的晶化过程中,小结构单元的种类和分布主要由体系的 pH 等条件控制,而结构导向效应发挥作用导致特定结构的生成则发生在随之而发生的组装阶段。无机微孔晶化过程及反应机理研究中的关键科学问题就是弄清楚体系的 pH 等如何控制缩聚反应的平衡移动来生成特定的结构单元种类和分布,以及这些小结构单元如何围绕模板剂组装成特定的结构,也就是结构导向剂和组装晶化问题。

5.5　微孔化合物晶化机理研究中的表征技术

研究微孔化合物的晶化过程与晶化机理其实就是弄清楚在晶化过程中到底发生了什么样的反应,生成了什么样的物种,这些反应和物种是如何综合到一起,形成了规整且具有开放骨架结构的晶体。要实现这些目的,就需要借助各种技术手段,对整个晶化过程进行详细的表征。就表征方式而言,无外乎分为非原位表征和原位表征。下面就介绍一下微孔化合物晶化过程与机理研究中的非原位表征和原位表征。

5.5.1　非原位表征

微孔化合物的晶化过程实际上就是一个从无定形的原料混合物到最后生成具有长程有序周期性结构晶体的过程。对整个晶化过程进行表征,实际上就是借助于一定的技术手段来"观察"整个晶化过程。根据"观察"到的结果来理解整个晶化过程,为采取特定的手段对晶化过程进行定向干预,或有目的地设计一些晶化过程,调制晶化产物提供基础。由于现有的表征技术的时间响应速率还远远达不到物种间的反应速率,因此,人们能"观察"到的内容就是处于晶化不同阶段的反应产物,包括这些产物的组成、结构以及相对数量,而不是一个动态的反应过程。如果要了解晶化过程的现场情况,最好能够做到原位(in situ)"观察"。但是,由于要做到原位"观察",需要设计能用不同表征技术很好衔接的特殊反应装置,在技术进步到一定程度之前,人们往往采取非原位的方法对终止在晶化不同阶段的产物进行表征。受研究体系以及表征技术原理的限制,目前还没有哪种表征技术能给出这些产物的所有信息,因此,人们往往需要联合使用多种表征技术。本节将以具体的研究体系为例,介绍几种能获取原子-分子水平结构信息的非原位表征技术。更多的表征技术及在微孔化合物晶化过程研究中的应用将会在 5.5.2 节进行介绍。

5.5.1.1　核磁共振

在强磁场中,原子核发生能级分裂,当有外来电磁辐射时,会造成原子核对外来电磁辐射(通常是射频辐射,radio-frequency radiation)的吸收,发生核能级的跃迁,产生核磁共振(NMR)现象。核磁共振的研究对象是处于强磁场中的原子核对射频辐射的吸收,是对各种有机和无机物的组成、结构进行定性分析的最强有力的工具之一。尤其是近几年来,随着实验技术的不断改进,如交叉极化(cross polarization,CP)、魔角旋转(magic angle spinning,MAS)、旋转边带全抑制(total sideband suppression)、偶极相移(dipolar diphasing)、二维多量子魔角旋转(multiple-quantum magic-angle spinning,MQMAS)固体 NMR、旋转回波双共振(rotational-echo double resonance，REDOR)等技术的应用,实现了定量分析。核磁共振技术对于物质结构的精细分析就是"核磁共振技术从原子水平上获取分子的结构信息"。固体核磁共振技术不但适用于晶体,也适用于无定形结构的物质,因此是XRD技术的一个重要补充。XRD可以提供关于长程有序的周期性信息,而NMR则可以提供物种的短程(局部环境)结构。

2006年,用固体NMR技术,以^{17}O为探针,Y. N. Huang等研究了干凝胶转化法(dry-gel conversion,DGC)合成磷酸铝分子筛AlPO$_4$-11中水蒸气的作用[188]。根据结构导向剂所处的位置,可进一步将干凝胶转化法分为蒸气辅助转化(steam-assisted conversion，SAC)法和气相输运(vapor phase transport，VPT)法。在蒸气辅助转化法中,难挥发的结构导向剂位于事先干燥好的凝胶粉末中,将干凝胶粉末盛在一个聚四氟乙烯杯中,用一个聚四氟乙烯托将该杯托住,放置在以聚四氟乙烯为内衬的反应釜中,在内衬的底部放置少量的水,如图5-38所示。经过一段时间加热,干凝胶就会转化为分子筛。气相输运法与蒸气辅助转化法很类似,只是结构导向剂不是位于干凝胶中,而是位于水中。在加热情况下,结构导向剂由水蒸气被输运到干凝胶中。

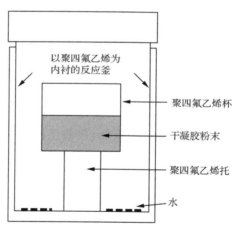

图5-38　蒸气辅助转化法示意图[188]

为了研究在晶化过程中水分子所起的作用,他们设计了如下实验:首先按照正常配制程序制备配比为 1.0 Al$_2$O$_3$∶1.0 P$_2$O$_5$∶1.0 Pr$_2$NH∶40 H$_2$O（合成AlPO$_4$-11的配比,Pr$_2$NH为二丙胺,此处的水为普通的 H$_2$^{16}O)的混合物,然后将制备好的混合物在80℃下干燥,直到混合物中的水分含量为15%。将干凝胶分成质量为1.0g的若干份,放置到图5-38所示的聚四氟乙烯杯中,底部放置0.3mL含35%^{17}O的同位素富集水,然后在175℃加热。将晶化不同时间的反应釜冷却,取出固体样品,用XRD和NMR进行表征。

他们用 XRD 技术监测了晶化的进程,发现在晶化过程中存在一种可能为层状结构的中间相,而用 NMR 技术可以了解在晶化过程中 Al 和 P 的具体配位环境。在 NMR 表征中,他们使用了多种最近开发出来的 NMR 分析方法,包括 $^{17}O\{^{27}Al\}$ 以及 $^{17}O\{^{31}P\}$ 旋转回波双共振技术,$^{17}O \rightarrow ^{31}P$ 以及 $^{1}H \rightarrow ^{17}O$ 的交叉极化技术。他们的研究结果明确表明 ^{17}O 富集的水蒸气参与了 $AlPO_4$-11 的晶化过程。在磷酸铝分子筛 $AlPO_4$-11 的骨架中共有三个结晶学独立的 P 原子,如图 5-39(a)所示。他们发现,在加热的前 30min 内,^{17}O 原子并没有进入固相中。当加热时间达到 80min 时,^{17}O 富集的水分子 $H_2^{17}O$ 慢慢通过水蒸气交换出了与初始干凝胶强烈吸附在一起的普通水分子 $H_2^{16}O$。在开始水解初始凝胶中的 Al—O—P 键之前,$H_2^{17}O$ 首先与干凝胶中的少量氧化铝进行了反应。在加热 160min 后,层状中间相里面的 P—O—H 和 Al—O—P 键开始不断被断开和重新生成。有意思的是,在成核阶段,^{17}O 原子优先与 $AlPO_4$-11 骨架中的 P(2) 和 P(3) 成键,见图 5-39(a)。由于

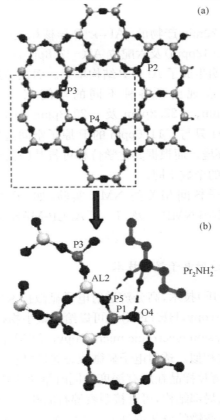

图 5-39　(a) $AlPO_4$-11 骨架沿 [001] 方向的视图,三个结晶学独立的 P 原子已在图中标出;
(b) 质子化的二丙胺和 4 元环及 6 元环连接处的桥氧原子之间的相互作用示意图[188]

质子化的二丙胺与 P(1)的第一配位层的 O 原子之间存在着氢键相互作用，^{17}O 未能交换出与 P(1)成键的 O 原子。这可能预示着在层状磷酸铝中间体中，这个 4 元环和 6 元环的连接处就可能已经存在了，并在转成 $AlPO_4$-11 的过程中未受到影响，而这与在 $^{17}O \rightarrow {}^{31}P$ 的交叉极化谱图中并未观察到$-31ppm$ 的信号相一致。但这种现象只是一种动力学现象，因为随着加热时间的延长，^{17}O 原子均匀地分布到了整个骨架。

随后不久，J. Xu 等研究了在氟离子存在下磷酸铝分子筛 $AlPO_4$-5 的晶化过程[189]。从非原位 ^{27}Al MAS NMR 与 ^{31}P MAS NMR 谱图可以知道，在初始凝胶相中，可明显看到除未反应的铝源(6.7ppm)外，有六配位铝($-6.6ppm$)及四配位铝(41.9ppm)生成，说明形成了无定形磷酸铝。随着晶化的进行，在 120min 时，通过 ^{31}P MAS NMR 实验发现高聚合度的 P 位($-28.9ppm$)出现，表明此时形成了具有与最终晶体相同的结构单元。更为详细的配位环境的信息可通过二维相关 NMR 实验获得。

初始凝胶和加热 120min 产物的 $^{27}Al \rightarrow {}^{31}P$ 异核相关(HETCOR)谱图表明在初始凝胶中，四配位 Al(42ppm)及六配位 Al($-7.8ppm$)与$-12ppm$ 的 P 原子在空间上具有相关性，说明生成了 Al-O-P 结构单元。而在加热 120min 的产物中，P 原子与 Al 原子之间表现出了各种不同的空间相关性。例如，四配位 Al (38.6ppm)与$-11.6ppm$、$-22.2ppm$ 及$-29.3ppm$ 的 P 原子都有相关性，而$-14.8ppm$的六配位 Al 只与$-11.6ppm$ 的 P 原子空间近邻，说明此时产物中 P 原子存在不同的配位环境。而根据其化学位移可将其归为聚合度不同的 P 原子，即与其配位的 Al 原子的个数不同。

结合其他探测原子核间相关的 NMR 实验，如$^{31}P\{^{27}Al\}$ 双共振(TRAP-DOR)、$^{1}H \rightarrow {}^{31}P$ CP-MAS NMR 以及 $^{19}F \rightarrow {}^{27}Al$ CP-MAS NMR 等，他们提出了一条可能的晶化过程。

5.5.1.2 高分辨透射电子显微技术

除了核磁共振(NMR)技术，高分辨透射电子显微技术(high-resolution transmission electron microscopy，HRTEM)也可以给出微小物种的局部结构信息。透射电子显微镜(transmission electronic microscopy，TEM)的工作原理和普通光学显微镜的工作原理非常相似。透射电子显微镜是通过材料内部对电子的散射和干涉作用成像，可以给出薄片样品在所有深度的同时聚焦投影像。透射电子显微镜能够清楚地显示晶体的局部结构，可直接观察沸石的孔洞结构。

高分辨透射电子显微镜的分辨率通常可达 1Å 以下，可以在原子尺度直观地观察材料的缺陷和结构以及其他局部结构信息，也可以同时进行电子衍射分析。TEM 表征技术的缺点是样品制备比较困难(样品厚度要小于 50nm，对于较大的颗粒状样品,往往只能观察颗粒的边缘)且是破坏性的。尽管多数 $200\sim300kV$ 的电子显微镜可达到的分辨率为 $1.8\sim2.5\text{Å}$,但是由于沸石等材料对电子束太敏感,特别对于晶化过程的研究,在晶化初期往往还没有形成长程有序结构,因此不能使用太强的电子束去照射样品。T. Bein 及其合作者就降低了电子束剂量,用场发射模式的高分辨透射电子显微镜,并结合动态光散射(dynamic light scattering,DLS)技术、X 射线粉末衍射以及振动光谱(vibrational spectroscopy)等表征手段研究了分别在室温和 $100℃$ 从清液中晶化 A 型和 Y 型沸石的过程[190, 191]。

晶化 A 型沸石的清液组成为 $0.3Na_2O$:$11.25\ SiO_2$:$1.8\ Al_2O_3$:$13.4\ (TMA)_2O$:$700\ H_2O$。当将除四甲基氢氧化铵(TMAOH)之外的原料混合后,清液中形成了尺寸在 $5\sim10nm$ 的球形物。当将四甲基氢氧化铵加入并反应 5min 后,清液中形成了 $40\sim80nm$ 的聚集体。XRD 分析显示这些聚集体为无定形。在室温下放置 3 天后,开始在 $30\sim60nm$ 的无定形凝胶聚集体中出现 $10\sim30nm$ 的极小微晶,如图 5-40 所示。这些微晶的尺寸也就对应着 5 个、9 个、14 个以及30 个晶胞的长度,并观察到了属于 LTA 立方结构的(200)或(220)晶面。根据 Scherrer 方程,他们计算出这些微晶的平均尺寸约为 57nm。对于在室温下晶化 2 天的样品,在 TEM 视野下并不能辨别出 A 型沸石的微晶。

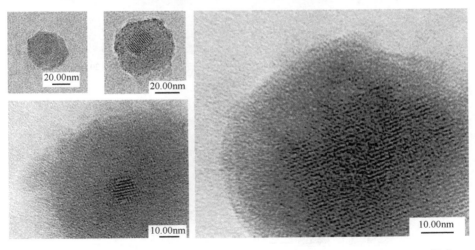

图 5-40 在室温下晶化 3 天后,A 型沸石的纳米尺度微晶从凝胶颗粒中"出生"[190]

随着晶化时间的延长,包裹在无定形凝胶聚集体中的 A 型沸石极小微晶开始生长,同时伴随着其周围无定形凝胶聚集体的消耗,直到消耗殆尽(第 7 天),形成了 A 型沸石的纳米晶体。这些晶体均是 A 型沸石的单晶,表明没有出现不同取向晶格的交互生长,进一步说明每一个沸石晶体来自于一个孤立的无定形前驱体凝胶颗粒中的一个单核。即使延长晶化时间(至少 60 天),这些 A 型沸石晶体仍能稳定存在。

　　T. Bein 等将晶化 10 天的悬浊液（包含完全晶化的 A 型沸石纳米晶体）在 80℃加热 1 天和 2 天，得到了大得多（200～400nm）且生长得很好的 A 型沸石晶体。尽管在此悬浊液中已经没有了无定形相，但在体系中仍然发生了非常有效的晶体生长。这些大晶体的总质量与室温下晶化 7 天行程的纳米晶的总质量非常相似〔相差（1.6±0.1）%〕。因此，在加热条件下晶体生长所需的养料一定来自于在室温下晶化生成的 A 型沸石的纳米晶体，经 Ostwald 熟化完成晶体生长。据此，他们认为 A 型沸石的室温清液晶化遵循了液相传输机理。

　　除了 A 型沸石的室温晶化过程外，他们还主要用高分辨透射电子显微镜研究了 Y 型沸石在 100℃从清液的晶化过程[191]。晶化 Y 型沸石的清液组成为 0.15 Na_2O∶5.5 $(TMA)_2O$∶2.3 Al_2O_3∶10 SiO_2∶570 H_2O。图 5-41 给出了不同晶化时间产物的高分辨透射电子显微镜照片。

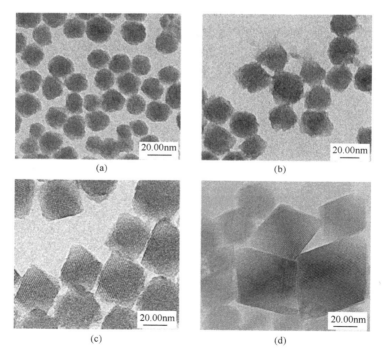

图 5-41　新鲜制备的生成 Y 型沸石的凝胶(a)及其在 100℃水热晶化 28h(b)、48h(c)以及 75h (d)的产物的高分辨透射电子显微镜照片[191]

　　从图中可以看出，在加热 28h 后开始在无定形聚集体中出现结晶性 Y 型沸石，并且结晶性颗粒的大小在 10～20nm 之间〔图 5-41(b)〕。这些晶体长度也就对应大约 7 个、9 个和 15 个晶胞。14Å 的点阵间距对应于 Y 型沸石的(111)晶面。

令人吃惊的是,这些晶体总是在无定形凝胶聚集体的边缘成核。这个观察结果为
H. Lechert 等提出的 X 型沸石(具有比 Y 型沸石更低硅铝比的 FAU 结构类型的
沸石)的晶化机理之一提供了强有力的证据[192]。在这个晶化机理中,他们假定凝
胶相会生成能够作为成核前驱体的结构单元(如 6 元环)。这些结构单元可能会通
过液相输运,或者通过在表面区域的结构重排(如通过表面-边界上环的部分水解
和重排)而优先在凝胶-液相界面生成[192]。

　　根据这些实验结果,他们认为每一个无定形聚集体只形成一个晶核,该晶核长
大成一个 Y 型沸石单晶。这些实验结果证实了之前提出的 X 型沸石的晶化机理,即
在凝胶相边界上的结构单元充当了成核的前驱体。在 100℃温度下晶化,48h 之内无
定形凝胶聚集体就完全转化成了 Y 型沸石晶体。在这些数据的基础上,他们还提出
了在该条件下 Y 型沸石在溶胶液相中晶体生长机理的示意图,如图 5-42 所示。

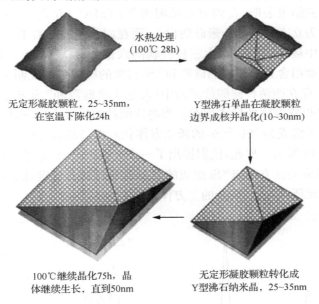

图 5-42　Y 型沸石在溶胶液相中晶体生长机理的示意图

5.5.1.3　电喷雾离子化质谱

　　质谱分析是一种测量离子质荷比(质量/电荷比)的分析方法,可用来分析同位
素成分、有机物构造及元素成分等。测量质谱的仪器称为质谱仪,可以分成三个部
分:离子化器、质量分析器与检测器。质谱分析的基本原理是使试样中的成分在离
子化器中发生电离,生成不同质荷比的带电离子,经加速电场的作用,形成离子束,
进入质量分析器。在质量分析器中,再利用电场或磁场使不同质荷比的离子在空
间上或时间上分离,或是透过过滤的方式,将它们分别聚焦到检测器而得到质谱

图,从而获得质量与浓度(或分压)相关的图谱。在众多的分析测试方法中,质谱学方法被认为是一种同时具备高特异性和高灵敏度且得到广泛应用的普适性方法。质谱技术出现以后,主要被用于有机物质分析。自从人们开发了化学电离源(chemical ionization,CI)之后,质谱技术就可以检测热不稳定的生物分子。到了20世纪80年代,陆续出现了快原子轰击(fast atom bombardment,FAB),电喷雾离子化(electrospray ionization,ESI)以及基质辅助激光解吸离子化(matrix-assisted laser desorption ionization,MALDI)等"软电离"技术,从而使质谱可以分析高极性、难挥发和热不稳定的样品。

但是到目前为止,将质谱表征技术用于微孔晶体晶化过程研究的报道还很少,直到最近,F. Schüth 及其合作者才将电喷雾离子化质谱(ESI-MS)用于合成沸石的极稀溶液中硅酸根物种的确认研究[193, 194]。

以往的研究结果表明,在四甲基铵阳离子(TMA$^+$)存在下,硅酸盐稀溶液中最稳定的物种为立方体状的八聚硅酸根[6],而在四乙基铵阳离子(TEA$^+$)存在下,硅酸盐稀溶液中最稳定的物种为三棱柱状的六聚硅酸根[195, 196]。F. Schüth 及其合作者根据文献用含天然丰度的硅源和 ^{29}Si 富集的硅源分别配制了两种硅酸盐溶液。在 TMA$^+$ 存在的两种硅酸盐溶液中(天然丰度硅源和 ^{29}Si 富集的硅源),55% 的 Si 原子都是以立方体的形式存在。当将这两种溶液混合后,他们发现在混合物中很快就形成了组成为 ^{28}Si$_4$-^{29}Si$_4$ 的新立方体状八聚硅酸根,溶液随时间演化的质谱数据如图 5-43 所示。据此,他们提出了一个涉及四个 Si 原子的协同交换机理:天然丰度 Si 组成的立方体与 ^{29}Si 组成的立方体通过共面成键,同时解离掉与该四边形平行的 4 元环,形成一个新的立方体,如图 5-44 所示。

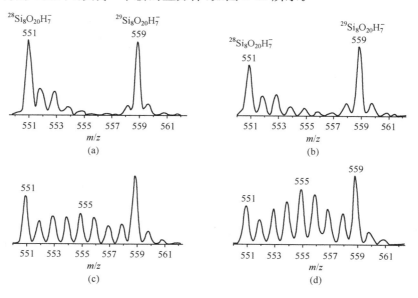

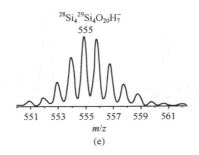

$^{28}Si_4{}^{29}Si_4O_{20}H_7^-$
555

551　553　555　557　559　561
m/z
(e)

图 5-43　在立方体范围内的时间分辨质谱：(a)未混合溶液的质谱；(b)混合 2min；
(c) 混合 55min；(d) 混合 85min；(e)混合 5h[193]

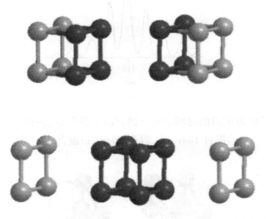

图 5-44　天然丰度 Si 立方体和^{29}Si 立方体可能的协同交换机理[194]

　　对于在 TEA$^+$ 存在下的稀硅酸盐溶液，液相中主要存在的物种为三棱柱状六聚体硅酸根离子。当将含天然丰度硅源和^{29}Si 富集硅源制备的硅酸盐稀溶液混合后，也观察到了非常类似的结果，如图 5-45 所示，据此，他们也提出了一个涉及三个 Si 原子的协同交换机理：天然丰度 Si 组成的三棱柱与^{29}Si 组成的三棱柱通过共面成键，同时解离掉与该三角形平行的 3 元环，形成一个新的三棱柱，如图 5-46 所示。

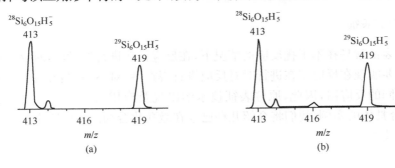

$^{28}Si_6O_{15}H_5^-$
413

$^{29}Si_6O_{15}H_5^-$
419

413　　416　　419
m/z
(a)

$^{28}Si_6O_{15}H_5^-$
413

$^{29}Si_6O_{15}H_5^-$
419

413　　416　　419
m/z
(b)

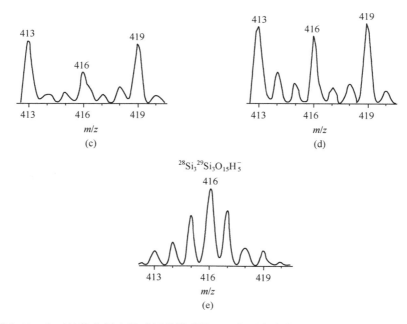

图 5-45　在三棱柱范围内的时间分辨质谱:(a)未混合溶液的质谱；(b)混合 0min；
(c)混合 15s；(d) 混合 60s；(e)混合 1h[193]

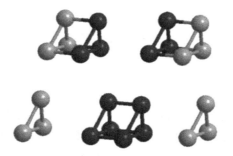

图 5-46　天然丰度 Si 三棱柱和[29]Si 三棱柱可能的协同交换机理[194]

5.5.2　原位表征

　　原位表征就是在不干扰反应的情况下,在反应正在进行的时候,对反应过程进行观察。要实现在反应正在进行时对反应进行观察,针对不同的表征技术,需要特殊设计不同的反应器,因此,原位表征技术的出现及应用需要一个发展过程[197]。在此,结合具体的实例,我们将介绍几种已经在微孔化合物晶化研究中实际应用的原位表征技术。

5.5.2.1　核磁共振

与微孔化合物晶化过程的非原位核磁共振(NMR)表征技术相比,原位表征技术的进步之处在于人们设计出了能够安装到核磁共振仪上且能承受水热条件下的温度和压力的反应器。1996 年,J. M. Shi 等首次报道了在魔角旋转条件下用原位 NMR 表征技术研究硅铝比为 1∶1 的 A 型沸石的晶化过程[198]。他们设计的特殊探头如图 5-47 所示。在该原位反应系统中,商业化的 7mm 氧化锆转子作为反应器,在原位合成过程中可进行魔角旋转(2.1kHz)。所采集的数据表明在加热开始初期位于$-95\sim-75$ppm 较宽的^{29}Si NMR 信号可归属为 Si(0Al)$\sim$Si(4Al)物种,这一阶段可认为是处于晶化过程中的诱导期。

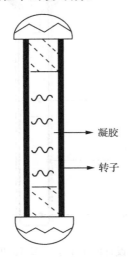

凝胶

转子

图 5-47　J. M. Shi 等设计的用于原位 NMR 测试的反应器示意图[198]

在加热 56min 后,-85ppm 与-89ppm 的信号开始增强,表明具有较高聚合度的 Si(3Al)和 Si(4Al)结构单元逐渐增多,Si(4Al)物种的出现意味着长程有序的 A 型沸石开始生成。与硅物种的变化相对应,从^{27}Al MAS NMR 谱图中可以看到加热 60min 后,77ppm 的信号开始明显减弱,同时 60ppm 的信号开始增强且峰宽变窄,说明铝物种逐渐聚集成固体凝胶相,并且四配位 Al 所代表的骨架结构有序度增加直至形成完全晶化的 A 型沸石。J. M. Shi 等的研究表明在整个晶化过程中,在无定形相中只观测到了 Q^0(Si)、[Al(OH)$_4$]$^-$及无定形的 Al(OSi)$_4$物种,始终未发现有 NMR 可观测的次级结构单元的出现,而在以往的研究中,次级结构单元被认为是一种可能存在的关键物种。

后来,F. Taulelle 等又改进了该反应器的设计,提出了一种新的设计方案,如图 5-48 所示[199]。该装置可以耐压到 200bar (1bar$=10^5$Pa),耐高温到 250℃,且抗酸碱性好。利用此装置,通过原位测量液体 ^{19}F、^{27}Al 以及 ^{31}P 等元素的 NMR 数据,他们研究了一系列微孔晶体化合物的晶化过程,提出了可能的晶化机理。但由于该装置不能进行魔角旋转,因此反应过程中生成的固体等不溶物种在液体 NMR 谱图中的信号为无法分辨的宽峰,很难得到有关结构信息。因此必须结合非原位固体 NMR 技术才能获得更全面的物种结构信息。下面就一个具体的实例介绍一下原位 NMR 表征技术在微孔晶体晶化过程中的应用。

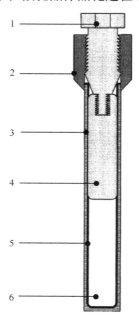

图 5-48　F. Taulelle 等设计的用于原位 NMR 测试的反应装置图[199]。

1. 聚四氟乙烯盖;2. 金属钛;3. 聚酰亚胺;4. 限容杆;5. 聚四氟乙烯内衬;6. 样品区

在研制出用于 NMR 测试的原位反应装置后,F. Taulelle 等首先研究了微孔磷酸铝 $AlPO_4$-CJ2(简称 CJ2)的晶化过程。CJ2 的分子式为 $(NH_4)_{0.88}(H_3O)_{0.12}$ · $AlPO_4$ · $(OH)_{0.33}F_{0.67}$,有机模板剂为 1,4-二氮杂双环[2.2.2]辛烷,在 180℃ 晶化 24h 得到。他们首先用 XRD 分析研究了 CJ2 的晶化过程,发现在 CJ2 完全晶化之前,中间出现了其他结晶相。这些相分别为 $AlPO_4$-A(粉末衍射标准联合委员会,Joint Committee on Powder Diffraction Standards, JCPDS 编号:46-0179)、$AlO(OH)$(JCPDS 编号:21-1307)以及 $Al(F, OH)_3$(JCPDS 编号:4-196)。

他们首先对这些固体样品进行了非原位的 ^{19}F、^{27}Al 以及 ^{31}P MAS NMR 表征,接着,他们又原位测量了合成体系的 ^{19}F、^{27}Al 以及 ^{31}P NMR 信号,如图 5-49 所示。根据这些信息,他们认为在合成微孔磷酸铝的混合物为中性的情况下,对 Al

而言最稳定的物种为五配位物种,以此物种为基础,他们提出了结构中 4 元环的形成机理,然后以此 4 元环为基础,再进一步缩聚形成 CJ2 的无限骨架。此外,他们还提出了一个形成 Al-Al 之间桥键的机理。

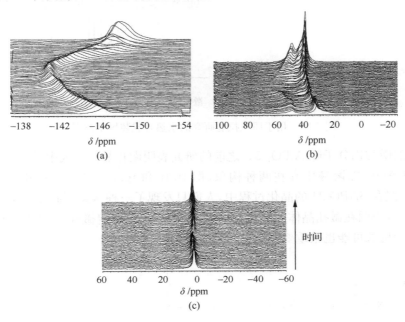

图 5-49　在 150℃ 晶化过程中原位[19]F(a)、[27]Al(b) 以及[31]P (c) 的 NMR 谱图

5.5.2.2　拉曼光谱

拉曼光谱(Raman spectra)是一种散射光谱。拉曼光谱分析法是基于印度科学家 C. V. Raman 所发现的拉曼散射效应,对与入射光频率不同的散射光谱进行分析以研究晶格及分子的振动模式、旋转模式和在一系统内的其他低频模式,从而获得晶格中原子的振动信息或分子振动、转动方面信息,并应用于分子结构研究的一种分析方法。

2006 年,M. G. O'Brien 等设计了一套原位拉曼-水热合成反应装置,如图 5-50 所示[200]。

利用此装置,他们用原位拉曼光谱,并结合非原位的 XRD 等表征手段研究了二价金属掺杂和不掺杂的磷酸铝混合物的晶化过程。混合物的摩尔组成为 1.5 H_3PO_4 ：$(1-x)$ $Al(OH)_3$ ：x Me acetate：0.8 TEAOH：26 H_2O,此处 Me acetate 为二价金属乙酸盐,包括 Zn^{2+}、Co^{2+} 以及 Mn^{2+},x 为掺杂量,TEAOH 为四乙基氢氧化铵。如果不掺杂二价金属离子,则会从该合成体系中晶化出具有 12 元环

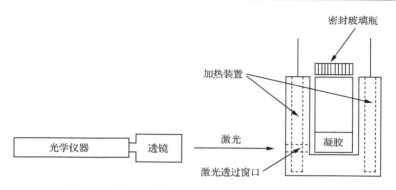

图 5-50　用于原位拉曼研究的水热合成装置示意图

直孔道的磷酸铝分子筛 AlPO₄-5。之前的研究表明微孔晶体合成中常用的结构导向剂 TEAOH 在溶液中存在两种构象，即 tt.tt 和 tg.tg，如图 5-51 中的插图所示[201]。但在 SAPO-34 的晶化过程中，人们只发现了一种构象（与 tg.tg 的构象很类似[202]），表明在微孔晶体的晶化过程中，对于某一种特定微孔结构的生成，结构导向剂的构象可能也很重要。

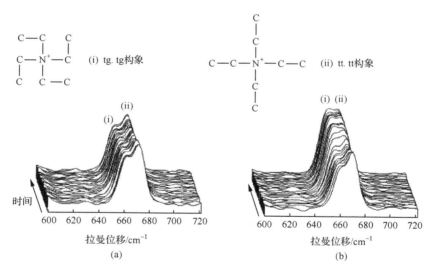

图 5-51　合成凝胶的时间分辨原位拉曼光谱：(a)没有杂原子取代的合成体系和(b) 30mol% Zn²⁺ 取代的合成体系（TEAOH 的 tg.tg 和 tt.tt 两种构象见插图）[200]

M. G. O'Brien 等用时间分辨的原位拉曼光谱研究了以 TEAOH 为结构导向剂的 MeAPO-34(Me 为二价金属)的晶化过程。他们的研究表明，在该微孔化合物的晶化过程中，有机结构导向剂起的作用远比原来想象的复杂。根据所得到的实验数据，他们认为结构导向剂的位置和构象对于 MeAPO-34 的生成至关重要，而在 AlPO₄-5 的晶化过程中,只有构象起到了决定性的作用。图 5-51 给出了没有 Zn²⁺ 掺杂和掺有 Zn²⁺ 的合成凝胶的时间分辨原位拉曼光谱,可以看出主要的谱峰来自于 TEAOH 的两种构象。当 Zn²⁺ 的掺杂量为 30% 时,对应两种构象的峰强度发生了明显的相对变化,而如果不掺杂 Zn²⁺,这两种构象对应的峰相对强度没有发生变化。图 5-52(a) 给出了在晶化过程中这两种构象对应的拉曼峰强度的相对变化趋势图。可以看出随着晶化的进行,在 Zn²⁺ 掺杂的体系中,具有 tg. tg 构象的 TEA⁺ 越来越多,而在没有 Zn²⁺ 掺杂的体系中,tg. tg 和 tt. tt 的构象比例几乎没有变化。结合非原位 XRD 表征数据,他们发现在出现布拉格衍射之前就出现了构象的转换,说明构象转换与微晶的生成同时发生。这些结果表明结构导向剂的构象有时也会显著影响一种特定微孔结构的生成。他们进一步详细研究了 Zn²⁺ 取代量对晶化过程的影响,发现只有取代量在 30% 时才发生这种构象比例的变化。他们还用同样的方法研究了含 Co²⁺ 和 Mn²⁺ 的 AlPO₄-34 的晶化过程,得到了非常类似的结论。因此他们推测由于二价金属取代 Al 原子导致骨架带电荷,这些电荷导致一种构象(tg. tg)被固定到了骨架内的特定位置,而这一步对于生成 MeAPO-34 至关重要。

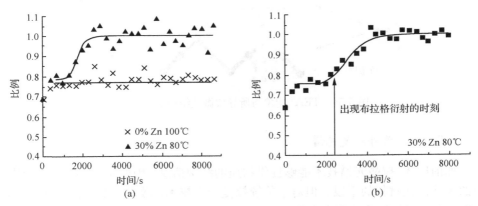

图 5-52　(a) tg. tg 和 tt. tt 构象比例的时间分辨分析;(b) 综合原位拉曼和非原位 XRD 的分析结果(箭头标记的为 XRD 衍射峰刚刚出现的时刻)[200]

　　非原位的拉曼光谱研究表明在合成 ZnAPO-34 的凝胶中 tg. tg 构象与 tt. tt 构象的比例为 0.7,而在经过充分洗涤的最终晶体产物中该比例为 1.20,如果在合成体系中不掺入二价金属离子,则从该合成体系中晶化出 AlPO₄-5。在最后的产物中,tg. tg 构象与 tt. tt 构象的比例为 0.44,见图 5-53,说明在骨架不带电荷的情况下,TEA⁺ 不需要在特定的位置以 tg. tg 构象存在,而是保持了原来的 tt. tt 构象,因此就形成了具有 12 元环直孔道的 AlPO₄-5。TEA⁺ 构象与所导致微孔结构的关系如图 5-54 所示。

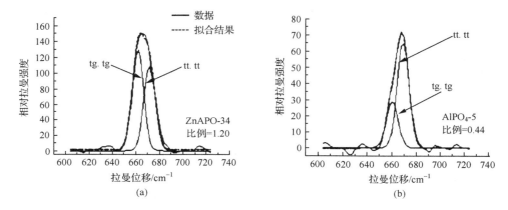

图 5-53　洗涤后的 ZnAPO-34(a)和 AlPO$_4$-5(b)产物在 645～685cm^{-1} 的实验及拟合
(为了确定两种构象的比例)拉曼谱图[200]

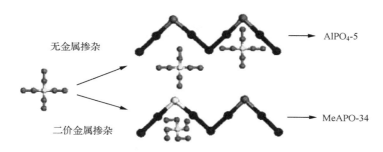

图 5-54　TEA$^+$ 构象与所导致微孔结构的关系[200]

5.5.2.3　紫外拉曼光谱

如前所述,拉曼光谱技术能够提供物质的结构信息,因此是一种潜在的、强有力的表征微孔材料的手段。但对于传统拉曼光谱技术,激发光的光源通常位于可见区,而大多数物质的荧光也处于可见区,因此荧光干扰是谱图采集过程中一个很难避免的问题。特别是对于微孔晶体,其中往往含有有机模板剂、杂质以及表面缺陷等物种,这些物种经过激光光源照射后会发出非常强的荧光,严重干扰拉曼光谱的采集和分析,除了特殊的合成体系,一般很难将常规拉曼光谱分析应用于多数微孔晶体的合成过程研究。由于荧光通常出现在 300～700nm 区域或者更长的波长区域,而在紫外区很少出现,因此如果将激发光从可见区移到紫外区,就可以避开荧光的干扰。例如,对于微孔磷酸铝分子筛 AlPO$_4$-5 原粉,当激发线位于 532nm 时,拉曼光谱被强荧光所覆盖,当激发线位于 325nm 时,荧光信号大大减弱,但此时仍然存在一定的荧光背景,而当激发线为 244nm 时,荧光已经完全消失,得到了信噪比非常高的 AlPO$_4$-5 的拉曼光谱。因此,对于微孔晶体而言,可用紫外共振拉曼光谱技术避开荧光干扰，从而将拉曼光谱分析技术用于众多的微孔晶体的晶化过程研究。当激发光波长更短时，拉曼散射界面更大，使紫外拉曼光谱的灵敏度远远高于可见或近红外拉曼光谱。此外，由于合成微孔晶体的一些组分在紫外区有明显的吸收，因此可通过调整激发线的波长来得到共振拉曼光谱。

　　F. T. Fan 等设计了可用于微孔晶体晶化过程的原位紫外拉曼样品池，如图5-55 所示，并用此样品池，研究了 X 型沸石和磷酸铝分子筛 $AlPO_4$-5 的晶化过程[203-205]。下面就简要介绍一下用原位紫外拉曼光谱方法对 X 型沸石的晶化过程研究。

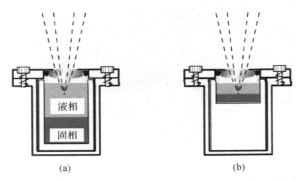

图 5-55　用于研究微孔晶体晶化过程的原位紫外拉曼样品池：(a) 用于研究合成中液相组分发生变化的原位池内衬；(b) 用于研究合成中固相组分发生变化的原位池内衬

　　原位反应池由铜制的加热线圈环绕，用硅橡胶将一个透镜密封于原位反应池的顶部，用于将激光光束聚焦到原位池中的样品上。与用平面透明玻璃为窗口相比，用透镜为窗口可以显著增强所采集的拉曼信号强度（通常要增加 3～4 倍）。通过调整原位反应池中内衬的高度，可以分别获得晶化过程中固相和液相的拉曼光谱。

　　在 X 型沸石的晶化过程中，液相最初的拉曼光谱包含 $774cm^{-1}$ 和 $920cm^{-1}$ 两个谱带，可归属为液相中的单态硅物种。其中 $774cm^{-1}$ 的谱峰强度随着晶化过程的增加而逐渐增强，当晶化时间为 120min 时达到最大值，接着开始逐渐下降，说明在晶化过程中存在着大量的单态硅物种，且这些单态硅物种全程参与了晶化。图 5-56(a) 给出了晶化过程中固相的原位拉曼光谱图，其中 $500cm^{-1}$ 的尖锐谱峰可归属为 4 元环结构单元。随着晶化的进行，该谱峰变得更加尖锐，且位移到了 $514cm^{-1}$，表明该 4 元环结构已经位于一种长程有序的周期性环境。随着晶化的进行，谱图中出现了由 X 型沸石中的双六元环的呼吸振动而引起的特征峰（$298cm^{-1}$ 和 $380cm^{-1}$）且强度逐渐增强。这些结果表明 X 型沸石晶体结构的生成与 4 元环和双六元环的生成密切相关。图 5-56(b) 给出了位于 $514cm^{-1}$ 的谱峰强度随晶化进程的演化曲线,可以看出当晶化时间达到 150min 后,514cm^{-1}处的谱峰强度发生了明显的变化。

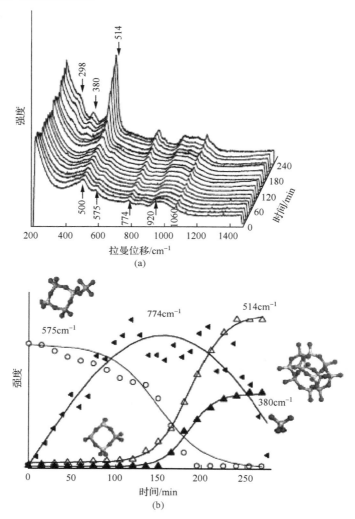

图 5-56　波长为 325nm 的激光激发的 X 型分子筛晶化过程中固相的原位拉曼光谱(a)以及位于 380cm^{-1},514cm^{-1},575cm^{-1}和 774cm^{-1}的谱峰强度随时间的演化曲线和相对应的结构单元(b)[203]

在图 5-56 中需要注意的是位于 575cm^{-1}的谱峰,该谱峰在反应一开始就存在,且随着晶化过程的进行强度逐渐下降[图 5-56(b)],而一旦位于 298cm^{-1}和 380cm^{-1}的谱峰出现,该谱峰基本消失,说明其所对应的结构单元在晶化过程中不断被消耗,且与骨架的形成密切相关。以往的研究表明位于 550~600cm^{-1}的谱峰可归属为 Al—O—Si 的伸缩振动[206],577cm^{-1}处的谱峰可归属为强碱条件下硅铝酸盐溶液中的硅铝酸根阴离子[207]。根据这些结果,F. T. Fan 等建议了几种结构单元,并对这些结构单元进行了理论模拟研究。结合实验和理论计算结果,F. T. Fan 等将位于 575cm^{-1} 的谱峰归属为带支链的环结构中支链上的 Si—O—Al 的伸缩振动[203]。

根据原位紫外拉曼的实验结果以及理论计算结果,F. T. Fan 等提出了一个可能的 X 型分子筛的晶化过程:在晶化的最初阶段,无定形硅铝凝胶不断解聚溶解,形成可溶性的单态硅物种,对应于拉曼光谱上 774cm^{-1}处的谱峰。同时,晶化体系中出现了大量的 4 元环结构单元,其中的一些 4 元环上还可能带有一个四面体的支链,对应于拉曼光谱上 575cm^{-1}处的谱峰。4 元环结构单元之间相互连接形成部分结晶的分子筛结构,在拉曼光谱上表现为 500cm^{-1}处谱峰强度增加以及 575cm^{-1}处谱峰强度减弱。由于这一阶段并没有出现 XRD 衍射峰,因此可将这一时期视为晶化过程的诱导期。在这个阶段,液相中的单态硅物种不断被消耗,转化成了分子筛骨架,表现为液相中 774cm^{-1}处谱峰强度的减弱和固相中 774cm^{-1}谱峰的增强。而位于 500cm^{-1}处的谱峰逐渐移到 514cm^{-1}处,表明体系中可能形成了部分晶化的区域。位于 514cm^{-1}、290cm^{-1}和 380cm^{-1}的谱峰对应于分子筛结构中 4 元环和双六元环呼吸振动,说明预先形成的结构单元经过重排和聚合,无定形的凝胶已经从部分晶化的分子筛转化成了完全晶化的分子筛,不再发生溶解解聚生成单态硅物种的反应,这与液相中对应单态物种的 774cm^{-1}的谱峰强度的下降相一致。

5.5.2.4　散射,紫外-可见及 X 射线吸收光谱

B. M. Weckhuysen 等设计了一个能够用于无机微孔晶体晶化过程原位散射(scattering)、紫外-可见(UV-Vis)、拉曼(Raman)以及 X 射线吸收光谱(X-ray absorption spectroscopy, XAS)研究的装置[208, 209],如图 5-57 所示。

图 5-57　用于原位散射、紫外-可见、拉曼以及 X 射线吸收光谱研究的水热合成装置图[208]

利用此装置,B. M. Weckhuysen 等用原位小角 X 射线散射(small angle X-ray scattering,SAXS)、广角 X 射线散射(wide-angle X-ray scattering,WAXS)、紫外-可见(UV-vis)、拉曼(Raman)以及 X 射线吸收光谱(XAS)研究了 Co^{2+} 掺杂的 $AlPO_4$-5(AFI 结构类型)磷酸铝分子筛从加热初始凝胶到晶化完成的过程。拉曼光谱可以探测 Al—O—P 键的生成,而 SAXS 结果表明在长程有序出现之前,初始凝胶的颗粒大小为 7~20nm,且分布很宽。WAXS 结果表明当温度上升到 160℃时晶化开始,并很快晶化完全。通过对晶化动力学数据进行分析,他们认为晶化过程遵循了一维生长模式。XAS 数据表明在加热过程中,Co^{2+} 经历了两个阶段完成了状态改变:①在对应着 AFI 长程有序结构的布拉格衍射峰出现之前,Co^{2+} 逐渐由六配位态转变成了四配位态,表明在加热到 150℃之前,Co^{2+} 是逐渐嵌入到有序度很差的 Al-O-P 网络的;②在晶化开始时,剩余未转变成四配位态的 Co^{2+} 迅速变成了四配位态。与不掺杂 Co^{2+} 的 $AlPO_4$-5 的晶化过程相比,Co^{2+} 的引入减缓了 $AlPO_4$-5 长程有序结构的晶化,但是其作为一个内置探针,却为理解 $AlPO_4$-5 的晶化过程提供了有价值的信息。根据这些数据,他们提出了一个三阶段一维晶化机理,如图 5-58 所示:①Al 源和磷酸首先反应生成基本的无定形相(25~40℃);②接着在温度上升到大约 155℃之前(40~155℃),线形的 Al-O-P 链逐渐缩聚,形成由模板剂分隔开的有序度很差的结构;③这些磷酸铝网络通过快速内部重组,导致含 Co^{2+} 的 $AlPO_4$-5 晶体结构的晶化。他们认为这样的晶化机理遵循了 S. Oliver 等提出的通过链缩聚形成开放骨架磷酸铝的机理[140],并认为这些数据首次从实验上支持了该链缩聚机理。但同时也指出该模型并未考虑模板剂和溶剂所起的作用。由于多种模板剂无论是在亲质子溶剂(protic solvent)还是在疏质子溶剂(aprotic solvent)中均可以导致 AFI 结构的生成,并且一种模板剂可以导致许多种

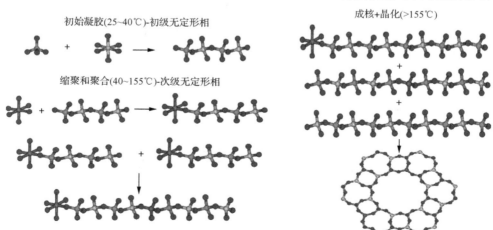

图 5-58　Co^{2+} 掺杂的 $AlPO_4$-5 的三阶段一维晶化机理模型示意图[208]

磷酸铝结构的生成,因此他们猜测对于 AFI 结构的生成,这里的模板剂以及溶剂的作用并不明显,因而可以认为在此提出的晶化机理具有普适性。可能由于在嵌入 Al-O-P 骨架之前需要转换配位态(从六配位转换为四配位),Co^{2+} 对晶化过程产生了阻碍和减缓作用。

5.6　结论与展望

　　无机微孔晶体晶化过程是一个非常复杂的过程,涉及了聚合和解聚反应,液相和固相的反应,成键和非键相互作用,是无机合成中最复杂的化学难题之一。受制于现代表征手段的分辨率和灵敏度的不符要求,使人们对晶化过程中所发生的反应、生成的物种以及晶化演进的过程还不可能有一个清晰的认识。无机微孔晶体的晶化机理研究如果要有新的突破,除了寄希望于表征手段,特别是原位表征手段的进步,以及新的研究策略外,还需要结合理论模拟研究。它将有助于进一步理解晶化过程中发生的反应,识别所生成的小结构单元,并"看到"小结构单元围绕结构导向剂进行组装的动态过程。只有正确理解了无机微孔晶化机理,才有可能为定向合成具有特定结构的无机微孔晶体时选择合适的途径与条件。

参 考 文 献

[1] Dent Glasser L S, Lachowski E E, Cameron G G. J Appl Chem Biotech, 1977, 27: 39-47.

[2] McCormick A V, Bell A T, Radke C J. Application of ^{29}Si and ^{27}Al NMR to determine the distribution of anions in sodium silicate and sodium alumino-silicate solutions//Murakami A I Y, Ward J W. Studies in Surface Science and Catalysis. Vol 28. Amsterdam: Elsevier, 1986: 247-254.

[3] Harris R K, Knight C T G, Hull W E. J Am Chem Soc, 1981, 103: 1577-1578.

[4] Knight C T G, Balec R J, Kinrade S D. Angew Chem Int Ed, 2007, 46: 8148-8152.

[5] Hoebbel D, Garzó G, Ujszászi K, et al. Z Anorg Allg Chem, 1982, 484: 7-21.

[6] Hoebbel D, Garzó G, Engelhardt G, et al. Z Anorg Allg Chem, 1982, 494: 31-42.

[7] Hoebbel D, Garzó G, Engelhardt G, et al. Z Anorg Allg Chem, 1980, 465: 15-33.

[8] Harris R K, Knight C T G. J Mol Struct, 1982, 78: 273-278.

[9] Hoebbel D, Vargha A, Engelhardt G, et al. Z Anorg Allg Chem, 1984, 509: 85-94.

[10] Kinrade S D, Knight C T G, Pole D L, et al. Inorg Chem, 1998, 37: 4272-4277.

[11] Kinrade S D, Knight C T G, Pole D L, et al. Inorg Chem, 1998, 37: 4278-4283.

[12] Iler R K. The Colloid Chemistry of Silica and Silicates. New York: Cornell University Press, 1955.

[13] Cotton F A, Wilkinson G, Murillo C A, et al. Advanced Inorganic Chemistry. 6th Ed. New York: Wiley-Interscience, 1999.

[14] Kerr G T. J Phys Chem, 1966, 70: 1047-1050.

[15] Ciric J. J Colloid Interface Sci, 1968, 28: 315-324.

[16] Zhdanov S P. Some problems of zeolite crystallization//Flanigen E M, Sand L B. Molecular Sieve Zeolites-I, Advances in Chemistry Series. Washington D C: American Chemical Society, 1974: 20-43.

[17] Angell C L, Flank W H. Mechanism of zeolite A synthesis//Katzer J R. Molecular Sieves-Ⅱ, ACS Symposium Series. Washington D C: American Chemical Society, 1977: 194-206.

[18] 徐如人,刘新生. 化学学报, 1984, 42: 227-232.

[19] 马淑杰,刘孔凡,崔美珍,等. 高等学校化学学报, 1984, 5: 158-162.

[20] 徐如人,赵敬平. 高等学校化学学报, 1983, 4: 167-172.

[21] 徐如人,赵敬平,陆玉琴. 高等学校化学学报, 1983, 4: 289-293.

[22] 马淑杰,徐如人,赵泽民,等. 高等学校化学学报, 1984, 5: 609-612.

[23] Ueda S, Kageyama N, Koizumi M. Crystallization of zeolite Y from solution phase//Olson D, Bidio A. Proceedings of the 6th International Conference on Zeolites. London: Butterworths, 1984: 905-913.

[24] Pang W Q, Ueda S, Koizumi M. The synthesis of zeolite NaA from homogeneous solutions and studies of its properties//Murakami A I Y, Ward J W. Studies in Surface Science and Catalysis. Vol 28. Amsterdam: Elsevier, 1986: 177-184.

[25] Pang W Q, Qiu S L, Kan Q B, et al. Synthesis and characterization of FAPO-5 crystallized from clear homogeneous solutions//Jacobs P A, van Santen R A. Studies in Surface Science and Catalysis. Vol 49. Amsterdam: Elsevier, 1989: 281-289.

[26] Kasahara S, Itabashi K. Igawa K. Clear aqueous nuclei solution for faujasite synthesis//Murakami A I Y, Ward J W. Studies in Surface Science and Catalysis. Vol 28. Amsterdam: Elsevier, 1986: 185-192.

[27] Houssin C J Y, Mojet B L, Kirschhock C E A, et al. Small angle X-ray scattering on TPA-Silicalite-1 precursors in clear solutions: Influence of silica source and cations//Galarneau A, Fajula F, Renzo F D, et al. Studies in Surface Science and Catalysis. Vol 135. Amsterdam: Elsevier, 2001: 140.

[28] Nikolakis V, Vlacho D G, Tsapatsis M. Microporous Mesoporous Mater, 1998, 21: 337-346.

[29] Carlsson K A, Warzywoda J, Sacco A. Modeling of silicalite crystallization from clear solution//Galarneau A, Fajula F, Renzo F D, et al. Studies in Surface Science and Catalysis. Vol 135. Amsterdam: Elsevier, 2001: 188.

[30] Smaihi M, Kallus S, Ramsay J D F. In-situ NMR study of mechanisms of zeolite A formation//Galarneau A, Fajula F, Renzo F D, et al. Studies in Surface Science and Catalysis. Vol 135. Amsterdam: Elsevier, 2001: 189.

[31] Bronic J, Frontera P, Testa F, et al. Study of zeolite a crystallization from clear solution by hydrothermal synthesis and population balance simulation//Galarneau A, Fajula F, Renzo F D, et al. Studies in Surface Science and Catalysis. Vol 135. Amsterdam: Elsevier, 2001: 192.

[32] Grizzetti R, Artioli G. Microporous Mesoporous Mater, 2002, 54: 105-112.

[33] Yu Y, Xiong G, Li C, et al. Microporous Mesoporous Mater, 2001, 46: 23-34.

[34] Dent Glasser L S, Harrey G. NMR studies of aluminosilicates in solution//Olson D, Bidio A. Proceedings of the 6th International Conference on Zeolites. London: Butterworths, 1984: 925-933.

[35] Ogura M, Kawazu Y, Takahashi H, et al. Chem Mater, 2003, 15: 2661-2667.

[36] Barrer R M. Molecular Sieves—Proceedings of the 1st International Zeolite Conference. London: Soc Chem Ind, 1968: 49.

[37] McNicol B D, Pott G T, Loos K R, et al. Spectroscopic studies of zeolite synthesis: Evidence for a solid-state mechanism//Meier W M, Uytterhoeven J B. Molecular Sieves. Washington D C: American Chemical Society, 1973: 152-161.

[38] Flanigen E M, Grose R W. Phosphorus substitution in zeolite frameworks//Flanigen E M, Sand L B.

Molecular Sieve Zeolites-I. Washington, D C: American Chemical Society, 1974: 76-101.

[39] Xu W, Li J, Li W, et al. Zeolites, 1989, 9: 468-473.

[40] Huo Q, Xu R. J Chem Soc Chem Commun, 1992: 168-169.

[41] Ren L, Wu Q, Yang C, et al. J Am Chem Soc, 2012, 134: 15173-15176.

[42] Jin Y, Sun Q, Qi G, et al. Angew Chem Int Ed, 2013, 52: 9172-9175.

[43] Tsapatsis M, Lovallo M, Davis M E. Microporous Mater, 1996, 5: 381-388.

[44] Serrano D P, Uguina M A, Ovejero G, et al. Microporous Mater, 1996, 7: 309-321.

[45] Uguina M A, Serrano D P, Ovejero G, et al. Zeolites, 1997, 18: 368-378.

[46] Serrano D P, van Grieken R, Sánchez P, et al. Microporous Mesoporous Mater, 2001, 46: 35-46.

[47] Derouane E G, Determmerie S, Gabelica Z, et al. Appl Catal, 1981, 1: 201-224.

[48] Iton L E, Trouw F, Brun T O, et al. Langmuir, 1992, 8: 1045-1048.

[49] van Grieken R, Sotelo J L, Menéndez J M, et al. Microporous Mesoporous Mater, 2000, 39: 135-147.

[50] Cundy C S, Cox P A. Microporous Mesoporous Mater, 2005, 82: 1-78.

[51] Breck D W. Zeolite Molecular Sieves: Structure, Chemistry and Use. New York: John Wiley & Sons, 1974.

[52] Barrer R M, Denny P J. J Chem Soc, 1961: 971-982.

[53] Barrer R M, Denny P J, Flanigen E M. US Patent No. 3306922. 1967.

[54] Wilson S T, Lok B M, Messina C A, et al. J Am Chem Soc, 1982, 104: 1146-1147.

[55] Wilson S T, Lok B M, Flanigen E M. US Patent No. 4310440. 1982.

[56] Barrer R M. Hydrothermal Chemistry of Zeolites. New York: Academic Press, 1982.

[57] Barrer R M. Zeolites, 1981, 1: 130-140.

[58] Flanigen E M. A review and new perspectives in zeolite crystallization//Meier W M, Uytterhoeven J B. Molecular Sieves. Washington D C: American Chemical Society, 1973: 119-139.

[59] Dutta P K, Puri M, Shieh D C. MRS Online Proceedings Library, 1987, 111: 101.

[60] Nakagawa Y, Lee G S, Harris T V, et al. Microporous Mesoporous Mater, 1998, 22: 69-85.

[61] Hong S B. Catal Surv Asia, 2008, 12: 131-144.

[62] Jackowski A, Zones S I, Hwang S-J, et al. J Am Chem Soc, 2009, 131: 1092-1100.

[63] Zones S I, Nakagawa Y, Yuen L T, et al. J Am Chem Soc, 1996, 118: 7558-7567.

[64] Calabro D C, Cheng J C, Crane R A, et al. US Patent No. 6049018. 2000.

[65] Dorset D L, Weston S C, Dhingra S S. J Phys Chem B, 2006, 110: 2045-2050.

[66] Lee G S, Zones S I. J Solid State Chem, 2002, 167: 289-298.

[67] Burton A, Elomari S, Chen C-Y, et al. Chem-Eur J, 2003, 9: 5737-5748.

[68] Elomari S, Burton A, Medrud R C, et al. Microporous Mesoporous Mater, 2009, 118: 325-333.

[69] Elomari S. US Patent No. 6616911. 2003.

[70] Burton A, Elomari S, Medrud R C, et al. J Am Chem Soc, 2003, 125: 1633-1642.

[71] Elomari S, Burton A W, Ong K, et al. Chem Mater, 2007, 19: 5485-5492.

[72] Lok B M, Cannan T R, Messina C A. Zeolites, 1983, 3: 282-291.

[73] Flanigen E M, Patton R L. US Patent No. 4073865. 1978.

[74] Guth J L, Kessler H, Wey R. New route to pentasil-type zeolites using a non alkaline medium in the presence of fluoride ions//Murakami A I Y, Ward J W. Studies in Surface Science and Catalysis. Vol 28. Amsterdam: Elsevier, 1986: 121-128.

[75] Akporiaye D E, Fjellvåg H, Halvorsen E N, et al. J Phys Chem, 1996, 100: 16641-16646.

[76] Caullet P, Guth J L, Hazm J, et al. Eur J Solid State Inorg Chem, 1991, 28: 345-361.

[77] Vandegoor G, Freyhardt C C, Behrens P. Z Anorg Allg Chem, 1999, 621: 311-322.

[78] Barrett P A, Camblor M A, Corma A, et al. J Phys Chem B, 1998, 102: 4147-4155.

[79] Camblor M A, Díaz-Cabañas M-J, Perez-Pariente J, et al. Angew Chem Int Ed, 1998, 37: 2122-2126.

[80] Price G D, Pluth J J, Smith J V, et al. J Am Chem Soc, 1982, 104: 5971-5977.

[81] Kessler H. MRS Online Proceedings Library, 1991, 233: 47.

[82] Balkus K J, Hargis C D, Kowalak S. Synthesis of NaX zeolites with metallophthalocyanines//Bein T. Supramolecular Architecture. Washington D C: American Chemical Society, 1992: 347-354.

[83] Balkus Jr. K J, Ramsaran A, Szostak R, et al. Synthesis and characterization of zeolites prepared using metallocene templates// Treacy M M J, Marcus B K, Bisher M E, et al. Proceedings of the 12th International Zeolite Conference. Warrendale: Materials Research Society, 1999: 1931-1935.

[84] Balkus K J, Gabrielov A G, Sandler N. MRS Online Proceedings Library, 1994, 368: 369-375.

[85] Balkus K J, Biscotto M, Gabrielov A G. The synthesis and characterization of UTD-1: The first large pore zeolite based on a 14 membered ring system//Hakze Chon S K I, Young Sun U. Studies in Surface Science and Catalysis. Vol 105. Amsterdam: Elsevier, 1997: 415-421.

[86] Morgan K, Gainsford G, Milestone N. J Chem Soc Chem Commun, 1995: 425-426.

[87] Yu J, Wang Y, Shi Z, et al. Chem Mater, 2001, 13: 2972-2978.

[88] Bruce D A, Wilkinson A P, White M G, et al. J Solid State Chem, 1996, 125: 228-233.

[89] Gray M J, Jasper J D, Wilkinson A P, et al. Chem Mater, 1997, 9: 976-980.

[90] Fois E, Gamba A, Tilocca A. J Phys Chem B, 2002, 106: 4806-4812.

[91] Schmidt W, Schüth F, Reichert H, et al. Zeolites, 1992, 12: 2-8.

[92] Zones S I, Darton R J, Morris R, et al. J Phys Chem B, 2004, 109: 652-661.

[93] De Witte B, Patarin J, Guth J L, et al. Microporous Mater, 1997, 10: 247-257.

[94] Keijsper J J, Mackay M. US Patent No. 5275799. 1994.

[95] Delprato F, Delmotte L, Guth J L, et al. Zeolites, 1990, 10: 546-552.

[96] Dorset D L, Strohmaier K G, Kliewer C E, et al. Chem Mater, 2008, 20: 5325-5331.

[97] Dorset D L, Kennedy G J, Strohmaier K G, et al. J Am Chem Soc, 2006, 128: 8862-8867.

[98] Kumar R, Mukherjee P, Pandey R K, et al. Microporous Mesoporous Mater, 1998, 22: 23-31.

[99] Lawton S L, Rohrbaugh W J. Science, 1990, 247: 1319-1322.

[100] Ciric J. US Patent No. 3950496. 1976.

[101] Schmitt K D, Kennedy G J. Zeolites, 1994, 14: 635-642.

[102] Wagner P, Yoshikawa M, Tsuji K, et al. Chem Commun, 1997, 0: 2179-2180.

[103] Yoshikawa M, Wagner P, Lovallo M, et al. J Phys Chem B, 1998, 102: 7139-7147.

[104] Huo Q H, Xu R R, Li S G, et al. J Chem Soc Chem Commun, 1992: 875-876.

[105] Yang G Y, Sevov S C. J Am Chem Soc, 1999, 121: 8389-8390.

[106] Li J, Li L, Liang J, et al. Cryst Growth Des, 2008, 8: 2318-2323.

[107] Kokotailo G T, Lawton S L, Olson D H, et al. Nature, 1978, 272: 437-438.

[108] Flanigen E M, Bennett J M, Grose R W, et al. Nature, 1978, 271: 512-516.

[109] Price G D, Pluth J J, Smith J V, et al. J Am Chem Soc, 1982, 104: 5971-5977.

[110] Lermer H, Draeger M, Steffen J, et al. Zeolites, 1985, 5: 131-134.

[111] Chao K-J, Lin J-C, Wang Y, et al. Zeolites, 1986, 6: 35-38.

[112] van Koningsveld H, van Bekkum H, Jansen J C. Acta Cryst, 1987, B43: 127-132.

[113] Chen J, Natarajan S, Thomas J M, et al. Angew Chem Int Ed Engl, 1994, 33: 639-640.

[114] Schreyeck L, Stumbe J, Caullet P, et al. Microporous Mesoporous Mater, 1998, 22: 87-106.

[115] Gómez-Hortigüela L, Márquez-Álvarez C, Corà F, et al. Chem Mater, 2008, 20: 987-995.

[116] Cejka J, Corma A, Zones S I. Zeolites and Catalysis-Synthesis, Reactions and Applications. Weinheim: WILEY-VCH Verlag GmbH & Co. KGaA, 2010.

[117] Fernandes A, Ribeiro M F, Borges C, et al. Microporous Mesoporous Mater, 2006, 90: 112-128.

[118] Cooper E R, Andrews C D, Wheatley P S, et al. Nature, 2004, 430: 1012-1016.

[119] Xu R, Zhang W, Guan J, et al. Chem-Eur J, 2009, 15: 5348-5354.

[120] Wang L, Xu Y P, Wei Y, et al. J Am Chem Soc, 2006, 128: 7432-7433.

[121] Bialek R, Meier W M, Davis M, et al. Zeolites, 1991, 11: 438-442.

[122] Lobo R F, Davis M E. Microporous Mater, 1994, 3: 61-69.

[123] Seddon D, Whittam T V. EP Patent No. 0055529. 1981.

[124] Weigel S J, Gabriel J-C, Puebla E G, et al. J Am Chem Soc, 1996, 118: 2427-2435.

[125] Pinar A B, Gomez-Hortiguela L, Perez-Pariente J. Chem Mater, 2007, 19: 5617-5626.

[126] Sierra L, Deroche C, Gies H, et al. Microporous Mater, 1994, 3: 29-38.

[127] Sierra L, Patarin J, Deroche C, et al. Novel molecular sieves of the aluminophosphate family: AlPO₄ and substituted derivatives with the LTA, FAU and AFR structure-types//Weitkamp H G K H P J, Hölderich W. Studies in Surface Science and Catalysis. Vol 84. Amsterdam: Elsevier, 1994: 2237-2244.

[128] Yu J, Xu R. J Mater Chem, 2008, 18: 4021-4030.

[129] Han Y, Li Y, Yu J, et al. Angew Chem Int Ed, 2011, 50: 3003-3005.

[130] Davis M E. Top Catal, 2003, 25: 3-7.

[131] Gibbs J W. Trans Conn Acad Arts Sci, 1873, 3: 108-248.

[132] Gibbs J W. Trans Conn Acad Arts Sci, 1874, 3: 343-524.

[133] Mullin J W. Crystallization. 4th Ed. Oxford: Butterworth Heinemann, 2001.

[134] Hoare M R, McInnes J. Faraday Discuss Chem Soc, 1976, 61: 12-24.

[135] Gibbs J W. The Collected Works of J. Willard Gibbs. New Haven: Yale University Press, 1948.

[136] Volmer M. Kinetik der Phasenbildung. Leipzig: verlag von Theodor Steinkopff, 1939.

[137] Becker R, Döring W. Annalen Der Physik, 1935, 416: 719-752.

[138] Pope C G. Microporous Mesoporous Mater, 1998, 21: 333-336.

[139] Burkett S L, Davis M E. Chem Mater, 1995, 7: 1453-1463.

[140] Oliver S, Kuperman A, Ozin G A. Angew Chem Int Ed, 1998, 37: 46-62.

[141] Sassoye C, Marrot J, Loiseau T, et al. Chem Mater, 2002, 14: 1340-1347.

[142] Beitone L, Marrot J, Loiseau T, et al. J Am Chem Soc, 2003, 125: 1912-1922.

[143] de Moor P P E A, Beelen T P M, Komanschek B U, et al. Chem-Eur J, 1999, 5: 2083-2088.

[144] Komiyama M, Yashima T. Jpn J Appl Phys, 1994, 33: 3761-3763.

[145] Komiyama M, Tsujimichi K, Oumi Y, et al. Appl Surf Sci, 1997, 121-122: 543-547.

[146] Yamamoto S, Matsuoka O, Sugiyama S, et al. Chem Phys Lett, 1996, 260: 208-214.

[147] Yamamoto S, Sugiyama S, Matsuoka O, et al. Microporous Mesoporous Mater, 1998, 21: 1-6.

[148] Anderson M W, Agger J R, Thornton J T, et al. Angew Chem Int Ed Engl, 1996, 35: 1210-1213.

[149] Walker A M, Slater B, Gale J D, et al. Nature Mater, 2004, 3: 715-720.

[150] Voltolini M, Artioli G, Moret M. Microporous Mesoporous Mater, 2003, 61: 79-84.

[151] Castro M, Garcia R, Warrender S J, et al. Chem Commun, 2007: 3470-3472.

[152] van Enckevort W J P, Bennema P. Acta Crystallogr A, 2004, 60: 532-541.

[153] Trinh T T, Jansen A P J, van Santen R A, et al. J Phys Chem C, 2009, 113: 2647-2652.

[154] Szyja B, Jansen A, Verstraelen T, et al. Phys Chem Chem Phys, 2009, 11: 7605-7610.

[155] Catlow C R A, Coombes D S, Lewis D W, et al. Chem Mater, 1998, 10: 3249-3265.

[156] Wu M H G, Deem M W. J Chem Phys, 2002, 116: 2125.

[157] Mora-Fonz M J, Catlow C R A, Lewis D W. Angew Chem Int Ed, 2005, 44: 3082-3086.

[158] Mora-Fonz M J, Catlow C R A, Lewis D W. J Phys Chem C, 2007, 111: 18155-18158.

[159] Mora-Fonz M J, Hamad S, Catlow C R A. Mol Phys, 2007, 105: 177-187.

[160] Jorge M, Auerbach S M, Monson P A. J Am Chem Soc, 2005, 127: 14388-14400.

[161] Jorge M, Auerbach S M, Monson P A. Mol Phys, 2006, 104: 3513-3522.

[162] Trinh T T, Jansen A P J, van Santen R A. J Phys Chem B, 2006, 110: 23099-23106.

[163] Yan W F, Song X, Xu R R. Microporous Mesoporous Mater, 2009, 123: 50-62.

[164] Cheng T, Xu J, Li X, et al. Microporous Mesoporous Mater, 2012, 152: 190-207.

[165] Tong X, Xu J, Wang C, et al. Microporous Mesoporous Mater, 2012, 155: 153-166.

[166] Tong X, Xu J, Xin L, et al. Microporous Mesoporous Mater, 2012, 164: 56-66.

[167] Tong X, Xu J, Li X, et al. Microporous Mesoporous Mater, 2013, 176: 112-122.

[168] Wang K X, Yu J H, Shi Z, et al. J Chem Soc, Dalton Trans, 2001: 1809-1812.

[169] Yan W F, Yu J H, Shi Z, et al. Microporous Mesoporous Mater, 2001, 50: 151-158.

[170] Tuel A, Gramlich V, Baerlocher C. Microporous Mesoporous Mater, 2001, 46: 57-66.

[171] Wang K X, Yu J H, Miao P, et al. J Mater Chem, 2001, 11: 1898-1902.

[172] Tuel A, Gramlich V, Baerlocher Ch. Microporous Mesoporous Mater, 2002, 56: 119-130.

[173] Togashi N, Yu J, Zheng S, et al. J Mater Chem, 1998, 8: 2827-2830.

[174] Wilson S T. Phosphate-based molecular sieves: Novel synthetic approaches to new structures and compositions//van Bekkum H, Flanigen E M, Jacobs P A, et al. Studies in Surface Science and Catalysis. Vol 135. Amsterdam: Elsevier, 2001: 229-260.

[175] Tong X, Xu J, Wang C, et al. Microporous Mesoporous Mater, 2014, 183: 108-116.

[176] Tong X Q, Huang P, Lu H Y, et al. Inorg Chem Commun, 2012, 22: 167-169.

[177] Harding M M, Kariuki B M. Acta Crystallogr C, 1994, 50: 852-854.

[178] Oliver S, Kuperman A, Lough A, et al. J Mater Chem, 1997, 7: 807-812.

[179] Yan W F. Syntheses, Structrues, and Design of Aluminophosphates with Anionic Frameworks. Changchun: Jilin University Ph D Thesis, 2002.

[180] Yan W F, Yu J H, Li Y, et al. J Solid State Chem, 2002, 167: 282-288.

[181] Oliver S, Kuperman A, Lough A, et al. Inorg Chem, 1996, 35: 6373-6380.

[182] Gao Q M, Li B Z, Chen J S, et al. J Solid State Chem, 1997, 129: 37-44.

[183] Chippindale A M, Natarajan S, Thomas J M, et al. J Solid State Chem, 1994, 111: 18-25.

[184] Loiseau T, Retoux R, Lacorre P, et al. J Solid State Chem, 1994, 111: 427-436.

[185] Loiseau T, Taulelle F, Ferey G. Microporous Mater, 1996, 5: 365-379.

［186］Logar N Z, Rajic N, Stojakovic D, et al. Acta Crystallogr E, 2005, 61: M1354-M1356.

［187］Jensen T R, Gerentes N, Jepsen J, et al. Inorg Chem, 2005, 44: 658-665.

［188］Chen B, Huang Y N. J Am Chem Soc, 2006, 128: 6437-6446.

［189］Xu J, Chen L, Zeng D L, et al. J Phys Chem B, 2007, 111: 7105-7113.

［190］Mintova S, Olson N H, Valtchev V, et al. Science, 1999, 283: 958-960.

［191］Mintova S, Olson N H, Bein T. Angew Chem Int Ed, 1999, 38: 3201-3204.

［192］Lechert H, Kacirek H. Zeolites, 1993, 13: 192-200.

［193］Pelster S A, Weimann B, Schaack B B, et al. Angew Chem Int Ed, 2007, 46: 6674-6677.

［194］Lim I H, Schrader W, Schüth F. Microporous Mesoporous Mater, 2013, 166: 20-36.

［195］Caratzoulas S, Vlachos D G, Tsapatsis M. J Phys Chem B, 2005, 109: 10429-10434.

［196］Caratzoulas S, Vlachos D G, Tsapatsis M. J Am Chem Soc, 2005, 128: 596-606.

［197］Aerts A, Kirschhock C E A, Martens J A. Chem Soc Rev, 2010, 39: 4626-4642.

［198］Shi J M, Anderson M W, Carr S W. Chem Mater, 1996, 8: 369-375.

［199］Taulelle F, Haouas M, Gerardin C, et al. Colloid Surf A—Physicochem Eng Asp, 1999, 158: 299-311.

［200］O'Brien M G, Beale A M, Catlow C R A, et al. J Am Chem Soc, 2006, 128: 11744-11745.

［201］Naudin C, Bonhomme F, Bruneel J L, et al. J Raman Spectrosc, 2000, 31: 979-985.

［202］Brand H V, Curtiss L A, Iton L E, et al. J Phys Chem, 1994, 98: 1293-1301.

［203］Fan F, Feng Z, Li G, et al. Chem-Eur J, 2008, 14: 5125-5129.

［204］Fan F, Feng Z, Sun K, et al. Angew Chem Int Ed, 2009, 48: 8743-8747.

［205］Fan F, Feng Z, Li C. Chem Soc Rev, 2010, 39: 4794-4801.

［206］McKeown D A, Galeener F L, Brown Jr G E. J Non-Cryst Solids, 1984, 68: 361-378.

［207］Twu J, Dutta P K, Kresge C T. Zeolites, 1991, 11: 672-679.

［208］Grandjean D, Beale A M, Petukhov A V, et al. J Am Chem Soc, 2005, 127: 14454-14465.

［209］Beale A M, van der Eerden A M J, Grandjean D, et al. Chem Commun, 2006: 4410-4412.

第6章 分子筛的制备、修饰与改性

6.1 分子筛的制备——微孔化合物的脱模

如第3、4章微孔化合物的合成化学中所阐述的,可以借助水热合成与有机溶剂热合成等合成路线,晶化出为数繁多的具有特定骨架、组分元素与孔道结构(孔道的大小尺寸,孔道的维数、形状与孔道的走向等)的微孔化合物。其中除去部分硅铝酸盐(沸石型)之外,大部分微孔化合物的骨架结构中往往存在用作结构导向剂或模板剂的有机分子、金属配合物等客体分子。由于这些客体分子与分子筛骨架间往往形成氢键、范德华力以及在某些情况下有配位键存在。因而如何将带有客体分子的微孔化合物脱去模板剂("脱模"),制备成结构稳定,孔道畅通且有特定表面性质的分子筛是扩展分子筛类型及相关催化材料的关键问题。不同的制备路线中都包含着某些特定的科学问题。下面将分别作讨论并且介绍有关的发展前沿。

6.1.1 高温灼烧法

将客体分子脱出微孔骨架最常用的途径是通过在高温下灼烧(一般在空气中 550℃下)将有机分子氧化分解脱离骨架。然而,这一过程是一个强放热反应,如果处理不当,高温灼烧往往导致结构的部分破坏。例如,Z. J. Da[1a]等发现于550℃灼烧 BEA 型沸石,脱去模板剂 TEA 的同时,其结晶度将降低 25%~30%。A. Corma 等[2]于 1994 年曾较为系统地研究过含杂原子分子筛的高温灼烧,他们发现在脱模板剂时,往往有杂原子或 Al 脱离骨架,导致表面酸性与相关催化性能的变化等。因而如何控制与改进灼烧条件,如灼烧温度与时间的控制,气氛的选择与流动力学的控制[3]以及在热分解过程细致研究的基础上,开发新的灼烧途径等,促使这条最常用的脱模板剂制备分子筛路线得到改进与完善,这是目前本领域的一个研究前沿。以前对于这条路线的改进有诸多方面,如在氮气气氛中,先在低温下脱去吸附水,再升至高温进行灼烧,脱去有机客体分子。再如在空气中缓慢程序升温(1℃/min)至 550℃再进行灼烧:如高温富氧灼烧以克服结焦现象等,已在早期文献中有所报道。下面将举例,对于近期的进展,作些简单介绍。

6.1.1.1　二步灼烧法

2002 年段雪等[1b]认为：一般的高温灼烧往往总是快速升温，这将导致下列后果：其一是有机客体分子的急速分解，导致晶格内压力骤然上升，致使骨架结构的损坏；其二是导致原骨架电荷平衡的破坏，致使骨架铝或杂原子逸出。为了避免上述问题发生，他们提出了一种新的二步灼烧路线，操作步骤是首先在低温脱模温度 T_c 下灼烧，然后再以一定速度升温至高温灼烧短时间。他们以 β(BEA)型沸石为例，比较了二步法与常用高温灼烧法（550℃空气气氛下灼烧 2h）的结果。二步法中 T_c 的确定是根据含 TEA 的 β 型沸石在热分解过程中 200℃ 与 290℃ 下，孔道中发生 TEAOH 与 TEA^+ 的热解离而确定的。即将 β 型沸石第一步在 T_c=290℃下灼烧 2h，然后再以 5℃/min 的升温速度，程序升温至 550℃，且保持 20min。用此种二步灼烧法制备的 β 型沸石分子筛，无论从结晶度与表面酸性来看，均优于通常的直接高温灼烧法脱 TEA 后所得到的 β 型沸石，而且还发现 β 型沸石的表面酸性与 T_c 保持时间有关。这些基础研究，为二步灼烧法条件的调控提供了根据。

6.1.1.2　微波辐射二步灼烧法

为了尽量降低高温灼烧脱模板剂对于结构损坏的影响段雪等提出了二步法的微波辐射脱除模板剂，仍旧以 β 型沸石脱除 TEA 为例进行阐述。首先将样品在 T_c=200℃下灼烧 3h，再于室温下，用微波辐射处理 40min，然后将样品以 5℃/min 程序升温到 550℃，并保持 20min。借此灼烧法所得到的 β 型沸石，其结晶度的降低与表面酸性优于常用的高温灼烧脱除 TEA 后所得到的 β 型沸石。上述两种经改进的高温灼烧法用于 ZSM-5、MCM-41 也都获得了较好的效果。

6.1.2　化学反应法

借助外加化学试剂（液相或气相）与无机微孔晶体孔道及腔中的有机客体模板剂分子在温和条件下作用，以制备结构完整且孔道畅通分子筛的"脱模"方法。化学试剂及相关的化学反应选择，一般应考虑到反应条件的温和性，产物尽量少且易于分离。

6.1.2.1　温和条件下臭氧的氧化脱除模板剂（简称氧化脱模）

1998 年，T. J. Matthew 等[4] 提出在室温下以 O_3（UV 灯，6.8W，254nm 与 180nm）处理 MCM-41 样品 24h，即可脱去模板表面活性剂 CTAB（十六烷基三甲基溴化铵），经研究与空气中 550℃下灼烧的 MCM-41 样品比较，前者具有更大的比表面积及更窄一些的孔分布。2001 年，D. Mehn 等[5] 又将此方法应用于含杂原子 B-ZSM-5，Co-ZSM-5，CoAl-ZSM-5 与 Ga-MCM-22 微孔化合物孔道中模板剂的脱除，在 O_2/O_3 混合气流下，于 210℃加热 3h，与经空气中 550℃灼烧后的样品相比较，前者骨架中杂原子的存在状态基本不变，情况明显优于后者。由于 O_3 氧化能力强，因而应用此法可在温和条件，甚至在室温下，氧化分解有机分子，使结构的损坏明显降低，且具有处理方便，氧化产物一般为 CO_2 与 H_2O 等，对环境污染不大等优点，是一条有前途的脱除模板剂分子的技术路线。

6.1.2.2　中温条件下的氨解脱模

季铵盐 TAA^+ 是合成高硅沸石的重要模板剂之一，如以 TMA^+ 为模板剂合成的高硅 A 型（NaTMA-A）与 Y 型沸石（NaTMA-Y），TMA^+ 位于 α 笼、超笼与 β 笼中，由于 TMA^+ 大，不易在温和条件下脱出，特别对在 β 笼中的 TMA^+，由于 β 笼的 6 元环孔口小，因而更不易破笼而脱出或降解而脱出。以往的常规法，只能在 500～550℃长时间灼烧才能除去，往往导致结构的损坏。2002 年，G. H. Kühl 等[6]开发出了一个在中温下，借分子尺寸小的氨气与 TMA^+ 的作用而脱除模板剂的方法，是在 250℃氨气与 TMA^+ 作用生成 CH_3NH_2 与 $(CH_3)_2NH$，它们能从超笼中逸出，此方法目前存在的问题是 β 笼中的 TMA^+ 在较高温度下，虽也能氨解，然而尺寸较大的降解产物 $(CH_3)_3NH$ 难于脱出，这个问题对 NaTMA-A 型沸石来说更为突出，因为 α 笼的出口也仅为 8 元环，尺寸较大的分子即使从 α 笼中脱出也不容易，故使脱模板反应难于完全［图 6-1(b)］，目前在进一步研究改进。对 NaTMA-Y 型沸石来说分解产物就较易逸出，如图 6-1(a)所示，在 250～300℃下加氨降解，一般在 3～4h 几乎进行完全。

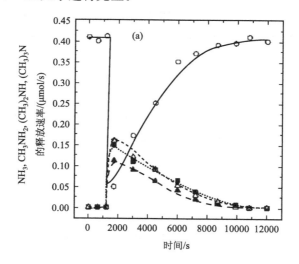

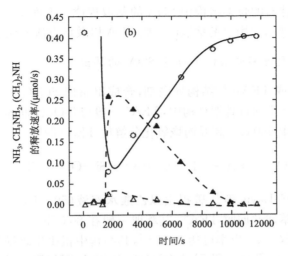

图 6-1 氨解产物的气相色谱。(a) NaTMA-Y (硅铝比=5.3)于 300℃；

(b) NaTMA-A(硅铝比=5.8)于 250℃

[○NH₃；▲CH₃NH₂；△ (CH₃)₂NH；■ (CH₃)₃N]

高温灼烧法与化学反应法从微孔化合物中脱除模板剂的路线，除上述的优缺点之外，还有一个几乎是共同的弱点，即是"脱模"对模板剂的破坏性，如果实验规模较大，而所用的模板剂又是较为昂贵的，则整个分子筛生产的成本将会是较高的，且会导致环境的污染。因而近期有一些分子筛化学家，开始进一步研究"脱模"的绿色工艺，即研究"脱模"与模板剂的回收结合。下面介绍有关这方面的研究进展。

6.1.3 溶剂萃取法

应用溶剂萃取法，将模板剂或结构导向剂（SDA）从分子筛孔道中萃取回收，这方面工作，最早是 20 世纪 90 年代初期由 D. D. Whitehurst[7] 应用于介孔材料 M41S 中萃取回收其中的表面活性剂开始的，直至目前应用萃取法或经过改进的萃取法，已成为从介孔分子筛中回收表面活性剂的重要方法之一。然而如欲将溶剂萃取法用于微孔分子筛孔道中 SDA 的脱除与回收，则就困难多了，原因：其一是由于 SDA 分子的尺寸与孔道相仿，难于在孔道中扩散与从孔口萃出；其二是由于 SDA 分子与微孔骨架间往往存在较强的相互作用，无法单纯只用溶剂将其萃出。经改进后的溶剂萃取法，如用其他化学试剂调变萃取液的酸碱性或使其起到协同萃取效应，用以减弱 SDA 与骨架间的作用，或采取适当的扩孔等改进后的溶剂萃取法，已经在微孔分子筛的"脱模"中，取得了一定的进展。1998 年，M. E. Davis 等[8]应用溶剂萃取法，从 β 型沸石中脱 TEAF 获得相当成功；1999 年，M. E. Davis 等[9]又用类似的方法从与 β 型沸石具有同晶结构的微孔锌硅酸盐中脱 TEAOH 获得成功；2001 年，M. E. Davis 等[10]又比较细致地研究了具有中孔的 MFI 骨架

结构与大孔 β 型沸石的骨架结构中 SDA 的萃取规律。下面举两例作一些简单的介绍用以进一步展示应用溶剂萃取法回收 SDA 以及该方法的应用前景。

6.1.3.1 β 型沸石中结构导向剂(SDA)的萃出

用 TEAOH 或 TEAF 作结构导向剂,合成出系列 Si-β-OH(F),B-β-OH(F),Al-β-OH(F),在 β 型沸石骨架结构中,TEA$^+$ 一般与 SiO$_4$ 四面体中的 O 借氢键相连。按常规方法于 550℃ 下高温灼烧氧化分解使 TEA$^+$ 脱除。

$$-\overset{|}{\underset{|}{Si}}-O^- -TEA^+ + H^+\ AC^- \rightleftharpoons -\overset{|}{\underset{|}{Si}}-OH + TEA^+ + AC^- \qquad (6-1)$$

1999 年,M. E. Davis 等[11]曾提出以乙酸水溶液(50% H$_2$O)为萃取溶剂借助反应协同水溶剂萃取并回收 TEA$^+$,其萃取一般在 80℃ 下进行 12~24h。经分离洗涤后再重复萃取,总萃出率可达 90%[10],其结构中很少出现缺陷。2001 年,M. E. Davis 等又进一步研究了 Si-BEA-OH(F)、B-BEA-OH(F)与 Al-BEA-OH(F)沸石中 TEA 的萃出规律,发现不论以 TEAOH 或 TEAF 为 SDA 合成全硅 BEA 沸石与含 B、含 Al 的 BEA 沸石,其萃出率:Si-BEA-OH(F)(>99%)>B-BEA-OH(F)(75%~85%)>Al-BEA-OH(F)(45%~49%)。他们认为造成含 B、Al 杂原子的 BEA 型沸石中难于将 TEA$^+$ 全部萃出,可能是由于 M-BEA-OH(F)骨架中,杂原子(M=B、Al)与 TEA$^+$ 间的相互作用大于 Si(OSi)$_4$ 与 TEA$^+$ 间的氢键作用,从而使部分 TEA$^+$ 在上述条件下不易从骨架萃出。

6.1.3.2 FAU 与 EMT 型沸石中结构导向剂(SDA)冠醚的萃出[12]

高硅 FAU(硅铝比=3.8)与 EMT(硅铝比=3.8)沸石,可以用 15-冠醚-5 与 18-冠醚-6 作为 SDA 合成出来,其组成式分别为:Na$_{40}$ Al$_{40}$ Si$_{152}$ O$_{384}$ (15-冠醚-5)$_8$ (H$_2$O)$_{120}$、Na$_{20}$ Al$_{20}$ Si$_{76}$ O$_{192}$(18-冠醚-6)$_4$(H$_2$O)$_{60}$,其沸石结构中部分 Na$^+$ 与 15-冠醚-5 与 18-冠醚-6 结合成络阳离子,部分 Na$^+$ 居 β 笼与 D6R 笼中。为了用萃取法回收骨架结构中昂贵的冠醚分子,J. L. Guth 等设想了一个由季铵离子或质子化胺类离子参加的交换-萃取体系,借助下列交换反应,协同具有水或极性的萃取液将冠醚萃取回收:

$$[Na^+,冠醚/Na^+]_{沸石} + [R_3N^+(或 TAA')]_{液相} \rightleftharpoons [Na^+,冠醚/Na^+]_{液相} +$$
$$[Na^+,R_3N^+(或 TAA')]_{沸石} \qquad (6-2)$$

他们试用了 Et$_3$N$^+$、Pr$_3$N$^+$、TMA$^+$、Bu$_3$N$^+$、TEA$^+$、TPA$^+$ 的溶液(pH≈6)为萃取体系,在 190℃ 下萃取 6h,FAU 与 EMT 沸石中的 15-冠醚-5 与 18-冠醚-6 几乎全部被萃入水溶液中,为 SDA 的循环使用工艺的创建提供了基础。

6.1.3.3 双酮类季铵盐的降解萃取[13]

一般溶剂萃取法"脱模"只适用于尺寸较小且与骨架作用较弱的"SDA",2005

年 H. Lee 等设计了一类 Ketal 型化合物（双酮类季铵盐 ）作模板剂可晶化 VPI-8、ZSM-12、ZSM-5 等，巧妙的是他们用调节 pH 的办法可使这类 SDA 降解成较小分子，以上述 SDA 为例，pH 降低其会发生分解：

$$\tag{6-3}$$

这样就易于将它们用适当溶剂萃取出来了，且可进一步反向合成，再循环使用。

6.2 "二次合成"的概述

分子筛的修饰与改性主要依靠分子筛的"二次合成"（secondary synthesis）以改善与提高下列性质、功能的要求为目的，围绕：①分子筛的酸性与选择性，酸强度与浓度及其分布；②分子筛的热稳定性与水热稳定性；③分子筛的其他催化性能，如氧化还原催化性能，配位催化性能和寿命；④分子筛的扩散与吸附性能；⑤分子筛的离子交换性能等。重建、改造与修饰分子筛的孔道结构；分子筛的表面性能与结构；精细调变微孔骨架（孔道、窗口、组分等）与抗衡离子的组成与结构，选择方法与条件，进行分子筛的再加工，即微孔骨架的二次合成[14]，以达到无法用直接一次合成得到的结果。这对改进与提高，甚至开拓分子筛催化、吸附分离以及众多先进功能材料的性质与功能有着极其重要的作用，近期出版的一些专著正如第 1 章 1.4.1 节所介绍的近期重要专著(8)、(9)、(11)、(12)、(14)、(15)等中均有过专门的深入讨论。下面以八面沸石（FAU 型）为主要成分的裂解催化剂的催化性能（以正己烷的裂解相对活性 K/K_{std} 来表示）为例，从表 6-1 可以看出分子筛的二次合成对其催化性能的重要影响。

表 6-1 经二次合成的 FAU 型沸石对正己烷的裂解活性

FAU 型催化材料	二次合成	K/K_{std}
无定形硅铝	—	1
Na-X 型沸石	水热晶化	1.2
(RE,H)Y 型沸石	Na-Y 型沸石经稀土离子交换与焙烧	460
(RE,H)X 型沸石	Na-X 型沸石经稀土离子交换与焙烧	7.800
H-Y 型沸石	Na-Y 型沸石经 NH₄ 交换高温焙烧脱氨	30.000
USY	NH₄-Y 型沸石经高温水蒸气处理超稳化	23 000
USY*	USY 经化学脱铝	870 000

沸石分子筛的修饰与改性，从实质上来说是对于分子筛结构的修饰与进一步加工，即二次合成。影响分子筛性质与功能的，主要取决于沸石分子筛材料的凝聚

态(condensed state)的结构(如其中的缺陷,多型体的类型与共生,形貌与粒子的尺寸与界面结构等)。当然其中最主要的是其孔道的骨架结构(如孔道与窗口的大小尺寸与形状,孔道的维数、走向以及孔壁的组成等),然而另一方面,在骨架中存在的抗衡阳离子,无论其种类、数量以及它们的离子交换性能,也能在相当程度上影响,甚至改变与决定该分子筛的性质与功能,如分子筛的酸性,分子筛的孔隙度(porosity)与窗口孔径,分子筛的热稳定性与分子筛的诸多催化性能,均与沸石分子筛骨架结构中存在的阳离子紧密相关。例如 20 世纪 70 年代初,F. Vogt 等[15]就曾经说过"在加热与水热条件下要保持沸石结构的稳定性往往是通过多价阳离子的交换来实现。(Stability of the zeolite structure, both thermal and hydrothermal, could be achieved through ion exchange with multivalent cation.)"因此自 20 世纪中叶开始就陆续有很多沸石化学家从事沸石的阳离子交换研究,对于沸石分子筛的离子交换性能,曾作过非常细致的系统研究[16]。在本章中将从下列四个方面介绍分子筛的主要二次合成中的修饰与改性问题:①沸石分子筛的阳离子交换改性;②沸石分子筛的脱铝改性;③分子筛骨架的杂原子同晶置换;④沸石分子筛的孔道和表面修饰。在介绍沸石分子筛骨架结构的修饰与再加工之前,作为二次合成的第一个问题,先就沸石分子筛的阳离子交换改性问题进行讨论。

6.3 沸石分子筛的阳离子交换改性

如表 6-1 中所列举的以 Y 型沸石为基体的一代又一代新型裂解催化剂的进展来看,几乎每一代的发展,均与沸石分子筛的阳离子交换改性紧密相关。下面将结合一些重要实例来进行讨论。

6.3.1 沸石分子筛阳离子交换的一些基本规律[16]

其交换反应可表述如下:

$$Z_A B_M^{Z_B^+} + Z_B A_S^{Z_A^+} \rightleftharpoons Z_A B_S^{Z_B^+} + Z_B A_M^{Z_A^+}$$

式中,Z_A、Z_B 分别是交换阳离子 A 与 B 的价态电荷;M 与 S 分别表示沸石相与溶液相。交换阳离子在溶液相与沸石相中的当量分数,分别为

$$A_S = \frac{Z_A \cdot m_S^A}{Z_A \cdot m_S^A + Z_B m_S^B} \tag{6-4}$$

$$A_M = \frac{交换阳离子 A 的当量数}{沸石相中阳离子的总当量数} \tag{6-5}$$

式(6-4)中 m_S^A 与 m_S^B 分别是阳离子 A 与 B 在平衡溶液中的摩尔浓度,故 $(A_M + B_M) = 1$,$(A_S + B_S) = 1$。

描述下列沸石分子筛阳离子交换反应:

$$A_S + B_M \rightleftharpoons A_M + B_S$$

其特征是用在一定温度下得到的离子交换等温线(ion exchange isotherms)来描述的,在总结了大量沸石分子筛的离子交换反应,发现离子交换等温线共有下列五种类型,其曲线如图 6-2 所示:

(a) 交换进入沸石分子筛的选择性 A>B。

(b) 随 A_S 的增大,进入沸石相的选择性,在前期 A>B,随后即发生逆变 A<B。

(c) 交换进入沸石分子筛相的选择性 A<B。

(d) 最大交换度 $\chi_{max}<1$。

(e) 由于形成两种沸石分子筛相,离子交换等温线出现滞后效应。

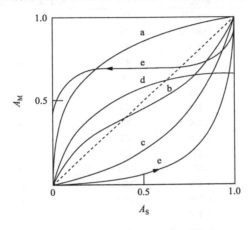

图 6-2　五种离子交换等温线

描述沸石分子筛阳离子交换特征的,除了五种类型(图 6-2 中 a、b、c、d、e)的离子交换等温线之外,还有两个物理量,也是很重要的。其一为选择性(selectivity),可以从离子交换等温线中测得,也可用有理选择系数(rational selectivity coefficient) K_B^A 来表示。

$$K_B^A \equiv \frac{A_M^{Z_B} \cdot B_S^{Z_A}}{B_M^{Z_A} \cdot A_S^{Z_B}} \tag{6-6}$$

当用活度系数校正后:

$$K'^A_B = K_B^A \frac{[\gamma_{\pm BY_{Z_B}}^{(Z_B+1)}]^{Z_A}}{[\gamma_{\pm AY_{Z_A}}^{(Z_A+1)}]^{Z_B}} \tag{6-7}$$

式中, $\gamma_{\pm AY_{Z_A}}$ 与 $\gamma_{\pm BY_{Z_B}}$ 为溶液中电介质的平均摩尔活度系数(mean molal activity coefficient)。

其二为交换容量(exchange capacity):

$$\chi = \frac{交换进入沸石相的阳离子当量}{沸石相中 Al 克原子当量} \tag{6-8}$$

χ_{max}为最大交换容量,从五种类型的离子交换等温线来看,只有 d 型的 $\chi_{max}<1$。

　　A 型(LTA)与八面沸石(FAU)(X 型与 Y 型沸石)分子筛往往通过阳离子交换来二次合成具有重要实用价值的催化与吸附材料,诸如 A 型分子筛通过离子交换获得的 3A、4A 与 5A 分子筛,X 与 Y 型分子筛通过离子交换获得的氢型、稀土型、铵-Y 型与铵-X 型分子筛等。因此,下面简单地介绍一些有关 Na-A 型与 Na-Y 型分子筛的离子交换特性。Na-A 型分子筛的离子交换特性见表 6-2。

表 6-2　Na-A 型分子筛常见的离子交换反应

交换反应	浓度	$t/^\circ C$	离子交换等温线类型	χ_{max}
$Na^+ \rightarrow Li^+$	0.1mol/L	25	c	1.0
$Na^+ \rightarrow K^+$	0.1mol/L	25	b	1.0
$Na^+ \rightarrow NH_4^+$	0.2N	25	c	1.0
$Na^+ \rightarrow Cs^+$	0.1mol/L	25	d	0.45
$Na^+ \rightarrow Rb^+$	0.1mol/L	25	d	0.68
$Na^+ \rightarrow Ag^+$	0.1N	25	a	1.0
$Na^+ \rightarrow Tl^+$	0.1N	25	a	1.0
$Na^+ \rightarrow 1/2\ Ca^{2+}$	0.1N	25	a	1.0
$Na^+ \rightarrow 1/2\ Sr^{2+}$	0.1N	25	a	1.0
$Na^+ \rightarrow 1/2\ Ba^{2+}$	0.1N	25	a	1.0
$Na^+ \rightarrow CH_3NH_3^+$	0.5N	100	d	0.43
$Na^+ \rightarrow C_2H_5NH_3^+$	0.5N	100	d	0.29
$Na^+ \rightarrow n\text{-}C_3H_7NH_3^+$	0.5N	100	d	0.12
$Na^+ \rightarrow 1/2\ Cd^{2+}$	0.1N	25	a	1.0
$Na^+ \rightarrow 1/2\ Zn^{2+}$	0.1N	25	a	1.0
$Na^+ \rightarrow 1/2\ Ni^{2+}$	0.1N	25	a	0.8
$Na^+ \rightarrow 1/2Co^{2+}$	0.1N	25	a	0.89

注:N 为当量浓度,1N=(1mol/L)÷离子价数。

　　下面选择了三个体系,展示了它们在 25℃的离子交换等温线与选择性的实验,如图 6-3 和图 6-4 所示。

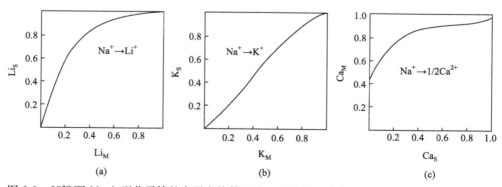

图 6-3　25℃下 Na-A 型分子筛的离子交换等温线。交换离子浓度:(a),(b)0.1mol/L,(c)0.1N

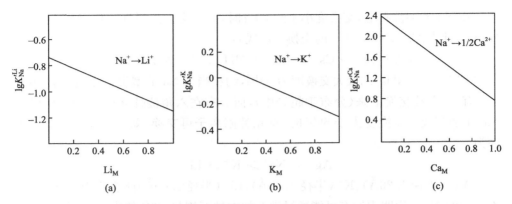

图 6-4　Na-A 型分子筛的离子交换选择性。交换离子浓度：(a),(b)0.1mol/L,(c)0.1N

对 Na-A 型分子筛而言,在 25℃,0.2N 等当量交换时,其交换选择性顺序一般为

$$Ag^+ > Tl^+ > K^+ > NH_4^+ > Rb^+ > Li^+ > Cs^+$$

$$Zn^{2+} > Sr^{2+} > Ba^{2+} > Ca^{2+} > Co^{2+} > Ni^{2+} > Cd^{2+} > Hg^{2+} > Mg^{2+}$$

下面我们介绍八面沸石型(X 型和 Y 型)分子筛的离子交换特性[17]。Na-X 型和 Na-Y 型沸石上几种一价阳离子的交换等温线如图 6-5 和图 6-6 所示。

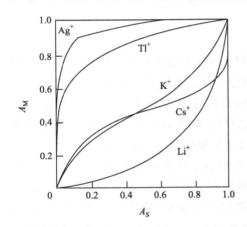

图 6-5　一价阳离子在 Na-X 型沸石上离子交换等温线 25℃,总当量浓度 0.1N

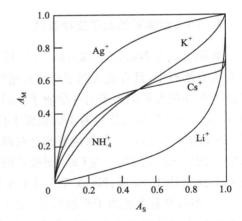

图 6-6　一价阳离子在 Na-Y 型沸石上离子交换等温线 25℃,总当量浓度 0.1N

从曲线上可看出,在 Na-X 型沸石上交换度低于 40％时,离子交换选择性顺序为(图中仅画出 Ag$^+$、K$^+$、Cs$^+$、Tl$^+$、Li$^+$ 的交换等温线)

$$Ag^+ \gg Tl^+ > Cs^+ > K^+ > Li^+$$

而交换度大于 40％时为

$$Ag^+ \gg Tl^+ > K^+ > Cs^+ > Li^+$$

在 Na-Y 型沸石上,交换度小于约 60% 时,离子交换选择性顺序为(图中仅画出 Ag^+、K^+、Cs^+、NH_4^+、Li^+ 的交换等温线):

$$Tl^+ > Ag^+ > Cs^+ > Rb^+ > NH_4^+ > K^+ > Na^+ > Li^+$$

其中 Rb^+、Cs^+、NH_4^+ 的最大交换度为 68%,约相当于 Na-Y 型沸石晶胞中的 56 个 Na^+ 有 40 个被交换下来(分布于超笼中),而分布在六角棱柱笼(D6R)内的 16 个 Na^+ 不能交换。交换度大于 68% 时,有几种阳离子可交换 Na^+,其交换选择性顺序为

$$Ag^+ > Na^+ > K^+ > Li^+$$

Ag^+(半径 1.26Å)、K^+(半径 1.33Å)、Li^+(半径 0.60Å)能全部交换 Na-Y 型沸石中的 Na^+,说明它们有可能通过沸石的方钠石笼与 D6R 笼中 6 元环(25℃时方钠石笼与 D6R 笼的晶孔有效孔径可达到 2.5Å 左右)。

在 25℃ 下,Na-X 型沸石中交换度可达 82%,相当于晶胞中的 86 个 Na^+ 有 70 个被交换;在 Na-Y 型沸石中交换度可达 68%,相当于晶胞中 56 个 Na^+ 有 40 个被交换,而位于 D6R 笼中的 16 个 Na^+ 不能或不易被交换。在沸石的离子交换过程中,往往出现一个快扩散和一个慢扩散过程。如 Ca^{2+} 交换 Na-X 型沸石时,在 25℃,经 24h,交换度就可达 82%~85%,再继续交换 4 天,Na^+ 才可全部被交换。

6.3.2　LTA 型沸石的离子交换改性

典型组成为 $Na_{12}[Al_{12}Si_{12}O_{48}] \cdot 27H_2O$ 的 LTA 型沸石,由于硅铝比 = 1,因此是所有沸石中,具有最大离子交换容量的分子筛。从表 6-2 中,可以看出除去少量离子半径很大的阳离子与一些质子化后的有机胺阳离子外,其 χ_{max} 一般均为 1。再次,由于 Na-A 型的孔径为 4Å,是属于孔径较小的沸石分子筛,因而经离子交换后,交换离子的数目、大小与位置都会对原 LTA 型分子筛的孔径产生较大程度的影响。例如,经 K^+、Na^+ 与 Ca^{2+} 交换后的 A 型分子筛孔径变为 3Å、4Å 与 5Å,故商业上分别称 K-A 型、Na-A 型与 Ca-A 型沸石为 3A、4A 与 5A 型沸石。由于 LTA 型沸石具有上述离子交换特征,易于通过离子交换,使沸石孔径大小发生明显变化且由于经阳离子交换后,阳离子的大小尺寸(半径)、电荷、阳离子的极化与变形性质以及它们对骨架电场均匀性的影响,将决定与影响分子筛的吸附与催化等性能,下面以吸附性能为例,首先是选择性,其次是对吸附质分子的吸附速度以及它们的吸附容量也有重要影响,从而使分子筛改性,且利用性质的改变使其分别广泛应用于不同的气体干燥、净化与分离以及某些择形催化反应上。

6.3.2.1　5A (Ca-A)型分子筛[17]

经 Ca^{2+} 交换后的 Na-A 型分子筛骨架中,Na^+ 由于被 Ca^{2+} 交换,使得骨架中

阳离子数目、大小与位置均发生变化,从而导致孔径与相关电荷分布的改变,现具体介绍如下,如图 6-7 所示。

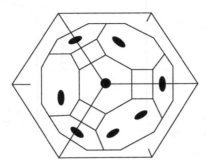

图 6-7　4A 型分子筛中钠离子的分布。●表示 Na^+

原晶胞中含十二个钠离子,其中八个钠离子分布在八个 6 元环附近,其余的四个钠离子分布在三个 8 元环窗口附近,也就是说,其中一个 8 元环附近可能被两个钠离子占据。

由于在 8 元环上钠离子分布偏向一边,阻挡了 8 元环孔道的一部分,使得 8 元环的有效孔径为 4Å。当用 Ca^{2+} 置换 Na^+ 时,一个 Ca^{2+} 可以置换两个 Na^+。这样,当每个晶胞中有四个 Na^+ 被两个 Ca^{2+} 置换后,就有一个 8 元环位置上的 Na^+ 移走了。8 元环的孔径扩大到 5Å,称 5A 型分子筛。当 Na-A 型分子筛中的 Na^+ 被交换 70% 时,晶胞中的三个 8 元环全部空出,其典型组成为

$$Ca_4Na_4[Al_{12}Si_{12}O_{48}] \cdot 20H_2O$$

脱水后 5A 型分子筛在八个 6 元环中有四个 6 元环被 Na^+ 所占据,另外四个被 Ca^{2+} 占据。Ca^{2+} 处在 6 元环的平面上,而 Na^+ 处在距离 6 元环平面约 0.4Å 处,偏于 α 笼一侧。这个现象说明,在此种条件下,沸石孔径变化的决定因素是 Na^+ 被 Ca^{2+} 所交换。

图 6-8 为用 Ca^{2+} 交换 A 型沸石中 Na^+ 时的吸附情况,可用来说明 Na-A 型沸石随 Na^+ 被 Ca^{2+} 交换后孔径变化情况。Na-A 型沸石孔径为 4Å,分子直径为 2.8Å 的 CO_2 分子可以进入,而直径为 4.9Å 的正丁烷以及 5.6Å 的异丁烷都进不去。当 Na^+ 被 Ca^{2+} 交换 1/3 以后,正丁烷吸附量急剧上升,这是由于阳离子数目减少,位置空出,沸石孔径变大到 5Å 左右了。但对异丁烷仍不能吸附,这个现象说明,在此种条件下,沸石孔径变化的决定因素是 Na^+ 被 Ca^{2+} 所交换。

沸石的孔径大小决定了可以进入晶腔内部的分子的大小。例如,用正己烷(直径为 4.9Å)和分子直径大于 5Å 的苯、四氢萘、甲基环己烷的混合物,在 5A 型分子筛上的吸附结果如图 6-9 所示。从图上可看出,5A 型分子筛可选择吸附正己烷分子。作为有效的吸附剂以分离其他较大尺寸的分子。

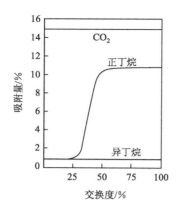

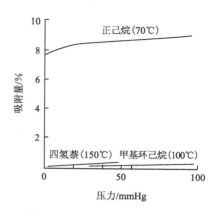

图 6-8　Ca²⁺ 交换度对吸附量的影响。
吸附条件:25℃,700mmHg①

图 6-9　5A 型分子筛的选择吸附

经进一步总结,经 Ca^{2+} 交换后的 LTA 型沸石可选择性地吸附 4A 型分子筛不能吸附的正丁醇及其以上的高级正构醇类,正丁烯及其以上的正构烯烃,丙烷及 $C_4 \sim C_{14}$ 的正构烷烃,以及环丙烷等。其次由于骨架中二价 Ca^{2+} 的存在促使 5A 型沸石对极性分子与不饱和化合物有较高的吸附选择性。

在吸附过程中,沸石的孔径大小不是唯一的因素。含有极性基团如—OH、＼CO ╱、—NH₂,或含可极化的基团如 ＼C＝C╱ 、C₆H₅—的分子等,能与沸石表面发生强烈的作用,其中阳离子给出一个强的局部正电场,吸引极性分子的负极中心,或通过静电诱导使可极化的分子极化或变形。极性越强的或越易被极化的分子,也就越易被沸石吸附。

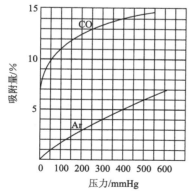

图 6-10　5A 型沸石上吸附等温线(-75℃)

在极性分子和非极性分子如 CO 和 Ar 的混合物中,二者的直径接近,都小于 4Å,沸点也接近(CO 为 -192℃,Ar 为 -186℃),但 CO 是极性分子,而 Ar 是非极性分子,在 5A 型沸石上的吸附曲线如图 6-10 所示,从图中曲线可看出 CO 的吸附量远大于 Ar。

5A 型沸石由于 Ca^{2+} 的存在,使不饱和的分子在 5A 型沸石上也有较大的亲和力。图 6-11 为乙炔在几种吸附剂上的吸

———————
① mmHg 为非法定计量单位,1mmHg≈133.32Pa。

附等温线,从图中可看到 5A 型分子筛较硅胶、活性炭有较强的吸附不饱和烃的能力。

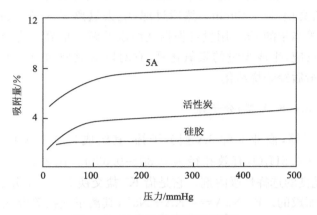

图 6-11　乙炔吸附等温线(25℃)

　　水是极性很强的分子,因而经 Ca^{2+} 交换后的 5A 型分子筛对水有很强的亲和力,且与其他干燥剂比较有其突出的优点,即在较低的水分压如在 $2×10^{-4}$ mmHg 下,它作为干燥剂其吸水量(14.0%)优于其他干燥剂:4A 型(10.3%),13X 型(11.7%),Al_2O_3(2.0%);在较高的温度下,如 5A 型分子筛,100℃下吸水量还有 13%,甚至 200℃下,仍能保留 4% 的吸水量,而在 100℃的条件下硅胶、Al_2O_3 等重要干燥剂的水吸附量已接近为零,最后 5A 型分子筛在高速气流中仍保持相当高的吸水效率。因此 5A 型分子筛已被广泛用来作为空气的中压与高压吸附脱水干燥剂,作为工业原料的稀有气体和永久性气体的重要干燥剂。

　　由于上述特点,经 Ca^{2+} 交换改性后 5A 型分子筛已被大量用来作为工业上的重要吸附剂与分离材料,被广泛地应用于工业吸附分离过程中,进行各种液体和气体的分离或净化。5A 型沸石,由于对气体能快速吸附,因此既适用于等温吸附分离,如用于 N_2-H_2 分离,N_2-He 分离,富 O_2 空气的制取和氧-氮分离,H_2 的净化等,也可用于变温吸附分离。如用深冷法从天然气中提取 He 时,其中用 5A 型分子筛吸附脱除 CO_2 等,以及用于液体物质的分离和净化等。

　　炼油工业中,分子筛脱蜡是以 5A 型分子筛作为主要吸附剂,它将石油馏分中正构烷烃与非正构烷烃分离。正构烷烃分子的临界截面直径是 4.9Å,而异构烷烃、环烷烃和芳香烃分子的临界截面直径均大于 5Å。

　　再如石油和石油气中的脱硫,5A 分子筛也是一种极优良的吸附材料。同时 Ca-A 型沸石或其改性材料,也可作为催化剂应用于某些择形催化反应[17]。

　　下面将简单介绍以 Ca^{2+} 交换 Na-A 型沸石生产 5A 型分子筛,其基本操作过程是将刚生产的 Na-A 型沸石过滤,洗涤至洗涤水的 pH 为 11~12 后,在 Na-A 型沸石的湿滤饼中加入稍超过等当量的氯化钙溶液,浓度为 200g/L(等当量是按理论量计算,将 Na-A 型沸石中的 Na^+ 全部用 Ca^{2+} 交换时所需要的 Ca^{2+} 的量),搅拌加热至沸,继续交换 $30\sim40min$。然后过滤,洗去氯离子,Ca^{2+} 交换度为 70% 左右。加入超过等当量的 Ca^{2+} 用量可根据洗涤水的碱度估算。使加入过量的氯化钙与这部分碱反应,生成少量的氢氧化钙,它对以后成型的强度等有利。产物经 110℃ 干燥后,最后经焙烧活化。

6.3.2.2　3A(K-A 型)分子筛

K-A 型分子筛,商业上称 3A 型分子筛,其组成为 $0.75K_2O \cdot 0.25Na_2O \cdot Al_2O_3 \cdot 2SiO_2 \cdot 4.5H_2O$,有效孔径为 $0.30\sim0.33nm$,比表面积大,热稳定性优良,也是一种优良的选择性吸附剂。它是借 K^+ 盐交换 Na-A 型分子筛中的 Na^+,二次合成加工而成的。$K^+NaA \Longleftrightarrow KA+Na^+$,其离子交换等温线属 b 型,$\chi_{max}=1$,由于 K^+ 的离子半径(1.33Å)比 Na^+ 的离子半径(0.95Å)大,因此当 K^+ 交换进入 Na-A 型沸石骨架时,K^+ 代替 Na^+ 占据 8 元环的位置,在一定程度上,阻挡了 8 元环孔口,使 LTA 型沸石的窗口孔径由 4Å 减小为 3Å,因此称 3A 型分子筛,这从图 6-12 可以明显地看出。

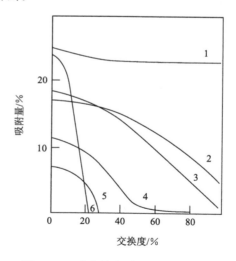

图 6-12　K^+ 交换度对吸附量的影响。
1. H_2O(4.5mmHg,25℃);2. CH_3OH(4mmHg,25℃);3. CO_2(700mmHg,25℃);4. C_2H_4(700mmHg,25℃);5. C_2H_6(700mmHg,25℃);6. O_2(700mmHg,-183℃)

4A 型分子筛中的 Na^+ 被 K^+ 交换 25% 左右时,沸石孔径明显减少,表现为多数吸附质的吸附量下降,最后小到只剩下极性的水分子可以进入。

3A 型分子筛主要应用于石油裂解气和天然气的干燥。

石油气含有大量烃类,尤其是烯烃,在干燥过程中吸附于一般吸附剂的微孔内,聚合和裂解成焦质,阻塞孔道,因而降低吸附性能,缩短使用寿命。而分子筛用于石油气的干燥,则没有这些缺点。因为分子筛孔径小而且均匀,特别在选用小孔径分子筛,如 3A 型分子筛,可以只吸附水分,而不吸附分子较大的烃类。以 3A 型分子筛和其他干燥剂如硅胶、低密度与高密度氧化铝等在石油裂解气干燥过程中应用的结果相比较,充分显示 3A 型分子筛的优越性。再如,在干燥石油气体、烯烃的深冷分离原料气时,3A 型分子筛充分显示其选择性吸附水而不吸附烯烃的优越性,它是被广泛应用的优良干燥剂。

6.3.3　FAU 型分子筛的离子交换改性

以稀土(RE 指混合稀土)盐类交换后的八面沸石(Y 型与 X 型),是石油炼制中最为重要的裂解催化剂的主要活性组分。从表 6-3 所列举的不同离子交换的八面沸石对正己烷的裂解活性(α)可以看出,Na-FAU 经稀土交换二次合成后而获得的稀土八面沸石,其活性较 Ca 型八面沸石大 10 000 倍以上,且活化温度能有较大的下降,这是由于裂解催化活性主要取决于催化剂的酸性,经稀土离子交换后的 Y 型分子筛表面酸强度的分布,甚至比 H-Y 型沸石更广,而且随着交换度的增大,酸中心的强度也更大,甚至可以出现 $H_0 \leqslant -12.8$ 的强酸中心。其次,经三价 RE^{3+} 交换后的 RE-Y 型沸石其热稳定性与水热稳定性均高于一价与二价阳离子交换的 Y 型沸石。如以硅铝比为 5 的 Na-Y 型沸石与经交换后的 RE-Y 型沸石相比,晶格破坏温度能提高 200℃以上。

表 6-3　不同离子交换后的八面沸石对正己烷的裂解活性(α 值)

催化材料	交换离子	温度/℃	α 值
无定形硅铝	—	540	1.0
八面沸石	Ca^{2+}	530	1.1
八面沸石	NH_4^+	350	6400
八面沸石	La^{3+}	270	7000
八面沸石	RE^{3+}	< 270	> 10 000
八面沸石	RE^{3+}, NH_4^+	< 270	> 10 000

自 20 世纪 60 年代起,经混合稀土盐类交换过的 Y 型沸石(RE-Y)成为裂解催化剂的主要活性组分,然而由于温和条件下,其交换容量有限且 $\chi_{max} = 0.69$,因而催化剂制备时,需经再次交换与焙烧。为了深入了解其过程并考虑到稀土矿物资源与稀土的加工产物大量出自中国,因而有必要进一步的研究。下面以 La^{3+}-Na-Y 交换体系为对象,作进一步讨论。

关于 La^{3+}-Na-Y 型沸石的水热离子交换反应,H. S. Sherry[18] 曾作过研究。1968 年,H. S. Sherry 提出过交换反应机理的设想,他们根据 25℃、82.2℃时所测得的离子交换等温线(图 6-13),曲线 a、b 分别为 25℃与 82.2℃下 La^{3+}-Na-X 体系的离子交换等温线(离子溶液浓度为 0.3N,Na-X 的硅铝比=1.26),曲线 c、d 分别为 25℃与 82.2℃下,La^{3+}-Na-Y 体系离子交换等温线(离子溶液浓度为 0.3N,Na-Y 的硅铝比=2.76)。

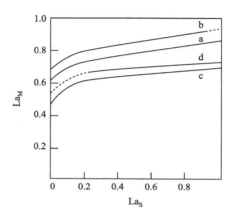

图 6-13　25℃与 82.2℃下,La^{3+}-Na 八面沸石型沸石体系的离子交换等温线

得出的最大交换度(χ_{max})为 0.69 左右。如按他们实验用的 Na-Y(单位晶胞组成为 $Na_{51}[(AlO_2)_{51}(SiO_2)_{141}] \cdot nH_2O$)来计算,$La^{3+}$ 只能交换 S_{II}、S_{III} 位置上的 Na^+(即只能与八面沸石超笼中的 Na^+ 发生交换反应),而不能与方钠石笼中 S_I 位置上的 Na^+ 发生交换。他们认为在低于 100℃时,La^{3+} 之所以不能交换 S_I 位置上的 Na^+ 是由于水合 La^{3+} 的直径大大超过了 β 笼的 6 元环窗口尺寸,而 La^{3+} 的水合焓又很大,因而在他们的研究条件下与 S_I 位置上的 Na^+ 的交换反应不能发生。1980 年,徐如人等[19, 20]根据在较高温度下(100℃、180℃)交换反应等温线的测定和十三种单一稀土(Ln)元素在 180℃下的交换度与相应 Ln^{3+} 水合焓关系的研究,以及在不同温度下交换反应速率常数、反应级数与表观活化能的测定,比较系统地研究 La^{3+}-Na-Y 的水热交换反应,从而比较有根据地提出了这类交换反应的机理。

徐如人等[19]首先测定了 100℃与 180℃下 La^{3+}-Na-Y 的离子交换等温线,再结合 H. S. Sherry 以前测得的 25℃与 82.2℃的离子交换等温线的结果合并绘出图 6-14。根据以上测得的交换等温线来看,在 100℃以下的最大交换度为 0.7 左右。如果按照我们所用 Na-Y 单位晶胞组成中 Na^+ 所占位置来看,S_I 中有 16 个 Na^+,S_{II} 和 S_{III} 中共有 37 个 Na^+,如果 $La(H_2O)_9^{3+}$ 只能与八面沸石超笼中 S_{II}、S_{III} 位置上的 Na^+ 相交换,则最大理论交换度也为 0.7,因此我们认为在 100℃下

$La(H_2O)_9^{3+}$ 只能与 S_{II}、S_{III} 中的 Na^+ 发生交换,即

（Ⅰ）$La(H_2O)_9^{3+} + NaY \longrightarrow La(H_2O)_9^{3+} \cdot Na(S_I)Y + Na^+$

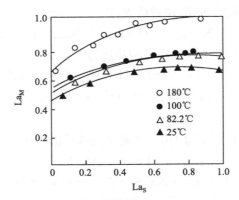

图 6-14　25℃、82.2℃、100℃、180℃ La^{3+}-Na-Y 体系离子交换等温线

这从结构的观点来看是合理的,因为 $La(H_2O)_9^{3+}$ 的直径为 7.92Å,因此 $La(H_2O)_9^{3+}$ 只能自由扩散进入八面沸石超笼与 S_{II}、S_{III} 位置上 Na^+ 发生交换。然而却难通过 β 笼窗口与 S_I 位置上的 Na^+ 发生交换反应,或者说这一反应速率在低于 100℃ 时非常小。

提高水热交换反应的温度后,交换度显著增高,从 180℃ 的交换等温线就可看出交换度大大超过 0.7。当 La_S 为 0.89 时,交换度甚至可达 1.0。

从离子交换等温线的类型来看,100℃ 以下的均呈 d 型,而 180℃ 的交换等温线属 a 型,这表明交换反应动力学发生本质变化,即产生了进一步的交换反应:

（Ⅱ）$La(H_2O)_9^{3+} + La(H_2O)_9^{3+} \cdot Na(S_I)Y \longrightarrow La(H_2O)_9^{3+} \cdot LaY + Na^+$

第一步交换进入八面沸石超笼 S_{II}、S_{III} 位置上的 $La(H_2O)_9^{3+}$ 在骨架结构静电场的作用下,在提高温度后 La^{3+}-H_2O 键振动频率增高,有利于克服 $La(H_2O)_9^{3+}$ 的脱水势垒,使部分 $La(H_2O)_9^{3+}$ 脱水成裸 La^{3+}（$d_{La^{3+}} = 2.3Å$）而进入 β 笼与 S_I 位置上的 Na^+ 发生交换反应。因此,我们认为第二步交换反应实际上可能是由下列两个连续反应组成:

Ⅱ-A：$La(H_2O)_9^{3+} \longrightarrow La^{3+} + 9H_2O$

Ⅱ-B：$La^{3+} + La(H_2O)_9^{3+} \cdot Na(S_I)Y \longrightarrow La(H_2O)_9^{3+} \cdot LaY + Na^+$

由于 Ⅱ-A 反应中 $La(H_2O)_9^{3+}$ 的水合焓（$\Delta H_{水合}$）很大（788.5kcal/mol）,而 Ⅱ-B 反应中 Na^+ 从 β 笼中扩散出来的速率又很快,因而 Ⅱ-A 反应应该是 La^{3+}-Na-Y 水热交换反应的控制步骤。如果这种观点合乎客观实验,那么我们可以得出下列两个推论:① 具有不同 $\Delta H_{水合}$ 的各种稀土元素在相同的温度、时间条件下,其交换度就应该与它们的 $\Delta H_{水合}$ 成对应的关系。② 按我们的看法作为控制步骤的脱水

反应（Ⅱ-A）是一级反应，因而整个交换（Ⅱ）也应该属一级反应。实验结果很好地证实了这两个推论。

经过徐如人等细致的研究，作者认为，以 La^{3+} 为代表的 RE^{3+} 在交换 Na-Y 型沸石中 Na^+ 时，$La^{3+}_{(水合)} + NaY_{(固)} \longrightarrow LaY_{(固)} + Na_{(液)}$，其反应机理，可以确定为

（1）高于 100℃时，此交换反应分两步进行：

Ⅰ. $La(H_2O)^{3+}_9 + NaY_{(固)} \longrightarrow La(H_2O)^{3+}_9 \cdot Na(S_I)Y_{(固)} + Na^+$

Ⅱ. $La(H_2O)^{3+}_{9\,(八面沸石笼)} + La(H_2O)^{3+}_9 \cdot Na(S_I)Y_{(固)} \longrightarrow La(H_2O)^{3+}_9 \cdot LaY_{(固)} + Na^+$

（2）第二步交换反应（式Ⅱ）由下列两个连续反应组成：

Ⅱ-A：$La(H_2O)^{3+}_{9\,(八面沸石笼)} \longrightarrow La^{3+} + 9H_2O$

Ⅱ-B：$La^{3+} + La(H_2O)^{3+}_9 \cdot Na(S_I)Y_{(固)} \longrightarrow La(H_2O)^{3+}_9 \cdot LaY_{(固)} + Na^+$

并且证实反应Ⅱ-A 是整个交换反应的控制步骤。

这个结果说明了为什么在一般制备 RE-Y 催化剂的条件下，用稀土交换 Na-Y 型沸石中 Na^+ 时，其最高交换容量仅为 0.7，如欲将 RE-Na-Y 中的 Na^+ 全部被 RE^{3+} 交换出来，必须经过再次交换，即常用的二交（二次交换）二焙（二次焙烧）工艺。其次，如欲提高一次的交换容量，则需要将交换反应在高温加压的条件下进行或者借助其他外场的作用，如在微波等条件存在下进行才能实现。

对二甲苯是一种非常重要的化工中间产品，因而其分离提纯，是化学工业中的一个重要问题，它必须满足产品的高纯度（～99%）、高产率（96%）与大产量（>450 000t/年）的要求。又由于对二甲苯与间二甲苯、邻二甲苯以及乙苯等之间的沸点等性能很接近，难于大规模分离，自 20 世纪 70 年代开始经长期探索确立了以体积较大、电荷较弱的阳离子（K^+、Ba^+ 等）经离子交换改性后的八面沸石型分子筛如 Ba-X、K-Y、Ba-Y 型为吸附剂以 C_8 左右的芳烃为溶剂的实际逆流吸附过程（actual counter current adsorption）取得了很好的效果[21]，这是一个 FAU 型分子筛经离子交换改性后作为重要吸附分离材料非常成功的实例。

6.3.4 高温固相离子交换反应[22]

有些离子交换反应由于离子在水或有机溶剂中不稳定，难于存在或难于进行反应或难于使离子进入某些孔道结构中的特定位置，因而 20 世纪 80 年代末 H. G. Karge 与其合作者[23]曾提出让离子交换反应在高温固相或熔盐状态下进行，以达到特定的交换要求，下面举一些例子来说明这条离子交换路线的特点。

例一、$FeCl_2 + 2NH_4^+\text{-}Zeo \longrightarrow Fe(Ⅱ)\text{-}Zeo + 2NH_4Cl \uparrow$

由于 Fe^{2+} 在水溶液中易水解易氧化，因而采用高温固相反应且在 NH_4Cl 与少量 NH_3 气氛的笼罩下进行交换反应可解决在水溶液中交换存在的问题。

例二、$\frac{1}{2}In_2O_3 + H^+\text{-Zeo} + H_2 \xrightarrow{500℃} In(I)\text{-Zeo} + \frac{3}{2}H_2O\uparrow$

在水溶液中欲通过交换而生成纯净的 $In(I)$-Zeo 是非常困难的,相类似的借 Ga_2O_3/H- Zeo 熔盐体系下加 H_2 还原反应可得到难于合成的 $Ga(I)$-Zeo。

例三、Ln^{3+}-K-Zeo 的交换反应

实验证明在水溶液中 Ln^{3+} 只能进入主孔道交换 K^+ 而无法进入且交换居于 K-L 型沸石结构钙霞石(Cancrinite)笼中的 K^+。然而在高于 600℃下借固相离子交换则可能发生 $Ln^{3+} + K^+\text{-Zeo} \longrightarrow Ln^{3+}\text{-Zeo} + K^+$,在此温度下 Ln^{3+} 能通过钙霞石笼的 6 元环窗口将 K^+ 交换出去,如图 6-15 所示。

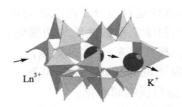

图 6-15　高于 600℃下在骨架结构钙霞石中 6 元环窗口的 Ln^{3+} 进 K^+ 出[23]

6.4　沸石分子筛的脱铝改性

沸石分子筛的性质与功能主要取决于其骨架主要元素 Si 与 Al 的组成及其孔道的结构。前者即是分子筛骨架硅铝比,它与分子筛的热稳定性、水热稳定性、化学稳定性,分子筛的吸附性能、分子筛的酸性与催化活性等紧密相关。不同类型的沸石分子筛,有其一定的硅铝比(用 Si/Al 或 SiO_2/Al_2O_3 表示)范围。一般来讲,硅铝比高的往往具有更强的耐热、耐水蒸气、抗酸的能力,不同类型的沸石分子筛对某些催化反应,随其硅铝比的变化,也表现出不同的特定规律性。如以某些高价阳离子交换的八面沸石(X 型与 Y 型沸石)为例,其对以 Brönsted 酸为活性中心的正碳离子型反应,如裂解、异构化等,一般催化活性都随硅铝比的增加而提高,然而对于另一些催化反应如在丝光沸石上正癸烷的裂解,其催化活性随硅铝比的增加而上升,达一极大值后,硅铝比继续增加,其活性反而下降。随着硅铝比的增加,表面的亲水与憎水性会随之变化,结果往往导致吸附性能的改变。上述种种现象,说明分子筛的硅铝比与其物化性能、酸性和某些催化活性以及吸附性能等紧密相连且存在着某些规律性的关系。因而直接合成或修饰与改变不同类型沸石分子筛的硅铝比,从而调控其性质与功能,在分子筛化学中,是一个重要的科学问题。从以往的经验上看,通过直接合成,获得的各种类型的沸石分子筛,一般都有一定的硅铝比范围。我们还以 Na-Y 型分子筛为例来看,如果要直接合成硅铝比大于 3

的,则非常困难。这种例子比比皆是,因此若想获得高硅 Na-Y 型分子筛(硅铝比>3),则必须在一次合成的基础上,将产物采用特定的路线与方法,进行再加工,即二次合成,以提高其骨架的硅铝比,并调控由此生成的非骨架铝(EFAL),从而改变其性质与功能。脱铝是提高分子筛骨架硅铝比的主要方法,不同的脱铝路线、方法与条件,将对特定沸石分子筛的性质与功能产生不同的影响与效果。下面将在介绍沸石分子筛脱铝路线与方法的同时,介绍其对结构、性质与功能的影响以及一些有关的规律。

6.4.1 沸石分子筛的脱铝路线与方法

沸石分子筛的脱铝,应该说是目前分子筛二次合成或修饰改性中主要的课题之一。因此几十年来不断有科学家根据性质与功能的要求,在研究其脱铝的技术路线与所用的方法和条件。概括起来,有三种路线,分述于下。

(1) 沸石分子筛在高温下的热处理(thermal treatment)与水热处理(hydrothermal treatment)路线。进行脱铝超稳化。

(2) 沸石分子筛的化学脱铝路线。几十年来众多的科学家采用不同的方法与条件将沸石化学脱铝,主要的有溶液中借酸(包括无机酸与某些有机酸类)、碱、盐类对沸石的反应,借无机配位离子如 F^- 与大量螯合剂如 EDTA、ACAC 等与铝的反应,进行骨架脱铝的方法,也有借助气-固相反应,如用 F_2、$COCl_2$ 等,在一定温度下,将铝变成挥发性物质脱出骨架的方法。其中 $SiCl_4$ 法脱铝补硅是这一路线中的常用方法。

(3) 高温水热与化学脱铝路线的优化组合。由于沸石分子筛的脱铝,不仅会使骨架硅铝比提高,且会在脱铝过程中,产生不同类型的非骨架铝(EFAL)化学个体,它们存在于孔道、腔或沸石表面,还可能由于脱铝与反应的特殊环境,造成骨架的缺陷,少量骨架的崩塌,以至某些孔道的堵塞等。最后的结果是造成沸石分子筛性质与功能上的变化,特别是与结构紧密相连的酸性、孔结构、热稳定性与催化性能上的改变。这些结果的产生与所用脱铝路线、方法与条件的确定紧密相关。从总体上来说,由于上述三条路线各有利弊,各具特色,因而几十年来,沸石化学研究工作者,不断地进行实践,改进与总结规律,且用现代研究手段,研究不同脱铝路线与方法,对结构与性能造成的影响与规律进行总结,且在此基础上,不断将此二条路线相互配合,优化组合,以求达到更好的效果。下面将比较详细地主要以 Y 型沸石为对象,介绍上述脱铝路线,并讨论其方法与条件对脱铝沸石结构、性质与功能的影响等。

6.4.2 高温水热下的脱铝与超稳化

这条脱铝路线的起始原料,一般是采用铵型沸石。以 NH_4-Y 型沸石为例进行阐述,它是将具有一定硅铝比的 Na-Y 型沸石,经过 NH_4^+ 盐溶液的多次交换而生成的。用作 NH_4^+ 交换的铵盐有氯化铵、硫酸铵、硝酸铵等，Na-Y 型沸石中有约 2/3 的 Na^+ 容易被交换，当交换到 Na^+ 含量的 $10\%\sim25\%$ 时，进一步交换更多的 Na^+ 则较为困难，为了使沸石中 Na_2O 含量降至 0.3% 以下，可在 Na_2O 降到 4%（约相当于剩有 1/3 的 Na^+）时，加以焙烧处理（$200\sim600℃$），然后再继续进行交换，这样可使 Na_2O 含量降至 0.1% 或更低。这可能是由于高温焙烧时，Na-Y 中位于 S_I 的 Na^+，扩散至 S_{II} 或 S_{III} 位置，有利于进一步的交换。在 NH_4^+ 交换时，加入酸降低交换溶液的 pH，可有利于 Na^+ 的脱除，加入某些有机酸，使缓冲溶液保持较低的 pH，则交换效果更佳。铵型沸石加热到 $260℃$ 时，NH_4^+ 就开始分解，形成含 H^+ 的中间体，称之为氢型沸石。由于 H^+ 很小，具有很强极化能力，可与沸石的晶格氧生成羟基，在高温时，这些羟基以水的形式脱除，就形成脱阳离子型沸石。由于氢型转变为脱阳离子型没有截然的分界线，在一般活化温度范围可能是二者的混合物。将 NH_4-Y 型沸石进一步高温焙烧至大于 $500℃$，将发生骨架脱铝，往往导致骨架结构损坏，因而单借 NH_4-Y 型沸石高温焙烧，无法达到脱铝的目的，一般需在高温（$600\sim900℃$）的水蒸气处理 NH_4-Y 型沸石，才能达到脱铝且稳定骨架结构的作用，这样通过高温水热脱铝路线，所得产物即为 USY（ultra-stable Y zeolite，即超稳 Y 型沸石）。J. Scherzer[24] 结合 G. T. Kerr 与 P. K. Maher 等的观点，提出了这一条路线的脱铝与超稳化过程（图 6-16），它是按式（6-9）、式（6-10）进行的。

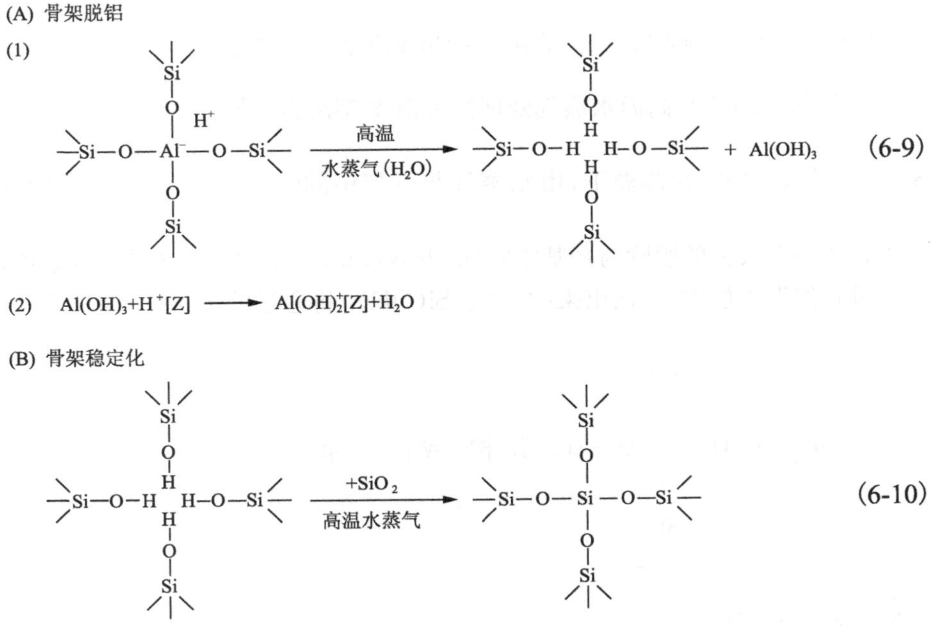

(A) 骨架脱铝

(1)

$$\text{—Si—O—Al}^-\text{—O—Si—} \quad \xrightarrow[\text{水蒸气(H}_2\text{O)}]{\text{高温}} \quad \text{—Si—O—H} \quad \text{H—O—Si—} + \text{Al(OH)}_3 \quad (6\text{-}9)$$

(2)　　$\text{Al(OH)}_3 + \text{H}^+[\text{Z}] \longrightarrow \text{Al(OH)}_2^+[\text{Z}] + \text{H}_2\text{O}$

(B) 骨架稳定化

$$\text{—Si—O—H} \quad \text{H—O—Si—} \quad \xrightarrow[\text{高温水蒸气}]{+\text{SiO}_2} \quad \text{—Si—O—Si—O—Si—} \quad (6\text{-}10)$$

图 6-16　骨架脱铝超稳化

对于图 6-16(A),高温水蒸气处理下的骨架脱铝,C. V. Mcdaniel 等在这方面作了许多工作,他们认为脱铝产物很复杂,在骨架外的孔道、笼与表面上,存在众多不同形式的非骨架铝化学个体(extra framework aluminum species, EFAL)[25]。

J. Scherzer 经总结认为,NH$_4$-Y 型沸石经高温水蒸气处理脱铝成 USY,在脱铝后的 USY 中,铝主要以三种状态存在。① 存在于 USY 骨架中[图 6-17(a)];② 存在于非骨架的六配位八面体铝[图 6-17(b)];③ 以不同配位态存在于 USY 表面的铝,造成 USY 表面富铝。USY 骨架中具有 Brönsted 酸中心,其数目虽然比母体 Y 型沸石少,然而 Brönsted 酸强度与分布,可能更有利于催化裂化反应。与 USY 对某些催化反应的性质也有关联。

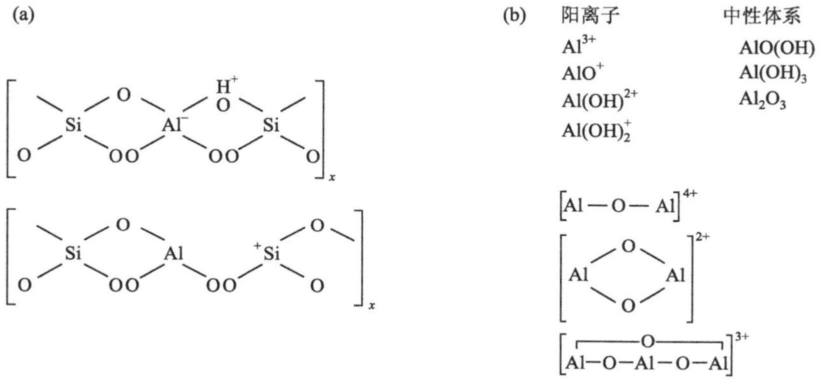

图 6-17　USY 沸石骨架 (a) 与非骨架上 (b) 铝化学个体的存在(阳离子与中性个体)

对于图 6-16(B),高温水蒸气处理使脱铝 Y 型沸石骨架稳定化的问题,是由 J. Scherzer 等提出的,在高温下,由水蒸气与骨架中的 O—Si—O—Al—O 键发生高温水解作用造成铝的脱除与羟基空穴(hydroxyl nests)的生成,同时不可避免地会有少量骨架发生崩塌,解离出来的 SiO$_2$、Si(OH)$_4$ 将通过缩聚反应,部分填补羟基空穴而成 Si-O-Si-O-Si 结构,或由于邻近—Si—OH 键间缩聚而成 —Si—O—Si— 键。

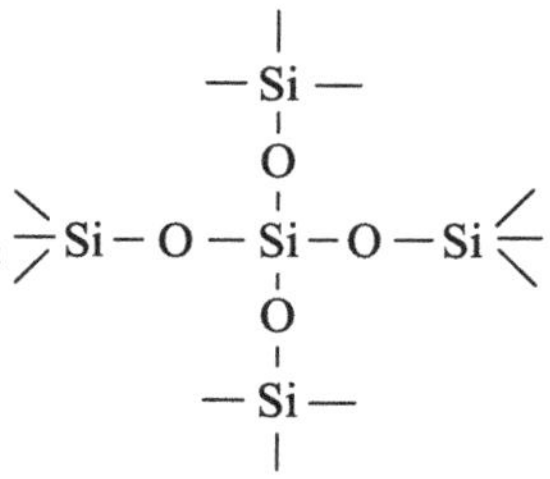

　　因为 Si—O 键长(1.66Å)比 Al—O 键长(1.75Å)短,结果造成脱铝补硅后的晶体收缩与结构的稳定化,具体证明将在下面介绍。当然不可避免地也会存在一些未获补硅的羟基空穴,使超稳化的同时,在 USY 骨架中,产生某些介孔(mesopores)结构。

　　借上述高温水蒸气法脱铝,母体 NH₄-Y 型沸石脱铝的程度,取决于使用的方法及脱铝条件,如反应时间与温度、脱铝反应的设备、反应床的深浅等,其中水蒸气的分压是一个重要因素。下面引用 U. Engelhardt 等[26] 的一个研究结果(图 6-18),由此可以看出脱铝反应时,水蒸气分压对脱铝程度影响的重要性。

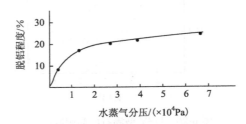

图 6-18　浅床(shallow bed)550℃处理 NH₄-Y 型沸石,水蒸气分压对脱铝程度的关系

　　母体 NH₄-Y 型沸石骨架中,由于交换不完全而存在的 Na⁺ 含量,对骨架的脱铝也有相当的影响。图 6-19 表明 Na⁺ 的存在,对晶胞收缩的影响,如 NH₄-Na-Y 中存在 Na⁺ 残留量超过 25% 时,甚至可严重地阻止沸石晶胞的收缩与 Al 的脱出。

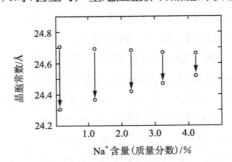

图 6-19　超稳化时 Na⁺ 含量对 Y 型沸石晶胞常数收缩的影响

　　通过上述脱铝路线而获得的超稳 Y 型沸石(USY),由于骨架的脱铝补硅造成的晶胞收缩已为实验所证实。一般来说,晶胞尺寸都不同程度地缩小,与母体相比一般缩小 1%~1.5%。

　　图 6-20 示出了不同硅铝比的 Y 型沸石母体,经上述脱铝补硅路线生成 USY 的晶胞缩小的一般规律[14]。USY 晶胞收缩的结果,促使骨架结构抗热、抗水热性能大大提高,即造成了分子筛的超稳化。下面再以一个硅铝比为 2.6 的 NH₄-Y 型沸石为例,经上述高温水蒸气法脱铝成 USY 后,其热稳定性增加。

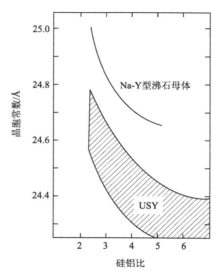

图 6-20　USY 型沸石的晶胞收缩

从表 6-4[14]中可以明显地看出,经水热脱铝后,母体 Y 型沸石的晶胞尺寸,从 24.69Å 减小至 24.34Å,收缩约 1.4%,结果导致 USY 的热稳定性提高,从表 6-4 所列数据,可以看到经 816℃灼烧 2h 后,母体 NH₄-Y 型沸石比表面积发生明显减小,然而经高温水蒸气脱铝补硅的 USY,经 982℃灼烧 2h 后,其比表面积尚保留 524m²/g,热稳定性明显增强。上述方法脱铝是一条非常重要的技术路线。对于沸石的改性以及提高催化性能,取得了明显效果。如应用于催化裂化,虽然由于骨架脱铝,酸性中心密度有所下降,酸强度得到了提高,能减少催化裂化中双分子转移反应,从而具有焦炭选择性好,汽油辛烷值提高等优点。然而另一方面,由于是在高温水蒸气条件下反应,根据研究,在一般情况下骨架脱铝反应快,骨架稳定化反应慢,因而超稳化后 USY 中结晶度降低,且往往会在骨架结构中产生某些缺陷与介孔孔穴,此外,由于脱铝会产生不同类型非骨架铝化学个体(extra framework aluminum species,EFAL)。无论是结构中的缺陷,还是 EFAL 的存在,在一定程序上都会影响 USY 的性质与功能。为此,目前往往将高温水热路线与下面介绍的化学脱铝路线优化组合,以提高效果。

表 6-4　NH₄-Y 型沸石和 USY 经水热及高温处理的后果

	USY	NH₄-Y
晶胞尺寸/Å	24.34	24.69
经下列温度下焙烧后沸石的比表面积/(m²/g)		
370℃	837	1008
816℃	851	214

续表

	USY	NH₄-Y
843℃	793	132
900℃	842	18
927℃	743	15
941℃	678	
982℃	524	

6.4.3　沸石分子筛的化学法脱铝补硅

6.4.3.1　液相法脱铝补硅

在溶液中，可借酸、盐、螯合剂与沸石分子筛的作用，而使沸石骨架进行脱铝。

1）酸处理

通常使用无机酸或有机酸处理的方法脱除沸石骨架结构中的铝，可使用的酸有盐酸、硝酸、甲酸、乙酸等，根据沸石耐酸性的差异，一般高硅沸石，如丝光沸石、斜发沸石、毛沸石等多采用盐酸。下面以丝光沸石为例来简单介绍这种脱铝方法，具体条件见表 6-5。用盐酸处理丝光沸石，第一步是将其转变为氢型，进一步酸处理可脱铝并扩大孔径，部分脱铝后，沸石的硅铝比提高，其抗热、抗水蒸气及耐酸的稳定性也提高。

表 6-5　丝光沸石的酸处理条件

编号	原料丝光沸石的组成 Na₂O : Al₂O₃ : SiO₂ : H₂O				盐酸处理条件 浓度 /(mol/L)	温度 /℃	时间 /h	脱铝后产品的组成 Na₂O : Al₂O₃ : SiO₂ : H₂O			
1	0.78	1	9.43	5.3	12	100	12	0.38	1	15.7	10.7
2	0.88	1	8.9	7.0	12	100	1	0.53	1	14.8	8.4
3	0.97	1	9.9	3.6	6	∼20	16	0.61	1	10.0	4.5
4	1.03	1	8.8	4.9	6	100	20	0.31	1	9.7	4.1
5	1.01	1	10.6	5.1	4.7	100	1	0.46	1	12.7	7.3

　　一般来讲，丝光沸石经酸处理后，酸溶解了堵塞在孔道中的非晶态物质，减小了堆积缺陷，半径大的阳离子交换为半径小的质子，从而使孔径扩大并提高了吸附容量。对于 Y 型沸石或一般低硅铝比沸石，不能用酸处理脱铝，因为将导致羟基空穴的大量产生与晶格的破坏。

　　2）螯合脱铝

　　在溶液中借螯合剂脱沸石骨架上的铝，始于 1968 年 G. T. Kerr 等的工作[27]。

应用 EDTA 螯合脱铝,最高可脱去骨架中 70% 的铝。自 20 世纪 70 年代后,一方面改进 EDTA 螯合法脱铝,另一方面又开始应用其他众多的螯合剂,如乙酰基丙酮、氨基酸型螯合剂、酒石酸、草酸与草酸盐等试剂,试探在不同条件下的脱铝途径。下面以 H_4EDTA 与 Na-Y 型沸石作用脱铝为例[式(6-11)],来简单说明螯合脱铝的基本过程。首先 H_4EDTA 和 Na-Y 型沸石作用,部分转变为氢型,反应式(6-12)为 H^+ 附近的铝氧四面体水解生成氢氧化铝,反应式(6-13)$Al(OH)_3$ 与质子酸中的 H^+ 作用,而生成阳离子 $Al(OH)_2^+$ 和 H_2O,反应式(6-14)中 $Al(OH)_2^+$ 被 Na^+ 交换后和 EDTA 螯合,从而保证脱铝,对 Na-Y 而言,脱铝范围一般为 25%~70%,超过 70% 晶格被大量破坏。

$$(6-11)$$

$$(6-12)$$

$$(6-13)$$

$$(6-14)$$

G. T. Kerr 等[27]提出的借 H_4EDTA 与 Na-Y 型沸石的作用螯合脱铝的基本方法是:将一定量的 Na-Y 型沸石加水煮沸,以适量的 H_4EDTA 溶液缓慢地滴入直至 H_4EDTA/沸石阳离子 = 0.25~0.50(按脱铝量计)为止,整个滴加过程,在回流装置中进行,一般至少需 18h 完成,反应后将产物过滤,干燥,最后在惰性气氛下,于 800℃ 焙烧,经焙烧的脱铝产物,约产生 1% 的晶胞收缩。用 EDTA 法脱铝,往往造成 Y 型沸石产物的表面脱铝,同时在表面产生大量硅羟基巢(silanol nests)[14]。

3）（NH₄）₂SiF₆（AHFS）与沸石的脱铝补硅反应

除水热法制备超稳 Y 型分子筛外，1983 年 D. W. Breck 和 G. W. Skeels 发明了一种氟硅酸铵溶液对 Y 型分子筛液相脱铝补硅二次合成骨架富硅沸石的方法，即把 Y 型分子筛骨架结构中的铝原子通过氟硅酸铵的作用从晶格中除去，溶解到溶液中，同时又把硅重新嵌入骨架脱铝后的空穴中，从而形成了比较完整的高硅铝比的 Y 型分子筛[28]。这种方法制备的骨架富硅 Y 型分子筛与水热法制备的超稳 Y 型分子筛相比，骨架羟基空穴少，分子筛晶体结构完整，因而具有较好的结构稳定性，同时分子筛中无非骨架铝碎片，非选择性裂化较少，所以具有较好的焦炭选择性。因此被认为是比超稳 Y 型分子筛更好的渣油裂化催化剂的活性组分。但是，由于该方法使用氟硅酸铵作为脱铝剂，产生的含氟污水需要处理，这是该法不足之处。

中国石化石油化工科学研究院何鸣元、闵恩泽等曾开展了这一方法反应机理的研究[29]。D. W. Breck 等发现，在氟硅酸铵溶液中，外界硅原子可以同晶取代分子筛骨架中的铝原子，但对整个反应过程的机理还不清楚。他们对此反应过程中分子筛骨架上的铝原子是怎样被脱出来的、反应过程中外界硅原子的化学状态、何种形态的硅可以插入骨架的脱铝空位等通过 ^{29}Si，^{27}Al MAS NMR 与 IR 等技术进行了详细研究，最后提出的反应机理如下：

(1) $(NH_4)_2SiF_6 \longrightarrow 2NH_4^+ + SiF_6^{2-}$

(2) $SiF_6^{2-} + H_2O \longrightarrow SiF_5(OH)^{2-} + F^- + H^+$

(3) $SiF_5(OH)^{2-} + H_2O \longrightarrow SiF_4(OH)_2^{2-} + F^- + H^+$

(4) $SiF_4(OH)_2^{2-} + H_2O \longrightarrow SiF_3(OH)_3^{2-} + F^- + H^+$

(5) $SiF_3(OH)_3^{2-} + H_2O \longrightarrow Si(OH)_4 + 3F^- + H^+$

(6) $SiF_6^{2-} + 4H_2O \longrightarrow Si(OH)_4 + 6F^- + 4H^+$

$$6F^- + \underset{\text{(分子筛)}}{-O-Al^{-}-O-} + 4H^+ \longrightarrow \underset{\text{(骨架空位)}}{-OH \quad HO-} + AlF_6^{3-} + NH_4^+ \qquad (6\text{-}15)$$

$$Si(OH)_4 + -OH \quad HO- \longrightarrow \underset{\text{(FSY分子筛)}}{-O-Si-O-} + 4H_2O \qquad (6\text{-}16)$$

氟硅酸铵与 Y 型分子筛液相脱铝补硅反应过程中，氟硅酸铵首先经初步水解成 Si(OH)₄,解离出来的 F⁻ 与骨架中的铝原子相互作用,将骨架中的铝原子以 AlF₆³⁻ 的形式脱出,单分子 Si(OH)₄ 随后插入脱铝空穴中,得到骨架富硅分子筛,完成外界硅原子同晶取代分子筛骨架中铝原子的反应过程。闵恩泽等在对上述脱铝补硅反应机理研究的基础上,发展了一系列专利技术[30]。研究开发了以化肥工业副产物氟硅酸为脱铝剂制备骨架富硅分子筛的方法;以 NH₄F 为脱铝剂的制备方法;以 H-Y 型分子筛为原料的制备方法;以 H₂SiF₆ 补硅的制备方法;以单硅酸补硅不用氟盐的制备方法。这些专利技术都可以制备骨架富硅分子筛,因此,为开发工业新产品提供了多种途径。

目前,利用上述专利技术制备骨架富硅分子筛的方法已经工业化,用该分子筛为活性组分制得的 CHZ-3 渣油裂化催化剂,运转在重油催化裂化(RFCC)工业装置上。

由 RFCC 工业装置运转结果可以看出,以骨架富硅分子筛为活性组分的 CHZ-3 渣油裂化催化剂与工业上常用的渣油裂化催化剂 CHZ-2 相比较,在相同焦炭产率下,减压渣油掺炼比例提高 8.02%,而油浆产率却降低 1.34%。表明 CHZ-3 催化剂具有良好的焦炭选择性和裂化大分子烃的能力。同时,CHZ-3 催化剂的轻质油收率提高 1.10%,液化气+轻油收率提高 1.73%,这表明 CHZ-3 催化剂还具有良好的活性稳定性。

1983 年,G. W. Skeels 与 D. W. Breck 提出的路线为[28]:以 Y 型沸石(NH₄⁺ 与 Na⁺ 型)与丝光沸石(NH₄⁺ 型)为对象,用(NH₄)₂SiF₆ 溶液在温和条件下,进行脱铝补硅,获得了成功。这种脱铝补硅的方法是以反应式(6-17)为基础的。

如果是 H-MOR 或 H-Y 型沸石,由于 H⁺ 与水解出来的 F⁻ 作用生成 HF 还可以进行第二步反应:

$$
\begin{array}{c}
\text{H}_3\text{O}^+ \\
\text{O} \diagdown \;\; \diagup \text{O} \\
\text{Al} \\
\text{O} \diagup \;\; \diagdown \text{O}
\end{array}
+ 3\text{HF} \longrightarrow
\begin{array}{c}
\text{OH} \;\; \text{HO} \\
\diagup \;\;\;\; \diagdown \\
\text{OH} \;\; \text{HO}
\end{array}
+ \text{H}_2\text{O} + \text{AlF}_3
\tag{6-17}
$$

因此,可以有更多的 Al 被络合下来,提高沸石硅铝比。

表 6-6 列出的是沸石与氟硅酸盐溶液作用后产物的化学和物理性质。NH₄-Y 型沸石样品硅铝比为 4.84,在第一种反应条件下[28],NH₄-Y 型沸石与过量的 (NH₄)₂SiF₆ 作用,沸石骨架中 37% 的 Al 被 Si 取代,所得产物称为 LZ-210;在第二种反应条件下[28],NH₄-Y 型沸石与过量的(NH₄)₂SiF₆ 作用,沸石骨架中 57% 的 Al 被 Si 取代,所得产物称为 LZ-212。H-MOR 样品硅铝比为 14.00,与过量的 (NH₄)₂SiF₆ 溶液作用,沸石骨架中 49% 的 Al 被 Si 取代,产物称为 LZ-211。

制取 LZ-210 沸石的反应条件是:在 100mL 水中加入 10~15g NH₄-Y 型沸石,在 75~95℃预热,加入 1mol (NH₄)₂SiF₆ 溶液[加料速度为每分钟按骨架中每摩尔 Al 加入 0.005mol 的 $(NH_4)_2SiF_6$]，控制溶液 pH 在 6 左右。或者也可以用中性盐，如 NH_4Ac，作缓冲物质来控制溶液的 pH，然后加入 $(NH_4)_2SiF_6$ 溶液，反应混合物在 75～95℃加热 1～3h。在反应中，$(NH_4)_2SiF_6$ 的加入量由产物的硅铝比和反应的络合程度来确定。

在 550℃焙烧获得产品，经过多次、多种类型沸石，用此法脱铝补硅后其性质与功能的研究，发现其优点有：与母体比较，结晶度和吸附性能保持良好；脱铝后晶胞收缩且热稳定性明显提高；对产物通过多种方法表征，骨架中缺陷与空穴量极小。更值得一提的是可借产物硅铝比值的要求，进行脱铝补硅计算。下面将以 NH_4-Y(80% Na^+ 被 NH_4^+ 交换)与 H-MOR 型沸石为例[28]来进行说明，如表 6-6 所示。

表 6-6　$(NH_4)_2SiF_6$(AHFS)法脱铝补硅实例

	原料	AHFS 脱铝产物		原料	AHFS 脱铝
	NH_4-Y	LZ-210	LZ-212	H-MOR	产物 LZ-211
硅铝比	4.84	9.31	14.84	14.00	27.70
F^- 含量/%	0	0.05	0.15	0	0.01
结晶度(I/I_S)/%	100	106	93	100	106
晶胞尺寸/Å	24.67	24.49	24.39	—	—
晶体崩塌温度/℃	860	1037	1128	—	—
脱铝补硅产物中的硅铝比					
1. 按 $(NH_4)_2SiF_6$ 加入量计算理论硅铝比	9.30				12.41
2. 产物实际分析硅铝比	9.31				13.85

由于本法脱铝补硅的良好效果，因而目前已大量应用于众多沸石硅铝比的调控，如毛沸石、L 型沸石、斜发沸石、菱沸石等。

6.4.3.2　气相法脱铝补硅

已见报道的可用 F_2、光气($COCl_2$)与 $SiCl_4$ 气相脱铝，一般常用的为 $SiCl_4$(气)-沸石(固)相置换法，以获得沸石的脱铝补硅。1985 年，H. K. Beyer 等[31]详细报道了借 $SiCl_4$ 与 Na-Y 型沸石作用进行脱铝补硅制备高硅 Y 型沸石，甚至纯硅 Y 型沸石的方法，这种方法是建立在高温下 $SiCl_4$ 能对沸石进行脱铝补硅反应的基础上，其主要的反应为

$$Na[AlO_2(SiO_2)_x](固) + SiCl_4(气) \xrightarrow{高温} [(SiO_2)_{x+1}](固) + AlCl_3(气)\uparrow +$$
$$NaCl(或\ NaAlCl_4)(固) \tag{6-18}$$

此种脱铝过程，在实验室中往往采用如下装置，按下述方法进行。

于图 6-21 所示石英反应器中，置入 25g Na-Y 型沸石分子筛，向其中通往干燥 N_2(10dm³/h)，并以 10K/min 速度升温至 620K，保持 2h，当沸石彻底干燥后，将反

应器温度降至 520K,开始通入被 SiCl₄ 饱和的 N₂ 流(5dm³/h),并调节温度至反应所需 T_R,并在此温度下将反应保持 40min 左右,终止 SiCl₄ 的通入,在此反应温度下,继续用 N₂ 吹扫约 15min,冷却至室温。将产物用蒸馏水洗涤至无 Cl⁻ 为止。然后将产物在 400K 下干燥。如欲制备成 NH₄⁺ 型,可将产物在室温下用 1mol/dm³ NH₄Cl 溶液多次交换得到。脱铝程度与反应温度(T_R)紧密相关(表 6-7)。

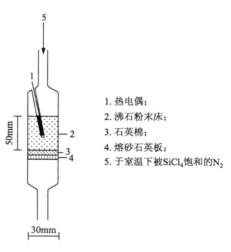

1. 热电偶;
2. 沸石粉末床;
3. 石英棉;
4. 熔砂石英板;
5. 于室温下被SiCl₄饱和的N₂

图 6-21　SiCl₄ 脱铝反应器

表 6-7　反应温度(T_R)与产物脱铝

起始反应温度/K	正常反应温度(T_R)/K	产物硅铝比
520	520	4.8
521	600	6.2
521	675	12.0
521	720	53.0
520	770~900	晶格崩塌

　　为了防止晶格的破损与崩塌,一定要注意反应温度保持在 770K 以下,其次要防止当 SiCl₄ 刚通入反应器与 Na-Y 型沸石分子筛接触时,由于放热而温度骤升。为了除去产物 Y 型沸石孔道中沉积的 NaAlCl₄。产物的彻底洗涤以及适当的酸处理十分必要。为了避免脱铝补硅反应不够完全,而造成硅羟基空穴或缺陷,需将 SiCl₄ 脱铝产物进一步用高温水蒸气适当处理。

6.4.3.3　高温水热与化学脱铝的路线组合

　　正如上面所讨论的,单一使用水热或化学脱铝法各有优缺点,因而目前常用的是将水热与化学脱铝路线优化组合,即在水热处理的基础上,进一步用酸如 HCl、

HNO$_3$,用碱如 NaOH,用盐类如(NH$_4$)$_2$SiF$_6$(AHFS)或用螯合剂如 EDTA 等,或在化学脱铝的基础上,再用高温水蒸气处理,取长补短以得到更好的效果。在比较组合方法优缺点的基础上,进一步进行组合改进。如以前者为例其目的是在高温水热超稳化的基础上用化学方法去除 USY 骨架中残存的非骨架铝化学个体(EFAL),以及由于超稳化过程中脱铝速率过快造成的空穴与缺陷,结果影响结晶度与提高结构稳定性的问题。A. Gola 等[32]为此作了细致的研究与比较。他们总结了自 J. Scherzer[24]以后,用各种现代研究方法,对高温水蒸气处理后,产生的 EFAL 存在的状态及其对催化性能与传输性质的有害影响,并在此基础上,又进一步对 EFAL 的存在状态用酸、AHFS 与 EDTA 三种脱 EFAL 的效果及存在的问题进行了比较,为进一步改进组合高温水热-化学脱铝的处理提供了基础与某些方向,下面对他们的研究结果,作一简单介绍。

将高温(923K)水蒸气处理后的 USY[32],分别用 0.1~3N HNO$_3$,0.4mol/L AHFS 与 0.05g/mL Na$_2$H$_2$EDTA,在不同的沥取强度条件下进行反应,将结果列于表 6-8~表 6-10 中。

表 6-8　经 923K 水热处理后的 USY 与不同沥取强度^{a}稀 HNO$_3$ 的脱铝反应结果

HNO$_3$ 处理	无	0.12	0.31	0.61	1.22	1.83	2.32	2.75	3.66
结晶度	83%	94%	95%	94%	94%	85%	60%	69%	64%
总体硅铝比	2.8	5.9	6.0	6.2	6.8	6.9	10.8	21.8	60
骨架硅铝比	11	10	11	12	15	13	17	>50	>50

a. 沥取强度(leaching strength)为 HNO$_3$/Al 摩尔比。

表 6-9　经 923K 水热处理后的 USY 与不同沥取强度^{a}AHFS 的脱铝反应结果

AHFS 处理	无	0.13	0.22	0.32	0.42	0.52	0.64	0.75	0.80	0.90	1.0
结晶度	83%	75%	75%	76%	80%	79%	89%	77%	80%	89%	68%
总体硅铝比	2.8	2.95	3.2	5.3	6.0	6.9	7.5	8.4	9.4	10.9	14.0
骨架硅铝比	11	10	10	10	9	9	10	11	12	12	14

a. 沥取强度(leaching strength)指加入(NH$_4$)$_2$SiF$_6$ 与沸石中 Al 的摩尔比。

表 6-10　经 923K 水热处理后的 USY 与不同沥取强度^{a}H$_2$Na$_2$EDTA 的脱铝反应结果

H$_2$Na$_2$EDTA 处理	无	0.46	0.56	0.6	0.91	2.05	2.09
结晶度	83%	94%	92%	86%	93%	91%	91%
总体硅铝比	2.8	3.0	3.5	4.7	7.8	8.5	10
骨架硅铝比	11	9	7	9	11	9	10

a. 沥取强度(leaching strength)指加入 H$_2$Na$_2$EDTA 与沸石中 Al 的摩尔比。

在上述三表中,单位晶胞中 Al 的浓度,均按单胞总原子 192T(Si 或 Al)计,单胞中 EFAL 量,可从总体铝量与骨架中 Al 量之差算出。图 6-22 是根据上述三表中的数据,绘制的脱 EFAL 曲线,其目的是比较稀 HNO$_3$、AHFS 与 H$_2$Na$_2$EDTA

三种方法,从 USY 中沥取 EFAL 的结果。

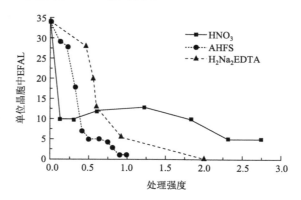

图 6-22　不同试剂处理晶胞中 EFAL 结果[32]

从图 6-22 所示的三条曲线来看,稀 HNO_3、AHFS 与 H_2Na_2EDTA 对于经高温水蒸气处理后的 USY 样品内的 EFAL 的去除机制是不完全类同的。现将 A. Gola 用 XRD、NMR 等研究方法,检测经一定沥取强度的稀 HNO_3、AHFS 与 H_2Na_2EDTA 脱铝后的样品中,残留 EFAL 的存在状态列于表 6-11 中。

表 6-11　残留 EFAL 的存在状态

	XRD 法		NMR 法			
	Al^{IV} (EFI)	$Al(OH)_2^+$ (EF_2)	Al^{IV}	Al^V	Al^{VI}	NMR 未能检测
原始 USY	+	+	+	+	+	+
原始 USY+稀 HNO_3		+	+		+	+
原始 USY+AHFS	+		+			
原始 USY+H_2Na_2EDTA	+		+			+

经高温水热脱铝后的 USY(结晶度=83%),其单位晶胞中含 34 个 EFAL,根据 XRD Rietveld 分析与 NMR(SQ NMR 与 MAS NMR 等技术)检测脱 EFAL 结果,它的存在状态列于表 6-11 中。用 AHFS 法,在沥取强度 0.42~0.52 之间进一步处理。固相单位晶胞中,尚残留 5~7 个 EFAL,存在状态为 Al^{IV} 态(扭曲四面体 AlO_4),用 EDTA 法处理,情况与 AHFS 相似,只是效果比后者差(图 6-22 曲线所示),用稀 HNO_3 法处理效果更差,不仅单胞中有超过 1/3 的 EFAL,无法脱去,且存在状态较复杂(可能有相当部分无定形物质)。这些结果为进一步改进高温水热-化学脱铝的优化组合,提供了方向。

6.4.4　沸石分子筛的脱硼补硅表面疏水化

高结晶度纯硅沸石由于具有疏水性表面,常用来作为疏水与亲水分子的分离材料,如上所述这类沸石往往通过 $SiCl_4$ 气-固置换、$(NH_4)_2SiF_6$ 液-固置换反应以及水蒸气处理脱铝补硅等途径来合成。2001 年,C. W. Jones 等[33]运用了另一途径:用易于合成的硼硅沸石为原料,在 373~458K 经 pH = 1.65 的乙酸后处理 6 天,借被乙酸溶下的沸石中的硅以填补脱硼形成的缺陷空穴来制备纯 Si 憎水的 CIT-1 与 SSZ-33(CON),ERB-1(MWW)沸石及 β(BEA)型沸石[34]。

作为脱铝补硅以提高沸石的硅铝比改性沸石的同时,在本节的最后还想简单介绍一点,降低硅铝比以改性高硅沸石的途径:2001 年,S. I. Zones 曾总结与提出过三条使 Al 重新进入沸石骨架(Al reinsertion into zeolite framework)的方法。

(1) 在碱性溶液中用 $NaAlO_2$ 插入沸石空穴或置换骨架中的 Si 原子以降低沸石中的硅铝比[35]。

(2) 在高温(~500℃)下用纯 N_2 带 $AlCl_3$ 蒸气进入沸石骨架[36]。

(3) 在酸性(pH < 3.5)溶液中用 $Al(NO_3)_3$ 与含硼硅沸石作用,以 Al 置换骨架中的 B,控制合成具有一定硅铝比的沸石[35]。

6.5　分子筛骨架的杂原子同晶置换

杂原子分子筛是利用其他元素,部分地同晶置换分子筛骨架中的硅、铝或磷而构成的含杂原子分子筛的骨架。这些进入骨架的元素,可以是某些主族元素,也可以是有变价特征的过渡元素。一般是一种杂原子,有时也可以是一种以上的杂原子,在这些杂原子分子筛骨架中,由于引入了特定的非金属或金属原子,可以引入与调变母体分子筛的酸性与碱性,氧化还原性及其催化活性或其他功能。通过调变或改性,这些杂原子分子筛可以成为良好的催化材料,或其他具有特殊性能的功能材料。20 世纪 70 年代,S. Ueda 和 E. M. Flanigen 首次在美国分子筛会议上,分别报告了含铍或含磷沸石分子筛的合成工作,使杂原子沸石分子筛的合成研究受到广泛的重视。1980 年,M. Taramasso 在第五次国际分子筛会议上首次报告了四种硼硅分子筛的合成工作;1982 年,T. V. Whittam 合成了 Nu-5、Nu-13 类型的杂原子沸石分子筛等。在上述这些沸石中,Ge 可置换 Si,Ga、B、Fe、Cr、V、Mo、As、Ti 等元素可分别部分地置换铝或硅,而构成沸石骨架。1986 年,E. M. Flanigen 等[37]系统地报道了含 Si、其他金属元素(Me)与主族元素(El)等杂原子进入 $AlPO_4$-n 分子筛骨架而生成的 $SAPO_4$-n、$MeAPO_4$-n、$ElAPO_4$-n 与 ElAPSO-n 等多系列的含杂原子磷酸铝分子筛。庞文琴、裘式纶等从 1982 年开始从事硼硅 MFI 型沸石分子筛的合成研究工作,并继续开展了含 Cr、Ti、Zr、Fe、Co、V、Ga、Ge、Sn、Mo、W 等多种杂原子沸石分子筛的合成研究,并取得了一些系统性研究成果[38]。和硅铝分子筛与磷酸铝分子筛一样,杂原子分子筛一般也是采用水热或溶剂热法直接合成。作为合成原料的含杂原子化合物可以是氧化物、盐类、配位化合物等,将反应物混合作为起始物料在一定温度下进行晶化反应,可直接得到含杂原子的分子筛。杂原子分子筛的合成,也可以采用同晶置换方法,将母体分子筛骨架进行组成修饰,即二次合成,正如硅铝分子筛,为了提高硅铝比,可将沸石分子筛在一定温度下与 $SiCl_4$ 蒸气进行气-固相反应,Si 可以置换沸石骨架中的 Al。杂原子分子筛的合成,也可以采用类似反应,即采用气-固相或液-固相置换反应,通过分子筛骨架的二次合成,来获得杂原子分子筛。例如,将 BCl_3 或 B_2H_6 与 ZSM-5 在一定温度下进行气-固相置换反应,可以得到 B-ZSM-5;用 $TiCl_4$ 与 ZSM-5 进行置换反应,可以得到 Ti-ZSM-5;用镓酸盐的碱性溶液或氟镓酸盐溶液与沸石相作用以液-固相置换反应制取含镓沸石等。这类二次合成,实质是分子筛骨架元素的同晶置换(isomorphous substitution)反应。关于分子筛骨架元素的同晶置换,1982年 R. M. Barrer 在其著作 *Hydrothermal Chemistry of Zeolites*[39] 中作过长篇幅的专题介绍。利用杂原子同晶置换进行二次合成,与直接水热晶化法相比,各有利弊。前者的优点,可能有通过二次合成来生成一些无法用直接水热晶化法合成的杂原子分子筛。一般规律是用直接水热晶化法所得到的杂原子分子筛,其中杂原子的含量不易提高,一般<5%(通常为 3%)。然而利用同晶置换则可以通过二次合成,来获得杂原子含量较高的骨架,且可调控水热晶化的条件以获得难于得到的一定的元素计量比,以适应改性的要求。最后在这里还要介绍一种应用 N、C 等非金属原子对分子筛骨架桥连氧的部分同晶置换形成 $\equiv Si-NH-Si\equiv$,$\equiv Si-$ $NH-Al\equiv$,$\equiv Si-CH_2-Al\equiv$ 和 Si,Al 端基 $-NH_2(Si-CH_3)$,因而改变表面结构与表面酸碱性的研究结果。因此在本节中,只就骨架元素的同晶置换进行二次合成杂原子分子筛的问题,举例简单介绍一些近期的研究结果。

6.5.1 分子筛的镓化——液-固相同晶置换法

1986 年,刘新生与 J. M. Thomas [40] 系统地研究了在碱性溶液中以镓酸盐 $Ga(OH)_4^-$ 与高硅沸石相互作用制备系列含镓沸石,而且首次提出了镓化(galliation)的概念。沸石的镓化,我们以硅沸石-2(Silicalite-2)的镓化为例加以说明,硅沸石-2 具有非常高的硅铝比(>1000)。将硅沸石-2(1g)用含有 0.1mol 的镓酸盐水溶液 30mL(0.0278mol/LGa_2O_3,0.10mol/LNaOH)在 20~100℃下搅拌处理一昼夜(沸石与溶液之比为 1:30)。处理后的硅沸石-2 经过滤分离,洗涤,干燥,即得到镓化的硅沸石。镓化的程度往往以沸石产物中 Si/Ga 比来表示。随镓化温度的升高,镓化的程度即同晶置换的程度越高。如在上述反应中,反应温度分别为 20℃、45℃、75℃与 100℃下置换反应 24h,硅沸石-2 镓化产物中 Si/Ga 比分别为 30.1、26.4、9.5、9.8。镓化的硅沸石经 X 射线粉末衍射、红外光谱、扫描电子显微镜、固体高分辨[29]Si 核磁共振、电子探针显微分析、化学分析、吸附以及表面酸性等研究证明,溶液中的镓酸根在处理过程中,取代骨架上的硅而进入沸石的骨架。为了进一步地了解镓化的机理,刘新生[41]又分别以下列具有不同硅铝比的沸石为对

象进行 $Ga(OH)_4^-$ 镓化的研究,列于表 6-12。

表 6-12　具有不同硅铝比的几种沸石分子筛的镓化

沸石分子筛	碱 OH⁻ 浓度 /(mol/L)	Ga₂O₃ 浓度 /(mol/L)	硅铝比		含镓沸石 Si/Ga
			B	A	
ZSM-5	0.100	0.0267	16.45	15.05	13.9
MAZ	0.220	0.0200	4.25	4.03	35.1
OFF	0.366	0.0185	3.77	3.54	43.8
LTL	0.440	0.0280	2.94	2.72	19.7
FAU	0.280	0.0175	2.50	2.36	56.7
FAU	0.280	0.0175	2.00	1.83	65.1
FAU	0.100	0.0265	1.54	1.48	73.3
FAU	0.260	0.0385	1.23	1.22	90.0

注:B 为镓化前沸石硅铝比,A 为镓化后沸石硅铝比。

刘新生[41]根据对上述沸石的镓化研究,对沸石的镓化同晶置换及其镓化机理,得出了下面一些结论:

(1) 很多沸石,特别是高硅沸石能在温和的条件下,借 $Ga(OH)_4^-$ 与沸石进行镓化反应。

(2) 镓化反应的本质是 Ga^{3+} 置换沸石骨架中的 Si^{4+},最易置换的位置是 Si(OAl),进行如下反应:

$$(6-19)$$

(3) 同晶置换的结果,遵循 Loewenstein 规则。

1991 年,J. Dwyer 等[42]又提出了镓化的另一途径,即通过氟镓酸铵与 Y 型沸石作用,在温和的条件下,按以下反应进行:

$$GaF_X^{3-X} + [AlO_4]^-_{(沸石相中)} \longrightarrow [GaO_4]^-_{(沸石相中)} + AlF_X^{3-X} \qquad (6-20)$$

进行 Ga 对 Al 的同晶置换,而镓化成含 Ga 沸石(图 6-23)。这个同晶置换的机理不同于刘新生等提出的当 $Ga(OH)_4^-$ 置换高硅沸石时,Ga^{3+} 是置换沸石骨架中的 Si^{4+}。在含氟体系中,Ga^{3+}-Al^{3+}(沸石相)置换机理产生的重要根据可能是 $(NH_4)_3GaF_6$ 在溶液中易发生水解而生成 F^- 和 GaO_4^{5-}。F^- 是很强的络合剂,所以当大量 F^- 存在于置换溶液中时,有可能使骨架中的 Al 被 F^- 络合进入液相,且在骨架中留下空位,$[GaO_4]$ 进入骨架促进晶格的稳定与镓硅沸石的生成。这一机理与$(NH_4)_2SiF_6$使沸石脱铝补硅相仿,为了进一步确证Ga^{3+}-Al^{3+}(沸石)置换机理,J. Dwyer 等控制合成了具有不同 Si/Ga 比的 NH_4-Y 型沸石,且从晶胞尺寸与红外变化规律,进一步证实了上述镓-铝置换机理。由于 Ga—O 键长(1.72Å)大于 Al—O 键长(1.69Å),促使 Ga-Y 型沸石晶胞常数的增大。反之,以$(NH_4)_2SiF_6$脱铝补硅,使产物晶胞常数有规律地减小。

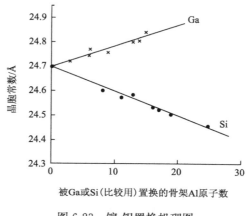

图 6-23　镓-铝置换机理图

目前,这种液-固相置换方法,已推广应用于 Si、Fe、Sn、Ti 与 Cr 等杂原子沸石的二次合成与改性。一个例外,是不能用 BF_4^- 对沸石进行液相的脱铝补硼,来制备含硼沸石[43]。下面以 NH_4-Y 型沸石的镓化为例,介绍其同晶置换二次合成的实验方法[44]:将 NH_4-Y 型沸石(硅铝比=2.5)与乙酸铵溶液(3.4mol/dm³)相混,并打成均匀的浆料。将浆料(10g 沸石/100mL 溶液)加热至 70~80℃,然后缓慢而均匀地加入由 $Ga(NO_3)_3$ 和 NH_4F 配制成的氟镓酸铵溶液(一般需 3~4h),产物经过滤后,用 $(NH_4)_2SO_4$(1.5mol/dm³)在 353~358K 下,洗涤 2.5h,然后再重复一次,彻底洗去产物中的氟化物,经干燥,焙烧即得产物。沸石镓化程度由氟镓酸盐的浓度来控制。

6.5.2　含钛分子筛的二次合成——气-固相同晶置换法

含钛分子筛,由于钛的变价性能,已是目前应用很广的一类氧化催化剂,其中最重要的如 TS-1、Ti-β、TS-2、Ti-MCM-22 等,其中含钛的介孔与大孔分子筛,也已开始应用于某些催化反应。一般含钛分子筛如 TS-1 催化剂,都是借水热法合成的。孔径=5.3Å×5.5Å,Si/Ti 比一般只能在 30~40 间。Ti-β 型沸石是极具前景的一种大孔(孔径=7.6Å×6.4Å)环氧化催化剂,以往总是以 β 型沸石的钛化置换来制备的,然而当(Ti-Al)-β 用作环氧化催化时,骨架中 Al 的存在,影响催化剂的酸性与亲水性,导致活性与选择性的下降,因而用 $TiCl_4$ 同晶置换时必须彻底。1994 年,S. Rigutto 等[45]提出了两种途径,一是从 H-[B]-β 型沸石出发,通过

TiCl₄ 与含硼 β 型沸石的气-固相置换生成中间产物,接着通过水解或醇解脱硼补钛(图 6-24)。另一途径,也是以易于制得的含硼 β 型沸石为原料,用稀酸或甲醇脱硼,以产生羟基穴,然后以 TiCl₄ 在特定条件下补钛。这两种方法制得的 Ti-β 型沸石在用作 1-已烯或 1-辛烯的环氧化反应时,效果都不错。

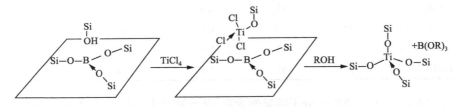

图 6-24　含硼 β 型沸石的水解或醇解脱硼补钛

1999 年 S. Krijnen 等又提出了另一种类似的气-固相同晶置换法,以制取用于环氧化的 Ti-β 催化剂,获得了很好的效果。这种气-固相置换法与以往类似,也分两步进行,即直接从 β 型沸石脱铝(dealumination)与钛化(titanation)。"脱铝",使骨架中产生空穴,如羟基空穴,接着可借不同钛源如 TiCl₄-CVD 使 TiCl₄ 进入空穴,发生缩聚反应进行补 Ti,且稳定骨架。这种气-固相置换法清晰地分两步进行,首先可用草酸(0.25~1.5mol/L)或 HNO₃(1~7mol/L)溶液,在回流条件下使 β 型沸石(Si/Al=37.5)进行脱 Al 反应,5h 后,经洗涤干燥后在 550℃ 灼烧 5h,一般可脱除 80%~90% 的骨架中的 Al;然后将脱铝 β 型沸石,借 CVD 法在流动床中,用 TiCl₄+N₂ 在 550℃ 钛化 30min,然后用干燥 N₂ 吹净 TiCl₄,在空气下 550℃ 灼烧 4h。

从表 6-13 中我们可以看出,原 β 型沸石骨架中的 Al 几乎全部被钛置换。使骨架呈憎水表面,这对于含钛沸石成功地应用于液相氧化催化是重要的。在脱铝后控制钛化,导致憎水、高钛、高活性液相氧化催化剂生成是极其关键的。与以前不经脱铝步骤,而直接钛化的沸石如 FAU 型、MOR 型相比,存在着明显的优点,即可控制不使无定形 TiO₂ 生成,这点也优于 Rigutto 方法,因为它对于含钛沸石催化剂中反应物的扩散,催化剂的活性与选择性,以及发生 H₂O₂ 的分解,都产生相当大的影响。这条二步法脱铝气-固相置换路线已被相当广泛地应用于 MFI、MEL、FAU、MOR、BEA 型等杂原子同晶置换,而适合这条置换路线的杂原子往往是高价、金属性较弱的元素,如 B、Si、Al、Ga、In、Sb、As、Ti、Zr、V、Mo、W 等,它们以具有高挥发的氯化物如 BCl₃、SiCl₄、AlCl₃、GaCl₄、InCl₃、SbCl₅、AsCl₅、TiCl₄、VOCl₃、MoCl₃、WOCl₄[46]等,以及其氧化物等作为杂原子蒸气相源在高温下进行置换反应。T. Yashima 等[47]以"原子栽培(atom planting)"命名这种方法。

表 6-13　含 Ti-β 型沸石的组成

催化剂型号	Si/Ti (AAS)	Si/Ti (XPS)	Ti/单位晶胞 (产品得到)	Al/单位晶胞 (脱 Al 移出)	Raman 光谱
Ti-56BEA-450	56	49	1.1	1.5	无
Ti-43BEA-160	43	41	1.4	1.3	无
Ti-32BEA-267	32	30	1.9	1.4	少量
Ti-30BEA-32	30	31	2.1	1.5	少量
Ti-27BEA-72	27	31	2.3	0.8	较大量

　　Ti-MOR 分子筛:MOR 分子筛虽然含有 12 元环的大孔孔道,但是此孔道体系为一维孔道,孔道之间缺乏连通性,造成分子在其中的扩散受到一定影响,从而导致骨架中 Ti 的活性位不能得到充分利用。H. Xu 等[48]利用碱溶硅的方法对预先脱铝的 MOR 骨架进行部分脱硅,在 MOR 微孔的体系中引入介孔,使得一维的 12 元环孔道之间相互连接,减少了底物分子的扩散限制。然后利用气-固相 TiCl₄ 后处理的方法向含有介孔的 MOR 骨架中引入 Ti 活性位(图 6-25),制备得到了含介孔的 Ti-MOR 分子筛。该催化剂在环己酮肟化反应和甲苯羟化反应中显示出了优异的反应性能,在活性和寿命上均优于不含介孔的 Ti-MOR 分子筛。这主要得益于介孔的引入不仅减少了底物分子的扩散限制,还减少了反应过程中高沸点副产物的积聚。

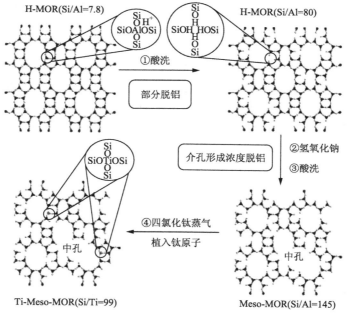

图 6-25　碱溶硅法和 TiCl₄ 气相补钛法制备含介孔 Ti-MOR 的机理图[48]

6.5.3　分子筛的氮化

分子筛的氮化置换改性主要通过高温氮化的方法,即将微孔分子筛置于 NH_3 或 N_2 气氛中进行高温氮化反应,使 N 原子取代 O 原子进入分子筛骨架。氮化温度是氮取代反应发生的必要条件,一般认为,高的氮化温度、长的氮化时间和适度大的 NH_3 流速有利于促进氮取代反应的进行。氮化后分子筛骨架中 N 原子的含量称为氮含量,氮含量与含氮分子筛的表面碱性成正相关[49, 50]。由于分子筛具有很高的稳定性,N 原子很难进入分子筛骨架,因此,优化微孔分子筛的氮化条件一直都是部分含氮分子筛研究领域的热点和难点之一[51]。经结构分析,置换 N 在骨架中以两种形式存在,—NH—(桥基)与端基—NH₂。—NH—与—NH₂ 均具碱性,以含氮 ZSM-5 分子筛为例,碱性与 MgO 相当[50],含氮 Na-Y 型分子筛的碱性则介于 MgO 和 $Mg(OH)_2$ 之间[52, 53]。因而经不同氮化程度置换后的分子筛与原分子筛相比,表面酸、碱性均会发生明显的变化,或成为具固体碱性的分子筛或成为具有表面酸、碱双功能的分子筛催化材料,从而影响其催化性能。

关乃佳等[54]经研究不同温度氮化的 ZSM-5 的酸性变化情况发现,随氮化温度的升高(室温、700℃、800℃、900℃)强酸中心酸强度几乎没有什么变化,但数量减少,而弱酸中心的酸强度却明显随温度的升高而减弱,同时发现 Lewis 酸中心数量也明显减少。

在含氮分子筛的催化性能研究中,Knoevenagel 缩合反应作为碱性探针反应,被广泛应用于含氮分子筛的碱催化性能评价。实验结果表明,含氮分子筛在 Knoevenagel 缩合反应中均具有良好的碱催化活性,表明分子筛经氮化后,表面碱性得到增强,产生新的碱性位。

除碱性探针反应外,微孔含氮分子筛也在其他反应中初步显示出良好的催化性能[52]。在乙苯乙醇烷基化反应中表现出独特的催化特性[52],同时,含氮分子筛具有优异的对二乙苯的选择性[55]。

含氮 Na-Y 型分子筛在液相醇醛缩合反应中也表现出良好的催化性能[53],实验表明,其活性与 $MgO-ZrO_2$ 的活性相当,远高于 Na-Y 分子筛的活性,且同时具有较好的择形性。

此外,含氮 TS-1 分子筛在丙烯环氧化反应中表现出独特的催化性能[56, 57],氮化后的 TS-1 分子筛对 H_2O_2 的转化率影响不大,但可以大大提高其利用率,同时可很好地提高环氧丙烷的选择性,重复利用 20 次后,H_2O_2 的利用率及环氧丙烷的选择性均保持在 90% 以上。

6.5.4　杂原子分子筛的高温水蒸气"脱杂"[14]

杂原子分子筛,由于杂原子引进分子筛骨架,促使结构与性能发生变化。然而当它们与 Y 型、丝光沸石、ZSM-5 型分子筛同样以高温水蒸气处理时,后者往往脱铝超稳化,杂原子分子筛却发生"脱杂"现象,即在高温水汽处理下,将杂原子脱出骨架,而生成非骨架氧化物个体,使其具有特定的催化性能。下面以 Fe-ZSM-5 与 Ga-ZSM-5 型沸石分子筛为例,将它们在高温下,经水蒸气处理,经多种方法表征证实 Fe-ZSM-5 骨架中的铁,开始脱出骨架,成非骨架 Fe-O-Fe 化学个体,550℃成氧化铁微粒分散于 ZSM-5 骨架表面,770℃下氧化铁微粒聚集成较大颗粒。类似的情况,也出现在高温水蒸气处理 Ga-ZSM-5 时,对某些以碳阳离子型反应为特征的催化反应,经"脱杂"后的杂原子分子筛与脱铝后的 Y 型、ZSM-5 型等分子筛类似,其催化性往往提高,且出现催化选择性的变化。下面以正丁烷的催化裂化为例,且以经同样水蒸气处理下的 H-Al-ZSM-5 相比较,列于图 6-26。

从图 6-26 可以明显看出,由于高温水蒸气的"脱杂",非骨架氧化镓的存在,促使活性增高,且产生大比例的烯烃产物。由于非骨架氧化钛的产生,使裂解产物中产生大量甲烷等。

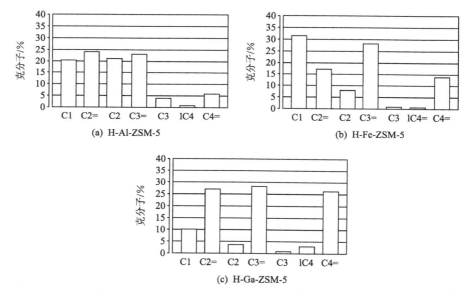

图 6-26　在不同杂原子 Al、Fe 与 Ga 的 ZSM-5 型分子筛催化剂作用下,正丁烷催化裂化产物分布

6.6　沸石分子筛的孔道和表面修饰

沸石分子筛特有的择形选择性使其成为制造吸附剂和催化剂的重要材料。择形选择性(shape-selectivity)这个名词是 1960 年由 P. B. Weisz 和 V. J. Frilette[58]最早提出来的,用以描述只有大小和形状与沸石孔道相匹配的分子才能进入沸石孔道被吸附或催化的现象。未经改性的沸石分子筛的择形选择能力主要取决于其晶体结构,因为沸石分子筛的孔口由氧环构成,孔口的尺寸取决于环中的氧原子数目,已知

孔口为 8 元氧环、10 元氧环和 12 元氧环的沸石分子筛的最大孔径分别是 0.45nm、0.63nm 和 0.80nm[59]，每增加 2 个氧原子，孔径大小约增加 0.18nm。利用沸石孔径大小和孔道结构上的差别，在一定程度上可以实现"分子筛分"作用。然而，在许多实际体系中，需要识别或区分的分子的动力学直径差别远小于 0.1nm，只有对沸石孔径进行更精细调变，才能达到择形选择的要求。由于沸石本身的孔径变化是跳跃式的，用合成的办法显然无法实现孔径的精细调变，必须另辟蹊径。

另外，为了提高吸附剂和催化剂的择形选择性，除了调变沸石孔径，有时还需要对沸石的外表面进行修饰，使外表面上存在的无择形选择作用的吸附位或催化反应活性位钝化。对小颗粒和纳米沸石来说，外表面修饰的意义尤为重要。

目前采用的沸石孔道和表面修饰的方法大致可分为阳离子交换法、孔道修饰法和外表面修饰法等三类。

6.6.1　阳离子交换法

在沸石晶体中，位于孔道开口附近的阳离子数目和种类会影响沸石的孔径，因而阳离子交换可以改变沸石孔径的大小[60]。正如本章 6.3.2 节所介绍的最为典型的例子是 A 型沸石，Na-A 型沸石的孔径在 4Å 左右，当沸石中 Na^+ 被二价的阳离子 Ca^{2+} 交换后，原来的阳离子位就有一半空出，使沸石的孔径变大，Ca-A 型沸石的孔径大约为 5Å。反之，当大体积的一价阳离子如 K^+ 交换 Na-A 型沸石中的 Na^+ 时，由于孔口阳离子体积变大而使沸石孔径变小，K-A 型沸石的孔径只有 3Å 左右。M. Iwamoto 等[61]曾利用离子交换方法对 A 型沸石的孔径进行精细调变，实现了 O_2 和 N_2 的择形分离。O_2 和 N_2 的分子大小十分接近（其分子动力学直径分别为 3.46Å 和 3.64Å），K-A 型沸石孔径太小对两者都不吸附，Na-A 型沸石孔径较大对两者同时吸附，而且由于 N_2 极性比 O_2 大，N_2 吸附量大于 O_2。因此必须通过孔径调变，才能实现沸石只吸附 O_2 而不吸附 N_2。图 6-27 为 Zn^{2+} 交换度不同的 K-A 型沸石对于 O_2 和 N_2 的吸附性能。未交换 Zn^{2+} 的 K-A 型沸石由于孔径过小对 O_2 和 N_2 的吸附量几乎都为零。随着 Zn^{2+} 的引入，沸石的孔径逐渐增大，沸石对 O_2 的吸附量逐步增加。当 Zn^{2+} 交换度达到 41% 时，沸石对 O_2 有一定的吸附量，而对 N_2 基本不吸附，表明此时沸石的孔径恰好介于 O_2 和 N_2 之间。继续增加 Zn^{2+} 交换度，N_2 吸附量开始增加，当交换度达到 58% 时，N_2 吸附量已超过了 O_2。

除了氧氮分离以外，利用阳离子交换法制备的沸石吸附剂，还用于石油馏分吸附脱蜡，混合二甲苯吸附分离，混合二甲基萘吸附分离等。但是阳离子交换法有其本身的局限性和缺点：①此方法不适用于高硅铝比沸石；②沸石孔径变化与阳离子交换度不成线性关系，而且离子交换度的控制比较困难，因而很难通过此方法实现沸石孔径的精细调变；③阳离子交换对沸石本身性质有影响。

6.6.2　孔道修饰法

在沸石孔道中嵌入其他分子或原子团，使沸石的孔道变窄，达到调变沸石有效

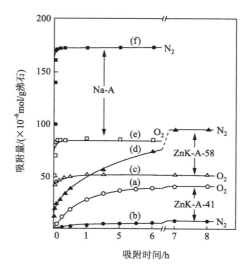

图 6-27 Zn²⁺ 交换度不同的 K-A 型沸石对 O₂ 和 N₂ 的吸附性能:
(a),(c),(e)为氧气吸附量;(b),(d),(f)为氮气吸附量

孔径的目的。此法又称为内表面修饰法,以强调孔道内的变化,而实际上在处理过程中沸石的内外表面均被修饰。

最早使用的修饰剂为氧化物,人们用浸渍的方法将碱土金属盐类负载在 HZSM-5 沸石上,焙烧以后氧化物进入了沸石的孔道,在减少沸石表面强酸中心的同时,也使沸石的孔道变窄,沸石的有效孔径变小[62]。以后还发现用磷酸和硼酸处理 ZSM-5 沸石也有类似的结果[63]。表 6-14 为甲酚异构体在氧化物改性沸石上的竞争吸附结果[64]。氧化物修饰后吸附总量有所减少,但对位选择性明显增加。

表 6-14 氧化物改性的 HZSM-5 沸石的吸附性能

样品	吸附量 /(mg/g)				对位选择性
	邻甲酚	间甲酚	对甲酚	总量	
HZSM-5	31.8	37.2	39.0	108	0.361
P-ZSM-5 (P=0.72mmol/g)	10.5	15.4	29.3	55.2	0.530
B-HZSM-5 (B=0.35mmol/g)	14.6	22.2	35.3	72.0	0.489
Mg-HZSM-5 (MgO=0.20g/g)	10.9	17.1	51.6	79.6	0.644

20 世纪 80 年代初,比利时的 E. F. Vansant 等[65-71]提出了用硅烷化法来修饰沸石的孔道。其原理是利用硅烷与氢型沸石的表面羟基进行反应,水解后形成氧化硅,使孔道变窄,从而达到调变沸石孔径的目的。图 6-28 为硅烷化程度不同的氢型丝光沸石对 Xe 的吸附动力学曲线。从图中可以看到,随着硅烷化程度增加,沸石对 Xe 的吸附能力明显下降,表明硅烷化使沸石的孔道变窄,有效孔径变小,达到了孔径调变的目的。

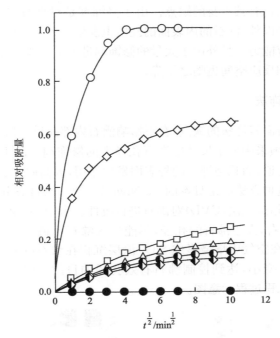

图 6-28　硅烷化程度不同的氢型丝光沸石对 Xe 的吸附动力学曲线。
○ 未硅烷化的沸石；◇ 热处理后硅烷化的沸石的化学吸附；□ 373K；△ 473K；◖ 573K；
● 673K；◆ 硅烷化后经水解和脱水后的结果

　　由于硅烷的活性非常高,可以对沸石孔道进行反复处理,硅烷化法对沸石孔径调变的范围比氧化物修饰要大得多,加上硅烷化程度又可以通过改变反应温度、时间以及硅烷压力来进行控制,使沸石孔径调变的精度大大提高,因而是一种较理想的孔道修饰工艺。利用这种方法对沸石孔径进行适当修饰,在混合气体的分离中得到了很好的效果。表 6-15 是经硅烷化处理的氢型丝光沸石对 Kr、N_2、O_2 和 Ar 混合气体分离的结果。用硼烷或硼烷加上有机胺代替硅烷对沸石孔道进行修饰,可以得到类似的结果。

表 6-15　硅烷化处理的氢型丝光沸石对气体分离的结果

气体混合物	初始浓度/%	被分离气体	最终浓度/%	处理温度/K
Ar + Kr	90.57 + 9.45	Ar	≥99.996	195
O_2 + Kr	90.04 + 9.96	O_2	≥99.994	195
N_2 + Kr	89.35 + 10.65	N_2	≥99.999	195
N_2 + O_2 + Kr	70.46 + 18.39 + 11.15	N_2/O_2	≥99.992	195
Kr + N_2	89.88 + 10.12	Kr	≥99.996	273
Kr + N_2 + O_2	10.28 + 69.69 + 20.03	Kr	≥99.994	273

但孔道修饰法也有其本身的缺点。由于修饰剂是对沸石整个孔道进行修饰,因而除了改变孔径以外,沸石的内表面的性质也发生较大的变化,有可能影响沸石的吸附和催化反应能力。另外由于大量的修饰剂进入了孔道,使沸石的孔容变小,沸石的吸附容量和反应空间也随之下降。

6.6.3 外表面修饰法

为了克服内表面修饰法的缺点,在不影响沸石内部孔道的情况下,有效地实现沸石孔径调变,必须采用分子尺寸比沸石孔径大的修饰剂。由于这时修饰剂分子不能进入沸石的孔道,而只与沸石的外表面发生作用,因而此方法被称为外表面修饰法。最早提出这种方法的是日本的 M. Niwa 等[72-78],他们采用 $Si(OCH_3)_4$ 作为修饰剂,用化学气相沉积法(CVD)对沸石进行改性。由于 $Si(OCH_3)_4$ 的分子动力学直径为 8.9Å 左右,大于沸石的孔径,不能进入沸石孔道,它只与沸石外表面和孔口的羟基作用,在空气中焙烧形成 SiO_2 涂层沉积在沸石的外表面和孔口处,使得沸石的孔口尺寸变小,达到控制沸石有效孔径的目的。图 6-29 为 $Si(OCH_3)_4$ 在沸石上的气相沉积过程示意图。

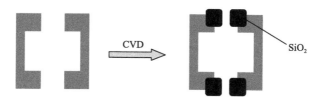

图 6-29 $Si(OCH_3)_4$ 在沸石上的气相沉积过程示意图

利用 CVD 方法对沸石孔口尺寸进行精细调变可以大大提高沸石的择形分离能力。乐英红、高滋等曾经将经 CVD 方法修饰的 HZSM-5 沸石成功地用于二甲苯和甲酚异构体的择形选择吸附分离[79]。图 6-30 为对二甲苯和间二甲苯两种异构体吸

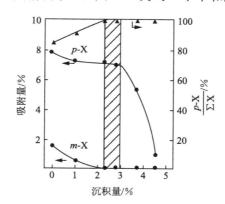

图 6-30 Si-HZSM-5 上间二甲苯 m-X 和对二甲苯 p-X 的择形吸附

附量随 CVD 法修饰的 Si-HZSM-5 沸石上 SiO₂ 沉积量的变化情况。由于间二甲苯分子(0.71nm)大于 HZSM-5 沸石孔口尺寸(0.54nm×0.56nm),而对二甲苯分子(0.58nm)与 HZSM-5 沸石孔口尺寸接近,未经修饰的 HZSM-5 沸石已经表现出一定的择形选择性,对二甲苯吸附量占总吸附量的 85%。随着 SiO₂ 沉积量上升,二甲苯总吸附量略有减少,而间二甲苯吸附量迅速下降,至 SiO₂ 沉积量为 2.3%时,沸石孔口已缩小到不能再接纳间二甲苯分子,对二甲苯的选择性接近 100%。由图可知沉积量在 2.3%～3.0%范围内,两种异构体可实现较理想的择形吸附分离。

　　另一个成功的例子是 CVD 修饰的 HZSM-5 沸石上间甲酚与对甲酚的分离[79]。间甲酚(0.64nm)与对甲酚(0.58nm)分子尺寸的差别小于两种二甲苯的差别,未经修饰的 HZSM-5 沸石对甲酚异构体的择形选择性不明显,对甲酚吸附量仅占总吸附量的 57%(图 6-31)。随着 SiO₂ 沉积量的增加,沸石的孔口逐渐缩小,间甲酚的吸附量迅速下降,而对甲酚的吸附量反而有所上升,在 SiO₂ 沉积量为 3.5%～4.2%范围内,对甲酚的吸附量仍保持较高水平,而其选择性达到 95%～100%,可实现两种甲酚异构体较理想的择形吸附分离。

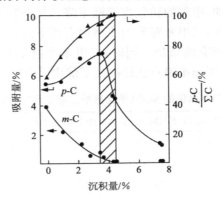

图 6-31　Si-HZSM-5 上间甲酚 m-C 和对甲酚 p-C 的择形吸附

　　在催化反应中利用 CVD 方法对沸石催化剂孔径进行精细调变可以提高反应物和产物的择形选择性。例如,在辛烷异构体混合物的裂解反应中,由于丝光沸石催化剂的孔径大于反应物正辛烷(0.43nm)、3-甲基庚烷(0.55nm)和 2,2,4-三甲基戊烷(0.62nm),三个异构体的裂解反应的速率相近(图 6-32)[75]。但随着 SiO₂ 沉积量的增加,三个异构体反应物的择形选择性明显提高。当 SiO₂ 沉积量为 3.2%时,2,2,4-三甲基戊烷的反应被完全抑制,而当 SiO₂ 沉积量增加到 3.4%时,3-甲基庚烷的反应也被抑制。进一步增加 SiO₂ 沉积量到 3.7%时,正辛烷也不发生反应,表明缩小沸石的孔径可以控制反应物选择性。

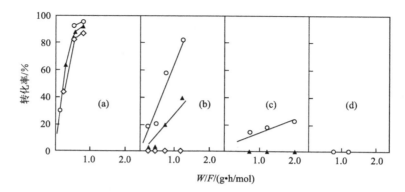

图 6-32　C_8 异构体在不同 SiO_2 沉积的丝光沸石上的裂解反应：(a) PtHM；(b) SiPtHM(3.2%)；
　　　　　(c) SiPtHM(3.4%)；(d) SiPtHM(3.7%)。
　　○ 正辛烷；▲ 3-甲基庚烷；◇ 2,2,4-三甲基戊烷。W:分子筛的质量(g)；F:流速(mol/h)

　　表 6-16 为用 CVD 法修饰的丝光沸石催化剂 400℃ 的甲苯歧化反应数据[80]。随着 SiO_2 沉积量的增加，甲苯的转化率逐渐下降。从产物的分布来看，非芳烃略有增加，三甲苯下降为零，二甲苯对苯的比例也有所下降，表明二甲苯歧化反应受到了抑制，而脱烷基反应有所增加。同时，二甲苯产物中对二甲苯的比例明显上升，超过了平衡浓度，说明缩小沸石孔径提高了催化反应的对位选择性。

表 6-16　CVD 修饰的 SiHM 催化剂甲苯歧化反应数据(400℃)

样品	HM	SiHM(0.7)	SiHM(1.6)	SiHM(2.6)	SiHM(3.7)	SiHM(4.0)	HZSM-5
NA	0.005	0.005	0.004	0.006	0.006	0.003	0.001
B	0.166	0.170	0.143	0.085	0.085	0.028	0.005
T	0.647	0.636	0.710	0.827	0.827	0.946	0.990
p-X	0.039	0.041	0.035	0.023	0.023	0.012	0.003
o-X	0.087	0.090	0.078	0.043	0.043	0.009	0.002
m-X	0.036	0.037	0.031	0.016	0.016	<0.001	0
TMB	0.020	0.020	0	0	0	0	0
ΣX/B	0.98	0.99	1.00	0.96	0.96	0.75	1.00
p-X/ΣX	0.241	0.244	0.243	0.280	0.280	0.571	0.600
NA/(1-T)	0.014	0.014	0.014	0.035	0.035	0.058	0.010
TMB/(1-T)	0.056	0.055	0	0	0	0	0
C/%	35.3	36.4	29.0	17.3	6.9	5.2	1.0

　　注:NA 为非芳烃；B 为苯；T 为甲苯；X 为二甲苯；o-X 为邻二甲苯；m-X 为间二甲苯；p-X 为对二甲苯；TMB 为三甲苯；C 为转化率。括号中的数值表示样品中 SiO_2 的质量分数，代表 H 型丝光沸石上 SiO_2 的沉积量，由测定沉积前后样品的增重率求得。

CVD 方法能有效调变沸石的孔口尺寸,经这种方法改性后沸石的择形吸附分离和择形催化性能都得到了显著的提高。但是 CVD 方法需要真空装置,投资较大,操作比较复杂,难于工业推广应用。复旦大学高滋等提出了用化学液相沉积方法(CLD)代替 CVD 方法对沸石进行孔径调变[81-86],取得了非常理想的结果,得到了国际的认可和推广应用[87-94]。

CLD 方法调变沸石孔径的原理与 CVD 方法相似,通过溶液中的修饰剂与沸石外表面和孔口的羟基作用,形成 SiO_2 涂层沉积在沸石的外表面和孔口,从而达到调变沸石孔口尺寸的效果。CLD 方法操作简单,具体步骤如下:取一定量经预处理的沸石,按一定的固液比加入非极性的有机试剂(如环己烷)作为溶剂,再加入一定量的修饰剂[如 $Si(OCH_3)_4$、$SiCl_4$ 等],室温下反应一定时间,然后在红外灯下烘干,并逐步升温至 550℃进行焙烧,至样品呈白色,即得到经修饰的沸石样品。SiO_2 沉积量可通过改变加入修饰剂的量来控制。CLD 法的优点在于对各种沸石均适用,不一定局限于氢型沸石,并且不需要特殊设备,反应的条件温和,易于工业上大规模生产。而且 CLD 法是通过改变修饰剂浓度的方法来调变沸石孔径,调变精度高于 CVD 法,可小于 0.05nm。用 CLD 法对沸石进行修饰,由于 SiO_2 沉积层覆盖在沸石外表面和孔口,对沸石总的比表面积、孔容和表面酸性影响不大,因而除了孔口缩小以外,沸石的其他性能几乎不受影响。表 6-17 为 CLD 法改性的 HZSM-5 沸石的表征结果。C. T. O'Conner 等[87,88]对 $Si(OC_2H_5)_4$ 液相沉积后的 HZSM-5 沸石进行了表征,也得到了类似的结果。

表 6-17 CLD 法改性的 HZSM-5 沸石的表征结果

样品	沉积剂	比表面积 /(m²/g)	孔容 /(cm³/g)	NH₃ 脱附量/(mmol/g)		
				I(温度/℃)	II(温度/℃)	I+II
HZSM-5		538	0.206	0.32(244)	0.38(372)	0.70
SiHZSM-5(0.1)*	$Si(OCH_3)_4$	511	0.187	—	—	—
SiHZSM-5(0.2)	$Si(OCH_3)_4$	507	0.182	0.31(243)	0.38(374)	0.69
SiHZSM-5(0.1)	$SiCl_4$	507	0.194	0.31(243)	0.38(374)	0.69
SiHZSM-5(0.2)	$SiCl_4$	497	0.185	0.30(242)	0.37(378)	0.67

* 括号内的数字表示每克沸石用的沉淀剂的量,单位为 mL/g。

经 CLD 法改性的沸石在多种异构体的分离和纯化中表现出极其优异的择形选择性。例如,以 $Si(OCH_3)_4$ 为修饰剂进行孔径调变的 Na-Y 型沸石对甲基萘(methylnaphthalene,MN)和三甲苯异构体分离取得了很好的效果。由于 Na-Y 型沸石本身孔径较大,改性以前对两个甲基萘异构体并无择形作用,1-甲基萘和 2-甲基萘的吸附量相近。但随着孔径逐渐缩小,沸石对 2-甲基萘的吸附选择性迅速上升,在 $Si(OCH_3)_4$ 用量为 0.05mL/g 左右时,沸石样品对 2-甲基萘的吸附量最大,而此时 1-甲基萘的吸附量已很小,2-甲基萘吸附选择性大于 90％,达到了较为理想的分离效果,详见图 6-33[83]。1,2,4-三甲苯(trimethylbenzene,TMB)和 1,3,5-三甲苯混合物的分离结果与此类相似,随着 Si(OCH₃)₄ 用量的增加,Na-Y 型沸石孔径逐渐缩小,沸石对 1,2,4-三甲苯的吸附选择性迅速上升,在 Si(OCH₃)₄ 用量为 0.15mL/g 左右时,沸石对 1,2,4-三甲苯的吸附量变化不大,但对 1,3,5-三甲苯已很少吸附,1,2,4-三甲苯吸附选择性大于 90％,达到了较为理想的分离效果,见图 6-34[83]。比较两个体系可以发现,由于 1,3,5-三甲苯的分子尺寸小于 1-甲基萘,因而分离三甲苯混合物时,需要使用更多的修饰剂,也就是沸石的孔径要修饰得更小才能实现较理想的分离效果。

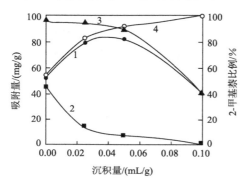
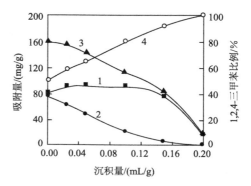

图 6-33　Si-Na-Y 型沸石上 1-MN/2-MN 的择形吸附

1. 2-MN;2. 1-MN;3. ΣMN;4. 2-MN/Σ

图 6-34　Si-Na-Y 型沸石上 1,2,4-TMB/ 1,3,5-TMB 的择形吸附。

1. 1,2,4-TMB;2. 1,3,5-TMB;3. ΣTMB;
4. 1,2,4-TMB/Σ

考虑到 Si(OCH₃)₄ 的价格较高,国内尚无工业产品,复旦大学高滋等还提出了用一系列易水解的卤化物(如 SiCl₄)代替硅酯作为修饰剂[81],取得了更好的孔径调变效果。由于 SiCl₄ 与沸石表面羟基和吸附水的反应活性比 Si(OCH₃)₄ 更高,使沸石孔径调变的范围增加,修饰剂用量减少,成本大大下降。表 6-18 为 SiCl₄ 改性的 HZSM-5 沸石对于多种二取代苯异构体混合物如间二甲苯/对二甲苯、邻二氯苯/对二氯苯和间甲酚/对甲酚等的分离效果[82]。从表中的结果可以看到,增加修饰剂用量,沸石表面和孔口沉积的 SiO₂ 量增加,沸石孔径缩小,分子尺寸较大的间位或邻位异构体吸附量随之迅速下降,而分子尺寸较小的对位异构体吸附量变化不大,因而对位异构体的吸附选择性显著提高。仔细比较三类体系可以看到,它们对沸石孔径调变的要求是不同的。随着修饰剂用量增加,分子尺寸最大的间二甲苯的吸附首先受到抑制,对二甲苯吸附选择性达到 100％时 SiCl₄ 的用量仅为 0.05mL/g。其次是邻二氯苯,对二氯苯吸附选择性达到 100％时 SiCl₄ 的用量为 0.10mL/g,说明由于邻二氯苯分子尺寸比间二甲苯小,沸石孔口需要沉积

更多的 SiO_2，使沸石孔径变得更小，才能将邻二氯苯排斥在外。而要使间甲酚的吸附受到完全抑制，$SiCl_4$ 的用量必须增加到 $0.15mL/g$。以上的实验结果说明了用 CLD 方法可以非常精细地控制沸石的孔径，从而分离分子尺寸差别小于 $0.05nm$ 的异构体混合物。在复旦大学高滋等工作的基础上，C. S. Tan 等[89]在高压吸附分离装置中装入经 $SiCl_4$ 改性的 HZSM-5 吸附剂，以丙烷为载气和脱附气对间甲酚和对甲酚等量的混合物进行了分离，得到了纯度高于 98% 的间甲酚和对甲酚，而原料的回收率达到了 100%。

表 6-18　CLD 法修饰的 HZSM-5 沸石对不同异构体混合物的分离性能

样品	吸附量/%											
	p-X	m-X	ΣX	p-X /ΣX	p-DCB	o-DCB	ΣDCB	p-DCB /ΣDCB	p-C	m-C	ΣC	p-C/ ΣC
HZSM-5	7.55	1.20	8.75	86	5.70	1.60	7.30	78	4.16	4.50	8.66	48
SiHZ(0.025)*	7.03	0.91	7.94	89	6.09	1.42	7.51	81	4.53	4.14	8.67	52
SiHZ(0.050)	6.68	0	6.68	100	6.38	0.96	7.34	87	5.67	2.73	8.40	67
SiHZ(0.075)	6.16	0	6.16	100	6.97	0.53	7.50	93	4.68	1.46	6.14	76
SiHZ(0.100)					5.82	0	5.82	100	4.68	0.95	5.63	83
SiHZ(0.150)									4.25	0	4.25	100

* 括号内为 $SiCl_4$ 用量(mL/g 沸石)；X 为二甲苯；DCB 为二氯苯；C 为甲酚。

CLD 法改性的沸石在提高催化反应的择形选择性方面也十分有效。复旦大学高滋等曾利用该方法对 HZSM-5 沸石进行孔径调变来提高它在甲苯歧化反应中的对位选择性，结果见表 6-19[86]。可以看到，随着 SiO_2 沉积量的增加，沸石的孔径逐渐变小，甲苯转化率略有下降，但 p-X/ΣX 却由 0.28 增加 0.41，即对位选择性增加了 46%，p-X 浓度超过了热力学平衡值。

表 6-19　Si-HZSM-5 沸石对甲苯歧化反应的数据

催化剂	转化率 /%	产物分布						
		NA	B	T	p-X	m-X	o-X	p-X/ΣX
HZSM-5	12.4	0.51	5.18	87.6	1.98	3.53	1.58	0.28
SiHZ(0.05)*	12.1	0.20	5.27	87.9	1.96	3.34	1.19	0.30
SiHZ(0.075)	12.5	0.00	5.47	87.5	2.28	3.37	1.34	0.33
SiHZ(0.10)	11.3	0.00	5.11	88.7	2.47	2.80	0.92	0.40
SiHZ(0.20)	10.6	0.00	4.94	89.4	2.25	2.74	0.71	0.40
SiHZ(0.5)	10.3	0.00	4.65	89.7	2.34	2.86	0.75	0.41

* 括号内为 $SiCl_4$ 用量(mL/g 沸石)；NA 为非芳烃；B 为苯；T 为甲苯；X 为二甲苯。

最近，J. Weitkamp 等[94]将 CLD 法改性的 HZSM-5 沸石催化剂用于由甲基环己烷加氢转化获取高质量的水蒸气裂解炉原料,即 C^{2+} 正构烷烃。他们采用的修饰剂为 $Si(OC_2H_5)_4$(TEOS),溶剂为正庚烷,制备步骤与我们相似,所得的反应结果见表 6-20。

表 6-20　CLD 改性的 HZSM-5 沸石催化剂上甲基环己烷加氢转化反应产物分布(400℃)

催化剂	HZSM-5(4.8)[a]	HZSM-5(6.8)[a]	TEOS(25)[b]/ HZSM-5(4.7)[a]	TEOS(70)[b]/ HZSM-5(4.8)[a]	TEOS(70)[b]/ HZSM-5(6.5)[a]
MCH 转化率/%	100	100	99.3	99.7	100
CH_4/%	2.6	3.2	5.0	5.2	6.6
C_2H_6/%	14.3	13.9	20.0	20.0	25.7
C_3H_8/%	50.3	50.4	51.2	52.1	51.2
C_4H_{10}/%	11.4	12.0	7.8	7.5	5.7
C^{2+} 正构烷烃/%	76.8	77.0	79.4	80.0	82.7
异构烷烃/%	18.8	19.7	14.4	14.2	10.7
环烷烃/%	0.1	0.02	0.1	0.1	0
芳烃/%	1.7	0.02	0.4	0.2	0

a. 括号内为沸石的 $n_{Al}/(n_{Al}+n_{Si})$;b. 括号内为 TEOS 与沸石的反应温度(℃);MCH 为甲基环己烷。

由表可知,随着沉积反应温度升高,SiO_2 沉积量增加,甲基环己烷转化率变化不大,但 C^{2+} 正构烷烃的产量明显增加,异构烷烃产量明显下降。由于正构烷烃在水蒸气裂解时能产生乙烯和丙烯,而异构烷烃主要产生甲烷,因此用 CLD 法对 HZSM-5 催化剂改性对提高烯烃产量是十分有利的。这种新工艺被建议用于将汽油中多余的芳烃通过加氢和氢解转变成水蒸气裂解炉的原料,增产市场上紧缺的烯烃原料。

$SiCl_4$ 液相沉积的 HZSM-5 催化剂还被成功地用于由甲苯和异丙醇合成对异丙基甲苯[91,93],后者是生产农药、杀菌剂、香精等化工产品的重要中间体。经改性以后催化剂的对位选择性提高了 20%,在 270℃,17.23MPa,WHSV 6.5g/(g·h),甲苯/异丙醇比例为 11 的条件下,对异丙基甲苯的选择性和产率分别达到了 94% 和 84%。

另外,用 $SiCl_4$ 液相沉积调变镁碱沸石孔径还可以提高 1-丁烯骨架异构化产生异丁烯反应的选择性,因为沸石孔径缩小以后,限制了碳八烯烃中间体的生成。在适宜的反应条件下异丁烯选择性可以由 48.8% 提高到 82.5%[90]。

由上述许多例子看到,通过沸石的孔道和表面修饰可以有效地提高吸附剂和催化剂的择形选择性,从而解决许多实际问题。尤其是 CLD 方法的发现,克服了 CVD 方法的缺点,解决了工业放大中的一系列障碍,其应用前景将是十分乐观的。

2005 年上海石油化工研究院研制开发的 SD-01 甲苯选择性歧化合成对二甲苯工业催化剂就是一个非常成功的例子[95,96]。用聚硅氧烷液相沉积调变孔径的

ZSM-5 沸石制造的 SD-01 催化剂,在中石化天津分公司工业生产装置上应用,取得了优异的成绩。以纯甲苯为原料,在 WHSV 为 $4.1h^{-1}$ 下,甲苯平均转化率为 30.7%,二甲苯对位选择性达到 93.0%,苯/二甲苯摩尔比为 1.38。催化剂运行稳定,预期使用寿命可达四年。

最近,Y. T. Chang 等[97]又将经 TEOS 液相沉积调变孔径的 ZSM-5 和 Ga-ZSM-5 沸石用于木质纤维生物质制造 BTX 芳烃。在这类催化剂上进行催化快速热裂解(CFP),生物质中的纤维素和半纤维素变成呋喃类化合物如呋喃、2-甲基呋喃、糠醛等,这些化合物在沸石孔中经过一系列酸催化反应,可变成芳烃、烯烃、CO、CO_2、水和焦炭。他们以 2-甲基呋喃和丙烯(1∶1)为原料,模拟生物质的 CFP 反应,发现经 CLD 孔径调变的 ZSM-5 沸石,可使产物中二甲苯对位选择性由 32% 提高到 92%,而经孔径调变的 Ga-ZSM-5 沸石则可由 58% 提高到 96%,为生物质利用开辟了一条很有吸引力的新途径。

参 考 文 献

[1] a. 达志坚. 分子筛通讯,1995,1:5.

　　b. He J, Yang X, Evans D G, et al. Mater Chem Phys,2002,77:270-275.

[2] Corma A, Fornes V, Navarro M T, et al. J Catal,1994,148:569.

[3] Pachtova' O, Kocirik M, Zikanova' A, et al. Microporous Mesoporous Mater, 2002, 55:285-296.

[4] Keene M T J, Denoyel R, Llewellyn P L. Chem Commun, 1998:2203-2204.

[5] Mehn D, Kukovecz A, Kiricsi I, et al. Stud Surf Sci Catal, 2001, 135:215.

[6] Kresnawahjuesa O, Olson D H, Gorte R J, et al. Microporous Mesoporous Mater, 2002, 51:175-188.

[7] Whitehurst D D. US Patent No. 5143879. 1992.

[8] Jones C W, Tsuji K, Davis M E. Nature, 1998, 393:52.

[9] Takawaki T, Beck L W, Davis M E. Top Catal, 1999, 9:35-42.

[10] Jones C W, Tsuji K, Takewaki T, et al. Microporous Mesoporous Mater, 2001, 48:57-64.

[11] Tsuji K, Jones C W, Davis M E. Microporous Mesoporous Mater, 1999, 29:339-349.

[12] Dongnier F, Guth J L. Microporous Mater, 1996, 6:79-88.

[13] Lee H, Zones S I, Davis M E. J Phys Chem B, 2005, 109:2187-2191.

[14] Szostak R. Stud Surf Sci Catal, 2001, 137:261-297.

[15] Bremer H, Morke W, Schodel R, et al. Adv Chem Series, 1973, 121:249-257.

[16] Breck D W. Zeolite Molecular Sieves. New York: John Wiley & Sons, 1974:529-592.

[17] 中国科学院大连化学物理所分子筛组. 沸石分子筛. 北京:科学出版社, 1978.

[18] Sherry H S. J Colloid Interface Sci, 1968, 28:288.

[19] 徐如人, 俞国桢, 陆玉琴, 等. 高等学校化学学报, 1980, 1(1):1-8.

[20] 徐如人, 陆玉琴, 马淑杰, 等. 高等学校化学学报, 1980, 1(2):39-47.

[21] Guisnet M, Gilson J P. Zeolites for Cleaner Technologies. London: Imperial College Press, 2002.

[22] Wright P A. Microporous Framework Solids. London: RSC Publishing, 2008:242.

[23] Beyer H K, Karge H G, Borbely G. Zeolites, 1988, 8:79.

[24] Scherzer J. Catal Mater, ACS Symposium Series, 1984, 248:157-200.

[25] Rabo J A. Zeolite Chemistry and Catalysis. Washington DC: American Chemical Society, 1974:285.

[26] Engelhardt U, Lohse U, Patzelova V, et al. Zeolites, 1983, 3: 239.

[27] a. Kerr G T, Shipman G F. J Phys Chem, 1968, 72: 3071-3072.

b. Kerr G T. J Phys Chem, 1968, 72: 2594-2596.

[28] Olson D, Bisio A. Proceedings of the 6th International Conference on Zeolites. Guildford: Butterworths, 1984: 87-96.

[29] He Y G, Li C Y, Min E Z. Stud Surf Sci Catal, 1989, 49: 189-197.

[30] 闵恩泽. 工业催化剂的研制与开发. 北京:中国石化出版社,1997, 88; 1997, 253-254.

[31] Beyer H K, Belurykaya I M, Hange F. J Chem Soc Faraday Trans, 1985: 2889-2901.

[32] Gola A, Relhours B, Milazzo E, et al. Microporous Mesoporous Mater, 2000, 40: 73-83.

[33] Jones C W, Hwang S J, Okubo T, et al. Chem Mater, 2001, 13: 1041-1050.

[34] Čejka J, Corma A, Zones S I. Zeolites and Catalysis I. Weinheim: Wiley-VCH, 2010: 162-166.

[35] Sulikwski B, Rakoczy J, Hamdan H, et al. J Chem Soc Chem Commun, 1987: 1542-1543.

[36] Čejka J, Corma A, Zones S I. Zeolites and Catalysis I. Weinheim: Wiley-VCH, 2010: 158-162.

[37] Murakami Y, Iijima A, Ward J W. New Developments in Zeolite Science and Technology, Proceedings of the 7th International Zeolite Conference. Amsterdam: Elsevier, 1986:103-112.

[38] 庞文琴, 裘式纶, 周凤歧. 杂原子分子筛合成的研究进展. 吉林大学自然科学学报（特刊）, 1992: 78.

[39] Barrer R M. Hydrothermol Chemistry of Zeolites. New York: Academic Press, 1982: 251-305.

[40] Liu X S, Thomas J M. J Chem Soc Chem Commun, 1985: 1544-1545.

[41] Liu X S. Gallosilicate Zeolites. London: University of Cambridge Ph D Thesis, 1986.

[42] Dwyer J, Karim K. J Chem Soc Chem Commun, 1991: 905-906.

[43] Liu X S, Xu R R. J Chem Soc Chem Commun, 1989: 1837.

[44] Karim K, Dwyer J, David J R, et al. J Mater Chem, 1992, 2: 1161-1166.

[45] Rigutto S, de Ruiter R, Niederer J P M. Stud Surf Sci Catal, 1994, 84: 2245-2252.

[46] Treacy M M J, Marcus B K, Bisher M E, et al. Proceedings of the 12th International Zeolite Conference. Warrendale: Materials Research Society, 1999: 1893-1900.

[47] Yashima T, Yamagishi K, Namba S. Stud Surf Sci Catal, 1991, 60: 171.

[48] Xu H, Zhang Y T, Wu H H, et al. J Catal, 2011, 25: 263-272.

[49] Guan X, Zhang F, Wu G, et al. Mater Lett, 2006, 60: 3141-3144.

[50] Xia Y, Mokaya R. J Mater Chem, 2004, 14: 2507-2515.

[51] Agarwal V, Huber G W, Conner W C, et al. J Catal, 2010, 207: 249-255.

[52] Zhang C, Liu Q, Xu Z. J Non-Cryst Solids, 2005, 351: 1377-1382.

[53] Shen W, Tompsett G A, Hammond K D, et al. Appl Catal A: Gen, 2011, 392: 57-68.

[54] 关乃佳,武光军,李兰冬. 含骨架氮/碳杂原子分子筛//于吉红, 闫文付. 纳米孔材料化学. 北京:科学出版社, 2013.

[55] Guan X, Li N, Wu G, et al. J Mol Catal A: Chem, 2006, 248: 220-225.

[56] Li H, Lei Q, Zhang X, et al. Chem Cat Chem, 2010, 2: 1-3.

[57] Li H, Lei Q, Zhang X, et al. Microporous Mesoporous Mater, 2012, 147: 110-116.

[58] Weisz P B, Frilette V J. J Phys Chem, 1960, 64:382.

[59] 徐如人，庞文琴，屠昆岗，等. 沸石分子筛的结构与合成. 长春:吉林大学出版社, 1987: 5.

[60] Breck D W, Eversole W G, Milton R M, et al. J Am Chem Soc, 1956, 78: 5963.

[61] Iwamoto M, Yamaguchi K, Akutagawa Y, et al. J Phys Chem, 1984, 88: 4195.

[62] Yashima T, Sakaguchi Y, Namba S. Selective formation of p-xylene by alkylation of toluene with methanol on ZSM-5 type zeolites//Seiyama T, Tanabe K. New Horizons in Catalysis—Proceedings of the 7th International

Congress on Catalysis. Amsterdam: Elsevier Scientific Publishing Company, 1981: 739-751.

[63] Kaeding W W, Chu C, Young L B, et al. J Catal, 1981, 67: 159.

[64] Namba S, Kanai Y, Shoji H, et al. Zeolites, 1984, 4:77.

[65] Barrer R M, Vansant E F, Peeters G. J Chem Soc, Faraday Trans I, 1978, 74: 1871.

[66] Thijs A, Peeters G, Vansant E F, et al. J Chem Soc, Faraday Trans I, 1983, 79: 2835.

[67] Thijs A, Peeters G, Vansant E F, et al. J Chem Soc, Faraday Trans I, 1983, 79: 2821.

[68] Thijs A, Peeters G, Vansant E F, et al. J Chem Soc, Faraday Trans I, 1983, 82: 963.

[69] Philippaerts J, Vansant E F. Surf Interface, 1987, 2:271.

[70] Yan Y, Verbiest J, Hulsters De P, et al. J Chem Soc, Faraday Trans I, 1989, 85: 3087.

[71] Yan Y, Verbiest J, Hulsters De P, et al. J Chem Soc, Faraday Trans I, 1989, 85: 3095.

[72] Niwa M, Itoh H, Koto S, et al. Chem Commun, 1982: 819.

[73] Ertl G. Proceedings of the 8th International Congress on Catalysis. Weinheim: Verlag Chemie, 1984, 4: 471.

[74] Niwa M, Kato S, Hattori T, et al. J Chem Soc, Faraday Trans I, 1984, 80: 3135.

[75] Niwa M, Kawashima K, Murakami Y. J Chem Soc, Faraday Trans I, 1985, 81: 2757.

[76] Niwa M, Kato S, Hattor T, et al. J Phys Chem, 1986, 90: 6233.

[77] Niwa M, Murakami Y. Mater Chem, Phy, 1987, 17: 73.

[78] Niwa M, Murakami Y. J Phys Chem Solids, 1989, 50: 487.

[79] Yue Y H, Tang Y, Gao Z. Acta Chimica Sinica, 1996, 54: 248.

[80] Tang Y, Lu L, Gao Z. Acta Phys -Chim Sin, 1994, 10: 514.

[81] Gao Z, Yue Y H, Tang Y. Chinese Patent No. 951115200. 1966.

[82] Yue Y H, Tang Y, Liu Y, et al. Ind Eng Chem Res, 1996, 35: 430.

[83] Yue Y H, Tang Y Kan Y Z, et al. Acta Chimica Sinica, 1996, 54: 591.

[84] Yue Y H, Tang Y, Gao Z, et al. Stud Surf Sci Catal, 1997, 105: 2059.

[85] Yue Y H, Tang Y, Gao Z. Acta Petrolei Sinica (Petroleum Processing Section), 1997, 13: 30.

[86] Xu Q, Yue Y H, Gao Z. Chinese J Catal, 1998, 19: 349.

[87] Weber R W, Moller K P, Unger M, et al. Microporous Mesoporous Mater, 1998, 23: 179.

[88] Weber R W, Moller K P, O'Conner C T. Microporous Mesoporous Mater, 2000, 35: 533.

[89] Lee K R, Tan C S. Ind Eng Chem Res, 2000, 39: 1035.

[90] Canizares P, Carrers A, Sanchez P. Appl Catal A: Gen, 2000: 19093.

[91] Kuo T W, Tan C S. Ind Eng Chem Res, 2001, 40: 4724.

[92] Zheng S R, Heydenrych H R, Jentys A, et al. J Phys Chem B, 2002, 106: 9552.

[93] Chiang T C, Chan J C, Tan C S. Ind Eng Chem Res, 2003, 42: 13345.

[94] Berger C, Raichle A, Rakoczy R A, et al. Microporous Mesoporous Mater, 2003, 59: 1.

[95] 朱志荣,谢在库,陈庆龄,等. 分子筛催化与纳米技术——分子筛协作组 2006 年学术年会论文集.

[96] 于深波. 天津化工,2006,20(6):34-36.

[97] Chang Y T, Wang Z P, Gilbert C T, et al. Angew Chem Int Ed, 2012, 51: 11097-11100.

第7章 无机微孔晶体材料的结构设计与定向合成

7.1 引 言

化学最重要的任务是创造新物质。到目前为止,化学家已创造出近 9000 万种化合物。然而,合成与制备的手段主要是基于反复试验的实验基础上。随着科学及经济和社会发展对新物质不断增长的需求,发展原子经济、高效、高选择性、定向的合成途径,开拓以功能为导向创造新物质的途径,已经成为化学发展的必然趋势。

分子工程学有别于传统化学的显著特点是"逆向而行"[1],即以功能为导向,进行结构的设计和研制,重视构件的形成及组装规律,借助计算机辅助的合成设计,逐步实现对指定性能化合物及材料的定向合成、制备与组装。分子工程学贯穿着功能-结构的构效规律,结构设计的理论方法以及结构的定向构筑这三个主要方面的内容。如何进一步发现与完善功能材料的性能-结构-合成的规律与原理,实现功能材料的定向设计与构筑,这是化学家面临的一项重要任务。

功能无机晶体材料的定向设计与合成是无机合成化学和材料科学领域中一项重要的前沿课题。然而,由于无机晶体材料的形成机理尚不明确,实现其定向设计与合成一直是国际公认的极具挑战性难题。以分子筛为代表的无机微孔晶体材料是一类重要的无机功能材料,它们作为催化材料、吸附分离材料和离子交换材料在石油工业、精细化工及日用化工中具有广泛的应用[2-10]。自 1940 年人工合成第一个沸石分子筛以来,在半个多世纪实践经验的基础上,人们对其造孔合成规律与晶化机理等已经进行了比较系统的探索。此外,在广泛应用研究的基础上,对相关的性能-结构间的关系及规律已有一定深度的认识。目前国内外已有一些研究组在致力于无机微孔晶体材料的定向设计合成研究,特别是在利用计算机辅助设计合成方面取得了重要的研究成果[11-13]。

本章将重点介绍国内外研究组在无机微孔晶体材料的结构设计与定向合成方面所建立和发展的一些重要的理论方法和实现途径。

7.2 无机微孔晶体结构设计的理论方法

实现无机微孔晶体材料定向合成的重要前提是能够依据功能的需求定向地设

计构筑理想的孔道结构。因此,开发晶体结构的设计方法成为人们十分关注的课题,特别是近年来,利用计算机模拟技术设计晶体结构的研究迅速发展。以往有许多关于产生分子筛结构的理论方法,例如 1988 年,J. V. Smith 建立了一套分子筛结构设计的数学理论,并将一些结构单元成功地组装到微孔骨架结构中[14];J. Maddox 等结合第一性原理和分子动力学产生了一系列晶体结构[15];1989 年,D. E. Akporiaye 和 G. D. Price 基于对已知分子筛结构中的二维三连接网层组分单元的分析,提出了系统枚举分子筛骨架结构的方法[16];M. W. Deem 和 J. M. Newsam 利用模拟退火方法预测了四连接的分子筛骨架结构[17];1999 年,J . Klinowski 和 O. D. Friedrichs 等采用数学上的拼贴模式(tiling)理论,系统地枚举了一系列网络结构[18];2000 年,C. M. Draznieks 等开发了基于次级结构单元组装分子筛骨架的设计方法(AASBU);2003 年,于吉红、徐如人等开发了一种限定禁区原子自组装设计产生具有特定孔道结构的分子筛的方法[19];2004 年,S. M. Woodley 等开发了一种基于遗传算法(GA)并结合限定孔道排斥区进行结构设计的方法[20, 21]。此外,M. D. Foster 和 M. M. J. Treacy 采用对称性限制下的连接点搜索(SCIBS)方法,构筑了上百万种四连接的分子筛理论假想结构,并建立了结构数据库[22]。目前,科研工作者已经预测出几百万种分子筛结构,并且对判断假想结构的化学合理性也作了大量的研究。例如,1989 年 D. E. Akporiaye 和 G. D. Price 提出了通过骨架能量与骨架密度的线性关系来判断分子筛结构的合理性[23];2006 年,M. F. Thorpe 等发现在不改变分子筛结构中四面体构型的前提下,一些分子筛的骨架在理论上可以进行一定程度的收缩或膨胀,并将这种收缩膨胀时的骨架密度差称为柔性区间,通过柔性区间存在与否来判断结构是否合理[24];2013 年,于吉红等提出了通过局域原子间距(LID)判断分子筛结构合理性的一个普适性规则[25]。

下面将介绍上述的一些结构设计的理论方法以及判断分子筛结构合理性的规则。

7.2.1　模拟退火原子组装法

分子筛的骨架由四连接的 TO_4 四面体构成。M. W. Deem 和 J. M. Newsam 运用蒙特卡罗(Monte Carlo)模拟退火方法,根据一个含有 T—T 距离,T—T—T 键角和 T 原子的第一层邻近数的势能函数,优化设定晶胞中起始的任意 T 原子的构象[26]。利用这种方法不仅可以有助于测定已知四连接骨架的晶体结构,还可以预测假想的未知结构。

这里以 $P6/mmm$ 空间群为例,说明这种结构设计方法。晶胞参数设为 $a=18.4\text{Å}$, $c=7.5\text{Å}$。模拟方法如下:

(1) 定义一个给定 T 原子构象的总能量,它基于①T—T 距离;②T—T—T

键角;③T 原子第一层邻近数 N_1;④重复起始 T 原子的对称操作数(图 7-1)。图中能量作为 T—T 距离和 T—T—T 键角的函数是由一系列已知的典型分子筛结构中的数据衍生。四种限制类型相对适当的权重是根据大量的反复试验而获得。

(2) 基于一个初始、任意的 T 原子构象,采用蒙特卡罗模拟退火法,优化独立 T 原子的配位数,使计算的总能量最小化。在退火过程中,低能量的四连接的构象被存储(通过每一次循环可以产生 2~20 个构象)。

(3) 用沿结晶学三个主轴方向的投影图展示储存构象的整个晶胞内容。进一步在邻近的 T 原子间添加桥氧,并用动态光散射技术(DLS)进行结构修正。

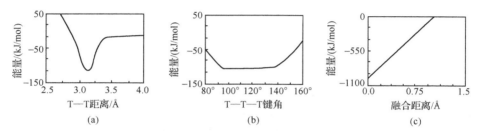

(a)　　　　　　　　(b)　　　　　　　　(c)

图 7-1　模拟过程中能量作为(a) T—T 距离的函数、(b) T—T—T 键角的函数,以及(c)能量与融合距离的关系。融合的条件是两个对称性相关的原子的距离小于限定的最小距离。配位项对能量总和的贡献通常设为 1000.0, 800.0, 600.0, 300.0, 0.0, 300.0, 600.0,它们分别对应于限定在第一临层半径(3.7Å)内的 0, 1, 2, 3, 4, 5, 6 个 T 原子

图 7-2 中给出了具有 $P6mm$ 对称性(12 个对称操作),$a=18.4$Å 的平面晶胞中,$n_{独立}=2$,$n_T=24$ 和 $n_{独立}=2$,$n_T=18$ 的模拟结果,并与 LTL 中 T 原子构象的投影相比较。$n_{独立}=2$,$n_T=24$ 时产生了 ltl 网层[图 7-2(b)],tsv 网层[图 7-2(d)]和

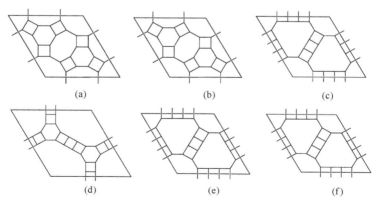

(a)　　　　　　　　(b)　　　　　　　　(c)

(d)　　　　　　　　(e)　　　　　　　　(f)

图 7-2　(a) 分子筛 L 中 T 原子构型的投影图;(b)~(f) 基于六方平面晶胞 $P6mm$ 的二维模拟结果($a=18.4$Å)[27]

twy[图 7-2(e)]网层,它们分别对应于 Smith[27] 提出的 313 号[28],81(2)号[29] 和
318 号[28] 三维四连接骨架的投影。$n_{独立}=2, n_T=18$ 时,产生了 eoo[27] 网层[图 7-2
(f),81(1)号或 520 号[30] 骨架的投影]和 tfn[27] 网层[图 7-2(c)]。

　　对于完整的三维连接情况,它涉及大量的独立变量。已调整到收敛的退火参
数包括连续冷却阶段的温度增量和蒙特卡罗微动阶段最大的 T 原子位移对应于
温度的依从关系。设定空间群为 $P6/mmm$(24 个对称操作),$a=18.4$Å,$c=7.5$Å,
$n_{独立}=2, n_T=36$,10 次循环可以产生出 LTL 骨架[31][图 7-3(a)]和几个假想结构,
包括 Ω 分子筛[31] 的最初设想结构[图 7-3(c)],对应于 313 号[图 7-3(b)],318 号
[图 7-3(d)]和 315 号[图 7-3(e)]的骨架结构,$(4^3 6^3)_1 (4^3 6^3)_2$ 的相关骨架结构
[图 7-3(f)]和两个层状结构[图 7-3(g),$n_T=48$,和图 7-3(h)],这些拓扑结构分别
对应于前面的二维投影网层[图 7-3(a),(c),(g)对应于图 7-2(b),图 7-3(b)对应
于图 7-2(f),图 7-3(d)和(f)对应于图 7-2(d),图 7-3(e)和(h)对应于图 7-2(e)]。

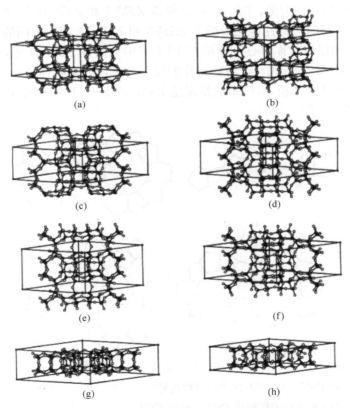

图 7-3　在六方晶胞 $P6/mmm$ 中产生的三维结构 ($a=18.4$Å, $c=7.5$Å, $n_{独立}=2, n_T=36$)。
这些结构是加入桥氧原子,再用 DLS 优化后的结构[31]

用这种基于原子组装的模拟退火方法,可以预测出已知的骨架结构和未知的理论结构。通常情况下,$n_{独立} \leqslant 6$。

7.2.2　以二维网层组装三维骨架结构

分子筛的三维骨架可以用简单的二维三连接平面网层来描述,网层间按照一定的关系进行堆积就形成了分子筛的骨架结构。D. E. Akporiaye 等基于对已知分子筛骨架中层状组分结构单元的分析,提出了系统枚举分子筛骨架结构的方法[16]。这种方法使用简单的结晶学操作顺序来描述重复的层状组分结构单元,从而可以系统地描述已知分子筛结构,并枚举理论结构。

7.2.2.1　层状结构单元

从 ZSM-5[31] 和 ZSM-11[31] 的结构中可以看出,变化层状结构单元的排列方式能产生出不同的结构类型。图 7-4(a)是构筑 ZSM-5 和 ZSM-11 的基本层状结构单元。两种不同的对称性转化形成了 ZSM-5 和 ZSM-11 两种不同的结构。对于 ZSM-5,邻近的层以对称中心(Ⅰ)相关[图 7-4(b)],而在 ZSM-11 中,相邻的层以镜面(M)相关[图 7-4(c)]。这两种操作的复合又可以产生其他结构。在这里,可以存在无限数目的堆积,最简单的情况是 ZSM-5/ZSM-11 中间相,它具有交替的对称中心和镜面[图 7-4(d)]。

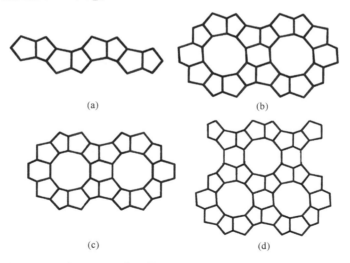

(a)　　　　　　　　　　(b)

(c)　　　　　　　　　　(d)

图 7-4　(a) ZSM-5 和 ZSM-11 中的结构重复层;(b) 用对称中心操作构筑 ZSM-5;
　　　　(c) 用镜面操作构筑 ZSM-11;(d) ZSM-5/ZSM-11 的中间相[31]

J. V. Smith 对构筑分子筛骨架结构的二维三连接网层作了详细的描述[32],三维骨架可以通过键连相邻网层上的第四个结点而形成。在这种途径中,层间的键连可以自动地根据堆积操作来限定,层间键的形成在 Si—O—Si 键允许的范围内。

7.2.2.2　操作

构筑分子筛骨架的层间的基本操作主要包括以下四种。

(1) 平移(T):它描述了沿堆积方向层的垂直平移。如 θ-1 就是通过这种方式的层间操作构筑,图 7-5 中显示了用平移 T 操作 θ-1 的构筑。

(2) 镜面(M):前面提到的 ZSM-11 的构筑就是采用此对称操作。

(3) 镜面(M_o):它定义了另一种镜面操作,镜面通过层上的一些结点,从而将两个层合并起来。如图 7-6 所示,FER 的构筑就是采用这种操作顺序。与其他操作所构筑的骨架结构相比,这种操作构筑的骨架有较少的 T 原子。

(4) 铸型(M_z):这种操作不同于前面所述的操作,它并不是一个对称转化。顾名思义,上一层沿下被浇铸产生出下一层,这种情况可以用 ZSM-5 做例证。图 7-7 中给出了一个单层被用来产生"双层"结构单元的方式。用这种层以复合的

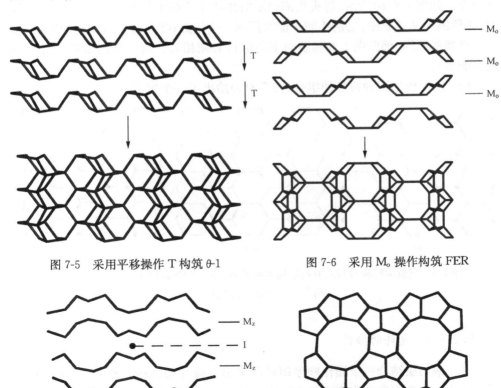

图 7-5　采用平移操作 T 构筑 θ-1　　　　图 7-6　采用 M_o 操作构筑 FER

图 7-7　采用 $M_z I M_z I$ 操作顺序构筑 ZSM-5

M$_z$IM$_z$I 操作顺序,即可产生 ZSM-5 的结构。

上述四种操作是已知分子筛结构中最常见的。当然,其他操作如滑移或旋转也是可能的。

7.2.2.3　层构象

这种设计方法的重要前提是指定组分层的构象。一种编码系统被用来定义二维三连接层的三维构象。这一符号与 J. V. Smith 等使用的相关,但它用来描述层的构象而不是层间的成键。符号 U、D 和←代表层上的结点并决定层的扭曲。若层上所有结点均以这种方式来归属,则被认为是"完全编码"的。用一六方网层可以很好地说明这些归属。如图 7-8 所示,三种编码符号分为三组:(1)U,D;(2)←;(3)U,D,←。

(1) 该组使用符号 U 和 D。U 代表向上,D 代表向下。因此,对于每一种层,都可以考虑这些符号的排列。如图 7-8(a)是其中的一种。

(2) 该组使用箭头"←"定义网层上对角线的"梯阶"。尾部和头部指连接的相邻结点。如图 7-8(b)所示,箭头头部表示对角线梯阶朝上的方向。采用这种符号时,必须满足两条规则:①箭头间不能共用同一个结点;②在每个封闭环的回路中,由于奇偶的原因,梯阶向上和梯阶向下的数目必须相等。这一规则限制了可允许组合的数目。

(3) 该组使用三种符号的组合,图 7-8(c)给出了一个例子。

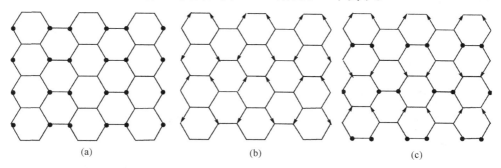

图 7-8　三组编码符号与六方网层构象的关系:(a)(1)组;(b)(2)组;(c)(3)组。
实圈＝U,未标记的结点＝D

7.2.2.4　允许的操作

每一编码层结合一个操作顺序即可产生出三维骨架结构。然而,特定编码层所允许的操作类型和操作顺序是有所限制的。这是由于相邻的层间需要取得有效的键连和合适的配位。例如,属于第一编码组的层可以采用镜面(M)操作产生出可行的结构,然而采用 T 操作,则不能产生出合理的结构。表 7-1 中列出了对应于三个编码组所允许的操作组合。

表 7-1　三重操作顺序所允许的操作组合

编码组符号	第一操作	第二操作	第三操作

尽管对编码排列的操作有所限制,对于某一网层仍会产生无数个结构,通过限定网层,描述网层的编码以及操作顺序即可产生一个独特的结构。

7.2.2.5　枚举结构

这里用 FER[31]的构筑网层来说明这种途径的有效性。

(1)组:通过应用所有可能的 U 和 D 符号的排列,可以产生 24! 编码组。为了减少层的数目,这里限定了相等数目的 U 和 D 符号,这些层具有高对称性编码排列。图 7-9 中显示了用这种方式给出的 FER 层的五种排列方式。

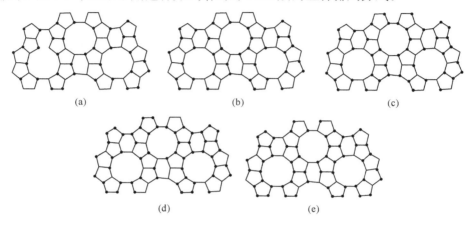

(a)　　　　　　　　　　　　　(b)　　　　　　　　　　　　　(c)

(d)　　　　　　　　　　　　　(e)

图 7-9　对于 FER 层基于(1)组方式产生的五种高对称性编码排列方式。
实圈＝U,未标记的结点＝D

(2)组:由于这一组编码排列的限制,对于 FER 层,只有两套编码系统,如图 7-10(a)和图 7-10(b)所示。星号表示连接的一对结点可以用箭头表示(没有标明方向)。根据两套系数,可以由箭头的相对取向限定大量的网层,对于平移操作 T,只可以分离出两种不同的骨架,如图 7-10(c)和图 7-10(d)所示:一种是 θ-1 分子筛的排列;一种是其相关结构。对于 M_o 操作,可以分离出三种不同的骨架;如图 7-10(e)～图 7-10(g)所示:一种排列结构是 FER[图 7-10(f)],其他两种是其相关的结构。另外,还可以应用 M 操作及 MM_o 和 MT 的组合操作。

(3)组:如图 7-11 所示,一系列编码排列可以被指定。第一种层[图 7-11(a)]可以产生出 ZSM-5 和 ZSM-11,另两种层[图 7-11(b)和图 7-11(c)]可以产生其他结构。这三种层通过 M_z 操作顺序,可以产生出一系列不同的结构。对于[图 7-11(d)～图 7-11(f)]所示的三种层,只允许 M_z 操作。这三种层是图 7-11(a)中的 ZSM-5/ZSM-11 编码排列的派生,其中一些 D 结点被 U 取代。

从上述结果可以看出,相关的结构可以由同一网层结构衍生,相关的结构可以用同一操作顺序衍生,或相关的结构可以用同一编码组衍生。

在三个编码组中,(2)组被发现可以产生出最多量的骨架结构,(1)组可以产生大量的编码排列,但它仅有有限的允许操作。相反,对于某一网层,(2)组和(3)组虽然只有有限的编码排列,但它允许大量的操作,从而产生大量的结构类型。

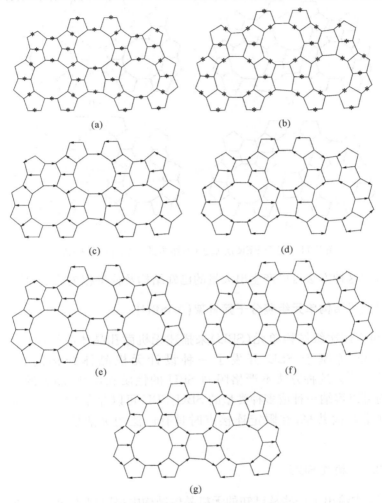

图 7-10　对于 FER 层基于(2)组方式所允许的编码排列

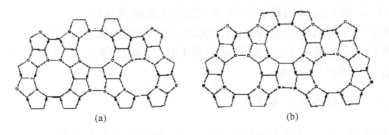

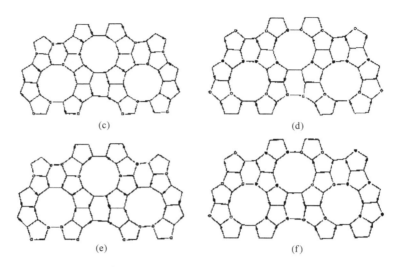

图 7-11　对于 FER 层基于(3)组方式所允许的编码排列

总之,用这种方法可以产生出大量的已知结构及枚举相关的未知结构。

7.2.3　以次级结构单元组装分子筛骨架(AASBU)

通常可以用次级结构单元(SBU)来描述无机微孔晶体的结构。2000 年,C. M. Draznieks 等基于 SBU 开发了一种设计无机晶体结构的计算机方法(AASBU)[33,34]。这种方法不严格限制 SBU 的性质和尺寸、晶胞的尺寸和对称性;晶胞内可以容纳一种或多种类型的 SBU;SBU 可以存在不同的连接方式,如角共享、边共享和面共享;在限定连接点时具有广泛的灵活性。具体的模拟方法如下。

7.2.3.1　构筑 SBU

图 7-12 中给出了一些从已知的无机晶体结构中提取出的 SBU。图 7-12(a)中是几个简单的多面体 M_xL_y(M:中心金属原子,L:配体原子),包括四面体、八面体以及四面体和/或八面体间通过角共享、边共享或面共享组成的几种 SBU。图 7-12(b)是构筑分子筛骨架中常见的双四元环(D4R)结构单元 $M_8B_{12}L_8$(M:金属原子;L:配体原子;B:桥原子)。配体原子是 D4R 间的连接点。在随后的模拟过程中,只考虑 D4R SBU 的组装。

7.2.3.2　势能函数和力场参数

在模拟中,用一个含有 Lennard-Jones 项的势能函数来控制 SBU 的自组装。它含有一个有利于配体原子相互吸引的力场,力场中包括"粘接原子"对,它允许

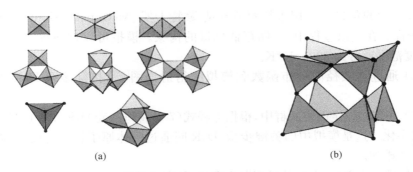

图 7-12 （a）几种简单的多面体结构单元；（b）D4R 结构单元

SBU 间通过 L⋯L 配体连接组装起来。SBU 被看作一个刚性实体，SBU 间的相互作用被看作类似原子-原子间的相互作用。i 和 j 原子对间的相互作用能量用一个简单的 Lennard-Jones 项表达：

$$E_{ij} = \varepsilon_{ij}\left[(r_{ij}^* r_{ij}^{-1})^{12} - 2(r_{ij}^* r_{ij}^{-1})^6\right] \qquad (7\text{-}1)$$

为了避免不合理的 SBU 连接，如两个金属原子（$M_i \cdots M_j$）距离太近，一个配体原子和桥原子（$L_i \cdots B_j$）距离太近，在未连接的 SBU 单元中 $L_i \cdots M_j$ 距离太近，还需要考虑其他项，包括 $M_i \cdots M_j$ 对的排斥能，$L_i \cdots M_j$ 对的吸引能和 $L_i \cdots B_j$ 对的排斥能。两个不同 SBU 间金属原子的排斥能将防止它们之间的重叠。对于 D4R，$M_i \cdots M_j$ 对的距离限定为 3.4Å，表 7-2 中总结了用于组装 D4R 单元的模拟过程中所使用的 Lennard-Jones 势能参数。

表 7-2 组装 D4R 单元的模拟过程中所用的 Lennard-Jones 势能参数

原子对	ε_{ij} /(kcal/mol)	r_{ij}^* /Å
$L_i \cdots L_j$	400	0.2
$M_i \cdots M_j$	1	3.4
$L_i \cdots M_j$	50	1.8
$L_i \cdots B_j$	1	2.8

一个晶胞内各个 D4R 单元的能量总和（E_{total}）被定义为

$$E_{total} = \Sigma(E_{L \cdots L} + E_{M \cdots L} + E_{M \cdots M} + E_{L \cdots B}) \qquad (7\text{-}2)$$

势能函数的大小可以评价 SBU 间的连接程度。在方程式（7-2）中，每一项的权重直接由 Lennard-Jones 势阱的深度给定，即 ε_{ij}。

7.2.3.3 产生结构的模拟步骤

（1）限定空间群和每个不对称结构单元内 D4R 的数目，用模拟退火方法[35]随机产生 D4R 单元的排列。为简便起见，每个不对称结构单元中限定一个 D4R，每个 D4R 单元的角自由度用米特罗波利斯-蒙特卡罗(Metropolis-Monte Carlo)算法[36]采样。在模拟过程中,只储存低能量的构象。模拟可以在各种空间群中进行,温度范围通常为 300～10^6 K。

(2)通过比较径向分布函数和模拟的衍射谱图[37],排除多余 D4R 单元的排列。

(3)在初始设定的空间群中,根据方程式(7-2)将每一套 D4R 单元的排列进行能量最小化。这是模拟中的关键步骤,D4R 间通过配体原子相互连接,从而产生周期性的排列。

(4)最小化之后,多余的排列以步骤(2)的方式排除。

(5)最后,粘接原子对,即具有非常短的距离(-0.02nm)的 L···L 对,被还原为单个原子。通过"查找对称性"算法自动测定每一个模拟结构的真实空间群对称性[38]。

通过上述模拟步骤,可以产生出一系列由 D4R 单元构成的已知三维结构,如 ACO[31]、AFY[31]及 LTA[31]和理论假想结构。ACO 拓扑结构可以在各种不同的空间群产生:$P1$、$P\bar{1}$、$C2$、$C2/c$、$P2_1$、$P2_1/c$、$C222_1$ 和 $Pna2_1$;ACO 的倾斜变体也可在不同的空间群中产生:$P2$、$P2_1$、$C2$、Cc、$P2_1/c$、$P222$、$P2_12_12_1$ 和 $Pna2_1$。ACO 优化后的空间群为 $Im\bar{3}m$,与实验结构一致。ACO 倾斜变体的空间群为 $P4/mmc$。AFY 拓扑结构只在 $P\bar{1}$ 空间群中产生,最后的对称性为 $P\bar{3}1m$(SiO_2 形式)。LTA 拓扑结构只在 $R3$ 空间群中产生,最后的对称性为 $Pm\bar{3}m$(SiO_2 形式)。除上述几个已知分子筛骨架结构外,还产生出少量的未知理论假想结构(T1～T10),如图 7-13 所示,它们都是含有笼或孔道的三维结构[33]。

上述方法允许各种类型 SBU 的自组装。如果采用 ML₄(M—L 键长 = 1.65Å)作为 SBU(Lennard-Jones 势能参数见表 7-3),晶胞内 SBU 的势能函数用方程式(7-3)定义[33]:

$$E_{total} = \sum_{SBU} (E_{L\cdots L} + E_{M\cdots L} + E_{M\cdots M}) \qquad (7\text{-}3)$$

限定一定的空间群以及每个不对称单元内有一个或两个 SBU,已知分子筛结构如 GME、FAU、RHO 和 LTL 骨架结构可以被预测出来。此外,还可以预测新的未知结构。如图 7-14 给出了一个在 $P6/mmm$ 空间群中产生的假想结构。其结构含有 gme 笼,在[001]方向具有 24 元环孔道,孔径为 17.2Å×19.4Å,每个 24 元环孔道与周围 6 个孔道通过 gme 笼和 6 个 D8R 相连。其晶胞组成为 $Si_{48}O_{96}$,晶胞参数 $a=24.73$Å,$c=10.58$Å。

AASBU 方法提供了一种基于特定的 SBU 进行结构设计的有效方法。2005 年,G. Férey 研究组又进一步发展了一种计算机模拟与 X 射线粉末衍射相结合的方法,用以设计与合成超大孔类分子筛 MOFs 材料[39]。利用前面介绍的 AASBU

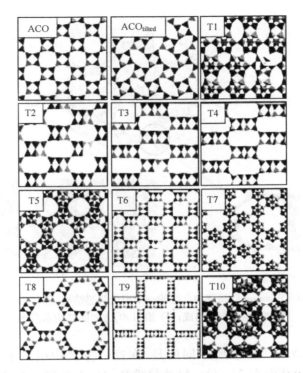

图 7-13　由 D4R 单元构筑的理论假想结构。已知的 ACO 拓扑结构及其倾斜
变体被成功地预测出来[34]

表 7-3　组装 ML₄ 单元的模拟过程中所用的 Lennard-Jones 势能参数

原子对	$\varepsilon_{ij}/(kcal/mol)$	$r_{ij}^*/Å$
$L_i \cdots L_j$	400	0.2
$M_i \cdots M_j$	1	3.9
$M_j \cdots L_j$	1	1.9

计算机模拟途径,可以预测给定的 SBU 簇与有机物链接所形成的各种可能的三维有序网络结构。通过比较每一个候选结构的模拟 X 射线衍射(XRD)谱图与实验 XRD 谱图,可以确定对应的目标实验结构,最后通过粉末数据修正的方法解析其结构。

基于前面介绍的 AASBU 方法,2005 年,于吉红、徐如人等开发了一套产生特定计量比磷酸铝骨架的结构设计方法[40]。与 AASBU 方法相类似,该方法分为以下几个基本步骤:①选择合适的结构单元;②定义一个能够控制结构单元自组装的力场;③随机产生结构单元的初始排列;④在力场的控制下对结构单元进行组装。

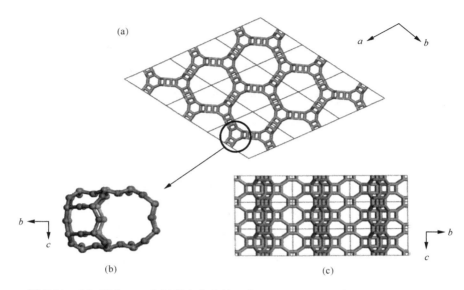

图 7-14 （a）$P6/mmm$ 空间群中产生的一个理论假想结构，含有 24 元环主孔道；
（b）它由 gme 笼构成；（c）沿[100]方向的结构示意图

但是，与上述 AASBU 方法所不同的是，在这一方法中引入了 Lowenstein 规则[41]，即结构中不能存在 Al—O—Al 连接或 P—O—P 连接。在模拟过程中，产生特定计量比的结构单元的组装受控于一个特殊的力场，这个力场会有利于 Al—O—P 连接的形成而阻止 Al—O—Al 或 P—O—P 连接的形成。

这里以假想结构 H1 为例，说明组装结构单元和结构产生的过程。设定空间群 $P\bar{1}$，晶胞参数：$a=b=c=1.0$nm、$\alpha=\beta=\gamma=90°$。首先，将产生特定 $Al_8P_{10}O_{40}$ 计量比的一组结构单元：3 个 $Al(O_b)_4$，1 个 $Al(O_b)_5$，2 个 $P(O_b)_4$ 和 3 个 $P(O_b)_3(O_t)$（b：桥连；t：端基）随机地引入晶胞中[图 7-15（a）]；然后，这些结构单元通过 O_al 和 O_p 原子间的相互吸引进行自组装[图 7-15（b）]；最后，把组装在一起的结构单元通过化学键连接在一起，形成骨架结构[图 7-15（c）]。模拟结束后，再利用 Burchart 力场对结构进行优化。如图 7-16 所示，H1 具有三维开放骨架结构。它具有沿[100]方向上扭曲的 16 元环孔道，孔道中有一对伸入的氧原子[图 7-16（a）]。此外，在[010]方向上还存在 8 元环孔道[图 7-16（b）]。这个结构也可以被看作是由 Al_4P_5 单元构筑而成的[图 7-16（c）]。

上述方法不仅可以用来设计预测假想理论磷酸铝结构，还可以进一步与 NMR 和 X 射线粉末衍射（XRPD）结合，辅助结构的解析[42]。

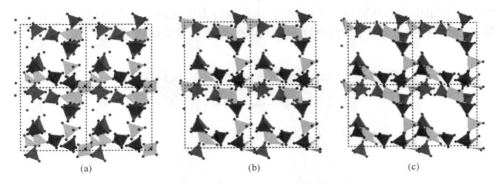

图 7-15　通过 AASBU 模拟将结构单元组装为 H1 的过程:(a) 初始结构单元在晶胞中被随机地产生出来;(b) 结构单元通过 O_al 和 O_p 原子的吸引进行组装;(c) 将组装在一起的结构单元通过化学键连接起来形成骨架结构[40]

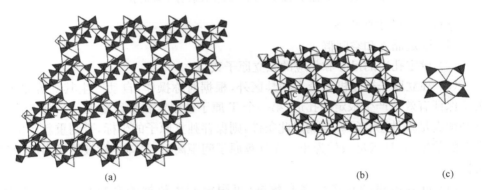

图 7-16　(a)假想磷酸铝结构 H1 中包含沿[100]方向的扭曲 16 元环孔道;(b) 沿[010]方向的 8 元环孔道;(c)该结构也可以被看作是由 Al_4P_5 单元构筑而成的。浅色的多面体代表 Al 中心的多面体,深色的四面体代表 PO_4 多面体[40]

7.2.4　限定禁区原子组装分子筛骨架

2003 年,于吉红、徐如人等开发了一种设计具有特定孔道结构分子筛骨架的计算机方法[43,44]。该方法是在以往结构设计的基础上,巧妙地引入了"禁区"的概念。禁区相当于限定的分子筛孔道,禁区内不允许放入任何 T 原子。与以往设计方法相比,此种方法可以更加直接、有效地设计具有特定理想孔道结构的分子筛骨架。

如图 7-17 所示,首先在一个晶胞内定义禁区,即分子筛的孔道。图中以四个圆柱表示分子筛的孔道,然后向禁区外投入原子组装分子筛骨架。投入原子时必须满足以下两个限定条件:①禁区内不允许 T 原子存在;②任意两个 T 原子之间的距离不能小于 3.0Å(Si—Si 间距)。这种设计方法允许调变孔道的尺寸、独立 T 原子的数目、独立原子的对称性位置、晶胞的大小以及空间群对称性等。

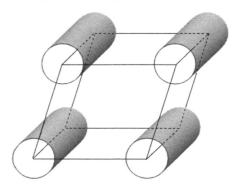

图 7-17　晶胞内的禁区:四个圆柱代表分子筛的孔道[19]

结构产生的主要步骤:

(1) 限定晶胞和空间群。

(2) 设定孔道的尺寸和相应的独立原子数目。

(3) 独立原子被随机地投入到禁区外,根据对称操作,自动产生其等价原子。为了保证有效地产生限定的孔道,第一个 T 原子被限定在禁区壁上。晶胞内的原子必须满足条件①和②。若满足此条件,则保存独立原子的坐标,否则重新产生一套新的数据,直到满足条件为止。在计算原子间距离时,晶体坐标被转换为迪卡尔坐标。

(4) 重复步骤(3),产生多套数据(可限定产生数据的套数)。应用配位序(CQS)[45,46]来排除产生相同拓扑结构的数据和不合理结构的数据。

(5) 利用 SGlO2＋工作站上 Cerius$^{2[47]}$软件包建模,运用"结构解析-桥原子"模块,根据最近原子间的距离自动加入桥氧。

(6) 用 DLS 修正[48]的方法优化产生的结构模型。优化中,不固定晶胞和原子的位置,并假设骨架的组成为 SiO$_2$ ($d_{Si—O} = 1.61$Å, $d_{O—O} = 2.629$Å, $d_{Si—Si} = 3.07$Å),权重分别为 2.0,0.61 和 0.23[31],最后通过"查找对称性"模块确定优化结构的空间群。也可以采用 Burchart 1.01 力场[49,50],用能量最小化的方法优化结构。

(7) 选用 Burchart 1.01 力场,计算每个结构模型的势能。

这里以 $P6_3/mmc$ (No.194)空间群为例说明这种设计方法。设定晶胞尺寸 $a=b=c=15.0$Å。通过系统地调变不同的孔道尺寸,不同数目的独立 T 原子及其位置对称性,可以产生出各种不同的结构。表 7-4 列出了产生的条件及结果。孔道半径设为 3.0Å、4.0Å、5.0Å 或 6.0Å,独立 T 原子数为 1～3 个,原子置放于一

般位置 l 或特殊位置 k、j、i[51]。每一个一般位置对应于 24 个等价原子,而特殊位置对应于 12 个等价原子。利用上述设计方法,产生出大量不同的拓扑结构类型,其中包括已知分子筛骨架结构 GME、ERI、EAB、LOS、AFX 和 AFG[52]。大量能量合理的理论分子筛骨架结构也可以被产生出来,它们的骨架能量在 $-1824.6 \sim -1814.5 \mathrm{(kJ/mol)/T}$ 范围内,与已知分子筛骨架能量相当[44]。

表 7-4　骨架结构的产生条件及结果(设定空间群为 $P6_3/mmc$,晶胞参数 $a=b=c=15\text{Å}$)

限定的孔道半径/Å	独立 T 原子的位置			修正的晶胞参数 a,c/Å	分子式	结构类型	能量/[(kJ/mol)/T]
6.0	l			13.7,9.8	$Si_{24}O_{48}$	GME	-1824.6
6.0	lj			12.5,15.7	$Si_{36}O_{72}$	H1	-1819.8
6.0	l	l		16.8,14.2	$Si_{48}O_{96}$	H2	-1815.2
6.0	l	l		16.8,14.2	$Si_{48}O_{96}$	H2	-1815.2
6.0	l	jj		19.6,5.3*	$Si_{24}O_{48}$	H3	-1818.6
6.0	l	jj		16.9,14.4	$Si_{48}O_{96}$	H2	-1815.6
6.0	l	jj		17.4,5.3*	$Si_{24}O_{48}$	H4	-1814.5
6.0	j	lj		17.6,5.3*	$Si_{24}O_{48}$	H5	-1821.0
6.0	l	j	j	19.6,5.3*	$Si_{24}O_{48}$	H3	-1818.6
6.0	l	j	j	17.6,5.3*	$Si_{24}O_{48}$	H5	-1821.0
6.0	l	j	j	17.4,5.3*	$Si_{24}O_{48}$	H4	-1814.5
5.0	j	l	j	17.6,5.3*	$Si_{24}O_{48}$	H5	-1821.0
4.0	i	j		12.6,10.3	$Si_{24}O_{48}$	LOS	-1817.4
4.0	il			13.2,15.0	$Si_{36}O_{72}$	EAB	-1823.6
4.0	lj			13.1,15.2	$Si_{36}O_{72}$	ERI	-1824.5
4.0	jl			12.6,15.6	$Si_{36}O_{72}$	H1	-1820.1
4.0	j	lj		17.6,5.3*	$Si_{24}O_{48}$	H5	-1821.0
3.0	i	j		12.6,10.3	$Si_{24}O_{48}$	LOS	-1817.4
3.0	jl			12.6,15.6	$Si_{36}O_{72}$	H6	-1820.1
3.0	il			13.2,15.0	$Si_{36}O_{72}$	EAB	-1823.6
3.0	l	j		13.1,15.2	$Si_{36}O_{72}$	ERI	-1824.5
3.0	l	l		13.7,19.8	$Si_{48}O_{96}$	AFX	-1824.5
3.0	ll			12.9,20.0	$Si_{48}O_{96}$	H7	-1823.4
3.0	jli			12.5,20.8	$Si_{48}O_{96}$	AFG	-1819.3
3.0	j	li		16.8,10.5	$Si_{48}O_{96}$	H8	-1823.3
3.0	ilj			12.5,20.8	$Si_{48}O_{96}$	AFG	-1819.3

注:黑体指独立原子被限定到禁区壁上;* 为经过修正后空间群转变为 $P6/mmm$(No. 191)。

　　图 7-18 展示了假想结构 H1 的设计过程。设定孔道半径为 6.0Å,投入的独立原子数为 2,分别被置于一般位置 l 和特殊位置 j。T_1 原子被随机地投入,并被限制于孔壁上。根据对称操作,产生出其 23 个等价原子[图 7-18(a)],计算任何两个原子间的距离。如果这 24 个原子满足限定条件①和②,即原子在禁区内,T—T 距离不小于 3.0Å,则存储 T_1 的原子坐标。然后投入 T_2 原子,并产生其 11 个等价原子[图 7-18(b)]。这时,计算 36 个原子间任何两个原子间的距离。如果这些原子满足条件①和②,则保存 T_2 原子的坐标,否则重新产生 T_2 原子,直到所有原子满足两个条件。用 Cerius^2 建立结构模型,并加上桥氧原子[图 7-18(c)],优化后的结构空间群为 $P6_3/mmc$(No. 194),晶胞参数 $a=12.5$Å,$c=15.7$Å,晶胞组成为 $Si_{36}O_{72}$。如图 7-18(d)所示,H1 具有沿[001]方向的一维 12 元环孔道。结构中含有沿 c 轴方向的 can 笼柱,六个这样的笼柱围成一个 12 元环孔道。图 7-18(d)中给出了其拟合 XRD 谱图。

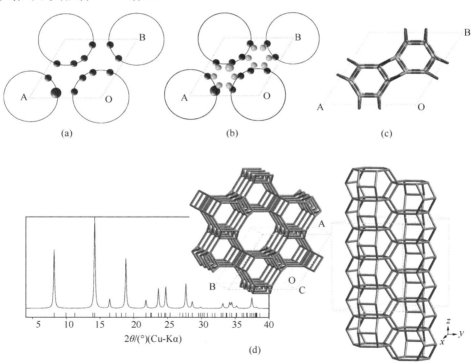

图 7-18　假想结构 H1 的设计过程。(a)第一个独立原子(较大的深色球)被限定在禁区壁上,随后根据对称操作 l 产生其 23 个等价原子;(b) 第二个独立原子(较大的浅色球)被随机地投入禁区外,随后根据对称操作 j 产生其 11 个等价原子;(c)加入桥氧;(d)含有 12 元环孔道的骨架结构,其拟合 XRD 谱图示于图中[19]

　　前面的实例是针对一维孔道结构的设计。通过设定一个特殊的空间群,可以产生出具有交叉孔道的分子筛骨架[53]。例如,在 $I4/mmm$(No. 139)空间群对称性的晶胞中,除了限定沿 4 重轴([001])方向的圆柱形禁区(孔道)外,还可以限定垂直于该方向的额外禁区。图 7-19 给出了限定额外禁区的两种途径。一种途径是限定沿[100]方向的孔道,根据 4 重轴操作自然会产生出平行于[010]方向的孔道[图 7-19(a)];另一种途径是限定沿[110]方向的孔道,从而沿[1$\bar{1}$0]方向的孔道会自然产生[图 7-19(b)]。由此,按第一种途径会产生沿[001]、[100]和[010]方向的交叉孔道;按第二种途径会产生出沿[001]、[110]和[1$\bar{1}$0]方向的交叉孔道。当晶胞尺寸设定为 10~30Å,孔道半径设定为 3.0Å、4.0Å 和 5.0Å,独立 T 原子数为 2~4 时,可以产生出大量的分子筛骨架结构,包括已知的骨架类型 UFI[54]、MER[31]、SBS[31] 和 KFI[31]。此外,还产生出一系列理论结构。

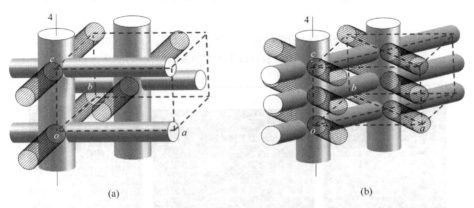

(a)　　　　　　　　　　　　　　　(b)

图 7-19　限定额外禁区的两种途径:(a) 限定沿[100]方向的孔道;(b) 限定沿[110]方向的孔道。图中实线代表限定的孔道,虚线代表通过对称操作产生出的孔道[53]

　　设定晶胞参数 $a=15$Å,$c=20$Å,孔道半径为 4.0Å,独立原子数为 2,按第一种途径可以产生出 H9 和 H10 的结构。如图 7-20 所示,H9 的骨架由三种类型的笼构成:[$4^4 4^8 8^2 8^4$]笼,[$4^8 6^4 8^2$]笼和[$4^8 8^2$](D8R)笼。沿[001]方向,它含有两种类型的孔道,一种是具有圆形窗口的 8 元环孔道(O···O 距离:4.4Å×4.3Å),另一种是较小的 8 元环孔道(O···O 距离:3.8Å×3.6Å)。此外,它还具有沿[100]和[010]方向的 8 元环孔道。如图 7-21 所示,H10 具有沿[001](4.2Å×4.2Å),[100](3.9Å×3.8Å)和[010](3.9Å×3.8Å)三个方向的 8 元环孔道。8 元环孔道由交替连接的三种笼构成:[$4^4 4^8 4^8 8^2 8^4 8^8$]笼,双八元环(D8R)笼和双四元环(D4R)笼。

　　手性微孔晶体材料在不对称催化和分离中将发挥重要的作用。然而,目前实验中所合成的具有手性骨架结构的分子筛还屈指可数,例如 BEA[55]、CZP[56]、GOO[57]、FJ-9[58]、OSO[59] 和 SU-32[60] 等。进一步,通过设定一个手性空间群,还

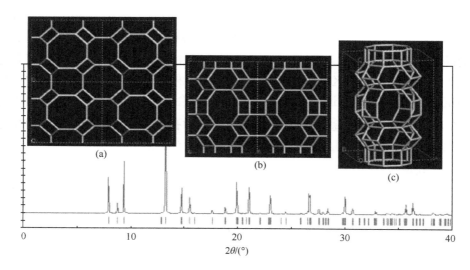

图 7-20　理论假想骨架 H9 的结构及其拟合 XRD 谱图：(a) 沿[001]方向观看；
　　　　(b) 沿[100]方向观看；(c) H9 中的笼形结构单元[53]

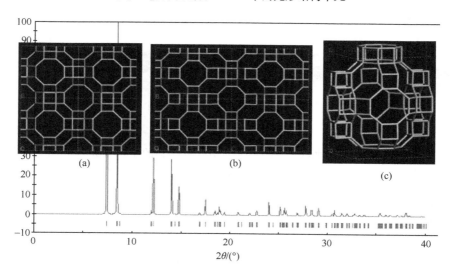

图 7-21　理论假想骨架 H10 的结构及其拟合 XRD 谱图：(a) 沿[001]方向观看；
　　　　(b) 沿[100]方向观看；(c) H10 中的笼形结构单元[53]

可以产生出具有手性孔道的分子筛骨架。例如，假定在一个六方空间群 $P6_122$
（No. 178）下，定义一个沿 6_1 螺旋轴走向的禁区，TO_4 四面体会在 6_1 螺旋轴的对
称操作的作用下形成环绕禁区的螺旋形手性孔道（图 7-22）。

　　这里以六方空间群 $P6_122$ 为例，说明假想手性分子筛结构的产生过程。圆柱
形禁区被定义在沿[001]方向 6_1 螺旋轴上，晶胞参数由 5.0～25.0Å。禁区半径分

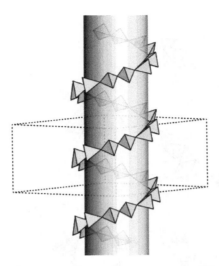

图 7-22　在 $P6_122$ 空间群下生成手性孔道。灰色的多面体代表 TO₄ 四面体,灰色柱子
代表设定的禁区;将禁区外的 TO₄ 四面体按 6_1 对称性进行组装产生一个手性孔道[43]

别为 3.0Å、4.0Å、5.0Å 和 6.0Å。投入的独立 T 原子个数为 1~5。在这些条件下,可以产生出大量具有手性孔道的假想结构。需要指出的是,少数结构在优化过程中产生了镜面、滑移面或旋转反轴。

图 7-23(a)显示了 H178-1 的手性孔道,其中部分 T 原子已经省略。构筑 H178-1 的基本结构单元是 T2 超四面体[图 7-23(b)],M. O'Keeffe 和 O. M. Yaghi 等曾提出过该结构单元[61],它被首次发现存在于分子筛 RWY 的结构中[62]。5 个 T2 超四面体围成一个超五元环[图 7-23(c)],超五元环相互连接构成边共享的手性孔道。图 7-23(d)和图 7-23(e)分别是 H178-1 沿[001]和[010]方向的示意图。

利用上述方法可以设计产生大量的假想手性分子筛骨架结构。进一步的理论计算(图 7-24)表明,大量的假想手性分子筛骨架与已知分子筛相比具有较高的骨架能量。这说明,大多数四连接的手性分子筛骨架由于其结构中特殊的螺旋几何不适合于经典的 SiO₂(或其等电子体 AlPO₄)的组成。因此,向骨架中引入其他的杂原子,如 Be、B、Ge、过渡金属等,或以 S 取代 O,有可能有效地稳定这类结构,因为它们在手性骨架中能够提供比较合理的成键。典型的例子是 FJ-9(锗硼酸盐)[58]和 UCSB-7[63](砷酸铍、砷酸锌和锗酸镓)以及最近于吉红等报道的 CoAPO-CJ40 [64]。

以上介绍了通过限定禁区设计产生一维孔道、交叉孔道和手性孔道的方法。这种限定禁区(孔道)原子自组装的结构设计法可以允许系统地调变空间群、晶胞尺寸、独立原子的个数以及孔道维数、尺寸等。与以往结构设计方法相比,这种方

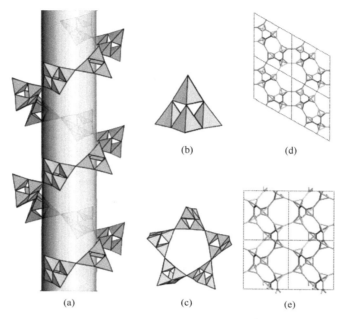

图 7-23　（a）假想骨架 H178-1 的手性孔道（圆柱直径为 9.5Å）；（b）超四面体 T2；（c）T2 构筑的超五元环；（d）沿[001]方向和（e）沿[010]方向的骨架示意图[43]

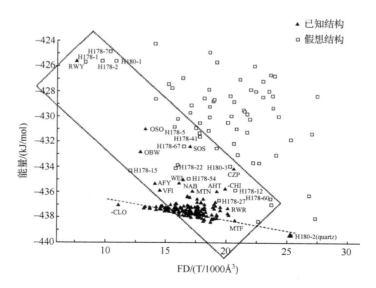

图 7-24　骨架能量与骨架密度的关系[43]。黑色三角代表已知的骨架；
方块代表在 $P6_1 22$ 下产生的假想结构

法可以更加直接、有效地设计产生理想的分子筛孔道结构。利用这种方法,于吉红研究组设计产生了大量的理论假想分子筛结构,并建立了分子筛假想结构数据库(http://www.hypotheticalzeolites.net)。

7.2.5　基于遗传算法预测分子筛骨架

遗传算法(genetic algorithm)是一类借鉴生物界的进化规律(适者生存,优胜劣汰遗传机制)演化而来的随机化搜索方法。它是由美国密歇根大学的 J. Holland 研究组于 20 世纪 60 年代时提出。遗传算法是计算机科学人工智能领域中用于解决最优化问题的一种搜索启发式算法,是进化算法(evolutionary algorithms, EA)的一种。这种方法将待优化的体系视为一个"种群",通过优化种群的基因编码,完成种群的进化,最终使研究体系达到最优化。

J. Holland 教授最初提出的遗传算法通常被称为标准遗传算法(standard genetic algorithm, SGA)或简单遗传算法(simple genetic algorithm, SGA)。一般遗传算法都包含选择操作(selection operator)、交叉操作(crossover operator)和变异操作(mutation operator)这三个部分。算法对进化中的种群反复进行这三种操作,直到满足某一极限条件而终止算法。

具体来说,主要分以下几个步骤:

(1) 选择目标种群的函数,确定变量定义域及编码精度,形成编码方案。

(2) 随机产生一组种群。

(3) 选择一部分种群进行交叉操作或变异,形成一组新的种群。

(4) 评价种群,计算每个个体的合适值。

(5) 检查结束条件,若满足,则算法结束,当前结构组中合适值最高的个体即所要结构,否则转步骤(3)继续进行计算。

遗传算法这一过程也可以用如图 7-25 流程图表示。遗传算法的核心就是三类遗传操作,算法对结构组中的个体不断进行遗传进化操作,然后计算适应值,再产生新的种群组以替换旧的种群组。整个算法就是在不断地重复"产生-检查-替换"的过程。

2004 年,S. M. Woodley 等开发了一种基于遗传算法的分子筛结构预测方法,依据分子筛结构中晶胞尺寸、组成骨架的原子以及结构孔道区域排斥区(EZ)等参数来进行计算[65,66]。该算法包括两个主要阶段,在第一阶段,候选结构由遗传算法生成,并采用价值函数来评估所有产生的候选结构的质量;在第二阶段,通过分子力学的方法对第一阶段产生的结构进行进一步精修。

在这种遗传算法中,为了促进孔道产生,采取了排斥区内禁止原子进入的原则(图 7-26)。排斥区可以是椭圆的、圆柱状或平面区域,通过定义额外的价值函数直接或间接地限定排斥区区域是进行遗传算法的第一步,或直接通过消除禁区的

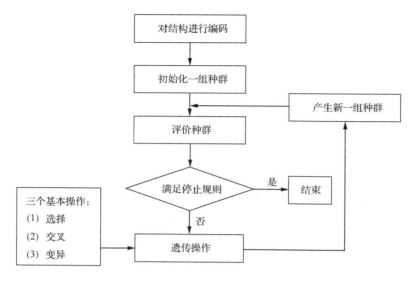

图 7-25　简单遗传算法的流程图

结构网络。结果表明,间接或直接限定排斥区可以大大提高目标预测孔道结构的生成。

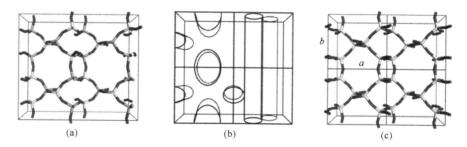

图 7-26　(a) 分子筛 JBW 的结构图;(b) 遗传算法所定义的 EZ;(c) 所生成的目标结构

2007 年,S. M. Woodley 等又进一步提出了基于进化算法(EA)的结构预测方法[67]。不同于遗传算法所优化的是基因类型的代码,进化算法优化的是原子坐标。他们指出,进化算法的效率要优于遗传算法。采用结合排斥区的进化算法,具有特定孔道的分子筛,例如 SOD 和 CHA,都可以产生出来。

7.2.6　基于密度图产生分子筛骨架

2008 年,于吉红研究组根据密度图(FGDM)开发了模拟分子筛骨架结构的方法[68]。在这种方法中,他们将从高分辨电镜照片中提取出来的孔道信息引入结构模拟中,极大地降低了结构模拟的自由度。在结构模拟中,除了成键和连接态等项以外,一个衡量所产生的结构模型与基于高分辨电镜照片所衍生的密度图的符合程度的项也被引入。在这一方法中,即使只引入一张高分辨电镜照片,结构模拟的自由度就可以大大降低到可以操作的程度。这种方法可以成功地模拟出最复杂的分子筛结构 IM-5($[Si_{288}O_{576}]$)[69] 和 TNU-9($[Si_{192}O_{384}]$)[70]。

结构的产生过程包括以下几个主要步骤:

(1) 从一张显示孔道信息的高分辨电镜照片出发,产生一张有灰度的密度图。密度图的灰度值对应于相应投影方向的势能。

(2) 将这张二维势能图扩展到整个晶胞。这样晶胞内的每个点都有一个固定的密度值。虽然这张密度图没有实际的物理意义,但是可以把整个晶胞分成两个区域,一个是原子可能存在的区域,即密度值高的区域,另一个是原子不可能存在的区域,即密度值低的区域。在密度值高的区域出现的原子,不会改变体系的势能;在密度值低的区域出现的原子,则会提高整个体系的势能。

(3) 根据骨架密度,估计需要的 T 原子的数目,然后随机投入这些数量的 T 原子,同时根据对称性产生等价的全部原子。

(4) 在模拟过程中,通过移动 T 原子,以达到原子之间可以形成合理的化学键。同时,T 原子从低密度的区域被推到高密度的区域。整个体系采用模拟退火方法[71] 和平行回火方法[72] 进行优化。在每个温度阶段,采用蒙特卡罗方法进行采样。

(5) 保存能量最低的骨架结构。在最近邻的 T 原子之间插入 O 原子,然后整个骨架采用距离最小二乘法进行优化。

(6) 重新随机产生骨架 T 原子的坐标,开始新的模拟循环。

图 7-27 显示的是利用沿[100]方向的高分辨电镜照片产生分子筛 IM-5 骨架的过程。首先,从 IM-5 沿[100]方向的高分辨电镜照片中产生出密度图[图 7-27(a)和(b)]。然后,在密度图中随机产生 T 原子[图 7-27(c)],并在模拟过程中进行移动[图 7-27(d)]。最后,符合[100]方向高分辨电镜照片的结构被产生出来[图 7-27(e)]。产生结构的势能值显示于图 7-27(f)中。图中只显示了能量最低的 10 个模型。模型 1 具有最低势能值和最小二乘残差,它对应着正确的结构。骨架沿[100]和[001]方向的投影图也显示在图中。

这种方法的优势在于,它不仅可以解析复杂的分子筛骨架结构,也可以用于设计具有特定孔道的结构。例如,可以通过定义反映特定孔道特征的密度图来产生特定的孔道结构。另外,借助遗传学概念,如复制(产生具有和原始结构相同孔道的骨架结构)、变异(在原始结构的基础上进行变化产生新结构)、交叉(通过融合两个已知结构的特点产生新结构)等,也可以产生出新的孔道结构。这种方法为以功能为需求进行特定结构分子筛的设计和剪裁提供了有力工具。

2012 年,于吉红研究组在提出的基于密度图模拟分子筛骨架结构理论方法的

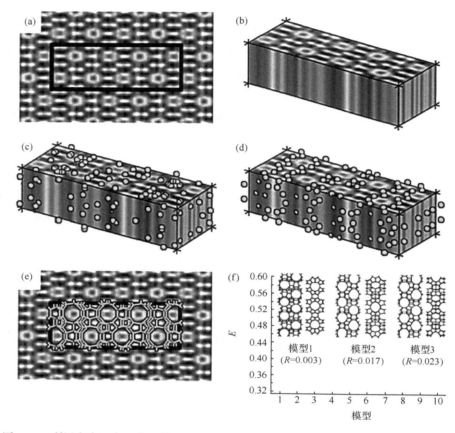

图 7-27　利用密度图产生分子筛结构 IM-5 的示意图:(a)、(b) 依据 IM-5 分子筛沿[100]
方向的高分辨电镜照片所产生的密度图;(c)在所得密度图中随机产生 T 原子;(d) T 原子
在模拟过程中进行移动;(e) 产生出符合[100]方向高分辨电镜照片的结构;(f) 模拟所
产生结构的势能值[68]

　　基础上,进一步建立了一种高效结构设计的技术方法和软件 FraGen(framework
generator),用于解析未知的晶体结构,同时也可以预测假想的晶体结构[73]。这一
程序的特点是基于正空间的蒙特卡罗方法,对实验数据依赖度低;对于简单结构,
只需要晶胞参数和空间群;基于平行回火算法,结构搜索的效率高;可以引入多种
经验知识及实验测试值作为限制条件,包括配位态、衍射强度、电子密度图等;具有
跳出不合理循环的功能,能够进一步提高结构产生的效率。FraGen 程序是一套专
门用于解析无机晶体结构的计算机程序,采用的是平行回火方法的蒙特卡罗算法,
可以根据用户指定的条件产生原子并调整原子的位置,最终形成合理的晶体结构。
与目前国际上流行的几种结构预测方法相比,FraGen 程序允许用户控制每个原子
的 Wyckoff 点对称性,可以把原子限定在某个平面内或沿某条轴线移动,甚至可

以把原子固定在特定的点上,如对称中心等位置。在没有用户特定指令的情况下,FraGen 可以自动为每个原子分配 Wyckoff 点对称性,也可以枚举特定条件下所有可能的 Wyckoff 点对称性的组合。从理论上说,通过单独控制每个原子的 Wyckoff 点对称性,FraGen 程序扫描构象空间的效率要远远高于其他主流的结构预测程序。

7.2.7　判断分子筛结构合理性的规则

目前,国际上有两种最流行的方法用来预测分子筛的骨架结构,分别是基于 M. Falcioni 和 M. W. Deem 开发的 ZEFSA 程序以及 M. M. J. Treacy 等开发的对称性限制键连搜索法(SCIBS)。这两种方法已经预测出几百万种分子筛结构,分别收录在专门的数据库中。如何判断假想结构的化学合理性一直是人们所关注的问题。近年来,评价分子筛结构合理性的研究主要集中在两个方面:骨架密度与能量的线性关系以及骨架的柔性。最近,于吉红研究组提出了依据局域原子间距规则判断分子筛结构的合理性。下面将分别介绍这三种判断规则。

7.2.7.1　能量-密度线性规则

1989 年,D. E. Akporiaye 和 G. D. Price 在研究分子筛骨架能量时,发现含有较多 5 元环和 6 元环的分子筛骨架往往具有较低的能量,而含有较多 4 元环的分子筛骨架则往往具有较高的能量[74]。因为分子筛结构中环的种类与数量决定着结构的配位序,D. E. Akporiaye 和 G. D. Price 由此推测分子筛的骨架能量与其配位序应该存在重要的关联。通过对当时已知的分子筛类型的计算,他们发现已知的分子筛骨架中能量与其配位序(特别是第四层的配位序)具有较明显的负线性相关性。在此基础上,他们提出,一个假想分子筛结构的化学合理性可以通过考察其骨架能量与配位序是否满足在已知分子筛中发现的负线性规律来判断。如果一个假想分子筛结构的骨架能量与配位序满足已知的负线性关系,该假想结构可能是合理的;反之则可能不合理[74]。由于在当时的计算机条件下计算分子筛骨架的配位序比较复杂,他们根据 Bruner 在 1979 年提出的骨架密度与配位序的相关性,进而得到了骨架能量与骨架密度的负线性关系。由于骨架能量与骨架密度可以在分子筛结构的优化计算中直接获得,不需要任何额外的计算,因此利用这两者的线性关系判断假想分子筛结构的合理性是非常方便快捷的。这种判断结构合理性的方法在分子筛结构的预测中一直有着广泛的应用[75-90]。

需要注意的是,D. E. Akporiaye 和 G. D. Price 在提出这个线性规律时,当时所发现的分子筛类型主要是基于纯硅、硅铝和磷铝传统组成的分子筛结构。随着其他组成的分子筛结构不断被合成出来,人们发现很多新型分子筛结构实际上并不符合骨架能量与骨架密度的线性关系。如图 7-28 所示,OSO 和 CZP 等非传统元素组成的分子筛结构远远偏离了传统分子筛结构所形成的线性关系。

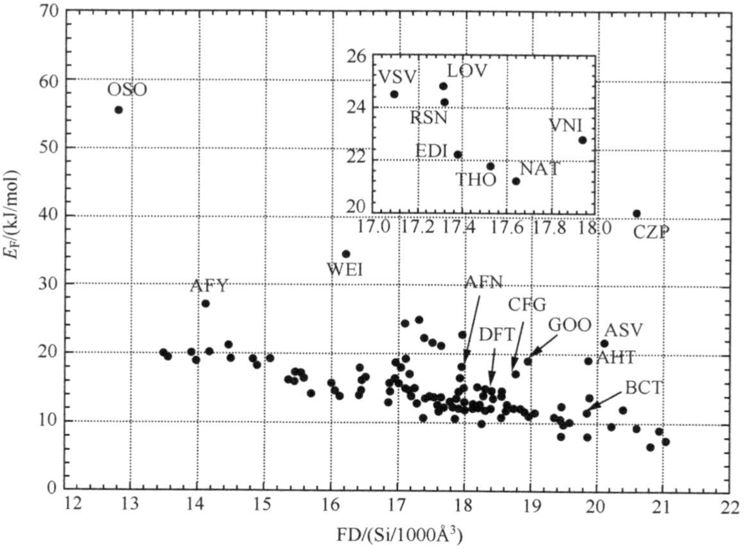

图 7-28 已知分子筛结构中骨架能量与骨架密度的线性关系[86]

7.2.7.2 骨架柔性规则

因为骨架能量与骨架密度的关系只适用于传统组成的分子筛结构,因此无法直接用来判断一个假想结构是否可以用非传统的骨架元素合成出来。随着越来越多不符合这条规律的分子筛结构被合成出来,人们开始尝试寻找一种具有更普遍适用性的结构判断依据。2006 年,M. F. Thorpe 等发现,在不改变分子筛结构中四面体构型的前提下,一些分子筛的骨架在理论上可以进行一定程度的收缩或膨胀[91]。

如图 7-29 所示,FAU 分子筛可以在不引起其内部四面体扭曲的前提下在一定程度上进行收缩,收缩到达极限时其骨架密度为 16.8T/1000Å^3;FAU 也可以在一定程度内进行膨胀,膨胀到达极限时其骨架密度为 13.2T/1000Å^3。FAU 在极度膨胀和极度收缩时的密度差被 M. F. Thorpe 等称为柔性区间。后来人们发现,其实大多数分子筛骨架结构都存在这种不会导致内部四面体扭曲的柔性区间。人们普遍认为,正因为有这种柔性区间的存在,分子筛的骨架结构才有可能与骨架外的结构导向剂进行有效的结合。因此,如果一个假想的分子筛骨架结构存在这种柔性区间,那么这种假想结构很可能在化学上是可以被实现的;反之则不可能[92-96]。利用柔性区间的存在与否作为判据,人们发现只有很少的假想分子筛结构是真正有可能被合成出来的。

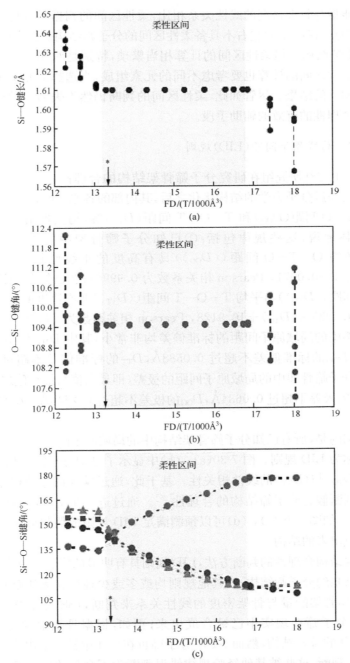

图 7-29　纯 Si 组成的 FAU 分子筛的柔性区间(灰色区域)。在柔性区域外，FAU 骨架
中的四面体将产生扭曲。图中分别显示了 FAU 骨架密度与 (a) Si—O 键长、
(b) O—Si—O 键角及(c) Si—O—Si 键角的线性关系[91]

和骨架能量与骨架密度的线性关系相比,柔性区间的判据具有更广泛的适用性。到目前为止,仅有十种左右不具备柔性区间的分子筛结构是真实存在的,如纯Si组成的STW结构。但柔性区间的计算相当繁琐,特别是对那些复杂的分子筛结构;同时,柔性区间的计算也要考虑不同的元素组成,当选择的元素不同时甚至会得到完全相反的结果。尽管如此,柔性区间的判断仍然不失为一种可以用来判断假想结构合理性的有效的辅助手段。

7.2.7.3　局域原子间距(LID)规则

2013年,于吉红研究组在研究分子筛骨架结构的合理性时发现:所有已知的分子筛骨架在经过分子力学的结构优化之后,其内部的各原子间距,即T—O间距(D_{TO})、O—T—O间距(D_{OO})和T—O—T间距(D_{TT})等,均呈现出非常明显的规律性[25]。具体地说,这些规律包括:①已知分子筛骨架中的平均T—O间距($\langle D_{TO} \rangle$)与平均O—T—O间距($\langle D_{OO} \rangle$)具有高度的正线性相关性($\langle D_{OO} \rangle$=1.6284×$\langle D_{TO} \rangle$+0.0071,Pearson相关系数为0.9998);②已知分子筛骨架中的平均T—O间距($\langle D_{TO} \rangle$)与平均T—O—T间距($\langle D_{TT} \rangle$)具有高度的负线性相关性($\langle D_{TT} \rangle$=－4.8929×$\langle D_{TO} \rangle$+10.9128,Pearson相关系数为－0.9981);③已知每个分子筛骨架中的局域原子间距的标准偏差均非常小,其中D_{TO}的标准偏差不超过0.0196Å,D_{OO}的标准偏差不超过0.0588Å,D_{TT}的标准偏差不超过0.0889Å;④已知每个分子筛骨架中的局域原子间距的极差(即最大值与最小值之差)均非常小,其中D_{TO}的极差不超过0.0634Å,D_{OO}的极差不超过0.2746Å,D_{TT}的极差不超过0.3332Å。

需要强调的是,所有已知分子筛骨架结构中的局域原子间距均满足上述规律,这些规律统称为LID规则。图7-30(a),(b)中显示了已知分子筛结构中$\langle D_{TO} \rangle$与$\langle D_{OO} \rangle$以及$\langle D_{TO} \rangle$与$\langle D_{TT} \rangle$的线性相关性。基于此,通过验证假想结构是否满足这些规律可以判断假想分子筛结构的合理性[25]。通过进一步对665种假想分子筛结构进行计算,如图7-30(c),(d)可以预测满足LID规则的假想分子筛是有可能在实验中合成出来的结构。

对比其他结构合理性的判断方法,LID规则具有明显的优势。首先,LID规则适用于所有已知的分子筛结构,而其他规则均或多或少地存在无法解释的例外情况。例如,根据骨架能量与骨架密度的线性关系来判断,JSR是不合理的骨架结构,然而JSR分子筛在现实中已被合成出来;再如,根据骨架柔性规律来判断,STW是不合理的骨架结构,然而STW分子筛也在现实中被合成出来。如果采用LID规则进行判断,这些被其他经验规律错误判断为不合理的分子筛结构事实上都是合理的,这与实验结果相符。事实上,LID规则是目前唯一一个可以解释所有已知分子筛结构合理性的判断依据。其次,与其他判定方法相比,LID规则对不合

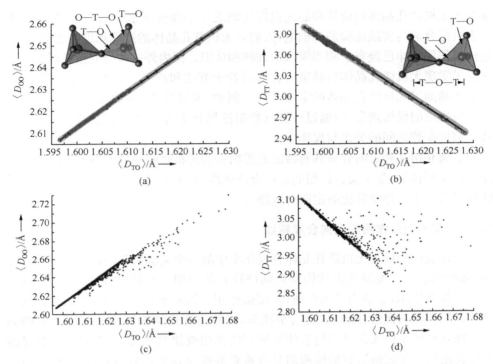

图 7-30　根据 LID 规则判断假想结构的合理性：(a) 已知分子筛骨架中 T—O 间距(D_{TO})与 O—T—O 间距(D_{OO})的线性关系；(b) 已知分子筛骨架中 T—O 间距(D_{TO})和 T—O—T 间距(D_{TT})的线性关系；(c) 假想结构中 T—O 间距(D_{TO})与 O—T—O 间距(D_{OO})的线性关系；(d) 假想结构中 T—O 间距(D_{TO})和 T—O—T 间距(D_{TT})的线性关系。图中每个黑点代表一种假想的分子筛骨架结构，黑色直线是 LID 规则①和②中的回归直线。位于回归直线上的假想结构符合 LID 规则①和②，而直线外的结构则不符合，因此可以判定为不合理的结构[25]

理结构具有更高的检出率。这是因为其他经验方法研究的是结构中总体的平均性质，因而往往会忽略局部结构中细微的不合理情况。LID 规则既考虑了结构中总体的平均性质，又考虑到结构中局部的精细结构，因此具有对不合理结构更高的检出率。LID 规则的另一个优势是其计算相对比较简单，因此可以用来对可能存在的大量假想结构快速进行合理性的判断。同时，根据得到的 LID 数据，特别是结构中平均的 T—O 间距，还可以定性地判断实现某种特定假想结构所需要的骨架元素种类。

7.3　无机微孔晶体材料定向合成的方法与途径

目前，无机微孔晶体材料的定向设计合成已引起了人们极大的关注。尽管当前对于无机微孔晶体的成核和晶化机理还缺乏原子和分子水平的认识,但是在半个多世纪合成与实践经验的基础上,人们对无机微孔晶体的造孔和组装规律,特别是模板作用规律已经有了相当深入的理解和认识。国内外一些研究组已经成功地开发了实现无机微孔晶体材料定向合成的若干方法和途径。特别是,计算机模拟极大地辅助了无机微孔晶体的定向合成。例如,通过分子模拟可以预测适合于特定孔道生成的模板剂分子;通过计算机数据挖掘技术可以建立复杂的合成反应参数与结构参数之间的关系与规律。

下面介绍几种定向合成具有特定孔道结构的无机微孔晶体的理论方法和实现途径。主要包括:基于模板作用的定向合成路线、基于杂原子取代作用的定向合成路线以及基于拓扑学转化的定向合成路线。

7.3.1　基于模板作用的定向合成路线

模板效应问题是无机微孔晶体合成化学中的一个关键科学问题。在无机微孔晶体的合成中,模板剂或称结构导向剂(SDA)的作用主要体现在以下三个方面:①空间填充作用;②结构导向作用;③模板作用。模板剂物种的属性,如其几何特性(尺寸、形状)、极性、刚性、电性、手性等,对特定孔道结构的形成有着重要的影响。深入理解主体无机骨架与客体模板剂的作用规律和本质,对于定向选择导向特定孔道结构生成的适宜的模板剂具有重要的指导意义。近年来,计算机模拟技术极大地辅助了合成化学的发展[97-108]。通过理论计算可以有效地预测生成某一特定结构的模板剂分子,在实验中合理地选择模板剂则可以有效地实现目标结构的定向合成。

7.3.1.1　基于分子模拟预测模板剂

1996 年,D. W. Lewis 等开发了一种从头分子设计(*de novo* molecular design)的方法预测生成微孔结构的模板剂分子。对于一个特定的孔道结构,一个适宜的模板剂必须有效地填充在骨架中空旷的空间,也就是说,至少在空间上达到最佳的几何匹配。D. W. Lewis 等的设计思想是通过计算机方法在特定的孔道限域内"生长"模板剂分子[99]。生长始于置于主体孔道内的一个种子分子,然后利用碎片库作为新原子源,通过许多任意的运动生长,包括构筑、旋转、震动、摇摆、键扭曲、环形成,最后进行能量最小化优化处理。分子的生长过程受控于一个基于 van der Waals (VDW)球重叠的价值函数:

$$f_c = \sum C(tz)/n \tag{7-4}$$

$C(tz)$表示一个模板剂原子 t 和任何主体原子 z 间的最近接触,n 为模板剂中的原子数。在上述过程中,模板剂的运动被分为一系列小的步骤,只有 f_c 增加运动才能继续。这种方法可以允许模板剂分子在主体的最大可利用空间内快速地定位,并达到与主体骨架最佳的几何互配。

　　图 7-31 以生成 LEV 拓扑结构的模板剂为例,展示了以甲烷为种子,LEV 结构中的候选模板剂 1,2-二甲基环己烷的生长过程。计算结果表明,1,2-二甲基环己烷与主体骨架具有高的键合能量。在实验中,通过选择其氨基类似物 1,2-二甲基环己胺作为模板剂,与 LEV 同构的含钴磷酸铝分子筛 DAF-4 被成功地合成出来。这种从头分子设计的计算机模拟方法可以有效地预测生成适合于特定孔道结构的模板剂分子。

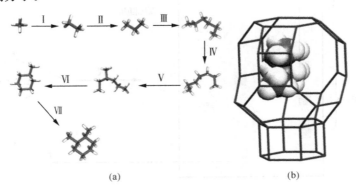

(a)　　　　　　　　　　　　　　　(b)

图 7-31　(a) 在 LEV 结构中候选模板剂 1,2-二甲基环己烷的生长过程。以甲烷为种子,烷基链在限域的 LEV 结构中生长(Ⅰ～Ⅴ)。选中与一个原子相连接的第五个原子,当它与首个原子的间距小于 0.3nm 时,环的高度扭曲导致了 1,2-二甲基环己烷在Ⅵ过程中的构象,环的多取代由此发生,Ⅶ指代 1,2-二甲基环己烷;(b) 计算并模拟模板剂在 LEV 笼中的位置[99]

　　2013 年,M. W. Deem 研究组结合遗传算法,开发了一种新的计算程序用来预测合成分子筛微孔晶体的模板剂[109]。为了实现这种算法,他们建立了一个包含 10 000 多种有机胺的模板剂库。同时通过模拟 80 多种经典的有机反应对已有的有机胺加减基团,在理论上产生出大量新颖的模板剂。采用遗传算法,他们从得到的大量的有机胺中选择出最适合 AEI、ITE 和 STF 分子筛形成的模板剂。在选择的过程中,分别考虑了模板剂的稳定性、刚性、体积、主客体相互作用等因素。图 7-32 显示了这种基于遗传算法预测模板剂的流程图。图 7-33 中显示的是理论上最适合 STF 形成的模板剂(化合物 3827)。因为这种遗传算法是全程可回溯的,因此从目标模板剂 3827 出发,可以查询目标模板剂的反应原料(MF-CD00128867 与 MFCD00191859)和反应路径(Buchwald-Hartwig 反应和去氰基反应,中间产物为 1151)。这种方法可以高效地为合成已知分子筛筛选更为廉价、有效的模板剂,同时也为新型分子筛的定向设计合成提供指导[109]。

　　利用主体无机骨架与客体模板剂分子的非键相互作用能量,可以有效地评价有机胺对特定无机骨架结构生成的模板能力。于吉红、徐如人等利用分子力学的

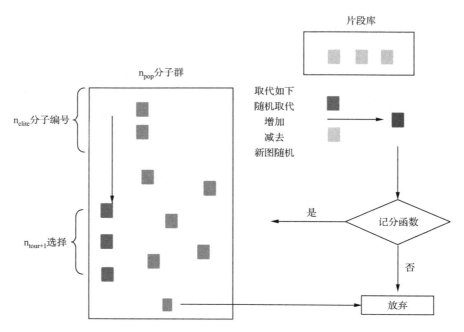

图 7-32　基于遗传算法预测模板剂的流程图[109]

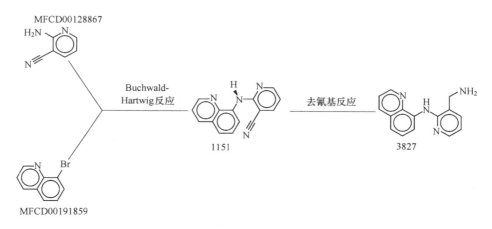

图 7-33　理论上最适合合成 STF 分子筛的有机模板剂(化合物 3827)的产生过程[109]

方法研究了有机胺对二维层孔和三维开放骨架磷酸铝结构生成的模板能力[110, 111]。研究表明,主客体间弱的非键相互作用能量,即氢键和 VDW 作用能量,可以反映出有机胺的模板能力。适宜的模板剂分子与主体骨架具有较低的非键相互作用能量。通过理论计算,可以预测出适合于特定孔道结构生成的模板剂分子,从而有效地地指导了一些具有特定孔道结构磷酸盐化合物的定向合成。

　　利用计算化学方法可以有效地预测适合于特定孔道结构生成的模板剂分子。但是必须清楚模板剂只有在适合的凝胶化学环境中才能够发挥模板作用。组合化学是一种高通量的合成途径[112]，已被引入无机微孔晶体材料的水热/溶剂热合成中，并在新材料的开发中展示出巨大的潜力[113-117]。通过这种方法，可以快速高效地筛选最佳反应条件。于吉红、徐如人等以磷酸铝分子筛 $AlPO_4$-21 为例，展示了计算化学和组合化学指导定向合成的途径[118]。

　　$AlPO_4$-21（AWO）的骨架由交替的 $AlO_4/AlO_4(OH)$ 和 PO_4 通过桥氧原子连接而成，它具有沿[001]方向的 8 元环孔道（图 7-34），质子化的有机胺分子位于孔道内，与骨架的桥氧原子形成氢键。通过分子力学模拟方法，考察了不同有机胺对于 $AlPO_4$-21 生成的模板能力。表 7-5 列出了各种不同的有机胺与 $AlPO_4$-21 主体骨架的相互作用能量。在实验中，二甲胺、乙胺、正丙胺、乙二胺、四氢吡咯、N,N,N',N'-四甲基-1,3-丙二胺都曾被用作合成 $AlPO_4$-21 的模板剂。计算结果给出，二甲胺、乙胺、正丙胺、乙二胺、四氢吡咯与 $AlPO_4$-21 均具有较低的非键相互作用能量（$-52.54\sim-57.19kJ/mol$），表明它们具有相似的模板能力。值得注意的是，N,N,N',N'-四甲基-1,3-丙二胺与主体骨架具有较高的非键相互作用能量（$-33.49kJ/mol$），说明它不利于 $AlPO_4$-21 的生成。事实上，在晶化过程中，N,N,N',N'-四甲基-1,3-丙二胺被分解为二甲胺分子，二甲胺是真正导向 $AlPO_4$-21 生成的模板剂分子。

图 7-34　沿[001]方向具有 8 元环孔道的 $AlPO_4$-21（AWO）结构图。
灰：AlO_4；浅灰：AlO_5；黑：PO_4[118]

　　计算结果表明，乙醇胺和三甲胺与骨架也具有较低的非键相互作用能量（$-56.44kJ/mol$ 和 $-56.73kJ/mol$），说明它们也适宜导向 $AlPO_4$-21 的生成。通过组合水热合成途径，研究了以上述实验模板剂以及理论预测的有机胺为模板剂形成 $AlPO_4$-21 的晶化条件。反应体系为：$1.0Al(O^iPr)_3$-xH_3PO_4-yR-255H_2O

表 7-5　各种不同的有机胺与 AlPO$_4$-21 主体骨架的相互作用能量(E_{inter},kJ/mol)*

No.	模板剂(R)	E_{VDW}	$E_{H\text{-bond}}$	E_{inter}
1	**二甲胺**	**−55.10**	**0**	**−55.10**
2	**乙胺**	**−56.52**	**−0.679**	**−57.19**
3	**正丙胺**	**−53.88**	**−0.38**	**−54.26**
4	**乙二胺**	**−39.31**	**−13.23**	**−52.54**
5	**四氢吡咯**	**−56.98**	**0**	**−56.98**
6	**N,N,N',N'-四甲基-1,3-丙二胺**	**−33.49**	**0**	**−33.49**
7	<u>乙醇胺</u>	−56.44	0	−56.44
8	<u>三甲胺</u>	−56.73	0	−56.73
9	甲胺	−39.98	−1.05	−41.03
10	N,N,N',N'-四甲基乙胺	−34.29	0	−34.29
11	1,3-丙二胺	−22.73	−0.29	−23.03
12	1,6-己二胺	−26.08	0	−26.08

* 黑体为实验所用模板剂;下划线为预测的模板剂。

(x 和 y 在 1.0~7.0 之间变化,R:有机胺模板剂),晶化温度 180℃,晶化时间 5 天。表 7-6 中列出了利用组合化学高通量合成途径筛选的晶化范围。当选用较高能量的 N,N,N',N'-四甲基-1,3-丙二胺作模板剂时,通过对样品 7 的单晶结构解析显示,在 8 元环孔道中的模板剂分子为两个质子化的二甲胺分子。二甲胺是在晶化过程中由 N,N,N',N'-四甲基-1,3-丙二胺分解而形成。

表 7-6　AlPO$_4$-21 的晶化条件

样品	模板剂(R)	晶化范围	晶相
1	四氢吡咯	$1.0Al(O^iPr)_3$-(3.0~4.0)H_3PO_4-(4.0~7.0)R	AlPO$_4$-21
2	乙胺	$1.0Al(O^iPr)_3$-(1.0~4.0)H_3PO_4-(1.0~7.0)R	AlPO$_4$-21
3	二甲胺	$1.0Al(O^iPr)_3$-(1.0~5.0)H_3PO_4-(3.0~7.0)R	AlPO$_4$-21
4	正丙胺	$1.0Al(O^iPr)_3$-(3.0~5.0)H_3PO_4-(5.0~7.0)R	AlPO$_4$-21
5	乙醇胺	$1.0Al(O^iPr)_3$-(1.0~5.0)H_3PO_4-(1.0~7.0)R	AlPO$_4$-21
6	三乙胺	$1.0Al(O^iPr)_3$-(1.0~2.0)H_3PO_4-(9.0~7.0)R	AlPO$_4$-21
7	N,N,N',N'-四甲基-1,3-丙二胺	$1.0Al(O^iPr)_3$-(1.0~2.0)H_3PO_4-(1.0~7.0)R	AlPO$_4$-21
8	1,3-丙二胺	$1.0Al(O^iPr)_3$-(1.0~2.0)H_3PO_4-(1.0~3.0)R	$[NH_3(CH_2)_3NH_3][Al_2P_2O_8(OH)_2(OH_2)_2]H_2O$
9	1,6-己二胺	$1.0Al(O^iPr)_3$-(1.0~2.0)H_3PO_4-(1.0~3.0)R	AlPO-HDA

　　P. A. Wright 等利用分子模拟发展了分子筛微孔晶体的共模板合成路线[119],并成功实现了具有 SAV 和 KFI 骨架拓扑结构的含硅磷酸铝分子筛的定向合成。利用分子模拟预测模板剂分子是指导无机微孔晶体材料定向合成的一个直接、有效的途径。

7.3.1.2　基于模板剂设计合成特殊孔道结构

　　前面提到,模板剂物种的几何特性(尺寸、形状)、极性、刚性、电性、手性等,对特定孔道结构的形成有着至关重要的影响。基于对这些因素的考虑,可以合理地选择有利于导向特定孔道结构的模板剂分子。这里主要以超大孔道和手性孔道结构无机微孔晶体为例来展示这一合成途径。

　　1) 超大孔道结构的设计合成

　　具有超大孔道的无机晶体材料在大分子的催化和分离方面具有重要的应用前景,其设计合成一直是无机多孔材料领域的研究热点之一[120]。合成超大孔道无机晶体的一个最直接的途径一般是采用刚性、大尺寸、具有合适极性的有机胺作为模板剂。这一途径适合于低骨架密度的超大孔道结构的合成。在后面提到的杂原子取代途径中将介绍刚性大尺寸有机模板剂结合采用锗原子取代的方法设计合成具有超大孔道分子筛的一些实例。

　　另外,也可以利用多个小尺寸的有机胺的协同模板作用导向超大孔道无机晶体的生成。2006 年,于吉红研究组报道了以小尺寸的丁胺作为模板剂合成具有 24 元环超大孔道结构的亚磷酸锌化合物 $[(C_4NH_{12})_2][Zn_3(HPO_3)_4]$(ZnHPO-CJ1)[121]。如图 7-35 所示,其结构是由严格交替连接的 ZnO_4 四面体和 HPO_3 假四面体通过共顶点氧原子连接构成。8 个质子化的丁胺分子位于每个 24 元环窗口中,其—NH_3^+ 基团与骨架存在 N⋯O 氢键作用。与 ZnHPO-CJ1 类似的许多具有

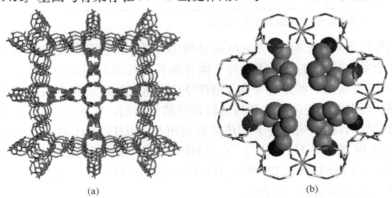

(a)　　　　　　　　　　　　　　(b)

图 7-35　(a) ZnHPO-CJ1 沿[001]方向的开放骨架结构,含有超大 24 元环和 8 元环孔道;
(b) 8 个质子化的丁胺分子位于 24 元环孔道中,H 原子被省略[121]

超大孔道高骨架密度的微孔晶体,它们的超大孔道也都是由多个小尺寸的有机胺分子协同地导向生成。

通过考察主客体间的电荷匹配、空间匹配和依据分子力学计算的主客体相互作用能量,可以从理论上预测适合于生成这样一超大微孔结构的其他有机胺模板剂[122]。骨架电荷/骨架 T 原子数,以及模板剂电荷/模板剂非氢原子数分别被定义为骨架电荷密度 CD_{frame} 和有机胺电荷密度 CD_{tem}。利用 Materials Studio 软件基于溶剂表面(一个溶剂的半径为 0.10nm)可以计算主体骨架空旷空间的自由体积 V_{free},而 V_{occ} 为客体模板剂分子在自由状态下的占有体积。利用 Cerius^2 软件在 Burchart1.01-Dreiding2.21 力场下计算主客体间的非键相互作用能量[122]。计算结果如表 7-7 所示。

表 7-7　计算的有机胺的电荷密度(CD_{tem})和占有体积(V_{occ}),以及主客体的相互作用能量(E_{inter},kJ/mol)及氢键作用能量($E_{H\text{-bond}}$,kJ/mol)

序号	有机胺	$V_{occ}/(\times 10^{-3}\,nm^3)$	CD_{tem}	E_{inter}	$E_{H\text{-bond}}$
1	正丁胺	773.44	0.2	-326.24	-166.93
2	正丙胺	665.68	0.25	-344.11	-175.13
3	环己胺	852.16	0.14	-297.85	-175.01
4	环戊胺	813.44	0.17	-296.22	-187.11
5	1,6-己二胺	561.8	0.25	-176.18	-74.57
6	1,8-辛二胺	726.76	0.2	-155.04	-79.93
7	1,9-壬二胺	854.72	0.18	-181.80	-114.13
8	1,10-癸二胺	860.04	0.17	-71.47	-34.58
9	二乙烯三胺	501.08	0.29	-181.96	-98.47
10	二氨基二环辛烷	486.52	0.25	-112.25	-14.70

注:黑体为实验模板剂;下划线为预测模板剂。

在选择模板剂分子时,首先它应满足与主体骨架的空间匹配和电荷匹配。在满足这两个条件的基础上,还需要与主体骨架具有较低的相互作用能量。基于上述原则,可以预测出一些适合导向 ZnHPO-CJ1 超大孔道结构生成的模板剂。例如,环己胺、环戊胺和正丙胺被预测为较合适的模板剂。实验上,选择用这三种理论预测的模板剂,在水热条件下均成功合成出与 ZnHPO-CJ1 具有相同超大孔道 24 元环结构的($C_6H_{14}N$)$_2$[Zn_3(HPO_3)$_4$]($ZnHPO$-CJ2),($C_5H_{12}N$)$_2$ [Zn_3(HPO_3)$_4$]($ZnHPO$-CJ3)和($C_3H_{10}N$)$_2$[Zn_3(HPO_3)$_4$]($ZnHPO$-CJ4)[123]。

　　2)手性孔道结构的设计合成

手性分子筛由于在对映体选择分离和手性催化方面的重要应用前景[124-127],其合成一直是分子筛合成领域的一个重要研究方向[128]。采用手性模板剂是合成手性分子筛的最直接途径[129]。在早期,人们一直试图利用手性有机胺模板剂合成手性分子筛,一些手性的有机胺被用于合成高硅分子筛。然而,所生成的骨架结构如 SSZ-24、CIT-5、CIT-1 和 ZSM-12 等并不具有手性特征。这说明有机胺的手性未能有效地传递至无机主体骨架。其原因在于主客体间缺乏足够强的非共价键作用从而导致手性传递的发生。于吉红等提出,为了使模板剂的手性传递作用发生,模板剂与主体骨架间强于 VDW 作用的多点、协同的非共价键作用可能是十分必要的[130, 131]。众所周知,多重的氢键在化学和生物体系的超分子自组装方面协同地发挥着巨大的作用。因此,氢键在手性传递中可能会发挥重要的作用。

1995 年,K. Morgan 研究组首次采用手性钴胺配合物为模板剂合成出层状磷酸铝化合物[132]。于吉红研究组系统地研究了手性配合物模板剂对金属磷酸盐开放骨架结构的手性传递作用[133]。合成中常用的手性金属配合物阳离子有 $Co(en)_3^{3+}$、$Co(tn)_3^{3+}$、$Co(dien)_2^{2+}$ 以及 $Ir(en)_3^{3+}$、$Ir(chxn)_3^{3+}$(en=乙二胺,tn=丙二胺,dien=二乙烯三胺,chxn=环戊二胺)。这些八面体配合物是手性的,它们以 Δ 或 Λ 构象形式存在。大量的研究表明,主客体间存在着分子识别,氢键作用使这些金属配合物的手性可以传递到无机主体骨架上。下面 JLU-9 为例阐明手性传递作用的现象与实质。

$[Co(en)_3][Zn_4(H_2PO_4)_3(HPO_4)_2(PO_4)(H_2O)_2]$(JLU-9)结晶在 $Pbcn$ 空间群,晶胞参数 $a=10.4787(8)$Å, $b=20.0091(14)$Å,$c=14.9594(10)$Å[133]。以 Zn 为中心的四面体和以 P 为中心的四面体相互交替连接,形成沿[001]方向具有 16 元环孔道的开放骨架结构(图 7-36)。$[H_2PO_4]^{2-}$ 基团伸向孔道,每一个孔道中存在 $Co(en)_3^{2+}$ 阳离子的一对对映体。JLU-9 的无机骨架结构可以看作是以三个 4 元环构成的结构单元构筑,如图 7-36 所示。这些结构单元沿[001]方向堆积,在

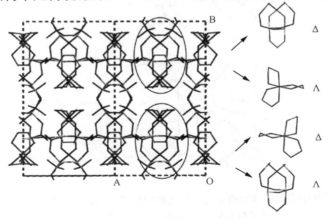

图 7-36　JLU-9 的骨架结构。结构中 Λ 构象的配合物离子紧挨着 Δ 构象的手性结构单元,
Δ 构象的配合物离子紧挨着 Λ 构象的手性结构单元[133]

[100]和[010]方向通过氧原子连接起来形成三维骨架结构。这些结构单元沿着其对称轴方向或向左手方向扭曲（被定义为 Δ 构象），或向右手方向扭曲（被定义为 Λ 构象）。它们与化合物中的手性配合物阳离子一样，均具有 C2 对称性。值得注意的是，每一个手性无机结构单元与一个手性配合物阳离子密切相关。Δ 构象的配合物离子紧挨着 Λ 构象的手性结构单元，Λ 构象的配合物离子紧挨着 Δ 构象的手性结构单元。配合物模板剂与无机主体结构间的这种显著的特定立体相关性表明：主客体间存在着分子识别，它允许客体模板剂的构象信息和对称性信息传递到主体骨架上。

主客体间的氢键关系可以很好地解释所观察到的手性分子识别现象。图 7-37 显示了配合物离子与周围的手性结构单元间的 N—H⋯O 氢键作用，N⋯O 距离为 0.2917～0.3066(8)nm。值得注意的是，同一构象的手性结构单元只与同一构象的手性配合物形成氢键，这表明主客体间存在着一种手性选择识别，即手性识别效应。如果将 Λ 构象的配合物取代 Δ 构象的晶格位置，或相反，实验结构同"倒反"的假想结构间氢键作用的能量差为 −27.13(kJ/mol)/[Co(en)₃]²⁺。进一步发现，配合物阳离子与手性结构单元以二重轴相关。因此，可以得出这样的结论：氢键作用将手性配合物模板剂的 C2 对称性操作施加于手性无机结构单元。主客体间的手性分子识别是通过氢键作用而发生的。

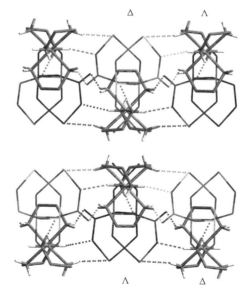

图 7-37　JLU-9 中手性配合物离子与手性无机结构单元间的氢键作用。同一构象的手性结构单元只与同一构象的手性配合物形成氢键[133]

[H₃O][Co(dien)₂][Zn₂(HPO₄)](JLU-10)具有多方向交叉的手性孔道[134]。

正交晶系,空间群为 $Fdd2$(No. 43),晶胞参数 $a=9.271(4)$Å, $b=19.781(9)$Å, $c=27.045(8)$Å。其无机骨架由交替的 ZnO_4 四面体和[HPO_4]$^{2-}$ 四面体构成。JLU-10 的骨架只含有 12 元环。每个四面体配位的 Zn 原子与 6 个 12 元环相关,这样的 12 元环相互连接产生出一个非常空旷的、多方向的手性孔道体系。图 7-38(a)给出了 JLU-10 沿[100]方向的骨架结构。沿此方向,它含有 12 元环孔道,单一手性的[Co(dien)$_2$]$^{3+}$ 阳离子位于其中。图中第 I 排和第 II 排的配合物阳离子是以 d-滑移面相关的一对对映体。每一个 12 元环孔道由两条相互缭绕的同一手性的螺旋线围成[图 7-38(b)]。图 7-39 给出的是 JLU-10 沿[110]方向的骨架,沿[110]方向除了 12 元环孔道外,还有开口像 8 元环的孔道。事实上,它们是分别由左手螺旋链和右手螺旋链围成的手性孔道。此外,JLU-10 在[1$\bar{1}$0]、[411]、[41$\bar{1}$]、[011]、[0$\bar{1}$1]、[031]、[0$\bar{3}$1]、[101]和[10$\bar{1}$]方向均具有手性孔道。

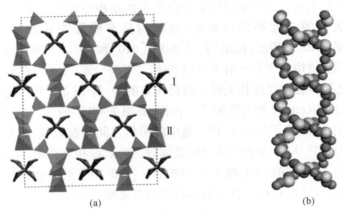

(a)　　　　　　　　　　(b)

图 7-38　(a) JLU-10 沿[100]方向的骨架结构,[Co(dien)$_2^{3+}$]阳离子位于 12 元环孔道中;
(b) 两条相互缭绕的同一手性的螺旋线围成了 12 元环孔道[134]

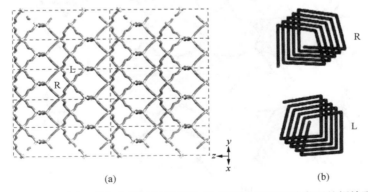

(a)　　　　　　　　　　(b)

图 7-39　(a)沿着[110]方向展示了骨架的 12 元环孔道和两种类型的螺旋孔道;
(b) R 型和 L 型的螺旋孔道[134]

　　JLU-10 的骨架还可以看作是由一个简单的以 Zn(1) 为中心的四面体单元构成,它含有 4 个悬挂的 PO_4 基团,这些单元通过 Zn(2) 原子连接成三维结构。值得注意的是,这些结构单元是手性的,它们与手性配合物阳离子 $[Co(dien)_2]^{3+}$ 一样都具有 C2 对称性。每一个手性 $[Co(dien)_2]^{3+}$ 模板剂只与同一手性的无机手性结构单元形成氢键,它们之间以二重轴对称性相关。

　　上述研究表明,主客体间的氢键作用对于手性传递是十分重要的。最近,于吉红研究组利用手性金属有机胺配合物的结构导向作用,成功合成出两例新型镓锗酸盐分子筛 $[Ni(en)_3][Ga_2Ge_4O_{12}]$ (GaGeO-CJ63)[135] 以及 $|[Ni(1,2\text{-}PDA)_3]_{36}$ $Ni_{4.7}|[Ga_{81.4}Ge_{206.6}O_{576}]$(1,2-PDA＝1,2-丙二胺)(JU64)[136],它们呈现出两种新的分子筛结构类型,并被国际分子筛协会收录,分别命名为 JST 和 JSR。

　　GaGeO-CJ63[135](JST) 是由在晶化过程中自组装形成的 $Ni(en)_3^{2+}$ 阳离子作为模板剂而导向生成。其骨架结构完全由最小的结构单元 3 元环构筑而成,由于结构中含有大量的 3 元环结构单元,该结构具有较低的骨架密度值 10.5T/1000Å^3。如图 7-40(a)所示,该结构在[100]、[010]和[001]方向上具有三维交叉的 10 元环孔道,结构中含有一对手性对映体 $[3^46^110^3]$ 笼,与手性模板剂 $Ni(en)_3^{2+}$ 金属配合物之间存在着立体相关性。值得注意的是,每个 $[3^46^110^3]$ 笼中心都被 Δ-$Ni(en)_3^{2+}$ 或 Λ-$Ni(en)_3^{2+}$ 配合物阳离子占据,如图 7-40(b)所示。金属配合物阳离子 $Ni(en)_3^{2+}$ 中的 N 原子与 $[3^46^110^3]$ 笼中的桥氧之间存在着氢键,每个金属配合物阳离子 $Ni(en)_3^{2+}$ 与 $[3^46^110^3]$ 笼之间是通过三个氢键相互作用,N…O 之间的距离为 2.981(7)Å,2.926(6)Å 和 3.003(6)Å。$[3^46^110^3]$ 笼与金属配合物阳离子 $Ni(en)_3^{2+}$ 均具有 C3 对称性。分子力学模拟结果表明,GaGeO-CJ63 的骨架结构与

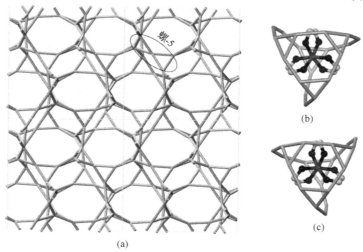

图 7-40　(a)GaGeO-CJ63 结构示意图;(b)(c)模板剂及手性对映体笼[135]

手性 $Ni(en)_3^{2+}$ 金属配合物阳离子之间存在着分子识别,因而金属配合物阳离子 $Ni(en)_3^{2+}$ 的对称性和构象信息被传递到 GaGeO-CJ63 的笼上。

JU64[136](JSR)是以在晶化过程中自组装形成的[$Ni(1,2\text{-}PDA)_3$]$^{2+}$ 阳离子作为模板剂而导向生成。其结构可以描述为单六元环,双六元环通过螺-5 单元连接构成的三维骨架结构。如图 7-41(a)所示,单六元环与双六元环通过螺-5 单元连接形成一个具有 11 元环窗口的二维层。这些层与层之间进一步通过螺-5 单元连接形成具有三维交叉的 11 元环孔道结构,如图 7-41(b)所示。

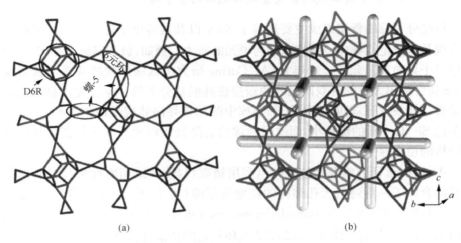

| (a) | (b) |

图 7-41   (a) 单六元环与双六元环构成的单层;(b) JU64 在最高拓扑对称性 $P a \bar{3}$ 下的结构,以三个方向上的柱表示其三维 11 元环交叉孔道[136]

值得注意的是,结构中有两对[$3^{12}4^36^211^6$]手性孔穴,分别具有 C1 和 C3 对称性。图 7-42(a)是一对具有 C1 对称性的[$3^{12}4^36^211^6$]孔穴,每一个 C1 对称性的孔穴中包含两个相同手性构象的[$Ni(1,2\text{-}PDA)_3$]$^{2+}$ 配合物阳离子;图 7-42(b)是一

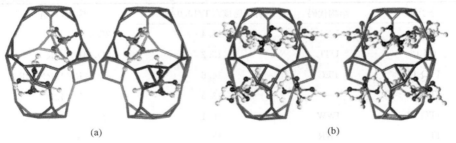

| (a) | (b) |

图 7-42   (a)一对具有 C1 对称性的[$3^{12}4^36^211^6$]对映体孔穴,分别含有两个 Δ-和 Λ-构象的 [$Ni(1,2\text{-}PDA)_3$]$^{2+}$ 配合物阳离子;(b)一对具有 C3 对称性的[$3^{12}4^36^211^111^6$]对映体孔穴,周围分别有六个 Λ-和 Δ-构象的[$Ni(1,2\text{-}PDA)_3$]$^{2+}$ 配合物阳离子[136]

对具有 $C3$ 对称性的 $[3^{12}4^36^211^111^6]$ 孔穴,每一个 $C3$ 对称性的孔穴周围有六个相同手性构象的 $[\text{Ni}(1,2\text{-PDA})_3]^{2+}$ 配合物阳离子,六个配合物阳离子的一小部分插入 $C3$ 孔穴中。所有 $[\text{Ni}(1,2\text{-PDA})_3]^{2+}$ 配合物阳离子通过 N 原子与 $[3^{12}4^36^211^6]$ 孔穴上的 O 原子存在氢键相互作用,N⋯O 距离在 2.911~3.341Å 之间。

7.3.2　基于杂原子取代作用的定向合成路线

7.3.2.1　基于锗取代硅合成含双四元环的分子筛

传统分子筛的骨架组成主要是基于 SiO_2 以及其等电子体 $AlPO_4$。某些元素被发现具有稳定或导向一些特殊结构单元的能力。例如,铍和锌易于导向 3 元环,而锗易于导向双四元环。近年来,A. Corma 研究组以锗取代硅并采用新型模板剂,成功合成出大量的含双四元环的新型锗硅酸盐分子筛。锗优先占据双四元环的位置。锗在含有双四元环分子筛形成中的结构导向效应是由于 Ge—O—Ge 的键角比 Si—O—Si 的键角小,而这样的键角会降低双四元环的几何张力从而有利于结构的稳定性[137, 138]。

A. Corma 研究组及其他研究组利用锗取代硅,并采用刚性大尺寸有机模板剂成功合成了一系列超大孔结构的新型分子筛(表 7-8)。引人注目的是,姜久兴等[139] 以 $(2'R, 6'S)$-2′, 6′-dimethylspiro [isoindole-2, 1′-piperidin-1′-ium]为结构导向剂,合成出具有三维 18×12×12 元环孔道的新型硅锗分子筛 ITQ-44[140]。有趣的是,在这个结构中不仅存在双四元环而且还出现了新颖的双三元环。锗优先占据双四元环和双三元环。ITQ-44 与 ITQ-33[141] 具有相同的结构单元(图 7-43)。ITQ-33 的 10 元环孔道可以通过 σ 扩展形成 ITQ-44 的 12 元环孔道,同时 ITQ-33 的 3 元环结构单元转变为 ITQ-44 的双三元环。在与 ITQ-44 相同的反应体系下,

表 7-8　一些 Ge 原子取代的分子筛结构

分子筛	结构代码	骨架密度/(T/1000Å³)	维数,孔道
ITQ-15	UTL	15.4	2D,14R×12R
IM-12	UTL	15.2	2D,14R×12R
ITQ-17	BEC	14.6	3D,12R×12R×12R
ITQ-21	—	13.6	3D,12R×12R×12R
ITQ-22	IWW	16.1	3D,12R×10R×8R
ITQ-24	IWR	15.5	3D,12R×10R×10R
ITQ-26	IWS	14.3	3D,12R×12R×12R
ITQ-29	LTA	13.6	3D,8R×8R×8R
ITQ-33	—	12.3	3D,18R×10R×10R

续表

分子筛	结构代码	骨架密度/(T/1000Å³)	维数,孔道
ITQ-34	ITR	17.4	3D,10R×10R×9R
ITQ-37	−ITV	10.3	3D,30R×30R×30R
ITQ-38	—	16.1	3D,12R×10R×10R
ITQ-40	—	10.1	3D,16R×16R×15R
ITQ-43	—	11.4	3D,28R×12R×12R
ITQ-44	IRR	10.9	3D,18R×12R×12R
ITQ-49	—	15.5	1D,8R
SU-15	SOF	15.5	3D,8R×9R×12R
SU-32	STW	15.3	1D,8R
SU-78A	—	15.3	3D,12R×12R×12R
SU-78B	—	14.8	3D,12R×12R×12R
PKU-12	−CLO	10.6	3D,20R×20R×20R

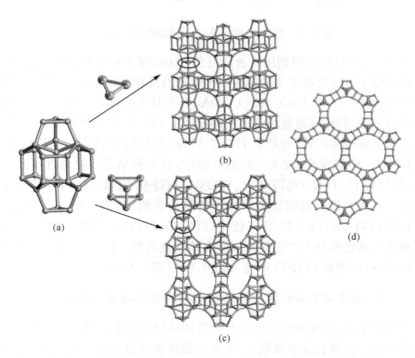

图 7-43　(a) ITQ-33 和 ITQ-44 的周期性结构单元;(b) 周期性结构单元通过 3 元环连接形成
ITQ-33 中的笼柱;(c) 沿 c 轴方向的 ITQ-33 与 ITQ-44 的 18 元环孔道;(d) 周期性结构单元
通过双三元环连接形成 ITQ-44 中的笼柱[140]

姜久兴等合成出了第一例具有微孔-介孔多级孔硅锗酸盐分子筛 ITQ-43[142]。ITQ-43 具有非常开放的骨架结构,骨架密度为 11.4T/1000Å³,它具有沿 c 轴方向的四叶草形状的 28 元环孔道,其最长轴方向的孔径为 21.9Å×19.6Å,同时具有沿 a、b 轴方向的 12 元环孔道,从而构成三维 28×12×12 元环的超大孔体系(图 7-44)。

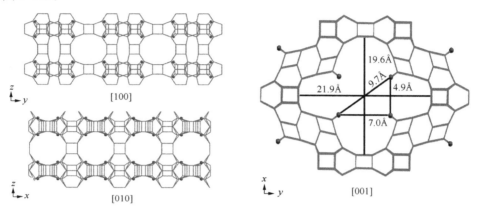

图 7-44　ITQ-43 的微孔-介孔多级孔道结构[142]

2011 年,于吉红研究组利用高通量组合方法研究了超大孔硅锗酸盐分子筛的合成。在实验中设计合成了 7 种基于异吲哚基的具有不同几何尺寸的有机胺结构导向剂(OSDA)[143]。在 GeO₂-Al₂O₃-SDAOH-NH₄F-NH₄Cl 体系中,通过系统调变合成反应参数,利用高通量组合方法共设计了 945 个实验,其中有 395 个实验点可以生成分子筛结晶产物,包括 β、ITQ-7、ITQ-17、ITQ-15、ITQ-21、ITQ-37、ITQ-43 和 ITQ-44。研究发现,在 8 个结晶产物中,有 7 种结晶产物含有双四元环,包括 ITQ-7、ITQ-15、ITQ-17、ITQ-21、ITQ-37、ITQ-43 以及 ITQ-44,其中 ITQ-44 还含有双三元环。根据硅锗比可以将产物划分为两类:第一类,低硅锗比(ITQ-37、ITQ-43、ITQ-44);第二类,高硅锗比(ITQ-15、ITQ-21、ITQ-17、ITQ-7、β)。可以发现高的硅锗比有利于产生低骨架密度结构化合物。同时,当有机胺模板剂的尺寸增加时,可以得到 ITQ-37 等超大孔分子筛(图 7-45)。

7.3.2.2　基于锗氧簇结构单元构筑大孔/超大孔道微孔晶体

利用结构单元(building unit,BU)构筑固体结晶材料已成为设计固体材料的一种重要途径。在微孔化学领域,一个重要的挑战是设计具有大孔以及超大孔的开放骨架结构化合物。构筑此类化合物的一个重要策略是采用大的 BU。

在元素周期表中,Ge 与 Si 位于同一主族和相邻周期,因此 Ge 具有与 Si 相似的化学性质,能够以 GeO₄ 四面体的配位形式去构筑与硅酸盐类似的分子筛结构。

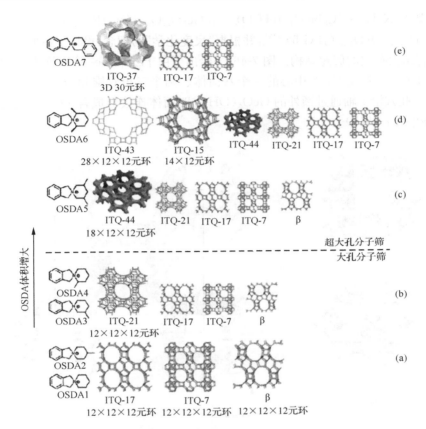

图 7-45　硅锗酸盐分子筛的高通量合成中模板剂几何尺寸与产物的关系：(a) 当使用比较小的导向剂(无取代或在哌啶 4 位甲基取代时)只能产生 ITQ-17、ITQ-7、β 等 12 元环大孔分子筛；(b) 当改变甲基取代位置(哌啶 2，3 位取代时)，ITQ-21 开始出现；(c) 当使用 3,5-二甲基哌啶时，18 元环超大孔分子筛 ITQ-44 开始出现；(d) 当改变取代位置时(2，6-二甲基哌啶)，14 元环超大孔分子筛 ITQ-15 和 ITQ-43 开始出现；(e) 继续增大导向剂的体积(异喹啉代替哌啶)30 元环超大孔分子筛 ITQ-37 开始出现[143]

但是，Ge 又具有其独特的性质，主要体现在：①较大的 Ge—O 键长(约 1.76Å)和较小的 Ge—O—Ge 键角(120°～135°)；②锗原子存在 GeO_4 四面体、GeO_5 三角双锥和 GeO_6 八面体等配位形式；③这些 Ge-O 多面体以不同的连接方式相互连接，可以形成一些大的次级结构单元，如 $Ge_7(O,OH,F)_{18}$(Ge_7 簇)、$Ge_9(O,OH,F)_{26}$(Ge_9 簇)和 $Ge_{10}(O,OH,F)_{28}$(Ge_{10} 簇)等。由这些锗氧簇可以构筑大孔/超大孔道结构。例如，邹小东研究组报道了一例有 $Ge_{10}(O,OH,F)_{28}$(Ge_{10} 簇)构筑的具有 30 元环窗口和孔穴直径超过 2.0nm 的锗酸盐 SU-M[144]。

2008 年，于吉红研究组报道了一例基于 Ge_7 簇由[$6^8 12^6$]孔穴构筑的锗酸盐化合物$(C_5N_2H_{14})_4(C_5N_2H_{13})(H_2O)_{5.66}[Ge_7O_{12}O_{4/2}(OH)F_2][Ge_7O_{12}O_{5/2}(OH)F]_2[GeO_{2/2}(OH)_2]$(JLG-5)[145]，并根据"尺度化学"的理念，设计了由此孔穴构筑的含有超大孔穴的假想结构。图7-46(a)给出了由十二个Ge_7簇构筑的$[6^812^6]$孔穴。每个Ge_7簇由Ge为中心的一个八面体、两个三角双锥和四个四面体组成。$[6^812^6]$孔穴沿c轴通过额外的$GeO_2(OH)_2$四面体连接形成含12元环孔道的管状结构[图7-46(b)]。

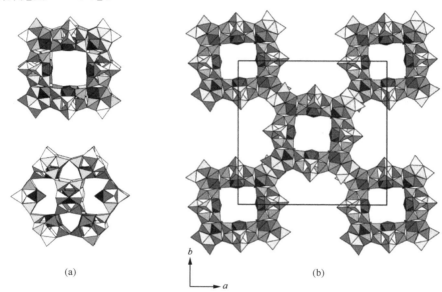

图7-46 (a) 沿[001]和[1$\bar{1}$0]方向分别展示的Ge_7簇构筑的$[6^812^6]$大笼；
(b) 在[001]方向上展示的JLG-5的结构[145]

可以把$[6^812^6]$孔穴看作是一个立方八面体，其中每一个顶点由一个四连接的Ge_7簇修饰(图7-47)。进一步，利用$[6^812^6]$孔穴作为BU可以构筑具有超大孔结构的三维骨架结构。以reo-e网络为例，它相当于六配位的立方八面体的简单立方堆积。如果将reo-e网络中每一个顶点以一个六配位的Ge_7簇修饰，则可以产出一个新颖的三维骨架结构($Pm\bar{3}m$,a=2.29078nm)。该结构中除了含有$[6^812^6]$孔穴，还具有一个自由孔径为1.78nm的超大孔穴$[6^810^612^{12}]$，它相当于一个由Ge_7簇修饰的菱形的立方八面体(rco)。这一假想结构完全有可能在实验中被合成出来。

2009年，于吉红研究组合成了具有超大30元环孔道的锗酸盐化合物JLG-12[146]。该化合物是由Ge_7簇和Ge_9簇严格交替而连接形成的，每一个Ge_7簇均为T4连接，即通过4个GeO_4四面体的4个端点连接4个Ge_9簇；每一个Ge_9簇

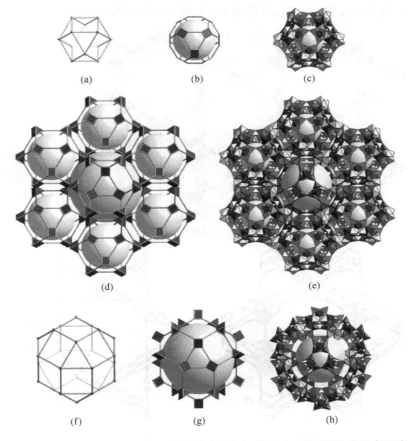

图 7-47　(a)～(c)JLG-5 结构中由 Ge$_7$ 簇所构成的[6^{8}12^6]孔穴,可以简化为具有四连接节点的立方八面体;(d)～(e)由[6^{8}12^6]孔穴所构筑的三维超大孔 reo-e 网络;(f)～(h)由 Ge$_7$ 簇所构成的[6^{8}10^{6}12^{12}]超大孔穴,可以简化为菱形的立方八面体[145]

为八连接,即通过 4 个 GeO$_5$ 三角双锥和 4 个 GeO$_4$ 四面体的 8 个端点连接 8 个 Ge$_7$ 簇。上述连接方式形成了 JLG-12 的三维骨架结构,它具有平行于[001]方向的 30 元环和 12 元环孔道,其中 30 元环孔道的自由孔径为 13.0Å×21.4Å[图 7-48(a)],达到了介孔尺寸。

　　JLG-12 的结构可以看作把 Ge$_7$ 簇和 Ge$_9$ 簇填充进入三维的网格中,如 csq-a 网格和 csq 网格[图 7-48(b),(c)]。因此,如果设想将 Ge$_7$ 簇和 Ge$_9$ 簇填充进入其他的三维网格,许多新颖的开放骨架锗酸盐结构可以被设计出来。基于 Ge$_7$ 簇、Ge$_9$ 簇分为四连接和八连接的配位方式,通过在 RCSR 数据库[147, 148]中查找 4, 8 配位的网格结构,并且符合 Ge$_7$ 簇和 Ge$_9$ 簇分别为平面四边形和长方体的配位特点。最终,scu 网格被选择。将 Ge$_7$ 簇和 Ge$_9$ 簇填充进入 scu 网格中,可以得到两个假想的锗酸盐骨架结构,命名为 scu-1 和 scu-2,如图 7-49 所示。

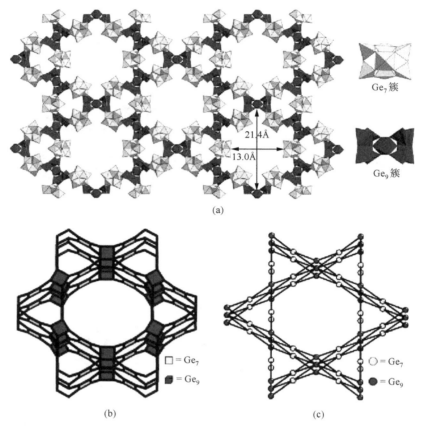

图 7-48　(a) 基于 Ge₇ 簇及 Ge₉ 簇构筑的 JLG-12 沿[001]方向的骨架结构;
(b) 简化后 JLG-12 骨架的 csq-a 网格;(c) csq 网格[146]

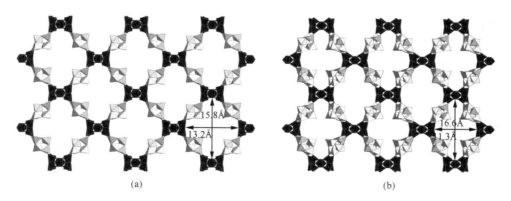

图 7-49　沿[001]方向(a)scu-1 及(b)scu-2 的骨架结构[146]

假想结构 scu-1, scu-2 均属于单斜晶系。其中 scu-1 空间群为 Cm, 晶胞参数 $a=22.7443\text{Å}$, $b=21.0824\text{Å}$, $c=10.3216\text{Å}$, $\beta=96.828°$。scu-1 在 [001] 方向具有 22 元环孔道 [图 7-49(a)], 在 [010] 和 [110] 方向各有 10 元环孔道, 在 [100] 方向有 8 元环孔道。22 元环孔道的自由孔径为 $13.2\text{Å}\times15.8\text{Å}$, 空间体积为 2943.8Å^3, 占据整个单胞体积的 60%。假想结构 scu-2 空间群为 $P2/m$, 晶胞参数 $a=20.9012\text{Å}$, $b=21.9114\text{Å}$, $c=9.7874\text{Å}$, $\beta=93.2967°$。与 scu-1 类似, scu-2 也具有相互交叉的 $22\times10\times8$ 元孔道 [图 7-49(b)]。22 元环孔道自由孔径为 $11.3\text{Å}\times16.6\text{Å}$, 空间体积为 2478.6Å^3, 占据整个单胞体积的 55%。尽管 scu-1 和 scu-2 都是基于同一 scu 网格设计出来的, 但是在两个结构中 Ge_7 簇的相对取向是不同的。与 scu-1 相比, scu-2 的结构中有一半的 Ge_7 簇相对旋转了 180°, 这造成两个结构不同的孔道形状和对称性。

7.3.2.3　基于金属杂原子取代合成含杂原子磷酸铝分子筛

金属杂原子在分子筛的合成中起着重要的作用。例如, 在一些硅酸盐分子筛中, 骨架中二价、三价金属原子的负电荷通常由质子化的结构导向剂来平衡。如果骨架中二价、三价金属原子的含量越高, 那么需要平衡骨架负电荷的质子化的结构导向剂的数量越多, 这就会导致生成含有大的孔道结构的分子筛。另外, 杂原子的引入会导致 T—O 键长与 T—O—T 键角发生改变, 可能形成许多独特的次级结构单元和分子筛拓扑结构。例如, 将 Ga 原子引入合成体系中, 形成了具有特殊次级结构单元的 18 元环超大孔道硅酸盐分子筛 ECR-34 (ETR)[149], 这在硅铝酸盐体系中是从未合成出来的。

在杂原子磷酸铝分子筛的合成研究中, 一些具有新颖沸石拓扑结构的分子筛被制备出来, 如磷酸铝镁 UiO-28(OWE)[150] 和 Mg-STA-7(SAV)[151], 以及磷酸铝钴 SIV-7(SIV)[152] 等, 如表 7-9 所示。吉林大学于吉红研究组将二价金属引入磷酸铝分子筛的合成中, 成功合成出一些具有新颖分子筛拓扑结构的杂原子磷酸铝分子筛, 如 CoAPO-CJ40 (JRY)[153]、MAPO-CJ62 (JSW)[154]、MAPO-CJ69 (JSN)[155] 等。

表 7-9　具有新颖拓扑结构的金属磷酸铝分子筛[156]

结构	空间群	环数	化合物名称	分子式
ATN	$I4/mmm$	$8\times6\times4$	MAPO-39	$\|H_n^+\|[Mg_nAl_{8-n}P_8O_{32}]$
ATS	$Cmcm$	$12\times6\times4$	MAPO-36	$\|H^+\|[MgAl_{11}P_{12}O_{48}]$
DFO	$P6/mmm$	$12\times10\times8\times6\times4$	DAF-1	$\|(C_{16}H_{38}N_2^{2+})_7(H_2O)_{40}\|[Mg_{14}Al_{52}P_{66}O_{264}]$
OWE	$Pmma$	$8\times6\times4$	UiO-28	$\|(C_4N_3H_{14})_4^+(H_2O)_4\|[Mg_4Al_{12}P_{16}O_{64}]$
SAO	$I\bar{4}m2$	$12\times6\times4$	STA-1	$\|(C_{21}H_{40}N_2^{2+})_{2.6}(H_2O)_6\|[Mg_5Al_{23}P_{28}O_{112}]$

结构	空间群	环数	化合物名称	分子式
SAS	$I4/mmm$	$8\times6\times4$	STA-6	$\lvert(C_{14}H_{34}N_4^{2+})_{1.5}(H_2O)_{2.5}\rvert[Mg_3Al_{13}P_{16}O_{64}]$
SAT	$R\bar{3}m$	$8\times6\times4$	STA-2	$\lvert(C_{18}H_{34}N_2^{2+})_3(H_2O)_{22.5}\rvert[Mg_{5.4}Al_{30.6}P_{36}O_{144}]$
SAV	$P4/nmm$	$8\times6\times4$	Mg-STA-7	$\lvert(C_{18}H_{42}N_6)_{1.96}(H_2O)_7\rvert[Mg_{4.8}Al_{19.2}P_{24}O_{96}]$
ACO	$Im\bar{3}m$	8×4	ACP-1	$\lvert(C_2H_{10}N_2^{2+})_4(H_2O)_2\rvert[Al_{0.88}Co_{7.12}P_8O_{32}]$
AFY	$P\bar{3}1m$	$12\times8\times4$	CoAPO-50	$\lvert(C_6H_{16}N^+)_3(H_2O)_7\rvert[Co_3Al_5P_8O_{32}]$
JRY	$I2_12_12_1$	$10\times6\times4$	CoAPO$_4$-CJ40	$\lvert(C_4NH_{12})^{2+}\rvert[Co_2Al_{10}P_{12}O_{48}]$
JSN	$P12/c_1$	$8\times6\times4$	CoAPO-CJ69	$\lvert(C_4NH_{12})_4\rvert[Co_4Al_{12}P_{16}O_{64}]$
JSW	$Pbca$	$8\times6\times4$	CoAPO-CJ62	$\lvert(C_5N_2H_{16})_4\rvert[Co_8Al_{16}P_{24}O_{96}]$
SBE	$I4/mmm$	$12\times8\times6\times4$	UCSB-8Co	$\lvert(C_9H_{24}N_2^{2+})_{16}\rvert[Al_{32}Co_{32}P_{64}O_{256}]$
SIV	$Cmcm$	8×4	SIZ-7	$[Co_{12.8}Al_{19.2}P_{32}O_{128}]$
ZON	$Pbcm$	$8\times6\times4$	ZAPO-M1	$\lvert(C_4H_{12}N^+)_8\rvert[Zn_8Al_{24}P_{32}O_{128}]$

CoAPO-CJ40(JRY)是以二乙胺为模板剂,将 Co^{2+}、Mg^{2+} 或 Fe^{2+} 等二价金属离子引入磷酸铝骨架,在溶剂热体系下合成出的具有新颖拓扑结构的分子筛化合物,其分子式为 $(C_4H_{12}N)_2[M_2Al_{10}P_{12}O_{48}]$[153]。如图 7-50(a)所示,该结构是由 MO_4/AlO_4 和 PO_4 四面体组成,其阴离子骨架的电荷由质子化的二乙胺阳离子平衡。CoAPO-CJ40 结晶于 $P2_12_12_1$ 空间群,其结构包含沿[010]方向的一维 10 元环螺旋孔道,杂原子以螺旋方式分布于孔壁[图 7-50(b)]。如果能够选择合适的反应底物,CoAPO-CJ40 将是一个理想的手性单点固体催化剂。值得注意的是,在无二价金属离子存在的条件下,无法得到纯的 AlPO-CJ40。

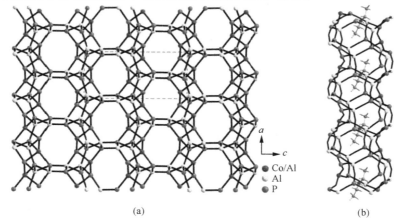

(a)　　　　　　　　　　　　　　(b)

图 7-50　(a) CoAPO-CJ40 沿[010]方向所示的结构;(b) 沿[010]方向的 10 元环螺旋孔道以及 Co 原子的排布[153]

通过进一步的理论计算,对 Co^{2+} 取代骨架中的 Al^{3+} 进行了研究。在 CoAPO-CJ40 中,存在三个结晶学不等价的 Al 位置,其中,钴原子以 50% 的占有率与 Al(1)原子占有同一位置。通过分子模拟和几何计算可以解释杂原子对手性骨架的稳定作用。首先建立一个纯 $AlPO_4$ 理论模型,即将所有钴原子替换为铝原子。然后将所建的理论模型进行完全优化。将优化后的几何模型中的每个 AlO_4/PO_4 四面体利用键角方差公式[22]进行计算。计算结果表明,在 Al(1)位置有很大的键角方差值(4.623),这意味着在以 Al(1)为中心的四面体位置与理想四面体(能量最低的正四面体)相比产生了较高的扭曲,这种扭曲在能量上是不稳定的。这表明 Co 原子的引入对于降低骨架的扭曲程度从而稳定整体手性骨架结构是十分必要的。

MAPO-CJ62(M=Co, Zn, JSW)是分别将 Co 和 Zn 金属杂原子引入到磷酸铝骨架,在水热合成条件下利用 N-甲基哌嗪为模板剂合成出的分子筛化合物[154]。其阴离子骨架 $[M_2Al_4P_6O_{24}]^{2-}$ 是由 AlO_4/MO_4 和 PO_4 四面体交替连接而成。其结构包含沿[010]方向的一维 8 元环孔道,孔径为 2.5Å×4.3Å,如图 7-51(a)所示。双质子化的 N-甲基哌嗪位于孔道中平衡骨架电荷。结构中正二价的金属杂原子不是随机分布于骨架上,而是有规律地、选择性地占据了三个晶体学独立的金属位点中的两个,如图 7-51(b)所示。

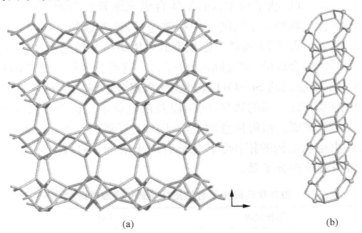

(a)　　　　　　　　　　　　　　　(b)

图 7-51　(a) MAPO-CJ62 的阴离子骨架沿[010]方向显示出一个一维的 8 元环孔道;
(b) 金属原子在骨架上的分布[154]

MAPO-CJ69(M=Co,Zn,JSN)是在水热条件下引入 Co 和 Zn 离子合成出的杂原子磷酸铝分子筛[155]。通过 ICP 分析确定骨架中金属杂原子和铝原子的比例为 1/3。其阴离子骨架包含沿[010]和[001]方向的二维 8 元环交叉孔道(图7-52),孔径分别为 5.2Å×3.9Å 和 4.6Å×3.5Å。质子化的二乙胺分子位于 8

元环孔道中平衡骨架电荷。MAPO-CJ69 是完全由次级结构单元 4-4 组成的三维结构。

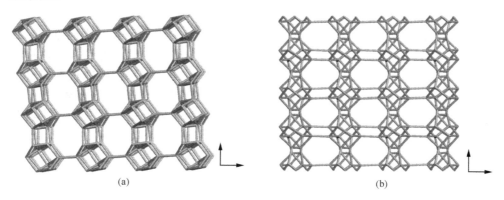

(a)　　　　　　　　　　　　　　　　　　　(b)

图 7-52　MAPO-CJ69 分别沿(a)[010]和(b)[001]方向的结构示意图[155]

7.3.3　基于拓扑学转化的定向合成路线

7.3.3.1　二维到三维的拓扑学转化合成途径

近年来,选择二维层状结构作为前驱体合成三维开放骨架结构的拓扑学转化策略已成为设计合成新型分子筛的一种有效途径,这方面的工作主要集中在硅酸盐分子筛的制备上。表 7-10 列举了已报道的采用拓扑学转化途径,利用层状硅酸盐化合物作为前驱体合成的一些硅酸盐分子筛。这类分子筛均基于固相热反应体系,反应过程中二维层间的 Si—OH 经过脱水再聚合形成三维的分子筛骨架结构。二维层间硅烷醇基和硅羟基的数量、间距以及低电荷密度的有机胺阳离子对于骨架结构的形成至关重要。值得注意的是,有四种分子筛骨架类型(CDO、NSI、RRO及 RWR)已经由层状结构的拓扑学转化被合成出来,但是目前还未能通过直接的水热方法制备得到这些分子筛。

表 7-10　由层状硅酸盐化合物拓扑学转化合成硅酸盐分子筛

产物名称	结构代码	前驱体	文献
RUB-41	RRO	RUB-39	[157]
RUB-24	RWR	R-RUB-18	[158]
RWR	RWR	AA-RUB-18	[159]
RUB-37	CDO	RUB-36, RUB-38, RUB-48	[160,161]
CDS-1	CDO	PLS-1	[162]
MCM-65[a]	CDO	MCM-65[b]	[163]

续表

产物名称	结构代码	前驱体	文献
ZSM-52	CDO		[166]
ZSM-55	CDO		[166]
UZM-25	CDO	UZM-13，UZM-17，UZM-19	[164]
未命名	CDO	未命名	[165]
未命名	CDO	PLS-4	[166]
RUB-15-SOD	SOD	HOAc-RUB-15	[167]
硅方钠石	SOD	HAc-RUB-15	[168]
CDS-3	FER	PLS-3	[169]
镁碱沸石	FER	PREFER	[169]
ERS-12[a]	不完全缩合	ERS-12[b]	[170]
MCM-47[a]		MCM-47[b]	[171]
MCM-22	MWW	MCM-22-前驱体	[172]
ERB-1[a]	MWW	ERB-1	[173]
ITQ-1[a]	MWW	ITQ-1[b]	[174]
Nu-6(2)	NSI	Nu-6 (1)	[175]
EU-20	CAS	EU-19	[176]
EU-20b	CAS	EU-19	[177]
IPC-4	PCR	IPC-1P	[178]

　　a. 经过煅烧的产物；b. 未经煅烧的前驱体。

　　早在 1988 年，B. M. Lowe 研究组在水热体系下制备了硅酸盐 EU-19，并且发现其通过煅烧可以转化为另一种热力学稳定的多型体 EU-20。然而 EU-20 的结构在当时尚未被清楚了解，因而这种转化方法只是以一种概念的形式被提出[176]。直到由层状的前驱体 MCM-22P 制备含硼的硅铝酸盐分子筛 MCM-22（MWW），才给出了这种转化方法的第一个明确实例[175]。

　　2004 年，I. Ikeda 研究组合成出了一种具有 8 元环孔道的新型硅酸盐分子筛 CDS-1（CDO），它是由层状前驱体 PLS-1 在高温下焙烧转化得到的[165]。2008 年，T. Okubo 研究组也通过拓扑学转化策略合成出了硅酸盐方钠石分子筛 SOD[170]。此外，H. Gies 研究组合成出了层状的硅酸盐前驱体 RUB-39，并且经过煅烧之后得到了 RUB-41[160]。

　　对于大多数不添加硅烷试剂而直接通过拓扑学转化方法得到的分子筛来说，它们的层状硅酸盐前驱体结构中通常包含五方棱柱，且煅烧后会形成 8 元环或者 10 元环的孔道。2007 年，S. Inagaki 等报道了一种使用二甲基硅烷合成 IZE-1 分子筛的方法[179]。在酸性条件下,使用二氯二甲基硅烷(DCDMS)对结构前驱体层状分子筛 PLS-1 进行开层扩张,制备了含有硅烷基结构的类分子筛 IEZ-1,以及焙烧除去烷基后的 IEZ-2。此外,PLS-1 在直接焙烧后也可以得到分子筛 CDS-1,其结构由 10 元环增加到 12 元环。2008 年,吴鹏研究组使用烷氧基硅烷对 MWW、FER、CDO 和 MCM-47 进行了层间扩张,合成了一系列 IEZ 分子筛,并将其分别命名为 IEZ-MWW、IEZ-FER、IEZ-CDO、IEZ-MCM-47[180] 和 IEZ-NSI[181]。通过煅烧除去其中的有机部分,得到了具有扩展窗口、高结晶度与显著水热稳定性的新结构(图 7-53)。

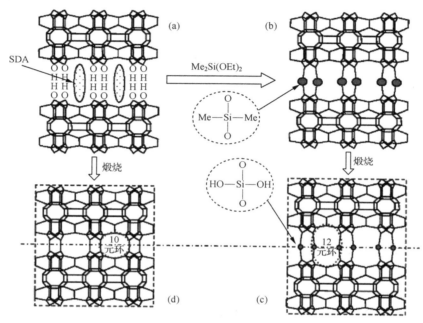

图 7-53 　(a) MWW 的层状前驱体;(b) 利用烷氧基硅烷进行扩层;(c) 进一步煅烧去除有机部分之后的三维 MWW 分子筛,具有 12 元环孔道;(d) 通过直接煅烧之后得到的三维 MWW 结构,具有 10 元环孔道[180]

　　值得关注的是,相同层结构通过不同的转化方法可能会得到不同的分子筛结构。有一些结构相关的骨架类型,如 HEU-RRO、FER-CDO 和 CAS-NSI,在某种程度上可以解释堆积无序的概念[182]。如图 7-54 所示,fer 层沿着 a 轴方向以 ABAB 顺序堆积,由于位移矢量不同可以产生两种骨架类型 FER 和 CDO。CAS 骨架类型是有 cas 层由 ABAB 堆积序列连接而成,而 NSI 骨架类型是由 cas 层以 AAAA 序列堆积而成。层 A 和层 B 互为镜像。

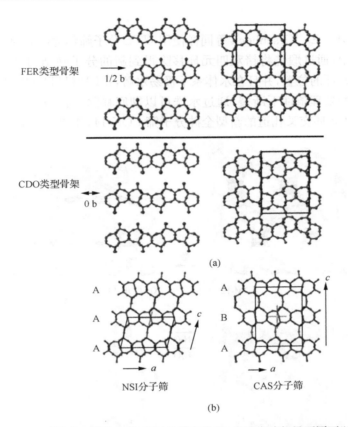

图 7-54　(a) fer 层沿着 a 轴方向以 ABAB 顺序堆积,由于位移矢量不同可以产生两种骨架类型 FER 和 CDO;(b) cas 层沿 c 轴方向以 AAAA 顺序堆积得到 NSI 分子筛,以 ABAB 方式堆积得到 CAS 分子筛[182]

7.3.3.2　三维-二维-三维结构间的拓扑学转化合成途径

相比利用二维到三维拓扑学转化这种增加分子筛孔径和环数的方法,人们又将目光转向了三维到二维的拓扑学转化合成途径。2011 年,J. Céjka 研究组首次报道了在含硼及不含硼条件下锗硅酸盐分子筛 UTL 的三维到二维的转化[183]。UTL 分子筛的结构可以看作是一个致密层通过双四元环桥连柱撑而成。有趣的是,通过温和的处理,三维结构可以转化为二维层,并且通过进一步的后处理,二维层又可以转化为新的三维结构。煅烧后的 UTL 分子筛首先经过从室温到 100℃的水热处理,同时用盐酸将体系的 pH 从中性调到酸性。这时结构中的双四元环断裂,从而结构从三维转化成二维,得到了薄层的二维层状锗硅酸盐化合物 IPC-1P。IPC-1P 经过甲硅烷基化剂硝酸处理,后经煅烧得到了新型的三维锗硅酸盐化合物 IPC-2。

　　2012 年,C. E. Kirschhock 等同样使用 UTL 分子筛作为研究对象,提出了 Σ 逆向转化理论,通过煅烧将锗双四元环移除得到新的分子筛结构[184]。由于锗优先占据双四元环的位置,并且在水体系下极易水解,IM-12(UTL)结构中的锗双四元环可以在酸处理条件下断裂,通过水洗可以彻底移除,再经过煅烧得到了具有 10 元环和 12 元环交叉孔道的新型全硅分子筛 COK-14,如图 7-55 所示。

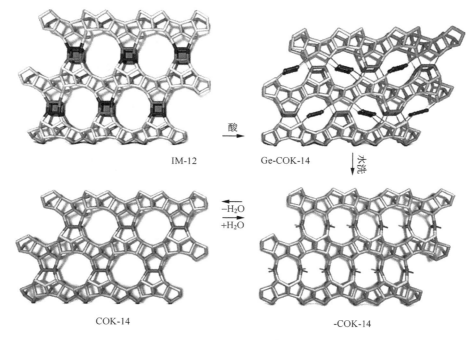

图 7-55　IM-12 分子筛到全硅分子筛 COK-14 的拓扑转化[184]

7.4　展　　望

　　以功能为导向,对材料进行结构设计、剪裁,并实现材料的定向合成、制备与组装,是合成化学家孜孜以求的目标。以分子筛为代表的无机微孔晶体材料在催化、吸附、分离和主客体组装等方面具有广泛的应用,因此微孔晶体材料的定向设计合成具有重要的理论和实际意义。实现定向合成的关键在于要深入地理解功能-结构-合成三者之间的关系,在分子水平上挖掘其本质、规律和原理。近年来,计算机技术极大地辅助了定向设计合成。如利用计算机数据挖掘技术可以建立复杂反应参数与合成参数之间的关系,预测具有特定结构的合成条件;利用计算机方法,可以根据功能的需要设计出具有特定的孔道结构;根据模板剂的结构导向作用,利用分子模拟可以从理论上预测适宜于某一特定孔道生成的模板剂分子;利用杂原子的取代效应,可以合成出具有特定结构,特别是具有超大孔道和手性孔道的分子筛;利用拓扑学转化原理,可以构筑新型的分子筛结构。此外,水热组合合成技术也将高通量地辅助定向合成研究。

图 7-56 展示了分子筛无机微孔晶体材料定向设计合成的未来发展蓝图[11, 12]:即以功能(催化、吸附和分离等)为导向,借助计算机模拟技术进行特定孔道和功能基元分子筛的结构设计,并利用分子模拟方法预测适合理想结构生成的有机模板剂和反应条件范围,最终结合组合化学高通量技术合成具有特定功能和结构的理想分子筛材料。

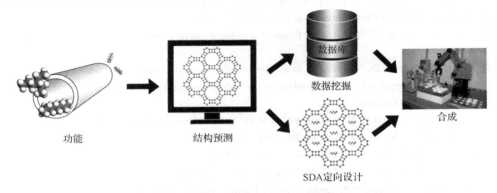

图 7-56　分子筛无机微孔晶体材料设计合成的未来发展蓝图[11, 12]

需要指出的是,尽管目前在无机微孔晶体材料的定向设计合成研究方面已取得了一定的成功,但要实现真正意义的从头设计合成还需要对无机微孔晶体的晶化机理有明确的认识,更需要研究者坚持不懈的探索和努力。

参 考 文 献

[1] 唐有祺,桂琳琳. 逆向而行——功能体系的分子工程学研究. 长沙:湖南科学技术出版社,1997.

[2] Breck D W. Zeolite Molecular Sieves: Structure, Chemistry and Use. New York: John Wiley & Sons, 1974.

[3] van Bekkum H, Flanigen E M, Jacobs P A, et al. Studies in Surface and Catalysis. Amsterdan: Elsevier, 2001:137.

[4] Barthomeuf D, Derouane E G, Holderich W. Plenum Pub Corp, 1990:426.

[5] Baerlocher Ch, Meier W M, Olson D H. Atlas of Zeolite Framework Types. Amsterdan: Elsevier, 2001.

[6] Auerbach S M, Dwtta P K, Carrado K A , et al. Handbook of Zeolite Science and Technology. Boca Raton,Florida: The Chemical Rubber Company Press, 2003: 928.

[7] Treacy M M J, Newsam J M. Nature, 1988, 332: 249-251.

[8] Corma A, Iglesias M, del Pino C, et al. J Chem Soc Chem Commun, 1991: 1253-1254.

[9] Joy A, Uppili S, Netherton M R, et al. J Am Chem Soc, 2000, 122: 728-729.

[10] Chong K, Sivaguru J, Shichi T, et al. J Am Chem Soc, 2002, 124: 2858-2859.

[11] Yu J, Xu R. Acc Chem Res, 2010: 1195-1204.

[12] Wang Z, Yu J, Xu R. Chem Soc Rev, 2012, 41: 1729-1741.

[13] 徐如人,庞文琴,霍启升. 无机合成与制备化学. 北京:高等教育出版社,2009.

[14] Smith J V. Chem Rev, 1988, 88: 149-182.

[15] Maddox J. Nature, 1988, 335: 201-201.

[16] Akporiaye D E, Price G D. Zeolites, 1989, 9: 321-328.

[17] Deem M W, Newsam J M. Nature, 1989, 342: 260-262.

[18] Friedrichs O D, Dress A W M, Huson D H, et al. Nature, 1999, 400: 644-647.

[19] Li Y, Yu J , Xu R ,et al. Chem Mater, 2003, 15: 2780-2785.

[20] Woodley S M, Battle P D, Gale J D, et al. Phys Chem Chem Phys, 2004, 6: 1815-1822.

[21] Woodley S M. Phys Chem Chem Phys, 2004, 6: 1823-1829.

[22] Foster M D, Treacy M M J. Atlas of Prospective zeolite structures. http://www. hypotheticalzeolites. net. 2010-5-5.

[23] Bell R G, Foster M D, Simperler A, et al. Recent Advances in the Science and Technology of Zeolites and Related Materials, Part B. Proceedings of the 14th International zeolite conference, Studies in Surface Science and Catalysis, 2004.

[24] Sartbaeva A, Stephen A W, Treacy M M J, et al. Nature Mater, 2006, 5: 962-965.

[25] Li Y, Yu J, Xu R. Angew Chem Int Ed, 2013, 52: 1673-1677.

[26] (a) Deem M W, Newsam J M. Nature, 1989, 342: 260-262.
(b) Deem M W, Newsam J M. J Am Chem Soc, 1992, 114: 7189-7198.

[27] van Santen R A, Jacobs P A. Zeolites: Facts, Figures, Future. Amsterdam: Elsevier, 1989: 29-47.

[28] Smith J V, Dytrych W J. Z Kristallographie, 1986, 175: 31-36.

[29] Smith J V, Dytrych W J. Nature, 1984, 309: 607-608.

[30] Richardson J W, Smith J V, Pluth J J. J Phys Chem, 1989, 93: 8212-8219.

[31] Baerlocher Ch, Meier W M, Olson D H. Atlas of Zeolite Structure Types. Amsterdam: Elsevier, 2001: 156.

[32] Smith J V. Chem Rev, 1988, 88: 149-182.

[33] Draznieks C M, Newsam J M, Gorman A M, et al. Angew Chem Int Ed, 2000, 39: 2270-2275.

[34] Draznieks C M, Girard S, Férey G. J Am Chem Soc, 2002, 124: 15326-15335.

[35] Treacy M J J, Randall K H, Rao S, et al. Z Kristallographie, 1997, 212: 768-791.

[36] Metropolis N, Rosenbluth A, Rosenbluth M, et al. Chem Phys, 1953, 21: 1087-1092.

[37] Verwer P, Leusen F J J. Reviews in Computational Chemistry. New York: Wiley, 1998: 327-365.

[38] San Diego, Cerius2 Tutorial Release 2. 0, Molecular simulations/ Biosym corporation,1995.

[39] Mellot D C, Férey G. State Chem, 2005, 33: 187-197.

[40] Li Y, Yu J, Li J, et al. Chem Mater, 2005, 17: 6086-6093.

[41] Lowenstein W. Am Mineral, 1954, 39: 92-93.

[42] Zhou D, Xu R, Yu J, et al. J Phys Chem B, 2006, 110, 5: 2131-2137.

[43] Li Y, Yu J, Li D, et al. Chem Mater, 2005, 17: 4399-4405.

[44] 李乙. 无机微孔晶体的结构设计. 长春:吉林大学博士论文,2006.

[45] Meier W M, Moeck H. J Solid State Chem, 1979, 27: 349-355.

[46] O'Keeffe M, Hyde S T. Zeolites, 1997, 19: 370-374.

[47] Yan W, Yu J, Shi Z, et al. Chem Commun, 2000: 1431-1432.

[48] Baerlocher Ch, Hepp A, Meier W M. DLS—76: A Program for the Simulation of Crystal Structures by Geometric Refinement. Ziirich: Institut flir Kristallographie und Petrographic, 1977.

[49] de Vos Burchart E. Studies on Zeolites: Molecular Mechanics, Framework Stability and Crystal Growth. Delft: Technische Universiteit Delft Thesis Ph D, 1992.

[50] de Vos Burchart E, van Bekkum H, van de Graaf B, et al. J Chem Soc, Faraday Trans, 1992, 18: 2761-2769.

[51] Hahn T. International Tables for Crystallography. Dordrecht, Holland/Boston: D. Reidel Publishing Company, 1983.

[52] Baerlocher Ch, McCusker L B, Olson D H. http:// www. iza-structure. org/databases. 2007.

[53] Li Y, Guo M, Yu J, et al. Recent Advances in the Science and Technology of zeolites and Related Material Part B, Proceeding of the 14th International Zeolite Conference. Studies in Surface Science and Catalysis, 2004, 154, Part A: 308-316.

[54] Blackwell C S, Broach R W, Gatter M G, et al. Angew Chem Int Ed, 2003, 42: 1737-1740.

[55] Treacy M M J, Newsam J M. Nature, 1988, 332: 249-251.

[56] Harrison W T A, Gier T E, Stucky G D, et al. Chem Mater, 1996, 8: 145-151.

[57] Rouse R C, Peacor D R. Am Mineral, 1986, 71: 1494-1501.

[58] Lin Z E, Zhang J, Yang G Y. Inorg Chem, 2003, 42: 1797-1799.

[59] Cheetham A K, Fjellvåg H, Gier T E, et al. Stud Surf Sci Catal, 2001, 135: 158.

[60] Tang L Q, Shi L, Bonneau C, et al. Nature Mater, 2008, 7: 381-385.

[61] Li H, Laine A, O'Keeffe M, et al. Science, 1999, 283: 1145-1147.

[62] Zheng N F, Bu X H, Wang B, et al. Science, 2002, 298: 2366-2369.

[63] Gier T E, Bu X H, Feng P Y, et al. Nature, 1998, 395: 154-157.

[64] Song X, Li Y, Gan L, et al. Angew Chem Int Ed, 2009, 48: 314-317

[65] Woodley S M, Battle P D, Gale J D, et al. Phys Chem Chem Phys, 2004, 6: 1815-1822.

[66] Woodley S M. Phys Chem Chem Phys, 2004, 6: 1823-1829.

[67] Woodley S M. Phys Chem Chem Phys, 2007, 9: 1070-1077.

[68] Li Y, Yu J, Xu R, et al. Angew Chem Int Ed, 2008, 47: 4405-4112.

[69] Baerlocher Ch, Gramm F, Massüger L, et al. Science, 2007, 315: 1113-1116.

[70] Gramm F, Baerlocher Ch, McCusker L B, et al. Nature, 2006, 444: 79-81.

[71] Kirkpatrick S, Gelatt C D, Vecchi M P. Science, 1983, 220: 671-680.

[72] Falcioni M, Deem M W. J Chem Phys, 1999, 110: 1754-1766.

[73] Li Y, Yu J H, Xu R R. J Appl Cryst, 2012, 45: 855-861.

[74] Akporiaye D E, Price G D. Zeolites ,1989, 9: 321-328.

[75] Kramer G J, de Man A J M, van Santen R A. J Am Chem Soc, 1991, 113: 6435-6441.

[76] Henson N J, Cheetham A K, Gale J D. Chem Mater, 1994, 6: 1647-1650.

[77] Hu Y, Navrotsky A, Chen C, et al. Chem Mater, 1995, 7: 1816-1823.

[78] Henson N J, Cheetham A K, Julian D G. Chem Mater, 1996, 8: 664-670.

[79] Corà F, Maria A, Carolyn M B, et al. J Solid State Chem, 2003, 176: 496-529.

[80] Foster M , Friedrichs O , Robert G , et al. Angew Chem Int Ed, 2003, 42: 3896-3899.

[81] Li Q, Navrotsky A, Rey F, et al. Microporous Mesoporous Mater, 2003, 59: 177-183.

[82] Foster M , Friedrichs O , Robert G, et al. J Am Chem Soc, 2004, 126: 9769-9775.

[83] Martin D, Simperler A, Bell R, et al. Nature Mater, 2004, 3: 234-238.

[84] Simperler A, Foster M, Robert G, et al. J Phys Chem B, 2004, 108: 869-879.

[85] Li Y, Yu J, Wang Z, et al. Chem Mater, 2005, 17: 4399-4405.

[86] Alexandra S, Foster M, Olaf D, et al. Acta Crystal Sec B, 2005, 61: 263-279.

[87] Julien D, Férey G, Mellot-Draznieks C. Solid State Sci, 2006, 8: 241-247.

[88] Dorota M, Filipe A. Almeida P, et al. J Phys Chem C, 2008, 112: 1040-1047.

[89] Deem M W, Pophale R, Phillip A, et al. J Phys Chem C, 2009, 113: 21353-21360.

[90] BushuevY, German S. J Phys Chem C, 2010, 144: 19157-19168.

[91] Sartbaeva A, Stephen A W, Treacy M M J, et al. Nature Mater, 2006, 5: 962-965.

[92] Kapko V, Dawson C, Treacy M M J, et al. Phys Chem Chem Phys, 2010, 12: 8531-8541.

[93] Kapko V, Dawson C, Rivin I, et al. J Phys Rev Let, 2011,107: 164304.

[94] Dawson C, Michael F, Foster M, et al. J Phys Chem C, 2012, 116: 16175-16181.

[95] Stephen A, Sartbaeva A. Materials, 2012, 5: 415-431.

[96] German S, Corma A. Phys Chem Chem Phys, 2010, 114: 1667-1673.

[97] Lewis D W, Freeman C M, Catlow C R A. J Phys Chem, 1995, 99: 11194-11202.

[98] Demontis P, Suffritti G B. Chem Rev, 1997, 97: 2845-2878.

[99] Lewis D W, Willock D J, Catlow C R A, et al. Nature, 1996, 382: 604-606.

[100] Lewis D W, Sankar G, Wyles J K, et al. Angew Chem Int Ed, 1997, 36: 2675-2677.

[101] Catlow C R A, Coombes D S, Lewis D W, et al. Chem Mater, 1998, 10: 3249-3265.

[102] Freeman C M, Lewis D W, Harris T V, et al. Computer-Aided Molecular Design, 1995: 326-340.

[103] Wagner P, Nakagawa Y, Lee G S, et al. J Am Chem Soc, 2000, 122: 263-273.

[104] Li J, Yu J, Yan W, et al. Chem Mater, 1999, 11: 2600-2606.

[105] Yu J, Li J, Wang K, et al. Chem Mater, 2000, 12: 3783-3787.

[106] Li J, Yu J, Xu R. Microporous Mesoporous Mater, 2007, 101: 406-412.

[107] Burton A, Elomari S, Chen C Y, et al. J Chem Eur, 2003, 9: 5737-5748.

[108] Castro M, Garcia R, Warrender S J, et al. Chem Commun, 2007: 3470-3472.

[109] Pophale R, Daeyaertb F, Deem M W. J Mater Chem A, 2013, 1: 6750-6760.

[110] Yu J, Li J, Wang K, et al. Chem Mater, 2000, 12: 3783-3787.

[111] Yu J, Sugiyama K, Zheng S, et al. Chem Mater, 1998, 10: 1208-1211.

[112] Jandeleit B, Schaefer D J, Powers T S, et al. Angew Chem Int Ed, 1999, 38: 2494-2532.

[113] Akporiaye D E, Dahl I M, Karlsson A, et al. Angew Chem Int Ed, 1998, 37: 609-611.

[114] Klein J, Lehmann C W, Schmidt H W, et al. Angew Chem Int Ed, 1998, 37:3369-3372.

[115] Choi K, Gardner D, Hilbrandt N, et al. Angew Chem Int Ed, 1999, 38: 2891-2894.

[116] Newsam J M, Bein T, Klein J, et al. Microporous Mesoporous Mater, 2001, 48: 355-365.

[117] Song Y, Yu J, Li G, et al. Chem Commun, 2002: 1720-1721.

[118] Song Y, Li J, Yu J, et al. Top Catal, 2005, 35: 3-8.

[119] Castro M, Warrender S J, Wright P A, et al. J Phys Chem C, 2009, 113: 15731-15741.

[120] Jiang J, Yu J, Corma A. Angew Chem Int Ed, 2010, 49: 3120-3145.

[121] Liang J, Li J, Yu J, et al. Angew Chem Int Ed, 2006, 45: 2546-2548.

[122] Hu J, Zhou L, Li H, et al. Acta Physicochimica Sinica, 2005, 21: 1217.

[123] Li J, Li L, Liang J, et al. Cryst Growth Des, 2008, 8: 2318-2323.

[124] Treacy M M J, Newsam J M. Nature, 1988, 332: 249-251.

[125] Bellussi G, Montanari E, Di Paola E, et al. , Angew Chem Int Ed Engl, 2012, 51: 666-669.

[126] Kang Q, Zheng X J, You S L, Chemistry, 2008, 14: 3539-3542.

[127] Sato I, Kadowaki K, Urabe H, et al. , Tetrahedron Lett, 2003, 44: 721-724.

[128] Yu J H, Xu R R. J Mater Chem, 2008, 34: 3889-4004.

[129] Davis M E, Lobo R F. Chem Mater, 1992, 4: 756-768.

[130] Yu J H, Wang Y, Shi Z, et al. Chem Mater, 2001, 13: 2972-2978.

[131] Wang Y, Yu J H, Li Y, et al. Chem Eur J, 2003, 9: 5048-5055.

[132] Morgan K, Gainsford G, Millestone N J. J Chem Soc Chem Commun, 1995: 425-426.

[133] Wang Y, Yu J, Li Y, et al. Chem Eur J, 2003, 9: 5048-5055.

[134] Wang Y, Yu J H, Guo M, et al. Angew Chem Int Ed, 2003, 347: 4089-4092.

[135] Han Y, Li Y, Yu J, et al. Angew Chem Int Ed, 2011, 50: 3003-3005.

[136] Xu Y, Li Y, Han Y, et al. Angew Chem Int Ed, 2013, 52: 5501-5503.

[137] Blasco T, Corma A, Diaz-Cabanas M J, et al. J Phys Chem B, 2002, 106: 2634-2642.

[138] Villaescusa L A, Barret P A, Camblor M A. Angew Chem Int Ed, 1999, 38: 1997.

[139] Jiang J, Minuesa I, Yu J, et al. Angew Chem Int Ed, 2010, 49: 4986-4988.

[140] Zones S. Microporous Mesoporous Mater, 2011, 144: 1-8.

[141] Corma A, Díaz-Cabanas M J, Jord J L, et al. Nature, 2006, 443: 842-845.

[142] Jiang J, Jordá J L, Yu J, et al. Science, 2011, 333: 1131-1134

[143] Jiang J, Xu Y, Cheng P, et al. Chem Mater, 2011, 23: 4709-4715.

[144] Zou X, Conradsson T, Klingstedt M, et al. Nature, 2005, 437: 716-719.

[145] Pan Q , Li J, Christensen K, et al. Angew Chem Int Ed, 2008, 47: 7868-7871.

[146] Ren X, Li Y, Pan Q, et al. J Am Chem Soc, 2009, 131: 14128-14129.

[147] O'Keeffe M, Peskov M A, Ramsden S J, et al. Acc Chem Res, 2008, 41: 1782-1789.

[148] http://rcsr. anu. edu. au/.

[149] Strohmaier K G, Vaughan D E W. J Am Chem Soc, 2003, 125: 16035-16039

[150] Kongshaug K O, Fjellvåg H, Lillerud K P. J Mater Chem, 2001, 11: 1242-1247.

[151] Wright P A, Maple M J, Slawin A M, et al. J Chem Soc, Dalton Trans, 2000, 8: 1243-1248.

[152] Parnham E R, Morris R E. J Am Chem Soc, 2006, 128: 2204-2205.

[153] Song X, Li Y, Gan L, et al. Angew Chem Int Ed, 2008, 48: 314-317.

[154] Shao L, Li Y, Yu J, et al. Inorg Chem, 2011, 51: 225-229.

[155] Liu Z, Song X, Li J, et al. Inorg Chem, 2012, 51: 1969-1974.

[156] 王艳艳. 新型磷酸铝/杂原子磷酸铝分子筛的合成和性质研究. 长春:吉林大学博士论文,2013.

[157] Wang Y, Gies H, Marler B, et al. Chem Mater, 2005, 17: 43.

[158] Marler B, Stroter N, Gies H. Microporous Mesoporous Mater, 2005, 83: 201.

[159] Ikeda T, Oumi Y, Takeoka T, et al. Microporous Mesoporous Mater, 2008, 110: 488.

[160] Marler B, Wang Y, Song J, et al. Beijing:15th International Zeolite Conference, 2007: 599.

[161] Marler B, Wang Y, Song J, et al. Bochum, Germany:Ⅲ International Workshop on Layered Materials, 2010: 67.

[162] Ikeda I, Akiyama Y, Oumi Y, et al. Angew Chem Int Ed, 2004, 43: 4892.

[163] Dorset D L, Kennedy G J. J Phys Chem B, 2004, 108: 15216.

[164] Knight L M, Miller M A, Koster S C, et al. Stud Surf Sci Catal, 2007, 170A: 338.

[165] Yamamoto K, Ikeda T, Onodera M, et al. Beijing: 15th International Zeolite Conference, 2007: 452.

[166] Ikeda T, Kayamori S, Mizukami F. J Mater Chem, 2009, 19: 5518.

[167] Moteki T, Chaikittisilp W, Shimojima A, et al. J Am Chem Soc, 2008, 130: 15780.

[168] Voss H, Therre J, Gies H, et al. WO Patent No. 037690 A1. 2010.

[169] Schreyeck L, Caullet P, Mougenel J, et al. Microporous Mater, 1996, 6: 259.

[170] Millini R, Carluccio L C, Carati A, et al. Microporous Mesoporous Mater, 2004, 74: 59.

[171] Burton A, Accardi R J, Lobo R F, et al. Chem Mater, 2000, 12: 2936.

[172] Leonowicz M E, Lawton J A, Lawton S L, et al. Science, 1994, 264: 1910.

[173] Millini R, Perego G, Parker W O, et al. Microporous Mater, 1995, 4: 221.

[174] Camblor M A, Corell C, Corma A, et al. Chem Mater, 1996, 8: 2415.

[175] Zanardi S, Alberti A, Cruciani G, et al. Angew Chem Int Ed, 2004, 43: 4933.

[176] Blake A J, Franklin K R, Lowe B M. J Chem Soc Dalton Trans, 1988: 2513.

[177] Marler B, Camblor M A, Gies H. Microporous Mesoporous Mater, 2006, 90: 87.

[178] Roth W J, Nachtigall P, Morris R E, et al. Nat Chem, 2013, 5: 628-633.

[179] Inagaki S, Yokoi T, Kubota Y, et al. Chem Commun, 2007: 5188-5190.

[180] Wu P, Ruan J, Wang L, et al. J Am Chem Soc, 2008, 130: 8178-8187.

[181] Jiang J G, Jia L, Yang B, et al. Chem Mater, 2013, 25: 4710-4718.

[182] Marler B, Gies H. Eur J Mineral, 2012, 24: 405.

[183] Roth W J, Shvets O V, Shamzhy M, et al. J Am Chem Soc, 2011, 133: 6130.

[184] Verheyen E, Joos L, Havenbergh K V, et al. Nature Mater, 2012, 11: 1059.

第8章 介孔材料：合成、结构及性能表征

尽管介孔材料早已以活性炭、多孔硅胶等无序或低有序形式存在和应用多年，但现在文献所论述的介孔材料多指有序介孔材料。有序的介孔材料（或结晶的介孔材料）是与无序（无定形）介孔材料不同的新材料，是以美国前 Mobil 公司所合成的 M41S 系列材料（MCM-41、MCM-48 等）为代表的新一代介孔材料，从原子水平看，这些介孔和大孔材料是无序的、无定形的，但是它们的孔道是有序排列的，并且孔径大小分布很窄，是长程有序，因此它们也具有一般晶体的某些特征，它们的某些结构信息能够由衍射方法及其他结构分析手段得到。

尽管研究有序介孔材料的历史不是很长，但由于它们的独特结构与性质吸引了不同研究领域的科学家，不懈的努力已经取得了丰硕的成果。目前，介孔材料的化学组成、孔结构及其合成方法已经非常丰富。介孔材料将分子筛由微孔范围扩展至介孔范围，而且在很多微孔沸石分子筛难以完成的有机大分子或生物分子的吸附、分离、催化反应、组装过程中发挥作用。而且，介孔材料的有序孔道可作为载体合成纳米复合材料，有望在更广泛的领域得到应用。本章将总结介孔材料在合成、结构、生成机理、组成、形貌及孔径大小控制等方面的研究成果，归纳介孔材料的不同改性处理方法，并讨论介孔材料在不同领域的应用情况，最后简要指出介孔材料在发展过程中存在的一些问题及展望。

如欲对多孔材料有更深入详细的了解，请阅读有关专著和参考文献。本章参考文献部分集中列出了一些具有较大影响的研究论文[1-20]和综述文章[21-31]。

8.1 引　言

8.1.1 孔材料

按照国际纯粹与应用化学联合会（IUPAC）的定义，可以按多孔材料（porous material）的孔径（孔宽）分为三类：小于 2nm 为微孔（micropore）；2～50nm 为介孔（mesopore），介孔的意思是介于微孔和大孔之间；大于 50nm 为大孔（macropore），有时也将小于 0.7nm 的微孔称为超微孔，大于 1μm 的大孔称为宏孔。这里给出的分类是基于孔径，或更随意一点地说为孔宽。实际上我们将要讨论的介孔材料并非完全落在上面所定义的范围内，因为通过改变合成条件或经过修饰，有些材料的孔径很可能略小于 2nm，但材料的物理及化学性质、制备方法、合成策略、生成

机理等都没有发生变化,因此,本章没有加以特别的区分。

　　根据材料的原子级有序结构的特征,多孔材料可以分成三类:无定形、次晶和晶体。最简单的鉴定方法是应用衍射方法,尤其是 X 射线衍射,无定形固体没有衍射峰,而次晶没有衍射峰或只有很少几个宽衍射峰,结晶固体能给出一套特征的衍射峰。无定形和次晶材料在工业上已经被使用多年,例如,无定形氧化硅凝胶和氧化铝凝胶,它们缺少长程有序(某些材料可能是局部有序的),孔道不规则,因此孔径大小不均一且分布很宽。结晶材料的孔道是由它们的晶体结构决定的,因此孔径大小均一且分布很窄,孔道形状和孔径尺寸能通过选择不同的结构来很好地得到控制。

　　由于多孔材料的空旷结构和巨大的表面积(内表面和外表面),因而被广泛应用于催化剂和吸附载体中。典型的微孔材料是具有晶态网络状结构的固体材料,沸石是最常见和应用最广的微孔材料之一。沸石及微孔分子筛都有较规则的孔道。然而,它们的孔道尺寸较小(<1.3 nm),这一点限制了它们只能用于那些涉及小分子的应用,并不适合于对有机大分子或生物大分子的催化与吸附作用。在过去的近三十年期间,多孔材料的一个重要的研究方向就是努力合成具有较大孔道尺寸的分子筛。

　　无定形(无序)介孔材料,如普通的 SiO_2 气凝胶、微晶玻璃等,它们的孔径较大,但却存在着孔道形状不规则、孔径尺寸分布范围大等缺点。

　　有序介孔材料是孔材料家族中的新成员,是指在三维空间高度有序的材料,成千上万(甚至上千万)个孔径均一的孔排列有序,可为无机材料或有机高分子材料,有望用于吸附剂、非均相催化剂、各类载体和离子交换剂等领域。

8.1.2　介孔材料与有序介孔材料

　　早期合成多孔 SiO_2 的方法,如气溶胶法、气凝胶法等都存在着制备过程难以控制的缺点,因而无法获得孔道形状规整、孔径分布均匀的有序的多孔 SiO_2 材料。沸石在脱铝过程或其他处理过程中能够产生一些介孔,但其孔径大小和数量很难控制。某些黏土和层状磷酸盐的层能够用较大的无机物种(聚合阳离子或硅酯等)撑开,生成介孔材料,尽管黏土和磷酸盐的层(或板)是结晶的,但是柱子难以有规则排列,因此生成的介孔的尺寸不是均一的,有序程度较低。通过严格控制制备条件,某些具有介孔的氧化硅凝胶或硅铝氧化物凝胶的孔分布可以比较窄,但是这些介孔还是基本上无序的。

　　但自从 1992 年,Mobil 公司的科学家[1,2]首次运用纳米结构自组装技术制备出具有均匀孔道、孔径可调的介孔 SiO_2(MCM-41 等)以来,介孔材料存在的上述缺点正逐步被克服。现今,采用多种纳米结构自组装技术合成结构便于剪裁的多孔 SiO_2 材料的方法已经比较成熟。

有序介孔材料已经成为最常见的介孔材料。经典合成方法是以表面活性剂形成的超分子结构为模板，利用溶胶-凝胶工艺，通过有机物和无机物之间的界面定向导引作用组装而成，它们的孔径在 1.5～30nm 之间、孔径分布窄且有规则孔道结构。介孔材料的发现，不仅将分子筛材料由微孔范围扩展至介孔范围，且在微孔材料（沸石）与大孔材料（如无定形硅铝氧化物凝胶、活性炭）之间架起了一座桥梁。图 8-1 给出了 MCM-41 的孔径分布与典型多孔材料的比较。

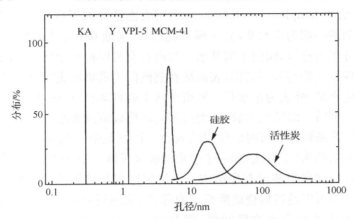

图 8-1　常见多孔材料的孔径分布比较

有序介孔材料的合成早在 1970 年就已经开始了[32]，日本的科学家在 1990 年也已经开始了它的合成工作[33]，只是 1992 年 Mobil 公司对 MCM-41 等介孔材料的报道才引起人们的广泛注意[1,2]，并被认为是有序介孔材料合成的真正开始。他们使用表面活性剂作为模板剂，合成了 M41S 系列介孔材料，M41S 系列介孔材料包括 MCM-41（六方相）、MCM-48（立方相）和 MCM-50（层状结构）。图 8-2 为它们的结构简图。

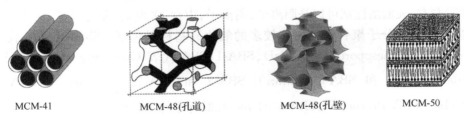

MCM-41　　　　　MCM-48(孔道)　　　　MCM-48(孔壁)　　　　MCM-50

图 8-2　M41S 系列介孔材料结构简图

Mobil 公司的科学家突破传统的微孔沸石分子筛合成过程中单个溶剂化的分子或离子起模板作用的原理，利用能够生成有序组织的阳离子型季铵盐表面活性剂作模板成功地合成了具有大的比表面积、孔道规则排列并可调节的有序介孔材料系列 M41S(孔径为 1.6～10nm)。介孔材料使处理大分子或基团和进行生物有机化学模拟等许多设想成为可能。同时这些有序介孔材料也正是许多研究和应用领域所需要的,在分离提纯、生物材料、化学合成及转化的催化剂、半导体、光学器件、计算机、传感器件、药物递送、气体和液体吸附、声学、超轻结构材料、信息通信工程、生物技术、环境能源等许多研究领域有着重要的作用。

　　有序介孔固体是在传统的沸石和分子筛基础上发展起来的,其中心思想仍然是采用模板机理(template mechanism),利用表面活性剂形成胶束作为模板。由于表面活性剂的一端为亲水基,另一端是疏水基(亲油基),亲水基倾向于在水中,疏水基受水分子的排斥,倾向于离开水。与沸石有机模板剂相反,这些表面活性剂在水溶液生成复杂的超分子结构,表面活性剂倾向于聚集形成胶束以降低能量,胶束的心部为疏水基,外表为亲水基。胶束形状主要有球状、柱状及层状。在较低的表面活性剂浓度时自组结构为胶束,而高浓度时形成溶致液晶。

　　合成 M41S 系列介孔材料所使用的表面活性剂是带正电荷的季铵盐,有一个带正电荷的亲水的头(季铵盐)和一个疏水的碳氢长链。季铵盐表面活性剂与硅酸盐物种一起可协同自组装成有序结构。自组装过程与溶致液晶生成过程非常相似。表面活性剂可以通过焙烧或溶剂萃取除去,从而得到介孔材料。之后又有各种各样的合成体系和合成途径问世,但其核心方法还是模板剂参与的溶胶-凝胶法。

　　自从 MCM-41(MCM 为 Mobil 公司所合成的孔材料的系列名称,代表 Mobil composite of matter)问世之后,这一个领域已经吸引如此众多的科学家和研究组。在 M41S 系列从碱性条件下用长链烷基三甲基季铵盐表面活性剂作为超分子模板剂的合成基础上,合成出了一些特殊结构和优异性能的介孔材料品种,拓展了模板剂概念,改进了合成工艺。目前,具有周期性孔道的介孔材料可以从不同的条件下合成,合成介质从强酸性到高碱性的非常宽的 pH 范围,合成温度从低于室温到150℃左右,表面活性剂可以是阳离子、阴离子、中性、多电荷、多烷基链,也可以是那些易得的高分子聚合物。研究较多的氧化硅基材料包括 FSM-16(FSM 代表 folded sheets mesoporous material)、SBA-1(SBA 代表 University of California, Santa Barbara) 和 SBA-6 ($Pm\bar{3}n$)、SBA-2 和 SBA-12 ($P6_3/mmc$)、SBA-11 ($Pm\bar{3}m$)、SBA-16($Im\bar{3}m$)、SBA-8($c2mm$)及低有序的 HMS(HMS 代表 hexagonal mesoporous silica)、MSU-n(MSU 代表 Michigan State University material)、KIT-1(KIT 代表 Korea Advanced Institute of Science and Technology)等。另外还有许多具有不同结构、组成和来自不同合成体系与合成方法的介孔材料。其他合成方法,如硬模板法,也获得了极大的成功。

　　二氧化硅材料为经典的介孔材料,多由协同自组装方法制得,通过改变表面活性剂种类、加入有机或无机添加剂、调变合成原料配比、改变合成条件等方法,人们合成出了各类结构和孔径的介孔材料[30]。近年来,在继续开发具有新型结构材料的同时,研究者从实际需求出发,设计和合成了一批组成和性质特异的介孔材料或复合材料[34]。

有序介孔材料的结构和有关性质介于无定形无机多孔材料(如无定形硅铝酸盐)和具有晶体结构的无机多孔材料(如沸石分子筛)之间,如下为介孔材料的主要性质:

(1) 具有高度有序的孔道结构,较高的表面积和孔容。

(2) 孔径接近单一分布,且孔径尺寸可以在很宽的范围内调控(1.3~30nm)。

(3) 介孔可以具有的不同形状,孔结构(孔的排列方式,如对称性)有多种。

(4) 孔壁(骨架)组成和性质可调,可以是无机的、有机的或是杂化的。

(5) 介孔材料的孔壁为无定形或纳米级晶体,也可能存在微孔。

(6) 具有很好的热稳定性和水热稳定性。

(7) 颗粒可能具有规则外形,可以具有不同形体外貌(微米级),并且可控。

(8) 能够较容易地被制成薄膜、纤维、粒子等宏观形体。

有序介孔材料能够达到很大的比表面积和孔容,这是介孔材料的一大优势。介孔材料的无定形孔壁有它的劣势(低的水热稳定性和低的酸强度等,但现在已经有多种改善方法),同时也有它特殊的优势,对结构(孔径、孔的连通、窗口等)的限制较小,容易对材料的组成和性质进行微调、掺杂、修饰及扩展。

8.1.3　有序介孔材料的合成背景

以 MCM-41 为代表的有序介孔材料的出现并受到各方面的高度重视,并非偶然,是与近年来材料科学和合成化学的发展分不开的,在我们展开详细讨论之前,简要地介绍一下有关的背景材料。

8.1.3.1　纳米材料与纳米科技

纳米材料与纳米科技近些年来受到全方位的重视[35-37]。人们已经认识到纳米材料的优势,在实际应用和理论研究上都具有重大的意义和极大的价值,已经成为材料科学领域研究的热点之一。纳米结构组装体系已成为当前纳米材料研究前沿的主导方向之一。介孔固体和介观结构复合体都属于纳米材料研究的内容。纳米孔材料作为纳米材料的一员,有着独特的地位,整个纳米科技的发展会推动和促进介孔材料的发展。

8.1.3.2　固体无机化合物制备的新进展

固体无机化学是跨越无机化学、固体物理、材料科学等学科的交叉领域,是当前无机化学学科十分活跃的新兴分支学科。近些年来,该领域不断发现具有特异性能及新结构的化合物,一次又一次地震撼了整个国际学术界。固体无机化合物材料的传统制备方法大多是利用较难控制的高温固相反应,近年来,其他合成方法受到重视,如前体法、置换法、共沉淀法、水热法、微波法、气相输运法、软化学法等。其中,软化学合成方法最为突出。

8.1.3.3　软化学

软化学(soft chemistry)是指基于从分子或胶体先驱物出发在较低的温度和压力下制备材料的化学过程。它力求在中低温或溶液中使起始反应物在分子态尺寸上均匀混合,进行可控的反应,经过生成前驱体或中间体,最后生成具有指定组成、结构和形貌的材料。温和的溶胶-凝胶过程提供了最容易进行动力学控制的反应体系。轻微的实验参数变化(如 pH、浓度、温度、溶剂的性质等)能导致实质上的改变而产生超分子的聚集体。因此,可以制备具有各种不同形态、结构和性质的无机或无机-有机杂化的固体材料。通过利用软化学与主客体模板化学、超分子化学相结合的技术,正在成为组装与剪裁、实现设计合成的主要手段。无机介孔材料的制备可被认为是应用软化学进行纳米结构材料设计合成的最佳实例。

8.1.3.4　超分子与超分子自组装

超分子是两个分子或多个分子通过非共价键的分子间作用力结合起来的物质微粒或聚集体[38,39]。超分子体系有着独特的界面性质。组装是一种普遍存在的自然现象,许多生物大分子都是通过自组装过程,形成高度组织化、信息化和功能化的复杂结构。生物分子间严密的分子识别功能使其成为非常有发展前途的组装模板。超分子有序自组装主要利用分子间的相互作用(氢键、亲水-疏水相互作用、静电作用及范德华力等)为主驱动力,在适当外场引导下,分子或微区自发构筑成具有不同长度范围的特殊有序结构和形状的集合体。一般指同种或异种分子间的长程组织,它的结构比较稳定,并能提供特殊的结构和功能,在宏观水平上表现出良好的组织能力和功能。各种物理化学因素的协调与竞争是达到有序自组装的关键,因为相互作用的连接点之间的微小自由能的变化都会导致各种结构状态的出现。

8.1.3.5　纳米结构自组装技术

纳米结构自组装技术[40]是指通过比共价键弱的和方向性较小的键或作用力,如离子键、氢键及范德华力的协同作用,自发地将分子组装成具有一定结构的、稳定的、非共价键结合的纳米级聚集体。自组装过程的完成一般需要以下三个步骤:首先,通过有序的共价键合成具有确定结构的中间体;然后通过氢键、范德华力和其他非共价键之间的相互作用形成大的、稳定的聚集体;最后,以一个或多个分子聚集体或聚合物为结构单元,重复组织排列制得所需的纳米结构。

8.1.3.6　生物矿化与仿生合成

生物矿化是指有生物体参与的形成矿物质的过程[41, 42]。生物矿化区别于一般矿化的显著特征是通过有机分子(或生物分子)和无机物离子(或其他物种)在界面处的相互作用,从分子水平控制无机矿物的成核和生长,从而使生物矿物具有特殊的从纳米到微米的多级结构和组装方式。生物矿化中,有机物对无机物的形成起模板或导向作用,使无机矿物具有一定的结构、取向、尺寸和形状。生物组织合成的大部分生物矿物,从纳米尺度到宏观尺度是高度有序的,从而构成具有复杂形态的高级结构。

宏观材料的功能性很少是由纯化学组分表达和体现的。许多生物天然材料都是各种分子或纳米结构体的聚集体,通过无机晶体或者无定形材料与有机分子作用形成,如骨头、软骨组织、贝壳和树叶等。材料的分子操作意味着借助有机分子控制无机凝聚态纳米结构材料的形成。

仿生矿物可以在纳米尺寸到宏观范围(微米级或更高)内结合组装成为形状复杂的结构,诸如螺旋形、盘状、球形或骨架状等,但作为其结构的无机组成部分往往不是典型的晶体(多为无定形),并且可以不按照晶体的几何构造规律生长,而往往形成超分子结构。仿生矿物合成的本质是利用有机超分子体系来控制无机材料的合成过程,借助无机-有机的界面作用达到调控无机材料结构形貌的目的。

8.1.3.7　双亲性分子、表面活性剂与溶致液晶

双亲性分子(又称两亲性分子,amphipathic molecule)是由亲水(极性头)和疏水(非极性尾巴)两部分组成。表面活性剂(surfactant)是双亲性分子的一种。溶致液晶是由符合一定结构要求的化合物与溶剂组成的液晶体系,因此它由两种或两种以上的化合物组成。溶致液晶大都是双亲性分子(或表面活性剂)和极性溶剂两种组分组成,最常见的溶剂是水。

在界面上,双亲性分子可以调节自己的取向和形态以降低烃链(疏水链)与水之间的相互作用。空间效应、熵的相互作用和分子间相互作用力(亲-憎溶剂作用、静电作用、氢键等)的结合使界面上双亲性分子浓度大于溶液中双亲性分子浓度,分子聚集在水的表面,也有部分双亲性分子在水中形成热力学上稳定的超分子结构:简单的胶束。因此当浓度达到某一临界值,不但表面上聚集的双亲性分子增多而形成单分子层,溶液中的双亲性分子将聚集成由数十个到上百个(或更多)分子组成胶束。胶束能用亲水的头部极性基有效地把疏水尾链包围起来,使之与周围水相隔离,形成化学势最小的双亲性分子集合。胶束可以是球状、层状和柱状。与

这些超结构有关的主要参数有:①有机链的疏水作用;②分子的排列受到分子几何形状的限制;③不同聚集体之间的分子交换;④排列的热焓和熵;⑤极性头之间的静电排斥作用。

　　形成胶束的最低浓度被称为临界胶束浓度(CMC)。处于胶束内层的疏水尾链呈流动状态(类似于液体),溶液中双亲性分子和胶束中双亲性分子处于动态平衡。只有胶束的形成还不足以使溶液成为液晶相,逐渐增加双亲性分子浓度,能增加溶液中胶束的数量,并改变胶束的形状,双亲性分子浓度高到一定值时,这些胶束在溶液中排列成液晶相,并且液晶相的结构可以随双亲性分子的浓度而改变。自组装得到的结构类型不仅取决于双亲性分子的结构、性质和体系组成,而且还依赖于盐浓度、非极性液体的性质以及诸如温度等外部条件。

　　溶致液晶是双组分体系,其长程有序的形成与溶剂(水)有关。溶致液晶中引起长程有序的主要原因是溶质和溶剂之间的相互作用,溶质间的相互作用是次要的,这一点与依靠分子间相互作用力来使之形成有序态的热致液晶或其他有序凝聚态的稳定态不同。没有双亲性分子的疏水作用是不能形成稳定液晶相的,甚至不能形成胶束。

8.2　有序介孔材料的合成特征与生成机理

8.2.1　介孔材料合成的基本特征

　　典型的介孔材料合成可分成两个主要阶段:①有机-无机液晶相(介观结构)的生成是利用具有双亲性质(含有亲水和疏水基团)的表面活性剂有机分子与可聚合无机单体分子或低聚物(无机源)在一定的合成环境下自组装生成有机物与无机物的介观结构相;②介孔材料的生成是利用高温热处理或其他物理化学方法脱除有机模板剂(表面活性剂),所留下的空间即构成介孔孔道。

　　表面活性剂既可以是阳离子型的又可以是阴离子型的,甚至还可以是中性的。其中以阳离子型的季铵盐类表面活性剂最为普遍。例如,十六烷基三甲基氯化铵(CTAC),十六烷基三甲基溴化铵(CTAB)等,对应的阴离子为卤离子或氢氧根离子等。单体或低聚物(寡聚体)是那些可以在一定条件下(浓度、温度、压力、pH等)聚合成无机陶瓷、玻璃等凝聚态物质的无机分子(有时在聚合之前需要解聚、水解等过程)。例如,正硅酸乙酯(TEOS)、钛酸丁酯、硅溶胶、硅酸钠、无定形二氧化硅等。

　　介孔材料的合成具有操作简单,可控性强的特点。合成操作虽然简单,但却包含着复杂多样的反应和组装过程。合成过程所涉及的三个主要组分是:用来生成无机孔壁的无机物种(前驱物)、在组装(介观结构生成)过程中起决定性导向作用的模板剂(表面活性剂等)和作为反应介质的溶剂,图 8-3 给出了反应体系主要组分及其主要相互作用的示意图。这三个主要组分之间的相互作用是介孔材料形成的根本所在,任何两个组分之间都有强烈的相互作用。模板剂(表面活性剂)与溶剂(水)之间的作用已经有详细的研究,表面活性剂分子在水中会自组成有序结构,自组过程与温度、浓度、添加剂(包括无机物种)等因素有关,表面活性剂的自组过程和产生的结构对介观材料的生成具有很强的导向作用。无机物种与溶剂之间的相互作用则为我们在一般无机反应和合成中所常见的,如果无机物种为烷氧硅烷(如 TEOS),则与水之间的反应为典型的溶胶-凝胶(sol-gel)过程,此过程与介质的 pH、催化剂、有机添加剂、反应条件(温度、时间等)有关,很大程度上为动力学控制过程。模板剂与无机物种之间的相互作用是能否形成稳定的杂化介观结构的关键,只有合适类型和强度的相互作用才能促使具有介观结构的固体形成。在同时含有三个主要组分的合成体系中,它们之间的相互作用更为复杂,有些作用或反应是相互促进或制约的,模板剂的共组会使(在无机-有机界面)无机物种的浓度增大,利于缩聚反应的发生,而无机物种的缩聚和固体无机网络(孔壁)的生成能够将由模板剂为主体的介观结构固定住(即使不是十分稳定或是介稳结构),阻碍形成热力学最稳定相(对于表面活性剂来说)的过程。成功的介孔材料合成是三个组分(以及其他辅助组分)相互作用和反应过程平衡的结果。

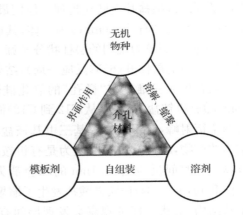

　　在讨论具体介孔材料的结构、性质和应用之前,让我们了解一下介孔材料

图 8-3　介孔材料合成中各组分之间的关系

合成所涉及的反应机理和生成机理,这有助于理解介孔材料的结构和合成,以及产物性质的控制。

8.2.2　六方结构介孔材料的发现:历史与经验

　　现在已知的最早合成有序介孔材料的文献是美国专利第 3556725 号[43]。此专利申请于 1969 年 2 月,1971 年 1 月获得批准。此专利的最初目的是制备荧光灯管涂料(荧光粉)中的成分之一:低密度二氧化硅。为了达到他们的目的,发明者 Chiola 等采用 TEOS 为硅源,让其在氨水中水解,并加入长链烷基三甲基铵盐,以得到低密度($6 \sim 23$lb 磅/ft^3,1lb/ft$^3 = 16$kg/m^3)二氧化硅。他们使用了一系列不同链长的铵盐,发现都能起作用,其中 CTAB 和 CTAC 效果最好。他们使用的反应条件是室温下 1.5h,然后 70℃蒸发掉乙醇和水进行干燥。1997 年,

Di Renzo 等[32]发现此文献并进行了重复,采用 XRD、TEM 和氮气吸附等现代分析手段对产物进行了表征,结果发现产物为高质量的、有序的、具有六方结构的介孔材料。

专利文献常被多数科学研究工作者所忽略,但此专利作为众多参考文献之一,被研究二氧化硅的最经典著作——Iler 的《二氧化硅的化学》所引用(第 562 页)[44]:阳离子表面活性剂被吸附于氧化硅的表面并促进凝聚,此法被用于从 TEOS 在氨水溶液中水解制备纯二氧化硅,产物的密度约为 0.1g/cm³。

出于原始发明者的最初目的,他们除密度以外,没有对产物进行任何其他表征,也没有对产物的结构和物理化学性质以及所用的合成方法进行更高层次的描述,因而,此工作被忽略近 30 年。

1990 年,日本早稻田大学黑田一幸(K. Kuroda)报道了三维“微孔”SiO₂ 材料[33],这就是后来著名的 FSM-16[19]或 KSW-1 介孔材料,并在后来的研究文章中提出了新的硅酸盐片迭转化机理。他们最初的目的是制备层柱状分子筛,使用单层硅酸盐水硅钠石(kanemite)为主体,其原因是因为水硅钠石的单层硅酸盐能够变形,可能得到较为规则的层柱状分子筛。他们使用不同链长的烷基三甲基铵盐将水硅钠石的层撑开(65℃反应一周),结果发现在与有机铵盐交换的过程中,氧化硅层聚合生成三维具有“微孔”的氧化硅骨架,表面积约为 900m²/g。孔径(2～4nm)随有机铵盐的链长(从 C12 到 C18)而变化。XRD 结果表明产物在低角度具有两个衍射峰,对于十二烷基三甲基铵盐,3.7nm 的宽峰被认为是来自具有三维结构的产物,3.1nm 的峰被认为是有机铵盐撑起来后的、没有层间聚合的层状复合物。长时间反应后,3.1nm 的峰会消失,而 3.7nm 的峰增高。²⁹Si NMR 结果(Q3 和 Q4 的比例)证实硅酸盐发生了缩聚,焙烧后样品的 TEM 图像中依然可见条状结构(层状),仔细观察会发现层间有不规则的间隔。在 MCM-41 发表后不久,他们对此合成进行了(条件稍加改变的)重复(70℃反应 3h)[19],(以 CTAB 作为模板剂为例)得到了完美的六方结构(基于 TEM 和 XRD 结果),与 MCM-41 几乎没有差别。

即使是现在,我们仍然看不出明显的根本过失所在,但事实上,他们与一个可以堪称为伟大的发现失之交臂。

Mobil 公司的科学家于 20 世纪 80 年代末发现了有序介孔材料,早在 1990 年初就开始申请一系列专利,在他们最初的几个美国专利[45-47]被批准之后,1992 年下半年,在 Nature 上发表了他们著名的论文“液晶机理合成有序的介孔材料”(Ordered mesoporous molecular-sieves synthesized by a liquid-crystal template mechanism)[1]。在短短的论文中,展示出极具说服力的实验证据:含有近六角形状的 MCM-41 的 SEM 照片、显示 MCM-41 结构的大面积 TEM 成像、证明六方结构的电子衍射、MCM-41 和 MCM-48 的 XRD 谱图以及指标化结果、具有规则介孔特征的氮气吸附等温线并提出了液晶模板的概念。紧随其后的全文[2]更加全面地、详细地对合成和性质表征进行了描述。

8.2.3　介观结构组装体系:有机和无机之间的相互作用方式

8.2.3.1　合成所涉及的溶胶-凝胶过程

介孔二氧化硅是最为典型的介孔材料,现在让我们以二氧化硅为例,对溶胶-凝胶(sol-gel)过程进行非常简要的概述。在水溶液中,硅酸物种(溶液中、胶体、凝胶表面)的等电点为 pH＝2 左右(与浓度及其他溶液组分有关),此 pH 下,硅酸物种为中性,小于此 pH,硅酸物种带正电荷,而大于此 pH,硅酸物种带负电荷[44]。

当酸化碱性的硅酸盐水溶液时,会产生无定形二氧化硅。涉及两类化学反应:中和硅酸盐产生硅酸,以及随后的硅酸聚合反应。另一产生无定形二氧化硅的途径是烷氧硅烷(如 TEOS)与水的反应,首先是烷氧硅烷水解生成硅酸,生成的硅酸与另一硅酸聚合或与烷氧硅烷聚合。整个反应过程是最初聚合成可溶的高相对分子质量的聚硅酸盐(即溶胶),然后这些聚硅酸盐进一步聚合生成三维网络,网络中的孔由溶剂填充(即凝胶),此过程就是应用很广泛的溶胶-凝胶过程,此过程与介质的 pH 关系很大,不同的 pH(大于或小于等电点)硅酸缩聚的机理不同,缩聚速率也依赖于 pH 和催化剂(常见的催化剂有酸、碱、氟离子)。

选择无机物种的主要理论依据是溶胶-凝胶化学,即原料的水解和缩聚速率适当。根据目的介孔材料的孔壁("骨架")元素组成,无机物种可以是直接加入的无机盐,也可以是水解后可以产生无机低聚体的有机金属氧化物,如 TEOS,$Al(O^iPr)_3$,$Ti(OBu)_4$ 或 $Nb(OEt)_5$ 等。

8.2.3.2　介孔组装体系:有机模板剂和无机物种之间的相互作用方式

在介孔材料合成中,有机模板剂和无机物种之间的相互作用(如电荷匹配)是关键[26],是整个形成过程的主导,任何方式的无机和有机的组合都是可行的。据此,Stucky 等探索了不同的无机-有机组合,提出了具有普遍性的合成原理[6]。运用这个合成原理,许多新的介孔材料被合成出来,也促进了新的组合途径出现。

不同介孔组装体系(合成路线或合成途径)中存在的共同点是有机相和无机相之间存在界面组装作用力。根据表面活性剂以及无机物种带电性质的不同类型,对应着不同的界面作用力,可以将自组织反应(合成路线)分成以下几类(表 8-1),对同一类型的界面作用力,调变其相对大小也可发展成不同的合成路线。I 表示无机物种(可以带正电荷 I^+、负电荷 I^- 或近中性 I^0);S^+ 表示阳离子表面活性剂,如长链烷基季铵盐、长链烷基吡啶型或阳离子双子型(gemini 型)等;S^- 表示阴离子表面活性剂,如各种盐型(如羧酸盐、硫酸盐等)和酯盐型(如磷酸酯、硫酸酯等);

S^0 表示非离子表面活性剂,如非离子 gemini 型、长链烷基伯胺和二胺等;X^- 表示 Cl^-、Br^- 等;M^+ 表示 Na^+、H^+ 等。除上述几种低相对分子质量的表面活性剂外,两

表 8-1　不同类型的无机物与表面活性剂的相互作用方式概述

表面活性剂 S(或 N) 无机前驱体 I	相互作用力类型	例子(结构)
阳离子表面活性剂 S^+ 阴离子型无机前驱体 I^-	S^+I^- 静电力	MCM-41 和 FSM-16(六方)、MCM-48(立方)、SBA-2(六方-立方)、氧化钨(层状、六方)、氧化锑(V)(层状、六方、立方)、硫化锡(层状)、磷酸铝
阳离子表面活性剂 S^+ 过渡离子 X^- 阳离子型无机前驱体 I^+	$S^+X^-I^+$ 静电力	SBA-1(立方 $Pm\bar{3}n$)、SBA-2(六方-立方)、SBA-3(六方)、二氧化锆(层状、六方)、二氧化钛(六方)、磷酸锌
阳离子表面活性剂 S^+ 氟离子 F^- 中性型无机前驱体 I^0	$S^+F^-I^0$	氧化硅(六方)
阴离子表面活性剂 S^- 阳离子型无机前驱体 I^+	S^-I^+ 静电力	Mg、Al、Ga、Mn 等氧化物(层状)、氧化铝(六方)、氧化镓(六方)、氧化钛(六方)、氧化锡(六方)
阴离子表面活性剂 S^- 过渡离子 M^+ 阴离子型无机前驱体 I^-	$S^-M^+I^-$ 静电力	氧化锌(层状)、氧化铝
非离子表面活性剂 S^0 中性型无机前驱体 I^0	S^0I^0 氢键	HMS(接近六方)
非离子表面活性剂(胺)N^0 中性型无机前驱体 I^0	N^0I^0 氢键	MSU-X(接近六方)、氧化物(Ti,Al,Zr,Sn 六方)
非离子表面活性剂 S^0 过渡离子 X^- 阳离子型无机前驱体 I^+	$(S^0H^+)X^-I^+$	SBA-15(六方)
非离子表面活性剂 N^0 氟离子 F^- 阳离子型无机前驱体 I^+	$N^0F^-I^+$	氧化硅(六方)
非离子表面活性剂 S^0 过渡离子 M^+ 中性型无机前驱体 I^0	$(S^0M^{n+})I^0$	含有金属的氧化硅(六方、立方)
表面活性剂 S 无机前驱体 I	SI 共价键(配位键)	Nb,Ta(六方)氧化物

性表面活性剂也可以作为模板剂。常用的高相对分子质量的表面活性剂主要为嵌段共聚物,如聚氧乙烯-聚氧丙烯-聚氧乙烯(PEO-PPO-PEO)。

为了生成介孔材料,调整表面活性剂极性头的化学性质以适合无机组分是很重要的。图 8-4 描述了常用的几种无机-有机相互作用方式(合成路线)。在水溶液中,特定的 pH 范围内,低寡聚的无机阳离子或阴离子能进一步聚合,在碱溶液中合成硅酸盐介孔材料过程中氧化硅物种是低寡聚的硅酸根阴离子,因此使用表面活性剂阳离子 S^+ 来使带负电荷的无机物种 I^- 有序化,这种有机-无机的介孔结构被称为 S^+I^- 结构(通过 S^+I^- 作用)。由此出发,其他作用方式被陆续发现。

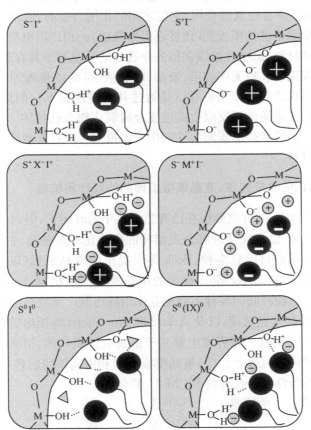

图 8-4　几种主要的无机物与表面活性剂的相互作用方式示意图。
短虚线代表氢键,只有 S^0I^0 中画出了溶剂△

S^-I^+ 结构的例子是阳离子的高聚的铝 Keggin 离子与阴离子表面活性剂如烷基磺酸盐相互作用。相同的种类电荷有机-无机组合也是可能的,但是需要一相反电荷离子存在来平衡二者的电荷,例如,$S^+X^-I^+$ 介孔材料结构,这里 S^+ 是季铵盐表面活性剂,X^- 是 Cl^- 等卤素离子,I^+ 是在强酸性溶液中带正电荷的氧化硅物种。更确切地说这种组合就是描述强酸性介质中合成全硅介孔材料,开始是 $S^+X^-I^+$,如 $CTMA^+Cl^-SiO^+$ 和 $CTMA^+NO_3^-SiO^+$[21],然后逐渐变成结构接近 IX^-S^+ 的产物。与此相对应的是 $S^-M^+I^-$ 组合方式。在基本上没有电荷参与的介孔结构也能生成,S^0I^0 组合是使用中性的有机胺表面活性剂 S^0 或非离子的聚乙二醇氧化物表面活性剂 N^0 作为模板剂(实际上,非离子表面活性剂在中性介质中带有少量的正电荷,而硅酸盐物种在 pH 大于 3 则带有一定量的负电荷),此法能用来合成氧化硅、氧化铝、氧化钛等介孔材料。在这种情况下,中性表面活性剂 S 与中性无机物种 I 之间的界面存在氢键作用,它们之间的作用力很弱,这允许使用有机溶剂从产物中直接萃取中性的模板剂(代替高温焙烧法)。相比以电荷静电作用为驱动力得到的介孔硅材料,由中性路线制得的介孔硅的孔壁原子具有非常好的均一性,但是孔道分布表现为长程无序胶束、液晶、乳状液、微孔或囊胞等不同相态的形成过程。有机和无机之间的作用也可以是通过共价键连接 S-I,例如,乙氧基铌(V)与长链烷基胺在无水条件下反应生成过渡金属氧化物介孔结构。另一个 S-I 方法是使用(极性头部分)含硅的表面活性剂作为模板剂与来自其他硅源的氧化硅物种反应生成介孔材料。

8.2.4　介观结构的生成机理:液晶模板机理和协同作用机理

虽然从 MCM-41 的发现到现在已有二十几年的时间了,但对于介孔结构的形成机理仍存在争论,达到完全理解介观结构的生成还相距甚远。关于有序介孔材料的合成机理的观点目前有多种:Beck 等[2]提出的液晶模板(liquid-crystal templating,LCT)机理,Monnier 等[13]提出的电荷密度匹配机理,Stucky 等[6, 15]依据表面活性剂和无机物种间的各种不同相互作用提出的广义液晶模板机理,Inagaki 等[19]提出的硅酸盐片迭机理,以及 Attard 和 Antonietti 等提出的真正液晶模板机理[48]。所有这些机理在一定程度上都基于最具有代表性的、Mobil 公司的科学家最早提出的两种可能机理[2, 49, 50]:液晶模板机理和协同作用机理(图 8-5),他们的实验基础是碱性条件下介孔材料 MCM-41 的合成。

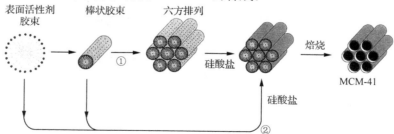

图 8-5　Mobil 公司的科学家提出的 MCM-41 的两种形成机理:①液晶模板机理;②协同作用机理

8.2.4.1　介孔材料合成的特点:超分子模板

MCM-41 的合成区别于传统分子筛合成的最大特点是所使用的模板剂不同,传统沸石或分子筛的合成是以单个有机小分子或金属离子为模板剂,以 ZSM-5 为例,所用典型模板剂为四丙基铵离子。而 MCM-41 的合成则不同,它是以大分子表面活性剂所形成的超分子结构为模板,模板剂分子的烷基链一般多于 10 个碳原子。

8.2.4.2　表面活性剂、胶束及液晶简介

以 $C_{12}EO_8$ 为例,让我们看一下 $C_{12}EO_8$ 在水溶液中形成溶致液晶相的相图[51](图 8-6),生成的液晶相与温度及表面活性剂的浓度有关,当浓度非常低时,生成理想溶液 W,浓度超过临界胶束浓度(CMC)时,开始生成胶束 L_1,随着浓度提高,先生成以球形胶束为基元、按立方排列的液晶相 I_1,随后转为平面六方相 H_1,然后是立方相 V_1,最后为层状相 L_α,S 为未溶解的表面活性剂,符号的下角标 1 是指正常胶束(极性头朝外,水包油),对于反胶束(极性头朝内,油包水)则用下角标 2 表示。其他表面活性剂在水中或在其他极性溶剂中的相行为与此相似,例如,图 8-7 为 CTAB-水体系相图,临界胶束浓度又可细分为 CMC1(球形胶束)和 CMC2(柱状胶束)。注意:相图中相的边界线位置不一定很准确,共生区也没有表示出来。

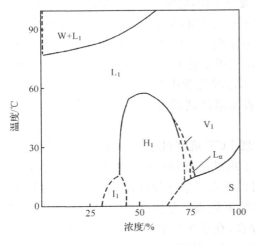

图 8-6　$C_{12}EO_8$-水体系相图

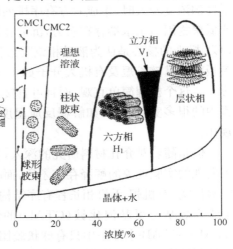

图 8-7　CTAB-水体系相图

溶致液晶相[52]与表面活性剂的结构和性质有关,也与溶剂和生成条件有关,尽管已经进行了多年的研究,但到底有多少溶致液晶相存在,还不十分清楚,有些溶致液晶相的具体结构也是未知的。在 I_1 区可出现多于一种的液晶相[53],它们包

括:立方 $Pm\bar{3}n$、$Fm\bar{3}m$、$Im\bar{3}m$ 和六方 $P6_3/mmc$,而 $Fd\bar{3}m$ 为常见的 I_2 相[54]。在一般表面活性剂(如季铵盐、C_mEO_n 等)体系中 I_1 多为 $Pm\bar{3}n$ 相,而在嵌段共聚物体系中 I_1 多为 $Im\bar{3}m$ 相。平面六方相 H_1($p6mm$)最为常见,存在于多数表面活性剂体系,且其相区较大。V_1 为一般立方 $Ia\bar{3}d$ 相,在此附近,还可能出现其他立方相 $Pn\bar{3}m$ 和 $Im\bar{3}m$,非立方的"中间相"也有可能[55],包括:斜方 $R3m$、四方 $c2mm$、单斜 $p2gg$ 等,它们的结构多介于平面六方和层状之间。除了高度有序的结构之外,还有一些短程有序长程无序的结构。

8.2.4.3　液晶模板机理

为了解释 MCM-41 的合成机理,Mobil 公司的科学家最早提出了液晶模板(liquid-crystal templating,LCT)机理[2]。他们的根据是 MCM-41 的高分辨电子显微镜成像和 X 射线衍射结果与表面活性剂在水中生成的溶致液晶的相应实验结果非常相似。他们认为有序介孔材料的结构取决于表面活性剂疏水链的长度,以及不同表面活性剂浓度的影响等。这个机理认为表面活性剂生成的溶致液晶作为形成 MCM-41 结构的模板剂。表面活性剂的液晶相是在加入无机反应物之前形成的。具有亲水和疏水基团的表面活性剂(有机模板)在水的体系中先形成球形胶束,再形成棒状(柱状)胶束;胶束的外表面由表面活性剂的亲水端构成,当表面活性剂浓度较大时,生成六方有序排列的液晶结构,溶解在溶剂中的无机单体分子或低聚物因与亲水端存在引力,沉淀在胶束棒之间的孔隙间,聚合固化构成孔壁。LCT 机理的核心是认为液晶相或胶束作为模板剂。LCT 机理的其他实验依据是模板剂烷基链长短及有机大分子如 1,3,5-三甲苯的加入对 MCM-41 孔径大小的影响。这个机理简单直观,而且可直接借用液晶化学中的某些概念来解释合成过程中的很多实验现象,如解释反应温度、表面活性剂浓度等对产物结构的相转变规律。

但是随着对介孔材料研究的深入,发现 LCT 机理过于简单化,特别对某些后来发现的实验现象的解释存在矛盾,面临了难以克服的问题。例如,小角中子散射实验证实,有机相-无机相长程有序结构可以在室温条件并且表面活性剂浓度极低的十六烷基三甲基溴化铵(CTAB)的情况下获得。如此低的浓度下(如 2% 的 CTAB),CTAB-水体系中只有球状胶团存在,在水中生成液晶相需要较高的表面活性剂浓度(例如,CTAB 在 28% 以上可以生成六方相,立方相则需要 60% 以上)。实际上在很低的表面活性剂浓度下就能得到 MCM-41(如 2% 的 CTAB),即使合成立方相 MCM-48 也不需很高的表面活性剂浓度(如低于 10% 的 CTAB)。另外,合成介质的 pH=12~14,在此条件下,硅酸盐自己不会发生缩聚生成固体,硅酸盐是在表面活性剂的协助下缩聚形成介观结构固体的。

再有使用 gemini(Cn-s-m)型的双价阳离子型表面活性剂合成出了含有笼结构的三维六方相产物 SBA-2[56],其空间群为 $P6_3/mmc$,这种对称性结构在阳离子表面活性剂产生的溶致液晶相中迄今尚未见报道。

只要改变二氧化硅的浓度,即可合成不同结构的 M41S,而不需特定液晶相的预形成。而且,在实际合成条件(浓度等)下,表面活性剂溶液中和反应混合物凝胶(或溶胶)中均未检测到六方液晶相的存在。以上事实说明协同作用机理更为合理。

8.2.4.4　协同作用机理(cooperative formation mechanism)

与液晶模板机理相似,Mobil 公司提出的机理[2]的另一部分也是认为表面活性剂生成的液晶作为形成 MCM-41 结构的模板剂,但是表面活性剂的液晶相是在加入无机反应物之后形成的,无机离子的加入,与表面活性剂相互作用,按照自组装方式排列成六方有序的液晶结构。

形成表面活性剂介观相(mesophase)是胶束和无机物种相互作用的结果,这种相互作用表现为胶束加速无机物种的缩聚过程和无机物种的缩聚反应对胶束形成类液晶相结构有序体的促进作用。胶束加速无机物种的缩聚过程主要由于有机相与无机相界面之间复杂的相互作用(如静电吸引力、氢键作用或配位键等)导致无机物种在界面的浓缩而产生。此机理有助于解释介孔材料合成中的一些实验现象,如合成出不同于已知液晶结构的新相产物、低表面活性剂浓度下(如质量分数低于 5%)的合成[57]以及合成过程中的相转变现象等。

对于加入无机反应物之后形成液晶相过程(协同作用机理)的具体描述,则有一些不同的机理。具有代表性的是 Davis 等[58]和 Stucky 等[6]所提出的两个机理。

Davis 等认为首先硅酸盐物种与随机排列的模板胶束通过库仑力相互作用,在棒状胶束外表面包覆二至三原子层的 SiO_2,然后,它们自发地聚集在一起堆积成能量有利、高度长程有序的六方结构,同时伴随着硅酸盐的缩聚,经过一定长的时间之后,硅酸盐物种聚合达到一定的程度生成 MCM-41 相。

Stucky 等基于大量的合成结果和核磁共振对不同反应条件下生成的无机-有机表面活性剂液晶相的研究,并吸取了其他模型中的一些观点,对无机相-有机表面活性剂自组织生长的机理作了较为全面的阐述。认为是无机和有机分子级的物种之间的协同合作,共同生成三维有序结构。多聚的硅酸盐阴离子与表面活性剂阳离子发生相互作用,在界面区域的硅酸根聚合改变了无机层的电荷密度,这使得表面活性剂的长链相互接近,无机物种和有机物种之间的电荷匹配控制表面活性剂的排列方式。预先有序的有机表面活性剂的排列(如棒状胶束)不是必需的,但它们可能参与反应。反应的进行将改变无机层的电荷密度,整个无机和有机组成的固相也随之而改变。最终的物相则由反应进行的程度(无机部分的聚合程度)和表面活性剂的排列情况而定(图 8-8)。

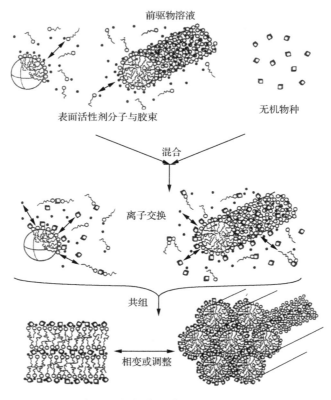

图 8-8　协同作用模板机理示意图

  Davis 的机理不能解释 MCM-41 具有很长的孔道,而在溶液中不存在那么长的棒状胶束。该机理也不能很好地解释立方相 MCM-48 的生成。MCM-48 可以看成是一些具有相等长度的短棒交叉联结而成,在表面活性剂溶液中,棒状胶束的长短是不一样的。不可否认的是,此机理在某些特殊合成条件下可能是成立的。

  Stucky 的机理具有一定的普遍性,尤其经过不断的完善[15],能够解释不同合成体系的实验结果和一些实验现象,并且在一定程度上能够指导合成实验。现在我们看到的 Stucky 对协同作用机理的描述是基于最早的层状向六方相转变的模型(机理)[13]。Monnier 等[13]在 1993 年发现 MCM-41 可在模板剂(CTAB)的浓度低于形成胶束所需的浓度或在模板剂胶束不能稳定存在的温度(>70℃)下形成,在所选的合成反应条件(pH=12~14)下,硅酸盐自己(没有表面活性剂存在时)不会发生缩聚生成固相,而 CTAB-水体系中,当 CTAB 的浓度小于 5%时(没有硅酸盐存在下),只有胶团存在,没有液晶相存在,将两者混合(即协同作用)则可以生成无机-有机介观相。在所选择的反应条件下,溶液中首先形成的是层状相,然后层状相开始减少并且出现六方相,最后层状相完全消失,固体产物全为六方相。基于此实验事实,他们提出了由层状相向六方相转变的机理。其核心是介观相不是由预形成的液晶结构决定的。这一模型指出了无机-有机界面上电荷匹配、无机孔壁的聚合过程对介观相的影响。现在我们知道,层状相向六方相转变只是在某些合成条件下发生,并非是生成 MCM-41 的必经之路。

溶液中的那些单价的硅酸根离子在与阳离子表面活性剂亲水端的卤素离子交换时能量上并非十分有利,与之相比具有多个硅以上的寡聚体(低聚体)更容易与卤素阴离子发生交换。因为寡聚体具有多配位性,它可以与表面活性剂的亲水端产生强的相互作用,于是界面迅速被低聚物充满,其数量应为刚好可以补偿表面活性剂亲水端所带正电荷量之值(电荷平衡)。后来的 NMR 研究表明位于 CTAB 胶束栅栏层的 Br⁻ 几乎全部被硅酸盐物种所取代[57]。

聚合反应优先发生在表面活性剂-硅酸盐[48]界面是因为界面上硅酸的浓度高于液相中的浓度,并且它们的负电荷被阳离子表面活性剂亲水端的正电荷部分屏蔽。随着聚合反应的进行,界面中低聚物的浓度必然上升,这进一步促进无机硅酸层与有机表面活性剂相的相互作用。

以上两个步骤可以概述为沉积和聚合两个过程,它们具有不同的反应时间,其中沉积过程为快过程,聚合过程为慢过程。

在开始的生长阶段,无机微相中主要为带大量负电荷的硅酸低聚物。这使得表面活性剂亲水端的有效占据面积(a_0)较小,从而使液晶相取层状结构。随着无机相中硅酸的聚合度提高,带负电荷的密度下降。根据电荷匹配原则,a_0 必然增加,此时硅氧骨架的聚合度不是很高,并且此时孔壁为“软性的”。因此,可以在电荷匹配原则的驱使下,a_0 的增加促使液晶相转变为六方相。在表面活性剂和硅酸物种界面的电荷匹配是一个连续的调整过程,它决定界面的曲率,因此决定产物的介观结构。

表面活性剂-硅酸液晶相无论在尺寸上还是空间构象上都与水-表面活性剂双相体系十分相近。这说明决定相结构的影响因素具有相似性。在传统的表面活性剂-水双相体系理论中表面活性剂亲水端的有效占据面积(a_0)被认为对介观相(六方、立方、层状)的类型具有决定性作用,即最佳的介观相(结构)应该满足 a_0 值接近其最佳值的情形。

协同模板机理可通过电荷匹配和离子交换两种途径实现。具有一定的普遍性,被推广到非硅组成的介孔材料的合成中。协同模板主要包括三种类型:①靠静电相互作用的协同电荷匹配模板(cooperative charge matched templating);②靠共价键相互作用的配位体辅助模板(ligand-assisted templating);③靠氢键相互作用的中性模板(neutral templating)。

8.2.4.5　其他机理

除了上面讨论过的机理之外,有人提出了其他机理来解释在特殊条件下的合成,也有对以上机理进行完善和在特殊合成条件下的特殊性的报道。

Inagaki 等[19]提出的硅酸盐片迭机理只适合于水硅钠石(kanemite,理想化学组成为 $NaHSi_2O_5 \cdot 3H_2O$)作为硅源,合成介孔材料 FSM-16。此机理解释了 FSM-16 的生成过程,表面活性剂[如长链烷基三甲基铵盐(CTA)]进入层状水硅钠石的层中,就像一般的表面活性剂进入黏土层并将层撑开一样,由于水硅钠石具有单硅酸盐层结构,不像一般黏土那样具有刚性,水硅钠石片(层)容易变形,在表面活性剂的"协助"或"强迫"下,硅酸盐片的形状发生变化,从平面变成一起一伏的波浪形,上一层的"伏"部分与下一层的"起"部分接近,并连接在一起,结果生成六方相的 FSM-16 材料。

Attard 等[59]和 Antonietti 等[48, 60]采用真正的表面活性剂液晶作为模板合成了六方介孔 SiO_2 材料。阳离子型表面活性剂 CTAB 和非离子型表面活性剂 $C_{12}H_{25}(OC_2H_4)_8OH$在高浓度下生成的六方液晶均可作为稳定的预组织模板来合成介孔 SiO_2。使用液晶模板的好处是产物的结构比较均匀(即使孔有序程度可能有所较低)。以 MCM-41 合成为代表的合成体系并非真正的液晶模板合成,主要原因之一是表面活性剂的浓度太低,而真正的液晶模板合成是在表面活性剂浓度极高的体系中进行的[61, 62],在此体系中(至少在加入无机前驱物之前)可检测出液晶相的存在。

8.2.4.6　机理研究新进展

余承忠等通过调节实验温度,加入一些特定无机盐将超小的胶态 SiO_2 中空球组装成面心立方堆积介孔材料[63],这种介孔材料具有两种孔道,介观结构为二十面体,并提出硬球堆积机理[64]。该研究组又在中性条件下引入嵌段共聚物制备出均一的 SiO_2 粒子,改变反应体系 pH,增强粒子之间的离子强度,粒子可以进一步组装成有序的,具有大孔道的 SiO_2 泡沫[65]。调节表面活性剂并且微调反应条件可以将粒子组装成桑葚状的多级 SiO_2 粒子[66]。

8.2.5　表面活性剂的有效堆积参数 g

在制备介孔材料的过程中,表面活性剂的类型及分子结构对介观结构的形成有较大影响,甚至能够改变反应体系的合成途径。由 Israelachvili 提出的简单的几何模型能够很好地解释并且预期自组装的结构,这就是表面活性剂的分子堆积参数 g[67, 68],它能够作为一个指标来预测和解释产物的结构。$g = V/a_0l$,V 等于表面活性剂分子的链及链间助溶剂所占的总体积,a_0 等于表面活性剂极性头所占的有效面积,而 l 等于表面活性剂长链的有效长度。当 g 小于 1/3 时生成笼的堆积 SBA-1 ($Pm\bar{3}n$ 立方相)和 SBA-2 ($P6_3/mmc$ 三维六方相),1/3～1/2 之间生成 MCM-41 ($p6mm$ 二维六方相),1/2～2/3 之间生成 MCM-48 ($Ia\bar{3}d$ 立方相),接近 1 时生成 MCM-50(层状相),见表 8-2。

表 8-2　不同 g 值下的胶束几何形状和介观相结构

$g=\dfrac{V}{la_0}$	胶束(或液晶)几何形状(或结构)	表面活性剂例子	介观相例子
$g<\dfrac{1}{3}$	球形(微粒)	单链(尾巴)和较大的极性头	SBA-1($Pm\bar{3}n$ 立方相)和 SBA-2($P6_3/mmc$ 三维六方相)
$g=\dfrac{1}{3}\sim\dfrac{1}{2}$	圆柱形胶束(微粒)	单链(尾巴)和较小极性头	MCM-41($p6mm$ 二维六方相)
$g=\dfrac{1}{2}\sim\dfrac{2}{3}$	三维圆柱形胶束	单链(尾巴)和较小极性头	MCM-48($Ia\bar{3}d$ 立方相)
$g=1$	层(膜)	双链和较小极性头	MCM-50(层状相)
$g>1$	反相的球形、圆柱形及层胶束	双链和较小极性头	

在实际合成过程中,除影响溶致液晶的一般环境因素(温度、浓度、离子强度等)之外,有两个主要因素决定表面活性剂分子的排列或堆积:①无机物种与表面活性剂界面之间的电荷匹配或其他相互作用;②表面活性剂分子本身的结构与形状。在相似的合成条件下,整个反应体系和无机物种对表面活性剂的排列方式的影响也会差不多,因此在这种情况下,表面活性剂性质(形状、电荷和结构)上的差异将会体现出来,得到的物相可能是不一样的,从另外一个角度来说,可以通过选择表面活性剂或对表面活性剂施加影响来控制特定的物相生成。下面是几个实例[15]:

(1) 以表面活性剂烷基三甲基铵阳离子 $C_nH_{2n+1}(CH_3)_3N^+$ ($n=10\sim18$)为模板,在典型的合成条件下合成出 MCM-41 为基准,大极性头(较大的 a_0)表面活性剂(烷基三乙基铵 $C_nH_{2n+1}(C_2H_5)_3N^+$,$n=12\sim18$)给出 SBA-1,这是因为表面活性剂大头减小了 g 值,生成具有最大曲率的球形结构。双尾表面活性剂给出层状相是因为它们巨大的疏水部分,V 的增大导致 g 值的上升,生成具有最小曲率的层状结构。

(2) 表面活性剂碳氢链的长度对产生的物相影响很小,那是因为 V/l 比例几乎不随碳氢链的长度($n=10\sim18$)改变而改变,也就是 g 值几乎不变,但是当碳氢链长到一定程度时(多于 20 个碳原子),容易发生卷曲,V 稍变大而 l 变小,导致 g 值变大,因此表面活性剂 $C_nH_{2n+1}(CH_3)_3N^+$ ($n=20$、22)容易给出层状结构。

（3）双子（gemini，孪联）表面活性剂 Cm-s-m 是一类特殊表面活性剂，相当于每两个（或多个）亲水基依靠碳氢链（化学键）连接在一起，因此造成两个（或多个）表面活性剂单体相当紧密的结合，这种结构一方面增强了碳氢链的疏水作用，使疏水基团自水溶液中逃逸的趋势增大，另一方面受化学键的限制，离子基团由于电性排斥作用而分离的倾向在很大程度上被削弱。因此表面活性剂头的面积能够较容易地通过改变这个碳氢链的长度来控制，例如 C16-s-16，$C_{16}H_{33}N^+(CH_3)_2(CH_2)_s$ $N^+(CH_3)_2C_{16}H_{33}$，当 s 从 2 变到 12 时，碱性介质中的合成产物从层状变成六方 MCM-41 最后变成立方 MCM-48。

（4）其他很多实验事实都可以用 g 值的变化来解释，包括有机添加剂对合成的影响、各种相之间的转化等。

亲水疏水的嵌段共聚物不能像简单表面活性剂分子那样定义 g 参数，但是可以使用亲水链-疏水链的比例来得到类似的结论。例如，使用具有相似 PO 链长（x 从 50～61）的三嵌段共聚物（EO$_x$-PO$_y$-EO$_x$）为模板剂，变化 PEO 链长得到不同的结构[69]，EO 链长的增加相当于极性头（a_0）增大，也就是 g 值减小。短 EO 链（$x=4$，L101）模板剂给出层状结构，中等 EO 链长（$x=17$，P103、$x=27$，P104、$x=37$，P105）给出平面六方相（SBA-15），而长 EO 链（$x=132$，F108）给出 $Im\bar{3}m$ 立方相（SBA-16）。

使用非离子表面活性剂和双亲嵌段共聚物控制胶束排列来设计合成[70]，使用混合模板剂：二段聚合物［$C_nH_{2n}(OCH_2CH_2)_xOH$，缩写为 C_nEO_x，$n=12～18$，$x=2～100$］和三段聚合物 Pluronic（EO$_x$PO$_{70}$EO$_x$，$x=5～100$），随着表面活性剂中亲水基团 EO 的增加（相当于一般表面活性剂的极性头由小变大），产物也依次变化：从层状到二维六方（$p6mm$）、三维六方、立方（$m\bar{3}m$）、另一个立方相 $Im\bar{3}m$。产物结构的转化是由于疏水表面曲率的变化，通过选择不同的亲水基团-疏水基团的比例可以很容易地控制产物的结构。

8.2.6　介观结构组装的物理化学过程

自组装形成的超分子聚集体（胶束）作为模板剂的使用是合成 M41S 家族介孔二氧化硅和硅铝酸盐材料的基础。合成所使用的表面活性剂通常有一个或多个极性头和一个长尾巴，调整表面活性剂头的化学性质以适合无机组分可以生成新的介孔材料。不同合成体系中存在的共同点是有机相和无机相之间存在界面组装作用力。

在介孔组装过程中涉及众多的物理化学过程，如从表面活性剂的角度涉及胶束、液晶、微乳等不同相态的形成过程；从无机物种来考虑将涉及溶胶-凝胶过程、配位化学、无机物种的不同化学状态的热力学分布和无机物种的缩聚动力学等；而界面组装过程则涉及两相在界面的组装作用力（如静电作用、氢键或范德华力、配位键等），且最终的两相组装结构将是热力学和几何因素两者均有利的结果。

　　首先从热力学和动力学的角度来认识介孔材料的形成过程[71]，介孔材料的形成主要是以表面活性剂形成的超分子结构为模板的界面组装过程，该过程受无机物种的缩聚动力学过程和不同缩聚单元的热力学分布以及有机相的堆积几何因素等的影响，合成体系存在超分子的自组装，以及无机物种与模板剂之间的相互作用（包括静电作用、氢键作用等），产物所具有的最终结构（或界面形状）是该合成条件下体系的吉布斯（Gibbs）自由能减小的结果，即朝着热力学有利的方向进行。

8.2.6.1　热力学

　　首先从热力学的观点出发，在合成介孔材料的体系中，最终产物的结构从理论上讲应使体系的 Gibbs 自由能降至最低。以典型的表面活性剂-硅酸盐-水的三元合成体系为例，在一定组成、温度和压力下，体系的总 Gibbs 自由能为界面面积 A 的函数，即

$$G = G(A) \tag{8-1}$$

　　一个重要的合成特征是发生明确的有机（通常疏水的、亲油的或称为憎水的）和无机（亲水的）的成分在纳米或次纳米规模下的相分离。因此，相界面的性质扮演着极其重要的角色。影响相界面形成的热力学因素可用生成自由能（G_{ms}）来表达，由四个主要部分组成，分别为无机-有机界面能（G_{inter}）、无机孔壁（G_{wall}）、有机分子（表面活性剂）的自组（G_{org}）以及溶液（环境）的贡献（G_{sol}）。因此体系的总 Gibbs 自由能可以表示为

$$G = G_{org}(A,P) + G_{wall}(A,P) + G_{sol}(P) + G_{inter}(A,P) \tag{8-2}$$

式中，A 表示界面面积；P 表示各类物种的类型及浓度。分析式（8-2）中右边各函数的物理意义有利于理解介孔材料合成过程中各变量的影响规律及相转变的原因。在式（8-2）中，$G_{org}(A)$ 的大小表明了胶团及液晶相形成的难易程度；$G_{wall}(A,P)$ 表明了无机离子吸附于界面并发生缩聚反应的难易程度；$G_{sol}(P)$ 为分散介质的化学位，其物理意义在于可借此确定孔壁中各物种的化学势；$G_{inter}(A,P)$ 表明了胶团之间相互作用的大小，其值影响孔壁厚度及结构转变。改变合成过程中的任一变量将影响上述 4 项 Gibbs 函数的相对大小，从而改变各 Gibbs 函数对体系相结构及相转变贡献的大小，因此在不同合成条件下影响产物相结构和相转变的主要因素不同，其合成路线和机理也将有所差异。如在典型的真正液晶模板路线中，有机分子的自组（G_{org}）优于其他相互作用；如果体系 G 值降低主要由于 $G_{inter}(A,P)$ 所引起，则必须考虑无机物种对产物相结构和相转变的影响，此时可认为反应按协同作用机理进行；如果需考虑体系中无机孔壁的组成和厚度及合成产物的热稳定性，则应从 G_{wall} 值出发进行分析和考虑。

　　在最初共组过程中，模板剂浓度远低于形成液晶（甚至胶束）所要求的最低浓度，因此，在无机物种和有机模板剂之间界面的形成（G_{inter}）起着决定性作用。

8.2.6.2　动力学

从动力学的观点来看,有序的介观结构生成是两个竞争过程平衡的结果:①相分离过程;②模板剂与无机物种共聚和有序化过程。

从动力学的角度来看,前面讨论的机理有着实质上的区别。分别以 O 表示有机模板剂和 I 表示无机物种,则 OO 表示表面活性剂的碳氢链之间的相互作用,OI 表示表面活性剂的极性头与无机物种之间的相互作用,II 表示无机物种之间的相互作用。比较界面上及其两侧体相中各物种相互作用的相对大小也有助于判断合成反应进行的方向,预测反应产物的结构及理解表面活性剂-无机物种复合物形成的机理等。下面分几种情况进行讨论。

(1) 当 OO>OI, II 时,有机相(如表面活性剂的不同相态)在复合物的组装过程中结构稳定,无机物种通过界面作用力富集其上并逐渐缩聚形成表面活性剂-无机物的复合材料,产物结构可以认为是有机相的复制。液晶模板机理即相当于这一个动力学过程。

(2) 当 OI>OO 时,引入无机物种将破坏原有的有机相结构,组装表面活性剂-无机物种复合物的过程受两相界面作用力和表面活性剂堆积的空间因素等参量的影响。具体有如下三种情况:①当 OO>II 时,此时先形成有机物-无机物复合物的小单元体(如硅致胶束),然后通过无机物种在界面上的缩聚反应键连这些小单元并形成具有规则结构的复合材料,此即协同作用机理;②当 II>OO 时,此时控制反应温度、缩短反应时间等,使无机物种的缩聚反应处于动力学不利的状态下进行以减小无机物种对产物结构的影响,使 OI 界面作用控制整个合成过程中的相转变,产物中的有机物依靠范德华力结合后被包藏在产物的笼或孔道结构中,此时即为微孔分子筛的合成;③OI>II,此时可生成单层有机物和无机离子交替排列的层状膜结构。

8.3　介孔氧化硅与硅酸盐:结构与材料的合成

氧化硅材料是最被广泛研究的体系,主要原因有:结构的可变性(四配位硅的灵活性),水解作用和聚合反应的精确可控制性(由于较低的反应活性),良好的无定形网络结构的稳定性(在一般的热处理和水热过程中不会发生结晶化),较强的表面可修饰性(有机功能基团可接枝性)。

8.3.1　介孔氧化硅材料的合成与结构特点及表征手段

现已经发现了多种介观结构,多数结构与溶致液晶结构相对应。发现的有序结构的典型材料有:MCM-41(二维六方, $p6mm$)、MCM-48(立方 $Ia\bar{3}d$)、MCM-50

（层状结构）、SBA-1（立方 $Pm\bar{3}n$）、SBA-2（三维六方 $P6_3/mmc$）、SBA-8（二维四方，$c2mm$）、SBA-11（立方 $Pm\bar{3}m$）和 SBA-16（立方 $Im\bar{3}m$）等。表 8-3 列出了不同介观

表 8-3　各种介观材料的结构和衍射峰特征

孔道结构特征	晶系	最高对称性的空间群	典型材料	衍射特征（XRD 衍射峰，衍射条件）
（有序程度低，多为一维）	（接近六方）		MSU-n HMS KIT-1	较宽的 1～2 个衍射峰
一维层状（无孔道）			MCM-50	$\dfrac{1}{d_{00l}} = \dfrac{l}{a}$；001, 002, 003, 004…
二维（直孔道）	六方	$p6mm$(17) $p6m$(旧名)	MCM-41 SBA-3、SBA-15 FSM-16 TMS-1	$\dfrac{1}{d_{hk0}^2} = \dfrac{4}{3}\dfrac{h^2+hk+k^2}{a^2}$ 100, 110, 200, 210…
	四方	$c2mm$(9) cmm(旧名)	SBA-8 KSW-2	$\dfrac{1}{d_{hk}^2} = \dfrac{h^2}{a^2} + \dfrac{k^2}{b^2}$；11,20,22,31,40,… $h+k=2n$
三维（笼形孔道、孔穴）	六方	$P6_3/mmc$(194)	见立方-六方共生	$\dfrac{1}{d^2} = \dfrac{4}{3}\dfrac{h^2+hk+k^2}{a^2} + \dfrac{l^2}{c^2}$ hhl：$l=2n$
	立方	$Pm\bar{3}n$(223)	SBA-1 SBA-6	$\dfrac{1}{d^2} = \dfrac{h^2+k^2+l^2}{a^2}$；110, 200, 210, 211, 220, 310, 222, 320, 321, 400… hhl：$l=2n$（第一个峰 110 没有被观察到）
		$Im\bar{3}m$(229)	SBA-16	110,200,211,220,310,222,321… $h+k+l=2n$
		$Fd\bar{3}m$(227)	FDU-2	111,220,311,222… $h+k=2n$, $h+l=2n$, $k+l=2n$, $0kl$：$k+l=4n$
		$Fm\bar{3}m$(225)	FDU-12	111,200,220,311,222,400… $h+k=2n$,$h+l=2n$,$k+l=2n$
		$Pm\bar{3}m$(221)	SBA-11	无消光限制
	立方-六方共生	$Fm\bar{3}m$(225)-$P6_3/mmc$(194)	SBA-2、SBA-7、SBA-12 FDU-1	见六方 $P6_3/mmc$(194)

孔道结构特征	晶系	最高对称性的空间群	典型材料	衍射特征(XRD衍射峰,衍射条件)
三维交叉孔道	立方	$Im\bar{3}m(229)$	SBA-16	$110,200,211,220,310,222,321,400\cdots$ $h+k+l=2n$
		$Ia\bar{3}d(230)$	MCM-48 FDU-5	$211,220,321,400,420,332,422,431,$ $440,532\cdots$ $h+k+l=2n, hhl: 2h+l=4n$
		$Pn\bar{3}m(224)$	HOM-7	$110,111,200,211,220,221,310,311,$ $222,\cdots$ $0kl: k+l=2n$
	四方	$I4_1/a(88)$	CMK-1 HUM-1	$110,211,220\cdots$
二维交叉孔道	三方(斜方)	$R\bar{3}m(166)$	无	$101,102,003,110,201,202,104,113,$ $211\cdots$(按六方晶系)

结构和介孔材料,包括一些可能的介观结构(在溶致液晶中是已知的),表中给出可能出现的 XRD 峰,通常,高质量的样品能给出前面的几个峰,但有的峰可能很弱,难以观察到。

在微孔材料中,缺陷常存在于许多晶体中。在介孔材料中,由于产物的结构主要由动力学控制,孔壁的聚合减缓或停止了有机部分的排列向稳定状态过渡,结构缺陷的存在更加普遍,即使那些高质量的、高有序的介孔氧化硅材料,也存在着各种各样的结构缺陷,呈现 6～7 个 XRD 衍射峰的高质量 MCM-41 也含有各种结构缺陷[72],可以作为研究结构缺陷的模型材料。

针对不同的结构与组成,可以运用 XRD、TEM、氮气吸附-脱附、固体 MAS NMR(^{29}Si、^{27}Al、^{13}C 等)、FT-IR、SEM、热重-差热分析等表征手段来分析介孔材料的结构和性质。

由于孔道具有周期性的排列,因此,可以借助 XRD 给出关于介孔结构周期性信息。由于介孔阵列的周期常数处于纳米量级,因而其主要的几个衍射峰都出现在低角度范围。用来校准仪器的常用标准样品(硅粉、石英等)对于低角度不再十分有效,应该选用在低角度有衍射峰的标准样,如硬脂酸铅。本章所引用的 XRD 谱图与数据,如没有特殊注明,均为铜靶(Cu Kα)。

研究结构的另一直接、有效的方法是使用高分辨透射电子显微镜(HRTEM)。非晶态物质的透射电子显微镜衬度来源于电子束穿过此物质时与之作用的原子数量的多少和种类的不同,即质量厚度的不同。当电子束从某些特定的方向穿过样品,介孔结构将使得其透过密度呈现出周期性变化。因此,产生具有周期花样的投影图像。TEM 观察的有力之处在于可以直接从电子显微镜照片上量出层(孔)间距离等结构参数。

气体吸附方法是鉴定介孔材料的另一简便、有效的方法[28],介孔材料的常用气体(氮气、氩气、氧气)的低温吸附等温线为Ⅳ型,当介孔原料的孔尺寸极小,靠近微孔范围时,吸附等温线也可能为Ⅰ型。介孔的吸附特点主要表现在毛细管凝聚,与此不同的是微孔的填充主要是由吸附质与孔壁的强相互作用控制的。氮气吸附-脱附实验表明,典型介孔材料具有单一的孔径分布,较高的 BET 表面积(常大于 1000m²/g)。典型的材料具有类似的吸附等温线形状,在液氮温度下对氮气的吸附呈现以下几个阶段:在相对压力较小的低压段,吸附曲线比较平缓,这是氮气分子以单层吸附于孔道表面所致;在中等压力范围内吸附量随相对压力的增加而迅速增加,这是由于氮气分子由单层、多层吸附至介孔孔道内毛细管凝聚引起;之后吸附量随相对压力增大缓慢递增,表明吸附逐渐达到饱和。在中等压力区的突跃与样品的孔径大小有关,发生突跃的压力越大表明样品的孔径越大,另外,突跃段陡峭程度的大小可用来衡量 MCM-41 等样品的孔径是否均匀,变化幅度大且斜率高,则显示孔道的均一性,即孔径分布窄。分析介孔分布时不要被某些吸附现象(如 TSE 现象)所迷惑,而得出错误结论。

MCM-41 和 MCM-48 等高度有序的介孔材料,它们的某些结构参数之间存在着确定的几何关系[28]。但在实际应用中,由于模型的理想化以及实验的局限,计算值一般只作为参考。

理想的 MCM-41 结构的介孔孔径可由下式直接求出:$w_d = cd_{100}\sqrt{\dfrac{\rho V_p}{1+\rho V_p}}$,式中,$w_d$ 为孔壁的厚度;c 为几何结构因子(圆孔时为 1.213,六角形孔为 1.155);d_{100} 为(100)面的面间距;ρ 为孔壁的密度;V_p 为单位质量样品的介孔体积。其实,$\dfrac{\rho V_p}{1+\rho V_p}$ 即为空隙率(样品中介孔体积与样品总体积比值)。

因此,根据 MCM-41 的晶体学特征和上式,介孔壁厚可由下式表述:$b_d = a - w_d$,式中 a 为晶胞常数,并且 $a = \dfrac{2}{\sqrt{3}}d_{100}$。

根据以上两式可得出如下结论,孔壁厚度 w_d 的精确度在很大程度上依赖于 d_{100} 值测量的准确性(因为它们之间为线性关系),而较少依赖于 ρ 或 V_p 值的测量精度。这一点可以通过分别以 ρ 和 V_p 为横坐标对 w_d 作图看出。除非 V_p 值特别小(实际上 V_p 一般很大)。

对于非理想情况,即假设样品中存在无序相且无序相孔径远大于有序介孔孔径。设此时有序部分占整体样品的质量分数为 x。则有:$w_d = cd_{100}\sqrt{\dfrac{\rho V_p}{x+\rho V_p}}$,

式中取 $x=1$ 的极限情况还原为理想情况。对于存在无序相的情况,如果使用理想公式会导致主要介孔尺寸的估计过低和孔壁厚度的估计过高。

如果孔壁存在微孔,单位质量样品的总体积为 $\frac{1}{\rho}+V_p+V_{mi}$,则有下式:$w_d = cd_{100}\sqrt{\dfrac{\rho V_p}{1+\rho V_p+V_{mi}}}$,式中 V_{mi} 为孔壁中的微孔体积。

对于具有立方结构的笼形孔穴的介孔材料,其孔穴的直径可由下式[73]计算:$w_d = a\left(\dfrac{6}{\pi\nu}\dfrac{V_p\rho}{1+\rho V_p+V_{mi}}\right)^{\frac{1}{3}}$,式中 a 为晶胞常数,ν 为单位晶胞中孔穴的数量。

^{29}Si 固体核磁共振谱(^{29}Si MAS NMR)是分析硅基介孔材料孔壁微结构的最有力的手段,它可以确定无机孔壁中不同聚合度硅物种的存在,MCM-41 的 ^{29}Si MAS NMR谱图与无定形二氧化硅的谱图具有一定的相似性,在-100ppm 和 -110ppm处存在两个共振峰,分别归属为 Q^3[即 $Si(OSi)_3OH$]和 Q^4[即 $Si(OSi)_4$]环境的硅物种,有时也可能在-90ppm(归属为 Q^2)出现一较小的峰。根据不同硅物种分布情况,可以计算出硅羟基的数量,如式(8-3)所示

$$硅羟基摩尔分数 = \left(\frac{2Q^2+Q^3}{Q^2+Q^3+Q^4}\right)\times 100\% \qquad (8\text{-}3)$$

铝的配位状态常以^{27}Al MAS NMR 来表征,四配位铝的化学位移在53ppm 附近,若存在六配位铝,则在 0ppm 附近出现 NMR 峰。但^{27}Al MAS NMR 方法有时可能存在一定的局限性,在有些样品中除 MCM-41 相外,还存在另一富铝的物相,反应混合物中绝大部分铝物种以四配位态存在于该密集相内,不仅该密集相不易被 X 射线检测到,而且其中的铝物种也很难通过^{27}Al MAS NMR 与位于孔壁的铝区分开。只有结合^{27}Al MAS NMR、TEM 及吸附实验等方法,才能对铝物种的形态进行合理的表征。

红外光谱(IR)、X 射线光电子能谱(XPS)及 X 射线吸收光谱[X 射线吸收近边结构(XANES)和广延 X 射线吸收精细结构(EXAFS)]等光谱方法常用于含金属的介孔材料的表征,如含钛介孔材料中 Ti 存在形态。

8.3.2　M41S 系列介孔材料:MCM-41 和 MCM-48

M41S 系列材料是 Mobil 公司最早报道的介孔二氧化硅材料,其成员有 MCM-41、MCM-48 和 MCM-50,它们都是在碱性条件下,使用长链季铵盐表面活性剂为模板合成出来的。

8.3.2.1　MCM-41

MCM-41 可以说是第一个介孔材料的实例,又因为其合成容易、结构简单而

被广泛研究。MCM-41 呈有序的"蜂巢状"多孔结构,其介孔孔道是互相平行的,横截面呈六方排列,对应的晶体学的空间群为二维六方的 $p6mm$(过去被称为 $p6m$),孔径可以在 1.5～10nm 范围内调节,最典型的孔径约为 4nm,介孔孔道的纵横比可以很大,在透射电子显微镜(TEM)下观察,发现孔道可以贯穿整个颗粒。MCM-41 孔道形状可能接近圆柱孔结构或接近六角形孔结构,很难用现行的分析手段来鉴定,TEM 成像与仪器的设置和条件有关,很难用来判断孔道的形状。最可能的是具有二者之间,随着材料的组成和合成条件不同而可能接近其中一个,其实在溶致液晶中也是如此,随着表面活性剂浓度的增大,截面由六方变成接近圆筒状[74]。

　　MCM-41 是 M41S 介孔家族中最重要的一个成员,最早合成 MCM-41 的方法是将表面活性剂 $C_{16}H_{33}(CH_3)_3OH/Cl$ 溶液加入硅酸钠溶液中,得到的水合凝胶 100℃加热数天。当然,如要合成含铝的 MCM-41,需要在反应混合物中加入铝源。

　　后来的研究表明 MCM-41 介孔材料能够使用各种各样的硅源、铝源和表面活性剂,表面活性剂与硅的比可以在很宽的范围内变化,可应用的反应条件(反应温度、反应混合物配比、反应时间、pH)范围也非常广。采用的硅源可为有机含硅化合物,如正硅酸乙酯(TEOS)、正硅酸甲酯(TMOS)、正硅酸丁酯(TBOS)等,或无机含硅化合物,如固体无定形二氧化硅、硅酸钠等。晶化温度可在室温至 150℃之间变化,反应时间短可为半小时,长可至数周。反应混合物的 pH 可为碱性或近中性,采用的模板剂可为多种表面活性剂,但多为阳离子型。

　　表征 MCM-41 最常用的手段包括 XRD、TEM 及低温 N_2 吸附实验,对于高质量的 MCM-41,XRD 在小角区出现四个以上 $hk0$ 衍射峰,示于图 8-9 的高质量的 MCM-41 是吉林大学庞文琴研究组从极低表面活性剂浓度合成体系中制备的[75],后面的衍射峰很弱,只有放大以后才可见。这些峰的位置与六方晶格 $hk0$ 衍射峰的位置相符。

　　TEM 是表征纳米孔材料的重要手段,图 8-10 为 MCM-41 的 TEM 成像[76],顺着孔道方向看到的是六方排列的一维介孔孔道的横截面,也可观察到孔径的变化[76]。而与孔道垂直方向看则为有规则的条纹,与层状材料相似,可观察到 MCM-41 一维孔道的长程结构。

　　吸附-脱附实验可以用来表征 MCM-41 的吸附性质,并测定比表面积、孔容及孔径分布。MCM-41 的低温 N_2 吸附等温线为典型的 IV 型等温线,对于高质量的 MCM-41,孔径分布较窄,比表面积可达 $1000m^2/g$,孔容高于 $0.7cm^3/g$。由于 MCM-41 的孔道均匀排列并且孔径大小均一,按一般吸附-脱附等温线的规律推论,应该具有 H1 型迟滞环,但因一般使用 CTAB 等表面活性剂合成的 MCM-41 孔径不够大,没能观察到迟滞环,只有孔径大到一定值时,迟滞环才会出现[12, 77]。

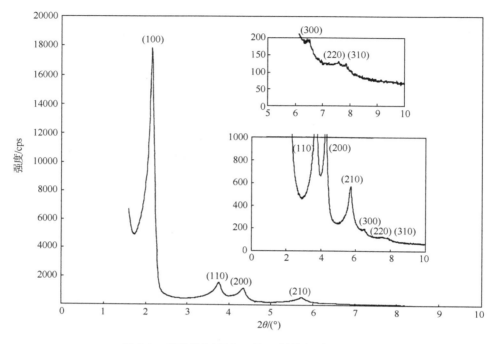

图 8-9　高质量 MCM-41 的 X 射线衍射(XRD)图

(a)　　　　　　　　　　　　　　　　　　(b)

图 8-10　MCM-41 的 TEM 成像:(a)沿着孔道方向;(b)垂直于孔道方向

迟滞的出现与吸附质有关,使用 Ar 时出现早些(较低相对压力),具有较小孔径的介孔材料的吸附等温线也会呈现迟滞环。图 8-11 为不同孔径 MCM-41 氧化硅材料的 N_2 和 Ar 在 77K 测得的吸附-脱附等温线。

吸附-脱附是一个非常复杂的过程,有些现象与被分析的吸附剂(或孔径分布)无关,会让缺乏经验的研究者得到错误的结论,因此要格外小心,必要时需要寻求其他分析方法帮助或证实。如 TSE 现象[78]:对于有序性较差的介孔材料,由毛细

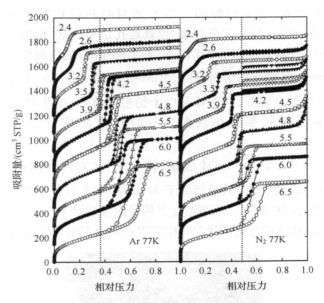

图 8-11　不同孔径 MCM-41 氧化硅材料的 N_2 和 Ar 在 77K 测得的吸附等温线

凝聚现象引起的突跃在吸附分支表现得不清楚(比较缓慢),而脱附分支却在相对压力 4.0 左右呈现出非常明显的突跃,也就是有接近 H2 型迟滞环。因而,当计算孔径分布时,使用吸附分支数据会给出一个很宽的峰,而使用脱附分支则会得出孔径(在 3.6~4.4nm 范围内)分布很窄(有一尖峰)的结论。实际上,脱附的"突跃"与吸附剂无关,而与吸附质(在这里为氮气)有关。因此,此情况下,由吸附分支得到的数据更接近真实值。当然,如果吸附分支在此范围内也有同样的突跃,则孔径分布的结果是真实的。

在反应混合物中加入铝源,则可得到含铝的 MCM-41,与沸石和微孔分子筛材料相似,MCM-41 的酸中心,尤其是来自于孔壁中四配位铝物种的质子酸中心,是多数催化反应的活性位,许多含铝的化合物都可以作为铝源,比沸石合成对铝源的限制还要少。MCM-41 的硅铝比最低可至 1。有实验表明使用 TEOS 和铝酸钠分别作为硅源与铝源,并且 CTAB/CTAOH 混合物作为模板剂,有利于得到高质量、高铝含量的 Al-MCM-41[79]。与沸石材料相比,MCM-41 的骨架铝物种热稳定性相对较差,在焙烧过程中,部分骨架铝物种由骨架脱落成为非骨架铝物种。

8.3.2.2　MCM-48

MCM-48 具有的特殊结构为三维孔道体系,含有两条相互独立的不相连的三维孔道系统。与其所对应的是溶致液晶相图中的 V_1 区域存在的立方相,对于多数表面活性剂来说,V_1 相区较小,反映到介孔材料研究上就是这些结构不易合成。

从材料应用角度来看,此类材料的三维孔道对物料的传输要优于一维孔道。MCM-48 的结构可以从两方面来理解,也就是孔道与孔壁(相当于液晶的疏水部分和亲水部分)。图 8-2 给出了 MCM-48 的结构简图,黑白两种颜色表示两套孔道。最初 Monnier 根据液晶结构提出 MCM-48 结构($Ia\bar{3}d$)模型[13],与 XRD 和 TEM 等实验结果符合较好。TEM 和电子衍射研究[80]表明 MCM-48 具有 $Ia\bar{3}d$ 对称性,氧化硅孔壁按照极小表面之一的 G 表面模型(gyroid surface)(见图 8-2)。

图 8-12 为 MCM-48 的 TEM 成像,符合 $Ia\bar{3}d$ 对称性的特征。图 8-13 为 MCM-48 的 XRD 图,所有衍射峰都属于 $Ia\bar{3}d$ 结构,并且位于低角度的几个可能的衍射峰均可见(没有缺少)。不同温度下的吸附实验结果[81]表明 MCM-48 具有相同孔径的孔道,孔道的几何形状对吸附的迟滞环没有明显的影响。

图 8-12　MCM-48 的 TEM 成像([111]方向)

MCM-48 被认为很难合成,但是如果掌握好实验条件,通过改变合成条件和合成组成来控制或改变 g 值在 $\frac{1}{2} \sim \frac{2}{3}$ 之间,更确切地说是增大表面活性剂靠近头的疏水部分的体积,得到高质量的 MCM-48 并不困难。如加入有机辅助试剂(乙醇[82]、三乙醇胺),使用双子(双头双尾)表面活性剂 Cm-12-m[15],使用阳离子和阴离子表面活性剂混合模板[83],控制介质的碱度[84],精确控制合成温度[85]等。

8.3.3　酸性体系中介孔二氧化硅的合成

强酸性介质中合成突破了微孔材料和介孔材料从碱性体系中合成的传统,将介孔材料合成推向一般化,随之而产生的一般性合成途径(无机-有机相互作用方式)为整个介孔材料研究领域起到很大的推动作用。

SBA-3 的合成是使用合成 MCM-41 的常用的表面活性剂(如烷基三甲基季铵

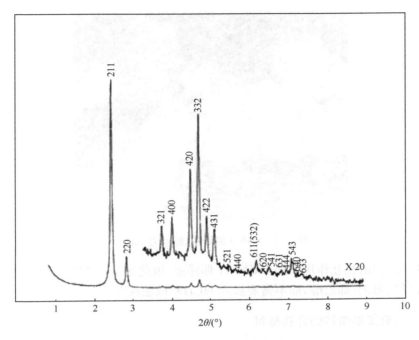

图 8-13　MCM-48 的 XRD 谱图（同步辐射 X 射线源，波长 0.17nm）

盐 C_nTMA）为模板，在强酸介质（如浓度为 1～7mol/L 的酸，2mol/L 盐酸通常给出较佳的结果）中合成的，为 $S^+X^-I^+$ 合成路径[5,15]。由于是在强酸介质中合成，因此中性的长链胺（如十六烷基二甲基胺 $C_{16}H_{33}N(CH_3)_2$）会被质子化而带正电荷，在合成过程中与烷基三甲基铵盐一样起模板剂的作用。在室温下只需要几分钟即可得到具有平面六方结构的固体，但其稳定性较差，完全干燥之前甚至用水洗涤都会破坏其结构，如果加长反应时间，则得到的产物是比较稳定的，升高温度对提高稳定性也有帮助。为了避免对结构造成不必要的损害，如果合成体系中没有加入无机盐，可以省略样品用水洗涤一步（在过滤之后），因为表面活性剂和盐酸或硝酸会在焙烧过程中完全挥发掉。焙烧过的 SBA-3 的稳定性与 MCM-41 几乎相同。

SBA-3 以及后来在强酸性体系合成的二氧化硅介孔材料具有较明显的外形，但许多"晶体"（介孔氧化硅颗粒）不像一般晶体那样具有多面体形貌（棱角分明，且棱边为直线），而是具有曲面的形体（图 8-14）。

虽然 SBA-3 只是在强酸性合成体系得到的 MCM-41，但它作为强酸性体系中合成的第一个介孔材料，其材料本身不同于碱性体系中合成的材料，碱性中得到的是带负电荷的硅酸盐，而酸性介质中得到的是中性（或近中性）的氧化硅。由于产物的无机部分为几乎不带电荷的二氧化硅（包括大量的硅羟基），与带正电荷的表

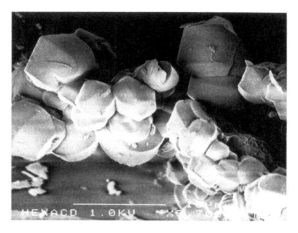

图 8-14　SBA-3 的形貌(标尺为 10μm)

面活性剂之间的相互作用不如 MCM-41 那样强,因此 SBA-3 中带正电荷的表面活性剂容易用溶剂(如乙醇,而不需要加入 HCl)萃取法脱除。

8.3.4　具有笼形结构的介孔材料

　　当人们第一次看到 MCM-41 的结构时,都会联想到蜂巢(蜂房)。介孔材料的合成所利用的自组装过程是生物体内最常见的一个过程,它们都会遵循着相同的自然法则和规律。我们能够从自然界寻找到更多的启示来帮助我们理解和分析已经合成的介孔结构以及预期那些可能存在的、至今还没有被合成出来的介观结构。让我们看一下从观察自然现象和实际生活而衍生出来的几个古老的数学(几何)问题,这些问题至今仍然是数学家研究的热门课题,然后分析那些具有笼形结构的介孔材料。

8.3.4.1　来自自然界和数学家的启示

　　蜂窝猜想(the honeycomb conjecture)[86]:蜜蜂具有最优秀的建筑师才能,蜂窝(蜂房)是由一排排整齐的六边形格孔所组成,底部呈锥形,而它所用的材料是轻质的蜂蜡。蜂窝是一座十分精密的建筑。每一面蜂蜡隔墙厚度(<0.1mm、误差小于 2μm)。六面隔墙宽度完全相同,两墙之间形成的角度正好为 120°,形成一个完美的几何图形。蜜蜂为什么不让其巢室呈三角形、正方形或其他形状呢?隔墙为什么呈平面,而不是呈曲面呢?虽然蜂窝是一个三维体建筑,但每一个蜂巢都是六面柱体,蜂蜡墙的总面积仅与蜂巢的截面有关。四世纪古希腊数学家佩波斯猜想,人们所见到的截面呈六边形的蜂窝是蜜蜂采用最少量的蜂蜡建造成的。他的这一猜想被称为“蜂窝猜想”,翻译成数学语言即是在二维排列的几何图形中寻找

面积最大、周长最小的平面图形,但这一猜想一直没有人能证明。美国密执安大学数学家黑尔(Hales)宣称[87],他已破解这一猜想。黑尔在考虑了周边是曲线时,无论是曲线向外凸,还是向内凹,都证明了由许多正六边形组成的图形周长最短,许多专家认为黑尔的证明是正确的。

开尔文猜想(Kelvin's conjecture):气泡(泡沫)如何排列在一起,才能达到最小的膜表面积? 据此,在 1887 年,开尔文提出了著名的猜想:怎样将一个空间最有效地(最节约地)分割成等体积的小区? 也就是什么样的具有相同体积的立方体(但并非要求是同样形状)填满一个空间,保证表面积最小? 开尔文的答案是:十四面体(tetrakaidecahedron)面心立方堆积[图 8-15(a)和图 8-16(b)]。现在,猜想的答案被推翻了,Weaire 和 Phelan 发现一种"泡沫"结构[88, 89],其表面积比开尔文的模型小 0.3%。Wearie-Phelan 结构含有两种多面体:十二面体和十四面体(2 个六角形和 12 个五边形)[图 8-15(b)和图 8-16(a)],此模型就是我们已经在沸石、液晶以及介孔材料发现的 $Pm\bar{3}n$ 立方结构。现在还没有人能证明它是开尔文猜想的正确(最佳)答案。

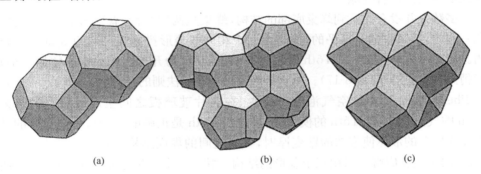

图 8-15　结构模型:(a)开尔文的模型(bcc, $Im\bar{3}m$);(b)Weaire-Phelan 结构($Pm\bar{3}n$);
(c)立方紧密堆积($Fm\bar{3}m$)

开普勒(Kepler)猜想——球装问题(sphere packing):如何把一定的空间装得最紧,显然是一个实际而重要的问题。这里先介绍一个有关的问题:围着一个球,可以放几个同样大小的球? 我们不妨假定球的半径为一,即单位球。在平面情形,绕一单位圆我们显然可以放 6 个单位圆。而在三维空间的情况则更为复杂。如果把单位球绕单位球相切,不难证明,12 个球是放得进的。这时虽然还剩下许多空间,但不可能放进第 13 个球。最佳方案是立方紧密堆积(ccp)和六方紧密堆积(hcp)。

一个更自然的问题是怎样把一个立方体空间用大小相同的球装得最紧。衡量装得是否紧凑的尺度是密度,即所装的球的总体积和立方体空间体积的比例。开普勒于 1611 年提出了一个猜想:他认为球装的密度不会大于 $\dfrac{\pi}{\sqrt{18}}$(=74.05%)。

立方紧密堆积(ccp,即面心立方 fcc)也就是球体按 ABCABC 排列,所对应的空间群为 $Fm\bar{3}m$。六方紧密堆积(hcp)也就是球体按 ABABAB 排列,所对应的空间群为 $P6_3/mmc$。这两种紧密堆积具有相同的空间利用率 74.05%,相邻的球体之间(第一层)的距离也是相同的,但第二层则不同。因此,有理由相信立方紧密堆积和六方紧密堆积具有非常相似的自由能。体心立方堆积(bcc)可以看成是中心的球与周围八个球体相邻,所对应的空间群为 $Im\bar{3}m$,其空间利用率稍低些(68.02%),因此它不属于紧密堆积。

泡沫与蜂巢也有密切的关系,泡沫的形状是能量最低的体现,一定体积的条件下保证具有最小的表面积。因此,在二维空间中完美的泡沫会像蜂巢的截面一样的六角形排列。在三维空间,最有效的球体堆积方式是六方和立方紧密堆积。如果立方紧密堆积球体换成多面体,只有菱形十二面体(rhombic dodecahedron)能保证堆积之间没有缝隙。

多数人并没有注意到蜂巢底部的结构,蜂巢是两层"背靠背"公用一个底连接在一起的,蜂巢底部不是平的,而是由三个相同的菱形拼凑在一起组成锥形的封闭。然而,1964 年数学家 Tóth 发现另一结构(顶部为开尔文的十四面体的一半)能稍微节省些蜂蜡(图 8-17)。一直严格遵循着自然法则的蜜蜂会搞错吗?Weaire 和 Phelan 试图用液体-空气泡沫做实验(在两片玻璃板之间生成双层直径约为 2mm 的气泡)来验证 Tóth 的模型,结果发现 Tóth 是正确的,然而,令人惊讶的是当加入较多的液体使泡沫的壁变厚时,气泡之间的界面结构突然发生了变化:从 Tóth 的模型变成蜜蜂采用三个菱形的结构。并且这个变化是可逆的,当抽出一些液体使泡沫的壁变薄时,结构变回到 Tóth 结构。因此,蜜蜂是考虑蜂巢的厚度之后才选择的最佳结构方案。如果将六棱柱两端都采用三个菱形的结构封起来,结果则是菱形十二面体(此多面体最早则是开普勒仔细观察蜂巢发现的),此多面体可以排列成立方紧密堆积(ccp,晶体学对称性为 $Fm\bar{3}m$)。但如果将六棱柱两端都采用三个菱形的结构按另一种方式封起来,上下两端的菱形对齐(错开 60°),结果则为另一种菱形十二面体(六棱柱的棱长不等,三长三短),此多面体可以排列成六方紧密堆积(hcp,晶体学对称性为 $P6_3/mmc$)。

基于实验事实和理论计算,决定自组结构应该是紧密堆积与最小表面积综合结果[90]。上面讨论的几种结构要么是紧密堆积结构,要么是具有最小表面积的结构,且它们之间有着内在联系。在自组体系中应该是常出现的结构,在介孔材料合成中它们也应该是较容易合成的介孔结构。此外,其他具有接近紧密堆积和较小表面积结构也是可能的,如体心正交(bco)、体心四方(bct)和金刚石结构。

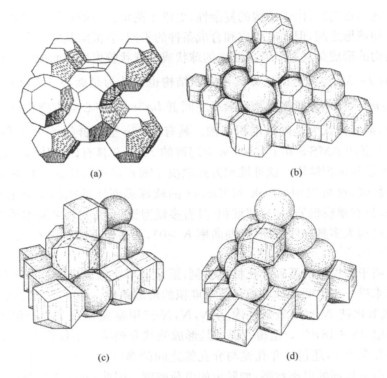

图 8-16　相当于多面体（球体）堆积的介孔材料结构示意图：(a)SBA-1($Pm\bar{3}n$)；(b)SBA-16
（体心立方 bcc, $Im\bar{3}m$）；(c)六方紧密堆积 hcp, $P6_3/mmc$；(d)立方紧密堆积 ccp, $Fm\bar{3}m$；
SBA-2 为(c)和(d)结构的共生

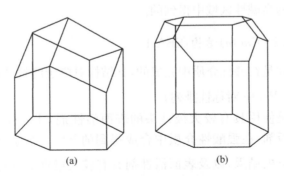

图 8-17　蜂巢底部结构(a)与 Tóth 模型(b)

　　MCM-41 相当于不封口的蜂巢（不包括底部）结构，则笼形结构的介孔材料可以与上述多面体或球的堆积结构相比拟，至少是孔穴的相对排列与连接情况。与 MCM-41 的孔道形状是六角棱柱的还是圆筒的问题相似，笼形孔穴是多面体还是球形现在还不得而知,由于结构的复杂性,更难于测定。一般认为笼形孔穴应该介于多面体和球形之间,但随着组成和合成条件的不同,会偏向其中一个。笼形结构的介观结构的形成是通过具有高曲率的球状或椭球状胶束堆积而成的。在这些结构中,具有 $Fm\bar{3}m$ 空间群的立方紧密堆积结构也被认为是面心立方堆积;具有空间群 $P6_3/mmc$ 的六方紧密堆积和具有空间群 $Im\bar{3}m$ 的体心立方堆积都包含球形单模型笼,都可被认为是硬球堆积结构。具有 $Pm\bar{3}n$ 空间群的 SBA-1 和 SBA-6,$Fd3m$ 空间群的 AMS-8 和 $P4_2/mnm$ 空间群的 AMS-9 具有四面体紧密堆积的多模型笼,即软球堆积结构。这种堆积方式取决于面积最小效应而不是紧密堆积结构的总堆积熵,这可以用 Frank 和 Kasper 的软球多面体堆积模型来解释[91, 92]。硬球堆积(具有单模型笼)和软球堆积(具有多模型笼)介孔材料之间本质的区别在于单模型结构大多具有凹表面(高斯曲率 $K>0$),而多模型结构具有鞍形表面(高斯曲率 $K<0$)[93]。

以阴离子为模板的系列介孔材料为例,通过调节实验条件来控制不同介观结构的形成来进一步说明软球堆积和硬球堆积的形成条件。用一个 N-肉豆蔻酰-L-谷氨酸-氢氧化钠-N-三甲氧基硅丙基-N,N,N-三甲基氯化铵全部摩尔比的相图来说明问题(图 8-18)[94]。值得一提的是形成笼状介观结构不仅取决于有机-无机表面曲率和参数 g,还包括介孔笼与介孔笼之间的静电相互作用。介孔笼的电荷取决于表面活性剂的电离状态,如胶束的电荷密度。因此,介孔笼与介孔笼之间较弱的静电排斥作用导致软球堆积的立方 $Pm\bar{3}n$,$Fd3m$ 和四方的 $P4_2/mnm$ 结构的形成;相反的,硬球堆积的 $Fm\bar{3}m$ 结构则是在具有高电荷密度和较强介孔笼与介孔笼的排斥作用的高碱性区域中得到的。

8.3.4.2 立方($Pm\bar{3}n$)结构:SBA-1

SBA-1 的合成是在酸性介质中完成的,其结构对应于溶致液晶中常见的 I_1 相(球状胶束按立方 $Pm\bar{3}n$ 对称性排列)。

SBA-1 最早是使用具有较大极性头的表面活性剂(十六烷基三乙基溴化铵 C_{16}TEA)作为模板剂,在强酸性介质中合成得到的[6, 15]。基于 XRD 衍射峰可以被指标化为 $Pm\bar{3}n$ 的结果,以及表面活性剂具有较大极性头的特点,其结构被认为是溶致液晶中常见的 I_1 相($Pm\bar{3}n$)的对等物,即 SBA-1 的介孔是较大的孔穴(笼)。

SBA-1 是第一个介孔材料 M41S 家族之外的新介孔结构,也是第一个具有笼形孔结构的介孔材料。SBA-1 的成功合成,更加证实了介孔材料合成与双亲性分子超分子自组过程(表面活性剂生成溶致液晶过程)的密切关系,暗示着还有一些

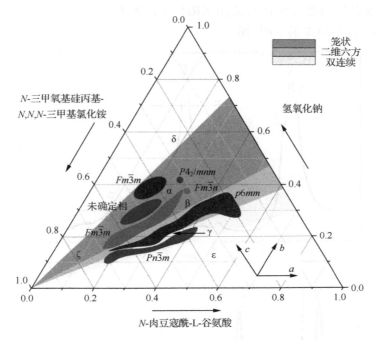

图 8-18　N-肉豆蔻酰-L-谷氨酸-氢氧化钠-N-三甲氧基硅丙基-N,N,N-三甲基氯化铵系统的合成相图

新相有待于被发现。使用同样的表面活性剂在碱性体系中合成不出 $Pm\bar{3}n$ 结构,表明合成体系的复杂性。

8.3.4.3　三维六方-立方共生结构:SBA-2

SBA-2 为三维六方结构($P6_3/mmc$)和立方($Fm\bar{3}m$)共生结构,在 TEM 图像中可以观察到立方和六方两种结构,但偏向六方相。两种结构的局部环境几乎相同:紧密堆积的球形(或接近球形的多面体)孔穴,每个孔穴与相邻的 12 个孔穴通过孔道(窗口)相连。

SBA-2 最早是合成于双头单尾的表面活性剂 Cn-s-1 的合成体系,基于粉末 XRD(图 8-19)和 TEM 数据,得出其具有三维六方结构(六方紧密堆积 hcp,空间群:$P6_3/mmc$)[56]。后来发现,SBA-2 应为介孔笼六方紧密堆积(hcp)和立方紧密堆积(ccp,空间群 $Fm\bar{3}m$)的共生[95, 96]。这一点与沸石结构 EMT 和 FAU 结构容易共生很相似,最初合成的 EMT/FAU 共生相 ZSM-3、ZSM-20 等被认为是属于六方晶系的纯相。在最初合成 SBA-2 时,具有六方紧密堆积(hcp,$P6_3/mmc$)结构的液晶相还没有被发现(后来才有人在溶致液晶体系中发现此相[97])。尽管如此,鉴定 SBA-2 的最简便方法还是采用 XRD,视其能否用 $P6_3/mmc$ 对称性所指标化。图 8-19 为 SBA-2 的 XRD 图。

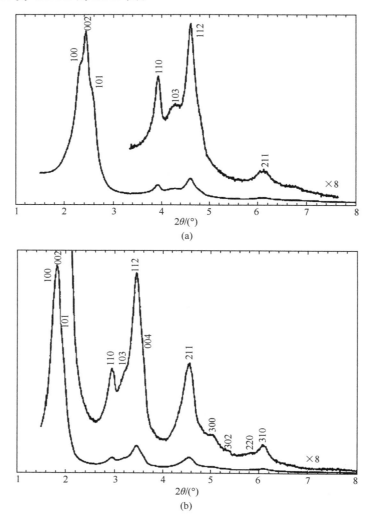

图 8-19　焙烧后(a)和焙烧前(b)SBA-2 的 XRD 图

　　吸附实验表明使用 C16-3-1 表面活性剂为模板剂合成的 SBA-2 具有笼形介孔孔穴结构,连接孔穴之间的窗口尺寸(在微孔范围)依赖于合成条件[98],酸性介质中低温(−4℃)合成的材料窗口尺寸较大(0.5~0.8nm),而碱性介质中低温(−4℃)合成的 SBA-2 的窗口很小,已经在超微孔范围(小于 0.4nm)。

8.3.5 六方结构 MCM-41 的变体:SBA-8 和 KSW-2

MCM-41 为代表的平面六方相是比较完美的二维结构,但在实际材料中有时这种完美的结构会变形,例如以云母等基体上生长的 MCM-41(或 SBA-3)薄膜,在干燥或焙烧过程中会发生收缩,由于介孔膜与基体的强烈相互作用(或许已经有共价键生成),平行于基体表面方向的收缩要远小于垂直表面方向,从而生成变形的六方结构。通过控制合成条件和选择合适的表面活性剂或添加剂,会改变表面活性剂的堆积常数 g,使能够生成平面六方相的体系向层状方向位移,在接近平面六方相区的边界区域得到六方结构的变体(溶致液晶中的"中间相")。SBA-8 和 KSW-2 的成功合成就是例证。

8.3.5.1 SBA-8

Bola 是南美土著人一种武器的名称,其最简单的形式是一根绳子的两端各连接一个球。Bola 型双亲性分子(表面活性剂)是疏水链两端各连接一个亲水基团的分子。使用 bola 型碳氢链中含有刚性基团的表面活性剂作为模板剂合成出 SBA-8[99]。SBA-8 为平面四方相,空间群为 $c2mm$,其热稳定性高,除去模板剂后,表面积大于 $1000cm^2/g$。

虽然合成介孔材料采取的方法是在溶液中双亲性分子和无机物种共组成类似液晶的结构,材料的孔结构和结晶学对称性主要依赖于有机部分的结构与性质,但是无机物种的聚合是动力学控制的,因此得到与已知液晶相不同的结构是可能的(对于有机部分来说,产物的结构并非是最稳定结构,但由于无机部分的影响,这些结构可以稳定地存在并保持下来)。而表面活性剂所生成的溶致液晶相图只能给我们一个大概的、原则性的指导作用。

在表面活性剂所生成的溶致液晶相图中,位于正常平面六方相和层状相之间有非立方的"中间相"存在[100, 101]。这些相常被描述成"非圆形管子"的有序堆积,相当于压扁的六方相。实验中发现那些特长链和刚性链(含有苯环等刚性单元)有利于"中间相"的生成[102, 103]。

以$[(CH_3)_3N^+(CH_2)_{12}\text{-O-}C_6H_4\text{-}C_6H_4\text{-O-}(CH_2)_{12}\text{-}N^+(CH_3)_3](Br^-)_2$(表面活性剂,简称为 R12)为模板剂来合成"中间相",结果发现在碱性条件下以 TEOS 为硅源,室温下得到了一个新相 SBA-8。XRD 表明其具有很高的"结晶度",并可以指标化为平面四方相(空间群 $c2mm$),合成样品的晶胞参数为 $a=75.7$Å, $b=49.2$Å, $a/b=1.54$,焙烧后的样品 $a=60.0$Å, $b=39.6$Å, $a/b=1.52$。晶胞收缩(20%)是由于样品合成温度较低,硅酸盐聚合不完全所致。TEM 成像表明 SBA-8 为变形的 MCM-41,电子衍射斑点已经不是正六角形了。

SBA-8 结构的特殊性在于 $a/b<\sqrt{3}$,相当于将 MCM-41(看成四方相,其 $a/b=$

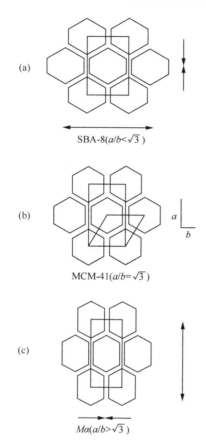

(a)

SBA-8($a/b<\sqrt{3}$)

(b)

MCM-41($a/b=\sqrt{3}$)

(c)

$M\alpha$($a/b>\sqrt{3}$)

图 8-20　SBA-8、MCM-41 和液晶
中间相 $M\alpha$ 结构比较

$\sqrt{3}$)在 b 轴方向拉长或 a 轴方向压缩,而溶致液晶体系的中间相 $M\alpha$ 结构($a/b>\sqrt{3}$,CTAB 在水中的中间相 $M\alpha$ 的 $a/b=2.2$)与其恰好相反[104],图 8-20 给出这三种结构的示意图。因此,SBA-8 的结构与液晶相的 $M\alpha$ 结构是不一样的。

SBA-8 只能使用长链模板剂 R12 合成,短链表面活性剂 R_n($n=10$、8、6、4)只给出 MCM-41,酸性介质中所有表面活性剂都给出 SBA-3(MCM-41 结构),而不能得到 SBA-8。SBA-8 在水热(100℃下 2h)条件下可以转变成 MCM-41,这也证实它们结构的相近性。

合成 SBA-8 的另一简单方法是加入有机添加剂(如三乙醇胺)而使用一般的表面活性剂 CTAB[105],产物的晶胞参数比值 a/b 为 1.44。此合成过程是为了更好地控制硅源的水解和聚合过程,使其与有机部分配合。较高的混合温度有利于三乙醇胺进入胶束而改变其形状,生成四方结构(变形的六方结构)。

8.3.5.2　KSW-2

另一个平面六方结构的变形体是具有四方排列的线性孔道的介孔材料 KSW-2(正交结构 $C2mm$)[106],KSW-2 的最大特点是其具有与众不同的四方形孔道。KSW-2 是由水硅钠石(kanemite)转化而来,与制备 KSW-1(即 FSM-16)的差别是将十六烷基三甲基氯化铵(CTAC)交换过的水硅钠石(仍然是层状结构)放入水中,然后用乙酸缓慢地调节 pH 到 6.0 以下,即得到 KSW-2。TEM 成像表明 KSW-2 的近四方形的孔道紧密排列,XRD 可以观察到(110、200、220、310、400、330、420)衍射峰。pH=4.0 制得的样品 $a=53.4$Å、$b=50.5$Å、$c=\infty$、$a/b=1.06$,焙烧之后 $a=48.4$Å、$b=42.6$Å、$c=\infty$、$a/b=1.14$。Kimura 等认为水硅钠石的结构单元被部分地保留下来,因此使用正交结构(三维对称性 $C2mm$),而不是二维对称性平面四方 $c2mm$,但 c 轴方向在可见范围内又没有周期性。

8.3.6　两亲嵌段共聚物作为模板剂的合成

二氧化硅介孔材料合成的突破性进展是在酸性合成体系中利用双亲性非离子

高分子嵌段共聚物(聚乙烯醚-聚丙烯醚-聚乙烯醚三嵌段共聚物,PEO-PPO-PEO)为模板剂,得到了一系列结构高度有序,性质优良的材料。此类化合物(如 PEO-PPO-PEO,PI-b-PEO 或聚氧乙烯-聚苯乙烯等)也可以看成是具有亲水和疏水两个部分的大分子。季铵盐表面活性剂的模板性质是由其分子结构(极性头的大小和电荷数量、碳氢链的长度与体积)来决定的,而嵌段共聚物的性质是由亲水部分(PEO)和疏水部分(PPO)的大小和比例来决定的。由于非离子型表面活性剂与无机氧化物孔壁之间形成的是氢键和较弱的配位键,而不是强的静电作用力,因此较容易脱除,尤其对那些热稳定性不高的材料,这一点很重要。与季铵盐表面活性剂相比,如果将季铵盐所形成的胶束比作硬球,那么嵌段共聚物生成的胶束则具有 PPO 的硬核和 PEO 松软的外围,PEO 可以渗透到氧化硅的壁内。因此,嵌段共聚物生成的胶束有更大的变形性,可以得到更多的低结晶学对称性的结构(相当于高对称性的变形体)。由于嵌段共聚物等非离子表面活性剂具有低毒的优点,并且已经商品化,因此在合成中的应用发展很快,并且已经展示出其优势。

8.3.6.1 SBA-15

SBA-15[3, 4]为高有序程度的平面六方相,结构与 MCM-41 相似。通过高温焙烧除去聚合物模板剂 P123,也可以通过溶剂萃取方法。孔径尺寸可以为 4.6～30nm,氧化硅孔壁厚度为 3.1～6.0nm,由于 SBA-15 的介孔孔径较大,所有样品的氮气吸附等温线都含有 H1 型迟滞环。SBA-15 的热稳定性高于 900℃,在除去模板剂之后具有较高的热稳定性(耐高温)和对水(冷水或热水)的稳定性。通过改变模板剂及制备条件,也可制备出不同孔径尺寸的 SBA-15。合成被认为是通过 $(S^0 H^+)(X^- I^+)$ 组合方式。如在合成体系中加入大量的非极性有机溶剂(如三甲苯),则产物为具有良好热稳定性的介孔氧化硅泡沫[107]。

与典型的 MCM-41 只含有介孔相反,典型的 SBA-15 含有一定量的微孔,微孔体积约为 0.1cm³/g。这些微孔是亲水的环氧乙烷链插入 SiO₂ 墙中所致。韩国的刘龙等利用 SBA-15 作为模板制备出稳定的三维多孔碳材料[108],进一步证实了 SBA-15 介孔孔壁中含有微孔。MCM-41 和 SBA-15 在此方面的差异也表现在它们的低温氮气吸附结果上,从它们的 α_s-plot 曲线[109-111]可清楚地看到它们的差别,MCM-41 在较低压力下的吸附是线性的,α_s-plot 通过原点,表明其不含有可检测量的微孔,在较高压力下曲线上扬是由毛细凝聚现象引起。而 SBA-15 在低压下的吸附不是线性的,但未见任何台阶或突跃,说明其含有微孔,并且微孔的孔径不是均匀的,孔径分布很宽。

SBA-15 的介孔是可以调节的,其孔壁中的微孔也是可以调节的(随合成条件或合成后处理过程而变化的),可以上升到 0.2cm³/g[112],低温(～60℃)合成的产物的孔壁(壁厚 4nm)含有超微孔,这些微孔好像没有连通主介孔孔道(～5nm)。

中等温度（～100℃）合成,主介孔孔道孔径变大,孔壁变薄,微孔被扩张为较小的介孔,并将主介孔连接起来。高温（～130℃）合成,孔壁内只剩下介孔(孔口为 1.5～5nm)而无微孔,主孔道被扩张至 9nm,而孔壁壁厚只剩下 2nm 左右。发生这些变化的原因是表面活性剂的亲水基团 PEO 的性质随温度有所变化,低温时 PEO 亲水性强,大部分 PEO 分布在水中,而高温时,水的水合性变低,PEO 亲水性变弱(同时 PPO 的疏水性变强),PEO 部分收回到胶束的内部(与疏水部分 PPO 靠近),整个胶束的疏水部分变大。合成的产物经过水热处理也达到类似的效果,如图 8-21 所示。

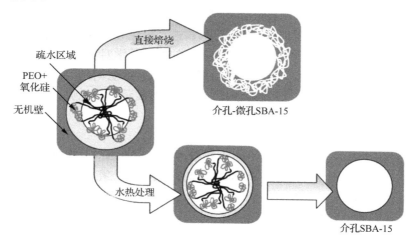

图 8-21　水热处理对 SBA-15 介孔的影响

　　SBA-15 虽然具有与 MCM-41 相似的结构,但其将孔径扩展至更大的范围,并且克服了 MCM-41 水热稳定性差、模板剂昂贵等缺点,为改性和应用提供了更广泛的空间,又因为 SBA-15 具有可控制量的微孔,使之具有不可被一般材料所能取代的地位,为优良的载体[113],是当前介孔材料研究中最常用的材料。

8.3.6.2　SBA-16

　　经常用来描述溶致液晶结构的周期性最小表面,有多种具有 $Im\bar{3}m$ 对称性。在已知的溶致液晶的晶相中至少有两种不同结构具有 $Im\bar{3}m$ 对称性,一个是在相当于 I_1 的区域,最可能结构为球形胶束按立方($Im\bar{3}m$)排列,而另一个则与 $Ia\bar{3}d$（MCM-48 的结构）的区域相近,最可能具有孔道结构(或周期性最小表面 P)(也就是前面讨论过的具有 $Im\bar{3}m$ 对称性的孔道结构的硅铝酸盐介孔材料)。在此,$Im\bar{3}m$ 立方相是嵌段共聚物-水体系中常见的立方相(相当于 I_1 的区域),因此,使用具有较大亲水链(或亲水链/疏水链的比例)的嵌段共聚物作为模板剂合成出了具有此对称性的介孔结构并不奇怪。

介孔二氧化硅 SBA-16（$Im\bar{3}m$）[4, 114, 115]属于三维立方孔空穴结构,它的合成方法是将具有较大的 PEO 比例的双亲性非离子嵌段高分子表面活性剂 F127（$EO_{106}PO_{70}EO_{106}$）或 F108（$EO_{132}PO_{50}EO_{132}$）、水、酸和硅源混合,在室温下搅拌一段时间后,经过滤,水洗,空气下干燥,并经高温焙烧而成。具有高的比表面积和大且均一的孔径分布等特点。

SBA-16 的氮气吸附等温线具有典型的 H2 迟滞环,表明 SBA-16 具有瓶形孔道（孔穴）。氮气吸附的密度函数理论研究表明周期性最小表面（I-WP）与实验结果相近,而最小表面 P 相差太远。SBA-16 的 SEM 和 TEM 研究结果证实了 SBA-16 的 $Im\bar{3}m$ 结构,可以看成是球（或多面体）体心立方排列,或是孔壁可以被看作是周期性最小的表面（I-WP）。图 8-22 为 SBA-16 的 SEM 图像,可以看出,其形貌可以为规整的"单晶"。

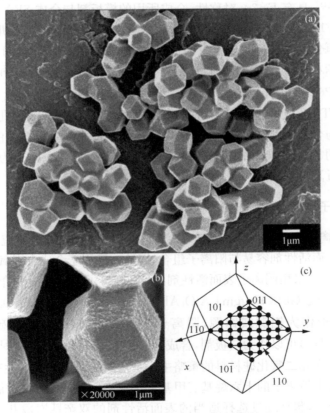

图 8-22　SBA-16 的 SEM 图像（a,b）及晶面示意图（c）

8.3.6.3　FDU-5

赵东元等报道了在酸性介质中 MCM-48(被称为 FDU-5)的合成[116]。FDU-5 的孔径(4.5~9.5nm)大于典型的 MCM-48(1.5~4.5nm)。FDU-5 的合成是使用 TEOS 为硅源、P123 为模板剂,少量有机添加剂存在下,乙醇为溶剂,在室温下采用溶剂挥发法合成。在这里,有机添加剂可以是巯丙基三甲氧基硅烷(3-mercaptopropyltrimethoxysilane,MPTS),苯或苯的衍生物(甲苯、乙苯、二甲苯、三甲苯等),它们起着决定性作用。当没有有机添加剂时,同样的合成得到的产物为六方相。这个合成是又一个利用有机添加剂(疏水物)来改变无机-有机界面曲率(当然也就是改变 g)的例子。

8.3.6.4　FDU-12

FDU-12[117]具有 $Fm\bar{3}m$ 对称性,合成所用的模板剂与合成 SBA-16 的相同,为嵌段共聚物 F127,与 SBA-16 合成的不同之处是加入了 TMB 和无机盐(如 KCl),无机盐使得氧化硅物种与非离子表面活性剂之间的作用力提高,加入 TMB 对表面活性剂的亲水-疏水的比例有所调整。其结构和 SBA-2、SBA-12 和 FDU-1 等介孔材料中与 $P6_3/mmc$ 共生的 $Fm\bar{3}m$ 结构相同,因此 FDU-12 可为此共生系列的最后一个成员,TEM 成像表明为纯相,没有其他相共生。FDU-12 为孔穴结构,孔穴之间的孔口与合成条件有关,在 4~9nm 之间可调,氮气吸附等温线的迟滞环从低温合成材料的 H1 型(典型的瓶形孔)逐渐转变为接近 H1 型(几乎为直筒孔道,其孔道结构接近真正三维直孔道)。

8.3.7　阴离子表面活性剂作为模板剂的合成

起初,阴离子表面活性剂作为介孔二氧化硅材料合成模板的应用不是很多。因为阴离子表面活性剂容易与阳离子组合,因此一般用于合成金属氧化物。例如,Ulagappan 等[118]采用阴离子表面活性剂 AOT 制得了六方孔道的介孔 SnO_2。如果使用 Al13 或 Ga13-Keggin [$AlO_4Al_{12}(OH)_{24}(H_2O)_{12}^{7+}$, $GaO_4Al_{12}(OH)_{24}(H_2O)_{12}^{7+}$]离子作为铝源或镓源,阴离子表面活性剂(十二烷基硫酸钠,SDS,$C_{12}H_{25}OSO_3^-Na^+$)可以作为模板剂,合成 Al_2O_3 和 Ga_2O_3 介孔材料[119]。

早期合成介孔二氧化硅材料的策略主要是使用阳离子表面活性剂(S^+),典型的实例是含有季铵离子的十六烷基三甲基溴化铵。后来合成方法扩展到非离子型表面活性剂(S^0),包括通过选择适当的表面活性剂的双亲性嵌段共聚物(如 PEO-PPO-PEO)和烷基聚乙二醇表面活性剂等。选择合适的表面活性剂,抗衡离子(X)中,无机源(I)通过有机-无机电荷匹配,阳离子表面活性剂通过 S^+I^- 和 $S^+X^-I^+$,

非离子型表面活性剂通过 $S^0 I^0$ 和 $(S^0 H^+)(X^- I^+)$ 成功合成出介孔材料[6, 12]。

　　然而,这些合成策略在使用阴离子表面活性剂合成有序的介孔材料时并不成功。对于这个问题的一个可能的原因是,阴离子型表面活性剂会在酸性条件下质子化,这显著地削弱带正电荷的二氧化硅和阴离子表面活性剂之间的相互作用 $(S^- I^+)$。在碱性条件下抗衡阳离子与表面活性剂和硅酸根离子的相互作用很弱,难以形成 $S^- M^+ I^-$ 相互作用。由于表面活性剂和硅源之间不能形成显著的相互作用,因此不能形成有序的介孔材料。

　　后来,上海交通大学车顺爱研究组应用手性的阴离子表面活性剂通过共结构导向剂(CSDA)[120, 121]合成出具有螺旋孔道的介孔二氧化硅材料并且可以控制其形貌[122-124]。在碱性条件下首次合成具有手性形貌特征和螺旋孔道结构的介孔二氧化硅,以阴离子表面活性剂为模板剂的二氧化硅介孔材料(AMS-n)是通过引入带氨基或季铵盐的碱性硅烷共结构导向剂来合成的,AMS-n 材料包括三维六方、四方、立方、二维六方以及层状相等。另外,采用手性阴离子表面活性剂作为模板剂合成出具有二维六方晶系结构排列、不同曲率、有序螺旋状孔道绕着六棱柱中心旋转的二氧化硅介孔材料[125]。这种螺旋的孔道及形貌可以通过合成过程中的搅拌速率来控制。通过萃取方法除去表面活性剂之后,得到氨基或季铵盐表面修饰的具有不同结构的介孔材料。

　　合成 AMS 的关键是建立带负电荷的阴离子表面活性剂的头和硅源之间的相互作用。最初,两种类型的共结构导向剂 3-氨丙基三乙氧基硅烷(APTES)和 N-三甲氧基硅基丙基-N,N,N-三甲基氯化铵(TMAPS)被引入合成体系中(分子结构如图 8-23 所示)。APTES 的 $pK_b=3.4$,可以与 $pK_a=2\sim6$ 的带负电荷阴离子表面活性剂的头部基团通过酸碱中和相互作用;TMAPS 季铵盐位点可以与以盐形式存在的阴离子表面活性剂通过复分解反应方式相互作用。共结构导向剂的烷氧基部位可与无机物种聚合,作为一个联系有机模板和无机前驱物生成具高度有序介观结构的桥梁。

　　除了可以合成出已经存在的介观结构外,采用阴离子表面活性剂还可以合成出孔道曲率低的介孔材料。二维六方,双连续(三连续)最小曲面和层状结构具有依次下降的有机-无机界面曲率(g 值分别为 2/1、2/3 和 1)的介孔材料都可以被合成出来。层状结构转化为最小曲面和圆柱形孔道结构的研究很有意义。二维六方圆柱形孔道结构是最常见的介孔结构。通常情况下,筒状胶束的横截面是圆形的,并以一个平面六方 $p6mm$ 方式分布,典型的实例包括 MCM-41、SBA-15、SBA-3 和 AMS-3 等[124]。

　　双连续(三连续)最小曲面介孔结构引起了人们极大的兴趣,因为它是由连续二氧化硅孔壁曲面分隔的具有高度对称性的两(三)个不连通的孔道结构。第一个例子是 MCM-48,它具有 G(gyroid)表面,空间群为 $Ia3d$,其他具有这种结构的材

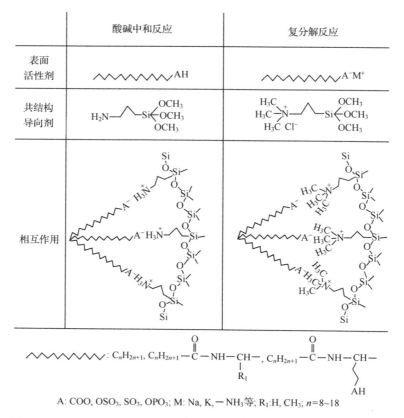

A: COO, OSO₃, SO₃, OPO₃; M: Na, K, —NH₃等; R₁:H, CH₃; n=8~18

图 8-23 分别采用 APTES 和 TMAPS 作为共结构导向剂合成阴离子表面活性剂为
模板的介孔材料的示意图

料如 KIT-6、FDU-5 和 AMS-6 也被合成出来[126]。具有 D(diamond)表面,空间群
为 $Pn\bar{3}m$ 的介孔材料是非常罕见的,只有在 AMS 合成体系中才被发现[127]。一种
具有 P(primitive)表面,空间群为 $Im\bar{3}m$ 的材料在 Wiesner 等报道的其他体系中被
合成出来[128]。Hyde 系统说明了最小表面介观结构会随表面活性剂链体积分数
的增加而依 P,D 到 G 表面的顺序转变[52]。

值得一提的是,G 表面介孔材料很容易由 N-月桂酰基-L-丙氨酸表面活性剂
合成出来,但是,它并没有通过改变谷氨酸衍生物表面活性剂头部的面积而改变胶
束的曲率合成出来。非离子型的表面活性剂 Brij-56 最近被发现可以与阴离子表
面活性剂相互作用。因为在较高的温度下 Brij-56 的分子变得疏水性更强,可以通
过在不同温度下添加 Brij-56 来调节有机-无机界面曲率[129]。基于这个原理,一系
列具有不同结构的 AMS 材料被合成出来,从笼形,二维圆柱 $p6mm$-外延共生
$p6mm$ 和 D 表面,外延共生 $p6mm$ 和 G 表面,D 表面,G 表面到层状结构[130]。从

TEM 照片观察共生样品 $p6mm$ 圆柱孔道平行于 D 表面的[111]方向和 G 表面的[110]方向外延生长[图 8-24(a)~(c)]。有趣的是，观察外表面为球形、内表面为多面体的中空 D 表面样品，其内部的多面体由反向的多个孪生的 D 表面结构组成

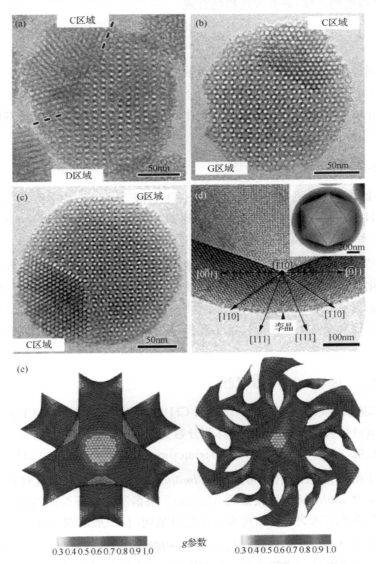

图 8-24　使用谷氨酸衍生物表面活性剂和 Brij-56 表面活性剂合成的样品的 TEM 图像：(a)沿[110]立方晶轴方向拍摄的共生的 $p6mm$ 和 G 表面介观结构；(b)，(c)沿[111]立方晶轴方向拍摄的共生的 $p6mm$ 和 G 表面介观结构；(d)D 表面球包含一个二十面体的空心结构。(e)D 和 G 表面结构的三维重构和实验 g 值分布

[图 8-24(d)][131]。另外,D 表面和 G 表面的参数 g 已通过电子晶体重构从等静电势面计算[图 8-24(e)]的平均曲率和高斯曲率中获得[131]。

8.3.8　模板剂的扩展：新介观结构的合成

8.3.8.1　SBA-6

具有同样 $Pm\bar{3}n$ 结构的氧化硅介孔材料 SBA-6 是使用特长链双头季铵盐表面活性剂 $C_{18}H_{37}OC_6H_4O(CH_2)_4N(CH_3)_2(CH_2)_3N(CH_3)_3Br_2$(18B4-3-1)为模板剂在碱性介质中合成的[132],因此其晶胞非常大(对于合成的含有模板剂的产物可以高达 $a=18$nm)。

8.3.8.2　FDU-2

FDU-2 氧化硅介孔材料是在碱性条件下合成[133],以三头季铵盐阳离子表面活性剂 $CH_3(CH_2)_{17}N^+(CH_3)_2CH_2CH_2N^+(CH_3)_2CH_2CH_2CH_2N^+(CH_3)_3 \cdot 3Br^-$(C18-2-3-1)作为模板剂。结构对称性是在 XRD 基础上,基于 TEM 成像具有 $Fd\bar{3}m$ 特征而确定的。高极性头是生成此结构的关键,使得表面活性剂按此对称性与氧化硅共组。产物具有均一的孔径(2.9nm),比表面积为 991m²/g,孔容为 0.98cm³/g,其孔径可以通过调节表面活性剂疏水链的长度而改变。此相的合成区域很窄,pH 需要 13.0~13.3,温度要求 13~19℃。高 pH 和高温则得到二维的 $p6mm$ 相。

8.3.8.3　$Im\bar{3}m$ 硅铝酸盐材料

使用二嵌段共聚物 PI-b-PEO([—CH₂CH=C(CH₃)CH₂—]$_x$[—CH₂CH₂O—]$_y$、相对分子质量约为 16 400、PEO 的体积分数为 35%)为模板剂,3-缩水甘油丙氧基三甲氧基硅烷[(3-glycidyloxypropyl)trimethoxysilane]为硅源、[C₂H₅CH(CH₃)O]₃Al(仲丁醇铝)为铝源合成得到具有 $Im\bar{3}m$ 结构的硅铝酸盐介孔材料[134],焙烧前晶胞尺寸为 63nm,焙烧后收缩到 39.5nm。根据所用模板剂的结构、小角 X 射线散射、TEM 的结果确定其结构为三维孔道结构(在一般的双亲性分子形成的溶致液晶相图中,与 $Ia\bar{3}d$ 相相邻),与 $Ia\bar{3}d$ 结构相类似,具有两套互不相通的孔道,只是它们的孔道连接方式和走向不同(因此导致不同的对称性)。图 8-25 为其孔道结构简图,其硅铝酸盐孔壁的结构可以用周期性最小表面 P 来描述。纯模板剂 PI-b-PEO 为平面六方结构,在加入硅源和铝源后,转变为 $Im\bar{3}m$ 结构,由此也可看出,使用真正液晶模板合成介孔材料并非容易。

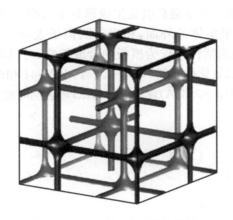

图 8-25　$Im\bar{3}m$ 孔道结构简图

8.3.8.4　IBN-9

　　首例具有三套穿插但不互相连接孔道结构的介孔二氧化硅 IBN-9 具有六方结构($P6_3/mcm$)[135],孔道之间为无定形的二氧化硅壁,符合六方最小表面的数学描述,其结构简图见图 8-26。这样的结构早被数学家预期,但没有真正的材料(包括液晶和介观结构材料)与其对应。合成所使用的模板剂为特殊设计合成的阳离子表面活性剂 S2-C14,该表面活性剂具有较大的极性头,通过改变合成条件,该表面活性剂能够给出 MCM-41、IBN-9 和 MCM-48 三种介观。IBN-9 的结构复杂,其三套穿插不相连接的孔道结构与 MCM-48 相似,只是 MCM-48 的

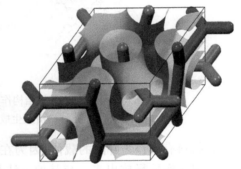

图 8-26　IBN-9 结构简图

结构相对简单,为两套穿插孔道。结构分析和合成结果表明 IBN-9 是介于 MCM-41 和 MCM-48 之间的中间相。近来的研究结果表明,使用常见的表面活性剂 CTAB 和极性有机溶剂(如正丁醇),也可以合成出 IBN-9[136]。由于 IBN-9 结构的特殊性,IBN-9 是较为理想的硬模板,用来合成介孔碳和铂[137]。

8.3.8.5　NFM-1

　　使用非表面活性剂作为模板来合成具有高度有序结构的介孔二氧化硅材料也是可能的,最为典型的例子就是使用叶酸作为模板合成 NFM-1[138],其模板为叶酸分子自组装生成的柱状超分子聚集体,而不是胶束。由于叶酸组成的特殊性,叶酸

分子中的蝶呤基团能够通过氢键自组装生成超分子结构,而叶酸分子中的谷氨酸基团则暴露在超分子聚集体的外面,相当于阴离子表面活性剂形成的胶束,见图 8-27。采用阴离子表面活性剂作为模板的合成策略,可以得到高度有序的具有二维六方结构的介孔二氧化硅材料 NFM-1。与 MCM-41 相似,合成材料的晶胞参数 $a=43.0$Å,在高角度($d=3.36$Å)观察到的 XRD 峰表明叶酸分子的有序排列。

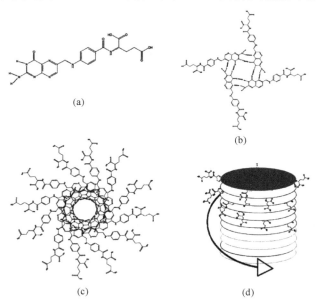

(a)

(b)

(c)　　　　　　　　　　　　(d)

图 8-27　叶酸超分子结构作为模板剂。(a)由叶酸分子;
(b)由叶酸生成的簇;(c)由簇生成的片;(d)由片生成的三维超结构

该材料有望作为叶酸的载体,因为在近中性的缓冲溶液中,NFM-1 中的叶酸分子可以缓慢地释放出来。与其他方法合成的 MCM-41 相似,NFM-1 中模板剂也可以通过高温焙烧或溶剂萃取方法除去,孔径为 $25 \sim 30$Å,表面积超过 $1000 \text{m}^2/\text{g}$。

8.3.9　通过电子晶体学方法进行结构分析

多数的介孔结构都是根据吸附等间接实验证据,以及溶致液晶的结构或理论模型推断出来的。现在电子显微术可以更直接地用来分析介孔结构。Terasaki 等在此方面作了许多工作,SBA-6 就是其中一个典型的代表。

8.3.9.1　SBA-6 结构分析

由于 $Pm\bar{3}n$(223)和 $P\bar{4}3n$(218)具有相同的消光条件,因此只靠 XRD 方法是

不能区分它们的。根据 SBA-1 近乎完美的"晶体"形貌可以断定其具有 $m\bar{3}m$ 点群对称性,而 $P4\bar{3}n$ 的点群对称性为 $\bar{4}3m$,因此 $Pm\bar{3}n$ 是正确的。从高分辨 TEM 图像[132](图 8-28)的傅里叶变换衍射图中观察到 42 个独立的斑点,结合氮气吸附得到的孔容结果(SBA-6:0.86cm³/g 和 SBA-1:0.60cm³/g),由静电势能图得出无定形孔壁的结构,含有两种笼(较大的笼和较小的笼),其排列方式如图 8-15(b)和 8-16(a)(在图中较大的笼具有六元环,而较小的笼只有五元环)所示,较小的笼被 12 个较大的笼所包围。对于 SBA-6,较大的笼和较小的笼的直径分别为 8.5nm 和 7.3nm,较大的笼和较小的笼之间的窗口为 2nm×2nm,而较大的笼之间的窗口为 3.3×4.1nm。而对于 SBA-1,较大的笼和较小的笼的直径分别为 4.0nm 和 3.3nm。当然,不同的合成条件和表面活性剂合成的 SBA-1 或 SBA-6 材料的晶胞、孔容及孔穴尺寸大小会有所不同。

图 8-28　SBA-6 的 TEM 成像及其傅里叶变换衍射图

8.3.9.2　以 SBA-12 为例分析立方与六方相共生的结构

在沸石体系中最为熟知的此类问题就是著名的立方 FAU 和六方 EMT 的共生,它们的 XRD 和高分辨透射电子显微镜(HRTEM)的研究成果可以被借鉴来研究介孔材料 SBA-12 的结构问题[139]。

与 SBA-2 一样，SBA-12 最初也被认为具有 $P6_3/mmc$ 空间群结构，后来发现，SBA-12 应为六方和立方的共生。SBA-12 结构含有球形孔穴，为一立方紧密堆积结构，每个孔穴与相邻的 12 个孔穴通过孔道相连。高分辨透射电子显微镜研究表明 SBA-12 材料中也还含有孪生的立方结构和六方紧密堆积结构区域。

从基本的晶体学知识，我们知道晶胞参数为 a_{hex} 和 c_{hex} 的六方体系的衍射可由下式计算：

$$\frac{1}{d_{hkl}^2} = \frac{4}{3}\frac{h^2+hk+k^2}{a_{hex}^2} + \frac{l^2}{c_{hex}^2}$$

而立方体系（晶胞参数为 a_{cub}）则为

$$\frac{1}{d_{hkl}^2} = \frac{h^2+k^2+l^2}{a_{cub}^2}$$

如果我们考虑立方紧密堆积 ccp（空间群 $Fm\bar{3}m$）和六方紧密堆积 hcp（空间群 $P6_3/mmc$），那么有：$a_{cub} = \sqrt{2}a_{hex}$，并且 $\frac{c_{hex}}{a_{hex}} = \sqrt{\frac{8}{3}} = 1.633$。hcp 在低角度的特征 XRD 衍射峰为 100_h、002_h 和 101_h 以及 102_h、110_h、103_h、200_h 和 112_h，另外，ccp 在低角度的特征衍射峰（除 200_c 外）与 hcp 的一些峰完全重合，也就是说，当二者共存时，ccp 在低角度的衍射峰（除 200 以外）全部被 hcp 的衍射峰所掩盖。

由于观察到 100_h、002_h 和 101_h 衍射峰，这个材料不可能是面心立方，但是，不能排除面心立方的共存。在 XRD 实验中，晶体的优先取向作用使得问题更加复杂。为了得到真实的衍射峰相对强度，必须除去取向作用的影响。

需要强调的是对于空间群为 $Fd\bar{3}m$ 的 FAU 没有 200_c 衍射峰，对于 Fd 或 F41 类型的面心立方 200_c 是消光的，而在其他的 F 类型（面心立方）200_c 却不是消光的（200_c 衍射峰能被观察到）。消光条件的差别就是 Fd 或 F41 类型的衍射条件为 $00l : l = 4n$，而其他 F 类型结构为 $00l : l = 2n$。因此，如果材料是 Fd 或 F41 类型，那么没有理由排除立方相的存在。

接下来让我们简单地概括一下在立方晶系（F 类型）经常观察到的孪生结构，再以 ccp（$Fm\bar{3}m$）为例，这里的孪生面是 $(111)_c$，平均的孪生宽度范围为 $d(111)$ 的 n 倍。因此，如果 n 不太大，能清楚地看见弥漫散布。

从 SBA-12 的 $[11h0]$ 方向的 HRTEM 图像得出晶胞参数 a 为 82Å，由于电子衍射图取自较大的测量范围，因此结果为孪晶所产生的重复的斑点。而通过选取较小的区域进行傅里叶变换（FTT），从中可以清楚地看到 200 衍射点，因此，结构不是 Fd 或 F41 类型，而是其他 F 立方。结合其他衍射（111、220、311、222、420、333 和 440），它们符合 $\{hkl : h+k、k+l、l+h 偶数\}$，$\{0kl : k、l 偶数\}$，$\{hhl : h+l 偶数\}$，以及 $\{00l : l 偶数\}$。因此，可能的空间群有 $F\bar{4}3m$、$F432$、$Fm\bar{3}$、$F23$ 和 $Fm\bar{3}m$，按惯例将最高对称性空间群 $Fm\bar{3}m$ 指定为 SBA-12 结构中立方部分的空间群。在 SBA-12 的 TEM 图像中，观察到有小区域的六方相（$P6_3/mmc$）存在。

8.4　介孔有机氧化硅材料

在无机-有机杂化材料中，同时存在无机和有机组分，无机组分提供进行机械稳定、热稳定或结构稳定的聚合骨架，而结合于无机相的有机基团很容易对表面进行修饰，改善材料的结构性能。可以归为有序的无机-有机纳米复合物的硅基无机-有机介孔纳米复合物[140]有如下五类：

（1）未灼烧过的双亲性分子/SiO$_2$ 介孔相。

（2）表面经过有机修饰过的介孔 SiO$_2$。

（3）被扩展过的介孔 SiO$_2$。

（4）介孔有机硅酸盐。

（5）包含有机物（如高分子聚合物）的介孔 SiO$_2$ 材料。

以上材料中可能包含其他无机成分，如以配位化合物的形式将金属离子或粒子载入介孔氧化硅材料中。图 8-29 为几种常见的杂化材料的合成方法示意图。

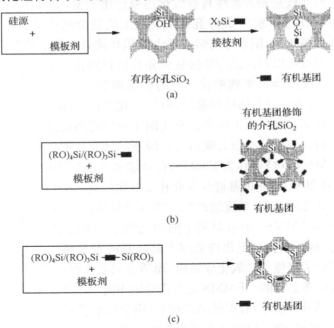

图 8-29　合成杂化氧化硅介孔材料的主要途径示意图：(a)合成后处理；(b)直接合成（有机基团位于孔表面）；(c)直接合成（有机基团位于孔壁）

8.4.1 后嫁接与直接合成

介孔材料的功能化组装可以将特定的有机基团通过共价键的方式固载到介孔材料的结构中,可以采用直接合成(共水解和聚合)或表面功能化(嫁接法)方法制备。由于介孔二氧化硅材料表面存在着丰富的未能完全缩合的硅羟基,因此可以对其表面进行功能化组装,将功能化有机基团引入孔道或孔壁中得到无机-有机杂化功能材料。

8.4.1.1 后嫁接

表面修饰或功能化(和表面羟基反应直接接枝):合适的有机硅试剂与介孔 SiO_2 材料在合适的溶剂中回流,在无水条件下使用硅烷偶联剂(如氯硅烷、烷氧硅烷、硅烷胺、$[HN(SiR_3)_2]$)是常用的硅烷化方法。介孔氧化硅材料表面有三种硅羟基:孤立的、氢键的、孪位的(geminal)羟基,只有那些自由的—SiOH 和 =Si(OH)$_2$参加硅烷化反应,但由于氢键的硅羟基形成亲水的网络,因此很难被硅烷化。表面硅烷化可以改变表面极性,也可以引入其他功能基团,如硫醇、氨基等官能团。

在孔内表面接枝是制备某些具有氧化还原作用元素(如 Ti)介孔硅化合物的有效方法,Maschmeyer 等[141]在介孔二氧化硅上接枝金属茂复合物,得到性能优良的形态选择性催化剂,用于环己烯及更大体积环烯烃的环氧化作用。其他的金属或非金属基团也可以利用该方法接枝到介孔材料的孔壁上,从而在不需改变介孔骨架本身的情况下能够实现催化活性的精确调节,如孔尺寸、分离性能等。另外,介孔固体孔道内壁带有侧链羟基时,有可能在其内表面上固定适当的酶,使这些酶在精确的化学环境限制下定位。介孔固体对固定酶的独特的、恰如其分的支撑在生物化学研究领域具有很大吸引力。最新的研究表明,载有功能化有机单分子层的介孔二氧化硅材料(称为 FMMS)在环境和工业应用中有很大潜力。Feng 等[14]利用三(甲氧基)巯基丙基硅烷与介孔二氧化硅共价键合,形成的交联单分子层紧密堆积于介孔内表面,系统地改变功能基的数量可得到相应巯基表面覆盖率为 10%～76% 的 FMMS。介孔材料上的功能化单分子层的基团密度和特性受两个因素的极大影响:介孔二氧化硅表面上硅羟基的数量和所吸附的水分子的量。硅羟基使有机分子定位于二氧化硅表面,而适量的表面吸附水则是建立单分子层过程中水解反应所必需的。FMMS 是有广泛应用前景的新型环境修复材料,对汞和一些重金属(如银、铅等)有很强的亲和力,用于从水溶液及非水废气中去除上述有害物质有很高的效能。以巯基表面覆盖率为 10%～25% 的 FMMS 处理后的水体,汞含量低于美国环境保护署(EPA)制定的有毒物质指标限,甚至低于饮用水标准,银含量可降至检测限以下,除铅也有类似效果,背景离子(如 Na、Ba、Zn)的存在对其无明显影响,且用浓盐酸再生后可循环使用。与传统的重金属去除技术相比,FMMS 具有很高的金属负载能力和相对于背景电解质对重金属的高度选择性。FMMS 的出现给向介孔固体表面引入分子键位及合理设计表面特性提供了无可比拟的途径,使人们有理由相信有序介孔结构与功能化单分子层的结合必将在新一代分层结构和功能化复合物的发展上起关键性的作用。

第二级和更高的修饰是在接枝(如表面卤化)基础上再进行进一步(或多步)的反应(与活性有机基团反应修饰改性),引入相同或新的功能基团。

介孔材料颗粒表面和孔内的修饰可以分开进行,从含有模板剂的材料出发,首先修饰颗粒表面,然后脱除模板剂,再修饰介孔内部,这样一来,表面和孔内可以具有不同的功能团[142]。

8.4.1.2　直接合成

介孔氧化硅合成技术直接被用来制备无机-有机复合纳米材料,具有表面功能基团的介孔材料可以被直接合成。功能团的有机硅化合物作为模板剂(全部或部分),或与正硅酸乙酯一起作为硅源,可以一次合成而不需要合成后处理,但是,除去模板剂时要小心,不要破坏那些表面功能基团。如 Shea 等[143]将双(三乙氧基甲硅烷基)芳香基单体或乙炔基单体等天然的构件(building blocks)与正硅酸乙酯(TEOS)反应,制得了网络状的无机-有机纳米复合材料,但是由于所得的孔径分布不均匀,因而极大限制了这些材料的应用。Hamoudi 等[144]使用单硅源 1,2-双(三甲氧基甲硅烷基)乙烷[BTME,$(CH_3O)_3Si$—CH_2CH_2—$Si(CH_3O)_3$]和 Brij-56 共组生成高有序的介孔杂化材料。Ozin 等[145]使用 C_6H_3—$[Si(C_2H_5O)_3]_3$ 合成了高度有序的六方介孔氧化硅杂化材料。

使用$(C_2H_5O)_3Si$—C_6H_4—$Si(C_2H_5O)_3$为硅源、十八烷基三甲基铵盐为模板剂在碱性介质中合成的氧化硅杂化材料[146]的孔壁含有苯环,由于苯环之间的强相互作用,导致孔壁的高度有序性。其 XRD 谱图除了在低角度可以观察到 $p6mm$ 介孔结构的衍射峰以外,还可以看到来自有序孔壁的衍射峰($d = 7.6$Å、3.8Å、2.5Å)(图 8-30)。此材料具有良好的热稳定性,在空气或氮气下焙烧至 500℃,仍然保持结构不变。对热水的稳定性也较好。有序的孔壁具有严格的周期性(7.68Å),其中一段由苯环组成,另一段是由硅酸盐组成,因此其表面具有周期性亲水-疏水的特殊性质,因此可能会有特殊的应用。

有些基团不容易直接引入,需要合成后处理。如分两步合成含有—COOH 的SBA-15[147],首先合成含有—CN 基团的杂化材料,然后用硫酸处理,除去模板剂(P123)并同时将—CN 转化成—COOH。

而采用一次合成法合成的材料的有序程度往往较差,功能化合物加得越多,产物的有序度越差,因为与正硅酸乙酯相比它们失去了一个或多个可聚合的 Si—OR

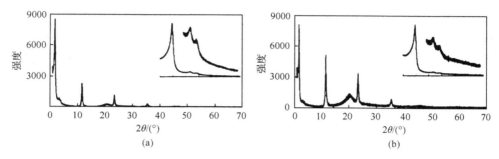

图 8-30　孔壁有序的介孔杂化材料的 XRD 谱图：(a)脱除模板剂之后；
(b)脱除模板剂之前。插图为低角度部分

(或 Si—OH)基团,失去了一些自由度,并且还会存在一定的空间效应和疏水作用,因此影响硅酸盐的聚合反应,导致无机墙的密度低和缺陷增多,同时,也会降低产物的热稳定性。

与合成后修饰(后嫁接)相比,一次合成法合成杂化材料的优点有：①有机基团均匀发布在孔壁,不只是在孔表面；②孔径所受影响不大；③可以赋予材料特殊的力学性质；④有机基团的多样性。

8.4.2　有机氧化硅介孔材料的特殊性质

有机基团的引入将介孔材料的应用扩展到手性催化、传感器件、药物分子缓释、分子识别与捕捉、蛋白质(或酶)的固载、非线性光学等领域。

8.4.2.1　吸附和释放客体的材料

有机桥连氧化硅介孔材料的多孔结构,较大的比表面积和可调节的表面性质特别适合作为选择性吸附,离子和分子释放的纳米载体[148-154]。苯基桥连的氧化硅介孔材料被证实可以作为高效液相色谱柱的填充材料[151]。与普通商业化高效液相色谱柱的相材料不同的是通过骨架中硅羟基和有机基团的组合,苯基桥连的氧化硅材料可以兼备普通和反相色谱的性能。含有偶氮苯基的桥连氧化硅介孔材料由于具有分子级别顺反异构能力可以可逆地调节介孔的尺寸[152]。

有机桥连氧化硅介孔材料的另一个有趣的性质是可以促进蛋白质折叠[153]。如图 8-31 所示,亚乙烯基桥连氧化硅介孔材料具有特别的表面和结构性质,可以促进蛋白质的折叠。周期性的介孔可以有效地保护变性的蛋白质,因此减少了蛋白质的团聚。疏水的亚乙烯基团和带电的硅羟基可以和蛋白质的疏水部分和氨基酸残基暴露的电荷相互作用。

有机桥连氧化硅介孔材料还被用于研究氢气的储存材料[155]。在室温 20 个大气压(1 个大气压为 $1.013\ 25 \times 10^5\ Pa$)下实现了 0.9% 的最大存储量。

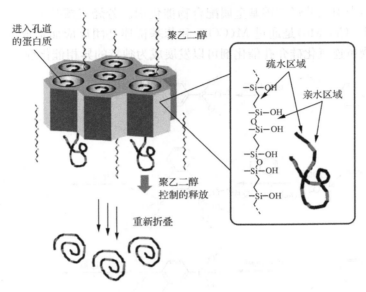

图 8-31　有机桥连氧化硅介孔材料有助于蛋白质折叠示意图

8.4.2.2　催化位点的固定

在有机桥连氧化硅介孔材料中催化位点的引入，可以通过使用功能化的硅烷偶联剂和经过修饰的有机硅桥连基团前驱物来实现[156]。最近，一个具有手性金属配合物基团的有机桥连氧化硅介孔材料被合成出来。这种和钌配位的有机桥连氧化硅介孔材料在对 β-酮酯醚的非对称氢化的反应中具有很高的对映体选择性和转化率。一种新颖的具有修饰氮杂环卡宾钯咪唑基团配合物的有机桥连氧化硅介孔材料被用来催化 Suzuki-Miyaura 偶联反应[157]。这种含钯的催化剂如果修饰有烷基咪唑可以成为在水中催化芳基卤代化合物有效可重复利用的 Suzuki-Miyaura 偶联反应催化剂。

直接修饰介孔有机硅材料的桥连基团也是合成这类催化功能化材料的一种通用方法（图 8-32）[158]。芳香族或不饱和有机桥连基团可以与很多反应物反应，可以在已合成的有机桥连氧化硅介孔材料上引入催化位点。传统的芳香族磺化反应被应用于苯基桥连的氧化硅介孔材料，合成出含有苯磺酸基团的酸性有机硅介孔材料[146]。另一种固体酸催化剂通过对亚乙烯基有机硅介孔材料与苯并环丁烯进行 Diels-Alder 反应，并对产物中的苯环进行磺化反应而得到[159]。碱性的含氨基的催化剂也通过硝化苯基为桥连基团的有机硅介孔材料，再还原硝基为氨基而获得[160]。这种氨基功能化的介孔有机硅催化剂对苯甲醛和丙二腈的 Knovenagel 反应有很高的转化率。可以通过简单的化学气相沉积方法向苯基为桥连基团的有机硅介孔材料中引入芳烃三羰基金属配合物催化剂。芳烃三羰基金属配合物[PhM (CO)₃](M=Cr, Mo)是通过 M(CO)₆ 和苯基桥连基团反应而形成的[161]。这种金属配合物桥连氧化硅介孔催化剂可以发展成为独特的异相催化剂。

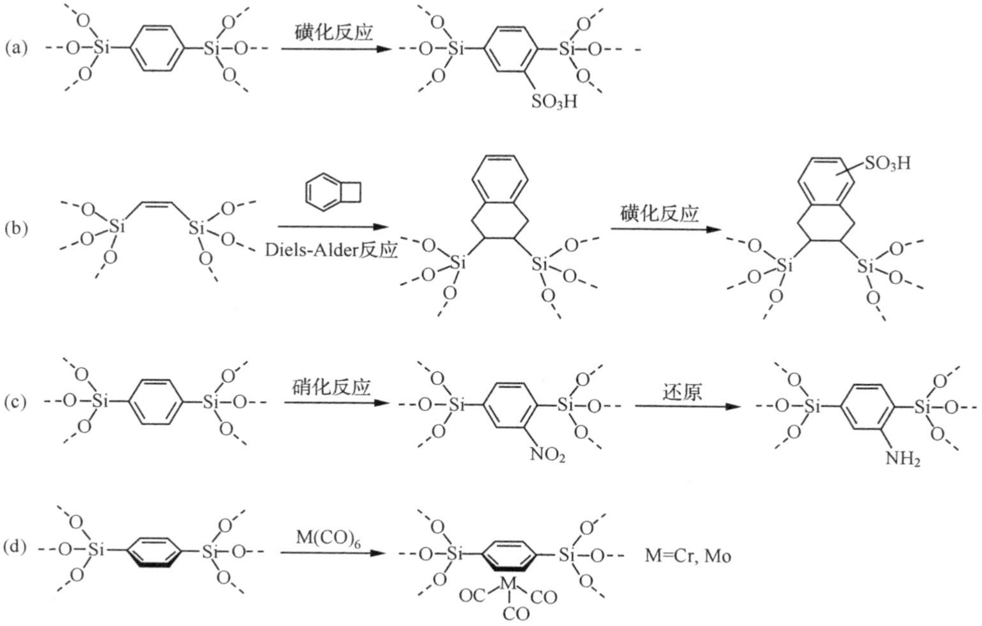

图 8-32 直接修饰有机桥连基团合成有机硅催化剂示意图

8.4.2.3 可见光吸收和可发荧光的有机桥连氧化硅介孔材料

光收集天线材料可以被用于设计高效光催化剂、太阳能电池和发光器件。最近具有光收集效应的以芳香环为桥连基团的介孔有机硅材料被报道出来,而且可能被广泛应用[162-168]。有机硅桥连的介孔材料可以让不同的发色团位于空间完全不同的两个位置,例如一个在骨架中,一个在孔道内。所以可以合理地设计从骨架中的给体到孔道中的受体的能量传递(图 8-33)[167]。

具有光收集性质的介孔氧化硅材料第一次被报道于以联苯基为桥连基团氧化硅介孔材料[图 8-33(a)][163]。采用 100%联苯基桥连有机硅前驱物合成的介孔材料表现出有效的紫外吸收能力和较强的荧光发射。当一种香豆素分子被掺杂入介孔孔道时,桥连基团联苯的荧光随着掺杂香豆素的浓度增加而减弱,香豆素的蓝光发射随之增强,如图 8-33(b)所示。两种组分(联苯和香豆素)总荧光量子产率从 0.42(香豆素摩尔分数为 0)增加到 0.80(香豆素摩尔分数为 0.8%),这说明了骨架中的联苯直接将能量传递给了孔道中的香豆素,而不是通过一个辐射-再吸收的

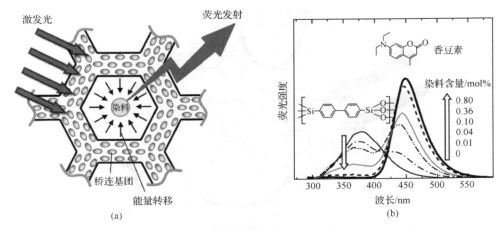

图 8-33　(a)染料掺杂的荧光收集系统示意图;(b)香豆素掺杂的联苯
有机硅介孔材料荧光光谱

过程。

　　将介孔有机硅光收集系统拓展到可见光区域可以为高效多色荧光显示技术提供一种新的方法。结合蓝色发光的介孔薄膜和荧光分子客体染料可以制备出颜色可调高效可见光发射薄膜。向这种材料中掺杂不同量的绿色和黄色染料可以大范围地调节薄膜在可见光范围内的发光区域。这种材料的量子产率非常高,因为染料分子可以均匀地分散在介孔孔道中,减少了团聚所产生的猝灭[164, 165]。

8.4.2.4　以有机桥连氧化硅介孔材料为基础的光催化剂

　　具有强能源吸收能力的介孔有机硅骨架有望成为高性能固态光催化剂。多种光催化系统以介孔有机硅材料为母体来开发。通过设计骨架组成,孔道表面和孔道内部的性质来制备催化剂[169, 170]。一个含有给体和受体的介孔有机硅光催化剂实现了光解水制备氢气(图 8-34)[169]。具有电子接受能力的联吡啶基团共价连接到以联苯为桥连基团的介孔有机硅材料中形成电子转移配合物。然后通过还原二价铂盐,铂纳米粒子被载入催化剂中。通过激发配合物在 400nm 波长的能带诱导电子从联苯转移到联吡啶来产生长寿命阳离子自由基。在牺牲剂还原型烟酰胺腺嘌呤二核苷酸(图 8-34)存在下铂催化的光解水析出氢气反应可以进行。虽然反应的量子产率很低,只有 0.022%,但是应该可以通过优化材料设计来提高反应效率,如给体-受体基团的适当选择,增加给体、受体的数量,增加铂纳米粒子的量和完善制备方法等。

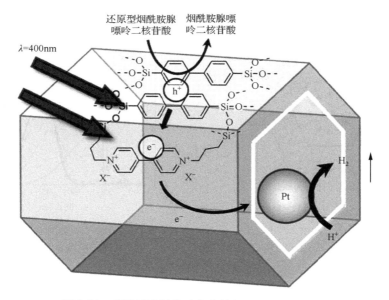

图 8-34　有机桥连氧化硅介孔材料催化析氢示意图

8.4.2.5　具有电活性的有机桥连氧化硅介孔材料

电活性的有机物种在介孔有机硅骨架内的固定化是开发一类新的介孔结构氧化还原催化剂,电致发光系统和电子器件的好方法。联吡啶和富勒烯 C_{60} 等电活性物质已被引入为桥连有机硅烷合成的介孔有机硅材料[171, 172]。例如,作为电子受体终端的联吡啶基元的能力已在观察光化学和热活化的阳离子自由基时被证实。然而这些具有电活性的有机硅材料是在与纯二氧化硅前驱物共缩合制备的,因此这些电活性物质被绝缘的二氧化硅所稀释,这会导致有机物种之间的电子耦合减弱。因此电活性物质在介孔有机硅骨架中紧密排列对有效的电荷转移是非常重要的。近日,高浓度三齿共轭分子基元被引入有序介孔有机硅薄膜中并实现空穴的远程传输（图 8-35)[173]。向三齿化合物中引入硅基是为了增加前驱物和表面活性剂胶束之间的相互作用,充分的交联以稳定介观骨架结构,并在二维大 π 共轭系统中引入电荷移动。介孔有机硅薄膜的空穴迁移率采用飞行时间方法来测量,结果为 $10^{-5}\,cm^2/(V \cdot s)$,与 π 共轭有机无定形聚合物在同一数量级上。具有电荷传输骨架介孔有机硅材料有望应用于高性能的电子装置和催化系统。通过对共轭桥连基团的适当选择可进一步增加空穴的迁移率,而且可以增强介孔壁分子尺度的有序性。

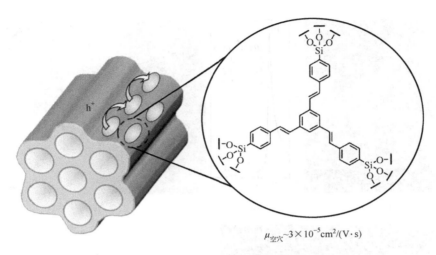

$$\mu_{空穴} \sim 3 \times 10^{-5} \, cm^2/(V \cdot s)$$

图 8-35　空穴在有机硅介孔材料上传递的示意图

8.4.3　手性介孔材料

　　合成手性材料并研究其形成机理是科研工作中的重要课题。协同自组装合成方法和手性模板过程结合可以合成出具有高度有序介观结构的手性材料[174]。众所周知,具有不同规则介观结构的二氧化硅材料是由双亲性的表面活性剂和硅物种通过协同自组装过程形成的。最近发现通过将手性模板过程融入自组装方法有利于形成具有高度有序介观结构的无机手性材料。其中手性介孔二氧化硅表现出一种新型的螺旋介孔结构,代表了一种设计和应用手性材料的新的方向。图 8-36显示了一个典型的手性介孔材料的形貌和结构。通过扫描电子显微镜,X 射线衍射和透射电子显微镜的表征,我们发现这种材料具有均一的形貌(这种粒子具有规则的扭曲柱状形貌和正六边形的横截面),手性可以从每个晶体的六个不同侧面很容易地分辨出来[124]。X 射线衍射谱图显示在 1.5°～6°有三个独立的衍射峰,可以被指标化为二维六方相 $p6mm$ 的(10)、(11)、(20)衍射。透射电子显微镜照片和一张透射电子显微镜模拟图证明这种粒子中存在由二维六方 $p6mm$ 扭曲所形成的孔道。纳米棒在两个(10)孔道(如箭头所示)之间扭转 60°,表示箭头之间的距离为螺距长度的六分之一。

　　双亲性表面活性剂的螺旋形规则排列被认为是形成手性介孔材料的重要原因。可是棒状胶束倾向于在手性介观材料的形成过程中螺旋堆积排列[175]。具有单一手性的棒状胶束先形成聚集体,其余的双亲性表面活性剂分子会继续以螺旋形排列形成更长的聚集体。低聚硅酸盐与螺旋胶束以六方紧密堆积方式自组装,最终形成扭曲手性介孔纳米棒。然而,非手性双亲性表面活性剂分子可以形成外

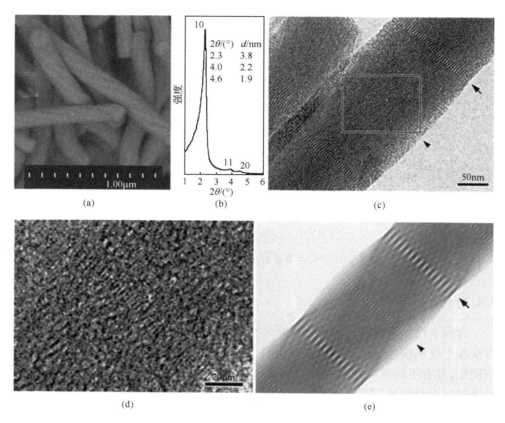

图 8-36　在室温下合成的以 N-肉豆蔻酰-L-丙氨酸为模板,TMAPS 为共结构导向剂
的一个典型的手性介孔材料的(a)SEM 图像;(b)X 射线衍射图谱;(c)TEM 图像;
(d)是(c)中选定区域的放大图像;(e)与所观察到的 TEM 图像对应很好的模拟 TEM 图像

　　消旋的手性介孔材料,这表明分子的手性不是形成螺旋结构的唯一因素[175-184]。

　　　到目前为止,由非手性表面活性剂产生手性介孔材料的机理还不是很清楚。Lin 等认为由长链烷基引起双亲性分子间的紧密堆积排列会导致非手性双亲性表面活性剂的交错排列,从而迫使胶束扭曲成螺旋结构[177]。在合成过程中,一些手性中间体物种和手性晶核的形成也被认为是形成螺旋介观结构的原因[178]。Yu 等认为螺旋结构的产生是由于反应体系降低表面自由能驱动的形貌转变[180]。Ying 等认为螺旋结构的产生可以用一个熵驱动模型来解释[183]。

　　　如图 8-37 所示,非手性 N-酰基氨基酸与手性的氨基酸显示出非常相似的分子结构。因此,非手性和手性双亲性表面活性剂可能在形成螺旋状的介观结构时通过相同的过程。最近,螺旋介孔结构被认为可能是通过非手性双亲性表面活性剂的瞬时不对称形状在胶束中存在导致的,这种瞬时不对称性驱动非手性双亲性表面活性剂以手性表面活性剂的形式排列形成螺旋胶束[184]。如图 8-37 所示,以 C_{16}-PyrBr 为例,可以通过旋转的 C—C 和 C—N 键在胶束形成过程中产生不同的分子构象。从顶视图可以看出这些构象在 x 和 y 方向显示出不同的非对称特征,这些表面活性剂相邻排列形成棒状胶束。这种瞬时的非对称形状类似于手性双亲性表面活性剂固有的形状,会导致相邻的非手性双亲性表面活性剂之间的不对称相互作用,进而驱动形成螺旋形的胶束,最终导致螺旋介孔结构的形成。这与液晶中产生香蕉形状的化合物类似,这是由于非手性分子的分子弯曲产生了液晶的螺旋结构[185-187]。

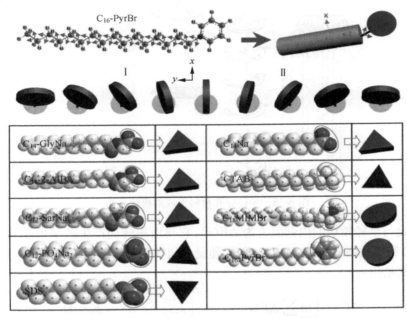

图 8-37　瞬时非对称形状的非手性双亲性表面活性剂的示意图

螺旋性是如双螺旋 DNA、α-螺旋蛋白质和单壁碳纳米管螺旋结构的一个关键参数。手性介孔材料螺旋性的控制对其形成机理的研究和材料设计具有十分重要的意义。对于大多数的手性介孔材料,螺距的长度会随着棒状晶体直径的增加而线性增加[176, 180, 184, 188-190]。不同双亲性表面活性剂形成的具有相同直径的手性介孔纳米棒的螺距长度依赖于表面活性剂分子的几何构型[190]。

如图 8-38 所示,人们研究和分析了螺旋胶束排列的机理[184]。设手性介孔纳米棒长度为 Δp 和横截面直径为 D,并认为手性介孔纳米棒在初始阶段是直的,纳米棒两端的相对旋转角为 $\Delta\varphi$,纳米棒横截面和相应侧壁的面积为 S_0(单胞面积),纳米棒的横截面积为 S,纳米棒中介孔数目为 n,施加在单一介孔单位长度上的力矩为 M_0(形成螺旋胶束的扭转力),那么作用在纳米棒上的力矩可由下面的公式得出：

$$M = nM_0\Delta p, n = \frac{S}{S_0} \tag{8-4}$$

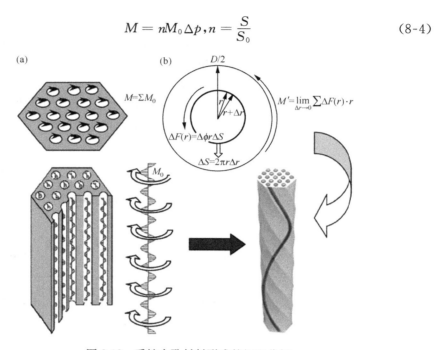

图 8-38　手性介孔材料形成的机理分析

　　假设与半径相切的内部阻力为 $\Delta F(r)$，它与由扭转而产生的单位基元的移动（$\Delta\varphi \cdot r$）和横截面变化（ΔS）成比例，伴随受力扭转而产生的阻抗力矩 M' 可以由下面的公式给出：

$$M' = \lim_{\Delta r \to 0} \sum \Delta F(r) \cdot r = \int_0^{D/2} k\Delta\varphi \cdot r^2 \mathrm{d}r = K\Delta\varphi D^3 \tag{8-5}$$

其中 k 和 K 是常系数。当 M_0 等于 M' 时扭转力矩达到平衡，螺距长度应该等于

$$P = \frac{2\pi\Delta p}{\Delta\varphi} = \frac{2K\pi D^3}{nM_0} = \frac{8KDS_0}{M_0} \tag{8-6}$$

　　可以看出的螺距长度（P）与纳米棒直径（D）和单胞面积（S_0）成正比，但与胶束力矩（M_0）成反比。通常在设定的合成条件下，单位面积（S_0）和胶束力矩（M_0）的值保持恒定。因此实验中螺距长度会随纳米棒的直径（D）增加而线性增加。具有较长的烷基链或更大的头部基团的双亲性表面活性剂分子可能会形成螺旋力矩较强的胶束，有助于形成更扭曲的手性介孔材料。P 和 D 的线性关系会随反应温度的改变而发生变化，在较高的反应温度下具有较大的斜率。它可以被认为当温度增加时，由于分子运动的加速，双亲性表面活性剂分子在胶束中的堆积更疏松，这使形成螺旋形胶束的扭转力和胶束力矩（M_0）减小。因此，P 和 D 的线性关系是在

较高的反应温度下呈一个陡峭的斜坡并且螺旋形的介孔结构不是很扭曲。

应当指出的是,上述的 P 和 D 的线性函数通过原点,这与实验中 P 和 D 的线性关系有一个非零截距的结果不符。这可能是由于机理分析过于简化导致的。最近,Yu 等根据表面自由能减少和能量竞争模型推导出一个新的函数 $P=1.89D^{1.5}$,并很好符合了实验曲线[191]。但是这个模型难以解释反应温度和分子结构对 P 和 D 关系的影响。

8.5　硬模板合成技术、非氧化硅介孔材料和有序介孔碳材料

8.5.1　有序介孔碳材料

有序介孔碳材料[192]具有较大孔径,在吸附大分子方面具有十分突出的优势,可以作为各类载体,介孔碳的优秀化学和物理稳定性,使其比氧化硅、氧化铝具有更广泛的应用范围。介孔碳材料的孔径与生物分子的尺寸相匹配,这使其在生物大分子的吸附、分离和检测等领域有着巨大的应用潜力。碳的高导电性使介孔碳可能成为超级电容器或电池的电极材料。

利用介孔氧化硅作为模板合成多孔碳材料,不仅是介孔氧化硅材料的一个新应用,也为制造有序的多孔碳材料提供了一个有效的方法,这些碳材料对于某些应用可能是十分重要的,但还没有其他有效的制备方法。在过去的十几年里,介孔碳材料的合成与制备得到了快速发展。利用介孔氧化硅作为模板合成多孔碳材料,由于介孔氧化硅材料能够以各种形体(如棒、球、薄膜等)被直接或间接合成出来,因此,由其作为模板,能够合成各种形体的多孔碳材料,这为介孔材料的应用创造了良好的条件。

Ryoo 等开创了使用 MCM-48 为模板合成介孔碳材料(CMK-1)[193]。随后,使用 SBA-15 来生产六方的介孔碳(CMK-3)。碳前驱物包括蔗糖、呋喃甲醇和酚醛树脂[194]。

介孔碳材料也可以直接采用软模板方法直接合成[194-196],赵东元利用溶剂挥发诱导自组装(EISA)技术,以酚醛树脂为前驱体,先制备酚醛树脂与表面活性剂的复合结构,然后对酚醛树脂进行热聚合,得到介观结构。在氮气气氛下,成功地除掉表面活性剂,所得到的有序介孔聚合物具有大而均匀的介孔孔道,高的比表面积和大的孔容。通过更高温度的焙烧导致聚合物碳化而得到介孔碳(图 8-39)。同样用酚醛树脂为前驱体,他们在水溶液中也首次成功制备了有序的介孔聚合物 FDU-14 和介孔碳 C-FDU-14[197]。与 EISA 法相比,在水溶液中可以利用烃作为溶胀剂提高所得材料的孔径,同时通过更换表面活性剂的种类还可以调控聚合物

和碳的微观形貌[198]。这种具有较厚墙壁的介孔碳材料是迄今为止唯一在氮气气氛中具有超高热稳定性的分子筛材料（＞1900℃）。他们把这个工作延伸，利用三组分共组装方法,在有机前驱体中加入氧化硅的前驱体正硅酸乙酯,可以得到具有相互贯穿骨架结构的、高度有序的介孔聚合物/氧化硅和介孔碳/氧化硅纳米复合材料[199]。调整前驱体的比例便可以调整复合材料中碳与硅的比例。更重要的是,通过焙烧去除碳或通过 HF 溶解掉 SiO₂ 后,可得到大孔径的介孔 SiO₂ 或碳材料。规模合成方法可以很容易得到千克级有序介孔碳材料,有望用于催化、电化学超级电容器和水处理。

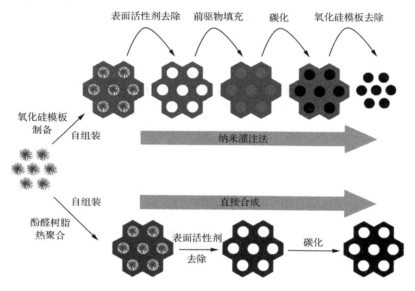

图 8-39　介孔碳合成方法示意图

　　Ryoo 开创了使用 MCM-48 为模板合成介孔碳材料（CMK-1）。随后,使用 SBA-15 来生产六方的介孔碳（CMK-3）。蔗糖是较好的碳前驱物,其他的前驱物包括呋喃甲醇[193]和苯酚/甲醛树脂[200]。

　　由于 MCM-48 具有两套不相连通的孔道,这些孔道将变成碳材料的固体部分,而 MCM-48 中氧化硅部分则会变成碳材料的孔道。因此 CMK-1 并不是 MCM-48 真正的复制品（反转品）,在脱除 MCM-48 的氧化硅过程中,其结晶学对称性下降,后续的研究表明与所用的碳前驱物有关,其中一个具有 $I4_1/a$ 对称性[201],通过控制介孔氧化硅 MCM-48 模板的壁厚,来控制介孔碳材料 CMK-3 的孔径（2.2～3.3nm）。而使用修饰过的 MCM-48（有序程度低）,则可以得到具有相同对称性（$Ia\bar{3}d$）的介孔碳材料 CMK-4。图 8-40 给出了完全反转保持对称性的 CMK-3 的 XRD 谱图,图 8-41 给出了在制备过程中生成新对称性的 CMK-1 的

XRD 谱图。

由于 MCM-41 的直孔道相互没有连通，因此得到的碳材料为无序的碳棒（柱）的堆积，而由于介孔孔道之间有微孔连通，因此使用 SBA-15 为模板得到的介孔碳材料 CMK-3 保持六方结构，如果 MCM-15 的介孔只有表面被碳膜所覆盖，脱除氧化硅部分后则得到六方排列的空心碳管 CMK-5。制备 CMK-5 的方法是使用呋喃甲醇为碳源（为了很好地控制碳膜的厚度），由于呋喃甲醇的聚合需要酸催化剂，因此，介孔氧化硅模板剂需要具有酸性，而纯硅的 SBA-15 的酸性很弱，在制备多孔碳之前，需要对 SBA-15 进行铝化，以增强其酸性。铝化后的 SBA-15 吸附呋喃甲醇后，加热至 80℃ 使与孔壁接触及较近的呋喃甲醇发生聚合，然后将未聚合的呋喃甲醇除去（抽真空），之后在真空下加热至 1100℃ 使有机物碳化，冷却后溶解掉原来的孔壁（用氢氟酸或氢氧化钠溶液），结果则为六方排列的空心碳管 CMK-5。CMK-5 依然保留着 SBA-15 的有序性，图 8-42 为 CMK-5 的 XRD 谱图和 TEM 成像及结构示意图，XRD 衍射峰相对强度的变化可能是由于碳管壁与管间联结部分的衍射干扰所致。

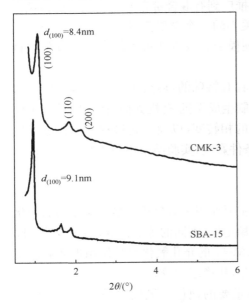

图 8-40　CMK-3 及其模板 SBA-15 的
XRD 谱图

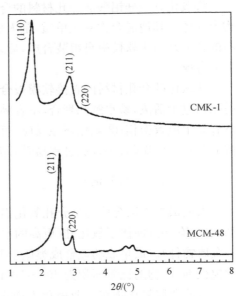

图 8-41　CMK-1 及其模板 MCM-48 的
XRD 谱图

另一制备类似 CMK-5 介孔碳管方法是采用催化化学气相沉积（CCVD）技术[202]，使用含 Co 的 SBA-15 为模板，乙烯气体为碳前驱物。

研究表明 CMK-3 是一良好的载体，例如可载高达 50%（质量分数）的铂，并且仍然保持 2.5nm 的粒子尺寸，这样高的铂装载量，使得此材料具有非常好的氧化

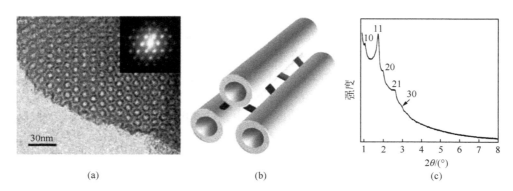

图 8-42　介孔碳材料 CMK-5 的(a)TEM 成像；(b)结构示意图；(c)XRD 谱图

还原反应活性，此材料可能被用于燃料电池系统。

8.5.2　非氧化硅介孔材料

将氧化硅或硅铝酸盐介孔材料的合成推广到有混合价态的金属氧化物和硫化物半导体及其他混合物甚至单质，是人们关心的一个重要问题。非氧化硅介孔材料的合成开始于软模板自组装合成，后来硬模板合成方法极大促进了非氧化硅材料的合成。

非氧化硅介孔材料的直接软模板合成具有特殊的难点：①过渡金属氧化物的前驱物过于活泼，易水解和聚合，不容易控制生成无机-有机界面，在一般反应条件下容易生成致密相；②氧化还原反应，可能的相转变，以及晶化过程常会使已经生成的介观骨架塌陷；③合成过程易受外界条件影响，实验结果不易重复。

8.5.2.1　金属氧化物

人们最早尝试合成的是介孔氧化铝。主要原因是氧化铝是最普遍使用的催化剂载体，有些方面优于氧化硅（更高的水热稳定性，不同的等电荷点，易于装载不同的金属物种）。最早成功地合成类似于 MCM-41 的介孔氧化铝是使用聚环氧乙烷为模板剂，产物的比表面积为 $400\sim500m^2/g$，热稳定性较好[203]。

过渡金属氧化物在工业催化方面占有重要的地位。氧化锆是一个优秀的例子，采用适当的水热合成工艺，再经过一定浓度的磷酸后处理，合成出有序度高、热稳定性好（$>500℃$）、比表面积大（$>350m^2/g$）的氧化锆介孔材料，孔径在一定范围内可调。如果采用锆源和钛源一起合成介孔材料，在 20%（摩尔分数）之内氧化钛可全部进入氧化锆墙体，形成 Ti/ZrO_2 介孔材料。采用后移植或后处理办法，虽只有 4%～5%（质量分数）铈进入氧化锆墙体，但已可显著提高它的氧化还原活性，大大高于铈锆粉材料。如果在 Ce/ZrO_2 介孔材料表面负载 Pt，它的活性更高。

许多其他非氧化硅介孔材料也已经被合成出来，主要有 TiO_2[204, 205]、MnO_2、Ga_2O_3、Nb_2O_5、Ta_2O_5[206]、HfO_2[207]、Fe_2O_3[208] 和 SnO_2[209] 等。

8.5.2.2　介孔磷酸盐

由于在沸石化学中二氧化硅与磷酸铝之间相似性以及具有各种结构的磷酸铝分子筛的存在，人们很容易想到将介孔合成扩展到磷酸铝材料。在 MCM-41 问世不久就开始合成磷酸铝介孔材料[210]的尝试，然而，实际上要比期待的困难得多，原因之一可以在某种程度上被归因于合成时使用两个无机反应物的事实（磷源和铝源是分开的），而氧化硅合成时通常采用一种硅源。在前人的长时间努力和多次失败之后，复旦大学的赵东元等和美国加州大学的冯萍云等几乎同时各自独立地成功合成了磷酸铝介孔材料[211, 212]。

后来，许多其他磷酸盐介孔材料也被合成出来，磷酸钛[213, 214]、磷酸钒[215, 216]、磷酸锆[217]、磷酸铁[218]、磷酸锌[219]、磷酸锡[220, 221]。

8.5.2.3　半导体材料

Kanatzidis 等[222]合成出了立方（$Ia\bar{3}d$）介孔硒化铂锡半导体大"单晶"（$\sim 2\mu m$），合成中平面正方的$[Sn_2Se_6]^{4-}$ 和 Pt^{2+} 作为结构单元，产物除了具有规整的晶体外形外，还给出高质量的 XRD 谱图（与 MCM-48 相似）。产物在沸水中稳定，热稳定性高达$\sim 150℃$，骨架足够稳定，可以进行可逆的离子交换。

8.5.2.4　金属

利用金属的前驱物与表面活性剂直接共组生成介孔结构，然后用化学或电化学还原方法将金属前驱物转化为金属。具有六方介孔结构的金属铂已经被合成。Antonelli 等合成的含金属的介孔材料可以在室温下活化氮分子[223]。

8.5.3　硬模板合成技术的广泛应用

硬模板技术[224]，也就是纳米灌注法，最早的应用便是介孔碳的制备，几乎所有种类介孔材料都可以通过硬模板技术实现。介孔材料（尤其是介孔碳）的用途之一就是作为合成其他无机介孔材料的硬模板。硬模板方法是合成介孔金属氧化物的有效方法[225-228]，是对溶胶-凝胶过程协同自组装方法的补充。

复旦大学的高滋研究组[229]首先合成介孔碳小球，然后以碳小球为模板合成氧化钛、氧化锆、氧化铝、磷酸锆、磷酸铝等介孔实心或空心小球。唐颐研究组[230]开发了牺牲模板法制备分子筛空心球，即以介孔微球作为模板，在外层生长分子筛壳的过程中，内部的介孔微球逐渐被作为原料消耗掉，最终形成一种大小由介孔微球决定的空心球，这种方法为内部包裹活性金属催化剂提供了一种简单的途径。

该研究组还用这种方法将功能性粒子如 Ag 和 PdO 包裹在空心球中,得到了复合(限域)催化剂[231]。

上海硅酸盐研究所严东生领导的研究组[232]用乙二胺基硅烷偶联剂对介孔进行表面改性,成功地在介孔内络合 Zn^{2+}、Cd^{2+} 等离子,经后处理即可形成Ⅱ-Ⅵ族宽禁带 ZnO、ZnS 或 CdS 半导体团簇粒子组装于介孔孔道中。由于孔道的控制,纳米粒子尺寸均一,并产生了强烈的主客体效应和量子尺寸效应,大幅度地增强了量子尺寸效应和荧光发射强度。赵东元等[233, 234]利用原位吸附法,在 SBA-15 的孔道中成功制得了 CdS、PbS 二元硫化物的纳米粒子及纳米线,并得到晶态的 CdS 介孔材料,这种介孔的纳米矩阵半导体材料将为先进材料的开发研究提供实验及理论基础。之后,他们又利用一种纳米灌注的方法一步合成了六方、立方有序的纳米 In_2O_3 单晶阵列[235],这类材料具有潜在的光学及电学性质。施剑林等在 SBA-15 孔道内合成贵金属纳米粒子和纳米涂层[236],制备了一种金纳米粒子复合的非线性光学二氧化硅介孔薄膜,该薄膜具有非线性超快响应速度和高三阶非线性极化率[237]。

采用与合成介孔碳材料的相似方法也可以合成介孔金属材料,Ryoo 等使用 MCM-48 和 SBA-15 作为模板,$Pt(NH_3)_4(NO_3)_2$ 作为铂的前驱物,合成出了有序的介孔金属铂[238],$Os_3(CO)_{12}$ 为前驱物合成出了三维网络结构的锇纳米材料[239]。

多孔碳材料(尤其是介孔碳)的另一用途就是作为合成其他无机介孔材料的模板。现在已成功地使用 CMK-3 为模板制备出氧化硅的反转品(接近 SBA-15)[240, 241]。介孔碳材料作为模板的最大意义不再是将氧化硅反转回来,而是用来合成那些难以用直接表面活性剂共组方法合成的其他无机材料或复合材料。使用 CMK-1 为模板可以合成出具有 $I4_1/a$ 结构的氧化硅介孔材料 HUM-1[242],现在,这是合成此介孔氧化硅材料的有效方法。

8.6　合成策略与合成规律

8.6.1　合成方法与体系

目前合成介孔材料的方法大致有以下几种:室温合成[243, 244]、微波合成[245, 246]、湿胶焙烧法[247]、相转变法[248, 249]、溶剂挥发法及在非水体系中[250]合成。

溶剂挥发法合成是溶剂挥发而使溶液中模板剂和无机物种的浓度增大,导致自组的发生。此法多用于介孔氧化硅膜的合成[31]和单块的合成[251, 252],并且被应用到非硅基介孔材料的合成[253, 254]。

表面活性剂的类型及性质对介孔相的形成有较大影响,甚至能够改变反应体系的合成途径。按亲水基的带电性质,可将表面活性剂分类为带正电荷、负电荷和中性三类。亲水基带正电荷的有长链季铵盐,如 $C_nH_{2n+1}N(CH_3)_3^+Br^-$;带负电荷的,如长链硫酸盐 $C_nH_{2n+1}OSO_3^-Na^+$,长链磷酸盐 $C_nH_{2n+1}OPO_3H_2$ 等;不带电荷的,如长链伯胺 $C_nH_{2n+1}NH_2$,以及非离子表面活性剂,如聚氧乙烯非离子表面活性剂、嵌段共聚物等。

8.6.2　介孔孔径的大小与孔径调节方法

介孔材料在拓展孔径方面取得了很大的成就。早期报道的 M41S 型介孔材料以 C_nTMA 为模板剂,孔径通常在 3~4nm 之间。SBA-15[255]将孔径扩大到 30nm,同时壁厚也增加到 6nm。介孔材料的孔径大小在一定范围内也可以进行调变,最初,孔径的尺寸控制是通过选择不同表面活性剂和添加不同种类的有机物来实现的,现在已经有多种调变介孔材料孔径的方法[256],其基本原理是一样的,就是缩小或扩大胶束的尺寸和体积,从而得到不同孔径的介孔材料。

(1) 使用不同脂肪链长的表面活性剂(长链季铵盐和中性有机胺)或不同链段长度的嵌段共聚物作为模板剂,一般情况下,MCM-41 的合成采用烷基链为 16 个碳原子的表面活性剂作为模板剂,所得 MCM-41 的孔径在 3.8nm 左右,精心选择表面活性剂可合成具有特定孔径(2~5nm)的 MCM-41。使用不同链长的表面活性剂混合物,调节其比例可得到不同孔径的介孔材料,如 C12 和 C16 三甲基溴化铵的混合物[257]。

(2) 使用不同类型的表面活性剂作模板剂是控制产物孔径的主要因素,如使用聚合物作为模板剂合成 SBA-15(2~30nm)。

(3) 使用带电荷的表面活性剂和非极性的有机助剂(如三甲基苯 TMB、中长链胺等),有利于扩大孔径,孔径可在 2~10nm 之间进行调节,TMB 分子可溶解进入胶束的疏水区,增加胶束的直径,从而提高 MCM-41 的孔径。合成中加入二甲基十四烷基胺、乙醇或癸烷会增大 MCM-48 的孔径。

(4) 改变合成(如表面活性剂浓度、合成温度和反应时间等):高温合成[258],不改变表面活性剂(2~7nm)。改变合成温度,如合成具有不同孔径的 SBA-15。仔细控制合成体系的最初 pH[259]。

(5) 水热后处理(合成后水热处理、水-胺混合物处理),对孔径重整扩大化处理(4~11nm),溶剂热、醇热合成后处理扩张 SBA-15 孔径,并且提高长程有序程度[260]。使用不同类型的表面活性剂混合物(如 C18-3-1 和 CTAB 的混合物)合成,然后水热处理[15]。

(6) 孔道内表面修饰(如硅烷化)。可改变内表面的极性,提高产物的水热稳定性,但孔径减小。也可以在孔道开口处修饰[261],用有机溶剂萃取部分(在孔道开口处)模板剂,然后利用化学气相沉积技术将 TEOS 沉积到孔口处,再脱除所有模板剂,这样只修饰孔道开口,而对其他部分基本无影响。

8.6.3　氧化硅基介孔材料的稳定化

尽管常规方法制备的介孔材料 MCM-41 和 MCM-48 具有很高的热稳定性，但它们具有较低的水热稳定性，也就是除去模板剂后将介孔材料放入冷水或热水中，经过一段时间后（几分钟至数天），孔壁介孔结构塌陷，变成无定形。甚至某些合成的样品和焙烧过的样品在室温下长时间储存都会发生有序度下降，逐渐转化为无定形。低水热稳定性大大限制了介孔材料在石油加工工业中作为催化活性组分的载体或者作为催化材料的应用，因为在通常的石油加工工业中不可避免地存在着水蒸气。造成孔壁结构塌陷的主要原因可能是氧化硅孔壁发生了水解，Si—O—Si 键断开。因此，聚合程度高的孔壁会有较高的稳定性，薄壁材料的稳定性低于厚壁材料。

人们为了提高介孔材料的水热稳定性进行了大量研究，并取得了部分成功。尽管大大地提高了介孔材料的水热稳定性，但和微孔沸石相比，介孔材料的水热稳定性仍然较低。

Ryoo 等[262]认为在反应物与所要求的中间相之间存在平衡，晶化过程中，反复调节 pH 移动这种平衡，即可精确控制 MCM-41 结构的长程有序性，并可改进 MCM-41 的热稳定性。在合成过程中加入盐，也会提高产物对水的稳定性，其原理可能是使硅酸盐摆脱必须与带正电荷的表面活性剂之间的静电作用，进一步缩聚而生成较为稳定的介孔孔壁，^{29}Si MAS NMR 结果证实了这一点。

改善介孔材料稳定性的方法可以概括如下：提高硅酸盐孔壁的缩聚程度，改善材料的水热稳定性[263]；修饰表面，减少具有活性的表面硅羟基[264-266]；增加孔壁厚度等。

8.6.4　合成后水热处理

最早的合成后水热处理的目的是为了研究介孔氧化硅材料的生成过程、相变和材料的性质，后来在实验中发现合成后水热处理有着多种作用。合成后水热处理相当于"重结晶"或继续"晶化"，能使介孔材料相结构完美，其主要原因是在此材料合成过程中，孔壁中不稳定的部分会进一步调整，硅酸物种进一步聚合。处理方法很简单，将含有模板剂的固体样品放入水中，加热（如 100℃）数天。通常介质接近中性，如有必要或为特殊目的，可以调节 pH，还可以加入其他添加剂（醇、胺、表面活性剂等）。

多数合成产物（包括碱性介质和酸性介质中合成的样品）经过水热处理后其质量（有序程度、热稳定性等）有明显的改善，有时还会伴随着孔径变大，尤其那些合成的产物质量较差（主要表现在 XRD 谱图质量上）时，此处理方法通常非常有效，此法可被用于合成高质量的 MCM-48[267]。

使用氨水溶液处理 SBA-3,可以提高其质量和稳定性,并扩张其孔径[268]。图 8-43 为直接从硝酸介质中使用 C_{16}TMA 和 C_{18}TMA 模板剂合成的 SBA-3 经 560℃焙烧前、后的 XRD 谱图,与其相比较的是在氨水溶液(1mol/L)水热处理(150℃,每克样品加入 50g 溶液)2 天后再焙烧所得到的样品,图 8-44 为含有 C_{18}TMA 的样品(未处理和不同条件处理后)的低温氮气吸附等温线。从这些结果可以看出处理后的样品更有序、更稳定,高温焙烧脱除模板剂所造成的对结构的破坏变小(XRD 衍射峰变尖、容易观察到更多的 XRD 峰,吸附等温线的毛细凝聚所引起的突跃变陡),孔径被明显扩张(XRD 衍射峰向低角度移动、吸附等温线的毛细凝聚现象所对应的压力升高),这里的孔径差异还应该考虑到高温焙烧过程所导致的结构收缩,缩聚程度低的样品(处理前)会收缩得更多,^{29}Si MAS NMR 结果表明处理使得孔壁的硅酸缩聚程度升高,Q^3/Q^4 的比值从 1.0 降至 0.4。

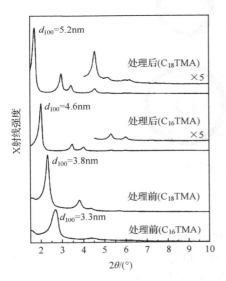

图 8-43　未处理和处理后的
SBA-3 XRD 谱图

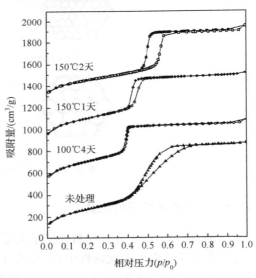

图 8-44　未处理和不同条件处理后
样品的低温氮气吸附等温线

如果扩张孔径是合成后水热处理的主要目的,应选用硅酸盐聚合程度较低的材料,以达到明显的效果,由于它们具有更大的变化潜力和可能性。最简单得到低聚合度孔壁材料的方法是选择低温合成,一般低于 100℃,若可行,选择室温,甚至低于室温。

Sayari[269] 发现 N,N-二甲基长链烷基胺(如 N,N-二甲基十二烷基胺,DMDA)具有良好的扩孔作用,有两种扩孔途径:①直接将长链胺加入到合成体系,直接合成(温度在 70℃左右);②将长链胺加入介孔产物合成后的温和水热处理体系中(80~150℃)。两种途径均有效,合成后水热处理方法更加有效,具有

3.5nm 孔径的氧化硅的介孔可以被扩张至 25nm 而没有损失表面积。可能的机理是长链胺进入（溶入）介孔中的表面活性剂中,在处理过程中长链胺自组重排,如图 8-45 所示,从而扩张了介孔。长链胺的高效作用也可能存在其他未曾加入长链胺的体系中（直接合成、改变合成条件、水热处理、合成后处理、高温合成和处理等）,因为长链铵表面活性剂会分解生成长链胺,某些条件处理（长时间、高温等）或介质（高 pH）会促进长链铵表面活性剂的分解。

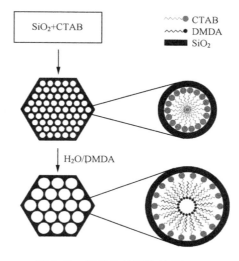

图 8-45　可能的长链胺扩孔机理

8.6.5　沸石纳米粒子的组装

　　与沸石相比,由于介孔材料孔壁是无定形状态,导致了硅铝介孔材料的水热稳定性低和较不活泼的催化活性中心（酸性强度弱）,也导致了钛硅介孔材料的水热稳定性低和催化氧化能力弱。这些弱点大大地影响了介孔材料在石油工业和催化研究中的广泛应用。因此,为克服这个缺点,制备具有高水热稳定和强酸性的硅铝介孔材料及制备具有高水热稳定和较强催化氧化能力的钛硅介孔材料是人们追求的目标之一。

　　微孔沸石分子筛具有很活泼的催化活性中心和很好的水热稳定性,比较微孔沸石分子筛与介孔材料的孔壁可以发现,二者的主要区别是介孔材料的孔壁为无定形,而微孔沸石分子筛的孔壁为晶体,因此,起初许多人都想将介孔材料的孔壁微孔化,甚至用沸石代替,但由于介孔材料孔壁较薄,尤其是 MCM-41 和 MCM-48,只有 1nm 左右,在这样小的范围内生长沸石是非常困难的,甚至是不可能的。

　　利用一些沸石的前驱结构单元作为硅源的一部分,将微孔沸石的初级和次级结构单元引入介孔材料的孔壁中是可能的,但这些单元体从结晶学角度看,还不是沸石,是无序的,不具备沸石结构的特点,X 射线检测不到衍射峰,电子显微镜也观察不到沸石晶体的存在。但它们可能具有某些与沸石类似的化学性质(如酸性)。得到的介孔材料孔壁依然是无序的,但有序程度可能好于一般方法合成的介孔材料。实际上,这些前驱物的溶液中除了那些沸石结构单元外,还有许多其他无机物种(单体和低聚态),在与模板剂共聚时,那些较小的低聚物种能有效地将那些较大的单元聚合在一起,生成稳定的无机孔壁。

由于微孔分子筛和介孔材料合成的条件大不相同,因此很难用一步合成完成,可行的方法是首先制备出具有沸石基本结构单元的硅铝纳米粒子,然后在介孔材料合成条件下将这些纳米粒子与表面活性剂自组装形成规则的介孔材料。

Pinnavaia 等将具有 Y 型沸石基本结构单元的晶种与 CTAB 相互作用,进行自组装,制备出具有六方排列的介孔材料 MSU-S[270]。该材料不仅显示出比"超稳"的介孔硅铝分子筛更高的热稳定性,而且具有比 Al-MCM-41 更优异的催化裂化性能。如果采用 β 和 ZSM-5 晶种与 CTAB 相互作用,则制备出具有高水热稳定性的介孔硅铝分子筛 MSU-S$_{BETA}$ 和 MSU-S$_{ZSM-5}$[271]。在强酸性条件下由 β、MFI 和 Y 晶种自组装而合成出 MSU-S/H(具有 SBA-15 类似结构)[272] 和 MSU-S/F(具有类似于 MCF 的结构),它们同样显示出强酸性和高水热稳定性[273]。

肖丰收等利用特殊的制备前驱体技术合成了一系列催化活性较高且水热稳定的介孔材料 MAS-n[274, 275],如通过小分子四乙基氢氧化铵(TEAOH)与硅铝凝胶相互作用制备出 β 沸石导向剂,这些 β 沸石导向剂是具有 β 沸石基本结构单元(2~3nm 的分子筛晶核)的澄清溶液。然后,通过 β 沸石导向剂与 CTAB 的相互作用,自组装形成具有六方介孔排列的材料 MAS-5[276]。采用红外光谱和紫外拉曼对 MAS-5 的孔壁进行了表征,可以发现 MAS-5 孔壁上含有典型的 β 沸石所具有的 5 元环。利用 ZSM-5 导向剂与 P123 三嵌段共聚高分子自组装制备出了六方介孔的材料 MAS-9[277],该材料同样显示出高水热稳定性和强酸性。

8.6.6 酸碱对路线的自我调节合成

复旦大学赵东元研究组针对介孔材料合成领域中非氧化硅介孔材料稳定性差、难合成、难以调变组成等问题,提出了以酸碱反应配对的无机前驱物出发,在非水体系中"自我调节"来合成介孔材料的新理论[278]。酸碱对法自我调节合成有序度高稳定的介孔矿物。该理论重点考虑了"无机-无机"(Ⅱ)物种之间的相互作用,将简单的"酸碱对"理论引入非水条件下的无机物种的反应,开拓了新的"溶胶-凝胶"化学反应。

当合成多元介孔材料(如磷酸盐)需要两种或多种无机源时,必须合理地对它们进行搭配。按相对的酸性或碱性将各种金属和非金属化合物分类排序,配对选择时,酸碱差别越大越好。在整个制备过程中不需要额外加入酸或碱来调节反应体系的 pH,而是靠两种或多种无机物种自我产生一个适于溶胶-凝胶反应过程的反应介质,达到自我调节。所用溶剂一定是极性有机溶剂,像乙醇或甲醇等两性的溶剂较佳,原因是它们能作为氧的给体,促进质子在合成体系中的迁移。并且,溶剂应该与合成所涉及的反应兼容:前驱物的酸碱反应、溶剂化作用、无机-无机之间的作用以及缩聚反应。图 8-46 给出了几个具有代表性的例子。

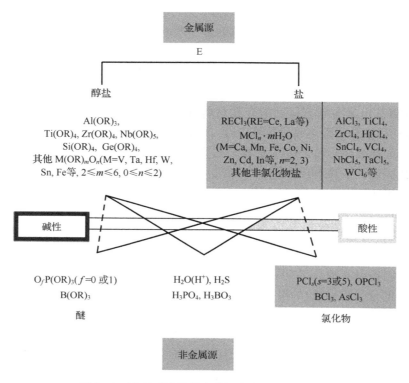

图 8-46　酸碱对路线的自我调节合成方法示意图

　　在该理论指导下,成功地合成了一批高度有序排列的、多种结构的金属氧化物介孔材料,这些新材料具有单一分布超大孔径的、极高的表面酸性和导电性能,在催化、分离等重要的化工领域,甚至在半导体、传感器、药物输运、光电微器件等高新技术领域具有广泛的应用前景。该“酸碱对”理论有广泛的适应性,不仅可以应用到介孔材料的合成,调变其组成和结构,合成出一大批高质量的单一氧化物、混合氧化物、磷酸盐、硼酸盐组成的介孔材料等,而且可以极大地扩展“溶胶-凝胶”化学过程应用范围。

8.6.7　相变及其控制

　　从反应时间过程来看,介观结构材料的生成主要涉及两个步骤:①溶液中的表面活性剂和硅酸物种(或其他无机物种)反应生成比较易变的、松散的具有有序结构的有机-无机复合物;②继续反应(低温、室温或水热处理)提高无机物种的缩聚程度和复合产物结构的稳定性,此过程可能会发生相变[279]。

相变过程常不被重视,其实相变(包括转变为具有另一对称性的相、从无定形到有序的转变,甚至还有从介观有序到介观无序的转变)是很普遍的。由于硅酸物种与表面活性剂之间的相互作用,以及硅酸物种缩聚反应的影响,所生成的介观结构不一定是热力学稳定相,当硅酸盐的缩聚发生变化时(或其他因素作用下),会发生相变,向热力学较稳定的相转变。最著名的例子就是在碱性体系中层状相向六方相的转变(层状相变机理的实验基础)和 FSM-16 的合成(硅酸盐片迭机理的实验基础)。

相变甚至可以发生在样品的干燥过程中[280],采用原位 XRD 技术跟踪 SBA-1 向 SBA-3 的转化,发现使用 $C_{16}TEA$ 为模板剂在 HCl 合成介质中只有 SBA-1 生成,而合成时间[HCl/TEOS(摩尔比)=3,少于 2h]较短得到的 SBA-1 在空气中干燥时,在 10min 之内转变为 SBA-3。而较长合成时间得到的 SBA-1 样品是稳定的,不会发生相变。

通过研究水热条件下(pH=9~11)有序的氧化硅/表面活性剂复合物的行为,发现发生相变的主要驱动力为表面活性剂的排列与堆积的改变[281, 282]通过控制氧化硅化学能控制相稳定性。采用原位 XRD 分析跟踪复合材料从 $p6mm$ 六方相到层状相的相变。低碱性(pH<9)时,有利于氧化硅聚合,抑制相转变,因此产生动力学最稳定相。高 pH 时,则发生重排。发生在初始合成时期的聚合对相稳定性影响较小,而发生在水热处理的聚合对相稳定性影响较大,可能的原因是合成过程中的聚合是随机的而不是最佳的。具有较差聚合度的材料在水热条件下有更大的可塑性生成高质量的材料。

8.6.8 脱除表面活性剂

为了得到多孔材料,必须将合成产物中的模板剂移出去。主要的方法有高温灼烧和溶剂萃取[283]。然而热处理对产物的结构影响比较大,无机骨架网络的收缩是最常见的影响。两步焙烧法对材料的结构和性质影响小些[284],较低温度分解模板剂,然后高温脱除,例如对于含有 CTAB 模板剂的 MCM-41 分别采用 150℃和 500℃。

溶剂萃取对介孔结构和孔壁的表面影响较小,常见的溶剂为乙醇或甲醇,为了有效地脱除带正电荷的表面活性剂,一般需要在醇溶剂中加入 HCl。萃取方法脱除的模板剂可以重复使用[285]。使用 S^0I^0 和 N^0I^0 路线合成的介孔材料具有较小的无机-有机两相之间的结合力(氢键作用),有利于除去模板剂。例如,HMS 中的中性表面活性剂可以用酸化的乙醇脱除,甚至可以使用稀酸水溶液[286]。

使用微波加热脱除表面活性剂的效果也很好,赵东元的研究结果表明脱除 SBA-15、SBA-16、MCM-41 等材料中的全部表面活性剂,用微波加热只需要 2～ 5min,并且与常规焙烧脱除模板剂方法相比,得到的产物结构收缩率较小,留下表面羟基较多。

利用超临界液体萃取可以除去表面活性剂,并且表面活性剂可以重新使用。如甲醇-干冰混合物萃取 MCM-41 中的表面活性剂,在 85℃和 350bar 下 3h 就会取得较好的效果[287,288]。超临界液体中除去 MCM-41 中的表面活性剂模板同时使用过渡金属配合物修饰表面[289]。

使用臭氧、N_2O 或 NO_2 作为氧化剂除去 MCM-41 中的模板剂[290],臭氧能在很低温度下除去模板剂(423K),对结构损害很小,NO_2 和 N_2O 可以在较低温度 (573～623K)除去模板剂,对结构的损害也较小。IR 光谱表明较多的硅羟基留了下来。

脱除表面活性剂模板剂可以与表面修饰同时进行,如三烷基氯硅烷作为溶剂除去 MCM-41 中的模板剂,结果产物同时被硅烷化[291]。

8.6.9　介孔的控制修饰制备微孔-介孔材料

通过介孔修饰得到的双层次孔复合厚壁材料[292,293],孔道带有塞子,微孔来自原来孔壁和塞子以及被部分堵塞的介孔(变小而成为微孔),图 8-47 为其低温氮气

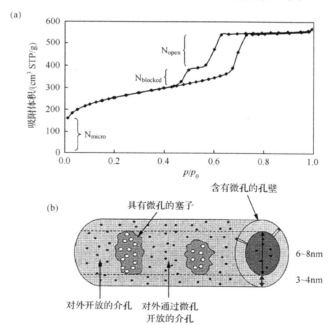

图 8-47　带有微孔塞子的 SBA-15 介孔-微孔复合材料的氮气吸附等温线(a)和结构示意图(b)

吸附等温线和结构示意图。此复合材料的总微孔体积高达 $0.3cm^3/g$，总孔体积超过 $1cm^3/g$。材料非常稳定（水热处理或机械压力），具体合成步骤：将非离子嵌段共聚物 Pluronic P123（$EO_{20}PO_{70}EO_{20}$）和正硅酸乙酯（TEOS）溶解在 2mol/L HCl 溶液中，室温下搅拌 4～8h，然后高温处理 16h。产物经过过滤，洗涤，并且在 823K 焙烧。大过量的硅源（如 TEOS）在很低 pH 介质中迅速水解，生成无定形氧化硅将"介孔"部分地堵塞，"介孔"缩小为微孔。这些无定形氧化硅"塞子"也含有微孔。随着增加 TEOS 浓度，表面积和孔体积逐渐地降低，并且孔径也减小。通过改变合成配比可以调节未被堵塞的介孔从 100％到 0％。

8.6.10　主要合成影响因素

在合成上可控的因素很多，各因素彼此关联，使得合成过程中的每一个步骤都可能对产物的结构和性能产生影响。主要因素有：①将要成为孔壁的无机物种类（金属、金属氧化物或其他）及其在孔壁内发生晶化的趋势；②无机前驱物的类型（烷氧化物、盐、硅源、铝源[294]）及其水解和缩聚反应的动力学；③表面活性剂种类（阳离子、阴离子、非离子）与结构（在合成体系中表观表面活性剂的分子堆积参数 g、非离子表面活性剂的亲水-疏水的比例）；④表面活性剂浓度（分子、胶束、真正液晶模板）；⑤反应物（凝胶）组成（表面活性剂和 SiO_2 之间的摩尔比、离子强度等）；⑥介质的 pH（酸、碱）；⑦温度（低温、水热）[295, 296]；⑧合成时间[3, 12]；⑨添加剂（盐、有机物）[297, 298]；⑩反应物加料顺序或分步反应；⑪溶剂种类（水、非水）与溶剂组成；⑫合成法（挥发诱导自组、沉淀）；⑬对产物形体的要求（单块、膜、纤维或粉末）；⑭合成后处理（扩孔、稳定化、相变）；⑮脱除模板剂的方法（焙烧、萃取）[299]。

8.6.11　化学修饰与改性

介孔材料的优越性在于它具有均一且可调的介孔孔径、稳定的骨架结构、具有一定壁厚且易于掺杂的无定形骨架组成和比表面积大且可修饰的内表面。在实际应用中，仅依靠介孔材料骨架二氧化硅的性能还远不能满足要求。作为一种重要的功能化手段，化学修饰方法已被广泛应用，利用化学修饰手段将无机物半导体、有机化合物、金属羰基化合物等物质引入其笼或通道内，或以其他金属氧化物部分取代其无机骨架，可以大大改善介孔材料的性能，形成优异的功能化介孔复合材料。化学修饰的方法多种多样，用于介孔材料的功能化则主要包括孔表面修饰和无机骨架的部分替代。

介孔二氧化硅独特的孔道结构和表面性质给有机修饰化学带来了新的希望[300]。介孔 SiO_2 在真空条件下脱水（温度在 200～300℃之间）通常会产生硅羟基浓度为 1.5～2.5 个/nm^2。硅羟基的类型和浓度不仅取决于处理温度，而且也与材料的孔径、合成步骤、材料（孔道）类型有关，这些硅羟基具有较强的活性，能参与某些化学反应,均一的孔道结构和表面性质使得介孔材料比其他材料具有更多的优势。

在合成中直接引入其他杂原子,特别是 Al、Ti 等,部分替代产物骨架中的硅原子,形成杂原子介孔材料。许多过渡金属离子能够被导入介孔材料骨架,改变其骨架和孔道特性,从而改善了介孔材料多方面的性能,如骨架稳定性、表面缺陷浓度、选择催化能力及离子交换性能等。

8.7 介孔材料的形体控制

大量的实验表明介孔氧化硅材料颗粒(尤其合成于强酸反应体系)可以表现出不同的形貌,或合成可以被控制生成特殊形体的材料。主要原因是在这些条件下,介孔结构生成(无机-有机的共组)的速率太快,按较低能量的方向快速生长,并由于无机部分的固化而将这些形状保存了下来,不再改变。

8.7.1 介孔材料的微观形貌与"单晶"

有些特殊的合成能够得到产物具有均一的晶体外形,就像"单晶"一样。Kim 和 Ryoo[301] 报道了合成具有斜方形的十二面体形状的 MCM-48($Ia\bar{3}d$)晶体。具有十八面体外形的 SBA-1($Pm\bar{3}n$)单晶也被合成出来。

碱性体系中合成产物常为无规则外形的粉末,酸性介质合成的氧化硅介孔材料可以是微米尺寸(厚度)的颗粒(薄膜),这可能是硅酸的溶胶-凝胶过程特征的"遗传",在简单的溶胶-凝胶过程中,硅酸物种多为线性的,成核速率慢,因此易生成较大的颗粒("晶体")。有趣的是产物颗粒在形貌上表现出各种奇异的几何形态,如六角棱形、膜、实心纤维、球形以及具有圆盘形、螺旋形、绳子、花瓣、硅藻形、空心管状、环形、铁饼状、车轮状、风车形、百吉饼、贝壳形、绳结形、钟表的表盘形等千姿百态的形态。

介孔 SBA-15 的形貌可以根据合成条件来控制[302],以得到麦穗状、腰果状、纤维、圆环、绳状、碟状、面包圈、微米级的硬球等形体。控制介孔材料形貌的因素很多也很复杂,主要有:①氧化硅物种的聚合速率;②表面活性剂胶束的形状;③无机盐的浓度;④搅拌速度。介孔 SBA-15 的形态学强烈依赖于在无机 SiO$_2$ 物种和有机嵌段共聚物界面的表面曲率及其作用力。具体采取的方法有:①正硅酸乙酯为硅源可以得到麦穗状产物;②正硅酸甲酯为硅源可以得到腰果状产物;③加入 DMF 得到面包圈状产物;④加入 CTAB 作为辅助试剂得到球状产物;以及许多其他方法。

8.7.2　膜

薄膜（＜1μm）不同于块体材料，存在明显的界面效应，因而新型功能性有序多孔薄膜的合成与应用研究在科学研究中占有极其重要的意义。利用溶胶-凝胶、模板自组装、水热、溶剂热等多种合成方法，能够合成出具有较高应用价值的新型功能性有序介孔薄膜，包括①光学薄膜，在光学领域往往需要某种能满足特殊要求的光学膜；②催化薄膜，合成出具有高催化活性的新型介孔薄膜；③低介电常数薄膜；④化学传感器。

我们可以把不同孔道类型的介孔二氧化硅薄膜分为具有较低和较高对称性的二维（2D）和三维（3D）两组。蠕虫状的无序结构只有局部短程有序性，也通常认为是没有能力自组装成一个有序结构的结果，这种结构通常形成在二氧化硅含量过高或表面活性剂含量太低的体系。已报道的典型的二维结构有层状相[303]和二维六方相，一般情况下，二维结构的化学和机械稳定性要远低于三维结构，但是单向直孔道的二维六方结构使得它们具备相当有吸引力的应用前景。一种典型的二维结构是二维六方平面群 $p6mm$[304-306]，另一种二维结构是平面四方 $c2mm$ 介观相[306]。几种类型的三维结构的介孔二氧化硅薄膜已被报道：三维六方相 $P6_3/mmc$ 空间群是一个常见的例子[307, 308]。其他立方结构形成于不同类型的单胞：一种原始的立方相，$Pm\bar{3}n$ 空间群[309]；双连续立方相，$Pn\bar{3}m$ 空间群[310, 311]；体心立方相，$Im\bar{3}m$ 空间群[312, 313]；体心的四方相，I_4/mmm 空间群[314]；面心立方相，$Fm\bar{3}m$ 空间群[315, 316]和双连续立方相，$Ia\bar{3}d$ 空间群[317, 318]。有序结构的最终实现取决于胶束形成和排列的能力，在这个过程中的动力学是一个关键参数。溶剂的快速挥发引起胶束的形成，但是界面的性质，如胶束的曲率，在界面上相互作用也是一个支配性因素[319]。在一般情况下，考虑到已经描述的对自组装的多重影响因素使我们很难对介观结构的形成进行预测和控制[320]。胶束和无机物种自组装的过程包括形成的中间相，我们通过研究二氧化硅薄膜自组装过程来观察膜结构的变化作为中间相，例如 $Pm\bar{3}n$ 的立方结构是通过形成的层状相和六方相的中间相得到[321]。在一般情况下，在溶剂蒸发过程中的物理化学现象是动力学控制的[322-324]。

膜沉积在基底上之后，会通过自组装形成具有介观结构的薄膜，但是材料并不稳定，直到做了热处理使得二氧化硅孔壁具有更高的聚合度。热处理有两方面的影响，提高二氧化硅的聚合度和去除表面活性剂模板。热稳定化过程中产生了一个薄膜在基板的法线方向的收缩，它对膜结构产生两个影响：产生一个扭曲的孔的形状，通常球形孔道会变为椭圆形；产生介观结构的变化，即孔道的排列发生变化。即使没有观察到介观结构的改变，晶胞参数由于收缩而发生很大的变化。相变遵循对称性规则,只有某些过渡结构可以生成,如从二维六方相 $p6mm$ 的(10)取向变为平面四方相 $c2mm$ 的(10)取向[306],从体心立方 $Im\bar{3}m$ 的(110)取向变为正交晶系 $Fm\bar{3}m$ 的(010)的取向[313],从面心立方的 $Fm\bar{3}m$(111)取向变为三方 $R\bar{3}m$ 的(111)取向[316]。图 8-48 显示了我们已经描述的相变的过程。Wei 和 Hillhous 已经对已知结构的介孔二氧化硅薄膜收缩后介观结构相的变化作了系统的研究[325]。从文献中的数据进行比较得到一个结果,并非所有已知的介观结构可以由单一类型的表面活性剂得到,采用不同的表面活性剂也可以产生相同的介观结构。如果能够在溶剂挥发自组装过程中保持所有其他变量恒定,那么胶束的曲率和相互作用就成为控制薄膜有序程度的关键因素。在溶剂挥发自组装过程结束时得到的介观结构是由不同介观结构之间转变而来的热力学稳定的结构[319]。在外部影响下可以改变介观结构是介孔薄膜最显著的特性之一。只要结构没有最终聚合完成,膜就保持在一种可调节的状态,并且可以是一个可逆的过程[326]。Grosso 等已经通过调节室内的相对湿度来调变薄膜的介孔结构并对这个属性作了一个很好的说明,不同介观结构的相互转化被详细论述[327]。如果二氧化硅骨架仍然足够允许变化的话,水的吸收引起胶束的膨胀可以促进胶束排列的变化。另外,当材料仍处于可调变的状态下,"可变"的属性允许膜图案化[328]。例如,一个感光介孔二氧化硅的六方晶系,在紫外光照射后转变成了四方晶系[329]。

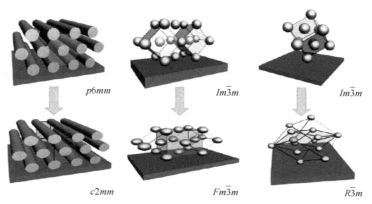

图 8-48　介孔薄膜相转化示意图

　　介孔薄膜的研究者关注的主要问题之一是有序介孔结构的优势和有序性如何影响膜的性能。这显然是关键问题,需要有力的实验证据以适当方式解答。事实上,配套的实验有很高的复杂性。Brinker 等已经测量有序介孔二氧化硅薄膜的弹性模量并给出了有序介孔结构薄膜明显优势的证据[330]。他们研究了由表面活性剂定向自组装制备的介孔氧化硅薄膜立方(C)、六方(H)、蠕虫状无序(D)模-密度关系。不同介观结构二氧化硅膜显示出了不同的弹性模量的值,D<H<C,这取

决于具体的孔道拓扑结构,有序和无序结构有着不同的机械性能[331],材料的对称性越高,弹性模量就越大。

　　然而有序介孔结构的优点不仅和材料的性质有关。事实上获得有序介孔结构可能直接与扩散过程相关,相互交叉和有序的孔道具有有效传质的优势。几个工作已被用于评估有序介孔薄膜的拓扑结构对薄膜扩散性质的影响[332]。考虑到设计高效扩散薄膜材料的要求,结构的有序性被认为是最重要的影响因素。不同研究者的实验数据表明,扩散和孔道的拓扑结构之间有重要关联,扩散性质按下列顺序下降:双连续的,正交的和立方的,三维六方的,二维六方的和三方的结构[333]。二维六方薄膜中的扩散与孔道方向有很大的关系[315],当二维六方薄膜具有平行基底的孔道时被发现阻挡了电子向基底的传导[334]。介孔结构的有序和无序程度可以通过电化学阻抗谱实验来评估。当一个具有 $c2mm$ 结构的介孔薄膜(是由 $p6mm$ 二维六方膜收缩而得到的)孔道完全与基底平行和具有区域有序的 $c2mm$ 结构薄膜相比[325],区域有序的 $c2mm$ 膜比高度有序的 $c2mm$ 薄膜表现出了更好的通透性。在这些结果的评价中,既应考虑介孔薄膜的有序性,又要考虑通透性和其中包含的微孔(一般是存在于用嵌段共聚物合成的薄膜)的重要作用。除了电化学方法评估扩散,一些复杂的实验如单分子荧光光谱[335-337]和正电子束-飞行时间光谱也可以测试介孔薄膜通透性[338]。特别是,Mills 等的实验已经实现了二维六方和立方介孔结构同时生长在一个二氧化硅薄膜上[338]。

　　我们可以得到不同类型介孔结构的二氧化硅薄膜。薄膜是可以设计合成的,并且材料性质与介孔拓扑结构有关。具有二维四方 $c2mm$ 和二维六方 $p6mm$ 结构的介孔薄膜呈现出二维孔道排列,较具有三维孔道的薄膜来说具有较低的对称性,但在控制介孔排列的可能性方面更有吸引力。因此,现在的问题是,如何获得择优取向的介孔薄膜,许多研究者尝试大量的合成方法来实现这一目标。举一些例子来说,要获得具有取向的介孔孔道薄膜可以通过电化学驱动的溶剂挥发自组装[339],沿平行基底的稳定均匀磁场方向的浸渍涂覆(dip coating)方法[340],对光敏交联聚合物膜采用有取向的光照[341]。

　　介孔孔道沿着平行或垂直基底的方向生长是可以控制的,控制二维介观结构就是控制孔道的取向。宏观上,实现平面内孔道具有取向性是容易的,一些基于外延生长的合成已经被报道[342, 343]。一个真正完全有序的介孔结构是在一个大的平面范围内只存在单一取向的孔道结构,而且孔道方向不一定要平行于基底平面。Kuroda 研究组已经成功地在聚酰亚胺 Langmuir-Blodgett 膜或打磨处理过的聚酰亚胺膜上生长出具有单一取向的二维六方介孔薄膜[344-346]。观察到基底的表面性质控制孔道排列过程,基底表面和表面活性剂分子之间的相互作用决定孔道的取向[347]。孔道具有不同有序程度的介孔二氧化硅薄膜在云母和单晶硅片上被合成出来[348, 349]。在这个例子中,没有修饰过的基底可以调节介孔孔道的取向,新制的云母片上可以生长出孔道取向完全不同的介孔薄膜[348]。如果控制孔道取向的方法不需要基底的预处理显然更便于应用,一个通用的方法是使用热喷气流吹干在基底上的前驱物液滴[350]。因为在这种情况下介孔孔道的取向会沿空气流的方向排列,不同取向的多层介孔薄膜也可以合成出来。

　　获得垂直于基底的有序介孔孔道是比较困难的,但到目前为止已经有了一些成功的例子,一个可能的合成路线是前驱物在具有一维孔道图案化的基底上进行可控的自组装。具有有序垂直一维孔道结构的多孔氧化铝薄膜被用来作为合成介孔二氧化硅薄膜的模板[351, 352]。透射电子显微镜(TEM)和 X 射线衍射(XRD)结果表明薄膜中的孔道平行于多孔氧化铝的孔道[353]。这种合成方法不适合于薄膜生长,所以基于电化学辅助自组装和纳米尺度外延生长等方法被开发出来[354]。即使需要特定的基底,这两种方法都可以合成出垂直于基底的六方介孔孔道[图 8-49(a)]。二维六方结构介孔的取向并不只限于平行或垂直于基底方向,如果在基底上修饰 PEO-PPO 共聚物就可以得到具有倾斜孔道的介孔薄膜[355][图 8-49(b)]。

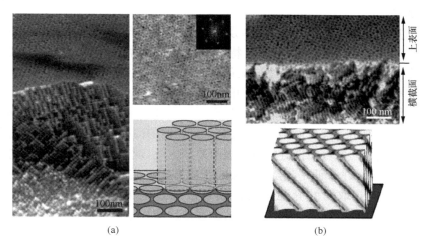

(a)　　　　　　　　　　　　　(b)

图 8-49　(a)具有垂直基底生长的六方孔道二氧化钛薄膜和(b)倾斜基底生长的六方孔道的
二氧化钛薄膜的电镜照片及示意图

　　我们已经看到在孔道排列过程中界面的作用是至关重要的,最成功的例子是控制薄膜的外延生长,应被强调的是薄膜中孔道的取向由空气-薄膜和薄膜-基底两个界面共同控制,均匀薄膜只能在平衡界面能量后得到[356]。常可以见到两个界面和薄膜中心形成不同的介观结构[357],这说明溶剂挥发自组装的薄膜形成不仅是由固-液界面的组装所控制。

8.7.3　纤维

　　介孔 SiO$_2$ 纤维能够通过一步法制备，使用正硅酸丁酯（TBOS）作为硅源在油水双相静态界面生长介孔材料纤维，将表面活性剂、酸或碱、硅源以及其他辅助试剂分成水、油两相，然后将水、油两相小心混合，室温下静止放置。后来的研究表明这些纤维具有独特的结构，背离正常的晶体结构[358-360]。

　　Huo 等首先使用 TEOS 作为硅源在含有长链醇或己烷的油相和 CTAB 酸性水相的两相溶液中合成出介孔二氧化硅纤维[361]。亲油的 TEOS 能溶于油相，并从水相中分离出来，减少了 TEOS 的水解和聚合速率，因此一个可控的自组装过程可以进行。具有较低的水解和聚合速率的 TBOS 可以代替 TEOS 作为硅源，在没有油相的情况下生成纤维。在静止条件下，介孔薄膜首先在界面上形成，然后介孔纤维在水溶液中生长。这种在酸性条件下合成的结构起初被认为具有沿纤维的轴线平行排列的六方孔道。随后一个关于介孔二氧化硅纤维更一般的模型甚至包括孔道围绕中心的中空纤维被提出[362, 363]。Wang 等在强酸性阳离子表面活性剂体系中合成出直径从 50～250nm 长度可达毫米级的介孔二氧化硅纤维[364]。根据合成温度和加入的无机盐，六方排列的介孔可以平行或同心环绕介孔纤维的中心轴线，如图 8-50 所示。介孔二氧化硅纤维单晶可以在 TEOS 和 CTAB 的混合溶液中生长[365]。它们厚 50～250nm，宽 0.4～1.5μm，并有数百微米长。有趣的是，六方排列的孔通道垂直于纤维的长轴方向。高度有序的 SBA-15 纤维是在酸性条件下采用三嵌段共聚物 P123 为模板剂使用 TMOS 作为硅源合成出来的[302]（图 8-51）。分别以细菌和玻璃毛细管为模板制备中空和毛细的 MCM-41 纤维[366, 367]。介孔二氧化硅纤维也能生长在密闭空间内，如在阳极氧化铝（AAO）膜内生长。界面相互作用、对称性的破坏、结构扭曲和空间限制引起的熵损失可以在表面活性剂自组装过程中发挥主导作用。虽然这个领域已经作了很多研究，在这里我们只举一个例子来说明介孔纤维在氧化铝膜内的增长[351, 353, 368]。Wu 等研究了硅物种和表面活性剂介观结构局限于各种直径的圆柱形纳米孔道内的组装过程。该密闭空间影响溶剂的挥发和孔中硅酸盐的聚合。图 8-52 显示了个别氧化铝纳米孔道内的单螺旋和双螺旋手性介孔二氧化硅几何结构。介孔形貌在纳米通道尺寸减少时发生了从盘绕圆柱形到球形笼状几何构型的转变。对这个介孔结构的自洽场计算[图 8-52（B）]与实验符合得很好。

　　近日，Che 等报道通过使用手性阴离子表面活性剂为模板合成具有手性孔道和螺旋形态的介孔二氧化硅材料[124]。实验室合成的阳离子表面活性剂或液晶纤维素纳米棒的凝胶也可以作为模板合成手性螺旋纳米纤维[369, 370]。如图 8-53 所示的一个结构模型展示出一个扭曲六方纤维含有平行于纤维方向的二维手性通道[371]。TEM 图像显示 2 种条纹由箭头所指，它们分别对应于(10)和(11)晶面间

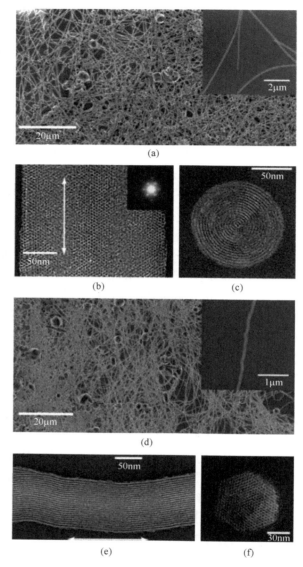

图 8-50 具有环绕纤维中心(a～c)和沿纤维轴向(d～f)的介观结构的纳米纤维：(a、d)是 SEM
图像，其中插图是 TEM 图像；(b)直径为 214nm 和(e)直径为 93nm 的纤维的高倍率
TEM 图像，双箭头线表示纤维轴向方向；(c、f)切片纳米纤维样品的 TEM 图像

距。两套(10)条纹之间的距离是一个螺距(沿杆的轴线估计是 1.5μm)的六分之
一。由于螺距的尺寸，手性介孔结构与手性分子结构之间有很大的区别。在光学
中的应用仍在讨论。事实上，这种螺旋形的介孔结构的形成是不依赖于手性模板
的。非手性表面活性剂可以参与形成手性介孔材料。最近，高度有序的六方介孔

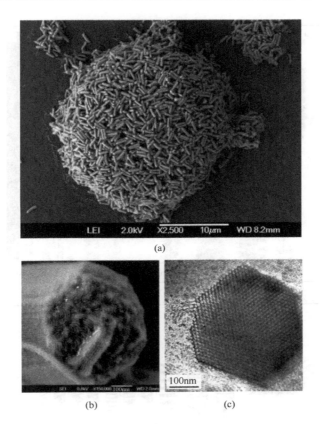

图 8-51　SBA-15 纤维低倍率(a)和高倍率(b)SEM 图像及 TEM 图像(c)

结构的螺旋形纤维也在非手性的 CTAB 或十二烷基硫酸钠(SDS)表面活性剂体系中被得到了[176, 178-180]。Tang 和他的同事在一个简单的 CTAB 表面活性剂体系中合成螺旋的 MCM-41 介孔二氧化硅纳米纤维[178]。硅酸钠和 CTAB 自组装成六方介孔结构是通过乙酸乙酯水解驱动的。MCM-41 纳米纤维的手性可能源于对称基元的非对称排列造成的。Yang 等在全氟辛酸和 CTAB 混合模板的条件下合成出螺旋介孔材料[180]。驱动力可能是表面积和表面自由能减少而伴随着的形态变换。螺旋形态形成后,弯曲能量的增加和对完美六方介孔结构的偏离一起限制了螺旋的曲率。这种螺旋结构具有手性特征。左手和右手螺旋是各一半(50：50)的对映体。到现在为止,只有 Che 等报道在合成中左手螺旋比右手螺旋更多。应该指出的是,在大多数情况下,螺旋介孔硅酸盐结构可以通过在碱性条件下使用少量的阳离子或阴离子表面活性剂得到,这可能与小直径孔道导致的纤维表面积大幅减少的趋势有关。

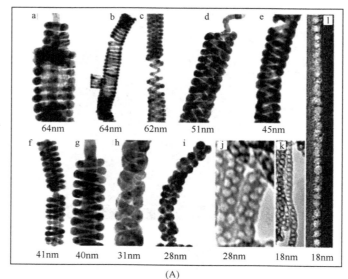

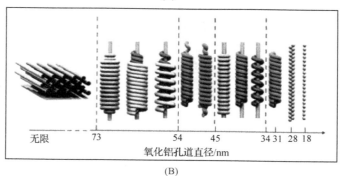

图 8-52 (A)在不同尺寸的氧化铝纳米孔道内形成的介孔二氧化硅的 TEM 照片,纳米孔道的直径标在每个图像下方:a～i 为由银灌注到限域的二氧化硅的介孔结构形成的银反相结构;j, k 为介孔二氧化硅纤维,用聚焦离子束制备;l 为在氧化铝纳米孔道内介孔二氧化硅样品;(B)总结实验观察到的在不同直径的氧化铝纳米孔道中介孔纳米纤维的结构演化

8.7.4 单块

制备介孔单块材料的方法很多,但要得到强度高、透明、稳定性高的块材料并不容易。采用多元体系(表面活性剂、辅助试剂、水和油)合成,比较容易控制得到双重可控(介孔及宏观形体)的材料。

单块的本来意义具有地质特征,是单一巨大岩石的意思。在光学方面,人们对透明和刚性单块有很大的兴趣。Attard 和 Göltner 等[59]第一个成功地采用八甘

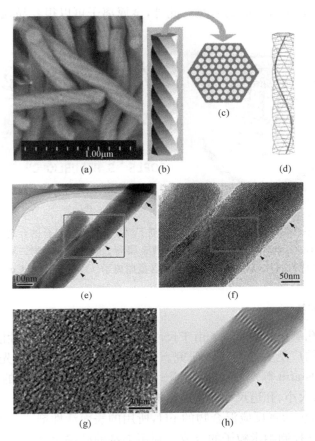

图 8-53　(a)手性介孔硅酸盐的 SEM 图像;(b)～(d)横截面和在手性介孔材料中手性通道结构
模型示意图;(e)～(g)不同放大倍数的 TEM 图像显示出具有不同间距的两种类型的条纹
(由箭头◣和箭头▶表示);(h)模拟的 TEM 图像和所观察到的图像显示出良好的对应关系

醇单十六醚或双亲性嵌段共聚物的溶致液晶相作为软模板合成出有序介孔的单
块。可以在溶致液晶介观相三嵌段共聚物和非离子型烷基聚乙二醇表面活性剂微
乳液晶中制备介孔二氧化硅单块[60, 372]。Melosh 等合成了 10mm×1mm×1mm
大面积的六方排列有序的 F127/二氧化硅介孔结构单块[图 8-54(a)][373]。在三嵌
段共聚物 P123 和高浓度盐溶液存在下的相分离可导致三维泡沫状单块的形成。
在外部电场存在下,纳米浇铸聚合物凝胶可以使硅胶单块内部图案化,并具有多级
排列的介孔和大孔[374]。要产生透明和没有缺陷的介孔二氧化硅单块,Yang 等提
出了液体石蜡介质辅助溶剂蒸发法[375]。这缩短了传统的二氧化硅凝胶中溶剂蒸
发的时间,得到了高度有序的二氧化硅单块。所得到的介孔二氧化硅单块是无裂
纹和光学透明的,并且能充分将反应容器的形状复制。图 8-54(b)显示出圆顶柱

状单块有 0.9cm 高,0.8cm 的直径。此外,金属离子可以很容易地掺入纯二氧化硅单块中。

(a)   (b)

图 8-54　(a)有序透明嵌段共聚物由表面活性剂 F127/二氧化硅复合的介观结构有序的透明
单块,该单块直径 2.5cm,厚 3mm;(b)掺杂过渡金属离子的透明共聚物二氧化硅复合介孔单
块材料照片(从左至右分别是不含金属离子、Co^{2+}、Fe^{3+} 和 Cu^{2+})

8.7.5　纳米粒子

　　单分散介孔氧化硅纳米粒子由于尺寸的优势与优良的结构性能,已经得到越来越多科学家的广泛关注与深入研究。介孔氧化硅纳米粒子首先被 Cai 等[376]、Mann 等[377]、Ostafin 等[378]研究组报道。在过去十年,多个不同的研究组已经合成了各种形貌、大小、孔道尺寸和孔道结构的介孔氧化硅纳米粒子。可以通过调节各种合成条件,包括将反应混合物的 pH,所用的表面活性剂或共聚物的特性,以及硅源的浓度来控制纳米粒子的合成。利用丰富的硅烷化学,许多多功能的介孔氧化硅纳米粒子已合成和应用,介孔氧化硅纳米粒子材料已经成为在纳米生物医学领域研究最广泛的纳米材料之一。

　　在一个理想的合成体系中,纳米粒子的几个特点是很好的:可以形成分散的稳定溶液,孔径可控,粒度均匀,孔体积大。纳米粒子的溶液分散性对生物医学应用来说是十分重要的。成核和生长机理的了解是在合成介孔氧化硅纳米粒子过程的一个重要前提。与金属或半导体纳米粒子相比,介孔二氧化硅的构建是相对复杂的,包括有机模板(如表面活性剂)和氧化硅物种。许多实验因素可以影响模板和二氧化硅的相互作用,二氧化硅的聚合速率,自组装动力学和成核生长速率。这就导致了合成一定尺寸和复杂形貌的介孔二氧化硅复合材料的合成方法的多样性。

　　在 1968 年,Stöber 等率先发现了一种有效的方法用于合成单分散的二氧化硅粒子,这涉及在醇与水的混合物中使用氨水作为催化剂使硅酸盐水解[379]。"Stöber 方法"被广泛研究,直径从几十纳米到几微米的粒子都可以通过这种方法来合成。基于 Stöber 方法,可能通过适当改变上述反应物来合成大小均匀的介孔二氧化硅纳米粒子。Grün 等第一个改变 Stöber 方法的配比,通过向反应混合物中加入阳离子表面活性剂得到了亚微米尺度的 MCM-41 球形颗粒[380]。自此以后,乙醇、水和氨水的混合体系被广泛使用在不同的模板系统中,以制备具有不同孔径和介孔结构的均匀的氧化硅纳米粒子。Yano 等合成了尺寸在几十到几百纳米范围内的孔道发散的单分散的纳米粒子[381, 382]。此后,Nooney 等使用阳离子表面活性剂(CTAB)和中性表面活性剂(十二胺)为混合模板,通过简单地改变TEOS 与表面活性剂的比例,可以得到具有较宽的直径范围(65~740nm)的介孔二氧化硅纳米粒子。值得注意的是,当使用非极性共溶剂形成一个均匀的反应体系时,形成表面光滑的球形纳米粒子。Mou 和他的同事开发出一种合成单分散介孔二氧化硅纳米粒子策略[383],将核的形成和粒子生长分为两个步骤,通过控制反应溶液的 pH(10.86~11.52)来控制粒子的大小[384]。pH 越低,得到粒子尺寸越小,因为增加聚合速率从而产生更多的核。相比之下,Huo 等发现 pH 从 10.0 下降到 6.0 使纳米粒子粒径从 30nm 增加到 85nm,是由于氧化硅聚合速率下降的原因导致的(图 8-55)[385]。值得注意的,Chiang 等系统地对关键反应条件(如 TEOS量,pH 和反应时间)的影响进行研究并得出结论,pH 是影响粒子大小的最重要的参数[386]。使用 F127、CTAB、TEOS 和氨水,Lin 和他的同事得到了 MCM-48 的纳米粒子[387]。此外,他们指出,二维六方相 $p6mm$ 和三维立方 $Ia3d$ 之间的转变可以通过调整搅拌速度这种动力学方法控制。通过加入不同量的 F127,MCM-48型的纳米粒子的直径可在 70~500nm 的范围内调节。

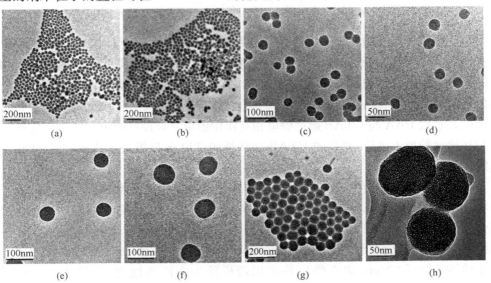

图 8-55　不同起始 pH 条件下合成的纳米粒子。pH 分别为(a)10,(b)9,(c)8.5,(d)8,
(e)7.5,(f)7,(g)6,(h)7(局部放大)

Suzuki 等所用两种表面活性剂混合物来合成介孔氧化硅纳米粒子(图 8-56)，阳离子表面活性剂 CTAB 作为介观结构导向剂，非离子型的三嵌段聚合物 F127 作为稳定剂[388]。F127 包覆在阳离子表面活性剂和硅酸盐复合纳米粒子表面抑制粒子生长，而且还减少了粒子之间的团聚现象。

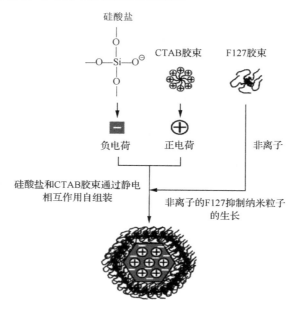

图 8-56　两种表面活性剂在合成纳米粒子中的作用示意图

使用两种不同相对分子质量的表面活性剂合成介观结构可以得到具有两种介孔结构的材料[389]。例如，Niu 等利用双亲性嵌段共聚物聚苯乙烯-b-聚丙烯酸和 CTAB 为模板合成的核-壳结构的介孔二氧化硅纳米粒子包含较小介孔(2.0nm)的外壳和较大介孔(12.8~18.5nm)的核心(图 8-57)[390]。在氨水溶液中，棒状胶束的亲水段 PAA 与 CTAB 通过静电相互作用形成复合棒状胶束。在二氧化硅沉积在棒状胶束上之后，剩余的 CTAB 和额外的 TEOS 自组装形成核-壳双介孔的纳米粒子。

除了氨水，其他有机胺也被用来在合成介孔二氧化硅纳米粒子时提供碱性环境。Bein 等使用三乙醇胺替代常用的 NaOH 或氨水来合成直径为 20~150nm 的介孔二氧化硅纳米粒子[391]。但我们注意到直到 Kuroda 和 Shi 等改进此方法才得到均一的纳米粒子[392, 393]。采用比 Bein 等更稀的溶液，Kuroda 和同事得到非常小的纳米粒子(20nm 的直径)，并应用透析除去表面活性剂，以避免粒子间团聚[393]。最近，Shi 等发现添加越多三乙醇胺，所得的介孔二氧化硅纳米粒子的尺寸越小，这与先前研究的三乙醇胺被认为是硅酸盐物种的配位剂和生长抑制剂的

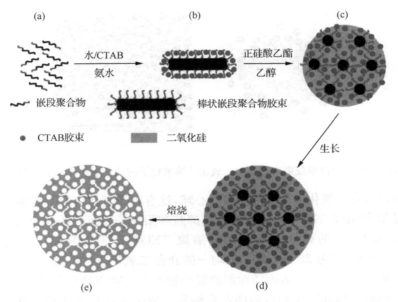

图 8-57　双表面活性剂合成具有两种介孔的纳米粒子的示意图。(a) 嵌段共聚物聚苯乙烯-b-聚丙烯酸(PS-b-PAA)；(b) 通过静电相互作用生成的 CTAB 包覆的 PS-b-PAA 胶束；(c) 正硅酸乙酯与 CTAB 包覆的 PS-b-PAA 胶束自组装生成核；(d) 余下的 CTAB 与额外的正硅酸乙酯自组装生成介孔壳；(e) 焙烧后得到核-壳双介孔的纳米粒子

结果是一致的,三乙醇胺限制了粒子的生长和聚集。此外,Ma 等通过使用聚乙二醇修饰的硅烷阻止二氧化硅进一步聚合,成功地合成了尺寸小于 10nm 单个孔的介孔纳米粒子[394]。

为了增加孔容以提高装载能力,通过一个简单的合成方法来制备中空的介孔二氧化硅纳米粒子是很有意义的。由于其潜在的生物医学的应用前景,药物释放和生物传感以它们作为纳米载体。我们首先讨论以单胶束为模板合成非常小的纳米粒子。与普通胶束为模板的二氧化硅材料不同,胶束/二氧化硅复合纳米粒子不进行交联。采用嵌段共聚物为模板并加入适量的二氧化硅前驱物和抑制其交联的终止硅烷偶联剂,Huo 和他的同事们第一次合成出以单胶束为模板的二氧化硅纳米粒子(图 8-58)[395]。Yang 等通过调节 g 值,合成出单胶束为模板的空心纳米球和纳米管[396,397]。Mandal 和 Kruk 采用 F127 为模板在扩孔剂存在的条件下合成出亚乙烯基为桥连基团的尺寸可调的有机硅空心纳米材料[398]。降低硅源与表面活性剂的比例有利于形成单胶束为模板的空心粒子。

为了进一步增加空心纳米粒子的尺寸,以囊胞为模板将更好。除了使用阳离子型表面活性剂,阴离子辅助表面活性剂可作为介观结构的模板用于降低曲率,而且混合的硅烷偶联剂可以被作为硅源。基于这些合成理念,通过 $SN^+\cdots I^-$ 的相互

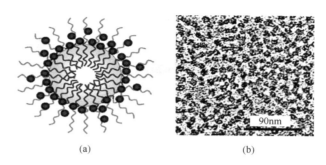

(a)　　　　　　　　　　(b)

图 8-58 　(a)以单胶束为模板的二氧化硅纳米粒子的示意图和(b)TEM 照片

作用合成出介孔二氧化硅孔壁结构的空心球,这有利于直接将氨基官能团掺入二氧化硅骨架中(图 8-59)[399]。在含有三乙醇胺和阳离子表面活性剂十六烷基三甲基氯化铵(CTAC)的碱性水溶液中共缩聚 TEOS 和 3-氨丙基三乙氧基硅烷(APTES)获得粒径为 25～105nm 的均一的介孔二氧化硅空心球[393]。单尾带相反电荷的阳离子和阴离子表面活性剂的混合物产生的微观结构丰富多样(如棒状胶束,圆柱形,囊胞和层状相),即使在高稀释的情况下也是如此[400],可以作为各种形态的新型介孔二氧化硅纳米材料的模板。随着阴离子表面活性剂的比例逐渐增大到 1.0,一个从球形胶束到圆柱状胶束到囊胞相变发生。这些具有介观结构的表面活性剂可作为模板或共模板合成所需形式的介孔二氧化硅。在合适的 pH下,二氧化硅物种和软模板的电荷匹配,沉积并沿着胶束外延聚合形成二氧化硅/胶束复合结构。例如,单独的二氧化硅纳米泡沫,介孔二氧化硅纳米棒和空心球可以由球形胶束、棒状胶束、囊泡为模板分别得到。由于碳氟化合物具有优越的疏水特性,一个稳定的囊泡模板可以由阳离子氟碳表面活性剂 FC-4 和 F127 三嵌段共

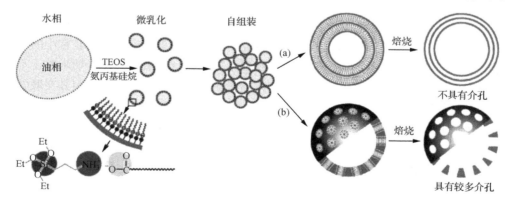

图 8-59 　合成含有介孔和不含介孔的二氧化硅空心球示意图。(a)具有层状和(b)圆柱状介观结构的空心纳米粒子的形成

聚物的混合物获得[66, 401]。此外，囊泡包裹纳米粒子可以产生核-壳（core-shell）或蛋黄-蛋壳（yolk-shell）结构的模板[402, 403]。硅源水解并通过静电引力作用聚合在囊泡模板上可以形成复合材料。

由表面活性剂、油和少量水组成的混合物形成一个稳定的水包油型（O/W 型）微乳液体系，也可用来制备中空的介孔二氧化硅纳米粒子。小心控制二氧化硅壳的厚度和二氧化硅骨架聚合程度，中空二氧化硅纳米球可以被成功合成出来[404]。硬模板法也是合成空心介孔纳米粒子的常用方法之一[405]，通过采用无机或有机的纳米球作为模板，通常在表面活性剂、硅源和水（共溶剂）的碱性体系中，通过静电相互作用使表面活性剂/二氧化硅介观材料包覆在模板表面，然后除去模板形成空心的介孔纳米粒子。

8.8　一些应用研究进展

有序介孔材料虽然目前尚未获得大规模的工业化应用，但它所具有的孔道大小均匀、排列有序、孔径可在 2～50nm 范围内连续调节等特性[63, 406]，使其具有重要的应用意义，也为物质的物理和化学行为等基本问题的研究提供了模型物，因此，有序介孔材料备受关注。

除了多孔材料传统的催化剂和吸附剂应用之外，有序介孔材料在更广阔的应用领域具有潜力，研究较多的有化学化工（催化剂、负载各类化合物）、材料（功能材料、纳米材料的合成与组装）、环境（降解有机废物、汽车尾气处理、水质净化）、能源（储能材料）、信息（复合发光传感材料、低介电常数介孔氧化硅薄膜）、生物（酶和蛋白质等的固定和分离、DNA 的分离、生物传感器、生物芯片、酶催化反应、生物燃料电池）、医药（药物控释、核磁共振成像、组织工程、基因传输治疗、无创手术增效治疗）等领域。

8.8.1　催化剂及催化剂载体

介孔材料作为催化剂的研究很多[158, 236, 407-409]，可以应用到各类催化有机反应。中国科学院大连化学物理研究所杨启华等[410, 411]将手性钒氧 Salen 配合物封装在 SBA-16 的笼形孔径内，并用其催化醛的不对称氰基硅烷化反应。通过表面硅烷化的方法调节 SBA-16 孔口的大小，从而限制金属配合物的脱出，但是反应物和产品可以自由扩散。实验表明该类反应的对映体选择性可以达到 90%，当以戊烷、正己烷和正庚烷作为溶剂，配合物表现出比均相反应更高的对映体选择性，这是由于 Salen 配合物在 SBA-16 笼内与均相反应体系相比微环境发生了改变。固体催化剂易于回收，而且催化活性没有明显损失。

介孔材料在催化剂方面的应用研究成果很多，付宏刚等综述了介孔二氧化钛的光催化性质[412]。袁忠勇等合成的介孔-大孔复合分级结构的有机膦酸盐材料对重金属有吸附作用和光催化性能[413]。

8.8.2　酶、蛋白质等的固定和分离

有序介孔材料的孔径可在很大范围内连续调节、具有较大的比表面积和比容积、可负载大量客体分子、无生理毒性等特点使其非常适用于药物、酶、蛋白质等的固定和分离[414-416]及和药物的装载与可控释放[417-422]。如青霉素酰化酶在 MCM-41 上的固定化[423]，α-胰凝乳蛋白酶在 SBA-15 中的组装[424]。粒径均匀的 C_{18} 功能化的 SBA-15 作为液相色谱固定相分离巯基化合物（半胱氨酸、谷胱甘肽、多巴胺和 6-巯基嘌呤）[425]。杨启华发现介孔有机膦酸盐对溶菌酶和木瓜蛋白酶具有较好的吸附作用[426]。

赵东元等发现固载材料的粒度越小、具有的孔道入口越多，则负载酶的容量就越大。具有笼形孔道的介孔材料 FDU-12（图 8-60）展现出了良好的酶传输可控性[427]。周国伟等研究了猪胰脂肪酶（PPL）在棒状 SBA-15 上的固定[428]，结果表明 PPL 被吸附固定到了 SBA-15 孔道内，固定酶的特性都优于游离 PPL。

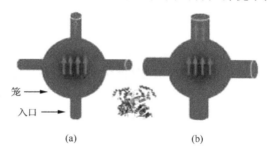

笼 ——→

入口 ——→

(a)　　　　　　(b)

图 8-60　具有笼状结构不同开口大小的介孔材料：(a)小开口；(b)大开口。其中箭头数量代表酶的不同扩散速率

周期性介孔有机官能化氧化硅材料（PMOs）作为酶固定化及药物释放的载体近年来也受到了广泛关注。杨启华等报道了骨架中含有不同含量的二乙基苯桥键的 PMOs 对溶菌酶的吸附性能[154]，研究表明二乙基苯桥键的 PMOs 在溶菌酶吸附中表现出比乙烷桥键的 PMOs 更高的吸附量，这主要由于二乙基苯与溶菌酶之间的强憎水作用与氢键作用。

8.8.3　介孔二氧化硅纳米粒子在医药领域的应用

药物的直接包埋和控释也是有序介孔材料很好的应用领域[429]。有序介孔材料具有很大的比表面积和比孔容，通过对官能团修饰控释药物，提高药效的持久性。利用生物导向作用，可以有效、准确地击中靶子如癌细胞和病变部位，充分发

挥药物的疗效。

介孔二氧化硅纳米粒子(MSNs)结构稳定,具有介孔和纳米粒子的双重性质,在生物医药领域的应用引起了广泛关注。二氧化硅表面还可以修饰各样的功能分子,可以响应不同的外界刺激来控制功能分子对孔的封闭和打开[430],达到控制释放的目的。施剑林研究组系统地制备了不同尺寸,单分散的 MSNs 和空心 MSNs 球形粒子,研究了 MSNs 的生物相容性,包括生物降解性、细胞毒性、血液相容性、体内分布和排泄等。考察了粒径和聚乙二醇(PEG)表面改性对生物相容性的影响以及作为药物载体的药物装载与输运特性。

施剑林等[431]在 2005 年采用十八烷基三甲氧基硅烷(C_{18}TMS)合成了一种以磁性氧化铁颗粒为核、以装载药物分子的介孔氧化硅为壳的核-壳结构磁性纳米复合粒子 Fe_3O_4@SiO_2@$mSiO_2$(图 8-61),介孔孔道的存在实现了布洛芬的包封和在模拟体液中的缓慢释放,并且磁性 Fe_3O_4 内核的存在赋予载体在磁场作用下可以实现有效分离。赵东元研究组采用相似的制备手段,利用 CTAB 为模板剂成功地制备出具有均匀介孔的二氧化硅壳的 Fe_3O_4@SiO_2@$mSiO_2$ 纳米粒子[66, 432]。施剑林研究组通过基于"结构差异选择性刻蚀法"制备出铃铛形 Fe_3O_4@Void@$mSiO_2$ 纳米粒子,该纳米粒子以磁性 Fe_3O_4 为内核,介孔 SiO_2 为壳层,在核与壳的中间存在着巨大的空腔结构。这三个代表性的结构特征具有不同的功能:磁性内核可以作为 MRI-T2 的造影剂[$r^2 = 137.8$mmol/(L·s)],介孔 SiO_2 壳层为药物分子的传输和缓释提供了通道,巨大的空腔为存储大量的客体药物分子提供了空间(阿霉素的担载量为 20%,担载效率接近 100%)[433]。刘昌胜和施剑林等合作,利用磁性纳米粒子为阀门,在介孔 SiO_2 纳米粒子的孔道口用可逆的硼酸酯键用磁性 Fe_3O_4 纳米粒子将药物封在孔道内,在不同的 pH 通过硼酸酯键的水解实现了药物的酸响应控释[434]。郑南峰研究组设计和合成了介孔二氧化硅包裹的 Pd@Ag,可以担载抗癌药物,并且光和 pH 启动释放[435]。施剑林研究组进一步将具有近红外光吸收和热效应的 Au 纳米棒通过两步化学自组装法组装到 Fe_3O_4@SiO_2@$mSiO_2$ 纳米粒子的表面得到一种 Au 棒复合的磁性介孔纳米药物载体

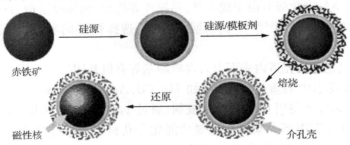

图 8-61 合成磁性介孔复合材料的过程

(GMMNs)，赋予其近红外光热成像、光学暗场细胞成像、MRI 成像、热/化疗协同治疗的特性[436]。

施剑林研究组基于 MRI-T1 成像原理，采用原位氧化还原法在介孔 SiO_2 纳米粒子的孔道中引入 Mn 的顺磁中心，有效解决了 Mn 基 MRI-T1 造影性能差的难题[437]。整个材料的设计与合成过程如图 8-62 所示。施剑林研究组采用一种基于静电相互作用原理的层层自组装法成功地以带正电荷的聚电解质为媒介将带有负电荷的 CdTe 量子点组装到 Fe_3O_4@SiO_2@$mSiO_2$ 纳米粒子的表面，得到一种新型的集磁/光双模式成像和药物传输性能的多功能介孔纳米诊疗剂（MFNEs），并且荧光强度可以通过组装包覆的 CdTe 层数来调控[438]。该纳米结构中的荧光量子点可以用于癌细胞的标记，磁性 Fe_3O_4 内核可以用于 MRI-T2 成像，并且介孔孔道中负载的阿霉素药物的释放具有 pH 响应的特性。

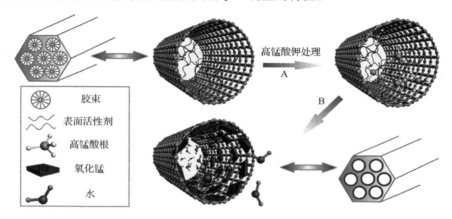

图 8-62　通过氧化还原法制备 Mn 顺磁中心均匀分散的介孔 SiO_2（Mn-MSNs）的示意图

8.8.4　在环境领域的应用

许多场合需要从某些气体中脱除二氧化碳及其他酸性气体（如天然气纯化、工业废气处理、空气净化等），由于成本低、易操作等优点，固体吸附剂为首选，研究发现胺功能化的介孔材料[439,440]具有吸附量高、选择性好的特点，优于传统的吸附剂。

介孔二氧化硅的孔道内表面引入含硫端基等有机基团后可以用作高效选择性吸附剂，处理废水中的重金属离子（如 Hg、Cd、Ag、Cr、Pb、Ba、Zn 等）。杨启华等[441]在碱性条件下使用 CTAB 为模板剂，通过 1,4-双（三乙氧基硅丙基）四硫化物（TESPTS）与 TMOS 共聚合成硫醚功能化介孔材料。当有机基团在初始溶胶中的引入量高于 20% 时，所合成的材料在纳米孔道表面具有大量的结构缺陷。这些材料对 Hg^{2+} 的吸附量达 1500mg/g，此外，该材料还可吸附有机污染物，如苯酚等,吸附容量在 70mg/g 左右。施剑林研究组报道了使用 P123 为模板剂,在酸性条件下通过 (EtO)$_3$Si(CH$_2$)$_3$S-S-S-S(CH$_2$)$_3$Si(OEt)$_3$ 与 TEOS 共聚合成硫醚功能化介孔材料[442]。该材料在含 Pb^{2+}、Cd^{2+}、Zn^{2+}、Cu^{2+}、Hg^{2+} 的溶液中,对 Hg^{2+} 有着高度的选择性和相容性。在酸性条件下,以 P123 为模板剂成功制备了一系列以异氰脲酸酯为桥连并带有巯基功能团的介孔有机硅材料[443]。巯基的存在很好地提高了材料的稳定性,同时这种含有双功能团的材料对 Hg^{2+} 的吸收性有了显著提高。

8.9　介孔材料研究面临的挑战与展望

虽然介孔材料的合成在过去的二十几年里取得了巨大成功,但是离其广泛的应用还有一定的距离,仍然有一些理论和技术问题有待解决。在理论层面、实验层面和应用层面上,依然面临着很大的挑战。现在最主要的问题是现有的材料还不能完全满足多数实际应用的具体要求,介孔材料作为一种具有深远应用潜力的新材料,以下为一些热门研究方向或是需要解决的问题。

(1) 组成扩展,孔径、形貌可控和可调,表面性质的改变与控制。

介孔材料的性质与性能的设计和控制将越来越受到重视;材料的化学组成、孔径大小和孔径分布的可控性一直是个难题;从理论和实验源头创新,建立和发展介孔材料合成中所涉及的新概念、新方法、新结构以及新体系,认识合成的本质与规律;按实际应用需要,对材料微米级甚至毫米级的宏观形貌进行控制;硬模板法得到的有序介孔材料是模板的反相复制品,在结果产物中会不可避免地引入一些缺陷,且该方法合成过程复杂繁琐,难于大规模工业生产;对金属氧化物介孔材料的研究尚不如对硅系介孔材料研究活跃和深入;绿色合成对于有序介孔材料十分重要。

(2) 性质与功能的研究,揭示介孔材料的结构与功能关系。

进一步研究介孔材料结构与性能的关系,研究各种介孔材料具体的特殊性能,为有效地改善其结构和性能提供基础;以应用为导向,关注材料的功能化以及实用性,不能只强调突出某方面,而不顾整体;介孔材料由硅基发展为非硅基材料,是一大进步,其中介孔金属氧化物由于具有独特的光、电、磁、催化等性能,但很多结构与功能的关系还不清楚;介孔材料的大多数性能及应用都与吸附有关,而对吸附机理的探讨相对缺乏。

(3) 理论研究。

直到现在,我们仍然不完全清楚协同自组装方法材料的形成机理,即它是如何在模板剂或结构导向剂存在下的自组装过程;硬模板法合成中的某些理论尚不清晰,对二元或多元复合介孔金属氧化物的研究尚不成熟;理论化学在介孔材料研究中的应用较少,如何有效地应用理论化学计算进而指导材料的设计和合成依然是具有挑战意义的难题和热点。

（4）应用。

充分利用介孔材料的优异性能,使之在催化、吸附、太阳能转换、电化学、磁性材料、传感、半导体、纳米器件等方面得到更广泛的应用;在纳米医用中的应用还处于研究阶段,要真正实现介孔纳米诊疗剂进一步走向临床应用还需要更多细致的工作去做[444];研究的目标之一应该是开发多功能材料,根据实际需求集多种结构及功能于一身。

随着介孔材料研究的深入和应用的加快,相信人们将根据实际需要,设计并合成出更多性能优异的介孔材料,发挥它们的重要作用。

参 考 文 献

[1] Kresge C T, Leonowicz M E, Roth W J, et al. Nature, 1992, 359: 710-712.

[2] Beck J S, Vartuli J C, Roth W J, et al. J Am Chem Soc, 1992, 114: 10834-10843.

[3] Zhao D, Feng J, Huo Q, et al. Science, 1998, 279: 548-552.

[4] Zhao D, Huo Q, Feng J, et al. J Am Chem Soc, 1998, 120: 6024-6036.

[5] Yang P, Zhao D, Margolese D I, et al. Nature, 1998, 396: 152-155.

[6] Huo Q, Margolese D I, Ciesla U, et al. Nature, 1994, 368: 317-321.

[7] Tanev P T, Pinnavaia T J. Science, 1995, 267: 865-867.

[8] Joo S H, Choi S J, Oh I, et al. Nature, 2001, 412: 169-172.

[9] Bagshaw S A, Prouzet E, Pinnavaia T J. Science, 1995, 269: 1242-1244.

[10] Ryoo R, Joo S H, Kim J M. J Phys Chem B, 1999, 103: 7435-7440.

[11] Tanev P T, Chibwe M, Pinnavaia T J. Nature, 1994, 368: 321-323.

[12] Huo Q, Margolese D I, Ciesla U, et al. Chem Mater, 1994, 6: 1176-1191.

[13] Monnier A, Schüth F, Huo Q, et al. Science, 1993, 261: 1299-1303.

[14] Feng X, Fryxell G, Wang L Q, et al. Science, 1997, 276: 923-926.

[15] Huo Q, Margolese D I, Stucky G D. Chem Mater, 1996, 8: 1147-1160.

[16] Asefa T, MacLachlan M J, Coombs N, et al. Nature, 1999, 402: 867-871.

[17] Ryoo R, Joo S, Kruk M, et al. Adv Mater, 2001, 13: 677-681.

[18] Inagaki S, Guan S, Fukushima Y, et al. J Am Chem Soc, 1999, 121: 9611-9614.

[19] Inagaki S, Fukushima Y, Kuroda K. J Chem Soc, Chem Commun, 1993: 680-682.

[20] Wu C G, Bein T. Science, 1994, 264: 1757-1759.

[21] Corma A. Chem Rev, 1997, 97: 2373-2420.

[22] Davis M E. Nature, 2002, 417: 813-821.

[23] Ying J Y, Mehnert C P, Wong M S. Angew Chem Int Ed, 1999, 38: 56-77.

[24] Stein A, Melde B J, Schroden R C. Adv Mater, 2000, 12: 1403-1419.

[25] Hoffmann F, Cornelius M, Morell J, et al. Angew Chem Int Ed, 2006, 45: 3216-3251.

[26] de AA Soler-Illia G J, Sanchez C, Lebeau B, et al. Chem Rev, 2002, 102: 4093-4138.

[27] Taguchi A, Schüth F. Microporous Mesoporous Mater, 2005, 77: 1-45.

[28] Kruk M, Jaroniec M. Chem Mater, 2001, 13: 3169-3183.

[29] Moller K, Bein T. Chem Mater, 1998, 10: 2950-2963.

[30] Zhao D Y. Chem Rev, 2007, 107: 2821-2860.

[31] Brinker C J, Lu Y, Sellinger A, et al. Adv Mater, 1999, 11: 579-585.

[32] Di Renzo F, Cambon H, Dutartre R. Microporous Mater, 1997, 10: 283-286.

[33] Yanagisawa T, Shimizu T, Kuroda K, et al. Bull Chem Soc Jpn, 1990, 63: 988-992.

[34] Shi J. Chem Rev, 2013, 113: 2139-2181.

[35] 张立德. 纳米材料. 北京:化学工业出版社, 2000.

[36] Xia Y, Yang P, Sun Y, et al. Adv Mater, 2003, 15: 353-389.

[37] Sanchez C, Belleville P, Popall M, et al. Chem Soc Rev, 2011, 40: 696-753.

[38] 徐光宪. 科学通报, 2001, 46: 2086-2091.

[39] Lehn J M, 北京大学化学科学译丛，超分子化学——概念和展望. 北京:北京大学出版社, 2002.

[40] Whitesides G M, Mathias J P, Seto C T. Science, 1991, 254: 1312-1319.

[41] Cölfen H, Mann S. Angew Chem Int Ed, 2003, 42: 2350-2365.

[42] Xu A W, Ma Y, Cölfen H. J Mater Chem, 2007, 17: 415-449.

[43] Chiola V, Ritsko J, Vanderpool C. US Patent No. 3556725. 1971.

[44] Iler R K. The Chemistry of Silica. New York: Wiley, 1971.

[45] Beck J S. US Patent No. 5057296. 1991.

[46] Kresge C T, Leonowicz M E, Roth W J, et al. US Patent No. 5098684. 1992.

[47] Kresge C T, Leonowicz M E, Roth W J, et al. US Patent No. 5102643. 1992.

[48] Göltner C G, Henke S, Weissenberger M C, et al. Angew Chem Int Ed, 1998, 37: 613-616.

[49] Vartuli J C, Schmitt K D, Kresge C T, et al. Stud Surf Sci Catal, 1994, 84: 53-60.

[50] Vartuli J, Kresge C, Leonowicz M, et al. Chem Mater, 1994, 6: 2070-2077.

[51] Mitchell D J, Tiddy G J, Waring L, et al. J Chem Soc, Faraday Trans 1, 1983, 79: 975-1000.

[52] Hyde S T. Identification of lyotropic liquid crystalline mesophases//Holmberg K. Handbook of Applied Surface, Colloid Chemistry. New York: John Wiley & Sons, 2001.

[53] Sakya P, Seddon J, Templer R, et al. Langmuir, 1997, 13: 3706-3714.

[54] Seddon J, Robins J, Gulik-Krzywicki T, et al. Phys Chem Chem Phys, 2000, 2: 4485-4493.

[55] Holmes M C. Curr Opin Colloid In, 1998, 3: 485-492.

[56] Huo Q, Leon R, Petroff P M, et al. Science, 1995, 268: 1324-1327.

[57] Firouzi A, Atef F, Oertli A, et al. J Am Chem Soc, 1997, 119: 3596-3610.

[58] Chen C Y, Li H X, Davis M E. Microporous Mater, 1993, 2: 17-26.

[59] Attard G S, Glyde J C, Göltner C G. Nature, 1995, 378: 366-368.

[60] Goltner C G, Antonietti M. Adv Mater, 1997, 9: 431-436.

[61] Coleman N R, Attard G S. Microporous Mesoporous Mater, 2001, 44: 73-80.

[62] Feng P, Bu X, Stucky G D, et al. J Am Chem Soc, 2000, 122: 994-995.

[63] Djojoputro H, Zhou X F, Qiao S Z, et al. J Am Chem Soc, 2006, 128: 6320-6321.

[64] Tang J, Zhou X, Zhao D, et al. J Am Chem Soc, 2007, 129: 9044-9048.

[65] Yuan P, Zhou X, Wang H, et al. Small, 2009, 5: 377-382.

[66] Yu M, Wang H, Zhou X, et al. J Am Chem Soc, 2007, 129: 14576-14577.

[67] Israelachvili J N, Mitchell D J, Ninham B W. J Chem Soc, Faraday Trans 2, 1976, 72: 1525-1568.

[68] Israelachvili J N. Intermolecular & Surface Forces. London: Academic Press, 1991.

[69] Kipkemboi P, Fogden A, Alfredsson V, et al. Langmuir, 2001, 17: 5398-5402.

[70] Kim J M, Sakamoto Y, Hwang Y K, et al. J Phys Chem B, 2002, 106: 2552-2558.

[71] Stucky G D, Huo Q, Firouzi A, et al. Stud Surf Sci Catal, 1997, 105: 3-28.

[72] Feng J, Huo Q, Petroff P, et al. ApPhL, 1997, 71: 620-622.

[73] Ravikovitch P I, Neimark A V. Langmuir, 2002, 18: 1550-1560.

[74] Vargas R, Mariani P, Gulik A, et al. J Mol Biol, 1992, 225: 137-145.

[75] Cai Q, Lin W Y, Xiao F S, et al. Microporous Mesoporous Mater, 1999, 32: 1-15.

[76] Liu Z, Sakamoto Y, Ohsuna T, et al. Angew Chem Int Ed, 2000, 39: 3107-3110.

[77] Kruk M, Jaroniec M. Chem Mater, 2003, 15: 2942-2949.

[78] Groen J C, Peffer L A A, Pérez-Ramírez J. Microporous Mesoporous Mater, 2003, 60: 1-17.

[79] 万颖, 王正, 马建新, 等. 化学学报, 2002, 60: 71-75.

[80] Carlsson A, Kaneda M, Sakamoto Y, et al. J Electron Microsc, 1999, 48: 795-798.

[81] Morishige K, Tateishi N, Fukuma S . J Phys Chem B, 2003, 107: 5177-5181.

[82] Schumacher K, Grün M, Unger K. Microporous Mesoporous Mater, 1999, 27: 201-206.

[83] Chen F, Huang L, Li Q. Chem Mater, 1997, 9: 2685-2686.

[84] Liu Y, Karkamkar A, Pinnavaia T. J Chem Commun, 2001: 1822-1823.

[85] Sayari A. J Am Chem Soc, 2000, 122: 6504-6505.

[86] Peterson I. Sci News, 1999, 156: 60.

[87] Cipra B. Science, 1998, 281: 1267-1267.

[88] Weaire D, Phelan R. Phil Mag Lett, 1994, 69: 107-110.

[89] Weaire D, Phelan R. Nature, 1994, 367: 123.

[90] Ziherl P, Kamien R D. J Phys Chem B, 2001, 105: 10147-10158.

[91] Sakamoto Y, Han L, Che S, et al. Chem Mater, 2008, 21: 223-229.

[92] Han L, Sakamoto Y, Che S, et al. Chem Eur J, 2009, 15: 2818-2825.

[93] Miyasaka K, Bennett A G, Han L, et al. Interface Focus, 2012, 2: 634-644.

[94] Gao C, Sakamoto Y, Terasaki O, et al. Chem Eur J, 2008, 14: 11423-11428.

[95] Zhou W, Hunter H M, Wright P A, et al. J Phys Chem B, 1998, 102: 6933-6936.

[96] Zhou W, Garcia-Bennett A E, Hunter H, et al. Stud Surf Sci Catal, 2002, 141: 379-386.

[97] Clerc M. J Phys II, 1996, 6: 961-968.

[98] Garcia-Bennett A E, Williamson S, Wright P A, et al. J Mater Chem, 2002, 12: 3533-3540.

[99] Zhao D, Huo Q, Feng J, et al. Chem Mater, 1999, 11: 2668-2672.

[100] Henriksson U, Blackmore E S, Tiddy G J, et al. J Phys Chem, 1992, 96: 3894-3902.

[101] Hagslätt H, Söderman O, Jönsson B. Liq Cryst, 1994, 17: 157-177.

[102] Krämer E, Förster S, Göltner C, et al. Langmuir, 1998, 14: 2027-2031.

[103] Kekicheff P, Tiddy G. J Phys Chem, 1989, 93: 2520-2526.

[104] Auvray X, Petipas C, Rico I, et al. Liq Cryst, 1994, 17: 109-126.

[105] Haskouri J E, Cabrera S, Caldés M, et al. Chem Mater, 2002, 14: 2637-2643.

[106] Kimura T, Kamata T, Fuziwara M, et al. Angew Chem Int Ed, 2000, 39: 3855-3859.

[107] Schmidt-Winkel P, Lukens W W, Zhao D, et al. J Am Chem Soc, 1999, 121: 254-255.

[108] Jun S, Joo S H, Ryoo R, et al. J Am Chem Soc, 2000, 122: 10712-10713.

[109] Kruk M, Jaroniec M, Sakamoto Y, et al. J Phys Chem B, 2000, 104: 292-301.

[110] Kruk M, Jaroniec M, Ko C H, et al. Chem Mater, 2000, 12: 1961-1968.

[111] Ryoo R, Ko C H, Kruk M, et al. J Phys Chem B, 2000, 104: 11465-11471.

[112] Galarneau A, Cambon H, Di Renzo F, et al. New J Chem, 2003, 27: 73-79.

[113] Kageyama K, Tamazawa J, Aida T. Science, 1999, 285: 2113-2115.

[114] Kim T, Ryoo R, Kruk M, et al. J Phys Chem B, 2004, 108: 11480-11489.

[115] Yu C, Tian B, Fan J, et al. J Am Chem Soc, 2002, 124: 4556-4557.

[116] Liu X, Tian B, Yu C, et al. Angew Chem Int Ed, 2002, 41: 3876-3878.

[117] Fan J, Yu C, Gao F, et al. Angew Chem Int Ed, 2003, 42: 3146-3150.

[118] Ulagappan N, Rao C. Chem Commun, 1996: 1685-1686.

[119] Yada M, Takenaka H, Machida M, et al. J Chem Soc, Dalton Trans, 1998: 1547-1550.

[120] Gao C, Che S. Adv Funct Mater, 2010, 20: 2750-2768.

[121] Han L, Che S. Chem Soc Rev, 2013,42:3740-3752.

[122] Gao C, Qiu H, Zeng W, et al. Chem Mater, 2006, 18: 3904-3914.

[123] Che S, Garcia-Bennett A E, Yokoi T, et al. Nature Mater, 2003, 2: 801-805.

[124] Che S, Liu Z, Ohsuna T, et al. Nature, 2004, 429: 281-284.

[125] Qiu H, Che S. Chem Soc Rev, 2011, 40: 1259-1268.

[126] Garcia-Bennett A E, Terasaki O, Che S, et al. Chem Mater, 2004, 16: 813-821.

[127] Gao C, Sakamoto Y, Sakamoto K, et al. Angew Chem Int Ed, 2006, 45: 4295-4298.

[128] Jain A, Toombes G E S, Hall L M, et al. Angew Chem Int Ed, 2005, 44: 1226-1229.

[129] Han L, Chen Q, Wang Y, et al. Microporous Mesoporous Mater, 2011, 139: 94-103.

[130] Han L, Miyasaka K, Terasaki O, et al. J Am Chem Soc, 2011, 133: 11524-11533.

[131] Han L, Xiong P, Bai J, et al. J Am Chem Soc, 2011, 133: 6106-6109.

[132] Sakamoto Y, Kaneda M, Terasaki O, et al. Nature, 2000, 408: 449-453.

[133] Shen S, Li Y, Zhang Z, et al. Chem Commun, 2002, 19: 2212-2213.

[134] Finnefrock A C, Ulrich R, Du Chesne A, et al. Angew Chem, 2001, 113: 1247-1251.

[135] HanY, Zhang D, Chng L L, et al. Nature Chem, 2009, 1: 123-127.

[136] Zhao Y, Zhao L, Wang G, et al. Chem Mater, 2011, 23: 5250-5255.

[137] Zhao Y, Zhang D, Zhao L, et al. Chem Mater, 2011, 23: 3775-3786.

[138] Atluri R, Hedin N, Garcia-Bennett A E. J Am Chem Soc, 2009, 131: 3189-3191.

[139] Sakamoto Y, Díaz I, Terasaki O, et al. J Phys Chem B, 2002, 106: 3118-3123.

[140] Sayari A, Hamoudi S. Chem Mater, 2001, 13: 3151-3168.

[141] Maschmeyer T, Rey F, Sankar G, et al. Nature, 1995, 378: 159-162.

[142] de Juan F, Ruiz-Hitzky E. Adv Mater, 2000, 12: 430-432.

[143] Shea K, Loy D, Webster O. J Am Chem Soc, 1992, 114: 6700-6710.

[144] Hamoudi S, Kaliaguine S. Chem Commun, 2002: 2118-2119.

[145] Kuroki M, Asefa T, Whitnal W, et al. J Am Chem Soc, 2002, 124: 13886-13895.

[146] Inagaki S, Guan S, Ohsuna T, et al. Nature, 2002, 416: 304-307.

[147] Yang C, Zibrowius B, Schüth F. Chem Commun, 2003: 1772-1773.

[148] Angelos S, Johansson E, Stoddart J F, et al. Adv Funct Mater, 2007, 17: 2261-2271.

[149] Liong M, Angelos S, Choi E, et al. J Mater Chem, 2009, 19: 6251-6257.

[150] Serra E, Díez E, Díaz I, et al. Microporous Mesoporous Mater, 2010, 132: 487-493.

[151] Rebbin V, Schmidt R, Fröba M. Angew Chem Int Ed, 2006, 45: 5210-5214.

[152] Alvaro M, Benitez M, Das D, et al. Chem Mater, 2005, 17: 4958-4964.

[153] Wang X, Lu D, Austin R, et al. Langmuir, 2007, 23: 5735-5739.

[154] Li C, Liu J, Shi X, et al. J Phys Chem C, 2007, 111: 10948-10954.

[155] Jung J H, Han W S, Rim J A, et al. Chem Lett, 2006, 35: 32-33.

[156] Yang Q, Liu J, Yang J, et al. J Catal, 2004, 228: 265-272.

[157] Nguyen T P, Hesemann P, Gaveau P, et al. J Mater Chem, 2009, 19: 4164-4171.

[158] Yang Q, Liu J, Zhang L, et al. J Mater Chem, 2009, 19: 1945-1955.

[159] Nakajima K, Tomita I, Hara M, et al. Adv Mater, 2005, 17: 1839-1842.

[160] Ohashi M, Kapoor M P, Inagaki S. Chem Commun, 2008: 841-843.

[161] Kamegawa T, Sakai T, Matsuoka M, et al. J Am Chem Soc, 2005, 127: 16784-16785.

[162] Takeda H, Goto Y, Maegawa Y, et al. Chem Commun, 2009: 6032-6034.

[163] Inagaki S, Ohtani O, Goto Y, et al. Angew Chem Int Ed, 2009, 48: 4042-4046.

[164] Mizoshita N, Goto Y, Tani T, et al. Adv Mater, 2009, 21: 4798-4801.

[165] Mizoshita N, Goto Y, Maegawa Y, et al. Chem Mater, 2010, 22: 2548-2554.

[166] Maegawa Y, Mizoshita N, Tani T, et al. J Mater Chem, 2010, 20: 4399-4403.

[167] Minoofar P N, Dunn B S, Zink J I. J Am Chem Soc, 2005, 127: 2656-2665.

[168] Peng C, Zhang H, Yu J, et al. J Phys Chem B, 2005, 109: 15278-15287.

[169] Ohashi M, Aoki M, Yamanaka K, et al. Chem Eur J, 2009, 15: 13041-13046.

[170] Takeda H, Ohashi M, Tani T, et al. Inorg Chem, 2010, 49: 4554-4559.

[171] Alvaro M, Ferrer B, Fornes V, et al. Chem Commun, 2001: 2546-2547.

[172] Whitnall W, Cademartiri L, Ozin G A. J Am Chem Soc, 2007, 129: 15644-15649.

[173] Mizoshita N, Ikai M, Tani T, et al. J Am Chem Soc, 2009, 131: 14225-14227.

[174] Wu X, Ji S, Li Y, et al. J Am Chem Soc, 2009, 131: 5986-5993.

[175] Qiu H, Wang S, Zhang W, et al. J Phys Chem C, 2008, 112: 1871-1877.

[176] Wu X, Jin H, Liu Z, et al. Chem Mater, 2006, 18: 241-243.

[177] Trewyn B G, Whitman C M, Lin V S Y. Nano Lett, 2004, 4: 2139-2143.

[178] Wang B, Chi C, Shan W, et al. Angew Chem Int Ed, 2006, 45: 2088-2090.

[179] Zhang Q, Lü F, Li C, et al. Chem Lett, 2006, 35: 190-191.

[180] Yang S, Zhao L, Yu C, et al. J Am Chem Soc, 2006, 128: 10460-10466.

[181] Wang J, Wang W, Sun P, et al. J Mater Chem, 2006, 16: 4117-4122.

[182] Lin G L, Tsai Y H, Lin H P, et al. Langmuir, 2007, 23: 4115-4119.

[183] Han Y, Zhao L, Ying J Y. Adv Mater, 2007, 19: 2454-2459.

[184] Qiu H, Che S. J Phys Chem B, 2008, 112: 10466-10474.

[185] Pelzl G, Diele S, Weissflog W. Adv Mater, 1999, 11: 707-724.

[186] Thisayukta J, Nakayama Y, Kawauchi S, et al. J Am Chem Soc, 2000, 122: 7441-7448.

[187] Amaranatha Reddy R, Schröder M W, Bodyagin M, et al. Angew Chem Int Ed, 2005, 44: 774-778.

[188] Hu Y, Yuan P, Zhao L, et al. Chem Lett, 2008, 37: 1160-1161.

[189] Jin H, Liu Z, Ohsuna T, et al. Adv Mater, 2006, 18: 593-596.

[190] Wu X, Qiu H, Che S. Microporous Mesoporous Mater, 2009, 120: 294-303.

[191] Zhao L, Yuan P, Liu N, et al. J Phys Chem B, 2009, 113: 16178-16183.

[192] Wan Y, Shi Y, Zhao D. Chem Mater, 2007, 20: 932-945.

[193] Kruk M, Jaroniec M, Ryoo R, et al. J Phys Chem B, 2000, 104: 7960-7968.

[194] Ma T Y, Liu L, Yuan Z Y. Chem Soc Rev, 2013, 42: 3977-4003.

[195] Deng Y, Cai Y, Sun Z, et al. Adv Funct Mater, 2010, 20: 3658-3665.

[196] Meng Y, Gu D, Zhang F, et al. Angew Chem, 2005, 117: 7215-7221.

[197] Meng Y, Gu D, Zhang F, et al. Chem Mater, 2006, 18: 4447-4464.

[198] Zhang F, Meng Y, Gu D, et al. J Am Chem Soc, 2005, 127: 13508-13509.

[199] Liu R, Shi Y, Wan Y, et al. J Am Chem Soc, 2006, 128: 11652-11662.

[200] Oh S, Kim K. Chem Commun, 1999: 2177-2178.

[201] Kaneda M, Tsubakiyama T, Carlsson A, et al. J Phys Chem B, 2002, 106: 1256-1266.

[202] Zhang W H, Liang C, Sun H, et al. Adv Mater, 2002, 14: 1776-1778.

[203] Deng W, Bodart P, Pruski M, et al. Microporous Mesoporous Mater, 2002, 52: 169-177.

[204] Kluson P, Kacer P, Cajthaml T, et al. J Mater Chem, 2001, 11: 644-651.

[205] Yu J C, Zhang L, Yu J. Chem Mater, 2002, 14: 4647-4653.

[206] Katou T, Lu D, Kondo J N, et al. J Mater Chem, 2002, 12: 1480-1483.

[207] Liu P, Liu J, Sayari A. Chem Commun, 1997: 577-578.

[208] Srivastava D, Perkas N, Gedanken A, et al. J Phys Chem B, 2002, 106: 1878-1883.

[209] Hyodo T, Shimizu Y, Egashira M. Electrochemistry, 2003, 71: 387-393.

[210] Tiemann M, Fröba M. Chem Mater, 2001, 13: 3211-3217.

[211] Zhao D, Luan Z, Kevan L. Chem Commun, 1997: 1009-1010.

[212] Feng P, Xia Y, Feng J, et al. Chem Commun, 1997: 949-950.

[213] Bhaumik A, Inagaki S. J Am Chem Soc, 2001, 123: 691-696.

[214] Serre C, Hervieu M, Magnier C, et al. Chem Mater, 2002, 14: 180-188.

[215] Doi T, Miyake T. Chem Commun, 1996: 1635-1636.

[216] Mizuno N, Hatayama H, Uchida S, et al. Chem Mater, 2001, 13: 179-184.

[217] Jimenez-Jimenez J, Maireles-Torres P, Olivera-Pastor P, et al. Adv Mater, 1998, 10: 812-815.

[218] Guo X, Ding W, Wang X, et al. Chem Commun, 2001: 709-710.

[219] Nenoff T M, Thoma S G, Provencio P, et al. Chem Mater, 1998, 10: 3077-3080.

[220] Mal N K, Ichikawa S, Fujiwara M. Chem Commun, 2002: 112-113.

[221] Serre C, Auroux A, Gervasini A, et al. Angew Chem Int Ed, 2002, 41: 1594-1597.

[222] Trikalitis P N, Rangan K K, Bakas T, et al. J Am Chem Soc, 2002, 124: 12255-12260.

[223] Vettraino M, Trudeau M, Lo A Y, et al. J Am Chem Soc, 2002, 124: 9567-9573.

[224] Yang H, Zhao D. J Mater Chem, 2005, 15: 1217-1231.

[225] Tian B, Liu X, Yang H, et al. Adv Mater, 2003, 15: 1370-1374.

[226] Lai X, Li X, Geng W, et al. Angew Chem Int Ed, 2007, 46: 738-741.

[227] Ren Y, Ma Z, Bruce P G. Chem Soc Rev, 2012, 41: 4909-4927.

[228] Tan L, Chen D, Liu H, et al. Adv Mater, 2010, 22: 4885-4889.

[229] Dong A, Ren N, Tang Y, et al. J Am Chem Soc, 2003, 125: 4976-4977.

[230] Dong A, Wang Y, Tang Y, et al. Chem Mater, 2002, 14: 3217-3219.

[231] Dong A, Ren N, Yang W, et al. Adv Funct Mater, 2003, 13: 943-948.

[232] Zhang W H, Shi J L, Chen H R, et al. Chem Mater, 2001, 13: 648-654.

[233] Gao F, Lu Q, Liu X, et al. Nano Lett, 2001, 1: 743-748.

[234] GaoF, Lu Q, Zhao D. Adv Mater, 2003, 15: 739-742.

[235] Yang H, Shi Q, Tian B, et al. J Am Chem Soc, 2003, 125: 4724-4725.

[236] Li L, Shi J, Zhang L, et al. Adv Mater, 2004, 16: 1079-1082.

[237] Gu J, Shi J, You G, et al. Adv Mater, 2005, 17: 557-560.

[238] Shin H J, Ko C H, Ryoo R. J Mater Chem, 2001, 11: 260-261.

[239] Lee K, Kim Y H, Han S B, et al. J Am Chem Soc, 2003, 125: 6844-6845.

[240] Kang M, Yi S H, Lee H I, et al. Chem Commun, 2002: 1944-1945.

[241] Lu A H, Schmidt W, Taguchi A, et al. Angew Chem Int Ed, 2002, 41: 3489-3492.

[242] Kim J Y, Yoon S B, Yu J S. Chem Mater, 2003, 15: 1932-1934.

[243] Edler K J, White J W. J Chem Soc, Chem Commun, 1995: 155-156.

[244] Chatterjee M, Iwasaki T, Hayashi H, et al. Catal Lett, 1998, 52: 21-23.

[245] Wu C G, Bein T. Chem Commun, 1996: 925-926.

[246] Newalkar B L, Komarneni S, Katsuki H. Chem Commun, 2000: 2389-2390.

[247] Lin W, Chen J, Sun Y, et al. J Chem Soc, Chem Commun, 1995: 2367-2368.

[248] Fyfe C A, Fu G. J Am Chem Soc, 1995, 117: 9709-9714.

[249] Gallis K W, Landry C C. Chem Mater, 1997, 9: 2035-2038.

[250] MacLachlan M J, Coombs N, Ozin G A. Nature, 1999, 397: 681-684.

[251] Melosh N, Lipic P, Bates F, et al. Macromolecules, 1999, 32: 4332-4342.

[252] Melosh N, Davidson P, Chmelka B. J Am Chem Soc, 2000, 122: 823-829.

[253] Grosso D, de AA Soler-Illia G J, Crepaldi E L, et al. Adv Funct Mater, 2003, 13: 37-42.

[254] Crepaldi E L, de AA Soler-Illia G J, Grosso D, et al. Chem Commun, 2001: 1582-1583.

[255] Kleitz F, Wilczok U, Schüth F, et al. Phys Chem Chem Phys, 2001, 3: 3486-3489.

[256] Sayari A, Yang Y, Kruk M, et al. J Phys Chem B, 1999, 103: 3651-3658.

[257] Namba S, Mochizuki A, Kito M. Chem Lett, 1998: 569-570.

[258] Corma A, Kan Q, Navarro M T, et al. Chem Mater, 1997, 9: 2123-2126.

[259] Wang A, Kabe T. Chem Commun, 1999: 2067-2068.

[260] Sun J H, Moulijn J, Jansen J, et al. Adv Mater, 2001, 13: 327-331.

[261] Zhao X, Lu G, Hu X. Chem Commun, 1999: 1391-1392.

[262] Ryoo R, Kim J M. J Chem Soc, Chem Commun, 1995: 711-712.

[263] Kim J M, Jun S, Ryoo R. J Phys Chem B, 1999, 103: 6200-6205.

[264] Mokaya R. Angew Chem Int Ed, 1999, 38: 2930-2934.

[265] O'Neil A S, Mokaya R, Poliakoff M. J Am Chem Soc, 2002, 124: 10636-10637.

[266] Trong On D, Kaliaguine S. J Am Chem Soc, 2003, 125: 618-619.

[267] van der Voort P, Morey M, Stucky G, et al. J Phys Chem B, 1998, 102: 585-590.

[268] Lin H P, Mou C Y, Liu S B. Adv Mater, 2000, 12: 103-106.

[269] Sayari A. Angew Chem Int Ed, 2000, 39: 2920-2922.

[270] Liu Y, Zhang W, Pinnavaia T J. J Am Chem Soc, 2000, 122: 8791-8792.

[271] Liu Y, Zhang W, Pinnavaia T J. Angew Chem Int Ed, 2001, 40: 1255-1258.

[272] Liu Y, Pinnavaia T J. Chem Mater, 2002, 14: 3-5.

[273] Liu Y, Pinnavaia T J. J Mater Chem, 2002, 12: 3179-3190.

[274] Zhang Z, Han Y, Zhu L, et al. Angew Chem Int Ed, 2001, 40: 1258-1262.

[275] Xiao F S. Catal Surv Asia, 2004, 8: 151-159.

[276] Zhang Z, Han Y, Xiao F S, et al. J Am Chem Soc, 2001, 123: 5014-5021.

[277] Han Y, Wu S, Sun Y, et al. Chem Mater, 2002, 14: 1144-1148.

[278] Tian B, Liu X, Tu B, et al. Nature Mater, 2003, 2: 159-163.

[279] Gross A F, Le V H, Kirsch B L, et al. J Am Chem Soc, 2002, 124: 3713-3724.

[280] Liu M C, Sheu H S, Cheng S. Chem Commun, 2002: 2854-2855.

[281] Tolbert S H, Landry C C, Stucky G D, et al. Chem Mater, 2001, 13: 2247-2256.

[282] Landry C C, Tolbert S H, Gallis K W, et al. Chem Mater, 2001, 13: 1600-1608.

[283] Bourlinos A, Karakassides M, Petridis D. J Phys Chem B, 2000, 104: 4375-4380.

[284] He J, Yang X, Evans D, et al. Mater Chem Phys, 2003, 77: 270-275.

[285] Benjelloun M, van der Voort P, Cool P, et al. Phys Chem Chem Phys, 2001, 3: 127-131.

[286] Cassiers K, van der Voort P, Vansant E. Chem Commun, 2000: 2489-2490.

[287] Kawi S. Chem Commun, 1998: 1407-1408.

[288] Kawi S, Lai M W. Chem Tech, 1998, 28: 26-30.

[289] Lu X, Zhang W, He R. Chin Chem Lett, 2002, 13: 480-483.

[290] Meretei E, Méhn D, Halász J, et al. Solid State Phenom, 2003, 90: 79-84.

[291] Antochshuk V, Jaroniec M. Chem Commun, 1999: 2373-2374.

[292] van der Voort P, de Jong K, van Bavel E. Chem Commun, 2002: 1010-1011.

[293] van der Voort P, Ravikovitch P I, de Jong K P, et al. J Phys Chem B, 2002, 106: 5873-5877.

[294] Reddy K M, Song C. Stud Surf Sci Catal, 1998, 117: 291-299.

[295] 陈晓银, 丁国忠, 陈海鹰, 等. 高等学校化学学报, 1997, 4: 004.

[296] 陈晓银, 丁国忠, 陈海鹰. 高等学校化学学报, 1997, 18: 186-189.

[297] Yu C, Tian B, Fan J, et al. Chem Commun, 2001: 2726-2727.

[298] Lin H P, Kao C P, Mou C Y. Microporous Mesoporous Mater, 2001, 48: 135-141.

[299] Schmidt R, Akporiayea D, Stöcker M, et al. Stud Surf Sci Catal, 1994, 84: 61-68.

[300] Vinu A, Hossain K, Ariga K. J Nanosci Nanotechnol, 2005, 5: 347-371.

[301] Kim J, Ryoo R. Chem Commun, 1998: 259-260.

[302] Zhao D, Sun J, Li Q, et al. Chem Mater, 2000, 12: 275-279.

[303] Ogawa M. J Am Chem Soc, 1994, 116: 7941-7942.

[304] Zhao D, Yang P, Melosh N, et al. Adv Mater, 1998, 10: 1380-1385.

[305] Lu Y, Ganguli R, Drewien C A, et al. Nature, 1997, 389: 364-368.

[306] Klotz M, Albouy P A, Ayral A, et al. Chem Mater, 2000, 12: 1721-1728.

[307] Grosso D, Balkenende A R, Albouy P A, et al. J Mater Chem, 2000, 10: 2085-2089.

[308] Besson S, Ricolleau C, Gacoin T, et al. J Phys Chem B, 2000, 104: 12095-12097.

[309] Besson S, Gacoin T, Ricolleau C, et al. J Mater Chem, 2003, 13: 404-409.

[310] Honma I, Zhou H S, Kundu D, et al. Adv Mater, 2000, 12: 1529-1533.

[311] Zhou H S, Kundu D, Honma I. J Eur Ceram Soc, 1999, 19: 1361-1364.

[312] Besson S, Ricolleau C, Gacoin T, et al. Microporous Mesoporous Mater, 2003, 60: 43-49.

[313] Falcaro P, Grosso D, Amenitsch H, et al. J Phys Chem B, 2004, 108: 10942-10948.

[314] Falcaro P, Costacurta S, Mattei G, et al. J Am Chem Soc, 2005, 127: 3838-3846.

[315] Tate M P, Eggiman B W, Kowalski J D, et al. Langmuir, 2005, 21: 10112-10118.

[316] Eggiman B W, Tate M P, Hillhouse H W. Chem Mater, 2006, 18: 723-730.

[317] Hayward R C, Alberius P C A, Kramer E J, et al. Langmuir, 2004, 20: 5998-6004.

[318] Urade V N, Wei T C, Tate M P, et al. Chem Mater, 2007, 19: 768-777.

[319] Ogura M, Miyoshi H, Naik S P, et al. J Am Chem Soc, 2004, 126: 10937-10944.

[320] Alonso B, Balkenende A R, Albouy P A, et al. New J Chem, 2002, 26: 1270-1272.

[321] Grosso D, Babonneau F, de AA Soler-Illia G J, et al. Chem Commun, 2002: 748-749.

[322] Innocenzi P, Malfatti L, Kidchob T, et al. Chem Commun, 2005: 2384-2386.

[323] Innocenzi P, Kidchob T, Bertolo J M, et al. J Phys Chem B, 2006, 110: 10837-10841.

[324] Innocenzi P, Malfatti L, Kidchob T, et al. J Phys Chem C, 2007, 111: 5345-5350.

[325] Wei T C, Hillhouse H W. Langmuir, 2007, 23: 5689-5699.

[326] Malfatti L, Kidchob T, Costacurta S, et al. Chem Mater, 2006, 18: 4553-4560.

[327] Cagnol F, Grosso D, de AA Soler-Illia G J, et al. J Mater Chem, 2003, 13: 61-66.

[328] Falcaro P, Costacurta S, Malfatti L, et al. Adv Mater, 2008, 20: 1864-1869.

[329] Doshi D A, Huesing N K, Lu M, et al. Science, 2000, 290: 107-111.

[330] Fan H, Hartshorn C, Buchheit T, et al. Nature Mater, 2007, 6: 418-423.

[331] Williford R E, Li X S, Addleman R S, et al. Microporous Mesoporous Mater, 2005, 85: 260-266.

[332] Kennard R, DeSisto W J, Giririjan T P, et al. J Chem Phys, 2008, 128: 134710-134719.

[333] Walcarius A, Kuhn A. Trends Anal Chem, 2008, 27: 593-603.

[334] Song C, Villemure G. Microporous Mesoporous Mater, 2001, 44-45: 679-689.

[335] Hellriegel C, Kirstein J, Christoph B. New J Phys, 2005, 7: 23.

[336] Kirstein J, Platschek B, Jung C, et al. Nature Mater, 2007, 6: 303-310.

[337] Fu Y, Ye F, Sanders W G, et al. J Phys Chem B, 2006, 110: 9164-9170.

[338] Tanaka H K M, Yamauchi Y, Kurihara T, et al. Adv Mater, 2008, 20: 4728-4733.

[339] Walcarius A, Sibottier E, Etienne M, et al. Nature Mater, 2007, 6: 602-608.

[340] Yamauchi Y, Sawada M, Sugiyama A, et al. J Mater Chem, 2006, 16: 3693-3700.

[341] Fukumoto H, Nagano S, Kawatsuki N, et al. Adv Mater, 2005, 17: 1035-1039.

[342] Yang H, Kuperman A, Coombs N, et al. Nature, 1996, 379: 703-705.

[343] Miyata H. Microporous Mesoporous Mater, 2007, 101: 296-302.

[344] Miyata H, Kuroda K. Adv Mater, 1999, 11: 1448-1452.

[345] Miyata H, Kuroda K. Chem Mater, 1999, 12: 49-54.

[346] Miyata H, Noma T, Watanabe M, et al. Chem Mater, 2002, 14: 766-772.

[347] Brinker C J, Dunphy D R. Curr Opin Colloid In, 2006, 11: 126-132.

[348] Suzuki T, Kanno Y, Morioka Y, et al. Chem Commun, 2008: 3284-3286.

[349] Miyata H, Kuroda K. J Am Chem Soc, 1999, 121: 7618-7624.

[350] Su B, Lu X, Lu Q. J Am Chem Soc, 2008, 130: 14356-14357.

[351] Yang Z, Niu Z, Cao X, et al. Angew Chem Int Ed, 2003, 42: 4201-4203.

[352] Yamaguchi A, Uejo F, Yoda T, et al. Nature Mater, 2004, 3: 337-341.

[353] Lu Q, Gao F, Komarneni S, et al. J Am Chem Soc, 2004, 126: 8650-8651.

[354] Richman E K, Brezesinski T, Tolbert S H. Nature Mater, 2008, 7: 712-717.

[355] Koganti V R, Dunphy D, Gowrishankar V, et al. Nano Lett, 2006, 6: 2567-2570.

[356] Freer E M, Krupp L E, Hinsberg W D, et al. Nano Lett, 2005, 5: 2014-2018.

[357] Costacurta S, Malfatti L, Kidchob T, et al. Chem Mater, 2008, 20: 3259-3265.

[358] Marlow F, Spliethoff B, Tesche B, et al. Adv Mater, 2000, 12: 961-965.

[359] Kleitz F, Marlow F, Stucky G D, et al. Chem Mater, 2001, 13: 3587-3595.

[360] Yang P, Zhao D, Chmelka B F, et al. Chem Mater, 1998, 10: 2033-2036.

[361] Huo Q, Zhao D, Feng J, et al. Adv Mater, 1997, 9: 974-978.

[362] Marlow F, Zhao D, Stucky G D. Microporous Mesoporous Mater, 2000, 39: 37-42.

[363] Kleitz F, Marlow F, Stucky G D, et al. Chem Mater, 2001, 13: 3587-3595.

[364] Wang J, Zhang J, Asoo B Y, et al. J Am Chem Soc, 2003, 125: 13966-13967.

[365] Wang J, Tsung C K, Hayward R C, et al. Angew Chem Int Ed, 2005, 44: 332-336.

[366] Davis S A, Burkett S L, Mendelson N H, et al. Nature, 1997, 385: 420-423.

[367] Raimondi M E, Templer R H, Seddon J M, et al. Chem Commun, 1997: 1843-1844.

[368] Wu Y, Cheng G, Katsov K, et al. Nature Mater, 2004, 3: 816-822.

[369] Dujardin E, Blaseby M, Mann S. J Mater Chem, 2003, 13: 696-699.

[370] Yang Y, Suzuki M, Owa S, et al. J Mater Chem, 2006, 16: 1644-1650.

[371] Ohsuna T, Liu Z, Che S, et al. Small, 2005, 1: 233-237.

[372] El-Safty S A, Hanaoka T, Mizukami F. Chem Mater, 2005, 17: 3137-3145.

[373] Melosh N A, Lipic P, Bates F S, et al. Macromolecules, 1999, 32: 4332-4342.

[374] Kuraoka K, Tanaka Y, Yamashita M, et al. Chem Commun, 2004: 1198-1199.

[375] Yang H, Shi Q, Tian B, et al. Chem Mater, 2003, 15: 536-541.

[376] Cai Q, Luo Z S, Pang W Q, et al. Chem Mater, 2001, 13: 258-263.

[377] Fowler C E, Khushalani D, Lebeau B, et al. Adv Mater, 2001, 13: 649-652.

[378] Nooney R I, Thirunavukkarasu D, Chen Y, et al. Chem Mater, 2002, 14: 4721-4728.

[379] Stöber W, Fink A, Bohn E. J Colloid Interface Sci, 1968, 26: 62-69.

[380] Grün M, Lauer I, Unger K K. Adv Mater, 1997, 9: 254-257.

[381] Yano K, Fukushima Y. J Mater Chem, 2004, 14: 1579-1584.

[382] Nakamura T, Mizutani M, Nozaki H, et al. J Phys Chem C, 2006, 111: 1093-1100.

[383] Lu F, Wu S H, Hung Y, et al. Small, 2009, 5: 1408-1413.

[384] Lin Y S, Tsai C P, Huang H Y, et al. Chem Mater, 2005, 17: 4570-4573.

[385] Qiao Z A, Zhang L, Guo M, et al. Chem Mater, 2009, 21: 3823-3829.

[386] Chiang Y D, Lian H Y, Leo S Y, et al. J Phys Chem C, 2011, 115: 13158-13165.

[387] Kim T W, Chung P W, Lin V S Y. Chem Mater, 2010, 22: 5093-5104.

[388] Suzuki K, Ikari K, Imai H. J Am Chem Soc, 2003, 126: 462-463.

[389] Li Y, Li B, Yan Z, et al. Chem Mater, 2013, 25: 307-312.

[390] Niu D, Ma Z, Li Y, et al. J Am Chem Soc, 2010, 132: 15144-15147.

[391] Möller K, Kobler J, Bein T. Adv Funct Mater, 2007, 17: 605-612.

[392] Urata C, Aoyama Y, Tonegawa A, et al. Chem Commun, 2009: 5094-5096.

[393] Pan L, He Q, Liu J, et al. J Am Chem Soc, 2012, 134: 5722-5725.

[394] Ma K, Sai H, Wiesner U. J Am Chem Soc, 2012, 134: 13180-13183.

[395] Huo Q, Liu J, Wang L Q, et al. J Am Chem Soc, 2006, 128：6447-6453.

[396] Liu X, Li X, Guan Z, et al. Chem Commun, 2011, 47：8073-8075.

[397] Liu J, Bai S, Zhong H, et al. J Phys Chem C, 2009, 114：953-961.

[398] Mandal M, Kruk M. Chem Mater, 2012, 24：123-132.

[399] Han L, Gao C, Wu X, et al. Solid State Sci, 2011, 13：721-728.

[400] Yin H, Zhou Z, Huang J, et al. Angew Chem Int Ed, 2003, 42：2188-2191.

[401] Yeh Y Q, Chen B C, Lin H P, et al. Langmuir, 2005, 22：6-9.

[402] Liu J, Qiao S Z, Budi Hartono S, et al. Angew Chem Int Ed, 2010, 49：4981-4985.

[403] Liu J, Hartono S B, Jin Y G, et al. J Mater Chem, 2010, 20：4595-4601.

[404] Kao K C, Tsou C J, Mou C Y. Chem Commun, 2012, 48：3454-3456.

[405] Li W, Zhao D. Adv Mater, 2013, 25：142-149.

[406] Deng Y, Wei J, Sun Z, et al. Chem Soc Rev, 2013, 42：4054-4070.

[407] Jin Z, Xiao M, Bao Z, et al. Angew Chem Int Ed, 2012, 51：6406-6410.

[408] Wan Y, Yang H, Zhao D. Acc Chem Res, 2006, 39：423-432.

[409] Yang Y, Liu X, Li X, et al. Angew Chem Int Ed, 2012, 51：9164-9168.

[410] Yang H, Zhang L, Zhong L, et al. Angew Chem Int Ed, 2007, 46：6861-6865.

[411] Yang H, Zhang L, Wang P, et al. Green Chem, 2009, 11：257-264.

[412] Zhou W, Fu H. ChemCatChem, 2013, 5：885-894.

[413] Zhang X J, Ma T Y, Yuan Z Y. J Mater Chem, 2008, 18：2003-2010.

[414] 胡燚, 刘维明, 邹彬, 等. 化学进展, 2010, 22：1656-1664.

[415] Lü Y, Lu G, Wang Y, et al. Adv Funct Mater, 2007, 17：2160-2166.

[416] He X, Tan L, Chen D, et al. Chem Commun, 2013：4643-4645.

[417] Zhu C L, Lu C H, Song X Y, et al. J Am Chem Soc, 2011, 133：1278-1281.

[418] Zhang J, Yuan Z F, Wang Y, et al. J Am Chem Soc, 2013, 135：5068-5073.

[419] Tang S, Huang X, Chen X, et al. Adv Funct Mater, 2010, 20：2442-2447.

[420] Tang F, Li L, Chen D. Adv Mater, 2012, 24：1504-1534.

[421] Muhammad F, Guo M, Qi W, et al. J Am Chem Soc, 2011, 133：8778-8781.

[422] Luo Z, Cai K, Hu Y, et al. Angew Chem Int Ed, 2011, 50：640-643.

[423] 李晓芬, 何静, 马润宇. 化学学报, 2000, 58：167-171.

[424] 高波, 朱广山, 傅学奇, 等. 高等学校化学学报, 2003, 24：1100-1102.

[425] 高峰, 赵建伟, 张松, 等. 高等学校化学学报, 2002, 23：1494-1497.

[426] Shi X, Liu J, Li C, et al. Inorg Chem, 2007, 46：7944-7952.

[427] Fan J, Yu C, Gao F, et al. Angew Chem, 2003, 115：3254-3258.

[428] Li Y, Zhou G, Li C, et al. Colloid Surface A, 2009, 341：79-85.

[429] 施剑林, 陈雨, 陈航榕. 无机材料学报, 2012, 28：1-11.

[430] Yang P, Gai S, Lin J. Chem Soc Rev, 2012, 41：3679-3698.

[431] Zhao W, Gu J, Zhang L, et al. J Am Chem Soc, 2005, 127：8916-8917.

[432] Deng Y, Qi D, Deng C, et al. J Am Chem Soc, 2008, 130：28-29.

[433] Chen Y, Chen H, Zeng D, et al. ACS Nano, 2010, 4：6001-6013.

[434] Gan Q, Lu X, Yuan Y, et al. Biomaterials, 2011, 32：1932-1942.

[435] Fang W, Yang J, Gong J, et al. Adv Funct Mater, 2012, 22：842-848.

[436] Ma M, Chen H, Chen Y, et al. Biomaterials, 2012, 33：989-998.

[437] Chen Y, Yin Q, Ji X, et al. Biomaterials, 2012,33：7126-7137.

[438] Chen Y, Chen H, Zhang S, et al. Adv Funct Mater, 2011, 21：270-278.

[439] Huang H Y, Yang R T, Chinn D, et al. Ind Eng Chem Res, 2003, 42：2427-2433.

[440] Xu X, Song C, Andrésen J M, et al. Microporous Mesoporous Mater, 2003, 62：29-45.

[441] Liu J, Yang J, Yang Q, et al. Adv Funct Mater, 2005, 15：1297-1302.

[442] Zhang L, Zhang W, Shi J, et al. Chem Commun, 2003：210-211.

[443] Zhang W H, Zhang X, Zhang L, et al. J Mater Chem, 2007, 17：4320-4326.

[444] Huang X, Li L, Liu T, et al. ACS Nano, 2011, 5：5390-5399.

第9章 多孔复合材料

由于存在特殊的骨架和孔道结构,以微孔沸石分子筛、介孔氧化硅为代表的多孔固体在离子交换、气体分离、吸附、催化等领域均得到广泛的应用。随着合成方法与研究手段的不断发展,具有特殊结构和性质的多孔固体种类也越来越丰富。通过调整骨架元素的组成、设计和合成新型的模板剂或结构导向剂、构建各种多面体结构单元,可以获得具有不同结构特征和功能的多孔固体。除此之外,利用复合组装等手段制备金属离子、金属簇、半导体纳米粒子、聚合物以及金属配合物与多孔固体的主客体复合材料,在最近三十年间也备受关注。尤其是介孔分子筛的开发,为多孔复合体系的组装提供了新的主体材料,奠定了介孔主客体复合材料制备与研究的基础。一系列新型多孔复合材料曾经被成功地制备出来并应用于催化、储能、传感等领域。

分子筛等多孔材料的结构和组成千变万化,不同的多孔固体可以适用于不同客体的组装。反之,通过调整和改变客体的种类以及组装方法,在同一多孔主体中也可以组装不同的客体物质。这些多孔复合材料将表现出多种多样的物理化学性质。根据客体类型的不同,可以大致将多孔复合材料分为五类:第一类是多孔固体包合金属簇或金属离子簇形成的复合物,在极少数情况下,这些簇中还含有非金属配体如羰基、羟基等;第二类是染料分子与多孔固体形成的主客体复合物;第三类涉及多孔固体中的聚合物以及碳物质,包括富勒烯和碳纳米管等;第四类主要是由多孔固体与孔道或孔笼中形成的无机半导体纳米粒子构成;第五类是多孔固体中组装金属配位化合物。为了实现多孔固体与客体材料的有效复合,人们开发出了不同的组装手段来制备所需要的多孔主客体复合材料。从多孔固体的孔径、孔容、孔壁组成与结构,以及客体分子的尺寸和性质出发,离子交换法、液相或气相吸附法、"瓶中造船"法以及前驱体原位合成法等,均可以获得相应的多孔复合材料。通过不同的制备方法得到的多孔主客体复合材料,表现出各种各样的物理化学性质,具有广阔的应用前景。

除分子筛等传统多孔材料外,一类由金属有机配体配位聚合形成的具有微孔性质的化合物正在受到人们的重视。金属有机多孔配位聚合物合成后,晶体中往往含有客体的分子,实际上也可以看作是一种主客体材料。因此,本章也将这类化合物一并纳入多孔复合材料范畴进行介绍。

9.1　多孔材料中的金属簇

9.1.1　金属簇的定义和特点

在化学中,"簇"指的是尺寸介于分子和体相固体之间的束缚原子的集合。Cotton 等最早提出"簇"这一概念时便参考了含有金属-金属键的化合物[1],即金属簇。金属簇可以看作是非常小的金属粒子。但实际上,金属簇的物理化学性质与金属粒子有着较大区别,这是由于金属簇的内在结构和外部电子构型均与金属粒子存在差异造成的。金属簇的物理化学性质还受到簇的组成以及簇与簇之间能隙间隔的影响,随簇体的尺寸与几何形状改变而发生显著变化。金属簇化合物具有优异的催化性能,在石油化工、汽车尾气处理、催化加氢等诸多反应中具有十分广泛的应用。

金属簇可以是裸露的,但大部分情况下需要额外的配体将之包裹,否则它们不能稳定存在。沸石分子筛的骨架存在的氧原子或在骨架外存在的阳离子能够对处于沸石孔道内的金属簇形成保护作用,从而可以稳定这些金属簇[2,3]。由于介孔和大孔材料的孔道尺寸较大,在其中制备或组装的金属化合物多为纳米粒子而非簇。因此,以沸石分子筛等微孔材料作为载体或限制空间(容器),是获得金属簇的一个重要方法。通常金属簇的大小和原子核数目可以在很大的范围内变化。核数m可以从 1 变化到数千。在沸石分子筛中,它们可以处于不同的孔穴或缺陷中。处于沸石中的金属簇大致可以分为如下几类。

(1) 非常小的金属簇($1<m<4$),常处于沸石的小笼(如八面沸石的方钠石笼)或者沸石(如丝光沸石、L 型沸石等)直孔道的侧边部分。

(2) 核数目较低($1<m<40$)、尺寸较小($<1.3nm$)的簇,处于沸石较大的笼(如八面沸石的超笼)或者垂直相交的通道交叉处,它们的大小受到这些笼或交叉口大小的限制。

(3) 金属簇大小(一般能达到 $2\sim3nm$)明显超过分子筛最大的笼的尺寸,但依然被分子筛的体相所包合。

(4) 金属簇还可以存在于沸石晶体的缺陷中。

有时金属簇在沸石中并不受笼的限制,而是笼之间的金属簇发生相互连接构成葡萄串似的金属簇串。金属原子或小的金属簇在形成过程中也会发生从沸石孔道中溢出的情况,并在沸石晶体外表面形成更大的金属粒子。

9.1.2　金属簇的制备方法

在微孔孔道中制备金属簇的方法大致可分为两类:一是将金属直接蒸发沉积

到微孔分子筛孔道中;另一类是将含金属的前驱体装载到微孔孔道中,然后再通过分解或还原的手段在微孔孔道中析出金属簇[3]。

9.1.2.1　金属蒸气制备法

对于一些蒸气压比较高的金属,可以通过直接蒸发的方法将金属簇装载到微孔分子筛的孔道中。Rabo 等率先报道了将脱水的沸石在真空中与钠蒸气接触制备中性或离子型的钠金属簇。利用一个简易的真空装置,Zn 等金属可以装载到ZSM-5 等分子筛中[4-6]。实际上,除了金属本身外,一些化合物如叠氮钠(NaN_3)等也可以作为金属蒸气源。

9.1.2.2　离子交换与还原

这是最常用的在微孔分子筛孔道中制备金属簇的方法。这一方法首先将金属离子交换到分子筛孔道中,然后通过不同的物理化学手段将交换的离子还原形成金属簇。交换后的还原反应在多数情况下是通过在氢气气氛中加热样品来实现的。为了避免还原后金属原子的扩散及分子筛孔道外团聚,还原反应应尽量在较低温度条件下进行。有时在真空或惰性气氛中,加热处理会使交换的阳离子发生自动还原形成金属原子。分子筛骨架外的分子或离子的存在往往会促进这种自动还原的发生。例如,在水分子存在的条件下于 773K 加热,可以将处于 Y 型沸石孔道中的 Pd^{2+} 还原为金属原子簇粒子。

9.1.2.3　金属盐浸渍及还原

该方法是将微孔分子筛与金属盐溶液充分混合,使金属盐渗透到微孔孔道中。浸渍后的分子筛经干燥、灼烧并在氢气中还原即可获得处于微孔孔道中的金属簇。此方法中所采用的金属盐多为氯化物、硝酸盐或羧酸盐。金属盐浸渍法一般适用于以下几种情况:①分子筛本身没有离子交换能力或离子交换能力比较弱;②需负载的金属只能以阴离子形式存在,而不能通过离子交换的方式进入沸石孔道(如Mo 的装载);③由于离子交换后的氢气还原过程往往会在沸石孔道中产生质子酸,这对于金属簇的装载是十分不利的,因此采用金属盐浸渍法来避免质子酸的产生。

9.1.2.4　零价金属化合物的吸附和分解

金属有机化合物以及金属羰基化合物中的金属可以看作是零价态的,可以通过气相沉积等手段引入微孔分子筛孔道中。这些处于孔道中的前驱体化合物可以通过加热或其他物理化学方法分解,进而使金属簇沉积在微孔孔道中。这种方法对前驱体有一定的要求：分子的大小不能大于分子筛的孔径，以免扩散不能实现；它们应具有一定的蒸气压，以使挥发得以顺利进行；它们在分解过程中不能产生易于扩散到微孔孔道之外的中间过渡体；有机配体不能分解成易于沉积的物质，以免阻塞分子筛的孔道。

9.1.3　多孔材料中的碱金属簇

9.1.3.1　多孔材料中碱金属簇的制备

根据分子筛的结构、组成以及制备方法或反应条件的不同，所获得的金属离子簇大小、组成以及分布会出现很大的差异。相应地，附着于这些离子簇上的电子的多寡以及电子构型也多种多样。1965 年，Kasai 等将脱水后的 Na-Y 型沸石在真空条件下进行 γ 射线照射，获得了 Na_4^{3+} 离子簇。该样品呈现粉红色，且电子自旋共振（ESR）信号产生分裂峰[7]。高含量的离子簇可以通过直接将金属 Na 等蒸发到沸石的孔道中获得。Rabo 等发现，将 Na-Y 型沸石在 580℃暴露于 Na 蒸气时同样可以产生 Na_4^{3+} 离子簇，但这时样品呈亮红色，说明其中金属离子簇的浓度较高。然而，当用 Na-X 型沸石进行同样处理后，样品呈现蓝色。经验证，这种蓝色来自 Na_6^{5+} 离子簇的形成[8]。实际上，通过变化反应条件，可以制备出多种 $M_n^{(n-1)+}$ 离子簇。如果 M＝Na，则 $n＝2\sim6$；如果 M＝K，则 $n＝3,4$。不同的金属簇将产生不同的 ESR 响应，如具有四面体结构的 Na_4^{3+} 离子簇拥有一个未成对电子，该未成对电子由于受到钠核（核自旋量子数 $I=3/2$）的影响，会产生含 13 条精细谱线的 ESR 谱。如果体系中同时含有 Na_5^{4+} 以及 Na_6^{5+} 离子簇，这些离子簇会分别产生含 16 条和 19 条精细谱线的 ESR 谱。因此，ESR 谱常用来检测体系是否存在碱金属离子簇以及离子簇的类型。

金属蒸发法要在比较高的温度条件下进行，而碱金属具有较强的还原性，所以采用这种方法会对分子筛的骨架造成不同程度的破坏，而且获得的离子簇在分子筛中的分布也不均匀。通过化学反应的方法也可以获得高浓度的金属离子簇。例如，将金属锂溶解于伯胺或将丁基锂溶解于烷烃中形成还原剂，与含碱金属阳离子的分子筛作用，可以在分子筛中形成高浓度的金属离子簇。将溶解于醇中的叠氮钠吸附到分子筛孔道中，加热分解也可以获得高浓度的碱金属离子簇。

9.1.3.2　碱金属簇的结构、位置及相互作用

金属离子簇在分子筛中的确切位置是一个饶有兴趣的问题。一般可以通过 X 射线或中子衍射结合光谱和波谱方法来表征离子簇的位置。在方钠石、A 型沸石和 Y 型沸石中，所形成的 Na_4^{3+} 的 ESR 谱都是一样的，说明离子簇应当处于同一微

观化学环境中,也即方钠石笼中。A 型及 X 型沸石的方钠石笼还可以容纳 K_3^{2+} 离子簇。相关的研究表明,其他的金属离子簇也应当处于方钠石笼中。但是,半径比较大的碱金属离子(如 Rb 和 Cs 等)形成的离子簇可能会呈现出不同的结构类型。例如,Cs_4^{2+} 在 A 型沸石的方钠石笼中可能会沿直线串在一起形成链状结构。也有人提出,处于方钠石笼中的离子簇并不是孤立的,它们可能与相邻笼中的离子或离子簇形成离子簇基团,即阳离子连贯体。图 9-1 显示了处于沸石笼中的不同金属离子簇以及簇与簇之间的相互作用情况。

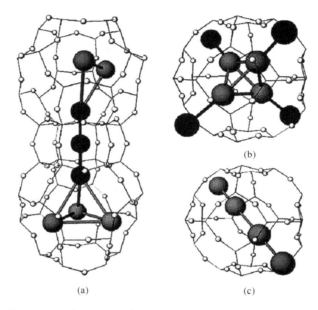

图 9-1 （a）X 型沸石中的 K_4^{e+}（下）和 K_4^{q+}（上）离子簇,处于相邻方钠石笼中的簇通过中间六棱柱中的离子串成一连续簇,或可将中间三个连接原子看作 K_3^{5+} 簇；（b）处于 A 型沸石方钠石笼中心位置的 Rb_8^{e+} 簇；（c）处于 A 型沸石方钠石笼中的 Cs_4^{e+} 簇[7]

从理论上讲,如果分子筛中的金属离子簇浓度足够高,簇与簇之间会发生相互连接进而使不导电的沸石变成导体。对于钠浓度不是很低的样品来讲,Na/Na-Y型沸石的 ESR 谱并不表现出 Na_4^{3+} 的精细结构,而是一个没有任何指纹的单一线。一开始,Edwards 等认为这种单一线可能是处于沸石孔笼中的纳米金属粒子造成的。但随后的研究表明,这种单一线可能是由于相邻 Na_4^{3+} 离子簇的未成对电子发生相互作用导致的。Ursenbach 等通过 *ab initio* 分子动力学模拟计算也支持这一推论。计算表明,Na-Y 型沸石中相邻方钠石笼中 Na_4^{3+} 离子簇的交换作用大小与观察到的 Na_4^{3+} 的 ^{23}Na 超精细耦合常数的倒数相当。这时,如果每个离子簇具有至少一个相邻的离子簇,那么,ESR 谱的超精细结构的消失便成为理所当然了。

　　处于分子筛笼中的金属离子簇相互间的距离以及取向都是由分子筛主体所决定的,它们的三维阵列可以用不同的术语来描述,有人将之称为簇合晶体,也有人称之为超晶格。以 Na_4^{3+} 离子簇为例,由于 Na_4^{3+} 离子簇可以存在于多种不同结构的沸石分子筛中[9,10],这就为制备不同几何排列的簇晶体提供了可能。在这些簇晶体中,具有体心立方排列的由方钠石骨架包覆的簇晶体结构最为简单,也有更为复杂的结构存在。

9.1.3.3　多孔材料中碱金属簇的性质与应用

　　Na_4^{3+} 离子簇能够可逆地吸附 O_2 而在 Na-Y 型沸石中产生 O_2^-。其他的分子如 SO_2、N_2、Ar、Kr、CO、CO_2、NH_3、苯、正己烷以及卤代烷烃等均可以与这些金属簇发生相互作用。因此,金属簇可能会对涉及这些分子的化学反应产生催化作用[11,12]。分子筛孔道或孔穴中的金属簇原则上讲可以起到碱性催化剂的作用。Martens 等研究了 A 型、X 型、Y 型沸石中钠簇催化顺-2-丁烯的异构化反应,以及对顺-2-丁烯、乙炔和苯的加氢反应的催化作用[2]。后来 Hannus 等也研究了一系列 Y 型沸石中钠簇催化 1-丁烯异构化反应的性能[13],并提出在这一催化反应过程中,由于金属簇的碱性特性,丁烯异构化的中间体为碳负离子。Simon 等报道,Na-X 型沸石中的 Na_6^{5+} 簇可以促进环戊烷到丙烯的异构化反应[14]。

　　由于阳离子型沸石如 Na-X 型沸石等可以吸附大量的碱金属原子形成金属簇,可以为这类化合物单位体积内带来大量的附加电子。当这种附加电子的浓度达到一定程度时,有可能使这种含金属簇的主客体物质发生由绝缘体到导体的转变,尤其是当存在结晶学一维孔道时,形成的一维金属簇有可能以量子线形式排列[15,16]。Anderson 等报道,当越来越多的附加电子引入主体分子筛时,有些分子筛的确表现出电子导电性增加的现象[17]。将金属钾装载到 L 型沸石中,可以使后者的室温电导率增加 10 000 倍。所测得的电导率随温度的变化关系表明,导电机制具有热激活特性。因此,导电可能是一种涉及 K_3^{2+}/K_3^+ 氧化还原跳跃的过程。K/K-A 型沸石主客体化合物表现出有趣的亚铁磁性性质[18],这种磁性可能与形成的超晶格有关[19]。Nakano 等通过理论计算得出包合在不同类型分子筛孔笼中的 K 离子簇的磁性来源(图 9-2)[20]。由于碱金属簇在分子筛中形成时会产生强烈的颜色变化,因此这些物质有可能在阴极射线管显示屏以及读写器件方面具有应用前景。

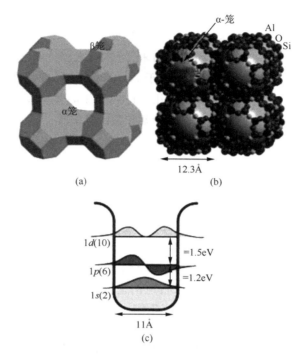

图 9-2 （a）具有 LTA 骨架结构的 A 型分子筛结构示意图；（b）A 型分子筛超笼中的碱金属
簇；（c）定域在超笼中的 s 电子的势能模型，量子状态在相邻簇之间存在重叠[20]

9.1.4　多孔材料中的贵金属簇

9.1.4.1　Ag 簇

Rálek 等将银交换的 A 型沸石进行脱水/重新水合处理时，样品会发生由白色
到黄色、橙色，最后到砖红色的一系列颜色变化，这应是最早的关于分子筛中 Ag
簇的报道。随后 Kim 和 Seff 将 Ag-A 型沸石单晶在 400℃脱水后也观察到类似现
象[21]，他们利用 XRD 分析技术发现脱水后的 Ag-A 型沸石中存在 Ag_6^0 金属簇
（图 9-3）。后来 Jacobs 等的研究表明，沸石中可能存在 Ag_3^{2+} 离子簇[22]。1981 年，
Gellens 等在期刊 *Zeolite* 的第一期上撰文论述了在 A 型沸石和八面沸石中银离
子簇的形成及其颜色变化[23]。他们指出，颜色的变化与处在分子筛不同位置的金
属簇的相互作用有关。

Ag^+ 在分子筛孔道中脱水还原形成银簇可能涉及两个步骤。第一个步骤反应
温度较低（低于 250℃），可能是银离子将水分子氧化而自身被还原；第二个步骤为
无水反应，涉及骨架氧离子的氧化，即银离子夺取沸石骨架氧的电子，形成 Ag^0。
在没有配位水存在的条件下，分立的 Ag^0 原子实际上不存在。据此可以推测，被还

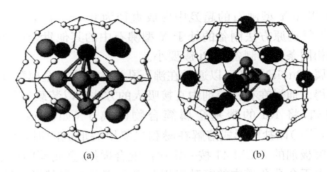

图 9-3　A 型沸石中的 Ag$_6^0$ 簇[7]：(a) 处于方钠石笼中，周围有 8 个 Ag$^+$；(b) 处于 α 笼中，周围有 14 个 Rb$^+$ 或 Cs$^+$

原的 Ag^0 原子与其他银原子形成了金属簇[24]。沸石中的银原子簇还可以通过用碱金属还原沸石中的银离子而获得。利用氢气还原法，可以利用 Ag-A 型沸石或 Ag/Na-A 型沸石制备出不同大小的银原子簇或离子簇。有时，这些簇表现出 ESR 信号，说明存在未成对电子。

　　Ozin 等曾观察到银-方钠石具有气压变色、阴极射线变色、水致变色、光致变色以及热致变色特性，因此提出这种化合物具有制作一系列传感器件的前景。此外，沸石中的银簇还对其他的分子具有敏感特性，所以它们作为化学传感材料也具有较好的应用前景。

9.1.4.2　Pt 族贵金属簇

　　沸石分子筛在催化反应中扮演着极为重要的角色。将贵金属引入沸石孔道内形成双重功能的催化剂更是格外受到人们的关注。在沸石中引入贵金属的方法主要是先将贵金属离子或阳离子配合物通过离子交换的方式载入沸石孔道，然后在一定温度条件下用还原剂（主要是氢气）将金属离子还原成贵金属原子簇。与碱金属离子簇有所不同，通过这种方法制备的零价贵金属原子簇大小在一个较大的范围内变化，簇中的原子个数也不尽相同。例如，小角 X 射线散射（SAXS）、透射电镜（TEM），以及近年来发展起来的 X 射线吸收精细结构（XAFS）等分析结果表明，在 Y 型沸石中可以制得直径为 0.6～1.3nm 的 Pt 金属簇[25]。进一步的结构分析表明，几乎所有的 Pt 簇均小于 Y 型沸石超笼的大小（1.2nm），而且在沸石中分布十分均匀。它们的原子个数可能为 40，并以削角四面体的几何形状位于八面沸石的超笼中。当然，在不同的制备条件下，也可能在 Y 型沸石的方钠石笼或在晶体外表面形成不同的 Pt 簇。

　　Pd^{2+} 及还原后的原子在沸石中的迁移性要高于相应的 Pt^{2+} 和 Pt。因此，制备出所有 Pd 金属簇均处于超笼中的主客体 Pd-Y 型沸石十分困难。一般在比较温和的条件下,可以在 Y 型沸石的超笼中形成直径为 0.6nm 的较小的 Pd 金属簇。通过离子交换加氢还原方法制备的处于 Y 型沸石中的其他贵金属(Ru、Rh、Os、Ir)簇粒子大都比相同条件下制备的 Pt 簇要小。

有些贵金属(Ru、Ir)簇还可以通过在沸石孔道中载入贵金属羰基化合物,然后加热分解而制得。通过在有机溶剂中直接吸入的方法可以装载到孔道较大的介孔分子筛中。例如,将 Ru 的羰基金属簇合物阴离子(如[$Ru_6(CO)_{16}$]$^{2-}$ 以及[$H_2Ru_{10}(CO)_{25}$]$^{2-}$)以盐的形式溶解在醚和二氯甲烷形成的混合溶剂中,然后再与干燥的脱除模板剂的 MCM-41 按一定比例混合搅拌,金属簇阴离子即可被吸入介孔孔道内。由于介孔孔道中的羟基可以与簇阴离子的羰基形成氢键,二者产生一定的亲和力,所以簇阴离子能够很好地结合到介孔孔道中。高分辨电镜照片清楚地表明金属簇阴离子处于 MCM-41 的孔道中并具有规则的排列[26]。在比较温和的条件下将形成的主客体物质进行热解,介孔孔道内的簇阴离子会发生分解形成高度分散的金属簇。这种金属簇的有序性不如组装进入孔道的簇阴离子,但它们具有良好的加氢催化性能[27]。

9.1.5　多孔材料中的过渡金属离子及金属簇

过渡金属簇的很多性质主要依赖于 d 电子的局域效应。因此,过渡金属以离子或团簇的形式存在于分子筛孔道中时,会表现出独特的光、电、磁等特性。利用分子筛骨架与过渡金属之间的电荷转移,还可以形成具有特殊价态的过渡金属离子或金属簇。例如,当锌蒸气与微孔磷酸硅铝分子筛 H-SAPO-CHA(菱沸石结构)反应时,可以制备出处于 SAPO-CHA 孔道中的单核一价 Zn^+(图 9-4)[28,29]。由于这种 Zn^+ 上存在未成对电子,所以制备的化合物显示 ESR 信号,而且未成对电子的磁矩在低温条件下还会发生反铁磁性相互作用。进一步研究发现,Zn^+ 具有一定的还原性,可将随后引入的单质硫还原为阴离子自由基(·S_3^-)[图 9-4(b)]。之所以不形成 Zn_n^{m+} 簇,可能是因为反应时产生的大量氢气阻止了金属簇的生成。利用同样的方法,将金属锌引入质子化的 ZSM-5 分子筛孔道中时,可以制备出

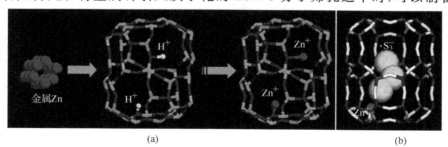

图 9-4　(a) SAPO-CHA 孔道中的 Zn^+ 的形成;(b) 引入的单质硫被还原为阴离子
自由基(·S_3^-)

Zn^{2+}-ZSM-5$^-$。在一定波长($\lambda <700nm$)的光辐照下,ZSM-5 分子筛骨架上的一个电子能够转移到 Zn^{2+},获得一价锌修饰的 ZSM-5 分子筛[30]。

利用不同的制备方法,还可以在 A 型、X 型、Y 型等分子筛中获得 $Hg_{(x+2)}^{2+}$、Cd_n^{m+}($n=2\sim 5$,$m=2$,4)、Zn_2^{2+}、In_3^{8+}、In_3^{2+} 以及 Ga_x^{y+} 等阳离子簇[31-33]。如将水合硝酸钴[$Co(NO_3)_2 \cdot 6H_2O$]与 Na-X 型分子筛混合在一起进行研磨,在 60℃时加热分解生成 Co_3O_4。随后在 H_2 气氛中于 550℃加热,处于沸石中的氧化钴会被还原为钴原子,进而发生聚集形成钴金属簇[34]。进一步的分析结果表明,钴金属簇并不是分散在沸石晶体的外表面,而是均匀地分布在晶体的缺陷中。Kecht 等利用 γ 射线辐照含有铜物种的大孔分子筛胶体,可在一维孔道(LTL 结构)或三维孔道(FAU 结构)中得到 Cu^0、Cu^1 簇[35]。Sen 等通过 InCl 蒸气与 Na-Y 型、Na-X 型分子筛反应,将 In^+、In^{3+} 和 In_5^{7+}-Cl^--In_5^{2+} 簇引入分子筛中[36-38]。

9.1.6 其他金属簇

9.1.6.1 双(多)金属簇的制备

随着对单一金属元素团簇研究的深入,人们也开始关注由两种或两种以上金属元素构成的混合团簇。混合团簇的研究逐渐成为催化科学、表面科学、纳米科学与技术等应用领域的前沿课题。分子筛中的双金属簇可以通过以下几种途径获得:①将沸石同时与两种金属盐混合浸渍,再用氢气还原。这一方法的缺点是不能精确地控制所需要制备的金属簇。②将两种金属离子交换到同一沸石孔道中,然后再进行氢气还原。这一方法不仅适用于还原性相近的金属离子,而且也适用于还原性不同的金属离子,因为先还原的金属离子有助于解离氢气,从而使难还原的金属离子的还原变得较为容易。③在已经装载了第一种金属簇的分子筛中吸附第二种金属中性配合物,再使这种配合物分解即可获得双金属簇。

除上述方法之外,利用分子筛特殊的孔道结构,还可以通过气相反应等方法获得双金属簇或多金属簇。Readman 等将 Cd 蒸气与脱水的 Zn-A 型分子筛(含有 LTA 结构)反应获得 Zn/Cd 合金簇[39],并利用同步辐射 X 射线衍射数据证明合金簇分布在约 40%的方钠石笼中。Guzman 在《催化模型体系》(*Model Systems in Catalysis*)一书中详细介绍了从金属有机前驱体出发,在分子筛中制备双金属复合物及双金属簇的方法、特点和催化应用[40]。Zeng 等利用等离子体溅射的方法在酸性的 ZSM-5 分子筛中装载了双金属 Cu/Zn 簇,这种材料在一步法催化合成二甲醚的反应中表现出高选择性和多功能性[41]。

9.1.6.2 金属氧化物或羟氧化物簇

含有二价或三价金属阳离子的分子筛在加热时会通过水解形成[M_lO_{mn}]$^{p+}$羟

氧化物簇。更高价态的阳离子更容易形成类似的簇。镧系元素交换的 Y 型分子筛经灼烧后可以用作高效的石油炼制催化剂。这种催化剂具有极高的热稳定性，可能与沸石的方钠石笼中形成了带电荷的氧桥连镧系金属簇[42]。在单晶 XRD 分析基础之上，Park 和 Seff 指出，完全脱水、部分脱水以及无水 La-X 型沸石的方钠石和超笼中均存在不同的金属氧簇合离子，典型的例子是处在方钠石笼中的 $La_4O_4^{4+}$ 簇[43]。

类似的 Pb_4O_4 簇在 A 型分子筛中也可以生成。实际上，这种 Pb_4O_4 簇进一步与其他 Pb^{2+} 或者 Pb^{4+} 配位形成更大的簇，如 $Pb_8O_4^{8+}$。在方钠石中，有证据表明存在 $Pb_2(H_2O)_3^{3+}$ 离子簇。而在 Ca-SOD 中，可以形成 $Ca_4(OH)_4^{4+}$ 离子簇。当将吸附 $Fe(CO)_5$ 的 Y 型沸石在氧气气氛中进行加热处理时，可以形成 Fe_6O_n 簇[44]。如果将脱水的 Zn-A 型分子筛与 Zn 蒸气相互作用可以形成体心立方的 $Zn_9O_n^{2+}$ 簇[45]。

由于 A 型、X 型等分子筛的方钠石笼骨架上存在 6 元环，利用金属与 6 元环的相互作用，可以通过金属有机的方法制备出具有悬挂结构的三聚体 M_3^0 簇（M 可以是 Mg、Mn、Ni、Co 等金属）[46]。Kim 等利用一种氧化固态离子交换方法将 $In_4(OH)_4^{8+}$ 引入 Y 型分子筛的方钠石笼中[47]，形成多原子的阳离子纳米簇（图 9-5）。

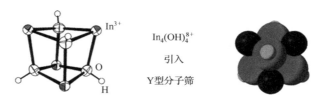

图 9-5　处于 Y 型分子筛（FAU 结构，硅铝比为 1.69）中的 $In_4(OH)_4^{8+}$ 簇[47]

9.2　多孔材料中的半导体纳米粒子

从 20 世纪 80 年代中后期起，有关半导体量子尺寸效应的研究备受关注。量子尺寸效应是指当半导体或金属的粒子尺寸降低到纳米范围时，特别是小于或者等于该材料的激子玻尔半径时，材料的连续能级将会发生劈裂形成离散能级，从而使其光、声、热、磁、电、超导等性能发生变化[48]。随着纳米粒子尺寸的减小，能级劈裂加剧，禁带宽度增加，光学吸收会发生明显的蓝移，同时会伴随强烈的激子共振。这些纳米粒子被形象地称为"量子点"。在多孔材料中，孔道尺寸大多在纳米范围内。因此，在多孔材料中生长或组装的半导体粒子将会受到空间限制作用，从而具有明显的量子尺寸效应。由于多孔材料具有可控的孔道结构及孔径尺寸，因此以多孔材料为模板可以制备出具有均匀尺寸及分布的零维或一维半导体纳米粒子,形成多孔材料-半导体纳米粒子复合材料。

9.2.1 多孔材料中纳米粒子的制备方法

由于孔道空间的制约,在多孔材料中制备或组装纳米粒子也受到原料、方法等因素的限制。但如能充分利用诸如分子筛等多孔材料孔道、孔壁的组成和结构特点,则可以制备出具有独特性质和功能的多孔材料-纳米粒子复合物。

金属有机化学气相沉积法(MOCVD)是通过先在多孔材料的骨架上嫁接金属有机基团,然后通入特定气体与金属有机基团进行反应,在多孔材料的孔道内生成所需要的半导体纳米粒子。早期最为典型的例子是在 Y 型分子筛中先嫁接上金属有机物种,然后再通入反应气体与金属有机物种进行反应生成 Ⅱ-Ⅵ、Ⅳ-Ⅵ 以及 Ⅲ-Ⅴ 型等半导体粒子[49,50]。由于拥有平衡骨架负电荷的质子,H-Y 型沸石可以很容易地与进入孔道内的金属有机物发生化学反应。定量来讲,分子筛孔道中有多少质子,就有多少金属有机分子可以通过这种方式嫁接到沸石孔道中,并同时产生甲烷分子。在这种嫁接的主客体物质形成后,向体系中通入 H_2S 气体,后者会与嫁接的金属有机基团发生反应生成硫氢化物。随后,将主客体物质在一定温度条件下热解处理,孔道内的硫氢化物会发生凝聚形成硫化物。当然,通过变换金属有机分子中的金属或通入硒化氢气体,还可以获得如 Cd_6Se_4、Zn_6S_4 等其他类型的纳米粒子。有时,还可以继续通入金属有机物并使之与新产生的质子反应,来进一步增加沸石孔道内金属硫化物的载入量。通过这种方法,不但可以获得 Sn_4S_6、Cd_6Se_4、Zn_6S_4、GaP 等化合物半导体纳米粒子,还可以获得硅、锗单质半导体纳米粒子或硅锗混合的纳米簇。一些三维的半导体纳米材料也可以通过此方法进行可控制备[51]。与化合物半导体纳米簇一样,这些元素半导体纳米簇也表现出明显的量子尺寸效应,它们的吸收光谱与相应的块体物质相比发生了明显的蓝移。

通过化学气相沉积法,可以在介孔分子筛中制备粒子尺寸更大的半导体粒子。脱除模板剂的介孔氧化硅的孔道内壁拥有丰富的硅羟基,这些硅羟基很容易与金属有机分子发生化学反应从而使后者嫁接到介孔孔壁上。研究表明,在脱除模板剂的 MCM-41 中可以载入质量比为 200% 的二硅烷[52]。这些嫁接的二硅烷经热解处理后形成硅纳米簇。由于硅含量很高,实际上生成的硅纳米粒子可以在介孔孔道中连成纳米线。与微孔晶体中的纳米半导体相似,处于介孔分子筛中的纳米半导体粒子也表现出量子尺寸效应。它们的禁带宽度以及发射光谱能量均与半导体载入量以及粒子粒度有关。利用化学气相沉积法,还可以在介孔孔道内形成 Ge 纳米线[53]。

将 Cd^{2+} 交换的分子筛与 H_2S 气体反应可以生成硫化镉纳米粒子,在八面沸石的方钠石笼中,可以形成 Cd_4S_4 纳米簇[54]。除了硫化镉之外,其他的半导体粒子在沸石微孔晶体中的组装也有相当多的报道。Moller 等通过类似的方法在 Y 型沸石中制备了硒化镉纳米簇粒子[55]。但是,结构分析表明,所形成的簇粒子成分非常复杂,除了硒化镉簇之外,在 Y 型沸石孔道内还存在 Cd_4O_4 或 Cd_2O_2Se 等不同成分的纳米簇。这些纳米簇并不是孤立存在的,它们与沸石的骨架氧有着较强的相互作用。

利用离子交换与化学气相沉积相辅助的方法,可以在分子筛中获得二元或三元复合半导体。如 White 和 Dutta 报道了在 Y 型分子筛中装载了 TiO_2/CdS 及 $Pt/TiO_2/CdS$ 半导体纳米粒子,形成了新型的光分解水制氢催化剂[56]。他们先通过离子交换在 Y 型分子筛中引入 TiO^{2+} 基团,后在空气中加热形成 TiO_2 纳米粒子;随后,再次通过离子交换在 TiO_2-Y 型分子筛中交换进 Cd^{2+},通过与 H_2S 气体反应最终获得 TiO_2/CdS-Y 型复合半导体装载的分子筛。以分子筛为载体的组装,有利于光生电荷的局部共享,从而提高光催化性能。

PbI_2 具有半导体性质。这种化合物可以通过气相传输的方法载入沸石孔道中。将脱水后的 Na-A 型沸石与 PbI_2 一起封装在石英管内,经过抽真空处理后,在 420℃加热 24h,PbI_2 会通过气相沉积过程进入 Na-A 型沸石中[57]。通过控制石英管中沸石和 PbI_2 的比例可以改变客体在主体中的装载浓度。随着客体载入量的增加,PbI_2 先是在沸石的超笼中形成 $(PbI_2)_4$ 簇,然后增长为 $(PbI_2)_5$ 簇。HgI_2 也是一种典型的半导体材料,而且它也很容易通过加热气化。所以,HgI_2 通过气相传输的方法可以装载到不同的沸石分子筛中。由于分子筛骨架的约限作用,HgI_2 在分子筛中会表现出明显的量子尺寸效应。装载到 $AlPO_4$-5 单晶中的 HgI_2 的电子跃迁吸收光谱表现出明显的蓝移现象,同时还呈现各向异性性质[58]。这种各向异性性质说明,HgI_2 在 $AlPO_4$-5 的一维孔道中很可能是以链的形式存在。

单质类的半导体包括 Se、Te、Ge 和 Si 等。单质 Se 的熔点较低(230℃),它在较低的温度条件下即有较高的蒸气压。因此,只要将单质 Se 与脱水后的沸石分子筛在真空体系中加热到 150℃左右,即可以使 Se 通过气相沉积过程进入沸石分子筛中。Parise 等详细研究了 Se 载入 A 型、X 型、Y 型、$AlPO_4$-5、丝光沸石等微孔分子筛中的情况[59]。单质 Se 在不同孔道结构中以不同的方式存在。在含直孔道的分子筛中,它主要以链的形式沿孔道方向排列。而在孔穴较小的笼形 A 型沸石中,它以 Se_8 环状分子形式处于孔笼中。但在孔穴较大的笼形分子筛中,既存在环形 Se 分子,也存在螺旋 Se 链。处于沸石分子筛中 Se 链上相邻的 Se 原子之间的距离要明显短于块体 Se 晶体中相应的 Se—Se 键长,这是由于处在沸石孔道内的 Se 链间的相互作用减弱或消失了。Poborchii 等通过研究 $AlPO_4$-5 单晶组装 Se 后的偏振拉曼光谱发现,主体孔道中除了有螺旋 Se 单链和 Se_8 环形分子外,还存在少量的三方 Se 链[60]。Te 的情况与 Se 类似,即根据主体孔道结构的不同,或以链形式或以环形式存在于主体中。偏振拉曼光谱以及电子跃迁光谱分析表明,在丝光沸石中通过化学气相沉积方法可以组装螺旋链的 S 和 Te,同时存在的还有

S_6、S_8、Te_6 等环形单质分子。随着介孔材料的开发,以介孔材料为主体组装金属纳米粒子的工作也成为人们关注的热点。Behrens 和 Spittel 报道了利用分子簇前驱体在介孔硅中组装新型的钯纳米粒子催化剂[61]。Boutros 等则使用表面活性剂辅助法在 Al-SBA-15 的孔道中制备出具有良好分散性的铑纳米粒子[62]。

Ⅲ-Ⅴ型化合物半导体如今已越来越受到人们的重视。利用化学气相沉积法在介孔孔道内生长Ⅲ-Ⅴ型半导体纳米粒子或纳米簇也有所报道。Ⅲ-Ⅴ型化合物半导体纳米簇的制备原理与硅簇和锗簇一样。先将 Al、Ga、In 的金属有机化合物通过化学气相沉积反应嫁接到介孔孔壁上,然后再通入磷化氢使之与嫁接的烷基金属反应,即可生成Ⅲ-Ⅴ型化合物半导体粒子。由于通磷化氢反应时的温度较高(约 300℃),所以反应后无需再加热热解。通过这种方法制备的Ⅲ-Ⅴ型半导体簇不仅分布在介孔孔道内,而且还有一部分沉积在介孔分子筛的外表面。Srdanov 等等研究了在介孔 MCM-41 中组装 GaAs 以及该主客体复合物的光学性质[63]。他们采用特丁基胂和三甲基镓作为砷源和镓源,通过金属有机化学气相沉积法于700℃条件下直接在 MCM-41 的孔道内沉积砷化镓。沉积形成的主客体复合物的电子跃迁吸收光谱发生明显蓝移,表明存在量子尺寸效应。复合物在室温条件下产生光致发光现象,而且发光光谱谱带比较宽。发光性质与所用的主体材料MCM-41 的孔径大小有关。进一步分析结果表明,沉积的 GaAs 纳米粒子粒度分布较宽,粒子不仅存在于 MCM-41 的孔道内,而且存在于介孔分子筛外表面。

9.2.2 多孔材料中纳米粒子的特点与应用

由于量子尺寸效应的影响,装载到多孔材料孔道中的纳米粒子在光学吸收与发射、电磁特性等方面表现出独特的性质。利用这些性质,多孔材料与纳米粒子形成的主客体复合材料在发光材料、非线性光学、太阳能利用等领域展现出极大的应用前景。

通过化学气相沉积法,在 Y 型分子筛超笼中能够生成含高达 60 个硅原子的原子簇。这种处于沸石孔道中的原子簇在室温条件下即可发出橙红色的光。随着温度的降低,主客体材料的发光强度还会进一步提高。Gao 等利用单晶硅作为硅源制备了 Silicalite-1 巨型单晶体,并通过载气方法将硅烷与脱除模板剂的Silicalite-1晶体反应在分子筛孔道内沉积硅纳米粒子[64]。进一步研究发现,这种处于 Silicalite-1 单晶中的硅纳米粒子可以发较强的红光,发光光谱谱峰波长在室温条件下为 570nm,而在 10K 时蓝移到 551nm 左右。

由于存在纳米粒子的量子尺寸效应,装载在沸石微孔孔道中的硫化镉纳米粒子的漫反射光谱与体相相比存在很大的差异。块体硫化镉的半导体带隙与它的电子光谱的吸收边相对应。但是,在微孔沸石分子筛晶体中,如果形成的 Cd_4S_4 纳米粒子的浓度很小,且相应的电子吸收光谱发生显著蓝移,表明纳米粒子形成的同时导致了半导体带隙的加宽。而当体系中的镉离子浓度增大时,所生成的 Cd_4S_4 纳米粒子的浓度也相应增大。这时,由于处在相邻方钠石笼中的半导体纳米粒子的相互作用,吸收光谱的吸收边又会逐渐红移。但是,对于不同结构的分子筛,这种纳米粒子间的相互作用程度会有所不同。在 A 型分子筛中的相互作用要明显弱于在 Y 型分子筛中的作用。详细的结构分析表明,硫化镉簇只在方钠石笼中形成,而不在八面沸石的超笼中形成,这可能是由于方钠石笼的骨架氧原子的配位作用使得形成的簇格外稳定的缘故。Kim 等也将 CdS 等量子点组装进分子筛中,研究了水的存在对量子点在分子筛中的影响[65]。结果表明,H_2S 气体与 M^{2+}-Y 型分子筛反应后,形成带有 H^+ 抗衡离子的骨架及无配体连接的量子点。以 H^+ 为抗衡离子时,随着水的加入,孤立的量子点能够迅速相互聚合并伴随着方钠石笼的破坏,进而导致骨架塌陷。而以 NH_4^+ 为抗衡离子时,骨架可以长时间保持不变,水对于量子点的团聚影响不大(图 9-6)。

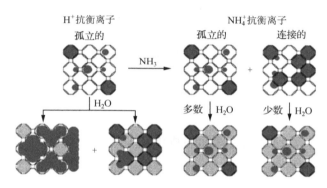

图 9-6 在不同抗衡离子存在的情况下,水对于 Y 型分子筛中量子点团聚行为的影响[65]

块体硫化银的低温相是一种具有单斜结构的半导体,它在室温时的带隙约为 1eV。由于硫化银独特的发光性质,这种半导体化合物的纳米粒子近来受到广泛关注。在 A 型分子筛中装载硫化银粒子的粒度可以通过调整交换到沸石孔道内的初始 Ag^+ 的量来控制。但如果硫化银纳米簇只在 A 型分子筛的 α 笼中形成,那么它们的尺寸不应该超过笼直径的大小(约 1.5nm)。处于相邻笼中的硫化银粒子在浓度较高时可能会发生相互作用,这种相互作用对纳米簇的吸收光谱和发射光谱均会产生影响[66]。

9.3 多孔材料中的碳物质

9.3.1 以多孔材料为主体制备多孔碳

利用分子筛作为主体材料还可以制备多孔碳。首先,将有机物如丙烯腈、聚丙烯腈、酚醛树脂等有机聚合物载入分子筛的孔道内,然后在加热条件下,将载入的有机物碳化,碳化后的复合物经酸溶脱除无机基质后即可以形成多孔碳。根据所使用的分子筛、有机物种类以及制备条件的不同,可以获得各种各样的多孔碳物质。除了个别例子外,用这种方法制备的多孔碳都缺乏均一的孔结构,因此难以起到沸石分子筛一样筛分分子的作用。采用类似的方法,通过非一维孔道型的介孔分子筛也能获得多孔碳物质,但这时获得的多孔碳的孔径尺寸在介孔范围(5～10nm)。而且,与从微孔沸石获得的多孔碳不一样,从介孔分子筛获得的多孔碳大多具有规则的孔道结构和孔径尺寸。实际上,这种类型的多孔碳可以被归属为分子筛,它们可能表现出与其他多孔材料不同的物理化学特性。

如果采用具有一维直孔道的介孔分子筛作为主体制备碳物质,由于在碳化过程中碳只能在一维孔道中生长而不能彼此交联形成三维网络结构,这时所制备的碳物质一般来讲呈线形结构。Wu 等将丙烯腈单体在室温条件下蒸入介孔分子筛MCM-41 孔道中,然后使吸入的丙烯腈单体在催化剂作用下发生聚合[67]。聚合后的主客体复合物在不同温度条件下热解,即可获得分布在介孔孔道内的一维石墨片状物质。实验结果表明,一维碳物质/MCM-41 具有导电的性质。但是,由于介孔 SiO₂ 的绝缘作用,所测得的电导率远低于聚丙烯腈本体在相同温度条件下热解产物的电导率。Ryoo 等使用介孔氧化硅 SBA-15 作为硬模板,制备出具有一维直孔道的介孔碳 CMK-3[68]。Ji 等利用这种多孔碳物质吸附熔融的硫,制备成高度有序的碳-硫电极应用在锂-硫电池中[69],导电的介孔碳骨架能够将硫固定在介孔孔道中,同时又能使硫与电荷产生必要的接触(图 9-7)。

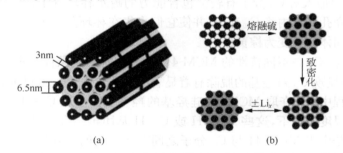

图 9-7 (a) 利用介孔氧化硅 SBA-15 制得的介孔碳 CMK-3;(b) 熔融硫在其孔道内的吸附形成的碳-硫电极及其在锂-硫电池中的应用[69]

将聚合物单体直接通过载气与沸石分子筛接触聚合也能形成用来制备多孔碳的聚合物/分子筛主客体前驱体。例如,丙烯在 N₂ 的载动下,可以进入 Y 型沸石并在其孔道中形成聚丙烯,这种聚丙烯经热解后可以发生碳化,碳化产物的主体沸石骨架经酸溶解即可消除,所剩余的碳物质具有多孔特征。但是,通过这样的方法制备的多孔碳孔径分布并不均一,因此很难用作分子筛来筛分小分子。

9.3.2 多孔材料中组装富勒烯

C_{60}的范德华直径大约为 1nm，大于大部分微孔晶体的孔口直径。所以，欲将C_{60}组装到一般的沸石分子筛中是很困难的。但是 VPI-5 是一种孔径较大（约 1.25nm）的一维孔道微孔晶体，它的孔道大小足以容纳 C_{60} 分子。Hamilton 等将C_{60}的苯溶液在 50 个大气压及 50℃ 条件下与 VPI-5 分子筛相互作用，成功地将C_{60}分子装载到 VPI-5 的孔道中[70]。由于受到分子筛骨架的作用，进入 VPI-5 中的 C_{60} 表现出与本体 C_{60} 较大的性质差异。首先，C_{60} 可以阻止 VPI-5 在加热条件下转化为 AlPO$_4$-8。更为有意思的是，在激光激发下，处于 VPI-5 中的 C_{60} 能够发射较强的白光。Sastre 等在减压的条件下（1Torr，1Torr＝133.322Pa），成功地将富勒烯分子引入八面沸石的超笼中[71]。尽管这超笼具有约 1.3nm 的直径，但它们是通过直径仅为 0.74nm 的窗口相连接，因此富勒烯分子的进入还是存在一定困难。实验结果表明，一小部分的富勒烯分子可以进入八面沸石的超笼中，其余大部分富勒烯分子定域在外表面的开放式孔笼中。

C_{60}还可以通过溶液浸渍的方法装载到介孔材料的孔道中。Drljaca 等将 C_{60}的甲苯溶液与介孔 SiO_2 混合后，获得了孔道中含有溶剂化 C_{60} 分子的主客体复合物质[72]。这种固体物质的颜色与 C_{60}甲苯溶液（淡紫色）相同，但当加热使介孔孔道中的甲苯溶剂挥发后，样品则变为黄色，这是由于孔道内的 C_{60} 分子发生了聚集。当黄色的主客体物质再次与甲苯接触时，原来的淡紫色又重新出现，说明处于介孔孔道中的 C_{60} 分子的聚集与解聚是一种可逆的过程。如果在含甲苯/C_{60}的介孔 SiO_2 固体中加入对 C_{60} 分子有较强包合能力的疏水杯环分子，那么这些杯环分子很容易在介孔孔道内将 C_{60} 夺取，并使它们聚集在杯环分子形成的包围空间内，这时主客体固体物质变为棕黄色。

Chen 等将 C_{60} 与不同特性的 MCM-41 混合后，在真空条件下观察后者的脱羟基情况，他们发现 C_{60} 对羟基的脱除有着显著的促进作用[73]。红外光谱分析表明，在脱羟基过程中，C_{60}夺取 MCM-41 硅羟基的羟基基团生成 C—H 及 C—OH 键，然后在更高温度条件下，这些 C—OH 或 C—H 基团再结合，并以 H_2O 分子的形式脱去。正是由于 MCM-41 与 C_{60} 分子之间存在一定的相互作用，MCM-41 在某种程度上可以作为 C_{60} 分子与其他物种的反应介质。如在室温下，C_{60} 分子与环戊二烯分子几乎不发生反应。但是，选取合适的溶剂（如氯仿）将 C_{60} 分子引入 MCM-41 的介孔孔道中后，所形成的复合材料能够与环戊二烯分子发生 Diels-Alder 反应，产率高达 98%[74]。而且，通过改变富勒烯分子与 MCM-41 的比例，还可以对产物加以控制。

9.3.3 多孔材料中生长碳纳米管

自 Iijima 报道碳纳米管的制备及微观结构以来[75]，碳纳米管受到学术界极其广泛的关注。碳纳米管有单壁和多壁之分,单壁碳纳米管可以看作由石墨单层卷曲而成,而多壁碳纳米管则可以看作由不同直径的单壁碳纳米管叠套形成。无论是单壁还是多壁,完整的碳纳米管的顶端都需要类似于富勒烯的碳笼残片来将之封闭。有时碳纳米管的顶端并不是封闭的,它们的顶端碳原子价键可能会由其他杂原子如 H、N 或 O 来饱和。石墨单层卷曲形成单壁碳纳米管时,由于卷曲的方式不同会产生直径和对称性不同的纳米管。

制备碳纳米管的方法多种多样。Iijima 所报道的方法与 C_{60} 以及其他富勒烯的制备方法类似,均为石墨电弧放电法。利用电子束在真空体系中气化石墨,并在石英基质上沉积获得的碳物质中也含有纳米管。当然,其他技术如激光烧蚀、真空蒸发等将石墨气化,也是制备碳纳米管的有效途径。通过有机分子(如苯)在高温及氢气存在条件下的热解也可以制备出多壁碳纳米管。有时添加适量的含金属的催化剂更有利于碳纳米管的形成。此外,通过电化学(电解)方法也可以获得碳纳米管。利用多孔氧化铝作外模板,可以在孔道中生长出碳纳米管,但是这种多孔氧化铝的孔道直径较大,属于大孔($>50nm$)范畴。因此,所制备的碳纳米管的管径也较大,而且多为多壁碳纳米管。

制备碳纳米管的方法虽然多种多样,但制备管径均一的单壁碳纳米管却并非易事,管径小于 1nm 的单壁碳纳米管尤其难以制得。单壁碳纳米管不同于多壁碳纳米管,它们的性质单一,易于从理论上得到阐释。因此,单壁碳纳米管的制备往往显得更为重要。从理论上讲,具有一维直孔道的微孔晶体可以作为外模板制备碳纳米管。当然,这种微孔晶体的孔径不能太小,因为孔径太小不能容纳管径哪怕是最小的碳纳米管。Tang 等首次尝试了在 $AlPO_4$-5 单晶孔道中生长碳纳米管并取得成功[76,77],他们首先在含氟离子的体系中,利用三正丙胺作为模板剂,通过水热方法合成了基本不存在缺陷的 $AlPO_4$-5 大单晶。将单晶置于真空体系(4~10Torr)中热解,热解温度控制在 500~800℃。热解后的 $AlPO_4$-5 晶体为深黑色,而且表现出对偏振光吸收的各向异性。显然,通过热解,处于 $AlPO_4$-5 微孔孔道中的三正丙胺模板剂分子发生了分解,分解产物为富碳物质。光电子能谱及元素分析结果表明,这种富碳物质基本不含 N 和 H,所以可以看作只由 C 组成。

虽然理论上讲在 $AlPO_4$-5 孔道中形成碳纳米管是可能的,但要直接验证热解后的 $AlPO_4$-5 孔道中确实存在碳纳米管却颇有难度。$AlPO_4$-5 晶体的孔道直径为 0.74nm,因此所生成的碳纳米管的外径必定小于这一直径值。实际上,在考虑碳纳米管的直径时,还应当扣除纳米管与晶体孔壁之间的范德华间距。热解后的 $AlPO_4$-5 晶体经盐酸溶解后分离出的碳物质,在高分辨显微镜下观察,可以发现的确存在极细的单壁碳纳米管[78]。热解后的 $AlPO_4$-5 晶体中存在碳纳米管的另一个证据来自拉曼光谱。晶体在 500~550℃真空热解后,拉曼谱图则出现一系列新的谱峰。这些谱峰既不同于模板剂的信号,也不同于石墨或金刚石的信号,说明所形成的物质是一种新的碳的形态。根据拉曼谱峰的位置,可以判断这种新形态的碳具有碳纳米管的结构特征[79]。与可见光吸收情况类似,含碳纳米管的 $AlPO_4$-5 单晶的拉曼光谱也表现出各向异性。

　　合成的 $AlPO_4$-5 晶体、热解后含碳纳米管的 $AlPO_4$-5 晶体以及完全脱除模板剂的 $AlPO_4$-5 晶体的粉末 X 射线衍射峰没有太明显的变化。但是,三种物质的衍射峰相对强度有所不同,随着模板剂的脱除,衍射强度有所增加。此外,衍射峰的位置略微向高角度移动。从 X 射线衍射谱图可得出结论:模板剂的脱除使得 $AlPO_4$-5 晶体晶格发生微小的收缩,但生成的碳纳米管对 $AlPO_4$-5 基本结构不产生任何破坏,说明碳纳米管被严格限制在 $AlPO_4$-5 的微孔孔道中。

　　由于碳纳米管的结构特征从而具备独特的电传导性质。用常规方法制备的直径较大的碳纳米管通常呈现金属导电或半导体性质。$AlPO_4$-5 晶体中,热解形成的碳纳米管只能沿着晶体微孔孔道生长,因此它们的排列非常整齐,这也给传导性质的测定带来了便利。将含碳纳米管的 $AlPO_4$-5 晶体垂直置于一陶瓷片的孔隙中,并用环氧树脂固定,陶瓷片的两边经打磨抛光后使晶体的两端露出,并在两端镀上接触电极,这样就可以测量碳纳米管/$AlPO_4$-5 的电流-电压曲线以及电导率随温度变化的曲线。实验表明,合成的含模板剂分子的 $AlPO_4$-5 以及完全脱除模板剂的 $AlPO_4$-5 晶体为典型的绝缘体,而碳纳米管/$AlPO_4$-5 晶体则表现出独特的导电性质。在室温条件下,测得的电导率在 0.1S/cm 数量级,该电导率小于金属的电导率值,而与半导体的电导率值相当。随着温度的降低,电导率也降低,说明这种碳纳米管具有表观半导体性质。但是,当温度降到 20K 以下时,碳纳米管/$AlPO_4$-5 晶体却表现出 Meissner 效应,这一效应表明处于 $AlPO_4$-5 晶体孔道中的碳纳米管在 20K 以下是一种一维超导体[80]。

9.4　多孔材料与有机分子和聚合物的复合

　　吸附到多孔材料孔道中的有机单体,在合适的反应条件下很容易发生聚合形成聚合物。通常,多孔材料可以作为软、硬模板合成聚合物。如果不移除模板,多孔材料和聚合物则形成主客体复合材料,这类材料中,在微孔和介孔分子筛中形成的具有导电性质的高分子材料尤为受到关注。因为这类高分子由于孔道的局限作用很可能以单链的形式存在,这对研究聚合物的物理性质以及在电子器件的小型化应用方面具有重要的意义。

　　当乙炔分子吸附到分子筛中后,在一定条件下会聚合形成含共轭双键的高分子片段[81]。有时,在分子筛中的单体发生聚合需要有氧化剂的存在。例如,在 Y 型分子筛和丝光沸石中,可以将 Cu^{2+} 以及 Fe^{3+} 等阳离子交换到孔道中,这些阳离子可作为氧化剂,使随后吸附在孔道中的吡咯或噻吩发生聚合,形成聚吡咯或聚噻吩[82]。聚吡咯进一步氧化会使聚合物链产生导电性质。另外一种常用的聚合氧化剂是水溶性的过硫酸盐,通常将吸附了聚合物单体的沸石分子筛与过硫酸盐混合,即可发生孔道内的氧化聚合反应。用这种方法可以在丝光沸石和 Y 型沸石中制备聚苯胺,聚苯胺的导电性能与其氧化及质子化的程度密切相关。因此,所使用的主体沸石分子筛的结构和组成对聚苯胺的导电性能有较大影响。

聚丙烯腈是一种十分重要的高分子材料。利用沸石微孔分子筛作为主体模板,丙烯腈单体可以在孔道内聚合形成聚丙烯腈[83]。先将沸石分子筛进行抽真空脱水处理,然后将脱水后的沸石与液态丙烯腈单体产生的蒸气接触,单体会通过扩散和吸附进入沸石孔道中。将含有丙烯腈单体的沸石与过硫酸盐及亚硫酸盐溶液混合并适度加热,即可获得包合在沸石骨架内的聚丙烯腈。主客体物质形成后,沸石主体骨架可以通过加入 HF 溶液溶解除去。经分析证明剩下的聚合物具有常规聚丙烯腈的所有特征。研究发现,丙烯腈在不同结构的沸石中的聚合情况是不一样的。在 Y 型沸石中形成的聚合物相对分子质量可以高达 19 000,而在丝光沸石中,形成的聚合物的相对分子质量则仅为 1000 左右。孔道再小一些的 Silicalite 沸石则无法在孔道内形成聚合物。在沸石中的聚丙烯腈也可以通过热解的方法碳化,碳化后的物质在溶解掉沸石骨架后呈现半导体性质,电导率为 5～10S/cm。

Bein 等还研究了甲基丙烯酸甲酯(MMA)在 Na-Y 型沸石、丝光沸石、β 沸石、ZSM-5 微孔晶体以及 MCM-41、MCM-48 介孔分子筛等主体孔道中聚合形成聚甲基丙烯酸甲酯(PMMA)的情况[84]。与丙烯腈一样,MMA 在分子筛中同样可以聚合,而且随着主体孔道的增大聚合度也会增大。电镜观察结果显示,聚合反应主要在分子筛的孔道内进行,孔道外的分子筛粒子表面几乎观察不到聚合物的存在。聚合物/分子筛主客体物质缺乏本体聚合物所特有的玻璃化转变温度也充分说明了这一点。

将脱水后的 H-Y 型沸石的二甲烷悬浮液与乙烯醚混合后,后者会迅速进入分子筛孔道内并发生不同程度的聚合[85]。由于 H-Y 型沸石中存在质子,这种质子会破坏聚乙烯醚的醚氧键,并使聚合物链上形成聚乙烯正离子。聚乙烯正离子的存在使得主客体复合物呈现不同的颜色。H-Y 型沸石中的 Na/H 比例以及乙烯醚单体上的取代基团对聚合反应的聚合行为以及聚乙烯正离子链的长短均有较大的影响。

9.5　多孔材料中组装金属配合物

由于分子筛骨架的约限和阻隔作用,金属配合物在分子筛的孔道中与其在溶液中以及固体状态相比往往会表现出不同的化学和物理性质。分子筛骨架的保护作用使得它们的热稳定性以及抗氧化性均有明显的提高。在分子筛中制备金属配合物的方法归纳起来大致可以分为以下几种:①以金属配合物为模板剂,直接合成包合金属配合物的多孔骨架型化合物;②通过"瓶中造船"的方法,使较小的配体分子进入分子筛孔道中,再与金属离子配位形成较大的配合物;③对于挥发性较强的配位化合物,也可以通过气相输运的方法载入分子筛孔道中;④将配合物通过共价键嫁接到分子筛的孔壁上,这种方法尤其适用于配合物/介孔分子筛主客体复合物的制备。实际上,随着研究的不断深入,分子筛组装主体和客体的类型将会更为广泛,组装形成的复合物的功能性更为受到重视。一些在催化、发光及生物模拟方面具有应用前景的组装体被不断开发出来。同时,复合组装体的结构、性质以及它们的光化学或光物理作用机理也会有效地被揭示。

9.5.1 金属-吡啶类配合物的组装

9.5.1.1 吡啶配合物

含氮杂环芳烃的大 π 键可以使电子离域,它们不但具有一定强度的碱性,而且还具有比较强的金属配位能力。这类化合物作为配体与金属离子尤其是过渡金属离子配位,可以形成多种多样的具特殊性质的配合物。早在 20 世纪五六十年代,人们便研究了铜-吡啶配合物作为均相催化剂参与乙炔、酚类等的氧化偶联反应。如果把配合物负载或分散到固体载体或多孔晶体中,则有可能获得催化效果更好的复合异相催化剂,同时还可以有效地利用多孔晶体的择形性(shape-selectivity)。

Ukisu 等成功地将取代吡啶与铜的配合物组装到 Y 型分子筛孔道中,并研究了组装配合物的存在状态和催化性能[86]。X 射线吸收近边谱分析清楚地显示处于氧化状态的铜的氧化态为 $+2$,而处于还原状态的铜的氧化态为 $+1$。Attfield 等利用原位合成法在硅镁碱沸石分子筛的孔内合成了线形的[Cu(pyr)$_2$]$^{2+}$ 配合物[87]。该配合物的 Cu^{2+} 位于硅镁碱沸石分子筛的 8 元环中心,分别与处于 8 元环孔道和 10 元环孔道中的两个吡啶分子相连(图 9-8)。

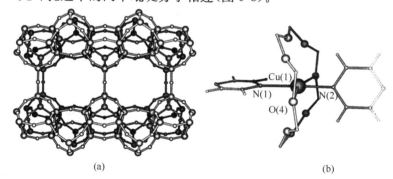

(a)   (b)

图 9-8 (a) 硅镁碱沸石分子筛沿[010]方向的 8 元环孔道;(b) 8 元环内线形的[Cu(pyr)$_2$]$^{2+}$
结构示意图[87]

ESR 和 NMR 等分析结果证明了配合物在分子筛中的存在形式。此外,组装在 Na-X 型沸石中的二(乙酰丙酮)合铜能够被吡啶取代。通过 ESR 谱可清楚地观察到取代反应发生时 ESR 信号的变化,而这种取代反应在溶液及硅胶上是不会发生的。沸石的阳离子产生的静电场倾向于降低 $[Cu(acac)]^{2+}$ 配合物的稳定性。Böhlmann 等采用离子交换法将铜-吡啶配合物组装到介孔分子筛 MCM-41 中,并详细研究了组装配合物的电子顺磁共振性质[88]。Pöppl 等还将铜-吡啶配合物组装到不含 Al 的 MCM-41 孔道中[89],发现这时配合物与 MCM-41 孔壁相互作用较弱。

9.5.1.2　联吡啶配合物

2,2′-联吡啶有两个芳环及两个配位 N 原子,很容易与过渡金属离子形成螯合物,而且它的两个芳环使电子离域化程度更高。因此,联吡啶过渡金属配合物往往具有比吡啶配合物更为有意思的性质。与吡啶配合物一样,联吡啶配合物也可以通过各种不同的方法组装到多孔晶体中形成主客体化合物。最为常见的方法是"瓶中造船"(ship-in-bottle)方法,即先将过渡金属离子交换到多孔晶体孔穴中,然后将联吡啶配体引入孔穴对金属离子进行配位,形成的配合物由于体积较大,不能从多孔晶体孔窗中逸出,正如瓶子中的船体积较大不能从瓶颈脱出一样。

联吡啶与钌形成的配合物具有独特的发光和催化性质,因此以它们作为客体进行组装的研究最为广泛。DeWilde 等首次报道以"瓶中造船"手段制备了 Y 型沸石组装的三(2,2′-联吡啶)合钌配合物[90]。他们先将 $[Ru(Ⅲ)(NH_3)_6]^{3+}$ 交换进入 Y 型沸石中形成 $[Ru(Ⅲ)(NH_3)_6]$-Y,然后将联吡啶与 $[Ru(Ⅲ)(NH_3)_6]$-Y 混合加热,这时 Ru(Ⅲ)被还原为 Ru 并形成 $[Ru(bpy)_3]$-Y,$[Ru(bpy)_3]$-Y 的光谱性质与在溶液中完全相同。组装后的配合物表现出多样化的光物理行为,这些光物理行为与水合程度、装载量等密切相关。后来,Quayle 等又将 $[Ru(bpy)_3]$-Y 用 Cl_2 氧化为 $[Ru(Ⅲ)(bpy)_3]$-Y[91],含三价钌的组装配合物可以将水氧化分解形成 O_2。

Calzaferri 等详细报道了 Y 型沸石超笼中 $[Ru(bpy)_3]^{2+}$ 的组装行为[92]。他们发现,一次性"瓶中造船"反应可使 50% 的 Y 型沸石超笼组装上 $[Ru(bpy)_3]^{2+}$,而多次反应能使 65% 的超笼组装上配合物。当试图使 65% 以上的超笼装载 $[Ru(bpy)_3]^{2+}$ 时,会形成其他的配合物如 $[Ru(bpy)_n(NH_3)_{6-2n}]^{2+}$ 等。Dutta 等详细研究了组装在沸石中的 $[Ru(Ⅲ)(bpy)_3]^{3+}$ 对水的催化氧化行为[93]。结果显示当体系的 pH 低于 4 时,几乎没有 O_2 形成。究其原因,Ru(Ⅲ)配合物首先与 H_2O 结合生成 OH 游离基进而形成 H_2O_2,H_2O_2 再与未反应的 Ru(Ⅲ)作用形成 O_2。他们还制备了不同 $[Ru(bpy)_3]^{2+}$ 装载量的 Y 型沸石主客体复合物,并研究了处在不同超笼中客体配合物之间的相互作用[94]。当客体配合物周围笼中不存在同类客体时,主客体复合物的荧光寿命与配合物在溶液中的寿命相当。但当客体装载浓度达到一定值时,主客体复合物的发光强度会减弱,同时荧光衰减速率会加快、寿命缩短。客体配合物的激发态-基态以及激发态-激发态之间均能发生能量或电子转移相互作用。

Maruszewski 等利用吸收光谱和共振拉曼光谱对组装在 Y 型分子筛孔笼中的多吡啶钌配合物($[Ru(bpy)_2]^{2+}$、$[Ru(bpy)(bpz)]^{2+}$、$[Ru(bpy)_2(dmb)]^{2+}$ 等)进行了比较详细的表征[95]。组装在分子筛孔笼中的 $[Ru(bpy)_3]^{2+}$ 与甲基紫之间可以发生光电子转移反应。在受光照激发后,由电荷跃迁产生的激发态 $^*[Ru(bpy)_3]^{2+}$ 将电子转移到邻近孔笼中的甲基紫,形成 $MV^{+·}$ 自由基离子,而其自身转化为 $[Ru(Ⅲ)(bpy)_3]^{3+}$。为与分子筛骨架保持电荷平衡,每转移一个电子,必须同时迁移一个 Na^+。因此,Na^+ 迁移速率影响着电子转移的快慢以及电子的恢复。$MV^{+·}$ 阳离子自由基的寿命为数小时,拉曼光谱结果表明,自由基与分子筛骨架有着较强的相互作用。Kincaid 等将联吡啶、2,2′-联吡嗪(简写作 bpz)与钌形成的配合物 $Ru(bpy)_2bpz$、5-甲基-2,2′-联吡啶(简写作 mmb)合钌,以及 N,N'-三亚甲基-2,2′联吡啶(简写作 DQ_{55}^{2+})组装到 Y 型分子筛彼此相邻的超笼中,形成一个光化学系统[96]。其中 $[Ru(bpy)_2(bpz)]^{2+}$ 为光敏剂,光照时一个电子从它的基态跃迁到激发态形成 $^*[Ru(bpy)_2(bpz)]^{2+}$,该激发态失去一个电子并转移到 DQ_{55}^{2+} 使之还原为 DQ_{55}^+,而其自身被氧化为 $[Ru(bpy)_2(bpz)]^{3+}$,$[Ru(bpy)_2(bpz)]^{3+}$ 又可以从相邻孔笼中的 $[Ru(mmb)_3]^{2+}$ 获得一个电子还原为基态。这样,$[Ru(mmb)_3]^{2+}$ 并不与 DQ_{55}^{2+} 直接发生氧化还原相互作用,而是通过光敏剂阻隔的电子施主-受主系统完成电子转移过程。电子受体 DQ_{55}^{2+} 在被还原后与溶液中的磺基丙基紫(propylviologen sulphonate,PVS)作用并使后者还原。这种双配合物光体系还原 PVS 的效率比 $[Ru(mmb)_3]^{2+}$ 及 $[Ru(bpy)_2(bpz)]^{2+}$ 单独组装形成的单配合物/Y 型沸石体系要高。

Kozuka 等将 $[Ru(bpy)_3]^{2+}$ 组装到用溶胶-凝胶法制备的硅胶膜中,并研究了组装体的发光性质[97]。他们将含 $[Ru(bpy)_3]Cl_2 \cdot 6H_2O$ 的正硅酸乙酯进行水解,直接形成了包裹配合物分子的硅胶涂膜。研究发现,处于溶胶-凝胶膜上的配合物由金属-配体电荷转移跃迁产生的激发态恢复到基态的发光会红移,升温后发光又会蓝移,但加热超过 200℃时则再次发生红移。随干燥温度的升高,配合物的荧光寿命增加,发光效率则减小。他们将发光效率减小归因于空气中的 O_2 对配合物分子的猝灭作用。

除了与钌形成具有独特性质的配合物外,联吡啶还可以与其他金属形成功能配合物。Pinnavaia 等将锰-联吡啶配合物组装到介孔分子筛 MCM-41 中,并发现组装体是一种有效的催化氧化苯乙烯的催化剂[98]。Kevan 等揭示了锰-联吡啶配合物装载在 MCM-41 孔道内的存在状态和相关性质[99]。他们发现,当装载量较低时,客体配合物主要以单分子形式存在于孔道中,而当装载浓度超过一定值时,客体配合物分子开始发生聚集,ESR 信号精细结构消失。Knops-Gerrits 等研究了组装到 X 型、Y 型及 EMT 沸石分子筛中的锰与联吡啶或邻菲罗啉(简写作 phen)形成的配合物的发光行为[100]。组装在 X 型沸石中的 $[Mn(bpy)_3]^{2+}$ 发光效率有所增加,发光波长有所红移,而在较空旷的 EMT 中,$[Mn(bpy)_3]^{2+}$ 发光波长也发生红移,发光效率却有所减小,$[Mn_3]^{2+}$ 在沸石分子筛中的发光光谱较弱而且发生宽化现象。

Quayle 等将 Fe 在 N_2 保护下交换到 Na-Y 型沸石中,然后将联吡啶与之混合加热形成 $[Fe(bpy)_3]$-Y 组装化合物[101]。当 Fe 的含量小于每个超笼一个 Fe 时,配位反应最为有效。如果 Fe 的含量过高,配位反应会驱使过剩的 Fe 处在两个配合物之间与配体形成额外的 π 型配位键。在 Fe 装载量较低时,氯气可以将 $[Fe(bpy)_3]^{2+}$ 氧化为 $[Fe(bpy)_3]^{3+}$,氧化转化率为 90%。在高组装量的情况下,这种氧化则很不完全。这可能是由于氯气不能轻易进入分子筛孔道,或没有足够的空间容纳生成的氯离子的缘故。Umemura 等通过一系列的表征手段详细考察了 $[FeL_3]^{2+}$[L=乙二胺、2-(氨乙基)吡啶、2,2′-联吡啶、1,10-邻菲罗啉、4,4′-二甲基-2,2′-联吡啶、5,6-二甲基-1,10-邻菲罗啉]在 Y 型分子筛中的组装情况以及它们的存在状态[102]。研究表明,前四种配体体积较小,它们能够与铁离子在分子筛孔道中形成客体配合物,后两种配体体积太大,不能够与铁离子在分子筛孔笼中形成客体配合物。乙二胺和 2-(氨乙基)吡啶形成的客体配合物结构不发生任何畸变,而较大的 2,2′-联吡啶和 1,10-邻菲罗啉形成的客体配合物中 Fe 处于低自旋状态,说明分子筛骨架对配体的挤压促使配体对 Fe 的配位加强。

9.5.2 金属-Schiff 碱配合物的组装

由氨和醛或酮反应生成的含 C=NH 基团的化合物称为亚胺,这种亚胺极不稳定,很容易发生水解转化为含羰基的化合物。然而,如果是由伯胺与醛或酮缩合生成的取代亚胺则稳定得多,发生反应为:$RCHO + R'NH_2 \longrightarrow RCH=NR' + H_2O$。这种取代亚胺($RCH=NR'$)统称为 Schiff 碱。虽然取代亚胺较亚胺稳定得多,但还是会发生水解反应或聚合反应。如果将 C 和 N 上取代的烷烃基团改作芳香基团,那么所形成的亚胺稳定性会进一步增加。由于取代基的不同,所以 Schiff 碱的种类也很多。由水杨醛和乙二胺缩合形成的 N,N'-二(水杨醛基)乙二亚胺是一种典型的 Schiff 碱,简称作 SALEN。SALEN 也是一种应用广泛的螯合配体,它的两个氮原子和两个羟基基团都可以参与配位。

Balkus 等在 X 型和 Y 型沸石中成功地合成了 [Rh(SALEN)] 配合物[103]。他们将 Rh(Ⅲ)交换到沸石中,加入 SALEN 混合后于 140℃加热反应 13h,反应物冷却后用氯甲烷充分洗涤,获得棕黄色的[Rh(SALEN)]-Y 或[Rh(SALEN)]-X。1991 年,Bedioui 等报道了在 Y 型沸石中组装 Co(Ⅲ)的 SALEN 配合物,并研究了组装配合物的电化学行为[104]。[Co(SALEN)]-Y 有两对电化学信号,分别对应于 Co(Ⅲ)/Co 及 Co(Ⅰ)/Co 氧化还原电对。它们的电势值与溶液中单体[Co(SALEN)]$^{3+}$ 的信号相同。此外,[Co(SALEN)]$^{3+}$ 在典型的 Co(Ⅲ)/Co 和 Co(Ⅰ)/Co 信号之间还有一对氧化还原信号。他们将这对信号归属为与分子筛孔壁发生强相互作用的[Co(SALEN)]$^{3+}$ 的 Co(Ⅲ)/Co 氧化还原信号。即[Co(SALEN)]$^{3+}$ 在 Y 型分子筛中有两种不同的配位状态,但具体的配位形式尚不清楚。研究结果还表明,组装形成的[Co(SALEN)]-Y 有可能作为良好的氧化还原反应的催化剂。Bedioui 等还制备了组装在 Y 型沸石中的[Mn(Ⅲ)(SALEN)]$^{+}$ 及[Fe(Ⅲ)(SALEN)]$^{+}$ 配合物。电化学分析表明,根据制备方法的不同,在沸石孔道中存在两种不同配位状态的配合物。此外,溶液中所溶解的小分子(尤其是分子氧)与组装的配合物相接触时,可使配合物活化。这说明分子筛组装配合物[Fe(Ⅲ)(SALEN)]$^{+}$ 及[Mn(Ⅲ)(SALEN)]$^{+}$ 有可能成为生物模拟分子参与传输氧或活化氧的反应,它们的优点是不会像在溶液中那样形成二聚体。

　　Bessel 和 Rolison 报道了[Co(SALEN)]$^{2+}$ 和[Fe(bpy)$_3$]$^{2+}$ 在 Y 型分子筛中的电化学行为[105]。他们将组装形成的配合物/沸石与碳粉研磨做成电极,以及将组装了配合物的沸石分散到溶液中形成分散体进行电化学测试。产生电化学信号的是附着在沸石外表面(缺陷、外部超笼等处)的配合物产生的,沸石孔道内部的配合物不参与电化学过程中的电子传递。

　　[Pd(SALEN)]在作为均相及异相加氢催化剂时具有良好的催化活性,但催化选择性不尽如人意。为了解决这一问题,Kowalak 等将[Pd(SALEN)]组装到 X 型和 Y 型分子筛中并将其用作选择加氢催化剂[106]。他们发现组装配合物对烯烃的加氢催化选择性很高,从己烯加氢所获得的主要产物为正己烷及反式-2-己烯,副产物环己烷在产物中观察不到。这充分说明了 X 型和 Y 型沸石孔道的存在限制了大分子的生成,从而可以提高反应的选择性。

　　在这些工作的基础上,一些手性 SALEN 配合物被组装到多孔材料的孔道中,作为均相或异相催化剂被广泛关注和深入研究。中国科学院化学物理研究所的李灿研究组在 MCM-41、SBA-15 等介孔材料孔道中成功制备出一系列手性的 SALEN 配合物,并深入研究了它们的催化性能。如他们采用"瓶中造船"的方法(图 9-9),成功地将[Co(SALEN)]配合物组装到 SBA-16 的孔笼中,这一复合材料在不对称环氧化合物开环反应中具有极高的选择性[107]。

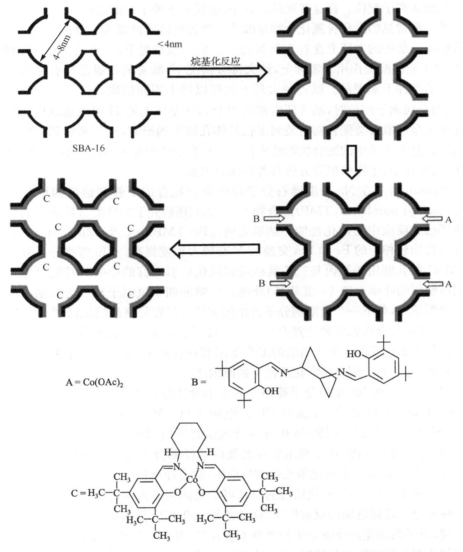

图 9-9　"瓶中造船"法在 SBA-16 的孔笼中制备[Co(SALEN)]配合物[107]

9.5.3　卟啉、酞菁类配合物的组装

卟吩是一种由 4 个吡咯环相互连接构成的含有 20 个 C 原子的杂环化合物,可通过醛和吡咯缩聚而成。大环上存在取代基团的卟吩统称为卟啉。由于取代基性质的差异,不同的卟啉性质相差很大。尽管在大多数情况下,卟啉的配位方式是 4 个氮原子与金属原子形成平面配位,但卟啉也可以以双齿、三齿及非平面四齿配位

方式与金属离子配位。在这些配位形式中,金属离子处于平面之外。

另一种常见的大环含氮化合物是酞菁。酞菁可以通过邻苯二腈在酸性条件下聚合形成。酞菁的大环上含有 8 个 N 原子。但一般情况下,只有其中环内侧的 4 个 N 原子能起配位作用。实际上,绝大部分情况下,酞菁的合成是在有金属离子作模板的条件下实现的。酞菁的大环上也可以接上不同的取代基团。与卟啉一样,在与金属离子配位时,酞菁环内侧的两个 NH 基团上的 H 可以被取代。将金属卟啉及金属酞菁类配合物组装到多孔晶体孔道中的研究,近年来受到人们的广泛关注。处于孔道中的配合物的性质往往与其在溶液中和本体固体不同,在催化、光化学、电化学、生物模拟等方面有着特殊的用途。

Nakamura 等在 Na-Y 型沸石分子筛中成功地合成了铁和锰的四甲基卟啉(tetramethyl porphyrin,TMP)配合物[108]。他们还研究了组装配合物在过氧化氢氧化环己烷反应中的催化性能。结果表明,[Fe(TMP)]-Y 及 [Mn(TMP)]-Y 的催化活性均较相应的 Fe 和 Mn 交换的 Y 有较大程度提高。Liu 等将介孔分子筛 MCM-41 的孔壁用 3-氨丙基三乙氧硅烷硅烷化后引入钌的卟啉羰基配合物[109]。他们所使用的卟啉为四-(4-氯苯基)卟啉。卟啉的四个氮原子和一个羰基占据钌的五个配位点,剩下一个由溶剂分子占据的配位点很容易被硅烷化试剂上的 NH_2 所取代,这样配合物就紧紧地附着在 MCM-41 的孔壁上。组装形成的化合物具有良好的催化氧化性能。由于组装的配合物附着在孔壁上,不会像在溶液中一样形成二聚体,这是组装配合物催化活性高的原因之一。

Wang 等依据 Na-X 型分子筛超笼的大小设计并合成了与 Na-X 型分子筛内径(约 1.2nm)相近的四氯四甲基卟啉(TCTMP)和四溴四甲基卟啉(TBTMP)[110]。他们采用固-液相分步合成法将卟啉诱捕组装在经 Co^{2+} 交换的 Na-X 型分子筛超笼内,并发现组装在超笼内的卟啉分子分解温度较卟啉本身提高了近 70℃。在双氧水氧化苯乙烯的反应中,载有卟啉的分子筛的催化转化率是金属卟啉的 12 倍。这种催化活性的提高可能是因为进入笼内的反应物受到了金属卟啉和分子筛静电场的双重作用,使苯乙烯活化程度显著提高。在实验过程中还发现,分子筛超笼内卟啉分子的含量不宜过多,因空腔内要有容纳反应物的空间以使催化剂与反应物充分接触,才能达到降低活化能、提高转化率的目的。

酞菁的体积比卟啉大,酞菁能否进入微孔晶体孔穴中尚存在争议。但对于孔径为 1.3nm 的八面沸石而言,还是有可能容纳酞菁分子的。Paez-Mozo 等报道了在 Y 型分子筛中组装钴酞菁配合物,并详细探讨了组装配合物的物理化学行为[111]。但他们发现,除了钴酞菁配合物之外,孔笼中还存在不能脱除的杂质化合物,这些化合物与沸石的酸性位点结合得相当牢固。Balkus 等也研究了分子筛组装的钴和铜与十六氟酞菁形成的配合物($MF_{16}Pc$)的合成与表征[112]。他们采取了两种组装方法:一种是常见的离子交换反应法,另一种是在含有配合物的体系中直接合成分子筛的方法。中红外、紫外-可见光谱以及粉末 X 射线衍射和元素分析结果均表明，$MF_{16}Pc$ 配合物处于分子筛的孔穴中。电化学分析给出了 Co(I)/Co 以及 Cu(I)/Cu 氧化还原信号，而这种信号在溶液中是观察不到的。

金属酞菁类化合物体积较大，在微孔分子筛中的组装会受到一定的限制。介孔分子筛的问世为金属酞菁在分子筛内的组装创造了良好的条件。金属酞菁组装到介孔分子筛主要有两个途径：一是在介孔材料的合成过程中将金属酞菁加入反应体系，介孔材料形成后自然将金属酞菁与表面活性剂模板剂一起包合在介孔孔道中；二是将合成的介孔物质脱除模板剂后与金属酞菁溶液混合，通过浸渍的方法使金属酞菁进入介孔孔道。根据组装手段和条件的不同，金属酞菁在介孔孔道内的分散程度以及存在状态会有一定的差异[113,114]。锌酞菁(ZnPc)通过直接合成组装到 MCM-41 中，基本上以单分子形式分散在介孔孔道的模板剂介质中，因此它的吸收光谱与溶在 N,N-二甲基甲酰胺(DMF)形成的溶液的光谱非常相似。而通过浸渍方法组装的 ZnPc 分子，在介孔孔道中除了有单分子形式之外，还存在双分子聚集体。

9.5.4　其他金属配合物与多孔材料的组装复合

乙二胺(en)是一种常见的脂肪链螯合剂，它与许多过渡金属均可以形成非常稳定的螯合物。Lunsford 等将 Co-乙二胺配合物组装到 X 型及 Y 型沸石中，形成可吸附氧的功能性化合物[115]。在两种沸石的孔穴中，都可以形成 $[Co(en)_2O_2]^{2+}$ 氧加合配合物，而且这种加合配合物在氧存在时可以稳定到 70℃。加合物的 ESR 参数与溶液中形成的类似加合物相同。

非芳香性含氮杂环化合物的刚性不及芳香性杂环化合物的刚性强，因此配位时构象可以发生较大变化，配位也可以多样化。三氮杂环壬烷(triazacyclononane)便是一种典型的非芳香性含氮杂环化合物。它的三个 N 原子均可以参与对金属离子的配位。Bein 等将 1,4,7-三甲基-1,4,7-三氮杂环壬烷(1,4,7-trimethyl-1,4,7-triaza-cyclononane,tmtacn)与 Mn 形成的配合物 $[Mn(tmtacn)]^{2+}$ 组装到 Y 型沸石的超笼中，并用 ESR 表征了配合物的存在状态[116]。他们发现，组装的配合物特别适于用作以过氧化氢作氧化剂的环氧化反应的催化剂。

二茂钴(Cp_2Co^+)阳离子具有很强的刚性，而且在水热条件下稳定性也很好。利用二茂钴阳离子作模板剂可以合成 Nonasil 沸石分子筛和 ZSM-51 沸石分子筛(NON)。二茂钴与 NON 结构的孔笼大小十分匹配，因此这种模板剂在 NON 结构中紧紧地被沸石主体骨架所束缚。二茂钴还可以在 $AlPO_4$-16 及 $AlPO_4$-5 的合成过程中起到模板剂的作用。通过采用甲基化的二茂钴阳离子($Cp_2^*Co^+$)作模板剂，还可以合成一种全新结构的分子筛 UTD-1。这也是第一个具有 14 元环的高硅沸石分子筛[117]。UTD-1 中的甲基二茂钴阳离子可以通过酸洗脱除。Honma

等还报道了利用一种二茂铁-季铵离子衍生物[二茂铁基-$(CH_2)_{11}$-$N^+(CH_3)_3$]作模板剂合成的介孔氧化硅 M41S[118]。

生物体系中的酶是由蛋白质构成的,很多酶中含有过渡金属离子。这些受多肽链包裹或配位的金属离子在生物体系中有独特的催化作用。因此,人们一直在合成金属-氨基酸配合物以模仿天然含金属的酶。Weckhuysen 等将组氨酸合铜配合物组装到 Y 型沸石中,并发现组装的配合物具有良好的催化氧化性能[119]。与常用的离子先交换后配位的组装方法不一样,他们先合成出 Cu_2^{2+} 配合物,然后直接将之交换到 Na-Y 型沸石分子筛中。ESR 结果显示,有一个组氨酸的氨基 N、羧基 O 及咪唑环的 N 参与对 Cu 的配位,另一个组氨酸则只有氨基 N 和羧基 O 参与配位。Cu 上的第六个配位点则可以接纳客体配体。在催化氧化反应中,这一配位点可以起到活化氧化剂的作用。研究表明,以特丁基过氧化氢作氧化剂,组装配合物催化 1-戊醇、苄醇及环己烯的转化率分别为 12%、56% 和 28%,主要产物分别为戊酸、苯乙醛和 1,2-环己二醇,选择性均较高。因此可以说,$[Cu_2]^{2+}$-Y 组装配合物是一种有效的生物酶模拟化合物。

介孔分子筛 M41S(包括 MCM-41 和 MCM-48)具有孔径大(>1.5nm)、能容纳较大分子的优点。因此,一些体积较大的配合物分子能进入或负载于 M41S 介孔分子筛的孔道或孔穴中形成具有特殊功能的复合材料,如高性能催化剂等[99]。介孔分子筛由于孔道直径较大,在引入配合物分子之后,依然有足够的空间允许客体分子通过,所以作为催化剂不受扩散的限制。因此,介孔分子筛作为主体组装配合物分子形成高效催化剂的应用前景十分广阔。Evans 等通过介孔氧化硅与氨基硅烷反应将后者嫁接到介孔孔壁上[120]。由于氨基硅烷中的氨基具有较强的配位能力,可以与很多金属离子如 Mn^{2+}、Cu^{2+}、Co^{2+}、Zn^{2+} 等形成配位化合物。Evans 等详细研究了这种通过嫁接配位形成的配合物/介孔氧化硅主客体物质的物理化学性质,以及它们作为催化剂催化芳香胺氧化的活性。研究发现,含锰的主客体物质催化活性最高,含铜的化合物次之,含钴和含锌的化合物催化活性比较弱。另外,涉及这两种催化剂的催化反应存在明显的诱导期。

在微孔晶体中组装配合物分子形成光化学或光物理活性中心也具有重要的研究意义。处于微孔晶体孔道或孔穴中的配合物,由于受到主体骨架的阻隔作用而彼此孤立。若将具有氧化及还原特性的分立中心装载于微孔晶体相互贯通而又相邻的孔穴中,即可以形成氧化还原电对。这些氧化还原电对在光激发的作用下可以发生电子转移,从而可以有效地催化光化学反应,这对太阳能的利用具有潜在的价值。此外,这种组装体系还可以用来模拟生物体系的氧化还原电子传递过程。

除了用作光化学反应的催化剂外,一些稀土离子配合物组装在微孔晶体中还可以形成高效发光材料。Alvaro 等将铕的配合物组装到 Y 型沸石、丝光沸石及

ZSM-5 沸石分子筛中[121]。由于沸石骨架对配合物的限制作用,发光中心由振动造成的非辐射失活机会减少,因此发光寿命较在溶液中增加。同时,当形成配合物时,Eu^{3+} 的发光强度也显著增加。因此,利用微孔晶体作为主体,以配合物作为客体,有望开发出具有应用价值的复合发光材料。

无机多孔基质的骨架具有较大的刚性,而且骨架原子在一般反应条件下不会与客体分子发生化学反应。因此,多孔材料的孔道或孔穴可以作为合成与它们的形状和大小相匹配的配合物的理想模板。一些在溶液中不易获得的配合物或分离提纯较为复杂的配合物分子,可以利用多孔基质孔穴作为模板进行合成。产物可以通过破除多孔基质孔壁的方法分离出来。

9.6　多孔主体组装功能性化合物

9.6.1　多孔材料中的染料

染料分子有团聚的倾向。在溶液中,即使在很小的浓度条件下也会发生染料分子的团聚。团聚后,染料分子受激发获得的能量很容易通过热弛豫释放,因此它们的光活性得不到体现。如果将染料分子分散到分子筛等多孔材料中,则可以有效地避免染料分子的团聚,从而使染料分子表现出良好的光活性。

在多孔分子筛中装载染料的方法大致可以分为四种:阳离子型染料直接采用离子交换法、气相沉积法、结晶包合法以及前驱体原位合成法。Hoppe 等采用离子交换法和结晶包合法成功地将甲基蓝装载到 Na-Y 型沸石的孔道中[122]。X 射线结构分析表明,离子交换法制备的主客体物质中,染料分子处于沸石的超笼中央部位,而用结晶包合法制备的化合物中,染料分子则比较靠近超笼的窗口位置。此外,在装载过程中还有一部分甲基蓝分子会发生脱甲基化。组装在 Na-Y 型沸石中的染料分子会发出很强的荧光,但处在不同位置的染料分子的发光效率还是有区别的。

将具有一维直孔道的 $AlPO_4$-5 分子筛与含有染料分子的溶液直接混合,染料分子会随同溶剂分子一起进入分子筛的孔道中。将获得的固体物质分离干燥后,溶剂分子会挥发掉而染料分子会附着在微孔晶体的孔道中。Rurack 等将 $2,2'$-联吡啶-$3,3'$-二酚染料分子装载到 $AlPO_4$-5 分子筛中,并研究了装载形成的主客体复合物的光谱性质[123]。研究发现,主客体物质具有很强的荧光特性,而且晶体具有光学各向异性。光学各向异性表明组装的客体染料分子在主体孔道内是按线性方式排列的。但客体染料分子的轴向与晶体孔道的走向之间存在一定的夹角(约 $22°$)。进一步的光谱分析发现,$AlPO_4$-5 孔道内存在少量的水分子以及少量的质子酸中心。这些水分子和酸中心均能对孔道内的客体染料分子产生一定的影响,但它们对客体分子的发光性质影响甚微。原黄素(二氨基吖啶)是一种常用的发光染料分子。它具有一定的碱性,因此可以与质子酸形成盐。质子化的原黄素可以通过离子交换进入 Y 型和 L 型沸石孔道中[124]。在装载量达到一定程度后,原黄素染料分子在沸石中的发光强度会随浓度的增加而减弱,这是由于染料分子靠得太近发生了自猝灭作用而导致的。在 L 型沸石中原黄素分子的单质子化和双质子化形式都存在,发光强度也较大。而在 Y 型沸石中,原黄素分子主要以单质子化形式存在。

Vietze 等在 AlPO₄-5 的合成体系中加入少量的染料分子 1-乙基-4-[4-(p-二甲氨苯基)-1,3-丁二烯基]-吡啶高氯酸盐(简称吡啶 2),获得了包含该染料分子的 AlPO₄-5 晶体[125]。染料分子的直径为 0.6nm 左右,正好可以被 AlPO₄-5 晶体的一维孔道(孔径约 0.74nm)所包容。他们认为,染料分子的链方向与沸石分子筛的轴向相同,即染料分子沿着分子筛的微孔孔道排列。当微孔晶体的晶化反应时间较短时,所获得的晶体主要是六棱柱形的。但是当反应时间延长时,所获得的晶体为哑铃形,这种哑铃形晶体中间部分依然保持六棱柱形状,但棱柱的两端则分叉生长出多个棱柱形细针。晶体中间部分的棱柱形状还是比较规则的,直径大约8μm。由于其中含有染料分子,因此可以作为激光振荡腔。光学显微镜观察表明,染料的颜色主要集中在中间棱柱部分,而晶体两端的晶针部分基本无色,说明染料在晶针部分分布很少。对所合成的晶体整体而言,染料分子所占的质量分数为0.01%～0.1%。用这种方法获得的分子筛/染料主客体复合物具有明显的光学各向异性,而且晶体表现出热电性质。这说明染料分子在 AlPO₄-5 孔道中不仅沿孔道排列,而且是以头尾相对的形式进行取向的。当用 Nd:YAG 激光器进行泵激(波长为 532nm)时,含有染料分子的 AlPO₄-5 会产生很强的荧光。光谱检测表明,这种荧光谱线很窄,有时呈现几条线,但也有晶体只发射一条单线。通过变化泵激光强度观察荧光的情况可以判断,这种荧光是一种激光过程。进一步分析表明,荧光活性只集中在哑铃形晶体中间部分的 3～4μm 区域内,这与这部分具有较高染料分子浓度是一致的。染料分子/AlPO₄-5 的激光行为说明这种主客体复合物可以用作固体微激光器[126]。

这种在规则孔道中装载染料制备微激光器的方法同样适用于介孔材料。Yang 和 Wirnsberger 等就用类似的方法在氧化硅介孔化合物中成功地装载了染料分子形成微激光器材料[127]。利用嵌段聚合物分子作模板剂,Vogel 等成功地将罗丹明 6G 染料分子装载到介孔二氧化钛中[128]。由于嵌段聚合物的分散作用,装载的罗丹明 6G 分子在介孔物质中克服了团聚现象,因此表现出良好的激光发射性质。这种介孔主客体材料还可以制成薄膜,并通过刻蚀的方法做成各种图案。所以这种材料有望在微激光器以及其他光学活性器件制作方面找到用途。罗丹明类染料分子组装在微孔或介孔分子筛中可以形成传感材料。例如,罗丹明 B 磺酸

盐(Rh B-sulfo)嫁接到介孔分子筛 MCM-41 的孔壁上之后,它的荧光光谱对 SO_2
分子非常敏感。在有 SO_2 存在时,荧光发生猝灭,清除 SO_2 后荧光立即恢复[129]。

　　不仅可以将单一成分的染料分子以客体形式装载到分子筛的孔道中。通过特
殊设计,还可以将两种或多种不同的染料分子装载到微孔和介孔材料中。Calza-
ferri 等利用 L 型沸石含有较大直孔道的特点,分别在 L 型沸石微晶孔道的中间部
分和两端组装染料焦宁(pyronine)和氧宁(oxonine)[130]。研究发现,这种多组分
染料作为客体在沸石中表现出高效的能量传递特性。如图 9-10 所示,由于焦宁的
吸收和发射波长小于氧宁的相应波长,所以焦宁在吸收光能被激发后,能量先沿沸
石孔道方向在不同的焦宁分子间传递,然后将能量转移给在沸石顶端的氧宁分子,
最后通过发射光的形式将能量释放出来。这种主客体体系被称为沸石天线[131]。
Calzefferi 等还提出,如果将装载这种双染料分子的沸石晶体附着在半导体表面,
还有可能发生能量从染料向半导体的转移,从而实现利用短波长的光激发半导体
的目的。

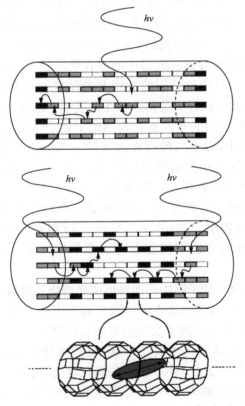

图 9-10　L 型分子筛晶体的骨架结构及发光示意图,在三元发光体系中存在能量转移机制[130]

　　当染料分子大小与微孔晶体孔径大小相当或更大时,通过直接载入的方法很难实现客体到主体的组装。但是,也可以将染料分子先载入孔径较大的分子筛,然后通过物理化学手段使主体分子筛结构发生改变,这样就可以将较大的染料分子载入较小孔道的分子筛中。例如,将甲基蓝以及苝(perylene)在比较温和的条件下先装载到 VPI-5 中,然后在 120℃ 左右将形成的主客体物质加热。这时,主体 VPI-5 会转变成 $AlPO_4$-8,而客体染料分子会牢牢地限制在新形成的主体骨架中[132]。

　　$AlPO_4$-5 微孔晶体具有较大的一维圆形孔道,适合装载链形有机分子。当具有光活性的有机分子在 $AlPO_4$-5 孔道内作有序排列时,有可能表现出特殊的性能。对硝基苯胺(p-NA)具有较大的偶极矩,是一种具有非线性光学性质的有机分子。但是,p-NA 分子本身在形成晶体时具有对称中心,因此非线性光学性质无法体现出来。如果要利用 p-NA 分子的非线性光学特性,必须使其在三维空间进行不具有对称中心的排布。Y 型分子筛具有对称中心,所以 p-NA 载入 Y 型分子筛中仍然不能得到非线性光学材料。然而,$AlPO_4$-5 晶体结构没有对称中心,p-NA 载入 $AlPO_4$-5 中则有可能形成具有非线性光学性质的主客体材料。事实证明的确如此。通过气相沉积的方法,可以将 p-NA 装载到 $AlPO_4$-5 的一维孔道中[133]。拉曼光谱分析表明,p-NA 在微孔孔道中的存在状态受主体 $AlPO_4$-5 晶体的特性所影响。客体分子可以以两种不同的排列方式存在于 $AlPO_4$-5 晶体孔道中。一种是 p-NA 分子头尾相对以链形结构分布在孔道中。在另一种存在形式中,p-NA 分子间会发生弱的相互作用,这一点比较类似于处于熔融状态的 p-NA 的情形。不过在 $AlPO_4$-5 孔道中,以第二种存在形式的 p-NA 分子的排列还是相当有序的。当 p-NA 在 $AlPO_4$-5 中的装载量比较低时,p-NA 分子间没有氢键形成,所获得的主客体复合物并不表现出二阶非线性光学性质(二阶谐波,简称 SHG)。当 p-NA 装载量增大到一定程度后,主客体复合物即产生明显的二阶谐波。红外光谱分析表明,这时孔道内的 p-NA 分子间存在较强的氢键键合作用。p-NA/$AlPO_4$-5 主客体复合物不仅能表现出非线性光学性质,而且还具有热电性质[134]。

　　染料分子装载在沸石分子筛中还能够形成光谱烧孔材料。光谱烧孔是指材料在经过激光辐照后,它的吸收光谱在辐照激光频率附近发生明显减弱的现象。硫宁(thionine)以及甲基蓝通过离子交换的方法装载到 X 型或 Y 型分子筛中,即可在低温条件下观察到光谱烧孔现象[73]。硫宁/Y 型分子筛主客体的烧孔频率为 $605.05 cm^{-1}$,烧孔最高温度为 13K。更高的烧孔温度(约 80K)曾在装载酞菁类染料的沸石主客体复合物中被观察到[135]。需要指出的是,只有在含水分子的沸石中,染料分子的光谱烧孔性质才变得比较明显。这可能是因为水分子与染料分子在沸石孔道中发生相互作用,并使染料分子的生色基团处于一种溶剂化状态,这种状态有利于电子-声子相互作用。

9.6.2　多孔材料中的荧光物质

　　荧光材料有着极其广泛和重要的应用,涉及照明、显示器、生物标记等多个生产生活领域。到目前为止,以分子筛为主体的发光材料主要以半导体纳米粒子、染料分子和稀土金属为客体。但是这类发光材料在实际应用上还存在一定的局限性,如重金属昂贵的价格和毒性,以及染料分子的难降解特点等。因此,进一步设计开发价格低廉、绿色环保的分子筛复合荧光材料也是孔材料科学研究的热点之一。

　　Wada 等利用含有 12 元环的八面沸石作为主体,同时将 Eu^{3+}、Tb^{3+} 和敏化分子(苯甲酮或 4-酰基联苯)引入其孔道中(图 9-11)获得三元 RGB(red-green-blue)发光材料[136]。荧光颜色可以通过改变三组分的含量以及激发波长和温度进行调控。研究表明,该复合体系的发光过程存在从敏化分子到三价离子的能量转移机制。在以分子筛为主体的发光体系中,不仅存在能量转移,还非常容易发生从分子筛骨架到客体的电子转移。Calzaferri 等研究了含有 d^{10} 电子排布的金属离子(Cu^+、Ag^+、Au^+ 等)的分子筛的电子结构、与客体之间的电子转移情况及其对发光性质的影响[137]。Xiu 等以微孔分子筛为主体,在不使用有机染料和金属活化剂的条件下,制备出发光波长可以调变的荧光复合分子筛材料[138]。该荧光复合分子筛的主体为具有菱沸石结构的磷酸镁铝晶体(MAPO-CHA),可以被 300~390nm 波长的紫外光所激发。通过控制煅烧温度与时间,其荧光发射颜色可以在紫色与橙红色(420~550nm)之间进行调变。相关研究表明,决定此类材料发光特性的实际上是一种发光碳纳米粒子[139]。由于制备过程中热处理条件不同,导致了复合荧光分子筛中模板的炭化程度不同。碳的含量直接对材料的发光特性产生影响,决定其发光波长。

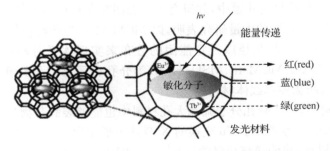

图 9-11　分子筛晶体的骨架结构及发光示意图,在三元发光体系中存在能量转移机制[136]

　　充分利用分子筛的超笼组装不同的发光体,是发展 RGB 发光材料的理想策略。直接利用基本的发光单元构筑金属有机骨架化合物,是制备多孔发光材料的另一种可行途径。Zhang 等以四面体 Cu_4I_4 簇作为基本结构单元,以三乙烯二胺(dabco)为配体,成功合成了具有 MTN 拓扑结构的多孔骨架化合物[140]。该化合物中含有两种类型的笼结构,笼内径分别达到了 2.6nm 和 2.0nm,具有非常大的孔容。同时,Cu_4I_4 簇是一典型的荧光发光单元,因此该化合物具有良好的荧光发光性质。

9.6.3　多孔材料中的药物分子

近年来,药物缓释成为临床医学发展起来的一种新兴给药形式。有关药物缓释载体的研究也成为药剂学、化学和材料科学等关注的研究方向。载体在药物释放过程中的作用,主要通过其对药物的运载量和体系的药物释放率来评价。不同性质的药物载体具有不同的药物释放行为。要获得理想的释放行为,作为载体的材料应具有良好的生物相容性、生物可降解性、理化及生物稳定性和极低的毒性。目前,传统的药物载体材料通常具有较差的负载能力,所承载的药物大多是简单地吸附在载体的外表面,无法达到缓释和控释的效果。与之相比,多孔材料在结构和多孔性质上的可调节性,非常有利于与药物的相互作用达到高的负载量,从而更适于药物控释载体和医学成像等应用。自 2000 年 MCM-41 被首次作为药物缓释载体报道以来,SBA-15、MCM-48 等硅基材料以及部分金属有机骨架材料(MOFs)也作为药物载体和控释体系被相继研究[141]。

MCM-41 分子筛是一种无药理活性和毒性的无机材料,而且硅在人体内具有高度的生物相容性。MCM-41 表面可被人工官能团化,不仅可以调节药物负载量的大小,还能有效地控制药物分子的释放速率,达到药物控释的目的。Vallet-Regi 等首次将布洛芬装载到 MCM-41 介孔分子筛中,并研究了这种主客体复合材料的缓释体系[142]。研究表明,布洛芬可以均匀地分散在介孔材料的表面,大孔径的 MCM-41 能装载更多的药物且有较快的释放速率。Wei 等将阿司匹林负载于官能团化的 MCM-41 介孔材料孔道中,并研究了官能团在介孔材料中的分布对药物缓释性能的影响[143]。后续的大量研究表明,以 MCM-41 作为药物载体时,可以通过调变介孔分子筛的形貌、孔径以及官能团的分布来实现体系对药物的控释[144]。此外,SBA-15、SBA-3、MCM-48、MSU、HMS 等介孔分子筛以及介孔二氧化硅也可以作为有效的药物控释载体材料[145-147]。

除介孔材料外,一些微孔分子筛和大孔材料中也能够装载药物分子,实现药物载体的作用。Uglea 等研究了 Cu 交换的 X 型分子筛作为经典抗癌药物环磷酰胺(CP)的载体,进行药物输送与缓释的行为[148]。生物化学和解剖病理学研究显示,口服 CuX-CP 药物的抗癌效果与 CP 相当,且具有明显的缓释作用。Hayakawa 等研究了表面修饰的 X 型和 Y 型沸石分子筛对于氯喹分子的吸附稳定作用[149]。结果显示,表面活性剂处理对于药物分子的吸附和释放能够产生影响。Edwards 等

报道了具有直径为 $5\mu m$ 的大孔材料对于肺部药物的载运和释放[150]。图 9-12 展示了利用超声降解法制备的具有一定形貌的多孔硅粒子[151]。根据几何性质、电荷及靶向配体的性质,这种多孔材料可以在血管内形成与肿瘤相关的聚集体后,释放出有效的药物纳米粒子,实现药物输运和靶向给药[如图 9-12(a)所示]。利用相似的原理,多孔硅材料还可以作为抗原分子的载体实现细胞内作用[如图9-12(b)所示]。因此,它可以在免疫治疗和疫苗开发领域得以应用。

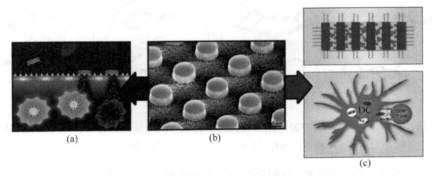

图 9-12　多孔硅粒子的构筑(b)及其在药物输运(a)和免疫疗法(c)中的应用[151]

通过上述研究表明,以多孔材料作为药物缓释载体,能够使药物均匀地分布在多孔材料的孔道内,可以有效地解决载药不均匀及环境污染等问题。尽管以分子筛材料作为药物缓释载体的研究时间并不长,但分子筛等多孔材料在生物医药领域已经展示出良好的应用前景,是应用潜力较大的一种药物缓释载体。

9.7　多孔软晶体(金属有机多孔配位聚合物)作为多孔主体

多孔软晶体材料属于金属有机骨架化合物(MOFs)范畴,是一种同时具有高度有序的网络及可形变的框架结构的多孔固体。由于这类物质同时具备长程有序的规则性和可逆变化的柔软性,不仅能够满足主客体复合材料中主体材料的要求,同时还具有对光、电等外界刺激产生响应的动态骨架。它们所具有的独特性质为客体材料的组装提供了更加广阔的空间。因此,多孔软晶体一被提出就得到广泛关注和深入研究[152]。

软晶体作为主体时,载入的客体与软晶体骨架之间的电子或电荷转移能够形成电子或磁旋,从而可以使复合材料产生导电性、发光性以及弹性等一系列特殊的变化。通过调整骨架中金属位点与客体分子的相互作用,能够对气体等客体分子的吸附、捕获和存储进行控制[153]。骨架也对客体分子的存储及传输起到空间限制作用。这一特点特别适用于具有顺磁性的分子以及极性气体分子。Kitagawa 曾在评论中指出[154],配位聚合物可以作为磁性和极性分子,提供纳米尺度上的低维阵列容器。它们的柔性骨架不需要极端的温度或压力就可以调整孔道形状来实现客体分子的装载和脱出。Shimomura 等利用中心金属锌与醌二甲烷(TCNQ)形成的柔性孔道配合物(图 9-13)来选择性地吸附 O_2 和 NO 分子[155]。进一步研究表明,这种对特定分子的优先选择性来源于 TCNQ 与客体分子之间发生的电荷转移,骨架孔道的可控开关也起到关键作用。

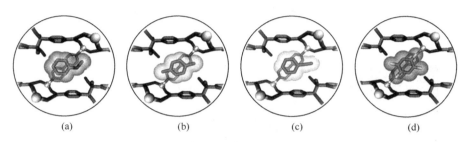

图 9-13 在[Zn(TCNQ-TCNQ)bpy]柔性孔道中装载不同的芳香胺分子:(a) 苯甲醚;(b) 苯甲腈;(c) 对二甲苯;(d) 1,2,4,5-四氟代苯[155]

除气体分子外,固体颗粒(包括金属、半导体化合物等纳米粒子)也可以作为客体材料与配位骨架化合物形成复合材料,并展现出优异的性能。Jiang 等报道了将具有核-壳结构的金、银纳米粒子(Au@Ag)组装到锌和甲基咪唑形成的多孔配合物(ZIF-8)中[156]。由于 ZIF-8 的孔道和表面结构对纳米粒子的限制效应,且在双金属的协同效应作用下,使得该复合材料具有出色的催化性能。

与 MCM-41 等介孔材料相似,柔性的金属有机骨架材料也可以作为药物控释体系的载体[157,158]。由于孔材料所具有的高负载量,因此以多孔材料为主体的复合体系在医学诊断和辅助治疗等方面具有良好的应用前景。

参 考 文 献

[1] Bertrand J A, Cotton F A, Dollase W A. J Am Chem Soc, 1963, 85: 1349-1350.

[2] Martens L R M, Grobet P J, Jacobs P A. Nature, 1985, 315: 568-570.

[3] Gallezot P. Preparation of metal clusters in zeolites//Townsend R P, Harjula R. Post-Synthesis Modification I. New York, Berlin, Heidelberg: Springer, 2002: 257-305.

[4] Li L, Zhou X S, Li G D, et al. Angew Chem Int Ed, 2009, 48: 6678-6682.

[5] Wang J F, Wang K X, Wang J Q, et al. Chem Commun, 2012, 48: 2325-2327.

[6] Li L, Cai Y Y, Li G D, et al. Angew Chem Int Ed, 2012, 124: 4780-4784.

[7] Kasai P H. J Chem Phys, 1965, 43: 3322-3327.

[8] Rabo J A, Angell C L, Kasai P H, et al. Discuss Faraday Soc, 1966, 41: 328-349.

[9] Harrison M R, Edwards P P, Klinowski J, et al. J Solid State Chem, 1984, 54: 330-341.

[10] Nakano T, Mizukane T, Nozue Y. J Phys Chem Solids, 2010, 71: 650-653.

[11] Davis R J, Doskocil E J, Bordawekar S. Catal Today, 2000, 62: 241-247.

[12] Davis R J. J Catal, 2003, 216: 396-405.

[13] Hannus I, Kiricsi I, Béres A, et al. Stud Sur Sci Catal, 1995, 98: 81-82.

[14] Simon M W, Edwards J C, Suib S L. J Phys Chem, 1995, 99: 4698-4709.

[15] Anderson P A, Armstrong A R, Edwards P P. Angew Chem Int Ed, 1994, 33: 641-643.

[16] Schöllhorn R. Chem Mater, 1996, 8: 1747-1757.

[17] Anderson P A, Armstrong A R, Porch A, et al. J Phys Chem B, 1997, 101: 9892-9900.

[18] Ikemoto Y, Nakano T, Nozue Y, et al. Mater Sci Eng B, 1997, 48: 116-121.

[19] Maniwa Y, Kira H, Shimizu F, et al. J Phys Soc Jpn, 1999, 68: 2902-2905.

[20] Nakano T, Hanh D, Nozue Y, et al. J Korean Phys Soc, 2013, 63: 699-705.

[21] Kim Y, Seff K. J Am Chem Soc, 1977, 99: 7055-7057.

[22] Jacobs P A, Uytterhoeven J B, Beyer H K. Faraday Trans, 1979, 75: 56-64.

[23] Gellens L R, Mortier W J, Uytterhoeven J B. Zeolites, 1981, 1: 11-18.

[24] Sun T, Seff K. Chem Rev, 1994, 94: 857-870.

[25] Tzou M S, Teo B K, Sachtler W M H. J Catal, 1988, 113: 220-235.

[26] Zhou W, Thomas J M, Shephard D S, et al. Science, 1998, 280: 705-708.

[27] Shephard D S, Maschmeyer T, Johnson B F G, et al. Angew Chem Int Ed, 1997, 36: 2242-2245.

[28] Tian Y, Li G D, Chen J S. J Am Chem Soc, 2003, 125: 6622-6623.

[29] Gao Q, Xiu Y, Li G D, et al. J Mater Chem, 2010, 20: 3307-3312.

[30] Li L, Li G D, Yan C, et al. Angew Chem Int Ed, 2011, 123: 8449-8453.

[31] Goldbach A, Barker P D, Anderson P A, et al. Chem Phys Lett, 1998, 292: 137-142.

[32] Heo N H, Kim S H, Choi H C, et al. J Phys Chem B, 1998, 102: 17-23.

[33] Kim J J, Kim C W, Sen D, et al. J Phys Chem C, 2011, 115: 2750-2760.

[34] Hussain I, Gameson I, Anderson P A, et al. Dalton Trans, 1996: 775-781.

[35] Kecht J, Tahri Z, De Waele V, et al. Chem Mater, 2006, 18: 3373-3380.

[36] Sen D, Kim J J, Kang H C, et al. Microporous Mesoporous Mater, 2013, 165: 265-273.

[37] Sen D, Heo N H, Seff K. J Phys Chem C, 2012, 116: 14445-14453.

[38] Sen D, Heo N H, Kang H C, et al. J Phys Chem C, 2011, 115: 23470-23479.

[39] Readman J E, Gameson I, Hriljac J A, et al. Microporous Mesoporous Mater, 2007, 104: 83-88.

[40] Guzman J. Well-defined metallic and bimetallic clusters supported on oxides and zeolites//Rioux R. Model Systems in Catalysis. New York: Springer, 2010: 415-439.

[41] Zeng C, Sun J, Yang G, et al. Fuel, 2013, 112: 140-144.

[42] Smith J V, Bennett J M, Flanigen E M. Nature, 1967, 215: 241-244.

[43] Park H S, Seff K. J Phys Chem B, 2000, 104: 2224-2236.

[44] Carlsson A, Oku T, Bovin J O, et al. Chem Eur J, 1999, 5: 244-249.

[45] Readman J E, Gameson I, Hriljac J A, et al. Chem Commun, 2000: 595-596.

[46] Zheng S T, Wu T, Zuo F, et al. J Am Chem Soc, 2012, 134: 1934-1937.

[47] Kim J J, Kim C W, Heo N H, et al. J Phys Chem C, 2010, 114: 15741-15754.

[48] Trindade T, O'Brien P, Pickett N L, et al. Chem Mater, 2001, 13: 3843-3858.

[49] Steele M R, Macdonald P M, Ozin G A. J Am Chem Soc, 1993, 115: 7285-7292.

[50] Ozin G A, Steele M R, Holmes A. J Chem Mater, 1994, 6: 999-1010.

[51] Ozin G A, Steele M R, Holmes A J. ChemInform, 1994: 25.

[52] Dag Ö, Kuperman A, Ozin G. Adv Mater, 1995, 7: 72-78.

[53] Leon R, Margolese D, Stucky G, et al. Phys Rev B, 1995, 52: R2285-R2288.

[54] Herron N, Wang Y, Eddy M M, et al. J Am Chem Soc, 1989, 111: 530-540.

[55] Moller K, Bein T, Eddy M M, et al. J Am Chem Soc, 1989, 111: 2564-2571.

[56] White J C, Dutta P K. J Phys Chem C, 2011, 115: 2938-2947.

[57] Tang Z K, Nozue Y, Terasaki O, et al. Mol Cryst : Liq Cryst, 1992, 218: 61-66.

[58] Tang Z K, Loy M M T, Chen J S, et al. Appl Phys Lett, 1997, 70: 34-36.

[59] Parise J B, MacDougall J E, Herron N, et al. Inorg Chem, 1988, 27: 221-228.

[60] Poborchii V V, Kolobov A V, Caro J, et al. Chem Phys Lett, 1997, 280: 17-23.

[61] Behrens S, Spittel G. Dalton Trans, 2005: 868-873.

[62] Boutros M, Denicourt-Nowicki A, Roucoux A, et al. Chem Commun, 2008: 2920-2922.

[63] Srdanov V I, Alxneit I, Stucky G D, et al. J Phys Chem B, 1998, 102: 3341-3344.

[64] Gao F, Zhu G, Li X, et al. J Phys Chem B, 2001, 105: 12704-12708.

[65] Kim H S, Jeong N C, Yoon K B. J Am Chem Soc, 2011, 133: 1642-1645.

[66] Seifert R, Kunzmann A, Calzaferri G. Angew Chem Int Ed, 1998, 37: 1521-1524.

[67] Wu C G, Bein T. Science, 1994, 266: 1013-1015.

[68] Ryoo R, Joo S H, Kruk M, et al. Adv Mater, 2001, 13: 677-681.

[69] Ji X, Lee K T, Nazar L F. Nature Mater, 2009, 8: 500-506.

[70] Hamilton B, Rimmer J S, Anderson M, et al. Adv Mater, 1993, 5: 583-585.

[71] Sastre G, Cano M L, Corma A, et al. J Phys Chem B, 1997, 101: 10184-10190.

[72] Drljaca A, Kepert C, Spiccia L. Chem Commun, 1997: 195-196.

[73] Chen J, Li Q, Ding H, et al. Langmuir, 1997, 13: 2050-2054.

[74] Minakata S, Nagamachi T, Nakayama K, et al. Chem Commun, 2011, 47: 6338-6340.

[75] Iijima S. Nature, 1991, 354: 56-58.

[76] Tang Z K, Sun H D, Wang J, et al. Appl Phys Lett, 1998, 73: 2287-2289.

[77] Li G D, Tang Z K, Wang N, et al. Carbon, 2002, 40: 917-921.

[78] Wang N, Tang Z K, Li G D, et al. Nature, 2000, 408: 50-51.

[79] Sun H D, Tang Z K, Chen J, et al. Appl Phys A, 1999, 69: 381-384.

[80] Tang Z K, Zhang L, Wang N, et al. Science, 2001, 292: 2462-2465.

[81] Pereira C, Kokotailo G T, Gorte R. J Phys Chem, 1991, 9: 705-709.

[82] Bein T, Enzel P. Angew Chem Int Ed, 1989, 28: 1692-1694.

[83] Enzel P, Bein T. Chem Mater, 1992, 4: 819-824.

[84] Moller K, Bein T, Fischer R X. Chem Mater, 1998, 10: 1841-1852.

[85] Graeser A, Spange S. Chem Mater, 1998, 10: 1814-1819.

[86] Ukisu Y, Kazusaka A, Nomura M. J Mol Catal, 1991, 70: 165-174.

[87] Attfield M P, Weigel S J, Taulelle F, et al. J Mater Chem, 2000, 10: 2109-2113.

[88] Böhlmann W, Schandert K, Pöppl A, et al. Zeolites, 1997, 19: 297-304.

[89] Pöppl A, Hartmann M, Kevan L. J Phys Chem, 1995, 99: 17251-17258.

[90] DeWilde W, Peeters G, Lunsford J H. J Phys Chem, 1980, 84: 2306-2310.

[91] Quayle W H, Lunsford J H. Inorg Chem, 1982, 21: 97-103.

[92] Lainé P, Lanz M, Calzaferri G. Inorg Chem, 1996, 35: 3514-3518.

[93] Ledney M, Dutta P K. J Am Chem Soc, 1995, 117: 7687-7695.

[94] Sykora M, Kincaid J R, Dutta P K, et al. J Phys Chem B, 1998, 103: 309-320.

[95] Maruszewski K, Strommen D P, Handrich K, et al. Inorg Chem, 1991, 30: 4579-4582.

[96] Sykora M, Kincaid J R. Nature, 1997, 387: 162-164.

[97] Innocenzi P, Kozuka H, Yoko T. J Phys Chem B, 1997, 101: 2285-2291.

[98] Kim S S, Zhang W, Pinnavaia T J. Catal Lett, 1997, 43: 149-154.

[99] Luan Z, Xu J, Kevan L. Chem Mater, 1998, 10: 3699-3706.

[100] Knops-Gerrits P P H J M, De Schryver F C, Auweraer M V D, et al. Chem Eur J, 1996, 2: 592-597.

[101] Quayle W H, Peeters G, De Roy G L, et al. Inorg Chem, 1982, 21: 2226-2231.

[102] Umemura Y, Minai Y, Tominaga T. J Phys Chem B, 1999, 103: 647-652.

[103] Balkus Jr K J, Welch A A, Gnade B E. Zeolites, 1990, 10: 722-729.

[104] Bedioui F, De Boysson E, Devynck J. Faraday Trans, 1991, 87: 3831-3834.

[105] Bessel C A, Rolison D R. J Phys Chem B, 1997, 101: 1148-1157.

[106] Kowalak S, Weiss R C, Balkus K J. J Chem Soc, Chem Commun, 1991: 57-58.

[107] Yang H, Zhang L, Su W, et al. J Catal, 2007, 248: 204-212.

[108] Nakamura M, Tatsumi T, Tominaga H. Bull Chem Soc Jpn, 1990, 63: 3334-3336.

[109] Liu C J, Li S G, Pang W Q, et al. Chem Commun, 1997: 65-66.

[110] Wang X Q, Liang Y X, Liu Y W, et al, Chem J Chinese U, 1993, 14: 19-20.

[111] Paez-Mozo E, Gabriunas N, Lucaccioni F, et al. J Phys Chem, 1993, 97: 12819-12827.

[112] Balkus K J, Gabrielov A G, Bell S L, et al. Inorg Chem, 1994, 33: 67-72.

[113] Schulz-Ekloff G, Ganschow M, Wöhrle D. J Porphyrins Phthalocyanines, 1999, 3: 299-309.

[114] Wark M, Ortlam A, Ganschow M, et al. Ber Phys Chem, 1998, 102: 1548-1553.

[115] Howe R F, Lunsford J H. J Phys Chem, 1975, 79: 1836-1842.

[116] De Vos D E, Meinershagen J L, Bein T. Angew Chem Int Ed, 1996, 35: 2211-2213.

[117] Freyhardt C C, Tsapatsis M, Lobo R F, et al. Nature, 1996, 381: 295-298.

[118] Honma I, Zhou H S. Adv Mater, 1998, 10: 1532-1536.

[119] Weckhuysen B M, Verberckmoes A A, Vannijvel I P, et al. Angew Chem Int Ed, 1996, 34: 2652-2654.

[120] Evans J, Zaki A B, El-Sheikh M Y, et al. J Phys Chem B, 2000, 104: 10271-10281.

[121] Alvaro M, Fornés V, García S, et al. J Phys Chem B, 1998, 102: 8744-8750.

[122] Hoppe R, Schulz-Ekloff G, Wöhrle D, et al. Adv Mater, 1995, 7: 61-64.

[123] Rurack K, Hoffmann K, Al-Soufi W, et al. J Phys Chem B, 2002, 106: 9744-9752.

[124] Ganesan V, Ramaraj R. J Lumin, 2001, 92: 167-173.

[125] Vietze U, Krauß O, Laeri F, et al. Phys Rev Lett, 1998, 81: 4628-4631.

[126] Ihlein G, Schüth F, Krauß O, et al. Adv Mater, 1998, 10: 1117-1119.

[127] Yang P, Wirnsberger G, Huang H C, et al. Science, 2000, 287: 465-467.

[128] Vogel R, Meredith P, Kartini I, et al. Chem Phys Chem, 2003, 4: 595-603.

[129] Ganschow M, Wark M, Wöhrle D, et al. Angew Chem Int Ed, 2000, 39: 160-163.

[130] Brühwiler D, Calzaferri G. Microporous Mesoporous Mater, 2004, 72: 1-23.

[131] Pauchard M, Huber S, Méallet-Renault R, et al. Angew Chem Int Ed, 2001, 40: 2839-2842.

[132] Jin Y M, Chon H. Chem Commun, 1996: 135-136.

[133] Cox S, Gier T, Stucky G. Chem Mater, 1990, 2: 609-619.

[134] Klap G J, van Klooster S M, Wübbenhorst M, et al. J Phys Chem B, 1998, 102: 9518-9524.

[135] Ehrl M, Deeg F W, Brauchle C, et al. J Phys Chem, 1994, 98: 47-52.

[136] Wada Y, Sato M, Tsukahara Y. Angew Chem Int Ed, 2006, 45: 1925-1928.

[137] Calzaferri G, Leiggener C, Glaus S. Chem Soc Rev, 2003, 32: 29-37.

[138] Xiu Y, Gao Q, Li G D. Inorg Chem, 2010, 49: 5859-5867.

[139] Liu H, Ye T, Mao C. Angew Chem Int Ed, 2007, 46: 6473-6475.

[140] Kang Y, Wang F, Zhang J, et al. J Am Chem Soc, 2012, 134: 17881-17884.

[141] Vallet-Regí M, Balas F, Arcos D. Angew Chem Int Ed, 2007, 46: 7548-7558.

[142] Vallet-Regi M, Rámila A, del Real R P, et al. Chem Mater, 2000, 13: 308-311.

[143] Zeng W, Qian X F, Yin J, et al. Mater Chem Phys, 2006, 97: 437-441.

[144] Manzano M, Aina V, Areán C O, et al. Chem Eng J, 2008, 137: 30-37.

[145] Doadrio A L, Sousa E M B, Doadrio J C, et al. J Control Release, 2004, 97: 125-132.

[146] Izquierdo-Barba I, Martinez Á, Doadrio A L, et al. Eur J Pharm Sci, 2005, 26: 365-373.

[147] Andersson J, Rosenholm J, Areva S, et al. Chem Mater, 2004, 16: 4160-4167.

[148] Uglea C V, Albu I, Vatajanu A, et al. J Biomater Sci, Polym Ed, 1995, 6: 633-637.

[149] Hayakawa K, Mouri Y, Maeda T, et al. Colloid Polym Sci, 2000, 278: 553-558.

[150] Edwards D A, Hanes J, Caponetti G, et al. Science, 1997, 276: 1868-1872.

[151] Savage D J, Liu X, Curley S A, et al. Curr Opin Pharmacol, 2013, 13: 834-841.

[152] Horike S, Shimomura S, Kitagawa S. Nature Chem, 2009, 1: 695-704.

[153] Chen B, Xiang S, Qian G. Acc Chem Res, 2010, 43: 1115-1124.

[154] Kitagawa S. Nature, 2006, 441: 584-585.

[155] Shimomura S, Higuchi M, Matsuda R, et al. Nature Chem, 2010, 2: 633-637.

[156] Jiang H L, Akita T, Ishida T, et al. J Am Chem Soc, 2011, 133: 1304-1306.

[157] Horcajada P, Chalati T, Serre C, et al. Nature Mater, 2010, 9: 172-178.

[158] Horcajada P, Serre C, Maurin G, et al. J Am Chem Soc, 2008, 130: 6774-6780.

第10章　等级孔材料

10.1　引　　言

等级孔材料是指在同一主体材料存在两种或者两种以上不同孔径的孔道结构,孔径依次由大到小逐级分布,且每一级的孔道结构是由低一级别的孔道结构构成的孔材料,具有各级孔结构的优势,同时又具有单一孔结构所不具备的分级优势。在过去的十年中,从纳米科学到催化、吸附和分离、能源和生命科学,等级孔材料的合成与应用已经引起了人们极大的关注,成为多孔材料领域新的研究热点。根据国际纯粹与应用化学联合会的定义,孔道根据尺寸大小可分别定义为微孔($<$2nm)、介孔(2~50nm)和大孔($>$50nm),因此等级孔材料也根据孔道大小命名为微孔-介孔材料、介孔-大孔材料或微孔-介孔-大孔材料等。等级孔材料的孔道相互贯通性使得该类材料可以同时具有两种及以上孔道的优势。例如,微孔和介孔提供了对客体分子大小和形状的选择性,加强了主体材料与客体分子之间的相互作用;大孔可以减小客体分子在主体材料中扩散的阻力,缩短扩散通路,这对于涉及大分子或者在黏稠体系中进行的化学反应有着重要的意义。区别于多类型孔结构(multiple porous structure),等级孔结构(hierarchically porous structure)更强调孔结构具有等级性和一体性,即孔径由大到小逐级分布,每一级的孔道结构是由低一级别的孔道结构构成,并且多类型孔道是在同一主体材料中存在。而多重孔结构则允许不同孔道简单复合或混合。实际上,很多多重孔材料都具有等级孔材料的特征,限于篇幅和字数,我们在本章中重点介绍等级结构。本章的目的是将这一新的领域作一个简要的概述,总结主要的等级孔材料的合成方法、结构和应用,评论该研究领域的主要代表性工作,通过深入地讨论存在的科学问题和挑战来认识等级孔材料的发展前景,为该领域的发展作一些抛砖引玉的综述工作。

10.1.1　从自然开始:天然等级孔材料与合成材料的对比

亿万年来,大自然已经产生了很多等级孔无机材料和杂化材料。天然等级孔结构绝大多数是通过分子单元或分子单元的聚集体自组装形成的。在多尺度水平上的自组装就导致了许多生物材料具有复杂的等级孔结构,如硅藻、蝴蝶、木材、树叶、金刚鹦鹉的羽毛、海带、珊瑚、棉花、人骨、乌贼骨和海绵(图 10-1)。这些等级结构往往又给生物体带来了特殊的属性。

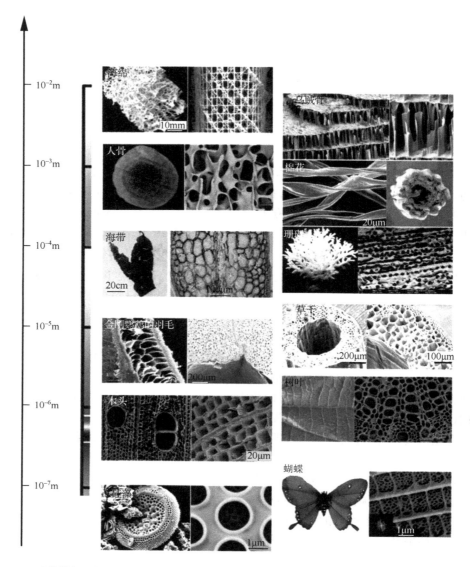

图 10-1　天然等级孔材料示例。天然材料的等级孔结构的扫描图和照片[1]，从下到上依次为：
硅藻、蝴蝶、木头、树叶、金刚鹦鹉的羽毛、草干、海带、珊瑚、人骨、棉花、海绵和乌贼骨

　　人们首先通过模仿自然系统，将材料在不同尺度的孔隙和骨架上进行等级结构化，从而获得拥有广阔应用前景的功能化材料。然而精细的天然结构对其功能造成的影响，不仅是简单的微尺度结构，而且包含不同尺度上的结构参数（从原子分子到纳米尺度）以及彼此的相互作用。因此，当前等级孔结构材料制备技术还面临着很大的挑战。

等级结构在天然材料自组装、精细结构以及有机-无机复合等方面,有着很多无法复制的优势。天然等级孔材料的结构与组成取决于生存需要,这也决定它必须具备的特性与性能。然而,人们在设计或使用材料时,根据不同的应用目的,还应考虑到材料的物理性能(如质量、强度、热稳定性、耐火性等)以及使用范围(如温度、压力、湿度、pH 等)。只有这样,我们才能最大限度地发挥材料的性能,或避开材料的不利因素[1,2]。因此,我们在此先对天然等级孔材料和合成等级孔材料作一个性能对比,以说明合成等级孔材料相比于天然等级孔材料所拥有的优势(图 10-2)。

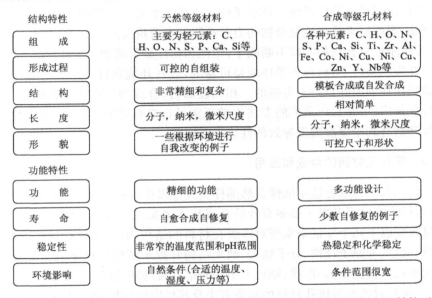

图 10-2　天然等级孔材料和合成等级孔材料在以下各方面对比:组成、形成过程、结构、长度、
形貌、功能、寿命、稳定性和环境影响[1]

首先,热稳定性与化学稳定性。大多数等级生物组织的成分为蛋白质,这使得这些天然体系和其组织部分的复合拥有出色的综合性能,但是也就意味着这些天然材料只能在很窄的温度范围内使用。即使珊瑚和骨头这些刚性天然等级材料,也只是包含部分的碳酸钙、磷酸钙、二氧化硅等无机组分。而且这些无机组分在化工过程中(如酸碱条件)也很容易被破坏,因此限制了材料的应用。相比于天然材料而言,合成的等级孔材料往往有一个很宽的组分范围,这为设计非常稳定的材料提供了很多选择。此类合成的等级孔材料不仅热稳定和水热稳定,而且化学稳定。这些性能对材料在工程设计、催化化工、能源利用以及环境材料等方面的应用非常重要。

其次,多功能性。天然等级孔材料拥有单一选择的特殊功能,这些特殊功能展示了极好的特性,但是往往只能展示一项功能。例如,木头结构中的分级孔道被证实具有特别有效的传输功能。而合成的等级孔材料就可以通过改变组分和结构来获得新的功能,如新的组成成分在催化中可以得到新的活性位点。并且,在等级孔材料中,二元氧化物的引入已经被证实可以使所得材料的结构和组织特性得到显著的提升,如比表面积提高等。这些等级结构特征可以促进反应分子在体系内的扩散流通,使得此类等级孔材料可以在大分子多相催化中充当载体和催化剂等功能。可控等级孔网状结构的高比表面积、丰富的氧化物组成成分和选择性活性位点的掺杂对提高材料的催化活性都有重要的影响。

最后,应用环境的广泛性。环境条件对天然等级孔材料的性能有着重大的影响。例如,湿度对天然刚性复合物的力学性能就有着重大的影响,随着环境湿度的增加,天然刚性复合物的刚度不断减小,塑性和韧性显著增加。一般情况下这些天然材料在失水条件下,材料力学性能是可逆的,但在环境条件发生大的变化时,力学性能则往往损失并且是不可逆的。相比较而言,合成的等级孔材料可适用的环境条件更加广泛,并且所采取的方法也被证实是行之有效的。例如,疏水性/亲水性的处理就有利于解决湿度导致的性能下降问题。

10.1.2　等级孔材料的合成和应用

虽然现有的合成方法不能像自然那样实现等级孔材料各级结构参数的精确控制,但是科学家已经开发了很多有效的合成技术来实现等级结构的可控性。主要是通过改变以下几个变量来实现对等级孔材料的结构调控:等级孔材料的制备过程、结构变量(如原子结构、分子结构、纳米结构和微米结构)、化学组成变量(如速率和配比)、形貌变量(如形状、颗粒大小和分布方向)和相位关系(如各级的转换和界面)。我们对各类等级孔材料的制备方法及其相应的形貌、孔结构和组分进行了归纳总结,如表 10-1 所示。

表 10-1　合成等级孔材料的方法和其对应的形貌、孔道大小和组分

第一部分、合成方法	第二部分、多级结构	第三部分、多级孔隙	
方法	形貌	孔隙	组分
表面活性剂模板法	粉末、小球	微孔-介孔、双重介孔	氧化物
纳米浇铸	粉末、薄膜、块体	双重介孔、介孔-大孔、双重介孔-大孔	氧化物、碳
胶体晶体模板法	粉末、薄膜、块体	微孔-大孔、介孔-大孔、双重介孔-大孔、双重大孔	氧化物、聚合物、碳、金属、复合物
大孔聚合物模板法	粉末、小球、纳米管、薄膜、泡沫、块体	微孔-大孔、介孔-大孔	氧化物、碳、金属、复合物

续表

第一部分、合成方法	第二部分、多级结构	第三部分、多级孔隙	
仿生法	粉末、纤维、纳米管、薄膜、块体	微孔-大孔、介孔-大孔	氧化物、碳、复合物
超临界流体	粉末、小球、纤维、薄膜、块体	介孔-大孔、多重大孔	氧化物、聚合物、金属、复合物
乳液模板法	粉末、小球、薄膜、泡沫、块体	介孔-大孔、多重大孔	氧化物、聚合物、碳、金属、复合物
冷冻干燥	粉末、薄膜、泡沫、块体	介孔-大孔、多重大孔	氧化物，聚合物、碳、复合物
水弥散自组装	粉末、薄膜	介孔-大孔、双重大孔/多重大孔	氧化物、聚合物、金属、复合物
选择性流失	粉末、块体	介孔-大孔、多重大孔	氧化物、复合物
相分离	粉末、薄膜、块体	介孔-大孔	氧化物、碳、复合物
沸石化	粉末、小球、纤维、薄膜、泡沫、块体	微孔-大孔、微孔-介孔、微孔-介孔-大孔	氧化物（通常是铝硅酸盐和钛硅酸盐）
复制	粉末、小球、纤维、薄膜、纳米管、泡沫、块体	微孔-大孔、微孔-介孔、微孔-介孔-大孔	氧化物、碳、金属、复合物
溶胶-凝胶控制	粉末、小球、纤维、薄膜、泡沫、块体	微孔-大孔、微孔-介孔、微孔-介孔-大孔、双重介孔、介孔-大孔	氧化物、聚合物、碳、金属、复合物
后处理	粉末、小球、纤维、纳米管、薄膜、泡沫、块体	微孔-大孔、微孔-介孔、微孔-介孔-大孔、双重介孔、介孔-大孔	氧化物、聚合物、碳、金属、复合物
自组装	粉末、小球、块体	介孔-大孔、微孔-介孔-大孔	氧化物、复合物

当前通用的等级孔材料的合成方法大致可以分为三类。第一类为模板法，即以模板为主体构型去控制、影响和修饰材料形貌、尺寸以及性能的方法，包括表面活性剂模板法（surfactant templating）、纳米浇铸（nanocasting）法、大孔聚合物模板法（macroporous polymer templating）和胶体晶体模板法（colloidal crystal templating）。

第二类是技术扩展法，即其他合成技术扩展到等级孔材料合成，如仿生法（bioinspiring process），以及超临界流体（supercritical fluids）、乳液模板（emulsion templating）、冷冻干燥（freeze-drying）、水弥散自组装（breath figures）、选择性流失(selective leaching)、相分离(phase separation)、沸石化(zeolitization)和复制(replication)法。

第三类为辅助类方法,即在材料合成过程中起到辅助作用的方法,在部分例子中也可直接合成等级孔材料,如溶胶-凝胶控制(sol-gel controlling)、后处理法(post-treatment)和自组装(self-assembly)。这些方法彼此之间往往相互联系,大多数时候是多种方法联合使用,和其他方法联合最多的是第三类辅助类方法,在大多数等级孔材料的合成中都会使用该类方法。

随着人们对特殊形貌材料的研究兴趣日益增加,等级孔材料的多级结构研究已经取得了很大的进展。球形、纤维、薄膜和块体等具有不同的多级结构和复杂性能的等级孔材料均有报道。通过合成路线设计和形貌控制,可以制备的等级孔结构主要包括双重微孔、微孔-介孔、微孔-大孔、微孔-介孔-大孔、双重介孔、介孔-大孔、双重大孔/多重大孔等。材料的组成成分则包括聚合物、氧化物、碳、金属、复合材料、杂化材料等。

等级孔材料应用的重点在于如何实现对材料纳米/微米尺度的微观结构的控制,来调整等级孔材料的性能,并且这种控制通常是需要在特定的尺度范围内进行的。一般来说,在纳米尺度范围内对材料纳米微观结构的控制可使材料获得多种功能(或者是多个活性位点);在微米尺度的形貌控制则可以调整材料的机械性能和传输性能。这类功能材料已经广泛地应用于催化、吸附和分离、能源和生命科学等领域,表 10-2 总结了这些应用及其优势。

表 10-2　等级孔材料在催化、吸附和分离、能源及生命科学上的应用

应用	类型	特征
催化	酸催化剂	(1) 大分子的高通过率;
	氧化催化剂	(2) 反应物和产物的扩散速率;
	光催化剂	(3) 一般是分子筛的杂原子或者负载的纳米金属颗粒作为活性位点
吸附和分离	分离富集装置	(1) 高透气性;
	生物反应器和净化器	(2) 均相流通孔道结构; (3) 可控的孔结构和表面特性;
	医疗设备	(4) 通常片状

应用	类型	特征
能源	太阳能转换(如染料敏化太阳能电池,光化学生物反应器)	(1) 高效的捕光率,尤其是生物材料的复制品或者生物复合材料; (2) 快速充电分离和高电流密度; (3) 高透气性; (4) 高存储密度; (5) 电子和粒子的快速运输; (6) 低阻抗
	燃料电池	
	锂离子电池	
	超级电容器	
生命科学	生命工程	(1) 生物相容性及促进细胞的黏附和活性; (2) 良好的机械性能; (3) 形状控制; (4) 利于临床使用
	生物材料	
	药物释放	

　　首先,等级孔材料在催化、吸附和分离领域表现出明显的优势,这些归结于等级孔材料多类型孔的存在。例如,在二氧化钛光催化剂应用中大孔孔道有利于光捕获就是一个很好的证明。其次,微孔和介孔的存在不仅提升了材料对客体分子尺寸和形貌的选择性,而且强化了主客体之间的相互作用。所以等级孔材料在提升反应速率、物质传输和能源材料中的电子迁移速率等方面都展示了很好的优势,已被广泛地应用于制备光化学生物反应器、染料敏化太阳能电池、燃料电池、锂离子电池和超级电容器等。最后,在生命工程材料、生物材料和药物释放等方面也得到广泛应用,在医疗健康方面也发展出一个新领域。

　　总的说来,等级孔材料是近十年来多孔领域的一个新的研究方向,为多孔材料的应用提供了一条新的研究途径。本章的基本结构为:首先,我们对等级孔材料的合成方法进行简单的描述。其次,如何进行形貌控制以制备不同维度的功能性等级孔结构,如零维球状、一维纤维状、二维层状和三维孔状。我们对一系列的等级孔结构(双重微孔、微孔-介孔、微孔-大孔、微孔-介孔-大孔、双重介孔、介孔-大孔、双重大孔),以及其相应的组分和合成技术均进行详细的介绍。最后,我们对等级孔材料在催化、吸附和分离、能源乃至生命科学等领域无数的潜在应用展开阐述。

10.2　等级孔材料的合成方法

　　在过去的十余年中,人们对等级孔材料的合成有了长足的发展。其中模板策略是最常用的方法。模板法主要包括表面活性剂模板法、纳米浇铸法、大孔聚合物模板法和胶体晶体模板法。表面活性剂模板法主要利用两种表面活性剂分子作软模板的制备方法,一般用于合成具有双重介孔结构的材料。目前尚未利用三种及以上的表面活性剂模板合成多重孔结构的结果,主要原因是多种胶束的相互作用相对复杂,很难控制。纳米浇铸和胶体晶体模板法的共同特征都是利用硬模板如胶体小球来制造大孔,而介孔或微孔的产生主要由其他方法产生。其中纳米浇铸的办法所涉及的大孔硬模板范围更广,并且更强调协同组装,而胶体晶体模板法更强调胶体晶体的整体模板效应,即首先实现规则排布,然后在此基础上溶胶粒子再充当大孔模板。此外,有很多已经相对较成熟的技术也被应用于制备等级孔材料,如仿生合成、超临界流体、乳液模板、冷冻干燥、水弥散自组装、选择性流失、相分离、沸石化和复制。仿生合成主要包含两种概念:一种是直接利用自然生物材料作为硬模板复制其等级孔结构;另一种是通过仿生过程来实现一些类自然的等级孔结构。超临界流体、乳液模板、冷冻干燥和水弥散自组装方法在技术开发的早期并不是针对性用于等级孔材料的制备,而是较多地被用于合成多孔聚合物材料或杂化材料等。随着研究的深入发展,这些技术也逐渐被广泛地用于等级孔无机材料的制备。主要思路有两类:一类是利用这些方法制备等级孔结构;另一类是利用等级孔结构聚合物为模板构建其他的等级孔结构材料。相分离和选择性流失方法的共同点都是利用不同相之间的性质差异达到去除的目的,从而实现多孔材料的制备。不同之处是,作为软变相,聚合物溶胶或凝胶也可以通过相分离法制备等级孔材料。而选择性流失方法中,分离相是固相,分离相作为牺牲相从不相混合的两相中被溶解出来,就可以得到具有等级孔结构的目标相。这里的复制法是指对稳定的等级孔材料或者原有结构的空隙空间的复制,这一理念也在上述的一些方法中涉及,如纳米浇铸法、胶体晶体模板法、大孔聚合物模板法和仿生法等,为了避免过多的重复,我们在这一方法的阐述中将会选择没有交叉的例子。沸石化是一类非常传统的合成方法,从早期的酸碱腐蚀到硬模板和软模板法,也被越来越多地用于在传统的沸石分子筛中引入多孔结构。溶胶-凝胶控制、后处理法和自组装法也可用于制备等级孔结构材料,它们既能够单独使用也可以结合其他合成方法一起使用。

通过上述方法的总体阐述,可以看出等级孔材料和其他单一孔材料合成的最大区别就是需要多种方法或手段相结合,而不能依靠单一模板来实现。总体来说,所有的方法都可以大致归结于两个特征:一类是在小尺度孔道合成中引入大孔;另一类是结合化学和物理的辅助方法。值得一提的是,自组装方法中等级孔自发技术不同于其他方法,该类合成方法的特点是在不添加模板的情况下,仅通过金属醇盐和烷基金属间的化学反应也可以制备出等级孔结构。

显然,各种等级孔材料制备方法在宏观和微观尺度均具有不同结构和性质优势,而两种或者多种方法结合使用将是等级孔材料制备研究的发展趋势。其中,表面活性剂模板法、纳米浇铸、复制、溶胶-凝胶控制、后处理法和自组装技术已经成为基本技术或者其他技术不可分割的一部分。因此,我们只是在本章讨论这些合成方法的过程、优势、特征及作用机理,这些方法之间难免会相互交叉,我们尽可能地避免相互重复。

10.2.1　表面活性剂模板法

人们常以表面活性剂分子团簇或超分子为结构导向剂构建多孔材料。在精确控制相分离的基础上,结合双重表面活性剂共模板法能够合成出等级孔结构。在孔结构的构建过程中(包含表面活性剂模板法),胶束的形成起到了非常关键的作用,因而理解胶束的形成过程显得非常重要。如图 10-3 所示,在低浓度表面活性剂溶液中,随着烃链和水分子之间的接触角减小,系统自由能降低,当表面活性剂分子浓度超过临界胶束浓度(CMC)[3]时,表面活性剂分子形成胶束,进而形成多种表面活性剂分子团簇。表面活性剂的终端基团的亲水性决定了表面活性剂形成的团簇结构的类型、尺寸以及其他特征。表面活性剂溶液的临界胶束浓度与表面活性剂的化学结构、体系的温度以及共溶质有关[4]。图 10-3 所示为采用两种表面活性剂构建等级孔结构材料的共模板法形成机理[5]。

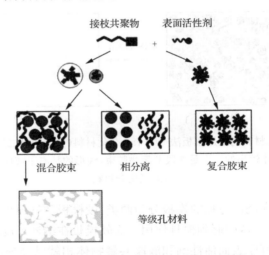

图 10-3　双重表面活性剂共模板法示意图[5]

一种形成具有不同尺寸介孔结构材料的方法是在溶液介质中使用两种不同的表面活性剂。其中,两种胶束之间的相互作用决定了最终能否形成等级孔结构(图10-3)。将不同种类的表面活性剂分散在水中,是合成具有不同尺寸介孔结构的关键步骤。在此过程中,表面活性剂之间的相互作用是决定性因素。与单一表面活性剂自组装不同,在较大的熵变(增加)驱动下,去除阴离子和阳离子表面活性剂混合溶液中的抗衡离子时,会形成阴离子和阳离子表面活性剂团簇。采用两种不同分子尺度的表面活性剂模板是一种非常简单的形成等级的双重介孔材料的方法。然而,形成混合胶束的可能性限制了该方法的应用,目前还没有综合三种表面活性剂而形成三重介孔结构的实例。

10.2.2　纳米浇铸

　　与双重表面活性剂共模板法相比,纳米浇铸的合成过程需要刚性的模具(如蜡、石膏、金属或其他宏观尺度材料),然后再去除刚性模具来制备等级孔结构,一旦所有的尺度都进入纳米尺度,就被形象地称为"纳米浇铸"[6-10]。图 10-4[11] 所示为一种典型的纳米浇铸过程,离子液体和嵌段共聚物通过在特定溶剂中自组装,能够形成完整的、规则的、具有特殊结构图案(在纳米尺度上)的超结构。这些超结构又和大尺度聚合物胶体相互作用形成一种液晶相结构,然后再通过这些胶束结构极性的无机溶胶前驱体的引入、老化、去有机模板就可以最终制备等级孔结构。嵌段共聚物和表面活性剂(如离子液体)自组装技术是由在特定溶剂(水、醇类或四氢呋喃)中不同嵌段的互不相溶性引起的微相分离来控制。同时,低相对分子质量表面活性剂的自组装通常取决于亲水和疏水效应[12]。

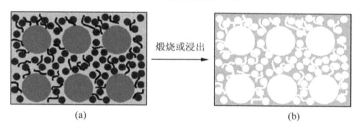

(a)　　　　　　　　　　　　　　　　　　　(b)

图 10-4　三重等级孔材料的通用模板法[11]。(a)杂化材料(方形的是二氧化硅,尺寸较大的圆形是聚合物胶体,尺寸较小的球形是嵌段共聚物胶束,线形的是离子液体胶束);(b)去除模板后的氧化硅材料

　　总体来说,纳米浇铸过程的模板分为两类:硬模板和软模板。硬模板通常是指大尺度模板在纳米浇铸中起到模具作用。而软模板在纳米尺度的浇铸扮演了重要角色。如上所述,有序表面活性剂和嵌段共聚物体相就已经成功地用作制备多孔纳米结构陶瓷和金属材料的"软模板"。这里所提的浇铸模具是类似于软的溶致液晶相,在其内部进行的无机材料的化学合成和固化是不会改变其自组装结构的(这也是被称为真正的溶致液晶的原因)。最终,溶质相作为软模板可以实现直接浇铸,所得最终结构是按初始模具(或模板)结构 1∶1 复制[13]。

　　值得注意的是,纳米浇铸路线不同于表面活性剂模板和胶体晶体模板合成路径。典型的表面活性剂合成是一种"协同沉淀法",其通过表面活性剂溶液和无机溶胶-凝胶混合物共沉淀,形成精细结构和孔结构。而纳米浇铸途径起始于高浓度的表面活性剂相,连续液体相则通过一些化学过程(如溶胶-凝胶反应或还原偶合)来固化。通过表面活性剂合成方法合成的材料的孔尺寸重复性好,但在起始溶液的基础上几乎不可预测,而通过纳米浇铸方法可以合理预测孔结构。采用这种方法已经成功制备出多孔二氧化硅和金属材料[7]。例如,通过聚合物胶体粒子和具有较强亲水/疏水性对比的嵌段共聚物(如 KLE 和 SE)的协同组装,能够在大孔孔壁上获得双重介孔结构(孔径介于 6~22nm)[11]。

10.2.3　胶体晶体模板法

与其他等级孔结构材料合成方法相比,胶体晶体模板法能合成在较大尺度上高度有序的周期性孔结构。采用胶体晶体模板法制备的材料中,孔的产生是通过直接复制周期性排列的有序胶体粒子硬模板,因此在等级尺寸上建立的胶体晶体模板比其他方法更容易构建。由于胶体晶体及其复制结构在合成中能够产生额外的孔结构,胶体晶体模板法开创了合成多种具有不同孔道、形貌和组分的等级孔材料的合成途径。

图 10-5 所示为胶体晶体模板法的基本步骤,包含有胶体晶体模板的形成、前驱体浸润和胶体模板去除。一般而言,表面模板和体积模板均能合成。采用表面模板合成出三维有序连通空气球结构,而采用体积模板则产生三维连通的网络骨架[14]。

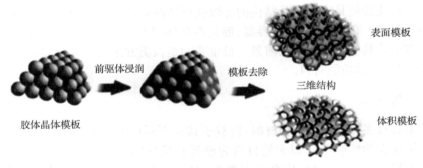

图 10-5　胶体晶体模板法示意图[14]

等级孔材料制备中最常用的液相反应浸润技术是溶胶-凝胶和缩聚反应。前驱体的水解和缩聚能形成溶胶,继而通过改变条件,如 pH、温度或离子浓度,将聚合所得的粒子浸润在连通的晶体结构中形成凝胶[15]。通过聚合反应,单体、低聚物、聚合物能够交联形成网络骨架。例如,金属硝酸盐和乙二醇渗透进胶体晶体的空隙空间中,在焙烧过程中相互反应形成稳定的结构[16]。

此外,还有其他反应技术,包括纳米粒子悬浮液、电化学沉积、化学气相沉积和原子层沉积,都可以应用于胶体晶体模板制备等级孔材料中。纳米粒子悬浮技术是一种简便的胶体晶体模板渗透技术,制备过程中先将胶体晶体浸润在纳米粒子悬浮液中,然后将多余液体蒸发从而形成纳米凝胶。与上述技术相比,纳米粒子悬浮技术具有以下优点:①足够小的粒子在模板中能够自由沉积;②前驱体不需要缩合和晶化;③能够避免快速缩合和沉淀等对渗透的阻碍作用。例如,采用二氧化钛纳米颗粒悬浮液合成出的三维有序大孔材料,能够应用于光学领域[17]。

通过很多技术均能合成具有内在次生孔的等级三维有序大孔材料。溶胶-凝胶法就是其中一种常见的方法。例如,Holland 等合成了具有不同直径介孔结构的三维有序大孔氧化硅干凝胶[18]。通常地,利用表面活性剂模板(如阴离子表面活性剂、非离子表面活性剂和离子液体表面活性剂)也能够获得有序内在次生孔。

使用不同尺寸的胶体晶体作模板可以合成大孔-介孔等级结构或双重大孔等级结构。这些模板可以分为三类:①尺寸相近的聚合物小球模板组合;②聚合物小球和氧化硅胶体模板组合;③异质胶体晶体模板。

通过对具有介孔壁的三维有序大孔材料的解体和重组,研究者制造出了具有更复杂的等级孔结构的材料。在三维有序大孔材料中,随着孔隙度的增加,孔壁的机械强度不断降低。利用这个现象,能够制备出规则介孔纳米颗粒。在解体过程中,也可能形成其他组分(如酚醛树脂、碳、碳-氧化硅等)的纳米颗粒。在三维有序大孔-介孔结构解体之后,这些粒子又能自组装形成有序阵列。

利用胶体晶体模板法合成的等级孔材料具有增强的结构周期性和孔隙规则度,此外还具有高比表面积、高传输效率、纳米尺度结构以及其他特性(如光学性能可控),这些优势使具有不同孔结构的等级孔材料在物质传输以及电荷传输等方面几乎不受限制。在燃料电池、电容器、催化剂载体、传感材料、超疏水材料、电化学等许多方面均具有广阔的应用前景。最重要的是该类方法可以综合多种效应和性能,有望制备出多功能材料。

10.2.4　仿生法

许多具有多孔结构的生物材料,得益于其在不同尺度上的功能等级孔结构均表现出了优良的性能[19]。以天然材料为模板直接复制或采用仿生自组装合成类似的人工材料均可称为"仿生合成"(图 10-6)。仿生合成多孔材料有着显著的前景,同时也将面临巨大的挑战。

许多具有等级孔结构的天然材料(如细菌[20]、海胆骨架[21]、树叶[22,23]等),由于其富含精细的等级结构、价格低廉以及环境友好等特性,均能被用作生物模板。至今,报道了大量以天然的或化学处理过的植物组织为模板制备等级孔材料的研究。在前驱体溶液渗透过程中,通过毛细吸附,无机源被植物细胞壁吸附,并均匀地沉积在细胞壁上[24]。经过高温处理去除植物组织后,无机复制品较完美地保持了模板的多孔结构特征。这些无机复制品的形貌和多孔结构主要受到制备过程中的模板种类和焙烧温度的影响[25]。

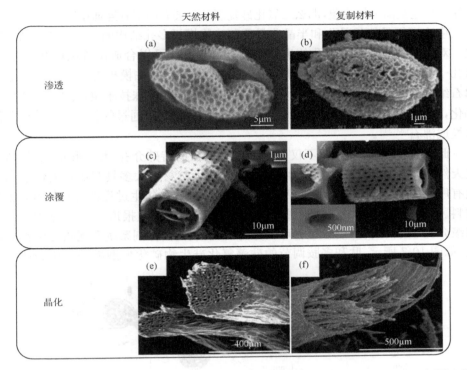

图 10-6　花粉粒(a)及其氧化硅复制品(b)的 SEM 图[24];初始硅藻细胞(c)和 TiO$_2$ 包覆硅藻
细胞(d)的 SEM 图[26];丝瓜海绵组织(e)及其硅分子筛复制品(f)的 SEM 图[27]

　　复制生物模板的方法主要有三种:渗透、涂覆和晶化。纳米粒子或溶胶的渗透是所有等级生物材料完全复制过程中的关键步骤。在干燥和焙烧过程中,纳米粒子或溶胶取代了模板组分,最终实现高精度的纳米浇铸。Wang 等[28]研究了植物组织模板等级孔材料的形成机理,其在酸性和碱性条件下,采用表面活性剂模板法,分别制备了木质纤维素的等级有序正复制品和反复制品,并结合核磁共振技术进一步研究。研究结果显示,当 pH 较低时,由于有足够的时间利于正复制,而在较高 pH 时利于反复制,氧化硅前驱体水解、浓缩成核缓慢。因此,可以通过调控 pH 来控制仿生过程。典型的正复制方法是在生物模板表面涂覆无机源而不是将其浸润于前驱体溶液中,随后高温焙烧或不焙烧,就可以制备类似生物形态等级孔材料。有人报道了以植酸为分子黏合剂在硅藻表面层层地涂覆氧化钛纳米颗粒,合成了等级介孔-大孔 TiO$_2$/SiO$_2$ 复合材料[26]。在层层涂覆的过程中,TiO$_2$ 纳米颗粒均匀地分散在硅藻表面,初始硅藻的大孔结构也被完整地保留下来。一个典型的反复制合成例子如下:首先通过碳化得到碳化生物模板,然后利用二氧化硅前驱体填充孔腔,随后高温去除生物模板,就可以得到生物模板的反相等级结构。一方面,当前驱体足够填充碳棒之间的空腔时,即可得到氧化硅模板的反复制产品。另一方面,如果孔体系只是被前驱体涂覆,那么二氧化硅复制品就会有中空管连通系统[29-31]。

生物模板骨架的晶化和半晶化是复制生物模板多孔结构的一种非常有效的方法。对一些具有特殊形貌孔的生物模板进行沸石化可以合成出等级微孔-大孔或微孔-介孔-大孔材料[27]。通常其合成步骤分为两步:①在模板上原位引入或涂覆沸石纳米颗粒;②水热促使沸石晶化生长[32]。其他的特殊技术也被用于生物模板晶化,如在生物模板上层层静电自组装沸石纳米晶,以及通过气相传输法将前驱体转换成沸石[33,34]。

此外,仿生过程的概念不仅是复制生物模板的特殊介孔-大孔形貌,还包括研究天然材料的自发形成过程和生长过程,这些天然材料大多具有优良的性能和高度有序的结构。采用常见表面活性剂(非生物模板)的仿生过程也可制备出等级孔材料。(生物)聚合物-氧化硅颗粒的孔结构形成机理已经报道[35]。通过仿生合成等级介孔-大孔材料的制备过程可以分为两类:表面活性剂系统和无表面活性剂系统,如图 10-7 所示,肽和多胺调节的硅藻氧化硅生物矿化模型就是一个表面活性

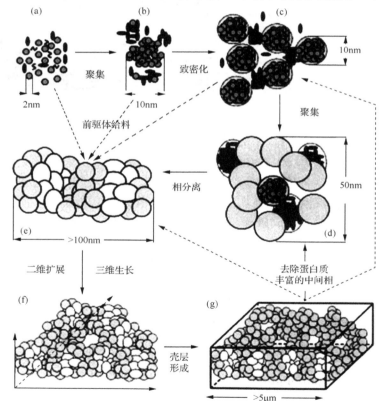

图 10-7　基于聚合物、肽导向的氧化硅合成的硅藻介观相氧化硅聚合模型[35]。波浪形表示肽和多胺,椭圆形表示大的有机分子,球形表示氧化硅溶胶

剂系统的例子。在结构导向剂的作用下,来源于酸性水玻璃的氧化硅形成了硅藻中主要的氧化硅结构,整个合成过程可以通过调节氧化硅的浓度和溶液 pH 来控制。该方法是一个可逆的过程,并可用于制备其他等级孔材料。

由于原材料具有尺寸大、数量多、可再生、价格低廉、环境友好等特性,仿生制备是一种非常有前景的方法。通过仿生制备出的等级孔材料具有机械性能好、热稳定性能高、光学性能优良等特点,并可以实际应用于催化、吸附、模板(制备其他等级材料)等领域。

10.2.5　超临界流体

超临界流体既不是气体也不是液体,它能够从低密度压缩成高密度,是化学过程工业中一种重要的可调溶剂和反应媒介。超临界流体技术(SCF)是一种非常重要的等级孔材料的合成方法。这种合成多孔材料的方法具有以下几个优点:①超临界流体方法能够提供环境友好溶剂或造孔剂,如廉价无毒的二氧化碳;②溶剂回收成本低;③液体模板容易去除;④温和条件下反应较快;⑤通过调节温度、压力、共溶剂等条件,能够控制多孔材料的形貌和功能;⑥由于超临界流体的低表面张力,能够促进多孔材料的表面修饰,提高其传输速率;⑦由于超临界流体不会产生气液界面,能够避免孔结构坍塌。

一个世纪前,超临界流体就作为溶剂溶解非挥发性固体。过去 20 年中,超临界流体应用作为一种有效的手段,不仅在环境方面,而且在许多特殊的物理、化学、毒理学方面起到了重要作用。它在聚合反应[36]、粒子形成[37]、涂层光刻技术[38]、染料废物管理[39]等过程中,能实现对材料的形貌、功能和结构的控制。二氧化碳是最常使用的超临界流体,这归因于其具有无毒、不易燃、化学稳定、廉价等特性。此外由于它是一种气体,它的临界条件($T_c = 304.1\text{K}$, $p_c = 7.38\text{MPa}$)很容易达到,只需要经过简单的降压即可得到清洁干燥的产品,并且在气体发泡和流失的过程容易出现多孔结构,所以超临界流体中超临界二氧化碳在多孔材料的制备方面有着广泛的应用[40]。

使用超临界流体技术制备多孔材料,主要有以下几种方法:发泡法,二氧化碳诱导塑化法和乳液模板法。以乳液模板法为例,用表面活性剂乳化二氧化碳以制备等级孔聚合物材料,在此过程中二氧化碳扮演了溶剂和模板剂双重角色[41]。报道也指出,此方法合成的等级孔材料孔径分布主要是由表面活性剂的浓度调节,改变二氧化碳相的体积分数只能起到有限的影响[42]。采用此方法已经合成出了多种具有等级孔结构的聚合物材料,如聚醚、聚醚砜等。这些材料的结构主要分为块体和薄膜两种,块状材料常是封闭孔结构,薄膜的微观结构通常是开放式的连通孔。根据条件的不同,制得的等级孔结构材料的孔径分布在纳米尺度到 $1 \sim 20\mu\text{m}$ 范围内。超临界流体也被用于合成等级孔结构的生物杂化材料。通常情况下,在生物杂化材料的设计方面存在两个难题:①复合聚合物后,如何保持生物成分的生物活性;②如何控制材料的形貌和多孔结构,以实现细胞在骨架中的释放和渗入。而超临界二氧化碳技术经过简单的控制就能够克服这些问题。例如,二氧化碳诱导塑化法可用于在环境温度下将生物活性成分混入可将生物降解的聚合物中,保证了生物活性和结构可控[43]。

　　采用超临界流体技术制备等级孔材料仍处于早期研究阶段。研究者在材料制备方面作出了很多工作,证明了其在制备等级孔材料方面具有很好的优势和前景。当前比较多的有三种方法,包括发泡法、二氧化碳诱导塑化法和超临界流体乳液模板法。泡沫聚合物的合成就是成功的例子。在恒温减压条件下,聚合物在超临界流体中可形成聚合物泡沫,压力减小,聚合物在气体中成核生长,随着超临界流体的离开,蜂窝状结构得以形成并保持[42]。图 10-8(a)为发泡过程示意图。发泡技术已经非常成熟,适用于工业应用。薄膜聚合物是超临界二氧化碳诱导法制备材料的另一重要应用。首先,聚合物溶液浸入凝固液中快速形成薄膜,在界面处形成外壳[图 10-8(b)]。随着时间的延长,离界面更远的层聚合物浓度发生变化,变化速率小于界面层的变化,这些变化的速率对结构产生主要影响。与其他传统溶剂相比,超临界流体具有可变的密度和黏度,使得其具有溶解能力可控的优势。超临界流体乳液模板也是一种制备良好等级孔材料的通用方法。其具体过程如图10-8(c)所示,二氧化碳充当液滴相,作为大孔的孔模板,再通过聚合、CO_2 释放、

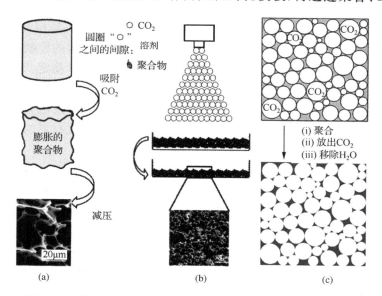

图 10-8　(a)使用超临界二氧化碳流体发泡过程示意图;(b)二氧化碳诱导反相法示意图;
(c)二氧化碳/水乳液模板过程示意图[42]

H_2O 去除,即可制备出良好的等级孔材料。该技术由于无需使用挥发性的有机溶剂,而被应用广泛。由于二氧化碳在减压状态下容易恢复成气态,液滴相的去除非常简单。尽管采用超临界流体技术制备等级孔材料的机理和方法得到了充分的研究,但仍有进行更多的实验和发展其他可靠的模型的必要。

10.2.6　大孔聚合物模板法

具有大孔的聚合物结构能够作为模板合成等级孔材料。大孔聚合物起着支撑作用,使化学反应和纳米粒子渗透能在其周围或内部发生,控制着材料的形貌。随后去除聚合物模板即可获得保持初始模板部分结构特性的材料。材料包覆聚合物结构的表面可能在终产物中留下与模板相似的孔(路线 1,图 10-9 中的 2b、2c 和 3e),而聚合物中的孔被材料填充,去除聚合物结构后也会在终产物中留下孔(图 10-9 中路线 2d 和 3f)。

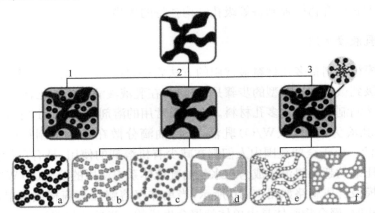

图 10-9　包含大孔(白色为孔隙)聚合物结构的模板

路线 1:使用预制的纳米粒子渗入模板,纳米粒子包覆在聚合物结构表面,制得具有微粒间空隙和源于模板空隙的涂层(a)。

路线 2:使用前驱体溶液渗入模板,可能产生均具有沿着初始模板中大孔方向分布的颗粒间空隙的多孔粒子(b)和无孔纳米粒子(c)或具有颗粒间空隙的在初始模板大孔中形成的无孔纳米粒子(d),最后移除聚合物模板后均获得源于模板的孔道。

路线 3:使用含有造孔剂(如表面活性剂)的前驱体溶液渗入模板。这种方法产生的孔结构可分为两种,一种由造孔剂产生,另一种孔的属性则取决于在初始模板中是包覆过程(e)还是浇铸过程(f)。这种方法包括利用块状的聚合物凝胶为模板以制备 ZrO_2[44]、TiO_2[45]和 $La_{0.65}Sr_{0.3}CoO_{3-\delta}$[46]等级孔材料等,该示例中聚合物凝胶是在有表面活性剂的条件下由单体聚合产生。

聚合物泡沫的孔径大小分布广泛,结合前驱体法,可在聚合物泡沫上生长或复制制备块体材料。根据相似的想法,使用大孔聚合物薄膜为模板[47],可制备具有不同孔形貌的多孔薄膜、纤维和球形。所以这些等级孔材料的不同形貌直接取决于大孔聚合物的形貌。使用大孔聚合物为模板制备等级孔材料已经延伸到氧化物、复合物以及合金等体系中。

显然,使用不同结构的模板可以制备具有各种结构特点的产物,包括小球、纤维、薄膜和块体材料,最终产物的结构很大程度上受大孔聚合物结构的影响。其结构中的大孔来自聚合物模板,介孔结构则是通过无机材料聚集、表面活性剂模板或两者复合形成的。在一些例子中,可以通过沸石化在产物中引入微孔结构。一般而言,通过无机粒子聚集形成的介孔通常是无序结构,但加入表面活性剂模板后就形成了有序结构。控制材料的形态不仅是一门技术,形貌改变引起的材料性能变化对材料的应用也是至关重要。因为形貌控制往往能导致性能或效率的增强,这方面就是大孔聚合物模板制备等级孔结构独特的优势。

10.2.7　乳液模板法

乳液模板是制备多孔材料最常用的方法之一,使用此法制得的材料其孔径范围在纳米级到微米级。典型的步骤是,材料先在乳液液滴周围固化,随后通过溶剂蒸发除去液滴制得模板化多孔材料。水是最常用的溶剂之一。通过水滴分散在油相制备的乳液为油包水(W/O)乳液,而将油滴分散在水相中制得的为水包油(O/W)乳液。由于全球范围内人们都在减少有机溶剂的使用,具有可持续绿色本质的 CO_2 压缩的超临界流体成为在水包油乳液体系中使用的溶剂(C/W)。

乳液模板合成思路如图 10-10 所示,当单体仅溶解在液滴相或者单体液滴悬浮于连续相时,聚合物胶体是由单体的聚合生成的。当单体仅溶解在连续相中时,单体聚合反应以及随后液滴相的移除共同导致了多孔材料的生成。聚合物复合材料由分别存在于液滴相和连续相中的不同类型的单体同时聚合产生[48]。使用油包水乳液法制备的多孔聚合物一个重要特点是往往能很容易获得疏水结构[49],这已被广泛地应用于许多的疏水体系。例如,在乳液中将功能化的共聚单体(如苄基氯)引入非功能化的单体(如苯乙烯)中就可以增强材料的疏水性能。

微乳液法是一种特殊的乳液模板法,是指由多种不均匀混合物组成的一相以 5~50nm 大小的液滴悬浮于另一不相溶的连续相中。借助于表面活性剂和助表面活性剂的稳定分散作用,微乳液体系通常是热力学稳定的。现在常用的微乳液主要有两种:离散型微乳液和双连续微乳液。复制乳液模板制备多孔结构的方法也有两种:一是利用可聚合的表面活性剂;另一种是对微乳液液滴进行凝胶化或冷冻[50]。前一种方法可以固定微乳液的结构,有利于制备聚合物胶体或胶囊。

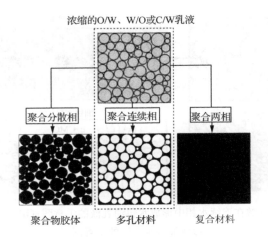

图 10-10 在分散相、连续相以及两相的乳液聚合分别制备聚合物胶体、多孔材料和复合材料的示意图[48]

尽管乳液模板是合成高度多孔材料的优良模板,但通过聚合反应复制微乳液模板仍面临很多障碍,如孔道的连通性。当前乳液合成技术的一个重要进展是高内相比乳液(high internal phase emulsion,HIPE)模板法。HIPE 是一种内部液滴相的体积比大于 74.05% 的乳液,现已广泛应用于制备高度连通的多孔材料[48]。HIPE 模板主要包含水包油和水包二氧化碳两种体系。

在所有乳液模板法中,表面活性剂分子浓度超过临界胶束浓度(CMC)后就会超分子自组装形成胶束,这些胶束有溶致介孔相、六方相等。在这些实例中,分散相都会被除去以生成泡沫大孔。在水包油体系中,乳液是亚稳定热力学系统,分散相和连续相随着时间的推移逐步分离。使用表面活性剂,是提高热力学稳定性的一种重要手段。如图 10-11 所示,表面活性剂分子具有极性和疏水性两端,在油/水界面将最小化界面能。为稳定这些乳剂,表面活性剂浓度总是需要保持在临界胶束浓度以上。高于这个值胶束将挤在一起,促进溶致介孔相。连续性的聚合反应和除去大部分的液滴,诱导固相微孔泡沫产生。例如熟知的 polyHIPE。有机和无机的单体可以用来获取 polyHIPE 固相泡沫。这类材料制备的主要思路是利用每个组分的优异性能来形成杂化材料,试图减小或消除其缺陷,获得理想的协同作用,进而合成出分层多孔材料[51]。

在水、二氧化碳体系中,使用 C/W 乳液模板不仅避免了使用有机溶剂,而且通过降压,可以很容易地除去液滴相。因为二氧化碳作为反相模板所以基本没有有机溶剂残留在所制备的多孔材料中[52]。

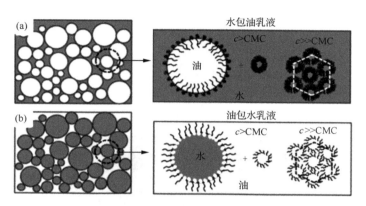

图 10-11　(a) 油滴分散在连续水相中形成水包油乳液的示意图；(b) 水滴分散在连续油相中形成油包水乳液的示意图[1]

乳液作为一种软模板法，可用于制备多孔材料。研究者专注于功能多孔材料的设计与合成，以及其在组织支架、药物/蛋白质传递、色层分析、催化等领域的应用。

10.2.8　冷冻干燥

冷冻干燥是制备多孔聚合物或者陶瓷的常用方法，又称冰模板法[53]。在冷冻干燥过程中，陶瓷浆体被注入模具中并冷冻。结冰的溶剂暂时起到黏结剂的作用，使浆体保持为一个整体以便脱模。随后，这部分材料在真空下升华，即冷冻干燥。这种方法可以避免在老化过程中发生收缩应力，进而避免材料出现裂缝和弯曲。对干燥后的样品进行烧结，人们可以制备出强度更高、硬度更大、孔结构可控的多孔材料。通过控制冰晶的生长方向，人们甚至可以合成孔径取向排列的多孔材料。

冷冻干燥技术具有很多优点：第一，它是一种绿色模板；第二，溶剂去除时，不引入新的杂质，产品易于提纯；第三，孔结构丰富；第四，方法适用范围广，可用于制备多种不同材料，包括陶瓷、聚合物、复合材料、水凝胶等。

自半个世纪前首次报道了冷冻干燥制备大孔陶瓷材料后[54]，聚合物也得到了广泛的发展，许多使用冷冻干燥制备的聚合物因为制备过程的生物相容性而被广泛用于生物医学领域（骨组织工程和药物运输），如胶原蛋白和弹性蛋白[55]、胶原糖胺聚糖[56]、聚乙烯吡咯烷酮水凝胶[57]等。20世纪80年代，人们又进一步地报道了用冷冻干燥制备具有规则微结构多孔陶瓷材料[58]、具有新功能性的改进复合物（如羟基磷灰石/胶原质[59]、聚乙烯醇/二氧化硅[60]）以及其他杂化材料。

冷冻干燥是一种非常优良的等级孔材料制备技术。其步骤包括冷冻、保持冷冻状态、前驱体除去,形成水溶液(悬浊液或者胶体)。由于冰晶的形成,每种溶剂开始分散在溶液中都会被挤压到相邻冰晶之间的边界中(图 10-12)[61]。在高真空条件下升华冰晶,人们可以制备具有大孔结构的材料,也可以利用冷冻干燥过程制备大小和形状与容器相同的样品。

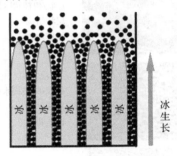

●纳米粒子、聚合物分子或它们的
混合物

图 10-12　定向冷冻过程示意图[61]

溶剂结晶成长后,溶质分子被排除到溶剂外,直到样品完全冷冻。冷冻温度、溶液浓度、溶剂类型和冷冻方向等条件,都能严重影响材料的孔结构。使用适当的方式可以人为控制冰晶的冻结生长方向(又称定向冻结[61],图 10-12)。干燥通常是最费时的步骤,并且干燥时间与冰晶升华速率直接相关。冰晶升华速率由真空度、干燥温度、样品体积及外表面积和产品性能等诸多因素决定[62]。

　　Tamon 等[63]首先开始了冷冻干燥主要过程控制变量调控终产物形态的研究,研究者观察到了冻结方向上样品的异质结构。在样品中,我们可以清晰地分辨出有三个不同的区域,每个区域都具有特定的孔形状和尺寸。在区域 1 中,材料是密实的,观察不到气孔,其结构最接近初始指纹状结构;在区域 2 中,材料表现出细胞状形态;最后,在区域 3 中,陶瓷呈薄片状(图 10-13[64],在垂直剖面图中,从下至上,依次为区域 1、2、3),与冰晶生长方向一致,材料致密,无空隙。

　　冷冻干燥过程具有无毒和反应温度低等特点。这些优势促使人们不断对其进行研究以开发新的生物工艺和应用,如生物细胞悬浊液冷冻保存和污染物的净化等。这种等级结构和功能性的结合使得这类绿色材料能够应用于一些新的领域,如生物技术中的生物传感器、有机合成生物催化系统和生物燃料电池技术以及生物医药。有报道称冷冻干燥的水溶液还可用来制造深共晶溶剂(DES)以及脂质体与 DES 的组合结构,在 DES 中脂质体的自组装结构能够得以保存[65]。细菌在 DES 中也可以保持自身的完整性和生存能力[66]。通过冷冻干燥阳离子铁蛋白和阴离子高分子表面活性剂,Mann 等得到了一种离子纳米结构材料,这种材料在

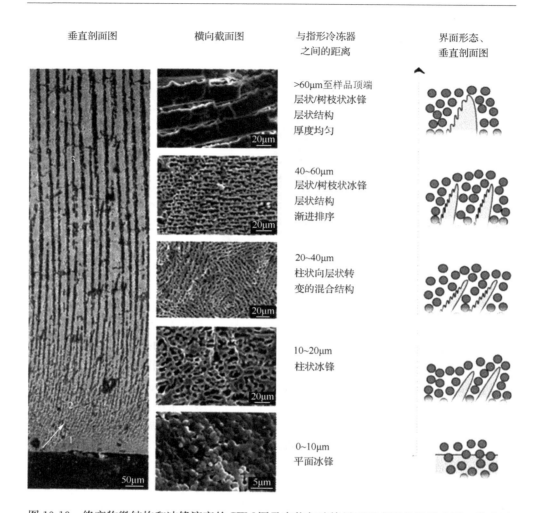

图 10-13　终产物微结构和冰锋演变的 SEM 图及产物与冰锋界面形态演化的示意图。均质层厚度在 200~250mm,在浸没水平附近可以观察到冷冻区域 1 的倾斜片层,底部的垂直剖面显微图像(白色箭头)。横向截面形态揭示了相应的多孔结构和如右图所示的界面形态的演化[64]

50℃熔化可以转变为无溶剂蛋白流体[67]。他们更进一步演示了室温无溶剂肌红蛋白流体的制备[68],制得的材料中肌红蛋白的活性和氧结合能力并没有明显下降。

　　冷冻干燥本质上是一个自组装过程。这种自组装现象对生物细胞悬浊液冷冻保存和污染物的净化等多种应用有非常重要的意义。

10.2.9 水弥散自组装

很久以前,人们就已经注意到水可以从潮湿的空气中冷凝到冷固体表面并形成有序六角形排列的图案。这种现象就是人们所熟知的水弥散自组装技术(breath figures,简称 BFs 法)。但直到最近,人们才以水滴为模板通过 BFs 法制备出了有序多孔(也可称为蜂窝结构)薄膜,并通过这种模板法制备出三维多孔结构。

虽然 100 多年前人们就开始了对 BFs 法的研究[69],但直到 1994 年,Widawski 等报道了该方法在聚合物薄膜上的应用,才引起了人们广泛的兴趣[70]。这种方法可称为"潮湿铸造",包括在潮湿的气氛下由溶液浇铸聚合物。包含聚合物的溶液在冷固体表面随着溶剂挥发,溶液表面冷却,水滴冷凝在冷固体表面继而长大并自组装成有序图案。随着溶剂和水完全挥发,人们就可以制得二维[70]甚至三维聚合物材料[71],这些聚合物基体中具有大量有序六角形气泡(液滴的痕迹)阵列。

图 10-14 展示了 BFs 法制备有序多孔薄膜的形成机理。蒸发冷却导致了聚合物溶液中六角形堆积的水滴的产生。使用密度比水大的溶剂(如二硫化碳)制备样品时,制得的样品是单层的[71]。与之相反,当使用密度比水小的溶剂(如苯或甲苯),制得的样品为遍布六角排列的三维结构薄膜。溶液中的聚合物对水滴起到固定作用,而热毛细对流效应使它们排列成有序的三维阵列。在有机溶剂和水蒸发完后,这种三维有序结构在凝固的薄膜中被固定下来。

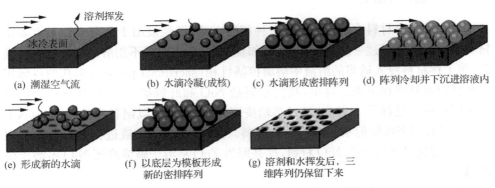

图 10-14 BFs 法制备有序多孔薄膜的形成机理示意图[71]

由于液体基底是可移动和弯曲的,液体表面与水滴的相互作用不同于固体表面发生的相互作用。Knoble 等认为 BFs 在液相上的生长经历了 3 个阶段[72]。第一阶段是成核和液滴的生长过程,在这一阶段液滴间是相互独立的,只存在弱相互作用。液滴平均直径随着时间增大,并遵循方程 $D \sim t^a, a \approx 1/3$。在第二个阶段,水滴达到最大表面覆盖率。液滴被液态膜分隔开,并发生短程的硬球般的相互作用,这导致了液滴尺寸的均一化。第三个阶段的特征是表面覆盖范围的恒定和液滴之间的聚结。液滴尺寸生长规则遵循方程 $D \sim t^a, a \approx 1$。使用 BFs 模板制备蜂窝结构多孔薄膜时,我们需要使用有机溶液中的聚合物稳定六角排列水滴以避免或减少液滴的凝聚。在蒸发过程中,液滴四周的聚合物沉淀出来,进一步彻底除去其中的有机溶剂和水后,我们就可以制得干燥的多孔薄膜[73]。

BFs 被视为制备聚合物和纳米材料的一种动态模板法[74]。溶剂化后聚合物的性质在很大程度上会影响多孔薄膜的形成。如二硫化碳与共轭聚合物一起表现良好;由聚苯乙烯(PS)氯仿溶液可以制得星形/块状 PS 和羧基化 PS 的液滴阵列;由乙酸戊酯溶液可以制得硝化纤维的液滴阵列;氟利昂类溶剂可制得含氟聚合物;苯、甲苯、二甲苯等也可能在其他体系中产生很好的 BFs 阵列[74]。

人们实现了对多孔聚合物薄膜形态学的控制。在合成星状聚合物过程中,2,2-双(甲氧基)丙酸基树突末端基团的尺寸和树突的功能都可调控[75]。当初始聚合物溶液的表面张力比浓缩液(condensed liquid)高 1.5mN/m 时,Xiong 等合成了单一微球图案[76]。

作为一种液体模板法,BFs 模板已经被用来制备等级孔材料。BFs 模板也是一种使用具有图案阵列的冷凝水滴为模板制备有序多孔薄膜的技术。通过这种模板法,人们制备了多种材料(如聚合物、生物复合材料、聚合物/无机复合材料),广泛应用于组织工程支架,催化、控制运输等领域。

10.2.10　选择性流失

从一种复合材料中选择性流失一种相的方法,已经被用于合成多种无机多孔材料。人们首先通过一些物理混合法(如烧结)制备出两相不相溶的复合材料。接着,将上述材料浸入适当的溶液中溶解掉牺牲相(sacrificial phase),多孔的目标相块状材料就被保存下来。这里,我们举岩盐 NiO 和纤锌矿 ZnO 复合材料为例向大家阐述这一过程[77]。首先,通过单轴按压方法,我们可以制备出具有两相(NiO 和 ZnO 相)紧密接触但不相溶的复合材料。其次,使用碱溶液进行选择性流失之后,我们能轻易获得大孔 NiO 材料,这是因为 ZnO 易溶于碱溶液而 NiO 不溶于碱溶液。

通过改变选择性流失过程中初始相比例、颗粒直径和热处理温度,我们可以调整终产物的孔隙率和孔的尺寸大小。此外,固态反应已经发展到可以形成均匀混合的两相复合材料,其中一相是牺牲相。因此,我们可以在很宽的范围内调整材料孔隙率和孔径大小。提高牺牲相的初始体积分数相应地会提升材料的孔隙率。通过选择性流失方法合成的材料的平均孔径大小在 500nm～5mm。首先,通常优先选择粒度尽可能相近的两相组成复合物,两相的晶粒尺寸最好是几乎相同的。这一点对成功地构筑开放连通孔结构非常重要。一相小晶粒相包围着另一相大晶粒相组成的复合物,在选择性流失后可能在块状材料上产生我们不希望的影响。如果牺牲相的粒度比保留相大很多,最后材料中的孔会是大而独立的。相反地,如果保留相粒度比牺牲相大很多,保留相颗粒间不存在相互联系,流失后,块状材料将会变成粉末。其次,流失可能对保留相没有影响,保留相颗粒间的联系会被保存下来。由于这种方法中,孔是通过流失获得的,所以它们必须是相互连接的并且具有内部连通性。

选择性流失法具有较长的发展历史,先被应用于合金体系,如采用选择性流失法从金铜合金耗损掉镀层金属铜[78]。随后,这种流失法被应用于其他系统,如多孔陶瓷 $CaZrO_3$[79] 和 TiO_2[80]。随着固相反应的发展,如共晶冷却的相界穿越(crossing phase boundaries),利用选择性流失法可以制得其他等级结构材料。Toberer 和 Seshadri 提出了一个选择性流失的方法[图 10-15(a)],得到所需相的大孔孔壁[81]。迄今为止,人们提出了几种修饰目标孔材料的方法[82]。第一种是大孔氧化物还原后得到大孔金属[图 10-15(b)];第二种是通过反应浸涂法,在大孔孔壁上形成第二相保形涂层[图 10-15(c)];第三种是通过流失大孔孔壁上的牺牲元素,形成介孔-大孔等级孔结构[图 10-15(d)]。

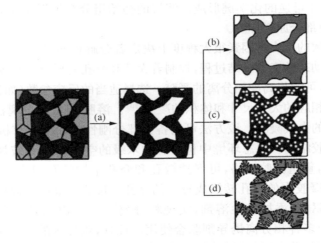

图 10-15　(a)通过两相复合物的选择性流失形成大孔陶瓷示意图。产物转变为(b)大孔金属,
(c)修饰保形涂层,(d)经气相流失法制备等级孔材料[81]

结合选择性流失法,许多典型的方法或反应均可制备出等级孔材料。例如,复分解反应(AB+CD ⟶ AC+BD)适合于选择性流失法,得到的二次相为水溶性盐类。其中,AC 可能是所需相,而 BD 作为牺牲相流失去除[83]。固相复分解反应可用于制备许多氧化物。随后,经过一系列液相或气相反应,形成多孔块体,从而制备出等级孔材料[84]。

　　通过对选择性流失法进行调控,可产生不寻常的等级多孔结构。多孔块体产物能够拓展至保形涂层材料、多孔金属以及等级孔材料。选择性流失法同其他方法相比,具有明显的特色,如容易得到结晶度较高的等级孔材料。

10.2.11　相分离

　　相分离法是合成多孔材料的一种非常简单的方法。这种方法在模板自组装驱动下,于微相分离水溶液中,通过无机前驱体的水解和缩合,形成多孔材料。1991年,科学家首次结合溶胶-凝胶法和相分离技术,制备出大孔氧化硅[85]。随后,这种方法扩展应用于基于硅氧烷的有机-无机杂化材料和金属氧化物(如氧化钛、氧化锆、氧化铝)的制备[86-88]。由于大部分化学交联产生的刚性网络的固有孔隙率,能够组装形成微米级的大孔网络,进而形成等级孔材料。溶胶-凝胶体系中的相分离能够产生微米级的"凝胶相"和"流体"组成的异质体。整个体系凝固(凝胶化)后,去除流体,剩下微米级空隙(大孔)。通过调控外部温度,可以控制金属合金(如聚合物共混物和多组分玻璃)相分离的动力学因素。通过淬火冷却可以改变相域的形状和大小。结构的形成过程与溶胶-凝胶一样具有自发性特性。相分离和溶胶-凝胶均始于不可逆的化学键形成。溶解的初始组分在恒温密闭条件下与预定组分反应,避免部分原料挥发。

　　界面能导致的动力学因素很大程度上决定着分解相的最终形貌[89]。溶胶-凝胶转变是一个动态的交联冻结过程,控制着大孔和介孔的形成。在较高温度下,由于重复的效果,可制得高度相分离的凝胶。选择适当的反应参数(如初始组分和温度),可制备出相应的大孔尺寸和体积的凝胶[90]。溶胶-凝胶相分离法能够产生微米级的双连续的大块凝胶。该方法可制备大部分刚性的无机或有机-无机杂化网络。连续的凝胶结构在湿态环境中包含有纳米级的空隙。在不破坏现有的大孔结构的情况下,重组凝胶网络,可保持微孔和介孔结构的孔隙率。经过老化,可将湿态无定形凝胶中的微孔转换成较大的介孔。Kaji 等报道了以四甲氧基硅烷(TMOS)为前驱体,添加极性溶剂,实现相分离[91]。TMOS 是一种常用的硅基前驱体,通常与多种相分离诱导剂联合使用。此外,添加剂的浓度是相分离的关键因素,决定着相分离区域的尺寸,而溶剂量主要控制着流体相的体积分数(图10-16)[92]。

　　水溶性较低的固体,需要在严格的老化条件下制得介孔结构,等级孔材料最常见的应用是液相色谱分离介质[93]。此外,采用相分离法制备的其他多孔材料(如氧化钛、氧化锆和氧化铝等),可以用作高效液相色谱柱的内衬[94]、催化剂载体[95]、光催化剂[96]以及可极化电极材料[97]。

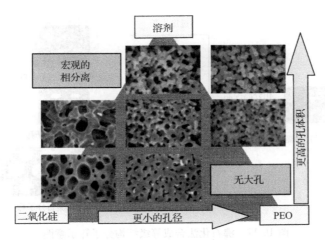

图 10-16　被捕获由溶胶-凝胶转变的粗化相分离域和结构之间的关系。在所得的凝胶中观察到的结构，对应于在每一行的底部。之前溶胶-凝胶转变关系引发相分离所导致的优良结构[92]

10. 2. 12　沸石化

沸石拥有二维和三维微孔结构、高比表面积、高吸附容量、酸度强、优良的热稳定性、水热稳定性以及孔径、形状可控，因而采用沸石化制备等级结构沸石的方法受到广泛关注[98]。

基于相分离控制的再生长法制备等级核-壳结构的双重微孔沸石主要分三类：①同构核心共生（如 ZSM-5/Silicalite-1 核-壳分子筛），晶体核起到了结构导向作用；②外延共生（如 LTA/FAU[99]、MFI/MEL[100] 以及 CHA/SOD[101]分子筛），该类材料涉及均匀构造单元和不同空间排布，由于沸石层的选择性，只有特殊晶面能够共生；③在不同沸石分子筛上的生长（如 FAU/MAZ[102]，BEA/MFI[103] 以及 MFI/AFI[104]分子筛），该类材料不同的分子筛结构使得其具有不同的化学和结构性能。

沸石化过程中的相分离控制可用于生产介孔分子筛。介孔分子筛能够突破微孔受扩散限制而难以达到内表面的局限性。与传统的工业生产介孔分子筛的后处理法（先蒸馏，再 NaOH 和 HCl 流失，最后用六氟硅酸铵和四氯化硅萃取）相比，硬模板和软模板法能够为等级孔沸石分子筛提供一种重要而有效的途径[105,106]。众所周知，分子筛的小分子模板（四丙基铵和碱金属离子）往往能够单独形成沸石结构，甚至能够形成其他的模板（如超分子模板）。研究表明，两种不同的模板系统处于竞争状态，而不是协同状态。合成产物最可能形成无定形介孔材料、无介孔的分子筛或者两相的物理混合。因此，相分离的约束和控制，是本方法的关键之处，同时也是等级孔分子筛的首要问题（图 10-17）。

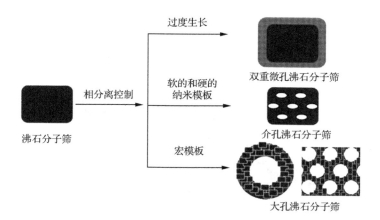

图 10-17　沸石化法合成等级结构分子筛示意图

　　据报道,晶化、去除基底中的硬质纳米模板(纳米管[107]、介孔碳[108]、聚合物珠粒[18]等),能够合成具有晶体化沸石结构的介孔材料。最近,分子筛研究者采用固体模板(如纳米尺寸的 CaCO₃、淀粉、面包)均合成出了介孔分子筛[109]。为避免实验过程发生相分离现象,采用基于小颗粒模板合成法对材料进行预处理,使得其具有亲水性,从而利于晶化过程中氧化硅或氧化铝自组装。

　　与硬模板相比,软模板法合成介孔分子筛非常简单。由于在分子筛合成过程中,软模板同硅源容易自组装,无需对介孔模板进行预处理。相分离控制的一个理想方法是对聚合物模板表面进行亲水化处理。为了解决这个问题,三个代表性的工作有:亲水性的阳离子聚合物模板的使用[110],硅烷化聚乙烯聚合物的使用[111],以及两亲性有机硅烷作为介孔导向剂[112]。以第三类工作为例,合成的关键在于,设计出两亲性的表面活性剂分子,表面活性剂分子有可水解的甲氧基硅烷部分和分子筛结构导向剂部分(如季铵盐和疏水烷基部分),从而将很好地解决相分离问题,合成出一系列高质量高规则的介孔分子筛。

　　经过与其他化学和物理辅助法相结合,相分离控制概念已经扩展至微孔-大孔等级孔分子筛的制备。微孔-大孔等级孔分子筛是另一种双重多孔材料,包含多种空心沸石结构和规则沸石块体。微孔-大孔空心结构最早使用微球作为牺牲模板,然后采用水热法处理提高层层自组装构建的空心纳米分子筛球[113]。使用相同的方法,许多大孔载体可用于制备微孔-大孔等级材料,在微孔-大孔结构合成过程中得到部分沸石化和完全沸石化[114-116]。

　　在沸石化过程中控制相分离已经制备出了大量的等级多孔分子筛。合成的分子筛在酸性和碱性环境中具有优良性能,可作为新型载体,同时具备商业载体(大孔)和分子筛(酸度强)的特性。例如,在 β 介孔分子筛上负载 Pd 颗粒(Pd/β-H),产物在芳香芘深度加氢方面,比 Pd/β、Pd/Al-MCM-41 和 Pd/γ-Al₂O₃具有更强的活性[117]。在沸石分子筛的介孔中负载功能化活性位点或颗粒,在催化方面具有高活性。

10.2.13　复制

复制(尤其是碳复制)作为一种经典方法,在许多领域具有重要应用。自从1986 年,Knox 等采用模板法合成多孔碳,研究者试图通过刚性或特殊设计的无机模板制备孔径均匀的多孔碳材料。

采用模板法复制合成多孔碳的步骤为:①碳前驱体和无机模板的复制;②碳化;③无机模板去除。模板法主要可分为两类。第一类模板法,无机模板(氧化硅纳米颗粒)嵌入碳前驱体中,接下来碳化并去除模板,制得多孔材料。第二类模板法,碳源前驱体引入模板孔道中,经碳化,再去除模板,制得连通孔道的多孔碳材料。

不同于一般的结构复制,在初始结构中注入大量的碳源,复制出原始结构,如蛋白石结构和反蛋白石结构。由于小孔在低压时会发生毛细冷凝,碳源首先会被吸附进小孔。明显地,碳源含量的控制至关重要,它将选择性地嵌入氧化硅孔道网络中[118]。例如,以等级有序介孔氧化硅为模板合成等级介孔碳。通过复制有序介孔氧化硅制备的有序介孔碳,是由 30~50nm 的颗粒组成,碳纳米颗粒具有三维无序孔道(图 10-18)[118]。

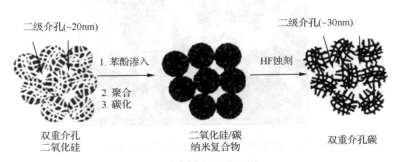

图 10-18　模板法复制原理图[118]

复制法能够制备出与初始模板相同的结构,因而采用介孔-大孔氧化硅能够复制出具有多种形貌的等级孔碳材料。多孔碳材料的形貌可以通过控制氧化硅模板结构的形状来控制,通常其尺寸在 $0.5\sim30\mu m$[119]。例如,氧化硅多孔材料经过复制即可得到相同结构的碳材料。有人采用氧化硅模板法制备出了介孔碳材料[120,121]。此外,还有人采用复制法合成出了多重孔径的多孔碳材料[122]。

单分散的聚苯乙烯小球自组装形成蛋白石结构,经过复制,制得氧化硅多孔材料。然后,以多孔氧化硅为模板,复制出具有介孔孔壁的有序大孔碳材料

［图 10-19(a)和(b)］[123]。大孔孔径由聚苯乙烯小球的直径控制,而介孔尺寸和比表面积则由氧化硅纳米颗粒决定。此外,有人报道了有序介孔碳的大孔形貌的调控[124,125]。有人以实心核-壳(介孔壳层)氧化硅为模板制备出了空心介孔碳材料［图 10-19(c)］。还有人通过该方法在核-壳结构嵌入了金纳米颗粒,形成纳米哑铃结构[124]。

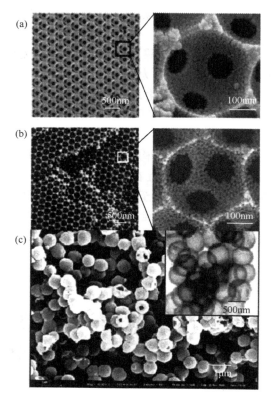

图 10-19　(a) 氧化硅模板的 SEM 图[123];(b) 复制合成的双重多孔碳材料[123];(c) 空心介孔碳材料的 TEM 图[125]

　　碳复制之外,模板复制法同时也广泛应用于其他新型结构和无机氧化物等级孔材料[120]。例如,通过复制大孔氧化硅骨架可以得到大孔镍薄膜,镍骨架由纳米孔组成,其比表面积远高于初始的大孔氧化硅材料[126]。有人以阳极氧化铝(AAO)薄膜为模板制备出了"管中管"式碳纳米管[127]。有人在全氟化孔壁的大孔氧化硅模板中拉制出棒状介孔氧化硅[128]。此外,有人以等级多孔氧化硅材料为模板合成了同样结构的 Co_3O_4、SnO_2 和 Mn_xO_y 材料[129]。

10.2.14 溶胶-凝胶控制

近来,溶胶-凝胶化学已经成为制备孔材料的一种通用方法。一般而言,该方法涉及前驱体分子溶液的水解。首先,制备出胶体颗粒悬浮液(即溶胶);其次,溶胶颗粒团聚形成凝胶。凝胶经过热处理得到所需的材料和形貌(如粉末、纤维、薄膜和块体)(图 10-20)。溶胶-凝胶过程涉及无机聚合反应。常用的金属有机前驱体有:醇盐、螯合醇盐或金属盐类。首先发生金属醇盐或金属盐类的羟基化反应。水解反应起始于烷氧基的水解或配位水分子的去质子化。活性羟基生成之后,经过浓缩过程,形成支链低聚物、聚合物、金属氧成核、活性烃基和烷氧基。经过这三个反应,前驱体分子能够转变成金属氧大分子网络或氧化物纳米颗粒。在纳米多孔薄膜模板中会发生溶胶-凝胶反应形成无机纳米管和纤维。在无模板状况下,通过精确控制溶胶-凝胶反应,能够制备出等级孔材料。

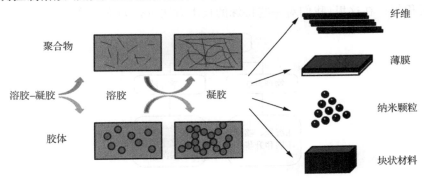

图 10-20 溶胶-凝胶反应示意图

制备等级孔材料的溶胶-凝胶法,可分为物理辅助法(时间)和化学辅助法(反应原料配比)。溶胶-凝胶法合成等级孔材料对人们健康、环境、经济非常有利。溶胶-凝胶法制备的多孔材料具有以下特征:①在纳米尺度上,容易形成有机分子无机网络;②创造出新的性能,如光学、电学、电化学、化学或生物化学性能;③无机延伸相生长合成纳米无机或杂化多孔材料。

具有有序或无序孔道的功能化等级孔材料广泛应用于重金属固体催化剂吸附、离子交换、分子显影、表面功能探测等领域。大规模溶胶-凝胶法合成等级孔材料对工业化显得至关重要。这些功能化等级孔材料具有优良物理化学性质。通过溶胶-凝胶法设计有机-无机杂化界面,可以获得特殊性能。该方法成功合成出等级功能化零维、一维、二维和三维材料,如颗粒、纤维、薄膜和块体。结合多种合成方法,采用溶胶-凝胶法制备出具有精细结构的纳米材料,并对其进行功能化处理,最大化地表现其性能。

10.2.15　后处理

后处理法的优势是在等级孔材料中引入多种功能,可用作基底、重金属吸附剂、有毒阴离子捕获剂、催化剂和光学材料。在等级孔材料结构控制上,后处理法可在多孔材料中引入二次孔。该方法可分为 3 类:首先,在初始孔材料上嫁接或改性其他孔结构,形成等级孔材料;其次,对初始孔材料网络进行化学刻蚀或流失制备其他孔结构,形成新的等级孔材料;最后,通过化学或物理法组装多孔材料前驱体,制备新的孔道,形成等级孔材料。

后处理法的优势在于:①根据不同要求设计多种功能;②根据设计图案和形貌制备多种结构;③孔材料可以具有多种功能。

后处理涉及的方法可以分为物理方法和化学方法两大类(图 10-21)。其中,物理方法包括沉积、喷墨印刷和升华等,化学方法包括化学气相沉积、化学刻蚀和层层沉积等。在这里,我们对一些特殊的技术方法进行如下的简要介绍。

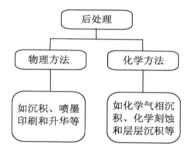

图 10-21　后处理方法的分类及其相应的实例

喷墨印刷可以结合硅表面活性剂自组装线路一起制备具有等级结构的多孔材料。不同化学组分的前驱体溶液通过应用浸涂法可制备出介孔硅沉积薄膜(无机和混合醇盐前驱体,酸性水和离子型或非离子型表面活性剂)[130]。近年来,这种方法被拓展到制备具有可控功能的杂化有机硅材料[131]。这种基于无机或杂化结构的等级涂层可被用来制备疏水或亲水涂层和催化层。此外,使用多头喷墨打印系统可以将不同有机官能团整体从一点嫁接到另一点,这为制造高灵敏度的微传感器提供了可能性。它们是基于功能化介孔点的等级排列,而且可应用于众多不同领域,包括重金属捕获、人造鼻子、抗体检测的分子识别。

众所周知,化学气相沉积(CVD)是一种制备固体薄膜的沉积技术,化学成分在沉淀表面以气态参加反应。作为沉积加工处理的 CVD 技术具有很多独特的优势,如优良的均一性和适应性,高纯度,容易实现大面积沉积,容易制备多元层和异质节结构,工业兼容性等。CVD 制备的等级孔材料已经在微电子、光学设备、耐腐蚀和防护涂料,乃至汽车和航空航天工业都有不同程度的应用。

　　层层沉积是一种简单可靠的自组装技术。该方法的关键在于,表面性质的转变和重建。首先,将清洗过的基底浸泡到阴离子(或阳离子)聚合电解质的稀溶液中一段时间来吸附至所需厚度层。其次,对基底进行清洗。最后,将吸附有聚合物电解质的基底暴露在含有阳离子(或阴离子)的稀溶液中,并通过洗涤获得不可逆的吸附层。在经过多次的循环浸渍实验后,薄膜的厚度呈现线性增长,这表明系统已经达到了稳定态。静电自组装技术操作简单,我们可使用合成聚合物电解质、纳米颗粒来制备多层孔材料。通过利用喷雾、纺丝或者印刷技术能够加速多层组装过程。相对于传统方法,这些方法的另一个优势在于仅使用少量的溶液就可以覆盖大范围表面。在每个沉积步骤中,通过表面原料过量得到层组装材料。其中薄膜的形成遵循线性生长过程,即随着沉积步骤的次数增多,层厚度和表面覆盖率都呈现线性增长趋势。实验中,沉积最初几层膜后可以观察到这种稳定态(线性生长)。薄膜表面的粗糙度和孔隙率是由吸附物的刚性决定的[132]。多层分子组装是一个非平衡态过程。

　　等级有序纳米结构及其相关材料常表现出卓越的性能[133]。这些特殊的性能可以通过对等级结构的设计和控制合成来获得。后处理法提供了一种多元化多尺度的方法,可成功应用于等级功能材料的可控设计。事实上,通过正确选择构筑单元,智能组合成型工艺和自组装手段,我们使用后处理法可制备出具有预设功能和应用的纳米结构材料,并实现对材料结构的精细控制。

10.2.16　自组装

　　自组装(自发形成)技术是使用最广泛的多孔材料合成技术。在前面所阐述的方法中,几乎所有方法都涉及自组装过程。我们在此就不一一赘述,本节中,我们主要介绍一种全新的等级孔材料的自发形成方法。这种方法属于自组装范畴,已经发展出一个较大的分支,所以在此节中作单独介绍。这类方法所产生的材料的结构大多是由含有微孔-介孔壁的平行大孔组成,这些材料在结构和组分上具有很好可控性。此外,在溶液中仅使用醇盐前驱体就可以制得高纯度的氧化物多孔材料,并且晶体相可以很容易地存在于大孔骨架中。

　　这些材料合成的主要特点有:①独特的孔道结构(由在等级孔材料中横穿颗粒的平行大孔构成的独特形貌,这些大孔由微孔-介孔壁构成);②非常简单的反应分子(含或不含共反应剂的金属醇盐和有机金属烷烃);③高纯组分;④广泛而温和的合成条件(广泛的 pH 条件;纯水或不同的助溶剂;不同表面活性剂或无表面活性剂;室温开放系统);⑤高反应速率;⑥易放大。

　　从化学角度来看,这些具有等级结构的介孔-大孔材料是金属醇盐和有机金属烷烃经一步法自发形成的。它们可以是单组分(三氧化二铝、五氧化二铌、二氧化锆、三氧化铱、二氧化钛等[136,137,139-145])的,也可以是多组分(磷酸盐、混合氧化物和硅酸铝[146-152])的。从图10-22中我们可看出,这些材料具有不同的形貌(如核-壳结构颗粒[137,138]、微管颗粒[136]、单片颗粒[1]、平滑表面[153])和独特的等级结构(具有介孔壁或有序管道的漏斗状大孔通道)。

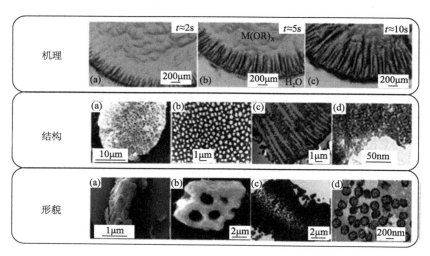

图10-22　(机理图)孔生长和大孔形貌的光学显微镜图片[1]。(结构图)(a)介孔-大孔二氧化锆的 SEM 图;(b)~(d)介孔-大孔二氧化锆的 TEM 图[134]。(形貌图)(a)介孔-大孔产品控制 Zr(OC₃H₇)₄ 液滴聚合反应的 SEM 图[1];(b)典型的微管二氧化锆 SEM 图[136];(c)CMI-Ti-80超薄切片的低倍 TEM 图[137];(d)具有等级大孔核和有序介孔壳的双重多孔硅酸铝的 TEM 图[138]

研究者还进行了一系列实验解释这些等级孔材料的形成。Antonelli 等[88]推断加入适量的氯化钠有助于双重介孔-大孔模板相互作用(配位体协同囊泡模板)的形成,从而创造具有垂直对齐大孔隙轴介孔的连续大孔结构。Shanks 等[139]报道称乳化态产生介孔结构以及通过扩展的表面活性剂圆柱形双分子层形成有序大孔。Su 等[154]也提出一个表面活性剂自组装机理。非离子聚环氧乙烷表面活性剂可形成介孔相,其形成连续的双分子层基本单元可以形成超级分子胶束导致产生大孔相。大孔的形成可以用表面活性剂来解释。然而,这些表面活性剂扩展结构产生大孔的过程很难直接观察到。

2004 年,Davis 等[141]报道了通过滴加不同种类的钛醇盐到不含表面活性剂的氨水中制备有序大孔二氧化钛的研究。研究表明大孔孔隙率只取决于钛醇盐和溶液的选用,并提出水解和缩合的速率与生成的醇的性质是控制形貌形成的重要因素。因此,人们提出微相分离机理。表面活性剂的加入可以提高微相分离界面的稳定性,而不是最初设想的其作为自组装模板去形成大孔结构。所以,这个机理可能对前面提到的存在表面活性剂时制备大孔结构也是适用的。随后,Su 等[155]进一步证明了在没有表面活性剂的环境下,通过调节 pH(中性,酸性和碱性条件)也可以控制大孔结构的自发形成。这个现象说明大孔隙的形成确实取决于金属醇盐的性质。2007 年,Yu 等[156]同样报道了在不搅拌的条件下,钛酸四丁酯在没有添加有机模板剂的纯水中可水解形成等级大孔-介孔结构二氧化钛。这些结果都说明了金属醇盐的水解和缩合是大孔形成的关键因素,辅助因素还有 pH,表面活性剂的使用与否,乙醇的使用与否,甚至搅拌。苏教授研究组通过不懈努力,在自然环境下制备了多种等级孔结构材料,如三氧化二钇、二氧化锆、五氧化二钽等[135,157,158]。

同时,Su 等提出孔基因机理。一些证据已经可以直接证明被释放的乙醇和水分子可被称为致孔剂,它们导致了结构中更大的水/乙醇大孔通道的形成。在快速水解和缩合过程中,水分子和乙醇分子的快速释放直接导致了这些漏斗状大孔道或直大孔道的形成。

2010 年,一些重大的研究进展进一步证明了孔基因机理的正确性。Su 等[157]首先采用了气体孔基因来代替自发液体致孔剂(如乙醇),制备了大孔三氧化二铝。通过三甲基铝水解反应过程中甲烷的释放,形成了非常均一的介孔纳米棒,这些介孔纳米棒进一步自组装形成大孔腔。因此,通过其他可以形成并释放液体甚至气体致孔剂分子的前驱体也能够自发形成等级孔结构。此后,直接观察到了自发过程中大孔形成和氧化物等级孔材料形成过程[159-161]。这种对大孔阵列形成的直接观测对了解自发过程中等级孔结构形成机理,是一个重大突破。

这些工作表明:表面活性剂分子、有机溶剂分子和 pH 在大孔隙率的产生中不占主导作用,但是这些辅助条件会影响表面积、大孔结构形貌、介孔孔隙率、纳米颗粒结晶度和孔结构稳定性。例如,Shi 等[162]已经通过使用表面活性剂来制备晶相大孔壁。其中,表面活性剂保证了孔结构的稳定性。Shanks 等[163]系统研究了 pH 对大孔尺寸、形貌和表面活性剂对介孔形成的作用。Su 等[150,155]也已经研究了通过调节溶剂、表面活性剂和 pH 来控制等级孔结构材料的表面积和孔结构。

在自然环境下,金属醇盐的水解反应会产生快速沉淀,经溶胶-凝胶过程,形成金属氧化物相。在一个固体中一般存在两种不同长度等级的孔。首先,它们组装形成大孔结构。其次,这些纳米颗粒间的间隙空位形成了介孔。这种水解缩合化学过程是决定氧化物最终形貌结构的重要因素。因此,研究材料合成条件在介孔结构和大孔的调控方面有一定的启发。同样,合成方法条件也影响了材料最终结构和性质。这些条件包括引发剂(金属醇盐)、pH、溶剂(水和共溶剂)、模板(表面活性剂)、合成温度(水热合成)。

随着自组装理论的发展,制备具有优良结构和可控功能等级孔材料的方法已经得到发展。同时,这种自发过程与其他方法结合,可制备具有特殊结构和功能的等级孔材料。例如,分子筛结晶化过程和自组装结合来制备高有序度微孔-介孔-

大孔分子筛构架；可折叠模板和自组装结合来制备介孔-大孔碳；模板法和自组装结合制备核-壳结构，这种核-壳结构材料可应用在纳米反应器上。众所周知，这个合成步骤还可以应用于制备大尺度介孔薄膜，这种薄膜具有漏斗状、取向良好的、介孔壳和孔壁相互连通的大孔孔道。基于孔基因理念的自组装方法的发展已经扩展到有效平板法去制备具有优秀结构和功能可控的等级孔材料领域。与其他方法相比，这种方法有许多优势：①这种方法可以直接合成具有等级孔结构的纯氧化物材料；②简单性；③温和的合成条件，有望达到工业生产规模。更重要的是，这种方法可以很容易和其他方法结合用来制备具有特殊结构和功能的等级孔结构材料。

　　这种合成线路让人充满期待，因为它是一种适用于不同化学组成材料（纯氧化物、混合氧化物、碳）的通用合成方法，并允许对多尺寸孔隙的结构性能进行微调。这种方法可与模板合成、模板复制或分子筛晶化等方法结合，制备结构性能增强的最终产物。这些发展得到了很多关注，并将会是一个全新的、有趣的研究方向。等级孔结构载体与巧妙的功能化相结合，产生了新的异质结构催化剂，这种催化剂对原材料消耗更少，能量需求更少和资源浪费更少，在催化领域得到了广泛应用。

10.3　材料形貌

　　等级孔材料具有多种不同的颗粒形貌，同时根据特殊的功能应用要求，导向性可控合成具有特殊形貌的等级孔材料。在已有的研究结果中，具有不同形貌的等级孔材料已经被成功制备，如球形、纤维、网状结构等。自然界中具有不同形貌的等级孔功能生命体单元（如肌腱、贝壳、骨骼等）的形成过程为不同形貌的等级孔材料的制备提供了指导意义。近年来，生物矿化及仿生复合方法制备具有不同形貌的等级孔材料已经引起了孔材料科学研究工作者的广泛兴趣。等级孔材料的形貌控制使其在化学传感、催化、能源等实际应用方面具有重要的研究意义，成为了等级孔材料研究的另一个热点。

　　根据等级结构的空间维数，我们将等级孔材料形貌按以下四类进行介绍：①零维球状，如硅藻；②一维纤维状，如肌腱；③二维层状，如鲍鱼壳；④三维孔状，如骨头。在10.2节等级孔结构分类及现有合成方法学详细阐述的基础上，在本节中，我们将结合其合成策略及等级孔结构概括性地介绍等级孔材料的四类代表性形貌。

10.3.1　零维球状

　　具有等级孔道结构、特定组分及功能属性的零维球状等级孔材料，包括等级孔球体和核-壳结构材料，结合其在催化、光子晶体、药物释放及生物反应器等方面的应用，已经被广泛而又深入地研究。零维球状等级孔结构的可控制，高的比表面积以及球体结构,使其在催化及吸附和分离领域展现出优异的特性。事实上,核-壳球体形貌应该归属于球体形貌内,但由于其结构的特殊性以及功能应用的重要性,因此本小节将单独介绍核-壳结构等级孔材料。

10.3.1.1　球体

等级孔球体材料是等级孔材料的重要组成部分之一,在色谱分析和催化合成领域中有着广泛的应用前景。HIPE 乳液模板法是一种直接合成等级孔高分子聚合物材料的有效方法。通过将 HIPE 乳液的连续相作为聚合相,在一定温度下进行聚合反应,而后经洗涤干燥来得到等级孔结构的聚合物材料[164,165]。与其他制备等级孔材料的方法(如反相法、相分离法、溶剂致孔法等)相比,该制备方法能够实现等级孔结构球体尺寸、内部孔道结构及孔径分布的可控调节。HIPE 乳液模板法所制备的多孔聚合物通常为块体或者膜状。近年来,在 HIPE 乳液模板法的基础上,通过油/水/油微乳体系中沉淀聚合过程,实现了单分散等级孔聚合物微球的合成[图 10-23(a)][166]。所制备的单分散聚合物微球具有不规则的类似骨骼状双重大孔孔道开放结构(图 10-23)。

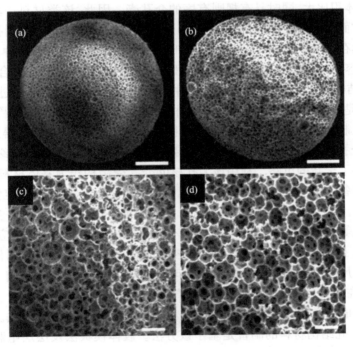

图 10-23　(a)乳化模板球的光学图片(标尺 10mm);(b)球体表面放大图(标尺 500μm);
(c)和(d)球体断裂表面的内部孔隙结构放大图(标尺 100μm)[166]

利用等级孔高分子聚合物微球作为模板剂也是制备一系列等级孔金属氧化物和金属球的通用方法。例如,利用多孔有机微球模板结合溶胶-凝胶过程制备出等级孔结构的二氧化钛微球及二氧化硅微球[167]。此外,一些比较特殊的合成技术(如急速冻结技术[168]以及微加工技术[169])也被用于等级孔结构球体材料的制备中。

10.3.1.2　核-壳结构

等级孔核-壳结构材料由于其独特的核-壳结构特性,兼顾核和壳两种材料的性质,结合其等级孔结构属性,成为近几年形貌决定性质的一个重要研究方向,在催化、光催化、电池、气体存储、药物释放及分离方面有着广泛的应用前景。

等级孔核-壳结构材料的制备根据合成步骤可以分为一步合成法以及分步合成法。利用模板剂一步合成法制备中空纳米球的研究已经有相当多的报道。通常所制备的空心纳米小球具备中空的大孔结构以及介孔或者微孔结构的壳[151,170]。例如,Shi 研究组利用 *N*-十二烷基-*N*-甲基麻黄碱溴化物(*N*-dodecyl-*N*-methyl-ephedrinium bromide,DMEB)表面活性剂作为模板剂,合成中空介孔纳米二氧化硅小球[171]。相比于传统的介孔纳米材料,中空介孔纳米球内部存在空心结构,密度低、面积体积比大,同时具有规则有序的介孔壳。因此,该类材料在药物存储及可控释放方面具备更强的优势。然而,通过一步法制备同时具有不同孔道结构的核和壳依然存在着较大的难度。这是由于在一个合成体系下构筑两种不同孔道结构过程中,容易出现相分离的现象,从而得到两种孔道结构材料的混合物,而非等级孔核-壳结构。因此,如何在同一体系中调控不同孔道结构的形成过程,避免相分离现象,是一步法制备等级孔核-壳结构的关键。最近,Su 研究组[172]报道了自发形成过程制备具有仿生结构的等级催化反应器。该等级催化反应器是具有大孔核和有序介孔壳的等级孔核-壳结构硅铝酸盐材料,为一步法制备等级孔核-壳结构材料提供了全新的思路。利用该大孔核@介孔壳结构作为基体材料,担载纳米活性中心制备的纳米反应器,在催化应用中展现出高反应活性、高稳定性及多次循环利用性能。该工作利用自组装技术,自发诱导地将活性纳米金属一步引入大孔核@介孔壳等级结构中,得到了一个具有仿生结构的纳米金属催化反应器,这一技术不仅解决了纳米金属催化材料的结构控制问题,也解决了纳米金属催化中纳米金属粒子多尺度引入和分散的重要科学问题。同时由于该项技术有自发形成这一优势,所以在药物释放、生物体保护方面有着广泛的应用前景[172]。

分步合成法是制备等级孔核-壳结构材料比较常用且有效的方法。目前大部分等级孔核-壳结构材料的制备是基于该方法。胶体模板法及层层组装技术是目前构筑空心胶囊结构和等级孔核-壳结构的两种最重要手段[2,173]。分步合成法通常先制备出一种多孔材料,然后通过层层组装技术在该多孔材料表面构筑第二种孔道结构的壳,从而制备出具有不同孔道结构的等级孔核-壳结构[174]。利用分步合成法可以构筑不同等级孔核-壳结构（图 10-24），如内部完全中空结构（hollow）或内部有部分空穴的摇铃型（rattle type）结构及蛋黄-蛋壳型（yolk-shell type）结构。此外，可以利用此种合成策略合成纳米复合材料，如以纳米粒子为核、介孔二氧化硅为外壳的摇铃型复合纳米材料（图 10-24），该多功能体系不仅可以用于诊断治疗多种疾病，而且可以实现药物的靶向和控制释放。

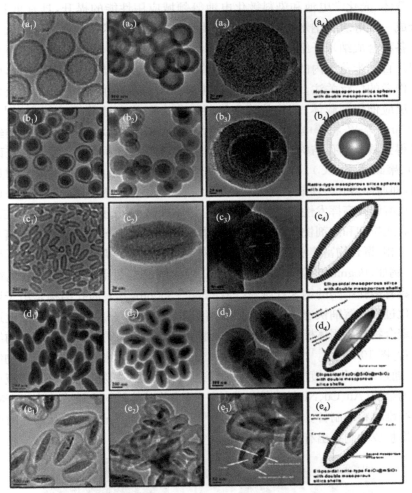

图 10-24 具有单介孔壳（a1）和双介孔壳（a2，a3）的 HMSs、具有单介孔壳（b1）和双介孔壳（b2，b3）的摇铃型介孔二氧化硅球、具有单介孔壳（c1，c2）和双介孔壳（c3）的椭球形空穴介孔二氧化硅、三氧化二铁@二氧化硅（d1）、具有单介孔壳（d2）和双介孔壳（d3）的 Fe_2O_3@SiO_2@$mSiO_2$、具有单介孔壳（e1）和双介孔壳（e2，e3）的摇铃型 Fe_2O_3@$mSiO_2$ 的 TEM 图像，以及双介孔壳纳米结构示意图（a4，b4，c4，d4，e4）[173]。HMSs 为具有介孔壳层的球形颗粒；$mSiO_2$ 为介孔 SiO_2

10.3.2　一维纤维状

纳米纤维及纳米管材料由于其特殊的一维形貌引起了研究工作者的广泛兴趣,近年来成为国内外纳米材料研究领域的热门课题。开展对纳米纤维及纳米管,特别是具有高比表面积的等级孔纳米纤维和等级孔纳米管的研究,对推进其在反应催化载体、光化学电池和染料敏化电池等领域应用性能的提升,具有重要价值。目前合成一维等级孔纳米材料的方法主要有静电纺丝技术和模板法等[175]。

在各种合成纳米纤维的方法中,静电纺丝技术作为一种可以有效获得直径在几十到几百纳米范围内的超细纤维的简单而有效的方法,越来越受到重视,引起了科研工作者的广泛关注。制备出具有高比表面积的多孔纳米纤维,将会极大地推动其在反应催化剂载体、药物传输和染料敏化太阳能电池等领域的应用[176]。例如,McCann 等[177]将静电纺丝的接收装置浸没在液氮中,将接收到的纤维经过真空干燥得到具有多孔结构的纳米纤维。采用该法制备的聚苯乙烯(PS)、聚丙烯腈(PAN)、聚碳酸酯(PC)、聚偏二氟乙烯(PVDF)纳米纤维的表面积内部均具有多孔结构,即通体多孔。所制备的 PAN 多孔纳米纤维比表面积达 $9.497\text{m}^2/\text{g}$。将疏水性聚合物溶解在高挥发性溶剂中,通过静电纺丝过程,高分子的微小液体流在高压静电场中高速拉伸和溶剂快速挥发,促使液体流发生快速相分离,形成聚合物富集相和溶剂富集相,聚合物富集相固化最终形成纤维的骨架,而溶剂富集相形成纤维的孔道[178]。例如,Bognitzki 等[179]将聚乳酸(PLA)溶解在二氯甲烷中,通过静电纺丝制备表面具有多孔结构的纳米纤维,孔径在 300~350nm,其表面孔结构是由于聚合物快速固化过程中溶剂快速挥发引起相分离所致[图 10-25(a)和(b)]。利用上述制备的多孔聚合物作为固体模板,通过溶胶-凝胶旋涂技术制备得到等级孔结构的纳米二氧化钛管[图 10-25(c)][180]。Ochanda 等[181]利用静电纺丝制得的多孔聚合物纤维作为模板,通过结合化学镀层法在纤维表面形成金属壁层,去除聚合物纤维模板后制得一系列的金属(Au、Cu、Ni)纳米管。此外,一些生物基体材料也被成功应用于有序大孔纳米纤维材料的制备。赵东元研究组[182]利用直径为 $5\mu\text{m}$、长度为 3cm 的单束蜘蛛丝为模板成功制备出有序介孔二氧化硅空心纳米管。

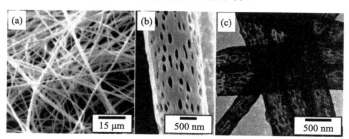

图 10-25　静电纺丝技术制备的多孔聚乳酸纤维的低倍(a)和高倍(b)SEM 图以及 TEM 图(c)[180]

10.3.3　二维层状

纳米薄片是指任何二维平面材料,可在任意基质表面形成,而纳米薄膜则是一类对客体分子具有选择性透过性功能的物理屏障,只能在具有多孔结构的基质表面形成。多孔纳米薄膜中的大孔孔道可极大地提高其流通扩散性能,同时其介孔孔道的有序性及均一性可进一步加强薄膜材料的选择性。此外由于纳米薄膜材料的厚度很小,可大大缩短客体分子在其中的传输路径,有利于客体分子的扩散,因而具有优异的流通扩散性能。纳米薄片/薄膜材料已经广泛应用于分离、非均相催化、化学传感器、微电子和光电子等领域[183]。

纳米薄片/薄膜的制备方法一般包括物理法和化学法。物理法主要包括分子束外延法、离子溅射法、蒸发冷凝法等。制备纳米薄片/薄膜的主要方法是化学法,根据反应物不同的存在形式可分为气相法、固相法和液相法。气相法可以控制产物的粒子尺寸和形状;固相法是通过热分解反应、粉末反应等方法来制备纳米薄片/薄膜。目前采用最多的方法是液相法,模板法则是最为有效的一种液相合成法,通过结合溶剂蒸发法、沉淀法和溶胶-凝胶法等可以简单快捷地制备出纳米薄片/薄膜材料。例如,Nagayama 等[184]首次报道了在湿化学中发展起来的液相沉积法,应用此法只需在适当的反应液中浸入基片作为模板,在基片中就会沉积出均一的氧化物或氢氧化物薄片。成型过程不需要热处理,操作简单,也可以在形状复杂的基片上制片,在制备功能性薄片中得到广泛的应用。Shimizu 等[185]将玻璃及不同的有机基底浸入 TiF_4 水溶液,在 $40\sim70^\circ C$ 的低温下合成了锐钛矿 TiO_2 薄片,薄片表面颗粒粒径为几十纳米,从而使薄膜具有高的孔隙率和比表面积。Sanchez 等[186]利用具有介观尺度的嵌段共聚物为模板,结合浸涂工艺成功地将等级孔结构引入聚合物薄膜中(图 10-26)。此外,一些特殊的生物基体材料(如蛋壳中的胶原基质[187]和植物纤维薄膜[188])作为模板,也可成功地制备出一系列等级介孔-大孔无机薄膜。

Zhang 等[189]采用嵌段共聚物与三甲氧基硅丙胺(APS)偶联反应生成含硅的聚合物,然后采用水弥散自组装法合成了有机-无机蜂窝结构多孔膜。Sanchez 等[190]通过有机改性介孔氧化硅在聚乙烯醇缩丁醛基体溶液中原位生长过程成功地得到透明的等级孔有机-无机杂化功能性薄膜材料。CO_2 诱导反相法也是一种有效的制备具有微观结构聚合物薄膜的方法。Matsuyama 等[191]采用此方法使聚酰胺快速结晶形成等级孔薄膜材料。利用这一合成策略,可进一步制得一系列的等级孔聚合物纳米薄膜材料,进一步拓宽纳米薄膜的应用领域,实现其在聚合物混纺纤维和聚合物基复合材料等方面的应用。

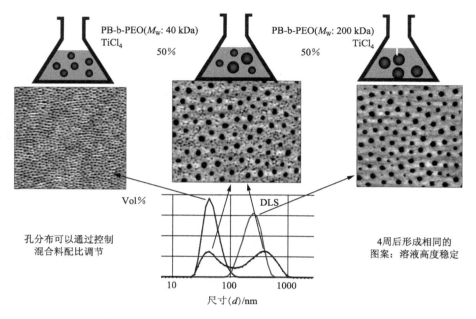

图 10-26　不同前驱体溶液制得的薄膜的 AFM 图。左图为 PB-b-PEO 胶团和 TiCl₄,右图为
与左图尺寸不同的 PB-b-PEO 胶团和 TiCl₄,中图为两者的混合溶液(1∶1)[186]

10.3.4　三维孔状

具有三维孔状结构的等级孔材料主要包括以下两大类结构:①蜂窝状孔道,其
连续固相为多边形二维排列,类似于蜜蜂的六边形巢穴;②泡沫状孔道,其连续固
相为孔隙相互连通的三维网络(开孔泡沫材料),也可为由封闭或半封闭的孔隙组
成的多面体排列(闭孔/半开孔泡沫材料)。多孔蜂窝状/泡沫材料不仅具有比表面
积高、密度小、孔隙结构可控的优点,还具有开孔率高、压降低、吸脱附速率低、不易
堵塞等优点,是捕捉空气中漂浮的灰尘颗粒和 CO_2 废气分子等的重要吸附材料。

利用具有不同尺寸的两种单分散微球作为固体模板是一种制备具有有序三维
连通蜂窝状孔道结构等级孔材料的常用方法。例如,Iskandar 等[192]使用单分散的
二氧化硅小球和聚苯乙烯小球的混合胶体为模板,采用浸渍涂层的方法成功制备
出三维有序的反蛋白石结构。Kim 等[193]利用两种不同的纳米粒子组成的单分散
混合溶胶为模板,通过单相凝固的方法简单地制备出高度有序三维连通的多孔蜂
窝状氧化硅材料。

近年来,利用具有大孔结构或者等级孔介孔-大孔结构的块体材料作为骨架支
撑材料制备等级孔材料,引起了研究者广泛的研究兴趣。利用该方法制备的等级
孔材料,等级孔道结构往往取决于所使用的骨架支撑材料的孔道结构。这类基体

材料按照其在制备等级孔分子筛催化剂材料过程中的不同作用分为两类。第一类基体材料仅作为大孔骨架结构的支撑材料，不参与分子筛催化剂材料的合成。一般的合成途径为将大孔基体材料浸渍到制备分子筛晶体的前驱体溶液中，通过水热合成晶化过程在大孔表面担载或包覆一层分子筛晶体，从而得到等级孔大孔基体/分子筛复合材料（图 10-27）[194]。目前这类大孔基体材料主要包括多孔 $\alpha\text{-}Al_2O_3$[195]、不锈钢网[196]和 ZrO_2/Y_2O_3[197]等。此外，一些生物基体材料[198]及淀粉凝胶[199]也被分别用于制备多孔泡沫状材料。Davis 等[199]将具有海绵状大孔结构的淀粉凝胶浸润到氧化钛纳米溶胶中合成得到介孔-大孔等级孔 TiO_2 材料。第二类基体材料不仅提供大孔或者等级孔介孔-大孔结构的骨架模板，同时其自身组分也作为分子筛合成所需要的原料参与分子筛催化剂的合成。通常这类基体材料包含分子筛生长的硅源或铝源。在分子筛结构导向剂的作用下，基体材料实现部分或者完全转晶，得到具有等级孔结构的分子筛催化剂材料。这类基体材料主要包括高岭土[200]、碳化硅陶瓷[50]、多孔玻璃[201]及具有等级孔多孔-介孔结构的二氧化硅及硅铝酸盐材料[202]。

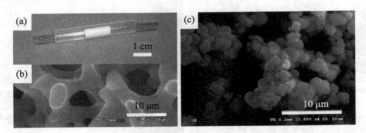

图 10-27　（a）等级孔大孔基体/方钠沸石分子筛复合材料的 SEM 图；（b）初始的等级孔蜂窝状氧化硅材料的 SEM 图；（c）转晶后的等级孔方钠沸石分子筛的 SEM 图[194]

10.4　等级孔结构

等级孔材料由于其等级孔道结构的存在，同时结合了各级孔道结构的特有属性，表现出单一孔径材料无法比拟的协同效应。微孔及介孔结构大大提高了材料的比表面积，同时其孔径的均一性有效提高了材料对客体分子的选择性。大孔孔道提高了材料的客体分子流通扩散性能，尤其是针对大分子或者黏性大的反应物质。到目前为止，大量的具有不同等级孔结构的材料被相继开发出来。在本节中，我们将围绕孔道结构类型介绍具有代表性的等级孔结构。根据等级孔材料中的孔道类型，等级孔结构可以分为：双重微孔、微孔-介孔、微孔-大孔、微孔-介孔-大孔、双重介孔、介孔-大孔以及双重大孔。

10.4.1　双重微孔结构

　　双重微孔结构主要集中于等级孔沸石材料中。以沸石化方法为基础,通过在已有的一种微孔沸石晶体核外生长连续的另外一种微孔沸石壳层,从而制备具有双重微孔结构的沸石复合物。该等级孔材料兼具两种沸石材料的化学组成特性及对应的两种微孔结构属性,从而在吸附和分离及催化应用中展现出更为优异的性能,并有望实现两个或者多个具有协同效应的连续反应在同一催化体系中完成。例如,以低密度框架和高吸附能力的硅铝沸石 β 为核,具有高分离能力的纯硅沸石 Silicalite-1 为壳,制备的双重沸石复合物(图 10-28)同时兼具高吸附能力及高分离能力,对丁烷、甲苯和 1,3,5-三甲基苯表现出优异的选择性吸附性能[103]。到目前为止,一系列的双重沸石复合材料被成功制备,包括 LTA/FAU[99]、

图 10-28　(a),(b) 作核的 β 沸石晶体的高低倍 SEM 图;(c) β 沸石晶体种子与 Silicalite-1 纳米晶的锥形面;(d),(e) β 沸石晶体与 Silicalite-1 复合物的 SEM 图;(f) 核-壳结构复合物,由图可见 Silicalite-1 晶体所形成的外壳[103]

MFI/MEL[100]、EMT/FAU[203]、OFF/ERI[204]、MOR/MFI[205]、CHA/SOD[101]、FAU/MAZ[102]、BEA/MFI[103]、MFI/AFI[104]、SOD/LTA[206]、BEA/LTA[206]、FAU/MFI[206]、MFI/MFI[206]等。这些具有双重微孔结构的沸石复合物有望在催化领域中得到广泛应用,同时在药物释放及色谱分离领域具有潜在的应用前景。

10.4.2　微孔-介孔结构

微孔-介孔等级孔结构主要集中在介孔沸石材料中。介孔沸石材料由于含有丰富的介孔,有利于客体分子的流通扩散,同时保留了微孔沸石高热稳定性及强酸性等优点,在催化应用中表现出优异的催化性能,尤其是在涉及受扩散限制的大分子催化反应中表现出传统沸石材料无法比拟的催化活性及产物选择性。在沸石合成过程中采用特殊手段,或者通过对合成的沸石晶体进行后处理可以在沸石晶体内引入介孔孔道。构筑微孔-介孔等级孔结构成为近年来沸石材料领域的研究热点,同时也是研究较为广泛的一类等级孔材料。

介孔沸石材料的合成主要方法包括后处理方法、硬模板法及软模板法。高温水热及酸碱处理沸石晶体是工业中制备介孔沸石材料的常用方法,通过后处理脱除沸石晶体中的铝或者硅从而得到晶体内介孔空隙[105]。这种后处理方法得到的晶体内介孔孔道通常为无序结构。利用介观尺度的固体材料作为硬模板剂是合成介孔沸石材料比较常用且有效的方法。例如,在沸石化过程中引入纳米尺度的碳颗粒作为介孔模板剂,从而制备具有封闭空穴无序介孔结构的沸石材料[207]。利用类似的方法,采用碳纳米管或者碳纳米纤维作为固体模板可以制备出贯穿沸石晶体的通透介孔孔道[107]。利用硬模板法引入的介孔,其结构及孔径往往取决于所用固体模板的形貌及尺寸。目前大部分硬模板法制备的介孔沸石材料的介孔为无序结构。使用超分子软模板是合成介孔材料常用的手段,在沸石化过程中选择合适的超分子模板也会导致介孔的产生。例如,利用小分子的有机胺和介观的阳离子聚合物双重模板作用,可以合成微孔-介孔沸石材料[208]。已有的研究表明,大部分介孔沸石材料的晶体内介孔为不规则的无序结构。

最近,韩国科学家 Ryoo 等通过使用具有特殊结构的双制孔表面活性剂,成功开发出了一系列具有结晶微孔孔壁的有序介孔沸石材料(图 10-29)[209]。该系列双制孔表面活性剂[18-N$_3$-18,图 10-29(a)]同时具有沸石结构导向剂的季铵基团及介观尺度的疏水长链烷基基团。所制备的有序介孔沸石的孔壁厚度及孔径大小可实现可控调节。这类有序介孔沸石催化剂材料在不同 Friedel-Crafts 烷基化以及维他命 E 的合成反应中,尤其是针对大分子的催化反应,具有非常高的催化活性及选择性。该系列研究工作为开发具有有序介孔结构的沸石材料提供了全新的思路。

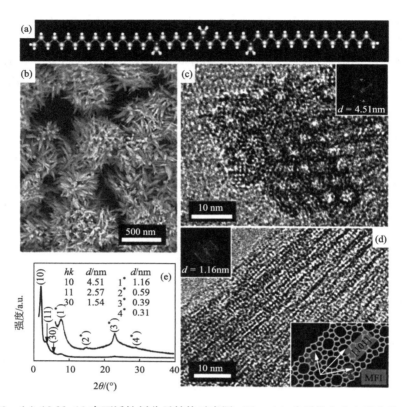

图 10-29　(a) 18-N₃-18 表面活性剂分子结构示意图；(b)～(e) 分别为六方有序介孔 MFI 型
分子筛催化剂的 SEM 图、TEM 图及 XRD 谱图[209]

10.4.3　微孔-大孔结构

中空沸石结构是一种典型的微孔-大孔等级结构。中空结构的形貌及尺寸通常取决于所使用的固体模板剂。利用聚苯乙烯微球[210,211]、炭黑微米球[212]、介孔二氧化硅小球[213] 及粉煤灰空心微珠（FAC）[214] 作为硬模板可以制备出空心沸石球体材料[图 10-30(a)]。利用介孔氧化硅纤维模板可以得到六角形中空 ZSM-5 管状材料[图 10-30(b)][215]。利用碳纤维作为模板可以制备出微米尺度的沸石中空纤维[图 10-30(c)][216]。此外，通过在 Na₂CO₃ 溶液中用弱碱处理 ZSM-5 单晶得到具有规则空心结构的沸石微米盒[图 10-30(d)][217]。在此方法基础上，结合溶解及重结晶过程制备出尺寸小于 200nm 的空心 TS-1 及 ZSM-5 纳米盒[218]。

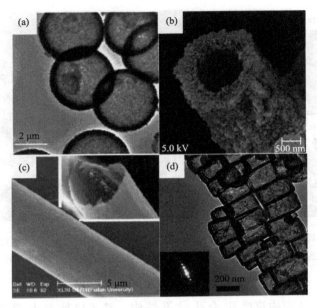

图 10-30　(a) 空心结构沸石球体的 SEM 图[213]；(b) 六角形中空 ZSM-5 管状材料的
SEM 图[215]；(c) 微米尺度的沸石中空纤维的 SEM 图[216]；(d) 中空 ZSM-5 微米盒的
SEM 图[217]

　　利用具有大孔结构的固体材料作为模板剂或者基体支撑材料，结合沸石化过程，可以制备出具有大孔结构的沸石材料或沸石复合材料。所制备的等级孔沸石材料的大孔结构完全复制所用模板剂的大孔形貌。例如，利用胶体晶体模板结合沸石化过程可以制备出具有三维有序大孔结构的沸石材料［图 10-31(a)］[219]。利用植物细胞作为模板制备具有仿生大孔结构的 β 沸石分子筛［图 10-31(b)］[220]。利用聚氨酯泡沫作为模板合成具有三维连通泡沫状大孔结构的沸石分子筛材料［图 10-31(c)］[221]。在聚电解质包覆的三维有序大孔硫酸锆支撑材料上生长 Na-Y 纳米晶体，制备三维有序大孔硫酸锆/Na-Y 复合材料［图 10-31(d)］[222]。此外，利用硅藻土的沸石化结晶过程，可以制备出具有硅藻形貌的沸石材料[223]。

10.4.4　微孔-介孔-大孔结构

　　在众多的等级孔材料中，微孔-介孔-大孔等级孔结构的报道相对较少，而这种结构赋予了材料同时具备微孔、介孔及大孔结构的优势，恰恰是孔材料研究工作者期望得到的一类等级孔材料。在微孔沸石化过程中，同时引入介孔及大孔模板剂，往往出现相分离现象，所以难以得到微孔-介孔-大孔结构。已有的微孔-介孔-大孔沸石材料主要利用介孔-大孔材料作为固体模板，通过沸石化过程复制固体模板的

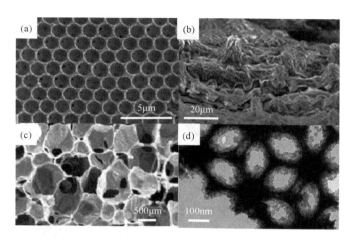

图 10-31　（a）具有三维有序大孔结构的沸石材料的 SEM 图[219]；（b）仿生大孔结构的 β 沸石分子筛的 SEM 图[220]；（c）三维连通泡沫状大孔结构的沸石分子筛材料的 SEM 图[221]；（d）三维有序大孔硫酸锆/Na-Y 复合材料的 SEM 图[222]

介孔-大孔结构，从而构筑微孔-介孔-大孔结构。基于这种方法，所得到的微孔-介孔-大孔孔道结构往往取决于所用固体模板的介孔-大孔结构以及沸石微孔结构。例如，利用具有介孔-大孔结构的硅铝酸盐作为前驱体材料，在半固相转晶体系中，将模板材料中无定形的硅铝酸盐纳米粒子转晶为沸石纳米晶体，通过转晶过程的可控调节，保持固体模板材料的介孔-大孔结构，从而制备出具有微孔-介孔-大孔结构的沸石分子筛材料[图 10-32（a）][224]。所制备的等级孔沸石材料具有柱状形大孔孔道[图 10-32（b）]，粒子间堆积的介孔空隙[图 10-32（c）和（d）]以及规则的沸石微孔结构[图 10-32（e）]。基于这种方法，利用不同化学组成的前驱体材料，结合不同的沸石结构导向剂，可以制备出不同类型的微孔-介孔-大孔等级孔沸石材料[225,226]。

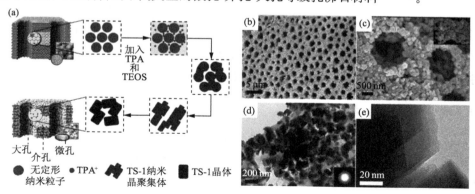

图 10-32　微孔-介孔-大孔钛硅沸石分子筛（MMM-TS-1）的合成机理图（a）和 SEM 图（b～e）[224]

利用金属有机醇酯在水中的自发水解缩合过程自组装形成材料是一种简单易操作的方法[143]。该方法制备的材料具有较为规整的大孔孔道[图 10-33(a)],大孔孔壁是由无序的介孔孔道组成[图 10-33(b)],而无序介孔孔壁又是由孔径均一的微孔孔道组成[图 10-33(c)][143]。与其他合成方法不同,该方法不需要任何的孔道模板,合成过程简单易操作。所制备的微孔-介孔-大孔等级孔材料的骨架是一个连续的完整结构,不同于其他方法制备的由纳米粒子堆积而成的骨架结构。

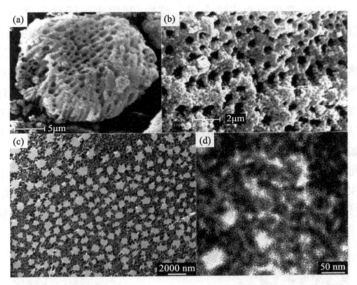

图 10-33　金属有机醇酯自发水解缩合过程自组装形成微孔-介孔-大孔氧化锆的 SEM 图
(a~b)和 TEM 图(c~d)[143]

10.4.5　双重介孔结构

双重介孔结构是指具有两套孔属性(孔径、孔体积、孔结构等)相对独立的介孔孔道结构。根据此类材料结构中孔道排列的有序性,通常可以将此类材料结构分为三类:有序-有序双重介孔结构、有序-无序双重介孔结构以及无序-无序双重介孔结构。

有序-有序双重介孔材料通常利用两种表面活性剂作为双重介孔结构的模板剂方法制得。例如,Groenewolt 等[227]根据氟碳化合物/碳氢化合物自身可形成独立的胶束且不相混合的属性,利用特定的氟碳表面活性剂"OTN"[$CF_3(CF_2)_{6\sim16}C_2H_4$-$EO_{4\sim5}$,EO = 环氧乙烷]与碳氢表面活性剂"KLE"[$H(CH_2CH_2CH_2(CH)CH_2CH_3)_x(OCH_2CH_2)_yOH$]作为模板剂,使混合体系在碳氢表面活性剂形成的大的介孔模板中,构建出由氟碳表面活性剂形成的小的介孔模板,从而制备出具有双重介孔结构的介孔材料(图 10-34)。通过 TEM 表征,可以清晰地观察到合成出的材料所具备的双重孔道结构:有序二维六方结构的大介孔 KLE-1[图 10-34(a)]和孔壁上的有序小介孔 KLE-2[图 10-34(b)]。在材料的合成过程中,通过改变氟碳表面活性剂 OTN 的相对百分含量,可以实现双重介孔材料孔道有序度的可控调节。因此,采用尺寸合适的这两类表面活性剂作为模板,在一定的合成条件下,即可合成出具有两套相对独立的介孔孔道结构的有序-有序双重介孔材料。有序-无序双重介孔材料通常采用两步法合成。首先,利用表面活性剂软模板法制备出有序介孔材料,再通过后处理实现第二套无序介孔的构建,从而制备出双重介孔材料。例如,Coppens 等[228]利用表面活性剂十六烷基三甲基溴化铵(CTAB)作为模板,通过水热法合成出有序介孔材料 MCM-41;然后将 MCM-41 材料加入表面活性剂 P123 溶液中进行水热后处理,从而制备出具有无序大介孔及有序小介孔的双重介孔材料。无序-无序双重介孔材料采用表面活性剂软模板法,并在合成体系中加入电解质添加剂调节介孔结构形成的协同自组装过程,从而构建双重介孔结构[229]。例如,阳离子可以显著地通过结构导向,影响 PEO/水/硅三元配合物的组装行为,进而影响孔材料合成过程中的孔结构。此外,阴离子可以通过调节正硅酸乙酯(TEOS)的水解和缩合速率,进而改变合成体系中孔材料的孔结构。因此,通过调节反应体系中电解质的性质,可以实现合成无序-无序双重介孔结构的构筑。

图 10-34　样品 KLE-1(a)和 KLE-2(b)的 TEM 图[227]

10.4.6　介孔-大孔结构

在等级孔材料的合成发展过程中,具有介孔-大孔结构的等级孔材料由于其易于构造,同时兼顾介孔和大孔孔道的特性,使其一直受到材料学家的广泛关注。在此类材料的整个结构体系中,有序介孔-有序大孔结构是一套研究较为完善的体系。有序介孔-有序大孔材料由于其等级孔结构的双重有序性,使其在具有等级孔材料的优异属性的同时,提升了材料在应用过程中的定向选择性和过程可控性。通常,此类等级孔材料的大孔结构为三维有序开放结构,而根据合成方法的不同,介孔结构则可实现二维六方至三维立方,以及三维有序开放结构的可控调节。

胶体晶体模板法是合成介孔结构可调、三维有序开放大孔结构的介孔-大孔等级孔材料的主要方法。合成二维六方、三维立方的介孔孔道结构的有序介孔-大孔等级孔材料主要通过以下手段:首先通过表面活性剂和材料的前驱体进行自组装形成凝胶,然后将其渗透到整齐排布的胶体晶体模板的间隙中,最后将表面活性剂模板和胶体晶体模板去除,即可得到有序介孔-大孔等级孔材料。例如,Stein 等首次报道了利用聚苯乙烯微球和阳离子表面活性剂十六烷基三甲基氢氧化铵(CTAOH)为模板合成三维有序介孔-大孔等级孔二氧化硅材料[230]。所制备的三维有序介孔-大孔等级孔材料的比表面积高达 $1337m^2/g$。而无阳离子表面活性剂体系下合成得到的三维有序大孔二氧化硅材料的比表面积仅为 $230m^2/g$。

利用具有大孔和介孔尺寸的单分散微球作为大孔及介孔孔道固体模板剂,是制备三维有序开放介孔-大孔等级孔材料的主要方法。将具有大孔尺寸的胶体小球和具有介孔尺寸的胶体小球同时进行组装形成高度有序的等级密堆积结构,再将反应前驱体侵入密堆积的等级结构中,最后通过去除胶体晶体模板,即可得到三维有序开放介孔-大孔等级孔材料。例如,Wang 等[231]通过直径为 660nm 的聚苯乙烯小球和直径为 10nm 的二氧化硅小球同时进行垂直沉积,即可以得到一种等级有序的介孔-大孔结构。Chai 等利用 330nm 的聚苯乙烯小球及 10nm 的二氧化硅小球通过共沉淀的方法得到二元胶体晶体矩阵。10nm 的二氧化硅小球紧密堆积在聚苯乙烯小球自组装排列的三维矩阵的空隙中。通过移除聚苯乙烯小球模板,从而得到有序介孔-大孔等级孔二氧化硅材料[图 10-35(a)和(b)]。进一步地在二氧化硅小球密堆积的三维立方结构空隙中引入碳源,经过碳化后氢氟酸处理,从而得到具有三维有序开放介孔-大孔等级孔碳材料[图 10-35(c)和(d)][232]。

近年来,仿生科学概念在材料制备中的大量普及,生物模板法被作为一种新的合成介孔-大孔等级孔材料的方法,逐渐受到了科学家的关注。在自然界中,无论是小尺度的自然材料(如细胞[233]、细菌[234]等),还是大尺度的自然材料(如蛋壳[235]、木头[236]等),均为介孔-大孔等级孔材料的制备提供了良好的生物模板。这类等级孔材料的孔道结构基于不同形态的生物模板而得到包括球形、杆状、蠕虫状的孔道结构。其中大孔孔道结构主要通过选择同形貌的生物模板来进行控制,而介孔孔道结构则可通过粒子的自组装或者软模板法进行可控调节。

近年来,Su 等成功开发出通过金属醇盐或烷基金属的水解缩合过程,自发形成介孔-大孔等级孔材料。该方法实现了无模板条件下,一步合成具有相对规整的大孔孔道和介孔孔道的金属氧化物及金属磷酸盐材料[155]。

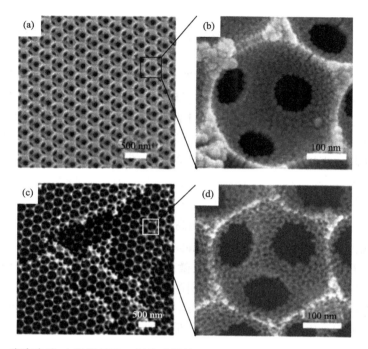

图 10-35　有序介孔-大孔等级孔二氧化硅材料(a～b)及三维有序开放介孔-大孔等级孔碳
材料(c～d)的 SEM 图[232]

10.4.7　双重大孔结构

双重大孔结构是指具有两套孔属性(孔径、孔体积、孔结构等)相对独立的大孔孔道结构。该类等级孔材料主要存在三种结构:有序-有序双重大孔结构、有序-无序双重大孔结构及无序-无序双重大孔结构。

有序-有序双重大孔结构,是指材料中具有的两套大孔孔道均为有序排列的材料结构。通常采用胶体晶体模板法合成此类材料。例如,Zheng 等[237]通过提高溶剂的挥发速率,增加多重胶体晶体的沉积速率,去除模板后,可得到孔径为1000nm、180nm 和 7nm 的等级结构。其中,180nm 大孔源于聚苯乙烯(PS)小球,7nm 介孔源于 40nm SiO_2 小球。此外,增加胶体晶体小球和大球的含量比例,可提高孔壁的孔隙率,通过 SEM 表征(图 10-36),可以观察到粒径较大的 PS 小球形成直径约为 500nm 且为面心立方堆积的大孔孔道结构,而粒径较小的 PS 小球可以在上述大孔孔道的孔壁上形成另一套直径约为 150nm 的规则大孔结构。

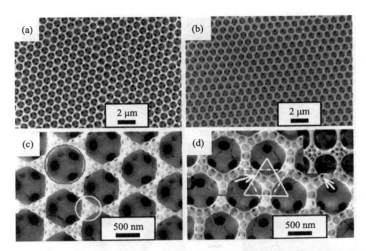

图 10-36　以 200nm 和 1μm PS 小球二元胶体晶体作模板形成的等级结构的 SEM 图。
(a)和(b)样品中大球与小球的浓度比为 0.12。(c)和(d)样品中大球与小球的浓度
比为 0.14。(d)中的白色箭头显示 200nm 小球增加的体积分数产生的额外孔洞[237]

　　有序-无序双重大孔结构,是指材料中含有一套有序排列的大孔孔道和一套无序排列的大孔孔道的材料结构。合成具有此类结构的材料的代表性方法为胶体冷冻干燥法。Ohshima 等[238]首先将聚苯乙烯-2-羟基乙基甲基丙烯酸酯和氧化硅胶体颗粒在水溶液中进行混合,使其均匀分散。然后将上述溶液在液氮中进行浸泡、冷冻干燥,最后通过煅烧去除模板即可得到有序-无序双重大孔材料。通过 SEM 表征(图 10-37),可以观察到源自于冷冻干燥的单向取向的无序大孔孔道和去除聚合物小球模板留下的三维有序开放式的大孔孔道。

　　无序-无序双重大孔结构主要存在于利用选择性流失方法制备的金属氧化物及金属材料中。Seshadri 等[239]利用高温淬火的方法制备得到 $ZnO/Ni_{1-x}Zn_xO$ 混合物,通过在碱性体系中选择性流失其中的 ZnO,得到三维连通大孔结构的 $Ni_{1-x}Zn_xO$。再进一步通过还原处理及选择性流失过程制备出具有双重大孔结构的 Ni 和 ZnO 材料。该方法制备的等级孔金属 ZnO 材料,具有两种尺度并且无序的大孔孔道,分别是由于选择性流失和还原过程产生的。通过在水体系中选择性溶解经过高温烧结处理得到的 $K_2SO_4/PbTiO_3$ 混合物及 $K_2SO_4/La_{1-x}Sr_xMnO_3$ 混合物中的 K_2SO_4,制备得到具有双重大孔孔道结构的 $PbTiO_3$ 和 $La_{1-x}Sr_xMnO_3$ 材料[240]。利用这类方法,通过选择性侵蚀、还原处理及气相选择性侵蚀,制备得到具有孔径分别为 5μm 和 100nm 双重大孔孔道结构的金红石型二氧化钛材料[241]。

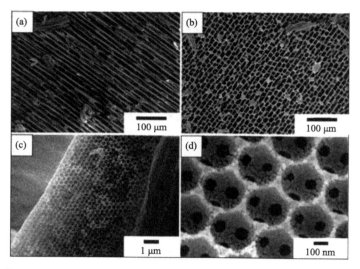

图 10-37　等级冷冻干燥样品的 SEM 图。(a)从平行于温度梯度轴的方向(即冷冻方向)观察材料;(b)从垂直于温度梯度轴的方向观察材料;(c)是(a)的放大图;(d)显示了胶体粒子堆积形成的附加孔隙的三维有序大孔结构[238]

10.5　应　　用

　　等级孔材料在不同长度尺寸上的多孔性和构型赋予了材料各种各样的功能,使其能够适用于许多不同的应用领域。高比表面积和高孔体积比使等级孔材料具有高扩散系数,等级孔材料的许多应用都与它这种高扩散流通性能和高存储容量密不可分。本节,我们将重点讨论等级孔材料在催化、吸附和分离、生命科学和能源等领域的潜在应用。

10.5.1　催化

　　催化过程主要包括催化剂预处理、化学转化和终产物的提纯等步骤。在此过程中,使用催化剂能加快反应进程并提高转化率。"等级催化"是指在催化过程中采用等级孔催化剂,该催化剂有助于反应物的完全转化及产物的分离提纯。使用等级孔催化剂包含以下优点:简化反应步骤,减少副产物的产生,增加操作的安全性。在有机大分子参与的反应中,等级孔材料的特征结构能有效地提升系统内分子在活性位点间的流动传输,使反应消耗的原料减少,耗能降低,副产物减少。等级孔体系含有的大孔和介孔孔壁,使材料具有高比表面积和高孔体积比。高比表面积和高孔体积比又使其在反应过程中具有高的扩散系数和较少的传输限制。因此,在催化反应中,等级孔材料比单一的介孔催化剂表现出更高的催化活性。

　　等级催化剂的多功能来源于它们的多组分和多级结构。根据制备方法的不同,这些等级孔材料可以分为四类:等级沸石、等级金属氧化物、等级多孔碳、等级天然材料复制品(图 10-38)。

图 10-38　　(a) 原始 ZSM-5(插图所示)和碱处理 ZSM-5 的 SEM 图(标尺长度为 600nm)[242];(b) ZrP-h 的 SEM 图[155],ZrP-h 指老化后的磷酯锆;(c)原始硅藻土和二氧化钛包覆的硅藻土即 TCDs(插图所示)的 SEM 图(标尺长度为 10μm)[26];(d)单片二氧化硅模型(插图所示)及其纳米铸型的碳复制体的 SEM 图(标尺长度为 25μm)[122]

　　在众多的多孔非均相催化剂中,微孔沸石分子筛由于具有优异的热稳定性、水热稳定性以及强酸性,在催化领域中得到了广泛的应用。如微孔硅铝分子筛β、ZSM-5 及 Y 已经在工业中作为固体酸非均相催化剂广泛应用于石油裂解、石油化工以及有机合成等领域。尤其是有机大分子参与的催化反应,由于沸石分子筛材料的微孔孔道的大小大大限制了客体分子在催化剂中的物质传输,降低了客体分子与微孔孔道内活性中心的相互作用,表现出低的催化性能。因此如何改善分子筛的流通扩散性能成为提高分子筛催化性能的关键。有序介孔材料具有很好的物质传输性能并且利于大分子传输。结合有序介孔及大孔孔道优良的物质传输性能是解决沸石分子筛应用瓶颈的重要途径。当前提高分子筛催化剂流通扩散性能的两种主要途径:分子筛的纳米化和微孔-介孔或微孔-大孔多级孔道结构的引入。

　　在工业上,硅铝型分子筛材料被认为是最重要的一种非均相酸催化剂材料,特别是在石油裂解、石油化工及有机大分子合成方面,应用颇为广泛。目前制备具有等级孔道结构的分子筛材料有很多方法,如碱后处理法、微孔-介孔前驱体材料预合成、硬模板法形成晶体内介孔孔道、两亲表面活性剂法等。

　　通过碱后处理法可以得到具有介孔结构的分子筛[243]。在异丙基苯裂解过程中,经碱处理 300min 的 ZSM-5 的催化活性与未经处理的 ZSM-5 相比提高了 1.5 倍。Ogura 等[242,244]指出碱后处理法可以大大提高分子筛晶体的物质传输性能。

　　以阳离子聚合物为模板制得的多级孔介孔 β 分子筛材料[245]在苯与异丙醇的烷基化反应中具有极高的反应活性和选择性,与具有相同硅铝比、铝分布、酸强度及晶粒尺寸的传统 β 分子筛相比,性能得到了极大的提高。以两亲表面活性剂为模板制得的介孔 ZSM-5 分子筛,在有机大分子催化反应中,具有明显优于传统 ZSM-5、Al-MCM-41 和 SAM 分子筛的高催化活性和选择性。介孔 ZSM-5 中的介孔孔道结构和强酸性是其具有高催化活性的主要原因。

　　Jacobsen 等[246]以炭黑为模板制备了与传统 TS-1 分子筛相比在环己烯环氧化中具有更高催化活性的介孔 TS-1 分子筛,介孔 TS-1 分子筛具有改善的流通扩散性能,有利于提高客体分子与其内部活性位点的相互作用。由硅烷化种子制得的等级孔 TS-1 材料[247]呈海绵状,由大的不规则的分子筛晶粒堆积而成,具有更高催化转化率的环氧化物选择性及 1-辛烯和四丁基过氧化氢的环氧化反应中的高催化效率。有机大分子可以经由多级孔钛硅分子筛中的介孔孔道到达钛活性位点与其相互作用。

　　介孔氧化硅小球在制备三维有序大孔-介孔结构的多级孔大孔-介孔分子筛催化剂过程中充当大孔-介孔孔道模板,同时其有序介孔孔道能够引入催化活性单元,从而制备出具有特定功能的等级大孔-介孔分子筛催化剂材料。颗粒直径为 25nm 的含四配位 Ti 的介孔氧化硅纳米微球(mesoporous silica nanospheres,MSNSs)[248]对顺二苯乙烯和石竹烯的环氧化催化活性明显高于颗粒直径为 70nm 的含四配位 Ti 的 MSNSs,这主要是由于较小的颗粒尺寸和颗粒间堆积孔均有利于有机大分子的传输。由阳离子表面活性剂和胶体晶体为模板合成的多级介孔-大孔钛硅分子筛与传统的钛硅分子筛相比,在长链烯烃、1-辛烯、1-十二碳烯和 1-十六碳烯的环氧化反应中具有更高的催化活性。这主要是由于其多级孔道结构有利于提高有机大分子的流通扩散性能[249]。

　　通过自组装方法形成的多孔金属氧化物材料如 TiO_2、ZrO_2、TiO_2/SiO_2、TiO_2/ZrO_2等已被广泛应用于有机催化剂及催化剂载体材料。多级孔道的引入可以大大提高 TiO_2 在苯乙烯加氢催化反应中的光催化活性,这主要是由于溶剂在其内部的扩散阻力减小,光吸收效率提高[250]。

　　多孔碳材料具有密度低、抗腐蚀性高、比表面积可调及优异的热稳定性和机械性能等优点,在很多领域得到了广泛的应用。介孔-大孔等级孔碳纳米片已被成功制备出来,具有高比表面积、大孔容和复合孔道结构等优点,可在快速反应中用作催化剂载体[122,251]。通过爆炸辅助气相沉积法可以制备由介孔核和微孔壁组成的碳纳米颗粒。与活性炭和碳纳米管相比,该材料可以显著地提高化学过程中的脱附性和反应物的扩散性[252]。如图 10-39 所示为 Pt/CSCNP(CSCNP 为核-壳结构碳纳米颗粒)催化剂的催化活性,其在环己烷-苯的转化反应中具有明显优于 Pt/AC(AC 为活性炭)或 Pt/MWCNT(MWCNT 为多壁碳纳米管)的催化性能[252]。

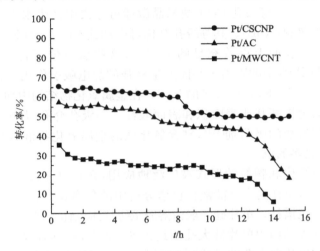

图 10-39　Pt/CSCNP、Pt/AC、Pt/MWCNT 催化剂对环己烷转化率曲线图[252]

通过复制天然物质得到的等级孔材料,具有成本低、环境友好性、热稳定性高、机械性能好和水热稳定性好等优点,与等级孔沸石均可通过仿生法制得。等级孔材料在表面和本体与原子、离子和分子等发生反应,与单一尺寸的材料相比,具有优异的物质传输性能和高比表面积而具有更优异的性能。使用植酸作分子胶黏剂将 TiO$_2$ 逐层涂覆在硅藻土表面可以制得等级介孔-大孔 TiO$_2$/SiO$_2$ 复合材料,其可用于催化反应尤其是光催化反应中。

10.5.2　吸附和分离

吸附和分离是多孔材料最重要的应用之一,可以有效地降低气体或离子污染物的释放,引起了科研工作者的广泛关注。到目前为止,大量的吸附剂已经应用于实际生产中[253]。一系列的硅基介孔有机-无机杂化材料已经广泛地应用于从废蒸气中分离无机离子的吸收,尤其是对环境有害的重金属离子如汞和铅的分离[254,255],这类吸附剂中的有机官能团可通过酸碱反应与重金属离子形成配位体,其载体有利于分离担载重金属离子的吸附剂与废液[256]。介孔-大孔金属磷酸盐杂化材料骨架中含有有机官能团,可与重金属离子发生反应,因而可用作对重金属的选择性吸附。等级孔结构具有极高的比表面积,吸附量更高且吸附速率更快,更有利于物质传输。最近,有人通过简单的自组装方法成功地制备出具有等级孔结构的纳米氧化钛-磷酸盐杂化材料[257]、介孔-大孔磷酸钛材料[258,259],对水中的重金属离子具有极高的吸收量。由水热法制得的等级孔介孔-大孔磷酸铝杂化材料[260],对重金属离子如 Cu^{2+} 均具有极高的吸收量,其吸收效果明显优于介孔硅吸附剂。

花状等级孔 CeO_2 和等级孔 CeO_2 纳米晶微球在从废水中分离有害离子时具有更高的排除量[261,262]。等级孔 CeO_2 纳米晶微球可除去中性废水中的重金属离子[Cr(Ⅵ)]和有机染料(RhB)。其等级孔结构可以加速 Cr(Ⅵ)和 RhB 的扩散和吸收。等级孔 CeO_2 表面上存着充足的氧空位,这些氧空位可将 Cr(Ⅵ)还原成 Cr(Ⅲ)并且可与 RhB 中的阳离子基团产生极强的静电吸引作用。100mg 多级孔 CeO_2 纳米晶微球,可以降解 95.0%的 RhB。在金属氧化物结构中加入另一种金属氧化物可以有效地提高其比表面积和表面酸性。等级孔介孔-大孔 ZrO_2/TiO_2 可用作氧钒根和钒酸盐的吸附剂[263],富含氧化钛的金属氧化物混合物具有路易斯酸性,能够吸附更多的钒。

硅胶通常以涂层和颗粒的形式被广泛地应用,介孔-大孔多级孔结构的单片硅,具有高透过性,可作为高性能液相色谱分析中的分离媒介,分离效果明显高于常规的颗粒填充色谱柱。单片硅一般由溶胶-凝胶反应制得,其中具有不规则介孔结构的厚骨架硅胶结构的单片硅大孔率约为 80%[264],而具有规则介孔结构的薄骨架硅胶结构的单片硅大孔率可达到 90%[265]。根据达西定律(Darcy's law)[82],色谱柱的整体渗透性与其材料的总孔隙率相关。色谱柱材料的孔径可以控制在 $0.5\sim10\mu m$ 的范围内。与颗粒堆积的色谱柱类似,单层片色谱柱孔隙率变化率是其孔径变化的平方倍。总体来说,与颗粒堆积色谱柱相比,单层片色谱柱的透过率的设计自由度更大。单层片色谱柱可由液相法制得,滴加反应溶液即可得到具有任意孔形状和孔尺寸的三维孔材料。对微观尺度的分离,颗粒堆积的填充层的分离性能和循环利用性能均较差。

随着有序介孔材料的进一步发展,对氧化物的介孔结构可以实现精确控制。200nm 厚的氧化硅色谱柱骨架中的大孔结构是由有序介孔组成的,由于其大孔尺寸较小(~$1\mu m$),其反压力与由 $2\sim3\mu m$ 颗粒堆积成的色谱柱的压力相当。由超细骨架组成的色谱柱其片层数可增加超过一个数量级,液体在其中的流动控制相当于颗粒填充色谱柱的流通控制。

将很多液固接触装置内部颗粒堆积结构替换成多级孔单片结构,其性能均可得到很大的提高。一些具有等级孔单片结构的商业用产品已经被成功制备出。①预富集装置。分析用物质的量一般不在标准尺寸色谱柱的灵敏度范围内,此时则需要从其他介质中通过预富集技术来富集或纯化目标物质。碳材料和氧化钛材料均可用于改性等级孔单片氧化硅材料,并用于色谱分离中,其对多种目标分子的分离效果很好。②生物反应器和 DNA 净化装置。单层片生物容器可以有效地抑制自由硅醇的非特定性吸收,因而其有利于扩展酶反应的变异种类[154]。如果直接使用未改性的氧化硅材料,具有不同长度的 DNA 混合物经分馏后其分子结构会有小程度破坏。同时该材料的高渗透率使其在分离/纯化过程中不需要明显的增压,因而由它组成的装置具有生物-化学友好性。③血浆分离治疗装置。人工透析是去除血液或血浆中潜在的有害物质直接有效的治疗方法,该治疗方法已经成功地拯救了大量患者的性命。缩短透析时间和延长透析效果可以有效地提高患者的生活质量。大的硅基色谱柱在分离血浆中的低密度脂蛋白(LDL)方面取得了很大的进展,这项治疗方法名为血浆分离治疗,这类由等级孔硅基材料构成的新装置与传统装置相比其体积更小,吸附容量更大且治疗时间减半[266]。

以介孔-大孔等级孔结构的单片层氧化硅为例的等级孔材料,在高效液相色谱柱上的应用极为广泛。等级孔单片结构在气-固和液-固非均相催化剂、色谱柱内的多元反应的综合以及纯化、微型生物反应容器和有害物质的选择性去除治疗等领域具有广阔的应用前景。

将生物大分子(如蛋白质)从溶液中吸附出来转移到固体表面,在生物学、医药、生物科技和食品加工等许多领域中具有极重要的意义。到目前为止,已有大量的多孔材料用于蛋白质的分离。其中,介孔催化剂多用作对溶胶酶素的吸附,介孔-大孔多级孔磷酸铝材料可以实现对溶胶酶素的单层吸附。以介孔-大孔多级孔氧化钛(MMT)为模板,维生素 B6(VB6)为碳源和氮源,可得到氮掺杂多孔碳材料[267],该材料包含大孔、介孔和微孔三种孔道结构,其形貌控制可以通过改变 VB6 和 MMT 的质量比而实现。溶胶酶素的等温吸附曲线为 L 型(Langmuir 等温曲线)且溶胶酶素的单层吸附量为 $31.26\mu mol/g$,这比之前 Vinu 等报道的介孔碳的吸附量($23.8\mu mol/g$)要大[268,269],由于介孔碳的表面积远大于多级孔碳的表面积,因此我们可知孔径大小是溶胶酶素吸收的关键影响因素。将硅酸钠溶于十六烷基三甲基溴化铵(CTAB)的乙酸乙酯溶液中经水热合成可得到多级孔硅颗粒或单片层,其可作为 β-半乳糖苷酶的固定载体[270]。多孔性、大介孔尺寸($10\sim40nm$)、大孔尺寸和表面存在的离子化的硅烷醇基基团均有利于溶胶酶素的吸附。Wang 等[271]利用商业化的 P123 在近中性的水溶液中合成了具有超高孔容($>3cm^3/g$)的硅酸单层纳米泡沫。所得的纳米泡沫对牛血清蛋白具有极高的吸附量($251mg/g$),远大于棒状 SBA-15 对其的吸附量($104mg/g$),该纳米泡沫在 $1.5h$ 内的吸附速率很大且吸附量为 $222mg/g$。

与等级孔催化剂类似,等级孔吸附剂中的大孔或大孔孔道均有利于提高物质在其中的扩散速率和传输性能,杂化吸附剂的吸附效率均有较大提高,有利于较快地达到吸附/脱附平衡。图 10-40 对比了介孔吸附剂与介孔-大孔等级孔吸附剂的吸附行为,进一步显示了大孔或大孔孔道的优势。对于介孔材料而言,吸附剂在材料表面的浓度要低于其在材料内部的浓度,这主要是由于无序孔结构不利于吸附剂和吸附质间的充分接触。而对于大孔材料,其大孔孔道有利于吸附剂在其中的渗透,这有利于离子或蛋白液在其内部介孔部分的渗透作用。

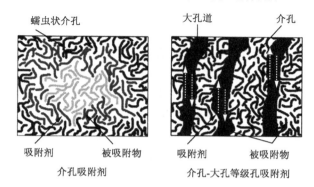

图 10-40　介孔吸附剂和介孔-大孔等级孔吸附剂的模拟吸附行为比较。吸附剂和吸附质
如金属离子和蛋白质分别用白色和灰色表示。对于介孔吸附剂而言,吸附质的浓度由吸附
剂表面至吸附剂内部逐渐降低;大孔孔道内的物质扩散和传输用虚线表示,其结构有利于
离子或蛋白液的渗透

　　这类材料中的等级孔结构有利于捕捉挥发性有机化合物(VOCs)[253]如苯分
子,CO_2 以及储存 H_2。介孔-大孔多级孔磷酸钛材料对 CO_2 的吸附量很大[272-274]。
CO_2 的物理吸附量与材料的结构性能(如比表面积、微体系结构、吸附质)和吸附剂
间的相互吸引力及孔结构有关。这些影响因素使得吸附质在吸附剂中的扩散和传
输性能得以提高,快速达到吸附/脱附平衡,进而使得等级孔材料的 CO_2 吸附量明
显高于块状材料。与物理吸附相比,化学吸附在相对较高的温度下对 CO_2 的选择
性吸附能力和吸附容量均很大,这是由于吸附剂与 CO_2 具有极强的化学相互作用。
高比表面积和高微孔率-介孔率的纳米多孔碳具有很强的储氢能力,采用硬模板法
可制得由不同尺寸的等级孔纳米空心核和不同壳层厚度的介孔碳壳构成的核-壳
结构,其电化学储氢能力明显优于有序介孔碳(OMC)或碳纳米管(CNT)[275]。纳
米多孔材料中较大的比表面积和大量的微孔有助于提高电化学催化性能,进而有
利于提高其储氢能力。

10.5.3　能源

　　天然材料(如真核藻类植物)能通过光合作用将二氧化碳和水转换成化合物。
天然材料结构脆弱,不易利用。例如,树叶在冬天不能有效地进行光合作用,光合
实体的光合效率同样也会被严酷的环境所限制。为避免不利的环境因素对光合作
用产生影响,可采用人工光合系统。人工光合系统,通过对细胞器或整个细胞进行
封装或固定化,提供稳定的微环境,以保护天然光合系统。这种系统能够获得光合
作用生物物种的全部性能,而不受季节变化的影响(图 10-41)[276-291]。

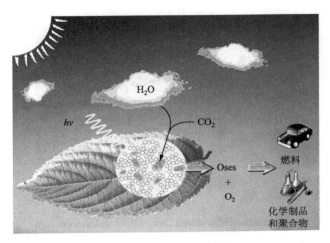

图 10-41　树叶仿生材料示意图[276]

　　氧化硅由于制备简单、孔隙率可控、光学透明、耐生物侵袭,机械、化学和热稳定性良好,而被认为是构建人工光合系统的理想材料。以醇盐或质子交换形成的硅酸盐为前驱体,对类囊体进行包埋,其产氧时间可长达 40 天[282,283](图 10-42)。此外,对更为复杂的生物光能自养植物细胞进行包埋实验,显得尤为重要(图 10-43)[281,282]。将植物细胞封装进有机改性的二氧化硅基质中,利用其代谢过程,可将二氧化碳转换成碳水化合物。在一个月后,其依然保持有一定的光合作用活性。使用等级孔氧化硅包埋光合作用细胞制备生物反应器,对新型的绿色化学的发展具有重要作用。

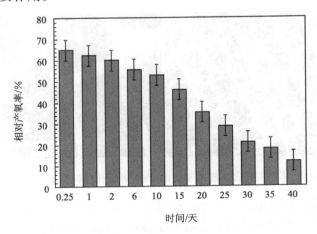

图 10-42　等级孔氧化硅中包埋类囊体光化学产氧过程[1]

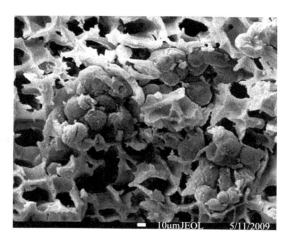

图 10-43　等级孔氧化硅中包埋拟南芥细胞的 SEM 图[1]

　　人工仿生材料可用于所有这些高效天然过程。Zhang 等[292]以天然树叶为模板复制出树叶的精细结构,以人工催化剂 Pt/N-TiO₂ 代替光合作用色素制备人工光合系统。结果显示,与无模板的 TiO₂ 纳米颗粒相比,仿生合成的催化剂在可见光范围内的平均吸收强度增加 200%~234%。同时,仿生合成的催化剂的催化产氢活性是 TiO₂ 纳米颗粒的 8 倍以及 P25 的 3.3 倍。Zhang 等[293]以雪松木为生物模板制备出了等级结构的氧化钛光催化剂(图 10-44)。这种方法为等级结构 TiO₂ 的合成提供了一种简单有效的方法,该方法也可拓展于化学传感以及纳米器件等领域。

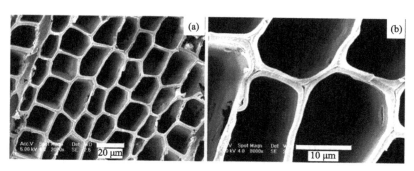

图 10-44　超声波处理雪松木制备的 TiO₂ 等级孔材料的 FE-SEM 图[293]

　　染料敏化太阳能电池是一种光电化学系统,它以吸附了染料分子的多孔氧化薄膜为敏化阳极。等级孔结构的光阳极能够增加光的传输路径,提高光的捕获效率,从而提高整个电池的效率。Zhang 等[294]以蝴蝶翅膀上的鳞片作为生物模板,合成了周期性的等级微观氧化钛薄膜光阳极。该研究表明,以蝴蝶翅膀的光子晶体结构为模板设计的光阳极材料,可以提高光的捕获和光电转换效率。ZnO 也是一种理想的染料敏化太阳能电池光电极材料。Cheng 等[295]通过二次纳米粒子自组装,制备了等级结构 ZnO。该结构 ZnO 具有明显的光散射,能够吸附大量的染料分子。

　　近年来,基于燃料电池(FC)的设计需求,多孔阳极和阴极可促进燃料的扩散和化学废物的排出,因而多孔材料在高效燃料电池中具有广泛应用前景。一般而言,多孔电极材料在燃料电池中有两个作用:①在电极中传输气体;②在燃料电池中,充当阳极或阴极。等级结构电催化剂的发展,能有效地突破电池的瓶颈。等级多孔结构能够有效地减小燃料电池的传输限制,增加活性位点,从而提高其性能。等级孔材料已经广泛合成并应用于燃料电池领域,以提高其性能。依据是否含碳,这些材料可分为两类。

　　Yu 等[296]以氧化硅胶体晶体为模板,交联苯酚和甲醛为碳源,对其进行碳化处理,制得了等级多孔碳材料。多孔碳材料在燃料电池中具有较高的甲醇氧化催化活性,在 30℃和 70℃分别可达到 58mW/cm² 和 167mW/cm² 的能量密度,高于商用 Pt-Ru 催化剂(E-TEK)70% 和 40%。

　　由于气相反应物传输方便,电极化学吸附阻碍小,具有高比表面积的等级孔电极材料,对于固体氧化物燃料电池(SOFC)的工作温度的降低,显得至关重要。例如,自组装形成的具有有序大孔结构的介孔氧化钇-氧化锆,具有以下功能:①在孔道中气相反应物接触良好;②影响吸附平衡,增加气相反应物的交换速率;③促进三相相界的整体电荷转移,控制固体氧化物燃料电池的效率。

　　锂离子电池中,Li^+ 在电解质、电极以及电解质/电极界面的传输,影响着电池的电化学性能,因此电极材料的孔结构是决定锂离子传输的关键因素。等级孔材料具有连通的核与孔壁,其固体扩散路径长、比表面积大、倍率性能好。等级孔碳材料作为一种等级孔材料,在锂离子电池领域,受到广泛关注[297-302]。例如,Stein 等[298]合成了三维有序大孔碳材料,其倍率性能有明显提高,但首次库仑效率较低、体积密度小。同时,在三维有序大孔碳材料表面进行包覆(SnO_2),可以进一步提高其倍率性能和能量密度。此外,他们采用纳米浇铸法,填充氮掺杂的石墨,合成了等级多孔碳材料(三维有序介孔-大孔碳材料)。三维有序介孔-大孔碳材料的机械强度有所增强。电极材料在低倍率下的储锂能力有所降低,而石墨相能够增加多孔碳的电导率。与 3DOM RFC(以间苯二酚、甲醛为前驱体,孔壁为无定形碳)相比,三维有序介孔-大孔碳能够阻止固体电解质界面膜(SEI 膜)的形成,在高倍充放电流密度下具有更高的嵌锂容量。

　　其他等级孔结构氧化物或氧化物基(如 SnO_2、V_2O_5、NiO、TiO_2、Co_3O_4、Co_3O_4、$LiNiO_2$ 以及 $LiCoO_2$ 等)已经在锂离子电池领域得到广泛应用。

　　等级多孔天然材料和人工材料,由于其特殊结构,在能源转换和存储(如光催化、燃料电池、锂离子电池和超级电容器)方面具有优异性能。尽管等级孔材料在能源领域有着巨大优势,但采用生物模板法工业生产该类材料依然是一个巨大挑战。

10.5.4　生命科学

随着生物技术需求的快速增长,等级孔材料和生命科学的相互联系日益紧密,尤其是天然材料、生物材料和药物释放。大量的等级孔材料具有较好的生物相容性和低成本等特点,可广泛应用于适合于生物体的仿生材料和药物载体。此外,生物体也可用作模板,制备等级孔材料。该技术常用于药物释放,作为药物分子的担载和释放载体。材料的组分和孔径均是至关重要的因素。材料中的大孔和介孔可用于组织工程,而大孔、介孔和微孔可用于药物释放。

近来,生物材料(用于健康医疗的材料)研究是生物领域和材料科学交叉领域的一个研究热点。它们可用作植入材料,与生物体组织进行接触,实现生物体和材料之间的良好生物接触。生物材料,一般起源于不同研究领域,而不只是针对于同组织、血液相互作用。在适用于生物领域的多孔材料中,一些是天然材料,而另一些则是人工合成的。

根据 Langer 和 Vacanti[303]的理论,骨组织工程是一门新兴的交叉学科领域,利用生物学和工程学的原理,发展可行的替代品满足要求,并恢复和维护人体的骨组织功能。骨组织工程的最新研究趋势是组织再生而不是组织替换。Hench 等[304]首次开发生物活性玻璃,产生的骨移植物为 Bioglass45S5®,其组分为 SiO_2(45%)、NaO_2(24.5%)、CaO(24.5%)和 P_2O_5(6%)。此后,生物玻璃成功地解决了多种临床问题,如骨缺损。这些材料的成功制备归因于它们植入后良好的生物相容性和生物效应。事实上,生物体内的骨骼与植入的生物玻璃结合不会产生任何纤维包膜或促发炎症或毒性。因此,在玻璃表面构建具有生物活性的羟基磷灰石是活性组织与材料相结合的首要条件。有人报道了一种有 SiO(80%)、CaO(17%)和 P_2O_5(3%)的玻璃[305],将生物玻璃浸泡到含仿生液的无细胞溶液(该仿生液与人体血浆的无机成分相同),并对玻璃表面的变化进行研究[306]。

目前,在骨组织工程中,生物玻璃最有前景的应用是与成骨剂结合形成三维结构,该模型将显示生物活性行为包括骨植入后骨传导、骨产生和骨诱导。此外,移植将成骨剂提供到实际需要的地方。

生物体可以和支架结合而不影响生物体的活性。二氧化碳诱导塑化已被应用于低黏度的生物降解聚合物[如聚(D,L-丙交酯)]。在接近环境温度的条件下,生物活性物质可以和聚合物相结合(图 10-45)[43]。生物复合材料形成固定化酶(如核糖核酸),固定化酶的活性也能得到保持。聚乳酸经过超临界二氧化碳发泡,能够产生腺病毒的骨结构[307,308]。骨组织的代替物是临床和社会经济的重要需求,并且能够有效避免有机溶剂的残留,使得其具有巨大的吸引力。

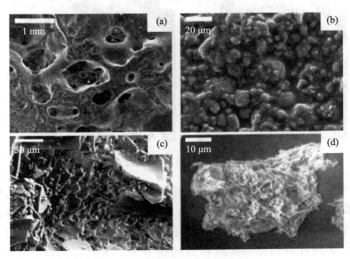

图 10-45　复合材料的 SEM 图。(a)和(b)分别为羟基磷灰石(HA)(40%)和聚乙丙交酯 (PLGA)(60%)的内部断裂面;(c)为含 H_2O_2(50%)的 PLGA(50%);(d)为 8%荧光素和 92%聚己内酯(PCL)微颗粒[43]

　　等级孔材料在生物医学和学术产业(如药物释放)方面的研究引起了广泛关注。该领域的大部分研究主要集中于等级孔结构的人工构建。该结构具有高比表面积、大孔体积以及孔径可控,利于药物分子在等级孔孔道中扩散和运输。与传统的人工模板[如聚甲基丙烯酸甲酯(PMMA)微球[309,310]和聚苯乙烯(PS)微球[311]]相比,纳米天然生物模板以其独特的低成本、可再生性、资源丰富、环境友好的特性常应用于制备等级孔材料[312,313]。

　　材料的不同形貌(如块体、纤维、薄膜、球形等)是一个关键因素。孔结构是满足药物担载和释放要求的另一个重要因素。许多反应是由吸附和脱附药物分子的孔道尺寸和长度决定的。药物体系往往通过控制分子在孔道中的传输速率,来控制整个过程。

　　空心等级多孔结构具有巨大的装载空间、大的孔体积以及优良的生物相容性,能够满足药物释放系统的结构要求。通过刻蚀去除核-壳结构的核,可以实现更大的载药量。Jiang 等[314]开发出了一种包裹多层多孔结构的中空微球,实现了两亲性药物阿奇霉素的装载(图 10-46)。分子到多层球体的中空结构的过程采取的是阿奇霉素溶液显微注射。该过程主要分为两个阶段:阿奇霉素分子形成囊泡;空心微球形成多层结构。经过这个过程后,阿奇霉素分子从内部向外扩散,并且通过空间周期性沉淀机理控制分子的释放。这种简单的无模板法制得的等级多孔中空微球,可应用于催化、生物催化以及其他领域。

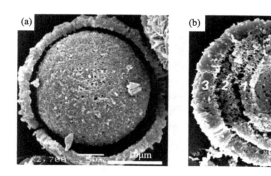

图 10-46 (a) 第二层的 SEM 图;(b) 微球横截面的 SEM 图[314]

Lin 等[315]采用桦木和 P123 为模板制备了具有桦木形态的等级孔材料。制备的药物载体保持管状截面,管结构直径为 1μm。在该系统中使用布洛芬作为传输模型分子。布洛芬分子从介孔释放入大孔,随后由内向外释放。结论显示,与纯 SBA-15 相比,等级孔材料能够持续释放药物分子。大孔孔道能作为缓释剂,减缓释放速率。布洛芬分子的释放量最终可达到 60%(图 10-47)。

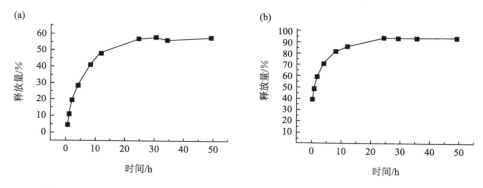

图 10-47 (a) 等级孔材料中布洛芬释放量;(b) 纯 SBA-15 中布洛芬释放量[315]

10.6 小 结

常见的制备等级孔材料的方法有:表面活性剂模板法、纳米浇铸、大孔聚合物模板法、胶体晶体模板法、仿生法、超临界流体、乳液模板法、冷冻干燥、水弥散自组装、选择性流失、相分离、沸石化、复制、溶胶-凝胶法、后处理法以及自组装法等。综合使用这些方法,我们可以非常容易地制备并调控大孔、介孔以及微孔孔道结构,实现等级孔材料的可控合成。此外,等级孔材料的宏观形态,并不仅限于粉末,也可根据实际需要,合成出块体、薄膜、膜、纤维或球形材料。

等级孔材料由于其独特的孔道结构,使得该类材料往往具有各级孔材料的优势,同时又具有单一孔材料所不具备的优势,在催化、吸附和分离、能源和生命科学等领域有着广泛的应用前景。

本章中,我们对等级孔材料的合成方法、形貌、结构与应用进行了综述。根据应用需求,我们可以通过控制孔径大小、连通性、形状等,设计特定的等级孔结构。尽管在合成方面取得了一定的进展,等级孔材料的发展仍然存在着巨大的挑战,如可控合成、产品质量、物质传输等。

参 考 文 献

[1] Su B L, Sanchez C, Yang X Y. Hierarchically Structured Porous Materials: From Nanoscience to Catalysis, Bomedicine, Optics and Energy. Germany: Wiley-VCH, 2012.

[2] Sanchez C, Arribart H, Guille M M G. Nature Mater, 2005, 4: 277-288.

[3] Nagarajan R. Langmuir, 1985, 1: 331-341.

[4] Holmberg K, JoÈnsson B, Kronberg B, et al. Surfactants and Polymers in Aqueous Solution. Chichester: John Wiley & Sons, 2003.

[5] Sel Ö, Smarsly B M. Hierarchically Structured Porous Materials by Dually Micellar Templating Approach. Weinheim: Wiley-VCH Verlag & Co. KGaA, 2012: 41-53.

[6] Attard G S, Glyde J C, Göltner C G. Nature, 1995, 378: 366-368.

[7] Attard G S, Corker J M, Göltner C G, et al. Angew Chemie, 1997, 109: 1372-1374.

[8] Göltner C G, Henke S, Weißenberger M C, et al. Angewa Chemie, 1998, 110: 633-636.

[9] Göltner C G, Henke S, Weißenberger M C. Acta Polymerica, 1998, 49: 704-709.

[10] Schüth F. Angew Chem Int Ed, 2003, 42: 3604-3622.

[11] Sel O, Kuang D, Thommes M, et al. Langmuir, 2006, 22: 2311-2322.

[12] Smarsly B, Antonietti M. Eur J Inorg Chem, 2006, 6: 1111-1119.

[13] Antonietti M, Colloid Chemistry. Berlin Heidelberg: Springer, 2003.

[14] Stein A, Li F, Denny N R. Chem Mater, 2007, 20: 649-666.

[15] Roy R. Science, 1987, 238: 1664.

[16] Sadakane M, Horiuchi T, Kato N, et al. Chem Mater, 2007, 19: 5779-5785.

[17] Meng X, Al-Salman R, Zhao J, et al. Angew Chem Int Ed, 2009, 48: 2703-2707.

[18] Holland B T, Abrams L, Stein A. J Am Chem Soc, 1999, 121: 4308-4309.

[19] Fratzl P, Weinkamer R. Prog Mater Sci, 2007, 52: 1263-1334.

[20] Davis S A, Burkett S L, Mendelson N H, et al. Nature, 1997, 385: 420-423.

[21] Meldrum F C, Seshadri R. Chem Commun, 2000: 29-30.

[22] Valtchev V, Smaihi M, Faust A C, et al. Angew Chem Int Ed, 2003, 42: 2782-2785.

[23] Li C, He J. Langmuir, 2006, 22: 2827-2831.

[24] Hall S R, Bolger H, Mann S. Chem Commun, 2003: 2784-2785.

[25] Liu Z, Fan T, Zhang D, et al. Sens Actuators B: Chem, 2009, 136: 499-509.

[26] Jia Y, Han W, Xiong G, et al. J Colloid Interface Sci, 2008, 323: 326-331.

[27] Zampieri A, Mabande G T P, Selvam T, et al. Mater Sci Eng C, 2006, 26: 130-135.

[28] Wang L Q, Shin Y, Samuels W D, et al. J Phys Chem B, 2003, 107: 13793-13802.

[29] Holmes S, Graniel-Garcia B, Foran P, et al. Chem Commun, 2006: 2662-2663.

[30] Cai X, Zhu G, Zhang W, et al. Eur J Inorg Chem, 2006, 2006: 3641-3645.

[31] Pérez-Cabero M, Puchol V, Beltrán D, et al. Carbon, 2008, 46: 297-304.

[32] Holmes S M, Markert C, Plaisted R J, et al. Chem Mater, 1999, 11: 3329-3332.

[33] Wang Y, Tang Y, Wang X, et al. Chem Lett, 2001, 30: 1118-1119.

[34] Ramírez O H, Hill P I, Doocey D J, et al. J Mater Chem, 2007, 17: 1804-1808.

[35] Vrieling E G, Beelen T P M, van Santen R A, et al. Angew Chem Int Ed, 2002, 41: 1543-1546.

[36] DeSimone J M, Guan Z, Elsbernd C S. Science, 1992, 257: 945-947.

[37] Ernesto R. J Supercrit Fluids, 1999, 15: 1-21.

[38] Ober C K, Gabor A H, Gallagher-Wetmore P, et al. Adv Mater, 1997, 9: 1039-1043.

[39] Abeln J, Kluth M, Petrich G, et al. High Press Res, 2001, 20: 537-547.

[40] Cooper A I. Adv Mater, 2003, 15: 1049-1059.

[41] Palocci C, Barbetta A, La Grotta A, et al. Langmuir, 2007, 23: 8243-8251.

[42] Butler R, Hopkinson I, Cooper A. J Am Chem Soc, 2003, 125: 14473-14481.

[43] Howdle S M, Watson M S, Whitaker M J, et al. Chem Commun, 2001: 109-110.

[44] Schattka J H, Shchukin D G, Jia J G, et al. Chem Mater, 2002, 14: 5103-5108.

[45] Breulmann M, Davis S A, Mann S, et al. Adv Mater, 2000, 12: 502-507.

[46] Shchukin D G, Yaremchenko A A, Ferreira M G S, et al. Chem Mater, 2005, 17: 5124-5129.

[47] Hou H Q, Jun Z, Reuning A, et al. Macromolecules, 2002, 35: 2429-2431.

[48] Zhang H, Cooper A I. Soft Matter, 2005, 1: 107-113.

[49] Cameron N, Sherrington D. Biopolymers Liquid Crystalline Polymers Phase Emulsion, 1996, 126: 163-214.

[50] Stubenrauch C, Tessendorf R, Strey R, et al. Langmuir, 2007, 23: 7730-7737.

[51] Imhof A, Pine D J. Adv Mater, 1998, 10: 697-700.

[52] Tan B, Cooper A I. J Am Chem Soc, 2005, 127: 8938-8939.

[53] Qian L, Zhang H. J Chem Technol Biotechnol, 2011, 86: 172-184.

[54] Ross D N. The Lancet, 1962, 280: 487.

[55] Daamen W F, van Moerkerk H T B, Hafmans T, et al. Biomaterials, 2003, 24: 4001-4009.

[56] Dagalakis N, Flink J, Stasikelis P, et al. J Biomed Mater Res, 1980, 14: 511-528.

[57] Shalaby W S W, Peck G E, Park K. J Controlled Release, 1991, 16: 355-363.

[58] Landsberg A, Campbell T T. J Metals, 1965, 17: 856-860.

[59] Gutiérrez M C, Jobbágy M, Rapún N, et al. Adv Mater, 2006, 18: 1137-1140.

[60] Zhang H, Hussain I, Brust M, et al. Nature Mater, 2005, 4: 787-793.

[61] Zhang H, Cooper A I. Adv Mater, 2007, 19: 1529-1533.

[62] Tang X, Pikal M. Pharm Res, 2004, 21: 191-200.

[63] Mukai S R, Nishihara H, Tamon H. Chem Commun, 2004: 874-875.

[64] Deville S, Saiz E, Tomsia A P. Acta Mater, 2007, 55: 1965-1974.

[65] Gutieérrez M C, Ferrer M L, Mateo C R, et al. Langmuir, 2009, 25: 5509-5515.

[66] Gutiérrez M C, Ferrer M L, Yuste L, et al. Angew Chem Int Ed, 2010, 49: 2158-2162.

[67] Perriman A W, Cölfen H, Hughes R W, et al. Angew Chem Int Ed, 2009, 48: 6242-6246.

[68] Perriman A W, Brogan A P S, Cölfen H, et al. Nature Chem, 2010, 2: 622-626.

[69] Rayleigh L. Nature, 1911, 86: 416-417.

[70] Widawski G, Rawiso M, Francois B. Nature, 1994, 369: 387-389.

[71] Srinivasarao M, Collings D, Philips A, et al. Science, 2001, 292: 79-83.

[72] Steyer A, Guenoun P, Beysens D, et al. Phys Rev B, 1990, 42: 1086.

[73] Stenzel M H, Barner-Kowollik C, Davis T P. J Polym Sci, Part A: Polym Chem, 2006, 44: 2363-2375.

[74] Bunz U H F. Adv Mater, 2006, 18: 973-989.

[75] Connal L A, Vestberg R, Hawker C J, et al. Adv Funct Mater, 2008, 18: 3706-3714.

[76] Xiong X, Zou W, Yu Z, et al. Macromolecules, 2009, 42: 9351-9356.

[77] Toberer E S, Joshi A, Seshadri R. Chem Mater, 2005, 17: 2142-2147.

[78] Masing G Z. Anorg Allg Chem, 1921, 118: 293-308.

[79] Suzuki Y, Kondo N, Ohji T. J Am Ceram Soc, 2003, 86: 1128-1131.

[80] Singh R S, Grimes C A, Dickey E C. Mater Res Innovations, 2002, 5: 178-184.

[81] Toberer E S, Seshadri R. Chem Commun, 2006: 3159-3165.

[82] Dullien F A L. Porous Media: Fluid Transport and Pore Structure. San Diego: Academic Press, 1979.

[83] Panda M, Seshadri R, Gopalakrishnan J. Chem Mater, 2003, 15: 1554-1559.

[84] Toberer E S, Schladt T D, Seshadri R. J Am Chem Soc, 2006, 128: 1462-1463.

[85] Nakanishi K, Soga N. J Am Ceram Soc, 1991, 74: 2518-2530.

[86] Nakanishi K, Nagakane T, Soga N. J Porous Mater, 1998, 5: 103-110.

[87] Nakanishi K, Kanamori K. J Mater Chem, 2005, 15: 3776-3786.

[88] Konishi J, Fujita K, Nakanishi K, et al. J Chromatogr A, 2009, 1216: 7375-7383.

[89] Murai S, Fujita K, Hirao T, et al. Opt Mater, 2007, 29: 949-954.

[90] Flory P J. Principles of Polymer Chemistry. Ithaca, New York: Cornell University Press, 1953.

[91] Hasegawa G, Kanamori K, Nakanishi K, et al. J Mater Chem, 2009, 19: 7716-7720.

[92] Tanaka N, Kobayashi H, Nakanishi K, et al. Anal Chem, 2001, 73: 420-429.

[93] Gash A E, Tillotson T M, Satcher Jr J H, et al. Chem Mater, 2001, 13: 999-1007.

[94] Tokudome Y, Miyasaka A, Nakanishi K, et al. J Sol-Gel Sci Technol, 2011, 57: 269-278.

[95] Numata M, Takahashi R, Yamada I, et al. Appl Catal A Gen, 2010, 383: 66-72.

[96] Murai S, Fujita K, Konishi J, et al. Appl Phys Lett, 2010, 97: 031118.

[97] Kanamori K, Nakanishi K. Chem Soc Rev, 2010, 40: 754-770.

[98] Xu R, Pang W, Yu J. Chemistry of Zeolites and Related Porous Materials: Synthesis and Structure. Singapore: John Wiley & Sons(Asia) Pte Ltd. , 2009.

[99] Porcher F, Dusausoy Y, Souhassou M, et al. Mineral Mag, 2000, 64: 1.

[100] Thomas J M, Millward G R. J Chem Soc Chem Commun, 1982: 1380-1383.

[101] Yonkeu A, Miehe G, Fuess H, et al. Microporous Mesoporous Mater, 2006, 96: 396-404.

[102] Wakihara T, Yamakita S, Iezumi K, et al. J Am Chem Soc, 2003, 125: 12388-12389.

[103] Bouizi Y, Diaz I, Rouleau L, et al. Adv Funct Mater, 2005, 15: 1955-1960.

[104] Tsang C H M, Tang P S E, Petty R H. US Patent No. 5888921. 1999.

[105] Tao Y, Kanoh H, Abrams L, et al. Chem Rev, 2006, 106: 896-910.

[106] van Donk S, Janssen A H, Bitter J H, et al. Catal Rev, 2003, 45: 297-319.

[107] Schmidt I, Boisen A, Gustavsson E, et al. Chem Mater, 2001, 13: 4416-4418.

[108] Sakthivel A, Huang S J, Chen W H, et al. Chem Mater, 2004, 16: 3168-3175.

[109] Zhu H, Liu Z, Wang Y, et al. Chem Mater, 2007, 20: 1134-1139.

[110] Wang L, Zhang Z, Yin C, et al. Microporous Mesoporous Mater, 2010, 131: 58-67.

[111] Wang H, Pinnavaia T J. Angew Chem Int Ed, 2006, 45: 7603-7606.

[112] Choi M, Cho H S, Srivastava R, et al. Nature Mater, 2006, 5: 718-723.

[113] Yang W, Wang X, Tang Y, et al. J Macromol Sci B, 2002, 39: 509-526.

[114] van der Puil N, Dautzenberg F, van Bekkum H, et al. Microporous Mesoporous Mater, 1999, 27: 95-106.

[115] Komarneni S, Katsuki H, Furuta S. J Mater Chem, 1998, 8: 2327-2329.

[116] Dong W Y, Sun Y J, He H Y, et al. Microporous Mesoporous Mater, 1999, 32: 93-100.

[117] Tang T, Yin C, Wang L, et al. J Catal, 2007, 249: 111-115.

[118] Lee J, Kim J, Hyeon T. Chem Commun, 2003: 1138-1139.

[119] Lu A H, Smatt J H, Backlund S, et al. Microporous Mesoporous Mater, 2004, 72: 59-65.

[120] Smått J H, Schunk S, Lindén M. Chem Mater, 2003, 15: 2354-2361.

[121] Yang C M, Smått J H, Zibrowius B, et al. New J Chem, 2004, 28: 1520-1525.

[122] Taguchi A, Smått J H, Lindén M. Adv Mater, 2003, 15: 1209-1211.

[123] Chai G S, Shin I S, Yu J S. Adv Mater, 2004, 16: 2057-2061.

[124] Kim M, Sohn K, Na H B, et al. Nano Lett, 2002, 2: 1383-1387.

[125] Yoon S B, Sohn K, Kim J Y, et al. Adv Mater, 2002, 14: 19.

[126] Zhang X, Tu K N, Xie Y H, et al. Adv Mater, 2006, 18: 1905-1909.

[127] Che G, Lakshmi B B, Fisher E R, et al. Nature, 1998, 393: 346-349.

[128] Chen X, Steinhart M, Hess C, et al. Adv Mater, 2006, 18: 2153-2156.

[129] Smatt J H, Weidenthaler C, Rosenholm J B, et al. Chem Mater, 2006, 18: 1443-1450.

[130] Sanchez C, Boissière C, Grosso D, et al. Chem Mater, 2008, 20: 682-737.

[131] Fousseret B, Mougenot M, Rossignol F, et al. Chem Mater, 2010, 22: 3875-3883.

[132] Jeon J, Panchagnula V, Pan J, et al. Langmuir, 2006, 22: 4629-4637.

[133] Sanchez C, Soler-Illia G J A A, Ribot F, et al. Comptes Rendus Chimie, 2003, 6: 1131-1151.

[134] Blin J L, Leonard A, Yuan Z Y, et al. Angew Chem Int Ed, 2003, 42: 2872-2875.

[135] Su B L, Vantomme A, Surahy L, et al. Chem Mater, 2007, 19: 3325-3333.

[136] Ren T Z, Yuan Z Y, Su B L. Chem Phys Lett, 2004, 388: 46-49.

[137] Yuan Z Y, Ren T Z, Su B L. Adv Mater, 2003, 15: 1462-1465.

[138] Yang X Y, Li Y, van Tendeloo G, et al. Adv Mater, 2009, 21: 1368-1372.

[139] Deng W, Toepke M W, Shanks B H. Adv Funct Mater, 2003, 13: 61-65.

[140] Yuan Z Y, Vantomme A, Léonard A, et al. Chem Commun, 2003: 1558-1559.

[141] Collins A, Carriazo D, Davis S A, et al. Chem Commun, 2004: 568-569.

[142] Ren T Z, Yuan Z Y, Su B L. Langmuir, 2004, 20: 1531-1534.

[143] Vantomme A, Yuan Z Y, Su B L. New J Chem, 2004, 28: 1083-1085.

[144] Ren T Z, Yuan Z Y, Su B L. Colloids Surf A Physicochem Eng Asp, 2004, 241: 67-73.

[145] Deng W, Shanks B H. Chem Mater, 2005, 17: 3092-3100.

[146] Leonard A, Blin J L, Su B L. Chem Commun, 2003: 2568-2569.

[147] Leonard A, Su B L. Chem Commun, 2004: 1674-1675.

[148] Ren T Z, Yuan Z Y, Su B L. Chem Commun, 2004: 2730-2731.

[149] Yuan Z Y, Ren T Z, Vantomme A, et al. Chem Mater, 2004, 16: 5096-5106.

[150] Yuan Z Y, Ren T Z, Azioune A, et al. Catal Today, 2005, 105: 647-654.

[151] Yuan Z Y, Su B L. J Mater Chem, 2006, 16: 663-677.

[152] Ren T Z, Yuan Z Y, Azioune A, et al. Langmuir, 2006, 22: 3886-3894.

[153] Vantomme A, Léonard A, Yuan Z Y, et al. Colloids Surf A Physicochem Eng Asp, 2007, 300: 70-78.

[154] Ota S, Miyazaki S, Matsuoka H, et al. J Biochem Bioph Methods, 2007, 70: 57-62.

[155] Ren T Z, Yuan Z Y, Su B L. Chem Commun, 2004: 2730-2731.

[156] Yu J, Su Y, Cheng B. Adv Funct Mater, 2007, 17: 1984-1990.

[157] Li Y, Yang X Y, Tian G, et al. Chem Mater, 2010, 22: 3251-3258.

[158] Vantomme A, Su B L. Stud Surf Sci Catal, 2007, 165: 235-238.

[159] Sen T, Tiddy G J T, Casci J L, et al. Angew Chem Int Ed, 2003, 42: 4649-4653.

[160] Yan H, Blanford C F, Holl B T, et al. Chem Mater, 2000, 12: 1134-1141.

[161] Dapsens P Y, Hakim S H, Su B L, et al. Chem Commun, 2010, 46: 8980-8982.

[162] Chen H, Gu J, Shi J, et al. Adv Mater, 2005, 17: 2010-2014.

[163] Hakim S H, Shanks B H. Chem Mater, 2009, 21: 2027-2038.

[164] Hainey P, Huxham I, Rowatt B, et al. Macromolecules, 1991, 24: 117-121.

[165] Barbetta A, Cameron N R, Cooper S J. Chem Commun, 2000: 221-222.

[166] Zhang H, Cooper A. Chem Mater, 2002, 14: 4017-4020.

[167] Meyer U, Larsson A, Hentze H P, et al. Adv Mater, 2002, 14: 1768-1772.

[168] Zhang H, Edgar D, Murray P, et al. Adv Funct Mater, 2008, 18: 222-228.

[169] Min E H, Wong K H, Stenzel M H. Adv Mater, 2008, 20: 3550-3556.

[170] Lin H P, Cheng Y R, Mou C Y. Chem Mater, 1998, 10: 3772-3776.

[171] Feng Z, Li Y, Niu D, et al. Chem Commun, 2008: 2629-2631.

[172] Yang X Y, Tian G, Jiang N, et al. Energy Environ Sci, 2012, 5: 5540-5563.

[173] Deng Y, Qi D, Deng C, et al. J Am Chem Soc, 2008, 130: 28-29.

[174] Chen Y, Chen H, Ma M, et al. J Mater Chem, 2011, 21: 5290-5298.

[175] Yang P, Wirnsberger G, Huang H C, et al. Science, 2000, 287: 465-467.

[176] Mann S. Biomineralization: Principles and Concepts in Bioinorganic Materials Chemistry. Oxford: Oxford University Press, 2001.

[177] McCann J T, Marquez M, Xia Y. J Am Chem Soc, 2006, 128: 1436-1437.

[178] Krause B, Kloth M, van der Vegt N, et al. Ind Eng Chem Res, 2002, 41: 1195-1204.

[179] Bognitzki M, Czado W, Frese T, et al. Adv Mater, 2001, 13: 70-72.

[180] Caruso R A, Schattka J H, Greiner A. Adv Mater, 2001, 13: 1577-1579.

[181] Ochanda F, Jones W E. Langmuir, 2005, 21: 10791-10796.

[182] Huang L, Wang H, Hayashi C Y, et al. J Mater Chem, 2003, 13: 666-668.

[183] Guliants V, Carreon M, Lin Y. J Membr Sci, 2004, 235: 53-72.

[184] Nagayama H, Honda H, Kawahara H. J Electrochem Soc, 1988, 135: 2013-2016.

[185] Shimizu K, Imai H, Hirashima H, et al. Thin Solid Films, 1999, 351: 220-224.

[186] Kuemmel M, Smått J H, Boissière C, et al. J Mater Chem, 2009, 19: 3638-3642.

［187］Yang D, Qi L, Ma J. Adv Mater, 2002, 14: 1543-1546.

［188］Imai H, Matsuta M, Shimizu K, et al. J Mater Chem, 2000, 10: 2005-2006.

［189］Zhang K, Zhang L, Chen Y. Macromol Rapid Commun, 2007, 28: 2024-2028.

［190］Vallé K, Belleville P, Pereira F, et al. Nature Mater, 2006, 5: 107-111.

［191］Matsuyama H, Yano H, Maki T, et al. J Membr Sci, 2001, 194: 157-163.

［192］Iskandar F, Abdullah M, Yoden H, et al. J Appl Phys, 2003, 93: 9237-9242.

［193］Kim J W, Tazumi K, Okaji R, et al. Chem Mater, 2009, 21: 3476-3478.

［194］Sachse A, Galarneau A, Di Renzo F, et al. Chem Mater, 2010, 22: 4123-4125.

［195］Ren J, Du Z J, Zhang C, et al. Chin J Chem, 2006, 24: 955-960.

［196］Maekawa H, Esquena J, Bishop S, et al. Adv Mater, 2003, 15: 591-596.

［197］Bognitzki M, Hou H, Ishaque M, et al. Adv Mater, 2000, 12: 637-640.

［198］Yui T, Imada K, Okuyama K, et al. Macromolecules, 1994, 27: 7601-7605.

［199］Iwasaki M, Davis S, Mann S. J Sol-Gel Sci Technol, 2004, 1: 99-105.

［200］Cameron N R. Polymer, 2005, 46: 1439-1449.

［201］Yang P, Zhao D, Chmelka B F, et al. Chem Mater, 1998, 10: 2033-2036.

［202］Krajnc P, Štefanec D, Pulko I. Macromo Rapid Commun, 2005, 26: 1289-1293.

［203］Goossens A M, Wouters B H, Buschmann V, et al. Adv Mater, 1999, 11: 561-564.

［204］Lillerud K P, Raeder J H. Zeolites, 1986, 6: 474-483.

［205］Bouizi Y, Rouleau L, Valtchev V P. Microporous Mesoporous Mater, 2006, 91: 70-77.

［206］Bouizi Y, Rouleau L, Valtchev V P. Chem Mater, 2006, 18: 4959-4966.

［207］Jacobsen C J H, Madsen C, Houzvicka J, et al. J Am Chem Soc, 2000, 122: 7116-7117.

［208］Xiao F S, Wang L, Yin C, et al. Angew Chemie, 2006, 118: 3162-3165.

［209］Na K, Jo C, Kim J, et al. Science, 2011, 333: 328-332.

［210］Wang X, Yang W, Tang Y, et al. Chem Commun, 2000: 2161-2162.

［211］Valtchev V. Chem Mater, 2002, 14: 4371-4377.

［212］Chu N, Wang J, Zhang Y, et al. Chem Mater, 2010, 22: 2757-2763.

［213］Dong A, Wang Y, Tang Y, et al. Chem Mater, 2002, 14: 3217-3219.

［214］Wang D, Zhang Y, Dong A, et al. Adv Funct Mater, 2003, 13: 563-567.

［215］Song W, Kanthasamy R, Grassian V, et al. Chem Commun, 2004: 1920-1921.

［216］Ke C, Yang W, Ni Z, et al. Chem Commun, 2001: 783-784.

［217］Mei C, Liu Z, Wen P, et al. J Mater Chem, 2008, 18: 3496-3500.

［218］Wang Y, Tuel A. Microporous Mesoporous Mater, 2008, 113: 286-295.

［219］Wang Y, Caruso F. Adv Funct Mater, 2004, 14: 1012-1018.

［220］Valtchev V P, Smaihi M, Faust A C, et al. Chem Mater, 2004, 16: 1350-1355.

［221］Lee Y J, Lee J S, Park Y S, et al. Adv Mater, 2001, 13: 1259-1263.

［222］Wang Z, Al-Daous M A, Kiesel E R, et al. Microporous Mesoporous Mater, 2009, 120: 351-358.

［223］Wang Y, Tang Y, Dong A, et al. J Mater Chem, 2002, 12: 1812-1818.

［224］Chen L H, Li X Y, Tian G, et al. Angew Chem Int Ed, 2011, 50: 11156-11161.

［225］Yang X Y, Tian G, Chen L H, et al. Chem Eur J, 2011, 17: 14987-14995.

［226］Chen L H, Li X Y, Tian G, et al. Chem Sus Chem, 2011, 4: 1452-1456.

［227］Groenewolt M, Antonietti M, Polarz S. Langmuir, 2004, 20: 7811-7819.

[228] Sun J H, Shan Z, Maschmeyer T, et al. Langmuir, 2003, 19: 8395-8402.

[229] Bagshaw S A. J Mater Chem, 2001, 11: 831-840.

[230] Holl B T, Blanford C F, Do T, et al. Chem Mater, 1999, 11: 795-805.

[231] Wang J, Ahl S, Li Q, et al. J Mater Chem, 2008, 18: 981-988.

[232] Chai G S, Shin I, Yu J S. Adv Mater, 2004, 16: 2057-2061.

[233] Egeblad K, Christensen C H, Kustova M, et al. Chem Mater, 2008, 20: 946-960.

[234] Kresge C T, Leonowicz M E, Roth W J, et al. Nature, 1992, 359: 710-712.

[235] Aizenberg J, Weaver J C, Thanawala M S, et al. Science, 2005, 309: 275.

[236] Fahlén J, Salmén L. Biomacromolecules, 2005, 6: 433-438.

[237] Zheng Z, Gao K, Luo Y, et al. J Am Chem Soc, 2008, 130: 9785-9789.

[238] Kim J W, Tazumi K, Okaji R, et al. Chem Mater, 2009, 21: 3476-3478.

[239] Panda M, Rajamathi M, Seshadri R. Chem Mater, 2002, 14: 4762-4767.

[240] Toberer E S, Weaver J C, Ramesha K, et al. Chem Mater, 2004, 16: 2194-2200.

[241] Toberer E S, Epping J D, Chmelka B F, et al. Chem Mater, 2006, 18: 6345-6351.

[242] Ogura M. Catal Surv Asia, 2008, 12: 16-27.

[243] Dessau R, Valyocsik E, Goeke N. Zeolites, 1992, 12: 776-779.

[244] Ogura M, Shinomiya S, Tateno J, et al. Appl Cata A Gen, 2001, 219: 33-43.

[245] Yang X Y, Li Z Q, Liu B, et al. Adv Mater, 2006, 18: 410-414.

[246] Schmidt I, Krogh A, Wienberg K, et al. Chem Commun, 2000: 2157-2158.

[247] Serrano D, Sanz R, Pizarro P, et al. Chem Commun, 2009: 1407-1409.

[248] Yokoi T, Karouji T, Ohta S, et al. Chem Mater, 2010, 22: 3900-3908.

[249] Kamegawa T, Suzuki N, Che M, et al. Langmuir, 2011, 27: 2873-2879.

[250] Zeng T Y, Zhou Z M, Zhu J, et al. Catal Today, 2009, 147: S41-S45.

[251] Lee J J, Han S, Kim H, et al. Catal Today, 2003, 86: 141-149.

[252] Song C, Du J, Zhao J, et al. Chem Mater, 2009, 21: 1524-1530.

[253] Ma T Y, Yuan Z Y. ChemSusChem, 2011, 4: 1407-1419.

[254] Dai S, Burleigh M C, Shin Y, et al. Angew Chem Int Ed, 1999, 38: 1235-1239.

[255] Liu A, Hidajat K, Kawi S, et al. Chem Commun, 2000: 1145-1146.

[256] Schroden R C, Al-Daous M, Sokolov S, et al. J Mater Chem, 2002, 12: 3261.

[257] Zhang X J, Ma T Y, Yuan Z Y. Eur J Inorg Chem, 2008, 2008: 2721-2726.

[258] Zhang X J, Ma T Y, Yuan Z Y. Chem Lett, 2008, 37: 746-747.

[259] Ma T Y, Zhang X J, Yuan Z Y. Microporous Mesoporous Mater, 2009, 123: 234-242.

[260] Ma T Y, Zhang X J, Yuan Z Y. J Phys Chem C, 2009, 113: 12854-12862.

[261] Zhong L S, Hu J S, Cao A M, et al. Chem Mater, 2007, 19: 1648-1655.

[262] Xiao H, Ai Z, Zhang L. J Phys Chem C, 2009, 113: 16625-16630.

[263] Drisko G L, Luca V, Sizgek E, et al. Langmuir, 2009, 25: 5286-5293.

[264] Nakanishi K. J Porous Mater, 1997, 4: 67-112.

[265] Nakanishi K, Amatani T, Yano S, et al. Chem Mater, 2007, 20: 1108-1115.

[266] Ippommatsu M, Kurusu C, Miyamoto R, et al. Adsorption column for purifying body fluid. WIPO Patent No. 2009034949. 20. 2009-03.

[267] Shao G S, Liu L, Ma T Y, et al. Chem Eng J, 2011, 174: 452-460.

[268] Vinu A, Miyahara M, Sivamurugan V, et al. J Mater Chem, 2005, 15: 5122-5127.

[269] Vinu A, Miyahara M, Ariga K. J Phys Chem B, 2005, 109: 6436-6441.

[270] Bernal C, Sierra L, Mesa M. ChemCatChem, 2011, 3: 1948-1954.

[271] Wang H, Wang Y, Zhou X, et al. Adv Funct Mater, 2007, 17: 613-617.

[272] Ma T Y, Lin X Z, Zhang X J, et al. New J Chem, 2010, 34: 1209-1216.

[273] Ma T Y, Yuan Z Y. Eur J Inorg Chem, 2010, 2010: 2941-2948.

[274] Ma T Y, Lin X Z, Zhang X J, et al. Nanoscale, 2011, 3: 1690-1696.

[275] Fang B, Kim M, Kim J H, et al. Langmuir, 2008, 24: 12068-12072.

[276] Meunier C F, Cutsem P V, Kwon Y U, et al. J Mater Chem, 2009, 19: 4131-4137.

[277] Meunier C F, Rooke J C, Leonard A, et al. J Mater Chem, 2010, 20: 929-936.

[278] Leonard A, Rooke J C, Meunier C F, et al. Energy Environ Sci, 2010, 3: 370-377.

[279] Meunier C F, Rooke J C, Leonard A, et al. Chem Commun, 2010, 46: 3843-3859.

[280] Rooke J C, Léonard A, Meunier C F, et al. J Colloid Interface Sci, 2010, 344: 348-352.

[281] Meunier C F, Rooke J C, Hajdu K, et al. Langmuir, 2010, 26: 6568-6575.

[282] Meunier C F, Dandoy P, Su B L. J Colloid Interface Sci, 2010, 342: 211-224.

[283] Meunier C F, van Cutsem P, Kwon Y U, et al. J Mater Chem, 2009, 19: 1535-1542.

[284] Rooke J C, Meunier C, Léonard A, et al. Pure Appl Chem, 2008, 80: 2345-2376.

[285] Rooke J C, Leonard A, Sarmento H, et al. J Mater Chem, 2008, 18: 2833-2841.

[286] Rooke J C, Leonard A, Su B L. J Mater Chem, 2008, 18: 1333-1341.

[287] Xiong J, Das S N, Shin B, et al. J Colloid Interface Sci, 2010, 350: 344-347.

[288] Leonard A, Dandoy P, Danloy E, et al. Chem Soc Rev, 2011, 40: 860-885.

[289] Rooke J C, Leonard A, Sarmento H, et al. J Mater Chem, 2011, 21: 951-959.

[290] Rooke J C, Vandoorne B, Léonard A, et al. J Colloid Interface Sci, 2011, 356: 159-164.

[291] Rooke J C, Léonard A, Meunier C F, et al. ChemSusChem, 2011, 4: 1249-1257.

[292] Zhou H, Li X, Fan T, et al. Adv Mater, 2010, 22: 951-956.

[293] Zhu S, Zhang D, Chen Z, et al. J Nanopart Res, 2010, 12: 2445-2456.

[294] Zhang W, Zhang D, Fan T, et al. Chem Mater, 2008, 21: 33-40.

[295] Cheng H M, Hsieh W F. Energy Environ Sci, 2010, 3: 442-447.

[296] Chai G S, Yoon S B, Yu J S, et al. J Phys Chem B, 2004, 108: 7074-7079.

[297] Zhou H, Zhu S, Hibino M, et al. Adv Mater, 2003, 15: 2107-2111.

[298] Lee K T, Lytle J C, Ergang N S, et al. Adv Funct Mater, 2005, 15: 547-556.

[299] Wang Z, Li F, Ergang N S, et al. Chem Mater, 2006, 18: 5543-5553.

[300] Hu Y S, Adelhelm P, Smarsly B M, et al. Adv Funct Mater, 2007, 17: 1873-1878.

[301] Fieeke M A, Lai C Z, Bühlmann P, et al. Anal Chem, 2010, 82: 680-688.

[302] Hao G P, Li W C, Wang S, et al. Carbon, 2011, 49: 3762-3772.

[303] Langer R, Vacanti J. Science, 1993, 260: 920-926.

[304] Hench L L, Splinter R J, Allen W, et al. J Biomed Mater Res, 1971, 5: 117-141.

[305] Vallet-Regí M, Izquierdo-Barba I, Salinas A. J Biomed Mater Res, 1999, 46: 560-565.

[306] Kokubo T, Takadama H. Biomaterials, 2006, 27: 2907-2915.

[307] Yang X B, Roach H I, Clarke N M P, et al. Bone, 2001, 29: 523-531.

[308] Yang X, Tare R S, Partridge K A, et al. J Bone Miner Res, 2003, 18: 47-57.

[309] Wang Z, Kiesel E R, Stein A. J Mater Chem, 2008, 18: 2194-2200.

[310] Li F, Wang Z, Ergang N S, et al. Langmuir, 2007, 23: 3996-4004.

[311] Grosso D, de AA Soler-Illia G, Crepaldi E L, et al. Adv Funct Mater, 2003, 13: 37-42.

[312] Dong A, Wang Y, Tang Y, et al. Adv Mater, 2002, 14: 926-929.

[313] Shin Y, Li X S, Wang C, et al. Adv Mater, 2004, 16: 1212-1215.

[314] Zhao H, Chen J F, Zhao Y, et al. Adv Mater, 2008, 20: 3682-3686.

[315] Lin H, Qu F, Huang S, et al. Stud Surf Sci Catal, 2007, 165: 151-155.

第 11 章　金属有机与有机骨架多孔材料

本章主要介绍金属有机与有机骨架多孔材料,包括结构设计、材料合成、材料表征、性能测试及应用等。在主客体功能材料中,孔结构是最重要的一种中心结构单元。无论是天然孔材料还是人工合成的孔材料,多孔性在多种功能体系中扮演了重要的角色。一般来讲,孔结构为客体提供了一种固有的可进出的空间,各种化学反应、物理吸附均可在具有特定性质的限域空间内发生,因此,多孔材料通常被称为开放骨架多孔材料。近年来,最成功的多孔材料是天然或人工合成的分子筛。对其研究不仅在基础研究领域推动了合成化学、材料化学、物理化学及主客体化学等相关学科的发展,也在现代化学工业中占据重要地位。正是由于在分子筛材料方面取得的巨大成功,化学家开始挑战用有机骨架代替无机骨架,以期得到新一代具有新颖孔结构的材料。近十几年,一些具有新颖结构的新材料被成功合成,其特有的性质也被揭示出来,结构与性能之间的关系也逐渐清晰。

11.1　金属有机骨架多孔材料的发展

金属有机骨架(metal-organic frameworks, MOFs)多孔材料通常是指小分子有机配体与金属离子或金属簇,通过自组装过程形成的具有周期性网络结构的晶体材料[1]。此类材料既不同于一般的有机聚合物,也不同于 Si-O 类无机聚合物,它不仅具有与沸石分子筛相似的晶体结构,而且通过拓扑结构的定向设计和有机官能团的拓展可以获得不同尺寸的孔道和孔穴,同时具有独特的光、电、磁等性质[2-4]。作为一类新型分子功能材料,它跨越了无机化学、配位化学、有机化学、物理化学、超分子化学、材料化学、生物化学、晶体工程学和拓扑学等多个学科领域。

金属有机骨架多孔材料具有极大的比表面积、有序的孔道结构、明确的分子吸附位点和孔径可调等特点。许多金属有机骨架多孔材料具有大于 $1000m^2/g$ 的比表面积,某些材料已超过 $5000m^2/g$,如 MIL-101 和 UMCM-1 等[5,6],其中 NU-100 和 MOF-210 甚至超过 $6000m^2/g$[7,8]。这些特性连同其有机、无机组分及结构的多变性与可调性,使其具有广泛的应用价值。例如,在清洁能源方面,可以有效地作为氢气、甲烷等气体的存储介质;在环境保护方面,可以存储和捕获二氧化碳;在分离纯化方面,可以根据其孔道特点,满足多种多样的分离需求等。另外,其在膜、薄膜设备等方面的应用越来越具重要性。

关于金属有机骨架多孔材料的发展历史,可追溯到 18 世纪初的普鲁士蓝配位化合物。普鲁士蓝是染料作坊中被意外发现的铁配合物,是公认的第一个有记载的人工合成配位化合物。当时对其结构并不十分清楚,直到 1972 年,它的结构才被 Lude 研究组确定下来[9,10]。受普鲁士蓝结构的启发,研究工作者以 $[Cd(CN)_4]^{2-}$ 和 $[Zn(CN)_4]^{2-}$ 等金属氰基阴离子为结构单元,陆续合成出一系列具有一维、二维或三维网络结构的金属有机骨架多孔材料[11]。事实上,自 1978 年,报道的三维金属有机骨架多孔材料的数量每 3.9 年增加一倍,所有金属有机骨架多孔材料(包含一维、二维和三维材料)的数量每 5.7 年增加一倍,而剑桥结构数据库(CSD)的增长速度是每 9.3 年增长一倍[12]。此超乎想象的增长说明了该类材料在科学研究和技术中的重要性。下面介绍几例具有代表性的工作。

1999 年,中国香港科技大学 Williams 研究组在 *Science* 杂志上报道了由铜离子和均苯三甲酸构筑的三维金属有机骨架多孔材料 $[Cu_3(TMA)_2(H_2O)_3]_n$ (HKUST-1)。此结构包含轮桨式(paddle-wheel)次级结构单元 $[Cu_2(O_2CR)_4]$,这些次级结构单元相互交错连接形成三维网络结构,具有孔径约为 9Å×9Å 的正方形孔道(图 11-1)。孔道中的客体分子可以除去,并可被其他客体分子如吡啶等所置换。氮气吸附结果显示,BET 比表面积为 692.2m²/g。此结构可稳定至 240℃[13]。

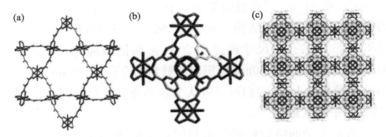

图 11-1　(a) 沿[111]方向,具有 18Å 六边形窗口的 $[Cu_3(TMA)_2(H_2O)_3]_n$ 结构图;(b) 沿[100] 方向,$[Cu_2(O_2CR)_4]$ 结构单元互相连接;(c) 沿[100]方向,$[Cu_3(TMA)_2(H_2O)_3]_n$ 的结构图

在该领域,美国的 O. M. Yaghi 研究组是最主要的研究者之一。他们合成的 MOFs 系列配位聚合物几乎记录了整个晶态孔材料发展的历史。1999 年, O. M. Yaghi 研究组以对苯二甲酸(1,4-BDC)为配体,合成出了孔径为 12.94Å 的 MOF-5 $[ZnO_4(BDC)_3 \cdot (DMF)_8 \cdot (C_6H_5Cl)$,图 11-2],实现了晶态微孔材料向晶态介孔材料的重要进展。MOF-5 可以吸附氮气、氩气和多种有机分子,吸附曲线与绝大多数微孔分子筛相似,属于 I 型吸附等温线,吸附过程可逆,并且脱附过程没有滞后现象。MOF-5 的骨架空旷程度为 55% ~ 61%,比表面积高达 2900m²/g[14]。

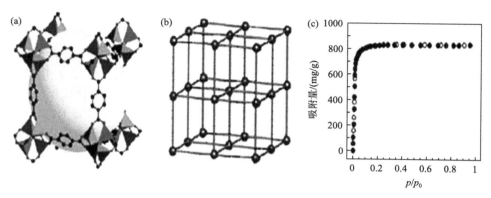

图 11-2　(a) MOF-5 的结构是由对苯二甲酸将 ZnO₄ 四面体连接起来形成的孔径为 12.94Å 的拓展了的三维立方结构；(b) 简单立方网络拓扑结构的球棒模型；(c) MOF-5 在 78K 条件下的氮气吸附等温线，p/p_0 是吸附平衡时的压力(p)与被吸附物质的饱和蒸气压(p_0)的比值，
$$p_0 = 746 \text{Torr}$$

2002 年，O. M. Yaghi 研究组以具有 CaB₆ 拓扑的 MOF-5 为基础，通过对有机官能团对苯二甲酸(1,4-BDC)进行修饰和拓展，成功地构筑了孔径跨度为 3.8～28.8Å 的 IRMOF(isoreticular metal-organic framework)系列类分子筛材料(图 11-3)。IRMOF 系列金属有机骨架多孔材料具有良好的稳定性，在去除客体分子后，仍能保持原来的晶体结构。其中，IRMOF-8、IRMOF-10、IRMOF-12、IRMOF-14、IRMOF-16 的孔径尺寸超过了 20Å，按照国际纯粹与应用化学联合会(IUPAC)的定义，孔径在 2～50nm 范围内的材料为介孔材料(mesoporous materials)，因此，从孔径尺寸上讲，它们可以被认为是晶态介孔材料，并且其在当时所有已报道晶体材料中密度最低[15]。

2002 年，南京大学的游效曾研究组利用 Co(Ⅱ)和咪唑合成了罕见的三维孔道类分子筛结构[Co₅(im)₁₀ · 2MB]。该化合物由两种亚单元链 A 和 B 构成，其中链 A 由 5 元环和 6 元环构成，而链 B 由 5 元环、6 元环和 7 元环构成。链 A 和 B 顺沿 b 轴方向，再以 AA'BB' 排列方式通过共用邻边沿 a 轴延伸扩展成石棉瓦状的二维结构。此二维结构再通过中心对称翻转，共用"瓦峰"上的 Co 离子，形成了三维骨架结构，同时产生了沿[010]方向排列相互平行的 4 元方环和 8 元椭形环以及沿[110]方向的 8 元环(图 11-4)。通过文献检索证明，该化合物的拓扑结构在当时已发现的 145 种分子筛中不存在[6]。

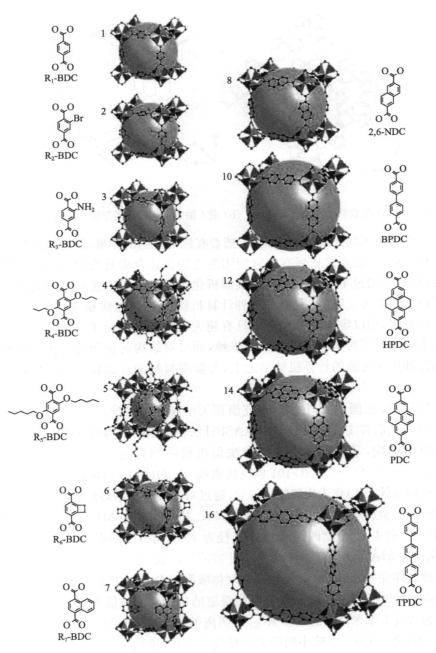

图 11-3　孔径跨度为 3.8~28.8Å 的 IRMOF 系列材料(IRMOF-n,n=1~8,10,12,14,16)的 X 射线单晶结构。它们均以简单立方结构(primitive cubic structure)为结构原型,孔穴中的球体代表在不接触孔壁的情况下孔穴内容纳的最大范德华球

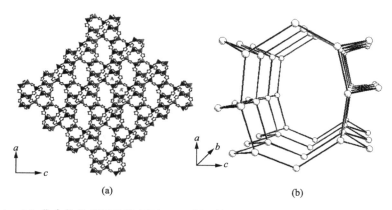

图 11-4 (a) 化合物的多面体堆积图；(b) 沿 b 轴俯视的球棒模型图(球=钴,棒=咪唑)

有机官能团的拓展并非无止境,随着有机官能团的拓展,结构之间的贯穿不可避免。而且,在通过拓展有机官能团的方法设计合成具有超大孔道或孔穴结构的过程中,通过单晶 X 射线衍射仪解析化合物结构的方法对于庞大的单胞体积显得无能为力。随后,发展了一种计算机模拟与 X 射线粉末衍射(XRPD)相结合的方法,用以定向设计和合成具有超大孔特征的类分子筛材料[16-24]。这种方法不仅克服了对单晶结构解析的依赖,而且对结构的预测更是建立在充分考虑到各种连接可能的计算机辅助之上,为新型材料的合成和结构解析翻开了崭新的一页。

2005 年,法国的 G. Férey 研究组用 $Cr(NO_3)_2$ 和对苯二甲酸反应合成出 MIL-101,然后将实验 XRPD 与用 AASBU 法模拟出的结构的 XRPD 进行对比找出对应的结构,最后通过粉末精修法得出最终结构为 $Cr_3 F(H_2O)_2 O[C_6 H_4 (CO_2)_2]_3 \cdot nH_2O$[25]。MIL-101 以三核铬簇 $[Cr_3O(CO_2)_6]$ 和对苯二甲酸连接形成的超四面体(ST)作为次级结构单元,通过对苯二甲酸最终形成具有 MTN 拓扑结构的三维金属有机配位聚合物(图 11-5)。超四面体将 MIL-101 分为两种介孔笼,其中一种由 20 个超四面体组成,孔径为 29Å,而另一种则由 28 个超四面体组成,孔径为 34Å。该化合物可以稳定到 275℃,而且在客体分子完全除去后,仍能够保持晶体完好。MIL-101 有较高的气体吸附能力,其孔体积为 $2.01cm^3/g$,比表面积高达 $(5900\pm300)m^2/g$,在目前所报道的化合物中为最大值。此外,MIL-101 还能包含具有纳米尺寸的杂多 Keggin 阴离子(5.3 个/单元)。

2006 年,中山大学陈小明研究组使用 Zn(Ⅱ)和咪唑的衍生物合成了 3 个具有类分子筛拓扑的金属有机配位聚合物:$Zn(mim)_2 \cdot 2H_2O$(1),$Zn(eim)_2 \cdot H_2O$(2)和 $Zn(eim/mim)_2 \cdot 1.25H_2O$(3)。与传统的模板法不同,这些化合物以配体

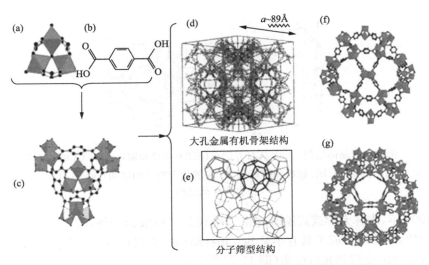

图 11-5 （a）三核铬簇$[Cr_3O(CO_2)_6]$；（b）对苯二甲酸；（c）由 4 个（a）占据顶点，6 个（b）占据六条边形成的超四面体；（d）MIL-101 三维结构球棍示意图，ST 以多面体标出；（e）MTN 分子筛型拓扑结构示意图；（f）由 20 个 ST 组成的介孔笼；（g）由 29 个 ST 组成的介孔笼

本身作为导向剂,合成具有类分子筛拓扑的配位聚合物（图 11-6）。X 射线单晶分析显示,这些化合物均具有很高的对称性。化合物 **1** 是具有方钠石（SOD）拓扑和窗口为 3.3Å 的三维结构；化合物 **2** 为具有方沸石（ANA）拓扑和窗口为 2.2Å 的三维结构；化合物 **3** 是具有$[4^3 6]$拓扑的三维结构。同时,这些化合物也具有高的热稳定性（400℃）[26]。

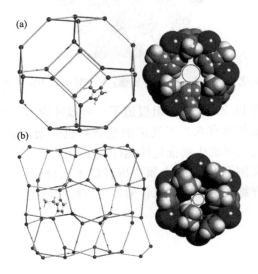

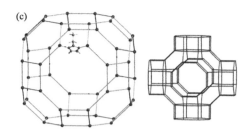

图 11-6　化合物的晶体结构。(a) 具有方钠石(SOD)拓扑和窗口为 3.3Å 的化合物 **1** 的结构;(b) 具有方沸石(ANA)拓扑和窗口为 2.2Å 的化合物 **2** 的结构;(c) 具有[4³6]拓扑的化合物 **3** 的结构

　　2006 年,吉林大学裘式纶研究组采用联苯二羧酸为配体,通过与十一核镉金属簇配位,成功地合成了具有罕见 bcu 拓扑结构的金属有机骨架多孔材料,该化合物具有良好的吸附和光电性质(图 11-7)[27]。

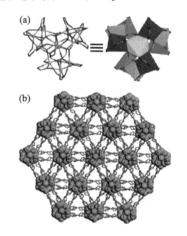

图 11-7　(a) 化合物的十一核镉金属簇;(b) 沿[001]方向形成的三维结构

　　2012 年,美国的 H. Zhou 研究组报道了一种以卟啉基四酸为配体,通过与六核锆金属簇连接而成的具有六边形孔道的金属有机骨架多孔材料 PCN222,该材料具有超高稳定性与优异的生物催化性能(图 11-8)[28]。

　　通过以上几个实例可以看出,金属有机骨架多孔材料具有结构多样性及多功能性。以下章节将详细讨论金属有机骨架多孔材料的结构设计、合成方法、性能测试及应用等。

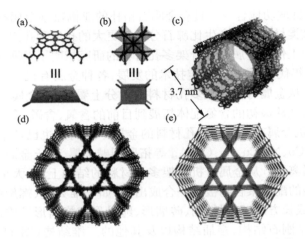

图 11-8　化合物 PCN222 的晶体结构。(a) Fe-TCPP 卟啉基四酸有机配体;(b) 八连接的六核
锆金属簇;(c)一维的直孔道;(d),(e) 构成的三维类 Kagome 拓扑结构

11.2　金属有机骨架多孔材料的结构

为什么关注金属有机骨架多孔材料的拓扑和相关的结构信息呢? 对于金属有机骨架多孔材料,首先需获知化合物中原子间的排列组合。因此,有必要了解原子在排列组合中的关键法则,而此法则于最近几年才系统建立。拓扑分析是指在不丢掉任何化学信息的情况下将一个复杂的结构拆分为基础结构单元。另外,利用计算机可模拟金属有机骨架多孔材料的吸附作用,尤其吸附等温线计算方法的发展,使得利用计算机来预知物质结构引起了越来越多的关注[29]。所以,结构的解析和设计对于定向合成多功能金属有机骨架多孔材料具有重要意义。

11.2.1　金属有机骨架多孔材料的结构解析

早期,A. F. Wells 关于固体特别是无机化合物整体结构方面的研究为此领域的确立打下了基础。A. F. Wells 将晶体结构按照其拓扑结构简化为一系列节点(nodes),它们与周围固定数目的其他节点连接形成特殊的几何构型(平面三角、四面体等),最终将晶体简化为可用数学方法计算的结构[30,31]。这样连接成的结构既可以为零维的多面体,也可以为无限的周期性网络结构(一维、二维和三维)。拓扑学的应用为无机材料结构的分析、理解提供了极大的便利。1989 年,R. Robson 等将 A. F. Wells 在无机网络结构中的工作拓展到金属有机骨架多孔材料领域,并提出如下设想:以一些简单矿物的结构为网络原型,用几何上匹配的分子模块代替网络结构中的节点,用分子链接代替其原型网络中的单个化学键,以此来构筑具有矿物拓扑的金属有机骨架多孔材料,从而实现该材料在离子交换、分离和催化方面的潜在应用[32],而且成功地合成了具有金刚石拓扑的亚铜氰基金属有机骨架多孔材料,同时预言,该类材料可能产生比沸石分子筛更大的孔道和孔穴。R. Robson 等的设想和开创性工作为金属有机骨架多孔材料的研究指明了发展方向。

20 世纪 90 年代,随着结构测定技术的发展,各种金属有机骨架多孔材料被不断地解析出来。从金属有机骨架多孔材料的组分上看,构筑金属有机骨架多孔材料的有机配体已经从最初的含氮配体拓展到目前的含氧、含磷、多功能配体甚至混合配体[33-37],构筑金属有机骨架多孔材料的金属中心离子也已从常见的低价态过渡金属离子,如 Co、Ni、Cu、Zn、Cd、Ag 等拓展到碱金属、碱土金属、稀土元素乃至高价态过渡金属离子。从金属有机骨架多孔材料的结构上看,大量具有丰富的空间拓扑结构类型的配位聚合物被一一合成出来,如一维 Z 链、螺旋链、梯形或铁轨形;二维正方形或长方形、双层结构、砖墙形、鲱骨形和蜂窝形结构;三维八面体和类八面体结构、金刚石结构、穿插结构以及其他的三维结构(图 11-9)[38-43]。金属有机骨架多孔材料的结构丰富性还体现在其丰富的节点变化,金属离子可以作为

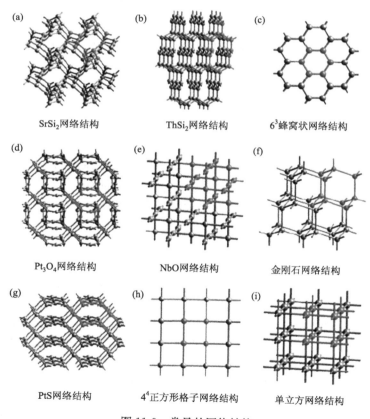

图 11-9　常见的网络结构

新的节点形式出现在配位聚合物结构中。若以金属离子作为单核节点,其配位数通常可从 2 变化到 8,另外,多核分子簇包括双核、三核、四核、八核甚至是十五核分子簇。

　　网络结构化学中十分重要的拓扑结构数据被收集在可搜索的结构资源(如RCSR)数据库中。在数据库中,拓扑结构用三字母的符号表示,如 abc,或带有abc-d 的扩展名。RCSR 数据库较小,包含约 2000 项,而 EPINET 中正在开发更大的数据库,此数据库目前包含约 15 000 个三周期网络。计算机程序 TOPOS 是功能强大的软件,目前能够识别约 70 000 个结构。

11.2.2　次级结构单元

　　金属有机骨架多孔材料由两种次级结构单元(secondary building units)组成:一种为有机配体,另一种为一个金属原子,更多情况下为多原子簇,这个多原子簇包含两个或多个金属原子,或为包含着金属原子的无限链[44]。

　　图 11-10 所示为单核、双核、三核和四核等金属中心的次级结构单元。按照拓扑学原理,这些金属次级结构单元简化为三节点、四节点和六节点等。如图 11-10第 3 个结构单元所示,两个金属中心形成常见的"轮桨式"次级结构单元,该金属中心构型非常稳定,通常情况下是五配位的金属 Cu 原子或 Zn 原子,另有一个额外的端基客体分子,如水分子,除去后可以形成开放的金属位点。

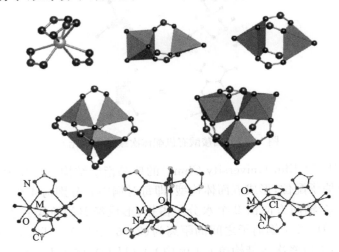

图 11-10　金属中心次级结构单元

　　图 11-11 所示为二羧酸和三羧酸有机配体,以配体中心为点中心,可以分别简化为二节点和三节点。而图 11-12 所示为四羧酸的有机配体,均可看作四节点,但需注意的是,此四节点包含四面体四节点和平面四边形四节点,下面以一个实例说明。

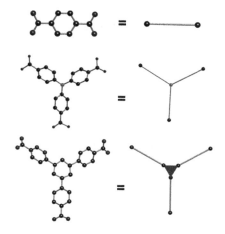

图 11-11　二羧酸和三羧酸有机配体次级结构单元

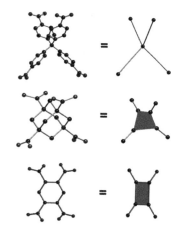

图 11-12　四羧酸有机配体次级结构单元

JUC-62(JUC=Jilin University China)的单晶衍射结构分析显示每个二价铜离子与 5 个氧原子配位,形成五面体构型,即每对铜中心分别与 4 个不同配体的 4 个羧基配位,2 个轴向方向由 2 个水分子占据,形成经典的轮桨式次级结构单元 $Cu(CO_2)_4(H_2O)_2$,2 个铜离子之间的距离为 (2.665 ± 1) Å。所以,从羧基上的碳原子角度分析,可以将次级结构单元 $Cu(CO_2)_4(H_2O)_2$ 描述为平面四连接点。同时,每个四羧酸配体与 4 对二价铜离子配位,同样也可描述成为平面四连接点,然后 2 种平面四连接点以约 90° 的角度相互连接不断延伸,形成经典的三维 NbO 拓扑结构(图 11-13)[45]。

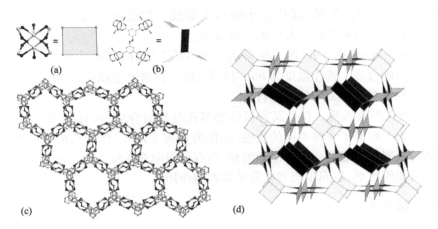

图 11-13　JUC-62 的三维结构图。(a)轮桨式 $Cu_2(CO_2)_4(H_2O)_2$ 次级结构单元形成的平面四连接点；(b)四羧酸配体形成的平面四连接点；(c)沿着 c 轴呈现出的六边形孔道；(d)形成的经典三维 NbO 拓扑结构

11.3　金属有机骨架多孔材料的合成

如上所述,金属有机骨架多孔材料的发展是过去 20 年间多学科交叉的一个很好的例子。不同的科学背景导致目前金属有机骨架多孔材料不同的合成路径,尤其体现在反应温度与反应器方面。配位化学家在 20 世纪 90 年代初聚焦于组装有机-无机构筑单元来得到多孔结构[46],由于这些构筑单元之间的相互作用力较弱,因此采用的条件很温和。合成沸石和沸石相关材料的化学家不仅将有机分子作为结构导向剂,而且作为反应物嵌入骨架结构中,对于这些研究,通常采用较高温度[47]。同时,配位化学引入了电化学和机械化学合成以及前驱物方法和原位链接合成,而沸石化学引入了溶剂热反应、结构导向剂、矿化剂、微波辅助合成和蒸汽辅助转化等概念[48]。

11.3.1　传统的合成方法

传统的合成方法包括溶剂挥发法、扩散法、水热(溶剂热)法和有机胺模板法。

(1)溶剂挥发法。此法需要适当的条件:①晶体在饱和溶液中生长;②晶体溶解性随温度的升高而增加,在冷却过程中晶体可以形成。

(2)扩散法。①溶剂液体扩散:由两层不同密度的溶剂组成,一层是溶解原料的溶剂,另一层是溶解度相对较低的不良溶剂,二者以溶剂层相分开,通过缓慢扩散,晶体在层的界面上生长;②挥发扩散:通常用两个尺寸不同的烧杯套在一起,将溶解了反应物的溶剂放在里面的小烧杯中,将不良溶剂或三乙胺等挥发性碱放在大烧杯中,通过缓慢扩散,晶体在小烧杯中形成。扩散法是较好地获得适合于X 射线单晶衍射分析的较大晶体的有效方法。

(3) 水热(溶剂热)法。此方法常用于沸石的合成,同时也适用于金属有机骨架多孔材料的合成。操作温度为 $80\sim260℃$,反应在密闭空间内(聚四氟乙烯反应釜),在自身体系的压力环境下进行。

(4) 有机胺模板法。在金属有机骨架多孔材料的合成中,有机胺在形成多种形式的结构上扮演了 3 种不同的角色:①作为去质子剂;②作为结构导向剂;③作为配体与金属中心配位。值得注意的是,当有机胺阳离子位于内层或孔道空间中,起到了诸如模板剂、空间填充和电荷平衡剂的作用[49]。

11.3.2　微波法

利用微波辐射引入能量是合成化学中很好的方法,主要用于无机化学领域。沸石分子筛合成也可以利用微波法。微波辅助合成主要依赖于电磁波和可移动电荷的相互作用。移动电荷可以是溶液中极性溶剂分子和离子或固体中的电子和离子等。在固体中,固体内产生电流,由于固体存在电阻而加热;在溶液中,极性分子按照电磁场排列而改变其取向,因此,采用适当的频率,分子间产生碰撞,导致体系动力学能量增长,如温度升高。同时,微波反应器可以更方便地观察反应过程的温度和压强,从而更精确地控制反应条件。微波合成主要集中于加速成核、形成纳米尺寸产品、提高产品纯度以及选择性形貌合成等方面。例如,Masel 等使用常规的微波来加速晶体生长,此金属有机骨架多孔材料的合成可以在 $30s\sim2min$ 内完成,产率从约 30% 到超过 90%。另外,粒子的尺寸可以通过改变前驱体的浓度来实现[50]。

11.3.3　电化学法

2005 年,巴斯夫的研究人员提出了电化学法合成金属有机骨架多孔材料的概念[51]。其主要目标是排除阴离子,如硝酸根、高氯酸根和氯离子等,因为该阴离子关系到大规模生产流程。与利用金属盐不同,电化学合成通过阳极产生的金属离子进入含有有机配体和导电盐的反应介质中,利用质子化溶剂避免阴极金属溶解,但是此过程产生氢气。另一可行途径是利用易于还原的化合物如丙烯腈等。电化学合成的另一优点是连续操作,并且可以得到产率更高的固体。

11.3.4　超声法

超声化学是指向反应混合物中施加高能量超声。超声波是指频率为 $10\sim20MHz$ 的循环机械振动。由于波长远大于分子尺寸,因此,在分子和超声波之间没有直接的相互作用,但是当超声波与液体作用时,发生压缩和疏化过程。在低频范围,压强降到低于溶剂的蒸气压,因此有气泡或笼形成。对于气泡生长,由于溶液蒸气扩散到气泡内,因此超声能量不断累积,一旦气泡达到最大尺寸,它们变得不稳定而开始坍塌。此气泡形成、生长和坍塌的过程称为气穴现象,可以快速地释放能量。在固体表面的气穴现象可以清洁活化表面;在均一液体中,化学反应可以在气穴内或表面发生。这些极端条件和强的剪力可以形成激发态分子,破坏化学键或形成自由基而进行下一步反应。同时,超声可以提高反应物的溶解能力。超声合成广泛应用于有机合成和纳米材料的合成[52,53],自 2008 年起,也被用于合成金属有机骨架多孔材料。

11.3.5　机械化学法

机械力可以产生很多物理现象,甚至引发新的化学反应。最近,该方法被应用于多组分反应以形成具有药物活性的共晶。2006 年,曾报道开始用于合成金属有机骨架多孔材料[54]。

11.3.6　大规模工业生产

金属有机骨架多孔材料工业应用的挑战在于其本身的特性,如多孔性及孔道的可修筛与调变、较好的热稳定性与化学稳定性以及循环使用能力等,因此,材料的工业生产已成为一个关键性问题,必须考虑以下因素:①原料的价格;②合成条件;③合成过程;④活化过程;⑤高产率;⑥避免大量的不纯物出现;⑦尽可能使用少量的溶剂和避免使用有机溶剂等。目前关于较大规模合成的报道已经可以在专利中找到[55-59],也有一些在科学文献中发表[60,61]。第一个成功的例子是 HKUST-1 达到 80g 的规模[62],紧接着 MOF-5 合成量达到 50g[63],目前,Al-MIL-53、HKUST-1、ZIF-8 和 Fe-MIL-100 等均已实现了一定规模的商业化生产。

11.4　金属有机骨架多孔材料的性能

作为一类新型的多孔材料,金属有机骨架多孔材料比传统的多孔材料更加引人注目,主要是由于这类材料在孔结构方面具有可调和修筛的可能性,如孔尺寸、形状、大小和孔的表面特性等。大多数金属有机骨架多孔材料具有三维的结构和均一的孔道,这些孔道往往被客体物质填充,一般为溶剂、有机胺,有时为合成过程中的离子,欲除去这些客体分子经常会导致骨架塌陷。然而,在一定的条件下采取合适的途径也可以使许多金属有机骨架多孔材料的孔道结构完整地保留,使其具备吸附客体分子的功能。

11.4.1　金属有机骨架多孔材料的储氢和储甲烷性能研究

随着工业化的迅速发展和人口的增加,在接下来的 50 年中,关于全球的能源设想受到越来越多的关注。同时,大气层中二氧化碳含量的增加将毁坏全球的生态系统,且这种毁坏将是不可逆的。这些改变迫切需要研究更多更加安全和多样化的能源。在多种多样的替代燃料中,氢气和甲烷由于洁净燃烧和高热值而被认为是最理想的能源,并能减少对化石燃料的依赖。尽管甲烷在燃烧后产生二氧化碳,但它仍是一种有潜力的汽车燃料,因为其燃烧产物比石油更洁净。然而,氢气和甲烷在室温下均是易挥发气体,因此其存储和运输成为实际应用中的关键问题。例如,氢气作为汽车燃料,每 $5\sim13$kg 氢气可以使汽车行驶 480km,这意味着车上必须装有一个非常大的加压氢气罐,既不安全也不实用。因此,汽车和燃料电池行业一直在寻找一种有效的方法来存储和运输氢气。美国能源部(DOE)已成立了高效率燃料电池存储氢气系统的概念,目标是未来的车辆将以氢气能源取代目前的碳基能源。此系统要求的技术指标为:容积为 40g/L,操作温度为 $40\sim60℃$,最大的输送压力为 100 个大气压。2017 年氢气存储目标是 5.5%(质量分数)。很多材料已作为潜在的氢气存储材料,包括金属氢化物[64]、复合氢化物[65-68]、氨基化合物[69-71]、碳水化合物[72]、笼形物[73]、无机纳米管[74]、有机材料[75]和吸附剂[76-78]等。但遗憾的是,发展至今仍没有任何材料可以满足实际应用的目标。

　　金属有机骨架多孔材料一般具有清晰的结构,永久的空隙和较高的比表面积,作为一种潜在的储氢材料,在过去的 10 年中已经被广泛研究。2003 年,O. M. Yaghi 研究组首次报道了 MOF-5 对氢气的吸附能力。最初的数据是:在室温下,20 个大气压时质量容量为 1.0%;在 77K,1 个大气压时,达到 4.5%(质量分数)。后来发现,MOF-5 在 77K 时,最大的氢气存储量从 1.3%到 5.2%不等,这主要取决于实验制备和仪器操作的条件。随后,于 2006 年,他们报道了对氢气有更高吸收能力的多孔性 MOF-177,其在 77K,78 个大气压时质量分数达到 7.5%[79-81](图 11-14)。自 MOF-5 被报道以来,许多金属有机骨架多孔材料已被报道,到目前为止,报道的具有最高氢气储存量的金属有机骨架多孔材料是 NU-100,其在 56 个大气压和 77K 时储氢质量分数为 9.95%。

　　基于氮吸附的孔隙度测量方法,人们研究了许多方法来确定氢气在金属有机骨架多孔材料中的位置。其中中子衍射、红外光谱法可用以确定孔道中氢气的确定位置[82-84]。同时,理论计算也被应用来研究氢气的吸附机理[85]。一些设计原则已经被提出来增加氢气的吸附性能[86]:

　　(1)一般来讲,孔体积和特殊的表面积成正比(图 11-15)[87]。因此,为了提高在 77K 时氢气的存储能力,金属有机骨架多孔材料应有更高的比表面积和更高的孔隙率。

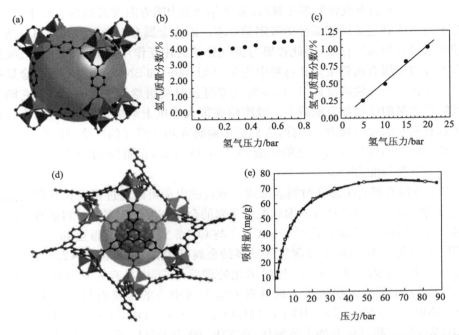

图 11-14　(a) MOF-5 的单晶 X 射线衍射结构；(b) 在 78K 下 MOF-5 的氢气吸附等温线；
(c) 在 298K 下 MOF-5 的氢气吸附等温线；(d) MOF-177 的单晶 X 射线衍射结构；(e) 在
78K 下 MOF-177 的氢气吸附等温线和高压等温线

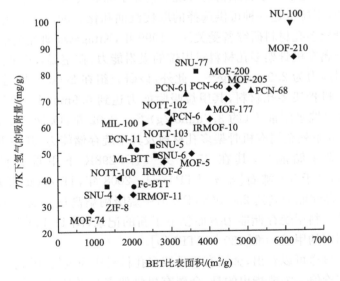

图 11-15　在 77K 下氢气高压的吸附能力与比表面积的关系

（2）对于金属有机骨架多孔材料，氢气存储能力随着温度升高而急剧下降，在室温下均不能满足美国能源部的吸附量要求。因为金属有机骨架多孔材料是基于物理吸附材料的氢气存储，因此骨架与氢气分子的相互作用能非常弱。氢气吸附焓在大多数金属有机骨架多孔材料中为 5～9kJ/mol，如 SNU-15，其在每个金属钴（Ⅱ）中包含一个开放的金属节点，在氢气零覆盖时吸附焓为 15kJ/mol，但它随着氢气加载的吸附焓增加急剧减小。吸附焓在很大程度上取决于孔的尺寸，小孔比大孔具有更好的吸附能力。因此，人们更多地研究相互贯穿的网络，H. Zhou 研究组报道了两个同构化合物的吸附性能 PCN-6、PCN-6′（是贯穿的 PCN-6），后者有更好的氢气吸附能力[88]。

（3）金属有机骨架多孔材料表面或正或负的电荷可以通过偶极相互作用提高氢气吸附能力。特别是具有不饱和配位金属的金属有机骨架多孔材料被看作是增加氢气吸附焓的最有效方式[89]。B. Chen 与 O. M. Yaghi 共同报道的 MOF-505，是当时 1 个大气压，77K 下吸附氢气最多的金属有机骨架多孔材料（2.47%，质量分数），这主要是因为 MOF-505 经过活化处理后，孔道内具有大量开放的金属中心。J. R. Long 研究组报道了一例具有开放金属中心的金属有机骨架多孔材料 $[Mn(DMF)_6]_3[(Mn_4 Cl)_3 (BTT)_8 (H_2 O)_{12}]_2 · 42(DMF) · 11(H_2 O) · 20(CH_3 OH)$[90]。将该化合物去溶剂化，在 77K，90 个大气压下的氢气吸附为 6.9%（质量分数），并且呈现较大的氢气吸附焓（10.1kJ/mol）。此外，他们还报道了同构的金属有机骨架多孔材料 $HCu[(Cu_4 Cl)_3 (BTT)_8] · 3.5(HCl)$，其具有开放的金属铜中心，并且通过中子粉末衍射发现了铜原子和氢气的相互作用。

除氢气外，甲烷也是一种可供选择的取代汽油和化石的汽车燃料。存储甲烷的金属有机骨架多孔材料研究备受关注。1999 年，Kitagawa 研究组报道了 3 个柱层状结构的金属有机骨架多孔材料对甲烷的吸附能力，在室温，36 个大气压下，最高的甲烷吸附能力为 2.9mmol/g[91]。此外，该研究组在 2000 年报道了一个高度多孔性金属有机骨架多孔材料，其甲烷吸附能力达到 6.9mmol/g，高于相同条件下 5A 沸石的甲烷吸附能力（约 3.7mmol/g）[92]。2002 年，O. M. Yaghi 研究组报道了 IRMOF-n 系列金属有机骨架多孔材料及其甲烷存储能力，其中 IRMOF-6 表现出高的甲烷存储能力，其在 35 个大气压，298K 下甲烷存储能力高达 $155v(STP)/v$，高于 5A 沸石[$87v(STP)/v$]。2008 年，H. Zhou 研究组合成了 PCN-14，甲烷存储能力高达 $230 v(STP)/v$，甲烷吸附焓高达 30kJ/mol，其在金属有机骨架多孔材料甲烷存储能力方面创下了新的记录（图 11-16）[93]，超过了当时美国能源部制定的甲烷标准[$180 v(STP)/v$]。

从上面的报道可以看出，金属有机骨架多孔材料作为氢气、甲烷存储材料表现出很高的潜在价值。需要指出的是，金属有机骨架多孔材料虽具有大的比表面积和高的氢气、甲烷吸附性能，但并不能保证其能真正用于氢气和甲烷的存储。因为

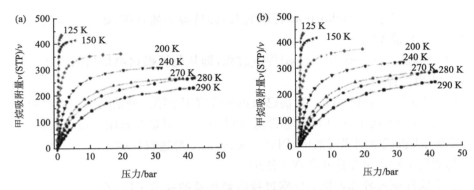

图 11-16　变温条件下 PCN-14 的高压甲烷吸附等温线。(a) 过量吸附；(b) 绝对吸附

在实际应用中，该材料必须在一定的工作条件，如潮湿或有其他气体杂质存在情况下保持稳定，但对于大多数金属有机骨架多孔材料，在潮湿条件下均不稳定，吸附氢气和甲烷的量均会减少。研究表明，一些沸石咪唑酯骨架（zeolitic imidazolate frameworks，ZIFs）材料在潮湿和其他化学条件下相对稳定。最近研究较多的 UIO-66 系列金属有机骨架多孔材料，也具有很好的水热稳定性和化学稳定性。此外，一些研究者合成了配体含有疏水官能团的金属有机骨架多孔材料，以增强对水的稳定性。

为了真正实现金属有机骨架多孔材料在能源气体存储方面的应用，在该材料的设计和合成方面仍具有很大挑战。可以预期，若具有较大比表面积和孔体积、水热稳定性和化学稳定性高的金属有机骨架多孔材料，其孔道内具有很多开放金属位点，并在孔道内引入催化剂等，则可以合成出室温条件下，具有高氢气和甲烷存储能力的金属有机骨架多孔材料。

11.4.2　金属有机骨架多孔材料的二氧化碳捕获性能研究

2007 年，90％的全球能量消耗均依赖于化石燃料的燃烧。尽管大大增加了可再生能源的使用，但在过去几十年中，化石燃料仍为主要能源。化石燃料燃烧导致大量 CO_2 被排放到大气中，造成严重的环境问题。目前，大气中 CO_2 的浓度已达到 387ppm，而且按照目前的发展速度，预计到 2030 年 CO_2 排放量将比 2010 年增加 40％。研究显示，CO_2 含量与全球气候变化及生态环境变化（如海洋酸化）有一定关联。为了应对全球环境问题，CO_2 的捕获和存储（carbon capture and storage，CCS）备受关注。在 CO_2 的捕获和存储过程中，CO_2 的捕获是能量消耗最大的部分。所以，从烟气中选择性吸收分离 CO_2 也可以达到节约能源的目的。另外，在极低 CO_2 浓度下对其进行捕获具有现实应用意义，如应用于通风系统、潜水艇、空间站或其他需要隔绝空气的环境中。根据 CO_2 的排放量及排放形式，CO_2 的捕获可以分为：

（1）燃烧前（pre-combustion）俘碳过程，即从源头捕获碳，如从天然气或水气转换反应中移除 CO_2。

（2）燃烧后（post-combustion）俘碳过程，即从化石燃料燃烧后的产物中捕获 CO_2，如火电厂俘碳。

（3）从大气中捕获 CO_2。目前已报道的可应用于第三种情况的合成材料非常少，因为在这种情况下，CO_2 浓度非常低，捕获困难。但是在密闭环境中捕获 CO_2，如潜水艇、飞机或空间飞行器中，用聚乙胺、聚乙二醇进行俘碳已有报道[94]。一些聚合物的衍生物也可在这些条件下使用。

燃烧前俘碳过程和燃烧后俘碳过程需要特殊的技术手段，在燃烧前俘碳过程中，需要从甲烷或氢气中分离 CO_2，燃烧后俘碳过程中，需要从氮气中分离 CO_2。此外，二者操作环境也不同，燃烧前俘碳过程通常在较高压力（约 30 个大气压），较低温度（低于 40℃）下进行，燃烧后俘碳过程通常是在常压，较高温度（40～80℃）下进行。主要的分离手段包括低温蒸馏和化学吸附等。低温蒸馏由于能量消耗较高，因而不适合用于烟道气中 CO_2 的分离。通过碱液吸附 CO_2 也是一种有效的俘碳手段[95]。一些碱液如冷氨水、乙醇胺、二乙醇胺和三乙醇胺常作为化学吸附剂吸附 CO_2。化学吸附剂 CaO 吸附 CO_2 后还可以释放，循环使用。但传统的化学吸附不能达到美国能源部的要求，发展化石燃料转化体系要求利用少于 10% 的消耗吸收 90% 的 CO_2。

任何 CO_2 捕获技术在应用时均需考虑成本因素，即除了要求具有较大吸附量外，还需降低成本。但在实际操作中，除成本外，还应考虑循环利用性。在更换材料前可循环使用的次数越多，成本越低。而且再生俘碳材料和释放 CO_2 也需要能量消耗。例如，目前常用的有机胺化学吸附 CO_2，通过加热释放 CO_2 再生有机胺这一过程俘碳。但是，大量使用有机胺作吸附剂需消耗大量能量，一般地，此操作过程需消耗火电厂 25%～40% 的产能[96]。针对循环利用方面的考虑，基于弱分子相互作用的物理吸附 CO_2 的方法，可以在使用较少的能量下释放吸附的 CO_2，因此，利用物理吸附存储 CO_2 的材料在此领域具有很高的发展潜力。

对俘碳材料的另一个要求是吸附速度应快。例如，燃烧后俘碳一般要求在 40～80℃，1 个大气压下快速存储至少 3mmol/g 的 CO_2。如果材料存储能力大但吸附速度慢，也无法进行实际应用。

一般地，要求俘碳材料不仅吸附能力强，还应易于释放 CO_2，以便于 CO_2 的运输及存储。对于释放重获 CO_2 的过程已有大量报道。变压吸附（pressure swing adsorption，PSA）是指在高于 1 个大气压的环境中吸附 CO_2，在常压下释放 CO_2 的过程。真空压力变压吸附（vacuum swing adsorption，VSA）与 PSA 相似，不同之处在于压力范围不同。此时的吸附压力与大气压相近。吸附后，对体系抽真空将

CO_2 释放出来。在 PSA 和 VSA 过程中,需要考虑 CO_2 在混合气体中的分压,如燃烧后俘碳通常在 CO_2 分压为 0.15 个大气压下发生。吸附在此压力下发生,然后将压力降低脱附出 CO_2。因此,理想的吸附曲线应该是在 0.15 个大气压下有高 CO_2 吸附量,而在低压范围,吸附量尽可能低。此吸附量的差值代表材料的工作效率。变温吸附(temperature swing adsorption,TSA)是根据不同温度下 CO_2 吸附量不同来进行的。理想的 CO_2 吸附材料是在吸附温度下具有高 CO_2 吸附量,而将温度适当提高便可以释放出大量的 CO_2。事实上,材料在窄的压力或温度范围内具有高的工作效率可以减少重获 CO_2 所消耗的能量,这将有利于 PSA、VSA 及 TSA 俘碳。

利用多孔固体吸附剂也是解决俘碳问题的一个方法[97-102]。多孔固体吸附剂通过弱的物理相互作用吸附 CO_2,相比于化学吸附 CO_2,在重获 CO_2 及材料的循环利用过程中对能量消耗较少,因此其具有作为俘碳材料的可能性。通常来讲,高比表面积的固体吸附剂具有很高的吸附速度。固体吸附剂的成本也不相同。例如,活性炭、天然分子筛相对便宜,而一些人工合成的多孔固体吸附剂比较昂贵。可用于 CO_2 捕获和存储的固体吸附剂种类很多[103,104],包括分子筛、多孔硅材料、金属有机骨架多孔材料、活性炭和多孔聚合物[105-108]。

超高比表面积的金属有机骨架多孔材料,为实现 CO_2 的大量吸附提供了机会(图 11-17)[109]。例如,在 35bar 时,MOF-177 吸附 CO_2 的体积是 320cm³(STP)/cm³,是此压力下空容器存储量的 9 倍,其存储量高于传统材料,如沸石分子筛 13X 和高表面积活性炭 MAXSORB(图 11-18)[109]。

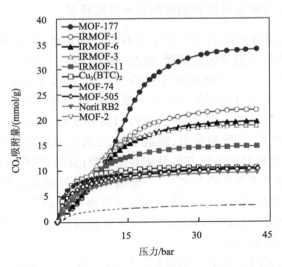

图 11-17　几个典型的 MOFs 材料和活性炭材料在室温下的高压 CO_2 质量吸附曲线

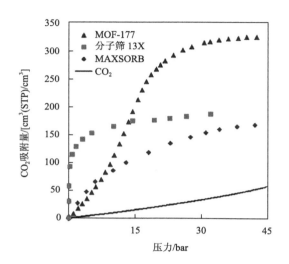

图 11-18　MOF-177、分子筛 13X 和活性炭材料在室温下的高压 CO_2 体积吸附曲线

评价金属有机骨架多孔材料对 CO_2 吸附性能好坏的重要指标是吸附容量和吸附焓。单组分气体吸附等温数据是进一步评估相比于其他气体,材料的 CO_2 选择吸附性的关键参数。在特定环境下,CO_2 在骨架孔道中的数据提供了结构和化学方面的性能参数,用以表征材料的性能,而且原位振动光谱学和晶体理论最近也被用来研究气体的吸附性能。

11.4.3　金属有机骨架多孔材料的吸附分离性能研究

分离过程在工业生产和日常生活中占有重要的角色,主要有三种功能:浓缩、分馏和提纯。这些过程通常包括蒸馏、结晶、提取、吸收、吸附和膜分离,其中蒸馏占据了化学工业中 $90\%\sim95\%$ 的制作过程[110]。但是由于在某些条件下,蒸馏通常不可行,例如,在体系分离所需的温度下某些材料会发生降解,而基于吸附和膜分离方法可用于替代蒸馏。许多多孔材料,包括分子筛、碳和金属氧化物分子筛、磷酸铝分子筛、活性炭、活性氧化铝、碳纳米管、二氧化硅凝胶、柱撑黏土、无机和聚合物树脂、多孔有机材料和金属有机骨架多孔材料已经被用作吸附剂,其中一些已经被制成膜材料用于多种物质分离[111]。金属有机骨架多孔材料的分离和提纯性能,吸引了化学、化学工程、材料科学和其他领域科学家的广泛兴趣。尽管这个领域还处于发展初期,但是对于该课题的研究进程表明,金属有机骨架多孔材料可以用于某些体系中物质的分离。

2006 年,Li 研究组报道了一例高稳定性的客体-自由微孔金属有机骨架多孔材料 Zn(tbip),其包括紧密堆积的一维孔道,配体的甲基基团伸入孔道中[112]。这种特殊的孔道表面导致骨架成为非常疏水的结构,4.5Å 的有效孔道允许其吸附通常的烷烃、甲醇和二甲醚,但不包含芳烃。同年,他们报道了另外一例疏水的微孔材料 Cu(hfipbb)(H$_2$hfipbb)$_{0.5}$[113],此化合物包含由交替的椭圆形大腔和窄的窗口组成的特殊孔道。这种微孔道的特点使得它们的形状和尺寸可以选择性地吸附特定的烃类。此外,他们还使用 Cerius^2 程序中的吸附模块计算了气体吸附模拟,计算结果与吸附实验测量值相一致。更令人振奋的是,B. Chen 研究组展示了微孔 MOF-508 在基于大小和形状选择匹配的烷烃的气相色谱分离方面的应用[114],首次实现了金属有机骨架多孔材料作为填充柱分离烷烃分子(图 11-19)。

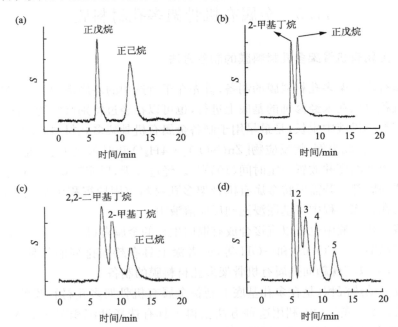

图 11-19　MOF-508 填充色谱柱对烷烃异构体的分离测试色谱图。(a) 分离正戊烷和正己烷;(b) 分离 2-甲基丁烷和正戊烷;(c) 分离 2,2-二甲基丁烷、2-甲基戊烷和正己烷;(d) 分离五种混合物,其中 1＝2-甲基丁烷、2＝正戊烷、3＝2,2-二甲基丁烷、4＝2-甲基戊烷、5＝正己烷

　　金属有机骨架多孔材料用于分子分离的一个优势是其孔表面的功能性。从包含 CO$_2$ 的混合气体中分离出小分子乙炔,在工业上非常重要。然而,由于 C$_2$H$_2$ 和 CO$_2$ 相似的平衡吸附参数、相关理化属性、分子大小和形状,较难实现二者的分离。2005 年,Kitagawa 研究组报道了在金属有机骨架多孔材料 Cu$_2$(pzdc)$_2$(pyz) 的功能化表面上进行的相比 CO$_2$ 高选择性的乙炔吸附[115]。

　　值得一提的是,手性拆分对于化学和制药工业特别重要。然而,使用传统的无机多孔材料很难实现手性拆分。早在 2000 年,韩国的 Kim 研究组报道了一组纯手性的金属有机骨架多孔材料 D/L-POST-1[116]。由于孔道的手性环境,核磁共振、紫外可见和圆二色谱测量显示,可交换质子的 80% 被交换为[Ru(2,2'-bipy)₃]²⁺ 而获得了过量(66%)的 D 对映体。2006 年,他们用一种新的方法,即连接由金属中心和合适的纯手性有机配体 L-乳酸形成的纯手性 SBUs[117],通过原位反应,合成出了一例新的纯手性金属有机骨架多孔材料[Zn₂(BDC)(L-lac)(DMF)]·(DMF)。这种三维结构具有对几种取代硫醚氧化物的大小选择性和对映选择性吸附能力。

11.5　金属有机骨架多孔材料膜

11.5.1　金属有机骨架多孔材料膜的制备方法

金属有机骨架多孔材料膜的制备,首先在于所选用的基底类型,其次在于沉积方法。沉积可以在未经修饰的基底上进行,也可以在经过特别修饰的表面上进行。

在溶剂热母液中生长,是最早用于制备金属有机骨架多孔材料膜的简单方法。以 MOF-5 的合成为例,将反应物[Zn(NO₃)₂·4H₂O 和对苯二甲酸]混合后,逐渐升高反应溶液温度并放置一定时间(105℃)。经过 3 天,反应产物会以粉末形式沉淀到容器的底部。若需要将金属有机骨架多孔材料牢固地沉积到基底上,最简单的方法是在合成过程中将基底浸泡到反应溶液中。

从溶剂热母液中也可以直接合成有取向生长的金属有机骨架多孔材料膜。首先对载体修饰上—COOH 和—OH 等,或者涂上具有趋向排列的晶种,然后进行晶体生长,可以实现趋向金属有机骨架多孔材料膜的制备。

微波辅助热沉积,是在多孔基底上制备金属有机骨架多孔材料膜的一种简单的新方法。Yoo 等[118,119]利用这种方法获得了具有选择性沉积图案的 MOF-5 晶体,同时也在基底上制备了多层膜(MOF-5/Silicalite-1 复合膜)。首先合成 MOF-5 的前驱体溶液,将涂覆了各种导电薄膜的基底(纳米孔阳极氧化铝片)垂直放在含有前驱体溶液的小瓶中。然后用 500W 的微波炉反应 5~30s,MOF-5 晶体则在微波辐射的作用下形成。

胶体沉积方法,是指将基底浸泡到制备金属有机骨架多孔材料凝胶的反应体系中,然后在一定温度下陈化一段时间,再将基底从凝胶中取出干燥,则可以在基底表面沉积上一层厚度为几十纳米的金属有机骨架多孔材料膜。重复上述操作可以进行反复沉积,从而制备得到一定厚度的金属有机骨架多孔材料膜。

电化学方法,是指将金属电极浸泡到含有制备某种金属有机骨架多孔材料的配体溶液中,然后对电极施加一定的偏转电压,使电极电离出相应的金属离子,这样金属有机骨架多孔材料就会在电极表面上形成并附着在上面形成一层薄膜,反应过程中应保持溶液搅拌。

蒸气诱导晶化。首先制备不含有晶体的澄清前驱体溶液,将经过端基化处理的基底放入反应物溶液中,然后使溶剂缓慢蒸发结晶,小的金属有机骨架多孔材料就会在容器底部生成,从而制得相应的薄膜。

凝胶层合成。首先在金基底修饰上具有—COOH 或—OH 端基的硫醇基自组装单层,然后在基底上涂上一层聚环氧乙烷用于存储含金属的反应物,接着将含有有机配体的反应物溶液倒到凝胶层上,从而形成具有取向的金属有机骨架多孔材料膜。

最近研究报道,可将金属有机骨架多孔材料作为多孔加合物掺入混合基质膜中,然而此方面的研究方向还处于非常早期的发展阶段。

11.5.2 金属有机骨架多孔材料膜的应用

与吸附分离、蒸馏和结晶相比,使用膜进行分离具有本质性的优点,包括能效高、成本低、易于制备和优良的可靠性。与分子筛类似,金属有机骨架多孔材料由于拥有明确的高度规则的孔道结构,而被看作膜分离的候选材料。虽然分子筛膜已经被广泛地研究,但只有几种分子筛膜成功地用于化合物的工业分离[110]。分子筛膜的大规模应用面临一系列的缺点和困难,许多缺点不仅来源于材料本身,也来源于膜的制备技术[120]。例如,在分子筛的合成过程中常使用有机模板剂,为了获得可以进行分离的孔道,通常需要在高温下将有机分子烧掉。这一加热处理有时使膜产生裂痕,从而降低分离的性能[121]。金属有机骨架多孔材料具有比分子筛更加广的孔道尺寸、形状和表面性质范围,而且通常在温和的条件下进行合成,有时其中的溶剂会作为模板剂参与反应,但能够很容易地被除去。另外,金属有机骨架多孔材料比分子筛和其他无机多孔材料更容易在分子水平上对孔道功能进行设计。虽然制备连续的金属有机骨架多孔材料膜还有很多挑战,但至少在理论上,从材料化学的角度讲,它克服了分子筛的缺点,因此,金属有机骨架多孔材料成为了一类具有前途的新型分离膜材料。

例如,2009 年铜网支持的金属有机骨架多孔材料膜 $Cu_3(BTC)_2$(HKUST-1)(图 11-20)被成功地合成了。与传统的沸石膜相比,铜网支持的 $Cu_3(BTC)_2$ 膜对于 H_2 表现出更高的渗透通量和好的渗透选择性[122]。

2013 年,利用金属有机骨架多孔材料的孔道性能可调的优势,利用天然手性氨基酸(L-天冬氨酸)与 $4,4'$-联吡啶配体,在镍网上制备了手性的金属有机骨架多孔材料膜。该分离膜具有很好的热稳定性和水热稳定性,成功地实现了手性戊二醇的拆分。这方面的应用,体现了金属有机骨架多孔材料膜比传统无机膜具有孔道功能多样性的优势(图 11-21[123])。

图 11-20 (a) 铜网的光学显微镜图;(b) 铜网支持的 $Cu_3(BTC)_2$ 膜;(c) 表面的 SEM 图;
(d) 膜的横截面图

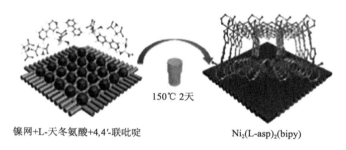

镍网+L-天冬氨酸+4,4′-联吡啶 $Ni_2(L\text{-}asp)_2(bipy)$

图 11-21 手性金属有机骨架多孔材料膜的制备示意图

11.6 有机骨架多孔材料的发展

广义上讲,以有机基团或片段作为孔道骨架的材料均可称为有机骨架多孔材料。根据材料的特性以及结构特点,有机骨架多孔材料包括共价有机骨架材料(covalent organic frameworks,COFs)、固有微孔聚合物(polymers of intrinsic microporosity,PIMs)、共轭微孔聚合物(conjugated microporous polymers,CMPs)、超高交联聚合物(hyper-crosslinked polymers,HCPs)和多孔芳香骨架材料(porous aromatic frameworks,PAFs)。2002 年,Budd 和 McKeown 研究组报道了第一例 PIM 材料,该材料可溶于有机溶剂且比表面积达到 950 m^2/g[124]。2005 年,O. M. Yaghi 研究组合成了第一例结晶性 COF,该材料的比表面积高达 4200 m^2/g,超过了当时所有已经报道的多孔聚合物材料[125,126]。2006 年,Sherrington 研究组合成出一种比表面积超过 2000m²/g 的"Davankov 型"HCP 材料[127]。一年后，Cooper 研究组报道了具有高比表面积的多功能 CMP 材料[128]。2009 年，吉林大学裘式纶研究组利用 Yamamoto 偶联合成出首例长程有序的具有金刚石拓扑的 PAF-1 材料。这一具有里程碑意义的材料比表面积高达 5640m²/g，并具有突出的物理化学稳定性[129]。

以下章节将详细讨论有机骨架多孔材料的分子设计，特别是计算机辅助分子设计在以功能为导向的新型有机骨架多孔材料制备中的突出作用。

11.7　有机骨架多孔材料的分子设计

11.7.1　结构单元的设计

对于 COF[125]，构筑骨架的结构单元也有很多种。但是通常而言，其结构单元均为刚性，而且具有多个配位节点。大多数结构单元均具有硼酸基团和酚羟基基团，通过缩合反应构筑 COF 结构。分子筛结构不同，其大部分是通过硅氧和铝氧四面体，在模板剂作用下水热合成。即使使用同一合成反应，只需通过对结构单元的调变则可制备得到多种不同的 COF 材料。例如，苯环上带有不同长度的烷基取代基团，可以通过同一缩合反应制备得到孔道大小不同的一系列材料，也可以通过加长有机配体的长度来实现 COF 材料孔道大小的调变。将特殊官能团引入结构单元，即可实现特定功能性 COF 材料的合成。例如，Jiang 等将卟啉引入 COF 结构中，制备出具有半导体特性的 MP-COF 材料（图 11-22）[130]。

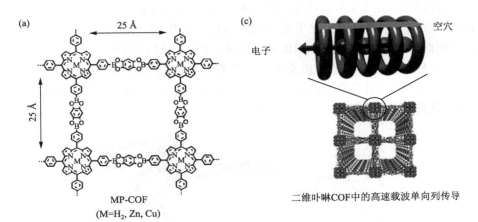

(a)

25 Å

25 Å

MP-COF
(M=H₂, Zn, Cu)

(c)

空穴

电子

二维卟啉COF中的高速载波单向列传导

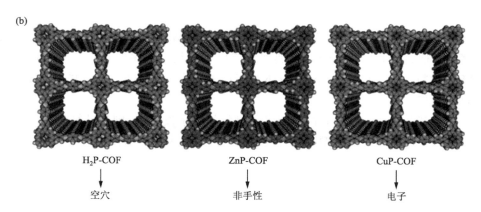

(b)

H₂P-COF　　　　ZnP-COF　　　　CuP-COF

↓　　　　　　　↓　　　　　　　↓

空穴　　　　　　非手性　　　　　电子

图 11-22　（a）MP-COF（M＝H₂、Zn 和 Cu）的示意图；（b）具有非手性 AA 堆叠二维层的
MP-COF的 2×2 网格示意图；（c）二维卟啉 COF 的柱状堆积中叠加金属的电子传输和叠加大
环的空穴传输示意图

　　选择不同形状的结构单元也可以得到具有不同拓扑结构的材料。而对于
PAF，第一例具有超高比表面积及物理化学稳定性的材料 PAF-1 的设计是受到金
刚石稳定结构的启发（图 11-23）。金刚石中每个四面体节点碳通过碳碳键与其他
四面体节点碳相连，PAF-1 结构中每个四面体节点碳通过联苯结构与其他四面体
节点碳相连。联苯结构对碳碳键的替换使苯环的面和边缘充分裸露出来，保留了
dia 拓扑的同时，增加了材料的比表面积。JUC-Z1 材料是选用另外一种结构单元
I8OPS 构筑的[131]（图 11-24）。该材料具有 LTA 拓扑，是一种典型的硅铝分子筛
拓扑。LTA 拓扑形成 CsCl 型结构，每个 α 笼被 8 个 β 笼包围。之前的研究显示，
双四元环（D4R）是 LTA 晶体生长的结构单元。具有 $Fm\bar{3}c$ 立方晶系的 JUC-Z1
的单胞是由 24 个四面体配位 T 原子构筑截角八面体（β 笼）和截角立方八面体（α
笼）堆积而成。8 个方向连接 D4R 可以形成 LTA 和 ACO 两种拓扑结构。二者可
以通过对材料孔径分布的分析来区分。具有 LTA 拓扑的材料具有两种笼，而具
有 ACO 拓扑的材料只有一种孔道。吸附实验结果表明，该材料具有两种孔分布，
可证实其具有 LTA 拓扑。

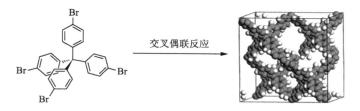

交叉偶联反应

图 11-23　定向合成 PAF-1 的反应原理示意图

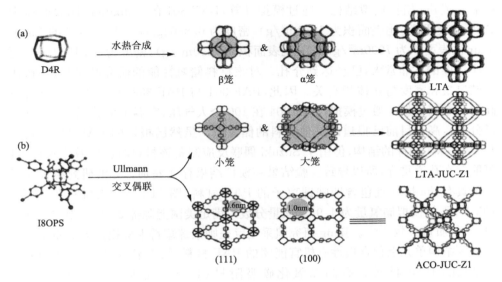

图 11-24　(a)D4R 水热条件下可以形成 α 笼和 β 笼,进而得到 LTA 分子筛;(b)利用 I8OPS 通过 Ullmann 交叉偶联反应合成具有 LTA 或 ACO 拓扑结构的微孔有机-无机杂化骨架 JUC-Z1

　　对结构单元的设计策略在有机骨架多孔材料分子设计中均适用。由于不同种类的有机骨架多孔材料选用的合成反应不同,因此要求结构单元具备不同的官能团。例如,COF 材料的单体大多具有硼酸及酚羟基;PAF 类材料选用 Yamamoto 型 Ullmann 偶联反应[132,133],要求单体中具有易脱去的溴取代基;CMP 材料的制备选用 Sonogashira-Hagihara 反应[128,134],该反应主要发生在端炔基及卤素(主要指易消去的溴取代基及碘取代基)取代基中,所以 CMP 材料单体应具备此类取代基团。此外,通过选用不同的反应,还可以设计出具有其他取代基团参与聚合反应的单体,这取决于具体的反应情况。需要注意的是,为了得到高反应聚合度以及高反应效率,选用的取代基团应为易发生反应的活泼取代基团,如碘取代基的活性大于溴取代基活性且大于氯取代基活性。

11.7.2　分子模拟在有机骨架多孔材料分子设计中的应用

　　分子模拟对于有机骨架多孔材料的设计具有重大意义。近年来,随着分子模拟方法及电脑技术的发展,越来越多的结构被证实可以用来进行碳捕获、气体存储、分子识别及分子分离。例如,在合成 PAF 材料前,曹达鹏研究组利用多尺度模拟方法(multiscale simulation method)结合第一性原理及巨正则系综蒙特卡罗模拟系统地计算了 PAF-301、PAF-302(即 PAF-1)和 PAF-303 的比表面积及密度(图 11-25)[135]。其中 PAF-301 材料为利用苯环连接四面体节点碳模拟的 dia 拓扑结构,PAF-302 为联苯连接四面体碳 dia 拓扑结构,PAF-303 为三联苯连接四面体节点碳 dia 拓扑模拟结构。通过模拟计算，PAF-301 的 Langmuir 比表面积为 2350m²/g(BET 比表面积为 1880m²/g)，密度为 0.8364g/cm³；PAF-302 的 Langmuir 比表面积为 7000m²/g(BET 比表面积为 5640m²/g)，密度为 0.315g/cm³；而 PAF-303 的孔非常大，已经达到介孔。对该材料储氢性能的研究结果显示，PAF 的储氢量和密度与孔体积有关。因此，PAF-304 与 PAF-303 比 PAF-302 具有更高的质量储氢量。通过模拟，PAF-304 在 100 个大气压、室温下可储氢 6.53%(质量分数)，高于目前已报道的其他材料的储氢量。虽然已报道的 PAF-11[136] 具有与 PAF-304 同样的结构，但由于 Suzuki 偶联反应制备该材料时反应效率较低，且可能存在孔道贯穿，所以导致实验结果和模拟结果存在差别。孙准研究组设计了一个具有 dia 拓扑且包含四唑锂离子的 PAF 材料(图 11-26)。该材料在 233K，10MPa 下的模拟储氢量为 4.9%(质量分数)，满足美国能源部 2010 年制定的标准 (4.5%，质量分数)[137]。Jiang 研究组采用巨正则系综蒙特卡罗模拟方法模拟了一种联苯结构单元上包含极性有机官能团的 PAF 材料，结果显示，具有类似四氢呋喃结构的 PAF 材料具有高二氧化碳吸附量(1 个大气压，室温下吸附量为 10mmol/g)，且温和条件下具有高的 CO_2/H_2、CO_2/CH_4、CO_2/N_2 选择性[138]。无论上述模拟的 PAF 材料是否可以有效合成，理论模拟及计算均为 PAF 材料未来的发展指明了方向。

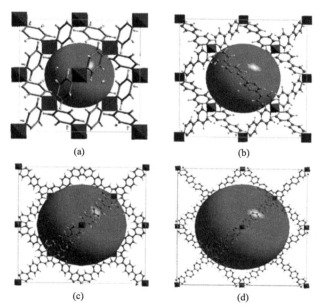

图 11-25 拓扑设计的利用力场方法进行几何优化后的 PAF 的晶胞：(a) PAF-301；
(b) PAF-302；(c) PAF-303；(d) PAF-304。中间球体代表三维 PAF 的孔穴

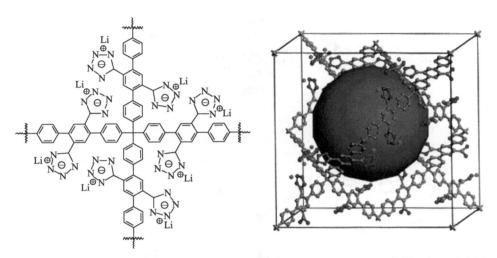

图 11-26 含有 Li(＋)-CHN₄(一)基团的多孔芳香骨架的结构单元(左)和晶胞(右)。中间球体代表自由体积

分子模拟应用在有机骨架多孔材料中的另一个例子是 COF 材料的制备。2007 年,O. M. Yaghi 研究组在 *Science* 上报道了三维共价有机骨架材料 COF-102、COF-103、COF-105 及 COF-108 的制备及其孔性质研究[126](图 11-27)。其中 COF-102 是由四(4-硼酸苯基)甲烷自聚合制备得到的一种具有 3472m²/g 比表面积的 cnt 拓扑晶体材料。由于该材料的高热稳定性(400℃)及优异的孔性质,将其用于气体存储具有广阔的前景。为此,2009 年 E. Klontzas 研究组报道了用巨正则系综蒙特卡罗模拟系统计算 COF-102 及类 COF-102 结构的一系列材料的储氢性质[139](图 11-28)。该研究组不仅研究了有机骨架从 1 个苯环桥连,增长到 2 个苯环(COF-102-2)、3 个苯环(COF-102-3)桥连这种结构调变对储氢性能的影响,同时还研究了其他种类稠环如萘(COF-102-4)、芘(COF-102-5)对于储氢性能的影响。由于模拟的结构模型均具有与 COF-102 相同的结构(C3N4 网络),所以在对材料储氢性能进行比较后则可以清楚地反映出不同基团改变材料孔道大小及电子分布的影响。研究结果显示,COF-102-3 在 100 个大气压,77K 和 300K 下的储氢量分别为 26.7％和 6.5％(质量分数),在 5 个材料中储氢量最大,而且该材料的储氢量已经达到美国能源部室温存储 6％(质量分数)的标准。

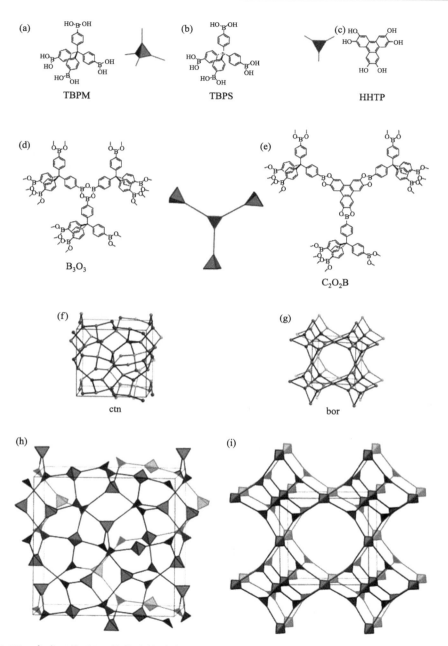

图 11-27 合成三维 COF 的代表性路线。硼酸以四面体结构单元(a,b)和平面三角形单元(c)
表示。以四面体和三角形构筑单元构成的 B_3O_3(d)和 C_2O_2B(e)环,这些构筑单元可以形成
ctn(f)和 bor(g)网络,并形成相应的拓展网络(h,i)

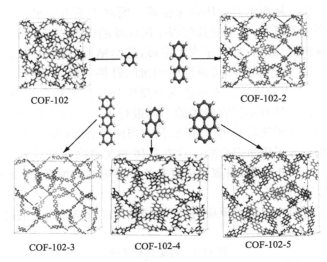

图 11-28　用于构筑 COF 材料的不同的有机基团。利用与 COF-102 同样的拓扑和链接,改变有机基团构建一系列 COF 晶胞,从 COF-102 到 COF-102-5

　　2008 年,Copper 研究组通过模拟计算发现,电荷分离的氟化铵可以加强氢分子与材料之间的相互作用,为此,设计并合成具有裸露的氟取代基团将有利于氢气的物理吸附[140]。他们通过设计模型,理论上计算出了氢气分子与不同芳香骨架、二级和三级氨、含氟的各种氨及氟离子的相互作用能。虽然文中模拟的结构还没有明确的合成路线去制备得到,但是与所设计结构类似的已制备材料符合理论计算的规律。随着有机骨架多孔材料的发展,H. Zhou 研究组合成了大量含有氨基取代基团的材料,这些材料的性能也与之前模拟计算的结果吻合[141,142]。随着合成方法的优选,将有更多的设计结构材料得以制备,而理论计算更是为特定性能材料的设计指明了方向,使材料合成领域的科学家有的放矢。

11.8　有机骨架多孔材料的合成策略

　　有机骨架多孔材料通常利用有机聚合反应将结构构筑单元连接。在聚合过程中,由于多节点结构构筑单元或单体活性基团之间存在一定的刚性夹角,往往迫使聚合物骨架无法紧密堆积,从而产生孔道结构。对于可逆聚合反应来讲,由于单体、聚合物之间在特定条件下可以进行可逆转变,缺陷可以进行一定程度的自我修复,从而给聚合物骨架提供了一定的机会,使其可以按照特定方式组装成有序结构。这种合成策略由于能够获得结晶程度较高的有机骨架多孔材料,如 COFs,因此,对于研究有机骨架多孔材料的结构以及微观结构与宏观性质之间的关系非常重要。但是,由于骨架结构形成的可逆性,得到的材料往往化学稳定性较差,在酸、碱、水体系中不稳定,从而给其应用带来困难。而对于不可逆聚合反应,共价键的断裂与新键的产生不可逆,骨架生长过程中出现缺陷也无法自我修复,所以生成的有机骨架多孔材料往往是长程有序或无定形,这给结构分析和构效关系研究带来了较大困难。但是,由于利用不可逆反应构筑的骨架一般具有较好的物理化学稳定性,在应用研究中十分重要。不可逆聚合反应分为共聚和自聚两种情况。共聚是指两个或两个以上具有不同官能团的单体进行聚合。以两种单体共聚为例,根据唐敖庆教授的高分子统计热力学理论,只有当两种官能团的摩尔比为 1∶1 时才有可能得到高相对分子质量聚合物。这在具体的实验操作上具有一定难度,特别是重复性较差。不同于共聚,自聚只需要关注一种单体的纯度,从而可以简化实验操作,提高结果的重现性。

下面总结了近年来报道的反应,按照不同的合成策略进行分类,以便读者查阅(表 11-1~表 11-3)。

表 11-1　可逆合成策略

反应名称	反应方程式	参考文献
硼酸酯形成	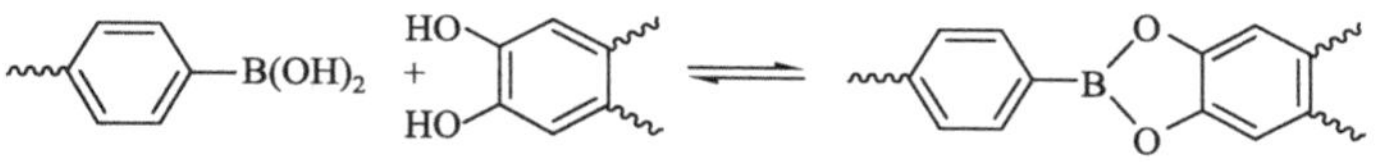	[125,126]
硼酸酐形成	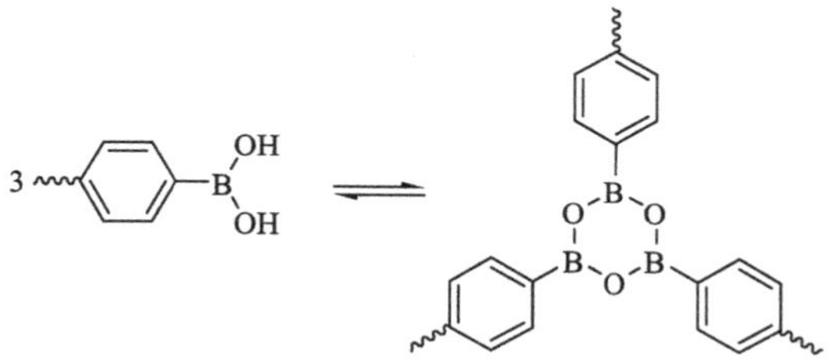	[125,126]
醛胺缩合	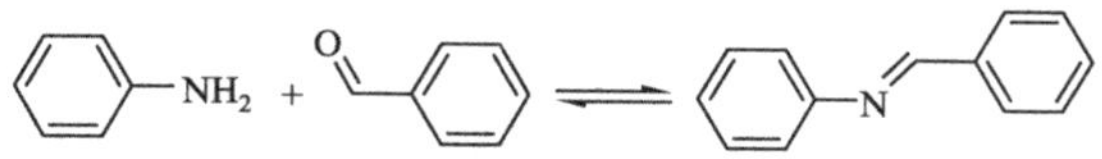	[143]

表 11-2　不可逆共聚合成

反应名称	反应方程式	参考文献
Suzuki 交叉偶联	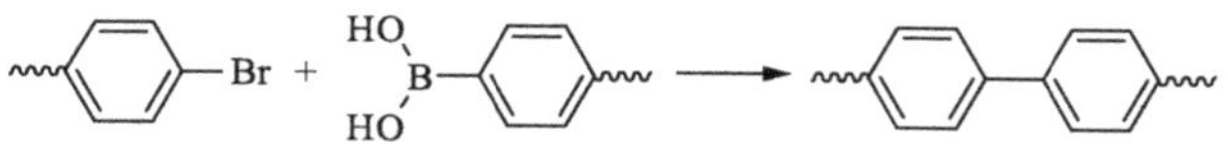	[144]
Sonogashira-Hagihara 交叉偶联	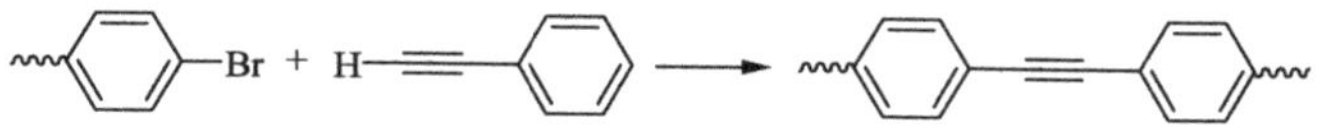	[128,134] [145,146]

反应名称	反应方程式	参考文献
Glasser 交叉偶联		[147]
芳香亲核取代		[148]
酰亚胺形成		[148-152]
酰胺形成		[153]
亚胺形成		[153]
四苯基硅形成		[154]
甲醇形成		[155-157]

表 11-3　不可逆自聚合成

反应名称	反应方程式	参考文献
酞菁的形成		[124,158]
炔基环三聚反应		[124,158]
腈类环三聚反应		[159-163]
Yamamoto 型 Ullmann 偶联		[129,161,164]

11.9　有机骨架多孔材料的孔道表征及性质研究

11.9.1　有机骨架多孔材料的孔道表征方法

多孔材料的最大特点在于其具有"孔",因此,对多孔材料的研究离不开对其孔道的表征。根据 IUPAC 的定义,多孔材料根据其孔径大小可以分为微孔材料

（<2nm）、介孔材料（2～50nm）和大孔材料（>50nm）。气体吸附法是有机骨架多孔材料孔道表征最常用的方法之一。根据测量得到的气体吸附数据，通过选择相应的模型和数学公式可以计算多孔材料的比表面积、孔体积及孔径分布情况等，此外，还可计算得到材料对各种气体的吸附焓及选择性等。由于多孔材料孔道的多样性，至今没有任何模型能够完美地概括所有的孔特征。相反，每种模型或公式均是基于一定的理论假设提出来的，从而具有一定的使用条件与范围。因此，在对多孔材料进行孔道分析时，应根据实际情况选择合适的模型和计算公式，而不能一概而论。

11.9.2　有机骨架多孔材料的吸附性质研究

有机骨架多孔材料的应用领域非常广泛，利用其孔道进行小分子如气体分子的吸附及分离是其非常重要的应用之一。对于吸附性质的研究主要分为化学吸附和物理吸附两方面。化学吸附往往吸附量较大，但由于客体分子与主体骨架材料发生了化学反应，而且这种化学反应通常不可逆，所以材料的脱附过程很困难，另外，脱附过程往往需要提供额外能量，来跨过反应能垒。这要求用来进行化学吸附的材料本身能够承受较高的反应温度，不使材料的结构特别是孔道发生改变。而物理吸附虽然吸附量一般比化学吸附量低，但由于物理吸附过程中，只是利用分子间范德华作用力使客体小分子紧密地排列在主体材料的内外表面，单层吸附饱和后，利用客体分子之间的作用力，填充材料的整个空腔以实现分子存储，所以物理吸附过程往往可逆，脱附过程较易实现。这样，材料可以循环使用，降低了吸附-脱附过程的成本。但是，为了使客体分子可以紧密地排列于材料表面，通常吸附过程均处于客体分子凝固点附近，使客体分子尽可能地占据孔道。例如，氢气分子的吸附温度为 77K，甲烷、二氧化碳的吸附温度为 273K。另外，加压也有利于材料能够充分地占据主体材料的孔道。但是在获得较大物理吸附量的同时，对设备的要求也较高。此外，一些研究中将可以与客体分子发生较强相互作用（一般高于范德华力）的基团引入大孔容材料骨架中，该材料的吸附过程既包括物理吸附，也包括化学吸附。

目前，对于有机骨架多孔材料吸附性质的研究主要集中于对气体二氧化碳、甲烷和氢气的存储方面。关于其对二氧化硫、硫化氢、苯、环己烷、水、碘、药物分子及一些污水中重金属等小分子的吸附研究也有少量报道。基于目前所报道的多孔材料结构与性质的关系研究可知，材料孔道大小与所吸附客体分子大小接近时，二者之间的物理作用力较大，因此，对于小分子如气体分子二氧化碳和甲烷等的吸附主要利用孔道较小的微孔材料（孔径<2nm）进行。通过在二氧化碳动力学直径附近调变孔道大小，可以使二氧化碳及孔壁产生多重相互作用。此策略可以延伸到有机骨架多孔材料对于氢和甲烷的存储研究中。对于无定形多孔聚合物材料孔尺寸

的表征一般较困难,常需要测定气体吸附曲线,模拟出孔径分布。若用动力学直径大于二氧化碳的氮气分子作为探针测试孔径,则一些小孔无法被探测到,因此,采用二氧化碳作为探针分子是更好的测试方法。

小的、具有较强相互作用的孔道的缺点是扩散速度慢。当孔道尺寸接近气体分子的动力学直径时,吸附气体分子时扩散过程变得非常慢,因此,具有等级孔结构将有利于客体传输。对于有机骨架多孔材料,其孔分布一般较宽。在微孔聚合物材料中,常伴有缺陷产生的或颗粒堆积产生的介孔,有利于气体分子的扩散,这成为此种材料的优势。

11.9.2.1　有机骨架多孔材料吸附二氧化碳性能研究

最近,大量研究报道了有机骨架多孔材料的合成与性质[165,166]。其中很多报道是关于有机骨架多孔材料在不同的压力和温度范围内对二氧化碳的吸附研究,而且部分报道的吸附数据为该测试条件下所有已知材料的最高值,接近于燃烧前俘碳或燃烧后俘碳应用中的需求标准。

提高有机骨架多孔材料二氧化碳存储量的方法很多,包括:①通过增加更多吸附剂与吸附质作用位点来提高材料吸附面积;②提高吸附剂与吸附质相互作用能;③设计理想大小的二氧化碳吸附孔道,使相对于其他客体组分,材料更易于吸附二氧化碳。

部分有机骨架多孔材料具有较大的比表面积和物理化学稳定性,是非常有前景的俘碳材料。最近报道的有机骨架多孔材料 PPN-4,比表面积高达 $6460m^2/g$[166],此材料在高压下具有非常高的二氧化碳储量,在 295K,50 个大气压下接近饱和;另外一种具有高比表面积的材料 PAF-1($5640m^2/g$)在 298K,40 个大气压下的二氧化碳吸附量为 29.55mmol/g。这些数据均在高压下测试得到,更接近于燃烧前俘碳过程的操作条件。但是,在 1 个大气压下,与其他有机骨架多孔材料相比,PAF-1 的吸附量相对较低[167]。其他比表面积高于 $3000m^2/g$ 的有机骨架多孔材料,无论是否在高压吸附下具有很高的吸附量,其在 1 个大气压下的吸附量均不理想[168-170]。这可能是因为这些材料的骨架较为空旷,与二氧化碳分子相互作用能较低,在常压下无法达到饱和吸附状态。

HCP 材料在燃烧前俘碳及燃烧后俘碳过程中的俘碳能力也有报道。比表面积高于 $1500m^2/g$ 的 HCP 在 30 个大气压,298K 下的二氧化碳吸附量为 13.3mmol/g。但其在 1 个大气压,298K 下的二氧化碳吸附量很低,仅为 1.7mmol/g[171]。

其他用 Yamamoto 偶联得到的有机骨架多孔材料也具有高比表面积,但其低压吸附二氧化碳的性质均不佳。例如,由金刚烷为结构单元得到的材料在 1.13 个大气压,298K 下的二氧化碳吸附量为 1.72mmol/g[169];以三蝶烯为结构单元构筑的 STP-11 在 1.13 个大气压,273K 下的二氧化碳吸附量为 4.14mmol/g[172]。PAF-1 材料由于具有超高比表面积及高物理化学稳定性,在高压二氧化碳吸附方面有优异的表现(在 298K,40 个大气压下为 1300mg/g)。但是,由于该材料由碳氢两种元素构成,与二氧化碳相互作用能力较弱,其低压二氧化碳吸附能力较差。为了在保留 PAF-1 优势的基础上发展 PAF 材料常压二氧化碳吸附能力,该研究组又设计合成了与 PAF-1 具有相同 dia 拓扑的 PAF-3 和 PAF-4 材料。这两种材料中分别引入了硅元素和锗元素。杂原子的引入使材料与二氧化碳分子的相互作用力显著提高,PAF-3 的吸附焓比 PAF-1 增加了 25%,常压 273K 下 PAF-3 和 PAF-4 的二氧化碳吸附量分别提高至 15.3% 和 10.7%(质量分数)[169]。此外,一种含氮的富电子 JUC-Z2 材料的设计也使材料的二氧化碳吸附能力明显增强。

有报道指出,可以通过化学修饰有机骨架多孔材料以提高其吸附焓,从而增加此材料在常压下的二氧化碳吸附量。通过不同官能团修饰 CMP 材料可以观测到其吸附焓的变化。将未修饰的 CMP-1 材料与含羟基、氨基、羧基及甲基的 CMP 材料进行比较发现(合成路线见图 11-29)[173],极性基团,即羧基、氨基和羟基修饰的 CMP 材料 CMP-1-COOH、CMP-1-NH$_2$ 和 CMP-1-(OH)$_2$ 吸附焓增加,而非极性甲基修饰的材料 CMP-1-(CH$_3$)$_2$ 吸附焓没有增加。CMP-1-(CH$_3$)$_2$ 及 CMP-1 在 298K,1 个大气压下二氧化碳吸附量分别为 0.94mmol/g 和 1.18mmol/g。CMP-1-COOH 的吸附焓(33kJ/mol)比 CMP-1(27kJ/mol)高 6kJ/mol。但是,由于材料比表面积下降了 38%,所以二氧化碳的吸附量并没有增加。因此,制备具有足够孔体积的官能化修饰的有机骨架多孔材料,从而增加吸附焓对于常压下提高吸附量非常有用[174]。

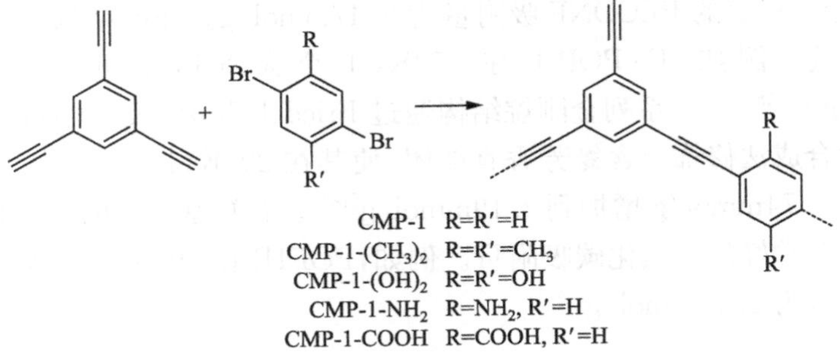

CMP-1 R=R′=H
CMP-1-(CH$_3$)$_2$ R=R′=CH$_3$
CMP-1-(OH)$_2$ R=R′=OH
CMP-1-NH$_2$ R=NH$_2$,R′=H
CMP-1-COOH R=COOH,R′=H

图 11-29 CMP-1 及功能化 CMP-1 的合成示意图

在具有高比表面积及孔隙率的骨架结构基础上,通过官能化修饰提高主客体间相互作用可以最大化提高二氧化碳储量。PPN-6(即 PAF-1,由 Zhou 研究组重复制备)是具有 4023m^2/g 比表面积的材料,将其磺酸化后(合成路线见图 11-30)

比表面积变为 1254m²/g。但是,在相同条件下(295K,1 个大气压)其二氧化碳吸附量从 PPN-6 的 1.16mmol/g 增加到极性更强的 PPN-6-SO₃H 材料的 3.60mmol/g[175]。此二氧化碳吸附量的增加归因于吸附焓从 17kJ/mol 增加到 30.4kJ/mol。将磺酸化材料制备成磺酸锂材料后常压二氧化碳吸附量和吸附焓有了更大的增加(3.70mmol/g,35.7kJ/mol)。Zhou 研究组进一步对 PPN-6 进行了氨基修饰[141],得到的 PPN-6-CH₂DETA 的比表面积显著下降,从 4023m²/g 降至 555m²/g,但其常压二氧化碳吸附量显著增加,在 295K,1 个大气压下为 4.30mmol/g,达到目前有机骨架多孔材料中此条件下的最大值。

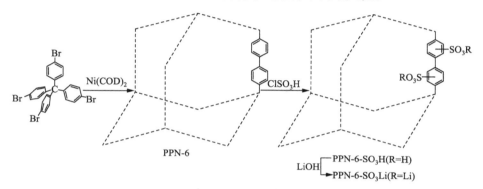

图 11-30　磺酸化 PPN-6 的合成路径

此外,有报道显示,通过在有机骨架多孔材料中引入多个氮原子,可以提高二氧化碳的常压吸附量[176-179]。由苯并咪唑构筑的 BILP 系列材料展现了非常高的常压二氧化碳存储量,例如,BILP-4 在 1 个大气压,298K 下的二氧化碳存储量为 3.59mmol/g。报道的 PECONF 吸附量为 2.47mmol/g。卟啉结构也具有高二氧化碳吸附量。例如,Fe-POP-1 在 273K,1 个大气压下可吸附二氧化碳 4.30mmol/g[180,181]。一系列金刚烷结构通过 Friedel-Crafts 反应制备得到的网络结构通过后合成法修饰上含氮芳香官能团,使其在 298K,1 个大气压下的二氧化碳吸附量从 1.74mmol/g 增加到 2.19mmol/g[182]。含羟基结构的有机骨架多孔材料也展现了非常好的二氧化碳吸附量。例如,POF1B 在 298K,1 个大气压下的二氧化碳吸附量为 2.14mmol/g[183]。

11.9.2.2　有机骨架多孔材料的储氢性能研究

近年来,对清洁能源氢气及天然气替代传统化石燃料能源的研究越来越多。利用物理吸附存储这两种气体的材料,如分子筛、碳材料、金属有机骨架化合物及有机骨架多孔材料也备受关注。但由于在常温下氢气储量较小,因此,MOF 材料作为储氢材料面临很大的困难。

　　微孔有机骨架材料有望解决储氢问题。目前已经报道的由 C—C,C—H,C—N 键构成的 COFs 材料具有较高的比表面积,但其物理化学稳定性仍有待提高;其他的有机骨架材料比表面积比较低,直到裘式纶研究组报道了 PAF-1,其比表面积 (Langmuir 比表面积为 $7100m^2/g$)超越了之前报道的材料。PAF-1 的高比表面积使其具有高气体存储性能,此外,PAF-1 还具有高热稳定性及水热稳定性。但其与气体分子弱的相互作用限制了气体吸附的操作温度(77K)和总的气体吸附量。增加材料在常温下的储氢量,提高氢气吸附焓是一个重要的策略。计算表明,最适于室温下储氢材料的相应吸附焓为 15~20kJ/mol。通过引入官能团,形成敞开的吸附位点,并进一步掺杂纳米粒子制备新型多孔复合材料,可以增加材料对氢气的吸附焓。锂代 PAF-1(Li-PAF-1)(合成路线见图 11-31)活化了 PAF 孔道,其低压氢气、甲烷和二氧化碳吸附量分别比 PAF-1 增加了 22%、71% 和 320%[184]。氢气吸附量的增加归因于锂代后吸附焓增加了 3.5kJ/mol;高压下 Li-PAF-1 仍然有比 PAF-1 更大的氢气储量是由于表面离域电荷的作用。在通过对材料锂代提高氢气吸附能力的研究中,TIMTAM 模式理论[185,186]计算可以得出最优孔道结构和 Li-PAF-1 结构中 Li 的填充度,此外,TIMTAM 方法也可以用来研究 PAF 及锂代物的孔径。标记势能分布情况可以测得材料中气体是以高密度吸附形式存在还是以压缩堆积形式存在。结果显示,PAF-1 中的联苯结构单元在线形连接基元中,提供了最佳的吸附客体自由体积。这个模拟显示,5% Li-PAF-1 中 30% 的孔体积可以填充高密度的吸附相气体,这是 Li-PAF-1 拥有如此强吸附能力的原因。5% Li-PAF-1 在 77K,1.2 个大气压下的氢气吸附量为 2.7%(质量分数),几乎是已报道的锂掺杂材料作为吸附剂的最大吸附量。而且为了验证实验结果,对未活化的锂代 PAF-1 及锂代萘均进行了氢气吸附研究。与 PAF-1 相比,5% Li-PAF-1 的气体吸附量增加了 22%。吸附焓的测试可以用来研究吸附能力,所有锂代材料的吸附焓均比 PAF-1 高,其中最大的吸附焓为 9kJ/mol,与其他锂代材料通常的吸附焓数值很接近。5% Li-PAF-1 的吸附焓比未锂化的 PAF-1 高 2kJ/mol。5% Li-PAF-1 中碳被还原,产生非定域阴离子,因此具有高的氢气吸附能力,类似于不

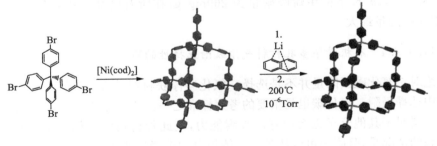

图 11-31　Li-PAF-1 的合成路线

饱和金属中心的阳离子。还原的锂代物在 273K 下的 CO_2 吸附量也明显多于 PAF-1。5% Li-PAF-1 在 273K,1.22 个大气压下的 CO_2 吸附量为 8.99mmol/g,这在当时已报道的材料中,CO_2 吸附量最大。5% Li-PAF-1 的高比表面积使其在高压下 CO_2 吸附量也很高,超过其他材料。

11.9.2.3　有机骨架多孔材料储甲烷性能研究

天然气的主要成分是甲烷,其储量非常巨大,特别是近年来发现海洋中大量存在的可燃冰,其为甲烷的特殊形态。能否安全经济地存储甲烷成为目前急需解决的问题。利用多孔材料物理吸附甲烷是一种有效的解决途径。这种方法可以在较低的操作压力(35～40 个大气压)下提供与压缩气体相似的能量密度。美国能源部提出的甲烷存储目标为 35 个大气压,298K 下存储 $180v/v$。用质量存储量进行计算,目前已有 MOF 材料可以达到甚至超过此标准,而且一些活性炭材料也可达到此标准。但是,由于堆积密度低,换算成体积存储量,仍距离目标有一定的差距。而且对于 MOF 材料,其稳定性也是需面对的挑战。例如,MOF-5 材料在空气中遇水会被破坏[187];活性炭材料的稳定性很好,但是该材料的再生有一定的困难。美国能源部只提供了吸附量的标准,实际操作中还要考虑材料的甲烷释放速度、循环利用性等因素。因此,设计合成新型多孔材料非常有必要。

有机骨架多孔材料对于甲烷存储有几大优点:①有机骨架多孔材料的构筑元素都是轻元素;②通过选择不同的合成反应,利用具有不同取代基团的单体可以制备多种材料,且更方便引入加强吸附能力的官能团;③聚合物具有高物理化学稳定性,而且聚合物材料的制备过程可以很容易地重复进行,这是活性炭材料很难实现的。通过选择特定的反应单体,可以很容易地制备特殊性质的多孔材料。以对二氯甲基苯和对二氯甲基联苯为单体共聚得到的多孔有机聚合物在 298K,20 个大气压下可以吸附甲烷 $116cm^3/g$。以二氯甲基联苯为单体自聚合得到的多孔有机聚合物在 298K,20 个大气压下可以吸附甲烷 $103cm^3/g$,当提高压强到 36 个大气压时可吸附甲烷 $123cm^3/g$,100 个大气压时可吸附甲烷 $148cm^3/g$[188]。PPN-4 在 55 个大气压,295K 下的甲烷吸附量为 269mg/g,在所有已知有机骨架多孔材料中,甲烷吸附量最大。

11.9.2.4　有机骨架多孔材料气体吸附选择性的研究

绝对二氧化碳吸附量并不是选择二氧化碳俘获材料的唯一标准,从其他客体分子中选择吸附二氧化碳也是重要的考察标准之一。若一种具有高二氧化碳吸附量的材料对于其他分子也有很好的吸附能力,则此种材料的工作效率将低很多。很理想的情况是,吸附剂可以从各种气体组分中选择性吸附二氧化碳。由于测试混合气体吸附量很困难,因此,开发出了多种从纯组分气体吸附曲线计算选择性的方法。其中最简单的是用各组分气体在分压下的吸附量直接相除来计算选择性。例如,用 0.15 个大气压下的二氧化碳吸附量除以 0.85 个大气压下的氮气吸附量得到燃烧后俘碳中 CO_2/N_2 的选择性。此外,采用低吸附量时,吸附量符合亨利定律时的数据进行计算,是更为准确的方法。这种用于 IAST 方法中的计算[189],对于许多多孔材料,其结果与混合气体的选择性结果可以更好地吻合[190,191]。许多有机骨架多孔材料均用于 CO_2/N_2 选择性的计算。在 BILP 系列材料中,通过亨利定律计算,BILP-2 具有最高的选择性($CO_2/N_2 = 71:1$,298K)。但是,BILP 材料中具有最高二氧化碳吸附量的材料却具有最低的选择性($CO_2/N_2 = 32:1$)。在 PECONF 系列材料及 HCP 材料[192]中也观察到相同的结果。事实上,在绝对吸附量和选择性间存在一个平衡,即具有高吸附量的材料具有低选择性。但是这一趋势并不适用于所有材料,如具有高比表面积及高吸附焓的材料——磺酸化和氨基取代 PPN-6 材料,其同时具有高二氧化碳吸附量、高选择性及高物理化学稳定性。

燃烧后的俘碳过程需要更多地考虑烟道气中二氧化硫和水的影响。这些竞争吸附质会阻塞吸附位点,减少二氧化碳的吸附量。事实上,一些多孔材料如 MOF,在有水存在的情况下,二氧化碳的吸附量增加,一些材料则相反[193,194]。报道表明,极性官能团修饰的 HCP,其吸附的二氧化碳与水竞争[195]。这说明在干燥理想状态下测试的二氧化碳吸附量并不能完全反映材料在真正烟道气中吸附二氧化碳的应用情况。

燃烧前俘碳过程从氢气中分离二氧化碳的研究比燃烧后俘碳过程少,因为常温下氢气吸附量的报道比较少。由 4,4-二(氯甲基)-1,1-联苯通过 Friedel-Crafts 反应制备得到的 HCP 材料在 298K,30 个大气压下的氢气、二氧化碳吸附量均有报道。在该条件下,通过二氧化碳吸附量除以氢气吸附量计算得到 CO_2/H_2 选择性为 587。通过 298K,30 个大气压和 100 个大气压下的气体吸附量,可以计算出 30 个大气压下 COP-1 材料的 CO_2/H_2 选择性为 465,COP-2 材料的选择性为 2231。当压力提高到 100 个大气压时,COP-1 及 COP-2 的选择性分别增加到 1031 及 10 480[196]。

11.10　存在的问题和展望

金属有机与有机骨架多孔材料发展至今,已经积累了大量的材料样本,可以对材料结构和性能之间的关系进行总结。并在此基础上,正在向着以特定性能为导向,设计出并定向合成出金属有机与有机骨架多孔材料的方向前进。已经有很多具有潜在优异性质的新结构被计算机模拟设计出来,但是,目前的合成制备水平往往落后于人们的期望,对于合成制备方法学的研究是该领域的一个重大挑战。

另外,目前所报道的材料均存在着结构稳定性以及制备成本的问题。尽管金属有机与有机骨架多孔材料的出现丰富了多孔材料的种类,促进了多孔材料学科的发展。但是,材料成本仍然是该材料能真正实现应用的瓶颈。如何降低材料成本目前也是亟待解决的问题。

　　虽然金属有机与有机骨架多孔材料目前面临着许多挑战,但是该材料毋庸置疑是近年研究最为活跃的高端材料。这一充满机遇和挑战的领域必将吸引更多的目光,并推动纳米科学、化学、物理、材料学、能源和环境等领域相关学科的发展。

参 考 文 献

[1] Champness N R, Schrödr M. Science, 1998, 3: 419-424.

[2] Sun T, Ying J Y. Nature, 1997, 389: 704-706.

[3] Baur W H. Nature Mater, 2003, 2: 17-18.

[4] Wirnsberger G, Yang P, Scott B J, et al. Spectro-Chim Acta A, 2001, 57: 2049-2060.

[5] Batten S R, Robson R. Angew Chem Int Ed, 1998, 37: 1460-1494.

[6] Tian Y Q, Cai C X, Ji Y, et al. Angew Chem Int Ed, 2002, 41: 1384-1386.

[7] Furukawa H, Ko N, Go Y B, et al. Science, 2010, 329: 424-428.

[8] Farha O K, Yazaydin A Ö, Eryazici I, et al. Nature Chem, 2010, 2: 944-948.

[9] Graddon D P. An Introduction to Coordination Chemistry. Oxford: Pergamon Press, 1997: 4127-4133.

[10] Bruser H J, Schwarzenbach D, Petter W, et al. Inorg Chem, 1977, 16: 2704-2710.

[11] Iwamoto T. Comprehensive Supramolecular Chemistry. Oxford: Elsevier, 1996, 6: 643.

[12] Ockwig N W, Delgado-Friedrichs O, O'Keeffe M, et al. Acc Chem Res, 2005, 38: 176-182.

[13] Chui S S-Y, Lo S M F, Charmant J P H, et al. Science, 1999, 283: 1148-1150.

[14] Li H L, Eddaoudi M, O'Keeffe M, et al. Nature, 1999, 402: 276-279.

[15] Eddaoudi M, Kim J, Rsi N, et al. Science, 2002, 295: 469-472.

[16] Serre C, Millange F, Surblé S, et al. Angew Chem Int Ed, 2004, 43: 6285-6289.

[17] Dziobkowski C T, Wrobleski T J, Brown D B, et al. Inorg Chem, 1980, 20: 671-678.

[18] Cannon R D, White R P. Chemical and Physical Properties of Trinuclear Bridged Metal Complexes. New York: John Wiley and Sons Inc Press, 1987: 195-298.

[19] Draznieks C M, Dutour J, Férey G. Angew Chem Int Ed, 2004, 43: 6290-6296.

[20] Draznieks C M, Férey G, Schön C, et al. Chem Eur J, 2002, 8: 4102-4113.

[21] Draznieks C M, Newsam J M, Gorman A M, et al. Angew Chem Int Ed, 2000, 39: 2270-2275.

[22] Draznieks C M, Girard S, Férey G, et al. J Am Chem Soc, 2002, 124: 15326-15335.

[23] San Diego. Polymorph Predictor is available in the Cerius² Program suite from Accelrys. USA and Cambridge, UK.

[24] Férey G, Serre C, Draznieks C M, et al. Angew Chem Int Ed, 2004, 43: 6296-6301.

[25] Férey G, Draznieks C M, Serre C, et al. Science, 2005, 309: 2040-2042.

[26] Huang X C, Lin Y Y, Zhang J P, et al. Angew Chem Int Ed, 2006, 45: 1557-1559.

[27] Fang Q R, Zhu G S, Jin Z, et al. Angew Chem Int Ed, 2006, 45: 6126-6130.

[28] Feng D, Gu Z, Li J, et al. Angew Chem Int Ed, 2012, 124: 10453-10456.

[29] Yazaydin A O, Snurr R Q, Park T H, et al. J Am Chem Soc, 2009, 131: 18198-18199.

[30] Wells A F. Three Dimensional Nets and Polyhedra. New York: Wiley, 1977.

［31］Wells A F. Structrual Inorganic Chemistry. 5th Ed. Oxford: Oxford University Press, 1983.

［32］Hoskins B F, Robson R. J Am Chem Soc, 1989, 111: 5962-5964.

［33］Fleischer B, Shachter A M. Inorg Chem, 1991, 30: 3763-3769.

［34］Neels A, Neels B M, Stoeckli-Evans H, et al. Inorg Chem, 1997, 36: 3402-3409.

［35］Wang Q M, Guo G C, Mak T C W, et al. Chem Commun, 1999: 1849-1850.

［36］Withersby M A, Blake A J, Champness N R, et al. J Am Chem Soc, 2000, 122: 4044-4046.

［37］Chen Z F, Xiong R G, Zheng J J, et al. Chem Soc, Dalton Tran, 2000, 22: 4010-4012.

［38］Biradha K, Mondal A, Moulton B, et al. Dalton Trans, 2000, 21: 3837-3844.

［39］Soma T, Iwamoto T. Acta Crystallogr, 1996, C52: 1200-1203.

［40］Robinson F, Zaworotko M J. J Chem Soc Chem Commun, 1995: 2413-2414.

［41］Eddaoudi M, Moler D, Li H L, et al. Acc Chem Res, 2001, 34: 319-330.

［42］Gudbjartson H, Biradha K, Poirier K M, et al. J Am Chem Soc, 1999, 121: 2599-2600.

［43］Munakata M, Wu L P, Kuroda-Sowa T, et al. Adv Inorg Chem, 1998, 46: 173-303.

［44］O'Keeffe M, Yaghi O M. Chem Rev, 2012, 112: 675-702.

［45］Xue M, Zhu G S, Li Y X, et al. Cryst Growth Des, 2008, 8: 2478-2483.

［46］Hoskins B F, Robson R. J Am Chem Soc, 1990, 112: 1546-1554.

［47］Cheetham A K, Ferey G, Loiseau T, et al. Angew Chem Int Ed, 1999, 38: 3268-3292.

［48］Cundy C S, Cox P A. Chem Rev, 2003, 103: 663-702.

［49］Fang Q R, Zhu G S, Xue M, et al. Cryst Growth Des, 2008, 8: 319-329.

［50］Ni Z, Masel R I. J Am Chem Soc, 2006, 128: 12394-12395.

［51］Mueller U, Puetter H, Hesse M, et al. Electrochemical synthesis of crystalline porous metal-organic frameworks. Europe, WO Patent No. 2005/049892. 2005-06-02.

［52］Bang J H, Suslick K S. Adv Mater, 2010, 22: 1039-1059.

［53］Fillion H, Luche J L. //Luche J-L. Synthetic Organic Sonochemistry. New York: Plenum Press, 1998.

［54］Pichon A, Lazuen-Garay A, James S L. CrystEngComm, 2006, 8: 211-214.

［55］Schubert M, Müller U, Tonigold M, et al. Method for producing organometallic framework materials containing main group metal ions. Europe, WO Patent No. 2007/023134A1. 2007-01-03.

［56］Schubert M, Müller U, Mattenheimer H, et al. Mesoporous metal-organic framework. Europe, WO, 2007/023119. 2007-01-03.

［57］Jhung S H, Chang J S. Porous organic-inorganic hybrid materials with crystallinity and method for preparing thereof. KR Patent No. 0627634; JP Patent No. 4610531. 2006.

［58］Chang J S, Hwang Y K, Jhung S H, et al. KR Patent No. 0803945.

［59］Chang J S, Hwang Y K, Jhung S H, et al. A method for preparing porous organic-inorganic hybrid materials, porous organic-inorganic hybrid materials obtained by the method and catalytic uses of the materials. Europe, WO Patent No. 2008/066293A1. 2008-05-06.

［60］Czaja A U, Trukhan N, Müller U. Chem Soc Rev, 2009, 38: 1284-1293.

［61］Seo Y K, Yoon J W, Lee J S, et al. Microporous Mesoporous Mater, 2012, 157: 137-145.

［62］Wang Q M, Shen D, Bülow M, et al. Microporous Mesoporous Mater, 2002, 55: 217-230.

［63］Müller U, Schubert M, Teich F, et al. J Mater Chem, 2006, 16: 626-636.

［64］Sakintuna B, Lamari-Darkrimb F, Hirscher M. Int J Hydrogen Energy, 2007, 32: 1121-1140.

［65］Schuth F, Bogdanovic B, Felderhoff M. Chem Commun, 2004: 2249-2258.

[66] Orimo S, Nakamori Y, Eliseo J R, et al. Chem Rev, 2007, 107: 4111-4132.

[67] Grochala W, Edwards P P. Chem Rev, 2004, 104: 1283-1316.

[68] Christensen C H, Sørensen R Z, Johannessen T, et al. J Mater Chem, 2005, 15: 4106-4108.

[69] Hugle T, Hartl M, Lentz D. Chem-Eur J, 2011, 17: 10184-10207.

[70] Alcaraz G, Sabo-EtienneS. Angew Chem Int Ed, 2010, 49: 7170-7179.

[71] Hamilton C W, Baker R T, Staubitz A. Chem Soc Rev, 2009, 38: 279-293.

[72] Zhang Y H. P Int J Hydrogen Energy, 2010, 35: 10334-10343.

[73] Struzhkin V V, Militzer B, Mao W L, et al. J Chem Rev, 2007, 107: 4133-4151.

[74] Chen J, Wu F. Appl Phys A: Mater Sci Process, 2004, 78: 989-994.

[75] McKeown N B, Budd P M. Chem Soc Rev, 2006, 35: 675-683.

[76] Cheng H M, Yang Q H, Liu C. Carbon, 2001, 39: 1447-1454.

[77] Baughman R H, Zakhidov A A, de Heer W A. Science, 2002, 297: 787-792.

[78] Strobel R, Garche J, Moseley P T, et al. J Power Sources, 2006, 159: 781-801.

[79] Rosi N L, Eckert J, Eddaoudi M, et al. Science, 2003, 300: 1127-1129.

[80] Wong-Foy A G, Matzger A J, Yaghi O M. J Am Chem Soc, 2006, 128: 3494-3495.

[81] Qiu S, Zhu G. Coordin Chem Rev, 2009, 253: 2891-2911.

[82] Spencer E C, Howard J A K, McIntyre G J, et al. Chem Commun, 2006: 278-308.

[83] Mulder F M, Dingemans T J, Wagemaker M, et al. Chem Phys, 2005, 317: 113-118.

[84] Bordiga S, Vitillo J G, Ricchiardi G, et al. J Phys Chem B, 2005, 109: 18237-18242.

[85] Khan N A, Haque Md M, Jhung S H. Eur J Inorg Chem, 2010: 4975-4981.

[86] Rowsell J L C, Yaghi O M. Angew Chem Int Ed, 2005, 44: 4670-4679.

[87] Suh M P, Park H J, Prasad T K, et al. Chem Rev, 2012, 112: 782-835.

[88] Ma S Q, Sun D F, Ambrogio M, et al. J Am Chem Soc, 2007, 129: 1858-1859.

[89] Dinca M, Long J R. Angew Chem Int Ed, 2008, 47: 6766-6779.

[90] Dinca M, Long J R. J Am Chem Soc, 2007, 129: 11172-11176.

[91] Kondo M, Okubo T, Asami A, et al. Angew Chem Int Ed, 1999, 38: 140-143.

[92] Noro S, Kitagawa S, Kondo M, et al. Angew Chem Int Ed, 2000, 39: 2082-2084.

[93] Ma S Q, Sun D F, Simmons J M, et al. J Am Chem Soc, 2008, 130: 1012-1016.

[94] Goeppert A, Czaun M, Surya Prakash G K, et al. Energy Environ Sci, 2012, 5: 7833-7853.

[95] Rochelle G T. Science, 2009, 325: 1652-1654.

[96] Haszeldine R S. Science, 2009, 325: 1647-1652.

[97] D' Alessandro D, Smit B, Long J R. Angew Chem Int Ed, 2010, 49: 6058-6082.

[98] Samanta A, Zhao A, Shimizu G K H, et al. Ind Eng Chem Res, 2012, 51: 1438-1463.

[99] Wang Q, Luo J, Zhong Z, et al. Energy Environ Sci, 2011, 4: 42-55.

[100] Drage T C, Snape C E, Stevens L A, et al. J Mater Chem, 2012, 22: 2815-2823.

[101] Hedin N, Chen L, Laaksonen A. Nanoscale, 2010, 2: 1819-1841.

[102] Sumida K, Rogow D L, Mason J A, et al. Chem Rev, 2012, 112: 724-781.

[103] Choi S, Drese J H, Jones C W. Chem Sus Chem, 2009, 2: 796-854.

[104] Bae Y, Snurr R Q. Angew Chem Int Ed, 2011, 50: 11586-11596.

[105] Akhtar F, Liu Q, Hedin N, et al. Energy Environ Sci, 2012, 5: 7664-7673.

[106] Qi G, Fu L, Choi B H, et al. Energy Environ Sci, 2012, 5: 7368-7375.

[107] Xing W, Liu C, Zhou Z, et al. Energy Environ Sci, 2012, 5: 7323-7327.

[108] Dawson R, Cooper A I, Adams D J. Prog Polym Sci, 2012, 37: 530-563.

[109] Millward A R, Yaghi O M. J Am Chem Soc, 2005, 127: 17998-17999.

[110] Kulprathipanja S. Zeolites in Industrial Separation and Catalysis. KGaA, Weinheim: Wiley-VCH Verlag GmbH & Co, 2010.

[111] Loureiro J M, Kartel M T. Combined and Hybrid Adsorbents: Fundamentals and Applications. Netherlands: Springer, 2006.

[112] Pan L, Parker B, Huang X Y, et al. J Am Chem Soc, 2006, 128: 4180-4181.

[113] Pan L, Olson D H, Ciemnolonski L R, et al. Angew Chem Int Ed, 2006, 45: 616-619.

[114] Chen B L, Liang C D, Yang J, et al. Angew Chem Int Ed, 2006, 45: 1390-1393.

[115] Matsuda R, Kitaura R, Kitagawa S, et al. Nature, 2005, 436: 238-241.

[116] Seo J S, Whang D, Lee H, et al. Nature, 2000, 404: 982-986.

[117] Dybtsev D N, Nuzhdin A L, Chun H, et al. Angew Chem Int Ed, 2006, 45: 916-920.

[118] Yoo Y, Jeong H K. Chem Commun, 2008, 21: 2441-2443.

[119] Yoo Y, Lai Z P, Jeong H K. Microporous Mesoporous Mater, 2009, 123: 100-106.

[120] Gascon J, Kapteijn F. Angew Chem Int Ed, 2010, 49: 1530-1532.

[121] DenExter M J, VanBekkum H, Rijn C J M, et al. Zeolites, 1997, 19: 13-20.

[122] Guo H L, Zhu G S, Hewitt I J, et al. J Am Chem Soc, 2009, 131: 1646-1647.

[123] Kang Z X, Xue M, Fan L L, et al. Chem Commun, 2013, 49: 10569-10571.

[124] McKeown N B, Makhseed S, Budd P M. Chem Commun, 2002: 2780-2781.

[125] CôtéA P, Benin A I, Ockwig N W, et al. Science, 2005, 310: 1166-1170.

[126] El-Kaderi H M, Hunt J R, Medoza-Cortés J L, et al. Science, 2007, 316: 268-272.

[127] Ahn J H, Jang J E, Oh C G, et al. Macromolecules, 2006, 39: 627-632.

[128] Jiang J, Su F, Trewin A, et al. Angew Chem Int Ed, 2007, 46: 8574-8578.

[129] Ben T, Ren H, Ma S, et al. Angew Chem Int Ed, 2009, 48: 9457-9460.

[130] Feng X, Liu L, Honsho Y, et al. Angew Chem Int Ed, 2012, 51: 2618-2622.

[131] Peng Y, Ben T, Xu J, et al. Dalton Trans, 2011, 40: 2720-2724.

[132] Yamamoto T. Bull Chem Soc Jpn, 1999, 72: 621-638.

[133] Zhou G, Baumgarten M, Müllen K. J Am Chem Soc, 2007, 129: 12211-12221.

[134] Jiang J X, Su F, Trewin A, et al. J Am Chem Soc, 2008, 130: 7710-7720.

[135] Lan J, Cao D, Wang W, et al. J Phys Chem Lett, 2010, 1: 978-981.

[136] Yuan Y, Sun F, Ren H, et al. Chem, 2011, 21: 13498-13502.

[137] Sun Y, Ben T, Wang L, et al. J Phys Chem Lett, 2010, 1: 2753-2756.

[138] Babarao R, Dai S, Jiang D. Langmuir, 2011, 27: 3451-3460.

[139] Klontzas E, Tylianakis E, Froudakis G E. Nano Lett, 2010, 10: 452-454.

[140] Trewin A, Darling G R, Cooper A I. New J Chem, 2008, 32: 17-20.

[141] Lu W, Sculley J P, Yuan D, et al. Angew Chem Int Ed, 2012, 57: 7480-7484.

[142] Lu W, Sculley J P, Yuan D, et al. J Phys Chem C, 2013, 117: 4057-4061.

[143] Uribe-Romo F J, Hunt J R, Furukawa H, et al. J Am Chem Soc, 2009, 131: 4570-4571.

[144] WeberJ, Thomas A. J Am Chem Soc, 2008, 130: 6334-6335.

[145] Stockel E, Wu X F, Trewin A, et al. Chem Commun, 2009: 212-214.

[146] Jiang J X, Trewin A, Su F B, et al. Macromolecules, 2009, 42: 2658-2666.

[147] Jiang J X, Su F B, Niu H, et al. Chem Commun, 2008: 486-488.

[148] Budd P M, Ghanem B S, Makhseed S, et al. Chem Commun, 2004: 230-231.

[149] Ghanem B S, McKeown N B, Budd P M, et al. Macromolecules, 2009, 42: 7881-7888.

[150] Ghanem B S, McKeown N B, Budd P M, et al. Adv Mater, 2008, 20: 2766-2771.

[151] Weber J, Su O, Antonietti M, et al. Macromol Rapid Commun, 2007, 28: 1871-1876.

[152] Ritter N, Antonietti M, Thomas A, et al. Macromolecules, 2009, 42: 8017-8020.

[153] Mckeown N B, Budd P M. Macromolecules, 2010, 43: 5163-5176.

[154] Rose M, Bohlmann W, Sabo M, et al. Chem Commun, 2008: 2462-2464.

[155] Urban C, McCord E F, Webster O W, et al. Chem Mater, 1995, 7: 1325-13332.

[156] Webster O W, Gentry F P, Farlee R D, et al. Smart Chem Macromol Symp, 1992, 54/55: 477.

[157] Webster O W, Gentry F P, Farlee R D, et al. Sci Pure Appl Chem, 1994, A31: 935-942.

[158] Maffei A V, Budd P M, McKeown N B. Langmuir, 2006, 22: 4225-4229.

[159] ZhangB F, Wang Z G. Chem Commun, 2009: 5027-5029.

[160] Kuhn P, Forget A, Su D S, et al. J Am Chem Soc, 2008, 130: 13333-13337.

[161] Kuhn P, Thomas A, Antonietti M. Macromolecules, 2009, 42: 319-326.

[162] Ren H, Ben T, Wang E S, et al. Chem Commun, 2009, 46: 291-293.

[163] Zhang Y G, Riduan S N, Ying J Y. Chem Eur J, 2009, 15: 1077-1081.

[164] Kuhn P, Antonietti M, Thomas A. Angew Chem Int Ed, 2008, 47: 3450-3453.

[165] Holst J R, Cooper A I. Adv Mater, 2010, 22: 5212-5216.

[166] Yuan D, Lu W, Zhao D, et al. Adv Mater, 2011, 23: 3723-3725.

[167] Ben T, Pei C, Zhang D, et al. Energy Environ Sci, 2011, 4: 3991-3999.

[168] Furukawa H, Yaghi O M. J Am Chem Soc, 2009, 131: 8875-8883.

[169] Holst J R, Stöckel E, Adams D J, et al. Macromolecules, 2010, 43: 8531-8538.

[170] Lu W, Yuan D, Zhao D, et al. Chem Mater, 2010, 22: 5964-5972.

[171] Martin C F, Stöckel E, Clowes R, et al. J Mater Chem, 2011, 21: 5475-5483.

[172] Zhang C, Liu Y, Li B, et al. ACS Macro Lett, 2012, 1: 190-193.

[173] Dawson R, Adams D J, Cooper A I. Chem Sci, 2011, 2: 1173-1177.

[174] Torrisi A, Bell R G, Mellot-Draznieks C. Cryst Growth Des, 2010, 10: 2839-2841.

[175] Lu W, Yuan D, Sculley J, et al. J Am Chem Soc, 2011, 133: 18126-18129.

[176] Rabbani M G, El-Kaderi H M. Chem Mater, 2011, 23: 1650-1653.

[177] Rabbani M G, El-Kaderi H M. Chem Mater, 2012, 24: 1511-1517.

[178] Gulam R M, Reich T E, Kassab R, et al. Chem Commun, 2012, 48: 1141-1143.

[179] Mohanty P, Kull L D, Landskron K. Nature Commun, 2011, 2: 401-406.

[180] Modak A, Nandi M, Mondal J, et al. Chem Commun, 2012, 48: 248-250.

[181] Shultz A M, Farha O K, Hupp J T, et al. Chem Sci, 2011, 2: 686-689.

[182] Lim H, Cha M C, Chang J Y. Polym Chem, 2012, 3: 868-870.

[183] Katsoulidis A P, Kanatzidis M G. Chem Mater, 2011, 23: 1818-1824.

[184] Konstas K, Taylor J W, Thornton A W, et al. Angew Chem Int Ed, 2012, 51: 6639-6642.

[185] Li A, Lu R, Wang Y, et al. Angew Chem Int Ed, 2010, 49: 3330-3333.

[186] Thornton A W, Nairn K M, Hill J M, et al. J Am Chem Soc, 2009, 131: 10662-10669.

[187] Kaye S, Dailly A, Yaghi O M, et al. J Am Chem Soc, 2007, 129: 14176-14177.

[188] Wood C D, Tan B, Trewin A, et al. Adv Mater, 2008, 20: 1916-1921.

[189] MyersA L, Prausnitz J M. AIChE J, 1965, 11: 121-127.

[190] Krishna R, Calero S, Smit B. Chem Eng J, 2002, 88: 81-94.

[191] Krishna R, van Baten J M. PhysChemChemPhys, 2011, 13: 10593-10616.

[192] Dawson R, Ratvijitvech T, Corker M. Polym Chem, 2012, 3: 2034-2038.

[193] Kizzie A C, Wong-Foy A G, Matzger A J. Langmuir, 2011, 27: 6368-6373.

[194] Soubeyrand-Lenoir E, Vagner C, Yoon J W, et al. J Am Chem Soc, 2012, 134: 10174-10181.

[195] Dawson R, Stevens L A, Drage T C, et al. J Am Chem Soc, 2012, 134: 10741-10744.

[196] Patel H A, Karadas F, Canlier A, et al. J Mater Chem, 2012, 22: 8431-8437.

索　引